Physiologie du sport et de l'exercice

SCIENCES ET PRATIQUES DU SPORT

Collection dirigée par le Pr Véronique Billat (Université d'Évry, Val d'Essonne Genopole®, directrice de l'Équipe d'Accueil 7362, Biologie intégrative des adaptations à l'exercice) et le Dr Jean-Pierre Koralsztein (Centre de médecine du sport CCAS, Paris)

La collection Sciences et pratiques du sport réunit essentiellement des ouvrages scientifiques et technologiques pour les premier et deuxième cycles universitaires en sciences et techniques des activités physiques et sportives (STAPS), sans omettre les professionnels du sport (médecins, entraîneurs, sportifs).

La collection a pour objectifs de :
- consolider un objet scientifique au champ des activités physiques et sportives ;
- conforter un champ nouveau de connaissances. Il s'agit d'explorer les activités physiques et sportives pour en faire un objet de recherche et de formation.

Cette collection comprend deux séries d'ouvrages, dans deux formats différents :
- une série Sciences du sport composée d'ouvrages donnant les bases des sciences d'appui appliquées à la performance sportive ;
- une série Science pratique des activités physiques et sportives (APS) confrontant les savoir-faire aux méthodologies scientifiques, cela pour une APS particulière.

Sciences du sport

Auteur(s)	Titre
V. Billat	*Physiologie et méthodologie de l'entraînement. De la théorie à la pratique* (3ᵉ édition)
N. Boisseau *et al.*	*La femme sportive. Spécificités physiologiques et physiopathologiques*
D.L. Costill, J.H. Wilmore, W.L. Kenney	*Physiologie du sport et de l'exercice. Adaptation physiologique à l'exercice physique* (6ᵉ éd.)
R.H. Cox	*Psychologie du sport* (2ᵉ édition)
A. Dellal	*De l'entraînement à la performance en football*
A. Dellal	*Une saison de préparation physique de football* (2ᵉ édition)
F. Durand	*Physiologie des sports d'endurance en montagne*
F. Grappe	*Cyclisme et optimisation de la performance. Science et méthodologie de l'entraînement* (2ᵉ édition)
F. Grappe	*Puissance et performance en cyclisme. S'entraîner avec des capteurs de puissance*
P. Grimshaw *et al.*	*Biomécanique du sport et de l'exercice*
S. Jowett, D. Lavallée	*Psychologie sociale du sport*
W.D. Mc Ardle, F.I. Katch, V.L. Katch	*Nutrition & performances sportives*
T. Paillard	*Optimisation de la performance sportive en judo*
R. Paoletti	*Éducation et motricité. L'enfant de deux à huit ans*
J.R. Poortmans, N. Boisseau	*Biochimie des activités physiques et sportives* (3ᵉ édition)
D. Rey *et al.*	*Le football dans tous ses états*
D. Riché	*Épinutrition du sportif*
D. Riché	*Micronutrition, santé et performance*
P. Robinson	*Le coach sportif*
T.W. Rowland	*Physiologie de l'exercice chez l'enfant*
C.M. Thiébauld, P. Sprumont	*L'enfant et le sport. Introduction à un traité de médecine du sport chez l'enfant*
C.M. Thiébauld, P. Sprumont	*Le sport après 50 ans*
E. Van Praagh	*Physiologie du sport : enfant et adolescent*

Pratiques du sport

Auteur(s)	Titre
V. Billat	*Entraînement pratique et scientifique à la course à pied*
V. Billat	*L'entraînement en pleine nature*
V. Billat	*VO$_2$max à l'épreuve du temps*
V. Billat, C. Colliot	*Régal et performance pour tous*
K. Jornet Burgada, F. Durand	*Physiologie des sports d'endurance en montagne*
G. Millet, F. Brocherie, R. Faiss, O. Girard	*Entraînement en altitude dans les sports collectifs*
G. Millet, L. Schmitt	*S'entraîner en altitude. Mécanismes, méthodes, exemples, conseils pratiques*
O. Pauly	*Posture et gainage. Santé et performance*
O. Pauly	*Posture et musculation. Initiation, rééducation, prévention, performance*
M. Ryan	*Nourrir l'endurance*

W. Larry Kenney, Jack H. Wilmore et David L. Costill

Traduit de l'américain par **Arlette** et **Paul Delamarche**, **Carole Groussard** et **Hassane Zouhal**

Physiologie du sport et de l'exercice

6ᵉ édition

Ouvrage original :
Physiology of sport and exercise, 6th edition

Copyright © 2015, 2012 by W. Larry Kenney, Jack H. Wilmore, and David L. Costill

Copyright © 2008 by Jack H. Wilmore, David L. Costill, and W. Larry Kenney

Copyright © 2004, 1999, 1994, by Jack H. Wilmore and David L. Costill

All rights reserved. Except for use in a review, the reproduction or utilization of this work in any form or by any electronic, mechanical, or other means, now known or hereafter invented, including xerography, photocopying, and recording, and in any information storage and retrieval system, is forbidden without the written permission of the publisher.
Published by Human Kinetics

Pour toute information sur notre fonds et les nouveautés dans votre domaine de spécialisation, consultez notre site web :
www.deboecksuperieur.com

© De Boeck Supérieur s.a., 2017   6ᵉ édition
rue du Bosquet, 7, B-1348 Louvain-la-Neuve

Tous droits réservés. À l'exception de la courte citation dans une revue, la reproduction ou l'utilisation de cet ouvrage sous quelque forme que ce soit, connue ou à venir, incluant la xérographie, la photocopie, le stockage d'informations et l'utilisation dans un moteur de recherche, est interdite sans autorisation écrite de l'éditeur.

Mise en pages : SCM, Toulouse, Fr
Imprimé en Italie par La Tipografica Varese Srl, Varese

Dépôt légal :
Bibliothèque nationale, Paris : mai 2017
Bibliothèque royale Albert Iᵉʳ, Bruxelles : 2017/13647/071   ISBN 978-2-8073-0608-0

Sommaire

Introduction à la physiologie du sport et de l'exercice 1

Partie 1.   L'exercice musculaire 25
Chapitre 1.   Structure et fonctionnement musculaire 27
Chapitre 2.   Métabolisme et bioénergétique musculaire 51
Chapitre 3.   Le contrôle nerveux du mouvement 73
Chapitre 4.   Régulation hormonale de l'exercice 95
Chapitre 5.   Dépense énergétique et fatigue 119

Partie 2.   Fonctions cardiovasculaire et respiratoire 149
Chapitre 6.   Le système cardiovasculaire et son contrôle 151
Chapitre 7.   Le système respiratoire et ses régulations 175
Chapitre 8.   Régulation cardiorespiratoire à l'exercice 195

Partie 3.   L'entraînement physique 221
Chapitre 9.   Principes de l'entraînement physique 223
Chapitre 10. Adaptations à l'entraînement de force 243
Chapitre 11. Adaptations à l'entraînement aérobie et anaérobie 261

Partie 4.   Influence de l'environnement sur la performance 293
Chapitre 12. Thermorégulation : L'exercice en environnement chaud ou froid 295
Chapitre 13. L'exercice en altitude 323

Partie 5.   Optimisation de la performance 345
Chapitre 14. Programmation de l'entraînement 347
Chapitre 15. Composition corporelle, nutrition et sport 369
Chapitre 16. Sport et pratiques ergogéniques 407

Partie 6. Adaptations au sport et à l'exercice en fonction de l'âge et du sexe ... 435

Chapitre 17. Sport et croissance ... 437

Chapitre 18. L'activité physique chez le sujet âgé ... 457

Chapitre 19. Les différences intersexes dans les activités physiques et sportives ... 481

Partie 7. Activité physique et santé ... 505

Chapitre 20. Prescrire l'activité physique pour la santé ... 507

Chapitre 21. Activités physiques et maladies cardiovasculaires ... 529

Chapitre 22. Obésité, diabète et activités physiques ... 551

Glossaire ... 575

Bibliographie ... 587

Index ... 605

Les auteurs ... 615

Table des matières ... 617

Abréviations, unités et conversions ... 629

Avant-propos

L'organisme humain est une machine extraordinaire et complexe. À tout moment, diverses cellules, organes et systèmes utilisent des voies de communications complexes pour coordonner les fonctions physiologiques de l'organisme. Il est étonnant de voir que tous ces processus opèrent en même temps, montrant une incroyable coordination des différents systèmes de notre organisme. Même au repos, l'organisme est physiologiquement actif. Imaginez donc, en réponse à l'exercice physique, comment les différents systèmes vont s'adapter ! Lors de l'exercice, les nerfs stimulent les muscles pour se contracter. En devenant métaboliquement plus actifs, les muscles ont besoin de plus de nutriments, d'oxygène et doivent se débarrasser d'avantage des sous-produits du métabolisme. Comment le corps parvient-il à répondre à cette sollicitation physiologique intense qu'exige l'activité physique ? C'est la question fondamentale à laquelle ce livre veut répondre.

Il doit permettre au lecteur d'accéder au domaine de la physiologie de l'exercice musculaire. En s'appuyant sur l'anatomie et la physiologie, l'objectif est d'expliquer les mécanismes grâce auxquels le corps réalise un exercice et s'adapte aux différentes contraintes de l'activité physique.

Nouveautés de la 6e édition

La 6e édition de *Physiologie du sport et de l'exercice*, qui a été largement remaniée, tient compte de toutes les données scientifiques les plus récentes en lien avec la physiologie de l'exercice. Elle conserve les qualités des éditions précédentes (pédagogie efficace, structuration des chapitres très claire, écriture simple et directe adaptée aussi bien aux étudiants qu'aux enseignants) notamment la qualité des figures, photos et illustrations médicales. Ces détails visuels, clairs et réalistes permettent une meilleure compréhension des réponses de l'organisme à l'activité physique et permettent de mieux comprendre les recherches sous-jacentes.

De plus, le texte est maintenant accompagné d'animations audio et vidéos consultables dans la version numérique du livre (en anglais). Tout au long du texte, des icônes permettent d'identifier des figures et des illustrations spécifiques qui s'animent ou qui sont accompagnées d'un clip audio. L'accès à ces nouvelles ressources permet de mieux comprendre les processus physiologiques illustrés sur ces figures. De plus, les vidéos permettent d'accéder à des interviews d'experts dans le domaine de la physiologie de l'exercice sur des thématiques de recherche actuelles.

Dans cette nouvelle édition, une nouvelle rubrique a été ajoutée. Il s'agit de la rubrique « Perspectives de recherche » qui présente et traite un ensemble de thématiques scientifiques novatrices ou en plein essor. Ceci permet d'être à jour sur les dernières données de la littérature en physiologie de l'exercice. Nous avons aussi revisité le chapitre introductif en incluant des informations sur la démarche scientifique. Dans les chapitres 4 et 22 nous avons ajouté des données nouvelles sur la régulation hormonale de l'apport calorique et dans les chapitres 9 à 11, des données relatives sur l'entraînement par intervalles à haute intensité, ainsi que sur les interactions entre exercice et prise de protéines ont été ajoutées. Nous avons aussi complètement réorganisé et actualisé le chapitre 16 « Sport et substances ergogéniques ».

De plus, nous avons modifié le contenu de certaines parties en incluant les dernières données de la recherche dans des domaines importants comme par exemple :

- De nouvelles informations concernant l'utilisation du lactate comme substrat énergétique (chapitre 2),
- Les mécanismes associés aux différents types de fatigue et de crampes musculaires (chapitre 5),
- De nouvelles données sur l'évolution du volume d'éjection systolique lors de l'exercice (chapitre 8),
- Une nouvelle partie sur la périodisation pour optimiser les effets de l'entraînement (chapitre 14),
- La prise en compte de nouvelles données scientifiques dans le chapitre 20 sur les méfaits de la sédentarité et de l'inactivité physique sur la santé.

Toutes ces modifications sont majeures, car elles facilitent la lecture et la compréhension des données relatives à la physiologie de l'exercice pour les étudiants, faisant de ce livre l'un des meilleurs en son domaine. La structure globale ainsi que la progression des chapitres ont été conservées par rapport à la 5e édition. Les premiers chapitres concernent toujours le muscle, l'évolution de ses besoins énergétiques lorsque nous passons du repos à l'exercice et leurs régulations par différents systèmes. Les derniers chapitres portent toujours sur les principes de l'entraînement, l'influence de facteurs environnementaux (comme la chaleur, le froid et l'altitude), la performance sportive et l'exercice comme facteur de prévention contre certaines maladies.

Organisation de la 6ᵉ édition

Nous commençons dans l'introduction par un historique sur la physiologie de l'exercice et du sport et voyons comment elle a émergé de ces disciplines parentes qui sont l'anatomie et la physiologie, puis nous définissons les concepts de base utilisés dans le livre. Dans les parties I et II, nous présentons les systèmes physiologiques majeurs avec un focus sur leurs réponses à l'exercice physique aigu. Dans la partie I, l'accent est mis sur comment les systèmes musculaire, métabolique, nerveux et endocrinien interagissent pour produire du mouvement. Dans la partie II nous nous intéressons à comprendre comment, lors de l'activité physique, les systèmes cardiovasculaire et respiratoire approvisionnent les muscles actifs en nutriments et oxygène et leur permettent de se débarrasser des sous-produits du métabolisme. Dans la partie III, nous examinons comment ces différents systèmes s'adaptent à l'exercice chronique (*i.e.* l'entraînement).

Dans la partie IV, nous changeons de thématique et nous examinons l'effet de l'environnement sur la performance physique avec, dans un premier temps, les réponses de l'organisme à la chaleur et au froid puis, dans un second temps, les effets de l'altitude. La partie V est centrée sur l'optimisation de la performance avec l'étude des effets de différents types et volumes d'entraînement, la composition corporelle optimale ainsi que les besoins nutritionnels. Cette partie se termine sur l'utilisation des substances ergogéniques, supposées améliorer la performance physique. Dans la partie IV, notre attention se porte sur les populations spécifiques. Nous commençons par les processus de croissance et développement et étudions comment ils affectent la performance des jeunes athlètes. Nous évaluons aussi les variations des performances physiques liées à l'avance en âge et nous explorons les possibilités de maintien d'une bonne santé (évitant la dépendance) par l'activité physique. Nous terminons par l'étude des spécificités physiologiques de l'athlète féminine.

Dans la dernière partie du livre, la partie VII, l'attention est portée sur l'application de la physiologie du sport et de l'exercice pour prévenir et traiter certaines maladies ainsi que l'utilisation de l'exercice physique pour la réhabilitation. Puis la prescription de l'exercice physique pour le maintien de l'aptitude physique est abordée avant de conclure le livre par une discussion relative aux maladies cardiovasculaires, à l'obésité et au diabète.

Caractéristiques spécifiques de la 6ᵉ édition

Cette 6ᵉ édition de *Physiologie du sport et de l'exercice* est réalisée dans un seul grand but : rendre sa lecture facile et agréable. Le texte est clair et plusieurs nouveautés vont vous aider à progresser dans les connaissances sans vous sentir submergé. À cela s'ajoute, l'adaptation complète du livre avec des animations qui accompagnent le texte : en s'appuyant sur des animations audio et vidéos, permettant une interaction dans l'apprentissage et la révision.

Chaque chapitre du livre commence par un sommaire associé aux numéros de pages permettant ainsi de bien se retrouver, suivi d'un bref historique explorant l'application pratique sur le terrain du concept présenté.

Dans chaque chapitre une nouvelle rubrique « Perspectives de recherche » introduit les thématiques scientifiques novatrices dans le domaine de la physiologie de l'exercice. Vous pouvez trouver aussi des icônes indiquant des animations audio ou vidéos permettant d'étendre votre compréhension de ces nouvelles thématiques de recherche :

▶ Icône permettant d'identifier la figure qui est aussi animée.

🔊 Icône permettant d'identifier la figure accompagnée en plus d'une explication audio.

▶ Icône permettant de localiser la vidéo relative à la thématique.

À travers la lecture de ce livre, des encadrés « En résumé » permettent de synthétiser les points majeurs présentés tout au long de cet ouvrage. À la fin de chaque chapitre, une « Conclusion » résume les principales connaissances du chapitre et introduit le chapitre suivant.

Les mots clés figurent en gras dans le texte et sont listés à la fin de chaque chapitre. Leur définition apparaît ensuite dans le glossaire à la fin du livre. À la fin de chaque chapitre, des questions sont proposées pour tester vos connaissances.

À la fin du livre, vous trouverez : un glossaire (qui donne les définitions des mots clés), les références bibliographiques citées dans chaque chapitre, ainsi qu'un index approfondi.

Certains d'entre vous ne liront ce livre que parce qu'il fait partie de votre programme de cours. Mais nous espérons sincèrement que les connaissances que nous vous avons apportées de manière pédagogique à travers cet ouvrage vous poussent à continuer à étudier et à explorer ce champ scientifique relativement nouveau. Nous espérons, à minima, que la lecture de ce livre suscitera un intérêt pour la compréhension de cette merveilleuse machine qu'est votre corps, machine capable de réaliser différents types d'exercices à différentes intensités lui permettant de s'adapter aux situations stressantes en augmentant ses capacités physiologiques. Ce livre, n'est pas seulement utile pour ceux travaillant dans le domaine de l'exercice physique et du sport mais aussi pour toute personne qui se veut être active, en bonne santé et en forme.

Remerciements

Nous voudrions remercier toute l'équipe de « Human Kinetics » pour leur soutien concernant la traduction de la 6e édition du livre « Physiologie du sport et de l'exercice » et leur volonté de publier des ouvrages de grande qualité répondant aux besoins des professionnels et des étudiants dans les sciences du sport. Notre reconnaissance s'adresse plus particulièrement à nos différents éditeurs en chef : Lori Garret (première édition), Julie Rhoda (2e et 3e éditions) et Maggie Schwarzentraub (4e édition). Amy Tocco et Kate Maurer ont pris la relève respectivement pour les 5e et 6e éditions et ont travaillé sans relâche pour achever cette édition dans les temps, en conservant toutes les phases du projet initial, sans aucune concession concernant la qualité. Nous avons pris énormément de plaisir à travailler avec elles. Leurs compétences et leur expertise transparaît tout au long de cet ouvrage. Nous tenons également à remercier spécifiquement Joanne Brummett pour son expertise artistique et pour son aide permanente dans l'amélioration des illustrations.

Pour cette 6e édition, nous aimerions également remercier un certain nombre de collègues qui nous ont fourni leur précieuse expertise et donné de leur temps. Tout d'abord, nos remerciements s'adressent à Donna Korzick et Jim Pawelczyk (Docteurs à l'Université d'État de Pennsylvanie) dont les retours en tant qu'enseignants nous ont été d'une grande aide. Nous remercions également le Dr Steve Piazza pour ses connaissances biomécaniques approfondies du sprint. Notre reconnaissance se porte également vers le Dr Lacy Alexander pour tout son travail dans les nouveaux encadrés intitulés « perspectives de recherches » qui sont nouveaux dans cette édition.

En plus des remerciements collectifs que nous adressons à tous les collègues de Larry Kenny de l'Université d'État de Pennsylvanie, nous tenons également à exprimer toute notre sympathie et notre reconnaissance à l'ensemble des autres collègues qui nous ont aidés individuellement ou collectivement dans cette aventure. Le Dr Jeffery L. Roitman nous a apporté ses connaissances et son expérience en physiologie de l'exercice clinique pour les chapitres appartenant à la septième partie de cet ouvrage. Le Dr Bob Murray, quant à lui, en plus d'avoir apporté son aide dans l'écriture et la mise à jour des annexes, nous a apporté ses connaissances et son expérience au chapitre 16 concernant les substances ergogènes. Le Dr Christine Rosenbloom et le Dr Beth Taylor ont contribué à la révision des articles 15 et 19 respectivement. Les connaissances, l'expertise et la facilité d'écriture de l'ensemble des collègues qui ont participé de loin ou de près à cet ouvrage ont permis d'en améliorer grandement la qualité.

Pour terminer, nos remerciements s'adressent à nos familles pour leur patience et leur soutien et qui, pendant ces six éditions, ont dû supporter nos longues heures d'absence pendant les phases d'écriture, de correction, d'édition, de relecture des épreuves.

Crédits photographiques

Photographies des pages d'entrée des parties et des chapitres
Introduction : © Emily Rose Bennett/Zuma Press/Icon Sportswire ; **Partie I :** David Davies/Press Association Images ; **Chapitre 1 :** © SPL/Custom Medical Stock Photo ; **Chapitre 2 :** Mike Egerton/PA Wire ; **Chapitre 3 :** © K. Wood/Custom Medical Stock Photo ; **Chapitre 4 :** © Human Kinetics ; **Chapitre 5 :** PA Photos ; **Partie II :** Press Association Images ; **Chapitre 6 :** © Yoav Levy/Phototake ; **Chapitre 7 :** © ISM/Phototake ; **Chapitre 8 :** © Michael Weber/imageBROKER/Age Fotostock ; **Partie III :** © Human Kinetics ; **Chapitre 9 :** © Human Kinetics ; **Chapitre 10 :** © Human Kinetics ; **Chapitre 11 :** © Bill Streicher/Icon Sportswire ; **Partie IV :** © E Simanor/Robert Harding Picture Library/Age Fotostock ; **Chapitre 12 :** © Mike Frey/BPI/Icon Sportswire ; **Chapitre 13 :** © giorgio neyroz/Age Fotostock ; **Partie V :** © Joshua Sarner/Icon Sportswire ; **Chapitre 14 :** © Human Kinetics ; **Chapitre 15 :** Anthony Devlin/PA Wire ; **Chapitre 16 :** © Groemminger/Age Fotostock ; **Partie VI :** © Human Kinetics ; **Chapitre 17 :** © Human Kinetics ; **Chapitre 18 :** © Bilderbox/Age Fotostock ; **Chapitre 19 :** © Human Kinetics ; **Partie VII :** © Human Kinetics ; **Chapitre 20 :** © Human Kinetics ; **Chapitre 21 :** © SPL/Custom Medical Stock Photo ; **Chapitre 22 :** © Henryk T. Kaiser/Age Fotostock

Photographies des auteurs
Figures 0.2, 0.3, 0.4, 0.5, 0.6, 0.7, 0.8, 0.14, 5.9, 18.6, 20.1, 20.2, 22.7a ; photos a et b, p. 2

Photographies
Photo c sur p. 2 : Photo courtesy of Dr Larry Golding, University of Nevada, Las Vegas. Photographer Dr Moh Youself ; **figure 0.1, 0.5a, 0.5b et 0.6a :** Photo courtesy of American College of Sports Medicine Archives. All rights reserved ; **figure 0.5c :** Courtesy of Noll Laboratory, The Pennsylvania State University ; **figure 0.10 et 0.11 :** © Human Kinetics ; **photo sur figure 1.2 :** © ISM/Phototake ; **figure 1.4 :** © CMSP/Custom Medical Stock Photo ; **figure 3.2a :** © Carolina Biological Supply Company/Phototake ; **figure 5.2a :** © Human Kinetics ; **figure 5.2b :** © Panoramic/Imago/Icon SMI ; **figure 5.13 et 5.14 :** Reprinted *Physician and Sportsmedicine*, Vol. 12, R.C. Hagerman et al., "Muscle damage in marathon runners", pp. 39-48, Copyright 1984, with permission from JTE Multimedia ; **figure 6.15b :** © B. Boissonnet/Age Fotostock ; **photo sur p. 214 :** © Human Kinetics ; **figure 9.1, 9.3 et 9.5 :** © Human Kinetics ; **figure 10.2 :** Photos courtesy of Dr Michael Deschene's laboratory ; **figure 12.2a :** © Carolina Biological Supply Company/Phototake ; **figure 12.3 :** From Department of Health and Human Performance, Auburn University, Alabama. Courtesy of John Eric Smith, Joe Molloy, and David D. Pascoe. By permission of David Pascoe ; **photo sur p. 319 :** © Radek Petrasek/CTK Photobank/Age Fotostock ; **photos sur p. 340 et 362 :** © Human Kinetics ; **figure 15.2 :** © Human Kinetics ; **figure 15.3 :** Photo courtesy of Hologic, Inc. ; **figure 15.4 :** © Zuma Press/Icon SMI ; **figure 15.5 et 15.6 :** © Human Kinetics ; **figure 19.11a :** © Hossler, PhD/Custom Medical Stock Photo ; **figure 19.11b :** © SPL/Custom Medical Stock Photo ; **figure 20.4 :** © Human Kinetics ; **photo sur figure 21.3 :** © **ISM/Phototak**e ; **figure 22.7b et c :** Reprinted, by permission, from J.C. Seidell et al., 1987, "Obesity and fat distribution in relation to health – Current insights and recommendations", *World Review of Nutrition and Dietetics* 50 : 57-91

Introduction à la physiologie du sport et de l'exercice

Historiquement, les débuts de la physiologie de l'exercice aux États-Unis remontent aux premiers efforts réalisés par un jeune fermier du Kansas, David Bruce (D.B.) Dill, dont l'intérêt initial pour la physiologie fondamentale le conduisit à étudier la composition du sang de crocodile. Heureusement pour nous, ce jeune scientifique réorienta ensuite ses recherches vers l'homme et devint le premier Directeur du « Harvard Fatigue Laboratory », créé en 1927. Tout au long de sa vie, il fut très intrigué par la physiologie et la faculté particulière de nombreux animaux à survivre dans des conditions extrêmes d'environnement. Mais il reste surtout connu pour avoir étudié l'importance des facteurs environnementaux sur les réponses de l'homme à l'exercice. Dans ces études, Dill fut volontaire pour être lui-même sujet d'expérience. Pendant les 20 années d'existence de ce fameux laboratoire, lui et ses collaborateurs ont produit 330 articles scientifiques ainsi qu'un ouvrage devenu classique et intitulé *Life, Heat and Altitude*[8].

Lorsque le « Harvard Fatigue Laboratory » ferma ses portes en 1947, Dill commença une seconde carrière comme Directeur de la recherche médicale dans l'Armée, un poste qu'il occupa jusqu'à son départ à la retraite en 1961. Âgé alors de 70 ans, un âge qu'il considérait trop jeune pour une retraite, il poursuivit ses recherches sur l'exercice à l'Université d'Indiana, où il occupa un poste de physiologiste émérite jusqu'en 1966. En 1967, il obtint la création du « Desert Research Laboratory », à l'Université du Nevada de Las Vegas. Dill utilisa ce laboratoire pour étudier la tolérance de l'homme à réaliser un exercice, dans le désert et en altitude. Il continua ainsi à travailler et à écrire jusqu'à son départ final, à l'âge de 93 ans, écrivant alors son dernier ouvrage : *The Hot Life of Man and Beast*[9]. Dill put ainsi se vanter d'être le seul scientifique à avoir pris quatre fois sa retraite.

Dr David Bruce (D.B.) Dill à son début de carrière ; comme directeur du « Harvard Fatigue Laboratory » à l'âge de 42 ans ; dans la même position lors de sa retraite à 92 ans.

Plan du chapitre

1. L'objet de la physiologie du sport et de l'exercice 3
2. Les réponses physiologiques aiguës et chroniques à l'exercice 3
3. Historique de la physiologie de l'exercice 4
4. La recherche : fondements de la compréhension 14
5. Conclusion 23

Introduction
La Physiologie du sport et de l'exercice

Le corps humain est une machine stupéfiante ! Pendant que vous lisez ce chapitre, d'innombrables processus parfaitement coordonnés se produisent simultanément dans votre corps. Ils permettent la réalisation de fonctions complexes comme entendre, voir, respirer, saisir de nouvelles informations, et tout ceci sans aucun effort conscient. Si vous vous levez pour aller courir, toutes ces fonctions s'activent et vous font passer, comme par enchantement, de l'état de repos à l'état de mouvement. Si vous répétez cette activité chaque semaine, voire plusieurs mois de suite, en augmentant progressivement la durée et l'intensité de votre jogging, votre organisme va s'adapter et vous deviendrez de plus en plus performant. Cet exemple illustre parfaitement deux notions clés de la physiologie de l'exercice : les réponses aiguës à l'exercice (quel que soit le type d'effort) et les adaptations chroniques des différents systèmes de l'organisme liées à la répétition d'exercice (ou exercice chronique) appelée communément entraînement.

Par exemple, sur un terrain de basket, lors d'un temps mort, le corps du capitaine est le siège de nombreux ajustements qui nécessitent une série d'interactions complexes impliquant la plupart des systèmes de l'organisme. Ces ajustements s'observent à tous les niveaux, aussi bien cellulaire que moléculaire. Pour permettre la coordination des muscles de la jambe pendant sa course sur le terrain, des cellules nerveuses spécifiques à l'intérieur du cerveau, encore appelées *motoneurones*, envoient des signaux électriques en direction de la moelle épinière et des jambes. Au niveau du muscle considéré, ces neurones libèrent des signaux chimiques qui traversent l'espace séparant le nerf du muscle, permettant ainsi à chaque neurone d'exciter un certain nombre de cellules ou fibres musculaires individuelles. Après avoir traversé l'espace nerf-muscle, les influx nerveux se propagent à la surface de chaque fibre musculaire et pénètrent même à l'intérieur de chaque fibre grâce à de petits orifices. Le signal active alors les processus de contraction musculaire, lesquels font intervenir des protéines spécifiques – l'actine et la myosine. Il déclenche les mécanismes de production d'énergie nécessaires à une ou plusieurs contractions. C'est à ce niveau que certaines molécules, telles l'adénosine triphosphate (ATP) et la phosphocréatine (PCr), sont indispensables pour fournir l'énergie nécessaire.

À ces nombreux cycles de contractions/relâchement du muscle, viennent s'ajouter d'autres systèmes qui se coordonnent parfaitement pour réaliser l'action voulue.

- le système squelettique met la charpente osseuse en mouvement, grâce à la contraction des muscles ;
- le système cardiovasculaire véhicule les nutriments vers l'ensemble des cellules périphériques et assure l'élimination des déchets ;
- les systèmes cardiovasculaire et respiratoire apportent, ensemble, l'oxygène aux cellules et éliminent le dioxyde de carbone ;
- le système tégumentaire (la peau) aide à maintenir constante la température du corps, en permettant les échanges de chaleur entre le corps et l'environnement ;
- les systèmes nerveux et endocrinien coordonnent et dirigent l'ensemble de ces fonctions, afin de satisfaire pleinement les besoins de l'organisme.

Pendant des siècles, les scientifiques ont étudié le fonctionnement du corps humain au repos, qu'il soit sain ou pathologique. Mais depuis le début du XXe siècle, un groupe de physiologistes ont centré leurs travaux de recherche sur les mécanismes d'adaptation de l'organisme à l'activité physique et ont cherché à comprendre le fonctionnement du corps humain (ou physiologie) à l'effort. Ce chapitre est destiné à vous initier au domaine de la physiologie du sport et de l'exercice physique en vous présentant d'abord un rappel historique puis en vous expliquant certains concepts fondamentaux indispensables à la compréhension des chapitres suivants.

1. L'objet de la physiologie du sport et de l'exercice

La physiologie du sport et de l'exercice physique est une discipline issue à la fois de l'anatomie et de la physiologie. L'anatomie est l'étude de la structure ou de la morphologie d'un organisme. La **physiologie** étudie les fonctions du corps et de chaque organe. Grâce à elle, nous apprenons comment nos systèmes, organes, tissus et cellules travaillent et comment leurs fonctions s'ajustent pour réguler notre milieu intérieur appelé **homéostasie**.

Comme la physiologie s'intéresse aux fonctions des différents constituants de notre corps, il n'est pas possible de comprendre la physiologie sans posséder des notions fondamentales d'anatomie.

La **physiologie de l'exercice** étudie les réponses des structures et des fonctions de notre corps lors d'un exercice aigu ou répété (chronique). Comme l'environnement influence de manière notable la performance physique, la **physiologie environnementale** est née de sa discipline mère, la physiologie de l'exercice. La **physiologie du sport** consiste quant à elle, à appliquer les concepts de la physiologie de l'exercice à l'entraînement de l'athlète, en cherchant comment améliorer la performance de celui-ci. Elle dérive donc directement de la physiologie de l'exercice. Comme les notions de physiologie du sport et physiologie de l'exercice sont très proches, il est parfois difficile de les distinguer. De plus, les mêmes principes scientifiques s'appliquant aussi bien à l'une et à l'autre, la physiologie du sport et la physiologie de l'exercice sont souvent considérées simultanément comme c'est le cas dans cet ouvrage.

2. Les réponses physiologiques aiguës et chroniques à l'exercice

L'étude de la physiologie de l'exercice et du sport nécessite l'apprentissage de concepts associés à deux modalités différentes d'exercice. Les physiologistes de l'exercice essaient tout d'abord de comprendre comment l'organisme répond à un exercice isolé comme lors d'une course d'une heure sur tapis roulant ou lors d'une séance d'entraînement en musculation. Cette réponse à un exercice isolé ou **exercice aigu** est appelée réponse aiguë. S'intéresser aux réponses à un exercice aigu signifie que l'on étudie les réponses instantanées du corps à un exercice isolé. Cette étape est nécessaire pour comprendre ensuite les **adaptations chroniques** ou **effets de l'entraînement**, c'est-à-dire induites par un exercice répété régulièrement, comme c'est le cas pour la fonction cardiovasculaire après six mois d'entraînement en endurance.

En fait, le principal objectif de la physiologie du sport et de l'exercice physique est de déterminer comment le corps répond au stress induit par la répétition d'exercices. Lorsque vous réalisez des exercices réguliers pendant plusieurs semaines, votre corps s'adapte. Ces adaptations physiologiques, qui apparaissent après une exposition chronique à l'exercice, améliorent ainsi vos capacités et vos performances. Avec un entraînement de force, vos muscles deviennent plus puissants. Avec un entraînement aérobie, votre cœur et vos poumons deviennent plus efficaces et votre capacité d'endurance augmente. Ces adaptations sont hautement spécifiques du type d'entraînement que vous avez réalisé.

Résumé

> La physiologie de l'exercice est issue de sa discipline mère : la physiologie. Elle s'intéresse à l'étude des mécanismes physiologiques d'adaptation de l'organisme à l'exercice aigu, c'est-à-dire à l'activité physique, mais aussi au stress chronique lié à la répétition d'exercices (exercice chronique), c'est-à-dire l'entraînement.

> Certains physiologistes de l'exercice utilisent l'exercice ou modifient les conditions environnementales (chaleur, froid, altitude…) pour stresser l'organisme et étudier ainsi ses réponses et son adaptation. D'autres étudient les effets de l'entraînement sur la santé, la prévention des pathologies et le bien-être. Les physiologistes du sport appliquent ces concepts aux athlètes et à la performance sportive.

3. Historique de la physiologie de l'exercice

Il est tentant de penser que chaque information de cet ouvrage est récente et originale. Vous pensez qu'actuellement les physiologistes de l'exercice vous proposent des conceptions nouvelles qu'il reste à étayer et confirmer. Cela n'est pas le cas. Au contraire même, les informations que nous apportons sont le fruit du travail laborieux de nombreux scientifiques qui, chacun, ont apporté une pièce au puzzle que constitue le décryptage du mouvement humain. Il est même fréquent que les conceptions ou théories les plus récentes, en notre domaine, soient issues des travaux de nombreux scientifiques déjà plus ou moins oubliés. Ce que nous considérons comme nouveau ou original n'est, le plus souvent, qu'une intégration de données fondamentales antérieures, applicables au domaine de la physiologie de l'exercice. Pour mieux en juger il suffit de rapporter brièvement l'évolution historique qui a donné naissance à la physiologie de l'exercice. Bien sûr, il est impossible dans ce chapitre de rendre justice aux centaines de scientifiques « pionniers » qui ont ouvert la voie et fondé les bases modernes de la physiologie de l'exercice.

3.1 Les débuts de l'anatomie et de la physiologie

L'un des essais les plus anciens relatif à l'anatomie et la physiologie humaine, est celui de l'auteur grec Claudius Galen intitulé *De facius*, publié au premier siècle de notre ère.

En tant que médecin des gladiateurs, Galen avait de nombreuses occasions pour étudier l'anatomie humaine. Ses théories sur l'anatomie et la physiologie ont été tellement bien acceptées qu'elles restèrent inchangées pendant 1 400 ans. Il a donc fallu attendre le XVIe siècle pour que les scientifiques avancent significativement dans la compréhension de la structure et du fonctionnement de l'organisme humain. D'ailleurs un texte de référence écrit et publié en 1543 par l'anatomiste Andreas Vesalius, *De Corporis Humani Fabrica Libri Septem* a exercé une influence considérable sur l'orientation des recherches ultérieures. En effet, si l'ouvrage de Vésale s'intéressait essentiellement à la description anatomique des différents organes, il tentait occasionnellement d'expliquer leurs fonctions. Ainsi, l'historien britannique Sir Michael Foster a pu dire : « Ce livre est le début non seulement de l'anatomie moderne, mais aussi de la physiologie moderne. Il termine le long règne des quatorze siècles précédents et constitue une véritable renaissance de la médecine »[12].

Pourtant les premiers essais sur la physiologie étaient si incorrects et si vagues qu'ils pouvaient être considérés comme purement spéculatifs. Ainsi, comme les résultats se limitaient à des observations faites à l'œil nu, les tentatives d'explication, par exemple de la génération de force par le muscle, n'étaient qu'une simple description de ses variations de taille et de forme lors de la contraction. À partir de telles observations, Hieronymus Fabricius (ca 1574) a suggéré que la puissance contractile du muscle résidait dans ses fibres tendineuses. Jusqu'à ce que le scientifique hollandais Anton Van Leeuwenhoek ait introduit le microscope (aux environs de 1660), les anatomistes ignoraient l'existence des fibres musculaires individuelles. Les mécanismes par lesquels ces fibres se raccourcissent et génèrent une force sont alors restés totalement mystérieux, jusqu'à ce que les interactions complexes entre les protéines musculaires aient pu être étudiées en microscopie électronique, vers le milieu du XXe siècle.

3.2 La physiologie de l'exercice à ses débuts

La physiologie de l'exercice est une science relativement nouvelle, même si l'activité musculaire était étudiée dès 1793. En effet, cette année-là, Séguin et Lavoisier ont publié un article célèbre dans lequel ils ont mesuré la consommation d'O_2 d'un jeune homme, à la fois au repos et avec un gilet lesté de 7,3 kg porté sur 200 m en 15 min[20]. La consommation d'O_2 de repos était de 24 L/h et de 63 L/h durant l'exercice. Pour Lavoisier, les poumons étaient le site consommateur d'O_2 et producteur de CO_2. Cette conviction n'était pas partagée par tous les physiologistes mais resta acceptée par la plus grande partie de la communauté scientifique jusqu'au milieu du XIXe siècle, lorsque des physiologistes allemands ont démontré que la combustion avait lieu dans les tissus de tout le corps.

Malgré des avancées notables dans la compréhension de la circulation et de la respiration pendant le XIXe siècle, peu d'efforts ont été faits pour étudier la physiologie de l'activité physique. Toutefois, on peut noter en 1888, la mise au point d'un appareil permettant aux scientifiques d'étudier des sujets lors d'une ascension en montagne. Néanmoins, ces sujets devaient porter sur eux un gazomètre de 7 kg[24].

Le premier ouvrage publié sur la physiologie de l'exercice a été écrit par Fernand Lagrange en 1889 et intitulé *Physiology of Bodily Exercise*[16]. Si l'on considère le peu de recherches réalisées jusqu'à cette date sur l'exercice musculaire, il est pour le moins étonnant de lire, chez cet auteur, des chapitres comme « le travail musculaire, la fatigue, le rôle du cerveau à l'exercice ». En fait, cette première tentative pour expliquer la réponse de l'organisme à l'exercice était le plus souvent une théorie confuse.

Bien que quelques-uns des premiers concepts de la biochimie de l'exercice émergent à cette époque, Lagrange est le premier à reconnaître que de nombreux détails restent encore très hypothétiques. Il écrit ainsi : « La combustion vitale (le métabolisme énergétique) constitue un mécanisme tellement compliqué qu'il est difficile, en quelques mots, d'en donner une présentation claire et concise. C'est un chapitre de la physiologie qui doit être réécrit en totalité et il est impossible, en l'état actuel, de formuler des conclusions définitives »[16].

Comme l'ouvrage de LaGrange était d'un intérêt limité concernant les fonctions physiologiques lors de l'activité physique, il est tout à fait normal que la troisième édition de l'ouvrage de F.A. Brainbridge intitulé « la physiologie de l'exercice musculaire » soit considéré comme le premier texte scientifique dans ce domaine[2]. La troisième édition de cet ouvrage a été écrite par A.V. Bock and D.B. Dill, à la demande d'A.V. Hill, les trois hommes dont nous allons discuter dans ce chapitre.

Archibald.V. (A.V.) Hill est une figure légendaire dans la physiologie de l'exercice. Lorsqu'il prit ses fonctions de Professeur de Physiologie au Collège de Londres, dans son discours inaugural il mentionna les grands principes qui, plus tard, influencèrent la physiologie de l'exercice :

« Il est surprenant de voir comment une vérité physiologique découverte chez l'animal peut être développée, amplifiée et appliquée à l'homme sans jamais que celui-ci en ait fait l'objet d'étude. Les hommes sont, de loin, les meilleurs sujets d'étude concernant la respiration, le transport des gaz par le sang, les reins, les muscles, le cœur et la fonction métabolique…L'expérimentation humaine est un domaine particulier qui demande un savoir et des compétences spécifiques. Les méthodes utilisées sont bien sûr celles de la biochimie, de la biophysique et de la physiologie expérimentale. Toutefois, il existe un savoir que les physiologistes doivent posséder lorsqu'ils réalisent des expérimentations sur eux-mêmes ou sur leurs amis, ce type même de savoir, que les athlètes et les montagnards doivent posséder pour ne pas dépasser leurs limites ».

Jusqu'à la fin des années 1800, de nombreuses théories ont été proposées pour expliquer les sources d'énergie de la contraction musculaire. On savait les muscles capables de produire une grosse quantité de chaleur à l'exercice. Quelques théories suggéraient que cette chaleur était utilisée directement ou indirectement pour permettre le raccourcissement des fibres musculaires. Au début du XIXe siècle Walter Fletcher et Sir Frederick Gowland Hopkins ont observé une relation évidente entre la contraction musculaire et la formation de lactate[10]. On en déduisit que l'énergie de la contraction musculaire provenait de la dégradation du glycogène musculaire en acide lactique (chapitre 2), même si,

Figure 0.1 Le Nobel Archibald Hill en 1927

à l'époque, les détails de cette réaction restaient encore obscurs. L'importance de la demande énergétique, à l'exercice, fait du muscle un modèle idéal pour aider à décrypter les mystères du métabolisme cellulaire. C'est ainsi qu'en 1921, A.V. Hill (figure 0.1) a obtenu le prix Nobel de physiologie et de médecine, pour ses travaux sur le métabolisme énergétique. À cette époque, la biochimie en était à ses débuts. L'obtention du prix Nobel par Albert Szent Gorgyi, Otto Meyerhof, August Krogh, et Hans Krebs pour leurs travaux sur les mécanismes de production de l'énergie par la cellule vivante a favorisé la reconnaissance rapide de cette nouvelle discipline scientifique.

Bien que l'essentiel des travaux de Hill ait été réalisé sur des muscles isolés de grenouille, cet auteur a également été un des premiers à mener des études sur les coureurs à pied. Celles-ci ont été permises grâce à la contribution technique de John Haldane qui a mis au point les méthodes et l'équipement permettant les mesures de la consommation d'oxygène à l'exercice. Ces chercheurs, et quelques autres, ont ainsi apporté les premières notions fondamentales nécessaires à la compréhension de la production d'énergie par le corps humain. Celle-ci fait toujours l'objet d'un nombre considérable de recherches. L'ensemble de ces travaux a débouché sur l'élaboration de systèmes de mesures automatisées de la consommation d'oxygène, dans les laboratoires contemporains de physiologie de l'exercice. C'est pourquoi, dans son discours inaugural, A.V. Hill a également souligné l'importance de la contribution des travaux de John Haldane et de leurs retombées possibles en physiologie de l'exercice.

« Hormis la recherche directe en physiologie sur l'homme, l'étude des instruments et des méthodes applicables à l'homme, leur standardisation, leur description, leur application en routine associée à l'élaboration de normes apportent un réel avantage à la médecine ainsi qu'à toutes les activités où l'homme représente l'objet d'étude. Tout travail physique (athlètes, mineurs, marins…) demande des connaissances en physiologie humaine ainsi que celles relatives aux conditions de travail. L'observation de sujets malades à l'hôpital n'est pas la meilleure méthode pour étudier l'homme sain. Il semble nécessaire de construire une démarche scientifique pour étudier l'homme sain. Une telle démarche rendrait un grand service non seulement à la médecine mais aussi à notre vie sociale et industrielle. Par exemple, les travaux de Haldane en physiologie respiratoire ont rendu un immense service dans diverses activités comme le travail dans les mines ou la plongée. Ce qui est vrai pour la physiologie respiratoire semble aussi être vrai pour d'autres fonctions physiologiques ».

3.3 Période d'échange scientifique et d'interaction

Les années entre 1900 et 1930 furent une période de grands changements pour l'environnement scientifique et médical des Etats-Unis. Le bouleversement du cursus médical des étudiants fut conduit à l'Université de Johns Hopkins. En effet, de plus en plus de programmes d'études médicales ou d'études supérieures s'inspirèrent du modèle européen d'expérimentation et de développement scientifique pour leur stratégie éducative. De grandes avancées furent réalisées en physiologie dans divers domaines tels que la bioénergétique, les échanges gazeux, la chimie du sang. Ces avancées eurent des retombées directes pour la physiologie de l'exercice. Grâce à des collaborations datant de la fin du XIXe siècle, les interactions entre les laboratoires et les scientifiques s'intensifièrent et des congrès internationaux d'organisations diverses telles que l'Union Internationale des Sciences Physiologiques créèrent une atmosphère de libre échange scientifique, de discussions et de débat. La création de laboratoires de recherche et les collaborations nées de ces créations, font de cette période l'une des plus importantes dans l'histoire de la physiologie de l'exercice du XXe siècle.

3.3.1 Le Harvard Fatigue Laboratory

Aucun laboratoire n'a eu autant d'impact, sur la physiologie de l'exercice, que le Harvard Fatigue Laboratory (HFL) fondé en 1927. À ses débuts le HFL était basé à la « Harvard Buisness School » et paradoxalement ses objectifs initiaux étaient de mener des recherches sur la fatigue et les dangers de l'industrie. C'est à la perspicacité du fameux biochimiste international Lawrence J. Henderson que l'on doit la création de ce laboratoire. Henderson a reconnu la nécessité d'étudier la physiologie du mouvement humain dans des circonstances environnementales particulières (telles que la chaleur ou l'altitude). Ne souhaitant pas être lui-même à la tête de ce programme de recherches, Henderson fit appel à un jeune biochimiste de l'Université de Stanford, David Bruce Dill, qui en devint le premier directeur, titre qu'il garda jusqu'à la fermeture du HFL en 1947.

Comme nous l'avons vu précédemment, Dill aida A.V. Block dans l'écriture de la troisième édition du livre de F. A. Brainbridge sur la physiologie de l'exercice. Quelques années plus tard, on lui a attribué l'écriture de cet ouvrage dont les données ont servi de programme au « Harvard Fatigue Laboratory ».

Bien qu'ayant peu d'expérience en ce domaine, le caractère inventif de Dill et son aptitude à s'entourer de jeunes et talentueux scientifiques ont permis de mettre en place les fondements modernes de la physiologie environnementale et de l'exercice. Ainsi, l'équipe du HFL a étudié la physiologie de l'endurance et défini les critères de performance en course à pied. La plupart des expérimentations réalisées, par cette équipe, n'ont pas été faites dans le laboratoire lui-même mais dans le désert du Nevada, dans le delta du Mississippi et sur la Montagne blanche de Californie (altitude 3 962 m). Ces études et les suivantes ont apporté les données fondamentales nécessaires à la réalisation des expérimentations ultérieures concernant les effets de l'environnement sur la performance physique.

Les premiers travaux de l'école du HFL se sont essentiellement intéressés aux problèmes généraux concernant l'exercice, la nutrition et la santé. À titre d'exemple, les premières études concernant l'influence de l'âge sur l'aptitude physique ont été conduites en 1939 par Sid Robinson (figure 0.2), un étudiant de l'équipe du HFL. En analysant les réponses à l'exercice de sujets âgés de 6 à 91 ans, Robinson a pu décrire les effets de l'âge sur la fréquence cardiaque maximale et sur la consommation maximale d'oxygène[18]. Mais avec le début de la Seconde Guerre mondiale, l'équipe du HFL a pris une orientation différente. Henderson et Dill ont essayé d'apporter leur contribution à l'effort de guerre. Sollicités pour former de nouveaux laboratoires dans les différents corps de l'armée, ils ont également publié les différentes méthodologies pouvant servir à la recherche militaire ; ces méthodes sont encore utilisées partout dans le monde.

Les étudiants d'aujourd'hui en physiologie de l'exercice seraient stupéfaits de découvrir la

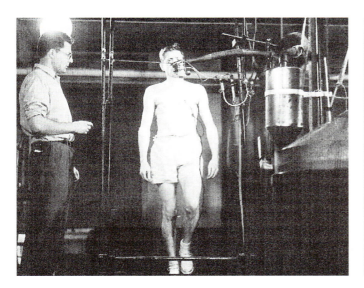 

Figure 0.2

Sid Robinson testé sur tapis roulant au Harvard Fatigue Laboratory par R.E. Johnson (à gauche) et comme étudiant et athlète en 1938 (à droite).

technologie utilisée par l'équipe du HFL, le temps et l'énergie dépensés pour réaliser ces premières recherches. Les résultats obtenus aujourd'hui en quelques secondes, grâce à l'utilisation des analyseurs automatiques et des ordinateurs, demandaient à l'époque plusieurs jours de travail au personnel du HFL. La mesure de consommation d'oxygène à l'exercice, par exemple, nécessitait de recueillir des échantillons de gaz expirés, dont les teneurs en oxygène et en gaz carbonique étaient ensuite déterminées manuellement, par des analyseurs chimiques (figure 0.3). Ainsi, 20 à 30 minutes de travail étaient nécessaires à l'analyse d'un échantillon d'air recueilli pendant une minute. Aujourd'hui, de telles mesures sont quasi instantanées et ne requièrent qu'une faible participation du personnel de laboratoire. Le travail de ces pionniers de la physiologie de l'exercice était donc tout simplement merveilleux. En utilisant les équipements et les techniques de l'époque, les scientifiques du HFL publièrent environ 350 articles en 20 ans.

Ce laboratoire fut aussi un véritable centre intellectuel qui a permis d'attirer un grand nombre de jeunes physiologistes. Pendant les 20 ans de son existence, de 1927 à 1947, des étudiants originaires de 15 pays différents y ont travaillé. La plupart d'entre eux ont ultérieurement développé leur propre laboratoire et sont devenus des figures internationales reconnues dans la physiologie de l'exercice comme Sid Robinson, Henry Longstreet Taylor, Lawrence Morehouse, Robert E. Johnson, Ancel Keys, Steven Horvath, C. Frank Consolazio et William H. Forbes. Des étudiants ayant séjourné quelque temps au HFL comme August Krogh, Lucien Brouha, Edward Adoplh Walter B. Cannon, Peter Scholander et Rudolfo Margaria ont eux aussi acquis une renommée internationale tout comme de nombreux scientifiques scandinaves dont nous parlerons ultérieurement. Ce laboratoire peut donc être considéré comme le groupe fondateur de la physiologie de l'exercice dans le monde. Même de nos jours, les travaux de la plupart des physiologistes de l'exercice trouvent leurs racines dans ceux du HFL.

Figure 0.3

Les premières mesures des réponses métaboliques à l'exercice nécessitaient le recueil des gaz expirés dans un sac étanche (sac de Douglas) (à gauche). On mesure la teneur en oxygène et en dioxyde de carbone d'un échantillon grâce à un analyseur chimique de gaz comme le montre la photo de droite avec August Krogh, Lauréat du prix Nobel.

3.3.2 L'influence scandinave

En 1909, Johannes Lindberg créa un laboratoire qui servit d'incubateur pour les innovations scientifiques des chercheurs à l'Université de Copenhague au Danemark. Avec August Krogh, lauréat du prix Nobel en 1920, Lindberg publia les résultats de nombreux travaux fondamentaux pour la physiologie de l'exercice dans des domaines aussi variés que la bioénergétique musculaire ou les échanges gazeux pulmonaires. Leurs travaux ont ensuite été poursuivis de 1930 à 1970 par Erik Hohwü-Christensen, Erling Asmussen, et Marius Nielsen.

Les premiers contacts entre D.B. Dill et August Krogh, ont conduit à l'intégration, en 1930, de ces trois physiologistes danois exceptionnels au sein du groupe HFL. Krogh les y a ainsi incités à séjourner à Harvard pour y étudier l'exercice à la chaleur ou en altitude élevée. De retour dans leur pays, chacun de ces trois scientifiques s'est ensuite orienté vers une recherche différente. Asmussen et Nielsen sont devenus professeurs à l'Université de Copenhague. Asmussen étudiait les propriétés mécaniques du muscle et Nielsen étudiait la régulation de la température corporelle. Jusqu'à leur départ, ils sont tous deux restés très attachés à l'Institut Auguste Krogh de l'Université de Copenhague.

En 1941, à Stockholm, Christensen (figure 0.4a) devient le premier professeur de physiologie à l'Université d'éducation physique et de gymnastique (GIH). À la fin des années 1930, il s'associe avec Ole Hansen pour conduire puis publier une série de cinq études concernant le métabolisme des glucides et des lipides à l'exercice. Ces travaux sont encore cités très fréquemment et considérés, pour la plupart, comme les études les plus importantes et les plus fondamentales dans le domaine de la nutrition du sport. C'est Christensen qui a initié Per-Olof Åstrand au domaine de la physiologie de l'exercice. Åstrand, qui a réalisé de nombreuses études sur l'aptitude physique et la capacité d'endurance entre 1950 et 1960, est devenu le directeur du groupe GIH après Christensen qui s'est retiré en 1960. Lorsque Christensen exerçait au GIH,

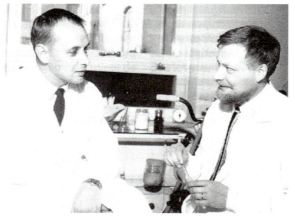

Figure 0.4 Les Scandinaves

Erik Hohwü-Christensen, premier professeur de physiologie à l'Université de gymnastique et d'éducation physique d'Idrottshögskolan à Stockholm, Suède (en haut à gauche). Bengt Saltin, vainqueur du prix olympique en 2002 (en haut à droite). Jonas Bergström (en bas à gauche) et Eric Hultman (en bas à droite), les premiers à utiliser la biopsie musculaire pour étudier l'utilisation du glycogène musculaire et sa resynthèse, avant, pendant et après l'exercice.

il influença de nombreux scientifiques prestigieux comme Bengt Saltin qui gagna, en 2002, le prix Olympique pour sa contribution dans le domaine de la physiologie de l'exercice et de la physiologie clinique (figure 0.4b).

Au-delà de leurs travaux au GIH, Hohwü-Christensen et Åstrand ont également travaillé avec d'autres physiologistes de l'Institut Karolinska à Stockholm, qui étudiaient les applications cliniques de l'exercice. Les travaux de cet institut ont eu des répercussions très importantes. Ainsi, vers 1966, Jonas Bergström a développé la technique de la biopsie musculaire à l'aiguille qui a permis l'essor considérable d'études sur la biochimie du muscle humain et sur la nutrition (figure 0.4c). À l'origine, cette technique qui nécessite le prélèvement d'un petit échantillon de tissu musculaire, grâce à une incision, a été utilisée pour la première fois dans les années 1900 pour étudier la dystrophie musculaire. La biopsie à l'aiguille a ainsi permis aux physiologistes de mener de nombreuses études histologiques et biochimiques sur le muscle humain avant, pendant et après l'exercice.

D'autres études invasives sur la circulation sanguine ont été ultérieurement conduites par les physiologistes du groupe GIH, à l'Institut Karolinska. Entre 1927 et 1947, le laboratoire d'Harvard a ainsi constitué le pilier de la physiologie de l'exercice, les laboratoires scandinaves ont ensuite pris le relais à la fin des années 1940. Pendant les 20 dernières années, la plupart des investigations ont été conduites grâce à des collaborations entre physiologistes de l'exercice américains et scandinaves.

3.3.3 Les autres grands noms de la physiologie de l'exercice

La physiologie constitue une science fondamentale de la médecine clinique. Comme elle, la physiologie de l'exercice a apporté des connaissances nouvelles dans d'autres domaines comme l'éducation physique, la remise en forme et d'une manière générale la santé. À la fin du XIXe siècle et au début du XXe, des médecins comme Edward Hitchcock, Jr. (Collège d'Amherst) et Dudley Sargent (Université de Harvard) ont étudié les proportions corporelles (anthropométrie) et les effets de l'entraînement sur le développement de la force et de l'endurance. C'est Peter Karpovich, un immigrant russe ayant momentanément travaillé au « Harvard Fatigue Laboratory », qui joua un rôle majeur en appliquant la physiologie de l'exercice à l'éducation physique aux États-Unis. Après avoir créé lui-même son propre laboratoire de recherche, Karpovich a enseigné la physiologie à l'Université de Springfield (Massachusetts) de 1927 jusqu'à sa mort en 1968. Même s'il a beaucoup contribué au développement des connaissances en éducation physique et en physiologie de l'exercice, il est surtout connu pour avoir formé d'éminents chercheurs comme Charles Tipton et Loring Rowell, deux lauréats du prix du Collège Américain des Sciences du Sport.

Un autre membre de l'Université de Springfield, l'entraîneur de natation T.K. Cureton (figure 0.5b) a créé un autre laboratoire de physiologie de l'exercice, à l'Université de l'Illinois en 1941. Tout en poursuivant ses recherches il a enseigné, jusqu'à son départ en 1971, aux meilleurs spécialistes actuels en ce domaine. Les programmes de remise en forme, bien connus sous le nom d'*Aerobic*, ont été mis au point par Cureton et ses étudiants puis publiés dans l'ouvrage de Kenneth Cooper en 1968. S'appuyant sur des bases physiologiques, ils montrent comment l'activité physique régulière peut être un atout majeur pour la santé[7].

Elsworth R. « Buz » Buskirk (figure 0.5c) est un autre pionnier de la physiologie de l'exercice qui a milité pour que cette discipline devienne universitaire. Après avoir occupé le poste de directeur du département de physiologie environnementale du « Quatermaster Research and Devlopment Center » dans l'Etat du Massachussetts (1954-1957) puis celui de chercheur en physiologie à l'Institut National de la Santé (1957-1963), il termina le reste de sa carrière à l'Université de Pennsylvanie. Il y mit en place une formation universitaire diplômante en physiologie et y fondit en 1974, le Laboratoire de Recherche sur la Performance Humaine (Laboratory for Human Performance Research), le premier institut de

Figure 0.5

Pendant ses fonctions à Springfield College, Peter Karpovich (à gauche) a introduit la physiologie de l'exercice dans les enseignements. Thomas K. Cureton (à droite) a dirigé le Laboratoire de physiologie de l'exercice à L'Université de l'Illinois à Urbana-Champaign de 1941 à 1971. À l'Université de Pennsylvanie, Elsworth Buskirk (en bas) a élaboré un programme d'études supérieures intercollégial centré principalement sur la physiologie appliquée (1966) et a été le fondateur du Laboratoire de Recherche sur la Performance Humaine (1974).

Introduction
La Physiologie du sport et de l'exercice

Médecine personnalisée et prescription d'exercice

En 2007, le congrès des Etats-Unis d'Amérique a voté pour l'introduction du projet de loi intitulé « Genomics and Personalized Medicine Act » dont le but est de tendre vers une médecine personnalisée grâce à l'étude du génome humain. Ainsi, ce programme a pour objectif de mettre en œuvre et de soutenir la recherche en proposant aux patients une « médecine personnalisée et de diagnostic moléculaire » par l'utilisation d'informations, notamment cliniques, génétiques et génomiques. La finalité de ce projet était d'optimiser les stratégies de soin en proposant aux patients le traitement et/ou le dosage médicamenteux le plus efficace et le plus adapté en fonction de leur profil génétique et biologique[13,14]. Ce concept de médecine personnalisée est issu de la pharmaco-génomique, science qui a pour objet l'étude des effets des médicaments sur le génome humain et qui tente de comprendre pourquoi certaines personnes répondent favorablement à certains traitements médicamenteux alors que d'autres n'y répondent pas (voire même présentent des effets néfastes ou indésirables). Par exemple, une étude a mis en évidence que deux gènes influencent la capacité des individus à métaboliser la warfarine, un médicament très utilisé pour prévenir la formation de caillots dans les vaisseaux sanguins (thromboses) chez les personnes atteintes de troubles cardiovasculaires. Comme la quantité d'anticoagulant à administrer est primordiale, une dose trop importante est associée à un risque élevé d'hémorragies, alors qu'une dose trop faible rend le traitement sans effet. Connaître ces variations génétiques devrait permettre ainsi d'identifier les personnes qui courent un risque de surdosage et donc d'hémorragie, afin d'ajuster au mieux la dose de warfarine à administrer à chaque patient[23].

De la même manière, des études récentes soulignent l'importance de l'individualisation dans la prescription d'exercice[3]. En effet, il est bien connu que la pratique physique exerce des effets bénéfiques dans de nombreuses pathologies comme les maladies cardiovasculaires, l'ostéoporose, les maladies métaboliques (diabète, obésité)… Là encore, on retrouve une certaine hétérogénéité, que ce soit dans la capacité des personnes à pouvoir réaliser un exercice plus ou moins intense, et/ou dans leurs possibilités d'adaptations en réponse à une période d'entraînement[17], et ce d'autant plus si ces personnes sont atteintes par les pathologies citées précédemment. Si un médecin sait comment un patient réagit à l'exercice physique, il pourra alors déterminer si un programme d'entraînement aboutira à l'amélioration souhaitée de l'état de santé. C'est pourquoi, les études actuelles commencent tout juste à proposer des programmes d'entraînement personnalisé, que ce soit en termes de modalités d'exercices ou d'intensité, afin d'optimiser les effets bénéfiques de l'entraînement chez ces patients.

Ainsi, les chercheurs conçoivent des protocoles expérimentaux afin de déterminer
1) les mécanismes par lesquels l'exercice exerce ses effets (qu'ils soient positifs ou négatifs) au niveau cellulaire et systémique,
2) la « dose » optimale d'exercice qui produira des effets bénéfiques pour les populations souffrantes de pathologies,
3) la meilleure façon d'évaluer les réponses à l'exercice, que ce soit pour une personne seule ou un groupe et,
4) s'il est justifié de proposer une prise en charge par l'activité physique en complément de leur traitement thérapeutique classique.

Un des grands défis que devra relever la médecine personnalisée est de comprendre les mécanismes, au niveau génomique et systémique, responsables de la grande variabilité des réponses individuelles à l'entraînement. Il est probable que les résultats à long terme de grands essais cliniques randomisés examinant la variabilité intra-individuelle dans les réponses à l'exercice chez l'homme, permettent d'élaborer des stratégies de soin de santé personnalisées[3], incluant la prise en charge individualisée par l'exercice physique.

---

recherche national consacré à l'étude des adaptations de l'Homme à l'exercice et aux stress environnementaux. Il continua son activité de recherche jusqu'à sa mort en 2010.

Bien que les bienfaits de l'exercice physique aient été pressentis dès le début du XIXe siècle, il a fallu attendre les années 1960 pour que cette pratique devienne véritablement populaire. Les recherches ultérieures n'ont fait que confirmer l'importance de l'activité physique pour limiter la baisse inéluctable des capacités physiques avec l'âge, prévenir ou limiter les désordres associés aux pathologies chroniques et faciliter la rééducation.

3.4 La physiologie du sport et de l'exercice physique contemporaine

L'essentiel des progrès en physiologie de l'exercice est d'ordre technique. À la fin des années 50, Henry L. Taylor et Elsworth R. Buskirk publièrent deux articles influents et novateurs[4,22] décrivant les critères d'atteinte de la consommation maximale d'oxygène, facteur majeur de l'aptitude cardiorespiratoire. Puis, vers 1960, le développement des analyseurs électroniques a permis la mesure des gaz respiratoires, rendant ainsi plus facile les mesures du métabolisme énergétique. Cette dernière technique, ainsi que la radiotélémétrie (qui utilise des signaux transmis par la radio), permettant d'enregistrer à distance la fréquence cardiaque et la température corporelle, pendant l'exercice, sont le résultat du programme spatial américain. Jusqu'à la fin des années 1960, la plupart des travaux en physiologie de l'exercice a concerné les réponses de l'organisme entier à l'exercice. La majorité des investigations a consisté en des mesures de variables telles que la consommation d'oxygène, la fréquence cardiaque, la température corporelle et le niveau de sudation. À l'époque les réponses cellulaires à l'exercice suscitaient encore peu d'intérêt.

3.4.1 L'approche biochimique

Au milieu des années 1960, trois biochimistes ont joué un rôle essentiel dans le domaine de la physiologie de l'exercice. Il s'agit de John Holloszy (figure 0.6a) de l'Université de Washington (St Louis) et de Charles « Tip » Tipton (figure 0.6b) de l'Université de l'Iowa et Phil Gollnick (figure 0.6c). Ils ont été les premiers à utiliser le rat et la souris pour étudier le métabolisme musculaire et les facteurs responsables de la fatigue. L'ensemble de leurs travaux et ceux de leurs étudiants ont renforcé le contenu biochimique des recherches en physiologie de l'exercice. Holloszy a été récompensé en 2000 par le prix Olympique pour sa contribution dans le domaine de la physiologie de l'exercice et de la santé.

Avant les années 1960, il existait peu d'études biochimiques concernant les adaptations du muscle en réponse l'entraînement. Ceci peut paraître surprenant car le commencement de cette discipline scientifique date du début du XXe siècle. En effet, pour que celle-ci soit appliquée sur le muscle humain, il a fallu attendre Bergstrom et Hultman qui, en 1966, ont popularisé la technique de biopsie musculaire. Au départ, la biopsie a été utilisée pour mettre en évidence la déplétion du glycogène musculaire lors de l'exercice et sa resynthèse lors de la récupération. Au début des années 1970, des physiologistes de l'exercice ont utilisé la biopsie associée aux marquages histochimiques et au microscope électronique pour déterminer la typologie musculaire.

Avec l'utilisation de la biopsie musculaire, introduite par Bergström, de nouveaux physiologistes de l'exercice (plus spécialement des biochimistes) sont apparus. À Stockholm, Bengt Saltin réalise toute l'importance de ce procédé permettant d'étudier la structure et la biochimie du muscle. Il fut le premier à collaborer avec Bergström, à la fin des années 1960. Ensemble ils ont étudié les effets du régime alimentaire sur l'endurance musculaire. Pratiquement à la même époque, Reggie Edgerton de l'Université de Californie, Los Angeles et Phil Gollnick de l'Université de Washington utilisaient les rats pour étudier les caractéristiques des fibres musculaires individuelles et leurs réponses à l'entraînement. Saltin a combiné les connaissances issues de la biopsie musculaire et les talents biochimiques de Gollnick. Ces recherches ont contribué à définir les caractéristiques des fibres musculaires humaines et leurs modalités d'utilisation à l'exercice. Bien que de nombreux biochimistes aient utilisé l'exercice pour étudier le métabolisme, ceux qui ont eu le plus d'impact sur la direction future de la physiologie de l'exercice chez l'homme sont Bergström, Saltin, Tipton, Holloszy et Gollnick.

3.4.2 Les autres outils et techniques

Les progrès scientifiques en physiologie de l'exercice sont étroitement liés aux applications des technologies issues des sciences fondamentales. En effet, la première étude sur le métabolisme

Figure 0.6

John Holloszy, Lauréat du prix olympique en 2000 pour ses contributions scientifiques dans le domaine de la physiologie de l'exercice (à gauche). Charles Tipton, professeur à l'Université d'Iowa et d'Arizona, mentor de nombreux étudiants qui sont devenus des leaders en biologie moléculaire et en génomique (à droite). Phil Gollnick, spécialiste de recherche en biochimie et spécialiste du muscle, à l'Université de l'état de Washington (en bas).

énergétique à l'exercice a pu être réalisée grâce à des appareils permettant la collecte et l'analyse de gaz (oxygène et dioxyde de carbone).

La mesure de la lactatémie, considérée souvent comme un reflet des sollicitations anaérobies du muscle, ne donne en réalité que peu d'informations sur la production et l'élimination de ce sous-produit métabolique à l'exercice. De même, la mesure du glucose sanguin que ce soit avant, pendant et après un exercice épuisant, considérée auparavant comme une donnée intéressante, s'est avérée par la suite d'un intérêt limité dans la compréhension des échanges en énergie au niveau cellulaire.

Depuis ces années, les physiologistes ont utilisé différentes techniques chimiques pour comprendre la production d'énergie par le muscle et ses adaptations à l'entraînement. Des échantillons de biopsies musculaires (analyses in vitro) ont été analysés pour mesurer l'activité enzymatique et la capacité des fibres musculaires à utiliser l'oxygène. Même si ces expérimentations ont donné un aperçu du potentiel de la fibre à produire de l'énergie, elles ont laissé plus de questions en suspens que de réponses apportées. En effet, ces dernières étaient liées à la composition même de la fibre. Il était donc tout naturel d'aller plus loin dans l'exploration des mécanismes pour pouvoir répondre à ces questions. C'est pourquoi, les chercheurs se sont tournés vers la biologie cellulaire et moléculaire.

Même si la biologie moléculaire n'était pas une nouvelle science, elle est devenue une

Figure 0.7 Franck Booth (à gauche) et Ken Baldwin (à droite).

technique très utile pour les physiologistes de l'exercice qui désiraient aller plus loin dans l'exploration des mécanismes cellulaires comme la régulation du métabolisme et les adaptations à l'exercice. Des physiologistes comme Frank Booth et Ken Baldwin (figure 0.7) ont consacré leur carrière à comprendre la régulation moléculaire des caractéristiques et du fonctionnement des fibres musculaires. La majeure partie de leurs travaux était consacrée au contrôle génétique de la croissance musculaire et de l'atrophie. L'utilisation de la biologie moléculaire pour étudier les propriétés contractiles des fibres est discutée dans le chapitre 1.

Bien avant que James Watson et Francis Crick aient découvert la structure de l'acide désoxyribonucléique (ADN) (1953), les scientifiques connaissaient déjà l'importance de la génétique dans la détermination des structures et des fonctions des êtres vivants. Désormais, les recherches de pointe en physiologie de l'exercice comportent des techniques de biologie moléculaire et de génétique. Depuis le début des années 1990, à l'aide de ces nouveaux outils, les scientifiques essayent d'expliquer comment l'exercice, en émettant un signal, affecte l'expression des gènes à l'intérieur du muscle.

Rétrospectivement, il est clair que depuis le début du XXe siècle, la physiologie de l'exercice a considérablement évolué passant de la mesure

---

La biologie systémique intégrative

Avec l'annonce du séquençage du génome humain en 2001, les scientifiques espéraient qu'un jour, on pourrait tout simplement analyser les cellules de la joue d'une souris à partir d'un coton-tige introduit dans sa gueule, voire même que l'on puisse prédire le risque de développer certaines pathologies comme le diabète ou les maladies cardiovasculaires à partir de l'analyse de notre génome[5,6].

Ces avancées dans les biotechnologies ont produit des quantités de données phénoménales depuis leur développement. Toutefois, l'optimisme initial concernant la possibilité de prédire l'apparition de certaines pathologies et d'optimiser leur traitement en analysant juste ce génome, est retombé[15].

En effet, il n'existe que très peu de gènes spécifiques dont la mutation peut prédire de manière fiable l'apparition de certaines pathologies. C'est notamment le cas pour les gènes BRCA1 et BRCA2[7] dont la mutation est fortement associée à une forte prédisposition au cancer du sein chez la femme. De plus, il s'avère que l'analyse de facteurs de risques traditionnels du diabète de type 2, prédit de manière plus fiable le risque d'apparition de la pathologie que l'évaluation d'un score de risque génétique basé sur la mutation de plus de 20 gènes associés à cette même pathologie[21]. Les promesses médicales tant attendues sont donc loin d'avoir été tenues et les apports de la génomique pour la prédiction ou le traitement de certaines pathologies ont été très modestes comparés aux ressources investies.

À l'ère des données mégagénomiques, que devient l'étude de la physiologie dans tout ça ? Son étude est-elle encore pertinente pour préserver la santé et prévenir l'apparition de certaines pathologies ? La biologie systémique intégrative qui a pour objet d'étude les systèmes formés par les produits de gènes en interaction, n'est pas une discipline à proprement parler. Elle représente plutôt une vision, un axe de recherche qui dépasse les disciplines traditionnelles comme la pharmacie ou la médecine, qui par leur cloisonnement, ont atteint leurs limites. Pour aller au-delà, une vision plus systémique, holistique plutôt que fractionnée et réductionniste, est nécessaire. Son essor étant directement lié au développement de nouvelles technologies expérimentales, comme les biotechnologiques, et au développement de nouveaux outils d'analyse, la biologie systémique intégrative réunit ainsi des scientifiques d'horizon différents (informaticiens, statisticiens, mathématiciens, physiciens, ingénieurs, chimistes, médecins et biologistes) autour des mêmes questions scientifiques.

Le Dr Michael J. Joyner, chercheur à la clinique Mayo, renommé et primé, est un ardent défenseur de la **physiologie intégrative** ou physiologie intégrée. Il reproche à la tendance réductionniste qui s'est immiscée dans la biologie moderne grâce au développement de la biologie moléculaire, de limiter notre compréhension de l'organisme. Contrairement à la biologie moléculaire qui étudie les processus biologiques au niveau le plus petit (à savoir comment les gènes codent pour des protéines dans les cellules), la physiologie intégrative examine comment l'organisme, dans sa globalité, fonctionne et s'adapte aux contraintes internes et externes (y compris à l'exercice). Cette approche est en lien avec les notions d'homéostasie, de systèmes régulés et de redondance fonctionnelle.

La physiologie intégrée, en prenant en compte l'environnement, la culture et le comportement, permet de comprendre et d'appréhender le fonctionnement de l'organisme dans sa globalité. Le prochain défi pour les chercheures en physiologie intégrative sera de prendre en compte les découvertes récentes de la génétique et de la biologie moléculaire, et d'examiner comment différents comportements comme l'activité physique, l'alimentation ou le stress, interagissent avec cette composante génétique sur l'état de santé des personnes.

globale des fonctions corporelles (i.e., la consommation d'oxygène, la respiration, la fréquence cardiaque) à l'étude moléculaire de l'expression génique des fibres musculaires. Il ne fait aucun doute que les physiologistes de l'exercice du futur devront être au fait des techniques de biochimie, de biologie moléculaire et de génétique.

3.4.3 Les études chez les athlètes

Depuis plus de cent ans, les athlètes ont été utilisés comme modèle pour étudier les limites de l'endurance humaine. La première étude physiologique aurait été réalisée en 1871 par Austin Flint qui a étudié l'un des plus célèbres athlètes de cette époque : Edward Payson Weston, un coureur et marcheur de fond. Ce travail consistait, entre autres, à étudier la balance énergétique de Weston (énergie apportée par l'alimentation-dépense énergétique) lors d'une marche de 400 miles en 5 jours. Bien que l'étude ait donné peu de réponses sur le métabolisme musculaire à l'exercice, celle-ci démontra l'utilisation des protéines lors des exercices prolongés et intenses[11].

Tout au long du XXe siècle, les athlètes ont été utilisés comme sujets d'étude dans le domaine de la physiologie de l'exercice. L'objectif principal était de déterminer les limites maximales de la force, de l'endurance humaine et de définir les caractéristiques nécessaires à la réalisation de performances. Les résultats obtenus devaient permettre de prédire la performance, de prescrire un programme d'entraînement, ou d'identifier les athlètes possédant un potentiel exceptionnel. Cependant, dans la plupart des cas, ces applications physiologiques présentent un intérêt limité car très peu de tests de laboratoire ou de terrain évaluent précisément toutes les qualités requises pour devenir un champion.

3.5 Les femmes dans la physiologie de l'exercice

Comme dans beaucoup d'autres domaines scientifiques, il a fallu du temps pour reconnaître la contribution des femmes dans le domaine de la physiologie de l'exercice. En 1954, Irma Rhyming a publié avec son futur mari, P-O Åstrand, un travail majeur qui prédit le potentiel aérobie d'un sujet à partir de sa fréquence cardiaque d'exercice sous-maximal[1]. Même si depuis, de nombreux travaux ont également essayé de prédire l'aptitude aérobie, leur étude fait toujours référence.

Dans les années 1970, deux chercheuses suédoises, Birgitta Essen et Karen Piehl ont été reconnues sur le plan international respectivement pour leurs travaux sur la typologie et la fonction musculaire chez l'homme. Essen, qui a collaboré avec Bengt Saltin, a joué un rôle décisif dans l'adaptation des méthodes biochimiques à l'étude des petits fragments musculaires obtenus par biopsie. C'est à partir de ses travaux, que d'autres scientifiques ont pu étudier l'utilisation des glucides et des lipides par le muscle et identifier les différents types de fibres musculaires. Piehl, quant à elle, a publié de nombreuses études sur le recrutement des différents types de fibres musculaires lors des exercices aérobies et anaérobies.

Puis, dans les années 1970 et 1980, c'est au tour de Bodil Nielsen, physiologiste suédoise, fille de Marius Nielsen, d'apporter une contribution majeure à l'étude de la réponse de l'homme à l'ambiance chaude et la déshydratation. À la même époque, à l'Université de Californie de Santa Barbara, une physiologiste de l'exercice, Barbara Drinkwater (figure 0.8c) travaillait sur ce même thème. Ses travaux étaient souvent réalisés en collaboration avec Steven Horvath, le gendre de

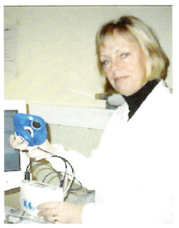

Figure 0.8

De gauche à droite : Birgitta Essen a collaboré avec Bengt Saltin et Phil Gollnick en publiant la première étude sur les fibres musculaires humaines. Karen Piehl a été parmi les premiers physiologistes à démontrer que le système nerveux recrute de façon sélective les fibres lentes et les fibres rapides lors d'un exercice de différentes intensités. Barbara Drinkwater a été parmi les premières à étudier la femme sportive et à aborder les questions spécifiques aux femmes athlètes.

D.B. Dill et directeur du laboratoire de physiologie environnemental. Sa contribution à la physiologie environnementale et aux problèmes physiologiques de la femme athlète lui ont valu d'être reconnue mondialement. Par leur contribution scientifique et leur crédibilité, ces femmes ont joué un rôle majeur en attirant d'autres femmes plus jeunes dans le domaine de la physiologie et la médecine de l'exercice.

Le but de cette partie était de vous présenter une vue d'ensemble des personnalités et des technologies qui ont contribué à définir le champ de la physiologie de l'exercice et non pas d'en établir une liste exhaustive. En effet, pour les étudiants qui veulent creuser l'historique de ce domaine, il existe de bons ouvrages spécialisés.

Après ces différents rappels historiques, voyons quels sont les objets de la physiologie du sport et de l'exercice physique.

4. La recherche : fondements de la compréhension

Les scientifiques du sport et de l'exercice se sont engagés activement à mieux comprendre les mécanismes qui régulent les réponses physiologiques du corps à l'exercice aigu et chronique ainsi que les réponses physiologiques au désentraînement. La plus grande partie de cette recherche, rigoureuse sur le plan scientifique et utilisant des outils appropriés, est réalisée dans de grandes Universités ainsi que dans des centres et instituts spécialisés.

4.1 La démarche scientifique

Les sciences et la recherche (procédé par lequel les sciences se développent) sont basées sur une démarche appelée « démarche scientifique ». Cette démarche illustrée par la figure 0.9, a pour origine l'observation et l'analyse des faits, qu'ils viennent du vivant ou des données de la littérature. Ceci donne naissance à une question dont le scientifique tentera d'y répondre en construisant une hypothèse qu'il validera ou non en mettant en place une expérimentation rigoureusement élaborée et contrôlée, dont il analysera soigneusement les données récoltées. L'issue de cette démarche débouche sur l'écriture d'un article scientifique qui sera soumis à un journal approprié. L'article sera relu et expertisé par des pairs et éventuellement publié. Les travaux de recherche publiés étant ensuite lus par d'autres scientifiques, les données publiées peuvent ainsi donner naissance à de nouvelles questions qui donneront lieu à de nouvelles expérimentations faisant perdurer ce processus.

4.2 Les lieux de recherche

La recherche peut être conduite soit en laboratoire soit sur le terrain. Les tests de laboratoires sont habituellement considérés comme plus fiables car réalisés avec un équipement plus spécialisé et surtout dans des conditions mieux standardisées. C'est ainsi que la mesure de la consommation maximale d'oxygène en laboratoire ($\dot{V}O_2max$) est considérée comme le meilleur index de la capacité d'endurance cardiorespiratoire. Pourtant, certains tests de terrain sont utilisés pour prédire $\dot{V}O_2max$. Ces tests de terrain qui mesurent soit le temps nécessaire pour parcourir une distance donnée soit la distance parcourue en un temps donné ne sont

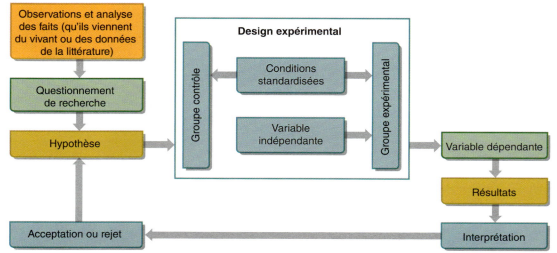

Figure 0.9 Organigramme simplifié représentant les différentes étapes de la démarche scientifique

La physiologie translationnelle

Les physiologistes de l'exercice, par la nature de leur sujet d'étude et par la variété de leurs approches dans leurs travaux sur cet objet, ont énormément contribué à ce que l'on appelle aujourd'hui, la **physiologie translationnelle**. Le concept de « physiologie translationnelle » est issu de celui de « recherche translationnelle » qui a été appliqué aux sciences physiologiques. Ce terme a été utilisé pour la première fois dans les années 1990. Il se référait aux processus de recherche étudiant la prédisposition génétique de certains sujets à développer un cancer[19]. De nos jours, la physiologie translationnelle fait le lien entre les résultats issus de la recherche fondamentale, qui sont indispensables à tout progrès, vers une recherche clinique proche des patients, pour finir enfin aux politiques de santé publique.

Ce continuum entre recherche fondamentale et santé publique est bidirectionnel. En effet, des problèmes majeurs de santé publique comme l'obésité conduisent à développer plus de recherche fondamentale dans ce domaine. En retour, les résultats issus de la recherche fondamentale amènent des changements dans la pratique clinique, améliorant ainsi la santé globale de la population.

L'étude du vieillissement est un bon exemple en soi de physiologie translationnelle. En effet, l'avance en âge constitue à lui seul un facteur de risque pour l'apparition de nombreuses pathologies chroniques et représente un grand défi pour notre système de santé et notre société en général. Afin de permettre à l'ensemble de la population de vieillir en bonne santé, il est nécessaire de mieux comprendre la physiologie du vieillissement dans toute sa globalité, c'est-à-dire du niveau le plus petit (moléculaire), jusqu'à l'échelon supérieur (santé publique). Le succès de la physiologie translationnelle repose donc sur un examen critique des données et des questions scientifiques avec une approche pluridisciplinaire en ayant toujours l'objectif que les données issues de la recherche fondamentale (laboratoire) puissent servir concrètement la recherche clinique en améliorant la santé des individus et des populations et inversement.

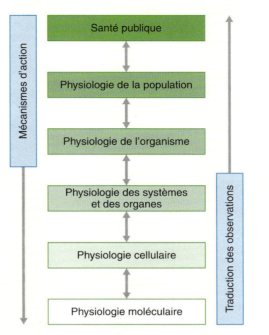

Organigramme de la physiologie translationnelle

Reprinted, by permission, from D.R. Seals, 2013, "Translational physiology: From molecules to public health", *The Journal of Physiology* 591: 3457-3469.

---

pas totalement fiables mais ils apportent une estimation raisonnable de la valeur de $\dot{V}O_2max$, ils ne coûtent pas cher, sont pratiques et permettent de tester plusieurs sujets en un temps relativement court. Ces tests de terrain peuvent être réalisés sur le lieu de travail, sur une piste d'athlétisme ou même dans une piscine. Pour obtenir une mesure directe de $\dot{V}O_2max$ il est nécessaire de se rendre dans un laboratoire spécialisé.

4.3 Outils de recherche : les ergomètres

Lorsque les réponses physiologiques à l'exercice sont évaluées en laboratoire, l'effort physique réalisé par le sujet doit être lui aussi standardisé. Ceci est en général obtenu grâce à l'utilisation d'ergomètres. Un **ergomètre** (*ergo* = travail, *mètre* = mesure) est un appareil qui permet de mesurer le travail physique réalisé par l'individu. Prenons quelques exemples.

4.3.1 Les tapis roulants

Les **tapis roulants** constituent les ergomètres de choix pour un nombre de plus en plus important de chercheurs et de cliniciens, en particulier aux États Unis. Dans ce type d'appareils, un système associant moteur et poulie entraîne une bande de roulement sur laquelle on court ou on marche (figure 0.10). Il existe des tapis de longueur et de largeur variables selon la taille du sujet à tester et la longueur de la foulée. Si le tapis roulant est trop étroit ou trop court, il devient impossible d'évaluer les athlètes de très haut niveau.

Les tapis roulants offrent de nombreux avantages. La marche sur le tapis est une activité très naturelle et la plupart des individus s'adaptent à cette course particulière en moins de une à deux minutes. C'est pourquoi, à l'exception des cyclistes,

Figure 0.10 Le tapis roulant

Figure 0.11 L'ergocycle

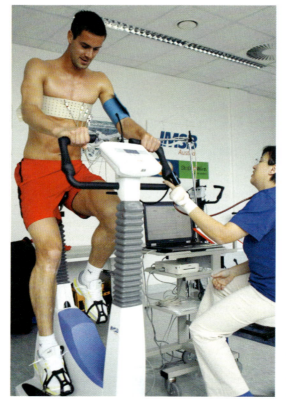

la plupart des sportifs atteignent leurs valeurs physiologiques les plus élevées (fréquence cardiaque, ventilation, consommation d'oxygène) sur tapis roulant.

L'utilisation des tapis roulants a aussi des inconvénients. À l'inverse de la plupart des cyclo-ergomètres le niveau de travail n'est pas connu de manière précise – même si on court obligatoirement à la vitesse imposée par le tapis. Ils sont généralement plus coûteux que les cyclo-ergomètres. Ils sont aussi plus volumineux, nécessitent une alimentation électrique et sont peu transportables. La mesure précise de la pression artérielle lors d'un exercice sur tapis roulant est particulièrement difficile en raison du bruit engendré par le tapis. Enfin, il est également plus délicat de réaliser des prélèvements sanguins dans ce type d'épreuve.

4.3.2 *Les ergocycles*

Pendant de nombreuses années l'**ergocycle**, ou cyclo-ergomètre, a été le seul appareil utilisé à l'exercice. On s'en sert encore largement aujourd'hui, dans les laboratoires cliniques ou de recherches, même si la tendance actuelle se fait davantage vers l'utilisation des tapis roulants. Le cyclo-ergomètre (ou ergocycle) peut être utilisé à la fois en position normale debout (figure 0.11) ou en position allongée.

Les ergocycles en recherche utilisent soit le freinage mécanique soit la résistance électrique. Les appareils à friction mécanique comportent une courroie passée autour du volant d'inertie, plus ou moins tendue, pour ajuster la résistance au pédalage. Dans ce cas, la puissance dépend de la vitesse de pédalage – plus vous pédalez vite plus la puissance développée est élevée. Pour maintenir la même puissance pendant tout le test il faut pédaler à la même vitesse. C'est pourquoi, il faut constamment enregistrer la vitesse de pédalage.

Sur les appareils à résistance électrique, encore appelés cyclo-ergomètres électromagnétiques, la résistance est assurée grâce à un conducteur électrique qui se déplace dans un champ magnétique ou électromagnétique. La puissance du champ magnétique détermine la résistance contre laquelle le sujet pédale. La résistance augmente automatiquement dès que la vitesse de pédalage diminue et inversement, de manière à maintenir constante la puissance développée.

Les cyclo-ergomètres offrent de nombreux avantages. Le travail réalisé est indépendant du poids du corps. Ceci est important pour exprimer les réponses physiologiques en fonction d'une puissance donnée. Par exemple, si vous perdez 5 kilos, les résultats obtenus lors d'un test réalisé sur tapis roulant ne peuvent être comparés à ceux obtenus avant la perte de poids, car les réponses physiologiques lors de l'exercice sur tapis vont varier en fonction du poids du corps, pour une même vitesse et une même pente. Après la perte de poids, vous réalisez un exercice physique moins intense que précédemment, pour une même vitesse et une même pente. Sur un ergocycle la perte de poids est sans aucun effet sur la réponse physiologique, lors d'un exercice réalisé contre une charge donnée et standardisée.

L'utilisation des cyclo-ergomètres a aussi des inconvénients. Si les sujets ne sont pas habitués à pédaler régulièrement, les muscles des jambes vont se fatiguer plus vite que le reste du corps et l'épuisement arrive avant que la consommation maximale d'oxygène ne soit réellement atteinte. On parle alors de consommation d'oxygène pic et non maximale. Cet épuisement précoce est attribué à une fatigue locale des membres inférieurs, à une accumulation sanguine dans les territoires inférieurs (diminution du retour veineux vers le cœur), ou bien à l'utilisation sur vélo d'une masse musculaire proportionnellement plus faible que sur tapis roulant. Les cyclistes très entraînés peuvent cependant atteindre leur valeur maximale sur cyclo-ergomètre.

4.3.3 Les autres ergomètres

D'autres ergomètres ont été construits dans le souci de proposer à l'athlète testé un exercice le plus proche possible de celui réalisé à l'entraînement ou en compétition. À titre d'exemple, il existe des ergomètres à bras, pour tester des sujets qui utilisent préférentiellement les membres supérieurs ou les épaules dans leur pratique sportive (les nageurs, par exemple). Le rameur est destiné à tester des athlètes qui pratiquent l'aviron.

Des résultats également très intéressants ont été obtenus en enregistrant les variables physiologiques de nageurs, directement en piscine. Pourtant, les problèmes induits par les mouvements incessants et les virages du nageur ont conduit les opérateurs à imaginer un système de nage contre résistance qui empêche celui-ci d'avancer. Grâce aux poids qui peuvent être en permanence ajoutés, le nageur doit nager plus vite pour maintenir cette position.

Bien que des données importantes aient été obtenues grâce à ce système, il reste que la technique de nage n'est pas identique à celle utilisée normalement. Le système de nage contre courant d'eau, permet au nageur de mieux reproduire son mouvement naturel de nage. Ici, des pompes à hélices produisent un courant d'eau qui s'oppose au sens de la nage. Le nageur essaie de maintenir stable sa position contre le courant. La circulation d'eau peut être augmentée ou diminuée de manière à faire varier la vitesse du nageur. Ce système malheureusement très onéreux a au moins contribué à résoudre partiellement les problèmes induits par le précédent, et a donné de nouvelles pistes d'exploration dans le domaine de la natation.

Lorsque l'on choisit un ergomètre, le concept de spécificité est particulièrement important surtout pour des sportifs de haut niveau. Plus le mouvement de l'ergomètre se rapproche de la spécialité sportive de l'athlète, plus les résultats obtenus seront fiables.

Résumé

› Le concept émergent de médecine personnalisée s'est étendu à la prescription d'exercices individualisés.

› En raison de l'approche réductionniste (étude des gènes, des molécules) qui domine de nos jours, les physiologistes de l'exercice se doivent de continuer d'étudier les questions biologiques à partir d'une approche intégrée, axée sur les hypothèses.

› La physiologie translationnelle fait le lien entre les résultats issus de la recherche fondamentale, vers la recherche clinique puis la pratique clinique et enfin aux politiques de santé publique.

› Pratiquement toutes les variables physiologiques (fréquence cardiaque, ventilation, consommation d'oxygène), atteignent des valeurs plus élevées sur tapis roulant que sur les autres ergomètres.

› Les cyclo-ergomètres constituent les appareils les plus appropriés pour évaluer toute évolution des fonctions physiologiques à l'exercice sous-maximal. En effet sur un cyclo-ergomètre la charge est indépendante du poids du corps tandis que le travail réalisé sur tapis roulant est directement fonction de celui-ci.

4.4 Les types de recherche

Deux types d'études sont classiquement proposés : les études transversales et les études longitudinales. Les **études transversales** consistent à tester à un moment donné, un grand échantillon de population et à utiliser les différences entre groupes pour juger de la variation éventuelle d'une variable physiologique, en fonction du temps. Lors d'une **étude longitudinale** ce sont les mêmes participants qui sont testés plusieurs fois.

Les différences entre ces deux approches seront mieux comprises à l'aide de l'exemple suivant. Considérons les effets éventuels de la course à pied sur la concentration des lipoprotéines de haute densité qui transportent le cholestérol dans le sang (HDL-C). Plus la concentration de HDL-C est importante plus le risque de maladie cardiovasculaire est restreint. Il s'agit donc de la « bonne » forme du cholestérol. Si l'on veut utiliser une approche transversale, il faut tester un grand nombre d'individus qui seront répartis en plusieurs groupes :

Figure 0.12 Histogramme

Relation entre la distance de course hebdomadaire et les concentrations moyennes en HDL-C dans 5 groupes de sujets : des sujets témoins sédentaires (0 km/semaine), et différents groupes de sujets entraînés : 24 km/semaine, 48 km/semaine, 72 km/semaine et 96 km/semaine. Il s'agit ici d'une étude transversale.

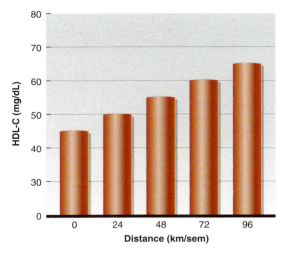

- le premier groupe ne pratique aucune activité physique régulière (groupe contrôle) ;
- le deuxième groupe court 24 km par semaine ;
- le troisième groupe court 48 km par semaine ;
- le quatrième groupe court 72 km par semaine ;
- le cinquième groupe court 96 km par semaine.

Il faut ensuite comparer les résultats d'un groupe à l'autre pour tirer des conclusions significatives. Dans le cas qui nous intéresse, cette méthode a permis de montrer que la concentration de HDL-C augmente avec la distance de course hebdomadaire, suggérant que la pratique régulière de la course à pied exerce un effet bénéfique pour la santé. De plus, comme l'illustre la figure 0.12, il existe une **relation dose-réponse** entre ces deux variables, l'intensité d'exercice la plus forte entraînant la plus forte concentration en HDL-C. Il est important de rappeler ici qu'avec ce type d'étude transversale, on étudie différents groupes de coureurs et non un même coureur soumis à des volumes d'entraînement différents.

Pour étudier cette même question par une approche longitudinale, il faut recruter des sujets volontaires, non entraînés, acceptant de courir pendant une période de 12 mois de manière régulière. Si vous choisissez 40 sujets, il faut néanmoins les répartir en deux groupes, la moitié participant au programme d'entraînement, les 20 autres constituant un groupe témoin. Les deux groupes seront suivis pendant les 12 mois. Les échantillons sanguins sont dosés au début de l'étude, puis de trois mois en trois mois jusqu'à la fin du programme annuel.

Dans ce type d'étude, le groupe expérimental et le groupe contrôle sont suivis simultanément pendant toute la période d'étude. Le groupe contrôle est important car il permet de s'assurer que toute variation observée dans le groupe expérimental est due exclusivement au programme d'entraînement et non pas à l'influence d'autres facteurs intercurrents, comme la période de l'année ou l'âge. En ce qui concerne les effets de la pratique régulière sur le niveau de HDL-C, les résultats obtenus lors des études longitudinales sont nettement moins clairs que ceux obtenus lors des études transversales. La figure 0.13 en est un exemple. À l'inverse de la figure 0.12 elle objective seulement une petite augmentation du HDL-C chez les sujets qui se sont entraînés. Dans le groupe contrôle les fluctuations trimestrielles d'HDL-C sont très faibles.

L'approche longitudinale constitue pourtant la méthode la plus fiable et la plus rigoureuse pour étudier ce problème. En effet, de nombreux facteurs peuvent influencer les résultats obtenus lors des études transversales. À titre d'exemple, les facteurs génétiques peuvent interagir : les sujets qui acceptent de courir des distances relativement importantes sont peut-être aussi ceux dont les niveaux de HDL-C sont les plus élevés. Le régime alimentaire peut aussi différer selon les populations alors que dans des études longitudinales le régime et les autres variables sont plus facilement contrôlables. Les études longitudinales ne sont toutefois pas toujours faciles et possibles à réaliser. Les études transversales permettent alors d'apporter un début de solution aux problèmes posés.

4.5 La rigueur scientifique

Lorsqu'une recherche est menée, il est important d'être le plus rigoureux possible dans la conception du protocole ainsi que dans le recueil des données. Comme vous pouvez le voir sur la figure 0.13, les changements d'une variable dans le temps en réponse à une situation comme l'exercice peuvent être minimes. Pourtant, des changements, même minimes, dans

Figure 0.13 Histogramme groupé

Relation entre le nombre de mois d'entraînement et les concentrations moyennes en HDL-C dans un groupe expérimental de 20 sujets entraînés et un groupe de 20 sujets témoins sédentaires. Il s'agit ici d'une étude longitudinale.

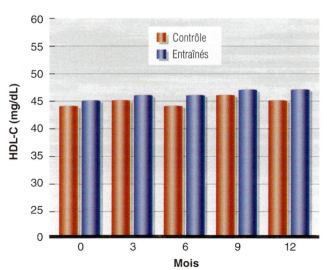

une variable comme le HDL-C, peuvent entraîner une diminution importante du risque des maladies cardiovasculaires. Sachant cela, les scientifiques conçoivent des études qui essayent de donner des résultats qui sont à la fois précis et reproductibles ; ceci nécessite que les études soient soigneusement contrôlées. Qu'est-ce que cela signifie ?

La rigueur scientifique s'applique à plusieurs niveaux. Dans le premier niveau qui est la conception du projet de recherche, les scientifiques doivent déterminer comment contrôler l'hétérogénéité des sujets de l'étude. C'est à eux de juger de l'importance des facteurs comme le sexe, l'âge, la taille. Prenons l'exemple de l'âge. Pour certaines variables, la réponse à un programme d'entraînement peut être différente pour un enfant ou une personne âgée comparée à un jeune ou une personne d'âge moyen. De la même façon, est-il important de contrôler les habitudes alimentaires ou le tabagisme des sujets ? De nombreuses réflexions et discussions sont nécessaires pour s'assurer que les sujets retenus n'entraînent pas de biais à l'étude et permettent de répondre précisément à la question posée. En effet, les résultats de quelques études antérieures ne sont pas fiables car les chercheurs n'ont pas contrôlé correctement toutes les variables.

Pour la plupart des études, il est important d'avoir un **groupe contrôle**. Il peut être également nécessaire pour certaines études d'avoir un **groupe placébo**. Ainsi, pour une étude dans laquelle un sujet peut tirer un bénéfice éventuel d'une intervention comme l'utilisation d'un aliment particulier ou d'une drogue, un scientifique devrait utiliser trois groupes : un groupe « test » qui reçoit la substance à tester, un groupe placébo qui reçoit une substance inactive connue pour n'avoir aucun effet physiologique, et un groupe contrôle qui ne reçoit rien. Ce dernier sert à déterminer l'effet de la durée de l'expérimentation sur les paramètres mesurés. Si le groupe test et le groupe placébo augmentent leurs performances de façon comparable et que le groupe contrôle ne progresse pas, dans ce cas, l'amélioration serait le résultat de l'effet placébo. Si le groupe test augmente sa performance et que le groupe placébo et contrôle ne l'augmentent pas, dans ce cas, nous pouvons en conclure que l'amélioration de la performance est le résultat du produit testé.

Un autre moyen de contrôler l'effet placébo est de réaliser une étude qui utilise un **plan d'étude croisé** (cross-over study design en anglais). Deux groupes sont nécessaires. Le premier reçoit le produit à tester pendant la première moitié de l'étude (six mois pour une étude de 12 mois) et sert de groupe contrôle la deuxième moitié. Le second groupe sert de groupe contrôle pendant la première moitié de l'étude et reçoit le produit à tester pendant la deuxième moitié. Dans certains cas, un placébo peut être utilisé pour les contrôles. Vous trouverez une discussion supplémentaire concernant les groupes placébo dans le chapitre 16.

Il est également important de contrôler le recueil des données. Le matériel doit être calibré et le recueil des données doit être standardisé. Par exemple, lorsque l'on utilise une balance pour peser les sujets, vous devez la calibrer en utilisant des poids calibrés (10, 20, 30 et 40 kg) qui ont été préalablement pesés sur une balance de précision. Pour que la mesure soit fiable, la calibration doit être réalisée au moins une fois par semaine en utilisant les poids de façon individuelle et combinée. De la même façon, les analyseurs électroniques utilisés pour la mesure des échanges gazeux doivent être calibrés fréquemment en utilisant des gaz de concentration connue.

Finalement, il est important de savoir si tous les résultats obtenus sont reproductibles. Reprenons l'exemple de la figure 0.13. Cette figure rapporte, tous les 3 mois, les concentrations d'HDL-C d'une personne qui suit un entraînement de 12 mois. Si vous testez une même personne, 5 jours consécutifs, avant le début du programme d'entraînement, vous vous attendriez à ce que les concentrations d'HDL-C soient les mêmes, à condition que l'alimentation, la quantité d'activité physique, le sommeil et le moment du prélèvement soient, à peu de choses près, identiques. Sur la figure 0.13, les valeurs d'HDL-C du groupe contrôle et du groupe entraîné varient sur les 12 mois d'étude respectivement de 44 à 45 mg / dl et de 45 à 47 mg / dl. Pendant 5 jours consécutifs, les mesures ne doivent pas varier de plus de 1 mg / dl pour tous les sujets si vous voulez prendre en compte cette variation mineure tout le temps. Pour contrôler la reproductibilité des résultats, les scientifiques prennent généralement plusieurs mesures, sur différentes journées, puis en font une moyenne, que ce soit avant pendant et après l'étude.

4.6 Les facteurs à enregistrer

De nombreux facteurs peuvent modifier la réponse de notre corps à un exercice isolé en particulier les conditions environnementales qui doivent être parfaitement contrôlées. Des facteurs comme la température et l'humidité du laboratoire, la lumière ou le bruit, peuvent manifestement modifier notre réponse à la fois au repos ou lors de l'exercice. Il est même conseillé de noter l'heure et la nature du dernier repas ainsi que la quantité et la qualité du sommeil avant l'examen.

Pour illustrer ceci, le tableau 0.1 montre comment différents facteurs environnementaux peuvent perturber la fréquence cardiaque au repos ou lors d'un exercice de course sur tapis roulant à 14 km.h^{-1}. Ainsi, la fréquence cardiaque du sujet testé à l'exercice varie de 25 battements par minute

Tableau 0.1 Les réponses cardiaques

Variations de la fréquence cardiaque en fonction de l'environnement, lors d'une course à 14 km/h.

Environnement	Fréquence cardiaque (bpm)	
	Repos	Exercice
Température (50 % d'humidité)		
21 °C	60	165
35 °C	70	190
Humidité (21 °C)		
50 %	60	165
90 %	65	175
Niveau de bruit (21 °C ; 50 % d'humidité)		
Léger	60	165
Fort	70	165
Prise alimentaire (21 °C ; 50 % d'humidité)		
Repas léger 3 h avant l'exercice	60	165
Repas important 30 min avant l'exercice	70	175
Sommeil (21 °C ; 50 % d'humidité)		
8 h ou plus	60	165
6 h ou moins	65	175

D'après Reilly et Brooks (1990).

(bpm), lorsque la température augmente de 21 °C à 35 °C. Pratiquement toutes les variables physiologiques enregistrées à l'exercice peuvent être influencées de manière similaire par des fluctuations de l'environnement. Il apparaît alors essentiel de contrôler parfaitement ces facteurs si l'on veut comparer les différents résultats obtenus par un individu ou des individus entre eux.

D'autre part les réponses physiologiques, que ce soit au repos ou à l'exercice, peuvent varier en fonction du moment de la journée. Ceci constitue ce que l'on appelle les **variations circadiennes** qui peuvent être observées tout au long d'une journée normale de 24 h. Des variables comme la température corporelle ou la fréquence cardiaque évoluant continuellement au cours de la journée, des tests réalisés sur une même personne, le matin ou l'après-midi, peuvent donner des résultats tout à fait différents. Il faut donc en tenir compte pour évaluer l'influence des variations circadiennes.

Un autre cycle doit être considéré. Il s'agit du cycle menstruel normal, d'environ 28 jours, chez la femme. Il peut entraîner des variations considérables :

- du poids corporel ;
- du contenu en eau totale du corps et volume sanguin ;
- de la température centrale ;
- du niveau métabolique ;
- de la fréquence cardiaque et du volume d'éjection systolique (quantité de sang qui quitte le cœur à chaque contraction).

Ces variables doivent être contrôlées lorsque l'on s'intéresse aux adaptations spécifiques de la femme à l'exercice. Il faut donc, si possible, tester ces sujets au même moment du cycle menstruel et contrôler la prise ou non de contraceptif oral. Pour les femmes plus âgées, il faut prendre en compte l'arrivée ou non de la ménopause ainsi que la prise de traitement hormonaux substitutifs.

En résumé, les conditions dans lesquelles les sujets sont testés, que ce soit au repos ou à l'exercice, doivent être rigoureusement contrôlées. Les facteurs environnementaux comme la température, l'humidité, l'altitude et le bruit peuvent modifier l'amplitude des réponses de tous les principaux systèmes physiologiques. De même les rythmes circadiens et menstruels doivent être pris en compte.

4.7 La physiologie de l'exercice au-delà des frontières terrestres

Un champ important de la physiologie de l'exercice concerne l'adaptation de l'Homme aux conditions extrêmes comme la chaleur, le froid, la plongée ou l'altitude. La compréhension et le contrôle des stress physiologiques et des adaptations qui surviennent dans ces environnements extrêmes ont contribué directement à des réalisations majeures comme le pont de Brooklyn, le barrage Hoover, les avions pressurisés, les habitations immergées pour l'industrie de plongée.

Les défis environnementaux des générations suivantes exigeront une telle expertise en physiologie. Loi d'autorisation de la NASA signée par le président Obama en 2010 énonce plusieurs objectifs pour l'avenir immédiat des vols habités dont celui de relever les défis physiologiques imposés aux Hommes qui séjourneront dans l'espace pendant une très longue période.

En condition « normale », la présence continuelle de la gravité terrestre permet le renforcement des muscles squelettiques posturaux, fortifie les os qui augmentent leur taille et leur densité, sollicite le système cardiovasculaire pour maintenir la pression sanguine et le débit cérébral constant. À l'inverse, en l'absence de pesanteur ou dans un environnement de microgravité, on assiste à une réduction importante de la masse et de la force musculaire, à une déminéralisation osseuse pouvant conduire à l'ostéoporose, à un déconditionnement physique similaire à celui observé chez les blessés médullaires.

De nombreux vols en navette spatiale ont permis d'étudier en détail ces adaptations. En 1983, la NASA (National Aeronautics and Space Administration) plaça le laboratoire orbital européen « Spacelab », un laboratoire à microgravité modulaire de l'Agence Spatiale Européenne initiant ainsi une nouvelle ère de collaboration entre les pays. Les deux premières missions du Spacelab Life Sciences (SLS-1, SLS-2, nom de code STS-40 et STS-58) ont étudié plus particulièrement les adaptations cardiorespiratoires, vestibulaires et musculo-squelettique à la microgravité. Puis l'Agence Spatiale Allemande sponsorisa deux missions (STS-61A et STS-68) renforçant ainsi les collaborations de recherche internationales. La mission « Life and Microgravity Sciences Spacelab » (STS-78), 78e vol de la navette spatiale américaine centré sur les adaptations neuromusculaires, concrétisa ces exemples de collaboration internationale et de partenariat scientifique puisque cinq agences spatiales y participèrent : NASA (USA), ESA (Europe), CNES (France), CES (Canada), ASI (Italie) ainsi que des chercheurs de 10 pays différents. Puis en 1998, la mission STS-90 Neurolab axée principalement sur les neurosciences étudia principalement les adaptations de la partie la plus complexe et la moins bien comprise du système nerveux, le cerveau. Lors de cette mission, le Dr James A. Pawelczyk (figure 0.14), spécialiste en physiologie de l'exercice donna la première leçon sur la physiologie de l'exercice de l'espace ! Même si les programmes Spacelab sont arrêtés depuis 1998, la recherche spatiale continue toujours à 402 km au-dessus de nos têtes, dans la Station Spatiale Internationale (ISS).

Pour les physiologistes de l'exercice, la question est de savoir quelle combinaison d'entraînement en résistance et en aérobie peut prévenir ou diminuer les changements qui s'opèrent dans l'espace. Il importe également de savoir

Figure 0.14 James A. Pawelczyk

comment individualiser et évaluer l'entraînement pour connaître la condition physique requise avant et pendant les vols spatiaux habités ainsi que pour le réentraînement au retour du vol. Sans aucun doute, il est nécessaire de continuer la recherche en physiologie environnementale et en physiologie de l'exercice afin de parfaire les connaissances scientifiques dans ce qui est considéré comme la plus grande exploration du XXIe siècle.

4.8 Unités et symboles scientifiques

Le Système International d'Unités (SI) est constitué de sept unités de base qui ont chacune un symbole bien précis. Ces unités sont utilisées pour les différentes mesures effectuées en physiologie du sport et/ou de l'exercice. Dans cet ouvrage, vous trouverez également des unités qui ne font pas partie de ce système international, comme le Pound qui est une unité de poids utilisée dans les pays anglo-saxons. La plupart de ces unités et les conversions entre les différents systèmes d'unités se trouvent à la fin de ce livre.

De façon courante et dans le domaine des mathématiques, le rapport entre deux nombres s'écrit avec une barre oblique ou « slash » en anglais (/). Par exemple, la vitesse du son dans un air sec de 20 °C, est de 343 m/s. Cette notation s'applique également aux fractions ou aux rapports simples (une division). Toutefois, lorsque les divisions se répètent, la notation qui en découle peut paraître complexe et prêter à confusion. Prenons l'exemple de l'expression de la consommation maximale

Figure 0.15 Graphique linéaire

Comprendre comment lire et interpréter un graphique. Ce graphique linéaire illustre la relation entre l'heure de la journée (en abscisse – variable indépendante) et la fréquence cardiaque lors d'un exercice d'intensité modérée (en ordonnée – variable dépendante). La fréquence cardiaque est mesurée aux heures indiquées sur le graphique lors de l'exercice qui est réalisé toujours à la même intensité.

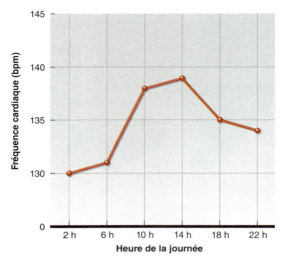

4.9 Lecture et interprétation des tableaux et figures

Dans ce livre, vous trouverez la plupart des publications qui ont eu un impact majeur dans le domaine de la physiologie de l'exercice et du sport. Lorsqu'une expérimentation est terminée, les scientifiques soumettent les résultats de leur étude à l'un des nombreux journaux dans le domaine du sport et de la physiologie de l'exercice.

Comme pour les autres disciplines scientifiques, la plupart des résultats de recherche publiés dans ces journaux sont présentés sous forme de tableaux et de figures.

Les tableaux et les figures constituent un moyen performant utilisé par les chercheurs pour communiquer les résultats de leurs études à d'autres scientifiques. Il est donc important que les étudiants en physiologie du sport et de l'exercice sachent les lire et les interpréter correctement. C'est ce que nous allons faire dans ce paragraphe. Les tableaux sont généralement utilisés pour présenter soit un grand nombre de paramètres différents, soit un paramètre qui évolue en fonction de nombreux facteurs. Prenons le numéro 0.1 en exemple. Il est important de regarder d'abord le titre qui vous donne des informations sur son contenu. Dans notre exemple, le tableau 0.1 présente différents paramètres influençant la fréquence cardiaque que ce soit au repos, pendant ou après un exercice. La colonne de gauche et la ligne supérieure (comme humidité, (21 °C)) précise les conditions de mesure de la fréquence cardiaque. Les colonnes 2 et 3 nous renseignent sur la fréquence cardiaque moyenne dans chaque condition (repos pour la colonne 2 et exercice pour la colonne 3). Dans tous les tableaux et toutes les figures, les unités doivent être présentées clairement. Dans ce tableau, la fréquence cardiaque est exprimée en « battement/min » (ou en battement par minute). Lors de l'interprétation d'un tableau ou d'une figure, il est important de connaître les unités de mesure utilisées. À partir de cet exemple, nous voyons que la fréquence cardiaque de repos et d'exercice est augmentée par la température ambiante et l'humidité alors que le bruit n'affecte que la fréquence de repos. De la même façon, consommer un repas ou dormir moins de 6 heures augmente la fréquence de repos. Ces données seraient plus dures à présenter sous forme de figure.

Les figures ou graphiques sont plus adaptées lorsqu'il s'agit d'avoir un aperçu général de données qui seraient « rebutantes » et/ou peu compréhensibles présentées sous forme de tableau ou présentées dans le texte. Le graphique est une représentation visuelle de données permettant de comparer aisément plusieurs groupes ou de mettre en avant l'évolution ou la tendance d'un paramètre. Mais pour certains étudiants, les figures peuvent être plus difficiles à lire et à interpréter. Tout d'abord, toutes les figures ont

d'oxygène ou $\dot{V}O_2$max, largement utilisée en physiologie de l'exercice. Ce paramètre physiologique majeur représente la quantité maximale d'oxygène qu'un individu peut consommer lors d'un effort aérobie maximal. Il est mesuré en litre par minutes soit L/min. Or comme une personne d'un grand gabarit utilise plus d'oxygène qu'une personne d'un gabarit plus modeste sans pour autant être plus entraînée, cette valeur est normalisée par le poids du sujet exprimé en kilogrammes. L'unité devient alors des millilitres par kilogramme par minute et s'écrit donc ml/kg/min, ce qui est complexe. Mais qui est divisé par quoi dans cette façon de noter ? Souvenez-vous que L/min peut également s'écrire $L.min^{-1}$ tout comme la fraction ¼ peut s'écrire 1.4^{-1}. Pour éviter toute erreur et ambiguïté, dès qu'une variable est divisée plus d'une fois, les physiologistes de l'exercice utilisent la notation avec les exposants. Par conséquent, il est préférable d'écrire les millilitres par kilogrammes et par minutes de la façon suivante $ml.kg^{-1}.min^{-1}$ plutôt que ml/kg/min.

Figure 0.16

Graphique linéaire illustrant les relations non linéaires de nombreuses réponses physiologiques. Ce graphique montre, qu'au-delà d'un certain seuil (ici observé à 8,5 km/h), la lactatémie augmente très brusquement.

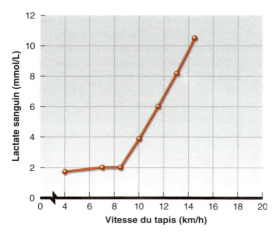

un axe horizontal (axe des x ou abscisses) qui représente la **variable indépendante** et un ou deux axes verticaux (axe des y ou ordonnées) pour les **variables dépendantes**. Sur la figure 0.15, l'heure du jour est la variable indépendante et est donc placée sur l'abscisse, et la fréquence cardiaque qui est la variable dépendante (en effet, la fréquence cardiaque *varie* selon l'heure de la journée) est placée sur l'axe des ordonnées. Les unités de mesure de chaque variable figurent sur le graphique. La figure 0.15 est représentée sous forme de graphique linéaire. Les graphiques linéaires (appelés également graphiques à courbes ou graphiques en ligne brisée), généralement utilisés pour illustrer l'évolution ou la tendance d'un paramètre, doivent être utilisés seulement si les variables dépendantes (deux au maximum) et indépendantes sont des variables quantitatives (nombres).

Dans un graphique linéaire, si la variable dépendante monte ou descend de manière constante en fonction de la variable indépendante, le résultat obtenu est une ligne droite. Or, en physiologie, il est rare que l'évolution d'un paramètre en fonction d'un autre soit une ligne droite. Il est plus fréquent d'observer un graphique en forme de courbe. Dans ce type de graphique, il est important de repérer les changements de pente. Si l'on prend l'exemple de la figure 0.16 illustrant l'évolution de la lactatémie en fonction de l'intensité de l'exercice (ici la vitesse du tapis exprimée en km/h), nous pouvons voir que pour les faibles vitesses (de 4 à 8 km/h), l'augmentation de la lactatémie est très faible. Par contre, lorsque la vitesse dépasse 8,5 km/h environ, l'augmentation de la lactatémie est proportionnellement plus importante qu'avant. Cette augmentation importante est appelée « seuil ». Dans de nombreuses réponses physiologiques, les seuils et les pentes sont des paramètres importants à considérer.

Les données peuvent également être représentées sous forme d'histogrammes. Ces derniers sont généralement utilisés lorsque la variable dépendante est une donnée quantitative (nombre) et lorsque la variable indépendante est une donnée qualitative (catégorie). On utilise les histogrammes pour mettre en avant l'effet de différents traitements (intervention) comme discuté pour la figure 0.12 qui représente l'effet de la distance de course parcourue par semaine (catégorie ou donnée qualitative) sur la concentration d'HDL-C (nombre ou donnée quantitative).

Résumé

> Les physiologistes de l'exercice utilisent deux types d'étude : les études transversales (étude des différences entre des groupes à un moment donné) et les études longitudinales (mêmes participants testés plusieurs fois).

> Les études scientifiques rigoureuses doivent comprendre un groupe contrôle (groupe qui ne reçoit rien) et un groupe expérimental (groupe qui reçoit le traitement). Pour encore plus de rigueur, notamment pour les études dans lesquelles les sujets peuvent tirer un bénéfice éventuel d'une intervention, les scientifiques devraient utiliser un troisième groupe : le groupe placébo (qui reçoit une substance inactive connue pour n'avoir aucun effet physiologique).

> Les physiologistes de l'exercice utilisent les unités de mesures et les abréviations du système international.

5. Conclusion

Dans cette introduction nous avons rappelé les origines de la physiologie du sport et de l'exercice physique. Nous avons vu que nos connaissances actuelles en ce domaine reposent sur des données déjà anciennes, mais qu'elles constituent, en quelque sorte, un tremplin pour les recherches futures – de nombreuses questions restant encore sans réponse. Nous avons examiné les deux points essentiels qui intéressent le chercheur d'aujourd'hui, les réponses aiguës à l'exercice et les adaptations chroniques à un entraînement de longue durée. Nous avons développé les principes fondamentaux et les différents types d'entraînement et conclu par une présentation générale des méthodes de recherche généralement utilisées.

Dans la première partie de cet ouvrage nous examinerons l'activité physique telle qu'elle peut être explorée par les physiologistes de l'exercice. Ainsi, dans le chapitre suivant nous étudierons la structure et la fonction du muscle squelettique, en montrant comment il est capable de produire le mouvement et comment il répond à l'exercice.

Mots-clés

adaptation chronique
effet de l'entraînement
ergocycle ou cyclo-ergomètre
ergomètre
étude longitudinale
étude transversale
exercice aigu
groupe contrôle
groupe placébo
homéostasie
physiologie
physiologie de l'exercice
physiologie du sport
physiologie environnementale
physiologie intégrative
physiologie translationnelle
plan d'étude croisé
relation dose-réponse
tapis roulant
variable dépendante
variable indépendante
variation circadienne

Questions

1. Qu'est-ce que la physiologie de l'exercice ? Quelle(s) différence(s) y a-t-il avec la physiologie du sport ?

2. Que signifie « étudier les adaptations à l'exercice aigu » ?

3. Que signifie « étudier les adaptations à l'exercice chronique » ?

4. Décrivez l'évolution de la physiologie de l'exercice depuis les premières études anatomiques. Citez quelques-unes des grandes figures dans ce domaine.

5. Quel a été le fondateur et les principaux axes de recherche du HFL ? Qui en a été le premier directeur ?

6. Citez trois physiologistes scandinaves qui ont travaillé dans ce laboratoire ?

7. Qu'est-ce qu'un ergomètre ? Quels sont les deux principaux ergomètres utilisés ? Quels en sont leurs avantages et inconvénients ?

8. Quels sont les facteurs à prendre en compte dans l'élaboration d'un protocole de recherche pour s'assurer de la reproductibilité des résultats ?

9. Qu'est-ce que la physiologie transrationnelle ?

10. Quels facteurs environnementaux peuvent perturber les réponses à un exercice aigu ?

11. Quels sont les avantages et les inconvénients des études transversales par rapport aux études longitudinales ?

12. Dans quel cas doit-on utiliser l'histogramme plutôt que le graphique linéaire pour représenter les données ? Quel est le but principal des graphiques linéaires ?

PREMIÈRE PARTIE

L'exercice musculaire

Dans le chapitre introductif nous avons précisé les origines de la physiologie du sport et de l'exercice. Nous avons défini ces deux domaines en les situant d'un point de vue historique et en donnant les concepts fondamentaux qui nous ont guidé dans tout cet ouvrage. Il nous faut maintenant expliquer comment le corps humain exécute le mouvement. Pour cela le chapitre 1, intitulé « Structure et fonction du muscle à l'exercice », explorera la structure et la fonction des fibres musculaires et montrera comment celles-ci génèrent le mouvement. Nous verrons aussi comment les fibres musculaires se différencient pour mieux s'adapter à leur fonction spécifique. Dans le chapitre 2, « Énergétique musculaire : métabolisme et contrôle hormonal », nous étudierons les bases du métabolisme et nous nous intéresserons particulièrement aux trois sources d'énergie d'adénosine triphosphate (ATP). Nous verrons aussi comment les sécrétions hormonales contrôlent ces trois sources énergétiques. Dans le chapitre 3 « Contrôle nerveux du mouvement » nous expliquerons comment le système nerveux coordonne l'activité musculaire en intégrant l'ensemble des informations sensorielles et en sélectionnant les muscles nécessaires au mouvement. Le chapitre 4 intitulé « Régulation hormonale de l'exercice » présente une vue globale d'un système très complexe, le système endocrinien, tout en mettant l'accent sur le contrôle hormonal du métabolisme énergétique, de l'équilibre hydro-électrolytique et de l'apport calorique. Pour finir, le chapitre 5 « Dépense énergétique et fatigue » aborde les différentes façons de mesurer la dépense énergétique et ses variations lorsque l'on passe du repos à l'exercice. Dans ce chapitre, les différents facteurs responsables de la fatigue, des douleurs musculaires retardées (courbatures) et des crampes seront également traités.

Chapitre 1 : Structure et fonctionnement musculaire

Chapitre 2 : Métabolisme et bioénergétique musculaire

Chapitre 3 : Le contrôle nerveux du mouvement

Chapitre 4 : Régulation hormonale de l'exercice

Chapitre 5 : Dépense énergétique et fatigue

Structure et fonctionnement musculaire

1

Liam Hoekstra possède une morphologie et des qualités physiques comme de nombreux athlètes : une sangle abdominale solide et dessinée, une force herculéenne ainsi qu'une incroyable vitesse et agilité. Toutefois, Liam n'est âgé que de 19 mois et ne pèse que 10 kg (22 livres) ! Liam est atteint d'une mutation génétique très rare liée à un dysfonctionnement de la myostatine, protéine qui régule l'hypertrophie musculaire. Cette particularité a été décrite pour la première fois, vers la fin des années 1990, sur une race bovine qui la développe naturellement, la « Blanc, Bleu, Belge ». La myostatine limite naturellement la croissance du muscle. Les mécanismes à l'origine de ce phénomène ne sont pas tous élucidés mais la myostatine induirait l'expression de molécules inhibant la prolifération cellulaire. La mutation de ce gène induit alors une croissance et un développement très rapide des muscles squelettiques.

Le cas Liam est extrêmement rare chez les humains, avec moins de 100 cas décrits à ce jour. Néanmoins, étudier ce phénomène génétique a permis d'aider les scientifiques à mieux comprendre comment le muscle squelettique s'hypertrophie et s'atrophie et a aidé à mettre en place des traitements contre certaines maladies musculaires comme la dystrophie. Du côté sombre, ceci pourrait ouvrir la porte à certains abus comme par exemple dans le domaine sportif où les athlètes en quête de développement musculaire et de la force pas comme dans le cas de l'usage illicite et dangereux des stéroïdes anabolisants.

Plan du chapitre

1. Anatomie du muscle squelettique — 29
2. Contraction de la fibre musculaire — 35
3. Type de fibres musculaires — 39
4. Le muscle squelettique et l'exercice — 43
5. Conclusion — 50

Quand le cœur bat, quand on digère ou quand on bouge une partie quelconque de notre corps, les muscles interviennent. Seuls trois types de muscles permettent d'assumer les multiples fonctions de notre système musculaire (figure 1.1) : les muscles squelettiques ; le muscle cardiaque ; les muscles lisses.

Les muscles lisses sont aussi, parfois, appelés muscles à contraction involontaire car leur stimulation est inconsciente et n'est pas sous un contrôle direct. On les trouve dans les parois des vaisseaux. En se contractant (constriction) ou en se relâchant (dilatation) ils régulent le diamètre des vaisseaux et donc le flux sanguin. On les trouve également dans les parois de la plupart des organes internes, permettant leur contraction et leur relâchement. Ils interviennent dans le transport digestif, l'émission de l'urine et lors de l'accouchement.

Le muscle cardiaque constitue la majeure partie du cœur. Il partage quelques caractéristiques avec le muscle squelettique mais, comme le muscle lisse, il échappe au contrôle volontaire. Le muscle cardiaque contient son propre système de contrôle, régulé en permanence par les systèmes nerveux et endocrinien. Le muscle cardiaque sera étudié plus en détail au chapitre 6.

Nous ne portons attention ici qu'aux muscles que nous contrôlons consciemment. Ce sont les muscles squelettiques ou muscles du mouvement volontaire, ainsi nommés car ils s'insèrent sur les pièces osseuses qu'ils mettent en mouvement. On parle alors de **système musculo-squelettique**. Nous en connaissons beaucoup par leur nom – deltoïde, pectoral, biceps – mais le corps humain contient plus de 600 muscles squelettiques. Rien que le pouce est contrôlé par neuf muscles différents !

L'exercice implique le mouvement du corps qui s'accomplit grâce à l'action des muscles squelettiques. Dans cet ouvrage de physiologie du sport, notre intérêt premier va bien sûr à la structure et à la fonction du muscle squelettique. Bien que les structures des muscles lisses, cardiaque et squelettiques diffèrent quelque peu, leurs principes d'action – par exemple, créer de la tension, se raccourcir et s'allonger – sont semblables.

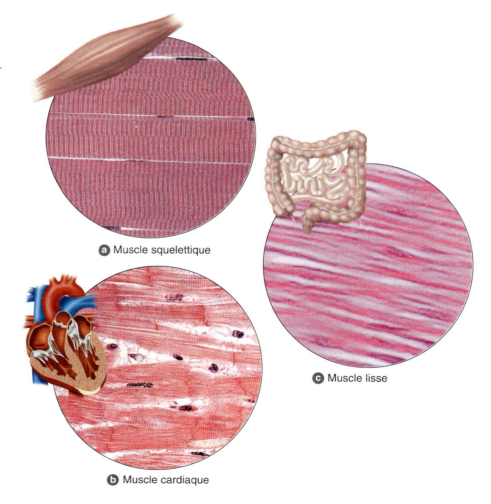

Figure 1.1 Vues au microscope d'un muscle squelettique (a), cardiaque (b) et lisse (c)

(a) Muscle squelettique
(b) Muscle cardiaque
(c) Muscle lisse

1. Anatomie du muscle squelettique

Quand nous pensons aux muscles, nous avons tendance à considérer chacun d'eux comme une unité à part. Ceci est normal dans la mesure où un muscle squelettique donne l'impression d'agir comme une entité individuelle. Mais le système squelettique est beaucoup plus complexe que cela (figure 1.2).

Si vous disséquez un muscle, vous devez d'abord couper le tissu conjonctif qui le recouvre. C'est l'**épimysium**. Il enveloppe tout le muscle, l'enfermant totalement. Dès que vous incisez l'épimysium vous apercevez des petits paquets de fibres enveloppés, comme dans une gaine, par du tissu conjonctif. Ces paquets sont appelés faisceaux de fibres musculaires. Le tissu conjonctif qui entoure chaque **faisceau** de fibres est le **périmysium**.

Enfin, si on examine à la loupe une coupe de périmysium on aperçoit les **fibres musculaires** qui sont autant de cellules. La cellule musculaire possède plusieurs noyaux, contrairement à la majorité des cellules de l'organisme qui n'en possèdent qu'un seul. Chaque fibre musculaire est elle-même entourée de tissu conjonctif appelé **endomysium**. On admet classiquement que les fibres musculaires s'étendent d'une extrémité à l'autre du muscle. En fait, au microscope, le corps musculaire apparaît divisé en compartiments par une ou plusieurs bandes fibreuses transversales. En conséquence, les fibres musculaires les plus longues, chez l'homme, atteignent environ 12 cm, ce qui correspond à près de 500 000 sarcomères, unités fonctionnelles de la myofibrille. Le nombre de fibres par muscle varie dans de larges proportions. De l'ordre de 10 000 au niveau du muscle premier lombrical de la main, il atteint un million au niveau des muscles jumeaux du triceps sural[13].

Regardons plus précisément ces fibres musculaires.

Figure 1.2 Structure de base d'un muscle squelettique

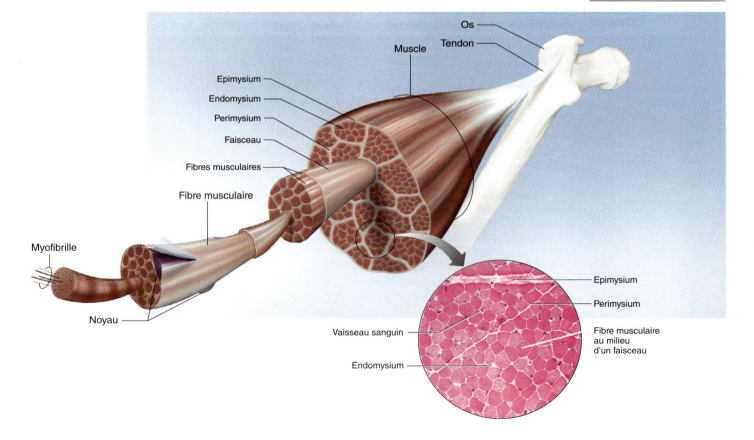

Chapitre 1
LA PHYSIOLOGIE DU SPORT ET DE L'EXERCICE

PERSPECTIVE DE RECHERCHE 1.1

Visualisation des faisceaux musculaires

L'imagerie par résonance magnétique (IRM) et l'imagerie par ultrasons sont deux techniques utilisées pour visualiser les faisceaux du muscle squelettique humain et ainsi permettre de mesurer leur angulation et leur longueur. Comme les fibres musculaires sont alignées au sein d'un muscle pour des fonctions spécifiques, ces mesures peuvent aussi servir à estimer la force pouvant être générée[12]. Dans certains muscles comme le sartorius (anciennement muscle couturier) situé au sein de la cuisse, les fibres sont positionnées en ligne droite entre l'origine et l'insertion, parallèles au tendon. Dans d'autres muscles comme le rectus femoris (droit fémoral), les fibres forment un angle par rapport à cet axe vertical, il s'agit de l'angle de *pennation*.

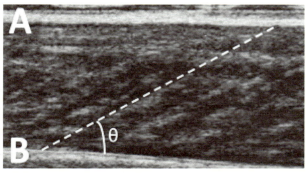

Image par ultrasons d'une portion du muscle gastrocnémien montrant la longueur d'un faisceau (lignes pointillées blanches) et l'angle de pennation (θ). D'après J.J. Mahon and S. Pearson, 2012, "Changes in medial gastrocnemius fascicle-tendon behavior during single-leg hopping with increased joint stiffness", Poster Communication, *Proceedings of the Physiological Society* 26, PC75.[14]

La force et la puissance produites par un muscle dépendent de la longueur du faisceau musculaire et de l'angle de pennation par rapport au tendon[8]. Les faisceaux musculaires ne présentant pas d'angle de pennation sont situés parallèlement à l'axe longitudinal du muscle et demandent donc moins de temps pour générer de la force et produire plus de puissance. Les muscles pennés possèdent plus de fibres au sein d'une surface de section donnée, ceci permet de fonctionner comme une poulie produisant un avantage mécanique et donc plus de force nette. Les muscles pennés produisent plus de force, mais ceci prend plus de temps. Connaissant la longueur d'un faisceau musculaire et son angle de pennation, les scientifiques sont capables de modéliser comment les muscles génèrent de la force[8].

Bien que l'IRM représente la meilleure méthode de mesure, elle reste très chère. La mesure dure, en effet, longtemps et demande au sujet de rester complètement immobile. À l'inverse, le coût de l'imagerie par ultrasons est moins élevé et permet la mesure de la longueur du faisceau musculaire relâché ou contracté. Des publications scientifiques récentes ont confirmé la validité et la reproductibilité des mesures d'imagerie par ultrasons concernant la longueur des faisceaux musculaires et des angles de pennation en comparaison avec des mesures réalisées sur des cadavres[10].

1.1 Les fibres musculaires

Les fibres musculaires ont un diamètre de 10 à 80 micromètres (µm), et sont pratiquement invisibles à l'œil nu. Elles sont constituées de diverses structures.

1.1.1 Le plasmalemme

La fibre musculaire est entourée d'une membrane plasmique appelée **plasmalemme** (figure 1.3). Le plasmalemme fait partie d'une unité plus large connue sous le nom de **sarcolemme**. Le

Figure 1.3 Coupe d'une fibre musculaire

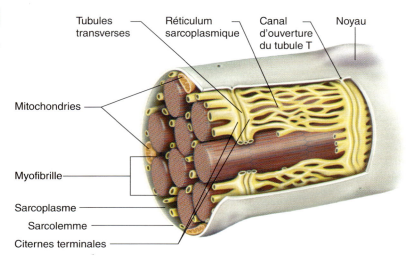

sarcolemme est composé du plasmalemme et de la lame basale. Dans certains ouvrages, le terme sarcolemme désigne seulement le plasmalemme[13]. À chaque extrémité de la fibre, le plasmalemme fusionne avec le tendon, lequel s'insère sur l'os. Les tendons sont faits de fibres de tissu conjonctif qui transmettent les forces générées par les fibres musculaires à l'os, créant ainsi le mouvement. Ainsi, chaque fibre musculaire se trouve finalement attachée à l'os, *via* le tendon.

Le plasmalemme présente plusieurs caractéristiques uniques qui sont très importantes pour le fonctionnement de la fibre musculaire. Il présente des invaginations peu profondes tout le long de la surface de la fibre qui sont visibles lorsque cette dernière est au repos ou contractée. Par contre, ces invaginations disparaissent lorsque la fibre est étirée. Elles permettent à la fibre musculaire de s'allonger sans que le plasmalemme ne se rompe. Le plasmalemme possède aussi des jonctions avec la zone nerveuse au niveau de la plaque motrice terminale ce qui permet une assistance à la transmission du potentiel d'action du neurone moteur vers la fibre musculaire. Cela sera discuté ultérieurement dans ce chapitre. Finalement, le plasmalemme aide à maintenir la balance acide-base ainsi que le transport des métabolites des capillaires sanguins vers la fibre musculaire[13].

Les **cellules satellites** sont situées entre le plasmalemme et la lame basale. Ces cellules sont impliquées dans la croissance et le développement du muscle squelettique ainsi que dans les adaptations aux blessures, aux immobilisations et à l'entraînement. Ceci sera détaillé dans les chapitres suivants.

1.1.2 *Le sarcoplasme*

Lors d'une observation microscopique, on observe que l'intérieur de la cellule musculaire renferme un certain nombre d'inclusions (figure 1.3). La plus importante est constituée par les myofibrilles, qui seront étudiées séparément. Pour l'instant, considérons les myofibrilles comme des tiges parcourant toute la longueur de la fibre musculaire. Une substance gélatineuse remplit les espaces entre les myofibrilles. C'est le **sarcoplasme** (figure 1.3). C'est la partie fluide de la cellule musculaire – le cytoplasme. Le sarcoplasme contient essentiellement des protéines, des minéraux, du glycogène et des graisses en solution, ainsi que les différents organites nécessaires à la vie cellulaire. Il diffère du cytoplasme de la plupart des cellules parce qu'il renferme une grande quantité de glycogène ainsi que le composé qui fixe l'oxygène, la myoglobine, dont sa structure chimique ainsi que sa fonction sont proches de celles de l'hémoglobine.

1.1.2.1 Les tubules transverses

À l'intérieur du sarcoplasme s'étend un réseau composé des **tubules transverses (système T)** qui sont des extensions du sarcolemme (la membrane plasmique) et qui pénètrent transversalement la fibre musculaire. Ces tubules sont interconnectés au voisinage des myofibrilles, permettant aux impulsions nerveuses, reçues par le sarcolemme, d'être transmises rapidement à chaque myofibrille. Les tubules constituent également une voie de communication interne permettant aux différentes substances d'entrer dans la fibre musculaire et de la quitter.

1.1.2.2 Le réticulum sarcoplasmique

Un réseau de tubules longitudinaux, connu sous le nom de **réticulum sarcoplasmique** (RS), existe également dans la cellule musculaire. Ces canaux membranaires sont parallèles aux myofibrilles et les entourent. Le réticulum sarcoplasmique est le lieu de stockage du calcium, essentiel à la contraction musculaire. Ce système longitudinal et le système transverse forment les triades musculaires au voisinage des stries Z des myofibrilles. La figure 1.3 représente les tubules T et le réticulum sarcoplasmique. Nous regarderons leurs fonctions plus en détails lorsque nous étudierons le fonctionnement musculaire.

1.2 Les myofibrilles

Chaque fibre musculaire contient quelques centaines, voire quelques milliers, de **myofibrilles**. Ce sont les éléments contractiles du muscle squelettique. Les myofibrilles apparaissent comme de longs fils, faits de sous unités plus petites – les **sarcomères**.

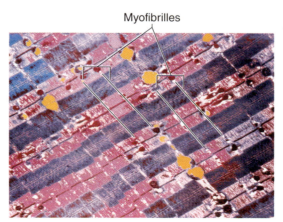

Figure 1.4 Vue de myofibrilles au microscope électronique

Notez le caractère strié. Les régions bleues correspondent à la bande A et les régions roses à la bande I.

1.2.1 Les sarcomères

Sous microscopie optique, les fibres du muscle squelettique ont une apparence striée régulière et très particulière. Pour cette raison le muscle squelettique est aussi appelé muscle strié. Ces stries existent aussi dans le muscle cardiaque qui peut aussi être considéré comme un muscle strié.

Regardons la figure 1.4 qui nous montre les myofibrilles. On y distingue nettement les striations. Notons que des zones sombres, appelées bandes A, alternent avec des zones claires, appelées bandes I. Chaque bande A, sombre, est traversée en son centre par une région plus claire, la bande H, seulement visible lorsque les myofibrilles sont relâchées. Regardons maintenant les bandes I, claires. Elles sont interrompues par une strie noire appelée strie Z.

Le **sarcomère** est l'unité fonctionnelle, fondamentale de la myofibrille. Chaque myofibrille est composée de nombreux sarcomères accolés entre eux par les stries Z. Un sarcomère est la région comprise entre deux stries Z, comprenant dans l'ordre :

- une bande I (zone claire) ;
- une bande A (zone sombre) ;
- une bande H (dans le milieu de la bande A) ;
- l'autre partie de la bande A ;
- une seconde bande I.

Si on observe une myofibrille à l'aide d'un microscope électronique, on peut distinguer deux types de filaments protéiques qui sont responsables de la contraction musculaire. Les filaments fins sont faits d'**actine** et les filaments épais de **myosine**. Les stries visibles au niveau des fibres musculaires sont dues à l'alignement de ces filaments, comme cela est représenté par la figure 1.4. La bande claire I correspond à la partie du sarcomère qui ne renferme que des filaments fins d'actine. La bande sombre comprend à la fois des filaments d'actine et des filaments épais de myosine. La zone H est la portion centrale de la bande A, visible seulement au repos. Elle n'est occupée que par des filaments épais. On distingue alors la bande H qui apparaît comme une région plus claire au sein de la bande A, en raison de l'absence de filaments d'actine à ce niveau. La zone H n'est visible que lorsque le sarcomère est relâché car lors de la contraction, donc du raccourcissement du sarcomère, les filaments fins arrivent dans cette zone lui donnant la même apparence que le reste de la bande A.

> **Résumé**
> ❯ Une cellule musculaire isolée est aussi appelée fibre musculaire.
> ❯ Une fibre musculaire est entourée d'une membrane plasmique appelée sarcolemme.
> ❯ Le cytoplasme d'une fibre musculaire est appelé sarcoplasme.
> ❯ Les tubules transverses intrasarcoplasmiques (système T) assurent la communication et le transfert des substances à travers la cellule musculaire et le réticulum sarcoplasmique qui stocke le calcium.

1.2.2 Les filaments épais

Les deux tiers des protéines musculaires sont en fait constitués de myosine. Rappelons que ces filaments de myosine sont épais. Chaque filament est typiquement formé d'environ 200 molécules de myosine mises bout à bout et côte à côte.

Chaque molécule de myosine est composée de deux protéines entrelacées (figure 1.5). L'extrémité de chaque filament est repliée en une tête globuleuse, appelée tête de myosine. Chaque filament contient ainsi plusieurs têtes qui sont autant de protubérances le long du filament de myosine. Elles formeront les ponts d'union qui interagissent lors de la contraction musculaire, avec les sites actifs des filaments d'actine. Les filaments de myosine sont stabilisés selon l'axe longitudinal par de la **titine**, disposée comme l'indique la figure 1.5. La nébuline, protéine adjacente à l'actine et s'étendant le long de cette dernière, semble jouer un rôle dans la régulation des interactions entre l'actine et la myosine. Ces filaments mesurent approximativement 5 nm de diamètre et 1 μm de longueur.

1.2.3 Les filaments fins

Chaque filament fin, appelé souvent filament d'actine, est en fait composé de trois protéines différentes :

- actine ;
- tropomyosine ;
- troponine.

Chaque filament fin s'attache par une extrémité sur une strie Z, l'autre extrémité s'étendant vers le centre du sarcomère entre les filaments de myosine.

La **nébuline**, est une protéine accrochée à l'actine dont le rôle est de réguler la longueur du filament fin (figure 1.5). Chaque filament d'actine contient des sites actifs sur lesquels peut venir s'attacher une tête de myosine.

L'actine forme l'ossature du filament. Les molécules d'actine sont globuleuses. Réunies, elles forment une chaîne de molécules d'actine. Deux chaînes, comme deux rangées de perles, sont alors torsadées.

La **tropomyosine** est une protéine fibrillaire qui entoure les filaments d'actine et qui vient s'ajuster dans la rainure qui les sépare. La **troponine** est une protéine plus complexe qui est attachée à intervalles réguliers, à la fois sur les filaments d'actine et de tropomyosine. Cet arrangement est illustré par la figure 1.5. La tropomyosine et la troponine sont toutes deux impliquées, avec les ions calcium, dans le relâchement ou la contraction de la myofibrille. Ceci sera discuté plus loin dans ce chapitre.

Résumé

> Les myofibrilles sont faites d'une succession de sarcomères qui représentent les unités fonctionnelles fondamentales du muscle.

> Un sarcomère renferme deux types de filaments protéiques responsables de la contraction musculaire, la myosine et l'actine.

> La myosine est un filament épais qui se termine par une tête globuleuse.

> Le filament fin est composé d'actine, de tropomyosine et de troponine. Une de ses extrémités s'insère sur une strie Z.

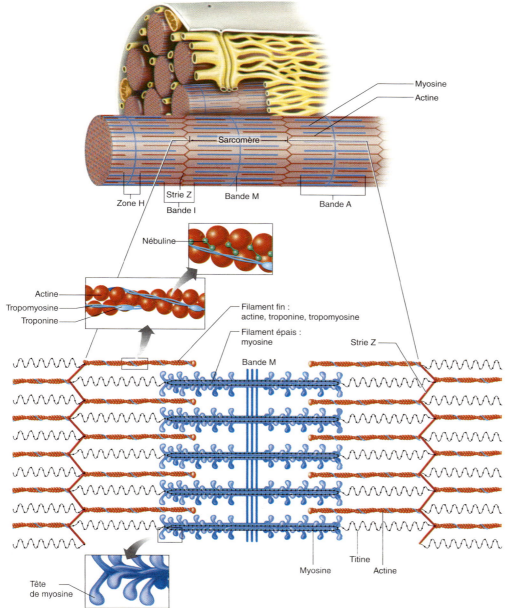

Figure 1.5 Structure d'une fibre musculaire

PERSPECTIVE DE RECHERCHE 1.2

La titine : le troisième myofilament

La titine (ou connectine) n'a été découverte que vers la fin des années 1970, aussi elle n'avait pas été encore identifiée lorsque la théorie du filament glissant a été proposée. La théorie du filament glissant décrit fidèlement la majorité des fonctions du muscle lorsqu'il se contracte en se raccourcissant (concentrique) ou lorsqu'il garde une longueur constante (isométrique). Toutefois, la théorie classique des ponts acto-myosine ne peut expliquer pourquoi les muscles se comportent comme s'ils possédaient un ressort leur permettant de générer plus de force lorsqu'ils sont préalablement étirés (contraction excentrique). Ce mécanisme est souvent appelé « augmentation de la force (ou tension) passive »[9]. Des travaux récents ont montré que la rigidité de la titine augmente avec l'activation musculaire et le développement de la force agissant comme un ressort au sein des muscles actifs[9,15,19].

Au sein du sarcomère, la titine s'étend de la strie Z à la ligne M (figure 1.5). Elle est attachée à la myosine au niveau de la bande A mais s'étend librement au niveau de la bande I où elle agit comme un ressort. Pendant plusieurs décennies, la titine a été considérée comme jouant un rôle structural, comme par exemple maintenir la myosine alignée lors de la contraction et stabiliser le sarcomère adjacent. Toutefois, il est actuellement connu que lorsque les muscles squelettiques sont activés *via* le largage du calcium (Ca^{2+}), certaines molécules de ce Ca^{2+} se lient à la titine, modifiant ainsi sa rigidité. Ceci permet de mieux comprendre pourquoi les muscles génèrent plus de force lorsqu'ils sont étirés préalablement, ce qui n'a pas été pris en considération par la théorie classique des ponts acto-myosine.

Plus récemment, lorsque le sarcomère est représenté en trois dimensions et la titine considérée comme troisième filament, il apparaît clairement que les filaments, non seulement glissent, mais aussi tournent en interaction avec chaque pont. Ceci a conduit à cette nouvelle théorie appelée « théorie du filament enroulé » qui explique mieux comment la titine contribue à la production de force par les sarcomères à différentes longueurs[16]. Dans cette théorie adaptée, la titine est activée par l'afflux du Ca^{2+} et s'enroule autour des filaments fins en les retournant.

Ce nouveau rôle joué par la titine dans la régulation de la force contractile du muscle squelettique permet d'expliquer la production de force supplémentaire observée lorsque les muscles sont étirés activement au préalable. Ainsi, la titine est de plus en plus reconnue comme le troisième filament activement impliqué dans la régulation de la génération de force par le muscle squelettique. Parmi ses rôles on trouve : (1) la stabilisation des sarcomères et le centrage des filaments de myosine, (2) la production d'une force supplémentaire lorsque les muscles sont préalablement étirés et (3) la prévention du sur-étirement et des dommages des sarcomères en résistant à l'étirement[9].

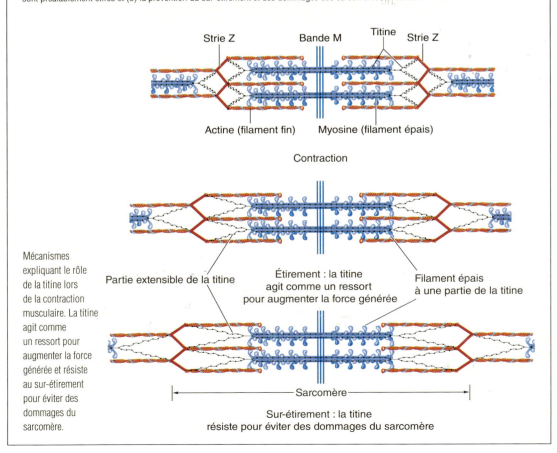

Mécanismes expliquant le rôle de la titine lors de la contraction musculaire. La titine agit comme un ressort pour augmenter la force générée et résiste au sur-étirement pour éviter des dommages du sarcomère.

2. Contraction de la fibre musculaire

L'initiation de la contraction du muscle squelettique survient en réponse au signal provenant du système nerveux.

Un **motoneurone-α** peut innerver plusieurs fibres musculaires. L'ensemble des fibres musculaires innervées par les ramifications d'un même motoneurone constitue une **unité motrice** (figure 1.6). La synapse entre un motoneurone et une fibre musculaire est dite jonction neuromusculaire. C'est le lieu de communication entre les systèmes nerveux et musculaire. Examinons ce processus.

2.1 Le couplage excitation-contraction

Les événements qui déclenchent la contraction musculaire sont complexes. Ce processus, appelé aussi **couplage excitation-contraction** décrit à la figure 1.7, est initié par une stimulation nerveuse ou **potentiel d'action**, provenant du cerveau ou de la moelle épinière. L'impulsion nerveuse arrive aux extrémités du nerf, formant l'arborisation terminale de l'axone, contiguës au sarcolemme. Quand la stimulation arrive au niveau du bouton synaptique, il y a sécrétion d'un neurotransmetteur, l'acétylcholine (ACh), qui se fixe sur les récepteurs spécifiques du sarcolemme (figure 1.7a). Si une quantité suffisante d'ACh se fixe sur les récepteurs, un signal électrique apparaît qui peut se transmettre à l'ensemble de la fibre musculaire grâce à l'ouverture de canaux ioniques membranaires permettant l'entrée du sodium dans la cellule. Ce phénomène, appelé dépolarisation, est à l'origine du potentiel d'action, indispensable pour qu'apparaisse la contraction musculaire. Ces événements nerveux seront approfondis au chapitre 3.

2.2 Le rôle du calcium

Après la dépolarisation du sarcolemme, l'impulsion électrique se propage à l'intérieur de la cellule par le réseau des tubules transverses (tubules T) et le réticulum sarcoplasmique. L'arrivée du potentiel d'action entraîne la libération des ions calcium (Ca^{2+}) stockés dans le réticulum sarcoplasmique (figure 1.7b).

À l'état de repos les molécules de tropomyosine masquent les sites actifs des filaments d'actine, empêchant la fixation des têtes de myosine. Lorsque les ions calcium sont libérés par le réticulum sarcoplasmique, ils viennent s'attacher sur la troponine du filament d'actine. La troponine, en raison de sa grande affinité pour les ions calcium, va alors initier le processus de contraction en faisant basculer les molécules de tropomyosine, libérant ainsi les sites actifs du filament d'actine. Ceci est indiqué sur la figure 1.7c. C'est parce que la tropomyosine masque normalement chaque site actif du filament d'actine que les **ponts d'acto-myosine** ne peuvent s'établir. Mais, lorsque le calcium et la troponine font basculer la tropomyosine, les sites actifs de la molécule d'actine se trouvent libérés, permettant l'attachement des têtes de myosine au filament d'actine.

2.3 La théorie du filament glissant : Comment les muscles produisent du mouvement

Comment le muscle se raccourcit-il ? L'explication de ce phénomène est appelée la **théorie des filaments glissants**. Lorsqu'une tête de myosine s'attache à un filament d'actine, formant un pont d'acto-myosine, les deux filaments glissent l'un sur l'autre. Les têtes de myosine et les ponts ainsi formés subissent un changement de configuration

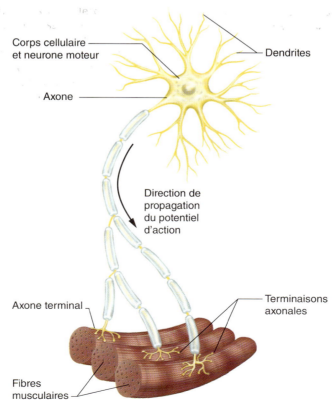

Figure 1.6 Unité motrice

Le motoneurone et les fibres musculaires innervées par celui-ci.

Figure 1.7 La séquence d'événements générant la contraction du muscle

(a) Un motoneurone libère de l'acétylcholine (Ach) qui se lie aux récepteurs du sarcolemme. Si une quantité suffisante d'Ach est liée, ceci entraîne l'apparition d'un potentiel d'action au niveau de la fibre musculaire. (b) Le potentiel d'action déclenche la libération du Ca^{2+} des citernes du réticulum dans le sarcoplasme. (c) Le Ca^{2+} se fixe sur la troponine du filament d'actine, ce qui détache la tropomyosine des sites actifs et permet aux têtes de myosine de s'attacher aux filaments d'actine.

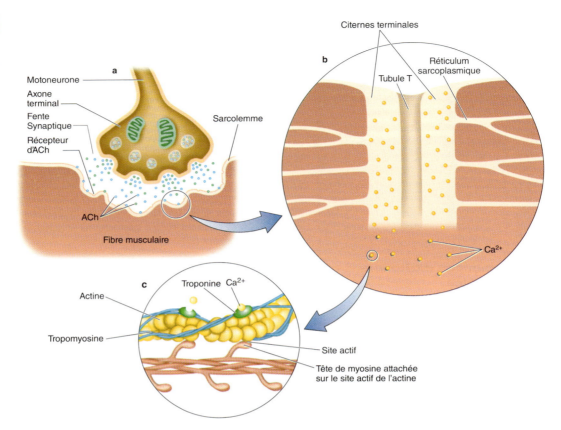

spatiale, dès l'instant où les têtes de myosine s'attachent sur les sites actifs des filaments d'actine. Le bras du pont ainsi établi et la tête de myosine exercent une attraction moléculaire très forte qui amène la tête de myosine à basculer vers le centre du sarcomère, entraînant ainsi le filament d'actine (figures 1.8 et 1.9). Cette bascule est à l'origine de la génération de **force produite par le muscle**. Lorsque les fibres musculaires sont au repos, la tête de myosine reste à proximité d'un site actif de l'actine mais la liaison moléculaire est inhibée par la tropomyosine.

Immédiatement après la bascule de la tête de myosine, celle-ci quitte le site actif, retourne à sa position originale et s'attache au site actif suivant sur le filament d'actine. Ces liaisons successives et la puissance générée permettent le glissement des filaments l'un sur l'autre, d'où le nom de *théorie des filaments glissants*. Ce processus se poursuit jusqu'à ce que les extrémités distales des filaments de myosine atteignent les stries Z ou jusqu'à ce que le calcium soit repompé par le réticulum sarcoplasmique. Pendant cette phase de glissement et contraction, les filaments d'actine opposés d'un même sarcomère se rapprochent l'un de l'autre et pénètrent dans la zone H jusqu'à se chevaucher au stade ultime. Lorsque ceci se produit, la zone H n'est plus visible.

Rappelez-vous que le **sarcomère** est la région comprise entre deux stries Z au sein même de la myofibrille. Du fait de cette disposition anatomique, lorsque le sarcomère se raccourcit, la myofibrille fait de même ainsi que les fibres qui composent le faisceau musculaire. Le résultat final de ce raccourcissement constitue une contraction musculaire organisée.

2.4 L'énergie de la contraction musculaire

La contraction musculaire est un processus actif qui nécessite de l'énergie. En plus de son site de liaison vis-à-vis de l'actine, la tête de myosine possède un site de liaison pour l'**adénosine triphosphate (ATP)**. C'est l'ATP qui fournit l'énergie nécessaire à la contraction. La molécule de myosine doit donc se lier à l'ATP pour que la contraction musculaire puisse se produire.

L'**ATPase**, enzyme située sur la tête de myosine, catalyse la transformation de l'ATP en ADP (adénosine diphosphate) et Pi, ce qui libère de l'énergie. Cette énergie issue de la dégradation de l'ATP, est utilisée pour lier la tête de myosine au filament d'actine. L'ATP est ainsi la source d'énergie chimique de la contraction musculaire. Ceci sera détaillé au chapitre 2.

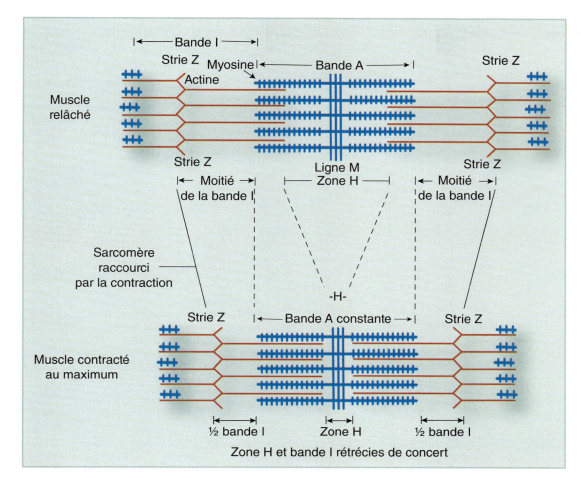

Figure 1.8 Sarcomère

Un sarcomère en état de relâchement et de contraction, illustrant le glissement des filaments d'actine et de myosine lors de la contraction.

Résumé

> Le processus regroupant la stimulation du nerf moteur et la contraction musculaire représente le couplage excitation-contraction.

> La contraction musculaire est déclenchée par le potentiel d'action propagé par le nerf moteur. Le nerf moteur libère l'ACh laquelle ouvre les canaux ioniques de la membrane musculaire permettant l'entrée du sodium dans la fibre musculaire (dépolarisation). Si la fibre est suffisamment dépolarisée, un potentiel action apparaît et déclenche la contraction musculaire.

> Le potentiel d'action se propage sur le sarcolemme, gagne le système tubulaire et déclenche la sortie du calcium stocké dans le réticulum sarcoplasmique.

> Les ions calcium se lient avec la troponine. La troponine libère les sites actifs du filament d'actine occupés par les molécules de tropomyosine, ce qui rend ces sites alors disponibles pour une liaison avec la tête de myosine.

> Une fois fixée sur le site actif de l'actine, la tête de myosine s'incline et tire sur le filament d'actine, de sorte que les 2 extrémités de l'actine se rapprochent l'une de l'autre. C'est la flexion de la tête de myosine qui génère la puissance mécanique.

> L'énergie est nécessaire bien avant que s'effectue la contraction musculaire proprement dite. Les têtes de myosine se lient à l'ATP, et l'ATPase présente à ce niveau hydrolyse l'ATP en ADP et P_i, libérant l'énergie nécessaire à la contraction.

> La contraction musculaire cesse lorsque l'activité nerveuse au niveau de la jonction neuromusculaire est arrêtée. Le calcium est alors activement repompé dans les citernes terminales du réticulum sarcoplasmique. La concentration en calcium diminuant, il se dissocie de la troponine C et la tropomyosine recouvre à nouveau les sites actifs de l'actine empêchant la liaison actine-myosine.

> Comme pour la contraction, le processus qui conduit au relâchement nécessite, lui aussi, de l'énergie apportée par l'ATP.

Figure 1.9 Événements moléculaires

Mécanismes moléculaires d'un cycle de contraction illustrant les changements de configuration de la tête de myosine. Réalisée par A.-Ch. Rolling d'après Dee Unglaub Silverthom, *Human physiology*, Pearson Education, 2007.

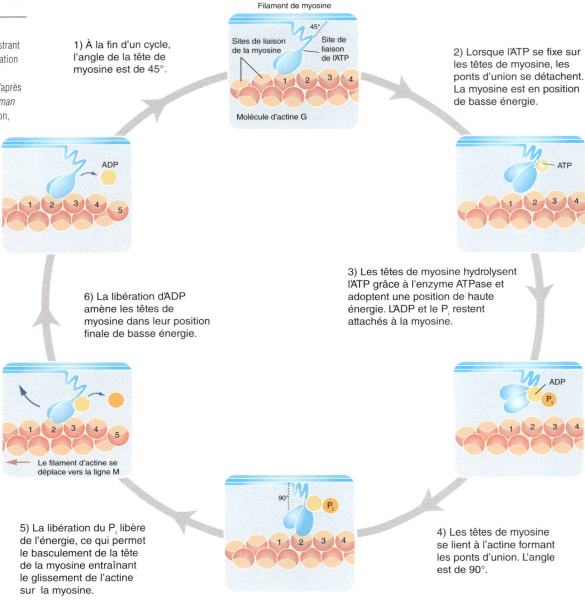

2.5 Arrêt de la contraction musculaire

La contraction musculaire se poursuit tant que le calcium est présent dans le cytoplasme de la fibre musculaire. À la fin d'une contraction musculaire, celui-ci est repompé par le réticulum sarcoplasmique où il sera stocké jusqu'à l'arrivée de l'influx nerveux suivant. Le calcium regagne le réticulum sarcoplasmique grâce à des pompes calciques qui sont ATP dépendantes. Les deux phases (contraction et relâchement) nécessitent donc de l'énergie.

Lorsque le calcium est repompé par le réticulum sarcoplasmique, la troponine et la tropomyosine reviennent dans leur position initiale et masquent à nouveau le site de liaison. Les ATPase de la myosine sont inhibées et les ponts d'union ne peuvent plus se former.

La fibre musculaire se relâche.

3. Type de fibres musculaires

Toutes les fibres musculaires ne sont pas identiques. Un muscle squelettique isolé renferme essentiellement deux types de fibres : des fibres lentes dites de type I (*slow-twitch* ou ST) et des fibres rapides dites de type II (*fast-twitch* ou FT). Lorsqu'elles sont stimulées, les **fibres lentes** développent leur tension maximale en 110 ms environ tandis que les **fibres rapides** l'atteignent en 50 ms.

S'il n'a été identifié qu'un seul type de fibres lentes, on peut subdiviser les fibres rapides en plusieurs sous-groupes. Les deux principaux sont les fibres rapides de type a (IIa) et les fibres rapides de type b (IIb). La figure 1.10 est une vue microscopique d'un échantillon de muscle humain dans lequel des coupes très fines (10 µm) ont été colorées chimiquement pour différencier les types de fibres. Les fibres I apparaissent noires, les fibres IIa sont non colorées et les IIb sont grises. Bien que non apparent sur cette figure un troisième sous-groupe de fibres rapides peut encore être identifié : le type c (IIc).

Les différences entre les fibres II_a, II_b, II_c ne sont pas clairement établies mais les II_a sont considérées comme étant les plus souvent recrutées. Seules les fibres I sont recrutées encore plus fréquemment que les fibres II_a. Les fibres II_c sont les moins utilisées. En moyenne, la plupart des muscles contiennent environ 50 % de fibres I et 25 % de fibres II_a. Les 25 % restants sont constitués essentiellement de II_b, alors que les fibres II_c ne représentent que 1 % à 3 % du muscle. Les connaissances sur ce sujet étant limitées nous ne parlerons pas davantage des fibres II_c. Le pourcentage exact de ces fibres dans les différents muscles varie considérablement et les valeurs indiquées ici ne sont que des moyennes. Cette extrême variation est encore plus évidente chez les athlètes, comme nous le verrons après dans ce chapitre en comparant les types de fibres en fonction des épreuves sportives.

La technique de biopsie à l'aiguille a été développée au début des années 1900 pour étudier la dystrophie musculaire. À partir de 1960, cette technique a été adaptée à la physiologie de l'exercice. Les récents progrès technologiques permettent actuellement d'obtenir, même à l'exercice, des échantillons de muscle humain.

Les échantillons peuvent être obtenus à partir de très petits fragments prélevés en plein milieu du muscle (figure 1.11). Après une petite anesthésie locale, une incision d'environ 1 cm est réalisée au scalpel au travers de la peau, des tissus sous cutanés et de l'enveloppe conjonctive. Un petit trocart est alors introduit au sein du muscle. Poussée à l'aide d'un piston jusqu'au centre de l'aiguille, une lame très fine permet d'inciser l'échantillon à prélever.

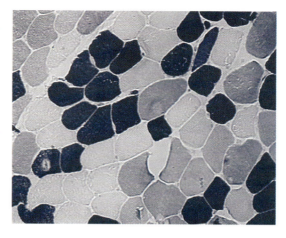

Figure 1.10 Vue microscopique des fibres musculaires

Fibres ST ou de type I (noir), FTa ou de type IIa (blanc) et FTb ou de type IIb (gris).

L'aiguille à biopsie est alors retirée et l'échantillon pesant de 10 à 100 mg est libéré, soigneusement lavé et conservé immédiatement à froid. Il est alors émincé en coupes fines puis coloré et examiné au microscope. Cette technique permet d'étudier les fibres musculaires et de juger des effets d'un exercice aigu ou d'un entraînement chronique sur leur structure. Les analyses microscopiques et biochimiques de ces échantillons nous aident à mieux comprendre les mécanismes grâce auxquels le muscle produit de l'énergie.

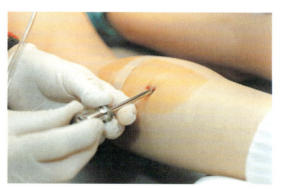

Figure 1.11

Une aiguille à biopsie musculaire est implantée dans le ventre du muscle pour prélever un échantillon de tissu musculaire (en haut) ; l'échantillon prélevé peut alors être analysé (en bas).

3.1 Caractéristiques des fibres de type I et de type II

Puisqu'il existe différents types de fibres musculaires il faut chercher à comprendre ce que cela signifie. Quels sont leurs rôles lors de l'activité physique ? Pour y répondre comparons tout d'abord ces types de fibres.

3.1.1 ATPase

C'est la vitesse de contraction qui différencie les fibres I et II, d'où leur nom. Celle-ci provient essentiellement des différentes formes de myosine ATPase. Rappelez-vous que la myosine ATPase est l'enzyme qui catalyse la dégradation de l'ATP et permet la libération d'énergie nécessaire à la contraction ou au relâchement. Les fibres I possèdent une forme lente de myosine ATPase, les fibres II une forme rapide. En réponse à la stimulation nerveuse, l'ATP est hydrolysé plus rapidement dans les fibres II que dans les fibres I. En conséquence, l'énergie nécessaire à la contraction est libérée plus vite dans les fibres II que dans les fibres I.

La classification des fibres musculaires utilise une technique de coloration chimique appliquée à des coupes fines de tissu. Cette technique de coloration agit sur l'ATPase des fibres. Ainsi, comme nous l'avons vu sur la figure 1.10, les fibres I, IIa et IIb se colorent différemment. Cette technique suppose que chaque fibre musculaire ne renferme qu'un seul type d'ATPase, ce qui n'est pas tout à fait le cas. Certaines possèdent davantage de I-ATPase tandis que d'autres sont plus riches en II-ATPase. Il faut alors considérer que les images, issues des coupes colorées, représentent plus un continuum que des groupes totalement distincts de fibres.

Une autre méthode d'identification des fibres musculaires consiste à séparer chimiquement les différents types (isoformes) de molécules de myosine, en utilisant la technique dite d'électrophorèse. Lors de l'électrophorèse, les isoformes sont séparées et colorées afin de révéler les bandes de protéines (de myosine) qui caractérisent les fibres I, IIa et IIb.

Nous avons jusqu'à présent présenté les différents types de fibres musculaires en deux catégories : les fibres lentes (I) et rapides (IIa et IIb). Toutefois, l'utilisation de l'électrophorèse a permis la détection de myosines hybrides ou encore de fibres possédant deux ou plusieurs formes de myosines. Avec cette méthode d'analyse, les fibres sont classées comme I, Ic, (I/IIa) IIc (IIa/I) IIa, I/IIax, IIxa et IIx[13]. Vous comprendrez pourquoi nous préférons l'utilisation de la méthode histochimique pour identifier les fibres par leurs isoformes primaires, type I, IIa et IIb.

Le tableau 1.1 résume les caractéristiques des différents types de fibres musculaires. Il indique également les termes classiquement utilisés dans les autres systèmes de classification des fibres musculaires.

3.1.2 Le réticulum sarcoplasmique

Les fibres II ont un réticulum sarcoplasmique plus développé que les fibres I. Les fibres II sont ainsi mieux adaptées à libérer le calcium du sarcoplasme lorsque le muscle est stimulé. Cette aptitude contribue sans doute à permettre la contraction plus rapide des fibres II. Chez l'homme, les fibres II ont, en général, une vitesse de contraction 5 à 6 fois plus rapide que les fibres I. Toutefois, la force produite par les fibres II et I est sensiblement la même. Ainsi,

Tableau 1.1 Classification des types de fibres musculaires

	Classification des fibres		
Système 1 (préféré)	Type I	Type IIa	Type IIb
Système 2	ST	FT_a	FT_b
Système 3	SO	FOG	FG
	Caractéristiques		
Capacité oxydative	élevée	modérée	faible
Capacité glycolytique	faible	élevée	très élevée
Vitesse de contraction	lente	rapide	rapide
Résistance à la fatigue	élevée	modérée	faible
Force développée par l'unité motrice	faible	élevée	élevée

la puissance développée (µN.longueur de fibre^{-1}.s^{-1}) par une fibre II est 3 à 4 fois plus importante que celle développée par une fibre I. Ceci peut expliquer, en partie, pourquoi les sujets, dont les muscles des membres inférieurs sont plus riches en fibres II, sont de meilleurs sprinters que ceux qui possèdent essentiellement des fibres I.

3.1.3 Les unités motrices

Rappelons qu'une unité motrice est constituée d'un seul motoneurone et des fibres musculaires qu'il innerve. Il semble que ce soit le neurone qui détermine le type de fibre II ou I. Dans une unité motrice I, le motoneurone a un petit corps cellulaire et innerve un groupe inférieur ou égal à 300 fibres musculaires. À l'inverse, dans une unité motrice II le motoneurone a un corps cellulaire plus volumineux et un axone de plus gros diamètre. Il innerve un groupe supérieur ou égal à 300 fibres musculaires.

Un tel arrangement des unités motrices implique que le nombre de fibres musculaires qui se contractent, en réponse à la stimulation d'un seul motoneurone II, est plus grand. En conséquence, les fibres motrices II atteignent plus rapidement leur tension maximale et développent plus de puissance que les fibres I. La différence de force isométrique développée entre les unités motrices II et I, est attribuée au nombre de fibres musculaires par unité motrice ainsi qu'à la différence de diamètre des fibres II et I. Les fibres I et II qui ont le même diamètre génèrent approximativement la même force. Toutefois, les fibres II sont généralement plus larges que les fibres I. Ainsi, lors d'une stimulation, une unité motrice II génère plus de force car ses fibres musculaires sont plus nombreuses et plus larges que celles d'une unité motrice I.

3.2 Distribution des fibres musculaires

Comme nous l'avons déjà mentionné, les pourcentages de fibres I et II ne sont pas les mêmes dans tous les muscles du corps. Les muscles des bras et des jambes d'une même personne ont, en général, des compositions semblables en fibres musculaires. En effet, les athlètes spécialistes d'endurance qui possèdent une prédominance de fibres I au niveau des muscles des jambes ont simultanément davantage de fibres I au niveau des muscles des bras. Il en est de même pour les fibres II. Il existe cependant quelques exceptions. Le muscle soléaire (situé dans le mollet sous les muscles jumeaux) est ainsi presque complètement composé de fibres I, chez tous les sujets.

3.3 Type de fibres musculaires et exercice

Nous venons d'expliquer en quoi les fibres I et II diffèrent. Ceci laisse supposer que ces fibres vont également assurer des fonctions différentes lors de l'activité physique. C'est effectivement le cas.

3.3.1 Les fibres de type I

Les fibres lentes possèdent, en général, des caractéristiques aérobies et d'endurance. Aérobie signifie : « en présence d'oxygène ». Ainsi l'oxydation est un processus aérobie. Dans les fibres I la production d'ATP par oxydation des glucides et des lipides fonctionne très efficacement. Ceci sera discuté dans le chapitre 2.

Rappelons que l'ATP est nécessaire à la production d'énergie, à la fois lors de la contraction

	Type de fibre		
Caractéristiques	**ST**	**FT$_a$**	**FT$_b$**
Nombre de fibres par motoneurone	⩽ 300	⩾ 300	⩾ 300
Taille du motoneurone	petite	importante	importante
Vitesse de conduction nerveuse	lente	rapide	rapide
Vitesse de contraction (ms)	110	50	50
Type de myosine ATPase	lente	rapide	rapide
Dimensions du réticulum sarcoplasmique	petites	importantes	importantes
Force de l'unité motrice	faible	importante	importante
Capacité aérobie (oxydative)	élevée	modérée	faible
Capacité anaérobie (glycolytique)	faible	élevée	élevée

D'après Close R., 1967.

Tableau 1.2
Caractéristiques structurales et fonctionnelles des différents types de fibre musculaire

et du relâchement des fibres musculaires. Tant que l'oxydation se poursuit, les fibres I continuent à produire de l'ATP, assurant le maintien de l'activité. L'aptitude à maintenir une activité musculaire prolongée constitue ce que l'on appelle l'endurance musculaire. Les fibres I ont donc une capacité d'endurance élevée. En conséquence, ces fibres sont essentiellement recrutées lors d'activités de longue durée, comme le marathon ou la natation, et lors de la plupart des activités quotidiennes qui nécessitent peu d'énergie, comme la marche.

3.3.2 *Les fibres de type II*

Les fibres II sont, à l'inverse, peu endurantes. Elles sont plus sollicitées que les fibres I pour réaliser des exercices sollicitant le métabolisme anaérobie (sans oxygène). L'ATP provient, ici, non des processus d'oxydation mais des voies métaboliques anaérobies. (Ces voies seront discutées en détail au chapitre 2).

Les unités motrices de type IIa développent beaucoup plus de puissance que les unités motrices de type I, mais se fatiguent davantage en raison de leur faible capacité d'endurance. Les fibres IIa sont ainsi préférentiellement utilisées lors d'épreuves comme le 1 500 m en athlétisme ou le 400 m en natation.

Le rôle des fibres IIb n'est pas parfaitement élucidé. Elles apparaissent moins facilement excitables. Elles sont donc peu sollicitées dans les activités quotidiennes ou de faible intensité mais sont préférentiellement recrutées lors d'exercices très explosifs, comme le 100 m plat ou le 50 m nage libre. Les caractéristiques des différents types de fibres sont résumées dans le tableau 1.2.

Il est possible actuellement de disséquer des fibres musculaires à partir d'un échantillon biopsique. On peut suspendre une fibre isolée entre deux capteurs de force et mesurer ainsi sa force et sa vitesse de contraction (V_0). La figure 1.12 illustre la différence de puissance pic entre les fibres I et II, mesurée grâce à la technique de la fibre musculaire isolée. On remarque que les fibres isolées tendent à atteindre leur pic de puissance à seulement 20 % de leur pic de force. Toutefois, il apparaît clairement que le pic de puissance des fibres musculaires de type II est considérablement plus élevé que celui des fibres de type I.

3.4 Détermination du type de fibres

La différenciation en fibres musculaires lentes ou rapides apparaît précocement, sans doute dès les premières années de la vie. Les études chez les jumeaux monozygotes montrent que la composition en fibres musculaires est génétiquement déterminée, variant très peu de l'enfance à l'âge adulte. En effet, les jumeaux monozygotes ont pratiquement la même composition en fibres musculaires, ce qui n'est pas le cas des jumeaux dizygotes. Les gènes hérités de nos parents déterminent le type de motoneurones qui innerveront nos fibres musculaires. Lorsque l'innervation est établie, nos fibres musculaires se différencient (se spécialisent) selon le type de neurone qui les stimule. Des travaux récents suggèrent cependant que l'entraînement en endurance et l'inactivité musculaire peuvent influer sur les isoformes de myosine. Par conséquent, l'entraînement pourrait induire un changement mineur, probablement moins de 10 %, dans le pourcentage des fibres I et II. En effet, il est montré que l'entraînement en endurance s'accompagne d'une réduction du pourcentage des fibres IIb et d'une augmentation de celui des IIa.

Des études réalisées chez des hommes et des femmes âgées montrent que l'âge est un facteur susceptible d'influencer la distribution respective des fibres I et II. Avec l'avance en âge nos muscles tendent à perdre des fibres II ce qui augmente le pourcentage des fibres I.

Figure 1.12

Les puissances pic générées par chaque type de fibre musculaire à différents pourcentages de la force maximale. Notez que toutes les fibres tendent à atteindre leur puissance pic alors qu'elles ne sont qu'à environ 20 % de leur pic de force. Il apparaît clairement que la puissance pic des fibres II est nettement supérieure à celle des fibres I.

Dissection (en haut) et fixation (en bas) d'une fibre musculaire isolée pour déterminer sa typologie.

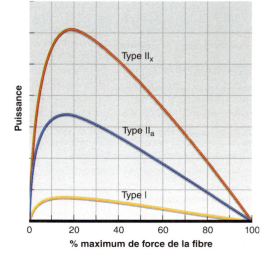

Résumé

› La plupart des muscles squelettiques contiennent à la fois des fibres I et II.

› Selon leur type, les fibres musculaires renferment des ATPases différentes. Dans les fibres II, l'ATPase agit plus vite que dans les fibres I, ce qui permet de libérer plus rapidement l'énergie nécessaire.

› Le réticulum sarcoplasmique des fibres II est plus développé que dans les fibres I, ce qui facilite, à leur niveau, la libération du calcium nécessaire à la contraction musculaire.

› Les motoneurones innervant les fibres II sont plus gros et connectés à un plus grand nombre de fibres musculaires que les motoneurones de type I. Ainsi, le nombre de fibres musculaires susceptibles de se contracter, par unité motrice de type II, est supérieur ainsi que la force produite.

› Les proportions respectives de fibres II et I chez un même individu sont pratiquement identiques au niveau des membres inférieurs et des membres supérieurs.

› Les fibres I ont un haut niveau de capacité aérobie et sont préférentiellement recrutées dans les activités d'endurance, c'est-à-dire prolongées et d'intensité modérée.

› Les fibres II ont plutôt des potentialités anaérobies. Les fibres II_a sont recrutées essentiellement lors d'exercices explosifs. La mise en jeu des fibres II_b n'est pas encore bien établie mais il semble que pour les activer, la force demandée au muscle doit être très élevée.

4. Le muscle squelettique et l'exercice

Après avoir détaillé la structure du muscle et les mécanismes grâce auxquels les myofibrilles se contractent, nous pouvons étudier plus spécifiquement le fonctionnement du muscle à l'exercice. Vos capacités d'endurance et de vitesse dépendent essentiellement de l'aptitude de vos muscles à produire de l'énergie et de la force. Examinons comment les muscles y parviennent.

4.1 Recrutement des fibres musculaires

Lorsqu'un motoneurone stimule une fibre musculaire, une intensité minimale appelée **seuil d'excitation**, est nécessaire pour déclencher une réponse. Si l'intensité de stimulation est inférieure, il n'y a pas de contraction musculaire. Par contre, pour toute excitation dont l'intensité égale ou dépasse celle du seuil, une contraction maximale est observée au niveau de la fibre musculaire. Ceci constitue la **loi du tout ou rien**. Comme toutes les fibres musculaires d'une même unité motrice reçoivent la même stimulation nerveuse, toutes ces fibres se contractent au maximum dès l'instant où le seuil est atteint. L'unité motrice obéit donc également à la loi du tout ou rien.

Une force supérieure peut cependant être produite en excitant davantage de fibres musculaires. Lorsqu'une faible force est nécessaire, seules quelques fibres sont excitées. Rappelons que les unités motrices de type II contiennent davantage de fibres musculaires que les unités motrices de type I.

La contraction du muscle squelettique implique le recrutement sélectif des fibres musculaires de type I ou II, selon les exigences de l'activité à réaliser. Avec l'augmentation de l'intensité de l'exercice, le nombre de fibres musculaires recrutées augmente selon l'ordre suivant : fibre I → fibre II_a → fibre II_b.

La majorité des chercheurs s'accordent sur le fait que les unités motrices sont activées selon un ordre déterminé par celui du recrutement des fibres musculaires. Ceci représente le **principe d'ordre de recrutement** selon lequel les unités motrices apparaissent rangées au sein d'un muscle. Prenons l'exemple du biceps brachial qui se compose d'un total de 200 unités motrices rangées selon une échelle allant de 1 à 200. Pour une action musculaire extrêmement fine requérant la production d'une petite force, l'unité motrice numéro 1 est recrutée. Si la force demandée augmente, les unités motrices 2, 3, 4 et ainsi de suite sont recrutées jusqu'au maximum de l'action musculaire qui active 50 % à 70 % des unités motrices. Pour la production d'une telle force, le même nombre d'unités motrices est recruté à chaque fois.

Le mécanisme expliquant partiellement le principe d'ordre de recrutement est le **principe de taille**. Ce dernier stipule que l'ordre de recrutement des unités motrices est directement lié à la taille de leur motoneurone. Les unités motrices avec un petit motoneurone sont activées en premier. Lors d'un effort progressif (allant d'une production de force légère à maximale), les unités motrices I sont recrutées en premier car elles disposent de motoneurones de petite taille. Si la force demandée augmente, les unités motrices II sont sollicitées. Toutefois, des questions subsistent concernant le principe de taille et son implication dans tous les mouvements sportifs. En effet, ce principe n'a été

PERSPECTIVE DE RECHERCHE 1.3

Altération de la fonction contractile du muscle squelettique chez les patients atteints de cancer

La **cachexie** cancéreuse est un syndrome de dépérissement durant lequel la perte de masse corporelle est accompagnée par une atrophie musculaire, une faiblesse générale du patient ainsi qu'une fatigue chronique. Même si la majorité des travaux scientifiques qui ont tenté d'expliquer l'altération des capacités physiques des patients atteints de cancer se sont focalisés sur le déclin de l'aptitude cardiorespiratoire, l'altération de la fonction contractile du muscle squelettique constitue, elle aussi, un prédicteur fiable de cette incapacité à réaliser les tâches quotidiennes. Chez ces patients atteints de cachexie et d'atrophie musculaire, les déficiences fonctionnelles persistent, même après la récupération totale du tissu musculaire[17] suggérant ainsi l'impact propre du cancer sur les propriétés fonctionnelles intrinsèques du muscle[7]. Ces effets sont directement attribuables au cancer et ne sont pas liés aux différents traitements comme la chimiothérapie ou la radiothérapie.

Une étude récente a montré que les déficits contractiles du muscle au niveau moléculaire, cellulaire et tissulaire ne sont retrouvés que chez les patients atteints de cancer[18]. Onze patients (7 hommes et 4 femmes) atteints de différents cancers (cancer du poumon, cancer du pancréas, cancers de la tête et du cou, de stade III et IV) ont été comparés à des sujets contrôles sains. Les expérimentateurs ont évalué les aptitudes physiques ainsi que les capacités musculaires puis ont réalisé des mesures structurales et fonctionnelles sur des biopsies musculaires effectuées au niveau du vaste externe. Les patients atteints de cancer, cachexiques ou non, développent une force d'extension de la jambe 25 % plus faible, même après ajustement des différences liées à la masse musculaire. De plus, cette réduction de la force musculaire de la jambe est corrélée étroitement à la capacité des sujets à réaliser le test de marche de 6 min.

Au niveau cellulaire, des déficits de fonction musculaire ont été observés au niveau des fibres musculaires. Le nombre de ponts formés au niveau des fibres de type II a été réduit. Au sein des fibres de type I, le temps de fixation entre actine et myosine a augmenté, la production de force par la myosine a été réduite, tout comme la densité mitochondriale.

Comme ces changements surviennent sans réduction du contenu protéique myofibrillaire (actine et myosine) et sans changement apparent de l'ultrastructure du muscle, les auteurs les considèrent comme étant plus fonctionnels que structuraux. Par conséquent, le cancer altère en premier les fonctions de l'actine et de la myosine et leur interaction, contribuant ainsi à la faiblesse musculaire et à l'incapacité physique observées chez ces patients atteints.

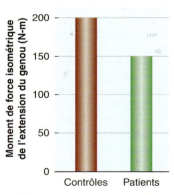
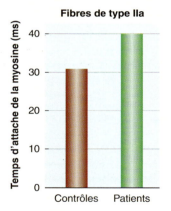
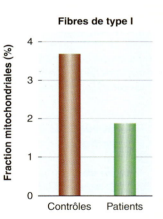

Variations de la force musculaire, de la fonction contractile et de la capacité oxydative, chez 11 patients atteints de cancer comparés à des sujets contrôles.
(a) Les sujets malades développent moins de force lors du test d'extension du genou. (b) Plusieurs déficits sont observés au niveau de la fonction contractile des fibres IIa, comme un temps d'attache de la myosine sur l'actine plus long et une force développée plus faible. (c) Le nombre de mitochondries est plus faible au niveau des fibres de type I chez les sujets malades.

D'après Adapted, by permission, from M.J. Toth *et al.*, 2013, "Molecular mechanisms underlying skeletal muscle weakness in human cancer: Reduced myosin-actin cross-bridge formation and kinetics", *Journal of Applied Physiology*, 114: 858-868.[18]

STRUCTURE ET FONCTIONNEMENT MUSCULAIRE — Chapitre 1

Tableau 1.3 Pourcentages et surface de section des fibres lentes (I) et rapides (II)

Athlète	Sexe	Muscles	% ST	% FT	Surface de section (µm²) ST	Surface de section (µm²) FT
Sprinters	M	Jumeaux	24	76	5 878	6 034
	F	Jumeaux	27	73	3 752	3 930
Coureurs de fond	M	Jumeaux	79	21	8 342	6 485
	F	Jumeaux	69	31	4 441	4 128
Cyclistes	M	Vaste externe	57	43	6 333	6 116
	F	Vaste externe	51	49	5 487	5 216
Nageurs	M	Deltoïde postérieur	67	33		
Haltérophiles	M	Jumeaux	44	56	5 060	8 910
	M	Deltoïde	53	47	5 010	8 450
Triathlètes	M	Deltoïde postérieur	60	40	–	–
	M	Vaste externe	63	37	–	–
	M	Jumeaux	59	41	–	–
Canoéistes	M	Deltoïde postérieur	71	29	4 920	7 040
Lanceur de poids	M	Jumeaux	38	62	6 367	6 441
Non entraînés	M	Vaste externe	47	53	4 722	4 709
	F	Jumeaux	52	48	3 501	3 141

examiné que lors de mouvements progressifs qui représentent des actions musculaires de moins de 25 % d'intensité relative.

Lors d'exercices de faible intensité comme la marche, la force musculaire est essentiellement générée par les fibres I. Lorsque la tension musculaire exigée augmente, comme lors d'un jogging, les fibres II_a s'ajoutent aux précédentes pour produire la force nécessaire. Finalement, lors d'exercices où la force maximale doit être atteinte, comme pour le sprint, les fibres II_b sont alors sollicitées.

Pourtant, même lors d'efforts maximaux, le système nerveux ne recrute pas 100 % des fibres disponibles. Malgré votre désir de produire plus de force, seule une fraction des fibres musculaires est stimulée. Ceci permet de prévenir des lésions musculaires ou tendineuses. Si au même moment vous pouviez contracter toutes les fibres de votre muscle, la force ainsi générée pourrait probablement déchirer le muscle et ses tendons.

Lors d'activités prolongées de plusieurs heures, vous travaillez à un niveau sous maximal et la tension musculaire est relativement faible. Ainsi, le système nerveux recrute les fibres les mieux adaptées aux activités d'endurance : les fibres I et quelques II_a. Au fur et à mesure de l'exercice, le contenu de ces fibres en glycogène (première source d'énergie) diminue et le système nerveux doit recruter davantage de fibres II_a, pour maintenir la tension musculaire nécessaire. Enfin, lorsque les fibres musculaires I et II_a sont épuisées, les fibres II_b doivent entrer en jeu pour permettre la poursuite de l'exercice.

Ceci permet d'expliquer pourquoi la fatigue est ressentie à des moments différents lors d'activités comme le marathon. C'est aussi pourquoi il faut un effort de volonté important pour maintenir un rythme donné, jusqu'à la fin de l'épreuve. Cet effort permet l'excitation de fibres musculaires difficilement recrutables. Ces notions sont importantes en pratique pour mieux comprendre les exigences spécifiques de l'entraînement et de la performance.

Résumé

> Les unités motrices répondent à la loi du tout ou rien. Pour produire une force supérieure il faut augmenter le nombre d'unités motrices actives et donc le nombre de fibres musculaires.

> Dans les activités musculaires de faible intensité, la force musculaire est essentiellement produite par les fibres I. Au fur et à mesure que la force développée augmente, les fibres II_a sont recrutées. Si la force maximale est exigée, même les fibres II_b sont activées. Ce mode de recrutement progressif est retrouvé également dans les activités de longue durée.

4.2 Type de fibres et performance physique

La connaissance de la composition et de l'utilisation des fibres musculaires suggère que les athlètes possédant un fort pourcentage de fibres I sont avantagés, dans les exercices prolongés d'endurance, alors que ceux qui possèdent une prédominance de fibres II sont plus aptes aux activités brèves et explosives. La composition en fibres musculaires d'un athlète peut-elle alors conditionner la réussite sportive ?

Les caractéristiques musculaires d'athlètes de haut niveau dans des disciplines sportives différentes figurent dans le tableau 1.3. Comparons ces coureurs. Comme nous venons de le dire, les muscles des membres inférieurs des coureurs de longues distances ont une prédominance de fibres I[4]. Les études réalisées chez les coureurs hommes et femmes du plus haut niveau révèlent que, pour la plupart, les muscles jumeaux (muscles du mollet) contiennent plus de 90 % de fibres I. Chez les champions du monde de marathon, les muscles jumeaux renferment 93 % à 99 % de fibres I. Les sprinters de niveau mondial n'en possèdent que 25 %. De même, bien que la surface de section des fibres musculaires varie considérablement chez des coureurs de longue distance et de haut niveau, la surface moyenne de section des fibres I dans les muscles des membres inférieurs dépasse d'environ 22 % celle des fibres II[5,6].

Chez les sprinters dont l'activité exige vitesse et force, les muscles jumeaux sont, à l'inverse, essentiellement composés de fibres II. Les nageurs de très bon niveau possèdent des pourcentages plus élevés en fibres I au niveau des muscles des bras (60 % à 65 %), que les sujets non entraînés (45 % à 55 %).

La typologie musculaire des coureurs de longue distance et des sprinters est manifestement différente. Il serait pourtant dangereux de penser que l'on puisse sélectionner les champions dans ces disciplines seulement sur la composition en fibres musculaires. D'autres facteurs, comme la fonction cardiovasculaire, la motivation, l'entraînement et les dimensions des muscles contribuent aussi à la réussite dans les activités d'endurance, de vitesse et de force. La composition en fibres musculaires ne constitue donc pas un critère suffisant de prédiction de la réussite sportive.

4.3 Modalités de la contraction musculaire

Nous venons d'examiner les différents types de contraction musculaire. Nous avons vu que toutes les fibres d'une même unité motrice se contractent au même moment et que le recrutement des différents types de fibres varie suivant la nature de l'activité. Portons maintenant notre attention sur les modalités qui permettent aux muscles de travailler et de produire le mouvement.

4.3.1 Type de contraction musculaire

On distingue trois types de contraction musculaire :

- concentrique ;
- statique (isométrique) ;
- excentrique.

Dans de nombreuses activités comme la course et le saut, ces trois types de contraction interviennent pour assurer un mouvement harmonieux et coordonné. Cependant, pour plus de clarté nous examinerons chaque forme séparément.

L'action principale du muscle est, en général, un raccourcissement. La contraction est dite alors **concentrique**. Ce type de contraction nous est très familier. Pour comprendre le raccourcissement du muscle rappelons la théorie précédente qui explique le glissement des filaments d'actine et de myosine les uns par rapport aux autres. La contraction concentrique s'accompagnant d'un mouvement de

Figure 1.13 Variations de force ou de tension

Variations en fonction de la fréquence de stimulation : spasme, sommation temporelle, tétanos complet.
Adapté de G.A. Brooks *et al.*, 2005, *Exercise Physiology : human bioenergetics and its applications*, 4ᵉ éd, McGraw-Hill.

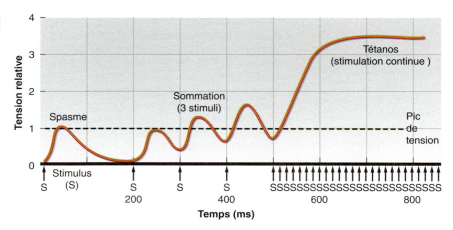

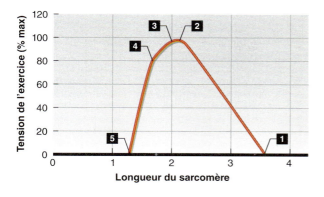
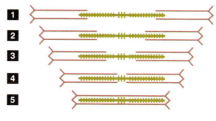

Figure 1.14 Variations de force ou de tension produite (% du maximum)

Variations en fonction de la longueur du sarcomère. Il existe une longueur optimale pour le développement d'une force maximale.

l'articulation, est considérée comme une **contraction dynamique**.

Les muscles peuvent également se contracter sans générer de mouvement. Le muscle produit alors une force, mais sa longueur reste la même. C'est ce qu'on appelle une **contraction statique** ou contraction isométrique car l'angulation articulaire ne varie pas. Ceci est observé lorsque, par exemple, vous essayez de soulever un objet trop lourd ou lorsque vous essayez de porter un objet lourd, coude fléchi. Dans les deux cas, vous sentez vos muscles se contracter mais ils ne peuvent déplacer la charge et donc ne peuvent se raccourcir. Dans ce type de contraction, les ponts de myosine se forment, se reconstituent, produisant de la force. Mais la force externe opposée est trop importante pour permettre le déplacement des filaments d'actine. Ceux-ci restent dans leur position normale et aucun raccourcissement ne se produit. Si un nombre suffisant d'unités motrices peut être recruté pour produire une force supérieure à la résistance, la contraction statique se transforme en contraction dynamique.

Les muscles peuvent encore exercer de la force lors d'une contraction avec allongement du muscle. Ce mouvement est appelé **contraction excentrique**. Puisqu'il y a mouvement de l'articulation, c'est aussi une contraction dynamique. Pour l'illustrer, citons l'action du muscle biceps brachial, lorsque le coude s'étend pour poser un poids très lourd. Dans ce cas, les filaments d'actine s'éloignent du centre du sarcomère en l'étirant.

4.3.2 La production de force

Tout mouvement, qu'il soit contre une résistance ou un simple déplacement des segments, nécessite la génération de force par le muscle. Que la contraction soit concentrique, isométrique ou excentrique, la force développée doit correspondre aux besoins de l'activité. Par exemple, la force nécessaire pour déplacer une balle de golf de 1 m est largement plus faible que celle nécessaire pour qu'elle parcoure 250 m, distance entre le tee et le

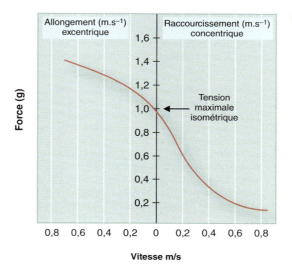

Figure 1.15 Relation entre la longueur du muscle et la force produite

Remarquez que la force développée par le muscle est plus importante en conditions excentriques (en allongement) qu'en conditions concentriques (en raccourcissement).
D'après Åstrand et Rodahl (1986).

milieu du fairway. La production de force par le muscle dépend des facteurs suivants :

- le nombre d'unités motrices actives ;
- leur type ;
- leur fréquence de stimulation ;
- la taille du muscle ;
- la longueur initiale de celui-ci, au moment de sa stimulation ;
- l'angle de l'articulation ;
- la vitesse de contraction du muscle.

Examinons ces différents points.

4.3.2.1 Les unités motrices et la taille du muscle

La force développée est d'autant plus importante qu'il y a d'unités motrices actives. Les unités motrices II produisent plus de force que les unités motrices I, parce que chaque unité motrice II contient plus de fibres musculaires qu'une unité motrice I.

C'est pour cette même raison que les muscles les plus volumineux produisent plus de force que les muscles plus petits.

PERSPECTIVE DE RECHERCHE 1.4

Préserver la « mémoire musculaire »

Les cellules musculaires sont les plus longues de l'organisme pour une bonne raison : le développement de la force dépend de la masse musculaire. Parce que les fibres musculaires sont volumineuses, elles nécessitent une distribution uniforme des noyaux sur toute leur longueur pour répondre à leurs différents besoins dont la synthèse protéique. En effet, les fibres musculaires changent constamment de taille selon les sollicitations du muscle : leur diamètre diminue (atrophie) lors d'une immobilisation prolongée (*disuse* en anglais) et augmente (hypertrophie) avec l'entraînement. Lors de l'hypertrophie, on observe une augmentation du nombre de noyaux grâce à la fusion des myocytes avec les fibres préexistantes. Ces myocytes proviennent des cellules satellites, cellules souches mononuclées qui se multiplient en réponse à un signal spécifique. À l'inverse, lors de l'atrophie, les noyaux non nécessaires sont détruits par le processus appelé apoptose ou mort programmée.

En revanche, un nouveau modèle a émergé expliquant mieux les mécanismes qui sous-tendent ces changements de taille de la fibre et de la masse musculaire[3]. Dans l'étude menée par Bruusgaard et ses collègues, des muscles des membres postérieurs de rats ont été hypertrophiés par surcharge et leurs noyaux ont été comptés par injection de nucléotides marqués. Le nombre de noyaux a commencé à augmenter à partir du 6e jour. Une augmentation de 54 % a été enregistrée au 21e jour. La surface de section des fibres musculaires n'a augmentée qu'à partir du 9e jour. Dans un autre groupe de rats, les nerfs moteurs ont été sectionnés, induisant une atrophie musculaire. La surface de section a diminué de 60 % par rapport à celle des rats hypertrophiés mais le nombre de noyaux est resté inchangé.

Ces études ont plusieurs implications importantes. Chez les sujets entraînés, le réentraînement après une période d'inactivité se fait plus rapidement et plus facilement que chez les novices. Cette « mémoire musculaire » était auparavant attribuée au contrôle nerveux musculaire. Actuellement, il semble que le noyau soit le siège de cette mémoire. En effet, cette étude montre que, comme les cellules musculaires n'ont plus besoin de fusionner avec les cellules satellites adjacentes pour revenir à leur état hypertrophié, les cellules musculaires s'hypertrophieraient donc plus rapidement lors d'un nouvel entraînement. De plus, toujours selon Bruusgaard et ses collègues, comme la masse musculaire, l'activation des cellules satellites et le nombre de noyaux diminuent avec le vieillissement, l'entraînement de force réalisé dès le plus jeune âge permettrait de créer une telle « mémoire » cellulaire pour plus tard. Ainsi, dans le même sens, les résultats provenant d'une étude longitudinale[2] ont conduit les auteurs à émettre l'hypothèse que le nombre de noyaux refléterait l'histoire de la fibre musculaire. Toutefois, comme cela a été souligné par Lee et Burd[11], le rôle joué par les cellules satellites dans l'hypertrophie musculaire ne peut être exclu, ces dernières contribuant indubitablement à l'augmentation de la masse musculaire. En effet, pour ces auteurs les cellules satellites seraient nécessaires pour maintenir la masse musculaire ainsi que la qualité et la fonction du muscle.

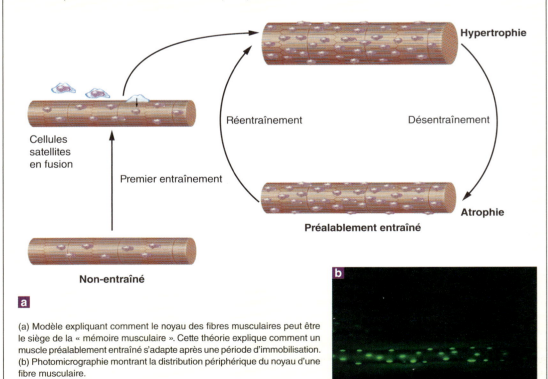

(a) Modèle expliquant comment le noyau des fibres musculaires peut être le siège de la « mémoire musculaire ». Cette théorie explique comment un muscle préalablement entraîné s'adapte après une période d'immobilisation. (b) Photomicrographie montrant la distribution périphérique du noyau d'une fibre musculaire.

D'après J.C. Bruusgaard *et al.*, 2010, "Myonuclei acquired by overload exercise precede hypertrophy and are not lost on detraining", *Proceedings of the National Academy of Sciences*, 107, 15111-15116. By permission of J.C. Bruusgaard.

4.3.2.2 Fréquence de stimulation des unités motrices : sommation temporelle

La fréquence de stimulation détermine le niveau de force produit par le muscle. Ceci est illustré par la figure 1.13[1]. La plus petite réponse contractile du muscle est appelée **secousse**. Des séries de trois stimulations successives et rapides, réalisées avant le relâchement complet du muscle, induisent une augmentation de la force ou de la tension. Ce phénomène est appelé **sommation**. Une stimulation continue à très haute fréquence peut amener au tétanos dont le résultat est l'atteinte du pic de force du muscle. **La sommation temporelle** est le terme utilisé pour décrire le processus par lequel la tension du muscle varie entre la secousse et le tétanos par augmentation de la fréquence de stimulation.

4.3.2.3 Fibre musculaire et longueur du sarcomère

Chaque fibre musculaire possède une longueur optimale pour laquelle elle développe une tension maximale. Rappelez-vous que dans les fibres musculaires, les sarcomères des myofibrilles sont connectés bout à bout et sont composés de filaments fins et épais. Lors de la contraction musculaire, la force développée par les fibres dépend à chaque instant du nombre de ponts établis avec les filaments d'actine. Plus il y a de ponts établis plus la force développée est importante. Lorsque les fibres musculaires sont étirées, les filaments d'actine et de myosine s'éloignent l'un de l'autre. Ce moindre chevauchement entraîne une diminution du nombre de ponts susceptibles de générer la force. La figure 1.14[13] illustre ce processus. Lorsque le sarcomère est entièrement étiré (1) ou raccourcit (5) une force très faible voire nulle est développée puisque peu de ponts acto-myosine sont en interaction.

4.3.2.4 Angle de l'articulation

Comme les muscles exercent leur action par l'intermédiaire des pièces squelettiques sur lesquelles ils s'insèrent, il est indispensable de connaître les lois mécaniques qui gouvernent cet ensemble de leviers et poulies. Considérons par exemple le biceps. La distance entre le point d'attache du tendon bicipital sur l'avant-bras et le centre de l'articulation, est dix fois plus faible que celle existant entre ce centre articulaire et le point d'application d'une résistance tenue dans la main. Aussi, pour soulever un poids de 5 kg, le biceps doit développer une force 10 fois supérieure, soit 50 kg.

La force développée par le muscle est transmise à l'os par l'intermédiaire des insertions musculaires (tendons). Comme pour la longueur musculaire, il existe un angle articulaire optimal pour lequel la force transmise à l'os est maximale. Cet angle dépend des positions relatives de l'insertion tendineuse et de la charge à déplacer. Dans l'exemple du biceps, l'angle optimal permettant de soulever le poids de 50 kg est de 100°. Au-delà ou en deçà de cette position du coude la force transmise à l'os est diminuée.

4.3.2.5 Vitesse de contraction

L'aptitude à développer la force dépend aussi de la vitesse de contraction du muscle. Lors de contractions concentriques (en raccourcissement), la force maximale développée diminue progressivement, au fur et à mesure que la vitesse de contraction augmente. Réfléchissez, par exemple, à ce que vous faites lorsque vous cherchez à soulever un objet très lourd. C'est en le faisant lentement que vous développez la force la plus grande. Si vous agissez trop vite vous risquez d'échouer ou de vous blesser. Lors de contractions excentriques (en allongement), c'est l'inverse qui est vrai. Ce sont les concentrations excentriques rapides qui permettent de développer les forces les plus élevées.

Ces relations sont décrites à la figure 1.15. Les contractions excentriques sont à gauche et les concentriques à droite. L'unité utilisée pour la vitesse de variation de longueur musculaire est le mètre par seconde. Plus le nombre est grand plus la contraction musculaire est rapide.

Résumé

› Chez les sportifs élites, la typologie musculaire diffère selon le sport pratiqué. Les spécialistes des sports de vitesse et de force possèdent plus de fibres rapides et les spécialistes de l'endurance possèdent plus de fibres lentes.

› Les trois principaux types de contraction musculaire sont concentriques : le muscle se raccourcit ; statique : la longueur du muscle en contraction ne varie pas ; excentrique : le muscle s'allonge.

› La force produite peut être augmentée grâce au recrutement d'unités motrices supplémentaires.

› La force produite est maximale lorsque le muscle est préalablement étiré d'une longueur correspondant à 20 % de sa longueur de repos. À ce niveau la quantité d'énergie libérée et le nombre de ponts d'union actine-myosine sont optimum.

› La vitesse de contraction influence également l'intensité de la force. Lors d'une contraction concentrique, la force augmente avec la diminution de la vitesse de contraction. À vitesse nulle la force est maximale et la contraction devient statique. À l'inverse, dans les mouvements excentriques, la force produite augmente avec la vitesse de contraction.

5. Conclusion

Dans ce chapitre, nous avons détaillé la structure du muscle. Nous avons décrit les différents types de fibres musculaires et montré leur rôle dans la performance. Nous avons enfin précisé comment l'ensemble mécanique que constituent les muscles et les pièces squelettiques sur lesquelles ils s'insèrent est capable de produire une force. Il faut alors expliquer les mécanismes qui règlent et coordonnent le mouvement. C'est l'objet du chapitre suivant qui s'intéresse au contrôle nerveux du mouvement.

Mots-clés

actine
adénosine triphosphatase (ATPase)
adénosine triphosphate (ATP)
cachexie
cellule satellite
contraction concentrique
contraction dynamique
contraction excentrique
contraction (isométrique) statique
couplage excitation-contraction
endomysium
épimysium
faisceau
fibre lente de type I (ST)
fibre musculaire
fibre rapide de type II (FT)
force produite par le muscle
motoneurone α
myofibrille
myosine
nébuline
périmysium
plasmalemme
pont d'union ou pont acto-myosine
potentiel d'action
principe d'ordre de recrutement
principe de taille
réticulum sarcoplasmique
sarcolemme
sarcomère
sarcoplasme
secousse
seuil d'excitation
sommation
sommation temporelle
système musculo-squelettique
théorie des filaments glissants
titine
tropomyosine
troponine
tubules transverses (tubules T)
unité motrice
vitesse de contraction de fibre musculaire isolée

Questions

1. Quels sont les principaux constituants de la fibre musculaire ?

2. Quels sont les différents éléments d'une unité motrice ?

3. Quelles sont les différentes étapes du couplage excitation-contraction ?

4. Quel rôle joue le calcium dans la contraction musculaire ?

5. Décrivez la théorie des filaments glissants. Comment les fibres musculaires se raccourcissent-elles ?

6. Quelles sont les caractéristiques fondamentales des fibres musculaires lentes et rapides ?

7. Quelle est la part de l'hérédité dans la distribution des fibres musculaires en fibres lentes et rapides ? Dans quelle mesure la structure de ces fibres conditionne-t-elle la performance sportive ?

8. Quelle relation existe entre la force musculaire produite et le recrutement des fibres lentes et rapides ?

9. Comment s'effectue le recrutement des fibres musculaires (a) lors d'un saut, (b) lors d'une course de 10 km, et (c) lors d'un marathon ?

10. Donnez des exemples de contraction musculaire concentrique, statique, et excentrique. Qu'est-ce qui les différencie ?

11. Pour qu'un muscle donné développe sa force maximale, quelle doit être sa longueur initiale ?

12. Quelle relation existe entre la force et la longueur du muscle ?

13. Lors de la contraction musculaire, quel rôle joue la titine ?

Métabolisme et bioénergétique musculaire

2

« Se prendre le mur » est une expression courante chez les marathoniens et la majorité des non spécialistes de cette discipline ont senti cette sensation désagréable d'affaiblissement physique qui survient généralement entre le 32e et le 35e km parcouru. Le coureur ralentit sa vitesse considérablement car ses jambes deviennent lourdes. Des fourmillements et un engourdissement des bras et des jambes peuvent également être ressentis. La pensée devient également floue et confuse. En réalité, « se prendre le mur » correspond tout simplement au moment où le coureur est à court d'énergie.

Les principales sources d'énergie lors de l'exercice prolongé sont les glucides et les lipides. Les lipides constituent les substrats privilégiés des efforts de longue durée, d'une part car ils sont énergétiquement dense (1 g de lipide libère 9 kcal) et d'autre part car les stocks sont quasi illimités. Cependant, le métabolisme des lipides nécessite un apport constant en oxygène et le débit énergétique délivré par les lipides est moindre que celui délivré par les glucides, ne permettant pas des vitesses de course élevées.

La plupart des coureurs de longue distance peuvent stocker environ 2 000 à 2 200 kcal sous forme de glycogène dans leur foie et dans leurs muscles, ce qui est suffisant pour tenir environ 32 km. C'est pourquoi, les coureurs parlent de ce fameux « mur ». Cette fatigue intense est souvent liée à l'épuisement des réserves en glycogène. Les athlètes n'ont d'autre choix que de ralentir car, comme mentionné précédemment, le débit énergétique est plus faible lorsque les lipides servent de source d'énergie. Les glucides étant la seule source d'énergie du cerveau, l'effondrement des stocks explique les désordres psychologiques observés. C'est donc la physiologie et non une coïncidence qui explique que tant d'athlètes se « prennent le mur » aux environs du 32e km.

Plan du chapitre

1. Les substrats énergétiques 52
2. Contrôle de la production énergétique 54
3. L'ATP : la molécule énergétique du muscle 57
4. Bioénergétique : production d'ATP par les voies métaboliques 57
5. Interaction des trois systèmes énergétiques 68
6. La capacité oxydative du muscle 69
7. Conclusion 70

Grâce à toute une série de réactions chimiques (constituant la photosynthèse) les plantes transforment la lumière provenant du soleil en énergie chimique, qu'elles stockent. Nous récupérons cette énergie lorsque nous mangeons les plantes ou les animaux qui les consomment. L'énergie est stockée dans les aliments, sous forme de glucides, lipides et protéines. Ces trois composés ou **substrats** énergétiques peuvent être dégradés dans nos cellules et libèrent ainsi l'énergie stockée. Chaque cellule est capable de dégrader ces substrats et de récupérer leur énergie grâce à trois systèmes énergétiques ou voies métaboliques. La **bioénergétique** est l'étude de ces voies métaboliques. L'énergie récupérée est soit utilisée par la cellule qui a dégradé le ou les substrats, soit utilisée par d'autres cellules de l'organisme. L'ensemble des réactions chimiques de l'organisme est appelé **métabolisme**.

Comme toute énergie peut être transformée en chaleur, la quantité d'énergie libérée par une réaction biologique est mesurée à partir de la quantité de chaleur produite. Dans les systèmes biologiques, on mesure cette énergie en calories (cal). Par définition, 1 cal est la quantité d'énergie nécessaire pour élever la température d'un gramme d'eau de 14,5 °C à 15,5 °C. Chez l'Homme, l'unité utilisée est la **kilocalorie (kcal)** qui correspond à 1 000 calories. Le terme de grande calorie ou *Calorie* est également utilisé mais il est techniquement incorrect. Lorsque l'on parle d'une personne qui dépense 3 000 calories par jour, en réalité il faut comprendre 3 000 kcal par jour !

Une partie de l'énergie cellulaire est utilisée pour la croissance et les processus de reconstitution. Comme nous l'avons vu précédemment, de tels processus permettent la prise de masse musculaire, sous l'effet de l'entraînement, et les réparations des dommages liés à l'exercice ou aux accidents. L'énergie est aussi nécessaire au transport actif de nombreuses substances comme les ions sodium, potassium, calcium à travers les membranes cellulaires pour maintenir l'homéostasie. Les myofibrilles utilisent de l'énergie lors de la contraction musculaire, pour le glissement des filaments d'actine entre les filaments de myosine ce qui provoque le raccourcissement du muscle et la production de force. Ceci a été décrit au chapitre 1. C'est de cette utilisation de l'énergie dont nous allons parler dans ce chapitre.

1. Les substrats énergétiques

L'énergie contenue dans les différents substrats est libérée lors de la rupture des liaisons chimiques (liaisons qui lient les atomes ensemble pour former des molécules).

Les substrats énergétiques sont formés de carbone, d'hydrogène, d'oxygène et dans le cas des protéines, d'azote. Les liaisons moléculaires dans les aliments sont relativement faibles et leur rupture ne libère que peu d'énergie. C'est pourquoi, les aliments ne sont pas directement utilisés pour le fonctionnement cellulaire. L'énergie en provenance des aliments est libérée sous forme chimique, à l'intérieur de nos cellules et stockée sous la forme d'un composé à haute énergie, appelé adénosine triphosphate (ATP), composé qui sera abordé en détail dans la suite de ce chapitre.

Au repos, les besoins énergétiques du corps sont comblés à part à peu près égale par la dégradation des glucides et par la dégradation des lipides. Les protéines apportent peu d'énergie. Lorsque l'on réalise un exercice d'une intensité moyenne ou forte, on utilise préférentiellement les glucides et peu les lipides. Lors d'un exercice maximal de courte durée, l'ATP est en général fournie presque exclusivement par les glucides. Lors d'un exercice de durée plus longue et moins intense, les glucides puis les lipides servent à la production d'énergie.

1.1 Les glucides

L'utilisation des **glucides** par le muscle dépend de leur disponibilité et des capacités métaboliques du muscle à les dégrader. Ces glucides (plus communément appelés sucres) sont convertis en **glucose**, un monosaccharide (un sucre simple) à 6 carbones (figure 2.1), transporté par le sang vers toutes les cellules. Au repos, après ingestion, le glucose est capté par le foie et le muscle où il est transformé en une molécule glucidique plus complexe ; le **glycogène**. Le glycogène est ainsi stocké dans le cytoplasme, jusqu'à son utilisation par la cellule, pour produire de l'ATP. Le glycogène stocké par le foie est retransformé en glucose, puis

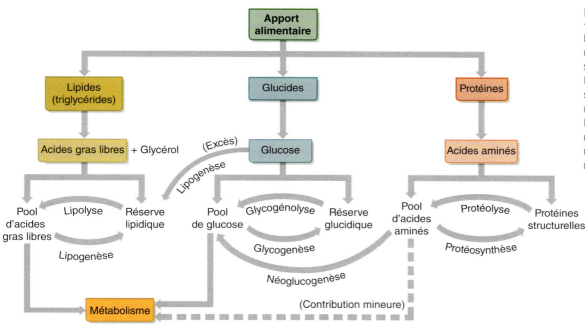

Figure 2.1

Le métabolisme cellulaire est le résultat de la dégradation de trois substrats énergétiques apportés par l'alimentation. Lorsque chaque substrat est converti en sa forme utilisable par la cellule, soit il circule librement dans le sang et constitue un pool disponible pour le métabolisme cellulaire, soit il est mis en réserve dans l'organisme.

transporté par le sang vers les tissus en activité où il est métabolisé.

Les réserves de glycogène hépatiques et musculaires sont limitées et s'épuisent rapidement lors d'exercices prolongés d'intensité élevée, notamment si l'alimentation n'apporte pas une quantité suffisante de glucides. En conséquence, nous sommes très dépendants des apports alimentaires en glucides. S'ils sont insuffisants, les réserves hépatiques et musculaires risquent de s'épuiser rapidement. De plus, les glucides constituent la seule source d'énergie du cerveau. Ainsi, une déplétion sévère en glucide peut avoir des répercussions négatives sur le fonctionnement cognitif.

1.2 Les lipides

Les lipides (plus communément appelés graisses) sont aussi utilisés comme source d'énergie dans les efforts prolongés mais peu intenses. Le corps stocke beaucoup plus de lipides que de glucides, que ce soit en termes de quantité ou d'énergie potentiellement disponible. Le tableau 2.1 montre, chez une personne très maigre (12 % de masse grasse), que les réserves d'énergie dérivées par les lipides sont beaucoup plus importantes que celles provenant des glucides. Les lipides sont cependant moins accessibles pour le métabolisme cellulaire, parce qu'ils doivent être d'abord transformés de leur forme complexe – **triglycéride** – en composants de base : glycérol et **acides gras libres** (AGL). Seuls les AGL permettent de former de l'ATP (figure 2.1).

Une quantité de lipide donnée apporte beaucoup plus d'énergie (9,4 kcal.g^{-1}) que la même quantité de glucide (4,1 kcal.g^{-1}). Le débit énergétique est, par contre, trop faible pour subvenir à la demande musculaire lors d'un exercice intense.

D'autres lipides existent dans l'organisme mais ne servent pas à la production d'énergie. Il s'agit, entre autres, des phospholipides et des stéroïdes. Les phospholipides sont des composants clés des membranes cellulaires et servent également de gaine protectrice autour des grosses structures

Tableau 2.1 Réserves de l'organisme en substrats énergétiques

	g	kcal
Glucides		
glycogène hépatique	110	451
glycogène musculaire	500	2 050
glucose dans les fluides biologiques	15	62
total	625	2 563
Lipides		
sous-cutanés et viscéraux	7 800	73 320
intramusculaires	161	1 513
total	7 961	74 833

Note. Ces valeurs sont estimées pour un sujet d'environ 65 kg et 12 % de graisse.

nerveuses. Les stéroïdes sont également présents dans les membranes cellulaires et sont des précurseurs d'hormones comme les œstrogènes et la testostérone.

1.3 Les protéines

Dans certaines circonstances, les protéines peuvent servir de source d'énergie, mais leur contribution reste modeste. Pour cela, elles doivent être d'abord converties en glucose (figure 2.1). Il est même parfois possible que des protéines soient transformées en acides gras, dans les cas de privation alimentaire sévère, après toute une série de réactions. Les processus qui permettent la formation de glucose à partir des protéines ou des graisses constituent la **gluconéogenèse** ou **néoglucogenèse**. Le processus qui permet la formation de lipides à partir des protéines est la **lipogenèse**.

Les protéines peuvent fournir 5 % à 10 % de l'énergie nécessaire lors d'un exercice prolongé. Seules les unités fondamentales des protéines – les acides aminés – peuvent être utilisées pour produire de l'énergie. Un gramme de protéine apporte 4,1 kcal.

2. Contrôle de la production énergétique

Pour pouvoir être utilisée de façon optimale, l'énergie libérée par les substrats doit répondre le plus précisément possible à la demande énergétique ce qui implique un niveau de régulation très précis. Le débit de libération de l'énergie conditionne donc son utilisation. Ce débit est conditionné par deux facteurs, la disponibilité du substrat majoritaire et l'activité enzymatique. En effet, plus un substrat sera disponible et présent en quantité importante plus cette voie sera sollicitée et active. Ainsi, l'utilisation préférentielle d'un substrat énergétique particulier en raison de sa forte présence (par exemple les glucides) peut amener les cellules à être plus dépendantes d'une source d'énergie que d'une autre. Cette influence de la disponibilité énergétique est appelée la *loi d'action de masse*.

Des molécules protéiques spécifiques, appelées **enzymes**, permettent le contrôle du débit énergétique. Beaucoup de ces enzymes facilitent la dégradation (**catabolisme**) des composés chimiques.

La plupart des réactions chimiques ou chaînes de réactions ont besoin d'énergie pour démarrer. Cette énergie permet aux molécules d'entrer en collision et rompre ainsi les liaisons chimiques existantes pour en former des nouvelles. Cette énergie nécessaire est appelée **énergie d'activation** (figure 2.2).

Même si le nom des enzymes peut paraître complexe de prime abord, il se termine la plupart du temps par le suffixe « ase ». Par exemple, l'enzyme qui permet de dégrader l'ATP facilitant ainsi la libération d'énergie emmagasinée, est l'adénosine triphosphatase, plus connue sous le nom d'ATPase.

Les voies métaboliques impliquées dans la formation d'un produit à partir d'un substrat sont généralement subdivisées en différentes étapes, chaque étape individuelle étant catalysée par une enzyme spécifique. Par conséquent, toute

Figure 2.2

Les enzymes contrôlent la vitesse des réactions chimiques en diminuant l'énergie d'activation nécessaire au démarrage de la réaction. Dans cet exemple, la créatine-kinase se lie à son substrat, la phosphocréatine, afin d'augmenter le taux de production de la créatine.
Adapté de la figure originale fournie par Martin Gibala, McMaster University, Hamilton (Ontario), Canada.

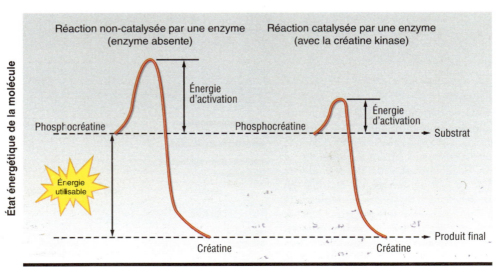

PERSPECTIVES DE RECHERCHE 2.1

La flexibilité métabolique chez les sujets sains et pathologiques

La **flexibilité métabolique** est un concept nouveau qui se définit comme la capacité de l'organisme à pouvoir changer de substrats énergétiques (entre acides gras et glucose) en fonction de leur disponibilité et de la demande énergétique[4]. Ce concept est particulièrement important lors de l'exercice physique ou lors de variations dans l'alimentation. En effet, l'incapacité de l'organisme à changer de substrat énergétique en fonction de ses besoins – *appelé inflexibilité métabolique* – est à l'origine de nombreuses maladies métaboliques comme l'obésité, l'insulino-résistance ou le diabète de type 2. Comprendre ce concept en pleine émergence peut ouvrir la voie à de nouvelles stratégies thérapeutiques comme l'exercice physique.

Une récente étude a évalué à la fois les effets de l'exercice (activité physique régulière) et de l'inactivité sur la flexibilité métabolique[1]. Des hommes et des femmes saines ont soit augmenté soit réduit drastiquement (alitement) leur activité physique. Leur alimentation était contrôlée et standardisée. La flexibilité métabolique a été mesurée en examinant la variation de substrats énergétiques utilisés par la mesure des échanges gazeux respiratoires (voir chapitre 5) et par la mesure de l'insulinémie après la prise alimentaire.

Les sujets ayant pratiqué régulièrement une activité physique présentent une bonne flexibilité métabolique : ils oxydent correctement les substrats énergétiques et basculent de l'un à l'autre sans grande variation de leur insulinémie. À l'inverse, les sujets inactifs sont métaboliquement inflexibles : ils ne peuvent pas basculer facilement d'un substrat à l'autre et présentent de plus grande variation de leur insulinémie (voir figure).

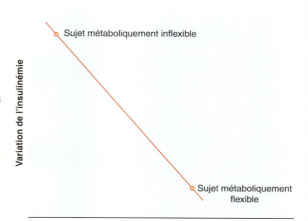

Variations de l'utilisation des substrats énergétiques (glucides et lipides)

Schéma simplifié illustrant le concept de flexibilité métabolique. La flexibilité métabolique a été examinée en étudiant la variation de substrats énergétiques utilisés par la mesure des échanges gazeux respiratoires et par la mesure de l'insulinémie après la prise alimentaire. Les sujets métaboliquement inflexibles ne peuvent pas osciller facilement entre l'oxydation des glucides et des lipides et présentent de plus grande variation de leur insulinémie. Les sujets métaboliquement flexibles oxydent correctement les substrats énergétiques et basculent de l'un à l'autre sans grande variation de leur insulinémie. L'activité physique augmente la flexibilité métabolique des sujets.

Cette étude démontre que l'inactivité physique constitue l'une des principales causes de l'inflexibilité métabolique. L'augmentation de l'activité physique (qu'elle soit planifiée ou spontanée) semble être plus efficace que la perte de poids dans l'amélioration de la flexibilité métabolique. D'autres études réalisées dans ce domaine suggèrent que maintenir un niveau d'activité physique quotidien est un facteur primordial dans la prévention des pathologies métaboliques caractérisées par une inflexibilité métabolique. Ainsi, sur le long terme, ce type d'études devrait servir à proposer de nouvelles recommandations en termes d'activité physique pour la prévention et le traitement des maladies métaboliques.

---

augmentation de la quantité ou de l'activité de cette enzyme (par exemple, en modifiant la température ou le pH) se traduira par une augmentation du produit final de la voie métabolique. De plus, pour fonctionner, de nombreuses enzymes nécessitent la présence d'autres molécules appelées « cofacteurs ». Ainsi, la disponibilité en cofacteur conditionne également le fonctionnement de l'enzyme et le débit métabolique de la voie.

Comme illustré sur la figure 2.3, les voies métaboliques ont généralement une enzyme d'intérêt particulier dans le contrôle de l'activité de cette voie. En effet, ces enzymes, localisées le plus souvent en début de voie, sont des enzymes dites « **enzymes limitantes** » ou encore appelées « enzymes clés » car elles influencent la vitesse des réactions de la voie métabolique. L'activité de l'enzyme limitante ou clé est déterminée par la quantité de produit final de cette voie qui diminue son activité par un **rétrocontrôle négatif** (feed-back négatif en anglais). Ceci signifie que le produit final de la réaction ajuste lui-même finement la vitesse à laquelle il sera produit en freinant l'activité de l'enzyme clé de la voie. D'autres composés comme l'ATP et ses sous-produits (ADP et phosphate inorganique) peuvent également moduler son action. Si le but des voies métaboliques est de libérer de l'énergie tout en générant un produit final, il paraît donc logique qu'une concentration élevée en ce produit final ou en ATP exerce un rétrocontrôle sur cette voie en diminuant à la fois la production du produit et la libération d'énergie.

Figure 2.3

Voie métabolique type montrant l'importance des enzymes dans le contrôle de la vitesse de réaction. Un apport d'énergie sous forme d'ATP est nécessaire pour initier la cascade de réactions (énergie d'activation). L'énergie d'activation nécessaire est d'autant plus faible que le nombre d'enzymes impliquées dans cette étape augmente. Au fur et à mesure que les substrats sont dégradés en sous-produits, de l'ATP est formé. L'utilisation des réserves d'ATP aboutit à la formation d'énergie disponible, de la chaleur et de la libération d'ADP et de P_i.

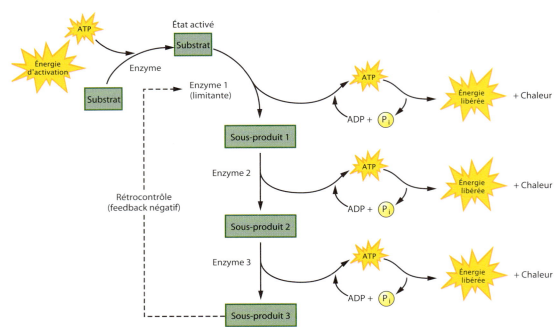

Résumé

> Notre énergie est d'origine alimentaire. Elle provient des glucides, des lipides, et des protéines. Les protéines servent peu comme substrat énergétique dans des conditions normales.

> Cette énergie est stockée dans les cellules sous la forme d'un composé hautement énergétique – l'ATP.

> Les glucides apportent environ 4,1 kcal d'énergie par gramme, les lipides 9,4 kcal.g^{-1}, mais l'énergie d'origine glucidique est plus facilement disponible que celle provenant des protéines et des lipides.

> Les glucides, stockés sous forme de glycogène dans le muscle et le foie, sont plus rapidement accessibles que les protéines ou les lipides. Le glucose issu directement de la dégradation des aliments ou du glycogène est le substrat directement utilisable des glucides.

> Les triglycérides contenus dans le tissu adipeux constituent une réserve énergétique majeure de l'organisme. Les acides gras issus de la dégradation des triglycérides sont ensuite dégradés pour produire de l'énergie.

> Les stocks de glycogène musculaire et hépatique sont limités. Ils correspondent au plus à 2 500-2 600 kcal, soit l'équivalent énergétique d'une course de 40 km. Les stocks lipidiques représentent en général plus de 70 000 kcal.

> Les enzymes contrôlent l'activité du métabolisme et donc la production d'énergie. Les enzymes peuvent accélérer l'ensemble des réactions enzymatiques en diminuant l'énergie d'activation et en catalysant différentes étapes de cette voie.

> Les enzymes peuvent être inhibées par rétrocontrôle négatif de sous-produits de cette voie (le plus souvent, l'ATP), diminuant ainsi l'activité de l'ensemble des réactions de cette voie. Les enzymes principalement inhibées sont situées au début de la voie et sont appelées « enzymes clés ou limitantes ».

3. L'ATP : la molécule énergétique du muscle

La seule source d'énergie immédiatement disponible pour l'ensemble des réactions métaboliques du corps y compris la contraction musculaire est l'ATP. Une molécule d'ATP (figure 2.4a) est composée d'adénosine (une molécule d'adénine liée à une molécule de ribose) combinée à trois phosphates inorganiques (Pi). L'adénine est une base azotée et le ribose est un glucide à cinq carbones. La liaison entre les deux derniers phosphates est une liaison riche en énergie. Sa rupture ou hydrolyse (combinaison avec une molécule d'eau), par l'enzyme ATPase, libère l'énergie stockée préalablement dans la liaison, soit 7,3 kcal. mole^{-1} d'ATP lors de conditions standards, voire même, jusqu'à 10 kcal. mole^{-1} d'ATP dans certaines conditions. L'ATP est ainsi transformée en ADP (**adénosine diphosphate**) et Pi (figure 2.4b).

Par diverses réactions chimiques (appelées *phosphorylations*), un groupement phosphate est ajouté à un composé au contenu énergétique relativement bas, l'ADP, qui est ainsi transformé en ATP. Cette réaction nécessite une quantité importante d'énergie. L'énergie nécessaire provient de réactions qui se déroulent soit indépendamment de l'oxygène soit nécessitent de l'oxygène et dans ce cas on parle de **phosphorylation oxydative**.

Comme illustré sur la figure 2.3, l'ATP est formée à partir d'ADP et de Pi par une réaction de **phosphorylation** de l'ADP. Cette réaction nécessite de l'énergie fournie par différentes réactions métaboliques. L'ATP peut ensuite libérer à nouveau cette énergie en se transformant en ADP et Pi.

4. Bioénergétique : production d'ATP par les voies métaboliques

Les réserves en ATP des cellules sont très faibles. C'est pourquoi, elles doivent constamment renouveler leur stock en générant de nouvelles molécules d'ATP. Ceci permet de subvenir à leurs besoins énergétiques et notamment de subvenir aux besoins liés à la contraction musculaire.

Trois systèmes énergétiques ou voies métaboliques peuvent conduire isolément ou de façon combinée à la production cellulaire d'ATP :

1. le système ATP-PCr (voie des phosphagènes),
2. le système glycolytique (glycolyse ou voie anaérobie lactique),
3. le système oxydatif (phosphorylation oxydative ou voie aérobie).

Les 2 premiers systèmes ne nécessitent pas d'oxygène, on parle alors de **métabolisme anaérobie**. Le troisième système se déroule en présence d'oxygène, on parle alors de **métabolisme aérobie**.

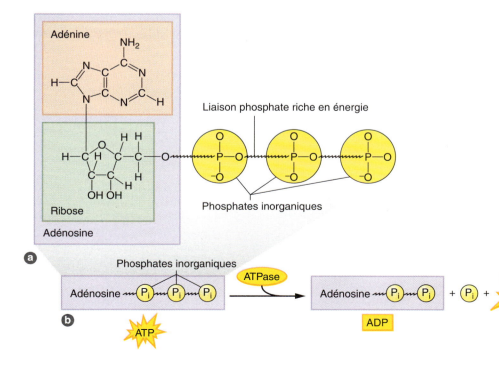

Figure 2.4

(a) La configuration structurale d'une molécule d'ATP fait apparaître des liaisons phosphate riches en énergie. (b) Lorsque le troisième groupement phosphate de la molécule d'ATP est hydrolysé sous l'action de l'ATPase, l'énergie est libérée.

Figure 2.5 Reconstitution de l'ATP à partir de l'énergie stockée dans PCr

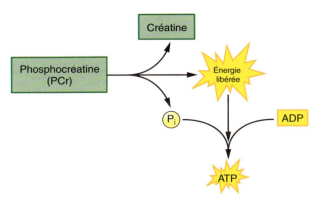

4.1 Le système ATP-PCr

Le système énergétique le plus simple est le **système ATP-PCr**. Il est illustré par la figure 2.5. Outre l'ATP, il existe dans les cellules une autre molécule possédant une liaison phosphate à haute énergie. Cette molécule est appelée **phosphocréatine** ou PCr (ou créatine phosphate). Cette voie métabolique très simple permet la resynthèse d'ATP, à partir d'ADP, grâce à un Pi provenant de la dégradation de la PCr. Contrairement au peu d'énergie libérée par l'ATP, l'énergie provenant de la rupture de la liaison phosphate de la PCr n'est pas directement utilisée pour accomplir un travail cellulaire, mais pour reconstituer les stocks d'ATP.

La libération d'énergie à partir de la PCr est facilitée par une enzyme, la **créatine kinase** qui agit sur la PCr pour séparer le Pi de la créatine. L'énergie libérée peut alors servir à relier le Pi à la molécule d'ADP, pour former l'ATP. Ce système constitue pour les cellules un moyen d'éviter la déplétion en ATP.

En accord avec le phénomène de rétrocontrôle négatif et à la notion d'enzyme clé énoncée précédemment, l'activité de la créatine kinase est augmentée quand les concentrations en ADP ou Pi s'élèvent et est inhibée quand la concentration en ATP monte. Lors d'un exercice bref et intense, les faibles réserves en ATP sont immédiatement dégradées en ADP et Pi afin de libérer l'énergie nécessaire à la réalisation de l'exercice. L'élévation progressive de la concentration en ADP augmente en parallèle l'activité de la créatine kinase qui dégrade la PCr afin de reconstituer de nouveaux stocks d'ATP. Si l'exercice se prolonge, des quantités supplémentaires d'ATP seront alors produites par les deux autres systèmes (systèmes glycolytique et oxydatif), inhibant ainsi l'activité de la créatine kinase.

La dégradation de la PCr permettant la synthèse d'ATP et donc d'énergie, est très rapide et ne nécessite aucune structure cellulaire particulière. Si le système ATP-PCr fonctionne en présence d'O_2, celui-ci n'intervient pas dans les réactions et le système ATP-PCr est alors dit anaérobie.

Durant les toutes premières secondes d'un exercice musculaire intense, comme le sprint, l'ATP se maintient à un niveau relativement constant, tandis que la PCr diminue régulièrement, au fur et à mesure que ce composé est utilisé pour régénérer l'ATP (voir figure 2.6). Lorsque l'on se rapproche de l'épuisement, ces composés phosphorés ne suffisent plus à fournir l'énergie nécessaire.

Notre capacité à maintenir des niveaux d'ATP suffisants est donc limitée. Si les stocks d'ATP et de PCr contribuent, pour l'essentiel, à la fourniture énergétique pendant les 3 à 15 premières secondes de l'exercice, au-delà, les muscles doivent fonctionner grâce à d'autres processus de formation de l'ATP : la glycolyse et la combustion oxydative des substrats.

4.2 Le système glycolytique

La capacité du système ATP-PCr est limitée car elle est de l'ordre de quelques secondes. Une autre manière de produire l'ATP réside dans la libération d'énergie, à partir de la dégradation (« lyse ») du glucose. Ce système est appelé système glycolytique, parce qu'il implique la **glycolyse**, c'est-à-dire l'hydrolyse du glucose par les enzymes glycolytiques. La glycolyse est beaucoup plus complexe que le système ATP-PCr. Les différentes étapes de cette voie métabolique sont représentées sur la figure 2.7.

Le glucose représente près de 99 % des glucides circulant dans le sang. Le glucose sanguin vient de la digestion des glucides et de la dégradation du glycogène hépatique. Le glycogène est synthétisé à partir du glucose par un processus appelé glycogénogenèse. Il est

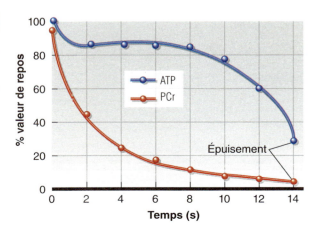

Figure 2.6 Variations musculaires des taux d'ATP et de PCr lors des premières secondes d'un exercice de sprint

Même si le débit d'utilisation de l'ATP est très élevé, sa resynthèse à partir de PCr permet d'éviter sa chute trop rapide. Néanmoins, à l'épuisement, l'ATP et PCr sont effondrés.

MÉTABOLISME ET BIOÉNERGÉTIQUE MUSCULAIRE | Chapitre 2

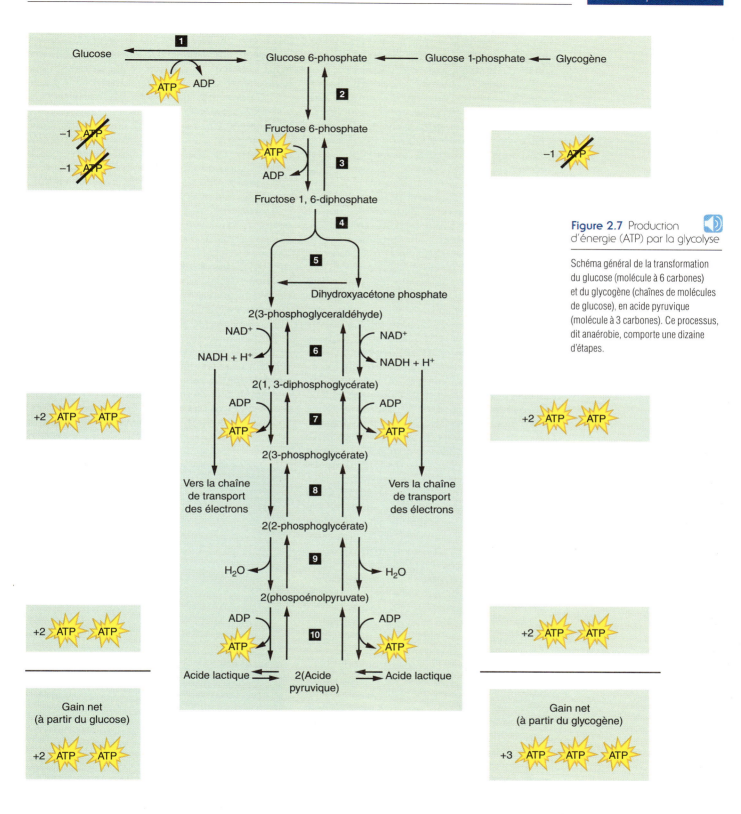

Figure 2.7 Production d'énergie (ATP) par la glycolyse

Schéma général de la transformation du glucose (molécule à 6 carbones) et du glycogène (chaînes de molécules de glucose), en acide pyruvique (molécule à 3 carbones). Ce processus, dit anaérobie, comporte une dizaine d'étapes.

stocké dans le foie et le muscle avant d'être utilisé. Le glycogène est ensuite dégradé en glucose-1-phosphate (G1P). C'est la **glycogénolyse**.

Pour que le glucose, ou le glycogène, puissent fournir de l'énergie, ils doivent être transformés en un composé appelé glucose-6-phosphate ou G6P. La transformation du glucose en G6P nécessite une molécule d'ATP. Par contre, la transformation du glycogène en G6P se fait en passant par le G1P et ne nécessite pas d'énergie. La glycolyse commence au niveau du G6P.

Douze réactions sont nécessaires pour dégrader le glycogène en acide pyruvique qui est ensuite converti en acide lactique. Toutes ces réactions enzymatiques se déroulent dans le cytoplasme des cellules. Le gain net de ce processus est de 3 ATP par molécule de glycogène hydrolysée, ou de 2 ATP par molécule de glucose, puisqu'une molécule d'ATP est utilisée pour transformer initialement le glucose en G6P.

Ce système énergétique ne produit pas de grandes quantités d'ATP. Malgré tout, les actions combinées des systèmes ATP-PCr et glycolytique permettent aux muscles de produire des forces considérables, même lorsque la fourniture en oxygène est limitée. Ces 2 systèmes agissent de manière prédominante dans les toutes premières minutes d'exercice, en particulier s'il est très intense.

Le facteur limitant essentiel de la glycolyse est l'accumulation d'acide lactique dans les muscles et les compartiments liquidiens de l'organisme. La glycolyse produit de l'acide pyruvique. Les différentes étapes qui constituent la glycolyse ne nécessitent pas d'oxygène. Par contre, la destinée de l'acide pyruvique, formé par la glycolyse, est conditionnée par l'utilisation ou non de l'oxygène. Lorsqu'on parle de système glycolytique, on considère que l'oxygène n'intervient pas, on parle alors de glycolyse anaérobie. Dans ce cas, l'acide pyruvique est transformé en acide lactique dont la formule brute chimique est $C_3H_6O_3$.

Les termes « acide pyruvique »/« pyruvate » et « acide lactique »/« lactate » sont souvent utilisés comme synonymes en physiologie de l'exercice alors qu'il s'agit de deux composés bien distincts. Dans les deux cas, la forme acide de la molécule est instable au pH de l'organisme et libère rapidement son proton (H^+). C'est pourquoi il est préférable de les appeler lactate ou pyruvate. Le lactate lui-même peut être utilisé comme source d'énergie comme nous le verrons ultérieurement dans ce chapitre.

Lors d'exercices de sprint très intenses, d'une à deux minutes, la sollicitation du système glycolytique est telle que les concentrations musculaires d'acide lactique peuvent passer de 1 mmol.kg^{-1} au repos, à 25 mmol.kg^{-1} de muscle, voire plus. Cette acidification des fibres musculaires altère le fonctionnement enzymatique de la glycolyse et donc inhibe la dégradation du glycogène. Elle diminue également la capacité des fibres à libérer le calcium et par là même leur pouvoir contractile.

L'enzyme clé de la glycolyse est la **phosphofructokinase ou PFK**. Comme toute enzyme limitante (ou clé), elle catalyse une réaction située au début de la voie : la conversion du fructose-6-phosphate en fructose-1,6-diphosphate. Toute augmentation de la concentration en ADP ou Pi augmente l'activité de la PFK activant ainsi la glycolyse. À l'inverse toute augmentation de la concentration en ATP ralentit la glycolyse en inhibant son activité. De plus, comme la glycolyse se poursuit par le cycle de Krebs (système oxydatif) lorsque l'oxygène est présent (voir paragraphe suivant), les sous-produits du cycle de Krebs comme le citrate et les ions hydrogènes (H^+), exercent également un rétrocontrôle sur l'enzyme clé de la glycolyse en l'inhibant.

À l'exercice, le débit énergétique d'une fibre musculaire peut être multiplié par 200. Si l'exercice se prolonge, les systèmes ATP-PCr et glycolytique ne suffisent plus. En effet, ils ne sont pas capables de subvenir aux besoins en énergie lors d'exercices très intenses de plus de 2 min, ni même lors d'exercices prolongés de faible intensité. Le troisième système énergétique, le système oxydatif, intervient alors.

Résumé

> La formation d'ATP permet aux cellules de stocker de l'énergie ou, en cas de besoin, d'en libérer en le dégradant. Cette molécule sert de source d'énergie immédiatement disponible pour la plupart des réactions cellulaires, et sert notamment pour la contraction musculaire.

> L'ATP est reconstituée grâce à trois systèmes énergétiques :
1. le système ATP-PCr ;
2. le système glycolytique ;
3. le système oxydatif.

> Dans le système ATP-PCr, la créatine kinase hydrolyse la phosphocréatine et libère le radical Pi. Pi se combine alors avec l'ADP pour reformer l'ATP en utilisant l'énergie libérée lors de l'hydrolyse de la PCr. Ce système fonctionne sur un mode anaérobie. Il a essentiellement pour but de maintenir le niveau d'ATP. L'énergie ainsi libérée est de 1 mole d'ATP pour 1 mole de PCr.

> Le système glycolytique, ou glycolyse, correspond à la dégradation du glucose ou du glycogène en acide pyruvique, grâce aux enzymes glycolytiques. En l'absence d'oxygène, l'acide pyruvique est converti en acide lactique. Une mole de glucose conduit à 2 moles d'ATP, tandis qu'une mole de glycogène en apporte 3.

> Les systèmes ATP-PCr et glycolytique constituent les principales sources d'énergie lors des premières minutes d'un exercice de haute intensité.

4.3 Le système oxydatif

Le **système oxydatif** est le plus complexe des trois mais nous essaierons de le présenter simplement. Les processus par lesquels la cellule dégrade les substrats, en présence d'oxygène, constituent la respiration cellulaire. Puisque l'oxygène est utilisé, c'est un processus aérobie. Contrairement aux processus anaérobies qui ont lieu dans le cytoplasme des cellules, la production oxydative de l'ATP se produit à l'intérieur d'organites cellulaires particuliers : les **mitochondries**. Dans le muscle, ils sont proches des myofibrilles et disséminés dans tout le cytoplasme (voir figure 1.3).

Les exercices de longue durée nécessitent un apport d'énergie considérable. Comparé aux deux systèmes anaérobies, le système aérobie a un rendement énergétique énorme. Le métabolisme aérobie constitue donc la source essentielle d'énergie, lors des exercices d'endurance. Ceci suppose que l'organisme soit capable d'apporter aux muscles actifs tout l'oxygène dont ils ont besoin. La production d'énergie par le système oxydatif provient soit des glucides (avec comme départ la glycolyse) soit des lipides.

4.3.1 L'oxydation des glucides

Considérons le schéma de la figure 2.8. La production oxydative de l'ATP implique trois processus.
1. la glycolyse (figure 2.8a) ;
2. le cycle de Krebs (figure 2.8b) ;
3. la chaîne de transport des électrons (figure 2.8c).

4.3.1.1 La glycolyse

Lors du métabolisme des glucides, la glycolyse joue un rôle à la fois dans la production aérobie et anaérobie de l'ATP. La glycolyse elle-même est identique, que l'oxygène soit présent ou non. La présence d'oxygène détermine seulement la destinée du produit final – l'acide pyruvique. Comme nous l'avons vu précédemment, la glycolyse qui aboutit à la formation d'acide lactique permet la formation de 3 moles d'ATP par mole de glycogène ou de 2 moles d'ATP par mole de glucose. En présence d'oxygène, l'acide pyruvique est converti en un composé appelé **acétyl-Coenzyme A (acétyl-CoA)**.

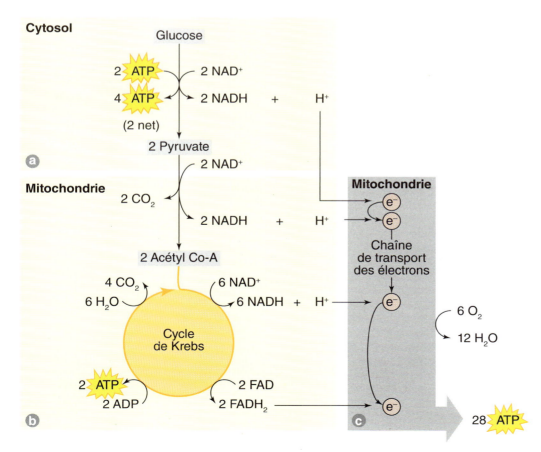

Figure 2.8

En présence d'oxygène, après que le glucose (ou le glycogène) a été réduit en pyruvate :
a) le pyruvate est tout d'abord converti en acétylcoenzyme A (acétyl-CoA), qui peut entrer dans
b) le cycle de Krebs où la phosphorylation oxydative a lieu. Les ions hydrogène libérés lors du cycle de Krebs se combinent ensuite à des coenzymes qui les transportent à
c) la chaîne de transfert des électrons.

PERSPECTIVES DE RECHERCHE 2.2

Optimisation de la distribution mitochondriale dans la cellule musculaire

Le nombre total et la densité des mitochondries d'une fibre musculaire sont déterminés par sa demande en ATP mais la localisation précise de ces mitochondries dans la cellule est déterminée par la diffusion en oxygène. Des études récentes suggèrent que chaque fibre musculaire possède sa propre distribution optimale en mitochondrie ce qui lui permet de produire la plus grande quantité d'ATP tout en s'exposant à la plus faible quantité d'oxygène possible. D'autres études suggèrent même que les mitochondries seraient organisées en réseau au sein de la cellule et que ce réseau serait une structure dynamique qui fissionne et fusionne constamment. Un réseau de microtubules permet aux mitochondries de se déplacer rapidement là où la cellule a besoin d'énergie. Pourquoi essayer de produire la plus grande quantité possible d'ATP en utilisant le moins d'oxygène ? Il est désormais bien établi que l'excès d'oxygène au sein de la mitochondrie est responsable de la production d'espèces activées de l'oxygène (en anglais ROS pour *reactive oxygene species*) qui sont néfastes pour la cellule à forte concentration [5,7]. Ces études ont utilisé des modèles expérimentaux et modèles mathématiques pour essayer de décrire cette dynamique et ont aussi mesuré les réactions métaboliques clés des voies aérobies et anaérobies ainsi que la localisation de l'oxygène dans et autour de la mitochondrie.

Dans la cellule musculaire, les mitochondries sont le plus souvent localisées à la périphérie des fibres et sont présentes en forte densité à la proximité des capillaires. Cet agencement spécifique a pour but de créer un gradient de concentration en oxygène allant du capillaire vers les mitochondries afin de faciliter la diffusion de l'oxygène dans les mitochondries. Lorsque les mitochondries sont localisées à la périphérie de la cellule, ceci permet à la cellule d'optimiser l'apport en oxygène pour maintenir une activité métabolique importante[6]. Toutefois, cette localisation des mitochondries proches de la périphérie augmente aussi la production de ROS de la cellule, en raison de leur forte exposition à l'oxygène. Ainsi, en fonction de l'emplacement du capillaire, la répartition et l'espacement des mitochondries au sein de la cellule ne sont pas uniformes. Cette localisation non uniforme et proche des capillaires permet de maintenir une activité métabolique importante tout en minimisant les risques de production de ROS, qui peuvent affecter négativement le fonctionnement de la cellule.

4.3.1.2 Le cycle de Krebs

Une fois formé, l'acétyl-CoA entre dans le **cycle de Krebs** (cycle de l'acide citrique ou cycle de l'acide tricarboxylique), une série complexe de réactions chimiques qui permet l'oxydation complète de l'acétyl-CoA (figure 2.9).

Souvenez-vous que deux molécules de pyruvate sont formées par molécule de glucose dégradée par la glycolyse.

Ainsi, toute molécule de glucose qui entre dans le processus de dégradation aérobie aboutit à deux cycles de Krebs.

Comme illustré sur la figure 2.8b (détaillé figure 2.9), la conversion de la succinyl CoA en succinate, dans le cycle de Krebs, génère de la guanosine triphosphate ou GTP, un composé hautement énergétique comme l'ATP. La guanosine triphosphate transfère ensuite un Pi à l'ADP pour former de l'ATP. À la sortie du cycle, 2 moles d'ATP (par mole de glucose) ont été formées et le substrat (ici le glucide) a été dégradé en hydrogène et en dioxyde de carbone (CO_2). Le CO_2 diffuse facilement hors des cellules, et est transporté par le sang vers les poumons où il est rejeté.

Comme pour d'autres voies impliquées dans le métabolisme énergétique, les enzymes du cycle de Krebs sont régulées par un rétrocontrôle négatif à différents niveaux de ce cycle. L'enzyme limitante ou clé du cycle de Krebs est l'isocitrate déshydrogénase, qui comme pour la PFK, est inhibée par l'ATP et activée par l'ADP et Pi, ce qui est également le cas de la chaîne de transport des électrons. De plus, comme la contraction musculaire dépend de la disponibilité cellulaire en calcium, un excès de calcium stimule également cette enzyme clé.

4.3.1.3 La chaîne de transport des électrons

Lors de la glycolyse les ions hydrogène sont libérés au fur et à mesure que le glucose est métabolisé en acide pyruvique. La quantité d'ions hydrogène libérée lors de la conversion du pyruvate en acétyl CoA et par le cycle de Krebs est encore plus importante. Si les ions hydrogène s'accumulaient, le milieu intracellulaire deviendrait trop acide. Il faut donc les éliminer.

Le cycle de Krebs est couplé à une série de réactions connues sous le nom de chaîne de transport des électrons (figure 2.8c). Les ions hydrogène libérés pendant la glycolyse, la conversion du pyruvate en acétyl CoA et le cycle de Krebs, se combinent à deux coenzymes : le NAD (nicotinamide adénine dinucléotide) et le FAD (flavine adénine dinucléotide) les transformant en leur forme réduite (NADH et $FADH_2$ respectivement). Aux Trois molécules de NADH et une molécule de $FADH_2$ sont produites pour chaque cycle de Krebs et viennent se rajouter aux molécules de NADH produites lors des étapes précédentes. Le NADH et le $FADH_2$ transportent les ions hydrogène vers la chaîne de transport des électrons où ils sont divisés en protons et électrons. Les électrons libérés par l'hydrogène passent par une série de réactions d'où le nom de **chaîne de transport des électrons**. Ils fournissent l'énergie nécessaire à la phosphorylation de l'ADP en ATP. La chaîne de transport des électrons est un ensemble de complexes protéiques localisés au niveau de la membrane interne de la mitochondrie. Ces complexes protéiques contiennent de nombreuses enzymes et des protéines contenant du fer (appelées **cytochromes**). Le passage des électrons des complexes de haute énergie vers les complexes de basse énergie libère de l'énergie qui est utilisée pour pomper les ions hydrogène de la matrice mitochondriale vers l'espace inter-membranaire. Un gradient électrochimique se crée entre l'espace inter-membranaire et la matrice. L'énergie mise en réserve par ce gradient est utilisée par l'ATP synthase pour former de l'ATP à partir de l'ADP. À la fin de la chaîne, les H^+ se combinent à l'oxygène pour former de l'eau, prévenant ainsi l'acidification du milieu. Parce qu'il nécessite la présence d'oxygène, ce processus est appelé **phosphorylation oxydative**. Il est illustré par la figure 2.10.

Chaque paire d'électrons transportée par la chaîne, en provenance du NADH, permet la synthèse de trois molécules d'ATP tandis que 2 ATP seulement sont formés lorsque les électrons proviennent du $FADH_2$. Toutefois, comme le NADH et le $FADH_2$ se situent dans la matrice et que les ions hydrogène doivent traverser la membrane interne, de l'énergie est consommée. C'est pourquoi, le gain net en ATP n'est que de 2,5 molécules d'ATP par molécule de NADH et de 1,5 molécule d'ATP par molécule de $FADH_2$.

4.3.1.4 L'énergie libérée par les glucides

Le système oxydatif de production d'énergie peut produire 33 molécules d'ATP par molécule de glycogène. Si le substrat initial est le glucose, le gain net est de 32 molécules seulement, puisqu'un ATP est utilisé pour la conversion en G6P avant le début de la glycolyse. Les gains énergétiques sont résumés sur la figure 2.11

Le gain net en ATP par la glycolyse est de 2 molécules d'ATP par molécule de glucose (3 ATP pour le glycogène). Dix molécules de NADH sont formées au total (2 par la glycolyse, 2 lors de la conversion de l'acide pyruvique en acétyl CoA et 6 dans le cycle de Krebs) et permettront la synthèse de 25 molécules d'ATP à la fin de la chaîne de transport des électrons. En effet, souvenez-vous que même si 30 ATP sont réellement produits, le transport des ions hydrogène à travers la membrane consomme de l'énergie, soit 5 ATP ce qui fait un gain net de 25 ATP. Les 2 molécules de $FADH_2$ produites par le cycle de Krebs et qui sont acheminées vers la chaîne de transport permettent la formation de 3 ATP supplémentaires. Pour finir, chaque cycle de Krebs (car la dégradation aérobie du glucose ou du glycogène aboutit à la formation de deux cycles de

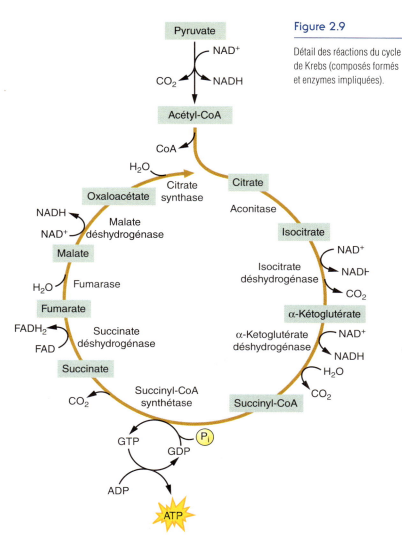

Figure 2.9

Détail des réactions du cycle de Krebs (composés formés et enzymes impliquées).

Krebs) permet la formation de GTP qui est ensuite converti en ATP, ce qui fait 2 ATP au total.

4.3.2 L'oxydation des lipides

Les stocks hépatiques et musculaires de glycogène ne peuvent guère fournir plus de 2 500 kcal d'énergie. Les graisses stockées dans les fibres musculaires et dans les cellules adipeuses constituent une réserve de 70 000 à 75 000 kcal, même chez un sujet maigre. Bien que de nombreux composés chimiques (les triglycérides, les phospholipides, le cholestérol…) appartiennent au groupe des lipides, seuls les triglycérides constituent de véritables sources d'énergie. Les triglycérides sont stockés dans les cellules adipeuses et dans les fibres musculaires squelettiques. Pour être utilisé comme source d'énergie, un triglycéride doit être dégradé en ses composés fondamentaux : une molécule de glycérol et trois molécules d'AGL. Ce processus est connu sous le nom de **lipolyse** et il fonctionne grâce à l'action d'enzymes : les lipases.

Figure 2.10

La chaîne de transport des électrons : étape finale de la production d'ATP par la voie aérobie.

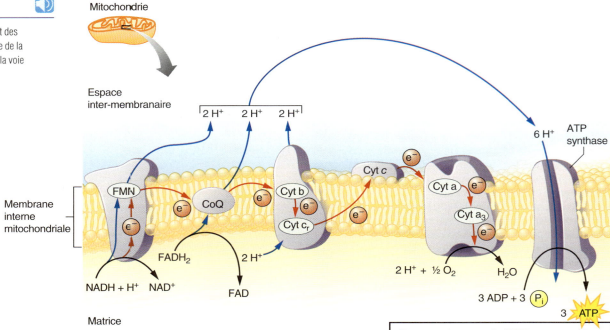

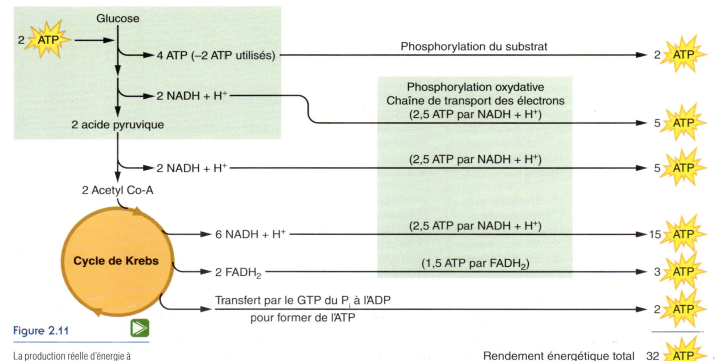

Figure 2.11

La production réelle d'énergie à partir de l'oxydation d'une molécule de glucose et de 32 molécules d'ATP. À partir du glycogène, il convient de rajouter un ATP supplémentaire.

MÉTABOLISME ET BIOÉNERGÉTIQUE MUSCULAIRE — Chapitre 2

> **PERSPECTIVES DE RECHERCHE 2.3**
>
> ### La localisation des lipides chez la femme influence la production d'énergie
>
> La localisation de la masse grasse dans le corps est désormais bien connue comme étant un facteur de risque pour les maladies cardiovasculaires. En effet, la graisse abdominale (viscérale) ou profonde est plus dangereuse que la graisse superficielle ou sous cutanée. Le tissu adipeux, a été pendant longtemps considéré comme un simple réservoir de graisse. Au-delà de son rôle énergétique inerte, il est devenu un organe endocrinien immuno-métabolique. Il sécrète diverses substances hormonales et des cytokines, regroupées sous le terme d'adipocytokines ou **adipokines**. Des études récentes suggèrent que les individus qui stockent plus de masse grasse au niveau de l'abdomen (vs. masse grasse des membres inférieurs du corps) oxydent différemment les lipides à l'exercice[2,3]. Des jeunes femmes d'âge moyen, normo-pondérées et ne souffrant d'aucune pathologie ont été divisées en deux groupes selon la répartition de leur masse grasse (masse grasse abdominale vs. masse grasse des membres inférieurs) et ont ensuite réalisé un exercice de 45 min à 65 % de leur $\dot{V}O_2$max. Les résultats de ces études montrent que les femmes possédant peu de masse grasse abdominale et plus de masse grasse au niveau des fessiers et des membres inférieurs présentent une meilleure mobilisation et oxydation des lipides. À l'inverse, les femmes possédant plus de masse grasse abdominale utilisent moins leur réserve adipeuse et compensent en oxydant plus de glucides pour fournir l'énergie nécessaire à la réalisation de l'exercice. Ainsi, les femmes ayant moins de masse grasse abdominale et plus de masse grasse au niveau des fessiers ont plus de facilités à mobiliser leurs réserves en lipides et peuvent ainsi espérer une perte de masse grasse (et donc de poids !) plus importante et ce pour une même intensité d'exercice. Ces résultats démontrent donc clairement que la localisation de la graisse influence directement son utilisation lors de l'exercice. D'autres études sont cependant nécessaires afin de comprendre comment ces changements dans les réponses hormonales et métaboliques induits par des profils d'adiposité différents peuvent être utilisés pour optimiser les programmes d'entraînement et les individualiser.

Les AGL sont la source d'énergie principale du métabolisme lipidique. Une fois libérés du glycérol, les AGL passent dans le sang et sont transportés à travers tout le corps. Ils pénètrent dans les fibres musculaires soit par diffusion simple soit par diffusion facilitée (par l'intermédiaire d'un transporteur). La vitesse de pénétration dépend directement du gradient de concentration entre les deux compartiments sanguin et musculaire. Toute élévation de la concentration sanguine des AGL améliore leur diffusion.

4.3.2.1 β-oxydation

Les AGL sont stockés dans l'organisme à deux endroits, dans les fibres musculaires et dans les cellules adipeuses appelées adipocytes. Les lipides sont stockés dans l'organisme sous forme de triglycérides. Ils sont dégradés en AGL et en glycérol pour fournir l'énergie nécessaire en cas de besoin. Les AGL ne peuvent pas être directement utilisés par l'organisme pour produire de l'énergie. Ils doivent d'abord être convertis en acétyl CoA dans la mitochondrie par un processus appelé **β-oxydation**. L'acétyl CoA est un intermédiaire clé qui permet l'entrée à différents substrats dans le cycle de Krebs.

La β-oxydation comprend de nombreuses réactions dans lesquelles la chaîne de carbone d'un acide gras est scindée par couple de carbone qui formeront des acides acétiques. Chaque molécule d'acide acétique se lie ensuite au coenzyme A pour former une molécule d'acétyl CoA. L'acétyl CoA entre ensuite dans le cycle de Krebs afin de produire de l'ATP. Le nombre de fragments (le plus souvent entre 14 et 24) et donc d'acétyl CoA dépend donc de la longueur initiale de la chaîne. Par exemple, un acide gras à 16 carbones produira 8 acétyl CoA. Lors de ce processus des coenzymes réduites sont également produites.

Dans le muscle, les AGL sont activés par des enzymes puis catabolisés (dégradés) à l'intérieur des mitochondries. Comme pour la glycolyse, ce processus d'activation nécessite un apport d'énergie fourni par l'hydrolyse de 2 ATP.

4.3.2.2 Le cycle de Krebs et la chaîne de transport des électrons

Après la β-oxydation, le métabolisme des graisses rejoint celui des glucides. L'acétyl CoA formé par β-oxydation entre dans le cycle de Krebs. Tous les ions hydrogène, ainsi libérés, sont transportés par la chaîne de transport des électrons, qui fournit l'énergie nécessaire à la phosphorylation oxydative. Comme pour le métabolisme du glucose, les sous-produits de l'oxydation des AGL sont l'ATP, H_2O, et le dioxyde de carbone (CO_2). Pourtant, la

Tableau 2.2 Énergie produite par l'oxydation de l'acide palmitique ($C_{16}H_{32}O_2$)

Étape chimique	ATP produit à partir d'1 mole d'acide palmitique	
	Directe	Par phosphorylation oxydative
Activation de l'acide gras	0	−2
β-oxydation (7 fois)	0	28
Cycle de Krebs (8 fois)	8	72
Sous total	8	98
Total	106	

combustion complète des molécules d'AGL consomme davantage d'oxygène puisque ces molécules contiennent beaucoup plus de carbones que les molécules de glucose.

Comme il y a plus de carbones dans les acides gras que dans le glucose, la quantité d'acétyl CoA, issue du métabolisme lipidique, est plus importante que la quantité d'acétyl CoA, issue du métabolisme glucidique. C'est pourquoi le métabolisme des graisses produit beaucoup plus d'énergie que celui du glucose. Contrairement au glucose ou au glycogène, les lipides sont très hétérogènes et la production d'ATP est spécifique de l'acide gras oxydé.

Prenons, par exemple, le cas de l'acide palmitique, acide gras à 16 carbones. Les actions combinées de l'oxydation, du cycle de Krebs et de la chaîne de transport des électrons produisent 129 ATP (tableau 2.2) contre 32 molécules d'ATP à partir du glucose et 33 à partir du glycogène. Il faut, néanmoins, souligner que 40 % seulement de l'énergie libérée, par chaque molécule de glucose ou d'acide gras, sont stockés sous forme d'ATP. Les 60 % restants sont libérés sous forme de chaleur.

4.3.3 L'oxydation des protéines

Les glucides et les acides gras constituent les substrats privilégiés de l'organisme. Pourtant, les protéines, par l'intermédiaire des acides aminés sont aussi utilisées dans certaines circonstances. Un certain nombre d'acides aminés peuvent être convertis en glucose par un processus nommé gluconéogenèse ou néoglucogénèse (figure 2.1). D'autres peuvent être transformés en composés intermédiaires du métabolisme oxydatif (comme le pyruvate ou l'acétyl CoA).

L'énergie provenant des protéines n'est pas aussi aisément quantifiable que celle provenant des glucides ou des lipides, parce que les protéines contiennent aussi de l'azote. Lorsque les acides aminés sont catabolisés, une partie de l'azote libéré est utilisée pour former de nouveaux acides aminés. Mais l'azote restant ne peut être oxydé par l'organisme. Il est transformé en urée laquelle est excrétée principalement par les urines. Cette transformation nécessite de l'ATP et consomme donc de l'énergie.

Si, expérimentalement, la combustion complète des protéines libère 5,65 kcal.g^{-1}, l'énergie récupérée par l'organisme n'est que de 4,10 kcal.g^{-1}.

Pour évaluer exactement le débit du métabolisme protéique il faut connaître la quantité d'azote éliminée par l'organisme. Ces mesures nécessitent de collecter les urines sur 12 ou 24 h.

Comme le sujet sain utilise peu de protéines, au repos ou à l'exercice (pas plus de 5 % de l'énergie totale dépensée), les évaluations de la dépense énergétique négligent souvent ce métabolisme.

4.4 L'acide lactique comme source d'énergie à l'exercice

L'acide lactique est en « turn-over » permanent dans les cellules car il est à la fois produit par la glycolyse et éliminé des cellules en permanence. Sa concentration est la résultante de l'équilibre entre production et élimination. Cette dernière se fait principalement dans la cellule par oxydation. Malgré sa mauvaise réputation (l'acidose qu'il entraîne étant pour partie responsable de la fatigue musculaire), il constitue une source d'énergie pour la cellule qui peut être produite par différents mécanismes.

Premièrement, il est bien connu que le lactate produit par la glycolyse dans le cytoplasme peut être prélevé par les mitochondries des mêmes fibres musculaires et y être directement oxydé. Ceci se produit principalement dans les cellules disposant d'un nombre élevé de mitochondries comme les fibres musculaires de type I (métabolisme oxydatif), les cellules cardiaques et hépatiques.

Deuxièmement, le lactate produit dans les fibres musculaires peut être transporté en dehors de ces cellules et être utilisé par d'autres *via* un processus mis en évidence par le Dr George Brooks appelé « la navette du lactate ». Le lactate, qui est principalement produit par les fibres de type II, peut être transporté aux fibres de type I adjacentes par diffusion ou transport actif. La majeure partie du lactate produit par un muscle, ne le quitte pas. Le lactate peut également être transporté hors du muscle par la circulation sanguine vers d'autres sites où il y sera directement oxydé. Cette navette permet à une cellule qui a produit du lactate par la glycolyse de fournir de l'énergie à une autre en utilisant celui produit par la première. Ceci est rendu possible grâce à l'existence de transporteur de lactate appelés MonoCarboxylate Transporters (MCT), protéines qui permettent le transport du lactate entre les différentes cellules et tissus et vraisemblablement au sein de la même cellule. Lors de l'exercice, 80 à 90 % du lactate passe à travers le sarcolemme de la cellule soit par diffusion passive soit par transport facilité par l'intermédiaire des MCTs. Il existe différentes isoformes de MCT qui dépendent des propriétés de la cellule ou des tissus. Ces MCT servent à transporter le lactate vers les cellules les plus actives métaboliquement. Environ 70 à 75 % de ce lactate sert comme source d'énergie à l'exercice.

Pour finir, une partie du lactate qui est produit par le muscle est transportée par le sang jusqu'au foie où il est transformé en acide pyruvique puis en glucose par un processus appelé néoglucogénèse. Le glucose ainsi formé repart ensuite vers les muscles en activité. Ce cycle est appelé cycle de Cori. Sans cette resynthèse de glucose à partir du lactate, la durée de l'exercice serait nettement limitée. Sur un plan plus intégratif,

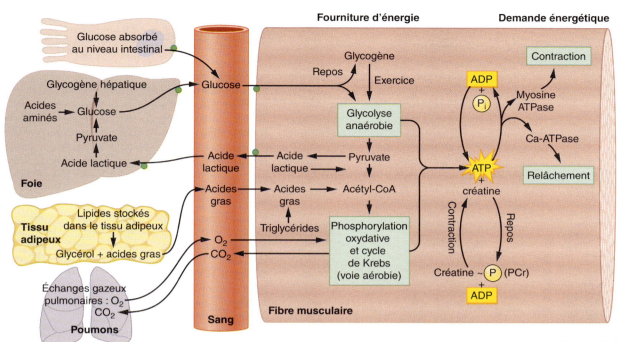

Figure 2.12

Le métabolisme des glucides, des lipides et, dans une moindre mesure, des protéines partagent certaines voies métaboliques au sein des fibres musculaires. L'ATP générée de façons aérobie et anaérobie est utilisé pour la contraction et le relâchement musculaire qui nécessitent de l'énergie.

le lactate produit par le muscle à l'exercice peut être prélevé et oxydé par le cerveau. Ainsi le lactate ne doit plus désormais être considéré comme un déchet mais comme un substrat métabolique à part entière.

Résumé

> Le système oxydatif correspond à la dégradation des substrats énergétiques en présence d'oxygène. Il permet d'apporter plus d'énergie que les systèmes ATP-PCr ou glycolytique.

> L'oxydation des glucides fait intervenir la glycolyse, le cycle de Krebs et la chaîne de transport des électrons. Les produits de l'oxydation sont H_2O, CO_2 et 32 ou 33 molécules d'ATP par molécule de glucides.

> L'oxydation des lipides débute par la β-oxydation des acides gras libres. Les étapes suivantes sont les mêmes que pour les glucides : L'acétyl-CoA rentre dans le cycle de Krebs qui est suivi par la chaîne de transport des électrons. L'énergie apportée par l'oxydation des lipides est beaucoup plus importante que celle provenant de l'oxydation des glucides. Elle varie selon le type d'acide gras utilisé. Cependant, lors des exercices intenses, la vitesse maximale de régénération de l'ATP est plus faible que son utilisation et l'énergie libérée par molécule d'oxygène consommée est largement plus faible pour les lipides que pour les glucides.

> Bien que les lipides apportent plus de kcal par gramme que les glucides, l'oxydation des lipides nécessite plus d'oxygène que l'oxydation des glucides. À titre de comparaison, une molécule d'O_2 permet de produire 5,6 molécules d'ATP lors de l'utilisation des graisses contre 6,3 lors de l'utilisation des glucides. L'apport d'oxygène est limité par sa capacité de transport, aussi, les glucides, qui peuvent être aussi utilisés par la voie anaérobie, constituent-ils le substrat essentiel lors d'exercices de haute intensité.

> Le débit maximal de production d'ATP à partir des lipides est nettement plus faible que celui des glucides. C'est pourquoi les athlètes réduisent leur vitesse lorsque les stocks de glucides sont réduits, les lipides devenant alors le substrat prédominant.

> La mesure de l'oxydation des protéines est plus complexe parce que ces molécules, constituées d'acides aminés, contiennent de l'azote qui ne peut être oxydé. Les protéines contribuent relativement peu à la fourniture d'énergie, et leur métabolisme est souvent négligé.

> Malgré sa réputation d'être un des facteurs responsables de la fatigue, l'acide lactique est désormais reconnu pour être une source importante d'énergie lors de l'exercice.

4.5 Résumé de la production d'ATP

Comme illustré sur la figure 2.12, le muscle ne peut se contracter et se relâcher que s'il possède suffisamment d'énergie. Celle-ci provient des aliments que nous ingérons et des réserves énergétiques de l'organisme. Le système ATP-PC ainsi que la glycolyse se produisent dans le cytosol des cellules et ne nécessitent pas d'oxygène pour produire l'ATP. La phosphorylation oxydative, quant à elle, à lieu dans les mitochondries. En condition aérobie, les substrats principaux – glucides et lipides – sont réduits en un intermédiaire clé, l'acétyl CoA qui entre ensuite dans le cycle de Krebs.

5. Interaction des trois systèmes énergétiques

Les trois systèmes producteurs d'énergie ne fonctionnent pas de façon indépendante les uns des autres et par conséquent ne fonctionnent jamais à 100 %. En effet, que ce soit lors d'un exercice de sprint (même inférieur à 10 s) ou lors d'une épreuve d'endurance (supérieure à 30 min), les trois systèmes énergétiques interviennent ensemble mais dans des proportions différentes. À l'exception des périodes de transition d'un métabolisme à un autre, il y a toujours prédominance d'une voie énergétique sur les 2 autres. Lors d'un 100 m réalisé en 10 s, le système ATP-PCr prédomine dans la fourniture d'énergie mais la glycolyse et la voie oxydative en produisent une petite part. À l'opposé, lors d'un 10 000 m réalisé en 30 min, le système oxydatif est prédominant mais là encore, les deux autres voies (la glycolyse et le système ATP-PCr) produisent une faible part d'énergie.

La figure 2.13 indique le système producteur d'énergie dominant lors d'exercices exhaustifs de différentes durées. Le système ATP-PC a un débit énergétique élevé (forte puissance), par contre, sa capacité (réserve énergétique) est faible. C'est pourquoi cette voie est utilisée préférentiellement lors des exercices très intenses mais très courts. À l'inverse, l'oxydation des lipides est lente (donc débit énergétique ou puissance faible) mais sa capacité est quasi illimitée.

Les caractéristiques des différentes voies métaboliques sont listées dans le tableau 2.3.

Figure 2.13

Les différents systèmes énergétiques : débits et capacités. Il existe une relation inverse entre les deux. Plus le débit du système est important, plus sa capacité est faible et inversement.

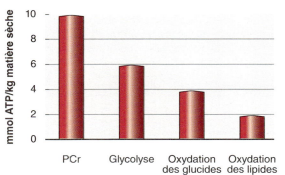

(a) Taux maximal de génération d'ATP

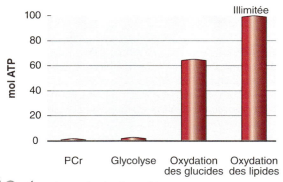

(b) Énergie maximale disponible

Tableau 2.3 Caractéristiques des différents systèmes fournisseurs d'énergie (voie métabolique)

Système énergétique	Nécessité de l'oxygène	Réaction chimique globale	ATP formé par seconde	ATP formé par molécule de substrat	Capacité disponible
ATP-PCr	Non	PCr en Cr	10	1	< 15 s
Glycolyse	Non	Glucose ou glycogène en lactate	5	2-3	~ 1 min
Voie aérobie (glucides)	Oui	Glucose ou glycogène en CO_2 et H_2O	2,5	36-39*	~ 90 min
Voie aérobie (lipides)	Oui	AGL ou triglycérides en CO_2 et H_2O	1,5	> 100	jours

* La production de 36-39 ATP par molécule de glucide ne prend pas en compte l'énergie nécessaire lors du passage des ions H^+ à travers la membrane mitochondriale. Le gain net est donc légèrement inférieur.
D'après Dr Martin, McMaster University, Hamilton, Ontario, Canada.

6. La capacité oxydative du muscle

Ce sont les processus oxydatifs qui ont le meilleur rendement énergétique. L'idéal serait que ces mécanismes fonctionnent toujours à leur plus haut régime. Mais, comme tout mécanisme physiologique, leur bon fonctionnement dépend d'un certain nombre de conditions. La capacité oxydative du muscle, ou $\dot{Q}O_2$, ne peut donc dépasser une certaine valeur, ou capacité oxydative maximale. Elle peut être mesurée, en laboratoire, sur des échantillons de muscle, stimulés pour générer de l'ATP. La capacité oxydative du muscle est fonction du contenu en enzymes oxydatives, de la typologie musculaire et de la disponibilité en oxygène.

6.1 L'activité enzymatique

La capacité des fibres musculaires à oxyder les glucides, ou les lipides, est difficile à déterminer. De nombreuses études ont insisté sur la relation existant entre l'aptitude du muscle à réaliser un exercice aérobie et l'activité de ses enzymes oxydatives. Comme de nombreuses enzymes interviennent dans l'oxydation, l'activité enzymatique des fibres musculaires fournit un assez bon indicateur de leur potentiel oxydatif.

Il est impossible de mesurer l'activité de toutes les enzymes musculaires. Seules, quelques-unes sont choisies pour représenter la capacité aérobie des fibres musculaires. Les plus fréquemment utilisées sont la succinate-déshydrogénase et la citrate-synthase, qui sont des enzymes mitochondriales du cycle de Krebs (voir figure 2.9). La figure 2.14 montre la corrélation étroite entre l'activité de la succinate déshydrogénase et la capacité oxydative du muscle vaste externe. Chez les athlètes spécialisés dans les exercices d'endurance, l'activité enzymatique oxydative est deux à trois fois supérieure à celle des sujets non entraînés, hommes ou femmes.

6.2 La structure du muscle et l'entraînement en endurance

La structure du muscle détermine, en partie, sa capacité oxydative. Comme nous l'avons noté au chapitre 1, les fibres lentes (ST ou de type I) ont une meilleure aptitude aérobie que les fibres rapides (FT ou de type II), parce qu'elles possèdent davantage de mitochondries et des concentrations plus grandes en enzymes oxydatives. Les fibres II sont mieux adaptées à la production d'énergie glycolytique. En principe, plus les muscles sont riches en fibres I, plus leur capacité oxydative est grande. Les coureurs de fond de haut niveau, ont plus de fibres lentes et plus de mitochondries que les sujets non entraînés. Chez eux, l'activité des enzymes oxydatives est également supérieure.

L'entraînement en endurance améliore la capacité oxydative de toutes les fibres et spécialement des fibres de type II. Lorsque l'entraînement sollicite les phosphorylations oxydatives, les fibres musculaires s'adaptent en augmentant le nombre, le volume de mitochondries et leur contenu en enzymes oxydatives. En améliorant, alors, les possibilités de β-oxydation, ce type d'entraînement facilite l'utilisation des lipides à l'exercice.

L'entraînement en endurance améliore ainsi la capacité musculaire aérobie, même chez des

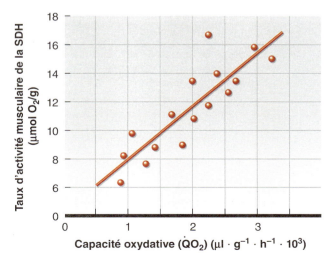

Figure 2.14

Relation entre le taux d'activité de la succinate déshydrogénase musculaire (SDH) et la capacité oxydative du muscle (O_2), au niveau du muscle vaste externe.

sujets possédant beaucoup de fibres rapides. Mais, un tel entraînement ne leur permettra jamais d'être aussi performant que les athlètes dont les muscles sont naturellement riches en fibres lentes.

6.3 Les besoins en oxygène

Bien que la capacité oxydative du muscle soit déterminée par le nombre de mitochondries et la quantité d'enzymes oxydatives, le métabolisme oxydatif dépend finalement d'un apport d'oxygène adéquat. Au repos les besoins de l'organisme en ATP sont relativement faibles et nécessitent peu d'oxygène. Lorsque l'intensité de l'exercice augmente, la demande énergétique croît en conséquence. Pour la satisfaire, le débit de production oxydative de l'ATP augmente aussi. Pour subvenir aux besoins en oxygène la fréquence et l'amplitude respiratoires augmentent, ce qui améliore les échanges gazeux pulmonaires. Le cœur bat plus vite, ce qui permet de transporter davantage d'oxygène vers les muscles. Les artérioles se dilatent pour faciliter l'apport de sang artériel aux capillaires musculaires.

Le corps humain stocke assez peu d'oxygène. C'est pourquoi la quantité d'oxygène qui diffuse des poumons dans le sang est directement proportionnelle à la quantité utilisée par les tissus par le métabolisme oxydatif. Une estimation assez précise de la production d'énergie aérobie peut alors être faite en mesurant le volume d'oxygène consommé au niveau pulmonaire (voir chapitre 5).

7. Conclusion

Dans ce chapitre, nous nous sommes intéressés au métabolisme énergétique lors de l'exercice et à la resynthèse de la seule source d'énergie directement utilisable par le muscle, l'ATP. Nous avons détaillé les trois voies métaboliques permettant la régénération de l'ATP ainsi que leurs régulations et interactions. Pour finir, nous avons souligné l'importance du rôle joué par l'oxygène lors des contractions de longue durée ainsi que les différents types de fibres du muscle squelettique humain. Dans le prochain chapitre, nous nous intéresserons au contrôle nerveux lors de l'exercice.

Mots-clés

acétyl-coenzyme A (acétyl-CoA)
acide gras libres
adénosine diphosphate (ADP)
adipokines
β-oxydation
bioénergétique
catabolisme
chaîne de transport des électrons
créatine kinase
cycle de Krebs
cytochrome
énergie d'activation
enzyme
enzyme limitante ou clé
rétrocontrôle négatif ou feed-back négatif
flexibilité métabolique
glucides
gluconéogenèse
glucose
glycogène
glycogénolyse
glycolyse
kilocalorie
lipogenèse
lipolyse
métabolisme
métabolisme aérobie
métabolisme anaérobie
mitochondrie
phosphorylation oxydative
phosphorylation
phosphocréatine (PCr)
phosphofructokinase (PFK)
rétrocontrôle négatif ou feed-back négatif
substrat
système ATP-PCr
système oxydatif
triglycérides

Questions

1. Qu'est-ce que l'ATP ? Quels sont les différents éléments qui le composent ? Comment fournit-il de l'énergie ?

2. Quel est le substrat préférentiellement utilisé au repos ? Quel est le substrat préférentiellement utilisé lors d'un exercice intense ?

3. Quel est le rôle de la PCr dans la production d'énergie ? Quel est le facteur limitant de la voie anaérobie alactique ? Comment s'articulent, dans le muscle, les utilisations respectives de l'ATP et de la PCr lors d'un exercice de sprint ?

4. Décrivez les caractéristiques principales des trois systèmes (ou voies métaboliques) permettant de fournir l'énergie ?

5. Pourquoi le système ATP-PCr et le système glycolytique sont-ils appelés systèmes anaérobies ?

6. Quel rôle joue l'oxygène dans le métabolisme aérobie ?

7. Quels sont les sous-produits résultant du système ATP-PCr, de la glycolyse, et de l'oxydation ?

8. Qu'est-ce que l'acide lactique ? Pourquoi est-il important ?

9. Décrivez les interactions entre les 3 voies métaboliques. Vous insisterez notamment sur les différences de débit énergétique et de capacité.

10. Quelles sont les différences concernant la capacité oxydative entre les fibres de type I et II. Quels facteurs expliquent ces différences ?

Le contrôle nerveux du mouvement

3

En 1964, Jimmie Heuga et son coéquipier Billy Kidd entrent dans l'histoire en devenant les premiers médaillés américains de ski alpin à Insbruck, en Autriche. En 1967, Heuga gagne la Coupe du monde de slalom géant et finit troisième mondial sur l'ensemble de la saison. Il devient le premier américain à gagner l'Arlberg-Kandahar à Garmisch, en Allemagne, une des plus anciennes et des plus prestigieuses courses de ski alpin.

Après avoir participé aux Jeux Olympiques de 1968, souffrant de troubles physiques, Heuga quitte l'équipe américaine de ski alpin. En 1970, on diagnostique chez lui une très grave affection neurologique : la sclérose en plaques. À cette époque, l'activité physique était formellement déconseillée à ceux qui en souffraient. On lui suggéra donc de mener une vie paisible et tranquille. Heuga suivit ce conseil et sa santé devint fragile. Il perdit toute ambition et toute énergie. Il s'affaiblit peu à peu physiquement et mentalement.

Six ans plus tard, Heuga décida d'aller à l'encontre de l'avis médical. Il mit au point un programme d'endurance et commença des exercices d'assouplissements et de force. Il évalua de manière réaliste les bienfaits de son programme personnel. Avec cet entraînement, sa santé s'améliora dans les limites permises par sa maladie. Guidé par son propre succès, il créa, en 1984, le Jimmie Heuga Center, une organisation à but non lucratif située à Edwards dans le Colorado. Depuis des milliers de personnes atteintes de cette pathologie ont suivi le programme médical du centre. De surcroît, ce centre a développé un programme de recherche et subventionne des études scientifiques sur ce sujet. La contribution scientifique majeure a été publiée dans *Annals of neurology* en 1996[7]. Elle démontre qu'un programme d'activités physiques améliore les qualités psychologiques, physiologiques et la qualité de vie des patients souffrant de sclérose en plaques. Ceci contredit les avis médicaux émis classiquement sur le sujet. Heuga, entré dans le « Hall of Fame » du ski, est décédé le 8 février 2010 à l'âge de 66 ans.

Plan du chapitre

1. Structure et fonction du système nerveux 74
2. Le système nerveux central (SNC) 82
3. Le système nerveux périphérique (SNP) 85
4. L'intégration sensori-motrice 87
5. La réponse motrice 92
6. Conclusion 92

Toute activité physiologique de l'organisme humain est influencée par le système nerveux. Les nerfs sont des voies le long desquelles les influx nerveux se propagent dans toutes les directions. Le cerveau agit comme un ordinateur intégrant et coordonnant toutes les informations qui lui arrivent, sélectionnant la réponse appropriée et informant alors toutes les parties du corps concernées. Le système nerveux est ainsi un chaînon vital permettant des interactions multiples et coordonnées, aussi bien entre les différents tissus et organes du corps qu'entre ce dernier et le monde extérieur.

Le système nerveux est l'un des systèmes les plus complexes du corps humain. Beaucoup de ses fonctions ne sont pas encore bien élucidées. Pour ces raisons et parce que ce livre ne s'adresse qu'à des fonctions spécifiques du système nerveux, nous ne donnerons pas autant de détails que le ferait un ouvrage d'introduction à l'anatomie ou à la physiologie. Nous présenterons plutôt une vue générale du système nerveux en insistant sur les aspects spécifiques directement liés au sport et à l'exercice.

Avant d'étudier le système nerveux dans le détail, il est préférable dans un premier temps, d'avoir une vision d'ensemble de l'organisation de ce système. Ceci peut vous aider à mieux comprendre comment chaque partie du système nerveux est reliée à une autre et s'intègre dans un tout (le système nerveux) pour régir l'ensemble des mouvements du corps. Tout d'abord, le système nerveux est divisé en deux grandes parties : le **système nerveux central** (SNC) et le **système nerveux périphérique** (SNP). Le système nerveux central est composé de l'encéphale et de la moelle épinière alors que le système nerveux périphérique est composé de la **voie sensitive (ou afférente)** et de la **voie motrice (ou efférente)**. La voie sensitive informe constamment le système nerveux central des évènements qui se produisent à l'extérieur et à l'intérieur du corps. En réponse aux signaux de la voie sensitive, la voie motrice transmet les informations provenant du système nerveux central aux différentes parties de l'organisme. Le terme **motoneurone** est classiquement utilisé pour désigner la projection des axones en dehors du SNC pour contrôler directement ou indirectement les muscles. La voie motrice est formée du système nerveux autonome (involontaire) et du système nerveux somatique (volontaire). Ce système nerveux autonome comprend, lui aussi, deux subdivisions fonctionnelles : le système nerveux sympathique (orthosympathique) et le système nerveux parasympathique. La figure 3.1 donne une représentation schématique de l'organisation du système nerveux.

De plus amples détails concernant toutes les divisions du système nerveux seront donnés au cours de ce chapitre.

1. Structure et fonction du système nerveux

Les neurones sont les unités structurales du système nerveux. Nous allons dans un premier temps étudier l'anatomie du neurone puis, dans un second temps, regarder son fonctionnement (messages transportés sous forme d'influx nerveux partout à travers le corps).

1.1 Les neurones

Les cellules, ou fibres, nerveuses représentées sur la figure 3.2 sont appelées neurones. Un neurone type est composé de 3 parties :

- le corps cellulaire ou soma ;
- les dendrites ;
- l'axone.

Le corps cellulaire contient le noyau. Les prolongements cellulaires, les dendrites et l'axone, rayonnent à partir de ce corps cellulaire. Du côté de l'axone, le corps cellulaire s'effile en une région en forme de cône qui joue un rôle important dans la conduction de l'influx nerveux : le segment initial ou **cône d'implantation**.

La plupart des neurones contiennent plusieurs dendrites. Les dendrites ont une valeur sensitive, ils recueillent l'information. La plupart des influx nerveux provenant de stimulations sensorielles ou de neurones adjacents pénètrent dans le neurone *via* les dendrites et à un plus faible degré par le corps

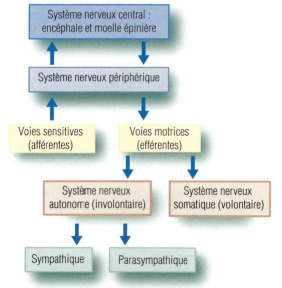

Figure 3.1 Organisation du système nerveux

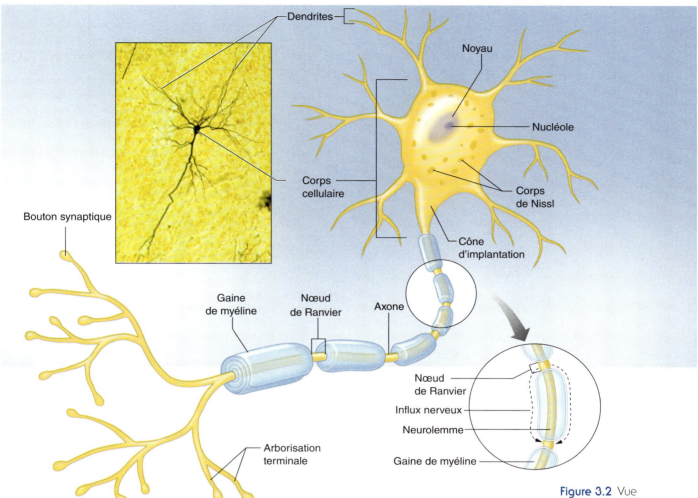

Figure 3.2 Vue microscopique de neurones et représentation de leur structure

cellulaire. Ces prolongements véhiculent l'information en direction du corps cellulaire.

À l'opposé, les neurones n'ont qu'un seul **axone**. Celui-ci a une valeur motrice : il conduit l'influx nerveux du corps cellulaire vers la périphérie. Il se ramifie à sa terminaison en plusieurs branches qui constituent l'**arborisation terminale**. Leurs extrémités se dilatent en petits renflements appelés **boutons synaptiques ou terminaisons** axonales. Ils renferment de nombreuses vésicules (sacs) remplies de substances chimiques appelées les **neurotransmetteurs** qui servent à assurer la communication entre un neurone et d'autres cellules (voir détails plus loin).

En résumé, l'influx nerveux pénètre dans le neurone *via* les dendrites (et à un plus faible degré par le corps cellulaire), se propage ensuite à travers le corps cellulaire, le cône d'implantation, l'axone, l'arborisation terminale jusqu'aux boutons synaptiques.

Dans les prochains paragraphes, nous décrirons en détail comment naît l'influx nerveux, comment il passe d'un neurone à un autre neurone ou à une fibre musculaire. La structure du neurone permet à l'influx nerveux de pénétrer à l'intérieur de celui-ci par l'intermédiaire des dendrites

1.2 L'influx nerveux

Les neurones sont comme un *tissu excitable* d'une part parce qu'ils répondent à de multiples stimuli et d'autre part parce qu'ils les transforment en influx nerveux. L'**influx nerveux** est un phénomène électrique, c'est un signal transmis de proche en proche, d'un neurone à l'autre, pour atteindre finalement un organe terminal ou un élément du système nerveux central. Schématiquement, on peut concevoir cette stimulation nerveuse, qui parcourt le neurone, comme le courant qui circule dans les fils électriques d'une maison. Voyons maintenant comment cette impulsion électrique se crée et comment elle circule à travers le neurone.

1.2.1 Le potentiel de repos membranaire

La membrane cellulaire d'un neurone au repos est le siège d'une différence de potentiel entre l'intérieur et l'extérieur de la cellule. Si on insère la micro-électrode d'un voltmètre à l'intérieur d'une cellule, on constate que la répartition des charges électriques (ioniques), de part et d'autre de la membrane cellulaire, crée une différence de potentiel de l'ordre de -70 mV, l'intérieur étant négatif par rapport à l'extérieur. La membrane cellulaire d'un neurone est donc le siège d'une différence de potentiel d'environ -70 mV. Cette différence de potentiel est appelée **potentiel de repos membranaire**, ou PRM, résultat de la répartition des charges électriques (ioniques) de part et d'autre de la membrane. Quand cette répartition des charges se modifie, on dit que la membrane change de polarisation.

La concentration en ions potassium (K^+) est importante à l'intérieur du neurone, alors que la concentration en ions sodium (Na^+) est plus élevée à l'extérieur de la cellule. Ce déséquilibre ionique est responsable du potentiel de repos membranaire. Deux raisons essentielles en sont à l'origine. D'abord, la membrane cellulaire du neurone est plus perméable au K^+ qu'au Na^+, de sorte que le K^+ peut circuler plus aisément à travers la membrane. La tendance naturelle à rétablir l'équilibre ionique peut entraîner le mouvement des ions K^+, présents dans la cellule, vers des zones de moindre concentration, à l'extérieur de la membrane. Le Na^+ n'a pas cette possibilité. Ensuite, la **pompe sodium-potassium** du neurone, représentée par l'enzyme appelée Na^+-K^+ ATPase, maintient le déséquilibre de part et d'autre de la membrane en transportant activement les ions sodium et potassium. Cette différence de potentiel est maintenue au travers de la membrane car la pompe sodium-potassium fait entrer deux ions K^+ pour trois ions Na^+ expulsés. En conséquence, la charge en ions positifs est plus élevée à l'extérieur de la cellule qu'à l'intérieur, ce qui crée la différence de potentiel au travers de la membrane. Le maintien de cette différence de potentiel de repos à -70 mV est essentiellement le résultat de l'activité de la pompe sodium-potassium.

1.2.2 La dépolarisation et l'hyperpolarisation

Si l'intérieur de la cellule devient moins négatif par rapport à l'extérieur, la différence de potentiel à travers la membrane diminue. Celle-ci devient moins polarisée. Quand cela se produit, on dit que la membrane se dépolarise. Ainsi, une **dépolarisation** se produit chaque fois que la différence des charges électriques devient inférieure à -70 mV et se rapproche de zéro. Ceci traduit une modification de la perméabilité de la membrane au sodium.

L'inverse peut aussi arriver. Si la différence de potentiel à travers la membrane augmente, partant du PRM pour aller vers des valeurs encore plus négatives, on dit alors que la membrane devient plus polarisée. Ceci s'appelle l'**hyperpolarisation**.

Les modifications du potentiel de membrane sont les signaux utilisés pour recevoir, transmettre et intégrer les informations entre les cellules et au sein même de celles-ci. Ces signaux sont de deux types : les potentiels gradués et les potentiels d'action. Tous deux sont des courants électriques créés par le mouvement des ions. Étudions-les.

1.2.3 Les potentiels gradués

Les **potentiels gradués** (ou élémentaires) sont des variations très localisées du potentiel de membrane. Il peut s'agir aussi bien de dépolarisations que d'hyperpolarisations. Les membranes neuronales contiennent des canaux ioniques, possédant des barrières qui sont autant de portes pour entrer ou sortir des neurones. Au PRM, ces barrières sont en général fermées, empêchant la sortie sélective des ions. Elles s'ouvrent sous l'effet d'une stimulation, permettant l'entrée ou la sortie sélective des ions. Ce flux ionique modifie la répartition des charges électriques et la polarisation de la membrane.

Les potentiels gradués sont déclenchés par des modifications de l'environnement local du neurone. Ils sont variables suivant le lieu ou le type de neurone impliqué, la barrière ionique pouvant s'ouvrir en réponse à la stimulation provenant d'un autre neurone ou en réponse à des stimuli sensoriels, comme des modifications de concentrations chimiques, de température ou de pression.

Rappelons que la plupart des récepteurs d'un neurone siègent au niveau des dendrites (même si certains peuvent être situés sur le corps cellulaire). En conséquence, l'influx circule toujours des dendrites vers le corps cellulaire et du corps cellulaire vers la terminaison de l'axone. Un potentiel gradué est généralement un phénomène local et la dépolarisation ne peut se propager très loin, le long du neurone. Pour que la stimulation initiale traverse tout le neurone il faut qu'apparaisse un potentiel d'action.

1.2.4 Les potentiels d'action

Un **potentiel d'action** est une dépolarisation, avec inversion de la polarisation, à la fois suffisante et très brève de la membrane du neurone. Elle dure environ 1 ms. D'une manière générale on peut dire que le potentiel de membrane s'inverse de -70 mV (PRM) à $+30$ mV environ, puis retourne à sa valeur de repos (figure 3.3). Comment peut-on expliquer ce phénomène ?

Tout potentiel d'action débute comme un potentiel gradué. Lorsque la stimulation est suffisante

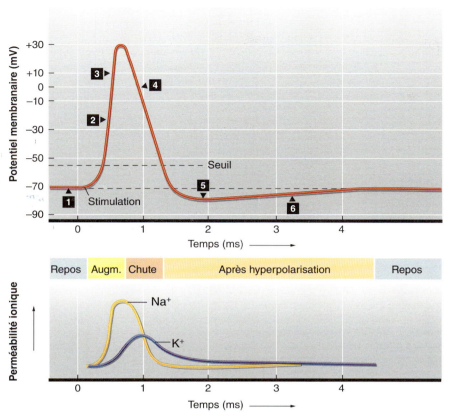

Figure 3.3 Perméabilité ionique et ouverture des canaux ioniques voltage-dépendants lors d'un potentiel d'action

D'après Dee Unglaub Silverthorn, Human Physiology, 2007. © Pearson Education.

pour causer une dépolarisation d'au moins 15 à 20 mV, il en résulte un potentiel d'action. Cela veut dire que si la membrane se dépolarise, du PRM à une valeur de −50 à −55 mV, la cellule pourra engendrer un potentiel d'action. La dépolarisation minimale requise, pour produire un potentiel d'action, est appelée **seuil d'excitation**. Toute dépolarisation inférieure à ce seuil ne déclenchera pas de potentiel d'action. Si le potentiel de membrane passe par exemple du PRM à −60 mV, la différence n'est que de 10 mV et n'atteint pas le seuil d'excitation, il n'y a donc pas création d'un potentiel d'action. Par contre, chaque fois que la dépolarisation atteint ou dépasse le seuil, il y a apparition d'un potentiel d'action, qui conserve alors la même durée et la même amplitude. C'est le *principe du tout ou rien*.

Quand une portion d'un axone génère un potentiel d'action et que les canaux sodiques sont ouverts, le neurone est incapable de répondre à une autre stimulation, quelle que soit son intensité : c'est la *période réfractaire absolue*. Quand les canaux sodiques se ferment, les canaux potassiques s'ouvrent et la repolarisation a lieu. Le neurone peut alors répondre potentiellement à un autre stimulus mais celui-ci doit être d'amplitude plus forte pour générer un nouveau potentiel d'action : c'est la *période réfractaire relative*.

1.2.5 Propagation du potentiel d'action

Après avoir étudié la stimulation nerveuse sous la forme du potentiel d'action, nous allons voir comment celle-ci se propage sur le neurone. Ici, deux caractéristiques fondamentales du neurone interviennent : la gaine de myéline et le diamètre de l'axone.

1.2.5.1 La gaine de myéline

Les axones de la plupart des neurones moteurs sont myélinisés, ce qui veut dire qu'ils sont recouverts d'une gaine composée de myéline, une substance lipidique qui isole la membrane cellulaire. En ce qui concerne le système nerveux périphérique, cette **gaine de myéline** (figure 3.2) est formée par les cellules de Schwann.

La gaine de myéline n'est pas continue. Comme elle entoure l'axone sur toute sa longueur, elle présente des étranglements entre les cellules de Schwann adjacentes, interrompant l'isolation de l'axone en ces points. Ces étranglements s'appellent les nœuds de Ranvier (figure 3.2). Pour se propager le long de la gaine de myéline qui entoure l'axone, le potentiel d'action doit alors « sauter » d'un nœud à l'autre. C'est ce qu'on appelle la **conduction saltatoire**. Celle-ci induit une vitesse de conduction supérieure dans ces fibres comparées aux fibres non myélinisées.

La myélinisation des motoneurones survient pendant les sept premières années de la vie, expliquant en partie pourquoi les jeunes enfants mettent un certain temps pour acquérir une bonne coordination gestuelle. Les sujets souffrant de certaines maladies neurologiques, comme la sclérose en plaques, qui est une dégénérescence de la gaine de myéline, ont des difficultés à exécuter les mouvements qu'ils programment.

1.2.5.2 Le diamètre de l'axone

La vitesse de propagation de l'influx nerveux dépend aussi des dimensions de l'axone. Les axones à gros diamètre propagent plus rapidement l'influx nerveux que les axones à petit diamètre, en raison de la moindre résistance qu'ils opposent au courant électrique.

Résumé

> Les neurones sont considérés comme des tissus excitables parce qu'ils possèdent la capacité de répondre à différents types de stimuli qu'ils convertissent en influx nerveux.

> Le potentiel membranaire de repos, PMR, du neurone est généralement de l'ordre de −70 mV. Il est dû à la répartition particulière des ions sodium et potassium de part et d'autre de la membrane, répartition entretenue par la pompe à sodium-potassium et par la différence de perméabilité de la membrane à ces deux ions. Celle-ci est, en effet, peu perméable au sodium et très perméable au potassium.

> Il y a dépolarisation lorsque ce potentiel devient plus positif et hyperpolarisation lorsqu'il devient encore plus négatif. Ceci s'observe lors de l'ouverture des canaux ioniques qui permettent le transfert des ions d'un côté à l'autre de la membrane.

> Il faut nécessairement que la membrane se dépolarise d'au moins 15 à 20 mV pour qu'un potentiel d'action soit déclenché. Cette valeur constitue un seuil en deçà duquel aucun potentiel d'action ne peut apparaître.

> Dans les neurones myélinisés, l'influx nerveux est véhiculé le long de l'axone selon un mode dit « saltatoire », car il saute d'un nœud de Ranvier à l'autre, c'est-à-dire d'un étranglement à l'autre de la gaine de myéline. Ce mode de propagation est 5 à 50 fois plus rapide qu'au niveau d'une fibre nerveuse non myélinisée de même calibre.

> L'influx nerveux se propage également d'autant plus vite que l'axone est de plus grande dimension.

1.3 La synapse

Suite à la création d'un potentiel d'action l'influx nerveux se propage tout le long du neurone et atteint l'axone terminal. Comment l'influx nerveux se propage-t-il alors aux autres neurones ?

La communication des neurones entre eux se fait par l'intermédiaire de synapses. Deux neurones sont en contiguïté par l'intermédiaire de la synapse, qui constitue une barrière que l'influx nerveux doit franchir. Le type de synapse le plus commun est la synapse chimique.

Comme le montre la figure 3.4, une synapse entre deux neurones comprend :

- les terminaisons axonales du neurone véhiculant l'influx nerveux ;
- les récepteurs membranaires du second neurone ;
- l'espace entre ces deux structures.

Le neurone qui transmet l'influx nerveux à travers la synapse est appelé neurone présynaptique, ainsi, les terminaisons axonales (ou boutons synaptiques) sont les terminaisons présynaptiques. Le second neurone recevant l'information électrique après la synapse est appelé neurone postsynaptique. Les terminaisons présynaptiques et les récepteurs postsynaptiques ne sont pas au contact. Un espace étroit les sépare appelé fente synaptique.

L'influx nerveux ne peut se transmettre à travers une synapse que dans une direction : de l'axone terminal du neurone présynaptique vers les récepteurs postsynaptiques, dont 80 % à 95 % sont situés sur les dendrites du neurone postsynaptique. Mais environ 5 % à 20 % de ces récepteurs postsynaptiques sont adjacents au corps cellulaire[2]. Pourquoi l'influx nerveux ne peut-il aller que dans une seule direction ?

Les terminaisons présynaptiques de l'axone renferment un grand nombre de poches appelées vésicules synaptiques ou de stockage. Elles contiennent différents neurotransmetteurs chimiques dont la fonction est de transmettre l'influx nerveux au neurone suivant. Lorsque l'influx nerveux atteint les terminaisons présynaptiques, les vésicules synaptiques libèrent leur contenu dans la fente synaptique. Le neurotransmetteur diffuse dans toute la fente synaptique et vient se fixer sur les récepteurs postsynaptiques. Il a pour effet de permettre la dépolarisation du neurone postsynaptique. Ainsi, l'impulsion nerveuse se trouve transmise d'un neurone à un autre.

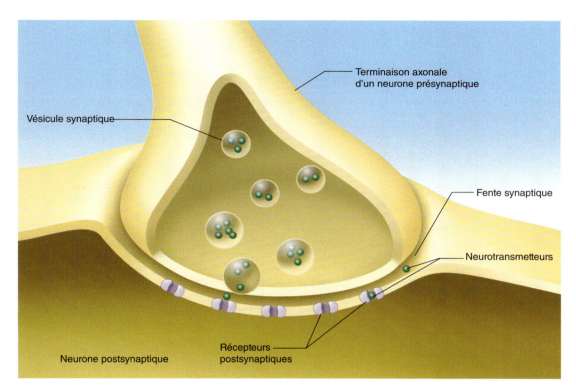

Figure 3.4 Synapse chimique entre deux neurones montrant les vésicules synaptiques

1.4 La jonction neuromusculaire

Nous avons vu au chapitre 1 que l'ensemble formé par un motoneurone et les fibres musculaires qu'il innerve constitue une unité motrice.

Un neurone moteur (motoneurone) communique avec une fibre musculaire en une zone connue sous le nom de **jonction neuromusculaire**. Celle-ci fonctionne pratiquement comme une synapse. Toutefois, ici, l'axone du motoneurone se termine par plusieurs ramifications en forme de disques plats, appelés terminaisons axonales. C'est à leur niveau qu'est libéré le neurotransmetteur qui diffuse ensuite dans l'espace compris entre le motoneurone et la fibre musculaire en réponse au potentiel d'action. Dans la jonction neuromusculaire, en regard de chaque terminaison axonale, le sarcolemme s'invagine pour former une plaque motrice (figure 3.5).

Le neurotransmetteur, principalement l'acétylcholine (ACh), libéré par les vésicules du neurone présynaptique, diffuse dans la fente synaptique et se fixe sur les récepteurs du sarcolemme. Cette fixation, en ouvrant les canaux sodiques, entraîne la dépolarisation du sarcolemme, ce qui permet l'entrée en masse du sodium dans la fibre musculaire. Comme toujours, si la dépolarisation atteint un seuil suffisant, il se crée un potentiel d'action. Celui-ci se propage alors sur la fibre musculaire le long du sarcolemme puis à l'intérieur des tubules T, ce qui déclenche la contraction. Comme pour le neurone, la dépolarisation du sarcolemme est suivie d'une phase de repolarisation. Pendant celle-ci, les canaux sodiques sont fermés et les canaux potassiques ouverts ; ainsi, comme le neurone, la fibre musculaire est incapable de répondre à toute autre stimulation. Ceci constitue la *période réfractaire*. Il faut que les conditions électriques soient revenues à l'état de repos pour que la fibre musculaire puisse réagir à une autre excitation. Ainsi, la période réfractaire permet de limiter la fréquence de décharge des unités motrices.

Nous venons de voir comment l'influx nerveux passe d'une cellule à l'autre. Pour comprendre ce qui se passe ensuite, il faut analyser les signaux chimiques qui assurent la transmission de l'information. Étudions maintenant le neurotransmetteur.

1.5 Les neurotransmetteurs

Plus de 50 neurotransmetteurs ont été identifiés. La plupart sont de petites molécules dont l'action est rapide (a) tandis que les autres sont des neuropeptides agissant plus lentement (b). Ceux qui nous concernent appartiennent à la première catégorie (a) : ils sont responsables de la plupart des transmissions nerveuses.

L'acétylcholine et la noradrénaline sont les deux neurotransmetteurs principaux intervenant

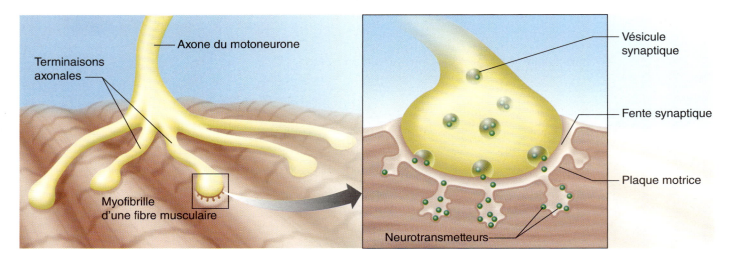

Figure 3.5 Schéma de la jonction neuromusculaire (ou plaque motrice)

Illustration de l'interaction entre les motoneurones et le sarcolemme d'une fibre musculaire isolée.

dans les régulations des réponses physiologiques à l'exercice. L'**acétylcholine** est le neurotransmetteur libéré par les motoneurones qui innervent les muscles squelettiques et la plupart des neurones parasympathiques. Il exerce un effet excitateur sur les fibres des muscles striés squelettiques. À l'inverse, il possède un effet inhibiteur au niveau du cœur. La **noradrénaline** est le neurotransmetteur de quelques neurones sympathiques qui peuvent être soit inhibiteurs soit excitateurs suivant le type de récepteurs impliqués. Les neurones qui libèrent principalement la noradrénaline sont appelés **adrénergiques** et ceux libérant l'acétylcholine **cholinergiques**. Les deux sous-types majeurs des récepteurs cholinergiques sont les muscariniques et les nicotiniques, les premiers étant impliqués dans la transmission de l'influx nerveux. Les systèmes nerveux sympathiques et parasympathiques seront présentés plus loin dans ce chapitre.

Résumé

> Les neurones communiquent entre eux à l'aide de synapses. Une synapse comporte :
1. les terminaisons axonales (boutons synaptiques) de l'axone du neurone présynaptique,
2. les récepteurs postsynaptiques situés sur les dendrites ou sur le corps cellulaire du neurone suivant, et
3. l'espace compris entre les deux neurones, appelé fente synaptique.

> L'influx nerveux transmis par les terminaisons axonales de l'axone présynaptique entraîne la libération de substances chimiques appelées neurotransmetteurs dans la fente synaptique.

> Les neurotransmetteurs diffusent au travers de la fente synaptique et se lient aux récepteurs postsynaptiques.

> C'est la liaison du neurotransmetteur aux récepteurs correspondants qui assure la transmission de l'influx nerveux. Ensuite, le neurotransmetteur est soit détruit soit recapté par un mécanisme actif par le neurone présynaptique, ce qui permet de le réutiliser ultérieurement.

> La liaison du neurotransmetteur aux récepteurs postsynaptiques correspondants ouvre les canaux ioniques membranaires et déclenche, selon la nature du neurotransmetteur ou du récepteur, soit une dépolarisation (excitation) soit une hyperpolarisation (inhibition).

> Les neurones communiquent avec les fibres musculaires grâce aux jonctions neuromusculaires. Celles-ci comprennent les ramifications terminales de l'axone présynaptique, la fente synaptique et les récepteurs de la plaque motrice situés sur le sarcolemme de la fibre musculaire. Ainsi, la jonction neuromusculaire fonctionne-t-elle comme une synapse.

> Les principaux neurotransmetteurs impliqués lors de l'exercice physique sont l'acétylcholine pour le système nerveux végétatif et la noradrénaline pour le système nerveux autonome.

> Les récepteurs situés au niveau de la jonction neuromusculaire sont appelés cholinergiques ou muscariniques car ils se lient au neurotransmetteur chimique impliqué dans l'excitation des fibres musculaires, l'acétylcholine.

> **PERSPECTIVE DE RECHERCHE 3.1**
>
> ### L'« immaturité » neuromusculaire des jeunes enfants
>
> Pourquoi les actions motrices de l'enfant ne sont-elles pas coordonnées ? Comparés aux adultes, les enfants ont une capacité à produire de la force musculaire plus basse, notamment en raison de l'immaturité de leur système neuromusculaire. Toutefois, si cette dernière contribue largement à expliquer ce manque de coordination, d'autres propriétés du système musculo-squelettique contribuent également à expliquer ces différences de production de force. Ainsi, la réponse mécanique (mouvement) à un stimulus (signal électrique généré au niveau du nerf moteur) est plus longue chez l'enfant. C'est le *délai électromécanique*. De plus, la rigidité des tendons plus importante chez l'adulte par rapport à l'enfant lui permet de produire plus de force. En effet, l'augmentation de la rigidité tendineuse réduit le délai électromécanique ce qui accélère le développement de la force.
>
> La capacité de l'adulte à produire rapidement de la force dépend du recrutement des fibres musculaires et des propriétés mécaniques du tendon. Chez l'enfant, l'incapacité à produire rapidement de la force ainsi que de réaliser des mouvements très coordonnés (incluant la perte d'équilibre et de stabilité, la baisse du temps de réaction et des difficultés à réaliser des mouvements complexes) sont liés, à la fois à la réduction du niveau d'activation neuromusculaire, et à son manque de rigidité tendineuse.
>
> Cependant, l'importance relative de ces propriétés varie avec l'avance en âge. Chez l'enfant, le niveau d'activation musculaire est plus important que la rigidité du tendon dans la production de force, alors que l'inverse serait vrai chez l'adulte[10]. Ainsi, parce que l'adulte possède des tendons rigides, la même force peut être développée avec des niveaux d'activation musculaires inférieurs.

1.6 La réponse postsynaptique

Regardons maintenant ce qui se passe lorsque le neurotransmetteur se fixe sur les récepteurs postsynaptiques.

Cette fixation engendre un potentiel gradué sur la membrane postsynaptique. Comme nous l'avons déjà dit, une stimulation qui arrive peut avoir un effet aussi bien inhibiteur qu'excitateur. Une stimulation excitatrice entraîne une dépolarisation connue sous le nom de **potentiel postsynaptique d'excitation** (PPSE). Une stimulation inhibitrice induit une hyperpolarisation connue sous le nom de **potentiel postsynaptique d'inhibition** (PPSI).

La décharge d'une seule terminaison présynaptique ne modifie le potentiel postsynaptique que de 1 mV environ. Il est évident que c'est insuffisant pour générer un potentiel d'action puisqu'il faut une intensité de 15 à 20 mV pour atteindre le seuil d'excitation.

La transmission de l'influx nerveux nécessite la mise en jeu de nombreuses terminaisons présynaptiques libérant chacune leur neurotransmetteur. Les terminaisons présynaptiques de plusieurs axones peuvent de surcroît converger vers les dendrites et le corps cellulaire d'un même neurone. Quand la décharge survient simultanément dans de multiples terminaisons présynaptiques, ou lors d'une succession rapide d'influx nerveux, une grande quantité de neurotransmetteur est libérée. Dans le cas d'un neurotransmetteur excitateur, plus la quantité libérée est importante plus le PPSE sera ample.

Le déclenchement d'un potentiel d'action sur le neurone postsynaptique dépend des effets combinés de toutes les stimulations en provenance des diverses terminaisons présynaptiques. Un nombre de stimulations suffisant est donc nécessaire pour entraîner une dépolarisation susceptible de créer un potentiel d'action. Plus précisément la somme de toutes les stimulations doit amener le potentiel de membrane à un niveau égal ou supérieur au seuil d'excitation. Cette addition des effets individuels est appelée le phénomène de **sommation**.

Pour qu'il y ait sommation, la cellule postsynaptique doit intégrer la totalité des influx qu'elle reçoit, c'est-à-dire à la fois les PPSEs et les PPSIs. Cette tâche est effectuée au niveau du cône d'implantation, c'est-à-dire dans la région du corps cellulaire d'où émerge l'axone. C'est seulement lorsque la somme de tous les potentiels gradués atteint ou dépasse le seuil d'excitation qu'apparaît un potentiel d'action.

Les fibres nerveuses sont regroupées en faisceaux. Dans le système nerveux central (cerveau et moelle épinière) ces faisceaux constituent les voies de transmission. Dans le système nerveux périphérique, ils forment les nerfs.

Résumé

> Une stimulation excitatrice entraîne une dépolarisation connue sous le nom de **potentiel postsynaptique d'excitation** (PPSE). Une stimulation inhibitrice induit une hyperpolarisation connue sous le nom de **potentiel postsynaptique d'inhibition** (PPSI). Un PPSE correspond à une dépolarisation de la membrane postsynaptique, un PPSI à une hyperpolarisation.

> Un signal électrique isolé au niveau d'une arborisation terminale est insuffisant pour déclencher l'apparition d'un potentiel d'action. Il faut la sommation de plusieurs signaux. Ceux-ci peuvent provenir soit de plusieurs neurones soit d'un seul, à la condition que plusieurs arborisations terminales de l'axone libèrent leur neurotransmetteur de manière rapide ou répétée.

> Au niveau du corps cellulaire le cône axonal intègre la totalité des PPSE et des PPSI qui parviennent au neurone. Lorsque la somme algébrique de ceux-ci atteint ou dépasse le seuil d'excitation minimal, un potentiel d'action est déclenché. Cette addition des effets individuels est appelée le phénomène de **sommation**.

> Le phénomène de sommation correspond à l'effet cumulé de tous les potentiels gradués qui parviennent au cône d'implantation. C'est seulement lorsque la somme de tous les potentiels gradués atteint ou dépasse le seuil d'excitation qu'apparaît un potentiel d'action.

2. Le système nerveux central (SNC)

Pour comprendre comment la plupart des stimuli peuvent engendrer l'activité musculaire, il faut examiner le système nerveux dans son ensemble. Le système nerveux central contient plus de 100 milliards de neurones. Dans ce chapitre, nous ne donnerons qu'une vue d'ensemble du système nerveux central en décrivant brièvement ses fonctions.

2.1 L'encéphale

L'encéphale est une structure très complexe composé de nombreuses aires très spécialisées. La structure de l'encéphale peut être décrite de différentes façons mais dans la suite de ce chapitre nous l'avons divisé en quatre régions essentielles, illustrées par la figure 3.6 : le cerveau, le diencéphale, le cervelet, le tronc cérébral. Étudions-les rapidement.

2.1.1 Le cerveau

Il comporte deux hémisphères, droit et gauche, reliés entre eux par des fibres nerveuses constituant le corps calleux. Celui-ci assure la communication entre les deux hémisphères. Le cortex cérébral, siège de la pensée et de l'intellect, constitue la partie externe des hémisphères cérébraux. En raison de sa couleur, liée à la faible densité en myéline, on lui donne le nom de substance grise. Le cortex cérébral est la partie de notre cerveau liée à la conscience. Il nous permet de penser, d'avoir conscience des stimuli sensoriels et de contrôler nos mouvements.

Le cerveau est composé de cinq lobes – quatre lobes externes et un central (également appelé cortex insulaire). Ces différents lobes, représentés sur la figure 3.6, assurent les principales fonctions suivantes :

1. le lobe frontal : les fonctions intellectuelles et le contrôle moteur ;
2. le lobe temporal : les fonctions auditives ;
3. le lobe pariétal : les fonctions sensitives ;

PERSPECTIVE DE RECHERCHE 3.2

PGC-1α et les adaptations de la jonction neuromusculaire

L'entraînement physique induit des adaptations, non seulement au niveau du muscle et de la fibre musculaire, mais aussi au niveau de la jonction neuromusculaire. Ces adaptations sont induites par différents stimuli et surviennent *via* différentes voies de signalisation. Toutefois, la majorité de ces changements induits par l'exercice physique ont comme co-activateur transcriptionnel commun, le peroxisome proliferator-activator receptor γ coactivator 1α (PGC-1α). Le PGC-1α contribue au remodelage de la jonction neuromusculaire de plusieurs façons. Premièrement, le PGC-1α induit des adaptations au niveau du motoneurone en augmentant les ramifications du motoneurone présynaptique et en augmentant le nombre de vésicules présynaptiques contenant de l'acétylcholine. Deuxièmement, le PGC-1α augmente le nombre de récepteurs à l'acétylcholine au niveau de la membrane cellulaire ce qui amplifie les effets pour une quantité donnée[5]. Finalement, le PGC-1α est impliqué dans la réduction de la taille de l'extrémité terminale de la plaque motrice (*e.g.* moins de fibres par unité motrice) des fibres glycolytiques, les rendant plus proches des fibres oxydatives.

En résumé, en plus des adaptations induites par l'entraînement physique au niveau de la fibre musculaire, le PGC-1α induit également des adaptations au niveau de la jonction neuromusculaire en augmentant la libération de l'acétylcholine ainsi que sa sensibilité.

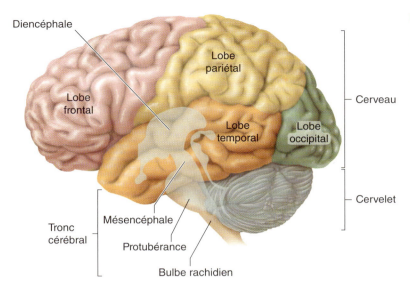

Figure 3.6 Les quatre régions principales de l'encéphale et les aires fonctionnelles du cortex cérébral

4. le lobe occipital : les fonctions visuelles ;
5. le lobe insulaire : les fonctions liées aux émotions et la perception.

Les trois aires principales du cerveau qui nous concernent dans le domaine de la physiologie de l'exercice au premier chef sont : le cortex moteur primaire du lobe frontal, les noyaux gris centraux (situés au cœur de la substance blanche cérébrale), le cortex sensoriel primitif du lobe pariétal.

Dans les paragraphes suivants nous nous intéresserons au cortex moteur primaire et aux noyaux gris centraux dont leur rôle est de contrôler et coordonner les mouvements.

2.1.1.1 Le cortex moteur primaire

Le cortex moteur primaire est responsable du contrôle des mouvements fins et précis. Il est situé dans le lobe frontal. Les neurones sont ici appelés cellules pyramidales et assurent le contrôle conscient des mouvements des muscles squelettiques. Il faut concevoir le cortex moteur primaire comme la région du cerveau qui décide du mouvement à réaliser. Si vous êtes assis, par exemple sur une chaise, et que vous décidez de vous lever, la décision naît de votre cortex moteur, là où s'effectue la programmation très précise du mouvement global. Les régions du corps qui nécessitent un contrôle moteur très précis ont une surface de représentation plus importante au niveau du cortex moteur et bénéficient ainsi d'un meilleur contrôle du système nerveux.

Les corps cellulaires des cellules pyramidales sont contenus dans le cortex moteur primaire et leurs axones constituent les voies pyramidales. Elles sont appelées voies cortico-spinales car les prolongements nerveux correspondants descendent du cortex cérébral vers la moelle épinière. Ces voies assurent l'essentiel du contrôle de l'activité volontaire des muscles squelettiques.

En plus du cortex moteur primaire, il existe un cortex prémoteur situé juste en avant du gyrus précentral, dans le lobe frontal. Les aptitudes motrices acquises de manière répétitive – ou par habitude – y sont stockées. Cette région peut être considérée comme une banque de données de l'habilité dans les activités motrices[3].

2.1.1.2 Les noyaux gris centraux

Les noyaux gris centraux ne sont pas situés dans le cortex cérébral. Ils siègent en fait sous le cortex, au milieu de la substance blanche du cerveau. Ils sont constitués d'amas de corps cellulaires. Leurs fonctions, complexes, ne sont pas encore très bien connues. On sait pourtant qu'ils jouent un rôle très important dans l'initiation des mouvements automatiques et répétés (comme le mouvement de balancier des bras lors de la marche) et dans le contrôle de mouvements complexes semi-volontaires (comme la marche et la course). Ces neurones sont également impliqués dans le maintien de la posture et le tonus musculaire.

2.1.2 Le diencéphale

Cette région du cerveau contient principalement le thalamus et l'hypothalamus (figure 3.6). Le thalamus est un centre d'intégration sensoriel important. Toutes les informations sensorielles (à l'exception de l'odorat) se projettent au niveau du thalamus, avant d'atteindre l'aire appropriée du cortex. Le thalamus régule les informations sensorielles qui atteignent notre cerveau conscient et joue à ce titre un rôle important dans le contrôle moteur.

L'hypothalamus, situé juste en dessous du thalamus, est responsable du maintien de l'homéostasie. Il régule pratiquement tous les processus qui agissent sur le milieu intérieur. Ici, les centres nerveux régulent :

- la pression artérielle, la fréquence et la contractilité cardiaque,
- la respiration,
- la digestion,
- la température corporelle ;
- la soif et l'équilibre hydro-électrolytique ;
- le contrôle neuroendocrinien ;
- l'appétit et la prise alimentaire ;
- les cycles veille-sommeil.

2.1.3 Le cervelet

Le cervelet est situé derrière le tronc cérébral. Il est en relation avec de nombreuses régions du cerveau et, comme nous allons le voir, il joue un rôle crucial dans le contrôle et la coordination du mouvement.

Le cervelet est essentiel au contrôle de tous les mouvements rapides et des activités musculaires complexes. Il aide à coordonner le rythme et l'enchaînement des activités motrices, en enregistrant et corrigeant les activités motrices programmées dans les autres régions du cerveau. Le cervelet assiste le cortex moteur primaire et les noyaux gris centraux en effaçant les mouvements saccadés et parasites.

Le cervelet agit comme un système d'intégration qui ajuste en permanence l'activité décidée ou programmée avec les changements incessants survenant dans votre corps pour assurer les corrections et ajustements nécessaires par le système moteur. Il reçoit en permanence des informations du cerveau et de toutes les autres régions du système nerveux, y compris des récepteurs sensoriels, propriocepteurs, de vos muscles et articulations, permettant au cervelet de connaître à chaque instant la position exacte du corps. Le cervelet reçoit aussi des informations concernant la vision et l'équilibre. Il enregistre le niveau de tension et la position relative de tous les muscles, des articulations et des tendons par rapport à l'environnement, déterminant ainsi le meilleur plan d'action pour produire le mouvement ultérieur désiré.

Reprenons l'exemple précédent : vous êtes assis sur une chaise et vous désirez vous lever. La décision naît de votre cortex moteur primaire. Elle est transmise au cervelet. Celui-ci prend note de l'action souhaitée, en tenant compte de l'état actuel de votre corps à partir de toutes les informations sensitives qu'il reçoit. C'est le cervelet qui décide alors de la meilleure action à accomplir pour effectuer le mouvement de se lever.

2.1.4 Le tronc cérébral

Le tronc cérébral composé du mésencéphale, de la protubérance (ou pont) et du bulbe rachidien (figure 3.6), assure la jonction entre le cerveau et la moelle épinière. Tous les nerfs moteurs et sensitifs traversent cette région, permettant le passage de l'information entre le cerveau et la moelle épinière. C'est aussi le lieu d'origine de dix des douze paires de nerfs crâniens. Le tronc cérébral renferme la plupart des centres régulateurs du système nerveux autonome qui assurent le contrôle des systèmes respiratoire et cardiovasculaire. Il existe, tout le long du tronc cérébral, un ensemble spécialisé de neurones, connu sous le nom de formation réticulée, qui est en interrelation permanente avec toutes les autres régions du système nerveux central. Cette structure permet :

- de coordonner la fonction musculaire squelettique ;

Résumé

> Le système nerveux central est constitué de l'encéphale et de la moelle épinière.

> L'encéphale est composé de quatre parties : le cerveau, le diencéphale, le cervelet et le tronc cérébral.

> Le cortex cérébral est la partie « consciente » de notre cerveau. Le cortex moteur primaire, situé dans le lobe frontal, est le centre du contrôle conscient du mouvement.

> Les noyaux gris centraux contenus au sein de la substance blanche cérébrale facilitent la réalisation de certains mouvements (soutenus ou répétés), et participent à la régulation du tonus musculaire et de la posture.

> Le diencéphale comprend le thalamus, lieu de projection de toutes les afférences sensitives et l'hypothalamus, centre principal de contrôle de l'homéostasie.

> Le cervelet est connecté à de très nombreuses régions de l'encéphale. Il joue un rôle essentiel dans le contrôle du mouvement. C'est un centre d'intégration qui décide du meilleur mouvement à effectuer, à un moment donné, compte tenu de la position du corps à cet instant et de l'état d'activité musculaire.

> Le tronc cérébral est constitué, du mésencéphale, de la protubérance (ou pont) et du bulbe rachidien.

> La moelle épinière est le lieu de passage de toutes les fibres motrices ou sensitives qui transitent entre l'encéphale et la périphérie.

- de maintenir le tonus musculaire ;
- de contrôler les fonctions cardiovasculaire et respiratoire ;
- de déterminer notre état de conscience (d'éveil et de sommeil).

Le cerveau possède également un système de contrôle de la douleur appelé le système analgésique situé au niveau de la formation réticulée. Les enképhalines et les β-endorphines sont des substances opiacées endogènes importantes qui agissent sur les récepteurs opioïdes du système analgésique pour diminuer la douleur. Il semble que l'exercice de longue durée puisse augmenter le niveau basal de ces substances. Bien que ceci ait été interprété comme un mécanisme induisant le « l'état second du coureur » décrit par certains spécialistes des longues distances, la relation de cause à effet entre les substances opiacées endogènes et ces sensations n'est pas encore bien établie.

2.2 La moelle épinière

La partie inférieure du tronc cérébral, le bulbe rachidien, se prolonge par la moelle épinière. La substance blanche de la moelle épinière est composée de fibres nerveuses qui assurent la conduction des influx nerveux dans les deux sens. Les fibres sensitives (afférentes) véhiculent les signaux nerveux à partir des récepteurs sensitifs, comme ceux contenus dans les muscles et les articulations, vers les centres supérieurs du SNC. Les fibres motrices (efférentes) issues du cerveau ou des niveaux supérieurs de la moelle se destinent aux organes périphériques (muscles, glandes).

3. Le système nerveux périphérique (SNP)

Le système nerveux contient 43 paires de nerfs : 12 paires de nerfs crâniens issus de l'encéphale et 31 paires de nerfs rachidiens en relation avec la moelle épinière. Les nerfs rachidiens innervent directement les muscles squelettiques. D'un point de vue fonctionnel, le système nerveux périphérique comporte deux parties : les voies sensitives et les voies motrices.

3.1 Les voies sensitives

Les voies sensitives de notre système nerveux périphérique véhiculent l'information vers le système nerveux central. Les neurones sensitifs (afférents) innervent différentes parties du corps, telles que les vaisseaux sanguins, les organes internes, les organes des sens (le goût, le toucher, l'odorat, l'ouïe, la vision), la peau, les muscles et les tendons.

Les axones des neurones sensitifs du SNP se terminent dans la moelle épinière ou dans le cerveau, et ils informent en permanence les centres nerveux supérieurs (CNS) des modifications constantes que subit le corps humain. En relayant ainsi l'information ces neurones permettent au cerveau de percevoir ce qui se passe dans l'ensemble du corps et dans son environnement immédiat. Les neurones sensitifs dirigent ces informations vers les aires spécialisées des CNS où elles peuvent être traitées et associées à d'autres.

Les centres sensitifs reçoivent des informations de récepteurs qui sont essentiellement de cinq types :

1. les mécanorécepteurs, qui répondent à des sollicitations mécaniques telles les forces ou les pressions, le toucher ou l'étirement ;
2. les thermorécepteurs, qui répondent aux modifications de température ;
3. les nocicepteurs, qui répondent aux stimuli de la douleur ;
4. les récepteurs photosensibles, réagissant à la lumière pour permettre la vision ;
5. les chémorécepteurs, qui répondent aux stimulations chimiques induites par les aliments, les odeurs ou les modifications des concentrations sanguines (en oxygène, gaz carbonique, glucose, électrolytes, etc.).

L'ensemble de ces récepteurs joue un rôle important lors de l'activité physique.

Les terminaisons nerveuses sensitives, qui innervent les muscles et les articulations, sont de différents types et exercent diverses fonctions. Chaque type est spécifique d'un stimulus. Quelques-uns sont particulièrement importants comme :

- les terminaisons nerveuses détectent le toucher, la pression, la douleur, la chaleur, ou encore le froid. Ainsi, ils fonctionnent comme des mécanorécepteurs, nocicepteurs et thermorécepteurs. Ces terminaisons nerveuses sont importantes pour la prévention de blessures lors de l'exercice physique ;
- les récepteurs kinesthésiques des articulations, situés plus précisément dans les capsules articulaires. Ils sont sensibles aux variations de vitesse angulaire. Ils informent sur la position et les mouvements des articulations ;
- les fuseaux neuromusculaires, qui détectent tout étirement du muscle ;
- les organes tendineux de Golgi, qui sont sensibles à la tension appliquée par un muscle à son tendon. Ils renseignent sur la variation de force de contraction musculaire.

Les fuseaux neuromusculaires et les organes tendineux de Golgi seront étudiés plus loin dans ce chapitre.

3.2 Les voies motrices

Le système nerveux central envoie des informations en direction de toutes les parties du corps, grâce aux voies motrices (ou efférentes) du système nerveux périphérique. Dès que les neurones des CNS ont traité les informations qu'ils ont reçues des voies sensitives, ils décident de la réponse appropriée à envoyer. À partir du cerveau et de la moelle épinière, le réseau complexe de neurones qui se distribue à l'ensemble du corps permet très précisément de véhiculer les signaux vers les territoires appropriés – en ce qui nous concerne, les muscles.

3.3 Le système nerveux autonome

Le système nerveux autonome (ou végétatif) est souvent considéré comme faisant partie des voies motrices du système nerveux périphérique. Il contrôle tout le fonctionnement interne, inconscient, de notre corps. Quelques-unes de ces fonctions sont particulièrement importantes pour le sportif, ce sont : la fréquence cardiaque, la pression artérielle, la répartition de la masse sanguine, la respiration.

Le système nerveux autonome peut être divisé en deux grandes parties : le système nerveux sympathique et le système nerveux parasympathique. Leurs origines respectives se trouvent à différents niveaux de la moelle épinière et dans le tronc cérébral. Les effets de ces deux systèmes sont souvent antagonistes mais ils fonctionnent toujours ensemble, même si pour plus de clarté, nous devons les étudier séparément.

3.3.1 Le système nerveux sympathique

Le système nerveux orthosympathique (ou sympathique) est notre système d'action et de lutte. Son action est prédominante lorsque l'organisme est en situation d'alerte (stress, exercice…). Pour cela, il produit une décharge massive à travers tout le corps et le prépare à l'action. Un bruit violent et soudain, une situation périlleuse ou les quelques dernières secondes qui précèdent le départ d'une course sont autant d'exemples de moment où se produit cette décharge massive. Les effets de la stimulation sympathique sont importants pour le sportif :

- augmentation du rythme cardiaque et de la force de contraction du cœur ;
- dilatation des vaisseaux coronaires et donc augmentation du débit coronarien ;
- vasodilatation musculaire pour apporter plus de sang aux muscles actifs ;
- vasoconstriction dans les autres secteurs ce qui détourne la masse sanguine au profit des muscles actifs ;
- augmentation de la pression artérielle ce qui améliore la perfusion musculaire et le retour veineux ;
- bronchodilatation qui facilite les échanges gazeux ;
- augmentation du niveau métabolique en réponse à l'augmentation des besoins ;

Tableau 3.1 Effets du système nerveux autonome (sympathique et parasympathique) sur différents organes

Organe ou système cible	Effets sympathiques	Effets parasympathiques
Myocarde	Augmentation de la fréquence et de la force de contraction	Diminution de la fréquence cardiaque
Cœur : vaisseaux coronaires	Vasodilatation	Vasoconstriction
Poumons	Bronchodilatation ; contraction modérée des vaisseaux sanguins	Bronchoconstriction
Vaisseaux sanguins	Augmentation de la pression artérielle ; vasoconstriction dans les territoires viscéraux et cutanés ; vasodilatation dans les muscles actifs et le myocarde à l'exercice	Peu ou pas d'effet
Foie	Stimulation de la libération du glucose	Pas d'effet
Métabolisme cellulaire	Augmentation du métabolisme	Pas d'effet
Tissu adipeux	Stimulation de la lipolyse	Pas d'effet
Glandes sudoripares	Augmentation de la sudation	Pas d'effet
Médullosurrénales	Stimulation de la sécrétion d'adrénaline et de noradrénaline	Pas d'effet
Appareil digestif	Diminution de l'activité des glandes et des muscles ; contraction des sphincters	Augmentation du péristaltisme et de la sécrétion glandulaire ; relâchement des sphincters
Rein	Vasoconstriction ; diminution de la formation de l'urine	Pas d'effet

- stimulation de l'activité mentale qui améliore la perception et la concentration ;
- libération par le foie du glucose dans le sang ;
- enfin, les fonctions non directement intéressées par l'exercice fonctionnent au ralenti (la fonction rénale, la digestion), ce qui permet d'économiser l'énergie nécessaire au mouvement.

Ces modifications du fonctionnement basal du corps facilitent la réponse motrice. Ceci souligne l'importance du système nerveux végétatif face à un stress aigu ou à l'exercice physique.

3.3.2 Le système nerveux parasympathique

Le système nerveux parasympathique est notre système de défense. Il joue un rôle majeur dans les fonctions digestives, urinaires, la sécrétion glandulaire et la conservation de l'énergie. Ce système est surtout actif lorsque l'on est au calme ou au repos. Il joue un rôle majeur dans le maintien de l'homéostasie. Ses effets s'opposent en général à ceux du système sympathique. Il entraîne : une baisse du rythme cardiaque, une constriction des vaisseaux coronaires, une bronchoconstriction.

L'ensemble des effets des systèmes sympathique et parasympathique sont répertoriés dans le tableau 3.1.

> ## Résumé
> ❯ Le système nerveux périphérique contient 43 paires de nerfs : 12 paires crâniennes et 31 paires rachidiennes.
>
> ❯ Le SNP comporte des voies motrices et des voies sensitives. Le système nerveux autonome (ou végétatif) appartient aux voies motrices.
>
> ❯ Les voies sensitives transmettent au SNC les informations issues des récepteurs sensitifs. Ainsi, le SNC est en permanence averti des variations survenant dans notre corps ou dans l'environnement. Les voies motrices véhiculent les influx nerveux du SNC vers les muscles, les organes et les autres tissus.
>
> ❯ Le système nerveux autonome est constitué du système sympathique, sollicité dans les situations d'urgence, et du système parasympathique. Même si leurs rôles sont, le plus souvent, antagonistes, ces deux systèmes fonctionnent toujours simultanément.

4. L'intégration sensori-motrice

Après avoir étudié les différentes parties du système nerveux, analysons comment un stimulus sensitif peut entraîner l'apparition d'une réponse motrice. Par exemple, que se passe-t-il au niveau des muscles de votre main lorsque vous ôtez votre doigt

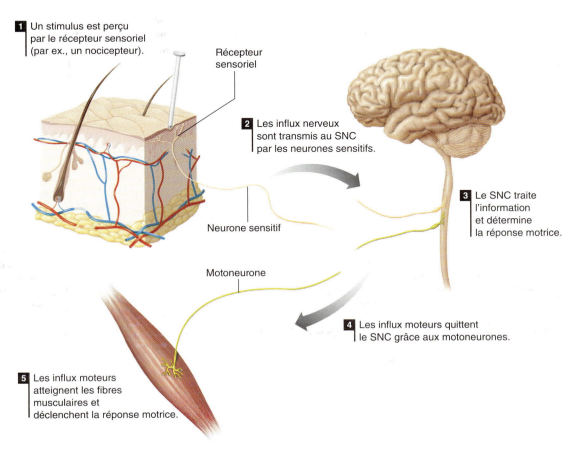

Figure 3.7 Séquence d'événements de l'intégration sensori-motrice ou arc réflexe

> **PERSPECTIVE DE RECHERCHE 3.3**
>
> ### Le contrôle neuromusculaire chez les athlètes élites
>
> Les athlètes très entraînés développent des adaptations à la fois dans le contrôle nerveux du mouvement et dans la capacité du muscle à produire de la force. Ceci leur permet de développer des niveaux de force, de vitesse, de puissance et d'agilité nettement supérieurs aux sujets non-entraînés. Les athlètes de haut niveau recrutent plus rapidement les fibres musculaires, réduisent la co-activation des groupes musculaires antagonistes et possèdent un modèle de décharge des motoneurones plus synchrone. Une question demeure concernant l'hérédité : existe-t-il une différence génétique au niveau de l'activation nerveuse entre les athlètes élites et non-élites ? Bien que les facteurs génétiques jouent un rôle fondamental dans la performance athlétique, il apparaît également que les adaptations nerveuses puissent jouer un rôle en expliquant pourquoi, pour un même volume d'entraînement, certains athlètes prédisposés génétiquement s'adaptent mieux.
>
> Une seule étude s'est intéressée à ce phénomène. Des chercheurs Taiwanais ont examiné les niveaux d'activation du motoneurone au niveau des muscles de la jambe (1) chez volleyeurs élites Taiwanais (équipe nationale) et (2) chez des volleyeurs avec même volume d'entraînement mais jouant à un niveau inférieur[9]. La stimulation électrique au niveau des muscles du mollet révèle des différences entre les deux groupes. Les volleyeurs élites recrutent plus de fibres musculaires. Ceci se traduit par un meilleur niveau de production de force et une force maximale supérieure (due à une augmentation du recrutement des unités motrices de type II). Comme attendu, les volleyeurs élites réalisent de meilleures performances au test de détente verticale. Cette étude suggère que les athlètes de haut niveau possèdent de meilleurs profils neuro-mécaniques que ceux de niveau inférieur. De plus, le volume d'entraînement étant le même, cette étude souligne l'importance de la composante génétique dans l'adaptation neuromusculaire.

d'une plaque chauffante ? Si vous décidez de courir, comment vos muscles font-ils pour coordonner l'action de vos jambes, supporter votre poids et vous propulser en avant ? La réalisation de toutes ces tâches implique l'interaction des systèmes moteur et sensitif.

Ce processus s'appelle l'**intégration sensori-motrice**. Il est décrit à la figure 3.7. Pour que le corps réponde aux stimuli sensoriels, les centres sensitifs et moteurs du système nerveux doivent fonctionner ensemble. Cela se produit de la manière suivante :

1. un stimulus sensitif est reçu par les récepteurs sensibles ;
2. le neurone sensitif transmet la stimulation aux neurones des CNS ;
3. les neurones des CNS interprètent l'information qui arrive et choisissent la réponse la mieux appropriée ;
4. la réponse des CNS est transmise sous forme de signaux par les motoneurones ;
5. la commande motrice est transmise au muscle et la réponse survient.

4.1 L'information sensitive

Rappelons que toute sensation ou toute variation physiologique est détectée par des récepteurs sensibles répartis dans tout le corps. Les impulsions résultant de la stimulation sensitive sont transmises par l'intermédiaire des nerfs sensitifs à la moelle épinière où elles peuvent soit déclencher un réflexe, soit seulement transiter pour se diriger finalement vers le cerveau. À ce niveau, les voies sensitives peuvent se terminer au niveau des aires sensitives du tronc cérébral, du cervelet, du thalamus ou du cortex cérébral. Chacune de ces zones constitue un centre d'intégration. C'est l'endroit où les stimulations sensitives sont interprétées et transmises au système moteur. La figure 3.8 illustre les récepteurs sensoriels et leurs connexions nerveuses vers la moelle épinière et le cerveau. Le mode d'intégration varie selon l'étage considéré :

- Lorsque la stimulation sensitive atteint la moelle épinière, la réponse est généralement un simple *réflexe moteur*. C'est l'exemple le plus simple d'intégration. Nous l'étudierons ultérieurement.
- Si le signal sensitif se termine dans le tronc cérébral inférieur, il entraîne des réactions motrices subconscientes d'une nature beaucoup plus complexe que le simple réflexe spinal. Le contrôle postural, en position assise ou debout, voire en mouvement, en est un exemple.
- Si le signal sensitif se termine dans le cervelet, il induit également un contrôle du mouvement subconscient. Le cervelet peut être considéré comme le centre de la coordination. C'est à son niveau que sont coordonnées les actions des différents groupes musculaires, ce qui permet d'exécuter des mouvements précis et sans à coups, qu'ils s'agissent de mouvements fins ou plus grossiers. Ce contrôle du cervelet est effectué en relation avec les noyaux gris centraux. Sans lui, tous les mouvements seraient incontrôlés et incoordonnés.
- Seuls les signaux sensitifs qui parviennent au thalamus atteignent notre conscience provoquant les diverses sensations que nous connaissons.
- Enfin, lorsque les signaux se projettent jusqu'au niveau du cortex cérébral, leur lieu d'origine peut être perçu. Le cortex sensitif primitif, situé dans le lobe pariétal, reçoit les informations sensitives en provenance des récepteurs de la peau et des propriocepteurs musculaires,

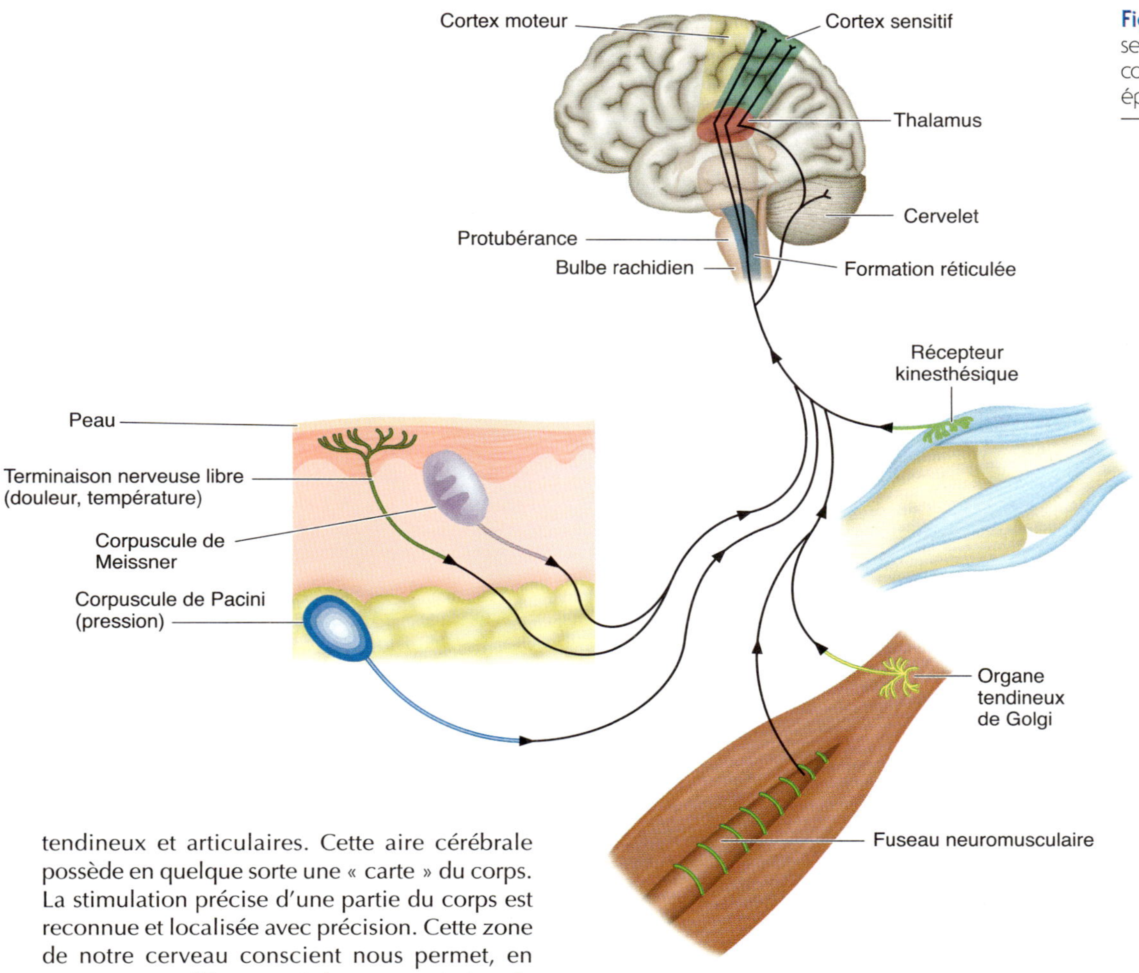

Figure 3.8 Récepteurs sensoriels et leurs connections vers la moelle épinière et le cerveau

tendineux et articulaires. Cette aire cérébrale possède en quelque sorte une « carte » du corps. La stimulation précise d'une partie du corps est reconnue et localisée avec précision. Cette zone de notre cerveau conscient nous permet, en permanence, d'être averti de toute variation de notre environnement et de nous y adapter.

Quel que soit l'étage atteint par l'information sensitive, celle-ci déclenche la réponse d'un motoneurone. En effet, les muscles squelettiques sont stimulés par des neurones moteurs (efférents) ayant leur origine à l'un de ces trois niveaux :

- la moelle épinière ;
- les régions inférieures du cerveau ;
- l'aire motrice du cortex cérébral.

Au fur et à mesure que le niveau de contrôle s'élève de la moelle vers le cortex, les mouvements deviennent de plus en plus complexes, passant d'un simple contrôle réflexe à des mouvements de plus en plus complexes, nécessitant l'intervention des processus cognitifs. Les réponses motrices d'un mouvement complexe tirent leur origine du cortex moteur du cerveau.

Il devient alors possible d'envisager le processus d'intégration sensori-motrice. L'expression la plus simple en est le réflexe.

4.1.1 L'activité réflexe

Que se passe-t-il lorsqu'involontairement vous placez votre main sur un réchaud ? Tout d'abord les stimuli de chaleur et douleur sont reçus par les thermorécepteurs et les nocicepteurs de votre main. Ils sont transmis à la moelle épinière et se terminent au niveau du métamère correspondant. Là, les informations sont intégrées instantanément par les interneurones qui relient les neurones sensitifs et moteurs. Les influx atteignent alors les motoneurones puis les effecteurs, c'est-à-dire les muscles qui contrôlent votre main. Il en résulte un retrait de la main purement réflexe sans aucune intervention consciente.

Un **réflexe** moteur est une réponse pré-programmée. Chaque fois que vos nerfs sensitifs transmettent des influx spécifiques, votre corps réagit instantanément et de manière stéréotypée. Dans notre exemple, que vous touchiez un corps trop chaud ou trop froid, les thermorécepteurs engendrent toujours un réflexe de retrait de la main. Les nocicepteurs entraînent également ce réflexe de retrait. Ils sont stimulés par la douleur, que celle-ci provienne d'une brûlure ou d'un objet contondant. Ce n'est que si la stimulation a le temps d'atteindre votre cortex sensitif primaire qu'il est possible de modifier la réponse réflexe, car vous avez alors conscience du stimulus spécifique. Toute réponse nerveuse est extrêmement rapide et le réflexe en est le mode le plus prompt, car son délai d'apparition est inférieur à celui qui est nécessaire à l'intervention de la conscience. Une seule réponse est alors possible et il n'y a pas d'autre alternative.

4.1.2 Les fuseaux neuromusculaires

Après avoir exposé les principes de l'activité réflexe nous allons nous attacher à deux réflexes qui participent au contrôle de la fonction musculaire. Le premier fait intervenir une structure particulière – le *fuseau neuromusculaire* (figure 3.9).

Les **fuseaux neuromusculaires**, sont situés à l'intérieur même des muscles squelettiques, en parallèle aux fibres musculaires appelées fibres extrafusales (car situées à l'extérieur du fuseau). Un fuseau neuromusculaire est composé de quatre à vingt petites fibres spécialisées, appelées intrafusales (à l'intérieur du fuseau), et de terminaisons nerveuses sensitives et motrices associées à ces fibres. Une gaine conjonctive entoure le fuseau neuromusculaire et amarre les fibres extrafusales à l'endomysium. Les fibres intrafusales sont contrôlées par des motoneurones spécialisés appelés motoneurones γ. Les fibres extrafusales (fibres normales) sont contrôlées par les motoneurones α.

La région centrale d'une fibre intrafusale ne peut pas se contracter parce qu'elle ne contient pas ou peu de filament d'actine ou de myosine. Elle ne peut donc que s'étirer. Comme le fuseau est solidaire des fibres extra-fusales, tout étirement de ces fibres étire simultanément la région centrale du fuseau.

Les terminaisons nerveuses sensitives, enroulées tout autour de cette région centrale, stimulent alors la moelle épinière quand le fuseau est étiré, informant les CNS d'une variation de longueur du muscle. Dans la moelle épinière, les neurones sensitifs font synapse avec un motoneurone α, ce qui déclenche une contraction réflexe du muscle (par les fibres extra-fusales) pour résister à l'étirement involontaire.

Il est possible d'illustrer ce phénomène par un exemple. Imaginez-vous coude plié, main tendue, paume vers le haut. Subitement quelqu'un place un objet lourd dans votre main. L'avant-bras s'étend, ce qui étire les fibres musculaires du bras (biceps brachial) et les fuseaux neuromusculaires qu'elles contiennent. En réponse à cet étirement, les

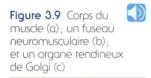

Figure 3.9 Corps du muscle (a) ; un fuseau neuromusculaire (b) ; et un organe tendineux de Golgi (c)

Adapté de D.U. Silverthorn, 1998, *Human physiology: An integrated approach* (Upper Saddle River, N.J. : Prentice Hall).

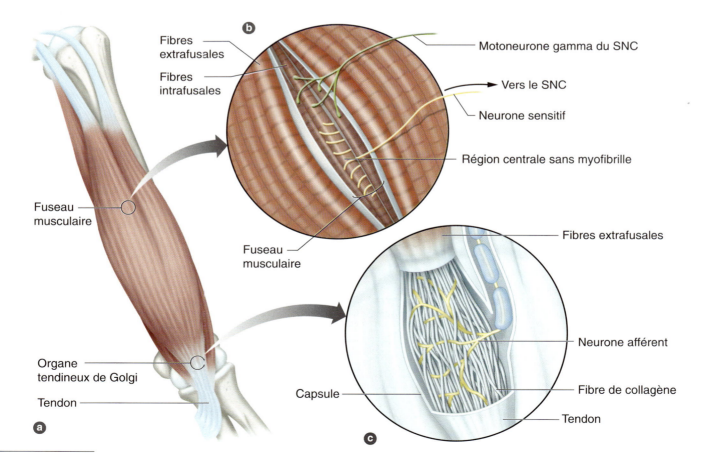

neurones sensitifs envoient des influx en direction de la moelle et excitent les motoneurones α. Ceci engendre la contraction du biceps pour résister à l'étirement.

Les motoneurones γ excitent les fibres intrafusales, les pré-étirant légèrement. Si la partie centrale des fibres intrafusales ne peut se contracter il n'en est pas de même des extrémités. Les motoneurones γ peuvent entraîner la contraction légère des extrémités de ces fibres, ce qui étire légèrement la région centrale. Ce pré-étirement rend ainsi le fuseau neuromusculaire particulièrement sensible au moindre étirement involontaire.

Le fuseau neuromusculaire joue un rôle dans la contraction normale du muscle. En effet, dès que les motoneurones α sont stimulés, les motoneurones γ le sont également, entraînant la contraction des fibres intra-fusales. Ceci étire la région centrale du fuseau, augmentant le nombre d'influx sensitifs qui atteignent la moelle et les motoneurones. En réponse, le muscle se contracte. L'action des fuseaux neuromusculaires facilite ainsi la contraction musculaire.

Les impulsions nerveuses, parvenant à la moelle épinière, en provenance des neurones sensitifs entourant les fuseaux, peuvent aussi atteindre les CNS. Le cerveau est donc également informé de la longueur exacte du niveau et de la vitesse de contraction du muscle. Cette information est essentielle au maintien du tonus musculaire et de la posture, ainsi qu'à l'exécution des mouvements. Il importe en effet que le cerveau sache en permanence ce que le muscle est en train de faire, avant de lui envoyer de nouveaux ordres.

4.1.3 Les organes tendineux de Golgi

Les **organes tendineux de Golgi** sont des récepteurs sensoriels encapsulés et traversés par quelques fibres tendineuses. Ces organes sont situés à l'extrémité proximale du tendon, près de la zone d'attache des fibres musculaires, comme le montre la figure 3.9. Environ 5 à 25 fibres sont liées aux organes tendineux de Golgi. Comme les fuseaux neuromusculaires maîtrisent les modifications de longueur du muscle, les organes tendineux de Golgi sont sensibles à la tension développée par l'ensemble muscle-tendon et jouent le rôle d'une jauge de contrainte, système qui enregistre les variations de tension. La sensibilité de ces organes est si grande qu'ils peuvent réagir à la contraction d'une seule fibre musculaire. Ces récepteurs sensitifs sont par nature inhibiteurs, jouant un rôle protecteur en diminuant les risques d'accidents. Quand ils sont stimulés, ces récepteurs entraînent une inhibition des muscles en contraction (agonistes) et une excitation des muscles antagonistes.

Les organes tendineux de Golgi jouent un rôle important dans le domaine de l'entraînement de force. Ils fonctionnent comme un système de protection qui empêche le muscle de développer une force excessive. De plus, pour certains chercheurs, toute diminution d'activité des organes tendineux de Golgi induit une désinhibition des muscles actifs permettant alors une contraction musculaire plus puissante. Ce mécanisme permettrait d'expliquer, au moins en partie, les gains de force musculaire qui accompagnent l'entraînement de musculation.

PERSPECTIVE DE RECHERCHE 3.4

Effets d'un exercice aigu ou d'une consommation d'alcool sur le fonctionnement de la jonction neuromusculaire

La fatigue musculaire (discutée en détail dans le chapitre 5) représente un phénomène complexe et multifactoriel. Un des mécanismes susceptibles de participer à la fatigue musculaire est la réduction du signal de transmission nerveuse au niveau de la jonction neuromusculaire. La réalisation d'un exercice aigu ainsi que la consommation d'alcool en récupération, peuvent réduire les influx nerveux et produire une baisse de la force.

Dans une étude récente, des triathlètes très entraînés ont réalisé une série de tests neuromusculaires avant et après une course à pied de 5 km. Après l'exercice, les triathlètes présentaient une baisse significative de leur pic de force ainsi qu'une diminution du temps de contraction et de relaxation. Ces variations ont été attribuées à la réduction des décharges du nerf moteur et des niveaux de transmissions neuromusculaires[4].

La consommation d'alcool peut également accentuer le délai de transmission nerveuse au niveau de la jonction neuromusculaire. En effet, dans plusieurs études menées en Nouvelle Zélande, des chercheurs ont étudié les effets d'une consommation d'alcool sur la fonction neuromusculaire suite à un exercice excentrique induisant des dommages musculaires. Pour ce faire, les sujets devaient consommer pendant la période de récupération, soit du jus d'orange seul, soit du jus d'orange avec une dose d'alcool standardisée (1 g/kg). Comme attendu, les dommages musculaires induits par l'exercice excentrique ont entraîné une baisse de la force produite, baisse qui s'accentue lorsque de l'alcool est consommé en récupération[1]. Pour ces auteurs, la baisse de force serait attribuée à la réduction de la conduction nerveuse[2]. Si un athlète souhaite recouvrer rapidement sa force musculaire après un exercice physique, il doit absolument éviter toute consommation d'alcool pendant la période de récupération.

4.2 La réponse motrice

Voyons maintenant comment les fibres musculaires répondent à l'influx nerveux.

Lorsque naît un potentiel d'action il se propage sur tout l'axone, d'une extrémité à l'autre, jusqu'à la jonction neuromusculaire.

Toutes les fibres musculaires innervées par le même motoneurone sont alors stimulées car elles ne constituent qu'une seule unité motrice. Chaque fibre musculaire est innervée par un seul motoneurone, chacun pouvant innerver, suivant sa fonction, jusqu'à plusieurs milliers de fibres musculaires. Les neurones qui innervent les muscles responsables des mouvements les plus fins, tels les mouvements des yeux, ne se ramifient qu'à un petit nombre de fibres musculaires. Au contraire, les neurones qui vont aux muscles exerçant des fonctions plus globales innervent un plus grand nombre de fibres musculaires.

Les muscles qui contrôlent les mouvements des yeux (muscles oculomoteurs) ont un rapport d'innervation de 1 à 15, ce qui signifie qu'un seul motoneurone innerve 15 fibres musculaires. À l'inverse, le jumeau et le tibial antérieur, qui ont plusieurs fonctions, ont un rapport d'innervation d'environ 1 à 2 000.

Dans une unité motrice donnée, les fibres musculaires sont toutes de même type. On ne trouve donc pas d'unité motrice comprenant à la fois des fibres II et I. En fait, comme nous l'avons dit au chapitre 1, on pense actuellement que les caractéristiques d'un motoneurone déterminent le type de fibres musculaires de cette unité motrice[3,8].

Résumé

> L'intégration sensori-motrice est l'ensemble des processus qui permettent successivement :
> – la transmission au SNC, *via* le SNP, des informations sensitives,
> – le traitement de ces informations par le SNC,
> – enfin, l'émission par le SNC de la réponse motrice la plus appropriée.

> Le niveau de contrôle du système nerveux varie selon la complexité des informations sensitives induites par le mouvement. Les réflexes simples sont sous contrôle de la moelle épinière, tandis que les réactions complexes nécessitent l'intervention de l'encéphale.

> Les influx sensitifs peuvent se terminer à différents étages du SNC. Tous n'atteignent pas l'encéphale.

> Les réflexes constituent la forme la plus simple du contrôle moteur. Ce ne sont pas des actions conscientes. Pour une stimulation donnée la réponse réflexe est toujours identique et stéréotypée.

> En réponse à l'étirement du muscle, les fuseaux neuromusculaires déclenchent une contraction réflexe de celui-ci.

> Lorsque les fibres tendineuses sont étirées les organes tendineux de Golgi déclenchent un réflexe qui inhibe la contraction musculaire.

5. Conclusion

Nous avons étudié comment les muscles répondent à une stimulation nerveuse, de manière réflexe ou grâce au contrôle complexe assuré par les centres supérieurs du cerveau. Nous avons précisé comment les unités motrices répondent et comment elles sont recrutées selon un ordre préétabli, en fonction de la force à produire. Dans le prochain chapitre, nous étudierons le rôle des hormones dans la réponse de l'organisme à l'exercice physique.

Mots-clés

acétylcholine

adrénergique

axone

arborisation terminale

cholinergique

cône d'implantation

conduction saltatoire

dépolarisation

fuseau neuromusculaire

gaine de myéline

hyperpolarisation

influx nerveux

intégration sensorimotrice

jonction neuromusculaire

neurone

neurotransmetteur

noradrénaline

organe tendineux de Golgi

pompe à sodium-potassium

potentiel d'action

potentiel membranaire de repos (PMR)

potentiel gradué

potentiel postsynaptique d'excitation (PPSE)

potentiel postsynaptique d'inhibition (PPSI)

réflexe

seuil d'excitation

sommation

synapse

système nerveux central (SNC)

système nerveux périphérique (SNP)

terminaison axonale ou bouton synaptique

voie motrice ou efférente

voie sensitive ou afférente

Questions

1. Quelles sont les différentes parties du système nerveux ? Quelles grandes fonctions assurent-elles ?

2. Nommez les différentes parties du neurone et discutez leurs fonctions.

3. Qu'est-ce que le potentiel de repos membranaire ? Qu'est-ce qui le provoque ? Comment est-il maintenu ?

4. Décrivez un potentiel d'action. Que faut-il pour qu'il apparaisse ?

5. Expliquez comment un potentiel d'action est transmis d'un neurone présynaptique à un neurone postsynaptique. Décrivez une synapse et une jonction neuromusculaire.

6. Comment un potentiel d'action est-il engendré au niveau d'un neurone postsynaptique ?

7. Quelles sont les principales structures encéphaliques qui participent au contrôle du mouvement et quels sont leurs rôles ?

8. En quoi diffèrent les deux systèmes orthosympathique et parasympathique ? Quels sont leurs rôles respectifs dans l'exécution d'une activité physique ?

9. Expliquez la nature du mouvement déclenché lors du contact avec un objet brûlant.

10. Quel rôle joue le fuseau neuromusculaire dans le contrôle du mouvement ?

11. Quel rôle joue l'organe tendineux de Golgi dans le contrôle du mouvement ?

Régulation hormonale de l'exercice

4

Le 22 mai 2010, un Américain âgé seulement de 13 ans est devenu le plus jeune alpiniste à atteindre le sommet du Mont Everest, la plus haute montagne au monde (8 800 m). Cette expédition a suscité de nombreuses critiques, du fait du jeune âge du sportif. C'est pour cette raison que le gouvernement Népalais n'a pas autorisé la famille à gravir le Mont Everest côté Népal. L'expédition a alors été entreprise, côté chinois, le plus difficile mais là où aucune restriction liée à l'âge n'est de vigueur. Pour préparer l'expédition, le jeune, son père et d'autres grimpeurs ont dormi pendant plusieurs mois dans des tentes hypoxiques afin de préparer leurs organismes à supporter l'activité physique en haute altitude. Un des buts de l'acclimatation à la haute altitude est d'augmenter la concentration des globules rouges qui transportent l'oxygène dans le sang. Deux mécanismes hormonaux y participent : l'augmentation de l'érythropoïétine qui stimule la moelle osseuse pour produire plus de globules rouges et la diminution de la vasopressine (ou hormone anti-diurétique) qui induit une production urinaire en excès et augmenter ainsi la concentration sanguine des globules rouges. Grâce à ces différentes adaptations, les alpinistes sont capables de gravir le Mont Everest sans passer beaucoup de temps aux différents camps de base qui jalonnent le parcours.

Plan du chapitre

1. Le système endocrinien 96
2. Les glandes endocrines et leurs hormones 101
3. Régulation hormonale du métabolisme énergétique à l'exercice 101
4. Régulation hormonale de l'équilibre hydro-électrolytique à l'exercice 109
5. Régulation hormonale de l'apport calorique 115
6. Conclusion 116

Pendant l'exercice et lors d'une exposition à des environnements extrêmes, l'organisme est l'objet de modifications physiologiques considérables. Le débit d'énergie augmente. Les produits métaboliques à éliminer s'accumulent. Des mouvements d'eau sont observés entre les différents compartiments liquidiens.

Or, le maintien de l'homéostasie est une condition essentielle à notre survie. Aussi, plus l'exercice est intense, plus cet équilibre est difficile à maintenir. Ici, le système nerveux joue un rôle primordial pour assurer l'ensemble des régulations (chapitre 3). Il n'est pas le seul. Chaque cellule est aussi en relation avec un autre système qui enregistre en permanence l'état et les variations du milieu intérieur, et réagit suffisamment vite pour éviter une perturbation trop brutale de l'homéostasie. Il s'agit du système endocrinien, qui exerce son contrôle grâce aux hormones qu'il libère. Dans ce chapitre, nous allons étudier comment ce système intervient pour éviter un déséquilibre trop important de l'homéostasie à l'exercice. Ne pouvant pas couvrir l'ensemble du contrôle hormonal à l'exercice, nous nous intéresserons essentiellement aux contrôles du métabolisme énergétique et de l'équilibre hydro-électrolytique. Comme l'alimentation joue un rôle important dans le métabolisme énergétique, la régulation hormonale de l'apport calorique sera également abordée. D'autres hormones seront étudiées ultérieurement dans ce livre comme celles régulant la croissance et la maturation, la masse musculaire ainsi que la reproduction.

1. Le système endocrinien

L'activité musculaire nécessite l'intégration et la coordination de nombreuses variables physiologiques et biochimiques. Ceci n'est possible que si les différents tissus et organes du corps peuvent communiquer entre eux. Le système nerveux est responsable d'une grande partie de ces communications, mais le maintien de l'équilibre physiologique est du ressort du système endocrinien. Les systèmes endocrinien et nerveux travaillent de concert pour initier et contrôler le mouvement et tous les processus physiologiques qu'il nécessite. Les fonctions nerveuses interviennent immédiatement, avec des effets très localisés et brefs, tandis que les actions du système endocrinien sont plus lentes mais avec des effets plus longs et plus généraux.

Le système endocrinien est fait de tous les tissus et glandes qui sécrètent des **hormones**. Il est représenté sur la figure 4.1. Les glandes endocrines sécrètent leurs hormones directement dans le sang. Celles-ci agissent comme des signaux chimiques. Quand elles sont sécrétées par des cellules

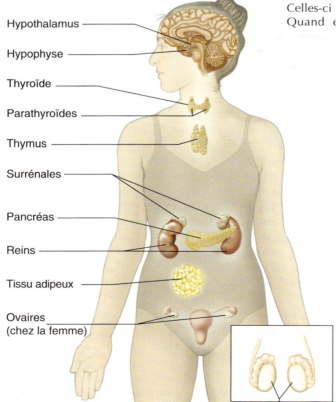

Figure 4.1 Localisation anatomique des principales glandes endocrines

endocrines spécialisées, elles sont transportées par le sang vers des **cellules cibles**. En atteignant leur destination, elles peuvent contrôler l'activité des cellules cibles. Une propriété spécifique des hormones est d'agir à distance des cellules qui les sécrètent et de contrôler les activités d'autres cellules et organes. Quelques-unes affectent l'activité de plusieurs tissus incluant le cerveau tandis que d'autres agissent de manière plus restreinte.

Les hormones sont impliquées dans la plupart des processus physiologiques et leurs actions sont fondamentales, à l'exercice et pour la performance sportive. Avant d'examiner les rôles spécifiques joués par les hormones, tout particulièrement au niveau du métabolisme énergétique et la régulation des fluides de l'organisme en réponse à l'exercice physique, nous allons nous intéresser à la nature de ces substances et à leurs principaux mécanismes d'action. Dans les paragraphes suivants, nous apporterons des nouvelles informations concernant la régulation hormonale des apports caloriques. En effet, il semblerait que l'apport calorique ainsi que certains nutriments spécifiques puissent influencer la régulation du métabolisme énergétique à l'exercice.

1.1 Classification chimique des hormones

Elles peuvent être classées en deux grands types : les **hormones stéroïdes** et les **hormones non stéroïdes**. Les hormones stéroïdes ont une structure chimique dérivée du cholestérol. Pour cette raison, elles sont liposolubles et diffusent assez facilement au travers des membranes cellulaires. Ce groupe inclut les hormones sécrétées par :

- les cortex surrénaliens (comme le cortisol et l'aldostérone) ;
- les ovaires et le placenta (œstrogènes et progestérone) ;
- les testicules (testostérone).

Les hormones non stéroïdes ne sont pas des liposolubles, et ne peuvent pas aisément franchir les membranes cellulaires. Ce groupe peut se subdiviser en deux : les hormones peptidiques ou protéiques et les hormones dérivées des acides aminés. Les deux hormones de la glande thyroïde (thyroxine et triiodothyronine) et celles issues de la médulla surrénalienne (adrénaline et noradrénaline) sont des hormones dérivées des acides aminés. Toutes les autres hormones non stéroïdes sont des protéines ou des peptides. C'est la structure chimique de l'hormone qui détermine son mécanisme d'action ainsi que la cellule et l'organe cible.

1.2 Sécrétions hormonales et concentrations plasmatiques

Il est admis que les hormones sont libérées de manière pulsatile, et donc sécrétées par bouffées brèves. Ceci entraîne des fluctuations des concentrations plasmatiques sur des périodes variables, le plus souvent une heure ou moins. La période est rarement plus longue : une journée, voire un mois pour le cycle menstruel de la femme. Quels facteurs déterminent le caractère pulsatile de ces sécrétions ?

La plupart des sécrétions hormonales sont régulées par un **système de feed-back négatif**. La sécrétion d'une hormone entraîne des modifications dans l'organisme, lesquelles en retour inhibent la sécrétion de l'hormone. C'est comparable à un thermostat dans une pièce, qui déclenche le chauffage si la température baisse. Lorsque la température désirée est atteinte, le chauffage s'arrête, et ainsi de suite. Ainsi, dans le corps, la sécrétion d'une hormone spécifique est déclenchée ou stoppée par des modifications physiologiques spécifiques.

Le feed-back négatif est le premier procédé par lequel le système endocrinien maintient l'homéostasie : par exemple, le maintien de la glycémie par la sécrétion d'insuline. Quand la concentration de glucose plasmatique est élevée, le pancréas libère l'insuline, hormone qui facilite l'entrée du glucose dans la cellule. Ceci entraîne une baisse de la glycémie qui revient à la normale. La sécrétion d'insuline est alors inhibée jusqu'à ce que le taux de glucose sanguin remonte. Comme le système endocrinien fonctionne de concert avec le système nerveux central, ce dernier est aussi impliqué dans le maintien d'une réponse hormonale appropriée.

Les concentrations plasmatiques des hormones ne sont pas toujours de bons indicateurs de l'activité hormonale. En effet, le nombre de récepteurs cellulaires peut intervenir pour augmenter, ou diminuer, la sensibilité des cellules à une hormone. En règle générale, une augmentation de la concentration d'une hormone déterminée entraîne une baisse du nombre de récepteurs sensibles à cette hormone. Les cellules deviennent moins sensibles à l'action de celle-ci, et l'hormone est alors fixée en plus petite quantité. Ceci constitue une sorte de désensibilisation appelée **down-regulation**. Chez certaines personnes obèses, par exemple, présentant une **résistance à l'insuline**, le nombre de récepteurs sensibles à l'insuline apparaît réduit. L'organisme répond en augmentant la sécrétion d'insuline par le pancréas. Ainsi, pour maintenir la glycémie, ces personnes doivent sécréter davantage d'insuline.

PERSPECTIVE DE RECHERCHE 4.1

Interaction entre système nerveux central, système endocrinien et métabolisme glucidique

Le système nerveux central (SNC) est le principal régulateur de l'homéostasie de l'organisme comprenant la température, la pression artérielle, la soif et la faim. Il sert aussi comme structure fondamentale intégrant les activités des systèmes nerveux et endocrinien. Par conséquent, il n'est pas surprenant que le SNC soit impliqué dans la régulation du métabolisme glucidique à travers certaines hormones (essentiellement l'insuline) et certains nutriments (glucose, acides gras et acides aminés).

Les effets de l'insuline sur le SNC ont été identifiés grâce à des études utilisant un modèle de souris résistantes à l'insuline, condition souvent associée à l'obésité[4]. Dans ce modèle, l'insuline signale directement aux neurones cérébraux comment les différents tissus de l'organisme régulent le métabolisme glucidique. D'autres études ont également démontré l'importance des actions régulatrices du SNC dans le contrôle du métabolisme glucidique de l'organisme par l'insuline. Dans ces études, les chercheurs ont directement injecté du glucose au niveau du cerveau pour stimuler les récepteurs qui en sont sensibles. Ils ont ensuite mesuré les concentrations des hormones régulant le métabolisme glucidique ainsi que la quantité de glucose prélevée et stockée par le foie et le muscle[7]. Les résultats montrent que le cerveau lui même est sensible au glucose et aide à contrôler la libération des hormones régulant le métabolisme glucidique.

D'autres hormones possèdent des interactions similaires avec le SNC. La *leptine*, hormone libérée par le tissu adipeux en réponse à la prise alimentaire, aide à la réduire ou à la supprimer. Elle agit aussi au niveau du CNS, *via* des neurones spécialisés appelés neurones hypothalamiques à pro-opiomélanocortines (POMC), pour réduire la production hépatique de glucose car moins de glucose est nécessaire après avoir mangé. Le *Glucagon-Like-Peptide 1* (GLP-1), hormone sécrétée par l'intestin qui signale aux cellules β du pancréas de libérer de l'insuline, agit lui aussi, *via* les ces neurones hypothalamiques à POMC du SNC pour réduire la production de glucose (en diminuant la néoglucogenèse et en augmentant la glycogénolyse). Les interactions des effets de ces hormones au niveau du SNC sont illustrées par la figure ci-dessous.

Au niveau du cerveau lui même, la régulation du glucose est très importante car ce dernier représente son seul substrat énergétique. L'activité neuronale est étroitement liée à l'utilisation du glucose et les neurones utilisent préférentiellement celui dérivant du lactate (voir chapitre 2) comme source énergétique[10]. De manière identique à ce que l'on peut observer au niveau des muscles à l'exercice, le lactate peut faire la navette entre les cellules cérébrales pour soutenir le métabolisme oxydatif[8]. Ces connaissances illustrent l'importance du rôle joué par le SNC dans la régulation hormonale du métabolisme glucidique et de l'homéostasie du glucose à la fois au niveau du SNC et de l'ensemble de l'organisme.

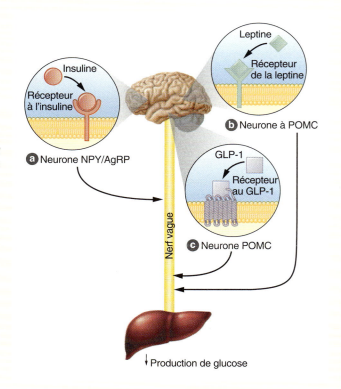

Les hormones sécrétées par les tissus périphériques de l'organisme comprenant le tractus gastro-intestinal et le pancréas stimulent des récepteurs hypothalamiques spécifiques pour la production de glucose hépatique. (a) L'insuline produite par les cellules β agit sur les neurones stimulant l'appétit (NPY/AgRP) au niveau du noyau arqué de l'hypothalamus. Ces neurones sont stimulés par le neurotransmetteur neuropeptide Y (NPY) et libère la protéine agouti (AgRP) ; des récepteurs à l'insuline sont aussi présents dans ces neurones spécialisés. (b et c) Les neurones hypothalamiques à pro-opiomélanocortine (POMC) sont stimulés à la fois par la leptine et le glucgon-like peptide 1 (GLP-1). Ces hormones agissent sur les neurones dans le cerveau et permettent, à travers le nerf vague, la diminution de la production hépatique de glucose.
D'après Lam, 2005.

À l'inverse, mais plus rarement, les cellules répondent à une augmentation prolongée de la libération hormonale par une augmentation du nombre de leurs récepteurs. Elles deviennent alors plus sensibles à son action. Ce phénomène est connu sous le nom de « **up-regulation** ». Ainsi, pour maintenir un même niveau de glycémie que les personnes normales ou insulino-résistantes, les sujets ayant une bonne **sensibilité à l'insuline** ont besoin d'un taux moindre.

1.3 Les effets des différentes hormones

Parce que les hormones sont véhiculées par le sang, elles sont virtuellement au contact de tous les tissus. Comment expliquer alors qu'elles limitent leur action aux cellules cibles ? Ceci est dû à la présence sur les tissus cibles de récepteurs spécifiques. L'interaction entre l'hormone et le récepteur est souvent comparée à celle de la clé dans un verrou, où seule la bonne clé permet d'ouvrir le verrou. La combinaison de l'hormone et du récepteur forme le complexe hormone-récepteur.

Chaque cellule possède 2 000 à 10 000 récepteurs. Les récepteurs aux hormones non stéroïdes sont localisés dans la membrane cellulaire, tandis que ceux des hormones stéroïdes siègent soit dans le cytoplasme, soit dans le noyau de la cellule.

En général, chaque hormone est hautement spécifique d'un seul type de récepteur et ne s'associe qu'avec lui. Ainsi, elle n'agit que sur le tissu qui contient ces récepteurs spécifiques. Une fois que l'hormone est liée à son récepteur, de nombreux mécanismes permettent le contrôle de son action cellulaire.

1.3.1 Les hormones stéroïdes

Les hormones stéroïdes, liposolubles, traversent aisément les membranes cellulaires. Leurs mécanismes d'action sont illustrés à la figure 4.2. À l'intérieur de la cellule, l'hormone stéroïde se lie à ses récepteurs spécifiques. Le complexe hormone-récepteur entre alors dans le noyau, se lie à une partie de l'ADN (acide désoxyribonucléique), de la cellule et active certains gènes. Ce processus est une **activation directe du gène**. En réponse à cette activation, de l'ARNm (acide ribonucléique messager) est synthétisé à l'intérieur du noyau. L'ARNm pénètre alors dans le cytoplasme et active la synthèse protéique. Ces protéines peuvent être :

- des enzymes qui contrôlent différents processus cellulaires ;
- des protéines de structure qui servent à la croissance et à la réparation des tissus ;
- des protéines régulatrices qui peuvent modifier la fonction enzymatique.

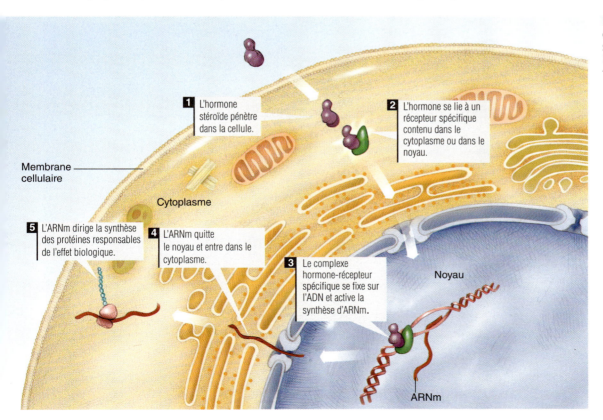

Figure 4.2 Mécanisme d'action d'une hormone stéroïde, conduisant à l'activation directe du gène

1.3.2 Les hormones non stéroïdes

Parce qu'elles ne peuvent traverser la membrane cellulaire, les hormones non stéroïdes se lient à des récepteurs spécifiques, situés sur la face externe de la membrane cellulaire. Le complexe hormone-récepteur déclenche alors une série de réactions enzymatiques aboutissant à la formation d'un **second messager intracellulaire**. Le plus étudié et le plus important est l'**adénosine monophosphate cyclique (AMP cyclique ou AMPc)**. Ce mécanisme est décrit par la figure 4.3. Dans ce cas, la liaison de l'hormone avec le récepteur approprié active une enzyme appelée adénylate cyclase, située à l'intérieur de la membrane cellulaire. Cette enzyme catalyse la formation d'AMPc à partir de l'ATP contenu dans la cellule. L'AMPc déclenche alors des réponses physiologiques spécifiques qui peuvent inclure :

- l'activation des enzymes cellulaires ;
- la modification de la perméabilité membranaire ;
- l'activation de la synthèse protéique ;
- des modifications du métabolisme cellulaire ;
- la stimulation des sécrétions cellulaires.

L'action spécifique des hormones non stéroïdes est d'activer, dans la cellule, la formation de seconds messagers, comme le système AMPc, lesquels entraînent des modifications du fonctionnement intracellulaire. Parmi les hormones qui agissent via l'AMPc on retrouve l'adrénaline, le glucagon et l'hormone lutéinisante. Il faut bien noter que d'autres seconds messagers existent comme la guanine monophosphate cyclique (GMPc), l'inositol triphosphate (IP3), le diacyglycérol (DAG) ou encore le calcium (Ca^{2+}).

Bien qu'il ne s'agisse pas d'hormones au sens strict du terme, les **prostaglandines** sont souvent considérées comme une troisième classe d'hormones. Dérivées d'un acide gras, l'acide arachidonique, elles sont présentes dans presque toutes les cellules, au niveau de la membrane plasmique. Elles agissent en général localement, c'est-à-dire dans l'environnement immédiat de leur lieu de **production autocrine**. Certaines, pourtant, ont une durée de vie suffisamment longue pour diffuser à distance via le milieu circulant et exercer ainsi leurs effets à distance de leur lieu de sécrétion. La libération des prostaglandines peut être déclenchée par de nombreux stimuli comme d'autres hormones en cas de lésion locale. Il en existe plusieurs types, et leurs fonctions sont multiples. Elles agissent souvent en facilitant l'effet d'autres hormones. Elles peuvent aussi agir plus directement, en particulier au niveau des parois vasculaires, en augmentant leur perméabilité ou en favorisant la vasodilatation. Ainsi, elles constituent d'importants médiateurs de la réponse inflammatoire. Elles sensibilisent également les terminaisons nerveuses des fibres transmettant la douleur. Leur libération s'accompagne donc de phénomènes douloureux et inflammatoires.

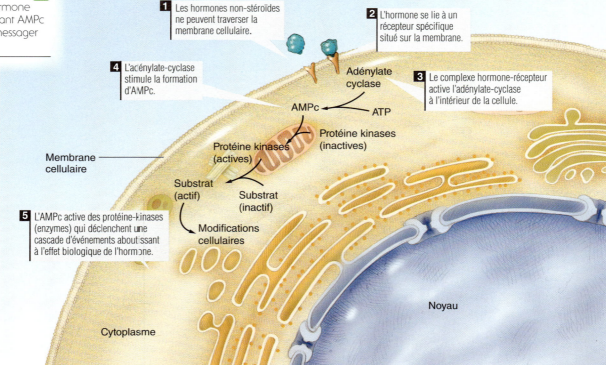

Figure 4.3 Mécanisme d'action d'une hormone non stéroïde, utilisant AMPc comme second messager intracellulaire

Résumé

> Les fonctions nerveuses interviennent immédiatement, avec des effets très localisés et brefs, tandis que les actions du système endocrinien sont plus lentes mais avec des effets plus longs et plus généraux.

> Les hormones peuvent être classées en hormones stéroïdes ou non stéroïdes. Les hormones stéroïdes sont solubles dans les lipides, et pour la plupart dérivées du cholestérol. Les hormones non stéroïdes sont des protéines, des peptides ou des dérivés d'acides aminés.

> Les effets exercés par les hormones sur les cellules cibles ou tissus cibles sont dûs à l'interaction unique qui lie une hormone donnée aux récepteurs spécifiques qui lui correspondent, lesquels sont contenus soit sur la membrane (hormones stéroïdes), soit à l'intérieur des cellules (hormones non stéroïdes).

> Les hormones sont généralement sécrétées dans le milieu sanguin, pouvant ainsi circuler dans tout le corps. Elles n'exercent leurs effets que sur les cellules cibles. Elles agissent en se liant, à la manière d'une clé dans une serrure, à des récepteurs spécifiques situés exclusivement sur les organes cibles.

> En général, les sécrétions hormonales sont régulées par un phénomène de rétroaction (feed-back) négative.

> Le nombre de récepteurs spécifiques d'une hormone peut être modulé en fonction des besoins de l'organisme. Une augmentation du nombre de récepteurs est appelée *up-regulation*, une diminution *down-regulation*. Ces deux processus modifient la sensibilité des cellules à l'hormone.

> Les hormones stéroïdes traversent les membranes des cellules cibles et se lient à des récepteurs intracellulaires au niveau du cytoplasme ou du noyau cellulaire. Elles agissent au niveau de l'expression génétique et stimulent ainsi la synthèse protéique.

> Les hormones non stéroïdes ne peuvent entrer dans les cellules et doivent se lier à des récepteurs situés sur la face externe des membranes. Ceci active la production d'un second messager intracellulaire, le plus souvent l'AMPc, lequel déclenche toute une cascade d'événements aboutissant à l'effet biologique de l'hormone.

> Bien qu'il ne s'agisse pas d'hormones au sens strict du terme, elles sont souvent considérées comme des hormones « locale ». Elles agissent en général localement, c'est-à-dire dans l'environnement immédiat de leur lieu de production.

2. Les glandes endocrines et leurs hormones

Les principales glandes endocrines et leurs hormones sont répertoriées dans le tableau 4.1. Ce tableau schématique indique, pour chaque hormone, le stimulus, les organes cibles et les effets correspondants. Le système endocrinien est, en fait, extrêmement complexe. Mais la présentation est, ici, simplifiée pour bien mettre en évidence les hormones qui jouent le rôle le plus important à l'exercice musculaire. Les réponses hormonales à l'exercice aigu et à l'entraînement sont résumées dans le tableau 4.2, qui précise les rôles principaux des hormones intervenant à l'exercice. Comme souligné auparavant, le principal objectif de ce livre est de décrire le contrôle neuroendocrinien. Les deux principales fonctions des différentes glandes endocrines sont la régulation du métabolisme énergétique ainsi que celle des fluides et des électrolytes de l'organisme. Le système endocrinien joue aussi un rôle important dans la régulation de l'appétit et de l'apport calorique. Les chapitres qui suivent détaillent ces deux principales fonctions. Chaque chapitre décrit les principales glandes endocrines impliquées, les hormones secrétées ainsi que le rôle de régulation joué par ces dernières.

Sachez que dans ce domaine (comme dans d'autres), les résultats sont quelque peu contradictoires.

3. Régulation hormonale du métabolisme énergétique à l'exercice

Comme nous l'avons souligné dans le chapitre 2, le niveau musculaire d'ATP, lors d'un exercice prolongé, est maintenu par la dégradation des glucides et des lipides. De nombreuses hormones interviennent pour faciliter l'utilisation du glucose et des acides gras libres (AGL) à l'exercice. Nous considérerons en premier les principales glandes endocrines et les hormones responsables de la régulation du métabolisme énergétique et par la suite nous nous intéresserons aux hormones qui régulent la disponibilité des glucides et des lipides, ces substrats étant utilisés dans les efforts brefs et prolongés.

Tableau 4.1 Les glandes endocrines majeures, leurs hormones, leurs organes cibles et leurs principales fonctions

Glandes endocrines	Hormone	Organe cible	Fonctions principales
Hypophyse **Lobe antérieur**	hormone de croissance (GH)	toutes les cellules	stimule le développement et la maturation de tous les tissus ; augmente la synthèse protéique ; active la mobilisation des graisses et leur utilisation comme source énergétique ; diminue le taux d'utilisation des glucides.
	hormone thyréotrope ou *thyroid-stimulating hormone* (TSH)	glande thyroïde	contrôle la sécrétion de thyroxine et de triiodothyronine produites et libérées par la glande thyroïde.
	hormone adrénocorticotrope ou *adrénocorticotropin-hormone* (ACTH)	cortex surrénalien	contrôle la sécrétion des hormones corticosurrénaliennes.
	prolactine	glande mammaire	stimule le développement de la glande mammaire et la sécrétion lactée.
	hormone folliculo-stimulante ou *follicle-stimulating hormone* (FSH)	ovaires, testicules	déclenche la maturation des follicules ovariens et stimule la sécrétion des œstrogènes par les ovaires et la spermatogenèse par les testicules.
	hormone lutéinisante ou *luteinizing hormone* (LH)	ovaires, testicules	stimule la sécrétion d'œstrogènes et de progestérone, déclenche la rupture folliculaire et donc l'ovulation, active la sécrétion de testostérone par les testicules.
Lobe postérieur **(et hypothalamus)**	hormone antidiurétique ou *antidiuretic hormone* (ADH ou vasopressine)	reins	participe au contrôle de l'excrétion de l'eau par les reins ; augmente la pression artérielle en favorisant la vasoconstriction.
	ocytocine	utérus, glande mammaire	stimule la contraction des muscles utérins et la sécrétion lactée.
Thyroïde	thyroxine et triiodothyronine	toutes les cellules	augmente l'activité métabolique des cellules ; augmente la fréquence et la contractilité du cœur.
	calcitonine	os	contrôle la concentration des ions calcium dans le sang (hypocalcémie).
Parathyroïdes	parathormone (PTH)	os, intestins, reins	contrôle la concentration des ions calcium dans les liquides extracellulaires par action indirecte au niveau des os, des intestins et des reins (hypercalcémiante).

Glandes endocrines	Hormone	Organe cible	Fonctions principales
Surrénales **Médulla**	adrénaline	une grande partie des cellules	mobilise le glycogène ; augmente le débit sanguin musculaire ; augmente la fréquence et la contractilité du cœur ; augmente la consommation d'oxygène.
	noradrénaline	une grande partie des cellules	entraîne la contraction des artérioles et des veinules, élève la pression artérielle.
Cortex	minéralocorticoïdes (aldostérone)	reins	augmente la rétention de sodium et l'excrétion du potassium au niveau des reins.
	glucocorticoïdes (cortisol)	une grande partie des cellules	contrôle le métabolisme des glucides, des lipides, et des protéines ; action anti-inflammatoire.
	androgènes et œstrogènes	ovaires, glande mammaire, testicules	développement des caractères sexuels masculins et féminins.
Pancréas	insuline	toutes les cellules	contrôle la glycémie en diminuant le niveau de glucose sanguin ; augmente l'utilisation du glucose et la synthèse des graisses.
	glucagon	toutes les cellules	augmente la glycémie, accélère la dégradation des graisses et des protéines.
	somatostatine	îlots de Langerhans et tractus gastro-intestinal	inhibe la sécrétion de l'insuline et du glucagon.
Reins	rénine et érythropoïétine (EPO)	corticosurrénales, moelle épinière	participe au contrôle de la pression artérielle, stimule la synthèse des globules rouges
Gonades **Testicules**	testostérone	organes sexuels, muscle	active le développement des caractères sexuels masculins : croissance des testicules, du scrotum et du pénis ; pilosité et mue de la voix ; stimule la croissance musculaire.
Ovaires	œstrogènes	organes sexuels, tissu adipeux	développement des organes sexuels féminins et des caractères secondaires ; augmente le stockage des graisses ; participe à la régulation du cycle menstruel.

Note. Sont représentées ici les principales glandes endocrines et leurs hormones. Celles dont le rôle à l'exercice est mineur ne figurent pas sur ce tableau.

Tableau 4.2 Principales réponses hormonales à l'exercice et à l'entraînement

Glande endocrine	Hormone	Réponse à l'exercice (non entraîné)	Réponse à l'entraînement
Hypophyse Lobe antérieur	Hormone de croissance (GH)	Augmente avec l'intensité	Diminue pour une même intensité d'exercice
	Thyréotrope (TSH)	Augmente avec l'intensité	Réponse inconnue
	Adrénocorticotrope (ACTH)	Augmente avec l'intensité ou la durée	Diminue pour une même intensité d'exercice
	Prolactine	Augmente à l'exercice	Réponse inconnue
	Folliculo-stimulante (FSH)	Légère ou inchangée	Réponse inconnue
	Lutéinisante (LH)	Légère ou inchangée	Réponse inconnue
Hypophyse Lobe postérieur	Antidiurétique (ADH) ou vasopressine)	Augmente avec l'intensité	Diminue pour une même intensité d'exercice
	Ocytocine	Réponse inconnue	Réponse inconnue
Thyroïde	Thyroxine (T_3) Triiodothyronine (T_4)	T_3 et T_4 libres augmentent avec l'intensité	Le turn-over de T_3 et T_4 augmente pour une même intensité d'exercice
	Calcitonine	Réponse inconnue	Réponse inconnue
Parathyroïdes	Parathormone (PTH)	Augmente à l'exercice prolongé	Réponse inconnue
Médulla surrénalienne	Adrénaline	Augmente avec l'intensité, début à environ 75 % de O_2max	Diminue pour une même intensité d'exercice
	Noradrénaline	Augmente avec l'intensité, début à environ 50 % de O_2max	Diminue pour une même intensité d'exercice
Cortex surrénalien	Aldostérone	Augmente avec l'intensité	Inchangée
	Cortisol	Augmente seulement à des intensités élevées	Légère augmentation
Pancréas	Insuline	Augmente avec l'intensité	Diminue pour une même intensité d'exercice
	Glucagon	Augmente avec l'intensité	Diminue pour une même intensité d'exercice
Reins	Rénine	Augmente avec l'intensité	Inchangée
Testicules	Testostérone	Légère augmentation	Baisse des valeurs basales chez les coureurs
Ovaires	Œstrogènes Progestérone	Légère augmentation	Les taux de repos peuvent baisser chez les athlètes de haut niveau

Note. Sont représentées ici les principales glandes endocrines et leurs hormones. Celles dont le rôle à l'exercice est mineur ne figurent pas sur ce tableau.

3.1 Les glandes endocrines impliquées dans la régulation métabolique

Plusieurs systèmes complexes interagissent pour réguler le métabolisme au repos et à l'exercice. Les principales glandes endocrines responsables à ce niveau sont l'hypophyse, la glande thyroïde, les glandes surrénales et le pancréas.

3.1.1 L'hypophyse

L'hypophyse, aussi appelée glande pituitaire, est une glande située à la base du cerveau, dans une cavité osseuse appelée selle turcique.

Elle a été longtemps considérée comme le « chef d'orchestre » de toute l'activité hormonale car elle sécrète un grand nombre d'hormones qui, elles-mêmes, régulent l'activité d'autres glandes. Pourtant, son activité est également soumise à régulation puisqu'elle est contrôlée à la fois par des mécanismes nerveux et par des hormones sécrétées par l'hypothalamus. En fait, il est sans doute plus juste de considérer l'hypophyse comme un relais entre les centres de contrôle du système nerveux central et les glandes endocrines périphériques.

Le rôle du lobe postérieur de l'hypophyse sera discuté ultérieurement dans ce chapitre.

Le lobe antérieur de l'hypophyse est appelé aussi antéhypophyse ou encore adénohypophyse.

PERSPECTIVE DE RECHERCHE 4.2

Les hormones contribuent-elles à la rupture du ligament croisé antérieur chez les jeunes athlètes féminines ?

L'augmentation significative des concentrations des hormones sexuelles pendant la puberté chez les filles leur fait courir deux fois plus de risque de blessures que les garçons. Ces blessures comprennent celles sans contact comme la rupture du ligament croisé antérieur (LCA)[1,11]. Ceci est particulièrement vrai dans les sports où l'on doit courir, sauter et réaliser des blocages. Il existe plusieurs facteurs de risques potentiels de rupture du LCA chez les femmes sportives qui sont d'ordre anatomiques et biomécaniques. Par exemple, chez les filles, les différences de modalités de croissance pourraient les prédisposer à un risque élevé de blessure au niveau du LCA. Chez les garçons, l'augmentation des taux de testostérone à la puberté permet une croissance musculaire et squelettique rapide. Ces derniers possèdent donc des muscles ischio-jambiers forts qui les aident à stabiliser le genou, notamment lors des mouvements en surcharge, comme la réception après un saut. De plus, chez les filles, les genoux en position valgus (genou tourné vers l'intérieur par rapport à l'axe médial du corps) les rendent plus vulnérables. Il semblerait que le manque de force au niveau des quadriceps et des ischio-jambiers puisse contribuer à accentuer ce valgus chez les filles.

Toutefois, le statut hormonal de la fille représente un autre facteur qui la prédispose à la rupture du LCA. Au sein du LCA, les fibroblastes maintiennent les tissus en produisant différents types de collagène qui permettent d'augmenter la force mécanique et l'élasticité tissulaire. Les fibroblastes possèdent à la fois des récepteurs aux œstrogènes et à la testostérone au niveau du ligament. Le nombre de récepteurs ne variant pas en fonction du genre, comme la concentration en œstrogènes augmente chez les filles pendant la puberté, il y a donc plus d'œstrogènes à agir à ce niveau chez ces dernières comparé aux garçons. Les œstrogènes, en agissant sur les fibroblastes, diminuent la production du collagène responsable de la force mécanique du ligament. L'imprégnation œstrogénique, en diminuant la capacité de résistance aux forces de surcharge, augmente ainsi le risque de blessure[14].

Elle sécrète six hormones en réponse à la sécrétion par l'hypothalamus d'hormones spécifiques qui sont soit des **releasing-factors** soit des **inhibiting-factors** (aussi catégorisés comme hormones). La communication entre l'hypothalamus et le lobe antérieur de l'hypophyse s'effectue grâce à un système circulatoire spécialisé, qui assure le transport des *releasing* et *inhibiting* hormones, de l'hypothalamus à l'antéhypophyse. Les principales fonctions de chacune de ces six hormones pituitaires et leur mode de contrôle hypothalamique sont répertoriés dans le tableau 4.1. L'exercice apparaît comme un stimulus très puissant de l'hypothalamus. En effet, il augmente le taux de libération de toutes les hormones antéhypophysaires (tableau 4.2).

À l'exception de l'**hormone de croissance (GH)** et de la prolactine (PRL), les quatre autres contrôlent l'activité de glandes endocrines. La GH est un agent anabolisant, substance permettant le développement des organes et tissus, la différenciation cellulaire et l'augmentation de la taille des différents tissus. Elle stimule la croissance du muscle et favorise son hypertrophie, en facilitant le transport des acides aminés au sein des cellules. En outre, la GH active directement le métabolisme des graisses (lipolyse) en stimulant la synthèse des enzymes impliquées dans ce processus. Les niveaux de GH s'élèvent lors d'un exercice aérobie, de manière apparemment proportionnelle à l'intensité de celui-ci. Il faut plusieurs minutes de récupération avant d'observer le retour aux valeurs de repos.

3.1.2 La glande thyroïde

Elle siège au milieu du cou, juste en dessous du larynx. En plus des deux hormones importantes qui contrôlent le métabolisme général : la **triiodothyronine (T_3)** et la **thyroxine (T_4)**, elle sécrète une hormone supplémentaire, la calcitonine, qui contrôle le métabolisme calcique.

Ces deux hormones thyroïdiennes ont pratiquement les mêmes effets métaboliques. Elles agissent sur presque tous les tissus, et augmentent le niveau du métabolisme de base de 60 % à 100 %. De plus, elles :

- stimulent la synthèse protéique (et donc enzymatique) ;
- augmentent le nombre et la taille des mitochondries cellulaires ;
- accélèrent l'entrée du glucose dans la cellule ;
- favorisent la glycolyse et la gluconéogenèse ;
- stimulent la mobilisation des lipides en facilitant la disponibilité des acides gras pour l'oxydation.

L'exercice augmente la sécrétion de la **thyréostimuline (TSH)** à partir de l'adénohypophyse. Comme la TSH contrôle la libération de la triiodothyronine et de la thyroxine, on s'attend à ce que l'activité de la thyroïde soit stimulée à l'exercice. En fait, si l'exercice s'accompagne d'une augmentation des taux plasmatiques de thyroxine, il existe un délai entre l'élévation des taux sanguins de TSH et de thyroxine. En outre, lors d'un exercice prolongé sous-maximal, la thyroxine reste à un niveau relativement stable, tandis que la triiodothyronine tend à diminuer.

3.1.3 Les glandes surrénales

Elles sont situées au pôle supérieur de chaque rein. Il faut distinguer au centre la médulla surrénalienne et à la périphérie le cortex surrénalien, qui sécrètent des hormones très différentes. Nous allons donc les envisager séparément.

La médulla surrénalienne sécrète deux hormones : l'**adrénaline** et la **noradrénaline** – appartenant au groupe des **catécholamines**. Quand la médulla surrénalienne est stimulée par le système nerveux sympathique, elle sécrète environ 80 % d'adrénaline et 20 % de noradrénaline, mais ces pourcentages peuvent varier selon les conditions physiologiques. Les catécholamines ont des effets puissants, proches de ceux du système nerveux sympathique, mais leurs effets sont plus prolongés car leur élimination du milieu sanguin est relativement lente. Ces deux hormones préparent l'individu à toute action immédiate. Elles aident à faire face à toute situation d'urgence ou de stress.

Même si certaines actions spécifiques de ces deux hormones sont légèrement différentes, elles agissent souvent ensemble. Leurs effets combinés se traduisent par :

- l'augmentation du niveau d'activité et de la force de contraction du cœur ;
- l'augmentation du niveau métabolique ;
- l'augmentation de la glycogénolyse (dégradation du glycogène en glucose) au niveau du foie et du muscle ;
- l'augmentation de la libération du glucose et des acides gras libres dans le sang ;
- la redistribution du sang vers les muscles actifs (grâce à une vasodilatation des vaisseaux musculaires et une vasoconstriction des vaisseaux cutanés et viscéraux) ;
- l'augmentation de la pression artérielle ;
- la stimulation de la respiration.

La libération de l'adrénaline et de la noradrénaline est influencée par un grand nombre de facteurs, parmi lesquels la posture, le stress psychologique et l'exercice. La noradrénaline plasmatique augmente très nettement, dès l'instant où l'intensité d'exercice dépasse 50 % de $\dot{V}O_2$max. Mais il faut attendre 60 % à 70 % de $\dot{V}O_2$max pour que l'adrénaline plasmatique augmente de manière significative. Lors d'un exercice d'intensité constante, à 60 % de $\dot{V}O_2$max durant plus de 3 h, les niveaux sanguins de ces deux hormones continuent à augmenter. À l'arrêt de l'exercice, les valeurs d'adrénaline retrouvent leur niveau de repos en quelques minutes seulement, celles de noradrénaline en plusieurs heures.

Le cortex surrénalien sécrète plus de trente hormones stéroïdes différentes, constituant les corticostéroïdes. Elles sont en général classées en trois grands groupes : les minéralocorticoïdes (détaillées dans ce chapitre) ; les glucocorticoïdes ; les gonadocorticoïdes (ou hormones sexuelles).

Les **glucocorticoïdes** sont des hormones essentielles à la vie. Elles nous permettent de nous adapter aux modifications extérieures, et, de façon générale à tout stress tel que l'exercice physique. Elles aident aussi à maintenir la glycémie constante, même pendant de longues périodes de jeûne. Le **cortisol**, encore appelé hydrocortisone, est le corticostéroïde majeur. À lui seul, il est responsable d'environ 95 % de l'activité glucocorticoïde globale. Il est connu pour :

- stimuler la gluconéogenèse nécessaire à une fourniture adéquate d'énergie ;
- augmenter la mobilisation des AGL, les rendant alors plus disponibles ;
- diminuer l'utilisation de glucose, afin d'épargner celui-ci pour les besoins du cerveau ;
- stimuler le catabolisme protéique en libérant les acides aminés qui peuvent être utilisés pour les processus de reconstruction, pour les synthèses enzymatiques et pour la production d'énergie ;
- exercer un effet anti-inflammatoire ;
- diminuer les réactions de défense immunitaire ;
- stimuler la vasoconstriction induite par l'adrénaline.

Son rôle, à l'exercice, sera discuté ultérieurement, avec l'étude de la régulation du glucose et des graisses.

3.1.4 Le pancréas

Il est situé en dessous et légèrement en arrière de l'estomac. Il sécrète essentiellement deux hormones, l'insuline et le glucagon, qui jouent, toutes les deux, un rôle fondamental dans le contrôle de la glycémie. Ainsi, lorsque le taux de glucose sanguin augmente (**hyperglycémie**), le pancréas libère l'insuline dans le sang. Parmi ces nombreuses actions, l'**insuline** :

- facilite le transport du glucose dans les cellules, en particulier du muscle et du tissu conjonctif,
- stimule la glycogénogenèse, et
- inhibe la gluconéogenèse.

La fonction principale de l'insuline est de diminuer le glucose circulant. Mais, elle intervient aussi dans le métabolisme des protéines et des lipides, en activant l'entrée cellulaire des acides aminés et en stimulant la synthèse des protéines et des lipides.

Le pancréas sécrète aussi du **glucagon** en réponse à toute baisse, en dessous de la normale, du glucose sanguin (**hypoglycémie**). En général, ses effets s'opposent à ceux de l'insuline. Le glucagon stimule la dégradation du glycogène en glucose (glycogénolyse), ainsi que la gluconéogenèse. Ces deux processus contribuent à augmenter le taux de glucose sanguin.

Lors d'un exercice de 30 min., l'insulinémie tend à baisser, alors même que la glycémie se maintient à un niveau constant. Il a été montré que le nombre et la disponibilité des récepteurs à l'insuline augmentent à l'exercice, augmentant par là même la sensibilité à l'insuline. Dans ces conditions, un niveau élevé d'insuline n'est pas indispensable à l'exercice pour assurer le transport du glucose dans les cellules musculaires. Quant au glucagon, il monte pendant toute la durée de l'exercice, contribuant à maintenir la concentration de glucose plasmatique, en stimulant la glycogénolyse hépatique. Ceci augmente la disponibilité du glucose pour les cellules, maintenant dans le sang une glycémie adéquate et permettant de répondre à la demande métabolique. Ces réponses hormonales sont classiquement atténuées chez les sujets entraînés. Ces derniers sont capables de maintenir des niveaux plasmatiques de glucose stables.

3.2 Régulation du métabolisme du glucose à l'exercice

Nous avons vu au chapitre 2 que, pour subvenir à l'augmentation de la demande énergétique à l'exercice, le muscle utilise du glucose. Pour cela, il fait appel à sa forme de stockage, mise en réserve dans le foie et dans le muscle : le glycogène. La dégradation du glycogène en glucose constitue la glycogénolyse. L'exercice stimule la glycogénolyse dans le foie et dans le muscle. Le glucose libéré par le foie est transporté, jusqu'aux territoires actifs, par le sang.

La concentration sanguine de glucose peut aussi augmenter grâce à la gluconéogenèse, c'est-à-dire par la resynthèse de glucose à partir de composés non glucidiques comme le lactate, les acides aminés et le glycérol.

3.2.1 La concentration plasmatique de glucose

La concentration plasmatique de glucose est déterminée par la consommation musculaire de ce substrat et par son débit de production hépatique. Quatre hormones permettent d'augmenter la quantité de glucose plasmatique :

- le glucagon ;
- l'adrénaline ;
- la noradrénaline ;
- le cortisol.

Au repos, le relargage du glucose par le foie est facilité par le glucagon qui accélère la dégradation du glycogène et la formation de glucose à partir des acides aminés. Pendant l'exercice, la sécrétion de glucagon augmente. L'activité musculaire élève également le niveau de sécrétion des catécholamines à partir de la médulla surrénalienne. Ces hormones (adrénaline et noradrénaline) agissent de concert avec le glucagon pour stimuler la glycogénolyse. Après une légère baisse initiale, la concentration du cortisol augmente pendant les 30 à 45 premières minutes de l'exercice afin d'accroître le catabolisme protéique, libérant des acides aminés qui peuvent être utilisés par le foie pour la gluconéogenèse. Il s'y ajoute une élévation du taux de cortisol qui accroît le catabolisme protéique, libérant des acides aminés qui peuvent être utilisés par le foie pour la gluconéogenèse. Ainsi, ces quatre hormones peuvent augmenter la quantité de glucose plasmatique. L'hormone de croissance, connue pour augmenter la mobilisation des acides gras libres, potentialise cet effet en diminuant simultanément l'entrée du glucose dans la cellule. Il faut ajouter, enfin, l'effet des hormones thyroïdiennes qui accélèrent le catabolisme du glucose et des graisses.

L'importance du relargage du glucose par le foie dépend de l'intensité et de la durée de l'exercice. Plus l'intensité de l'exercice augmente, plus la libération des catécholamines est importante. Ceci peut amener le foie à relarguer plus de glucose que le muscle ne peut en prendre. Pendant ou à l'arrêt d'un exercice bref et intense, la concentration de glucose plasmatique est supérieure à celle de repos, parfois de 40 % à 50 %, indiquant que la production de glucose hépatique dépasse son utilisation par les muscles.

La libération des catécholamines est d'autant plus importante que l'exercice est intense, ce qui stimule la glycogénolyse hépatique et musculaire. Le glucose provenant du foie est véhiculé par le sang vers les muscles. Mais, le muscle possède aussi sa propre source de glucose représentée par le glycogène musculaire. Lors de l'exercice bref, le muscle utilise d'abord ses propres stocks de glycogène avant de faire appel au glucose plasmatique. Le glucose en provenance du foie n'est pas utilisé immédiatement. Il reste d'abord dans le secteur sanguin élevant par là même la glycémie. Après l'exercice, l'entrée du glucose dans les cellules musculaires, destinée à restaurer les stocks de glycogène, fait baisser la glycémie.

Lors d'exercices prolongés de plusieurs heures, le taux de libération du glucose par le foie équilibre davantage les besoins du muscle, ce qui permet de maintenir la glycémie à un niveau normal ou légèrement supérieur. Comme la prise de glucose par le muscle augmente, le débit hépatique de glucose augmente aussi. Dans la plupart des cas, la glycémie ne commence à baisser que tardivement lorsque les stocks hépatiques commencent à s'épuiser. À ce moment, le niveau de glucagon augmente significativement. Ensemble, le glucagon et le cortisol stimulent la gluconéogenèse, ce qui accroît les réserves énergétiques.

La figure 4.4 montre les variations des concentrations plasmatiques d'adrénaline, de noradrénaline, de glucagon et de cortisol ainsi que celle du glucose, lors d'une épreuve de pédalage de 3 h. Malgré une réponse hormonale glucorégulatrice apparemment satisfaisante, pendant toute la durée de cette épreuve d'endurance, la reconstitution du glycogène hépatique peut tomber à un niveau critique inférieur aux besoins. Le résultat se traduit par un débit de glucose insuffisant pour subvenir à la demande musculaire. Dans ces conditions, la glycémie peut chuter, en dépit d'une forte stimulation hormonale. C'est pourquoi la prise orale de glucose, pendant l'exercice, peut jouer un rôle majeur dans le maintien de la concentration plasmatique de ce substrat.

3.2.2 Le prélèvement de glucose par les muscles

La libération de glucose en quantité suffisante dans le sang ne permet pas, pour autant, aux cellules musculaires de subvenir à la demande énergétique. En effet, il ne suffit pas que le glucose soit apporté aux cellules, encore faut-il que celles-ci le captent. C'est le rôle de l'insuline qui facilite l'entrée du glucose dans la fibre musculaire.

De façon surprenante, comme le montre la figure 4.5, la concentration plasmatique d'insuline diminue pendant l'exercice prolongé en dépit d'une augmentation associée de la concentration plasmatique de glucose et de son entrée dans le muscle. Cette apparente contradiction nous rappelle que l'activité d'une hormone n'est pas toujours reflétée par sa concentration sanguine.

Dans le cas qui nous occupe, la sensibilité cellulaire à l'insuline peut jouer un rôle aussi important que la quantité d'hormone circulante. L'exercice améliore la liaison de l'insuline aux récepteurs des fibres musculaires. Ce phénomène est important. En effet, comme l'insuline inhibe la libération du glucose hépatique, le maintien de concentrations faibles ou modérées d'insuline à l'exercice renforce l'action des quatre hormones glycogénolytiques qui facilitent la mobilisation du glucose.

3.3 Régulation du métabolisme des lipides à l'exercice

Les acides gras libres (AGL) représentent la principale source énergétique au repos et à l'exercice prolongé. Ils proviennent des triglycérides, qui sous l'action de l'enzyme lipase, sont dégradés en AGL et en glycérol.

Bien que la contribution relative des lipides à la fourniture d'énergie soit moins importante que celle des sucres, la mobilisation et l'oxydation des AGL apparaissent essentielles lors des épreuves d'endurance. Dans ces activités, les réserves en hydrates de carbone sont vite effondrées, et l'organisme doit alors faire appel à l'oxydation des graisses pour produire l'énergie nécessaire. Quand les réserves en sucre (glucose plasmatique et glycogène musculaire) sont épuisées, le système endocrinien peut accélérer l'oxydation des lipides, c'est-à-dire la lipolyse. Ici, deux hormones jouent un rôle essentiel : l'adrénaline et la noradrénaline.

Figure 4.4

Variations (en % des valeurs préexercice) des concentrations plasmatiques d'adrénaline, de noradrénaline, de glucagon, de cortisol, et de glucose lors d'un exercice sur bicyclette de 3 h à 65 % V̇O₂max. Remarquez que la glycémie reste constante pendant les 120 premières minutes d'exercice, puis commence à baisser en dépit de l'augmentation des hormones qui stimulent la production hépatique de glucose.

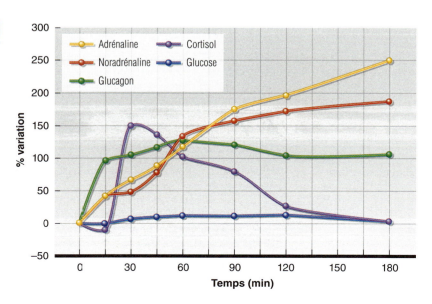

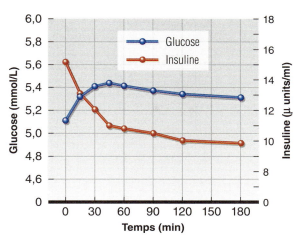

Figure 4.5

Variations des concentrations plasmatiques de glucose et d'insuline lors d'une épreuve de pédalage à 65-70 % $\dot{V}O_2$max. Notez la diminution progressive de l'insulinémie tout au long de l'exercice, qui suggère une augmentation de la sensibilité à cette hormone lors d'un exercice prolongé.

Rappelons que les AGL sont stockés sous forme de triglycérides dans les cellules adipeuses et musculaires. Les AGL issus de la dégradation des triglycérides sont transportés par le sang jusqu'aux cellules musculaires où ils sont oxydés. L'utilisation des AGL par les muscles actifs est hautement corrélée à la concentration plasmatique de ce substrat. Toute augmentation de la concentration plasmatique des AGL élève simultanément sa concentration dans le milieu cellulaire et donc, très probablement, sa vitesse d'oxydation[1]. Ainsi, la vitesse de dégradation des triglycérides semble déterminer, en partie, le taux d'utilisation des graisses dans la fourniture d'énergie à l'exercice.

La dégradation des triglycérides en acides gras et glycérol s'effectue sous l'action d'une enzyme, appelée lipase, laquelle est activée par au moins cinq hormones :

- l'insuline (baisse) ;
- l'adrénaline ;
- la noradrénaline ;
- le cortisol ;
- l'hormone de croissance.

Au-delà de son rôle dans la gluconéogenèse, le cortisol contribue aussi à accélérer la mobilisation et l'utilisation des graisses à l'exercice. Le cortisol atteint un niveau maximal au bout de 30 à 45 min d'exercice, puis retourne à son niveau basal. À l'inverse, les AGL continuent d'augmenter pendant toute la durée de l'exercice suggérant que d'autres hormones interviennent pour activer la lipase. Ce sont essentiellement les catécholamines et l'hormone de croissance. Les hormones thyroïdiennes exercent des effets semblables, mais à un degré moindre.

Ainsi, le système endocrinien joue un rôle fondamental dans la régulation de la production d'ATP à l'exercice en contrôlant la mise en jeu respective des métabolismes des sucres et des graisses.

Résumé

> L'élévation de la concentration plasmatique de glucose est obtenue par l'action conjuguée du glucagon, de l'adrénaline, de la noradrénaline et du cortisol. Ces hormones activent la glycogénolyse et la gluconéogenèse, augmentant ainsi la quantité de glucose disponible à des fins énergétiques. L'hormone de croissance et les hormones thyroïdiennes en potentialisent les effets.

> L'insuline accroît la perméabilité des membranes cellulaires au glucose. Mais la diminution des concentrations d'insuline à l'exercice prolongé signifie que l'exercice facilite l'action de l'insuline. Ceci indique que l'exercice physique augmente la sensibilité à l'insuline. Ainsi, une quantité d'hormone plus faible qu'au repos suffit aux besoins.

> Lorsque les réserves glucidiques sont faibles, l'organisme utilise l'oxydation des lipides comme source d'énergie. Ceci est facilité par l'action du cortisol, de l'adrénaline, de la noradrénaline, et de l'hormone de croissance.

4. Régulation hormonale de l'équilibre hydro-électrolytique à l'exercice

À l'exercice, le maintien de l'équilibre hydro-électrolytique est essentiel pour maintenir l'efficacité des fonctions cardiovasculaire et thermique. Dès le début de l'exercice, l'eau diffuse du milieu sanguin vers les espaces interstitiels et intracellulaires. Le volume ainsi mobilisé est fonction, à la fois, de la masse musculaire active et de l'intensité de l'effort. Avec l'exercice, les produits métaboliques s'accumulent dans et autour des fibres musculaires, augmentant la pression osmotique dans ces territoires, et créant un appel d'eau. L'activité musculaire s'accompagne également d'une élévation de la pression sanguine qui facilite l'extravasation (c'est-à-dire la sortie d'eau du secteur vasculaire). À cela s'ajoute la sudation qui s'effectue aussi aux

PERSPECTIVE DE RECHERCHE 4.3

L'irisine, une nouvelle myokine

Pendant plusieurs décennies les chercheurs ont essayé d'identifier les mécanismes par lesquels le muscle est capable d'induire des adaptations au niveau de l'organisme entier, en d'autres termes, quels mécanismes permettent aux muscles de communiquer avec d'autres organes de l'organisme. Il semblerait que la voie de signalisation faisant intervenir PGC1α soit impliquée dans ces différents dialogues (voir perspectives de recherche 3.2). En plus de ses effets sur le contrôle neuromusculaire, il semble que le PGC1α joue un rôle majeur dans la communication entre le muscle et les stocks lipidiques de l'organisme.

Le tissu adipeux est subdivisé en deux types, le tissu adipeux brun et le tissu adipeux blanc. Le tissu adipeux de l'homme adulte, est essentiellement constitué de tissu adipeux blanc alors que chez l'enfant, on retrouve une petite quantité de tissu brun qui joue un rôle métabolique important. Les cellules adipeuses brunes renferment plus de mitochondries que les blanches, ce qui leur confère la coloration brune. Le tissu adipeux brun contient également des protéines découplantes (appelées UCP de l'anglais UnCoupling Protein) au niveau de la membrane interne mitochondriale. Les UCP, en facilitant le retour des ions H^+ dans la matrice mitochondriale, découplent le fonctionnement de la chaîne respiratoire responsable de la synthèse d'ATP. L'énergie provenant de l'oxydation des différents substrats n'est plus convertie en ATP mais dissipée sous forme de chaleur. Plusieurs espèces animales possèdent des quantités importantes de tissu adipeux brun, la plus connue étant probablement l'ours qui arrive à hiberner pendant les mois d'hiver en maintenant leur température sans s'alimenter. Les nourrissons naissent avec une certaine quantité de tissu adipeux brun qui diminue progressivement avec l'âge sans savoir combien il en reste à l'âge adulte.

En réponse à l'exercice, le PGC1α active la transcription d'un gène codant pour une protéine appelée FNDC5[13]. Cette dernière est alors clivée et libère une hormone qui voyage à travers le flux sanguin. C'est pourquoi cette hormone a été baptisée **Irisine**, en hommage à la déesse grecque Isis, messagère des dieux de l'Olympe. Bien que le muscle squelettique ne soit pas une glande endocrine à proprement parler l'irisine sert de messager hormonal entre le muscle et certains tissus distants comme le tissu adipeux. Cette molécule agit directement sur les cellules du tissu adipeux blanc (qui consomment peu d'énergie), en stimulant l'expression d'UCP1, rapprochant ainsi le fonctionnement du tissu adipeux blanc vers celui du tissu adipeux brun (cellules qui dépensent beaucoup d'énergie pour maintenir la température de notre corps constante)[6].

Chez des souris sédentaires obèses et prédiabétiques, l'administration d'un précurseur de l'irisine, par voie intramusculaire, leur permet de mieux contrôler leur niveau de glucose sanguin et d'insuline, prévenant ainsi la survenue du diabète de façon similaire aux effets de l'entraînement physique. L'exercice physique, en stimulant la production d'irisine, permet donc de modifier le fonctionnement du tissu adipeux blanc[2]. Toutefois, de nombreuses questions concernant le rôle exact de l'irisine restent en suspens, comme les mécanismes d'action précis de cette molécule sur les autres tissus, ainsi que la quantité de pratique physique nécessaire pour produire un taux optimal d'irisine qui permettrait de lutter contre les maladies métaboliques.

La découverte de ce dialogue entre l'irisine produite par les muscles et son action sur le tissu adipeux renforce et démontre, une fois de plus, le rôle majeur de l'exercice physique sur le métabolisme des lipides qui va au-delà de son rôle classique de « bruleur de graisse ». Cette découverte offre également de nombreuses perspectives et applications de recherche notamment pour le traitement et prise en charge de pathologies telles que le diabète et l'obésité, l'isine produite par les muscles pouvant jouer un rôle clé en modifiant le fonctionnement du tissu adipeux brun.

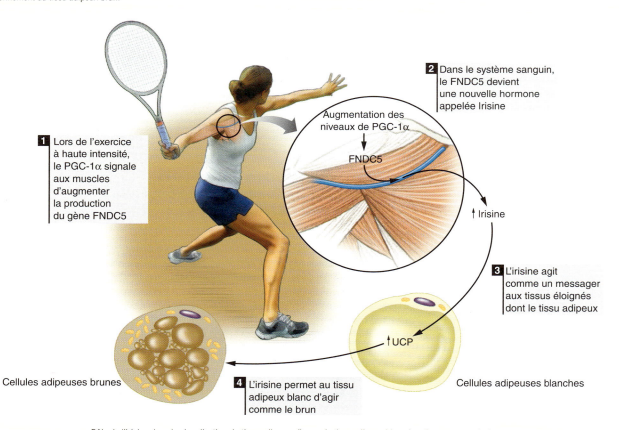

Rôle de l'irisine dans la signalisation du tissu adipeux afin que le tissu adipeux blanc fonctionne comme le brun.

dépens du volume plasmatique. Tout ceci contribue à réduire le volume plasmatique d'environ 5 % à 10 % pour une course à 75 % $\dot{V}O_2$max. Il en résulte une baisse de la pression artérielle et une diminution de l'apport sanguin aux territoires musculaires et cutanés. L'ensemble de ces phénomènes altère nécessairement la performance sportive.

4.1 Les glandes endocrines impliquées dans la régulation de l'équilibre hydro-électrolytique à l'exercice

Le système endocrinien joue un rôle majeur en s'opposant à tous ces déséquilibres, et en contrôlant les flux liquidiens. L'élément régulé est essentiellement le système électrolytique, *via* le sodium. Les deux principales glandes endocrines impliquées dans ce processus sont le lobe postérieur de l'hypophyse et le cortex surrénalien. Les reins sont non seulement les organes cibles des hormones secrétées par ces deux glandes mais sont aussi considérés comme glande endocrine.

4.1.1 Le lobe postérieur de l'hypophyse

Le lobe postérieur de l'hypophyse est une excroissance du tissu nerveux de l'hypothalamus. C'est pourquoi on l'appelle aussi neurohypophyse. Il sécrète deux hormones : l'**hormone antidiurétique (ADH** ou vasopressine) et l'ocytocine. Ces hormones sont synthétisées dans l'hypothalamus, véhiculées par les fibres nerveuses, et stockées dans des vésicules nerveuses terminales de la neurohypophyse. Elles sont, enfin, libérées en fonction des besoins dans les capillaires sanguins.

De ces deux hormones posthypophysaires, une seule est connue pour jouer un rôle majeur lors de l'exercice. C'est l'ADH qui permet la conservation de l'eau en augmentant la perméabilité du tube collecteur du rein. Il en résulte une diminution des pertes d'eau par les urines.

Peu de données concernent les effets de l'exercice sur les sécrétions de la neurohypophyse. On sait, cependant, que l'injection d'une solution électrolytique concentrée entraîne une augmentation de la sécrétion d'ADH par cette glande. Le rôle de cette hormone est de conserver le capital hydrique et de minimiser le risque de déshydratation lors des périodes de sudation très abondante et lors d'exercices intenses.

Les pertes sudorales induites par l'exercice musculaire entraînent une augmentation des concentrations électrolytiques dans le plasma. C'est l'**hémoconcentration** qui elle-même augmente l'**osmolarité** plasmatique (la concentration ionique des substances dissoutes dans le plasma). Les compartiments liquidiens renferment de nombreuses substances dissoutes appelées solutés qui peuvent être indifféremment des composés minéraux ou organiques. La présence de ces particules dans les différents compartiments liquidiens (intracellulaire, plasmatique et interstitiel) génère une pression osmotique qui a pour effet d'attirer l'eau au sein du compartiment considéré. En effet, la pression osmotique est directement proportionnelle au nombre de particules dissoutes (osmoles). Chaque particule de soluté constitue une osmole. Le nombre d'osmoles par litre définit l'osmolarité de la solution. Ainsi une solution qui renferme 0,001 osmole de soluté par litre d'eau a une osmolarité d'une milliosmole par litre (1 mOsm.L^{-1}). L'osmolarité des compartiments liquidiens est, au repos et dans des conditions normales, de 300 mOsm.L^{-1}. Toute augmentation de l'osmolarité dans un des compartiments engendre un mouvement d'eau. L'eau se déplace du compartiment où l'osmolarité est la plus faible vers celui où l'osmolarité est la plus élevée.

L'augmentation de l'osmolarité plasmatique représente le stimulus physiologique primaire de la sécrétion d'ADH. Cette augmentation de l'osmolarité est enregistrée par des osmorécepteurs, situés dans l'hypothalamus. La baisse du volume plasmatique détectée par les barorécepteurs du système cardiovasculaire représente un autre stimulus de sécrétion de l'ADH. En réponse, celui-ci envoie des influx nerveux vers la neurohypophyse, stimulant la sécrétion d'ADH. Au niveau des reins, l'ADH entraîne une rétention de l'eau qui dilue la concentration électrolytique du plasma et la ramène à des valeurs normales. La figure 4.6 résume ce mécanisme.

4.1.2 Le cortex surrénalien

Un groupe d'hormones appelées **minéralocorticoïdes**, secrétées au niveau du cortex surrénalien, régulent la balance hydro-électrolytique, en particulier en sodium et potassium, dans les liquides extracellulaires. L'hormone principale est l'**aldostérone**, responsable d'au moins 95 % de l'activité minéralocorticoïde. Elle agit essentiellement en facilitant la réabsorption rénale du sodium (Na$^+$). Toute réabsorption du sodium s'accompagne d'une réabsorption d'eau, de sorte que l'aldostérone intervient pour limiter le risque de déshydratation. La rétention de sodium s'accompagne aussi d'une augmentation de l'excrétion de K$^+$. L'aldostérone participe donc à la régulation de la balance potassique. La sécrétion d'aldostérone est stimulée par plusieurs facteurs, parmi lesquels une diminution du sodium plasmatique, une diminution du volume sanguin, une diminution de la pression artérielle, et une augmentation de la concentration plasmatique en potassium.

Figure 4.6 Mécanisme de conservation de l'eau par l'hormone antidiurétique (ADH)

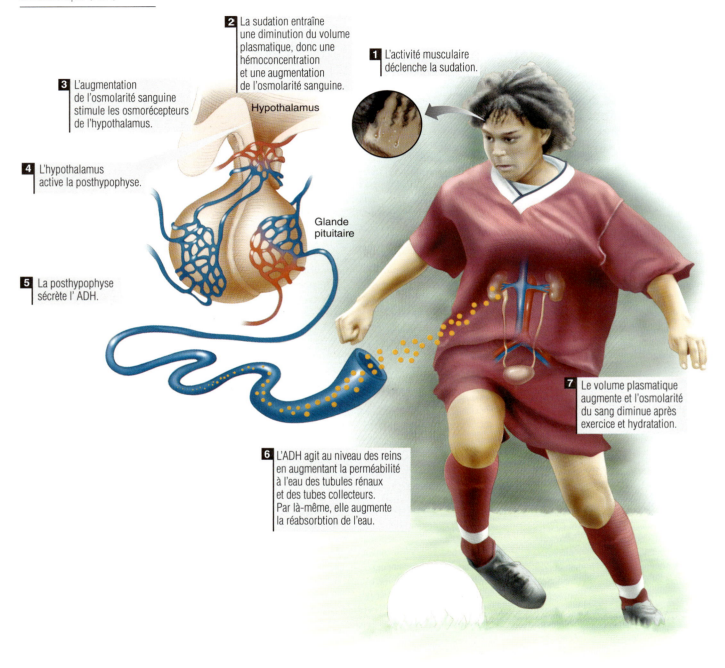

4.2 Les reins comme organes endocrines

Bien qu'ils ne soient pas considérés comme une glande endocrine essentielle, nous les citons ici parce qu'ils libèrent deux hormones importantes.

Les reins jouent un rôle fondamental dans le maintien de la pression artérielle en participant à la régulation de l'équilibre hydro-électrolytique. Le volume plasmatique est un déterminant essentiel de la pression artérielle. Toute diminution du volume plasmatique s'accompagne d'une baisse de cette

Figure 4.7

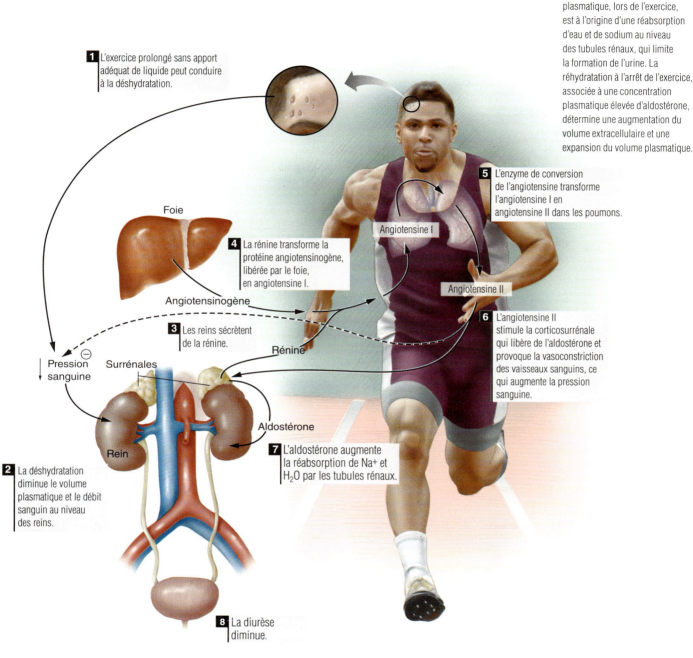

La fuite d'eau du secteur plasmatique, lors de l'exercice, est à l'origine d'une réabsorption d'eau et de sodium au niveau des tubules rénaux, qui limite la formation de l'urine. La réhydratation à l'arrêt de l'exercice, associée à une concentration plasmatique élevée d'aldostérone, détermine une augmentation du volume extracellulaire et une expansion du volume plasmatique.

1 L'exercice prolongé sans apport adéquat de liquide peut conduire à la déshydratation.

2 La déshydratation diminue le volume plasmatique et le débit sanguin au niveau des reins.

3 Les reins sécrètent de la rénine.

4 La rénine transforme la protéine angiotensinogène, libérée par le foie, en angiotensine I.

5 L'enzyme de conversion de l'angiotensine transforme l'angiotensine I en angiotensine II dans les poumons.

6 L'angiotensine II stimule la corticosurrénale qui libère de l'aldostérone et provoque la vasoconstriction des vaisseaux sanguins, ce qui augmente la pression sanguine.

7 L'aldostérone augmente la réabsorption de Na^+ et H_2O par les tubules rénaux.

8 La diurèse diminue.

pression. Celle-ci est en permanence régulée par des cellules spécialisées situées dans les reins. À l'exercice, elles sont stimulées par la chute de la pression ou du flux sanguin dans les artères rénales.

La figure 4.7 décrit le mécanisme impliqué dans le contrôle rénal de la pression artérielle. Il fait intervenir le **système rénine-angiotensine**. Les reins répondent à une diminution de la pression artérielle en sécrétant une enzyme, la **rénine**. Cette enzyme transforme une protéine plasmatique, l'angiotensinogène, en angiotensine I, laquelle est finalement convertie en angiotensine II grâce à une enzyme appelée **enzyme de conversion de l'angiotensine (ECA)**. L'angiotensine II agit à deux niveaux. C'est d'abord un puissant vasoconstricteur artériel qui entraîne une augmentation des résistances périphériques et donc une élévation de la pression artérielle. La seconde action de l'angiotensine II est de stimuler la sécrétion d'aldostérone par le cortex surrénalien. Puisque la rénine accélère la conversion de l'angiotensine I en angiotensine II, des inhibiteurs de la rénine sont parfois prescrits aux personnes atteintes d'hypertension afin que la dilatation des vaisseaux puisse abaisser pression artérielle.

Rappelons que la fonction première de l'aldostérone est d'activer la réabsorption du sodium par les reins. Comme l'eau suit le sodium, toute rétention de sodium par les reins s'accompagne d'une rétention d'eau. Ceci contribue à restaurer le volume plasmatique et à rétablir une pression artérielle normale. La figure 4.8 illustre les variations du volume plasmatique et des concentrations d'aldostérone lors d'un exercice de 2 h. Les effets de l'ADH et de l'aldostérone persistent 12 à 48 h après l'exercice, réduisant les pertes urinaires et protégeant l'organisme d'une déshydratation trop importante.

Les reins sécrètent aussi une hormone appelée l'**érythropoïétine (EPO)**. Cette hormone régule la production des globules rouges du sang (érythrocytes) en stimulant les cellules de la moelle osseuse. Les globules rouges jouent un rôle fondamental dans le transport de l'oxygène et l'élimination du dioxyde de carbone. L'érythropoïétine intervient tout particulièrement dans les phénomènes d'adaptation à l'entraînement et à l'altitude.

La plupart des athlètes de haut niveau, dont la quantité d'entraînement est importante, ont ainsi un volume plasmatique supérieur à la moyenne, ce qui dilue les différents constituants du sang. Ceux-ci sont ainsi dispersés dans un plus grand volume plasmatique. Ce phénomène est appelé **hémodilution**.

L'hémoglobine est l'une des substances subissant cette dilution lors de l'augmentation de volume plasmatique. C'est la raison pour laquelle certains athlètes qui ont habituellement des taux normaux d'hémoglobine peuvent paraître anémiques suite à l'hémodilution induite par le Na^+. Il est possible de remédier à cette situation – qu'il ne faut pas confondre avec la véritable anémie – par quelques jours de repos, le temps que le taux d'aldostérone redevienne normal et que les reins équilibrent l'eau et le Na^+.

Résumé

❯ La perte d'eau du plasma entraîne une augmentation de la concentration des constituants du sang, phénomène appelé hémoconcentration. À l'inverse, une augmentation de l'eau au niveau du plasma provoque la dilution de ces mêmes constituants, soit une hémodilution.

❯ La présence de ces particules dans les différents compartiments liquidiens (intracellulaire, plasmatique et interstitiel) génère une pression osmotique qui a pour effet d'attirer l'eau au sein du compartiment considéré. En effet, la pression osmotique est directement proportionnelle au nombre de particules dissoutes (osmoles). Chaque particule de soluté constitue une osmole. Le nombre d'osmoles par litre définit l'osmolarité de la solution. Ainsi une solution qui renferme 0,001 osmole de soluté par litre d'eau a une osmolarité d'une milliosmole par litre (1 $mOsm.L^{-1}$).

❯ L'osmolarité des compartiments liquidiens est, au repos et dans des conditions normales, de 300 $mOsm.L^{-1}$. Toute augmentation de l'osmolarité dans un des compartiments engendre un mouvement d'eau. L'eau se déplace du compartiment où l'osmolarité est la plus faible vers celui où l'osmolarité est la plus élevée.

❯ Les deux principales hormones impliquées dans la régulation de l'équilibre hydro-électrolytique sont l'aldostérone et l'hormone antidiurétique (ADH).

❯ L'ADH est sécrétée en réponse à l'augmentation de l'osmolarité plasmatique. Celle-ci est détectée par les osmorécepteurs hypothalamiques. C'est l'hypothalamus qui déclenche la libération de l'ADH par la post-hypophyse.

❯ L'ADH agit au niveau des reins, favorisant la réabsorption d'eau. Par ce mécanisme, elle augmente le volume plasmatique, et diminue l'osmolarité sanguine en diluant ainsi les solutés présents dans le plasma.

❯ Si le volume plasmatique ou la pression artérielle diminuent, les reins synthétisent une enzyme, appelée rénine, qui convertit l'angiotensinogène en angiotensine I puis en angiotensine II. L'angiotensine II augmente les résistances périphériques à l'écoulement, augmentant ainsi la pression artérielle.

❯ L'angiotensine II active alors la libération d'aldostérone par le cortex surrénalien. L'aldostérone favorise la réabsorption rénale du sodium, et donc la rétention d'eau, contribuant ainsi à l'augmentation du volume plasmatique.

Figure 4.8

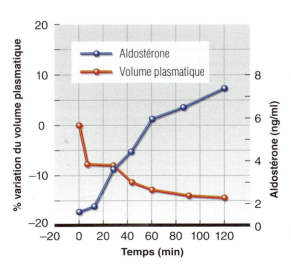

Variations du volume plasmatique et de la concentration en aldostérone lors d'un exercice de pédalage de 2 h. Le volume plasmatique diminue rapidement pendant les premières minutes d'exercice. La diminution se poursuit beaucoup plus lentement ensuite, malgré d'importantes pertes sudorales. La concentration plasmatique d'aldostérone augmente tout au long de l'exercice.

5. Régulation hormonale de l'apport calorique

La prise alimentaire comprend trois phases. La première appelée phase ingestive est caractérisée par la sensation de faim. La deuxième phase ou phase prandiale, correspond à la prise alimentaire où se met en place le processus de rassasiement. La dernière phase dite phase postprandiale est caractérisée, quant à elle, par l'état de satiété. La régulation de la prise alimentaire fait partie d'un système complexe mettant en jeu la signalisation hormonale provenant de l'ensemble de l'organisme incluant le système gastro-intestinal et les cellules adipeuses. La prise alimentaire est principalement sous le contrôle de l'hypothalamus avec également quelques contributions provenant d'autres centres cérébraux. Le centre de la satiété est localisé au niveau du noyau ventromédian du cerveau alors que celui de la faim se situe au niveau de l'hypothalamus latéral. L'hypothalamus, comme pour d'autres aspects de l'homéostasie, intègre les signaux nerveux et hormonaux du comportement alimentaire et de l'apport calorique.

Les hormones influençant les centres cérébraux sont synthétisées et libérées depuis les tissus périphériques incluant l'intestin et les cellules adipeuses (adipocytes). Ces hormones peuvent être divisées en deux catégories, les anorexigènes (suppression de l'appétit) et les orexigènes (stimulation de l'appétit). Les principales hormones régulant l'appétit et la satiété sont la cholecystokinine, la leptine, le peptide YY, GLP-1 et la ghréline.

5.1 Les hormones du tractus gastro-intestinal

Le contrôle à court terme de la prise alimentaire est régulé par les concentrations plasmatiques des nutriments comprenant les acides aminés, le glucose et les lipides. Toutefois, les hormones sécrétées par le tractus gastro-intestinal (GI) jouent également un rôle majeur. En effet, la dilatation gastro-intestinale liée au remplissage de l'estomac déclenche la sécrétion de la **cholecystokinine** (CCK) qui stimule les fibres afférentes du nerf vagal afin d'envoyer des signaux au cerveau pour supprimer la faim. De plus, d'autres hormones incluant la GLP-1 et le peptide YY (PYY) sont sécrétées par l'intestin grêle et le gros intestin, pendant et après manger. Ces hormones arrivent au cerveau à travers la circulation sanguine où elles suppriment la faim. Le PYY agit aussi au niveau de l'hypothalamus en inhibant la motilité gastrique. L'insuline sécrétée par le pancréas agit, elle aussi, comme hormone de satiété.

À l'inverse, la ghréline sécrétée par le pancréas et l'estomac (quand ce dernier est plein), peut être considérée comme une hormone de la faim. La **ghréline**, arrive au cerveau à travers la circulation sanguine où elle traverse la barrière hémato-encéphalique et agit sur les centres de la faim au niveau de l'hypothalamus latéral. Après manger, la concentration de ghréline diminue.

5.2 Le tissu adipeux comme glande endocrine

En plus des hormones secrétées par l'estomac et les intestins, d'autres hormones secrétées par les adipocytes (cellules adipeuses) agissent également sur les centres de la faim et de la satiété au niveau de l'hypothalamus. Comme le niveau de ces hormones dépend de la quantité du tissu adipeux de l'organisme, qui lui varie peu, ces hormones sont plus impliquées dans la régulation de la prise alimentaire sur le long terme. La **leptine** est secrétée principalement par les cellules adipeuses et agit sur des récepteurs au niveau de l'hypothalamus pour diminuer la faim. La concentration de la leptine étant proportionnelle à la masse grasse, elle constitue ainsi un indicateur de la balance énergétique. La figure 4.9 présente un schéma simplifié de l'action de la leptine et de la ghréline sur la régulation de la faim et de l'appétit.

La plupart des avancées scientifiques concernant le rôle de la leptine dans la régulation de la balance énergétique ont été réalisées en utilisant comme modèle animal des souris porteuses d'une mutation aboutissant à l'absence de signal leptine. Ces souris déficientes en leptine présentent une hyperphagie et une obésité sévère. Paradoxalement, les sujets obèses présentent des concentrations de leptine circulante très élevées mais cette dernière n'est pas capable d'induire la réponse voulue. Cet état pathologique est appelé «résistance à la leptine» ou leptino-résistance. Le signal n'est donc pas transmis à l'hypothalamus pour initier l'état de satiété. De plus les personnes obèses présentent également des perturbations concernant la ghréline, la ghrélinémie étant fortement abaissée dans cette population. Les chercheurs commencent seulement à comprendre comment les signaux régulant l'appétit varient avec la prise de poids et l'obésité. Cette compréhension est fondamentale pour adapter au mieux la prise en charge des sujets obèses et juger des influences de l'exercice physique sur les hormones de l'appétit et de la satiété.

5.3 Effets de l'exercice et de l'entraînement sur les hormones de satiété

Les exercices aigus d'intensité modérée à élevée suppriment temporairement l'appétit,

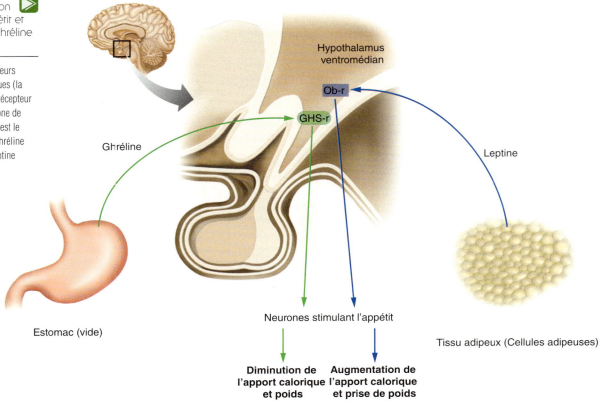

Figure 4.9 Régulation hormonale de l'appétit et de la satiété par la ghréline et la leptine

En agissant sur des récepteurs hypothalamiques spécifiques (la cible de la ghréline est le récepteur du sécrétagogue à l'hormone de croissance [GHS-r] ; Ob-r est le récepteur à la leptine) la ghréline augmente l'appétit et la leptine le diminue.

probablement en diminuant la sécrétion de ghréline et en augmentant celle de la GLP-1 du PYY au niveau du tractus GI[12]. Ces variations hormonales sont surtout observées en réponse à l'exercice aérobie et non en réponse à l'exercice de type anaérobie[3].

Avec l'entraînement physique, on observe un décalage de la balance énergétique lié au déficit calorique induit par l'exercice. L'organisme compense partiellement en augmentant la sensation de faim et donc la prise alimentaire *via* la régulation hormonale de l'appétit. En effet, plusieurs études ont observé une augmentation de la concentration plasmatique du PYY en réponse à l'entraînement, ce qui est en cohérence avec l'augmentation de la satiété. Paradoxalement, la ghréline, hormone de la faim, ne varie pas chez les personnes qui ne perdent pas de poids en réponse à l'entraînement et augmente chez celles qui en perdent après entraînement physique[9]. En général, les hormones de la satiété et de la faim sont sensibles à la balance énergétique totale qui est modulée par l'exercice chronique. Certaines études suggèrent même que la mesure des taux circulants de leptine et de ghréline pourrait aider les athlètes de haut niveau à surveiller leur balance énergétique, détecter des états de surentraînement et aider à anticiper les déficits énergétiques[5].

6. Conclusion

Dans ce chapitre, nous avons souligné toute l'importance du système endocrinien dans la régulation des différents processus physiologiques qui accompagnent l'exercice musculaire. Nous avons détaillé le rôle joué par ces hormones dans les métabolismes des glucides et des lipides, ainsi que dans le maintien de l'équilibre hydro-électrolytique. Nous avons aussi évoqué de nouvelles connaissances relatives à la régulation hormonale de l'appétit et de l'apport calorique. Dans le prochain chapitre, nous étudierons la dépense énergétique et la fatigue engendrées par l'exercice physique.

Mots-clés

activation directe du gène

adénosine monophosphate cyclique (AMPc)

adrénaline

aldostérone

autocrines

catécholamines

calcitonine

cellules cibles

cholecystokinine (CCK)

cortisol

down-regulation

enzyme de conversion de l'angiotensine (ECA)

érythropoïétine (EPO)

feed-back négatif

glucagon

glucocorticoïdes

ghréline

hémoconcentration

hémodilution

hormone antidiurétique (ADH)

hormone de croissance

hormones

hormones non stéroïdes

hormones stéroïdes

hyperglycémie

hypoglycémie

inhibiting factors

insuline

irisine

leptine

minéralocorticoïdes

noradrénaline

osmolarité

prostaglandines

releasing factors

rénine

résistance à l'insuline

second messager hormonal

sensibilité à l'insuline

système rénine-angiotensine

thyréostimuline (TSH)

thyroxine (T_4)

triiodothyronine (T_3)

up-regulation

Questions

1. Qu'est-ce qu'une glande endocrine ? Quelles sont ses fonctions principales ?

2. Qu'est-ce qui différencie une hormone stéroïde d'une hormone non stéroïde (actions et cellules cibles) ?

3. Comment explique-t-on qu'une hormone exerce des fonctions très spécifiques, alors même qu'elle diffuse, grâce au milieu circulant, dans tout l'organisme ?

4. Quels sont les principaux mécanismes qui permettent de réguler la concentration plasmatique des hormones ?

5. Définir les termes *Up-regulation* et *Down-regulation* ? Comment les cellules cibles deviennent-elles moins ou plus sensibles à une hormone ?

6. Expliquez le rôle joué par les seconds messagers dans le contrôle hormonal et la fonction cellulaire ?

7. Citez les principales glandes endocrines, leurs hormones, et leurs effets spécifiques.

8. Parmi les glandes endocrines citées à la question précédente, lesquelles jouent un rôle essentiel à l'exercice ?

9. Décrivez la régulation hormonale du métabolisme à l'exercice. Quelles sont les principales hormones impliquées ? Comment influent-elles sur la disponibilité des sucres et des graisses lors d'un exercice de plusieurs heures ?

10. Décrivez la régulation hormonale de l'équilibre hydro-électrolytique à l'exercice.

11. Décrivez les modalités de sécrétion ainsi que les fonctions et inter-relations des hormones suivantes : cholecystokinine, ghréline et leptine.

Dépense énergétique et fatigue

5

On en parle comme du plus grand match de football américain de tous les temps. Le 2 janvier 1982, les Miami Dolphins et les San Diego Chargers se sont livrés bataille dans la chaleur moite de la nuit pendant plus de 4 heures Les joueurs qu'il fallait évacuer revenaient sans répit sur le terrain. Kellen Winslow, « tight end » (extrémité de ligne), dont le nom figure sur le Hall of Fame (ou Temple de la renommée de la *National Football League*), a surmonté une extrême fatigue et d'atroces douleurs dorsales pour devenir l'un des nombreux héros de ce choc épique où il fallait vaincre à tout prix. Comme le fait remarquer Rick Reilly de Sports Illustrated du 25/10/99, « quelle que soit l'équipe, aucun des joueurs ne pourrait plus jamais aller si loin ou si haut ». Un joueur déclare, « on entend le coach vous dire qu'il faut tout donner sur le terrain. Eh bien c'est vraiment ce qui s'est passé pour les deux équipes sur le terrain ce jour-là ». Un autre joueur ajouta en plaisantant, « les gars refusaient de sortir du jeu… pour ne pas avoir à courir jusqu'à la ligne de touche ! » Probablement qu'aucun commentaire ne peut mettre aussi clairement en lumière la notion d'énergie et de fatigue que les sujets abordés dans ce chapitre.

Plan du chapitre

1. Mesures de la dépense énergétique   120
2. La dépense énergétique au repos et à l'exercice   125
3. La fatigue et ses causes   134
4. La douleur musculaire et les crampes   139
5. Conclusion   146

La physiologie de l'exercice ne peut se comprendre que si l'on possède des notions sur la dépense énergétique au repos et à l'exercice. Dans le chapitre 2, nous avons vu comment l'ATP, source d'énergie exclusive des cellules, était régénéré à partir de substrats par différentes voies métaboliques. Dans la première moitié de ce chapitre, nous étudierons différentes techniques permettant de mesurer le métabolisme énergétique ou dépense énergétique. Nous verrons ensuite comment évolue cette dépense énergétique, du repos à l'exercice maximal.

Si l'exercice dure sur une période prolongée, la contraction musculaire peut ne pas être soutenue et la performance peut diminuer. Cette incapacité à maintenir une contraction musculaire adéquate est généralement appelée « fatigue ». La fatigue est un phénomène complexe, multidimensionnel, qui peut résulter d'une incapacité à maintenir le débit métabolique et donc entraîner une baisse de l'énergie produite. C'est pour cette raison que nous traiterons de la fatigue dans ce chapitre en même temps que la notion de dépense énergétique. La douleur et la crampe musculaire seront aussi discutées comme facteur additionnel pouvant limiter la performance physique.

1. Mesures de la dépense énergétique

Le renouvellement de l'énergie dans les fibres musculaires ne peut être mesuré directement. Il existe par contre de nombreuses méthodes de mesure indirectes pour calculer la quantité d'énergie dépensée par l'organisme, au repos ou à l'exercice. Certaines de ces méthodes datent des années 1900, d'autres sont plus récentes. Nous allons en décrire quelques-unes.

1.1 La calorimétrie directe

40 % de l'énergie libérée par le métabolisme du glucose ou des lipides sont utilisés pour produire de l'ATP. Les 60 % restants sont libérés sous forme de chaleur. Il est ainsi possible d'apprécier le débit et la quantité d'énergie produits en mesurant la production de chaleur par l'organisme. C'est la technique dite de **calorimétrie directe**, la **calorie** (cal) étant l'unité de base de mesure de la chaleur.

C'est vers la fin du XIXe siècle que Zuntz et Hagemann[21] ont décrit cette technique qui utilise un **calorimètre ou une chambre calorimétrique** (figure 5.1), enceinte étanche dans laquelle on insuffle de l'air. Les parois renferment des tuyaux de cuivre où circule de l'eau. Le sujet, à l'intérieur de l'enceinte, produit de la chaleur qui irradie vers les parois et chauffe l'eau. Il est facile de mesurer la température de l'eau ainsi que celle de l'air qui entre et quitte la pièce. Leurs variations traduisent la production de chaleur corporelle et donc l'activité métabolique.

Ces chambres calorimétriques sont très onéreuses et l'exploitation des résultats relativement longue. Malgré leurs nombreux défauts en physiologie de l'exercice, leur seul véritable avantage est de mesurer directement la chaleur. Même si cette technique donne une mesure précise de la dépense énergétique totale d'un individu, elle ne peut pas suivre des variations rapides d'énergie. C'est pour cette raison que la calorimétrie directe est utilisée pour les mesures énergétiques de base ou de repos mais qu'elle ne peut l'être pour mesurer la dépense énergétique à l'exercice. D'autres raisons rendent cette technique non applicable à l'exercice :

- La chaleur dégagée par certains ergomètres comme les tapis roulants fausse les mesures.
- Toute la chaleur n'est pas évacuée par l'organisme ; une partie est stockée ce qui augmente la température corporelle.
- La sueur perturbe les mesures et les constantes utilisées pour les calculs de chaleur produite.

Par conséquent, cette méthode est peu utilisée aujourd'hui. Il est devenu plus simple et moins onéreux de mesurer la dépense énergétique en mesurant les échanges en oxygène et en dioxyde de carbone.

1.2 La calorimétrie indirecte

Comme nous l'avons vu dans le chapitre 2, les métabolismes du glucose ou des lipides consomment de l'oxygène et produisent du CO_2 et de l'eau. Or, les échanges gazeux pulmonaires en O_2 et CO_2 sont essentiellement fonction de leur utilisation, ou libération, par les tissus. Il est alors possible d'évaluer la dépense calorique par des mesures respiratoires. Cette méthode d'évaluation de la dépense énergétique est appelée **calorimétrie indirecte** parce que la chaleur produite n'est pas mesurée directement. Elle est, en fait, calculée à partir des mesures de CO_2 et de O_2.

Afin que la consommation d'O_2 reflète précisément le métabolisme énergétique, il faut que la production d'énergie soit complètement oxydative. En effet, si une quantité non négligeable de l'énergie est apportée par les voies anaérobies, la mesure des échanges gazeux ne reflétera pas l'ensemble du métabolisme. C'est pourquoi cette technique est limitée aux activités en état stable durant plus de 60s, ce qui est heureusement le cas de la plupart de nos activités quotidiennes et de l'exercice.

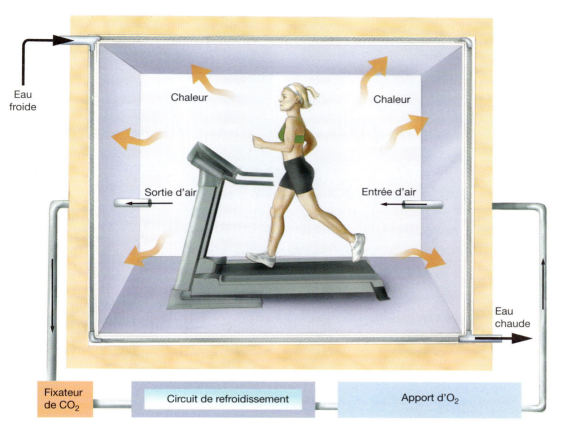

Figure 5.1 Chambre calorimétrique

La chaleur produite par le sujet est transmise à l'air et aux parois de l'enceinte (par radiation, conduction, convection et évaporation). Elle peut être mesurée en enregistrant les variations de température de l'air et de l'eau qui circulent autour de la chambre. Elle reflète l'activité métabolique du sujet.

Les échanges gazeux respiratoires sont déterminés par la mesure du volume d'O_2 et de CO_2 qui entrent et qui sortent des poumons pendant une période donnée. Comme l'oxygène quitte les alvéoles après l'inspiration et que le CO_2 lui arrive, la fraction (pourcentage) en O_2 dans l'air expiré est plus faible que dans l'air inspiré contrairement à la fraction en CO_2 qui est plus importante dans l'air expiré que dans l'air inspiré. Par conséquent, la différence de teneur en gaz entre l'air inspiré et l'air expiré nous indique le niveau d'O_2 prélevé et de CO_2 produit par l'organisme. Les stocks d'oxygène de l'organisme étant très limités, l'O_2 prélevé au niveau pulmonaire reflète exactement son utilisation par le muscle. Même s'il existe de nombreuses méthodes très sophistiquées et très coûteuses pour mesurer les échanges gazeux respiratoires en O_2 et CO_2, les méthodes les plus simples et les plus anciennes (i.e. Sacs de Douglas et analyse chimique des gaz) restent les plus fiables. Toutefois, ces dernières prennent beaucoup de temps et ne permettent que peu de mesures lors d'un test. C'est pourquoi, ces techniques de référence, bien que plus précises, ont été progressivement remplacées par les méthodes automatisées de mesure des échanges gazeux respiratoires qui permettent des mesures en continu sur de longues périodes.

Notez dans la figure 5.2 que les gaz expirés passent, par l'intermédiaire d'un tuyau, dans une chambre de mélange où une fraction est pompée pour être analysée par des analyseurs électroniques en O_2 et CO_2. Il faut noter que le sujet porte un pince-nez, de sorte que tout le gaz expiré par la bouche soit collecté et que rien ne soit perdu. Dans ce dispositif, un ordinateur calcule automatiquement le volume d'oxygène consommé (VO_2) ainsi que le volume de dioxyde de carbone produit (VCO_2) à partir de la mesure des volumes et des teneurs en gaz de l'air inspiré et expiré. Les méthodes automatisées peuvent réaliser ces mesures cycle à cycle, mais généralement elles sont moyennées sur une période plus longue comme une minute ou plus.

1.2.1 Calcul de la consommation d'oxygène et de dioxyde de carbone

Comme nous venons de le voir, en utilisant le matériel illustré sur la figure 5.2, les physiologistes de l'exercice mesurent les trois variables nécessaires au calcul de la consommation d'O_2 et à la production de CO_2. Les valeurs sont ensuite rapportées à la minute : on parle alors de consommation d'oxygène par minute ($\dot{V}O_2$) et de production de dioxyde de carbone par minute ($\dot{V}CO_2$). Le point sur le $\dot{V}$, indique qu'il s'agit d'un débit de consommation d'oxygène ou de production de dioxyde de carbone, par exemple litres par minute.

Chapitre 5 — La Physiologie du sport et de l'exercice

Figure 5.2

Chaîne classique de mesure des échanges gazeux en oxygène et en dioxyde de carbone utilisée par les physiologistes de l'exercice. Les valeurs obtenues servent pour le calcul de la $\dot{V}O_2$ et du QR et donc de la dépense énergétique. Même si l'équipement est encombrant et limite le mouvement, d'autres modèles plus petits et portables ont été développés pour une utilisation à la fois en laboratoire mais également sur le terrain.
Sur la photographie de droite, le Cosmed K4, système d'analyse des échanges gazeux portable est utilisé pour mesurer la consommation d'oxygène d'un sujet réalisant un exercice aérobie.

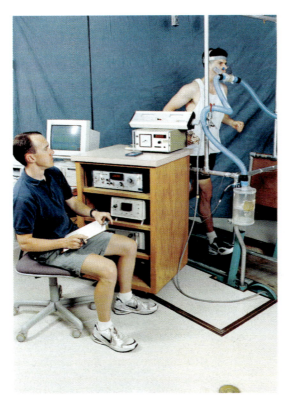
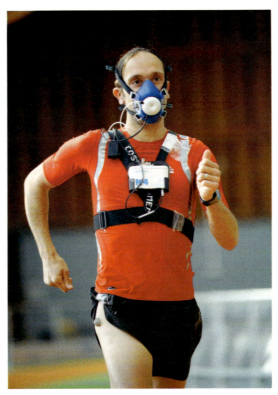

D'une façon simplifiée, ($\dot{V}O_2$) est égale au volume d'O_2 inspiré en une minute moins le volume d'O_2 expiré sur cette même période. Pour calculer le volume d'O_2 inspiré en une minute, il faut multiplier le volume d'air inspiré en une minute par la fraction en O_2 de cet air ; le volume d'O_2 expiré en une minute s'obtient de la même façon, en multipliant le volume d'air expiré en une minute par la fraction en O_2 de cet air. Le même principe est appliqué pour la production de CO_2.

Ainsi, le calcul de la ($\dot{V}O_2$) et de la ($\dot{V}CO_2$) nécessite le recueil des données suivantes :

- Le débit de l'air inspiré ($\dot{V}_I$).
- Le débit de l'air expiré ($\dot{V}_E$).
- La fraction (ou pourcentage) en O_2 dans l'air inspiré (F_IO_2).
- La fraction (ou pourcentage) en CO_2 dans l'air inspiré (F_ICO_2).
- La fraction (ou pourcentage) en O_2 dans l'air expiré (F_EO_2).
- La fraction (ou pourcentage) en CO_2 dans l'air expiré (F_ECO_2).

La consommation d'O_2 et la production de CO_2, exprimées en litres par minute, sont alors calculées comme suit :

$$\dot{V}O_2 = (\dot{V}_I \times F_IO_2) - (\dot{V}_E \times F_EO_2)$$
$$\dot{V}CO_2 = (\dot{V}_E \times F_ECO_2) - (\dot{V}_I \times F_ICO_2)$$

Ces différentes équations permettent d'estimer d'une manière assez fiable $\dot{V}O_2$ et $\dot{V}CO_2$. Toutefois, elles sont basées sur le fait que le volume d'air inspiré est égal à celui expiré et qu'il n'y a pas de variation des volumes des gaz de l'organisme. Du fait qu'il existe des différences concernant les gaz stockés pendant l'exercice (discuté ultérieurement), des équations plus précises peuvent dériver des variables listées ci-dessus.

1.2.2 La transformation de Haldane

Depuis de nombreuses années, les scientifiques essayent de simplifier le calcul de la consommation d'O_2 et de la production de CO_2. Certaines données des deux équations précédentes sont connues et ne changeront pas. La fraction des trois gaz de l'air inspiré est bien établie : 20,93 % d'O_2, 0,04 % de CO_2 et 79,03 % d'azote (N_2). Qu'en est-il de la mesure du volume de l'air inspiré et expiré ? Ces volumes sont-ils identiques ce qui simplifierait le calcul en n'en mesurant qu'un ?

Le volume de l'air inspiré (V_I) est égal au volume de l'air expiré (V_E) seulement lorsque le VO_2 correspond au VCO_2. Lorsque le VO_2 est supérieur au

VCO_2, le $\dot{V}_I$ est supérieur au $\dot{V}_E$ et inversement. Or, la seule chose qui demeure constante est le volume d'azote inspiré ($\dot{V}_I N_2$) par minute qui est toujours égal au volume d'azote expiré par minute ($\dot{V}_E N_2$). Comme $\dot{V}_I N_2 = \dot{V}_I \times F_I N_2$ et $\dot{V}_E N_2 = \dot{V}_E \times F_E N_2$, il est possible de calculer $\dot{V}_I$ à partir de $\dot{V}_E$ en utilisant l'équation suivante appelée **transformation de Haldane**.

$$(1) \quad \dot{V}_I \times F_I N_2 = \dot{V}_E \times F_E N_2$$

Cette équation peut être réécrite de la façon suivante :

$$(2) \quad \dot{V}_I = (\dot{V}_E \times F_E N_2) / F_I N_2$$

Comme les gaz mesurés sont l'O_2 et le CO_2 dans l'air expiré, il est possible de calculer $F_E N_2$ de cette façon :

$$(3) \quad F_E N_2 = 1 - (F_E O_2 + F_E CO_2)$$

Ainsi, en intégrant l'équation 2 dans la formule de calcul de la $\dot{V}O_2$:

$$\dot{V}O_2 = (\dot{V}_I \times F_I O_2) - (\dot{V}_E \times F_E O_2),$$

nous obtenons la formule suivante :

$$\dot{V}O_2 = [(\dot{V}_E \times F_E N_2) / F_I N_2 \times F_I O_2)] - [(\dot{V}_E) \times (F_E O_2)] ;$$

En remplaçant les valeurs connues de $F_I O_2$ (0,2093) et de $F_I N_2$ (0,7903) nous obtenons l'équation suivante :

$$\dot{V}O_2 = [(\dot{V}_E \times F_E N_2) / (0,7903 \times 0,2093)] - (\dot{V}_E \times F_E O_2) ;$$

En intégrant l'équation 3 nous obtenons la formule suivante :

$$\dot{V}O_2 = \{(\dot{V}_E) \times [1 - (F_E O_2 + F_E CO_2)] \times (0,2093 / 0,7903)\} - \{(\dot{V}_E) \times (F_E O_2)\} ;$$

ou simplifiée :

$$\dot{V}O_2 = (\dot{V}_E) \times \{[1 - (F_E O_2 + F_E CO_2)] \times 0,265\} - (\dot{V}_E \times F_E O_2) ;$$

ou encore plus simplifiée :

$$\dot{V}O_2 = (\dot{V}_E) \times \{[1 - (F_E O_2 + F_E CO_2)] \times 0,265\} - (\dot{V}_E F_E O_2)$$

Cette dernière équation est celle utilisée actuellement par les physiologistes de l'exercice même si désormais presque tous les laboratoires sont équipés de logiciels qui réalisent le calcul automatiquement. Il reste néanmoins une petite correction à apporter à ce calcul. En effet, lorsque les gaz sont expirés, ils proviennent de l'organisme où ils sont à température corporelle (en anglais : *Body Temperature*, BT) à pression ambiante (P) et saturés en vapeur d'eau (S). Ce sont les conditions dites « BTPS ». Par convention, tous les volumes de gaz mesurés dans les conditions BTPS ou dans les conditions ATPS (en anglais : *Ambient Temperature*, AT pour température ambiante) doivent être convertis en conditions standards (S) de température (T) et de pression (P) dans un air sec (D pour *dry* en anglais) (STPD). Ceci permet entre autre de pouvoir comparer les résultats de différents laboratoires et à différentes altitudes par exemple. Ces différentes corrections sont permises par une série d'équations.

1.2.3 Le quotient respiratoire

Pour évaluer la dépense énergétique corporelle totale, il est nécessaire de connaître le type d'aliment (glucide, lipide ou protéine) qui est oxydé. Les contenus en carbone et en oxygène du glucose, des acides gras ou des acides aminés diffèrent totalement. La consommation d'oxygène lors du métabolisme est donc fonction du type de substrat utilisé. La calorimétrie indirecte permet de connaître les quantités de CO_2 rejeté ($\dot{V}CO_2$) et d'oxygène consommé ($\dot{V}O_2$). Le rapport entre ces deux valeurs est appelé le **quotient respiratoire** ou QR.

En général, la quantité d'oxygène nécessaire pour oxyder complètement une molécule de glucide ou de lipide, est proportionnelle au nombre de carbones contenu dans le substrat. Par exemple, le glucose ($C_6H_{12}O_6$) contient 6 atomes de carbone. Lors de sa combustion, 6 molécules d'oxygène sont utilisées et produisent 6 molécules de CO_2, 6 molécules d'H_2O et 32 molécules d'ATP :

$$6\ O_2 + C_6H_{12}O_6 \rightarrow 6\ CO_2 + 6\ H_2O + 32\ ATP$$

En mesurant le volume de CO_2 rejeté et en le comparant au volume d'O_2 consommé, on obtient un quotient respiratoire égal à 1,0 :

$$QR = \dot{V}CO_2 / \dot{V}O_2 = CO_2 / 6\ O_2 = 1,0$$

Comme l'indique le tableau 5.1, le QR varie suivant le type de substrat utilisé pour produire l'énergie. Les acides gras libres contiennent beaucoup plus de carbone et d'hydrogène, mais moins d'oxygène que le glucose. Si nous considérons l'acide palmitique, $C_{16}H_{32}O_2$, pour oxyder totalement la molécule en CO_2 et H_2O il faut 23 molécules d'oxygène :

$$
\begin{array}{r}
16\ C + 16\ O_2 \rightarrow 16\ CO_2 \\
32\ H + 8\ O_2 \rightarrow 16\ H_2O \\
\hline
\text{Total} = 24\ O_2 \text{ nécessaire} \\
-1\ O_2 \text{ apporté par l'acide palmitique} \\
\hline
23\ O_2 \text{ consommé par l'organisme}
\end{array}
$$

Tableau 5.1 Équivalence calorique du quotient respiratoire (QR) et % kcal issu de CHO et des lipides

QR	Énergie kcal.L^{-1} O$_2$	% kcal glucides	% kcal lipides
0,71	4,69	0	100,0
0,75	4,74	15,6	84,4
0,80	4,80	33,4	66,6
0,85	4,86	50,7	49,3
0,90	4,92	67,5	32,5
0,95	4,99	84,0	16,0
1,00	5,05	100,0	0

À la fin d'une telle oxydation, on obtient 16 molécules de CO_2, 16 molécules d'H_2O et 129 molécules d'ATP :

$$C_{16}H_{32}O_2 + 23\ O_2 \rightarrow 16\ CO_2 + 16\ H_2O + 129\ ATP$$

La combustion de cette molécule de lipide nécessite beaucoup plus d'oxygène que la combustion d'une molécule de glucide. Lors de l'oxydation des glucides, 6,3 molécules d'ATP environ sont produites pour chaque molécule d'O_2 utilisée (32 ATP pour 6 O_2). En comparaison, 5,6 molécules d'ATP sont libérées par molécule d'O_2 utilisée, lors du métabolisme de l'acide palmitique (129 ATP pour 23 O_2).

Certes, les lipides fournissent plus d'énergie que les glucides mais il faut davantage d'oxygène pour les oxyder. Ceci implique que la valeur du QR pour les lipides est sensiblement plus basse que celle des glucides. Si le substrat est l'acide palmitique la valeur du QR est 0,70.

$$QR = \dot{V}CO_2/\dot{V}O_2 = 16/23 = 0,70$$

Une fois le QR calculé, à partir de la mesure des échanges gazeux, la valeur obtenue peut être comparée à d'autres, grâce à une table (tableau 5.1) qui permet de déterminer la nature des substrats oxydés. Si le QR est de 1, les cellules ont utilisé seulement le glucose ou le glycogène et chaque litre d'oxygène consommé libérera 5,05 kcal. L'oxydation des lipides seuls libère 4,69 kcal.L^{-1} O_2 et l'oxydation des protéines 4,46 kcal.L^{-1} O_2 consommé. Si les muscles utilisent seulement le glucose et si le corps consomme 2 L d'oxygène par minute, le débit de production de l'énergie sera de 10,1 kcal.min^{-1} (2 L.min^{-1} · 5,05 kcal).

1.2.4 Limites de la calorimétrie indirecte

La calorimétrie indirecte est loin d'être parfaite. Les calculs effectués à partir des échanges gazeux supposent que le contenu de l'organisme en O_2 reste constant, et que les échanges pulmonaires de CO_2 sont proportionnels à sa libération par les cellules. Le sang artériel est toujours totalement saturé en oxygène (98 %), même lors d'un effort intense. Nous pouvons affirmer que le volume d'oxygène qui est renouvelé par l'air que nous respirons est proportionnel à sa consommation par les cellules. Le rejet de dioxyde de carbone est moins constant. Le contenu de l'organisme en CO_2 est plus important et peut être modifié simplement par une hyperventilation ou par la réalisation d'un exercice intense. Dans ces conditions, la quantité de CO_2 rejetée par les poumons peut ne pas représenter précisément son niveau de production par les tissus. L'utilisation de cette méthode, pour déterminer la nature des substrats utilisés, n'est donc fiable qu'au repos ou lors d'un exercice en régime stable.

L'utilisation du quotient respiratoire peut aussi s'avérer inexacte. Rappelons que les protéines ne sont pas totalement oxydées par l'organisme parce que l'azote n'est pas oxydable. Il est donc impossible à partir du QR de connaître la contribution des protéines à la fourniture énergétique. C'est pourquoi le QR est parfois appelé QR non protéique, tout simplement parce qu'il ignore l'oxydation des protéines.

Si l'utilisation du QR peut se justifier, lors d'exercices de durée limitée dans lesquels les protéines contribuent peu à la fourniture d'énergie, il n'en est plus de même si l'exercice dure plusieurs heures car les protéines peuvent alors apporter plus de 5 % de l'énergie totale dépensée.

Au repos, l'organisme utilise une combinaison de ces substrats et les valeurs du QR sont fonction du mélange utilisé. Le QR se situe ainsi entre 0,78 et 0,80. À l'exercice, les muscles font appel aux glucides et le QR augmente, au prorata de leur utilisation et donc de l'intensité de l'exercice. Plus on utilise les glucides plus le QR s'approche de 1.

Lors d'exercices intenses, il est fréquent de noter un QR supérieur à 1. Ceci indique que l'organisme rejette plus de CO_2 qu'il n'en est produit au niveau musculaire. Dans ce type d'exercices, l'organisme tente de limiter l'acidification du milieu, due à l'accumulation d'acide lactique, en rejetant plus de CO_2. L'excès d'ions H$^+$ dans le sang entraîne en effet la transformation de l'acide carbonique en CO_2. Le CO_2 en excès est transporté lui-même jusqu'aux poumons où il est rejeté. Pour cette raison, les valeurs de QR proches de 1, ne permettent pas d'évaluer exactement le type de substrat utilisé par les muscles.

Il faut ajouter à cela que la production hépatique de glucose, à partir du catabolisme des acides aminés ou des lipides, détermine des quotients respiratoires proches de 0,70. Les calculs de l'oxydation des glucides à partir du QR sous estiment ainsi l'énergie en provenance de ces processus.

En dépit de ses insuffisances, la calorimétrie indirecte est susceptible de nous fournir de très bonnes évaluations de la dépense énergétique, au repos et à l'exercice sous-maximal. De plus, elle représente la méthode la plus utilisée dans les laboratoires à travers le monde.

1.3 Les mesures isotopiques du métabolisme énergétique

Dans le passé, la détermination de la dépense énergétique totale d'une journée impliquait de connaître le régime alimentaire pendant plusieurs jours et de mesurer simultanément l'évolution de la composition corporelle. Cette méthode, quoique très valide, est d'usage limité en pratique courante car il est difficile d'enregistrer tous les paramètres qui conditionnent les résultats.

L'utilisation des isotopes a heureusement amélioré nos possibilités d'investigation du métabolisme énergétique. Les isotopes sont des éléments possédant une masse atomique atypique. Ils peuvent être soit radioactifs (radio-isotopes) soit non radioactifs (isotopes stables). Le carbone-12 par exemple (^{12}C) dont la masse atomique est de 12 représente la forme la plus commune du carbone. Il est non radioactif. Le carbone-14 (^{14}C) à l'inverse possède 2 neutrons supplémentaires, ce qui lui confère une masse atomique de 14. Le carbone-14 est synthétisé en laboratoire et il est radioactif.

Le carbone-13 (^{13}C) représente 1 % seulement du carbone présent dans la nature. Il est moins facilement détectable que le carbone-14 dans l'organisme, mais il est préférentiellement utilisé dans les études sur l'énergie métabolique, car il n'est pas radioactif.

Il est, toutefois, nécessaire de perfuser l'individu pour suivre la distribution de cet isotope.

Les études utilisant l'eau doublement marquée (l'hydrogène-2 deutérium ou ^2H), pour enregistrer la dépense énergétique, lors d'une journée de vie normale, n'ont été introduites que récemment (1980).

Le sujet ingère, ici, une quantité connue d'eau marquée avec deux isotopes ($^2H_2$ et ^{18}O), d'où le terme d'eau doublement marquée. Le deutérium (^2H) diffuse dans tous les compartiments liquidiens de l'organisme et l'oxygène-18 (^{18}O) diffuse seulement dans l'eau et les stocks de bicarbonates (dans lesquels est stocké le dioxyde de carbone produit par le métabolisme). Les débits avec lesquels les deux isotopes quittent le corps peuvent être déterminés en analysant leur présence dans les urines, la salive ou des échantillons sanguins. Les débits de renouvellement peuvent alors être utilisés pour calculer combien de dioxyde de carbone est produit. Cette valeur peut être convertie en dépense énergétique en utilisant les équations de la calorimétrie.

Parce que le renouvellement des isotopes est relativement lent, les mesures sur l'énergie métabolique peuvent être menées pendant plusieurs semaines. Cette méthode n'est donc pas bien appropriée pour les mesures métaboliques lors de l'exercice aigu. Sa précision (plus de 98 %) et sa sécurité d'emploi la rendent pourtant particulièrement intéressante pour déterminer la dépense énergétique journalière. Les nutritionnistes ont reconnu la méthode à l'eau doublement marquée comme l'avancée technique la plus significative du siècle dans le domaine de l'énergétique.

> **Résumé**
>
> ❯ La calorimétrie directe utilise le calorimètre pour mesurer directement la quantité de chaleur libérée par l'organisme. Cette technique permet des mesures précises pour le métabolisme de repos mais elle est inadéquate pour les physiologistes de l'exercice.
>
> ❯ La calorimétrie indirecte nécessite de mesurer la consommation en O_2 et la production de CO_2 dans les gaz expirés. En plus de connaître les fractions d'O_2 et de CO_2 dans l'air inspiré, trois autres mesures sont nécessaires : les débits de l'air inspiré ($\dot{V}_I$) et expiré ($\dot{V}_E$), la fraction (ou pourcentage) en O_2 dans l'air expiré (F_EO_2) et la fraction (ou pourcentage) en CO_2 dans l'air expiré (F_ECO_2).
>
> ❯ Le calcul de la valeur du QR (rapport de ces 2 mesures de gaz) permet de déduire la nature des substrats oxydés ; le nombre de litres d'oxygène consommés, la valeur de la dépense énergétique.
>
> ❯ Le QR de repos est de 0,78 à 0,80. Lors de l'oxydation des lipides le QR est à 0,7 et lors de l'oxydation des glucides, il est à 1.
>
> ❯ Les isotopes peuvent être utilisés pour déterminer le niveau métabolique de repos sur de longues périodes. Ils sont apportés soit sous forme orale soit sous forme injectable, et servent de traceurs. Leur taux d'élimination permet de prédire la production de CO_2 et donc la dépense calorique.

2. La dépense énergétique au repos et à l'exercice

En utilisant les différentes techniques décrites précédemment, il est possible de mesurer l'énergie dépensée chez une personne au repos ou à l'exercice. Ce prochain paragraphe traite de la dépense énergétique ou des débits métaboliques au repos, lors de l'exercice sous maximal ou maximal et lors de la récupération.

2.1 Le métabolisme de base et le débit métabolique au repos

La vitesse à laquelle votre organisme utilise l'énergie constitue le débit métabolique. L'estimation de la dépense d'énergie au repos et à l'exercice est essentiellement basée sur la mesure de la consommation d'oxygène et de son équivalent calorique. Au repos, une personne consomme environ 0,3 L O_2 min^{-1}. Ceci équivaut à 18 L.h^{-1} ou 432 L.jour^{-1}.

Calculons, maintenant, comment cette personne dépense la totalité de ses calories. Au repos, rappelez-vous que le corps brûle à la fois des glucides et des lipides. Une valeur de QR de 0,8 au repos est fréquente chez la plupart des individus ayant un régime varié. L'équivalent calorique d'un quotient respiratoire de 0,80 est de 4,80 kcal. L^{-1} O_2 consommé. En utilisant ces valeurs communes, il est possible de calculer la dépense calorique d'un individu de la façon suivante :

Kcal/jour = L d'O_2 consommé par jour
　　　　　× équivalent calorique de l'O_2
　　　　　= 432 L O_2/jour × 4,80 Kcal/L O_2
　　　　　= 2 074 Kcal/jour

Cette valeur est tout à fait conforme à la dépense d'énergie moyenne d'un individu masculin d'environ 70 kg, au repos. Elle n'inclut naturellement pas la dépense d'énergie liée à l'activité quotidienne comme par exemple l'exercice physique.

La mesure standardisée de la dépense d'énergie, au repos, constitue le **métabolisme de base (MB)**. Le MB est le débit métabolique d'un individu, au repos et en position allongée, mesuré après au moins 8 heures de sommeil et au moins 12 heures de jeûne. Cette valeur correspond à la quantité minimale d'énergie nécessaire pour assurer l'essentiel des fonctions vitales de notre organisme.

L'activité métabolique de base est directement en relation avec la masse maigre et est en général rapportée au nombre de kcal par kg de masse maigre et par minute. Plus la masse maigre est importante plus le nombre de calories dépensées par jour est élevé. Rappelez-vous que les femmes possèdent une masse adipeuse plus importante que les hommes. À poids identique elles ont donc un niveau métabolique de base inférieur à celui des hommes.

La surface corporelle du corps est également importante à considérer. Plus la surface corporelle est importante plus les pertes de chaleur au travers de la peau sont élevées, ce qui augmente le niveau du métabolisme de base. En effet, une quantité d'énergie plus importante est nécessaire pour maintenir constante la température corporelle. Pour cette raison, le MB est souvent exprimé en kcal par m^2 de surface corporelle et par heure. Pour des raisons de clarté nous choisirons une unité plus simple ; le nombre de kcal par jour.

De nombreux autres facteurs peuvent affecter le niveau du métabolisme de base. Parmi ceux-ci citons :

- l'âge : le MB diminue régulièrement avec l'âge ;
- la température corporelle : le MB augmente avec l'augmentation de température ;
- le stress psychologique : Le stress augmente l'activité du système nerveux sympathique, ce qui simultanément élève le MB ;
- les hormones : par exemple, la thyroxine sécrétée par la glande thyroïde et l'adrénaline par la médulla surrénalienne élèvent le MB.

À la place du métabolisme de base, la plupart des chercheurs utilisent le terme de **débit métabolique de repos** car la plupart des mesures, si elles sont réalisées dans les conditions requises pour la mesure du MB, ne sont pas nécessairement faites après au moins 8 heures de sommeil et au moins 12 heures de jeûne. Le MB peut varier de 1 200 à 2 400 kcal par jour et il est environ 5 à 10 % inférieur au métabolisme de repos. La dépense énergétique moyenne journalière d'un individu ayant une activité quotidienne normale se situe entre 1 800 et 3 000 kcal.

La dépense d'énergie de la plupart des athlètes ayant une activité d'entraînement élevée (2 fois par jour) peut dépasser 10 000 kcal par jour alors que le métabolisme de base n'est que d'environ 1 200 kcal par jour !

2.2 Le débit métabolique à l'exercice sous-maximal

Tout exercice induit une augmentation des besoins énergétiques. Le métabolisme augmente proportionnellement avec l'intensité de l'exercice, comme le montre la figure 5.3a. Sur cette figure, le sujet pédale sur un cycloergomètre, pendant 5 minutes, à une puissance de 50 watts (W). La consommation d'oxygène ($\dot{V}O_2$) augmente, pour atteindre un état d'équilibre en 1 à 2 min (*steady-state* ou plateau). Le même sujet pédale alors, le lendemain, pendant 5 min à 100 W, un nouvel état d'équilibre est atteint en 1 à 2 min. Ce même type d'exercice est répété à 150 W, 200 W, 250 W et 300 W. Pour chaque puissance, un nouvel état d'équilibre s'installe. Si on reporte graphiquement les valeurs de $\dot{V}O_2$ respectivement obtenues pour chaque puissance, on note que $\dot{V}O_2$ augmente linéairement avec la puissance de l'exercice (portion droite de la figure 5.3a). À chaque état d'équilibre, $\dot{V}O_2$ représente le coût énergétique correspondant à la puissance développée.

Des études plus récentes montrent que la réponse en $\dot{V}O_2$, enregistrée à des niveaux élevés d'exercice, est sensiblement différente de celle qui vient d'être décrite. Dans ce cas, l'évolution de $\dot{V}O_2$ est illustrée par la figure 5.3b. Pour toutes les puissances situées au-delà du seuil lactique 1 (la lactatémie est représentée par la ligne pointillée sur

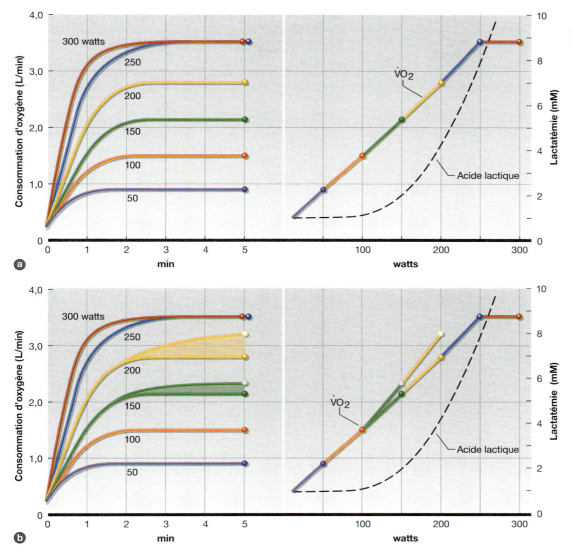

Figure 5.3

Augmentation de la consommation d'oxygène (a) telle qu'elle a été initialement proposée par Åstrand et Rodahl (1986) et (b) revisitée par Gaeser et Poole (1996).
D'après G.A. Gaesser & D.C. Poole, 1996, "The slow component of oxygen uptake kinetics in humans", *Exercise and Sport Sciences Reviews* 24: 36.

les parties droites des figures 5.3a et 5.3b), la consommation d'oxygène continue à monter légèrement au-delà des 1 à 2 min précédemment nécessaires pour atteindre l'état d'équilibre. Cette augmentation constitue la composante lente de la cinétique de $\dot{V}O_2$. Le mécanisme essentiel à l'origine de cette composante lente serait une altération du recrutement des fibres musculaires avec un recrutement de plus en plus important des fibres rapides avec l'intensité de l'exercice. En effet, ces fibres sont moins efficaces que les fibres lentes car elles demandent une $\dot{V}O_2$ plus importante pour développer une puissance identique[7].

Un phénomène proche, mais sans aucun lien avec la composante lente, est représenté par ce qu'on appelle la **dérive de $\dot{V}O_2$**. La dérive de $\dot{V}O_2$ est définie comme l'augmentation lente de $\dot{V}O_2$ observée avec le temps, lors d'un exercice prolongé, sous-maximal et de puissance constante. À la différence de la composante lente, cette dérive s'observe pour des puissances d'exercice pouvant se situer en dessous du seuil lactique 1. L'augmentation de $\dot{V}O_2$ enregistrée est plus faible que pour la composante lente. Bien qu'incomplètement expliquée, cette dérive est probablement due à une élévation de la ventilation et des taux circulants de catécholamines, avec la durée de l'exercice.

2.3 La consommation maximale d'oxygène

La figure 5.3a indique que la valeur de $\dot{V}O_2$ obtenue à 250 W et 300 W est la même. Ceci signifie que le sujet a atteint, à 250 W, une limite maximale et qu'il ne peut augmenter davantage sa $\dot{V}O_2$. La consommation d'oxygène ($\dot{V}O_2$) a atteint son maximum et reste constante même si vous continuez à augmenter l'intensité d'exercice. Cette valeur maximale détermine votre potentiel aérobie ;

elle est appelée **consommation maximale d'oxygène**, ou $\dot{V}O_2$max. $\dot{V}O_2$max est considérée comme la meilleure mesure, simple, de l'endurance cardiorespiratoire et de l'aptitude aérobie. Ce concept est également illustré dans la figure 5.4 qui compare la $\dot{V}O_2$max d'un sujet entraîné avec celle d'un non-entraîné.

Lors de certains protocoles de mesure où l'intensité d'exercice continue d'augmenter, le sujet atteint un niveau de fatigue élevé avant que le plateau de $\dot{V}O_2$ ne survienne. Dans ce cas, la valeur de $\dot{V}O_2$ la plus élevée atteinte par le sujet est appelée pic de $\dot{V}O_2$ ou $\dot{V}O_2$pic. Par exemple, les marathoniens atteignent souvent leur $\dot{V}O_2$max sur tapis roulant et rarement sur bicyclette ergométrique. En effet, sur ce dernier ergomètre, la fatigue des muscles quadriceps empêche le coureur d'atteindre la valeur la plus élevée de $\dot{V}O_2$.

Bien que dans le domaine du sport, quelques scientifiques aient suggéré que $\dot{V}O_2$max pouvait être un bon indicateur de la performance en endurance, on ne peut prédire quel sera le vainqueur d'un marathon à partir de la seule mesure de $\dot{V}O_2$max en laboratoire. De même, la performance, lors d'un test d'endurance, ne permet qu'une prédiction approchée de $\dot{V}O_2$max. Ceci suggère qu'une performance dans ce domaine exige plus qu'une $\dot{V}O_2$max élevée. Ce concept sera détaillé dans le chapitre 11.

Il a été montré que $\dot{V}O_2$max augmente essentiellement pendant les 8 à 12 premières semaines d'entraînement spécifique. Au-delà, même si le gain de $\dot{V}O_2$max est modeste, les pratiquants continuent malgré tout à améliorer leurs performances en endurance. Les athlètes développent alors leur aptitude à travailler à un pourcentage plus élevé de leur $\dot{V}O_2$max. Ainsi, la plupart des coureurs à pied peuvent faire un marathon de 42 km à une vitesse moyenne correspondant à environ 75 à 80 % de leur $\dot{V}O_2$max ou plus.

Considérons le cas d'Alberto Salazar, dont la performance est proche du record du monde sur marathon. Sa $\dot{V}O_2$max était de 70 ml par kg et par minute. Celle-ci était inférieure à la $\dot{V}O_2$max attendue, compte tenu de sa performance de 2 h 8 min. Mais il était capable de courir à 86 % de sa $\dot{V}O_2$max pendant un marathon, soit à un pourcentage beaucoup plus élevé que les autres coureurs. Ceci peut, en partie, expliquer son niveau de performance.

Comme les besoins énergétiques varient avec les dimensions corporelles, $\dot{V}O_2$max est en général exprimée par rapport au poids total, soit en millilitres d'oxygène consommé par kilogramme de poids et par minute ($ml.kg^{-1}.min^{-1}$). Ceci permet une comparaison plus fiable entre les individus, en particulier dans les activités où le poids constitue une charge, comme la course à pied. Dans les activités où le poids du corps intervient moins, comme la natation ou le vélo, la performance en endurance est surtout en relation avec $\dot{V}O_2$max exprimé en litres par minute.

Les individus modérément actifs, âgés de 18 à 22 ans, ont une $\dot{V}O_2$max aux environs de 38 à 42 $ml.kg^{-1}.min^{-1}$, pour les femmes, et 44 à 50 ml $kg^{-1}.min^{-1}$, pour les hommes. À l'opposé, des adultes en très mauvaise condition physique peuvent avoir des $\dot{V}O_2$max aux environs de 20 $ml.kg^{-1}.min^{-1}$. À l'extrême, des consommations maximales d'oxygène de 80 à 84 $ml.kg^{-1}.min^{-1}$ ont été mesurées chez des hommes pratiquant la course d'endurance et chez des skieurs de fond. La valeur la plus élevée de $\dot{V}O_2$max enregistrée chez un homme est celle d'un skieur de fond norvégien, champion du monde, dont la $\dot{V}O_2$max était de 94 $ml.kg^{-1}.min^{-1}$. Chez les femmes, la valeur la plus élevée est de 77 $ml.kg^{-1}.min^{-1}$ chez une skieuse de fond russe.

Après 25 à 30 ans, les valeurs de $\dot{V}O_2$max des sujets inactifs diminuent d'environ 1 % par an. Ceci est probablement dû à la fois aux effets de l'âge et de la sédentarité. Les femmes adultes ont en général des valeurs de $\dot{V}O_2$max nettement inférieures à celles de leurs partenaires masculins. Deux facteurs essentiels contribuent à expliquer ces différences intersexes : leur masse maigre plus faible et un contenu en hémoglobine inférieur (ce qui diminue leur capacité de transport de l'oxygène). La part dévolue à une différence éventuelle dans les activités physiques quotidiennes, pour expliquer l'écart de $\dot{V}O_2$max entre les deux sexes, est mal déterminée. Elle est sans doute en relation avec les habitudes socioculturelles. Ceci sera discuté au chapitre 19.

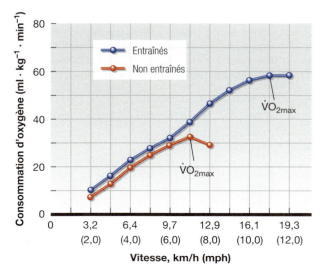

Figure 5.4 Relation entre l'intensité de l'exercice (vitesse) et la consommation d'oxygène, mettant en évidence le plateau de $\dot{V}O_2$max chez des hommes entraînés et non entraînés

2.4 L'effort anaérobie et capacité maximale d'exercice

Aucun exercice n'est 100 % aérobie ou 100 % anaérobie. Comme nous l'avons vu précédemment, les techniques que nous avons décrites ne mesurent pas les processus anaérobies qui sont pourtant présents même lors des efforts aérobies. Comment évaluer alors l'interaction de ces deux processus ? S'il est possible de mesurer le métabolisme aérobie, il est plus difficile d'évaluer le métabolisme anaérobie. Les méthodes les plus communes consistent à analyser l'excès de consommation d'oxygène post-exercice (EPOC) ainsi que les seuils lactiques.

2.4.1 La consommation d'oxygène à l'arrêt de l'exercice

L'aptitude de l'organisme à estimer les besoins du muscle en oxygène n'est pas parfaite. Lorsque vous démarrez un exercice, votre système de transport de l'oxygène (respiration et circulation) ne fournit pas immédiatement la quantité nécessaire d'oxygène aux muscles actifs. Il faut plusieurs minutes pour que la consommation d'oxygène atteigne le niveau adéquat (*steady-state* ou état d'équilibre), c'est-à-dire celui pour lequel les processus aérobies atteignent leur fonctionnement optimal. Les besoins en oxygène du corps augmentent pourtant très nettement dès le début de l'exercice.

Comme les besoins en oxygène et la fourniture d'oxygène sont décalés pendant la période de transition qui sépare le repos de l'exercice, l'organisme contracte un **déficit en oxygène** représenté sur la figure 5.5, même pour des niveaux d'exercices faibles. Le déficit d'oxygène est calculé comme la différence entre le niveau d'oxygène requis pour un exercice d'intensité donnée (steady-state) et la quantité d'oxygène consommée à un instant donné. En dépit de l'apport insuffisant en oxygène, vos muscles doivent produire la quantité d'ATP nécessaire à partir des voies anaérobies décrites au chapitre 2.

Pendant les premières minutes de récupération, même si vos muscles ne sont plus actifs, la demande en oxygène ne diminue pas immédiatement. Au contraire, la consommation d'oxygène reste momentanément élevée (figure 5.5). Autrement dit, cette consommation excède celle nécessaire à l'état de repos. Elle est considérée comme une dette d'oxygène. Le terme actuellement le plus utilisé est : **excès de consommation d'oxygène post-exercice** (EPOC = *Excess Post-exercise Oxygen Consumption*). L'EPOC correspond au surplus d'oxygène consommé pendant la récupération. Pensez à ce qui survient, à l'arrêt d'un exercice : après avoir couru pour rattraper le bus, il faut plusieurs minutes de récupération pour que votre pouls et votre rythme respiratoire reviennent à leurs valeurs de repos.

On a considéré pendant plusieurs années que la courbe de l'EPOC comportait deux parties distinctes : une composante initiale rapide et une composante secondaire lente. Selon la théorie classique la composante rapide de la courbe correspond au besoin en oxygène nécessaire pour régénérer l'ATP et la phosphocréatine utilisées pendant l'exercice, en particulier au début de celui-ci. En l'absence d'apport suffisant en oxygène, les liaisons phosphates, riches en énergie, sont dégradées pour fournir l'énergie nécessaire. Pendant la récupération, ces liaisons doivent être reconstituées grâce aux processus oxydatifs, pour restaurer les stocks énergétiques ou payer le déficit. La composante lente de la courbe était sensée représenter la consommation d'oxygène nécessaire à la transformation du lactate accumulé dans les tissus, soit en glycogène soit en CO_2 et H_2O ; l'énergie ainsi libérée par oxydation permettant de reconstituer les stocks de glycogène.

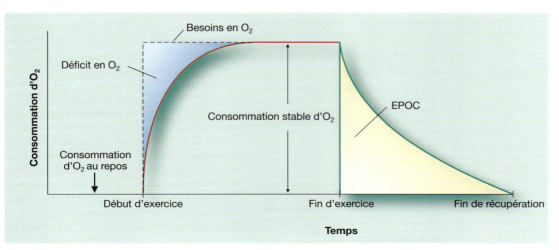

Figure 5.5 Les besoins en oxygène à l'exercice et pendant la récupération

Illustration du déficit d'oxygène et de l'excès de consommation d'oxygène post-exercice (EPOC).

Selon cette théorie, les composantes rapide et lente de la courbe devaient refléter l'activité anaérobie mise en jeu pendant l'exercice.

Des études plus récentes suggèrent que l'explication classique de l'EPOC est incomplète. Il est probable que l'oxygène consommé pendant la récupération serve aussi à reconstituer la part des réserves d'oxygène (fixées sur l'hémoglobine et sur la myoglobine) qui ont été utilisées au début de l'exercice. D'autres facteurs sont également incriminés : la température corporelle et les concentrations sanguines d'adrénaline et de noradrénaline qui conservent momentanément des valeurs supérieures à celles de repos.

La théorie classique est alors insuffisante pour tout expliquer. Le déficit d'oxygène dépend de nombreux paramètres autres que la reconstitution des stocks d'ATP et de phosphocréatine ou encore l'élimination du CO_2 et celle du lactate produit par le métabolisme anaérobie. Il reste encore à éclaircir certains des mécanismes physiologiques responsables de l'EPOC.

2.4.2 Les seuils lactiques

Dans la littérature, la terminologie des **seuils lactiques** prête souvent à confusion. En effet, certains parlent de seuil aérobie, voire anaérobie ou *anaerobic threshold* pour les Anglo-Saxons, pour le seuil lactique 1 (SL1) et de seuil d'accumulation de lactate ou seuil anaérobie ou encore OBLA (*onest of blood lactate accumulation*) pour le seuil lactique 2 (SL2). Dans la suite du texte, la terminologie retenue est celle adoptée par la Société Française de Médecine du Sport en 2000 : seuils lactiques 1 et 2 (J.M. Vallier, A.X. Bigard, F. Carré, J.P. Eclache, J. Mercier : Détermination des seuils lactiques et ventilatoires. Position de la Société Française de Médecine du Sport. *Science et Sport* 2000, 15, 133-140).

De nombreux chercheurs considèrent que les seuils lactiques peuvent être de bons indicateurs du potentiel d'endurance de l'athlète. Ils sont représentés par deux « cassures » dans la cinétique de la lactatémie au cours d'une épreuve maximale à charge croissante réalisée en laboratoire. Leur détermination nécessite le recueil d'une goutte de sang capillaire artérialisé, le plus souvent au doigt, à la fin de chaque palier. Il existe deux seuils lactiques : le seuil lactique 1 et le seuil lactique 2. La figure 5.6 représente l'évolution de la concentration sanguine du lactate (lactatémie), chez un coureur, en fonction de la vitesse de course. À vitesse faible, ou modérée, le lactate sanguin reste peu élevé. Lorsque la vitesse augmente au-dessus de 13 km.h^{-1}, les concentrations sanguines de lactate augmentent rapidement.

Le premier point d'inflexion de la courbe représente le seuil lactique 1 (SL1), intensité d'exercice pour laquelle la lactatémie augmente au-delà de sa valeur de repos. Ce dernier représente un bon marqueur du potentiel endurant. Il serait en relation avec le premier seuil ventilatoire (**SV1**) (voir chapitre 7). Le point de cassure n'étant pas toujours visible, les chercheurs ont arbitrairement choisi une concentration sanguine de lactate de 2 mmol.L^{-1} pour le définir. Ce dernier point reste encore controversé ! Exprimé en pourcentage de $\dot{V}O_2$max, le SL1 se situe aux environs de 50-60 % de $\dot{V}O_2$max chez des sédentaires. Avec l'entraînement aérobie, le SL1 se décale vers la droite (70-80 % de $\dot{V}O_2$max).

Un deuxième seuil lactique (SL2) est déterminé à partir d'une seconde rupture (beaucoup plus brutale que pour SL1) qui correspond habituellement à une valeur en lactate de 4 mmol.L^{-1}. Exprimé en pourcentage de $\dot{V}O_2$max, le SL2 se situe aux environs de 70 % de $\dot{V}O_2$max chez des sédentaires. Avec l'entraînement aérobie, le SL1 se décale vers la droite. Le SL2 serait en relation avec le deuxième seuil ventilatoire (**SV2**).

Il existe une grande controverse concernant la relation susceptible d'exister entre ce seuil et la contribution du métabolisme anaérobie musculaire. En effet, la lactatémie n'est pas seulement le reflet d'une production de lactate par les muscles ou d'autres tissus mais reflète également son élimination par le foie, le cœur, les muscles et autres tissus… Ainsi le seuil lactique 2 correspond à un point dans la cinétique d'un effort maximal croissant, où la production de lactate dépasse son élimination.

Tout seuil lactique est habituellement exprimé en pourcentage de $\dot{V}O_2$max. L'aptitude d'un athlète à réaliser un exercice intense, sans accumuler de lactate, témoigne d'une bonne aptitude de celui-ci car la formation de lactate contribue à la fatigue. Chez les sujets non entraînés, le seuil lactique 1 correspond en général à 50-60 % de leur $\dot{V}O_2$max. Chez les

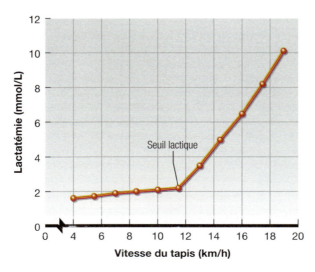

Figure 5.6 Relation entre l'intensité d'exercice (vitesse de course) et la concentration de lactate sanguin

Des échantillons de sang sont prélevés sur une veine du bras. La lactatémie est mesurée à chaque vitesse de course maintenue pendant 5 min.

athlètes endurants de très haut niveau, il peut atteindre 70 % à 80 % de $\dot{V}O_2max$ ou plus.

Nous avons vu dans les paragraphes précédents que les principaux déterminants de la performance en endurance sont à la fois la $\dot{V}O_2max$ et le pourcentage de $\dot{V}O_2max$ qui peut être soutenu pendant une période prolongée. Ce dernier facteur est en relation avec le seuil lactique 2 qui est probablement le déterminant majeur de l'allure pouvant être conservée lors d'une course de longue durée. L'aptitude à tenir un pourcentage élevé de $\dot{V}O_2max$ s'accompagne donc d'un seuil lactique 2 élevé. Si deux individus possèdent la même consommation maximale d'oxygène, c'est généralement celui dont le seuil lactique 2 est le plus élevé qui sera le plus performant même si d'autres facteurs comme l'économie de course peuvent également y contribuer. Le seuil lactique 2, exprimé en pourcentage de $\dot{V}O_2max$ constitue l'un des meilleurs déterminants de la capacité d'endurance d'un athlète, en particulier pour les épreuves de course à pied ou de cyclisme.

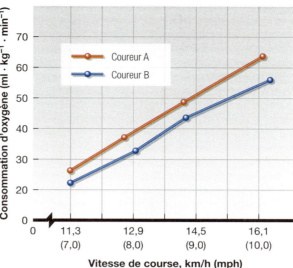

Figure 5.7 Consommation d'oxygène chez deux athlètes de fond courant à des vitesses variables

Bien qu'ils possèdent des valeurs similaires de $\dot{V}O_2max$ (64 à 65 ml. kg.min¹). Le coureur A est plus efficace et donc plus rapide.

2.5 L'économie de course

L'amélioration de la technique de mouvement diminue les besoins énergétiques. Ceci est illustré par la figure 5.7 qui rapporte les résultats obtenus chez deux coureurs de fond. À toutes les vitesses de course supérieures à 11 km.h^{-1}, le coureur A utilise moins d'oxygène que le coureur B. Ces athlètes ont pourtant des valeurs de $\dot{V}O_2max$ similaires (64 à 65 ml.kg^{-1}.min^{-1}), mais la dépense d'énergie du coureur A est plus faible, ce qui lui donne un avantage indéniable en compétition.

Ces deux coureurs ont été suivis à de nombreuses occasions. Pendant les courses de marathon ils courent à des allures correspondant à environ 85 % de leur $\dot{V}O_2max$. En moyenne, l'efficacité du coureur A lui donne un avantage de 13 minutes dans ces compétitions. Les facteurs qui sous-tendent ces différences d'économie de course sont sans doute multiples et incomplètement élucidés. On peut néanmoins citer la technique de course qui peut s'améliorer avec l'apprentissage.

De nombreuses études réalisées chez des coureurs de sprint, demi-fond et marathon ont montré que les plus économes sont en général les marathoniens. Ils utilisent environ 5 à 10 % d'énergie en moins que les coureurs de demi-fond et de sprint. Cependant l'économie de course n'a été étudiée qu'à des vitesses relativement faibles pour ces athlètes (10 à 19 km.h^{-1}) Nous pouvons raisonnablement supposer que les coureurs de longues distances sont eux-mêmes moins efficaces dans les activités de sprint que les sprinters qui s'entraînent spécifiquement sur des distances courtes et à des vitesses plus rapides. Il est probable que les coureurs choisissent les longues distances en partie grâce à leur meilleure économie de course.

Les variations dans la forme de course et dans la spécificité de l'entraînement, en sprint ou en distance, doivent vraisemblablement contribuer aux différences d'économie de course. Des enregistrements vidéo montrent que les coureurs de demi-fond et de sprint présentent plus de déplacements verticaux, lorsqu'ils courent de 11 à 19 km.h^{-1}, que les marathoniens. De telles vitesses sont nettement inférieures à celles requises lors de courses de demi-fond et ne reflètent pas parfaitement l'économie de course des compétiteurs lors de courses de 1 500 m ou moins.

D'autres disciplines peuvent également être affectées par l'économie de mouvement. En natation, une partie de l'énergie dépensée sert à maintenir le corps en surface et à produire suffisamment de force pour se déplacer contre la résistance de l'eau. Bien que l'énergie nécessaire à la natation soit fonction de la taille corporelle et de la flottabilité, le mode d'application de la force contre l'eau constitue vraisemblablement le déterminant essentiel de l'économie en natation.

2.6 Caractéristiques des athlètes élites spécialistes de sports d'endurance

À partir des données relatives aux caractéristiques métaboliques des athlètes d'endurance et à celles de leurs fibres musculaires, il apparaît clairement que pour être performant dans

> **PERSPECTIVES DE RECHERCHE 5.1**
>
> ### Le coût énergétique de la course pieds nus
>
> Selon ses partisans, courir pieds nus rend l'allure et la foulée plus naturelles et plus efficiente que courir chaussé. Le premier avantage de la course pieds nus est la réduction du coût énergétique. En effet, le poids supplémentaire lié au port des chaussures engendre un coût énergétique supplémentaire : le sportif doit lutter contre la gravité lors du cycle de la foulée. De plus, courir pieds nus modifie l'allure du coureur ce qui pourrait également contribuer à abaisser ce coût énergétique en modifiant l'économie de course. Pieds nus, le coureur attaque le sol avec le milieu ou la plante du pied alors qu'avec les chaussures il attaque avec le talon. Ces différences concernant l'attaque du sol modifient également la dépense énergétique de la course.
>
> Des chercheurs ont donc établi un protocole visant à mettre en évidence de manière exhaustive, les différences de pattern et de coût énergétique entre la course pieds nus et la course chaussée. Pour éviter le biais de la non-familiarisation avec la course pieds nus, les expérimentateurs ont volontairement recruté des coureurs expérimentés qu'ils ont comparés dans les deux conditions décrites précédemment. Afin d'étudier le surcoût énergétique lié exclusivement au poids des chaussures, les chercheurs ont testé les sportifs en condition pieds nus auxquels ils ont rajouté un poids équivalent à celui du port de chaussures (au niveau des pieds). Sans surprise, dans cette condition, le coût métabolique était augmenté d'environ 1 % pour 100 g ajoutés. Toutefois, à masse équivalente ajoutée aux pieds nus lors de la course, courir avec des chaussures légères a permis de réduire le coût énergétique de la course de 3 à 4 %. Par conséquent, courir avec des chaussures légères semble permettre une économie d'énergie. Malgré le poids de la chaussure ajouté, courir avec des chaussures légères semble être plus économique que de courir pieds nus[6].
>
> Quelle en est la raison ? L'amortit de la chaussure peut-il réduire le coût métabolique ? C'est l'hypothèse qu'ont testé des chercheurs du laboratoire de Roger Kram, un universitaire du Colorado[19]. Les auteurs ont fixé une fine couche de mousse (équivalente aux semelles amortissantes des chaussures de courses) sur la bande d'un tapis roulant classique. Les sujets ont couru pieds nus sur ce dispositif et ont également couru pieds nus et avec des chaussures absorbantes légères sur un tapis roulant standard. Ils ont démontré que courir pieds nus sur le tapis roulant recouvert d'une fine couche de mousse réduisait le coût métabolique d'environ 2 %. Par contre le coût métabolique était le même lorsque les sujets couraient sur un tapis roulant normal avec ou sans chaussures. Ces résultats suggèrent que le bénéfice des chaussures amortissantes contrebalance leur poids supplémentaire. Les auteurs ont conclu que la nature de la surface de course et le port de chaussures amortissantes réduisent le coût métabolique lors d'une course à intensité sous-maximale.

les épreuves d'endurance il faut réunir les facteurs suivants :

- une valeur élevée de $\dot{V}O_2max$;
- un niveau élevé du seuil lactique 2 exprimé en pourcentage de $\dot{V}O_2max$;
- une économie de course élevée, c'est-à-dire une faible valeur de $\dot{V}O_2$ pour un même niveau d'exercice ;
- un pourcentage élevé de fibres lentes ou I.

Les données étant limitées, ces quatre caractéristiques sont rangées par ordre d'importance. Par exemple, le seuil lactique 2 est le meilleur prédicateur actuel de la vitesse de course pour des coureurs de longues distances de haut niveau. Cependant, à très haut niveau, tous les athlètes possèdent déjà une $\dot{V}O_2max$ élevée. Bien que l'économie de course soit un facteur important, elle ne varie pas beaucoup entre les coureurs de ce niveau. Finalement, le fait d'avoir un fort pourcentage de fibres lentes est utile mais ne représente pas un facteur essentiel. En effet, le médaillé de bronze d'un marathon olympique n'avait que 50 % de fibres lentes dans les muscles jumeaux, qui font partie des principaux muscles utilisés lors d'une course.

2.7 Le coût énergétique des activités physiques

Le coût énergétique des activités sportives varie selon le type et l'intensité des exercices réalisés. Il est évalué en estimant la consommation d'oxygène moyenne pendant l'activité. On en déduit la quantité d'énergie dépensée en kilocalories par minute ($kcal.min^{-1}$).

Ces résultats ne tiennent pas compte de l'énergie d'origine anaérobie, puisque la consommation d'oxygène à l'arrêt de l'exercice n'est pas prise en compte. Ce détail est pourtant très important à considérer, puisqu'une activité qui exige 300 kcal peut nécessiter 100 kcal supplémentaires, pendant la période de récupération. Le coût énergétique d'une telle activité est ainsi de 400 et non de 300 kcal. De plus, il est important de prendre en compte les variations individuelles rendant le calcul des calories brûlées très imprécis.

Un sujet de gabarit moyen a besoin de 0,16 à 0,35 L d'oxygène par minute pour satisfaire les besoins énergétiques de repos. Ceci correspond à 0,8 à 1,75 $kcal.min^{-1}$, soit 48 à 105 $kcal.h^{-1}$, ou 1 152 à 2 520 $kcal.jour^{-1}$. Évidemment toute activité physique nécessitera une consommation d'énergie supplémentaire. Celle-ci est très variable et dépend de plusieurs facteurs, parmi lesquels :

- le niveau d'activité (de plus loin de facteur le plus important);
- l'âge;
- le sexe;
- la taille;
- le poids;
- la composition corporelle.

Le coût énergétique des activités sportives peut varier dans de très larges proportions. Pour certaines, comme le bowling, une dépense énergétique faible est seulement nécessaire, à peine plus élevée que celle de repos. D'autres activités, comme le sprint, nécessitent une dépense d'énergie tellement considérable qu'elles ne peuvent être maintenues que pendant quelques secondes. L'intensité de l'exercice n'est évidemment pas le seul facteur à conditionner la dépense d'énergie. Il faut également tenir compte de la durée de l'effort. Ainsi, si 29 kcal.min^{-1} sont nécessaires pour courir à 25 km.h^{-1}, cette allure ne peut être maintenue que peu de temps. Par contre, un jogging à 11 km.h^{-1}, nécessite seulement 14,5 kcal.min^{-1}, soit la moitié de la dépense exigée pour courir à 25 km.h^{-1}. Le jogging peut donc être poursuivi beaucoup plus longtemps et entraînera en définitive une plus grande dépense d'énergie.

Le tableau 5.2 indique la dépense d'énergie induite par différentes activités, chez des adultes jeunes des deux sexes. Ces valeurs sont des moyennes. Elles peuvent varier considérablement d'un individu à l'autre en fonction du poids, du niveau d'entraînement, etc.

Activités	Hommes (kcal.min^{-1})	Femmes (kcal.min^{-1})	Rapportée au poids du corps (kcal.kg^{-1}.min^{-1})
basket-ball	8,6	6,8	0,123
cyclisme			
11,3 km.h^{-1} (7,0 mph)	5,0	3,9	0,071
16,1 km.h^{-1} (10,0 mph)	7,5	5,9	0,107
hand-ball	11,0	8,6	0,157
course à pied			
12,1 km.h^{-1} (7,5 mph)	14,0	11,0	0,200
16,1 km.h^{-1} (10,0 mph)	18,2	14,3	0,260
station assise	1,7	1,3	0,024
sommeil	1,2	0,9	0,017
station debout	1,8	1,4	0,026
natation (crawl), 4,8 km.h^{-1} (3,0 mph)	20,0	15,7	0,285
tennis	7,1	5,5	0,101
marche, 5,6 km.h^{-1} (3,5 mph)	5,0	3,9	0,071
haltérophilie	8,2	6,4	0,117
lutte	13,1	10,3	0,187

Tableau 5.2 Dépense énergétique dans différentes activités physiques

Note. Ces valeurs sont estimées pour un sujet masculin d'environ 70 kg et féminin d'environ 55 kg. Elles peuvent varier considérablement d'un individu à l'autre.

Résumé

> Le métabolisme de base (MB) correspond à la dépense d'énergie minimale nécessaire à l'organisme pour assurer le maintien des fonctions vitales. Il est conditionné par de nombreux facteurs, dont la masse maigre et la surface corporelle. Le MB est d'environ 1 100 à 2 500 kcal.jour^{-1}. Mais la dépense quotidienne d'énergie est de 1 700 à 3 000 kcal.jour^{-1}, lorsque l'on tient compte des activités physiques.

> L'activité métabolique augmente avec l'intensité de l'exercice, mais la consommation d'oxygène présente une limite. C'est la $\dot{V}O_2max$. Lorsque la fatigue limite la possibilité d'atteindre le maximum, le terme $\dot{V}O_2pic$ est utilisé.

> Les qualités de puissance aérobie sont conditionnées par la $\dot{V}O_2max$ et les qualités d'endurance aérobie sont liées à la durée de maintien du pourcentage le plus élevé de $\dot{V}O_2max$ et à la vitesse au seuil lactique 2 ainsi qu'à l'économie de course.

> L'excès de consommation d'oxygène qui suit l'exercice correspond au surplus de consommation d'oxygène constaté alors, par rapport au repos.

> Le seuil lactique 1 mesuré lors d'un exercice à intensité croissante, est l'intensité d'exercice pour laquelle la lactatémie s'élève au-dessus de sa valeur de repos. En général, ce sont les sujets dont le seuil lactique 2 (exprimé en pourcentage de $\dot{V}O_2max$) est le plus élevé, qui réalisent les meilleures performances en endurance. La performance en endurance est en relation avec une économie d'effort élevée c'est-à-dire une faible $\dot{V}O_2$ pour une intensité d'effort donnée.

3. La fatigue et ses causes

Il convient de préciser d'emblée la signification du terme fatigue à l'exercice. La sensation de **fatigue** est extrêmement différente selon le type d'exercice. La fatigue ressentie à l'issue d'un 400 m, couru en 45 à 60 s, n'est pas du tout la même que celle perçue à l'arrêt d'un effort musculaire très prolongé, comme un marathon. C'est pourquoi il n'est pas surprenant que les causes de la fatigue soient différentes dans ces deux situations éloignées sur le plan physiologique. Le terme « fatigue » est généralement utilisé lorsque la performance musculaire diminue et que la sensation de lassitude ou d'épuisement augmente. Une autre définition de la fatigue serait l'incapacité à maintenir un travail musculaire à une intensité donnée. La fatigue disparaît normalement avec un repos approprié ce qui permet de la distinguer de celle liée aux dommages musculaires.

Si vous demandez à la plupart des sportifs de nommer le facteur responsable de la fatigue musculaire, la réponse la plus courante sera : l'acide lactique. Cette idée reçue, totalement erronée, est largement entretenue par les revues sportives populaires. Au contraire, des études scientifiques récentes lui attribuent même des effets bénéfiques sur la performance !

La fatigue est un phénomène extrêmement complexe. La plupart des mécanismes explorés pour expliquer ce phénomène se sont centrés sur :

- les systèmes énergétiques (ATP-PCr, la glycolyse et le système oxydatif) ;
- l'accumulation de sous métabolites comme le lactate et les ions H^+ ;
- l'altération des mécanismes contractiles ;
- l'altération du système nerveux.

Les trois premiers facteurs évoqués pour expliquer ce phénomène concernent le muscle et sont regroupés sous le terme de fatigue périphérique. En plus des altérations au niveau de l'unité motrice, des changements au niveau du cerveau ou du système nerveux central peuvent survenir et provoquer une fatigue centrale. Aucun de ces facteurs ne peut expliquer, à lui seul, tous les aspects de la fatigue. Plusieurs peuvent s'associer et agir en synergie pour causer la fatigue. Les mécanismes de la fatigue dépendent du type et de l'intensité de l'exercice, du type de fibres recrutées, du niveau d'entraînement du sujet ainsi que de son alimentation. De nombreuses questions concernant la fatigue restent sans réponse notamment les sites cellulaires précis à l'intérieur des fibres musculaires elles-mêmes.

3.1 Les systèmes énergétiques et la fatigue

Les systèmes énergétiques constituent un sujet de choix pour explorer certaines causes de la fatigue. Lorsque nous nous sentons fatigués, nous disons fréquemment « je n'ai plus d'énergie ». Cette utilisation du terme « énergie » est très loin de sa signification physiologique. Quel rôle exact joue l'énergie, au sens strict, dans le phénomène de fatigue à l'exercice ?

3.1.1 L'épuisement des stocks de phosphocréatine

Rappelez-vous que la phosphocréatine (PCr) est produite par les mécanismes anaérobies pour reconstituer l'ATP, molécule à haute énergie, et pour maintenir les stocks d'ATP de l'organisme. Des biopsies musculaires réalisées, chez l'homme, ont montré que la fatigue peut coïncider avec une déplétion en PCr, lors de contractions maximales répétées. Bien que l'ATP soit directement responsable de la fourniture d'énergie, dans de telles activités, ses stocks diminuent beaucoup moins rapidement que ceux de la PCr car l'ATP peut être produit par d'autres systèmes énergétiques. Comme la PCr est épuisée, l'aptitude de l'organisme à reconstituer très vite les stocks d'ATP est considérablement altérée. L'utilisation de l'ATP se poursuit cependant, alors que le système ATP-PCr n'est plus capable de le reconstituer. Alors les niveaux d'ATP chutent. À l'épuisement, à la fois les stocks d'ATP et PCr peuvent être effondrés.

Pour retarder la fatigue l'athlète doit contrôler son effort en courant à une vitesse telle que les stocks de PCr et d'ATP ne soient pas prématurément épuisés. Si le début de la course est trop rapide, l'ATP et la PCr disponibles vont rapidement diminuer, conduisant à une fatigue précoce et à l'impossibilité de maintenir l'allure de course, jusqu'à la fin. L'entraînement et l'expérience permettent à l'athlète d'évaluer la vitesse idéale qui lui permet de maintenir le taux optimal d'utilisation de l'ATP et de la PCr pendant la course.

3.1.2 L'épuisement des stocks de glycogène

Les niveaux d'ATP musculaires peuvent être reconstitués par la dégradation aérobie et anaérobie du glycogène musculaire. Si l'effort dépasse quelques secondes, le glycogène musculaire constitue la source essentielle de resynthèse de l'ATP. Les réserves en glycogène sont malheureusement limitées et peuvent s'effondrer rapidement. La technique de biopsie musculaire a permis de montrer que la fatigue observée lors d'efforts prolongés coïncidait avec l'effondrement des stocks de glycogène.

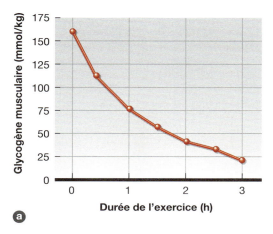

Figure 5.8

a) Diminution du contenu en glycogène musculaire dans le muscle jumeau, lors d'une course de 3 h à 70 % de $\dot{V}O_2$max sur tapis roulant.

b) Sensation subjective de fatigue. L'effort est jugé modéré pendant environ une heure et demie, tant que les stocks de glycogène se maintiennent. Dès qu'ils s'effondrent (en dessous de 50 mmol.kg^{-1}), l'effort devient de plus en plus pénible.
D'après D.L. Costill, *Inside running: Basics of sports physiology* Cooper Publishing Group, 1986.

Le glycogène musculaire est utilisé plus rapidement pendant les premières minutes de l'exercice. Cela est représenté sur la figure 5.8[5]. Celle-ci montre les variations du contenu en glycogène musculaire, au niveau des muscles jumeaux, chez l'homme. Bien que l'exercice consiste en une course à vitesse constante, la vitesse de disparition du glycogène musculaire dans ce muscle est maximale pendant les 75 premières minutes.

Dans l'exemple ci-dessus, le sujet testé a rapporté une sensation de fatigue à différents moments de l'épreuve. Il s'est senti modérément stressé au début de la course alors que les réserves de glycogène étaient encore élevées, mais leur taux d'utilisation très important. En fait, il n'a pas ressenti de fatigue sévère, tant que les stocks de glycogène musculaire n'ont pas été complètement effondrés. Dans les exercices prolongés, la sensation de fatigue coïncide, ainsi, avec la diminution des réserves de glycogène musculaire. Les marathoniens se plaignent d'ailleurs de lassitude vers les 29 à 35 km de course, c'est ce qu'ils appellent « le mur des 30 km ». Il est probable que cette sensation soit en relation avec un effondrement des stocks de glycogène.

3.1.3 L'épuisement des stocks de glycogène dans les fibres musculaires

Le recrutement des fibres musculaires et l'utilisation de leurs réserves énergétiques varient selon l'exercice. Ce sont les fibres les plus actives qui épuisent, en premier, leur stock de glycogène ce qui contribue à diminuer progressivement le nombre de fibres génératrices de force.

Ce phénomène est illustré par la figure 5.9, qui montre une vue microscopique de fibres musculaires, prélevées chez un coureur, avant et après une course de 30 km. La figure 5.9a a été traitée pour différencier les fibres lentes (I) et les fibres rapides (II). L'une de ces fibres FT est entourée d'un cercle. La figure 5.9b montre le même muscle

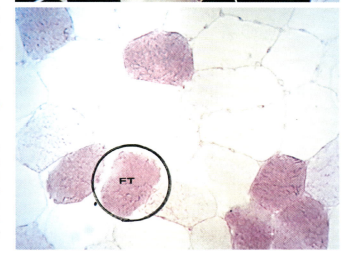

Figure 5.9

Coloration histochimique du glycogène musculaire avant (en haut) et après une course de 30 km (en bas). Une fibre rapide (FT) est entourée d'un cercle sur la figure du haut. Remarquez que beaucoup de fibres II renferment toujours du glycogène (couleur foncée, alors que la plupart des fibres I n'en ont plus (en bas).

coloré pour mettre en évidence le glycogène. Plus la fibre est foncée (rouge), plus la quantité de glycogène est importante. Avant la course, toutes les fibres sont remplies de glycogène et apparaissent rouges. Sur la figure 5.9b (après la course), la fibre II encerclée est encore pleine de glycogène. Les fibres I, de l'autre côté, sont presque complètement dépourvues de glycogène. Ceci suggère que les fibres I sont préférentiellement utilisées dans les exercices d'endurance qui nécessitent le développement d'une force modérée, comme une course de 30 km.

La baisse du glycogène dans les fibres I et II dépend de l'intensité de l'exercice. Rappelez-vous que les fibres I sont les premières à être recrutées, lors d'un exercice d'intensité faible. Lorsque la tension musculaire augmente, les fibres II$_a$ sont sollicitées. Pour des exercices d'intensité quasi maximale, les fibres II$_b$ s'ajoutent au pool des fibres déjà recrutées. L'épuisement en glycogène peut concerner tous les types de fibres.

3.1.4 L'épuisement des stocks de glycogène dans les différents groupes musculaires

La déplétion sélective en glycogène dans les fibres I et II peut survenir à des degrés variables selon les groupes musculaires. Considérons le cas d'une course de 2 h à 70 % de $\dot{V}O_2max$, sur tapis roulant, soit en montée soit en descente. La figure 5.10 compare les niveaux de glycogène dans 3 muscles des membres inférieurs : le vaste externe (extenseur du genou), le jumeau (extenseur de la cheville), le soléaire (également extenseur de la cheville).

Quel que soit le niveau ou le sens de la pente du tapis, le jumeau utilise toujours plus de glycogène que le vaste externe ou le soléaire. Ceci suggère que les muscles extenseurs des chevilles sont particulièrement exposés au risque d'effondrement des stocks de glycogène et donc à la fatigue.

3.1.5 Épuisement des stocks de glycogène et glucose sanguin

Le glycogène musculaire ne constitue pas la seule source de glucide, lors d'un exercice de plusieurs heures. Le glucose apporté aux muscles par le sang contribue, pour une part, à fournir l'énergie nécessaire à un exercice d'endurance. Le foie, en dégradant ses stocks de glycogène, permet de maintenir constant le niveau de la glycémie. L'utilisation du glucose sanguin paraît en fait relativement faible au début de l'exercice, mais devient beaucoup plus importante au bout d'un certain temps. Le foie doit ainsi dégrader de plus en plus de glycogène, au fur et à mesure que l'exercice se prolonge. Les stocks de glycogène hépatique sont limités et la reconstitution du glucose par le foie, à partir d'autres substrats, est relativement lente. La glycémie peut alors chuter lorsque les besoins musculaires en glucose dépassent les possibilités de production par le foie. Incapables d'obtenir suffisamment de glucides à partir du milieu sanguin, les muscles doivent puiser encore davantage dans leurs réserves en glycogène ce qui accélère leur épuisement et donc l'apparition de la fatigue. Toutefois, la plupart des études montrent que l'ingestion de glucides lors d'efforts exhaustifs prolongés, est sans effet sur l'utilisation du glycogène musculaire.

Par contre, la performance en endurance est directement conditionnée par les stocks de glycogène musculaire présents au début de l'exercice. Ceci est discuté au chapitre 15. Pour l'instant, notons que l'effondrement des stocks de glycogène et l'hypoglycémie (taux faible de glucose sanguin) sont susceptibles de limiter la performance, dans des activités de plus de 60 à 90 min.

3.1.6 Mécanismes de la fatigue associés à la déplétion en glycogène

La déplétion en glycogène n'est pas la cause directe de la fatigue lors des exercices de longue durée. Nous ne pouvons pas expliquer

Figure 5.10

Utilisation du glycogène musculaire dans les muscles jumeau, soléaire et vaste externe lors d'une course de 2 h à 70 % $\dot{V}O_2max$, sur tapis roulant, avec ou sans pente ascendante ou descendante.
À pente comparable, c'est au niveau du muscle jumeau que l'utilisation du glycogène est la plus importante.

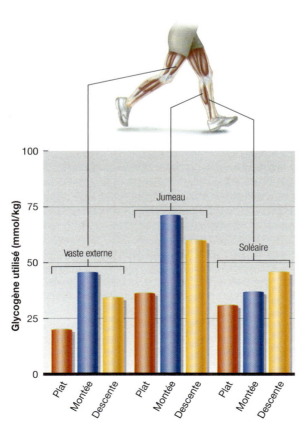

précisément pourquoi la fonction musculaire est altérée lorsque le stock de glycogène est bas, mais c'est ce qui est souvent avancé pour expliquer l'altération de la production d'ATP. Le glycogène ne représente pas simplement une forme de stockage des glucides, mais c'est aussi un régulateur pour plusieurs fonctions cellulaires. Pour bien jouer ce rôle, il est n'est pas stocké d'une manière homogène dans les fibres musculaires. De nouvelles données expérimentales[12] suggèrent que la déplétion du glycogène stocké dans les myofibrilles interfère avec le couplage excitation-contraction et la libération du Ca^{2+} du réticulum sarcoplasmique.

3.2 Les sous-produits métaboliques et la fatigue

De nombreux sous produits du métabolisme sont impliqués comme cause de la fatigue ou peuvent contribuer à celle-ci. Un exemple est le Pi qui augmente lors d'efforts brefs et intenses, au fur et à mesure que la PC et l'ATP sont dégradés. Une attention particulière a été portée sur d'autres sous produits comme la chaleur, le lactate et les ions hydrogène.

3.2.1 Le phosphate inorganique et fatigue

La concentration en phosphate inorganique augmente lors d'exercice intense de courte durée avec la dégradation de la PC et de l'ATP. Il semble que le Pi pourrait être le principal responsable de la fatigue lors de ce type d'exercice[17]. En effet, l'excès de Pi détériorerait directement la fonction contractile des myofibrilles et réduirait la libération du Ca^{2+} du réticulum sarcoplasmique[1]. L'augmentation de Pi et de l'ADP inhiberait également la dégradation de l'ATP *via* un feedback négatif.

3.2.2 Chaleur, température musculaire et fatigue

Le métabolisme cellulaire produit de la chaleur dont une partie est gardée par l'organisme. Plus la dépense énergétique augmente, plus la chaleur corporelle augmente. L'exercice réalisé en ambiance chaude augmente l'utilisation des glucides et avance la déplétion glycogénique *via* une augmentation de la sécrétion d'adrénaline. Certains auteurs font l'hypothèse qu'une forte température musculaire exerce des effets néfastes à la fois sur la fonction et le métabolisme musculaire.

Galloway et Maughan[8] ont mesuré le temps jusqu'à épuisement de cyclistes dans quatre conditions thermiques différentes (4 °C, 11 °C, 21 °C, et 31 °C). Les résultats sont donnés dans la figure 5.11. Le temps jusqu'à épuisement le plus long est lorsque les cyclistes sont dans une ambiance de 11 °C. Ce temps diminue pour des températures plus basses ou plus élevées. La fatigue la plus précoce s'observe pour la température la plus importante : 31 °C. De même, à une température donnée, l'augmentation relative de l'humidité provoque une fatigue précoce[9]. Le refroidissement des muscles avant l'exercice augmente le temps jusqu'à épuisement alors que le réchauffage des muscles le diminue. L'acclimatation à la chaleur, détaillée au chapitre 12, épargne les stocks de glycogène et diminue l'accumulation de lactate.

3.2.3 Acide lactique, protons et fatigue

L'acide lactique est un sous-produit de la glycolyse. Il ne s'accumule à l'intérieur des fibres musculaires que lors d'exercices relativement brefs,

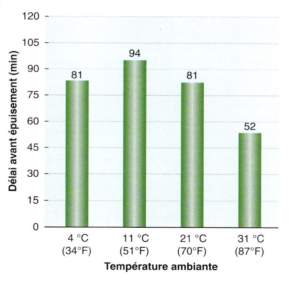

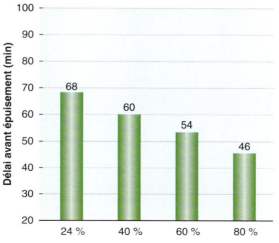

Figure 5.11 Temps jusqu'à épuisement lors d'un exercice sur ergocycle à 70 % de $\dot{V}O_2$max chez des hommes

a) Les sujets réalisent les meilleures performances (temps d'épuisement plus long) à une température de 11 °C. L'exercice réalisé dans une ambiance plus chaude ou froide accélère l'apparition de la fatigue.
b) Pour une température ambiante de 30 °C, l'augmentation de l'humidité relative réduit le temps jusqu'à épuisement.
(a) D'après S.D.R. Galloway and R.J. Maughan, 1997, "Effects of ambient temperature on the capacity to perform prolonged cycle exercise in man", Medicine and Science in Sports and Exercise 29: 1240-1249.
(b) D'après R.J. Maughan *et al.*, 2012, "Influence of relative humidity on prolonged exercise capacity in a warm environment", European Journal of Applied Physiology 112: 2313-2321.

mais très intenses. Les marathoniens, par exemple, malgré leur épuisement, ont à la fin de leur course des taux d'acide lactique à peine plus élevés qu'au repos. Contrairement à ce que beaucoup croient, leur fatigue provient plus d'une inadéquation entre les besoins et la fourniture d'énergie que d'un excès en acide lactique.

Les accélérations en course, vélo ou natation, conduisent toutes à l'accumulation d'acide lactique en grande quantité. Mais la présence, en elle-même, de ce métabolite n'est pas pour autant synonyme de sensation de fatigue. Lorsqu'il n'est pas éliminé l'acide lactique se dissocie en ions lactate et hydrogène. Cette accumulation d'ions H⁺ entraîne une acidose musculaire alors que celle d'ions lactate ne semble avoir aucun effet négatif.

Les activités de courte durée et de haute intensité, comme le sprint, dépendent fortement des possibilités de glycolyse et conduisent à une production importante d'ions lactate et H⁺ à l'intérieur des muscles. Les cellules et les liquides de l'organisme possèdent, heureusement, des systèmes tampons, comme le bicarbonate (HCO_3^-), qui limitent l'influence néfaste des ions H⁺. Sans ces systèmes tampons, le pH baisserait jusqu'à une valeur de 1,5, ce qui entraînerait la mort des cellules. Grâce au pouvoir tampon de l'organisme, la concentration en H⁺ reste faible, même dans des exercices très intenses, de sorte que le pH musculaire baisse modérément de 7,1 sa valeur de repos, à 6,6 ou 6,4 à l'épuisement.

Des variations de pH de cette amplitude modifient pourtant la production d'énergie et la contraction musculaire. Un pH intracellulaire inférieur à 6,9 inhibe l'action de la phosphofructokinase (PFK), une enzyme glycolytique qui limite la glycolyse et donc la production d'ATP. À un pH de 6,4, l'influence des ions H⁺ stoppe toute dégradation ultérieure du glycogène, entraînant une chute rapide de l'ATP et conduisant à l'épuisement. Les ions H⁺ peuvent en outre perturber les mouvements du calcium au sein de la fibre, altérant le couplage actine-myosine et diminuant la force contractile du muscle. La plupart des chercheurs considèrent, ainsi, que la diminution du pH constitue le facteur limitant essentiel et la principale cause de fatigue lors d'un exercice très bref et intense (20 à 30 s).

Comme cela est représenté sur la figure 5.12, il faut environ 30 à 35 min de récupération, après un sprint exhaustif, pour rétablir le pH musculaire. Même lorsque le pH musculaire est redevenu normal, les niveaux de lactate musculaire et sanguin peuvent rester élevés. L'expérience a pourtant bien montré que l'athlète peut maintenir un niveau d'intensité relativement élevé alors même que le pH musculaire est inférieur à 7,0 et la lactatémie supérieure à 6 ou 7 mmol.L⁻¹, soit 4 à 5 fois la valeur de repos.

3.3 La fatigue neuromusculaire

Jusqu'à présent, nous n'avons pris en compte, comme source de fatigue, que les facteurs intramusculaires. Il est néanmoins évident, que dans certaines conditions, la fatigue peut provenir d'un dysfonctionnement du système nerveux qui devient incapable d'activer davantage les fibres musculaires. Comme cela a été indiqué, au chapitre 3, l'influx nerveux est transmis à la fibre musculaire au niveau de la plaque motrice, permettant alors la libération du calcium retenu dans le réticulum sarcoplasmique. Dans ces conditions, le calcium peut se lier à la troponine et initier la contraction musculaire. Deux mécanismes nerveux, un central et l'autre périphérique, sont cependant susceptibles de perturber le déroulement normal de ces processus et contribuer alors à l'apparition de la fatigue.

3.3.1 La transmission nerveuse

Le premier de ces mécanismes se produit au niveau de la plaque motrice, empêchant la transmission de l'influx nerveux à la fibre musculaire. Il a été mis en évidence dès le début du XXᵉ siècle. Ce dysfonctionnement fait intervenir un ou plusieurs des processus suivants :

- une diminution de la libération ou de la synthèse de l'acétylcholine (ACh), le neurotransmetteur indispensable à la transmission de l'influx, du nerf moteur à la membrane musculaire ;
- une hyperactivité de la cholinestérase, l'enzyme de dégradation de l'ACh. En diminuant la concentration d'ACh au niveau de la plaque motrice, elle diminue d'autant les possibilités d'apparition du potentiel d'action ;
- une hypoactivité de la cholinestérase. Elle contribue à l'inverse à une accumulation d'ACh en excès ce qui paralyse la fibre musculaire ;

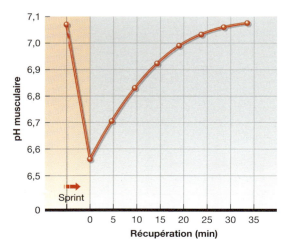

Figure 5.12 Variations du pH musculaire pendant et après un exercice de sprint

Remarquez la chute brutale du pH musculaire à l'arrêt immédiat du sprint et son retour progressif à la normale, qui nécessite environ 30 min.

- une augmentation du seuil d'excitabilité de la fibre musculaire ;
- l'apparition de substances compétitives de l'ACh, capables de se lier aux récepteurs de l'ACh mais incapables de déclencher alors l'activation de la membrane ;
- la libération du potassium hors du milieu musculaire qui diminue de moitié le niveau du potentiel de membrane.

Si ces mécanismes sont bien connus dans certaines maladies neuromusculaires (comme la myasthénie), ils peuvent aussi s'observer dans certaines formes de fatigue neuromusculaire. Il est probable que la fatigue peut aussi résulter d'une rétention du calcium dans les tubules du système T, ce qui diminue d'autant le calcium disponible pour la contraction musculaire. Pour certains, mais ceci reste à démontrer, la déplétion en PCr et l'accumulation du lactate pourraient contribuer à l'accumulation du calcium dans le réticulum.

3.3.2 Le système nerveux central

Nous avons vu jusqu'à présent que la fatigue résulterait de variations *périphériques* qui limitent voire arrêtent toute activité musculaire. Le recrutement des muscles dépend, en partie, d'un contrôle conscient ou subconscient du cerveau. Une théorie alternative à la fatigue périphérique est la théorie du **gouverneur central**. Cette dernière expliquerait les processus survenant dans le cerveau qui réguleraient la puissance produite par les muscles pour le maintien de l'homéostasie et la prévention de dommages tissulaires. Le gouverneur central limiterait l'intensité de l'exercice en réduisant le recrutement des fibres musculaires ce qui induirait en retour, la fatigue. Bien que cette théorie ait été âprement débattue ces dernières années, c'est A.V. Hill en 1924, qui a théorisé le concept de « gouverneur » central (se référer au chapitre introductif).

Le système nerveux joue donc un rôle dans presque toutes les formes de fatigue. Ainsi, il a été montré qu'à l'approche de l'épuisement il est encore possible, en stimulant verbalement le sujet, d'augmenter la force de contraction du muscle. Ceci suggère que certaines limites à la performance, lors d'un exercice exhaustif, sont d'ordre psychologique. Les mécanismes sous-jacents restent ici à expliquer. En particulier, il reste à préciser si cette forme de fatigue concerne le SNC seul ou bien également le système nerveux périphérique.

Même chez les athlètes très motivés, l'exercice est interrompu bien avant que n'apparaissent des signes évidents d'épuisement musculaire. Ainsi, pour atteindre leur plus haut niveau de performance, les athlètes doivent s'entraîner également à tolérer la fatigue.

> **Résumé**
>
> ❯ La fatigue peut provenir d'une déplétion en PCr ou en glycogène. Les deux altèrent la production d'ATP.
>
> ❯ L'accumulation de sous-produits métaboliques comme le phosphate inorganique et la chaleur peuvent contribuer à la fatigue.
>
> ❯ L'acide lactique a souvent été considéré comme responsable de la fatigue. Il n'est probablement pas directement impliqué dans les efforts aérobies de longue durée et pourrait servir de substrat énergétique (voir chapitre 2).
>
> ❯ Dans les efforts brefs et intenses comme le sprint, on considère actuellement que, ce sont les ions H^+ libérés par l'acide lactique qui sont source de fatigue. L'accumulation d'H^+ diminue le pH musculaire, perturbant, par là même, les mécanismes cellulaires de production d'énergie et la contraction musculaire.
>
> ❯ Une altération de la transmission nerveuse peut aussi contribuer à la fatigue. Un grand nombre de facteurs peuvent en être responsables. Ils constituent l'objet de nombreuses recherches.
>
> ❯ Le SNC peut aussi intervenir, vraisemblablement dans un but de protection. La sensation subjective de fatigue précède habituellement la fatigue physiologique. En conséquence, on peut parfois encourager psychologiquement l'athlète lorsqu'il ressent ces premiers signes par différentes stratégies qui stimulent le SNC comme écouter de la musique.

4. La douleur musculaire et les crampes

Généralement, la douleur musculaire survient suite à un exercice exhaustif ou de haute intensité. Ceci est particulièrement vrai chez les sujets qui réalisent ce type d'exercice pour la première fois. La douleur musculaire peut être ressentie à tout moment, mais en général, elle est modérée pendant l'exercice ou juste à la fin de celui-ci et intense 12 à 48 h après.

4.1 La douleur musculaire aiguë

La douleur sourde, feutrée, qui survient immédiatement après un exercice peut résulter de l'accumulation de produits métaboliques comme les ions H^+ ou le lactate et, nous en avons parlé précédemment, d'œdèmes tissulaires causés par la fuite des liquides du plasma vers les tissus. C'est le gonflement sensible des muscles dont l'athlète peut s'apercevoir après un entraînement d'endurance ou de force épuisant. Cette douleur disparaît habituellement dans les minutes ou heures qui suivent l'exercice. Ce phénomène est considéré comme une **douleur musculaire aiguë**.

> **PERSPECTIVES DE RECHERCHE 5.2**
>
> ### Facteurs centraux et périphériques de la fatigue
>
> La fatigue musculaire est un phénomène complexe avec des origines multifactorielles. Les principales causes de la fatigue ont été largement débattues et seraient d'origine nerveuse (centrale) et/ou musculaire (périphérique) (voir texte pour plus de détails). La fatigue centrale regroupe l'ensemble des phénomènes physiologiques d'origine supraspinale et spinale pouvant induire une diminution de l'excitation des motoneurones alors que la fatigue périphérique regroupe les altérations pouvant survenir lors de la transmission neuromusculaire, de la propagation des potentiels d'actions musculaires, du couplage excitation-contraction et des mécanismes contractiles associés. L'étude des mécanismes sous-jacents de la fatigue est très difficile car les différentes études ont utilisé différents types et modalités d'exercices, différents groupes musculaires (petits groupes musculaires vs. groupes musculaires volumineux) ainsi que différentes intensités de contractions musculaires induisant une fatigue différente.
>
> Récemment, des chercheurs suisses ont tenté d'étudier la part respective de ces différents facteurs (centraux vs périphériques) à l'origine de la fatigue en utilisant un protocole original[11]. Quatorze sujets ont réalisé un exercice de contraction isométrique des muscles extenseurs du genou (quadriceps) à intensité sous-maximale (20 % de la contraction maximale volontaire [CMV]) jusqu'à ce que la fatigue apparaisse. La fatigue était décrétée lorsque les sujets ne pouvaient plus maintenir l'intensité d'effort demandée. Immédiatement après, le muscle était stimulé électriquement de manière à développer la même force que précédemment, et ce pendant 1 minute. Pour finir, les sujets devaient contracter toujours de manière volontaire leur muscle à 20 % de MCV jusqu'à épuisement. Les chercheurs ont aussi mesuré la force totale produite avant et après ce protocole.
>
> Leurs hypothèses étaient que : 1) si la stimulation électrique était capable de produire le même niveau de force que celui demandé au départ (20 % CMV), alors la fatigue observée ne serait probablement pas causée par un déficit du couplage excitation-contraction (origine périphérique) mais par une origine centrale. En effet, si tel était le cas, les sujets ne pourraient pas maintenir ce niveau de force à nouveau, même en étant stimulés électriquement ; 2) si la stimulation électrique permettait au muscle de générer le même niveau de force, alors l'origine de la fatigue serait plutôt centrale.
>
> Les résultats montrent que quand la stimulation électrique est appliquée après l'apparition des premiers signes de fatigue, le muscle est capable de maintenir 20 % de la CMV. Ceci plaide donc en faveur d'une origine centrale concernant la fatigue initiale. Lorsque l'activité électrique du muscle est enregistrée pendant la CMV après la fatigue, les résultats montrent que l'activation musculaire par le système nerveux augmente significativement suggérant que la réduction de la force maximale de contraction s'expliquerait par une altération de la fonction des éléments contractiles. En conclusion, cette étude suggère que la fatigue initiale survenant après un exercice à intensité sous-maximale semble être liée à une altération des facteurs nerveux centraux alors que la réduction de la contraction maximale serait due aux facteurs périphériques en relation avec les variations du couplage excitation-contraction.

4.2 La douleur musculaire différée

La douleur musculaire qui survient un ou deux jours après un exercice épuisant n'est pas encore totalement comprise. C'est parce que la souffrance n'est pas immédiate que ce phénomène est appelé **douleur musculaire différée** (ou courbature). Dans les paragraphes qui suivent, nous discuterons quelques théories qui tentent d'expliquer cette forme particulière de la douleur musculaire. Nous verrons qu'aucune d'entre elles ne permet de tout expliquer. D'autres études doivent donc être poursuivies pour permettre d'en cerner les mécanismes exacts.

Presque toutes les théories actuelles considèrent que l'exercice excentrique est le premier responsable de cette douleur différée. Ceci a été observé pour la première fois dans un travail qui étudiait l'impact de différentes formes d'entraînement excentrique, concentrique ou statique sur l'apparition de la douleur différée. Le groupe s'entraînant uniquement de manière excentrique était sujet à des douleurs différées très importantes tandis que les groupes effectuant surtout des contractions concentriques ou statiques en souffraient beaucoup moins. Ceci fut confirmé par une étude ultérieure dans laquelle des sujets volontaires couraient, deux jours différents, sur tapis roulant pendant 45 min. Le premier jour, une pente ascendante était imposée, le second, une pente descendante de 10 %[17,18]. Aucune relation n'a été observée entre la douleur musculaire et la vitesse de course. Par contre, la course en descente qui nécessite d'intenses contractions excentriques a généré des douleurs musculaires considérables 24 à 48 heures après, même si les niveaux de lactates, que l'on rendait jusque-là responsables de la douleur musculaire, étaient nettement moins élevés que lors de la course avec pente ascendante.

En général, les douleurs musculaires différées sont dues essentiellement aux exercices excentriques. Elles sont associées à des lésions structurelles des fibres musculaires (microtraumatismes). Ces dommages musculaires sont à l'origine d'une réponse inflammatoire qui s'accompagne d'œdèmes résultants des variations des fluides et des électrolytes. Des spasmes musculaires peuvent survenir provoquant des douleurs intenses.

4.2.1 Les dommages structuraux

La présence en très grande quantité d'enzymes musculaires dans le sang, après des exercices intenses, suggère l'apparition de lésions des membranes musculaires. Après des exercices très intenses les concentrations sériques d'enzymes musculaires peuvent en effet être multipliées de 2 à 10 fois. Des études récentes conduisent à penser que ces variations sont en rapport avec l'importance des dommages musculaires. L'examen du tissu musculaire des jambes de marathoniens a révélé de graves lésions des fibres musculaires, autant après l'entraînement qu'après une compétition. L'importance de ces dégâts était en rapport avec l'intensité de la douleur ressentie par les coureurs.

La figure 5.13 montre, en microscopie électronique, les dommages musculaires observés après un marathon. Le sarcolemme (membrane de la fibre musculaire) est totalement rompu, laissant le contenu cellulaire flotter librement entre les cellules saines. Heureusement, toutes les lésions musculaires ne revêtent pas cette importance.

La figure 5.14a, montre les différences de structure observables au niveau des filaments contractiles et des stries Z, avant et après un marathon. Il faut se souvenir que les stries Z sont les points d'attache des protéines contractiles. Elles fournissent un point d'ancrage pour la transmission des forces, lorsque la fibre musculaire est stimulée

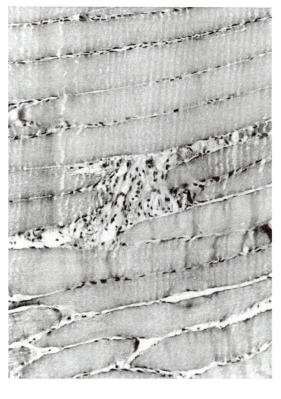

Figure 5.13

Vue en microscopie électronique d'un échantillon de muscle prélevé immédiatement à l'arrêt d'un marathon, montrant la rupture de la membrane cellulaire dans une fibre musculaire.

a

b

Figure 5.14

Configuration normale en microscopie électronique de l'arrangement des filaments d'actine et de myosine et des stries Z dans un muscle de coureur à pied avant un marathon (a).
Il apparaît dans l'échantillon musculaire prélevé immédiatement à l'arrêt du marathon des modifications importantes des stries Z dues aux contractions excentriques engendrées par la course (b).
D'après F.C. Hagerman *et al.*, 1984.

et se raccourcit. Après le marathon on peut voir sur la figure 5.14b les stries Z déchirées par la force des contractions excentriques ou par l'étirement des fibres musculaires.

Quoique l'impact de ces lésions musculaires sur la performance ne soit pas totalement élucidé, les spécialistes s'accordent pour dire que ces dégâts sont en partie responsables des sensations de crampes localisées, de la fragilité et des œdèmes associés au phénomène de douleur musculaire différée. Pourtant, il faut bien remarquer que les concentrations sanguines des enzymes musculaires peuvent s'élever et les fibres musculaires être fréquemment endommagées, lors d'exercices quotidiens, sans qu'apparaisse pour autant la moindre douleur musculaire. Il faut aussi se rappeler que les dommages musculaires seraient des facteurs stimulants de l'hypertrophie musculaire.

4.2.2 La réaction inflammatoire

Les globules blancs sont des éléments de défense de l'organisme. Leur nombre augmente (hyperleucocytose) lors d'activités qui engendrent des douleurs musculaires. Ceci a conduit à penser que la douleur résulterait de processus musculaires inflammatoires. Mais le lien entre ces réactions et la douleur musculaire est difficile à établir.

L'utilisation expérimentale de drogues anti-inflammatoires ne supprime, en effet, ni l'hyperleucocytose ni la douleur. Dans ces conditions, la relation entre des processus inflammatoires éventuels et la douleur musculaire ne peut être affirmée avec certitude, même si des études plus récentes suggèrent un lien entre ces deux paramètres. Il est ainsi admis qu'un muscle lésé peut libérer des substances qui déclenchent des réactions inflammatoires, en agissant comme de véritables hormones.

PERSPECTIVES DE RECHERCHE 5.3

Rôle du monoxyde d'azote (NO) dans les douleurs musculaires différées ?

Les douleurs musculaires différées (ou d'apparition retardée) appelées communément courbatures sont des phénomènes très caractéristiques survenant 1 à 3 jours après un exercice excentrique. Les symptômes associés à cette douleur musculaire différée sont la douleur, la baisse de la force maximale ainsi que l'apparition d'un gonflement ou œdème. Ces symptômes sont liés à des lésions structurelles des fibres musculaires entraînant un changement de perméabilité du sarcolemme ainsi qu'à des dommages au niveau du tissu conjonctif. Ces dommages structuraux entraîneraient une réponse inflammatoire à l'origine des symptômes décrits précédemment.

Or plus récemment, des chercheurs ont souligné le rôle possible du monoxyde d'azote (NO) dans les facteurs associés aux douleurs musculaires différées. En effet, la concentration en NO au niveau des tissus musculaires augmente d'environ 30 % chez les sujets souffrant de ces douleurs[16]. Le NO est une molécule de signalisation très importante au niveau du muscle squelettique car elle permet de réguler, entre autres, la production de force musculaire. Cette molécule peut également modifier l'activité de l'ATPase, altérer la sensibilité des éléments contractiles au calcium et jouer un rôle dans les douleurs musculaires différées. Le NO peut directement et indirectement stimuler les récepteurs à la douleur au niveau des nerfs afférents. De plus, le NO active les cellules satellites, première phase déterminante dans la régénération musculaire. Même si d'autres études sont nécessaires afin de bien clarifier les rôles et les effets du NO, il semble que les voies de signalisation activées par ce dernier contribuent, sous différentes formes, aux changements cellulaires et aux symptômes observés lors des douleurs musculaires différées[16].

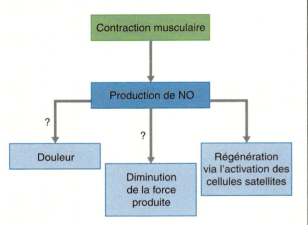

Même si d'autres études sont nécessaires pour clarifier le rôle exact du monoxyde d'azote dans les douleurs musculaires différées, cette molécule jouerait un rôle important dans la baisse de la force maximale générée par le muscle et dans la douleur ressentie. Le monoxyde d'azote serait également impliqué dans la réparation des tissus endommagés

From *Free Radical Biology and Medicine*, Vol. 26, Z. Radak *et al.*, "Muscle soreness-induced reduction in force generation is accompanied by increased nitric oxide content and DNA damage in human skeletal muscle", pgs. 1059-1063, Copyright 1999, with permission from Elsevier. http://www.sciencedirect.com/science/article/pii/S0891584998003098.

Les cellules mononucléées du muscle sont activées par la lésion. Elles libèrent des signaux chimiques en direction des cellules inflammatoires. Les neutrophiles (un autre type de globules blancs) envahissent alors le site lésionnel et produisent des cytokines (substances immunitaires) qui attirent et activent encore les cellules inflammatoires. Il est possible que les neutrophiles libèrent également des radicaux libres, destructeurs des membranes cellulaires. Enfin, les macrophages, cellules du système immunitaire, envahissent à leur tour les cellules musculaires endommagées, éliminant les déchets par le phénomène de phagocytose. Les macrophages sont encore impliqués dans la phase de régénération du muscle.

4.2.3 Événements successifs entraînant une douleur musculaire différée

Les scientifiques s'accordent sur le fait qu'une seule théorie ou hypothèse ne peut expliquer à elle seule le phénomène des douleurs musculaires différées. Ainsi, la succession d'évènements qu'ils proposent pour expliquer ce phénomène est la suivante :

1. une tension élevée dans le système contractile-élastique du muscle entraîne des lésions structurales du muscle et de la membrane cellulaire. Une tension excessive au niveau du tissu conjonctif est également observée,

2. les lésions de la membrane cellulaire perturbent l'homéostasie du calcium dans la fibre lésée, inhibant la respiration cellulaire. Les concentrations élevées de calcium activent certaines enzymes qui dégradent les lignes Z,

3. après quelques heures, une élévation significative des neutrophiles circulant qui participent à la réponse inflammatoire est observée,

4. les produits de l'activité macrophagique et des constituants intracellulaires comme l'histamine, les kinines et K^+ s'accumulent à l'extérieur des cellules. Ces substances stimulent alors les terminaisons nerveuses libres du muscle. Ces processus sont accentués dans les exercices de type excentrique, dans lesquels des forces importantes sont produites pour une surface de section relativement petite du muscle,

5. L'œdème lié à l'accumulation de liquide dans le milieu interstitiel ou intracellulaire du muscle constitue probablement un autre facteur de douleur musculaire différée.

4.2.4 Douleur musculaire différée et performance

La douleur, qu'elle résulte d'une lésion musculaire ou d'un œdème isolé, entraîne une diminution de la production de force par le muscle.

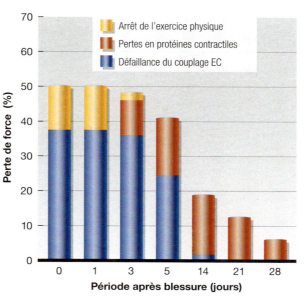

Figure 5.15

Contribution estimée à la chute de force après blessure de la défaillance du couplage excitation-contraction (EC), de la perte en protéines contractiles et de l'arrêt de l'exercice physique. D'après G.L Warren *et al.* "Excitation-contraction uncoupling: Major role in contraction-induced muscle injury", *Exercise and Sport Sciences Review* 29, 2001.

Il faut, en général, plusieurs jours, voire plusieurs semaines, pour retrouver le niveau initial. Il semble que la perte de force musculaire soit le résultat de trois facteurs :

1. les transformations musculaires illustrées par les figures 5.13 et 5.14.

2. les perturbations du couplage excitation-contraction

3. les pertes en protéines contractiles.

Comme le montre la figure 5.15, les perturbations du couplage excitation-contraction apparaissent comme le facteur le plus important, particulièrement lors des cinq premiers jours.

Lorsque le muscle est endommagé, la resynthèse du glycogène est perturbée. Si elle reste normale au cours des 6 à 12 heures qui suivent l'exercice, elle est partiellement ou totalement inhibée pendant la phase de régénération du muscle. Les stocks de substrats énergétiques sont ainsi épuisés dans les muscles lésés. La figure 5.16, illustre la séquence des événements qui suivent un entraînement excentrique intense : douleur, œdème, élévation des enzymes plasmatiques (créatine kinase, marqueurs des dommages musculaire), déplétion en glycogène, lésions ultrastructurales du muscle et faiblesse musculaire.

4.2.5 Prévention des douleurs musculaires

La prévention des douleurs musculaires est essentielle dans l'amélioration de la performance. Il faudrait pour cela diminuer le nombre d'exercices de type excentrique, en début d'entraînement, mais ceci n'est pas possible dans toutes les disciplines sportives. Une approche alternative consiste à débuter l'entraînement à des intensités relativement

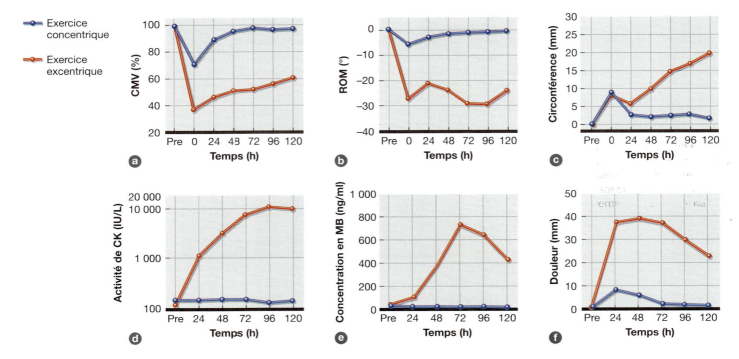

Figure 5.16

Réponses de différents marqueurs physiologiques des dommages musculaires observés après des exercices concentriques et excentriques des muscles fléchisseurs du coude. Les changements persistent plusieurs jours après l'exercice. Ils concernent (a) la contraction maximale volontaire (CMV) et (b) l'amplitude articulaire (ROM), deux indicateurs de la fonction musculaire ; (c) le gonflement musculaire (circonférence) ; (d) la créatine kinase (CK) et (e) la concentration en myoglobine plasmatique, des indicateurs moléculaires des dommages ; et (f) la douleur.
D'après Reprinted, by permission, from K. Nosaka, 2008, "Muscle soreness and damage and the repeated-bout effect" in *Skeletal muscle damage and repair*, edited by Peter Tiidus (Champaign, IL: Human Kinetics). Data from Lavender and Nosaka, 2006.

faibles, que l'on augmente ensuite de manière très progressive, au fil des semaines. Il est possible, à l'inverse, de débuter le programme d'entraînement avec une séquence d'exercices très intenses voire exhaustifs. Dans ces conditions, la douleur musculaire très importante les premiers jours diminue lors des séances ultérieures. Notons que les facteurs qui accompagnent la douleur constituent des stimuli importants de l'hypertrophie musculaire.

4.3 La crampe musculaire induite par l'exercice

Très peu de choses irritent plus les athlètes que la crampe musculaire induite par l'exercice. Les crampes surviennent généralement soit pendant les compétitions, soit après soit pendant la nuit suivante. Ce phénomène irrite aussi les scientifiques, dans la mesure où ils n'arrivent toujours pas, ni à déterminer

---

PERSPECTIVES DE RECHERCHE 5.4

Rôle des statines dans la douleur et les dommages musculaires

Les statines (ou inhibiteurs de la 3-Hydroxy-3-methylglutaryl (HMG)-CoA réductase) constituent l'un des médicaments les plus prescrits dans le monde occidental. Elles sont utilisées pour baisser la concentration sanguine de cholestérol réduisant ainsi le risque d'accident cardiovasculaire. Toutefois, les statines ne sont pas dénuées d'effets secondaires et on observe dans 25 % des cas une forte douleur musculaire associée à cette prise[14]. Ces douleurs musculaires peuvent aller de la crampe jusqu'à induire une incapacité à se mouvoir avec une sévère atteinte du tissu musculaire appelée la rhabdomyolyse. Même si les mécanismes précis expliquant le rôle des statines dans la douleur et les dommages musculaires ne sont pas encore clairement élucidés, il semble néanmoins qu'une production excessive d'espèces réactives de l'oxygène par la mitochondrie ainsi que des changements dans les voies de signalisation modulant l'équilibre protéique intracellulaire puissent jouer un rôle non négligeable.

De plus, en réponse à un exercice de type excentrique, l'utilisation des statines majore l'augmentation de la concentration sanguine de créatine kinase, marqueur clinique qui traduit l'ampleur des dommages musculaires. Toutefois, comme certains patients qui prennent des statines et qui souffrent de douleur musculaire ne présentent pas forcément d'élévation de créatine kinase, ceci suggère que d'autres mécanismes puissent être impliqués[13]. Alors que les sujets entraînés sont connus pour mieux supporter la douleur, notamment la douleur liée aux efforts intenses, chez ces sujets, la douleur liée à la prise de statine peut aller jusqu'à limiter la pratique d'activités physiques même de loisir[3]. Plus récemment, certaines études ont montré que la prise de statines chez des sujets âgés limite les adaptations liées à l'entraînement physique[10]. L'exercice physique étant la pierre angulaire du traitement et de la prévention des maladies cardiovasculaires, davantage d'études sont donc nécessaires, à la fois pour comprendre les effets des statines sur la physiologie du muscle squelettique, ainsi que pour comprendre comment optimiser les bénéfices de ces deux thérapies.

précisément ses causes, ni comment la traiter et la prévenir. La crampe musculaire survenant pendant ou après l'exercice physique est très rarement liée à une maladie. Elle est définie comme une contraction douloureuse, spasmodique et involontaire du muscle. La crampe musculaire survenant pendant le sommeil peut, ou ne peut pas, être liée à l'exercice physique.

Actuellement, deux explications sont avancées pour expliquer la crampe musculaire[2]. Le premier type de crampe survient au niveau du muscle fatigué par une sollicitation intense ou une mauvaise préparation ou encore les deux. Il s'explique par une sollicitation intense du motoneurone α, elle-même induite par un contrôle nerveux aberrant. La fatigue peut causer ce genre de contrôle nerveux *via* un effet, à la fois sur les organes tendineux de Golgi et les fuseaux neuromusculaires. L'activité des fuseaux neuromusculaires augmente et celle des organes tendineux de Golgi diminue. Les facteurs de risque de ce type de crampe sont l'âge, les mauvaises habitudes d'étirement, les sujets prédisposés aux crampes ou encore une intensité et durée d'exercice excessives.

Le deuxième type de crampe musculaire semble être causé par une perturbation de la balance hydro-électrolytique liée à une très forte sudation avec perte importante en ions sodium et en ions chlorures. Ce genre de perturbations électrolytiques apparaît pendant ou après une longue course, un match ou encore après une succession d'exercices intenses. Ces pertes musculaires hydro-électrolytiques sont compensées par des fuites du compartiment interstitiel vers l'intravasculaire. Il semble que ces fuites rendent la jonction neuromusculaire hyperexcitable induisant des décharges spontanées et des potentiels d'action au niveau du muscle.

Le traitement dépend du type de la crampe. Pour la crampe liée à la fatigue musculaire il faut préconiser du repos, des étirements passifs du muscle ou du groupe musculaire affecté et surtout l'adoption d'une position allongée jusqu'à la disparition de toute activité musculaire. Si les pertes hydriques et électrolytiques sont suspectées, il est préconisé de s'hydrater convenablement avec un apport en sodium (3 g de sodium dans 500 ml d'eau à boire toutes les 5 à 10 minutes). À cela peuvent s'ajouter des massages et application de glace afin de calmer la douleur musculaire.

Pour prévenir la crampe musculaire, les athlètes doivent :

- être bien entraînés pour réduire la fatigue musculaire,
- étirer régulièrement le muscle prédisposé à la crampe,
- maintenir un apport convenable en eau, en électrolytes et en glucides, et
- si nécessaire, réduire l'intensité ainsi que la durée de l'exercice.

Résumé

> Les douleurs musculaires aiguës surviennent surtout à la fin des exercices ou pendant la période de récupération.

> La douleur musculaire différée survient un à deux jours après l'arrêt de l'exercice. Il semble que les contractions excentriques en soient les principales responsables.

> Parmi les mécanismes à l'origine de ces douleurs musculaires différées, il faut citer des lésions à l'intérieur même des fibres musculaires ainsi que des phénomènes inflammatoires *in situ*. Les douleurs musculaires différées peuvent s'expliquer par les événements suivants :
>   1. des lésions structurales ;
>   2. un défaut de disponibilité du calcium ;
>   3. un phénomène inflammatoire ;
>   4. une augmentation de l'activité des macrophages ; et
>   5. l'œdème.

> La douleur musculaire entraîne une baisse de la force musculaire. Cette baisse semble être le résultat de trois facteurs : une désorganisation musculaire, une défaillance du couplage excitation-contraction et une perte de protéines contractiles.

> La douleur musculaire peut être prévenue ou minimisée en :
> – réduisant la part des exercices excentriques, en particulier au tout début de l'entraînement ;
> – en commençant l'entraînement par des exercices de faible intensité, et en augmentant celle-ci de manière très progressive ; ou
> – à l'inverse, en commençant par des exercices d'emblée très intenses, exhaustifs et initialement très douloureux. La douleur diminuera alors avec la poursuite de l'entraînement.

> La douleur musculaire est, dans certaines limites, une réponse physiologique à l'entraînement de force.

> La crampe musculaire induite par l'exercice physique serait provoquée à la fois par :
> – un déséquilibre hydro-électrolytique ;
> – une fatigue musculaire associée à une activité prolongée du motoneurone alpha ;
> – une augmentation de l'activité des fuseaux neuromusculaires et une diminution de l'activité des organes tendineux de Golgi.

> Le traitement de la crampe inclus le repos, les étirements passifs et le maintien du muscle dans une position allongée. La prévention de la crampe inclut un entraînement adéquat, des étirements réguliers et une bonne diététique.

> **PERSPECTIVES DE RECHERCHE 5.5**
>
> ### Comment optimiser sa récupération : repos ou massage ?
>
> Beaucoup d'athlètes et d'amateurs de fitness estiment que le massage représente une modalité de récupération efficace pour améliorer la circulation sanguine et le drainage lymphatique en réponse à un exercice intense de musculation par exemple. Des chercheurs de l'Université de Tulsa ont comparé les effets du massage à ceux du repos, sur la performance lors de répétitions d'exercices supra-maximaux. Les sujets devaient répéter des séries d'exercices de musculation entrecoupés soit d'une minute de repos passif, soit de 30 s de repos passif, soit de 30 s de massage du groupe musculaire sollicité précédemment. Les performances des sujets étaient meilleures et ils pouvaient réaliser plus de répétitions avec la première condition (1 minute de récupération passive[4]). Afin de mieux comprendre les raisons de cette meilleure efficacité du repos par rapport au massage en récupération, d'autres études ont été réalisées. Elles ont montré qu'en réponse à un exercice intense, le massage diminue la vitesse d'élimination du lactate et de l'ion hydrogène (responsable de l'acidose) du muscle en entravant de manière mécanique le flux sanguin[20].

5. Conclusion

Dans les chapitres précédents, nous avons vu comment les systèmes nerveux et musculaire interagissent pour produire le mouvement. Ce chapitre était centré sur la dépense énergétique à l'exercice et la fatigue. Nous avons vu comment l'énergie est stockée dans le muscle sous forme d'ATP et comment sa production et sa disponibilité constituent un facteur limitant de la performance.

Nous avons également souligné l'importante variation des besoins métaboliques selon le type d'exercice. Nous avons aussi discuté des facteurs potentiellement impliqués dans la fatigue, à la fois ceux liés au métabolisme cellulaire et ceux liés au système nerveux central. Nous avons également traité de la douleur musculaire différée et de la crampe musculaire comme facteurs supplémentaires limitant l'exercice. Dans le chapitre suivant, nous nous attacherons plus spécifiquement à l'étude du système cardiovasculaire et à son contrôle.

Dépense énergétique et fatigue — Chapitre 5

Mots-clés

calorie

calorimètre ou chambre calorimétrique

calorimétrie directe

calorimétrie indirecte

consommation maximale d'oxygène ($\dot{V}O_2max$)

crampe musculaire induite par l'exercice

déficit d'oxygène

dérive de $\dot{V}O_2$

douleurs musculaires aiguës

douleurs musculaires différées

excès de consommation d'oxygène post-exercice (EPOC)

fatigue

gouverneur central

métabolisme de base (MB)

métabolisme de repos

quotient respiratoire (QR)

seuil lactique

théorie du gouverneur central

transformation de Haldane

Questions

1. Définissez la calorimétrie directe et indirecte et décrivez comment ces deux techniques sont utilisées pour mesurer la dépense énergétique ?

2. Qu'est-ce que le quotient respiratoire (QR) ? Expliquez comment il permet d'évaluer l'oxydation des glucides et des lipides.

3. Que sont le métabolisme de base et le métabolisme de repos ? en quoi diffèrent-ils ?

4. Qu'est-ce que la consommation maximale d'oxygène ? Comment est-elle mesurée ? Quelle est sa relation avec la performance sportive ?

5. Décrivez deux techniques possibles d'évaluation du métabolisme anaérobie.

6. Que sont les seuils lactiques ? Comment sont-ils mesurés ? Quelle est leur relation avec la performance sportive ?

7. Qu'est-ce que l'économie de course ? comment la mesure-t-on ? Quelle est sa relation avec la performance sportive ?

8. Quelle est la relation entre consommation d'oxygène et production d'énergie ?

9. Pourquoi les athlètes à hautes $\dot{V}O_2max$ sont-ils plus performants lors des épreuves d'endurance que ceux à faibles $\dot{V}O_2max$?

10. Pourquoi la consommation d'oxygène est-elle souvent exprimée en millilitres d'oxygène par kilo de poids et par minute ($ml.kg^{-1}.min^{-1}$) ?

11. Quelles sont les principales causes de fatigue lors d'exercices durant de 15 à 30 s ou de 2 à 4 h ?

12. Décrivez, en les discutant, les trois mécanismes permettant l'utilisation du lactate comme source énergétique.

13. Décrivez les bases physiologiques de la douleur musculaire différée.

14. Décrivez les bases physiologiques de la crampe musculaire.

DEUXIÈME PARTIE

Fonctions cardiovasculaire et respiratoire

Dans les chapitres précédents, nous avons expliqué comment l'organisme utilise l'énergie métabolique et la transforme en énergie mécanique, pour produire le mouvement. Nous avons aussi étudié la régulation hormonale du métabolisme énergétique, de l'équilibre hydroélectrique et de l'apport calorique. Pour finir, nous avons également abordé la mesure de la dépense énergétique, les différentes causes de la fatigue, des courbatures et des crampes. Encore faut-il que les substrats énergétiques utilisés parviennent aux muscles actifs ! La partie II a pour objectif de montrer comment les appareils cardiovasculaire et respiratoire apportent l'oxygène et les substrats aux muscles actifs, comment ils assurent l'élimination du dioxyde de carbone et des déchets métaboliques, et enfin comment ils s'adaptent à l'exercice. Dans le chapitre 6, intitulé « le système cardiovasculaire et son contrôle », nous étudierons la structure et la fonction du système cardiovasculaire – le cœur, les vaisseaux sanguins et le sang. Nous verrons comment ce système ajuste précisément l'apport sanguin aux différentes parties du corps pour répondre à leur demande. Dans le chapitre 7, « le système respiratoire et ses régulations », nous détaillerons la mécanique et la régulation de la ventilation, les échanges gazeux pulmonaires et musculaires ainsi que les mécanismes de transport de l'oxygène et du dioxyde de carbone dans le sang. Nous préciserons également comment ce système participe à la régulation du pH sanguin. Dans le chapitre 8, « Régulation cardiorespiratoire à l'exercice », nous verrons comment les systèmes cardiovasculaire et respiratoire s'adaptent en réponse à un exercice isolé.

Chapitre 6 : Le système cardiovasculaire et son contrôle

Chapitre 7 : Le système respiratoire et ses régulations

Chapitre 8 : Régulation cardiorespiratoire à l'exercice

Le système cardiovasculaire et son contrôle

6

Le 5 janvier 1988, le monde du sport perdait un de ses plus grands athlètes. Maravich, première star du basket-ball américain, décédait brutalement d'un arrêt cardiaque, à l'âge de 40 ans, en plein match de basket. Ce décès fut un véritable choc et créa la surprise dans le monde médical. En fait, Maravich présentait une hypertrophie du cœur en relation avec une malformation congénitale. Celle-ci consistait en l'absence des deux vaisseaux coronaires qui irriguent normalement le ventricule gauche. Seul le ventricule droit recevait sa vascularisation habituelle, de sorte que le cœur de Maravich ne disposait que d'une seule artère coronaire. Toute la communauté médicale fut stupéfaite de constater que cette seule artère coronaire avait réussi, jusque-là, à suppléer la vascularisation habituelle du cœur gauche et que cette adaptation avait permis à Maravich de jouer pendant plusieurs années et d'être l'un des meilleurs basketteurs de l'histoire. Bien que, sa mort fût une tragédie qui a choqué le monde sportif, il a été capable de jouer à très haut niveau pendant une dizaine d'années dans l'un des sports les plus exigeants. Plus récemment, plusieurs jeunes sportifs de haut niveau, très prometteurs, ont vu leur vie écourtée par un arrêt cardiaque. La majorité de ces décès, est attribuée à une cardiomyopathie hypertrophique qui se caractérise par un grossissement anormal du muscle cardiaque survenant tout particulièrement au niveau du cœur gauche. Pour environ 50 % des cas, la maladie est d'ordre génétique. Ceci représente la cause majeure des arrêts cardiaques chez les adolescents et les jeunes athlètes ($\approx$ 36 %), mais on estime le nombre de ces décès à seulement un à deux cas pour 1 million d'athlètes par an.

Plan du chapitre

1. Le cœur   152
2. Le système vasculaire   163
3. Le sang   170
4. Conclusion   172

Le système cardiovasculaire occupe au sein de l'organisme une place essentielle puisqu'il est indispensable au bon fonctionnement de tous les autres systèmes. Les fonctions principales du système cardiovasculaire sont au nombre de 6 :

- apport d'oxygène et de substrats énergétiques ;
- élimination du dioxyde de carbone et des déchets métaboliques ;
- transport d'hormones ou d'autres molécules ;
- thermorégulation et régulation des fluides corporels ;
- régulation de l'équilibre acide-base de l'organisme afin de contrôler le pH de l'organisme ;
- régulation de la fonction immunitaire.

Cette liste non exhaustive montre combien les diverses fonctions du système cardiovasculaire vont faire jouer à celui-ci un rôle fondamental dans les adaptations générales de l'organisme à l'exercice et au sport. Bien évidemment, ces différentes fonctions varient au cours de l'effort et deviennent d'autant plus importantes que l'intensité augmente.

D'une certaine façon, toutes les fonctions de notre corps, voire de chaque cellule, dépendent de cet appareil.

Tout système circulatoire doit comporter trois éléments :

- une pompe (le cœur) ;
- un système de canaux (les vaisseaux sanguins) ;
- un liquide circulant (le sang).

Afin que le sang circule de façon continue tout le long du réseau vasculaire, le cœur doit générer suffisamment de pression. C'est pourquoi le premier but du système cardiovasculaire est d'assurer un débit sanguin suffisant dans l'organisme pour satisfaire la demande des tissus. Examinons tout d'abord le cœur.

1. Le cœur

Pas plus gros que la taille d'un poing et logé dans la cavité centrale du thorax, le cœur joue le rôle essentiel d'une pompe qui fait circuler le sang dans tout le système vasculaire. Le cœur représenté à la figure 6.1, est constitué de deux oreillettes ou cavités qui reçoivent le sang et de deux ventricules ou cavités qui éjectent le sang. Il est enveloppé dans un sac sérofibreux très résistant appelé **péricarde**. Une mince cavité remplie de liquide sépare le péricarde du cœur et permet d'éviter des frictions entre ces deux derniers.

Comment le sang circule-t-il à l'intérieur même du cœur ?

1.1 La circulation du sang à l'intérieur du cœur

Le cœur est parfois considéré comme deux pompes travaillant séparément : la droite pompant le sang désoxygéné jusqu'aux poumons par la circulation pulmonaire et la gauche pompant le sang oxygéné à tous les autres tissus de l'organisme par la circulation systémique. Après avoir apporté l'oxygène et les nutriments aux cellules et pris en charge les déchets métaboliques, le sang regagne l'oreillette droite (OD) grâce à deux troncs veineux – la veine cave supérieure et la veine cave inférieure. Cette chambre reçoit ainsi la totalité du sang désoxygéné de l'organisme.

De l'oreillette droite, le sang gagne le ventricule droit (VD) en traversant l'orifice tricuspide muni d'une valve du même nom. Cette cavité éjecte alors le sang vers l'artère pulmonaire au travers d'un orifice muni d'une valvule sigmoïde. L'artère pulmonaire transporte le sang aux poumons droit et gauche. Le cœur droit appartient donc à la circulation dite « pulmonaire » ou petite circulation. Au niveau des poumons, le sang subit sa réoxygénation.

À la sortie des poumons, le sang ainsi oxygéné traverse les veines pulmonaires et est transporté jusqu'à l'oreillette gauche (OG). De l'oreillette gauche le sang gagne le ventricule gauche (VG) en traversant la valvule bicuspide (ou mitrale). Le sang quitte le ventricule gauche par un orifice muni d'une valvule sigmoïde. Il est ainsi éjecté dans l'aorte, tronc artériel qui collecte tout le sang oxygéné destiné à l'ensemble du corps. Le cœur gauche appartient à la circulation dite « systémique » ou grande circulation. Il reçoit le sang oxygéné des poumons, pour le distribuer à l'ensemble des tissus.

Les quatre valves myocardiques permettent une circulation à sens unique dans le cœur et empêchent le sang de refluer dans le mauvais sens. Elles permettent également d'augmenter la quantité de sang expulsée hors du cœur lors de la contraction. Un **souffle cardiaque (ou souffle au cœur)**, est un bruit anormal que l'on peut percevoir à l'auscultation cardiaque par l'intermédiaire d'un stéthoscope. Il témoigne soit de l'existence de turbulences lors du passage du sang au travers d'une valvule rétrécie (sténose) soit de l'existence d'un retour d'une petite quantité de sang vers le cœur en raison d'une valvule qui ne se referme pas correctement et qui fuit (prolapsus). Lorsque le fonctionnement anormal de ces valves est la résultante d'une pathologie, un traitement chirurgical pourra alors être proposé. L'insuffisance mitrale empêche la fermeture complète et étanche de l'orifice mitral. Au moment de la systole, le sang du ventricule gauche reflue dans l'oreillette gauche du fait de la perte d'étanchéité de la valve mitrale. Cette valvulopathie est relativement fréquente chez les adultes

Figure 6.1 Anatomie du cœur humain

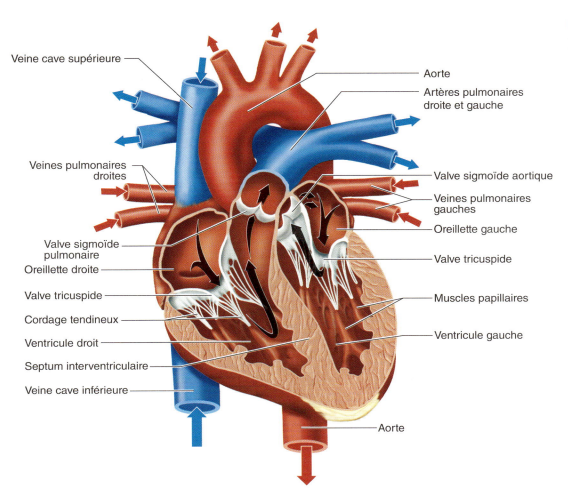

puisqu'elle touche entre 6 et 17 % de la population et est le plus souvent bénigne.

Des souffles modérés sont fréquemment observés chez les enfants et les adolescents en pleine croissance. Tout comme ceux chez les sportifs qui sont le plus souvent bénins, il n'affecte en aucun cas le pompage du cœur ni les performances. La prise en charge ne sera nécessaire que quand des conséquences fonctionnelles telles que des étourdissements ou vertiges se feront ressentir.

1.2 Le myocarde

Le muscle cardiaque porte le nom de **myocarde** ou muscle myocardique. L'épaisseur du myocarde varie selon la force que chaque chambre doit développer. C'est le ventricule gauche qui constitue la cavité la plus puissante. C'est donc à son niveau que l'épaisseur de la paroi musculaire est la plus importante. En se contractant, le ventricule gauche doit être capable d'éjecter le sang dans tout le système circulatoire systémique. En station assise ou debout, il doit en plus vaincre la force opposée par la pesanteur qui attire le sang vers les territoires inférieurs.

L'épaisseur du mur ventriculaire gauche, beaucoup plus importante qu'au niveau des autres chambres, témoigne de la puissance du ventricule gauche. Cette relative hypertrophie résulte simplement du travail imposé au ventricule gauche dans les conditions normales de repos ou d'activité modérée. Tout exercice intense, nécessitant une nette augmentation de l'apport sanguin aux muscles actifs, accroît la charge de travail du ventricule gauche. En réponse à l'entraînement aérobie et de force, le muscle cardiaque et plus particulièrement le ventricule gauche, s'hypertrophie. Tout comme le muscle squelettique, il augmente de volume et augmente également sa capacité d'éjection. Contrairement à cette hypertrophie cardiaque, non pathologique, induite par l'entraînement, le cœur peut s'hypertrophier lors de pathologies comme l'hypertension artérielle ou les anomalies des valves. Les mécanismes d'adaptation sont alors différents de ceux de l'hypertrophie induite par l'entraînement.

Bien que d'aspect également strié, la structure du myocarde diffère de celle du muscle squelettique. Premièrement, comme le cœur doit se contracter d'un seul bloc, les fibres myocardiques sont anatomiquement connectées entre elles au niveau des **disques intercalaires**, qui apparaissent noir après coloration. Ils renferment des desmosomes et des jonctions ouvertes. Le rôle des desmosomes est essentiel. Les desmosomes attachent les cellules les unes aux autres empêchant ainsi les fibres cardiaques adjacentes de se détacher lors des contractions du cœur qui peuvent être très vigoureuses. Les jonctions ouvertes accélèrent la transmission de l'influx nerveux de sorte que toutes les fibres myocardiques se contractent ensemble au même moment. Deuxièmement, les fibres musculaires cardiaques sont homogènes puisqu'elles ne sont que d'un seul type, proches des fibres SI du muscle squelettique. Elles ont donc un métabolisme fortement oxydatif, sont très vascularisées et possèdent de nombreuses mitochondries.

De plus, le mécanisme de contraction diffère entre muscle cardiaque et muscle squelettique. La contraction cardiaque est fortement dépendante de la libération du calcium de ses sites de stockage intracellulaire (figure 6.2). Le potentiel d'action se propage rapidement le long du sarcolemme de cellule en cellule *via* les jonctions ouvertes, puis rentre à l'intérieur des cellules par les tubules transverses ou tubules T. Le calcium entre ensuite dans la cellule grâce à l'activation d'un canal calcique voltage dépendant, également appelé récepteur aux dihydropyridines, situé principalement dans les tubules T. Contrairement à ce qui se passe dans le muscle squelettique, la quantité de calcium qui rentre dans la cellule n'est pas suffisante pour permettre la contraction cardiaque. Elle sert de signal pour l'ouverture d'un second canal calcique, le récepteur de la ryanodine, ce qui entraîne la libération d'une quantité supplémentaire de calcium dans la cellule à partir du réticulum sarcoplasmique suffisante pour initier la contraction. La figure 6.3 résume les différences et les points communs du muscle cardiaque et squelettique.

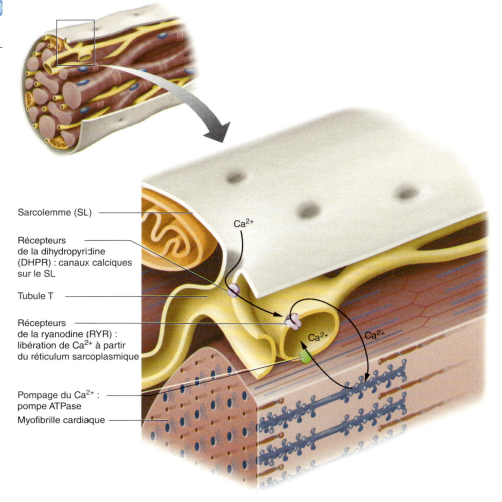

Figure 6.2 Mécanismes de la contraction du muscle cardiaque

Comme le muscle strié squelettique, le myocarde est approvisionné en sang qui lui délivre de l'oxygène, des nutriments et le débarrasse des déchets. Bien que le sang circule dans toutes les cavités du cœur, très peu de nutriments proviennent de ce sang. L'essentiel des nutriments arrivant au cœur provient des artères coronaires droite et gauche situées à la base de l'aorte et qui encerclent l'extérieur du myocarde (figure 6.4). L'artère coronaire droite qui irrigue le côté droit du cœur, se divise en deux branches, l'artère marginale et l'artère interventriculaire postérieure. L'artère coronaire gauche représente l'artère majeure. Elle se divise aussi en deux principales branches, l'artère circonflexe et l'artère interventriculaire antérieure appelée aussi l'artère coronaire antérieure descendante. Les artères interventriculaires antérieure et postérieure ainsi que la circonflexe fusionnent dans la partie postérieure basse du cœur. Lorsque le cœur est entre deux contractions (lors de la diastole), le débit sanguin augmente dans les artères coronaires.

La circulation du sang vers et à travers les artères coronaires est quelque peu différente de celle du reste du corps. En effet, les artères coronaires fournissent au cœur un apport sanguin intermittent et rythmique. Lors de la contraction ventriculaire ces vaisseaux sont alors comprimés par le myocarde en contraction et leurs entrées sont partiellement bouchées par la valve de l'aorte. C'est pourquoi le débit coronaire se fait essentiellement en diastole, lorsque la pression dans le ventricule diminue et que la valve aortique se referme. Les artères coronaires sont donc protégées par ce mécanisme contre la pression artérielle très élevée créée par la contraction du ventricule gauche, prévenant ainsi d'éventuels dommages à leur niveau.

Les artères coronaires sont sujettes à l'**athérosclérose** qui peut conduire à une maladie coronarienne. Cette maladie est discutée davantage dans le chapitre 21. D'autres anomalies congénitales comme des variantes anatomiques pathologiques dans les artères coronaires peuvent entraîner un décès par mort subite.

La capacité du cœur à se contracter d'un seul bloc dépend non seulement de sa structure particulière mais également de l'initiation et de la propagation de l'influx nerveux cardiaque qui est assurée par le système de conduction cardiaque.

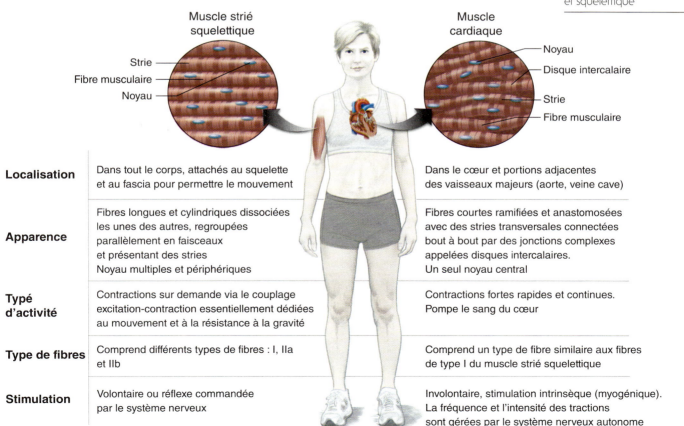

Figure 6.3 Caractéristiques fonctionnelles et structurales des muscles cardiaque et squelettique

Figure 6.4 La circulation coronaire

Les artères coronaires droite et gauche et les principales branches

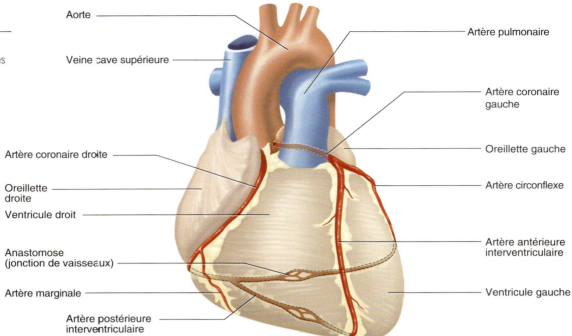

1.3 Le système de conduction cardiaque

Le muscle cardiaque est doué d'une propriété tout à fait spécifique : celle de générer sa propre activité électrique, ce qui lui permet de se contracter de manière rythmique, sans l'aide du système nerveux. Cette rythmicité est possible en raison des jonctions ouvertes qui font communiquer les cellules entre elles. Cette propriété constitue l'automatisme cardiaque. En l'absence de toute stimulation nerveuse ou humorale, la fréquence cardiaque intrinsèque se situe aux environs de 100 battements par minute (bpm). On peut l'observer chez des patients ayant subi une transplantation cardiaque car leur cœur n'est plus sous l'influence de la totalité de ses connexions nerveuses.

Même si toutes les cellules myocardiques ont leur propre rythme, le cœur possède des cellules spécialisées dont la fonction est de coordonner l'excitation et la conduction cardiaque. Même si leur fonction est de transmettre un signal, ces cellules ne sont pas constituées de tissu nerveux mais sont bien des cellules cardiaques spécialisées. La figure 6.5 représente les quatre éléments principaux qui entrent dans la constitution du système de conduction cardiaque :

- le nœud sino-auriculaire ou sinusal de Keith et Flack ;
- le nœud auriculo-ventriculaire ou d'Aschoff-Tawara ;
- le faisceau auriculo-ventriculaire ou faisceau de His ;
- le réseau de Purkinje.

L'impulsion initiale prend naissance au niveau du **nœud sino-auriculaire (SA) ou sinusal**, un ensemble de fibres spécialisées contenues dans la paroi de l'oreillette droite, au débouché de la veine cave supérieure. Comme ce tissu génère un signal électrique à une fréquence d'environ 100 bpm, le nœud SA est appelé « pacemaker du cœur », et sa fréquence, le rythme sinusal. Le signal électrique engendré par le nœud SA diffuse à l'ensemble des deux oreillettes et gagne le **nœud auriculo-ventriculaire (AV) ou nœud septal**, situé au centre du cœur, dans la partie inférieure de la paroi de l'oreillette droite. La diffusion de l'activité électrique aux oreillettes déclenche leur contraction immédiate.

Le nœud AV assure la transmission du signal électrique des oreillettes aux ventricules, avec un délai de l'ordre de 0,13 s, temps mis par le signal pour traverser le nœud AV et atteindre l'origine du

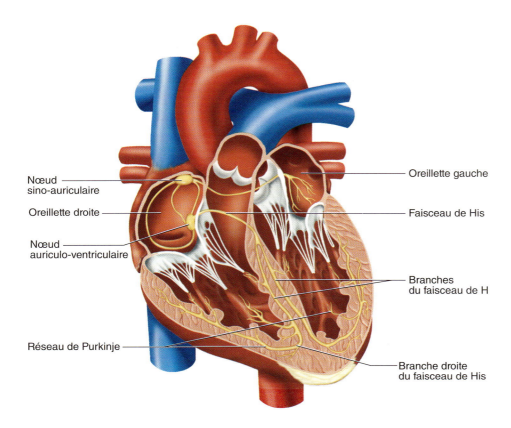

Figure 6.5 Système de conduction cardiaque

faisceau de His. Ce délai donne aux oreillettes le temps de se remplir suffisamment avant de céder leur sang au ventricule. Le faisceau de His descend le long du septum interventriculaire, puis se divise en deux branches droite et gauche, destinées respectivement à chacun des deux ventricules. Ces branches transmettent le signal électrique d'abord à l'apex, ou pointe du cœur, puis à la base de celui-ci. Chacune de ces branches se subdivise elle-même en plusieurs ramifications plus petites qui assurent une diffusion homogène du signal électrique à l'ensemble de la paroi ventriculaire. Les branches terminales du faisceau de His constituent le réseau de Purkinje. Elles transmettent le signal électrique au ventricule, environ six fois plus vite qu'au reste du myocarde. Cette conduction très rapide permet à toutes les régions des ventricules de se contracter là encore, ensemble, au même moment.

Diverses pathologies peuvent affecter le système de conduction cardiaque qui devient incapable d'assurer la transmission du rythme sinusal au reste du cœur. Dans certains cas, on implante un pacemaker artificiel, par voie chirurgicale, pour le suppléer. Il s'agit d'un petit stimulateur électrique fonctionnant sur batterie. Il est, en général, implanté sous la peau et relié au ventricule droit par des électrodes. Ce procédé est, par exemple, utilisé pour traiter les cas de *bloc auriculo-ventriculaire*. Dans cette circonstance pathologique, le rythme sinusal ne peut être transmis au ventricule car il est bloqué au niveau du nœud auriculo-ventriculaire. Le pacemaker artificiel permet de remplacer le nœud auriculo-ventriculaire défaillant et d'assurer une contraction ventriculaire normale.

1.4 Contrôle extrinsèque de l'activité cardiaque

Même si le cœur est capable d'une activité automatique (contrôle intrinsèque), la fréquence et l'efficacité de ses contractions peuvent varier dans les conditions normales en réponse à la mise en jeu de trois systèmes :

- le système nerveux parasympathique ;
- le système nerveux sympathique ;
- le système endocrinien (hormones).

Une vue générale de ces effets est présentée ici, mais elle est détaillée plus explicitement aux chapitres 3 et 4.

Le système parasympathique, une division du système nerveux végétatif, a pour origine le bulbe rachidien dans le tronc cérébral. Les influx

PERSPECTIVES DE RECHERCHE 6.1

Le mécanisme de torsion du cœur

Lors d'exercices très intenses, la fréquence cardiaque est très élevée ce qui laisse peu de temps pour le remplissage ventriculaire (pendant la diastole) entre chaque systole. Pourtant, afin d'atteindre le débit cardiaque maximal, ce remplissage doit être optimisé. Ceci est théoriquement rendu possible soit en augmentant la pression dans l'oreillette gauche (impossible dans ces conditions), soit en diminuant la pression dans le ventricule gauche afin d'aspirer (effet de succion) le sang à travers la valve mitrale de l'oreillette vers le ventricule. Comment le cœur utilise-t-il l'augmentation de sa force de contraction à l'exercice afin de remplir le ventricule gauche ? Jusqu'à présent, la cascade des évènements biomécaniques qui conduisent à la diastole précoce du ventricule gauche et à son remplissage lors de l'exercice n'était pas complètement élucidée. Les avancées technologiques dans le domaine de l'imagerie médicale ont permis de mieux comprendre ce que l'on appelle les mécanismes de *torsion du cœur* et comment ce mécanisme s'adapte lors de l'exercice. Parmi ces avancées on peut citer l'imagerie par résonance magnétique cardiaque, l'échographie cardiaque couplée aux techniques modernes du Doppler couleur en mode M (qui permet de quantifier les pressions à l'intérieur des ventricules) et du Doppler tissulaire (qui permet de visualiser les mouvements de torsion et de détorsion).

Quand le cœur bat, la contraction et le relâchement des oreillettes et des ventricules créent un mouvement de torsion et de détorsion similaire à celui que l'on peut faire lorsque l'on essore une serviette. Ce phénomène mécanique est rendu possible par la structure anatomique du cœur notamment l'arrangement circulaire et en hélice des faisceaux de tissu musculaire cardiaque. Lors de la systole, le cœur exerce un mouvement de torsion graduel au cours duquel de l'énergie est emmagasinée au niveau de composants tels que la titine (voir perspective de recherche 1.2). Lorsque la valve aortique ferme, la torsion du ventricule gauche est alors suivie par une rapide "détorsion" de ce dernier. Ce mouvement crée une dépression de l'ordre de 1 à 2 mmHg entre la base et l'apex du cœur qui propulse le sang par la valve mitrale dans le ventricule gauche.

L'énergie emmagasinée pendant le mouvement de torsion qui a lieu lors de systole ventriculaire est ensuite restituée lors de la phase de relaxation iso-volumétrique (phase du cycle cardiaque qui suit la contraction lors de laquelle toutes les valves sont fermées et où le cœur est au repos). Cette énergie est à l'origine du phénomène de succion active qui permet un meilleur remplissage du ventricule. Ce mouvement de détorsion est multiplié environ par 3 lors de l'exercice, ce qui permet d'optimiser la phase de remplissage ventriculaire. Le phénomène de torsion, suivi de la détorsion qui est à l'origine de la succion est appelé *relaxation dynamique*[7]. Les mécanismes de torsion cardiaque sont améliorés par l'entraînement et diminuent lors du désentraînement. Pour exemple, après un alitement prolongé ayant pour but de déconditionner les sujets (expérience de « bed rest » en anglais), la détorsion qui a lieu lors de la diastole est moins prononcée, ce qui réduit le volume télédiastolique. Toutefois, lorsque les sujets s'entraînent tout en étant alités, ce mécanisme de détorsion est préservé permettant ainsi d'améliorer le phénomène de succion[5]. Des patients atteints de maladies cardiaques comme des cardiomyopathies présentent également une limitation de ces phénomènes de torsion/détorsion.

---

nerveux parasympathiques atteignent le cœur par les nerfs vagues (nerfs crâniens X) droit et gauche. Les axones des nerfs vagues se terminent au niveau des nœuds sino-auriculaire et auriculo-ventriculaire. Les terminaisons axonales libèrent de l'acétylcholine ce qui entraîne une hyperpolarisation des cellules du système de conduction cardiaque. Le résultat est une diminution de la fréquence cardiaque. Au repos, l'activité du système parasympathique prédomine, constituant le tonus vagal. Souvenez-vous que sans ce tonus vagal, la fréquence cardiaque intrinsèque du cœur est de 100 bpm. Les nerfs vagues exercent un effet dépresseur sur le cœur. Ils ralentissent la conduction intracardiaque et donc la fréquence. Une stimulation vagale maximale peut abaisser la fréquence cardiaque à 30 voire 20 bpm. Les nerfs vagues diminuent également la force de contraction du myocarde.

Le système nerveux sympathique, une autre division du système nerveux végétatif, a des effets tout à fait opposés. Il augmente la vitesse de dépolarisation du nœud sino-auriculaire tout comme la conduction électrique, augmentant ainsi la fréquence cardiaque. Une stimulation sympathique maximale peut augmenter la fréquence cardiaque jusqu'aux environs de 250 bpm. La stimulation sympathique augmente également la force de contraction des ventricules. Ce système est essentiellement mis en jeu lors de tout stress, lorsque la fréquence cardiaque dépasse les 100 bpm. À l'inverse, le parasympathique domine quand la fréquence cardiaque est inférieure à 100 bpm. Ainsi, lorsque l'exercice physique commence ou lorsqu'il est de faible intensité, la fréquence cardiaque augmente par rapport à sa valeur de repos tout d'abord par une levée de l'inhibition du parasympathique. Si l'effort augmente en intensité, le sympathique est alors activé pour faire augmenter la fréquence cardiaque au-delà de 100 bpm comme le montre la figure 6.6.

La troisième influence extrinsèque est le système endocrinien. Ce système agit grâce aux hormones libérées par la médulla surrénalienne : l'adrénaline et la noradrénaline (voir chapitre 4). Ces hormones appartiennent au groupe des catécholamines. Comme le système nerveux sympathique, elles stimulent le cœur et augmentent sa fréquence. En réalité, la libération de ces hormones est déclenchée par la stimulation sympathique lors du stress, et leurs effets potentialisent ceux de ce système.

Au repos, la fréquence cardiaque varie dans une fourchette étroite comprise entre 60 et 100 bpm. Après un entraînement prolongé en endurance (de plusieurs mois, voire plusieurs années) la fréquence cardiaque de repos peut s'abaisser à 35 bpm voire moins. Chez un coureur à pied de longue distance de niveau international, nous avons même pu observer une fréquence de repos de 28 bpm. Ce phénomène est attribué à une hypertonie vagale associée à un moindre degré à une diminution de l'activité sympathique.

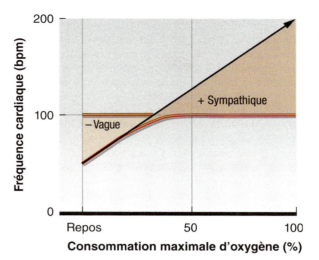

Figure 6.6

Contribution relative du système nerveux sympathique et para-sympathique à l'augmentation de la fréquence cardiaque lors de l'exercice.

1.5 L'électrocardiogramme (ECG)

L'activité électrique du cœur peut être enregistrée pour aider au diagnostic d'une pathologie cardiaque. Le principe est simple. Les liquides biologiques sont de bons conducteurs électriques. L'activité électrique du cœur est ainsi transmise grâce aux liquides extracellulaires jusqu'à la peau où elle peut être détectée et enregistrée grâce à un système sensible appelé **électrocardiographe**. Le tracé obtenu est appelé **électrocardiogramme ou ECG**. Sur cet ECG on peut individualiser 3 complexes (figure 6.7) :

- l'onde P ;
- le complexe QRS ;
- l'onde T.

L'onde P traduit la dépolarisation des oreillettes. Pour atteindre le nœud AV, le signal électrique initial, né du nœud SA, doit en effet diffuser dans tout le myocarde auriculaire. Le complexe QRS représente la dépolarisation des ventricules obtenue lorsque le signal électrique diffuse du faisceau de His au **réseau de Purkinje** et par là même à toute la paroi ventriculaire. La repolarisation auriculaire (onde T) est invisible à l'électrocardiogramme car contemporaine de la dépolarisation ventriculaire (c'est-à-dire du complexe QRS) et masquée par elle.

L'ECG ne donne pas d'information sur la capacité du cœur à pomper le sang mais seulement sur son activité électrique. Il est fréquent d'enregistrer

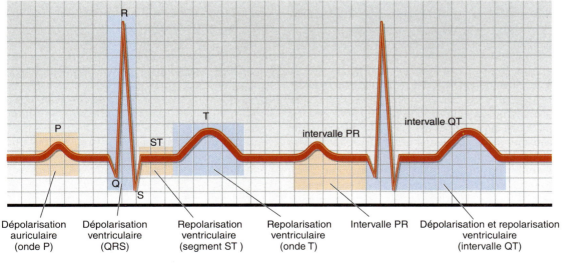

Figure 6.7 Tracé d'un ECG normal de repos

l'électrocardiogramme au repos puis en réponse à l'exercice comme outil diagnostic de la fonction cardiaque.

Au fur et à mesure que l'intensité de l'exercice s'élève, le cœur s'accélère et son activité augmente pour accroître l'apport sanguin, destiné aux muscles actifs. En présence d'une anomalie de la fonction cardiaque, des modifications particulières de l'ECG peuvent apparaître à l'exercice.

Résumé

> Le sang arrive au cœur au niveau des oreillettes par des veines. Les oreillettes éjectent le sang dans les ventricules. Ce sont les ventricules qui éjectent le sang du cœur dans des artères.

> Le ventricule gauche est plus puissant que les autres chambres du cœur. Aussi, sa paroi est plus épaisse et hypertrophiée.

> Le myocarde possède un système de conduction intrinsèque. Il peut donc se contracter de façon tout à fait autonome, sans l'aide du système nerveux et endocrinien.

> Le nœud sino-auriculaire étant celui qui a la dépolarisation la plus élevée, constitue le pacemaker du cœur. C'est lui qui commande et coordonne l'activité de tout le reste du myocarde.

> La fréquence cardiaque et la force de contraction du myocarde restent, néanmoins, soumises au double contrôle du système nerveux végétatif ou autonome (sympathique et parasympathique) et du système endocrinien (via les catécholamines circulantes).

> L'ECG d'effort peut servir comme diagnostic clinique de la fonction cardiaque afin de mettre en évidence un fonctionnement pathologique de celui-ci. En effet, des maladies coronariennes, non visibles au repos, peuvent être mises en évidence en réponse à l'exercice en raison de l'augmentation de la pression dans le cœur.

> L'ECG ne donne pas d'information sur la capacité du cœur à pomper le sang mais seulement sur son activité électrique.

1.6 Les troubles du rythme cardiaque

Une irrégularité du rythme cardiaque, ou arythmie, peut être découverte fortuitement. Elle peut être d'une gravité très variable. La bradycardie et la tachycardie sont deux types particuliers d'arythmie. La **bradycardie** correspond à un ralentissement de la fréquence cardiaque en dessous de 60 bpm, tandis que la **tachycardie** correspond à une accélération au-delà de 100 bpm. C'est en général le rythme sinusal lui-même qui est perturbé. La fonction cardiaque est normale mais sa fréquence est anormale, ce qui peut perturber l'efficacité de la circulation. L'arythmie se traduit par des symptômes divers, comme la fatigue, des sensations de faiblesse ou des vertiges. La tachycardie peut entraîner des palpitations.

Il est intéressant de rappeler que les athlètes endurants de très haut niveau présentent une forte bradycardie de repos (fréquence cardiaque de repos basse), ce qui constitue une adaptation très avantageuse induite par l'entraînement. Toutefois, cette adaptation particulière ne doit pas être confondue avec la bradycardie, tout comme l'élévation de la fréquence cardiaque à l'exercice ne doit pas être confondue avec la tachycardie, toutes deux décrites précédemment et qui traduisent une perturbation pathologique de la fonction cardiaque.

D'autres arythmies peuvent apparaître, comme des contractions prématurées du cœur ou **extrasystoles**, qui entraînent souvent la perception d'un « choc dans la poitrine ». Ces anomalies fréquentes et souvent banales sont dues à l'émission d'un signal électrique, en dehors du nœud sinusal. Le flutter auriculaire, caractérisé par une accélération de la fréquence de contraction des oreillettes jusqu'à 200 voire 400 bpm, et la **fibrillation ventriculaire**, caractérisée par des contractions rapides et anarchiques des ventricules, sont des arythmies graves. Elles altèrent totalement l'efficacité de la circulation. Seul l'usage, dans les minutes qui suivent l'accident, d'un défibrillateur destiné à « choquer » le cœur pour qu'il retrouve son rythme sinusal, peut sauver le sujet qui en est victime.

1.7 Terminologie

Un certain nombre de termes doivent être expliqués pour mieux comprendre la nature de la réponse cardiaque à l'exercice : le cycle cardiaque ; le volume d'éjection systolique ; la fraction d'éjection et le débit cardiaque (Q).

1.7.1 *Le cycle cardiaque*

Le **cycle cardiaque** est défini comme l'ensemble des événements survenant entre deux contractions successives du cœur. Si on s'intéresse aux ventricules, il associe sur le plan mécanique la succession d'une diastole ventriculaire et d'une systole ventriculaire. Pendant la diastole, les ventricules se remplissent de sang. Pendant la systole, les ventricules se contractent et éjectent leur contenu. Au repos, la durée de la diastole est supérieure à celle de la systole. Pour un rythme cardiaque de 74 bpm, un cycle cardiaque dure 0,81 s (60 s/74 bpm). La diastole occupe ainsi 62 % du cycle, soit 0,50 s, la systole 38 % soit 0,31 s. L'accélération du cœur se traduit par une diminution proportionnelle de la phase diastolique et de la phase systolique.

Considérons un ECG normal (figure 6.7). La contraction ventriculaire (systole) débute avec le complexe QRS et se termine pendant l'onde T. Elle est suivie du relâchement ventriculaire (diastole) qui se termine elle-même lorsque survient le complexe QRS suivant. Il apparaît alors nettement que le cœur « passe plus de temps » au repos (environ 2/3 du cycle) qu'en activité (environ 1/3 du cycle).

La pression à l'intérieur des cavités cardiaques augmente et diminue en permanence pendant le cycle. Lorsque les oreillettes sont relâchées, le sang provenant de la circulation veineuse rentre et les remplit. Environ 70 % du sang passe directement des oreillettes aux ventricules à travers les valves auriculo-ventriculaires droites et gauche. Lorsque les oreillettes se contractent, elles envoient les 30 % restant dans les ventricules.

Durant la diastole ventriculaire, la faible pression qui règne à l'intérieur des ventricules leur permet de se remplir passivement de sang. Après la contraction des oreillettes, la pression à l'intérieur des ventricules augmente doucement en raison de l'afflux de sang des 30 % restant. Puis, lors de la contraction ventriculaire, la pression augmente fortement ce qui entraîne la fermeture des valves auriculo-ventriculaires empêchant ainsi un reflux du sang des ventricules vers les oreillettes. La fermeture des valves auriculo-ventriculaires correspond au premier bruit du cœur. Lorsque la pression dans les ventricules devient supérieure à celle dans l'aorte et l'artère pulmonaire, les valves de ces vaisseaux s'ouvrent, permettant au sang de circuler respectivement dans la circulation systémique et pulmonaire. Puis après la contraction ventriculaire, la pression à l'intérieur des ventricules chute entraînant la fermeture des valves de l'aorte et de l'artère pulmonaire. La fermeture de ces valves correspond au second bruit du cœur. La fermeture de ces valves (auriculo-ventriculaires puis aortique et pulmonaire) donne à l'auscultation deux bruits distincts « Poum » et « Ta », audibles grâce au stéthoscope.

La figure 6.8, illustre les interactions entre les différents évènements cardiaques. Cette illustration est appelée le diagramme de Wiggers, du nom de son inventeur. Le diagramme intègre les informations provenant des signaux de la conduction électrique (ECG), les bruits des valves cardiaques, les variations de pression régnant dans les cavités cardiaques ainsi que le volume ventriculaire gauche.

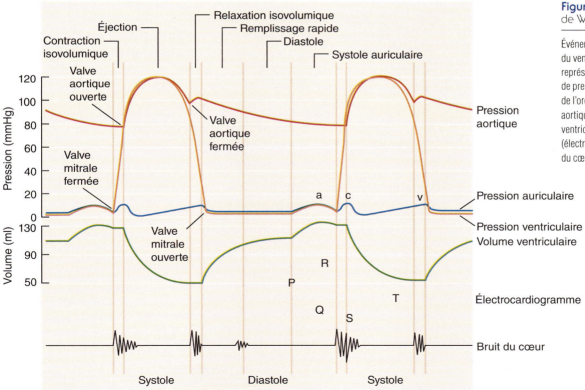

Figure 6.8 Diagramme de Wiggers

Événements d'un cycle cardiaque du ventricule gauche : représentation des variations de pression du ventricule gauche de l'oreillette gauche, de la pression aortique, du volume sanguin ventriculaire, de l'activité électrique (électrocardiogramme) et du bruit du cœur.

1.7.2 Le volume d'éjection systolique

À chaque systole un certain volume sanguin est éjecté du ventricule gauche. Ce volume constitue le **volume d'éjection systolique** (Vs). Il est représenté sur la figure 6.9a. Pour en comprendre la signification, il faut considérer le volume de sang contenu dans les ventricules avant et après chaque contraction. À la fin de la diastole, juste avant la contraction, le remplissage ventriculaire est maximal et de l'ordre de 100 ml. Il est encore appelé **volume télédiastolique** ou de fin de diastole (VTD). À la fin de la systole, juste après la contraction et donc l'éjection, il persiste un volume résiduel ou **volume télésystolique** (VTS) d'approximativement 40 ml. Ainsi, le volume d'éjection systolique correspond à la différence entre le volume télédiastolique et le volume télésystolique, Vs = VTD – VTS (soit Vs = 100 – 40 = 60 ml).

1.7.3 La fraction d'éjection

Le pourcentage du volume sanguin éjecté par le ventricule gauche, à chaque contraction, constitue la **fraction d'éjection** (FE). Cette valeur, représentée sur la figure 6.9b, est obtenue en divisant le volume d'éjection systolique (Vs) par le volume télédiastolique (VTD) (60 ml / 100 ml = 60 %). Il correspond à la part relative du volume sanguin éjecté par rapport au volume maximum que le ventricule gauche peut contenir. Au repos, il est de l'ordre de 60 %. En conséquence, à la fin de la contraction, le volume résiduel ou télésystolique représente 40 % du contenu du VG. La fraction d'éjection est utilisée en clinique comme un index de l'efficacité de pompage du cœur.

Figure 6.9

Méthodes de calcul (a) du volume d'éjection systolique, (b) de la fraction d'éjection et (c) du débit cardiaque ($\dot{Q}$).

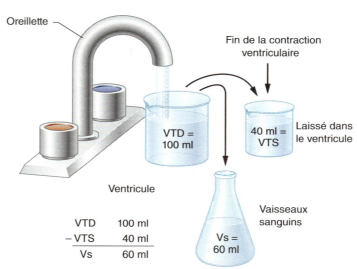

a Calcul du volume d'éjection systolique (Vs) : différence entre le volume télédiastolique (VTD) et le volume télésystolique (VTS)

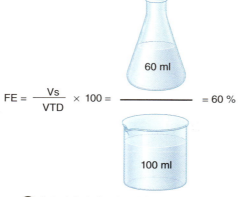

$$FE = \frac{Vs}{VTD} \times 100 = \frac{60\text{ ml}}{100\text{ ml}} = 60\ \%$$

b Calcul de la fraction d'éjection (FE)

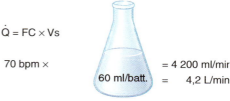

$$\dot{Q} = FC \times Vs$$

70 bpm × 60 ml/batt. = 4 200 ml/min = 4,2 L/min

c Calcul du débit cardiaque ($\dot{Q}$)

1.7.4 Le débit cardiaque

Le **débit cardiaque** ($\dot{Q}$) (figure 6.9c) correspond au volume sanguin total éjecté par le ventricule en une minute. C'est le produit du volume d'éjection systolique (Vs) par la fréquence cardiaque (FC). Au repos, le volume d'éjection systolique, en position debout, est de 60 à 80 ml, chez l'adulte. Si on admet une fréquence cardiaque moyenne de 70 bpm au repos, le débit cardiaque de repos se situe alors aux environs de 4,2 à 5,6 L.min^{-1}. Chez l'adulte, le volume sanguin total est de l'ordre de 5 L. Ainsi, c'est la totalité du sang qui est pompée par le cœur en une minute.

Le but essentiel de l'activité cardiaque est bien sûr d'envoyer le sang vers les tissus périphériques. La pompe cardiaque ne constitue qu'une partie du système de transport, dont l'essentiel est représenté par l'ensemble des vaisseaux de l'organisme.

Résumé

> Les évènements électriques et mécaniques qui se produisent dans le cœur durant un battement constituent un cycle cardiaque. Le diagramme de Wiggers illustre la chronologie de ces évènements durant le cycle.

> Le débit cardiaque, volume pompé par chaque ventricule en une minute, est le produit de la fréquence cardiaque (FC) par le volume d'éjection systolique (Vs).

> Lors de la systole ventriculaire, seule une partie du sang contenue dans les ventricules est éjectée. Le volume éjecté s'appelle volume d'éjection systolique. Le rapport entre la partie éjectée et le volume total ventriculaire télédiastolique constitue la fraction d'éjection (FE).

> Calcul du volume d'éjection systolique (Vs) de la fraction d'éjection (FE) et du débit cardiaque ($\dot{Q}$)

$$Vs\ (ml) = VTD - VTS$$
$$FE\ (\%) = (Vs\ /\ VTD) \times 100$$
$$\dot{Q}(L.min^{-1}) = FC \times Vs$$

2. Le système vasculaire

Le système vasculaire comprend plusieurs types de vaisseaux qui ensemble assurent le transport du sang, du cœur vers les tissus et vice-versa : les artères ; les artérioles ; les capillaires ; les veinules et les veines.

Les **artères**, douées de propriétés élastiques, sont les vaisseaux les plus larges. Elles transportent le sang jusqu'aux artérioles. L'aorte, l'artère principale, transporte le sang du ventricule gauche vers toutes les régions de l'organisme. Elle se ramifie en artères de plus en plus petites qui se ramifient elles-mêmes en artérioles. Les artérioles ont un rôle majeur de régulation de l'écoulement sanguin des artères jusqu'aux capillaires et ce sont elles qui déterminent la résistance. La contraction et le relâchement des artérioles sont sous contrôle du système nerveux sympathique. Ce sont les artérioles qui contrôlent finement le débit sanguin de chaque organe et chaque tissu.

Des **artérioles**, le sang entre dans les **capillaires** qui sont les vaisseaux les plus petits et les plus simples en termes de structure (une seule couche de cellule endothéliale). La paroi des capillaires est extrêmement fine, de sorte que tous les échanges entre le sang et les tissus se produisent à son niveau. Le retour sanguin, en direction du cœur, s'effectue d'abord par les **veinules** qui font suite aux capillaires. Les veinules convergent alors vers des vaisseaux plus gros : les **veines** qui ferment le circuit. La veine cave est la plus grosse veine ramenant le sang de toutes les régions supérieures (veine cave supérieure) et inférieures (veine cave inférieure) du corps vers l'oreillette droite.

2.1 La pression artérielle

La pression artérielle est la pression exercée par le sang sur la paroi de ces vaisseaux. Elle est classiquement exprimée par deux valeurs : **la pression systolique et la pression diastolique**. Le chiffre le plus élevé correspond à la pression artérielle systolique. Il est en effet mesuré lors de la systole ventriculaire du cœur, lorsque le sang est éjecté avec la plus forte puissance. Le chiffre le plus bas correspond à la pression artérielle diastolique. Il est mesuré lors de la diastole ventriculaire, quand le cœur est au repos. Pendant cette phase, le sang exerce dans le système artériel une pression résiduelle.

La **pression artérielle moyenne** (PAm) représente la pression moyenne exercée par le sang contre les parois artérielles. En réalité la pression artérielle moyenne n'est pas la simple moyenne des deux valeurs systolique et diastolique. En effet, comme la diastole est environ deux fois plus longue que la systole, les vaisseaux artériels sont soumis plus longtemps à la pression diastolique. Il en est tenu compte dans l'équation. On estime la PAm à partir des pressions systolique et diastolique de la façon suivante :

$$PAm = 2/3\ \text{pression diastolique} + 1/3\ \text{pression systolique}$$

Soit

$$PAm = \text{pression diastolique} + [0{,}333 \times (\text{pression systolique} - \text{pression diastolique})]$$

Par exemple, pour une pression systolique de 120 mm Hg et une pression diastolique de 80 mm Hg, la pression artérielle moyenne = 80 + 0,333 (120 – 80) soit 93 mm Hg.

2.2 Hémodynamique

Le système cardiovasculaire est un système en circuit fermé. Le sang y circule en raison du gradient de pression qui existe entre le réseau artériel et veineux. Pour comprendre comment se fait l'apport du sang aux différents tissus, il est important de bien définir les notions de pression, débit et résistance.

Pour que le sang circule dans un vaisseau, il doit nécessairement y avoir une différence de pression entre ses deux extrémités. Le sang circule toujours des régions où la pression est la plus élevée vers les régions ou la pression est la plus basse. Il circule donc des grosses aux petites artères, puis dans les artérioles, les capillaires puis revient au cœur par les veinules et les veines. Le débit sanguin est proportionnel à cette différence de pression. Lorsque celle-ci est inexistante, le sang n'est poussé par aucune force et le débit sanguin est nul. Dans le système vasculaire, au repos, la PAM dans l'aorte est aux environs de 100 mmHg et la pression dans l'oreillette droite très proche de 0 mmHg. La différence de pression à travers tout le système vasculaire est donc de 100 mmHg – 0 mmHg = 100 mmHg.

La différence de pression entre la circulation artérielle et veineuse provient de la résistance des vaisseaux eux-mêmes qui représente une force qui s'oppose à l'écoulement du sang. Cette résistance est fonction des vaisseaux (longueur du vaisseau et diamètre de sa lumière) et du sang (viscosité). La résistance se calcule de la manière suivante :

$$\text{Résistance} = [\eta L / r^4]$$

Où η est la viscosité du sang, L la longueur du vaisseau et r le rayon élevé à la puissance 4.

Comme nous l'avons dit précédemment, le débit sanguin est proportionnel à la différence de pression dans le système vasculaire mais est également inversement proportionnel à la résistance vasculaire. Cette relation est illustrée dans l'équation suivante :

$$\text{Débit sanguin} = \Delta \text{ pression} / \text{résistance}$$

Il est important de noter que le débit sanguin peut augmenter par une augmentation du gradient de pression et/ou par une diminution de la résistance vasculaire. La diminution de la résistance est plus avantageuse car même des variations minimes du calibre des artérioles suffisent pour modifier de façon importante le débit sanguin en raison du facteur 4 vu dans l'équation ci-dessus.

Les changements de résistance vasculaire sont le plus souvent liés aux modifications du rayon

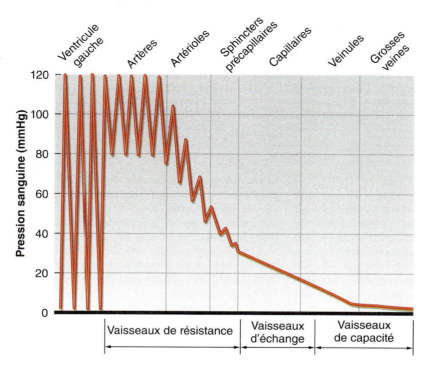

Figure 6.10 Variations de pression sanguine à travers le système cardiovasculaire

ou diamètre des vaisseaux puisque, dans des conditions normales, la viscosité et la longueur ne changent pas de façon significative. C'est pourquoi, la régulation du débit sanguin aux organes se fait par variation du calibre des vaisseaux par les mécanismes de **vasoconstriction** et **vasodilatation**. Ces deux mécanismes permettent au système cardiovasculaire d'adapter le débit sanguin à la demande des différents tissus et organes.

Comme nous l'avons vu précédemment, les résistances les plus grandes sont observées au niveau des artérioles. La figure 6.10 illustre les changements de pression au niveau de tout le système vasculaire. Les artérioles sont responsables d'une diminution moyenne de pression de l'ordre de 70 à 80 %. Ceci est important car de très faibles changements de rayon des artérioles affectent la pression moyenne de ces vaisseaux affectant ainsi le débit sanguin local. Au niveau capillaire, les variations de pression liées à la systole et à la diastole ne sont plus perceptibles et le débit est plutôt laminaire et non plus « turbulent ».

Résumé

> La pression artérielle systolique est la pression maximale mesurée dans le système artériel. La diastolique représente la minimale.

> La pression artérielle moyenne correspond à la valeur moyenne de la pression exercée par le sang sur les parois artérielles. Toutefois, elle ne correspond pas mathématiquement à la moyenne entre la valeur de pression la plus haute (pression artérielle systolique) et la valeur de pression la plus basse (pression artérielle diastolique), car la diastole est environ deux fois plus longue que la systole.

> Le débit sanguin est la quantité de sang qui s'écoule par unité de temps dans un vaisseau, un organe ou le système vasculaire entier. À l'échelle du système vasculaire, le débit cardiaque équivaut au débit sanguin ; le gradient de pression est la différence entre la pression systolique aortique et la pression veineuse quand le sang retourne au cœur ; et la résistance est la force résultant de la friction du sang sur les parois.

> Le débit sanguin est principalement contrôlé par les faibles variations du calibre des artérioles qui affectent la résistance vasculaire.

2.3 La distribution du sang

La distribution du sang aux tissus périphériques doit s'adapter à l'augmentation simultanée des besoins locaux et généraux. Au repos, dans les conditions normales, ce sont les organes à l'activité métabolique la plus importante qui reçoivent l'essen-

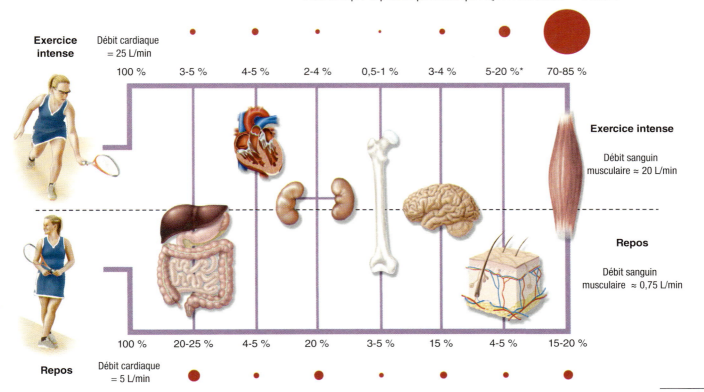

Figure 6.11 Distribution du volume d'éjection systolique durant le repos et l'exercice d'intensité maximale

* Fonction de la température du corps et de la température extérieure.

PERSPECTIVES DE RECHERCHE 6.2

Contrôle local du débit sanguin musculaire

Lors de l'exercice aérobie, le débit sanguin musculaire s'adapte à la demande métabolique du muscle. L'augmentation de l'apport en oxygène aux muscles actifs peut se faire par plusieurs mécanismes comme des modifications locales du débit sanguin musculaire et/ou des modifications de l'extraction en oxygène au niveau tissulaire. Lorsque la pression en oxygène dans le sang artériel est faible (hypoxie) ou lorsque celle de perfusion est réduite, la disponibilité en oxygène est réduite. Les artérioles des capillaires musculaires se dilatent afin de compenser ce manque d'apport en oxygène permettant ainsi une meilleure extraction au niveau tissulaire[2]. Ce phénomène s'appelle *vasodilatation compensatoire*.

Afin de mieux comprendre les mécanismes permettant l'adaptation du débit sanguin musculaire local lors de l'exercice physique, différents modèles hypoxiques ont été utilisés : génération d'une hypoxie systémique sévère par inhalation d'un air pauvre en oxygène (afin de faire baisser le contenu en oxygène dans le sang artériel)[8] ; limitation du débit sanguin musculaire en pratiquant une occlusion partielle de l'artère principale qui irrigue le muscle en activité. Les résultats de ces travaux montrent que la vasodilatation qui se produit lors d'un exercice sous maximal réalisé en condition hypoxique est identique à celle réalisée en condition normoxique. Certains travaux récents soulignent les rôles individuels et combinés des récepteurs β-adrénergiques, de l'adénosine et du monoxyde d'azote (NO) dans cette vasodilatation compensatoire réalisée en condition hypoxique.

De plus, il est intéressant de noter que la contribution de ces trois agents dilatateurs varie avec l'intensité de l'exercice et le débit sanguin (s'il est limité ou non). En effet, lors d'exercices de faible intensité réalisés en conditions hypoxiques, la stimulation des récepteurs β-adrénergiques semble être le facteur déterminant de la vasodilatation locale. Par contre plus l'intensité de l'exercice augmente, plus le relargage du NO par l'endothélium semble être le facteur déterminant de cette vasodilatation compensatoire[1], notamment lorsque le débit sanguin est limité.

Lors d'exercices intenses au cours desquels les besoins en oxygène des fibres musculaires sont très importants, le NO et d'autres agents vasodilatateurs comme les prostaglandines et l'ATP permettent cette vasodilatation. Toutefois, ces mécanismes vasodilatateurs sont redondants et lorsque l'un est bloqué ou down-régulé, les autres peuvent compenser et exercer, quand même, l'effet vasodilatateur voulu. L'ensemble de ces études montre donc que le NO représente un agent vasodilatateur majeur lorsque la disponibilité en oxygène est réduite. Des études récentes suggèrent même que ces substances vasodilatatrices comme l'ATP et le NO, seraient relarguées par les globules rouges eux mêmes[8].

Le NO ayant un rôle biologique fondamental, ces résultats laissent entrevoir des retombées cliniques importantes notamment chez les personnes âgées ou celles souffrant de maladies cardiovasculaires pour lesquelles la production de NO est altérée[3,4]. En effet, l'avance en âge se traduit par une diminution de la synthèse du NO et par une augmentation de sa dégradation, compromettant ainsi leur vasodilatation compensatoire[8].

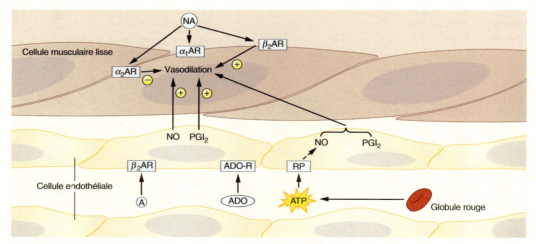

Figure illustrant les mécanismes de la vasodilatation induite par l'hypoxie lors de l'exercice physique. L'exercice physique peut s'accompagner d'une baisse de la pression en oxygène dans le sang artériel (hypoxie). Cette hypoxie est l'origine d'une sécrétion en monoxyde d'azote (NO) qui constitue la voie finale commune de la vasodilatation compensatoire. Lors des exercices de faible intensité, la sécrétion d'adrénaline (A) qui agit *via* les récepteurs β₂-adrénergiques contribue à la vasodilatation médiée par le NO. Toutefois cette contribution diminue quand l'intensité de l'exercice augmente. C'est pourquoi, l'adénosine triphosphate (ATP) libérée par les globules rouges (GR) et/ou la prostacycline (PGI$_2$) prendraient le relais quand l'intensité de l'exercice augmente.

α_1AR, α_2AR et β_2AR = récepteurs α_1, α_2 et β_2 adrénergiques respectivement. NA = noradrénaline, RP = récepteurs purinergiques stimulés par l'ATP ; ADO = adénosine.

tiel de la masse sanguine. Ainsi, environ la moitié du volume sanguin se destine au foie et aux reins, alors que les muscles n'en reçoivent que 15 % à 20 %.

À l'exercice, il existe une redistribution de la masse sanguine au profit des territoires les plus actifs, les muscles. Ainsi, lors d'un exercice épuisant, les muscles peuvent recevoir 80 %, voire plus, de la masse sanguine disponible. Ceci se fait au détriment des organes inactifs comme le foie ou les reins qui voient leur masse sanguine diminuer d'autant. Cette adaptation, secondaire à l'augmentation du débit cardiaque (qui sera discutée au chapitre 8) revient à multiplier le débit sanguin musculaire par 25 (figure 6.11).

Après un repas, le sang se dirige préférentiellement vers les territoires digestifs. Lors d'une exposition à des températures élevées, la vascularisation accrue de la peau aide à éliminer la chaleur et à maintenir la température centrale. Aussi, les besoins des différents tissus peuvent varier dans de larges proportions selon les circonstances. Il est remarquable de noter que le système cardiovasculaire y répond parfaitement bien et ajuste précisément la distribution du sang, au prorata des exigences de chaque organe.

La distribution du sang est sous la dépendance du système nerveux sympathique qui régule le diamètre des artérioles, soit en l'augmentant, soit en le diminuant pour amener plus ou moins de sang aux différents tissus ou organes en aval. Les artérioles jouent ainsi un rôle essentiel. En effet, leurs parois comportent une tunique musculaire qui leur permet de faire varier leur calibre par deux mécanismes : un contrôle nerveux intrinsèque et un contrôle nerveux extrinsèque.

2.3.1 L'autorégulation

L'**autorégulation** (ou contrôle nerveux intrinsèque) est l'ajustement local et automatique du débit sanguin dans une région précise de l'organisme pour répondre à ses besoins énergétiques et métaboliques. En particulier, les artérioles peuvent se mettre en vasodilatation si une augmentation du débit sanguin local apparaît nécessaire, comme c'est le cas lors de l'exercice.

Il existe trois grands types de stimuli qui déclenchent les mécanismes d'autorégulation.

Le principal est la *régulation métabolique* qui correspond à la libération de vasodilatateurs chimiques en réponse à l'augmentation de la demande en oxygène. En effet, toute augmentation de la consommation tissulaire d'oxygène s'accompagne d'une diminution de la quantité d'oxygène ultérieurement disponible. Aussi, pour améliorer les conditions locales de perfusion, les artérioles se dilatent, amenant plus d'oxygène. D'autres stimuli peuvent également exercer un effet vasodilatateur, en particulier les sous-produits de la contraction musculaire que sont CO_2, K^+, H^+ et l'acide lactique, ou bien des molécules inflammatoires.

Le second facteur est la *libération d'agents chimiques vasodilatateurs produits par l'endothélium* (couche interne) des artérioles qui agissent en relâchant les fibres musculaires lisses artériolaires. Ces substances sont le monoxyde d'azote (NO), les prostaglandines, le facteur endothélial hyperpolarisant (EDHF). Leur rôle est important dans la régulation du débit sanguin au repos et à l'exercice.

Finalement, les changements de pressions qui s'opèrent à l'intérieur des vaisseaux eux-mêmes peuvent entraîner une vasoconstriction ou vasodilatation des artérioles. Ce phénomène est appelé réponse myogénique. Les cellules musculaires lisses des artérioles vont se contracter plus vigoureusement après avoir été étirées par une augmentation de pression et vont se relâcher quand l'étirement diminue suite à une baisse de pression. La figure 6.12 illustre les trois types d'autorégulation.

2.3.2 Le contrôle nerveux extrinsèque

S'il est vrai que les processus d'autorégulation permettent d'ajuster le débit sanguin aux besoins locaux, ils ne peuvent, en aucun cas, expliquer la redistribution sanguine observée à l'exercice. L'exercice en effet, induit simultanément une augmentation du débit sanguin dans les territoires musculaires concernés par l'exercice et une diminution du débit sanguin dans les autres territoires (viscéraux en particulier). Cette redistribution met en jeu des mécanismes nerveux regroupés sous le terme de **contrôle nerveux extrinsèque** du débit sanguin.

Ici, le système sympathique joue un rôle de premier plan. Il innerve en effet les éléments musculaires lisses contenus dans la paroi des vaisseaux systémiques. En règle générale, sa mise en jeu détermine la contraction des muscles situés dans la paroi des vaisseaux et donc une vasoconstriction. Celle-ci a pour conséquence de diminuer l'apport sanguin local.

Dans les conditions normales de repos, le système sympathique envoie aux vaisseaux (en particulier les artérioles), en continu, un train d'influx nerveux destiné à maintenir en permanence un certain degré de constriction et une pression sanguine suffisante. Cette activité de repos constitue le tonus vasomoteur. Si la stimulation sympathique augmente, le degré de constriction s'accentue, diminuant d'autant le débit sanguin local et favorisant la dérive du sang vers d'autres territoires. À l'inverse, si la stimulation sympathique décroît, les vaisseaux se dilatent, améliorant d'autant les possibilités de perfusion locale.

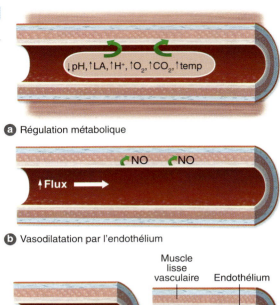

Figure 6.12 Contrôle intrinsèque du flux sanguin

a) Régulation métabolique

b) Vasodilatation par l'endothélium

c) Contraction myogénique

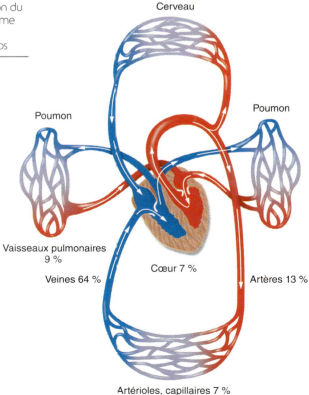

Figure 6.13 Distribution du sang dans tout le système vasculaire lorsque l'organisme est au repos

Toute variation de tonus vasomoteur de repos, en plus ou en moins, modifie ainsi le calibre des vaisseaux et fait varier le débit sanguin local.

Cependant, dans certains territoires, le système sympathique détermine directement un état de vasodilatation. En effet, la stimulation de certaines fibres sympathiques, à destination du myocarde ou des fibres musculaires squelettiques, déclenche une vasodilatation dans ces territoires. Lors d'un stress aigu ou lors d'un exercice intense, la stimulation de ces fibres permet d'augmenter dans des proportions non négligeables l'apport de sang dans ces territoires, et ainsi de répondre à l'augmentation des besoins.

2.3.3 La redistribution du sang veineux

La distribution du sang dans l'organisme varie en fonction des besoins tissulaires et du territoire vasculaire considéré. Au repos, le volume sanguin est réparti comme le représente la figure 6.13. L'essentiel de la masse sanguine est contenu dans le système veineux (veines, veinules, sinus veineux). En effet, les veines sont pauvres en cellules musculaires lisses et sont très élastiques. Ce système constitue un réservoir de sang prêt à répondre à toute augmentation des besoins. Dans ce cas, la stimulation sympathique des veinules et des veines entraîne une diminution de leur calibre (veinoconstriction). Ceci accélère le retour du sang des territoires veineux périphériques vers le cœur et le système artériel, permettant sa redistribution à tous les autres tissus de l'organisme.

2.3.4 Régulation nerveuse de la pression artérielle

La pression artérielle est régulée de façon réflexe par le système nerveux autonome. Des récepteurs sensibles aux variations de pression, appelés **barorécepteurs**, sont localisés dans la crosse de l'aorte et les carotides. Lorsque la pression dans ces grosses artères augmente, un signal afférent est envoyé au centre cardiovasculaire (centre nerveux de régulation) situé dans le bulbe rachidien. Le centre répond aux variations de pression par deux réflexes : le réflexe sinucarotidien et le réflexe aortique. Par exemple, lorsque la pression sanguine est élevée, les barorécepteurs sont stimulés en raison de l'étirement des parois vasculaires. Ils envoient des influx nerveux au centre de contrôle qui répond de façon réflexe en augmentant la stimulation parasympathique (augmentation du tonus vagal qui diminue la fréquence cardiaque) et en diminuant la stimulation sympathique à la fois vers le cœur et les vaisseaux, entraînant ainsi une dilatation des artérioles. Tous ces ajustements permettent de faire revenir la pression à son niveau normal. À l'inverse, si la pression artérielle diminue, la paroi des vaisseaux est moins étirée et les barorécepteurs envoient plus lentement les influx nerveux vers le centre de contrôle cardiovasculaire. Le centre diminue la stimulation parasympathique du cœur et augmente sa stimulation sympathique. Il en résulte une augmentation de la fréquence cardiaque et de la force de contraction du myocarde ce qui augmente le débit cardiaque et rétablit la pression.

D'autres récepteurs spécialisés contribuent également à réguler la pression artérielle. Les récepteurs sensibles aux variations chimiques du sang sont appelés **chémorécepteurs**. Les récepteurs sensibles aux variations de tension et de longueur du muscle sont appelés **mechanorécepteurs**. Tout comme les barorécepteurs, ils régulent la pression artérielle et sont particulièrement importants lors de l'exercice.

2.3.5 Le retour veineux

En position debout, trois mécanismes s'opposent à la force de pesanteur et contribuent à favoriser le retour du sang veineux des territoires inférieurs vers le cœur :

- les valvules des veines
- les contractions musculaires
- la respiration.

Les veines des territoires inférieurs contiennent des valvules unidirectionnelles disposées de façon à éviter tout reflux du sang vers les régions déclives. Elles agissent en complément de la contraction des muscles des membres inférieurs ou de l'abdomen (pompe musculaire), qui, en comprimant de manière rythmique les veines lors de n'importe quel mouvement (comme la marche ou lors de l'exercice), favorisent le retour veineux (figure 6.14). Pour finir, à l'inspiration et à l'expiration, les pressions à l'intérieur des cavités thoracique et abdominale varient et le gradient de pression ainsi créé entre ces territoires et les veines favorise le retour veineux.

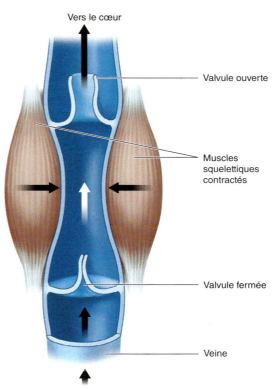

Figure 6.14 Effet de pompe musculaire

La contraction des muscles squelettiques au niveau des membres inférieurs comprime les veines, ce qui facilite le retour du sang veineux vers le cœur. En station debout, les valvules empêchent le reflux de celui-ci vers le bas.

Résumé

› Le sang est redistribué au reste du corps, en fonction des besoins particuliers de chaque organe. Ce sont les organes les plus actifs qui reçoivent le plus de sang.

› Au repos, les muscles squelettiques reçoivent entre 15 à 20 % du débit cardiaque. Cette valeur peut augmenter jusqu'à 80 % voire plus, lors d'exercice d'endurance d'intensité élevée.

› Cette redistribution est assurée localement par un système d'autorégulation (contrôle intrinsèque) qui comprend la libération de substances vasodilatatrices soit par les tissus (régulation métabolique), soit par l'endothélium des vaisseaux sanguins (vasodilatation endothélium dépendante) et une régulation liée aux changements de pression dans les vaisseaux (réponse myogénique). Une diminution de la pression dans les artérioles entraîne une vasodilatation afin d'amener plus de sang aux organes et tissus alors qu'une augmentation de pression entraîne une vasoconstriction locale.

› La redistribution sanguine est aussi soumise au contrôle du système nerveux sympathique (contrôle extrinsèque), dont la mise en jeu déclenche une vasoconstriction des petites artères et des artérioles, (à l'exception de certains territoires comme les muscles squelettiques et le cœur).

› La pression artérielle est régulée de façon réflexe par le système nerveux autonome par l'intermédiaire de barorécepteurs, chémorécepteurs et mécanorécepteurs.

› Le système veineux assure le retour du sang vers le cœur. Le retour veineux est facilité par la respiration, les contractions musculaires, et les valvules situées au niveau des veines des territoires inférieurs.

3. Le sang

Le sang est impliqué dans la régulation de nombreuses fonctions physiologiques. Trois d'entre elles ont une importance essentielle à l'exercice. Ce sont :

- le transport ;
- la régulation de la température ;
- l'équilibre acido-basique (pH).

Le rôle de transport du sang est bien connu. Il transporte aux organes et aux tissus qui en ont besoin, de l'oxygène et des substrats énergétiques et transporte également les sous-produits du métabolisme. Mais il intervient aussi dans la régulation de la température à l'exercice. Il permet le transfert de chaleur du noyau central ou des régions à activité métabolique élevée vers le reste du corps, dans les conditions normales et vers la peau si la production de chaleur est vraiment excessive (voir chapitre 12). Le sang peut également tamponner les acides produits par le métabolisme anaérobie assurant le maintien du pH au niveau optimal (voir chapitre 2 et 7).

3.1 Volume et composition du sang

Le volume sanguin total peut varier dans des proportions considérables avec la taille, la composition corporelle et le niveau d'entraînement. Les volumes les plus importants sont ainsi observés chez les sujets de grande taille et très entraînés. En général, le volume sanguin total d'un individu de taille moyenne et normalement actif (sans être entraîné en endurance) se situe aux environs de 5 à 6 L chez l'homme et 4 à 5 L chez la femme.

Le sang est composé de plasma (dont l'eau est le constituant essentiel) et d'éléments figurés (figure 6.15). Le plasma constitue normalement environ 55 % à 60 % du volume sanguin total mais peut diminuer de 10 % voire plus en cas d'exercice intense à la chaleur, ou augmenter de 10 % voire plus après un entraînement en endurance ou un acclimatement à la chaleur et à l'humidité. Il contient 90 % d'eau, 7 % de protéines et 3 % d'éléments divers : électrolytes, enzymes, hormones, anticorps et produits d'élimination.

Les éléments figurés constituent ainsi 40 % à 45 % du volume sanguin total. Ce sont les globules rouges (érythrocytes), les globules blancs (leucocytes), et les plaquettes (thrombocytes). Les globules rouges constituent plus de 99 % des éléments figurés, les globules blancs et les plaquettes moins de 1 %. On appelle **hématocrite** le rapport du volume occupé par les éléments figurés sur le volume sanguin total. L'hématocrite est variable selon les individus. Chez l'adulte, l'hématocrite se situe normalement entre 41 et 50 % chez l'homme et entre 36 et 44 % chez la femme.

Les globules blancs jouent un rôle essentiel dans la défense de l'organisme contre les agents infectieux qu'ils détruisent soit par phagocytose (ingestion) soit en développant contre eux des anticorps. Chez l'adulte, le nombre moyen de globules blancs est d'environ 7 000 par mm^3 de sang.

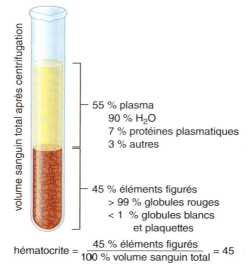
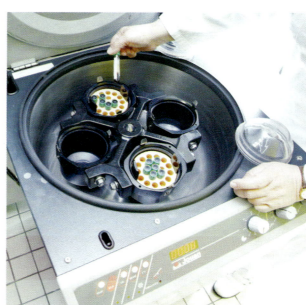

Figure 6.15 Composition du sang

Elle est déterminée après centrifugation. Elle permet de distinguer une phase liquide (le volume plasmatique) et une phase cellulaire (globules rouges, globules blancs et plaquettes).

Les derniers éléments figurés du sang sont les plaquettes. Ce ne sont pas vraiment des cellules, mais plutôt des fragments cellulaires. En forme de disque, ils interviennent dans la coagulation du sang (en particulier en formant le clou plaquettaire) limitant ainsi le risque hémorragique. À l'exercice, les globules rouges jouent un rôle essentiel qu'il convient maintenant de préciser.

3.2 Les globules rouges

Les globules matures (érythrocytes) ne possèdent pas de noyau et ne peuvent donc pas se reproduire. En cas de destruction, ils doivent donc être remplacés par de nouvelles cellules plus jeunes par un processus appelé **hématopoïèse**. La durée de vie moyenne d'un globule rouge est d'environ quatre mois. Ainsi, ces cellules sont en permanence synthétisées puis détruites dans des proportions identiques. Cette notion est capitale car les globules rouges transportent l'oxygène. Ils doivent être présents en quantité suffisante dans le milieu sanguin pour assurer l'apport optimal d'oxygène aux différents tissus. Toute diminution du nombre de globules rouges va limiter le volume d'oxygène transporté et, par là même, la performance physique.

Lors d'un don de sang, le volume prélevé est d'environ 500 ml soit approximativement 8 à 10 % du volume sanguin total et du nombre de globules rouges circulants. Il est conseillé au donneur de boire beaucoup après le prélèvement. En effet, comme l'eau est le constituant essentiel du plasma, celui-ci peut se reconstituer en 24 à 48 h. Par contre, il faut au moins six semaines pour retrouver le chiffre initial de globules rouges, délai nécessaire à leur maturation. Cela peut gravement compromettre la performance des athlètes spécialistes d'endurance en limitant leur capacité de transport de l'oxygène.

Le transport de l'oxygène par les globules rouges est assuré par l'hémoglobine. L'**hémoglobine** est composée d'une protéine (globine) et d'un pigment (hème). L'hème contient du fer qui se lie à l'oxygène. Chaque globule rouge renferme environ 250 millions de molécules d'hémoglobine, chacune pouvant fixer 4 molécules d'oxygène. Chaque globule rouge peut ainsi transporter jusqu'à 1 billion de molécules d'oxygène ! Le sang renferme en moyenne 15 g d'hémoglobine pour 100 ml. Chaque gramme d'hémoglobine peut se combiner avec 1,33 ml d'oxygène. Le contenu maximal du sang en oxygène est ainsi de 20 ml pour 100 ml.

3.3 La viscosité du sang

La viscosité traduit la consistance, l'épaisseur du sang. Plus un liquide est visqueux plus l'écoulement est difficile. Le sirop est plus visqueux que l'eau, il circule donc plus lentement quand on le verse. Normalement, la viscosité du sang représente deux fois celle de l'eau. Toute

---

PERSPECTIVES DE RECHERCHE 6.3

La drépanocytose

La drépanocytose ou anémie à cellules falciformes, est une maladie génétique caractérisée par une anomalie de l'hémoglobine contenue dans les globules rouges. Ces derniers perdent leur flexibilité et leur forme ronde et deviennent rigides et en forme de croissants. La falciformation est causée par un type anormal d'hémoglobine appelée hémoglobine S. L'hémoglobine étant essentielle à la fonction respiratoire, l'hémoglobine anormale de la drépanocytose empêche les globules de remplir cette fonction. Cette pathologie étant d'origine génétique, les personnes qui en sont atteintes ont hérité du gène récessif de l'hémoglobine S de chacun de leur parent. Par contre, les personnes qui n'ont hérité que d'une copie de ce gène ne développent pas la maladie mais sont dites porteuse du « trait drépanocytaire ». Le plus souvent, ces personnes ne manifestent aucun symptôme de la drépanocytose, mais dans certains cas rares, elles peuvent être plus vulnérables à certaines pathologies exacerbées par l'exercice physique, la déshydratation ou les deux.

En effet, une revue de question récente menée chez des footballeurs américains universitaires, a mis en évidence que le risque de mort subite à l'effort était multiplié par 15 chez ceux qui présentent le trait drépanocytaire comparé aux sujets qui ne le présentent pas[6]. Les mécanismes physiologiques exacts permettant d'expliquer cette augmentation du risque chez les personnes présentant le trait drépanocytaire ne sont pas encore clairement élucidés. Toutefois, il semblerait qu'un défaut dans le récepteur à la ryanodine (voir figure 6.2) associé à des problèmes génétiques qui affectent la capacité des reins à concentrer l'urine et donc de limiter la perte d'eau corporelle puisse contribuer à ce risque accru. Le récepteur à la ryanodine permet la libération du calcium par le réticulum sarcoplasmique. De plus, la mutation de ce récepteur peut également être à l'origine d'une hyperthermie maligne pouvant causer la mort en augmentant la production de chaleur lors d'anesthésie chirurgicale. Chez les porteurs du trait drépanocytaire, les morts subites arrivent le plus fréquemment lors d'exercice de haute intensité en environnement chaud et humide, conditions qui combinent à la fois déshydratation sévère et fortes contraintes cardiovasculaires[9]. Suite à la mort subite de Dale Lloyd II, athlète de l'Université de Rice, porteur du trait drépanocytaire, tous les athlètes universitaires appartenant à la « National Collegiate Athletic Association (NCAA) » doivent désormais réaliser un test de dépistage[10]. Les équipes médicales d'autres organismes sportifs ont également fait ce choix.

augmentation de l'hématocrite s'accompagne d'une augmentation de la viscosité et de la résistance à l'écoulement du sang.

En principe, toute augmentation du nombre de globules rouges améliore les possibilités de transport de l'oxygène. Mais, en l'absence d'augmentation associée du volume plasmatique, la viscosité du sang s'élève, ce qui diminue le débit sanguin. Ceci peut être considéré comme négligeable tant que l'hématocrite ne dépasse pas 60 %.

À l'inverse, l'association d'un hématocrite bas et d'un volume plasmatique élevé diminue la viscosité du sang et par là même aide au transport de l'oxygène, en facilitant l'écoulement et le débit du sang. Mais, un hématocrite bas provient en général d'une diminution du nombre des globules rouges, c'est-à-dire d'une anémie. Le sang circule alors normalement mais véhicule moins d'oxygène. À l'exercice, il est préférable d'avoir un hématocrite bas avec un nombre de globules rouges normal voire légèrement augmenté. Ceci facilite le transport de l'oxygène. C'est ce que l'on observe chez l'athlète entraîné en endurance ce qui témoigne d'une adaptation normale du système cardiovasculaire à l'entraînement (voir chapitre 11).

4. Conclusion

Dans ce chapitre, nous avons étudié la structure et la fonction du système cardiovasculaire. Nous avons vu comment le débit sanguin et la pression artérielle s'ajustent pour contribuer à améliorer l'approvisionnement des tissus en nutriments et en oxygène, ainsi que l'élimination des sous-produits du catabolisme. Il importe maintenant d'analyser les mécanismes contrôlant les échanges en oxygène et dioxyde de carbone, au niveau pulmonaire et au niveau tissulaire. C'est ce que nous allons voir dans le chapitre suivant.

Résumé

> Le sang est constitué d'environ 55 % à 60 % de plasma et 40 % à 45 % d'éléments figurés. Les globules rouges représentent 99 % des éléments figurés.

> L'hématocrite est défini comme le rapport du volume occupé par les éléments figurés du sang (globules rouges, globules blancs et plaquettes) sur le volume sanguin total. Sa valeur moyenne chez l'adulte est d'environ 42 % chez l'homme et 38 % chez la femme.

> L'oxygène est essentiellement transporté par l'hémoglobine, pigment contenu dans les globules rouges.

> En réponse à l'entraînement d'endurance, le volume sanguin total de l'athlète augmente à la fois par une augmentation du volume occupé par les globules rouges et par une augmentation du volume plasmatique. Comme l'augmentation du volume plasmatique est proportionnellement plus importante que l'augmentation du volume occupé par les globules rouges, alors l'hématocrite diminue et devient inférieur à celui de sujets sédentaires.

> Les résistances à l'écoulement augmentent avec la viscosité du sang. L'augmentation du nombre de globules rouges en réponse à l'entraînement aérobie constitue un atout pour les efforts de longue durée mais seulement jusqu'à un certain seuil. En effet, lorsque l'hématocrite approche 60 %, la viscosité limite le débit sanguin.

Mots-clés

artères
artérioles
athérosclérose
autorégulation
bradycardie
barorécepteurs
capillaires
chémorécepteurs
contrôle nerveux extrinsèque
cycle cardiaque
débit cardiaque ($\dot{Q}$)
disque intercalaire
électrocardiogramme (ECG)
électrocardiographe
extrasystole
fibrillation ventriculaire
fraction d'éjection (FE)
hématocrite
hématopoïèse
hémoglobine
mécanorécepteurs
myocarde
nœud auriculo-ventriculaire ou nœud septal
nœud sino-auriculaire ou nœud sinusal
péricarde
pression artérielle moyenne
pression sanguine diastolique
pression sanguine systolique
réseau de Purkinje
souffle au cœur ou souffle cardiaque
tachycardie
tachycardie ventriculaire
vasoconstriction
vasodilatation
veines
veinules
volume d'éjection systolique (Vs)
volume télédiastolique (VTD)
volume télésystolique (VTS)

Questions

1. Décrivez la structure du cœur et la circulation du sang dans les cavités cardiaques. Quel système assure la vascularisation du muscle cardiaque ? Que se passe-t-il lors du passage de l'état de repos à celui d'exercice ?

2. Quels sont les mécanismes à l'origine des contractions du cœur ? Comment la fréquence cardiaque est-elle contrôlée ?

3. Quelle est la différence entre systole et diastole ? Qu'est-ce qui détermine la pression artérielle systolique et la pression artérielle diastolique ?

4. Quelle est la relation entre pression, débit et résistance ?

5. Quels mécanismes contrôlent la distribution du sang dans tout l'organisme ?

6. Quels sont les trois mécanismes essentiels qui favorisent le retour veineux, lorsque vous réalisez un exercice en position debout ?

7. Quelles sont les principales fonctions du sang ?

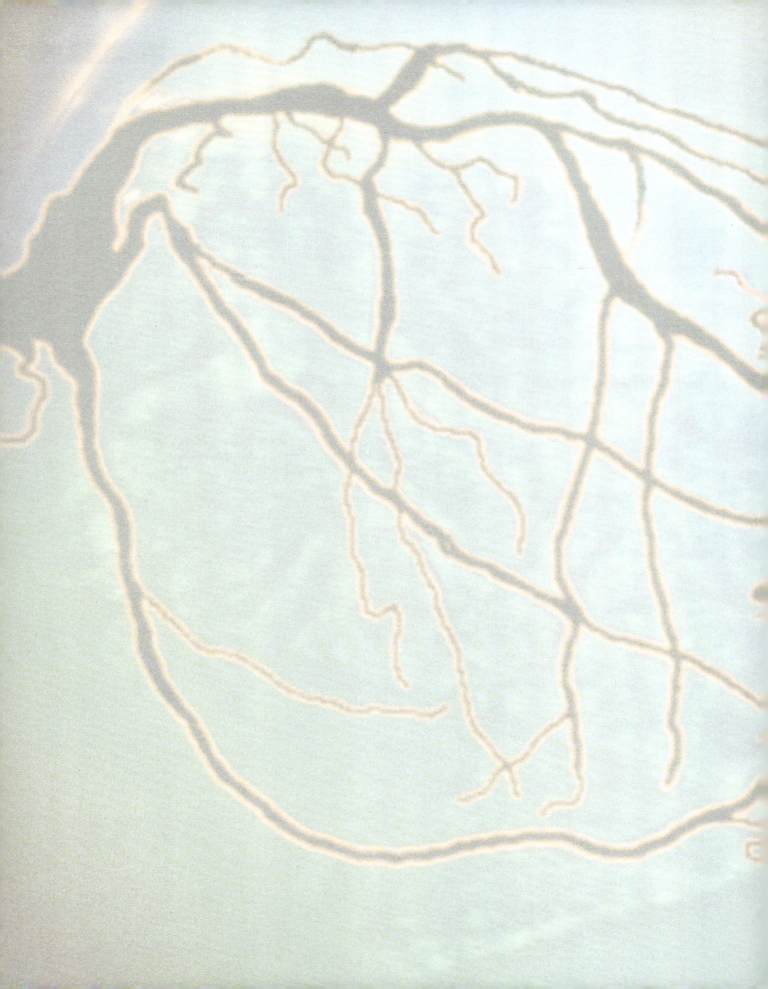

Le système respiratoire et ses régulations

7

La ville de Pékin (Beijing), en Chine, est l'une des villes les plus polluées de la planète. Pour la préparation des jeux olympiques de 2008, le gouvernement a dépensé environ 17 billions de dollars dans des mesures antipollution de l'air, parmi lesquelles le déclenchement de pluies artificielles pendant la nuit, la fermeture temporaire des usines les plus polluantes, la réglementation du trafic (circulation alternée), la suspension des travaux public le temps des jeux. Même avec ses mesures, le niveau de pollution était le double de celui d'une journée normale à Los Angeles, dépassant largement les niveaux sanitaires recommandés par l'OMS. Certains athlètes ont même déclaré forfait pour certaines épreuves par crainte de problèmes respiratoires ou par conviction parmi lesquels, l'éthiopien ex-recordman du monde en marathon, Haile Gebreselassie, et le vice champion olympique portugais de cyclisme aux JO de 2004, Sergio Paulinho. De plus, les sportifs diagnostiqués comme asthmatiques ont eu le droit d'utiliser leur inhalateur et pour la première fois les matches de football étaient interrompus régulièrement pour permettre aux joueurs d'éliminer les polluants, de récupérer de la chaleur et de l'humidité ambiante. Les sportifs et les spectateurs ont enduré ces conditions pendant quelques semaines sans que les autorités de santé ne rapportent de problèmes chez ces personnes exposées à cet air pollué. Cependant, les habitants de Pékin endurent ces conditions respiratoires alarmantes au quotidien.

Plan du chapitre

1. La ventilation pulmonaire   176
2. Les volumes pulmonaires   178
3. La diffusion alvéolo-capillaire   180
4. Le transport de l'oxygène et du dioxyde de carbone   185
5. Les échanges gazeux musculaires   188
6. La régulation de la ventilation   191
7. Conclusion   193

175

Les systèmes respiratoire et cardiovasculaire assurent ensemble une fourniture efficace de l'oxygène à tout l'organisme en même temps qu'ils permettent l'élimination du dioxyde de carbone. Ce transport implique au moins quatre processus distincts :

- la ventilation pulmonaire qui est le mouvement des gaz dans et hors des poumons ;
- la diffusion alvéolo-capillaire qui est l'échange des gaz entre les poumons et le sang ;
- le transport de l'oxygène et du dioxyde de carbone par le sang ;
- le passage des gaz du secteur capillaire vers le secteur tissulaire, c'est-à-dire les échanges gazeux périphériques.

Le premier de ces processus est aussi appelé **respiration pulmonaire (ou respiration externe)** car il concerne les mouvements des gaz, entre l'organisme et le milieu extérieur, par l'intermédiaire des poumons et du sang. Une fois passés dans le sang, les gaz peuvent voyager à travers tout le corps vers les différents tissus et organes. Alors, le quatrième temps de la respiration commence. Ces échanges gazeux entre le sang et les tissus sont appelés **respiration cellulaire (ou respiration interne)**. C'est le système circulatoire qui assure la liaison entre la respiration pulmonaire et la respiration cellulaire. Examinons une à une ces quatre composantes.

1. La ventilation pulmonaire

La **ventilation pulmonaire** est le processus par lequel l'air entre et sort des poumons. La figure 7.1 représente l'anatomie du système respiratoire. Au repos, l'air est aspiré du nez ou de la bouche vers les poumons, en fonction des besoins. La respiration nasale a certains avantages sur la respiration buccale. L'air est réchauffé et humidifié lorsqu'il tourbillonne à travers les cavités nasales. Ces tourbillons, en fouettant l'air, entraînent l'adhérence des poussières à la muqueuse nasale. Une fois emprisonnées, elles sont ensuite éjectées, ce qui diminue les risques d'irritation et d'infections respiratoires. Du nez et de la bouche, l'air traverse le pharynx, le larynx, la trachée-artère, les bronches et les bronchioles. Cette zone de transport a également une signification physiologique car cet espace, que l'on appelle également **espace mort** anatomique, est une zone de mélange entre l'air nouvellement inspiré et la partie de l'air expiré qui reste dans cette zone. C'est ce mélange d'air qui atteint ensuite les alvéoles.

Par contre, cette zone n'est qu'une zone de conduction, c'est-à-dire de transport des gaz et n'est en aucun cas une zone d'échange gazeux. Les échanges en oxygène et dioxyde de carbone se réalisent quand l'air atteint les unités du système respiratoire les plus petites : les bronchioles respiratoires et les alvéoles. Même si les bronchioles respiratoires servent principalement au transport des gaz, elles appartiennent néanmoins à la zone des échanges gazeux car elles contiennent des grappes d'alvéoles. Les alvéoles appartiennent à la zone respiratoire car les échanges gazeux ont lieu à leur niveau.

Les poumons ne sont pas directement au contact des côtes. Ils sont contenus à l'intérieur de la plèvre. Celle-ci est constituée de deux feuillets : le feuillet pariétal situé au contact de la paroi thoracique, et le feuillet viscéral situé au contact des poumons. La plèvre enveloppe les poumons et renferme, entre ses deux feuillets, un mince film de liquide pleural, qui diminue les frictions lors des mouvements respiratoires. La plèvre est en contact en dedans avec les poumons et en dehors avec la face interne de la cage thoracique, ce qui oblige les poumons à suivre les mouvements du thorax, déterminant le flux d'air inspiré et expiré. Voyons comment.

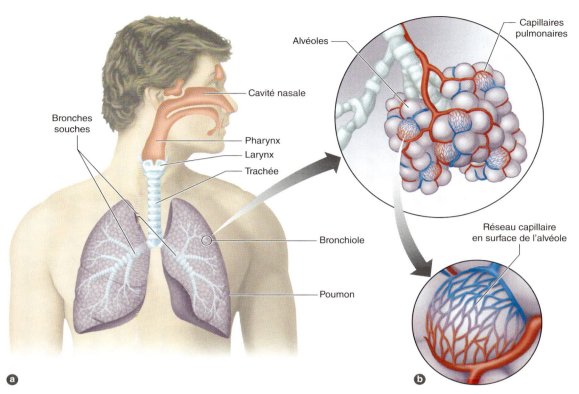

Figure 7.1

(a) Anatomie du système respiratoire, montrant les voies respiratoires (fosses nasales, pharynx, trachée et bronches). (b) Schéma montrant les zones d'échanges gazeux entre les alvéoles et les capillaires pulmonaires.

1.1 L'inspiration

L'**inspiration** est un phénomène actif faisant intervenir le diaphragme et les muscles intercostaux externes. La figure 7.2a indique les dimensions des poumons et de la cage thoracique (ou thorax) au repos. Les côtes et le sternum se déplacent sous l'action des muscles intercostaux externes. Les côtes se soulèvent vers l'extérieur et le sternum se soulève vers l'avant. En même temps, le diaphragme se contracte et s'abaisse, poussant le contenu de la cavité abdominale vers le bas.

Ces actions augmentent les dimensions de la cage thoracique dans toutes les directions (figure 7.2b). Tout cela a pour effet d'augmenter le volume pulmonaire. Il en résulte une baisse de la pression de l'air à l'intérieur des poumons. La pression intrapulmonaire devient ainsi inférieure à celle de l'air ambiant, qui se précipite alors à l'intérieur des poumons pour réduire cette différence de pression.

Au repos, les pressions requises pour la respiration sont assez faibles. À pression atmosphérique standard par exemple (760 mm Hg), l'inspiration s'accompagne d'une chute de la pression intrapulmonaire de 3 mm Hg environ. Mais, lors d'un exercice intense, la pression intrapulmonaire peut diminuer de 80 à 100 mm Hg.

Au cours de la respiration forcée, par exemple lors d'un exercice épuisant, l'inspiration est réalisée grâce à l'intervention d'autres muscles, comme les scalènes (antérieurs, moyens et postérieurs), les sternocléidomastoïdiens au niveau du cou, et les muscles pectoraux au niveau de la poitrine. Leurs contractions permettent une élévation plus importante des côtes que lors de la respiration normale.

1.2 L'expiration

Au repos, l'**expiration** est un procédé passif résultant de la relaxation des muscles inspiratoires et du retour élastique du tissu pulmonaire. En se relâchant le diaphragme retourne à sa position normale, plus haut située dans la cavité abdominale. Les muscles intercostaux externes se relâchent aussi, ramenant les côtes et le sternum à leurs positions initiales (figure 7.2c). Grâce à ses propriétés élastiques, le tissu pulmonaire reprend sa position première ce qui élève la pression intrapulmonaire et oblige à l'expiration.

L'expiration forcée est active. Les muscles intercostaux internes se contractent pour chasser l'air des poumons, en abaissant les côtes. Les muscles grands dorsaux et les carrés des lombes

Figure 7.2 Processus d'inspiration et d'expiration

Les mouvements des côtes et du diaphragme permettent d'augmenter ou de diminuer le volume thoracique.

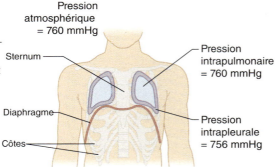

a Diaphragme et cage thoracique en position de repos. Notez la taille de la cage thoracique au repos.

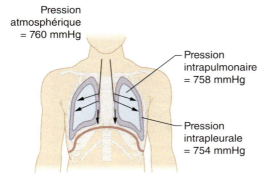

b Le volume pulmonaire et le volume de la cage thoracique augmentent à l'inspiration, engendrant une dépression qui facilite l'entrée de l'air à l'intérieur des poumons.

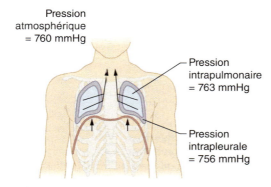

c À l'intérieur, la diminution du volume pulmonaire favorise l'expulsion de l'air vers l'extérieur.

peuvent également intervenir. Surtout, la contraction des muscles abdominaux augmente la pression intra-abdominale ce qui pousse les viscères contre le diaphragme et accélère sa remontée.

Les variations de pression, intra-abdominale et intrathoracique, qui accompagnent la respiration forcée, associées aux contractions musculaires qui accompagnent l'exercice (pompe musculaire), accélèrent le retour veineux vers le cœur. Toute augmentation de pression comprime les gros troncs veineux (veines pulmonaires et veines caves), qui assurent le retour du sang vers le cœur, au travers des cavités abdominale et thoracique. Lorsque la pression diminue, les veines reprennent leurs dimensions initiales et se remplissent de sang. Les variations de pression, dans les cavités abdominale et thoracique, jouent donc un rôle essentiel dans le retour veineux. Ce phénomène est appelé « **pompe respiratoire** » et est essentiel pour maintenir un retour veineux adéquat.

2. Les volumes pulmonaires

Les différents volumes pulmonaires peuvent être mesurés grâce à une technique appelée **spirométrie**. Le spiromètre mesure les volumes inspirés et expirés et par conséquent, il permet de mesurer tout changement de volume pulmonaire. Même si de nos jours il existe des spiromètres très sophistiqués, le spiromètre de base est un instrument très simple composé d'un embout buccal relié par un tube à une cloche à air partiellement immergée dans une cuve à eau. Lorsque le sujet expire, l'air passe de l'embout au tube et rentre dans la cloche, ce qui l'élève. À l'inverse, la cloche s'abaisse à l'inspiration. La cloche à air est reliée à un stylet par un système de poulie tel que le stylet monte lorsque la cloche s'abaisse (inspiration) et qu'il descend lorsque la cloche monte (expiration) (figure 7.3).

Cette technique est utilisée en clinique pour mesurer les différents volumes, capacités et débits pulmonaires et sert d'aide dans le diagnostic de certaines maladies respiratoires comme l'asthme (mentionné dans l'anecdote de début de chapitre) et les emphysèmes.

La quantité d'air inspirée ou expirée à chaque cycle respiratoire au repos s'appelle le **volume courant** (V_T). La **capacité vitale** (CV) est la quantité maximale d'air qui peut être expirée après un effort inspiratoire maximal. Même après une expiration forcée, il reste dans les poumons une petite quantité d'air. Ce volume restant dans les poumons après un effort maximal expiratoire s'appelle le **volume résiduel** (VR). Ce volume n'est pas mesurable par spirométrie car non mobilisable. La **capacité pulmonaire totale** (CPT) correspond à la somme de la CV et du VR.

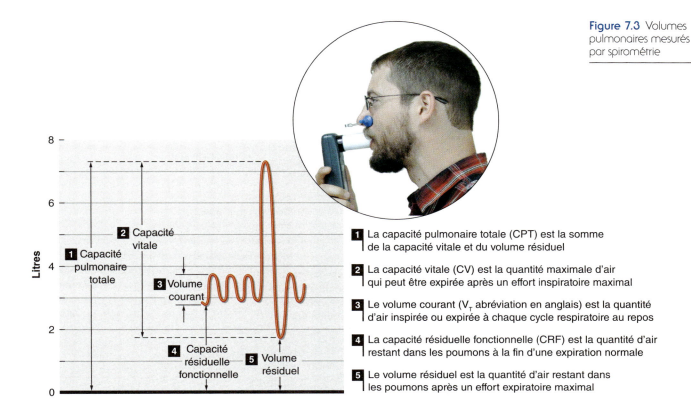

Figure 7.3 Volumes pulmonaires mesurés par spirométrie

1. La capacité pulmonaire totale (CPT) est la somme de la capacité vitale et du volume résiduel

2. La capacité vitale (CV) est la quantité maximale d'air qui peut être expirée après un effort inspiratoire maximal

3. Le volume courant (V_T abréviation en anglais) est la quantité d'air inspirée ou expirée à chaque cycle respiratoire au repos

4. La capacité résiduelle fonctionnelle (CRF) est la quantité d'air restant dans les poumons à la fin d'une expiration normale

5. Le volume résiduel est la quantité d'air restant dans les poumons après un effort expiratoire maximal

---

PERSPECTIVES DE RECHERCHE 7.1

Les appareils de protection respiratoire : une respiration contre Résistance

Les appareils de protection respiratoire servent, le plus souvent, à protéger les personnes qui sont dans une situation de travail où il y a présence de contaminants. Tous les appareils de protection respiratoire imposent une contrainte physiologique au porteur en raison du poids de l'appareil et de la résistance respiratoire (dues aux filtres) qu'ils imposent, que ce soit lors de l'inspiration ou l'expiration. Cela modifie donc les paramètres ventilatoires des sujets, altérant la performance physique et la performance au travail. Si au repos et lors d'effort d'intensité modérée, le port de ce type d'appareil ne modifie pas le volume d'air inspiré ou expiré par minute, à intensité élevée, la résistance qu'offre l'appareil diminue les performances respiratoires du sujet. La plupart des études menées à ce jour ont examiné les effets de l'augmentation des résistances imposées par l'appareil pour une charge de travail constante[1]. Or, les personnes qui travaillent sont, le plus souvent, amenées à changer d'intensité en fonction des tâches qu'ils réalisent.

C'est pourquoi, dans une étude récente, des chercheurs ont examiné l'effet des résistances respiratoires sur la performance physique lors d'un exercice à intensité croissante[5]. Les participants devaient porter deux types d'appareils de protection respiratoire ayant des résistances différentes. Leur tolérance à l'effort, leurs réponses respiratoires ainsi que leurs impressions subjectives ont été recueillies. Les résultats de cette étude montrent que les sujets qui effectuent l'exercice avec l'appareil qui offre le plus de résistances respiratoires sont plus rapidement fatigués pour une même intensité d'effort. Concernant les données subjectives, les sujets rapportaient plus d'inconfort respiratoire (notamment lors de l'inspiration) avec l'appareil qui offrait le plus de résistance.

En plus d'augmenter les résistances respiratoires, les appareils de protections respiratoires présentent de nombreux autres inconvénients pour les travailleurs. En effet, la modification du champ de vision qu'impose le port du masque et le poids de l'appareil, rajoutent des contraintes aux sujets qui modifient leurs fonctions physiologiques. Quoi qu'il en soit, même lorsque ces facteurs externes sont pris en compte, la modification des résistances respiratoires diminue toujours le temps jusqu'à épuisement des sujets et augmente la gêne respiratoire, notamment lors d'exercices à intensité élevée.

> **Résumé**
>
> ➤ La ventilation pulmonaire (respiration externe) correspond à l'ensemble des processus qui président à l'entrée et à la sortie d'air des poumons. Elle comporte deux phases : l'inspiration et l'expiration.
>
> ➤ L'inspiration est un processus actif. La contraction du diaphragme et des intercostaux externes augmentent les dimensions et donc le volume de la cage thoracique. Cela diminue la pression dans les poumons, favorisant l'entrée d'air.
>
> ➤ L'expiration normale est un processus passif. Elle résulte du relâchement des muscles inspiratoires et du recul élastique des poumons, assurant le retour de la cage thoracique à ses dimensions initiales. Cela augmente la pression dans les poumons, favorisant la sortie d'air.
>
> ➤ Au repos, les variations de pressions requises pour la respiration sont assez faibles, aux environs de 2-3 mm Hg environ. Mais, lors d'un exercice intense, la pression intrapulmonaire peut diminuer de 80 à 100 mm Hg.
>
> ➤ L'inspiration et l'expiration forcées sont des processus actifs mettant en jeu la contraction des muscles respiratoires correspondants.
>
> ➤ La respiration nasale permet d'humidifier, de réchauffer l'air inspiré ainsi que de filtrer les particules de poussière.
>
> ➤ Les volumes et capacités pulmonaires tout comme certains débits sont mesurables par spirométrie.

3. La diffusion alvéolo-capillaire

On appelle **diffusion alvéolo-capillaire** les échanges de gaz entre les alvéoles et les capillaires pulmonaires. Elle permet de :

- restaurer le contenu en oxygène du sang artériel ;
- éliminer le gaz carbonique du sang veineux.

L'air rentre dans les poumons par la ventilation pulmonaire permettant les échanges gazeux avec le sang grâce à la diffusion alvéolo-capillaire. Comme son nom l'indique, la diffusion alvéolo-capillaire concerne deux compartiments : les alvéoles et les capillaires pulmonaires. Le but de la diffusion alvéolo-capillaire est d'amener l'oxygène des alvéoles vers les capillaires pulmonaires et inversement pour le dioxyde de carbone. Les **alvéoles** sont des petits sacs situés à la fin des bronchioles terminales.

Le sang provenant des différents organes (sauf des poumons) retourne au cœur droit, par les veines caves supérieure et inférieure, puis gagne les poumons par les artères et les capillaires pulmonaires. Ces derniers forment un réseau très dense tout autour des alvéoles. Ce sont des vaisseaux de calibre minuscule, parfois du diamètre d'un globule rouge. À leur niveau les globules rouges circulent le plus souvent un par un, ce qui augmente leur temps de contact avec le tissu pulmonaire et améliore l'efficacité des échanges.

3.1 Débit sanguin pulmonaire au repos

Au repos, le débit sanguin pulmonaire est d'environ 4 à 6 L/min selon la taille de la personne. Comme de débit cardiaque du cœur droit est à peu près égal au débit cardiaque du cœur gauche, le débit sanguin pulmonaire est égal au débit sanguin systémique. Toutefois, les pressions et les résistances vasculaires des vaisseaux sanguins pulmonaires sont différentes de celles de la circulation systémique. La pression moyenne dans l'artère pulmonaire est de 15 mmHg (pression systolique : 25 mmHg, pression diastolique 8 mmHg) alors qu'elle est de 95 mmHg en moyenne dans l'aorte. La pression dans l'oreillette gauche quand le sang revient des poumons vers le cœur est de 5 mmHg ; il n'y a donc pas une grande différence de pression dans la circulation pulmonaire (15 – 5 mmHg). La figure 7.4 illustre les différences de pression entre la circulation pulmonaire et systémique.

Nous avons vu dans le chapitre 6 concernant le système cardiovasculaire que la pression était égale au débit multiplié par les résistances :

pression = débit × résistance

Comme le débit sanguin pulmonaire est égal au débit sanguin systémique et qu'il y a peu de changement de pression dans tout le système pulmonaire vasculaire, les résistances sont donc proportionnellement plus faibles que celles de la circulation systémique. Ceci est lié à l'anatomie différente des vaisseaux de la circulation pulmonaire comparés à ceux de la circulation systémique. Les vaisseaux sanguins pulmonaires ont des parois minces et possèdent peu de muscles lisses.

3.2 La barrière ou membrane alvéolo-capillaire

Les échanges gazeux entre l'air de l'alvéole pulmonaire et le sang se font au travers de la membrane alvéolo-capillaire (figure 7.5). Celle-ci se compose :

- de la paroi alvéolaire ;
- de la paroi capillaire ;
- des membranes basales.

La **barrière alvéolo-capillaire** est très fine. Elle ne mesure, en effet, que 0,5 à 4 mm, mais couvre quelques 300 millions d'alvéoles. L'air et le sang pulmonaires sont donc en contact très étroit sur une vaste surface, ce qui est très favorable aux échanges. Quels sont les mécanismes qui gouvernent ces échanges ?

3.3 Les pressions partielles des gaz

L'air que nous respirons est un mélange de trois gaz. Chacun d'entre eux exerce une pression, fonction de sa concentration dans l'air appelée **pression partielle**. Selon la loi de Dalton, la pression totale d'un mélange est égale à la somme des pressions partielles exercées par chacun des gaz qui le compose.

L'air que l'on respire est composé de 79,04 % d'azote (N_2), de 20,93 % d'oxygène (O_2) et de 0,03 % de dioxyde de carbone (CO_2). Au niveau de la mer la pression atmosphérique est de 760 mm Hg. C'est la pression de référence ou pression standard. Si on considère que cette pression est la pression totale de l'air ambiant (100 %), alors la pression partielle de l'azote (PN_2) est de 600,7 mm Hg (79,04 % × 760 mm Hg), celle de l'oxygène (PO_2) de 159 mm Hg (20,93 % × 760 mm Hg) et celle du dioxyde de carbone (PCO_2) de 0,3 mm Hg (0,03 % × 760 mmHg).

Les gaz peuvent se dissoudre dans les milieux liquidiens de l'organisme, comme le plasma. Selon la **loi de Henry**, la dissolution d'un gaz dans un liquide est fonction de sa pression partielle, de sa solubilité dans le liquide considéré et enfin de sa température. Le coefficient de solubilité d'un gaz dans le sang est une constante, de même que la température du sang qui le contient. Pour chaque gaz, le facteur essentiel des échanges, entre l'alvéole et le sang, est donc le gradient de pression partielle de ce gaz entre ces deux milieux.

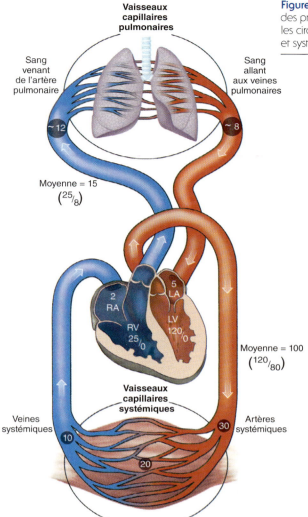

Figure 7.4 Comparaison des pressions (m.mHg) dans les circulations pulmonaire et systémique

3.4 Les échanges alvéolo-capillaires en oxygène et en dioxyde de carbone

Pour chaque gaz, la différence de pression partielle, entre l'alvéole et le capillaire, engendre un gradient de pression à travers la barrière alvéolo-capillaire. C'est ce gradient qui règle les échanges gazeux entre les poumons et le sang. Si les pressions partielles étaient identiques des deux côtés de la membrane alvéolo-capillaire, les gaz seraient en équilibre.

3.4.1 Les échanges d'oxygène

À la pression atmosphérique standard, la PO_2 de l'air ambiant est de 159 mm Hg. Elle chute à 100-105 mm Hg dans les alvéoles, où l'air inspiré se mélange avec l'air alvéolaire contenant de la vapeur d'eau et du dioxyde de carbone. La ventilation pulmonaire assure le mélange air ambiant – air alvéolaire et l'expiration de ce dernier. Le renouvellement permanent de l'air alvéolaire assure la stabilité des concentrations gazeuses au sein des alvéoles.

Le sang qui arrive dans les capillaires pulmonaires est appauvri en oxygène. À ce niveau, la pression partielle en oxygène est de 40 mm Hg (figure 7.6). Dans les alvéoles la PO_2 est relativement constante autour de 105 mm Hg. La différence de pression, entre alvéoles et capillaires, est donc de 60 à 65 mm Hg. Ce gradient est favorable à la diffusion de l'oxygène du milieu alvéolaire vers le milieu capillaire. Ainsi, au fur et à mesure que le sang circule dans les capillaires pulmonaires, il se charge en oxygène jusqu'à ce qu'il y ait équilibre des pressions partielles entre les deux compartiments. Cet équilibre est réalisé à la sortie des capillaires, au

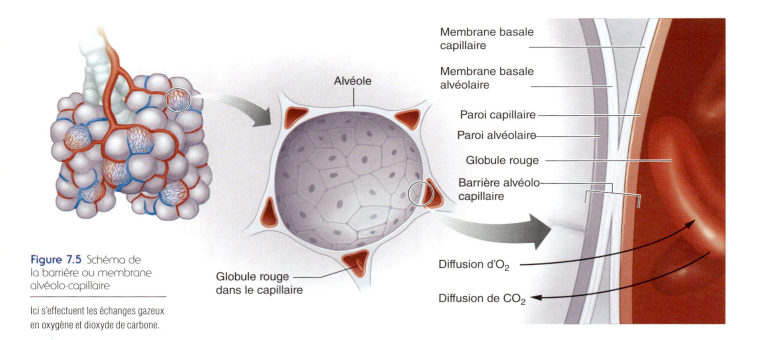

Figure 7.5 Schéma de la barrière ou membrane alvéolo-capillaire

Ici s'effectuent les échanges gazeux en oxygène et dioxyde de carbone.

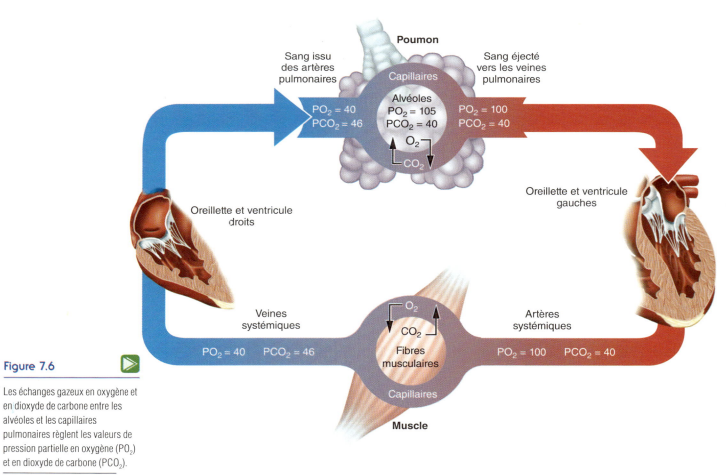

Figure 7.6

Les échanges gazeux en oxygène et en dioxyde de carbone entre les alvéoles et les capillaires pulmonaires règlent les valeurs de pression partielle en oxygène (PO_2) et en dioxyde de carbone (PCO_2).

Le système respiratoire et ses régulations — Chapitre 7

PERSPECTIVES DE RECHERCHE 7.2

L'entraînement des muscles inspiratoires après une chirurgie de pontage

Le volume d'air inspiré et expiré par minute ou ventilation ($\dot{V}_E$), augmente avec l'intensité de l'exercice. L'évolution de $\dot{V}_E$ lors d'un effort à intensité croissante se divise en trois phases. Lors de la première, l'évolution de $\dot{V}_E$ est linéaire et proportionnelle avec l'intensité de l'exercice. Lors de cette phase, c'est l'augmentation du volume courant qui est principalement responsable de l'augmentation de la ventilation, car celui-ci évolue aussi linéairement avec l'intensité de l'exercice. Lors de la seconde phase, l'augmentation de la ventilation est surtout le résultat de l'augmentation de la fréquence respiratoire, le volume courant augmentant beaucoup moins qu'avant. Lors de la troisième phase, l'augmentation de la ventilation est le résultat de la seule augmentation de la fréquence respiratoire, le volume courant ayant atteint un plafond. Chez des individus jeunes et sains, l'évolution de ces paramètres respiratoires reste inchangée avec l'entraînement. Il existe toutefois une population pour laquelle l'évolution de ces paramètres diffère avec l'entraînement : les sujets âgés ayant subi une sternotomie médiane (incision du sternum pour accéder à des organes sous-jacents), notamment lors de la chirurgie cardiaque.

En effet, des physiologistes de l'exercice, spécialisés en physiologie clinique, ont examiné les adaptations induites par un programme de réhabilitation cardiaque sur les réponses ventilatoires post-exercice de sujets âgés ayant subi une sternotomie médiane lors d'une chirurgie cardiaque[4]. Le programme de réhabilitation consistait en un protocole d'entraînement aérobie sur ergocycle et un programme de renforcement musculaire pendant 1 h, deux fois par jour pendant 3 semaines. Afin d'étudier les réponses ventilatoires post-exercice, les sujets devaient porter un système d'analyse portable des échanges gazeux lors d'un test de terrain classique et validé, le test de marche de 6 min. Ce test évalue la capacité fonctionnelle des sujets à un niveau sous-maximal. Il est demandé aux sujets de parcourir la plus grande distance possible, à vitesse constante sur un terrain plat, pendant 6 min.

Contrairement à ce qui est classiquement observé chez les sujets jeunes et sains, ceux ayant subi une sternotomie et qui se sont entraînés pendant 3 semaines, augmentent leur ventilation à la fin du test de 6 min par une augmentation du V_T, leur Fr restant inchangée. Les résultats de cette étude suggèrent l'importance d'inclure des programmes d'entraînement permettant d'augmenter la force des muscles respiratoires dans la prise en charge du malade cardiaque post-opératoire. Ce type de programme d'entraînement permettrait de réduire l'effort fourni par les muscles inspiratoires tout en permettant d'augmenter l'efficacité ventilatoire de sujets ayant subi une opération à cœur ouvert.

---

pôle veineux. C'est donc un sang enrichi en oxygène qui quitte les poumons pour rejoindre la circulation systémique. Il est important de signaler qu'au niveau des veines pulmonaires la PO_2 n'est que de 100 mmHg et non pas 105 mmHg comme dans l'air alvéolaire ou les capillaires pulmonaires. En effet, 2 % du sang est détourné directement de l'aorte vers les poumons afin de satisfaire à leur demande en oxygène. Cette quantité qui n'a pas pris part aux échanges gazeux, se mélange au sang riche en oxygène, ce qui a pour effet de diminuer légèrement la PO_2.

La diffusion à travers les tissus est décrite par la **loi de Fick** (figure 7.7). La loi de Fick établit que le débit de transfert d'un gaz à travers une couche de tissu comme la membrane alvéolo-capillaire est proportionnel à sa surface ainsi qu'à la différence de pression partielle du gaz entre ces 2 faces. Ainsi, la diffusion de l'oxygène à travers la barrière alvéolo-capillaire est proportionnelle au gradient des pressions partielles existant de part et d'autre de cette barrière. La diffusion est également inversement proportionnelle à l'épaisseur du tissu. De plus, la vitesse de diffusion est proportionnelle à un coefficient de diffusion, propre à chaque gaz. Le coefficient de diffusion du dioxyde de carbone étant nettement plus faible que celui de l'oxygène, même si la différence de pression partielle entre l'alvéole et le capillaire est plus faible que pour l'oxygène, ces deux gaz diffusent de la même façon.

La vitesse à laquelle l'oxygène diffuse de l'alvéole vers le sang est appelée **capacité de diffusion de l'oxygène**. C'est la quantité d'oxygène (ou volume en ml) qui diffuse à travers la membrane alvéolo-capillaire par minute pour une différence de pression de 1 mmHg. Au repos, pour chaque différence de pression de 1 mm Hg, environ 21 ml d'oxygène diffusent des alvéoles dans la circulation sanguine en 1 minute. Bien que la différence de pression partielle entre les alvéoles et les capillaires pulmonaires soit de 65 mmHg (105 mmHg – 40 mmHg), la capacité de diffusion de l'oxygène n'est pas calculée à partir de cette valeur. En effet, la PO_2 des capillaires pulmonaires retenue pour le calcul est supérieure à 40 mmHg car elle est calculée à partir de la pression moyenne qui règne dans les capillaires pulmonaires. Ainsi, la différence de pression partielle entre les alvéoles et les capillaires pulmonaires (pression moyenne) n'est plus que de 11 mmHg ce qui nous donne une capacité de diffusion de l'oxygène de 231 ml d'oxygène par minute à travers la membrane alvéolo-capillaire. À l'exercice maximal, la capacité de diffusion de l'oxygène peut augmenter jusqu'à 50 ml.min^{-1}.mm Hg^{-1} soit 2 à 3 fois la valeur de repos. Des valeurs de

Figure 7.7 Diffusion des gaz à travers les tissus

Le débit de gaz ($\dot{V}_{gaz}$) est proportionnel à la surface (S), à un coefficient de diffusion du gaz (D) et à la différence de pression ($P_1 - P_2$) et est inversement proportionnel à l'épaisseur du tissu (E).
Le coefficient de diffusion du gaz est proportionnel à sa solubilité (Sol) et inversement proportionnel à la racine carrée de son poids moléculaire (PM).

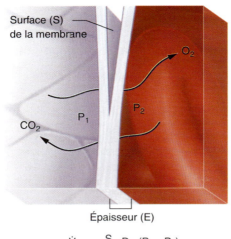

$$\dot{V}_{gaz} = \frac{S}{E} \cdot D \cdot (P_1 - P_2)$$

$$D = \frac{Sol}{\sqrt{PM}}$$

Figure 7.8 Explication de l'inégale distribution du débit sanguin dans les poumons

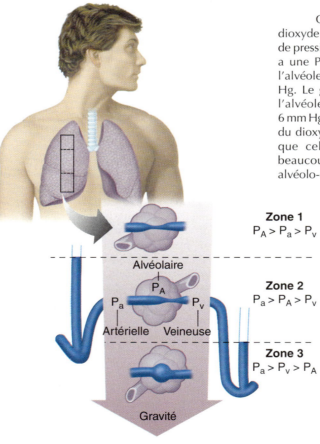

80 ml.min^{-1}.mm Hg^{-1} ont été observées chez des rameurs de haut niveau.

Au repos, la circulation sanguine à travers les poumons est relativement lente et peu efficace. En raison de la pesanteur la perfusion des régions supérieures des poumons est en effet très limitée. Si on divise le poumon en trois zones comme le montre la figure 7.8, au repos, seule la zone du bas (Zone 3) est perfusée. À l'exercice, l'accroissement très important du flux sanguin pulmonaire et l'élévation de la pression artérielle améliorent la perfusion des poumons. Il en résulte une augmentation de la capacité de diffusion de l'oxygène.

Les athlètes dont la capacité aérobie est importante ont aussi des capacités de diffusion de l'oxygène plus élevées. C'est le résultat d'une amélioration du débit cardiaque, d'une augmentation de la surface d'échanges alvéolo-capillaire et d'une réduction des résistances à la diffusion.

3.4.2 Les échanges en dioxyde de carbone

Comme pour l'oxygène, les échanges en dioxyde de carbone se font en fonction du gradient de pression (figure 7.6). Le sang qui perfuse l'alvéole a une PCO$_2$ initiale d'environ 46 mm Hg. Dans l'alvéole, la PCO$_2$ se situe aux alentours de 40 mm Hg. Le gradient de pression entre le capillaire et l'alvéole est donc relativement faible, d'environ 6 mm Hg, mais suffisant car la solubilité membranaire du dioxyde de carbone est 20 fois plus importante que celle de l'oxygène. Le CO$_2$ diffuse ainsi beaucoup plus rapidement à travers la barrière alvéolo-capillaire.

Les pressions partielles des gaz (respiratoires) sont indiquées dans le tableau 7.1. Il est important de noter que la pression totale dans le sang veineux n'est que de 705 mmHg soit 55 mmHg plus faible que les pressions atmosphérique et alvéolaire. À la sortie des tissus, la diminution de la PO$_2$ est nettement plus importante que l'augmentation de la PCO$_2$, expliquant ainsi cette différence.

Résumé

> La diffusion pulmonaire correspond à l'ensemble des processus qui président aux échanges de gaz au travers de la membrane alvéolo-capillaire.

> La loi de Dalton stipule que la pression totale d'un mélange gazeux soit égale à la somme des pressions partielles exercées par chacun des gaz du mélange.

> La quantité de gaz qui diffuse au travers de la membrane alvéolo-capillaire dépend essentiellement des pressions partielles de ce gaz dans chacun des compartiments alvéolaire et capillaire, mais aussi de sa solubilité et de sa température. La diffusion des gaz est proportionnelle au gradient de pression partielle entre les deux compartiments, le gaz diffusant du compartiment où la pression partielle est la plus élevée vers le compartiment où la pression partielle est la plus faible. Ainsi, l'oxygène passe dans le sang et le dioxyde de carbone dans l'alvéole.

> La capacité de diffusion de l'oxygène augmente à l'exercice, ce qui facilite les échanges.

> Le gradient de pression partielle du dioxyde de carbone est plus faible que celui de l'oxygène, mais sa solubilité au travers de la membrane alvéolo-capillaire est 20 fois supérieure à celle de l'oxygène. Ainsi, le dioxyde de carbone traverse aisément cette membrane malgré un faible gradient de pression.

4. Le transport de l'oxygène et du dioxyde de carbone

Nous venons de discuter de la ventilation pulmonaire et comment s'opèrent les échanges gazeux lors de la diffusion alvéolo-capillaire. Attachons-nous maintenant au transport des gaz par le sang et aux échanges avec les tissus.

4.1 Le transport de l'oxygène

L'oxygène est transporté dans le sang sous deux formes : soit sous forme liée, c'est-à-dire combiné à l'hémoglobine (Hb) des globules rouges (> 98 %), soit sous forme dissoute dans le plasma (< 2 %). Un litre de plasma contient environ 3 ml d'oxygène. Ainsi, le volume sanguin total (environ 5 L) renferme seulement 9 à 15 ml d'oxygène sous forme dissoute. Cette quantité très limitée ne peut suffire aux besoins de l'organisme qui exige au repos environ 250 ml d'oxygène par minute. Fort heureusement, le sang transporte sous forme liée 70 fois plus d'oxygène grâce à l'**hémoglobine** contenue dans les innombrables globules rouges de l'organisme.

4.1.1 La saturation de l'hémoglobine

Comme nous venons juste de le mentionner, plus de 98 % de l'oxygène est transporté dans le sang combiné à l'hémoglobine. Chaque molécule d'hémoglobine peut transporter quatre molécules d'oxygène. Quand l'oxygène se fixe sur l'hémoglobine il se forme un complexe appelé oxyhémoglobine. Par opposition, l'hémoglobine libre est appelée désoxyhémoglobine. La fixation de l'oxygène dépend de la PO_2 dans le sang et de l'affinité de l'hémoglobine pour l'oxygène mais cette relation n'est pas rigoureusement linéaire et est représentée sous forme de S. La figure 7.9 représente la courbe de dissociation de l'oxyhémoglobine, qui traduit les possibilités de saturation de l'hémoglobine, à différentes PO_2. Elle présente une pente abrupte entre 10 et 50 mmHg, puis forme un plateau entre 70 et 100 mmHg. Une PO_2 élevée entraîne une saturation complète de l'hémoglobine. Au contraire,

Gaz	% dans l'air sec	Pression partielle (mmHg)				
		Air sec	Air alvéolaire	Sang artériel	Sang veineux	Gradient de diffusion
H_2O	0,00	0,0	47	47	47	0
O_2	20,93	159,1	105	100	40	60
CO_2	0,03	0,2	40	40	46	6
N_2	79,04	600,7	568	573	573	0
Total	100,00	760,0	760	760	706*	66

Tableau 7.1 Pressions partielles des gaz respiratoires au niveau de la mer

* Se référer au texte pour l'explication de la baisse de pression totale.

Figure 7.9 Courbe de dissociation de l'oxyhémoglobine

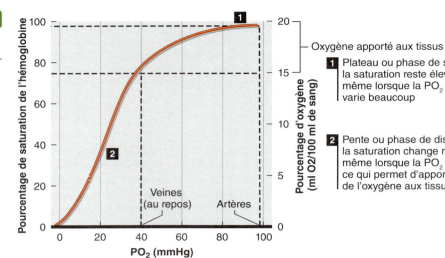

Figure 7.10 Effets a) du pH sanguin et b) de la température sur l'affinité de l'hémoglobine à l'oxygène

a Effets du changement de pH sanguin

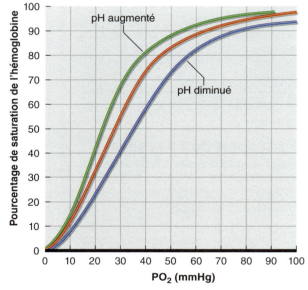

b Effets du changement de température

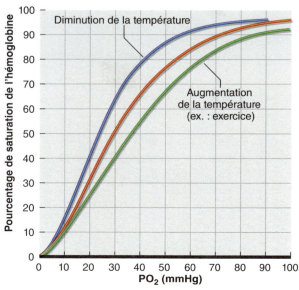

pour de faibles PO_2, l'hémoglobine est loin d'être saturée.

La partie pentue de la courbe correspond à des valeurs de PO_2 retrouvées dans les tissus. À ce niveau, de faibles changements de pression partielle entraînent de grands changements de saturation.

Plusieurs facteurs peuvent influencer la saturation de l'hémoglobine. Par exemple, si l'acidité du sang augmente, la courbe de dissociation de l'oxyhémoglobine se déplace vers la droite. Cela signifie que l'affinité de l'hémoglobine pour l'oxygène est plus faible pour une même PO_2. Cet effet du pH (figure 7.10a) est connu sous le nom d'effet Bohr. Au niveau des poumons, le pH est généralement élevé ce qui favorise la fixation de l'oxygène sur l'hémoglobine. Au contraire, au niveau des tissus, le pH nettement plus faible facilite la dissociation de l'oxyhémoglobine et la fourniture d'oxygène aux tissus. Il en est de même à l'exercice. La capacité à fournir l'oxygène aux muscles en activité augmente avec la baisse du pH.

La température du sang affecte aussi la courbe de dissociation de l'oxyhémoglobine (figure 7.10b). Toute augmentation de la température du sang déplace cette courbe vers la droite, augmentant l'efficacité de la livraison de l'oxygène aux tissus. C'est le cas à l'exercice, par exemple, au niveau des muscles actifs. À l'inverse, au niveau des poumons l'inhalation d'air frais refroidit le sang pulmonaire, ce qui augmente l'affinité de l'oxygène pour l'hémoglobine et donc sa fixation.

4.1.2 La capacité de transport de l'oxygène par le sang

La capacité de transport de l'oxygène par le sang correspond à la quantité maximale d'oxygène que le sang peut transporter. Elle est d'abord fonction du contenu en hémoglobine. Ce contenu est d'environ 14 à 18 g d'hémoglobine pour 100 ml de sang chez l'homme, et de 12 à 16 g pour 100 ml chez la femme. Chaque gramme d'hémoglobine peut se combiner avec 1,34 ml d'oxygène. La capacité maximale de transport de l'oxygène par le sang est donc de 16 à 24 ml pour 100 ml, lorsque le sang est totalement saturé en oxygène. Lors de son passage au niveau des poumons, le sang est en contact avec l'air alvéolaire durant environ 0,75 s. Cela est suffisant pour que l'hémoglobine fixe l'oxygène avec une saturation de 98 à 99 %. Pour des exercices d'intensité élevée, le temps de contact est réduit, ce qui limite la fixation de l'oxygène sur l'hémoglobine et donc le taux de saturation de l'hémoglobine même si la forme en S de la courbe limite toute baisse trop importante.

Chez les sujets dont le contenu en hémoglobine est faible (anémie), le transport de l'oxygène est réduit. Cette anémie peut être bien tolérée, au repos, car leur système cardiovasculaire peut compenser le faible contenu en oxygène du sang, en augmentant le débit cardiaque. Il n'en est plus de même à l'exercice surtout s'il est intense. La capacité de transport plus faible n'assure plus une fourniture d'énergie suffisante et la performance se trouve limitée.

4.2 Le transport du dioxyde de carbone

Produit du métabolisme cellulaire, le dioxyde de carbone est transporté dans le sang :

- soit dissous dans le plasma ;
- soit sous forme d'ions bicarbonates ;
- soit fixé à l'hémoglobine (carbhémoglobine).

4.2.1 Les ions bicarbonates

Dans le sang la plus grande partie du dioxyde de carbone (60 % à 70 %) est transformée sous forme d'ions bicarbonates. Dans ce milieu, le dioxyde de carbone et l'eau peuvent se combiner pour former l'acide carbonique (H_2CO_3). Cette réaction est catalysée par l'anhydrase carbonique des globules rouges. Cet acide est instable et se dissocie rapidement en libérant un ion hydrogène (H^+) et un ion bicarbonate (HCO_3^-) :

$$CO_2 + H_2O \rightarrow H_2CO_3 \rightarrow H^+ + HCO_3^-$$

Les ions H^+ se lient ensuite à l'hémoglobine déclenchant l'effet Bohr, qui déplace la courbe de dissociation de l'oxyhémoglobine vers la droite. Les ions bicarbonates diffusent ensuite des globules rouges vers le plasma. Afin de ne pas perturber la balance électrique du plasma liée à l'accumulation d'ions négatifs pas les bicarbonates, des ions chlorure (Cl^-) diffusent du plasma dans les globules rouges. Cet échange d'ions est appelé « phénomène de Hamburger ».

De plus, la formation d'ions hydrogène lors de cette réaction favorise la libération de l'oxygène par l'hémoglobine au niveau tissulaire. Simultanément, l'hémoglobine joue le rôle de tampon, liant, neutralisant les ions H^+ et empêchant l'acidification du sang. L'équilibre acide-base sera discuté plus loin dans le chapitre 8. Lorsque le sang arrive dans les poumons, où la PCO_2 est basse, les ions H^+ et les ions bicarbonates se lient à nouveau pour former l'acide carbonique, lequel se dissocie cette fois en dioxyde de carbone et en eau.

$$H^+ + HCO_3^- \rightarrow H_2CO_3 \rightarrow CO_2 + H_2O$$

Le dioxyde de carbone ainsi reformé peut entrer dans l'alvéole et être exhalé.

4.2.2 Le dioxyde de carbone dissous

7 % à 10 % seulement du dioxyde de carbone libéré par les tissus sont dissous dans le plasma. Au niveau des poumons, le CO_2 dissous diffuse des capillaires vers les alvéoles, selon le principe de diffusion déjà décrit. Il est ainsi rejeté dans l'air expiré.

4.2.3 La carbaminohémoglobine

Le transport du dioxyde de carbone se fait aussi par liaison de ce gaz avec l'hémoglobine. Le complexe ainsi formé est appelé carbaminohémoglobine, car le dioxyde de carbone ne se lie pas à l'hème mais aux acides aminés de la globine. Comme le site de liaison du dioxyde de carbone sur l'hémoglobine est différent de celui de l'oxygène, il n'y a pas de compétition entre ces deux gaz. Toutefois, la fixation du dioxyde de carbone dépend du degré d'oxygénation de l'hémoglobine (la désoxy-hémoglobine se lie plus facilement au dioxyde de carbone que l'oxyhémoglobine) et de la pression partielle en CO_2 (le dioxyde de carbone est relâché par l'hémoglobine lorsque la PCO_2 est faible). Ainsi, au niveau des poumons où la PCO_2 est basse, le dioxyde de carbone est rapidement libéré par l'hémoglobine, ce qui lui permet de passer dans l'alvéole pour être rejeté.

Résumé

> L'oxygène est transporté dans le sang essentiellement sous forme combinée à l'hémoglobine (oxyhémoglobine). Une petite quantité est également dissoute dans le plasma.

> Pour permettre d'adapter l'apport en oxygène à la demande musculaire, l'hémoglobine libère son oxygène (se désature) dans les cas suivant :
1. quand la PO_2 diminue ;
2. quand le pH diminue ;
3. quand la température augmente.

> À cause de sa forme en S, la liaison de l'oxygène à l'hémoglobine dans les poumons est peu affectée par ces différents changements.

> Dans les artères, le taux de saturation de l'hémoglobine en oxygène est normalement d'environ 98 %. Ceci indique que le contenu en oxygène est largement supérieur aux besoins et que la capacité maximale de transport de l'oxygène limite rarement la performance chez les personnes en bonne santé.

> Le dioxyde de carbone est essentiellement transporté dans le sang sous forme d'ions bicarbonates qui limitent l'acidose en évitant la formation d'acide carbonique. Des quantités plus faibles de dioxyde de carbone sont également transportées sous forme dissoute dans le plasma, ou sous forme combinée à l'hémoglobine.

5. Les échanges gazeux musculaires

Jusqu'à présent, nous avons étudié comment nos systèmes cardiovasculaire et respiratoire travaillent ensemble pour amener l'air aux poumons, permettre les échanges gazeux entre les alvéoles et les capillaires pulmonaires et assurer le transport des gaz dans le sang jusqu'aux muscles. Il nous reste donc à étudier la dernière étape : les échanges gazeux entre les tissus et le sang capillaire ou respiration cellulaire.

5.1 La différence artério-veineuse en oxygène

Au repos, le contenu en oxygène du sang artériel est d'environ 20 ml pour 100 ml. Comme l'indique la figure 7.11a, cette valeur chute à 15 ou 16 ml d'oxygène pour 100 ml, au pôle veineux des capillaires. Cette différence entre les contenus du sang artériel et veineux est appelée la **différence artério-veineuse en oxygène** (v). Le terme **différence artério-veineuse en oxygène du sang veineux mêlé** ($\bar{v}$) exprime le contenu en oxygène à l'arrivée de l'oreillette droite, car ce sang provient de tout le corps, à la fois des territoires actifs et inactifs. La différence artério-veineuse représente les 4 à 5 ml d'oxygène prélevés et utilisés par les tissus. La quantité totale d'oxygène prélevée est directement fonction de l'intensité du métabolisme oxydatif cellulaire. Ainsi, si le débit d'utilisation de l'oxygène augmente, $D(a-\bar{v})O_2$ augmente également. Par exemple, lors d'un exercice intense (figure 7.11b), la différence $(a-\bar{v})O_2$, peut atteindre 15 à 16 ml pour 100 ml de sang. Par contre, au niveau musculaire, la différence $(a-v)O_2$ est plus importante et peut atteindre 17 à 18 ml pour 100 ml de sang. S'il n'y a pas de barre sur le v, dans ce cas il s'agit du sang à la sortie d'un muscle et non pas du sang veineux mêlé comme c'est le cas au niveau de l'oreillette droite. Lors d'un tel exercice, le sang relargue davantage d'oxygène vers les muscles actifs grâce à la différence importante entre les PO_2 artérielle et musculaire.

5.2 Transport de l'oxygène dans le muscle

Dans le muscle, l'oxygène est transporté jusqu'à la mitochondrie pour être utilisé par la voie oxydative par une molécule appelée **myoglobine**. La structure de la myoglobine est similaire à l'hémoglobine mais elle possède une affinité pour l'oxygène supérieure comparée à l'hémoglobine. Ce concept est illustré par figure 7.12. Pour des

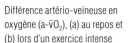

Figure 7.11

Différence artério-veineuse en oxygène (a-v̄O₂), (a) au repos et (b) lors d'un exercice intense

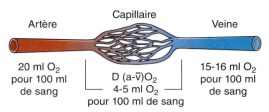

a Muscle au repos

b Muscle lors d'un exercice intense

pressions partielles en oxygène inférieures à 20, la pente de la courbe de dissociation de l'oxygène est plus raide que celle de l'hémoglobine. La myoglobine ne délivre son oxygène que lorsque les pressions partielles en oxygène sont très faibles. La figure 7.12 montre que pour des PO_2 où l'hémoglobine libère son oxygène, la myoglobine ne le fait pas. On estime que la PO_2 dans le muscle à l'exercice se situe aux environs de 1 à 2 mmHg. Dans ces conditions, la myoglobine libère de l'oxygène pour la mitochondrie.

5.3 Facteurs influençant la fourniture et la consommation d'oxygène

La fourniture et la consommation d'oxygène dépendent essentiellement de trois facteurs :

- du contenu sanguin en oxygène ;
- du débit sanguin ;
- des conditions locales (température, pH…)

Dès le début d'un exercice, chacun de ces trois facteurs doit s'ajuster pour répondre à l'augmentation des besoins musculaires en oxygène. Nous savons que normalement l'hémoglobine du sang artériel est saturée à 98 % en oxygène. Toute diminution de cette capacité de transport va perturber la livraison et donc la consommation cellulaire d'oxygène. De la même façon, une diminution de la PO_2 dans le sang artériel va entraîner une baisse du gradient de pression, limitant ainsi la livraison d'oxygène aux tissus. Par ailleurs, l'exercice entraîne une augmentation du débit sanguin musculaire. Plus les muscles sont perfusés par le sang, mieux ils prélèvent l'oxygène. L'augmentation du débit sanguin à l'exercice favorise alors l'apport en oxygène et sa consommation par les muscles actifs.

Enfin, plusieurs facteurs musculaires locaux peuvent intervenir. La contraction musculaire s'accompagne, en effet, d'une augmentation de la température et de la concentration en CO_2 locales, parfois d'une baisse du pH en cas d'acidose lactique. Tous ces facteurs facilitent la dissociation de l'oxyhémoglobine et donc la livraison d'oxygène aux muscles.

Toute modification de ces facteurs, en altérant la fourniture et la consommation d'oxygène musculaires, va alors limiter les possibilités de répondre à la demande énergétique en particulier lors de l'exercice maximal. Ceci sera discuté ultérieurement.

5.4 L'élimination du dioxyde de carbone

L'activation du métabolisme oxydatif musculaire conduit à la production de dioxyde de carbone. Ceci augmente localement la PCO_2 qui devient relativement plus élevée que celle qui existe au sein des capillaires. Le gradient de pression partielle entre les tissus et les capillaires est alors favorable à la diffusion du CO_2 vers le secteur sanguin, qui transporte ce gaz jusqu'aux poumons.

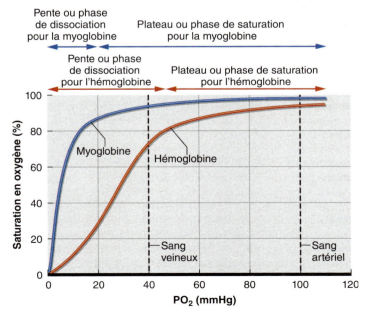

Figure 7.12 Comparaison des courbes de dissociation de la myoglobine et de l'hémoglobine

> **Résumé**
>
> ❯ La D(a-v̄)O$_2$ est la différence entre le contenu en oxygène du sang artériel et celui du sang veineux mêlé de l'ensemble du corps. Elle reflète la consommation (le prélèvement) en oxygène des différents tissus de l'organisme, qu'ils soient actifs ou inactifs.
>
> ❯ La D(a-v̄)O$_2$ augmente lors de l'exercice intense, passant de 4 à 5 ml pour 100 ml de sang au repos à 15 ml pour 100 ml de sang à l'exercice maximal. Cette augmentation de D(a-v̄)O$_2$ reflète l'amélioration de l'extraction de l'oxygène artériel par les muscles actifs, ce qui diminue le contenu en oxygène du sang veineux, en aval.
>
> ❯ La différence de contenu en oxygène entre le sang artériel et le sang veineux mêlé est symbolisée par CaO$_2$-Cv̄O$_2$. Elle reflète la consommation d'oxygène par les tissus périphériques.
>
> ❯ L'apport d'oxygène aux tissus périphériques dépend du contenu du sang artériel en oxygène, du débit sanguin et des conditions locales (température et pH tissulaires).
>
> ❯ La myoglobine ne délivre son oxygène que lorsque les pressions partielles en oxygène sont faibles. C'est le cas dans le muscle en activité où la PO$_2$ se situe aux environs de 1 à 2 mmHg.
>
> ❯ Les échanges en dioxyde de carbone au niveau tissulaire obéissent aux mêmes lois que l'oxygène. Mais ici, le dioxyde de carbone produit par les muscles est transporté, *via* le sang, jusqu'aux poumons pour être éliminé.

6. La régulation de la ventilation

Le maintien de la PO$_2$, de la PCO$_2$ et du pH sanguins, nécessite une parfaite coordination des systèmes respiratoire et circulatoire. Celle-ci est réalisée, pour la majeure partie, par des régulations involontaires de la ventilation pulmonaire. Ce contrôle n'est pas encore totalement élucidé bien que de nombreux processus nerveux aient été identifiés.

Les muscles respiratoires sont activés par des motoneurones eux-mêmes soumis au contrôle des **centres respiratoires** (inspiratoire et expiratoire), localisés dans le tronc cérébral (au niveau du bulbe rachidien et du pont). Ces centres définissent le rythme et l'amplitude de la respiration en envoyant régulièrement des impulsions aux muscles respiratoires. Toutefois, le cortex peut reprendre un contrôle volontaire de la respiration s'il le souhaite. Dans ce cas, les centres corticaux communiquent de façon directe avec les neurones moteurs qui commandent les muscles respiratoires. Le bulbe rachidien n'intervient donc pas. Le centre inspiratoire, situé dans la partie postérieure du bulbe rachidien établit et contrôle le rythme respiratoire. Le centre expiratoire situé également dans la partie postérieure du bulbe rachidien ne s'active pas lors d'une expiration normale. En effet, au repos l'expiration est passive. Toutefois, lors d'activités forcées (exercice physique), cette aire s'active et envoie des influx activateurs aux muscles expiratoires. Deux autres aires cérébrales participent également à la régulation de la ventilation pulmonaire. Le centre apneustique stimule le centre inspiratoire du bulbe rachidien et permet de prolonger l'inspiration. Le centre pneumotaxique envoie des influx inhibiteurs au centre inspiratoire du bulbe régulant ainsi le volume inspiratoire.

Mais, la respiration n'est pas uniquement sous contrôle nerveux. Les modifications chimiques à l'intérieur de l'organisme sont aussi impliquées dans sa régulation. Les variations des concentrations en dioxyde de carbone ou en ions H$^+$ par exemple sont détectées par les chémorécepteurs centraux, qui en informent le centre inspiratoire. Comment ? Dans le sang, le dioxyde de carbone contribue à la formation d'acide carbonique qui se dissocie rapidement en ions bicarbonate et en ions H$^+$. L'accumulation d'ions H$^+$ entraîne une baisse du pH dans le sang et dans le liquide céphalo-rachidien qui en est issu. Situé au contact du liquide céphalo-rachidien, les chémorécepteurs centraux, et donc le centre inspiratoire, sont stimulés. En réponse, ce dernier stimule la respiration, non pour apporter davantage d'oxygène, mais pour éliminer le dioxyde de carbone en excès et régulariser le pH. Il faut ajouter à ceci l'action des chémorécepteurs périphériques situés dans la crosse de l'aorte et dans le sinus carotidien, eux-mêmes sensibles aux variations de PO$_2$, PCO$_2$ et pH. Issus de ces chémorécepteurs périphériques, des fibres sensitives transmettent l'information au centre inspiratoire qui est stimulé par la baisse de PO$_2$ ou de pH et par l'augmentation de PCO$_2$.

De tous les facteurs chimiques c'est la PCO$_2$ qui constitue le principal stimulus de la respiration.

Des facteurs mécaniques peuvent intervenir dans le contrôle nerveux de la respiration. La plèvre, les bronchioles et les alvéoles pulmonaires contiennent des récepteurs sensibles à l'étirement. Lorsqu'ils sont étirés par l'augmentation des volumes pulmonaires, ils envoient des influx inhibiteurs par l'intermédiaire des nerfs vagues (X) vers le centre inspiratoire qui est inhibé. Une expiration s'ensuit qui dégonfle les poumons. Ce mécanisme est connu sous le nom de réflexe d'Héring-Breuer.

Nous pouvons enfin agir volontairement sur notre respiration mais, si nécessaire, ce contrôle volontaire est surpassé par le contrôle involontaire. C'est le cas, par exemple, lorsque nous essayons de

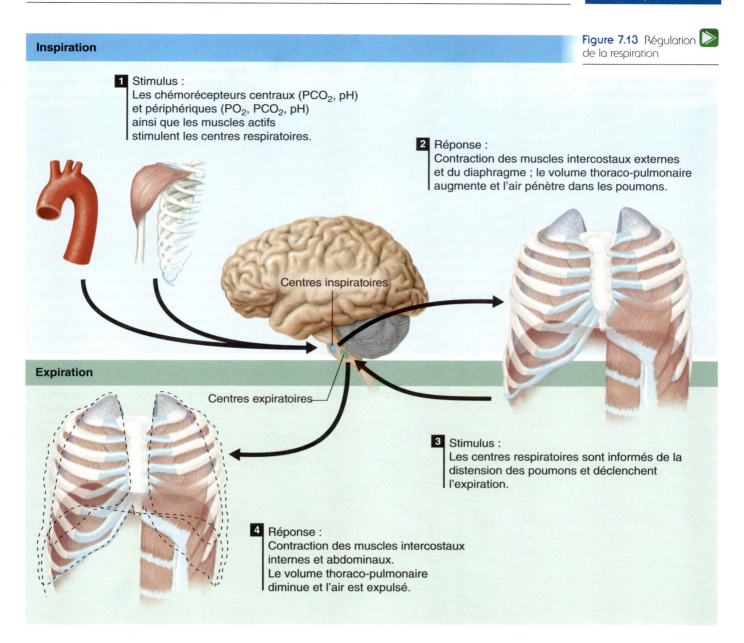

Figure 7.13 Régulation de la respiration

retenir longtemps notre respiration. À un moment donné, le centre inspiratoire envoie des ordres et nous oblige à respirer contre notre volonté.

De très nombreux mécanismes interviennent donc dans le contrôle de la respiration, ainsi que le montre la figure 7.13. De simples stimuli, comme l'effet de surprise ou une modification soudaine de la température ambiante, modifient notre respiration. Ces mécanismes sont essentiels, car l'objectif de la respiration est non seulement de fournir l'oxygène à l'organisme, mais aussi de maintenir les concentrations en gaz et les pH sanguin et tissulaire à leurs valeurs normales. De faibles variations de ces concentrations peuvent limiter l'aptitude à l'effort et très vite menacer l'intégrité de l'individu.

7. Conclusion

Au chapitre 6, nous avons étudié le rôle joué par le système cardiovasculaire à l'exercice. Dans ce chapitre, nous avons vu le rôle joué par le système respiratoire. Le processus complet de la respiration comprend plusieurs étapes : la ventilation pulmonaire (inspiration et expiration), la diffusion des gaz des alvéoles vers les capillaires pulmonaires (diffusion alvéolo-capillaire), le transport des gaz par le sang et les échanges gazeux au sein des tissus. Il faut maintenant expliquer comment ces deux systèmes s'adaptent en réponse à l'exercice.

PERSPECTIVES DE RECHERCHE 7.3

Les mouvements des membres actifs modifient la ventilation à l'exercice

Lors de l'exercice physique, le système respiratoire répond de manière instantanée en augmentant la ventilation dès le début de l'effort (accrochage ventilatoire), avant même qu'il n'y ait une augmentation significative de la demande métabolique musculaire. Cette augmentation brutale résulterait 1) d'une stimulation des centres respiratoires avec simultanément une activation volontaire partant du cortex moteur vers les muscles actifs (théorie de la commande centrale ou hypothèse d'un contrôle prévisionnel appelé feed-forward en anglais ; 2) d'une stimulation des centres respiratoires par voie réflexe *via* la stimulation des terminaisons nerveuses localisées dans les muscles actifs (hypothèse neurogénique périphérique).

Des études réalisées par le passé ont bien mis en évidence que la phase d'accrochage respiratoire observée dès le début de l'effort, est proportionnelle à la fréquence des mouvements des membres. Afin de dissocier la part respective des mécanismes de contrôle qui reviennent soit à la commande centrale soit à l'activité réflexe d'origine musculaire, des chercheurs ont réalisé différentes expérimentations lors desquelles ils ont pu mettre en évidence leur participation ou non. Dans l'une des premières expérimentations, la ventilation de sujets volontaires était enregistrée lors de trois courses différentes[2] : dans la première (E1), les sujets couraient à une vitesse correspondant à une charge de travail, exprimée en consommation d'oxygène équivalente à 1 L/min ; dans la deuxième (E2), la vitesse de course était la même que pour E1 mais les auteurs ont doublé la charge de travail (2 L/min de consommation d'oxygène) en augmentant la pente du tapis roulant ; dans la troisième (E3), la charge de travail était la même que pour la course E2 (2 L/min de consommation d'oxygène) mais la vitesse du tapis était supérieure aux deux autres courses afin d'augmenter la fréquence des membres inférieurs. La première phase de la réponse ventilatoire (accrochage) étant la même pour E1 et E2 mais supérieure pour E3, les auteurs en ont conclu que la fréquence des mouvements des membres était le facteur déterminant de cette phase. La deuxième phase de la réponse ventilatoire (phase d'installation), étant supérieure pour E2 par rapport à E1 mais identique à E3, les auteurs en ont conclu que l'augmentation de la demande métabolique des muscles actifs et les changements métaboliques induits par la contraction seraient les facteurs déterminants de cette phase.

Plus récemment, des chercheurs de l'Université de Toronto ont cherché à savoir si l'hypothèse neurogénique (activation réflexe des centres respiratoires par stimulation des membres actifs), en partie responsable de la phase d'accrochage ventilatoire, pouvait également être impliquée lorsque l'exercice se prolonge. Grâce aux avancées technologiques des cycloergomètres, ces chercheurs ont tenté de répondre à cette question en faisant varier en cours d'exercice, soit la fréquence de pédalage, soit la charge de travail[3]. Comme la consommation d'oxygène évolue lors de ce type d'expérimentation, les chercheurs ont réalisé 2 tests distincts. Lors du premier, les sujets variaient la fréquence de pédalage de façon sinusoïdale (entre 40 et 80 rpm, 30 min, 5 périodes), la charge de travail restant, quant à elle constante (50 W) et inversement pour le deuxième test (pas de variation de la fréquence de pédalage mais variation de la charge de travail de manière sinusoïdale [entre 25 W et 80 % du seuil lactique 2]). Les figures ci-contre illustrent les échanges gazeux mesurés cycle à cycle lors de ces deux types d'exercice ainsi que les modalités d'exercice utilisées (variation de la charge / fréquence de pédalage). Lors du premier test (variation de la fréquence de pédalage), la ventilation augmentait de manière importante et rapide et précédait les changements de fréquence cardiaque. A l'inverse, lors du deuxième test (variation de la charge de travail), l'augmentation de la ventilation était plus faible et beaucoup plus lente. Cette observation s'expliquerait par les changements métaboliques du sang ayant précédé l'augmentation de la ventilation. Les résultats de ces études montrent donc que la fréquence des membres actifs influence la réponse ventilatoire que ce soit immédiatement au démarrage de l'exercice ou pendant celui-ci.

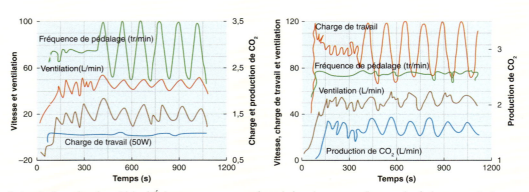

Protocole d'exercice sinusoïdal : a) Échanges gazeux mesurés cycle à cycle au cours d'un exercice à charge constante avec variation de la vitesse (fréquence/cadence) de pédalage. b) Échanges gazeux mesurés cycle à cycle au cours d'un exercice à vitesse (fréquence/cadence) de pédalage constante avec variation de la charge.

Republished with permission of John Wiley & Sons, from *Journal of Physiology*, "The fast exercise drive to breathe", J. Duffin, 592: 445-451, 2014; permission conveyed through Copyright Clearance Center, Inc.

Mots-clés

alvéole

barrière (ou membrane) alvéolo-capillaire

capacité pulmonaire totale

capacité vitale

capacité de diffusion de l'oxygène

centres respiratoires

différence artério-veineuse en oxygène $(D(a-\bar{v})O_2)$

différence artério-veineuse en oxygène du sang veineux mêlé $(D(a-\bar{v})O_2)$

diffusion alvéolo-capillaire

espace mort

expiration

hémoglobine

inspiration

loi de Henry

loi de Fick

myoglobine

pompe respiratoire

pressions partielles

respiration cellulaire ou interne

respiration pulmonaire ou externe

spirométrie

ventilation pulmonaire

volume courant

volume résiduel

Questions

1. Décrire et différentier respiration externe et interne.

2. Décrire les mécanismes impliqués dans l'inspiration et l'expiration.

3. Qu'est-ce qu'un spiromètre ? Définissez les volumes et capacités pulmonaires mesurées par spirométrie ?

4. Expliquer le concept de pression partielle des gaz respiratoires (oxygène, dioxyde de carbone, azote).

5. Quelle est la structure pulmonaire impliquée dans les échanges gazeux entre les poumons et le sang ? Quel est le rôle de la membrane alvéolo-capillaire ?

6. Sous quelles formes sont transportés l'oxygène et le dioxyde de carbone dans le sang ?

7. Comment se fait le passage de l'oxygène du sang artériel vers les muscles et le passage du dioxyde de carbone du muscle vers le sang veineux ?

8. Que désigne-t-on par « différence artério-veineuse du sang veineux mêlé ». Pourquoi et comment elle évolue à l'exercice ?

9. Quels sont les stimuli chimiques qui contrôlent l'amplitude et la fréquence de la respiration ? Comment interviennent-ils à l'exercice ?

Régulation cardiorespiratoire à l'exercice

8

Terminer un marathon (42,195 km) n'est pas une mince affaire même pour des jeunes adultes en bonne forme physique. Le 5 mai 2002, Greg Osterman a couru le marathon de Cincinnati, son sixième, en 5 h et 16 min. Ceci, bien évidement, ne représente pas le record du monde de l'épreuve ou l'un des meilleurs temps sur la distance. Toutefois, en 1990 alors âgé de 35 ans, Greg contracta une infection virale au cœur qui se termina par une attaque cardiaque. Ceci l'obligea à subir une transplantation cardiaque en 1992. Malheureusement, en 1993, son organisme commença à rejeter son nouveau cœur et parallèlement il contracta une leucémie, une réponse assez normale aux médicaments antirejet. Il guérit miraculeusement et commença une rééducation physique. Il couru sa première compétition (15 km) en 1994, suivie de cinq marathons, Bermude, San Diego, New York et Cincinnati en 1999 et 2001. Greg représente un excellent exemple de courage humain et d'adaptations physiologiques.

Plan du chapitre

1. Réponses cardiovasculaires à l'exercice aigu   196
2. Réponses ventilatoires à l'exercice aigu   211
3. Conclusion   218

Après avoir étudié l'anatomie et la physiologie des systèmes cardiovasculaire et respiratoire, voyons maintenant comment ces deux systèmes s'adaptent en réponse à un exercice aigu. À l'exercice, les muscles actifs consomment beaucoup plus d'oxygène. Les processus métaboliques sont activés et génèrent des sous-produits qu'il faut éliminer. Lors d'un exercice prolongé ou réalisé à la chaleur, la température centrale s'élève. Si l'exercice est intense, des ions H^+ apparaissent dans le muscle et dans le sang, ce qui diminue le pH. Ces deux systèmes s'adaptent pour faire face à ces nombreux changements induits par l'exercice.

1. Réponses cardiovasculaires à l'exercice aigu

L'exercice nécessite que le système cardiovasculaire soit l'objet d'adaptations diverses et spécifiques. Ces adaptations n'ont qu'un seul but : augmenter le débit sanguin des muscles en activité. Toutefois, ces adaptations ne concernent pas seulement les muscles car l'augmentation du débit sanguin des muscles en activité, entraîne des répercussions dans les autres parties du corps. Afin de mieux comprendre les adaptations liées à l'exercice aigu, il convient tout d'abord d'étudier le fonctionnement de ce système (du cœur et de la circulation systémique). Dans ce chapitre nous étudierons les adaptations de tout le système cardiovasculaire lorsqu'il passe du repos à l'exercice en nous centrant plus particulièrement sur :

- la fréquence cardiaque ;
- le volume d'éjection systolique ;
- le débit cardiaque ;
- la pression artérielle ;
- le débit sanguin ;
- le sang.

1.1 La fréquence cardiaque

La fréquence cardiaque (Fc) est l'un des paramètres physiologiques les plus faciles à mesurer. Il suffit de prendre le pouls au niveau de l'artère radiale ou au niveau de l'artère carotide. La fréquence cardiaque reflète le travail qui doit être fourni par le cœur pour répondre à l'augmentation des besoins imposés par l'exercice. Pour s'en rendre compte il suffit de comparer les fréquences cardiaques de repos et d'exercice. La fréquence cardiaque est un très bon indicateur de l'intensité relative de l'exercice.

1.1.1 La fréquence cardiaque de repos

La **fréquence cardiaque de repos** est d'environ 60 à 80 bpm. Chez les sujets d'âge moyen et totalement inactifs, elle peut atteindre 100 bpm. Chez des athlètes très endurants, des valeurs de 28 à 40 bpm ont été rapportées. En général, la fréquence cardiaque de repos diminue avec l'âge. Elle peut aussi varier avec les conditions environnementales. C'est ainsi qu'elle augmente avec la température ambiante et avec l'altitude.

Souvent, elle augmente même avant le début de l'exercice. Il s'agit d'une réponse anticipée liée à la libération d'un neurotransmetteur, la noradrénaline par le système nerveux sympathique, et d'une hormone, l'adrénaline par la médulla surrénalienne. À l'inverse, toute stimulation vagale (d'origine émotive) la diminue. Pour déterminer le plus précisément possible la fréquence cardiaque de repos, il convient donc de la mesurer dans des conditions de relaxation totale, c'est-à-dire dès le matin au réveil. Les valeurs de fréquence cardiaque mesurées avant l'exercice ne peuvent refléter la fréquence cardiaque de repos.

1.1.2 La fréquence cardiaque d'exercice

À l'exercice, la fréquence cardiaque augmente rapidement au prorata de l'intensité (figure 8.1), sauf à proximité du maximum. Au voisinage de ce point, l'augmentation de fréquence cardiaque diminue, puis s'annule. On a alors atteint la **fréquence cardiaque maximale** (Fc max). La valeur mesurée est donc la valeur la plus élevée qui peut être atteinte lors d'un exercice maximal jusqu'à épuisement. Lorsqu'elle est déterminée rigoureusement, c'est une valeur relativement stable qui change peu d'un jour à l'autre mais qui peut varier avec l'avance en âge.

Il est possible de l'estimer à partir de l'âge car la fréquence cardiaque maximale diminue légèrement avec celui-ci d'environ un battement par année. Pour un âge donné, on l'évalue en moyenne à 220 – l'âge exprimé en années. Il ne s'agit que d'une approximation autour de laquelle les valeurs réelles individuelles peuvent varier dans de larges proportions. À 40 ans par exemple, la fréquence cardiaque maximale estimée à partir de la formule précédente (Fc max = 220 – 40) se situe à 180 bpm. Des études statistiques montrent qu'à cet âge 68 % des individus ont une fréquence cardiaque maximale comprise entre 168 et 192 bpm ± 1 erreur standard, et 95 % entre 156 et 204 bpm ± 2 erreurs standard. Ceci souligne la marge d'erreur de la formule de prédiction. Une équation similaire mais plus récente et précise a été développée pour estimer la Fc max à partir de l'âge. Cette équation, destinée tout particulièrement pour les moins de 20 ans et les plus de 50 ans, apparaît plus appropriée.

Dans cette équation, Fc max = 208 − (0,7 × âge en années)[14].

Lors d'un exercice sous-maximal d'intensité constante, la fréquence cardiaque augmente relativement rapidement puis stagne en plateau. Ce plateau constitue la **fréquence cardiaque d'équilibre ou « steady-state »**. C'est le niveau optimal pour lequel la fréquence cardiaque satisfait exactement aux besoins de l'exercice. Pour chaque augmentation successive du niveau d'exercice, la fréquence cardiaque atteint un nouveau plateau en 1 à 2 min. Toutefois, plus l'exercice est intense, plus long est le délai nécessaire à la stabilisation de la fréquence cardiaque.

Cette notion d'équilibre (ou de « steady-state ») est à la base de nombreux tests d'effort mis au point pour évaluer l'aptitude physique aérobie (aptitude cardiorespiratoire). Dans ces protocoles, le sujet doit réaliser, sur un ergomètre spécifique, un exercice comportant 2 à 3 paliers standardisés au cours desquels la fréquence cardiaque est mesurée à l'état d'équilibre. Ce sont les sujets qui possèdent les meilleures capacités d'endurance cardiorespiratoire qui, à même intensité d'exercice, ont les fréquences cardiaques d'équilibre les plus basses. La fréquence cardiaque d'équilibre constitue ainsi un indicateur précieux de l'efficacité cardiaque. Une fréquence cardiaque plus faible, pour un même niveau d'exercice, reflète un cœur plus efficace et une aptitude cardiorespiratoire meilleure.

La figure 8.2 présente les résultats d'un exercice sous-maximal réalisé sur un ergocycle, par deux sujets différents ayant le même âge. Les sujets ont réalisé trois à quatre sessions d'exercice sous-maximal à des intensités différentes durant lesquelles les fréquences cardiaques d'équilibre ont été enregistrées. Ces différentes mesures de fréquence cardiaque permettent de tracer une droite. Sachant qu'il existe une relation étroite entre l'intensité de l'exercice et la demande énergétique ($\dot{V}O_2$max) sur bicyclette ergométrique, la fréquence cardiaque peut alors remplacer cette dernière. Ainsi, la droite peut être extrapolée jusqu'à la Fc max théorique du sujet pour estimer sa capacité maximale d'exercice. Sur la figure, le sujet A possède une aptitude physique supérieure à celle du sujet B car :

1) Pour un niveau d'exercice sous-maximal donné, sa fréquence cardiaque est toujours plus faible,

2) L'extrapolation de la droite montre une capacité maximale d'exercice ($\dot{V}O_2$max) supérieure.

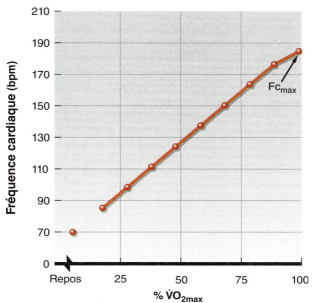

Figure 8.1

Variation de la fréquence cardiaque lors d'un exercice d'intensité croissante, sur tapis roulant. La fréquence cardiaque augmente proportionnellement à la vitesse jusqu'à un maximum (Fc max).

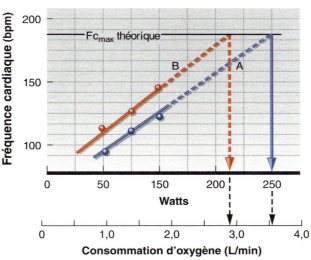

Figure 8.2

L'augmentation de la fréquence cardiaque avec l'intensité de l'exercice et la consommation d'oxygène est linéaire. Si on connaît la fréquence cardiaque maximale (mesurée ou théorique) des sujets, il est possible d'estimer leur consommation maximale d'oxygène par extrapolation comme ici. Les deux sujets ont la même fréquence cardiaque maximale mais n'ont pas la même puissance aérobie.

1.2 Le volume d'éjection systolique

Pour permettre au cœur de travailler plus efficacement, le volume d'éjection systolique augmente également avec l'exercice. À l'exercice maximal ou à proximité, comme la Fc plafonne, le volume d'éjection systolique est un paramètre déterminant de la capacité d'endurance cardiorespiratoire. Il est fonction de quatre facteurs :

1. le retour veineux ;
2. la capacité de remplissage ventriculaire ;
3. la contractilité ventriculaire ;
4. la pression sanguine dans l'aorte et le tronc artériel pulmonaire.

Les deux premiers facteurs conditionnent le volume de remplissage ventriculaire, c'est-à-dire le

PERSPECTIVE DE RECHERCHE 8.1

L'analyse de la variabilité de la fréquence cardiaque

La variabilité de la fréquence cardiaque (VFC – en anglais *heart rate variability* [HRV]) correspond au degré de fluctuation de la durée des contractions du cœur (ou à l'intervalle séparant deux battements), en raison des changements continus de la balance parasympathique-sympathique qui contrôle le nœud sinusal. L'analyse de la VFC est une méthode non-invasive qui permet d'évaluer les contributions relatives de ces 2 systèmes dans différentes situations comme en réponse à un stress ou à un exercice physique. La VFC reflète la capacité d'adaptation du cœur à détecter et à répondre rapidement à des stimuli non prévisibles. Son analyse constitue une méthode d'investigation clinique fiable (reproductible et non invasive) pour évaluer l'état du cœur et du système neuro-végétatif, responsable de la régulation de l'activité cardiaque. Elle constitue donc un indicateur utile pour le diagnostic et le suivi évolutif de multiples pathologies, une VFC basse étant souvent considérée comme un indice de gravité clinique (augmentation du risque de décès), alors qu'une VFC élevée signifiant un pronostic plus favorable. Cette méthode d'analyse, qui était initialement utilisée dans le domaine clinique, s'est progressivement installée dans le domaine de l'activité physique. Ainsi, des études récentes soulignent son utilité dans diverses applications telles que la détection précoce de la fatigue, le calibrage de l'intensité de l'entraînement, la détection des seuils ventilatoires…

En pratique courante, la VFC peut être étudiée par deux méthodes d'analyse : dans le domaine du temps (calculs reliés au temps entre deux battements) ou dans le domaine des fréquences (quantification de la puissance des fréquences du signal de VFC). La première permet de calculer facilement la VFC mais fournit des informations moins détaillées que l'analyse basée sur la fréquence. En effet, cette dernière renseigne sur la distribution des ondes en fonction de leur fréquence, en effectuant une analyse spectrale. Le spectre de puissance est constitué de bandes de fréquences de 0 à 0,5 Hz et peuvent être classées en quatre bandes. Les Hautes Fréquences (HF allant de 0,15 à 0,40 Hz soit des boucles de régulation d'amplitude de 2,5 à 6,6 secondes) sont un indicateur de l'activité parasympathique et sont synchronisées sur le rythme respiratoire. Les Basses Fréquences (BF allant de 0,04 à 0,15 Hz soit des boucles de régulation d'amplitude de 6,6 à 25 secondes) traduisent à la fois l'activité du système nerveux sympathique et parasympathique. En effet, la fréquence cardiaque répond très rapidement aux changements de l'activité nerveuse parasympathique mais la réponse du nœud sinusal aux variations de la noradrénaline (médiateur du système sympathique) est beaucoup plus lente comparée à celle provenant de l'acétylcholine (médiateur du parasympathique). Les Très Basses Fréquences (VLF de l'anglais « Very Low Frequency », allant de 0,0033 et 0,04 Hz soit des boucles de régulation d'amplitude de 25 à 303 secondes) traduisent les mécanismes de régulation à long terme, probablement liés à la thermorégulation. Les Ultra Basses Fréquences (ULF de l'anglais « Ultra Low Frequency » allant de 0,00001 à 0,0033 Hz soit des boucles de régulation d'amplitude de 303 à 10 000 secondes) ne sont utilisables que sur des échantillons de minimum 24 heures et sont donc influencées par notre rythme circadien. Le ratio puissance basse fréquence sur puissance haute fréquence LF/HF est généralement considéré comme un index de la balance sympathovagale. Comme énoncé précédemment, la séparation mathématique de ces données permet aux chercheurs d'étudier l'impact de différentes situations physiologiques[5] (exercice physique aigu ou chronique, stress, fatigue) ou pathologiques sur chacune d'elles.

Lors de l'exercice aigu, différents facteurs contribuent à l'augmentation de la VFC. Ainsi, l'augmentation de la température, de l'activité nerveuse sympathique et de la fréquence respiratoire affectent les très basses et basses fréquences ainsi que les hautes fréquences. Après un exercice aigu, la VFC augmente graduellement (comparée aux valeurs pré-exercice) en raison d'un meilleur tonus vagal.

Concernant les effets de l'exercice chronique, les sujets entraînés en endurance présentent une VFC supérieure à celle de sujets sédentaires. Ainsi, différentes études montrent des valeurs supérieures pour la puissance spectrale dans la bande des HF traduisant une augmentation du tonus vagal chez les sujets entraînés. C'est pourquoi la VFC peut facilement fournir aux athlètes un moyen de contrôle en temps réel de l'impact de leur entraînement sur les différentes fonctions physiologiques. Elle peut également servir à détecter un éventuel surentraînement. Même si toutes les études concernant les effets du surentraînement sur la VFC ne sont pas univoques[13], il semblerait que les athlètes surentraînés, présentent une augmentation des basses fréquences (reflétant une activation sympathique chronique) associée à une diminution des hautes fréquences (reflétant une diminution du contrôle vagal de la FC). Ces changements induits par l'entraînement sont encore plus visibles pour les populations pathologiques, notamment les personnes ayant des problèmes cardiovasculaires (maladie coronarienne, insuffisance cardiaque). Chez ces patients, l'utilisation de la VFC est d'un grand intérêt pour offrir une valeur pronostique cardio-métabolique et attester de l'efficacité ou non d'une prise en charge thérapeutique[11].

volume maximum de sang qui peut être contenu dans les ventricules. Ils déterminent donc le volume télédiastolique parfois appelé **pré-charge**. Les deux derniers facteurs conditionnent l'aptitude des ventricules à se vider lors de la systole. Ils déterminent donc la force avec laquelle le sang va être éjecté, et la pression qui sera exercée dans le système artériel. La pression moyenne aortique qui représente la résistance du sang à être éjecté du ventricule gauche (et dans une moindre mesure la résistance du sang à être éjectée dans l'artère pulmonaire par le ventricule droit), est également appelée **post-charge**. Ces quatre facteurs régulent directement les variations du volume d'éjection systolique en réponse à l'augmentation de l'intensité d'exercice.

1.2.1 Augmentation du volume d'éjection systolique à l'exercice

Il est admis que le volume d'éjection systolique augmente à l'exercice mais le niveau de cette augmentation est encore très discuté. Classiquement, il est admis que le volume d'éjection systolique augmente jusqu'à une intensité d'exercice correspondant à 40-60 % des possibilités maximales, atteignant alors un plateau qui se maintient, même si l'exercice est poursuivi jusqu'au maximum (figure 8.3). Quelques auteurs prétendent toutefois, que le volume d'éjection systolique peut continuer à augmenter au-delà de 40-60 % de $\dot{V}O_2$max, voire même jusqu'à l'exercice maximal. Ceci est discuté plus en détail dans les paragraphes suivants.

Lors d'un exercice effectué en position debout, le volume d'éjection systolique peut être doublé. Chez les sujets actifs, mais non entraînés, il passe ainsi de 50-60 ml au repos à 120 ml maximum, à l'exercice. Chez les sujets très entraînés en endurance, le volume d'éjection systolique peut augmenter davantage, passant de 80-110 ml au repos à 160-200 ml à l'exercice maximal. En position allongée, comme en natation, le volume d'éjection systolique augmente également à l'exercice, mais de 20 % à 40 % seulement, soit moins qu'en position debout. Pourquoi de telles différences ?

En position allongée le sang ne s'accumule pas dans les extrémités inférieures. Le retour du sang veineux vers le cœur est ainsi facilité. Ceci explique que le volume d'éjection systolique de repos est plus élevé en position allongée qu'en position debout. L'augmentation supplémentaire du volume d'éjection systolique à l'exercice est alors plus limitée en position allongée. À ce sujet, il faut remarquer que la valeur maximale du volume d'éjection systolique, en position debout, est à peine supérieure à celle mesurée au repos en position allongée. Ainsi, l'essentiel de l'augmentation du volume d'éjection systolique, lors d'un exercice d'intensité faible à modérée, est destinée à lutter contre la force de pesanteur qui pousse le sang vers les extrémités.

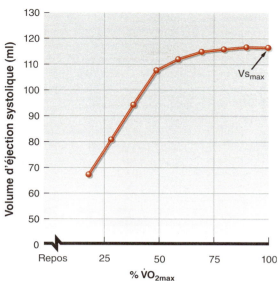

Figure 8.3

Variations du volume d'éjection systolique lors d'un exercice d'intensité croissante, sur tapis roulant. Le volume d'éjection systolique augmente avec la vitesse jusqu'à 40 % à 60 % de $\dot{V}O_2$max.

Si l'ensemble de la communauté scientifique admet que le volume d'éjection systolique augmente jusqu'à 40 % à 60 % $\dot{V}O_2$max, son évolution au-delà de cette intensité, fait encore l'objet de nombreux débats. Les travaux datant des années 1960 à 1990 ont conclu à l'absence d'augmentation significative de ce facteur au-delà de 40 % à 60 % de $\dot{V}O_2$max. Mais, des résultats plus récents ont relancé la controverse. Cette apparente contradiction peut sans doute s'expliquer par le protocole d'effort utilisé. En général, il est observé une stagnation du Vs vers 40 % à 60 % $\dot{V}O_2$max, lorsque l'exercice est réalisé sur cyclo-ergomètre. Dans ce cas, il existe une diminution du retour veineux, par accumulation de sang dans les territoires déclives, ce qui limite l'augmentation ultérieure de Vs.

D'autre part, les études qui observent une augmentation du Vs, au-delà de 60 % de $\dot{V}O_2$max, concernent, en général, des athlètes très entraînés. Il est alors probable que cela traduise une réponse adaptative à l'entraînement aérobie. En effet, chez ces athlètes très entraînés, le retour veineux est très important, ce qui induit un meilleur remplissage ventriculaire, qui par la loi de Frank-Starling, se traduit par une meilleure éjection ventriculaire. Les variations du débit cardiaque et du Vs en fonction de la fréquence cardiaque chez des athlètes élites, des étudiants entraînés en endurance et non entraînés sont présentées sur la figure 8.4.

1.2.2 Mécanismes d'augmentation du volume d'éjection systolique

Si l'augmentation du volume d'éjection systolique à l'exercice n'est pas contestée, les mécanismes responsables restent encore mal

Figure 8.4

Courbes d'augmentation du débit cardiaque et du volume d'éjection systolique chez des étudiants non-entraînés, des coureurs de fond entraînés et des athlètes de l'élite.
D'après Zhou *et al.*, 2001, "Stroke volume does not plateau during graded exercise in elite male distance runners", Medicine and Science in Sports and Exercise 33: 1849-1854.

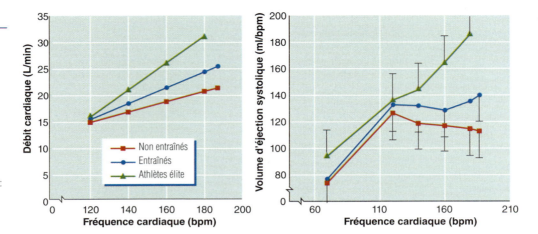

élucidés. Un des facteurs évoqués fait intervenir la **loi de Frank-Starling** selon laquelle le volume d'éjection systolique est fonction du degré d'étirement des parois ventriculaires. Plus la paroi ventriculaire est étirée, plus le ventricule est capable de développer une force importante, lors de la contraction suivante. Au niveau cellulaire, plus la cellule myocardique est étirée, plus le nombre de pont d'union actine-myosine sera grand et meilleure sera la force développée. Toute augmentation du remplissage ventriculaire, pendant la diastole, étire ainsi la paroi des ventricules, lesquels se contractent alors plus puissamment pour éjecter le sang en excès. La deuxième hypothèse évoquée est une augmentation de la contractilité des fibres ventriculaires due à une stimulation nerveuse et/ou à une augmentation des concentrations de catécholamines (adrénaline et noradrénaline) circulantes, qui permet d'augmenter le volume d'éjection systolique, même en l'absence d'augmentation du volume télédiastolique. Une augmentation de la force de contraction peut augmenter le volume d'éjection systolique avec ou sans augmentation du volume télédiastolique, en augmentant la fraction d'éjection. Pour finir, quand la pression artérielle moyenne est faible, le volume d'éjection systolique est plus important, en raison d'une résistance à l'écoulement du sang dans l'aorte plus faible. Ces mécanismes régulent ensemble les variations du volume d'éjection systolique en réponse à l'augmentation de l'intensité de l'exercice.

Le volume d'éjection systolique est beaucoup plus dur à mesurer que la fréquence cardiaque. Des techniques très récentes d'exploration cardiaque peuvent être utilisées à l'exercice. Il s'agit de l'échocardiographie (qui utilise les ultrasons) et de l'imagerie par résonance magnétique (IRM) qui permettent de visualiser en continu le niveau de remplissage des cavités cardiaques, au repos et à l'exercice.

La figure 8.5 rapporte les résultats d'une étude réalisée chez des sujets sains, actifs mais non entraînés[9]. Les sujets étaient testés sur cyclo-ergomètre en position couchée et debout, au repos et à trois intensités d'exercice différentes (représentées sur l'axe des abscisses de la figure 8.5)

Toute augmentation du volume télédiastolique du ventricule gauche (c'est-à-dire du remplissage ventriculaire) doit être en faveur de la première hypothèse (loi de Frank-Starling) tandis que toute diminution du volume télédiastolique du ventricule gauche (en faveur d'une meilleure vidange) doit témoigner d'une meilleure contractilité myocardique.

Ces études montrent que ces deux facteurs jouent ensemble un rôle important dans l'augmentation du volume d'éjection systolique à l'exercice (figure 8.5). Il semblerait que la loi de Frank-Starling intervienne pour les faibles niveaux d'exercice tandis que l'augmentation de la contractilité myocardique aurait un effet plus important aux intensités élevées. Plusieurs autres études vont dans ce sens.

On se souvient que la fréquence cardiaque augmente avec l'intensité de l'exercice. La stagnation, voire la légère diminution, du volume télédiastolique du ventricule gauche pourrait alors s'expliquer par une diminution du temps de remplissage ventriculaire puisque celui-ci passe de 500 à 700 ms au repos à 150 ms pour des niveaux d'exercices élevés (correspondant à une fréquence cardiaque de 150 à 200 bpm[15]).

Pour que la loi de Frank-Starling puisse s'appliquer, il faut bien sûr que le volume de sang qui arrive au cœur soit augmenté. Ceci ne peut se produire que si le retour du sang veineux augmente. Comme nous l'avons vu au chapitre 6, la pompe musculaire (contraction des muscles actifs qui comprime les veines avoisinantes) et la pompe respiratoire (augmentation de la respiration et des

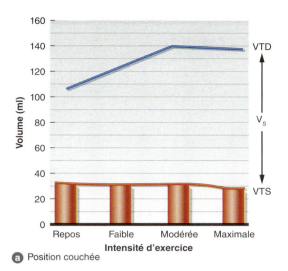
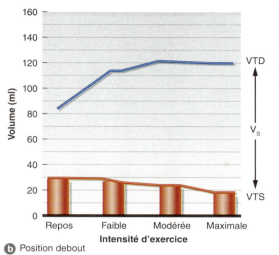

Figure 8.5

Variations du volume ventriculaire gauche télédiastolique (VTD), télésystolique (VTS) et du volume d'éjection systolique (Vs), au repos et lors d'un exercice d'intensité faible, modérée ou maximale, selon que le sujet est (a) en position couchée ou (b) en position debout. D'après : L.R. Poliner *et al.*, "Left ventricular performance in normal subjects : A comparison of the responses to exercise in the upright and supine position", *Circulation* 62, 1980.

variations de la pression intra-thoracique et intra-abdominale) facilitent ensemble le retour veineux. De plus, la redistribution sanguine (volume et débits) des territoires inactifs comme les viscères ou les reins, augmente la quantité de sang disponible au niveau central.

Pour résumer, à ces deux facteurs essentiels (augmentation du retour veineux ou pré-charge et de la contractilité ventriculaire) qui contribuent à l'augmentation du volume d'éjection systolique, à l'exercice, il convient d'en ajouter un troisième : la diminution de la post-charge liée à la baisse des résistances périphériques totales à l'écoulement. Celle-ci est induite par la vasodilatation importante dans les territoires musculaires actifs. Elle contribue à diminuer les résistances contre lesquelles le ventricule doit lutter lors de sa contraction. Cela facilite la vidange ventriculaire.

Connaissant les variations de chacun de ces facteurs à l'exercice, il est possible de prévoir celles du débit cardiaque (figure 8.6). Au repos, le débit cardiaque est d'environ 5 L.min^{-1}. Il augmente linéairement avec l'intensité de l'exercice pour atteindre 20 L.min^{-1} chez les sédentaires et 40 L.min^{-1} chez les sportifs très entraînés en endurance. Les valeurs absolues peuvent varier avec la taille et le niveau d'entraînement. La relation linéaire existant entre le débit cardiaque et l'intensité d'exercice n'est pas surprenante puisque le débit cardiaque augmente essentiellement pour satisfaire à l'augmentation des besoins des muscles en oxygène. Le débit cardiaque plafonne pour des niveaux d'exercice élevés (figure 8.6) expliquant ainsi le plafonnement de $\dot{V}O_2$max.

1.3 Le débit cardiaque

Le débit cardiaque est le produit de la fréquence cardiaque par le volume d'éjection systolique ($\dot{Q} = Fc \times \dot{V}_s$).

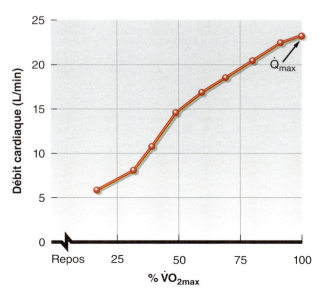

Figure 8.6

Variations du débit cardiaque lors d'un exercice d'intensité croissante, sur tapis roulant. Le débit cardiaque augmente proportionnellement avec l'intensité de l'effort (vitesse du tapis roulant) jusqu'à atteindre une valeur maximale ($\dot{Q}_{max}$).

1.4 L'équation de Fick

En 1870, un physiologiste du nom de Fick a proposé un principe permettant de mieux comprendre les relations liant la fréquence cardiaque, le volume d'éjection systolique, la différence artério-veineuse en oxygène et la consommation d'oxygène. Selon celui-ci, toute substance éliminée ou consommée par un organe, par unité de temps, est égale au produit du débit sanguin qui traverse cet organe par la différence de concentration de cette substance entre le milieu artériel et le milieu veineux. En appliquant ce principe à l'oxygène consommé par le corps entier, on peut ainsi relier par une équation la consommation d'oxygène totale, la différence artério-veineuse en oxygène et le débit cardiaque. Il s'agit de l'équation de Fick :

$$\dot{V}O_2 = \dot{Q} \times D(a\text{-}\bar{v})O_2$$

qui peut être réécrite comme

$$\dot{V}O_2 = F_c \times V_s \times D(a\text{-}\bar{v})O_2$$

Cette relation sera utilisée souvent dans cet ouvrage.

1.5 La réponse cardiaque à l'exercice

Pour comprendre comment la Fc, le Vs ainsi que le $\dot{Q}$ varient en fonction des conditions de repos et d'exercice considérons l'exemple suivant. Vous passez successivement de la position allongée à la position assise puis debout. Vous vous mettez ensuite à marcher, à trottiner et enfin à courir. Que se passe-t-il au niveau cardiaque ? Votre système cardiovasculaire doit s'ajuster en permanence pour assurer l'augmentation progressive de votre niveau d'activité.

Si en position allongée votre fréquence cardiaque est de 50 bpm, elle s'élève à 55 bpm en position assise puis 60 environ en position debout. Pourquoi ? En raison du changement de posture qui fait chuter le volume d'éjection systolique, le sang s'accumule dans les territoires inférieurs sous l'effet de la pesanteur. Pour compenser ce phénomène la fréquence cardiaque augmente. Dans ces conditions, l'augmentation de la fréquence cardiaque résulte d'une simple adaptation destinée à maintenir constant le débit cardiaque.

Lorsque vous vous mettez en mouvement (marche simple) la fréquence cardiaque passe de 60 à environ 90 bpm. Si vous trottinez elle monte à

Résumé

> La fréquence cardiaque mesurée avant tout exercice physique correspond à une réponse anticipatrice et ne reflète pas celle du repos.

> À l'exercice, la fréquence cardiaque augmente au prorata de l'intensité jusqu'à la Fc max qui est atteinte à $\dot{V}O_2$max.

> On peut estimer la fréquence cardiaque maximale à partir des formules :

Fc max = 220 − âge en années ou Fc max = 208 − (0,7 × âge en années).

> Le volume d'éjection systolique (Vs : quantité moyenne de sang éjectée à chaque contraction) augmente également au prorata de l'intensité de l'exercice mais son maximum est généralement atteint à 40 %-60 % de $\dot{V}O_2$max chez les sujets non entraînés. Chez les sportifs de haut niveau le Vs continue d'augmenter jusqu'aux intensités maximales d'exercice.

> L'augmentation de la fréquence cardiaque et du volume d'éjection systolique élèvent le niveau du débit cardiaque. Par rapport au repos, c'est un volume de sang plus important qui est pulsé par le cœur, et la circulation générale est accélérée. Ces adaptations permettent d'apporter aux tissus, dont les besoins sont augmentés, une plus grande quantité de nutriments, et simultanément d'éliminer l'excès de sous-produits apparus à l'exercice.

> À l'exercice, le débit cardiaque augmente essentiellement pour répondre à l'augmentation des besoins en oxygène des muscles actifs.

> D'après l'équation de Fick, la consommation d'oxygène totale $\dot{V}O_2$ est le produit du débit cardiaque ($\dot{Q}$) et de la différence artérioveineuse en oxygène (D(a-$\bar{v}$)O_2).

140 bpm et peut atteindre 180 ou plus, en cas de course rapide. L'augmentation initiale de fréquence cardiaque (jusqu'à environ 100 bpm) est liée à la levée du frein parasympathique (tonus vagal). Au-delà de 100 bpm, l'augmentation de la fréquence cardiaque est liée à la stimulation du système nerveux sympathique. Le volume d'éjection systolique augmente aussi avec l'exercice contribuant également à l'augmentation du débit cardiaque. Cela est illustré par la figure 8.7.

Pour des niveaux faibles d'exercice, l'augmentation du débit cardiaque chez les sujets non-entraînés est due à la fois à l'augmentation de la fréquence cardiaque et à celle du volume d'éjection systolique. Mais, dès que l'exercice dépasse 40 % à 60 % des possibilités maximales, le volume d'éjection systolique plafonne ou augmente moins et l'élévation du débit cardiaque s'explique alors essentiellement par l'accélération de la fréquence cardiaque. Le volume d'éjection systolique semble contribuer davantage à la performance lors des exercices à intensités élevées chez les sportifs très entraînés.

1.6 La pression artérielle

Lors d'exercice de type endurance, la pression artérielle systolique augmente proportionnellement avec l'intensité de l'exercice. À l'inverse, dans ce type d'activité, la pression artérielle diastolique change peu, même si l'intensité d'exercice augmente. La conséquence de l'augmentation de la pression artérielle systolique est l'augmentation de pression artérielle moyenne. Chez les personnes saines, la pression artérielle systolique passe de 120 mm Hg environ, au repos, à plus de 200 mm Hg, à l'effort maximal. Il n'est pas rare d'observer, lors des exercices maximaux de type aérobie, des valeurs de 240 à 250 mm Hg chez des athlètes très entraînés non hypertendus.

L'augmentation de la pression artérielle systolique s'explique essentiellement par l'augmentation du débit cardiaque. Elle permet d'assurer un débit suffisamment rapide dans tout le système vasculaire. La pression artérielle (également pression

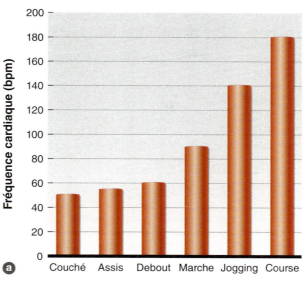
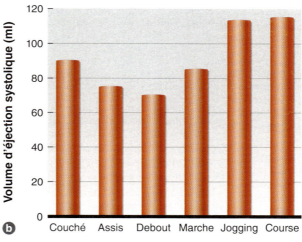
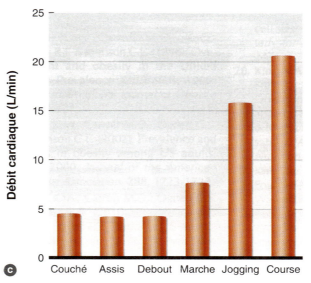

Figure 8.7

Variations de la fréquence cardiaque (a), du volume d'éjection systolique (b) et du débit cardiaque (c) en fonction de la position (couché, assis, debout) et du niveau d'exercice (marche à 5 km/h, jogging à 11 km/h et course à 16 km/h).

PERSPECTIVE DE RECHERCHE 8.2

Les effets du yoga sur la pression artérielle

Le yoga est une forme d'exercice qui est de plus en plus populaire dont les principaux buts sont d'augmenter la souplesse, la force musculaire et plus globalement d'améliorer la santé des sujets. Environ la moitié des pratiquants de cette discipline interrogés par *Yoga Magazine* en 2012 déclarent avoir commencé la pratique du yoga pour améliorer leur santé. Le yoga est une forme d'exercice particulière et unique car elle comprend non seulement des mouvements et postures (basés principalement sur la contraction isométrique de l'ensemble des muscles du corps), des étirements, mais aussi des techniques de respiration et de méditation. Cette pratique est censée améliorer la santé physique et mentale, diminuer le stress et l'anxiété, améliorer le contrôle de la pression artérielle, voire la tolérance au glucose.

Une étude récente menée à l'Université du Texas, a examiné les réponses cardiovasculaires et la pression artérielle de sujets non pratiquants et de spécialistes de la discipline, suite à une séance isolée de hatha yoga, forme de yoga qui englobe tous les types[8]. Ces auteurs ont émis l'hypothèse que la pression artérielle devait être augmentée par la séance dans les deux groupes mais de manière plus prononcée chez les non pratiquants comparés aux spécialistes.

La séance de yoga consistait en la réalisation de 23 postures différentes dont des postures debout, au sol ou en position inversée. Les sujets ont également regardé une vidéo afin de les familiariser aux postures. Différentes mesures ont été réalisée avant la séance : la flexibilité du tronc et des lombaires ainsi que la rigidité artérielle. Cette dernière est évaluée en calculant la vitesse de propagation de l'onde de pouls (VOP) entre l'artère carotide et l'artère fémorale à l'aide de capteurs mécanographiques. Plus les artères sont rigides et plus la vitesse sera grande et inversement. La rigidité artérielle est la conséquence de l'âge et de l'athérosclérose et est associé à un risque cardiovasculaire accru. De plus, en utilisant un petit coussinet placé autour du doigt, la pression artérielle à chaque battement a été mesurée et ajustée par rapport aux variations de pression hydrostatique liées aux changements de posture durant la réalisation du protocole. Le débit cardiaque a été également calculé.

Comme attendu, la pression artérielle moyenne a augmenté jusqu'à 30 mmHg lors de la séance et plus spécifiquement en réponse à la posture debout. L'augmentation de la pression était plus liée à une augmentation du débit cardiaque qu'à une augmentation des résistances vasculaires systémiques. Par contre, aucune différence de pression artérielle n'a été constatée entre les deux groupes. La pratique régulière du yoga ne limite pas l'élévation de pression artérielle induite par la réalisation des différentes postures. On note toutefois une relation négative entre la VOP carotido-fémorale et la flexibilité lombaire (voir figure ci-contre). Les sujets ayant une bonne flexibilité lombaire (liée à leur haut niveau de pratique du yoga) présentent une faible VOP carotido-fémorale témoignant d'une rigidité artérielle plus faible (et inversement).

Les résultats de cette étude récente soulignent deux points importants. Tout d'abord, les personnes ayant été victimes d'un accident cardiovasculaire et/ou les sujets à haut risque cardiovasculaire (en raison d'un mauvais contrôle de leur tension) devraient éviter au maximum les postures assises ou les modifier, en raison de la forte élévation de pression artérielle qu'elles peuvent engendrer. De plus, la pratique régulière du yoga permettrait d'atténuer la rigidité artérielle liée à l'âge.

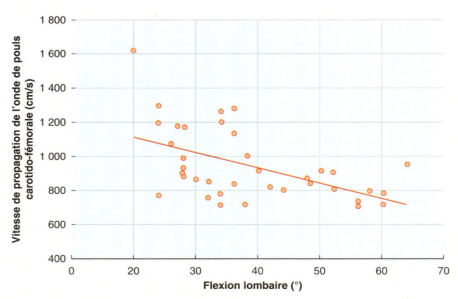

Relation entre la vitesse de propagation de l'onde de pouls carotido-fémorale et la flexibilité lombaire

D'après S.C. Miles *et al.*, 2013, "Arterial blood pressure and cardiovascular responses to yoga practice", *Alternative Therapies in Health and Medicine* 19(1): 38-45.

hydrostatique) détermine, dans une large part, la quantité de plasma qui quitte les capillaires pour entrer dans les tissus et satisfaire leurs besoins. Ainsi, l'augmentation de la pression artérielle systolique participe à l'approvisionnement en substrats des muscles actifs.

Lors d'un exercice sous-maximal, la pression artérielle atteint un niveau d'équilibre dont la valeur s'élève avec l'intensité du palier. Si un tel exercice est prolongé, la pression artérielle systolique peut légèrement baisser alors que la pression artérielle diastolique ne varie pas. Cette diminution de la pression artérielle systolique est normale et s'explique simplement par la vasodilatation des artérioles musculaires, laquelle diminue les résistances à l'écoulement (rappelez-vous que la pression artérielle est le produit du débit cardiaque par les **résistances périphériques** totales). La pression artérielle diastolique correspond à la pression résiduelle qui règne dans le système vasculaire lorsque le cœur est en diastole, c'est-à-dire au repos. Il n'est donc pas surprenant qu'elle évolue peu à l'effort. Lors d'efforts dynamiques, la stimulation nerveuse sympathique entraîne, au niveau des vaisseaux, une vasoconstriction. Celle-ci est stoppée dans les muscles actifs car ces derniers libèrent localement des substances vasodilatatrices. Ce phénomène est appelé **sympatholyse fonctionnelle**. Comme il y a un équilibre entre la vasodilatation des muscles actifs et la vasoconstriction des territoires inactifs, la pression artérielle diastolique change peu. Aussi, toute augmentation de la pression artérielle diastolique au-dessus de 15 mm Hg, à l'exercice, doit être considérée comme pathologique et constitue un des critères obligeant à stopper toute épreuve d'effort à visée diagnostique.

Il faut savoir également que la pression artérielle est toujours plus élevée lorsqu'un exercice d'intensité donnée est réalisé avec les membres supérieurs plutôt qu'avec les membres inférieurs. Ceci est lié au fait que la masse musculaire sollicitée et le volume circulant sont plus faibles dans les territoires supérieurs. Ceci contribue à augmenter les résistances à l'écoulement du sang et donc la pression artérielle destinée à vaincre ces résistances.

Cette différence de pression artérielle, selon que l'exercice est réalisé avec les bras ou avec les jambes, a des conséquences importantes sur le plan cardiaque. La **consommation d'oxygène myocardique (MVO_2)** et le débit sanguin du myocarde sont, en effet, directement proportionnels au produit de la fréquence cardiaque et de la pression artérielle systolique (Fc × PA systolique). Tout exercice statique et tout exercice dynamique réalisé avec les bras augmente considérablement la valeur de ce produit et donc le travail du cœur.

Les exercices de force s'accompagnent d'une augmentation beaucoup plus marquée de la pression artérielle qui peut dépasser 480/350 mm Hg. Dans ce type d'exercice, les sujets réalisent fréquemment la **manœuvre de Valsalva** qui consiste en une expiration volontaire, bouche, nez et glotte fermés. Cette manœuvre a pour effet d'augmenter la pression intrathoracique et par conséquent la pression artérielle dans le reste du corps, puisque la circulation du sang doit vaincre la pression qui règne dans la cage thoracique.

1.7 Le débit sanguin

L'élévation du débit sanguin à l'exercice permet d'expulser une plus grande quantité de sang dans le système artériel. Encore faut-il que ce volume supplémentaire se destine effectivement aux organes qui en ont le plus besoin, les muscles actifs. C'est l'objectif de la redistribution sanguine ou balancement circulatoire.

1.7.1 La redistribution sanguine ou balancement circulatoire à l'exercice

Grâce à la mise en jeu du système sympathique, le sang est dérivé des territoires inactifs vers les territoires actifs dont les besoins sont accrus (voir figure 6.11). Les muscles qui ne reçoivent au repos que 15 % à 20 % du débit sanguin total peuvent ainsi percevoir jusqu'à 80 % à 85 % de celui-ci, lors d'un exercice épuisant. Ceci n'est possible que par la diminution du débit sanguin à destination des viscères, reins, foie, estomac et intestin (figure 8.8). Cette figure illustre la redistribution du débit cardiaque, dans différents territoires, au repos et à trois niveaux d'exercice différents. Les valeurs sont exprimées en pourcentage du débit cardiaque (valeur relative) et en valeur absolue (débit sanguin allant dans chaque territoire).

Dès que la température interne du corps s'élève, en réponse à l'exercice ou par exposition à la chaleur, le sang doit être dérivé vers la peau pour aider à l'élimination de la chaleur. Cela diminue d'autant le volume de sang disponible pour les muscles en activité et donc les performances, lors de compétitions réalisées en ambiance chaude.

Quels mécanismes président à l'ensemble de ces adaptations ? Au début de l'exercice les besoins des muscles actifs en oxygène et nutriments sont accrus. Pour assurer l'augmentation des apports il faut augmenter le débit sanguin local dans les territoires actifs. Plusieurs mécanismes y contribuent et tout d'abord la mise en jeu de l'ensemble du système nerveux sympathique. Au niveau des viscères, territoires peu actifs pendant l'exercice, la stimulation des fibres sympathiques déclenche une vasoconstriction qui favorise la redistribution du sang au profit des territoires actifs. À l'inverse, au niveau des muscles squelettiques, les fibres sympathiques à effet vasoconstricteur sont inhibées

Figure 8.8

Distribution du débit cardiaque au repos et à l'exercice intense, exprimé (a) par rapport au volume sanguin total et (b) en valeur absolue.
D'après L.B Rowell, 1986, *Human Physiology: The mechanisms of body function*, 4e éd., Mc GrawHill, 1985.

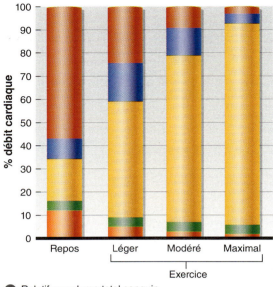
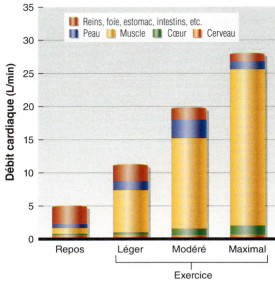

(a) Relatif au volume total sanguin   (b) En valeur absolue

(sympatholyse fonctionnelle) tandis que celles à effet vasodilatateur sont stimulées. Tous ces processus contribuent à augmenter le débit sanguin dans les muscles actifs.

Il faut ajouter à ceci l'effet vasodilatateur induit par les modifications physico-chimiques dans les territoires en activité, en réponse à l'exercice. À l'effort, l'activité métabolique des muscles augmente et entraîne l'accumulation de sous-produits, une acidose locale, la production de CO_2 et l'augmentation de la température musculaire. Tous ces facteurs ont un effet direct vasodilatateur sur les artérioles correspondantes, augmentant à leur niveau le débit sanguin par un phénomène d'autorégulation. Y participent également la diminution de la pression partielle locale en oxygène (par augmentation de la consommation d'oxygène du muscle) et éventuellement la libération d'autres substances vasodilatatrices.

La redistribution sanguine, dans la lutte contre la chaleur, obéit aux mêmes règles. Toute augmentation de la chaleur interne du corps doit être éliminée, qu'elle soit d'origine endogène (en cas d'exercice musculaire intense ou prolongé) ou d'origine exogène (exposition à une ambiance chaude). Pour ce faire, lorsque la température du corps augmente en début d'exercice, le sang est redistribué et dérive préférentiellement vers la peau, grâce à l'inhibition des fibres nerveuses sympathiques vasoconstrictrices qui entraîne, à ce niveau, une vasodilatation. Puis lorsque la température atteint un certain niveau, le débit sanguin cutané augmente dans des proportions plus importantes. Cette circulation sanguine élevée est due à un mécanisme mal connu, spécifique à l'espèce humaine, appelé « système vasodilatateur actif ». Il en résulte une vasodilatation cutanée. La chaleur est ainsi transférée du noyau central vers la peau où elle peut être éliminée. Ceci sera discuté plus en détail dans le chapitre 12.

Figure 8.9

Réponses circulatoires à l'exercice prolongé d'intensité modérée, sur tapis roulant, dans une ambiance à 20 °C. Les valeurs sont exprimées en pourcentage de variation par rapport aux valeurs obtenues à 10 min d'exercice.
D'après *Handbook of Physiology*, sect. 10, Peachy, American Physiological Society, Oxford University Press, 1983.

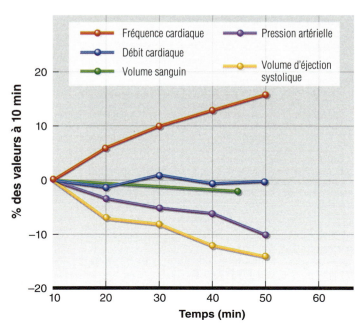

1.7.2 Dérive cardiovasculaire

Lors d'un exercice aérobie prolongé et/ou réalisé en environnement chaud à intensité constante, le Vs diminue graduellement et la Fc augmente. Le $\dot{Q}$ ($\dot{Q}$ = Fc × Vs) est donc maintenu mais la pression artérielle diminue. L'ensemble de ces adaptations illustrées par la figure 8.9, constituent la **dérive cardiovasculaire**. Cette dérive cardiovasculaire est le résultat de plusieurs phénomènes qui se produisent lors de l'exercice prolongé et/ou réalisé en ambiance chaude. Tout d'abord, lorsque la température corporelle augmente, une partie du sang est déviée vers la périphérie (peau) afin d'évacuer la chaleur en excès (par conduction et convection), grâce à la vasodilatation sous cutanée. Ceci induit un moindre retour veineux qui diminue la précharge cardiaque. À cela s'ajoute la production de sueur qui, elle aussi, a pour but de diminuer la température corporelle. Or, l'élimination de la chaleur par voie sudorale s'effectue au détriment du volume plasmatique qui diminue. La diminution du volume plasmatique associée à la redistribution de la masse sanguine vers la peau réduisent le retour veineux et donc le volume de remplissage ventriculaire, c'est-à-dire le volume télédiastolique. En conséquence, comme Vs = VTD – VTS, le volume d'éjection systolique diminue également. Pour maintenir le débit cardiaque nécessaire à la poursuite de l'effort, le cœur doit compenser la réduction du volume d'éjection systolique par une accélération de la fréquence cardiaque ($\dot{Q}$ = Fc × Vs).

La dernière hypothèse en date évoque un moindre remplissage ventriculaire en raison d'une fréquence cardiaque qui s'élève lors de l'exercice, laissant moins de temps aux ventricules pour se remplir.

L'ensemble de ces adaptations permettent de poursuivre, en ambiance chaude, un exercice d'intensité faible ou modérée. Si l'exercice doit être intense, la fréquence cardiaque atteint son maximum à un niveau plus faible que normalement, induisant une diminution des performances physiques.

1.7.3 Distribution sanguine à l'exercice en période digestive

Réaliser un exercice en période digestive constitue un véritable challenge. À cette période, les besoins sanguins des territoires viscéraux sont accrus, ce qui diminue le volume sanguin disponible pour les muscles en activité. Mc Kirnan et coll.[2] ont étudié le débit sanguin à l'exercice chez des porcs, à jeun et en période postprandiale. Les porcs étaient partagés en deux groupes. Le premier jeûnait de 14 à 17 h. Le deuxième recevait son petit-déjeuner en deux prises : une première moitié de 90 à 120 min avant l'exercice et le reste 30 à 45 min avant l'effort. L'épreuve consistait en une course à environ 65 % de leur $\dot{V}O_2$max.

Le débit sanguin à destination des muscles des pattes était diminué de 18 % dans le groupe testé en période postprandiale par rapport au groupe testé à jeun. Dans le groupe nourri, le débit sanguin à destination viscérale était augmenté de 23 %. Waaler et coll. ont rapporté des résultats identiques chez l'homme et conclu que la balance cardiocirculatoire, qui s'opère normalement à l'exercice entre les territoires viscéraux et les territoires musculaires, était altérée après la prise d'un repas. Pour éviter cette compétition entre les deux secteurs digestif et musculaire, il est donc impératif que les athlètes respectent un délai suffisant après un repas, avant de commencer une séance d'entraînement ou une compétition.

La réalisation d'un exercice dans une ambiance chaude constitue un autre exemple de challenge pour le corps humain. Les deux territoires qui entrent en compétition dans cette situation sont les muscles en activité et la peau. Les premiers, nécessitent un débit sanguin accru en raison des besoins liés à l'exercice et le second nécessite aussi un débit sanguin supérieur pour évacuer la chaleur (thermorégulation). Ceci sera détaillé dans le chapitre 12.

1.8 Le sang

Si l'ensemble des adaptations cardiovasculaires permet d'améliorer l'apport de sang aux muscles actifs, les multiples fonctions du milieu circulant participent à améliorer les échanges entre les deux secteurs sanguin et musculaire et par là même contribuent à une meilleure performance. Quelles adaptations se produisent au niveau sanguin ?

1.8.1 Le contenu en oxygène

Au repos, le contenu du sang en oxygène est de 20 ml pour 100 ml dans le système artériel et de 14 ml pour 100 ml dans le système veineux. La différence entre ces deux valeurs (20 ml – 14 ml = 6 ml) constitue la **différence artério-veineuse (a-v̄) O_2**. Cette valeur représente la quantité d'oxygène prélevée dans le sang par l'ensemble des tissus.

À l'exercice, $D(a-\bar{v})O_2$ augmente progressivement avec l'intensité. À l'effort maximal, la valeur de repos peut être multipliée par trois (figure 8.10). Ceci témoigne d'une diminution en oxygène du sang veineux car dans le sang artériel, à l'exception de quelques cas rapportés chez des athlètes à l'effort maximal, le contenu en oxygène varie peu à l'exercice. La quantité d'oxygène prélevée par les muscles actifs augmente, ce qui diminue en aval la quantité d'oxygène dans le secteur veineux. Si à la sortie des muscles actifs le

Figure 8.10 Variations de la différence artério-veineuse en oxygène D(a-v̄O$_2$) lors d'un exercice croissant et maximal

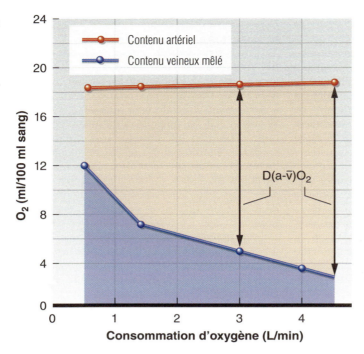

Figure 8.11 Filtration du plasma des capillaires

La pression hydrostatique (P$_C$) et la pression osmotique dans les tissus (π$_T$) entraînent une fuite du plasma des capillaires vers le milieu interstitiel. La pression exercée par les tissus sur les vaisseaux sanguins (P$_T$) et la pression osmotique du sang à l'intérieur des vaisseaux (π$_C$) entraînent une réabsorption du plasma.
La filtration nette du plasma peut être déterminée en additionnant les pressions forçant la sortie des fluides (P$_C$ + π$_T$) et en soustrayant celles qui ont tendance à s'y opposer (P$_T$ − π$_C$). Filtration nette = (P$_C$ + π$_T$) − (P$_T$ − π$_C$).

contenu du sang veineux peut approcher de 0, celui-ci baisse rarement en dessous de 2 à 4 ml pour 100 ml dans le sang veineux mêlé et dans l'oreillette droite. En effet, le sang veineux provenant des muscles actifs et presque totalement appauvri en oxygène, se mêle ensuite au sang veineux provenant des territoires inactifs qui utilisent peu d'oxygène.

1.8.2 Le volume plasmatique

Dès le début de l'exercice, il existe une fuite du liquide plasmatique vers les espaces interstitiels. Cette fuite est liée aux variations de pressions dans les capillaires. Les pressions qui régulent cette fuite d'eau des capillaires vers les espaces interstitiels sont la **pression hydrostatique** (liée à l'augmentation de la pression artérielle) et la **pression oncotique** du sang (pression exercée par les protéines, principalement l'albumine). À l'inverse, les pressions qui régulent les mouvements d'eau des espaces interstitiels vers les capillaires sont les pressions exercées par les tissus environnants et la pression oncotique du liquide interstitiel (pression exercée par les protéines du liquide interstitiel) (figure 8.11). Les pressions osmotiques (liées à l'accumulation d'électrolytes dans une solution) exercées dans et hors des capillaires jouent également un rôle dans ces mouvements d'eau.

À l'exercice, l'augmentation de la pression hydrostatique (liée à l'augmentation de pression sanguine) et l'augmentation de la pression oncotique tendent à faire sortir l'eau du secteur sanguin vers le secteur interstitiel, au travers de la paroi capillaire. À cela s'ajoute l'accumulation de sous-produits métaboliques dans les muscles actifs, ce qui élève la pression osmotique créant un appel d'eau du secteur sanguin vers le secteur musculaire.

Lors d'un exercice prolongé le volume plasmatique peut baisser de 10 % à 15 %. Cette fuite se fait majoritairement durant les premières minutes de l'exercice. Lors des exercices de force, la réduction du volume plasmatique est proportionnelle à l'intensité de l'effort avec des pertes similaires allant de 10 % à 15 %.

En cas de sudation importante associée, les pertes plasmatiques sont majorées. Comme la source essentielle du liquide sudoral est le liquide interstitiel, celui-ci va diminuer au prorata de la sudation. Ceci augmente alors la pression osmotique dans l'espace interstitiel et majore le déplacement d'eau du secteur plasmatique vers cet espace. Malgré l'impossibilité d'une mesure directe et précise du volume liquidien intracellulaire, différents travaux suggèrent qu'une partie de l'eau du milieu intracellulaire, voire des globules rouges eux-mêmes, peut être consommée ce qui réduit leur taille.

Toute réduction du volume plasmatique risque de compromettre la performance. En effet, dans les exercices prolongés où la production de chaleur est importante, une partie du sang est dérivée vers la peau au détriment des muscles actifs. Enfin, la chute du volume plasmatique s'accompagne également d'une augmentation de la viscosité qui ralentit le débit sanguin, limitant le transport de l'oxygène en particulier lorsque l'hématocrite dépasse 60 %.

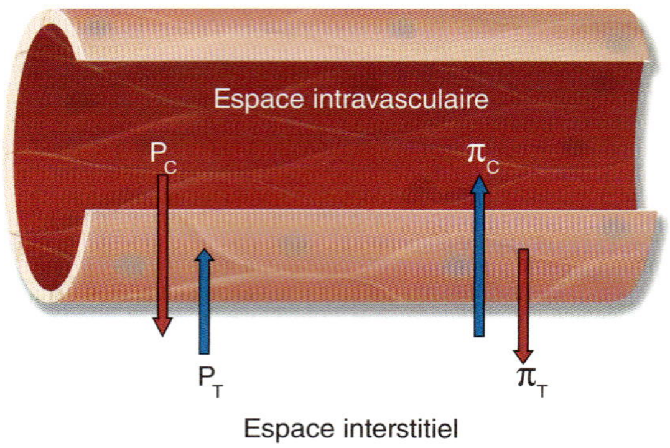

Dans les activités de courte durée, de quelques minutes ou moins, les mouvements d'eau et les phénomènes d'ajustement thermique ont moins d'importance. Lorsque les exercices se prolongent comme c'est le cas en marathon, lors du Tour de France, en football, etc., ils jouent un rôle de premier plan et sont susceptibles non seulement d'altérer la performance mais aussi de constituer un risque vital. Ils peuvent être à l'origine de mort accidentelle par déshydratation et hyperthermie. Ce point sera discuté au chapitre 12.

1.8.3 L'hémoconcentration

Toute réduction du volume plasmatique entraîne une **hémoconcentration**. Ceci signifie que la part relative, occupée par les éléments figurés du sang, augmente par rapport à celle du volume plasmatique. Les éléments figurés sont ainsi présents en plus forte concentration dans le sang. Une augmentation de l'hématocrite de 40 % à 50 % correspond à une augmentation de 20 % à 25 % de la concentration des globules rouges. Cet accroissement n'est que relatif car le nombre total des globules rouges reste bien sûr inchangé.

Toute élévation de l'hématocrite a aussi pour conséquence de majorer la concentration d'hémoglobine du sang ce qui améliore la capacité de transport de l'oxygène. En altitude, cet aspect représente un avantage non négligeable au repos comme lors de l'exercice submaximal comme nous le verrons dans le chapitre 13.

1.9 Synthèse des réponses cardiovasculaires à l'exercice

Il apparaît que les adaptations cardiovasculaires à l'exercice sont complexes. Le diagramme présenté sur la figure 8.12 facilite la compréhension des différents phénomènes. Les points essentiels sont repérés par des nombres. Ils font chacun l'objet d'une légende destinée à montrer la parfaite coordination de l'ensemble. Il est important de comprendre que la pression artérielle joue un rôle majeur. Il faut en effet une pression artérielle suffisante pour assurer la perfusion des différents tissus et satisfaire leurs besoins. En conséquence, la régulation de la pression artérielle à l'exercice apparaît comme un phénomène prioritaire.

Les ajustements cardiorespiratoires à l'exercice dynamique sont importants (ou majeurs) et rapides. Dès la première seconde de la contraction musculaire, la baisse du tonus vagal augmente la fréquence cardiaque ainsi que la respiration. L'élévation du débit cardiaque et de la pression artérielle augmentent le débit sanguin au niveau des muscles pour répondre à la demande métabolique. Quelles sont les causes de ces changements extrêmement rapides du système cardiovasculaire qui surviennent bien avant l'augmentation des besoins métaboliques des muscles actifs ?

Résumé

> Lors d'exercices d'endurance impliquant une grande masse musculaire, la pression artérielle moyenne augmente immédiatement en réponse à l'exercice et son amplitude est proportionnelle à l'intensité de l'exercice. Cette augmentation est essentiellement due à celle de la pression artérielle systolique, la pression artérielle diastolique évoluant très peu.

> La pression artérielle systolique peut dépasser 200-250 mmHg, à l'effort maximal. L'augmentation de la pression artérielle systolique s'explique essentiellement par l'augmentation du débit cardiaque. La pression artérielle est toujours plus élevée lorsqu'un exercice d'une même intensité donnée est réalisé avec les membres supérieurs plutôt qu'avec les membres inférieurs. Ceci est lié au fait que la masse musculaire sollicitée et le volume circulant sont plus faibles dans les territoires supérieurs.

> Lors de l'exercice, on assiste à une redistribution de la masse sanguine des territoires inactifs ou peu actifs (comme le foie et le rein) au profit des territoires musculaires qui travaillent pour répondre aux besoins énergétiques.

> En réponse à l'exercice prolongé ou à l'exercice aérobie réalisé dans une ambiance chaude, le volume d'éjection systolique diminue progressivement et la fréquence cardiaque augmente proportionnellement afin de maintenir un débit cardiaque constant. Ce phénomène est qualifié de dérive cardiovasculaire et est associé à une augmentation progressive du débit sanguin au niveau des territoires périphériques pour ralentir l'augmentation de la température centrale baisse du ainsi qu'à une baisse du volume plasmatique.

> Les modifications sanguines induites par l'exercice montrent que le milieu circulant s'adapte parfaitement aux nombreuses tâches qui lui sont imposées. Les principales adaptations observées sont :
1. La différence artério-veineuse ($CaO_2-C\bar{v}O_2$) augmente. En effet, le contenu du sang veineux diminue à l'exercice, en réponse à l'augmentation de la quantité d'oxygène prélevée dans le sang, par les tissus actifs.
2. Le volume plasmatique diminue. L'augmentation de la pression hydrostatique, secondaire à l'élévation de la pression artérielle, favorise l'extravasation d'eau hors des capillaires. Cette eau pénètre ensuite dans les muscles en raison d'une augmentation de la pression osmotique (liée à l'accumulation de sous-produits du métabolisme) et oncotique musculaire. Toutefois, lors d'exercices prolongés, ou réalisés en ambiance chaude, la sudation entraîne des pertes d'eau importantes aux dépens du secteur plasmatique, exposant le sujet au risque de déshydratation.
3. Toute perte d'eau plasmatique détermine une hémoconcentration. L'effet résultant est une augmentation apparente du nombre des globules rouges, leur nombre absolu restant inchangé.

Figure 8.12 Vue générale des adaptations cardiovasculaires à l'exercice

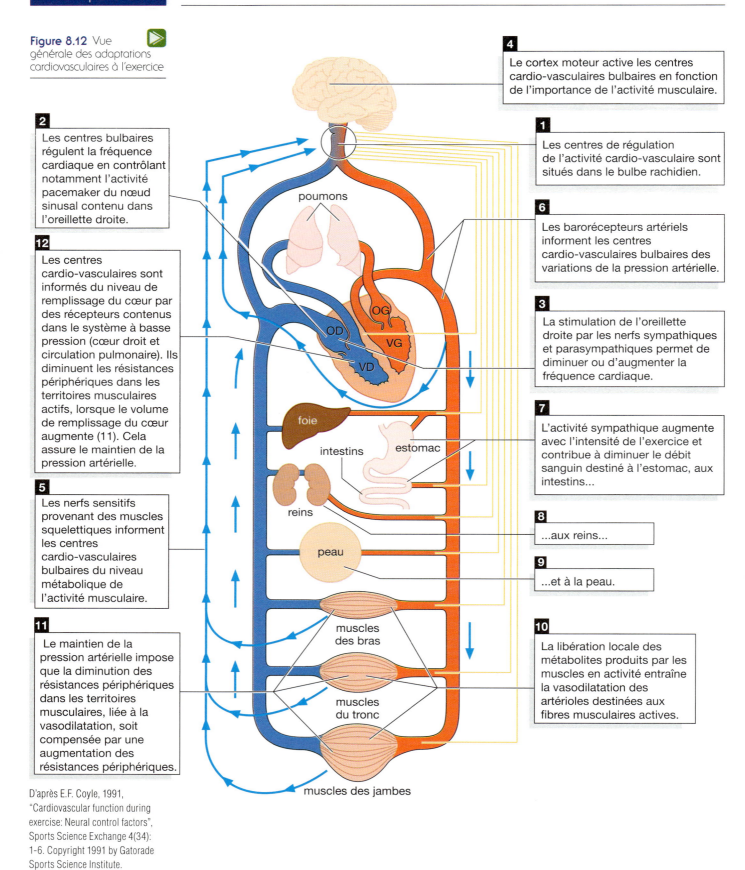

D'après E.F. Coyle, 1991, "Cardiovascular function during exercise: Neural control factors", Sports Science Exchange 4(34): 1-6. Copyright 1991 by Gatorade Sports Science Institute.

Pendant plusieurs années ces causes on fait l'objet de nombreux débats. La théorie de la **commande centrale** a été avancée. Elle permettrait l'activation en parallèle des centres moteurs et cardiovasculaires situés dans le cerveau. Cette activation augmente rapidement la fréquence cardiaque et la pression artérielle. En plus de la commande centrale, les réponses cardiovasculaires à l'exercice sont modifiées par les mécanorécepteurs, les chémorécepteurs et les barorécepteurs. Comme nous l'avons vu dans le chapitre 6, les barorécepteurs sont sensibles à l'étirement et envoient l'information concernant la pression artérielle aux centres de contrôle du système cardiovasculaire. Les signaux provenant de la périphérie parviennent aux centres de contrôle par l'intermédiaire des mécanorécepteurs et chémorécepteurs. Les mécanorécepteurs sont sensibles à l'étirement du muscle squelettique et les chémorécepteurs aux variations des différents métabolites dans le muscle. Les feedbacks concernant la pression artérielle et l'environnement au niveau du muscle aident à rendre plus fins les ajustements du système cardiovasculaire. Ces différentes relations sont illustrées par la figure 8.13.

2. Réponses ventilatoires à l'exercice aigu

Après avoir étudié le rôle du système cardiovasculaire dans l'apport en oxygène aux muscles en activité, examinons maintenant les réponses du système ventilatoire à l'exercice dynamique aigu.

2.1 La ventilation pulmonaire pendant l'exercice

L'augmentation de la ventilation au début de l'exercice se fait en deux phases : une augmentation quasi immédiate suivie d'une autre plus progressive, comme l'indique la figure 8.14. Ce type d'adaptation suggère que l'augmentation initiale de la ventilation est liée au mouvement lui-même. Dès le début de l'exercice et avant toute modification chimique, l'activité du cortex moteur augmente et stimule le centre inspiratoire qui répond en augmentant la ventilation (réponse anticipée). S'y ajoutent des informations proprioceptives en provenance des muscles et des articulations qui permettent d'ajuster la réponse ventilatoire.

La seconde phase plus progressive est le résultat de l'activité métabolique induite par l'exercice (figure 8.14). Elle engendre des variations de température et des modifications chimiques dans le secteur sanguin et s'accompagne de modifications chimiques au niveau musculaire (production de CO_2 et d'ions H^+). Tous ces changements qui décalent vers la gauche la courbe de saturation de l'hémoglobine favorisent l'apport en O_2 au niveau des muscles augmentant ainsi la différence artério-veineuse en oxygène. Le sang se charge en dioxyde de carbone et en ions H^+, ce qui stimule les chémorécepteurs (localisés principalement dans le cerveau, les carotides et les poumons) et par leur intermédiaire les centres inspiratoires. Ces derniers répondent en augmentant le débit et l'amplitude de la respiration. Certaines études suggèrent qu'il existe des chémorécepteurs musculaires qui pourraient également être impliqués. On suppose également la présence de récepteurs dans le ventricule cardiaque droit, dont le rôle serait d'informer les centres inspiratoires.

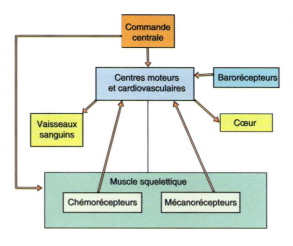

Figure 8.13 Schéma résumant la régulation centrale du système cardiovasculaire lors de l'exercice

D'après SK Powers et ET Howley, 2004, *Exercise Physiology: Theory and Application to Fitness and Performance*, McGraw-Hill.

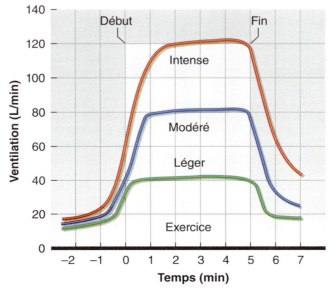

Figure 8.14 Réponse ventilatoire lors d'un exercice d'intensités faible, modérée et élevée

Chaque palier d'exercice dure 5 min. La ventilation atteint un plateau lorsque l'intensité de l'exercice est faible ou modérée. La ventilation continue d'augmenter lorsque l'exercice est intense.

L'augmentation du débit cardiaque pourrait alors stimuler la respiration au tout début de l'exercice. L'influence du CO_2 et des ions H^+ sur la réponse ventilatoire permet d'ajuster au mieux les besoins en oxygène lors de l'exercice sans solliciter en excès les muscles respiratoires.

À l'exercice la ventilation augmente en fonction de la demande énergétique, parfois jusqu'à des niveaux proches de son maximum. Pour des exercices d'intensité faible, la ventilation s'accroît grâce à l'augmentation du volume courant – c'est-à-dire du volume d'air mobilisé par les poumons lors d'un cycle respiratoire. Des intensités plus élevées s'accompagnent d'une accélération de la fréquence respiratoire. Les valeurs de ventilation maximale sont dépendantes des dimensions corporelles. Pour des individus de petite taille, elles avoisinent 100 L.min^{-1}, alors qu'elles dépassent parfois 200 L.min^{-1} pour les sujets de grande taille.

À l'arrêt de l'exercice, alors que la demande énergétique retourne très vite à sa valeur de repos, la ventilation reste élevée. Or, si la relation entre la demande énergétique et la respiration était parfaite, celle-ci devrait retourner aussi rapidement à ses valeurs basales. Au contraire, il lui faut pour cela plusieurs minutes. Ceci suggère que, lors de la récupération, ce sont plutôt le pH, la PCO_2 et la température sanguine qui régulent la respiration.

PERSPECTIVE DE RECHERCHE 8.3

L'asthme induit par l'exercice

Chez l'Homme sain, le système ventilatoire et plus particulièrement sa capacité à réaliser les différents échanges gazeux au niveau des poumons, ne constitue pas un facteur limitant de la performance pour les efforts de longue durée. Toutefois, il semblerait que 55 % des athlètes endurants de haut niveau pratiquant des sports d'hiver ainsi que des nageurs, présentent des symptômes d'asthme induit par l'exercice (AIE – également appelé asthme à l'effort) et/ou de bronchoconstriction induite par l'exercice (BIE)[2,6]. L'AIE se définit comme un rétrécissement transitoire des voies aériennes survenant après ou pendant l'effort et dont les symptômes les plus fréquents sont la toux, une respiration sifflante et des difficultés respiratoires (dyspnée). Quand ces symptômes surviennent chez des personnes déjà diagnostiquées comme asthmatiques, on parle d'AIE mais quand ils apparaissent chez des sujets indemnes de tout autre signe d'asthme chronique (notamment les sportifs de haut niveau), certains auteurs préfèrent le terme de BIE. Dans les deux cas, les performances respiratoires évaluées par un test standardisé, le volume expiratoire maximal seconde (VEMS), s'en trouvent inévitablement abaissées. Cette pathologie qui touche de nombreux athlètes peut survenir dès leur enfance ou plus tard dans leur carrière.

L'AIE est donc lié à un bronchospasme dû à une hyperventilation prolongée dont les mécanismes, ne sont pas tous encore complètement élucidés. Plusieurs hypothèses s'affrontent dont l'hypothèse thermique et l'hypothèse osmotique. Dans ces deux théories, le grand débit ventilatoire imposé par les besoins de l'exercice nécessitera l'utilisation de la respiration buccale qui amènera l'air inspiré dans des zones plus profondes des poumons, la respiration nasale présentant trop de résistances.

Dans la théorie thermique, le bronchospasme résulte du refroidissement des bronches provoqué par le froid lors de l'hyperventilation qui est suivi en fin d'exercice, d'un réchauffement rapide. Ces deux évènements entraînent une vasoconstriction et une hyperémie réactive de la microcirculation bronchique ainsi qu'un œdème de la paroi bronchique, rétrécissant ainsi le diamètre des bronches à l'arrêt de l'exercice. Plus précisément, lors d'un effort physique, les athlètes inspirent de l'air froid en grande quantité, ce qui va entraîner une perte de chaleur importante au niveau de la muqueuse bronchique par les phénomènes de conduction et convection. Ce refroidissement va conduire à la stimulation du système nerveux parasympathique provoquant une vasoconstriction primaire réflexe des veinules bronchiques afin de conserver cette chaleur. Lorsque l'exercice cesse, l'hyperventilation cesse également, tout comme le stimulus de refroidissement. Afin de limiter cette perte de chaleur, la circulation sanguine augmente pour répondre à la nécessité de réchauffement de l'air. Cette hyperémie de la microcirculation bronchique (engorgement vasculaire) va être responsable de l'apparition d'un œdème et d'un rétrécissement des voies aériennes, et donc de l'AIE et/ou de la BIE. Ces phénomènes sont d'autant plus importants que le gradient entre la température des voies aériennes pendant et à l'arrêt de l'effort est élevé.

Dans la théorie osmotique, l'hyperventilation prolongée d'un air sec entraîne une perte de chaleur notamment par évaporation au niveau des voies aériennes. L'eau s'évaporant, le liquide extracellulaire des muqueuses des voies aériennes devient hyperosmolaire. Ceci entraîne un passage de l'eau intracellulaire vers les espaces extracellulaires, conduisant à l'augmentation de la concentration en ions dans le milieu intracellulaire. Cette déshydratation provoque la libération de médiateurs inflammatoires (histamine, prostaglandines, leucotriènes…) par les mastocytes et les cellules épithéliales. Ces médiateurs vont alors entraîner la contraction des voies aériennes et l'apparition d'un œdème bronchique conduisant au rétrécissement du calibre bronchique, renforçant ainsi le bronchospasme *via* un mécanisme inflammatoire.

Ainsi, quelle que soit la théorie, la réponse exagérée au stress généré par l'hyperventilation va provoquer une cascade d'évènements qui vont conduire au bronchospasme. Ces facteurs étant les mêmes pour tous les athlètes, l'apparition d'un AIE ou d'une BIE semble plutôt être le résultat de la combinaison de facteurs environnementaux liés à l'exercice et de facteurs de risques génétiques propres à l'individu[1].

Chez les athlètes, cette hyperréactivité bronchique non spécifique serait provoquée par des facteurs environnementaux propres aux conditions d'entraînement. Ainsi, plusieurs facteurs sont connus pour majorer le risque d'AIE ou de BIE chez les athlètes[3] comme l'inhalation d'un air froid et sec notamment en hiver[6], des particules ultrafines émises par les machines permettant de re-surfacer la glace des patinoires[12], des pollens et polluants contenus dans l'air par, ou encore le chlore et les composés chlorés volatils émis par les piscines.

2.2 Problèmes respiratoires à l'exercice

Dans l'absolu, la respiration est censée s'adapter pour favoriser la performance. Malheureusement, ce n'est pas toujours le cas. Un certain nombre de problèmes respiratoires peuvent accompagner et perturber l'exercice physique.

2.2.1 La dyspnée

La sensation de **dyspnée** (respiration courte, essoufflement) à l'exercice est banale chez les sujets en petite condition physique dont les concentrations artérielles en dioxyde de carbone et en ions H+ augmentent rapidement à l'effort. Comme nous l'avons déjà signalé au chapitre 7, ces deux stimuli forment ensemble un signal important pour les centres inspiratoires, qui répondent en augmentant le débit et l'amplitude de la ventilation. La dyspnée, induite par l'exercice, est perçue comme une incapacité respiratoire dont la cause est en fait une incapacité à réguler le pH et la PCO_2. Malgré une importante stimulation nerveuse ventilatoire, les muscles respiratoires se fatiguent trop vite et ne peuvent rétablir l'homéostasie, rendant impossible la baisse de ces stimuli à l'exercice.

2.2.2 L'hyperventilation

La ventilation peut excéder les besoins en oxygène. C'est le cas lors de l'anxiété qui précède parfois l'exercice, ou dans certaines pathologies respiratoires. On parle alors d'**hyperventilation**. Au repos, l'hyperventilation volontaire peut diminuer la PCO_2 alvéolaire et artérielle d'environ 15 mm Hg. Au fur et à mesure que la concentration de dioxyde de carbone diminue, la concentration en ions H+ baisse et le pH sanguin augmente. Ces stimuli contrebalancent la commande ventilatoire. Comme le sang qui quitte les poumons est déjà saturé à 98 % en O_2, l'augmentation de la PO_2 alvéolaire ne permet pas d'améliorer le contenu du sang en oxygène. En conséquence, la dépression respiratoire, qui suit toute hyperventilation, provient plus de l'élimination excessive du CO_2 que de l'augmentation du contenu sanguin en oxygène. Les anglo-saxons appellent ce phénomène le « blowing off CO_2 ». Maintenue au-delà de quelques secondes, l'hyperventilation volontaire peut entraîner des étourdissements pouvant aller jusqu'à la perte de conscience. Ces phénomènes témoignent de la sensibilité des centres respiratoires au dioxyde de carbone et au pH.

2.2.3 La manœuvre de Valsalva

La **manœuvre de Valsalva** est utilisée dans certains types d'exercice, en particulier en musculation, haltérophilie, lorsqu'il s'agit de soulever des charges lourdes ou de solliciter des muscles prenant leur point d'ancrage sur la poitrine. Elle peut également être dangereuse. Lors de cette manœuvre :

- on ferme la glotte (espace délimité par les cordes vocales) ;
- on augmente la pression intra-abdominale en contractant le diaphragme et les muscles abdominaux ;
- on augmente la pression intrathoracique en contractant les muscles respiratoires.

L'air enfermé dans les poumons se trouve ainsi pressurisé. Les pressions intrathoracique et intra-abdominale élevées gênent le retour veineux en collabant les gros troncs. Si cette manœuvre se prolonge elle peut entraîner une diminution importante du retour veineux au cœur, donc du volume d'éjection systolique et altérer la pression artérielle. C'est pourquoi, si la manœuvre de Valsalva peut être une aide dans certaines circonstances, elle peut aussi s'avérer dangereuse et doit être proscrite, chez les personnes souffrant d'hypertension ou de maladies cardiovasculaires.

2.3 La respiration et le métabolisme énergétique

Lors d'un exercice prolongé d'intensité constante, la ventilation augmente pour favoriser la

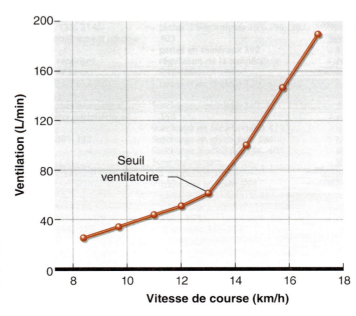

Figure 8.15

Évolution de la ventilation ($\dot{V}_E$) lors d'une course à vitesse croissante. La « cassure » de la courbe représente le seuil ventilatoire.

Figure 8.16

Évolution de l'équivalent respiratoire en oxygène ($\dot{V}_E/\dot{V}O_2$) et en dioxyde de carbone ($\dot{V}_E/\dot{V}CO_2$) lors d'un exercice incrémental sur ergocycle. Notez que la « cassure » représentant l'estimation du seuil lactique 1 ne se voit que pour une puissance de pédalage de 75 W.

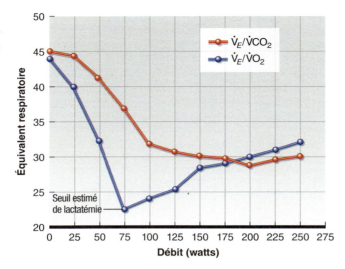

production d'énergie. Elle s'accroît au fur et à mesure de la consommation d'oxygène et de la production de dioxyde de carbone par l'organisme.

2.3.1 L'équivalent respiratoire en oxygène

Le rapport entre le volume d'air ventilé ($\dot{V}_E$) et la consommation d'oxygène par les tissus ($\dot{V}O_2$) est un indicateur de l'économie respiratoire. Ce rapport est appelé **équivalent respiratoire en oxygène**, il est noté ERO_2. Il s'exprime en litre d'air ventilé par litre d'oxygène consommé.

Au repos, l'ERO_2 se situe aux environs de 23 à 28 L d'air par litre d'oxygène consommé. Lorsque l'intensité de l'exercice augmente de manière importante, ce rapport peut devenir supérieur à 30. Normalement, il varie relativement peu à l'exercice modéré. Ceci indique que le système respiratoire équilibre les besoins de l'organisme en oxygène. Même dans les activités telles que la natation, où la respiration est rythmée par le mouvement des bras, l'équivalent respiratoire ne diffère quasiment pas de celui mesuré dans les activités laissant toute liberté pour respirer.

2.3.2 Seuil ventilatoire

Lors d'un exercice progressivement croissant, la ventilation augmente d'abord proportionnellement à l'intensité de celui-ci. À un moment donné, la ventilation s'accroît de manière disproportionnée à la demande. Le niveau à partir duquel la cinétique de la respiration change est appelé **seuil ventilatoire (SV)** (figure 8.15). Ce seuil se situe entre 55 % et 70 % de $\dot{V}O_2$max. Approximativement à la même intensité que le seuil ventilatoire, la concentration sanguine d'acide lactique commence à augmenter. Cette augmentation résulte soit d'une plus grande production d'acide lactique soit d'une clairance plus faible ou encore les deux. Ce dernier se combine avec le bicarbonate de sodium (qui tamponne l'acide) pour former du lactate de sodium, de l'eau et du dioxyde de carbone. L'augmentation de la concentration en dioxyde de carbone stimule les chémorécepteurs et donc les centres inspiratoires qui augmentent la ventilation. Ainsi, l'augmentation disproportionnée de la ventilation, au-delà du seuil ventilatoire, est essentiellement destinée à éliminer le CO_2 en excès et par ce biais à tamponner l'acidose. Au-delà de ce seuil, la ventilation augmente considérablement comme l'indique la figure 8.15.

L'augmentation disproportionnée de la ventilation et de la consommation d'oxygène a conduit à penser que le seuil ventilatoire pouvait être en relation avec le seuil lactique 1 (c'est-à-dire avec l'intensité d'exercice pour laquelle la lactatémie s'élève au-dessus des valeurs de repos, lors d'un effort progressivement croissant). Comme le seuil ventilatoire reflète une augmentation disproportionnelle du dioxyde de carbone par rapport à la consommation d'oxygène, il doit s'accompagner d'une augmentation du quotient respiratoire qui est le rapport entre la production de dioxyde de carbone et la consommation d'oxygène ($\dot{V}CO_2 / \dot{V}O_2$) (chapitre 5). L'augmentation de $\dot{V}CO_2$ provient effectivement de la formation des ions bicarbonates destinés à tamponner l'acidose qui accompagne la production de lactate. Alors Wasserman et McIlroy[7] ont fait l'hypothèse que l'augmentation brutale de $\dot{V}CO_2$ témoignait de la sollicitation plus importante du métabolisme anaérobie. Ils ont donné le nom d'anaerobic threshold (ou seuil ventilatoire – voir N.d.t.) à ce phénomène. Wasserman et McIlroy ont été les premiers à proposer d'utiliser la détermination non invasive du seuil ventilatoire, pour estimer de manière indirecte le niveau du seuil lactique 1 (lequel nécessite d'utiliser des prélèvements sanguins). Plus précisément, ils ont choisi d'étudier la cinétique du quotient respiratoire (QR) à l'exercice, puisque toute augmentation de la production de CO_2 doit s'accompagner d'une augmentation simultanée du QR.

Cette conception a considérablement évolué ces dernières années. Aujourd'hui, la manière la plus juste d'identifier l'anaerobic threshold, ou seuil ventilatoire, semble être la mesure simultanée de l'équivalent respiratoire en oxygène (ERO_2) et la mesure de l'équivalent respiratoire en dioxyde de carbone ($ERCO_2$), qui est le rapport entre la quantité d'air respirée et la quantité de dioxyde de carbone produite en 1 min. Le critère qui paraît le plus spécifique pour évaluer ce seuil est l'élévation du rapport ERO_2 sans augmentation concomitante de $ERCO_2$. Ceci est illustré par la figure 8.16. En effet, comme la ventilation est destinée à éliminer le CO_2

produit en excès à l'exercice, la relation entre ces deux facteurs est parfaitement linéaire et l'équivalent respiratoire en dioxyde de carbone reste relativement constant, pour des niveaux modérés d'exercice. L'élévation de ERO_2 indique alors que l'accroissement de la ventilation pour éliminer le CO_2 est disproportionné par rapport aux besoins de l'organisme en oxygène.

En général, l'identification du seuil ventilatoire par la mesure des équivalents respiratoires coïncide le plus souvent avec celle du seuil lactique 1 et évite donc des prélèvements sanguins répétés.

Résumé

› Au tout début de l'exercice, la ventilation augmente immédiatement, en réponse à la stimulation des centres inspiratoires ainsi que par l'activité musculaire elle-même. La ventilation augmente ensuite plus progressivement, en réponse à l'augmentation de température et aux modifications physico-chimiques du sang artériel, induites par l'exercice.

› La dyspnée, l'hyperventilation ainsi que la manœuvre de Valsalva sont des façons de respirer non conventionnelles ou liées à l'exercice.

› À l'équilibre, lors d'un exercice modéré, la ventilation reflète exactement le niveau d'activité métabolique. Elle est en effet proportionnelle à la consommation d'oxygène. L'équivalent respiratoire en oxygène (ERO_2) correspond au nombre de litres d'air ventilés par litre d'oxygène consommé.

› Lors d'exercices de faible intensité, la ventilation augmente (plus *via* une augmentation du volume courant que *via* la fréquence respiratoire. Lors d'exercice de forte intensité, l'augmentation de la ventilation est rendue possible par une augmentation de la fréquence respiratoire (car le volume courant plafonne).

› La ventilation maximale est fonction de la taille des individus. Elle est de l'ordre de 100 L/min chez les individus de petite taille alors qu'elle est de l'ordre de 200 L/min chez les individus de grande taille.

› Le seuil ventilatoire est défini comme l'intensité d'exercice à partir de laquelle la ventilation augmente brutalement, et proportionnellement plus que la consommation d'oxygène. Cette augmentation relative de la ventilation est destinée à éliminer le dioxyde de carbone produit en excès.

› Le seuil lactique 1 peut être déterminé en identifiant l'intensité d'exercice pour laquelle ERO_2 augmente brutalement tandis que ERO_2 reste relativement stable. C'est pourquoi, le seuil ventilatoire 1 peut être utilisé comme méthode non invasive d'appréciation du seuil lactique 1.

2.4 Les facteurs limitants respiratoires de la performance

Comme toute activité tissulaire, la ventilation pulmonaire et le transport des gaz dans l'organisme nécessitent de l'énergie. Une partie de celle-ci est utilisée par les muscles respiratoires pour la ventilation. Au repos, elle représente seulement 2 % de l'énergie totale utilisée par l'organisme. Au fur et à mesure de l'augmentation de la fréquence et de l'amplitude ventilatoire, le coût énergétique des muscles respiratoires s'accroît. Lors de l'exercice intense, jusqu'à 11 % de l'oxygène et 15 % du débit cardiaque sont ainsi utilisé par le diaphragme, les muscles intercostaux et les muscles abdominaux pour la ventilation. Pendant la récupération, on estime que la respiration continue d'exiger de 9 % à 12 % de la consommation d'oxygène totale.

Bien que les muscles respiratoires soient très sollicités pendant l'exercice, la ventilation est suffisante pour prévenir toute augmentation de PCO_2 ou toute baisse de PO_2, lors d'une épreuve de quelques minutes. Cependant, à l'exercice maximal une hyperventilation volontaire est presque toujours possible, ce qui signifie que la ventilation n'a pas encore atteint son maximum. Cette limite ventilatoire constitue la **ventilation maximale volontaire** (VMM). Des études récentes montrent néanmoins que la ventilation pulmonaire peut, malgré tout, devenir un facteur limitant lors de l'exercice très intense (95-100 % $\dot{V}O_2max$) chez des sujets très entraînés.

Pour certains, une respiration intense de plusieurs heures, comme pendant un marathon, pourrait entraîner une déplétion du glycogène dans les muscles respiratoires et contribuer à leur fatigue. Pourtant, en étudiant des animaux non entraînés, on a constaté à l'exercice une épargne substantielle du glycogène des muscles respiratoires, en comparaison des muscles des membres postérieurs. On ne peut pas cependant appliquer directement ces résultats à l'homme, même si nos muscles respiratoires semblent mieux adaptés aux activités de longue durée que ceux des membres. En raison d'une activité en enzymes oxydatives, de densités en mitochondries et en capillaires nettement supérieures, le diaphragme a une capacité oxydative 2 à 3 fois plus importante que tout autre muscle. En conséquence, le diaphragme est mieux à même d'utiliser les graisses à l'exercice.

Chez le sujet normal, la résistance des voies aériennes et la diffusion des gaz au niveau des poumons ne sont pas des facteurs limitants de l'exercice. Grâce à la dilatation des voies aériennes (augmentation de l'ouverture du larynx, bronchodilatation), le volume basal d'air inspiré peut être multiplié par 20 ou 40 (de 5 L/min au repos à 100-200 L/min à l'effort maximal). Par contre, la résistance à l'écoulement de l'air est maintenue à son niveau basal grâce à une dilatation des voies aériennes (ouverture du larynx et bronchodilatation). À l'exercice sous maximal, le sang qui quitte les poumons est toujours quasiment saturé en oxygène (≈ 98 %). À l'exercice maximal, les besoins en oxygène peuvent être tellement importants qu'une diminution de la PO_2 artérielle et de la saturation en oxygène de l'hémoglobine artérielle peut survenir (**hypoxémie induite par l'exercice**). Ce phénomène n'est cependant observé que chez 40 % à 50 % des athlètes d'endurance de haut niveau. Ce n'est jamais le cas chez des sportifs modérément entraînés. Le système respiratoire est ainsi bien adapté pour satisfaire à la demande, que ce soit à l'exercice bref ou prolongé[10].

La respiration ne peut constituer un facteur limitant que chez certains sujets de très haut niveau à consommation maximale d'oxygène exceptionnellement élevée ou chez des sujets souffrant d'affections respiratoires. Ainsi, l'asthme qui s'accompagne systématiquement d'une bronchoconstriction et d'un œdème de la muqueuse bronchique, en augmentant les résistances à l'écoulement de l'air, va constituer un handicap à l'exercice. Il faut d'ailleurs signaler que l'effort, à lui seul, peut déclencher l'apparition d'une crise d'asthme par des mécanismes qui sont loin d'être élucidés.

Résumé

> Lors d'un exercice intense, les muscles respiratoires peuvent consommer plus de 10 % de la consommation d'oxygène du corps entier et 15 % du débit cardiaque.

> La ventilation ne constitue pas, en général, un facteur limitant de la performance, même à l'exercice maximal. Elle peut le devenir exceptionnellement pour environ 50 % d'athlètes extrêmes.

> Les muscles respiratoires semblent moins fatigables que les muscles périphériques, lors d'un exercice prolongé.

> La résistance des voies aériennes et la diffusion des gaz ne représentent pas des facteurs limitant la performance, chez des sujets sains.

> Le système respiratoire peut limiter la performance chez les sujets souffrant de troubles respiratoires obstructifs ou restrictifs.

2.5 Régulation respiratoire de l'équilibre acido-basique

L'exercice musculaire intense a pour résultat une production et une accumulation de lactate et d'ions H^+. Ce phénomène peut altérer le fonctionnement énergétique du muscle et diminuer sa force de contraction. Tout en sachant que le contrôle de l'équilibre acide-base, au niveau de l'organisme, dépasse largement le simple contrôle respiratoire, nous avons choisi d'en parler ici car le système respiratoire joue un rôle crucial dans l'ajustement rapide de l'état acido-basique de l'organisme, pendant et immédiatement après l'exercice.

Les acides, tels l'acide lactique ou l'acide carbonique, libèrent des ions hydrogène (H^+). Les métabolismes des hydrates de carbone, des graisses ou des protéines, produisent des acides inorganiques qui se dissocient et augmentent alors les concentrations en ions H^+, dans les différents compartiments liquidiens de l'organisme (voir chapitre précédent). Pour en limiter les effets, le sang et les muscles contiennent des substances basiques qui se combinent avec les ions H^+ et ainsi les tamponnent ou les neutralisent.

$$H^+ + \text{tampon} \rightarrow H\text{-tampon}$$

D'une manière générale, les différents compartiments liquidiens de l'organisme contiennent plus de composés basiques (tels les bicarbonates, les phosphates, et les protéines), que de composés acides. Le pH se situe donc entre 7,1 dans le muscle et 7,4 dans le sang artériel. Le pH sanguin varie au maximum entre 6,9 et 7,5. Ces valeurs extrêmes ne peuvent être tolérées que quelques minutes (figure 8.17). Lorsque la concentration en ions H^+ s'élève au-dessus de la normale (pH faible), on parle d'*acidose*. À l'inverse, lorsqu'elle décroît au-dessous de la concentration normale (pH élevé), on parle d'*alcalose*.

Les pH intra- et extracellulaires varient peu grâce :

- aux molécules tampons ;
- à la ventilation pulmonaire ;
- à la fonction rénale.

Les trois principaux composés chimiques jouant le rôle de tampons sont les bicarbonates (HCO_3^-), les phosphates inorganiques (Pi), et les protéines. Il faut y ajouter un autre composé qui joue là un rôle majeur, c'est l'hémoglobine contenue dans les globules rouges. Le tableau 8.1 indique la contribution relative de ces divers composés dans le maintien du pH sanguin. Rappelons ici que les bicarbonates se combinent avec les ions H^+ pour former l'acide carbonique, les empêchant ainsi de diminuer le pH du milieu. L'acide carbonique se dissocie en eau et en dioxyde de carbone au niveau des poumons où il est éliminé.

La quantité d'acide formée est équivalente à la quantité de bicarbonates qui se combine aux ions H^+. Lorsque l'acide lactique fait baisser le pH sanguin de 7,4 à 7, cela mobilise plus de 60 % des bicarbonates initialement présents dans le sang. Cela est vrai, même au repos, lorsqu'il n'y a pas d'autre moyen d'éliminer les ions H+ de l'organisme. Fort heureusement, les substances tampons du sang ne sont sollicitées que pour le transport des acides, de leurs lieux de production (les muscles) vers les poumons ou les reins où ils sont éliminés. Une fois ce transport effectué les molécules tampon peuvent resservir.

Dans les fibres musculaires et les tubules rénaux, les ions H+ sont d'abord tamponnés par les phosphates en acide phosphorique et en phosphate de sodium. Les cellules contiennent plus de protéines et de phosphates mais moins de bicarbonates que les liquides extracellulaires. On sait malheureusement peu de choses sur le pouvoir tampon de tous ces composés cellulaires.

Comme nous l'avons déjà dit, toute augmentation des ions H+ stimule les centres respiratoires et augmente la ventilation. Cela facilite la liaison de ces ions aux bicarbonates et l'élimination du dioxyde de carbone. Il en résulte une diminution des ions H+ libres et une augmentation du pH. Les composés chimiques et le système respiratoire agissent donc ensemble, pour neutraliser l'acidose liée à l'exercice. L'élimination des ions H+, accumulés par les reins et les urines, permet le maintien de la concentration des bicarbonates extracellulaires et du pouvoir tampon.

Lors d'un exercice de sprint, les muscles produisent de grandes quantités de lactates et d'ions H+, ce qui diminue le pH musculaire de 7,08 au repos à moins de 6,7. Comme l'indique le tableau 8.2, un exercice de sprint épuisant comme un 400 m fait baisser le pH des muscles des jambes jusqu'à 6,63, suite à une augmentation de la concentration de lactate de 1,2 mmol.kg^{-1} à 19,7 mmol.kg^{-1}. De telles modifications de l'équilibre acide-base perturbent la contraction du muscle et sa capacité à produire l'adénosine triphosphate (ATP). Le lactate et les ions H+ s'accumulent dans le muscle, en partie parce qu'ils ne franchissent pas rapidement les membranes des fibres musculaires. Ces sous-produits diffusent donc lentement vers les autres compartiments liquidiens de l'organisme. L'équilibre ne se rétablit qu'après 5 à 10 minutes de récupération. Des valeurs de pH de 7,1 et des valeurs de lactate de 12,3 mmol.L^{-1} dans

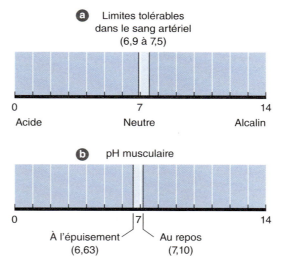

Figure 8.17

Limites tolérables (h) du pH artériel et (b) du pH musculaire au repos et après un exercice très intense. Remarquez que la tolérance aux variations de pH, dans le sang et dans le muscle, reste à l'intérieur d'une fourchette très étroite.

Tableau 8.1 Pouvoir tampon du sang

Tampon	Slykes[a]	%
Bicarbonates	18,0	64
Hémoglobine	8,0	29
Protéines	1,7	6
Phosphates	0,3	1
Total	**28,0**	**100**

a. Milliéquivalents d'ions hydrogène prélevés par litre de sang pour une variation de pH de 7,4 à 7,0.

le sang sont, parfois, encore observées cinq minutes après l'exercice alors que les valeurs de repos sont respectivement de 7,4 et 1,5 mmol.L^{-1} (tableau 8.2).

Le retour du lactate, sanguin et musculaire, aux valeurs de repos est un processus lent qui nécessite 1 à 2 h. Comme le montre la figure 8.16 cette récupération est plus rapide si elle est active, c'est-à-dire si le sujet pratique un exercice continu et de faible intensité[4]. Dans cette étude, après une

Tableau 8.2 Niveaux de pH et de lactate dans le sang et dans le muscle après un 400 m

Coureur	Temps	Muscle		Sang	
		pH	Lactate (mmol.kg^{-1})	pH	Lactate (mmol.kg^{-1})
1	61,0	6,68	19,7	7,12	12,6
2	57,1	6,59	20,5	7,14	13,4
3	65,0	6,59	20,2	7,02	13,1
4	58,5	6,68	18,2	7,10	10,1
Moyenne	60,4	6,63	19,7	7,10	12,3

Figure 8.18

Effets d'une récupération active et passive sur la lactatémie en réponse à une série de sprints exhaustifs. Notez que la lactatémie retourne plus rapidement à sa valeur de repos lorsque la récupération est active.

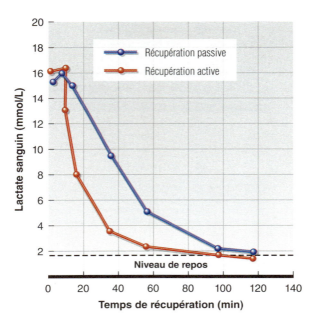

série de sprints exhaustifs, les athlètes ont réalisé un exercice à 50 % de $\dot{V}O_2max$, tandis que d'autres restaient assis. En raison d'un flux sanguin local plus important, le lactate est éliminé plus rapidement lors de la récupération active, car il diffuse mieux et peut être davantage oxydé.

Le lactate sanguin reste ainsi élevé pendant 1 à 2 h après un exercice anaérobie très intense, les concentrations sanguines et musculaires en ions H^+ retournant à la normale après 30 à 40 min de récupération. Les bicarbonates et le système respiratoire éliminent l'excès de dioxyde de carbone pour permettre ce retour à la normale de l'équilibre acido-basique.

3. Conclusion

Dans ce chapitre, nous avons étudié les rôles respectifs joués par les systèmes cardiovasculaire et respiratoire à l'exercice et précisé dans quelle mesure ils peuvent limiter la performance en endurance. Dans les prochains chapitres nous allons présenter les principales bases de l'entraînement sportif qui nous permettront de comprendre comment l'organisme s'adapte à l'entraînement aérobie et anaérobie ainsi qu'à celui de force.

Résumé

› L'excès d'ions H^+ (diminution du pH), par accumulation d'acide lactique à l'exercice, altère la contraction musculaire et la production d'ATP.

› Le système respiratoire joue un rôle essentiel dans la régulation de l'équilibre acido-basique.

› Toute augmentation des ions H^+ stimule les centres inspiratoires et la respiration. Il s'ensuit une élimination accrue du dioxyde de carbone à l'étage pulmonaire. Celui-ci est transporté dans le sang sous forme de bicarbonates qui tamponnent les ions H^+ et limitent l'acidose.

Mots-clés

commande centrale

consommation d'oxygène myocardique (MVO_2)

dérive cardiovasculaire

différence artério-veineuse en oxygène du sang veineux mêlé (CaO_2-$C\bar{v}O_2$) ou $D(a-\bar{v})O_2$

dyspnée

équivalent respiratoire de l'oxygène (ERO_2)

équivalent respiratoire du dioxyde de carbone ($\dot{V}_EO_2$)

fréquence cardiaque à l'équilibre

fréquence cardiaque de repos

fréquence cardiaque maximale (Fc max)

hémoconcentration

hyperventilation

hypoxémie induite par l'exercice

loi de Frank-Starling

manœuvre de Valsalva

post-charge

pré-charge

pression hydrostatique

pression oncotique

résistance périphérique

seuil anaérobie

seuil ventilatoire

sympatholyse fonctionnelle

ventilation maximale volontaire

Questions

1. Montrez comment s'ajustent la fréquence cardiaque, le volume d'éjection systolique et le débit cardiaque en réponse à l'augmentation de l'intensité d'exercice. Comment ces trois variables interagissent ?

2. Comment déterminez-vous la fréquence cardiaque maximale ? Quelles méthodes alternatives indirectes permettent de l'estimer ? Quels en sont les principaux inconvénients ?

3. Quels sont les deux mécanismes essentiels qui favorisent le retour veineux, lorsque vous réalisez un exercice en position debout ?

4. Comment le principe de Fick permet-il de comprendre la relation qui existe entre le métabolisme et la fonction cardiaque ?

5. Définir le mécanisme de Frank-Starling ? Comment opère-t-il à l'exercice ?

6. Comment répond la pression artérielle à l'exercice ?

7. Quelles sont les principales adaptations cardiovasculaires qui permettent de lutter contre la production de chaleur liée à l'exercice ?

8. Qu'est-ce que la dérive cardiovasculaire ? Donnez 2 explications à ce phénomène.

9. Quelles sont les principales fonctions du sang ?

10. Comment évolue le volume plasmatique et les globules rouges si l'exercice est de plus en plus intense, et si l'exercice est prolongé et réalisé en ambiance chaude ?

11. Comment répond la ventilation pulmonaire à l'augmentation de l'intensité de l'exercice ?

12. Définir les termes : Dyspnée, Hyperventilation, Manœuvre de Valsalva, Seuil ventilatoire.

13. Quel rôle joue le système respiratoire dans l'équilibre acido-basique ?

14. Quelle est la valeur normale du pH dans le sang artériel ? Dans le muscle ? Comment évoluent ces valeurs après un exercice exhaustif de sprint ?

15. Quels sont les principaux systèmes tampons dans le sang ? Dans le muscle ?

TROISIÈME PARTIE

L'entraînement physique

Généralement, la physiologie de l'exercice s'intéresse aux adaptations de l'organisme à l'exercice aigu ainsi qu'à l'exercice chronique c'est-à-dire l'entraînement ou répétitions d'un certain nombre d'exercices aigus. Dans les deux précédentes parties de cet ouvrage, nous avons étudié la structure, la fonction et le contrôle nerveux du muscle squelettique lors de l'exercice aigu (partie I) ainsi que le rôle des systèmes cardiovasculaire et respiratoire dans le fonctionnement musculaire (partie II). Dans la partie III, nous allons examiner les adaptations de ces différents systèmes à la répétition d'exercices, autrement dit, les adaptations à l'entraînement. Le chapitre 9, « Principes de l'entraînement physique » donnera les bases pour la compréhension des deux chapitres suivants en décrivant les outils et les principes utilisés par les physiologistes pour optimiser les adaptations à l'entraînement. Dans le chapitre 10, « Adaptations à l'entraînement de force » nous expliquerons comment la force et l'endurance musculaire peuvent s'améliorer grâce à la répétition d'exercices de musculation. Finalement, dans le chapitre 11, « Adaptations à l'entraînement aérobie et anaérobie », nous discuterons des adaptations des différents systèmes de l'organisme à l'entraînement physique. Les adaptations qui surviennent dans ces différents systèmes en réponse à l'entraînement et qui permettent d'améliorer la condition physique et la performance, sont spécifiques aux exercices réalisés.

Chapitre 9 : Principes de l'entraînement physique

Chapitre 10 : Adaptations à l'entraînement de force

Chapitre 11 : Adaptations à l'entraînement aérobie et anaérobie

Principes de l'entraînement physique

9

L'athlète américain Ashton Eaton, a gagné la médaille d'or du Décathlon aux jeux olympiques de Londres en 2012, avec un total de 8 869 points cumulés sur les deux jours de compétition. Aux sélections américaines qui avaient eu lieu en juin de la même année, il avait battu le record du monde en dépassant la barre mythique de 9 000 points. Il reprenait ce record à Roman Šebrle, athlète originaire de République Tchèque, qui l'avait détenu pendant 11 ans. Les décathloniens sont considérés comme des athlètes complets puisqu'ils doivent concourir dans des disciplines qui requièrent de la vitesse, de la puissance, de la souplesse et de l'endurance. Le décathlon se déroule sur deux jours successifs : le premier jour les athlètes réalisent le 100 m, le saut en longueur, le lancer de poids, le saut en hauteur et le 400 m; le jour suivant ils réalisent le 110 m haies, le lancer de disque, le saut à la perche, le lancer de javelot et le 1 500 m. Comme nous le verrons dans ce chapitre et les deux suivants, l'entraînement est très spécifique au sport ou à l'épreuve réalisée. Le développement de la puissance musculaire améliorera certainement la performance au lancer de poids mais n'aura aucun impact sur celle du 1 500 m. Par conséquent, l'entraînement du décathlonien est assez complexe dans la mesure où il doit s'entraîner beaucoup et spécifiquement pour améliorer ses performances dans chacune des 10 épreuves du décathlon.

Plan du chapitre

1. Terminologie — 224
2. Les principes fondamentaux d'entraînement — 226
3. Planification des programmes d'entraînement en musculation — 229
4. Planification des programmes d'entraînement aérobie et anaérobie — 234
5. Conclusion — 240

S'intéresser aux réponses à un exercice aigu signifie que l'on étudie les réponses instantanées du corps à un exercice isolé. En fait, le principal objectif de la physiologie du sport et de l'exercice physique est de déterminer comment le corps répond au stress induit par la répétition d'exercices. Lorsque vous réalisez des exercices réguliers pendant plusieurs jours, semaines ou mois votre corps s'adapte. Ces adaptations physiologiques, qui apparaissent après une exposition chronique à l'exercice, améliorent ainsi vos capacités et vos performances. Avec un entraînement de force, vos muscles deviennent plus puissants. Avec un entraînement aérobie, votre cœur et vos poumons deviennent plus efficaces et votre capacité d'endurance augmente. Avec un entraînement à haute intensité de type anaérobie, les systèmes neuromusculaire, métabolique et cardiovasculaire s'adaptent en permettant à l'organisme de produire plus d'adénosine triphosphate (ATP) par unité de temps ce qui améliore l'endurance musculaire et la vitesse du mouvement pour des périodes de courtes durées. Ces adaptations sont hautement spécifiques du type d'entraînement que vous avez réalisé.

Avant de discuter en détail des adaptations physiologiques spécifiques résultant d'un exercice chronique ou d'un entraînement, nous devons d'abord présenter la terminologie ainsi que les principes de l'entraînement physique.

1. Terminologie

Avant de discuter les principes fondamentaux de l'entraînement physique, il est nécessaire de donner un certain nombre de définitions.

1.1 La force musculaire

La charge maximale développée par un muscle ou un groupe de muscles est désignée sous le terme de **force**. Celui qui peut soulever 150 kg est deux fois plus fort que celui qui développe au maximum 75 kg. Dans cet exemple, la capacité maximale, ou force, est définie comme la charge maximale qu'un individu peut soulever seulement une fois. Elle est symbolisée par **1-RM ou 1 répétition maximale**. On la détermine après plusieurs répétitions précédées d'un échauffement. Si on peut réaliser plus d'une répétition, il faut augmenter la charge, cela jusqu'à ce qu'on ne puisse réaliser qu'une seule répétition. Cette dernière charge représente la 1-RM et est utilisée comme référence pour la force en laboratoire ou en salle de musculation.

La force musculaire peut être mesurée avec une très grande précision en laboratoire. On utilise pour cela des équipements spécifiques qui permettent de quantifier la force statique et dynamique à différentes vitesses et pour différentes angulations (figure 9.1). Les gains de force musculaire suggèrent des changements dans la structure et le contrôle nerveux du muscle. Ceci sera discuté dans le chapitre suivant (chapitre 10).

1.2 La puissance musculaire

La **puissance** est la résultante fonctionnelle de la force et de la vitesse. C'est la clé essentielle de la réussite dans la plupart des disciplines sportives.

La puissance traduit l'aspect explosif de la force. C'est le produit de la force par la vitesse du mouvement : puissance = force × distance/temps, où force = charge et distance/temps = vitesse.

Prenons un exemple. Deux individus peuvent déplacer 150 kg sur une même distance. Mais l'un le fait en deux fois moins de temps que l'autre. Il développe alors une puissance double. Ce principe est illustré dans le tableau 9.1.

Bien que la force absolue soit une composante importante de la performance, la puissance est sans doute essentielle à la plupart des activités physiques. En football américain, par exemple, un milieu de terrain défensif qui a un 1-RM de 200 kg peut être incapable de contrôler un milieu offensif dont le 1-RM est de 150 kg mais qui peut soulever cette charge maximale à une vitesse nettement plus rapide. Le milieu défensif est sans doute plus fort mais le milieu offensif, qui soulève une charge déjà conséquente, sera plus rapide et plus performant sur le terrain. Bien que des tests de terrain existent pour estimer la puissance, en général, ces tests ne sont pas spécifiques puisque leurs résultats sont influencés par d'autres facteurs. La puissance peut être mesurée en utilisant un dispositif électronique comme photographié sur la figure 9.1.

Pourtant, dans ce chapitre, nous nous intéresserons essentiellement au développement de la force musculaire. Rappelons, en effet, que la puissance a deux composantes : la force et la vitesse. La vitesse est surtout une qualité innée qui s'améliore relativement peu avec l'entraînement. Ainsi, c'est surtout le développement de la force qui permet d'améliorer la puissance. Toutefois, il a été démontré que certains types d'entraînement de musculation comme la pliométrie (sauts verticaux) permettent d'améliorer la puissance de ces mouvements spécifiques[1].

1.3 L'endurance musculaire

Beaucoup d'activités sportives nécessitent de pouvoir soulever plusieurs fois des forces sous-maximales ou maximales. Cette capacité du muscle à répéter de nombreuses contractions, ou à maintenir longuement des contractions statiques, s'appelle l'**endurance musculaire**. Elle est importante lorsqu'il s'agit par exemple de soulever une charge ou de prolonger des contractions musculaires statiques sur une assez longue période, comme lorsqu'on tente de déséquilibrer un adversaire, en lutte. Elle peut être déterminée par le nombre de répétitions qu'on est capable de réaliser à un pourcentage donné du 1-RM. Par exemple, si la charge maximale (1-RM) qui peut être développée à la presse est de 100 kg, l'endurance musculaire correspond au nombre de répétitions qui peuvent être réalisées à 75 % de cette charge (soit 75 kg). L'amélioration de l'endurance musculaire est obtenue par l'augmentation de la force musculaire maximale et grâce à des adaptations métaboliques et circulatoires locales. Les adaptations métaboliques et circulatoires liées à l'entraînement seront étudiées au chapitre 11.

Le tableau 9.1 illustre les différences fonctionnelles entre la force, la puissance et l'endurance musculaires, chez trois athlètes. Les valeurs qui y figurent sont volontairement exagérées pour bien illustrer notre propos. Cet exemple montre que le sportif A développe une force musculaire deux fois plus faible que les sportifs B et C. Néanmoins il développe une puissance identique à

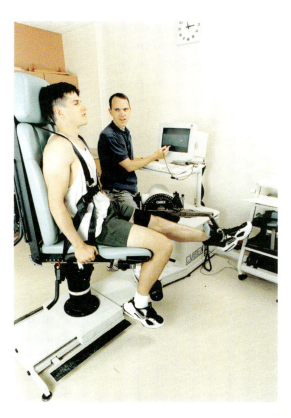

Figure 9.1 Appareil isocinétique d'entraînement et d'évaluation

Tableau 9.1 Force, puissance et endurance musculaires lors d'un exercice de musculation à la presse

Composante	Athlète A	Athlète B	Athlète C
Force[a]	100 kg	200 kg	200 kg
Puissance[b]	100 kg soulevés de 0,6 m en 0,5 s = 120 kgm.s^{-1}	200 kg soulevés de 0,6 m en 2 s = 60 kgm.s^{-1}	200 kg soulevés de 0,6 m en 1 s = 120 kgm.s^{-1}
Endurance musculaire[c]	10 répétitions avec 75 kg	10 répétitions avec 150 kg	5 répétitions de 150 kg

a. La force est déterminée par la charge maximale qui ne peut être soulevée qu'une seule fois (1-RM).
b. La puissance est déterminée en développant 1-RM le plus vite possible. Elle est calculée en multipliant la force par la hauteur à laquelle est soulevée la charge et en divisant par le temps.
c. L'endurance musculaire est déterminée par le plus grand nombre de répétitions permettant de soulever 75 % de 1-RM.

celle de C et deux fois plus importante que celle de B, car il est capable de réaliser les mouvements à plus grande vitesse. En tenant compte de ces différences, on peut alors individualiser l'entraînement qui sera, selon le cas, orienté préférentiellement vers le développement de la force ou de la vitesse, sans compromettre les qualités initiales du sujet.

1.4 La puissance aérobie

La **puissance aérobie** représente le débit d'énergie produit par le métabolisme cellulaire et dépend de la disponibilité et de l'utilisation de l'oxygène. La puissance maximale aérobie ou PMA, représente la capacité maximale de resynthèse de l'ATP par la voie aérobie. La PMA représente la puissance qui permet d'atteindre la consommation maximale d'oxygène $\dot{V}O_2max$. La PMA est limitée en premier lieu par le système cardiovasculaire et à un degré moindre par le système respiratoire et le métabolisme. Le meilleur test de laboratoire permettant de mesurer la $\dot{V}O_2max$ est le test triangulaire ou par palier croissant. Ceci a été discuté en détail dans le chapitre 5. Beaucoup de tests de terrain sous-maximaux ou maximaux utilisant la marche, le jogging, la course, le cyclisme, la natation ou encore l'aviron ont été développés pour évaluer $\dot{V}O_2max$ sans passer par le laboratoire.

1.5 La puissance anaérobie

La **puissance anaérobie** se définit comme le débit d'énergie produit par le métabolisme cellulaire sans utilisation d'oxygène. La puissance maximale anaérobie ou capacité anaérobie représente la capacité maximale du système anaérobie (système ATP-PCr et système glycolytique) à produire de l'ATP. Contrairement au métabolisme aérobie et son évaluation, il n'existe pas de test de laboratoire permettant de mesurer la puissance anaérobie faisant l'unanimité. Plusieurs tests permettent d'estimer la puissance maximale anaérobie comme le déficit maximal d'oxygène accumulé, le test de puissance critique ou encore le test de Wingate.

Ce dernier est le plus communément utilisé pour explorer la puissance maximale anaérobie. Il s'agit de pédaler sur bicyclette ergométrique pendant 30 secondes à la vitesse la plus élevée possible contre une résistance (charge) constante. Cette dernière est déterminée en fonction de la masse corporelle, du sexe, de l'âge et du niveau d'entraînement de l'individu. La puissance maximale anaérobie ou puissance pic est déterminée lors des 5 premières secondes du test à partir de la vitesse de pédalage. La capacité anaérobie correspond au travail total réalisé pendant les 30 secondes.

> **Résumé**
>
> ❯ La force musculaire est la capacité du muscle à exercer une force au maximum de ses possibilités.
>
> ❯ La puissance musculaire représente le niveau de travail effectif ou encore le produit de la force par la vitesse.
>
> ❯ L'endurance musculaire est la capacité à maintenir une contraction isométrique ou répéter des contractions musculaires.
>
> ❯ La puissance maximale aérobie est la capacité maximale de resynthèse oxydative de l'ATP. C'est aussi l'intensité d'exercice dynamique utilisant de larges groupes musculaires qui permet d'atteindre $\dot{V}O_2max$.
>
> ❯ La puissance maximale anaérobie, ou capacité anaérobie, se définit comme la capacité maximale du système anaérobie à produire de l'ATP.

2. Les principes fondamentaux d'entraînement

Les chapitres 10 et 11 présenteront dans le détail les adaptations physiologiques spécifiques à l'entraînement de force et à l'entraînement aérobie et anaérobie. Toutefois, plusieurs principes fondamentaux peuvent être appliqués à toutes les formes d'entraînement.

2.1 Le principe d'individualisation

Nous ne possédons pas tous la même capacité d'adaptation à l'entraînement. L'hérédité joue un rôle majeur dans la vitesse et le degré d'adaptation du corps à un programme d'entraînement. À l'exception des jumeaux monozygotes, deux personnes différentes ne possèdent pas les mêmes caractéristiques génétiques. Ainsi, deux individus distincts s'adaptent en général différemment à un même programme d'entraînement. Ces variations individuelles sont en relation avec des variations d'ordre cellulaire, métabolique ou impliquant la régulation nerveuse et endocrine. Ceci contribue à expliquer pourquoi certains individus s'améliorent considérablement après un programme d'entraînement donné (bons répondeurs) alors que d'autres présentent peu ou pas de variations après le même programme d'entraînement (mauvais répondeurs). Nous discuterons de ce phénomène de bons et mauvais répondeurs dans le chapitre 11. Pour ces raisons, tout programme d'entraînement doit prendre en compte les besoins spécifiques et les capacités des individus pour lesquels il a été réalisé. C'est le **principe d'individualisation**.

PERSPECTIVES DE RECHERCHE 9.1

Puissance métabolique et performance en sprint

Quand nous nous posons la question de savoir quelle voie métabolique est mise en jeu lors d'un exercice donné, la première chose à laquelle nous pensons pour répondre à cela, est la durée de cet exercice.

Par exemple, L'ATP nécessaire pour réaliser un exercice très intense d'une durée moins de 15 s provient majoritairement de la phosphocréatine. Pour des exercices de 30 s à 1 min la glycolyse anaérobie fournit l'ATP en hydrolysant le glucose ou le glycogène (voir tableau 2.3). Or, il n'est possible de mesurer indirectement l'utilisation des substrats que pour des exercices de durée plus longue utilisant la voie aérobie. Ceci se fait par la calorimétrie indirecte, technique qui mesure la consommation d'oxygène et le quotient respiratoire (QR). Même s'il est bien établi que la performance en sprint (exercice réalisé au maximum de ses possibilités) dépend de l'énergie provenant des métabolismes anaérobies, il est cependant très difficile de mesurer la contribution de ces métabolismes avec pertinence.

Très récemment une nouvelle théorie a été proposée pour examiner la puissance métabolique et sa contribution à la performance en sprint. Cette théorie concurrence la traditionnelle selon laquelle la performance en sprint serait limitée par le niveau d'ATP ou le métabolisme énergétique immédiatement disponible pour la contraction musculaire. Cette théorie se base sur le fait que la performance en sprint (course ou bicyclette) dépendrait de deux systèmes à la fois, à savoir le métabolique et le mécanique. Tout simplement, la performance peut être analysée en s'intéressant aux entrées et aux sorties de chaque système. Dans le cas d'un sprinter, l'entrée représenterait l'énergie métabolique permettant la contraction et la sortie celle de la force ou la puissance mécanique que la contraction musculaire produit. Comme le métabolisme anaérobie ne peut être mesuré avec exactitude, les scientifiques ne peuvent s'intéresser qu'à la sortie de l'équation afin d'évaluer les facteurs limitant la performance en sprint. Le système mécanique peut être évalué au niveau de l'ensemble du corps en examinant la relation mathématique entre la force produite par le muscle et la performance[3].

Pour examiner la contribution mécanique et métabolique à la performance en sprint, l'utilisation de l'approche mathématique a ouvert la voie à une nouvelle approche pour analyser les activités brèves et intenses comme le sprint. Les études utilisant cette approche suggèrent que les efforts de très haute intensité à exhaustifs ne sont pas limités par le niveau d'énergie métabolique au niveau des muscles. L'énergie métabolique nécessaire pour ce genre d'effort dépend de la demande et ne semble pas être limitée par la phosphocréatine ou la glycolyse anaérobie. Par conséquent, la performance en sprint dépend des forces créées par le système musculo-squelettique et par la fatigue musculaire et ne semble pas dépendre des sources énergétiques.

Cette nouvelle approche pour étudier la puissance métabolique et la performance diffère entre le sprint et l'endurance. Dans les sports d'endurance, l'énergie métabolique provient essentiellement du système aérobie. Ainsi, la performance en endurance dépend du métabolisme aérobie en imposant l'intensité de la contraction musculaire nécessaire pour l'exercice. À l'inverse, en sprint, l'intensité de la contraction mécanique du muscle détermine la quantité d'énergie libérée et le niveau de performance atteint.

2.2 Le principe de spécificité

Les adaptations à l'exercice et à l'entraînement sont hautement spécifiques de l'activité, du volume et de l'intensité des exercices réalisés. Par exemple, pour augmenter sa puissance musculaire, le golfeur ne va pas pratiquer la course à pied ni un entraînement de force avec de faibles charges. De même le coureur de fond ne va pas donner la priorité à un entraînement de sprint. C'est pour la même raison que les haltérophiles qui sont capables de développer des forces considérables ne possèdent pas de qualités aérobies meilleures que celles de sujets non entraînés. Avec ce **principe de spécificité**, les programmes d'entraînement doivent solliciter les systèmes physiologiques essentiels à la réalisation de la performance, dans une discipline donnée.

2.3 Le principe de réversibilité

La plupart des athlètes considèrent que la pratique régulière de l'exercice physique améliore la capacité de leurs muscles à produire plus d'énergie et à résister à la fatigue. L'entraînement en endurance augmente ainsi votre capacité à réaliser des exercices plus intenses sur des périodes plus prolongées. Mais si vous arrêtez de vous entraîner, votre niveau d'aptitude va s'effondrer et redevenir celui d'un sujet sédentaire c'est le **principe de réversibilité**. Les gains obtenus par l'entraînement vont être perdus. Un programme d'entraînement doit donc être aussi planifié pour permettre le maintien des adaptations physiologiques obtenues. Au chapitre 14, nous examinerons les adaptations physiologiques spécifiques qui apparaissent lors du désentraînement.

2.4 Le principe de progressivité

Deux concepts importants : **surcharge et progressivité** constituent les bases de tout entraînement. À titre d'exemple, pour améliorer la force, les muscles doivent travailler en surcharge, ce qui signifie qu'ils doivent soulever des charges supérieures à celles qu'ils subissent normalement. Un entraînement progressif implique que la résistance proposée aux muscles est progressivement augmentée, puisque le muscle devient régulièrement de plus en plus fort. Considérons par exemple une jeune femme capable de réaliser 10 répétitions au développé-couché avec une charge de 30 kg. Après une à deux semaines d'entraînement, elle devient capable de faire 14 à 15 répétitions avec la même charge. Elle ajoute alors 2 kg à la barre et revient à 8 ou 10 répétitions seulement. En continuant à s'entraîner, elle pourra, de nouveau augmenter le nombre de répétitions, puis la charge, et ainsi de suite. Il y a ainsi augmentation progressive de la charge totale soulevée. De la même manière, avec un entraînement aérobie ou anaérobie, le volume d'entraînement (intensité et durée) peut être progressivement augmenté.

2.5 Le principe d'alternance : travail/repos

Croyant bien faire, les sportifs sérieux et passionnés de condition physique s'entraînent avec acharnement de façon quotidienne et tout au long de l'année. Ils réalisent ainsi chaque jour un entraînement de haute intensité ou de longue durée, quand ce ne sont pas les deux. Ils maintiennent donc en permanence une charge d'entraînement très élevée. Des données récentes suggèrent pourtant que le corps s'adapte mal dans de telles conditions. Bill Bowerman, ancien entraîneur a fait sa renommée en amenant plusieurs de ses athlètes au plus haut niveau mondial. Une des clés de sa réussite en course à pied à l'Université d'Oregon et de l'équipe olympique des USA, cofondateur de NIKE, Inc., a été de comprendre que la qualité d'un entraînement ne résidait pas seulement dans l'importance de la charge imposée. Il a compris qu'un entraînement très intense épuise l'organisme et nécessite une récupération d'un jour ou deux si l'on veut en tirer tous les bénéfices. Il a basé sa méthode sur le **principe d'alternance**. À titre d'exemple un entraînement fractionné très intense doit être suivi le lendemain d'un entraînement modéré qui peut être un footing léger. Cette séance permet une récupération active qui aide l'organisme à supporter ensuite des efforts intenses.

2.6 Le principe de périodicité

Le **principe de périodicité** (ou périodisation) proche dans sa conception du principe d'alternance est devenu très populaire ces 20 dernières années dans le domaine de l'entraînement de la force. Il consiste à planifier l'entraînement sous forme de cycles progressifs à la fois en spécificité, intensité et volume[1]. L'objectif est d'amener l'athlète à son meilleur niveau de forme le jour de la compétition. Le volume et l'intensité de l'entraînement varient tout au long d'un macrocycle qui s'étend, en général, sur toute une saison sportive. Un macrocycle est lui-même décomposé en deux mésocycles voire plus, planifiés selon les dates des principales compétitions. Chaque mésocycle est subdivisé en périodes de préparation, compétition et transition. Ce principe sera détaillé davantage au chapitre 14.

Résumé

› Des sujets différents ne s'adaptent pas de manière identique à un même programme d'entraînement. En conséquence, il faut proposer, à chacun, un programme spécifiquement adapté. C'est le principe d'individualisation.

› Un haltérophile n'améliorera pas sa force musculaire en pratiquant la course à pied. Pour chaque athlète il est essentiel de proposer un entraînement comportant des exercices très proches de ceux qu'il réalise dans son activité. C'est le principe de spécificité.

› L'arrêt de l'entraînement induit rapidement une perte des qualités acquises c'est le principe de réversibilité. Il est donc important de continuer à s'entraîner régulièrement. C'est le principe de régularité.

› Pour améliorer ses performances il faut progressivement augmenter la charge d'entraînement. C'est le principe de progressivité.

› Une ou plusieurs séances ou périodes d'entraînement intense doivent être suivies de séances ou périodes d'entraînement plus léger pour permettre une bonne récupération et préparer l'organisme sur le plan physique et psychologique à une nouvelle séance ou période d'entraînement intense. C'est le principe d'alternance.

› Selon le principe de périodicité, un macrocycle (un cycle d'un an de musculation par exemple) est divisé en deux ou plusieurs mésocycles composés eux-mêmes de différentes intensités et quantités d'entraînement, associées à diverses formes d'exercices.

3. Planification des programmes d'entraînement en musculation

Les travaux réalisés sur ce sujet pendant les 75 dernières années ont contribué à améliorer nos connaissances sur l'entraînement de force et ont montré son intérêt dans l'entretien de la santé. Cette dernière partie sera discutée au chapitre 20. Nous nous contenterons ici de définir, dans un premier temps, en quoi consiste ce type d'entraînement.

3.1 Recommandations pour les programmes d'entraînement en musculation

Tout programme d'entraînement en musculation doit commencer par une définition précise des objectifs poursuivis. Ceux-ci doivent permettre de répondre aux questions suivantes :

- Quels groupes musculaires principaux doivent être entraînés ?
- Quelle méthode d'entraînement doit-on utiliser pour améliorer la qualité souhaitée (la force, la puissance…) ?
- Quel système énergétique doit être sollicité pendant l'exercice ?
- Quelles sont les régions les plus exposées à un éventuel traumatisme ?

Une fois ces objectifs définis, le programme d'entraînement peut être élaboré et prescrit. En toute logique, il faut alors sélectionner :

- les exercices à réaliser ;
- l'ordre dans lequel ils doivent être réalisés ;
- le nombre de séries pour chaque exercice ;
- les périodes de repos entre les séries et entre les exercices ;
- la charge (ou résistance ou encore poids à soulever) à utiliser.

Tableau 9.2 Recommandations pour la programmation d'entraînement en musculation de l'*American College of Sports Medicine*

Objectif	Niveau	Charge	Volume	Vitesse	Fréquence par semaine
Force	Débutant	60-70 % 1-RM	1-3 séries, 8-12 répétitions	Lente, modérée	2-3
	Entraîné	70-80 % 1-RM	Plusieurs séries, 6-12 répétitions	Modérée	2-4
	Très entraîné	1-RM[b]	Plusieurs séries, 1-12 répétitions	Lente vers rapide	4-6
Hypertrophie	Débutant	60-70 % 1-RM	1-3 séries, 8-12 répétitions	Lente, modérée	2-3
	Entraîné	70-80 % 1-RM	Plusieurs séries, 6-12 répétitions	Lente, modérée	2-4
	Très entraîné	70-100 % 1-RM ; insister à 70-85 %[b]	Plusieurs séries, 1-12 répétitions ; insister entre 6-12 répétitions[b]	Lente, modérée, rapide	4-6
Puissance	Débutant	> 80 % 1-RM-Force 30-60 % 1-RM-Vitesse[b]	Développement de la force	Modérée	2-3
	Entraîné	> 80 % 1-RM-Force 30-60 % 1-RM-Vitesse[b]	1-3 séries, 3-6 répétitions	Rapide	2-4
	Très entraîné	> 80 % 1-RM-Force 30-60 % 1-RM-Vitesse[b]	3-6 séries, 1-6 répétitions	Rapide	4-6
Endurance	Débutant	50-70 % 1-RM	1-3 séries, 10-15 répétitions	Lente, modérée, rapide	2-3
	Entraîné	50-70 % 1-RM	Plusieurs séries, 10-15 répétitions ou plus	Modérée	2-4
	Très entraîné	30-80 % 1-RM[b]	Plusieurs séries, 10-25 répétitions ou plus[b]	Lente, modérée, rapide	4-6

a. Ces recommantations incluent aussi le type d'action musculaire (excentrique et concentrique), les exercices mono- vs. pluri-articulaires, l'ordre des exercices ainsi que les intervalles de repos.
b. Selon la période. Voir texte pour l'explication de la périodisation.
Adapté avec la permission de W.L. Kraemer *et al.*, 2002, "Progression models in resistance training for healthy adults", Medicine and Science in Sports and Exercices, 34 : 364-380.

Ce dernier point est particulièrement important. Son rôle dans le développement de la force, de la puissance, de l'endurance et du volume musculaire a d'ailleurs été longtemps source de confusion. La charge (poids) à soulever est généralement exprimée en pourcentage de la capacité maximale. Rappelez-vous que 1-RM correspond à la charge maximale – c'est-à-dire la résistance la plus élevée – que vous pouvez déplacer une seule fois.

En 2009, l'American College of Sports Medicine (ACSM) a revu sa position concernant la progression pour exécuter un programme d'entraînement de musculation pour des adultes sains (tableau 9.2)[1]. L'ancienne position préconisait pour tous les adultes sans distinction et pour la majorité des groupes musculaires, un minimum de 1 série de 8 à 12 répétitions pour chaque 8 à 10 mouvements. La nouvelle position recommande des programmes d'entraînement individualisés en fonction de l'objectif à atteindre comme l'augmentation de la force, du volume musculaire (de l'**hypertrophie**), de la puissance, de l'endurance musculaire locale…

Selon la charge et le nombre de répétitions choisis à l'entraînement, vous pouvez privilégier soit le développement de la force maximale (si vous utilisez des charges lourdes et limitez le nombre de répétitions, 6-RM ou moins) soit le développement de l'endurance musculaire (si vous utilisez des charges faibles ou modérées et augmentez le nombre de répétitions, 20-RM ou plus).

Le développement de la puissance est optimisé par l'alternance de charges légères à modérées avec un faible nombre de répétitions (30-60 % de la 1-RM et 3-6 répétitions) exécutées à vitesse explosive et par l'entraînement classique de développement de force à savoir des charges modérées à lourdes avec un nombre relativement faible de répétitions (60-80 % de la 1-RM et 6-12 répétitions). Le tableau 9.2 résume les recommandations de l'ACSM concernant la charge, le volume (série et nombre de répétitions), vitesse des mouvements ainsi que la fréquence d'entraînement.

Si l'objectif de l'entraînement est d'augmenter la taille du muscle, le principal objectif des body-builders, alors il faut utiliser des charges modérées à lourdes avec un nombre de répétitions faible à modéré (70-100 % de la 1-RM et 1-12 répétitions).

Il est recommandé de prendre 2 à 3 minutes de repos ou plus entre chaque série lorsque des charges lourdes sont utilisées par des sujets débutants et 1 à 2 minutes pour les confirmés.

L'entraînement de force a connu un essor considérable entre 1940 et 1960. Il était admis, à cette époque, qu'il fallait répéter chaque série au moins 3 fois, pour obtenir les gains les plus substantiels de force et de volume musculaire. Ceci est aujourd'hui remis en question. Certains travaux conduisent à penser qu'une seule série peut être aussi efficace que plusieurs. En effet, les résultats de ces différentes études suggèrent qu'une seule série peut être efficace pour les sujets non entraînés pendant les 6 à 12 premiers mois et que plusieurs séries sont nécessaires pour des gains supplémentaires en force, en endurance, en puissance et en hypertrophie. Ces résultats sont importants pour la programmation d'entraînement de force. Par exemple, pour des sujets débutants, on peut réduire le temps total de travail ou varier les exercices au lieu de leur proposer plusieurs séries d'un même exercice. Ceci peut aussi être proposé aux sujets qui souhaitent juste maintenir un niveau suffisant de condition physique et ne sont pas intéressés par d'autres améliorations de la force.

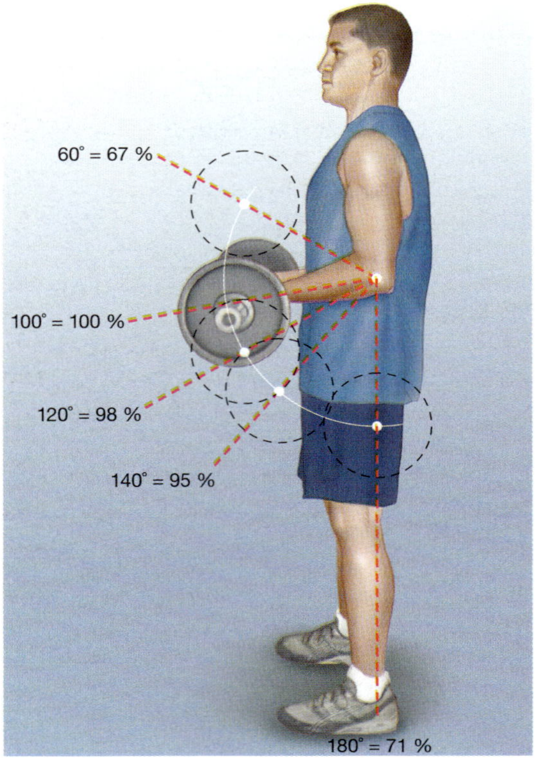

3.2 Les méthodes d'entraînement de la force

L'entraînement de force ou de musculation utilise des contractions isométriques ou dynamiques ou encore les deux. La contraction dynamique peut être concentrique ou excentrique en utilisant des charges libres, des charges variables, des machines isocinétiques ou des exercices pliométriques.

Figure 9.2

Variation de la force développée selon l'angle initial de flexion du coude lors d'un soulever de charge bras fléchis. La force est optimale pour un angle de 100°.

60° = 67 %
100° = 100 %
120° = 98 %
140° = 95 %
180° = 71 %

3.2.1 L'entraînement statique

L'**entraînement statique ou isométrique**, apparu au début du XXe siècle, est devenu de plus en plus populaire, en particulier vers les années 1950, à la suite des travaux réalisés par les scientifiques allemands. Ces auteurs ont montré que cet entraînement induisait des gains de force considérables, bien supérieurs à ceux obtenus par les exercices dynamiques. Même si les études ultérieures n'ont pas permis de reproduire ces résultats, les exercices statiques restent une forme d'entraînement particulièrement conseillée pour la ceinture abdominale (discuté plus tard dans ce chapitre) et pour augmenter la force de préhension[1]. De plus, cette forme d'exercice est également conseillée en rééducation post-chirurgicale, lorsque le membre est immobilisé et donc incapable de réaliser des exercices dynamiques. Les exercices statiques facilitent alors la récupération et limitent l'atrophie musculaire et la perte de force qui en résulte.

3.2.2 Charges libres et machines

Avec les charges libres comme les haltères et les barres, la résistance ou la charge soulevée demeure inchangée tout le long du mouvement. Si vous soulevez 50 kg, la charge reste toujours la même c'est-à-dire 50 kg. Par contre, la contraction musculaire induite par cette charge varie en suivant une courbe. La figure 9.2 explique ce processus lors d'un mouvement de flexion-extension du coude. La force maximale produite par les fléchisseurs du coude est observée approximativement pour un angle optimal de 100°. En deçà (60° flexion complète) et au-delà (180° extension complète) de cet angle, la force produite diminue et ne représente que 67 % et 71 %, respectivement, de la force maximale produite à 100°.

L'utilisation des charges libres à l'entraînement est limitée par l'angulation la plus faible du mouvement. Si la personne de la figure 9.2 est capable de soulever 45 kg à une angulation optimale de 100°, elle ne pourra soulever que 32 kg en extension maximale (180°). Par conséquent, avec les charges libres le travail est dur aux angulations extrêmes et modéré aux angulation moyennes comprises entre 90° et 140°. Lors d'un mouvement de flexion-extension du coude, les sujets ont tendance à réduire le chemin que parcourt la charge lorsque la fatigue apparaît. Ils évitent ainsi les angulations extrêmes du parcours de la charge. Finalement, avec les charges libres, la charge maximale qui peut être soulevée ne survient que pour un angle précis du mouvement ce qui signifie que les contractions maximales ne sont que très peu obtenues. Toutefois, les charges libres apportent certains avantages, notamment pour les spécialistes du domaine.

D'innombrables appareils et machines de musculation ont inondé le marché, depuis les années 1970. Ces appareils permettent de réaliser, en toute sécurité, des exercices difficilement réalisables avec des charges libres, une stabilisation du corps et limitent les extensions musculaires extrêmes, qui sont particulièrement néfastes pour le novice ou le débutant.

Toutefois, plutôt que d'utiliser les appareils de musculation, la plupart des athlètes adoptent les charges libres. Beaucoup d'entraîneurs pensent, en effet, que le port de charges libres offre plus d'avantages que l'utilisation des bancs de musculation. L'athlète doit contrôler la charge à soulever et pour cela doit recruter plus d'unités motrices pour solliciter non seulement les muscles choisis, mais aussi des muscles supplémentaires intervenant dans le contrôle de la barre et le maintien de l'équilibre. L'utilisation de charges libres permet, en outre, de se rapprocher plus facilement de l'activité de compétition.

L'utilisation des appareils de musculation ou des charges libres permettent des améliorations significatives de la force, de la puissance ou encore de l'hypertrophie. Ces améliorations sont spécifiques car l'utilisation des charges libres induit une amélioration supérieure aux tests utilisant des charges libres comparés à ceux utilisant des appareils de musculation et l'utilisation d'appareils de musculation induit une amélioration supérieure aux tests utilisant ce type d'appareil comparés à ceux utilisant des charges libres. Le choix des appareils ou des charges libres dépend du degré d'entraînement du sujet et des objectifs à atteindre.

3.2.3 L'entraînement excentrique

Une autre forme d'entraînement dynamique, appelé **entraînement excentrique**, sollicite le mode de contraction excentrique. En contraction excentrique, la force maximale développée par le muscle est d'environ 30 % supérieure à celle obtenue par une simple contraction concentrique (voir chapitre 1). Or, c'est en soumettant le muscle au stimulus le plus élevé qu'il est possible, théoriquement, d'obtenir les meilleurs gains de force avec l'entraînement.

À partir de cette notion théorique, les recherches actuelles n'ont pas permis de montrer que l'entraînement excentrique présentait un avantage supérieur à l'entraînement soit concentrique soit isométrique. Plus récemment, de nombreuses études bien standardisées ont montré l'intérêt d'associer, dans une même séance, des exercices excentriques et concentriques pour obtenir les meilleurs gains de force et de volume musculaires. De plus, les contractions excentriques sont importantes pour l'hypertrophie musculaire comme nous allons le voir dans le prochain chapitre.

Figure 9.3 Appareil de musculation à résistance variable

Une came est utilisée pour modifier la résistance opposée au fur et à mesure du mouvement.

performant s'il travaille à un pourcentage élevé et constant de sa force maximale tout au long du mouvement. La figure 9.3 illustre ce dispositif. Comme noté précédemment, il existe des avantages et des inconvénients concernant l'utilisation de ce type d'appareil de musculation.

3.2.5 L'entraînement isocinétique

L'**entraînement isocinétique** est réalisé sur des appareils qui permettent de garder la vitesse d'exécution du mouvement constante quelle que soit la force appliquée (figure 9.1). La vitesse du mouvement ou vitesse angulaire varie de 0°/s (contraction isométrique) à 300°/s ou plus. Théoriquement, un sujet motivé peut contracter son muscle à son maximum tout le long du mouvement.

3.2.6 L'entraînement pliométrique

Une forme relativement récente d'entraînement de type dynamique, la **pliométrie**, ou entraînement avec rebonds, est devenue particulièrement populaire à la fin des années 1970 et au début des années 1980. Proposée pour combler le fossé séparant l'entraînement de force et de vitesse, cette méthode utilise le réflexe d'étirement pour augmenter le recrutement d'unités motrices supplémentaires. Il consiste à solliciter à la fois la composante élastique et la composante contractile du muscle. À titre d'exemple, le développement de la force et de la puissance musculaire des extenseurs des genoux peut se travailler en sautant d'un tabouret, réception au sol en flexion, immédiatement suivie d'une extension avec contraction maximale de ces muscles. La figure 9.4 en est une illustration. L'individu saute à terre, se réceptionne en position accroupie et rebondit en un mouvement explosif. De nombreuses variations peuvent être proposées incluant des sauts répétés sur le tabouret ou des

3.2.4 Les charges variables

Il existe des appareils à **charges variables** qui adaptent la résistance ou la charge en fonction des points faibles et des points forts du mouvement. Ce mécanisme est utilisé par de nombreuses machines de musculation. La théorie sous-jacente est que l'entraînement du muscle sera d'autant plus

Figure 9.4 Saut plyométrique

rebonds avec des bracelets lestés aux chevilles. La pliométrie permet d'allier l'entraînement de vitesse et de force en utilisant l'étirement réflexe pour faciliter le recrutement des unités motrices. Ce type d'entraînement permet aussi de stocker de l'énergie au niveau des composantes élastiques et contractiles des muscles lors de la phase excentrique, énergie qui est restituée lors de la phase concentrique.

3.2.7 L'électrostimulation

Un muscle peut être stimulé à l'aide d'un courant électrique qui lui est délivré soit directement soit par l'intermédiaire de son nerf moteur.

Cette technique appelée entraînement par **électrostimulation** s'est montrée très efficace sur le plan clinique. Elle est utilisée pour limiter la perte de force et de taille musculaire, pendant les périodes d'immobilisation et pour les restaurer, pendant la rééducation. Elle est aussi utilisée expérimentalement, à titre d'entraînement, chez des sujets en pleine santé, dont des athlètes, car elle est susceptible d'augmenter la force musculaire.

Les gains ne sont pourtant pas supérieurs à ceux obtenus par un entraînement plus traditionnel. Les athlètes utilisent cette technique en complément de leur programme d'entraînement habituel mais il n'est pas du tout évident qu'ils obtiennent ainsi des gains supplémentaires en force, en puissance ou en performance.

3.2.8 Le « core training » ou l'entraînement de stabilité du tronc

Le terme « core training », littéralement « entraînement du centre, du noyau » est un programme d'entraînement constitué d'exercices visant à renforcer les muscles posturaux fonctionnels qui sont responsables de la stabilité de la colonne vertébrale. Ces muscles sont fondamentaux dans les activités sportives pour obtenir une force fonctionnelle de transmission entre les différentes chaînes musculaires des membres inférieurs et supérieurs.

Ces dernières années, le renforcement musculaire des ceintures pelvienne et scapulaire appelé communément « gainage » a pris une importance considérable. Même si concernant les structures anatomiques précises qui constituent le « core », les avis sont toujours divergents, un consensus se dégage. Ce type d'entraînement concernerait un ensemble de groupes musculaires qui soutiennent le complexe lombo-pelvien-hanche pour stabiliser la colonne vertébrale, la ceinture pelvienne et la chaîne cinétique durant le mouvement fonctionnel; il s'agit des : transverse abdominal, oblique interne et externe, érecteur de la colonne, psoas iliaque, biceps fémoral, adducteurs, grand fessier et droit abdominal.

Historiquement, ce type d'entraînement a été proposé dans le cadre de la rééducation, plus spécifiquement pour soulager les douleurs lombaires mais il a également fait ses preuves pour la performance physique. En théorie, une meilleure stabilité du tronc devrait être bénéfique pour la performance physique, cette base solide permettant une meilleure production de force et un meilleur transfert de cette dernière aux extrémités. Par exemple, lors d'un lancer de balle, une bonne stabilité abdominale permet un meilleur rendement biomécanique pour la transmission des forces à la balle et permet une bonne stabilité du membre controlatéral. Le principe du « core training » est de permettre une stabilité proximale pour une meilleure mobilité distale.

Très peu d'études se sont intéressées aux effets de ce type d'entraînement sur la performance sportive. Une des raisons est le manque de tests standardisés pour évaluer avec pertinence la force et la stabilité des muscles du tronc. De plus, les études existantes se sont intéressées à des sujets blessés et non à des sportifs valides. Toutefois, il est démontré que ce type d'entraînement permet de réduire la survenue des blessures notamment au niveau du bas du dos. L'explication physiologique de ces résultats repose sur l'amélioration de la sensibilité des fuseaux musculaires permettant ainsi une meilleure préparation des articulations à supporter des charges supérieures lors des mouvements en les protégeant d'éventuelles blessures[9].

Plusieurs types d'exercices existent pour améliorer la stabilité du tronc incluant le travail d'équilibre et d'instabilité (exemple avec le médecine ball). Comme les muscles qui permettent la stabilité et l'équilibre sont composés essentiellement de fibres musculaires de type I, un entraînement composé de plusieurs exercices avec beaucoup de répétitions serait adéquat[2]. Le yoga, la méthode pilates, le tai-chi et le travail avec le médecine ball sont fréquemment utilisés dans les programmes d'entraînement des athlètes afin d'améliorer leur équilibre et leur force. Des études supplémentaires sont cependant nécessaires pour d'une part déterminer les bénéfices de ce type d'entraînement et d'autre part de comprendre les mécanismes sous-jacents.

Résumé

> Afin que l'entraînement soit bien adapté, il est fortement conseillé pour chaque athlète de bien en définir préalablement les objectifs.

> L'entraînement avec des charges lourdes et peu de répétitions développe la force tandis qu'un entraînement fait de charges modérées mais longuement répétées améliore surtout l'endurance musculaire.

> La périodisation, qui consiste à faire varier les différents paramètres de l'entraînement, doit permettre de limiter les phénomènes de surentraînement et d'épuisement. En général, elle consiste à diminuer le volume d'entraînement lorsque l'intensité de celui-ci est augmentée.

> L'entraînement en musculation peut utiliser des contractions isométriques ou dynamiques. Ces dernières peuvent être obtenues en utilisant des charges libres, des charges variables, de l'isocinétisme et la pliométrie.

> Les larges groupes musculaires doivent être entraînés avant les plus petits. Utilisez les exercices multi-articulaires avant les mono-articulaires et les intensités fortes avant les intensités faibles.

> Entre les exercices, des périodes de récupérations de 2 à 3 minutes sont nécessaires pour le débutant ou le sportif moyennement entraînés dans le domaine de la musculation, pour les experts 1 à 2 minutes suffisent.

> La capacité d'un muscle ou d'un groupe de muscles à générer de la force dépend du mouvement réalisé.

> Les appareils de musculation ainsi que les charges libres peuvent être utilisés par le novice et le débutant. L'expert utilise exclusivement les charges libres.

> L'électrostimulation peut être utilisée avec succès pour la réhabilitation des athlètes mais n'apporte pas de bénéfices supplémentaires à l'entraînement en musculation chez les athlètes non-blessées.

> Les exercices permettant d'améliorer la stabilité abdominale peuvent être bénéfiques pour la performance en apportant les bases pour produire plus de force et plus de transfert vers les extrémités tout en stabilisant d'autres parties du corps. Toutefois, les études scientifiques sont encore trop peu nombreuses pour permettre de conclure formellement sur les effets bénéfiques de ce type d'entraînement.

4. Planification des programmes d'entraînement aérobie et anaérobie

Les programmes d'entraînement visant à développer la puissance aérobie et anaérobie diffèrent les uns des autres, surtout aux extrêmes (par exemple, s'entraîner pour un 100 m course ou pour un marathon de 42,2 km). Le tableau 9.3 montre les différences de contribution d'énergie des voies aérobies et anaérobies dans les courses. Ces données sont applicables à la majorité des sports. On remarque que pour les sprints courts il faut développer en priorité le système ATP-PCr, pour les sprints longs et le demi-fond il faut développer le métabolisme glycolytique et pour les longues distances le métabolisme oxydatif. La puissance anaérobie est représentée par le système ATP-PCr et le système glycolytique alors que la puissance aérobie est représentée par le système oxydatif. Notez bien que quelle que soit la distance, au moins deux systèmes devront être développés.

Différents types de programmation d'entraînement peuvent être utilisés pour développer d'une façon spécifique les qualités requises d'un sport donné. Nous allons décrire les méthodes d'entraînement les plus populaires.

Tableau 9.3 Entraînement périodique de force/puissance lors de 2 cycles annuels

Variable	Phase I, hypertrophie	Phase II, force	Phase III, puissance	Phase IV, affûtage	Récupération active
Séries	3 à 5	3 à 5	3 à 5	1 à 3	activités variées ou légères
Répétitions	8 à 20	2 à 6	2 à 3	1 à 3	
Intensité	Faible	Élevée	Élevée	Très élevée	entraînement avec charges
Durée	6 semaines	6 semaines	6 semaines	6 semaines	2 semaines

D'après Stone, O'Bryant et Garhammer (1991).

4.1 L'intervalle-training ou entraînement intermittent

L'**entraînement par intervalles ou entraînement fractionné** qu'on peut aussi appeler « interval-training ou entraînement intermittent » remonte au moins aux années 1930. L'entraînement par intervalles consiste à répéter des exercices à une intensité élevée à modérée entrecoupés par des périodes de repos passif ou à une intensité légère. Les études scientifiques dans ce domaine ont montré que cette méthode permet de réaliser un plus grand volume de travail que l'entraînement continu.

Le vocabulaire utilisé dans l'entraînement par intervalle ressemble à celui de l'entraînement de force ou de musculation. On retrouve les termes : série, répétition, temps d'entraînement distance et fréquence d'entraînement, intensité, temps d'exercice et de repos, récupération passive ou active. L'entraînement intermittent utilise souvent ces différents termes comme l'illustre l'exemple suivant :

- Série 1 : 6 × 400 m en 75 s (récupération = 90 s de course légère) ;
- Série 2 : 6 × 800 m en 180 s (récupération = 200 m en marchant).

Figure 9.5

Un coureur à pied équipé d'un système d'enregistrement continu de la fréquence cardiaque. L'activité électrique du cœur est enregistrée au niveau de la ceinture thoracique et transmise à un système de mémoire porté au niveau du poignet. Après la course, l'enregistrement est décodé et interprété.

Lors de la première série, l'athlète doit réaliser six répétitions de 400 m en 75 s et récupérer 90 s sous forme de jogging léger. Pour la seconde série, il doit réaliser six répétitions de 800 m en 180 s et récupérer 200 m en marchant.

Traditionnellement, l'intervalle-training est utilisé en course à pied ou en natation mais il est approprié pour toutes les autres activités sportives. Effectivement, on peut l'adapter en sélectionnant d'abord le mode d'entraînement puis ensuite manipuler les variables suivantes :

- l'intensité et la durée de l'intervalle de travail ;
- la distance de l'intervalle de travail ;
- le nombre de répétitions et de séries pour chaque séance d'entraînement ;
- la durée de récupération ;
- la forme de récupération ;
- la fréquence d'entraînement par semaine.

4.1.1 Intensité et durée de l'intervalle de travail

L'intensité de l'intervalle de travail peut être soit une durée donnée pour une distance donnée, comme dans l'exemple précédent (75 s pour chaque 400 m), soit un pourcentage de la fréquence cardiaque maximale ($F_{C\,max}$) de l'athlète. Proposer une durée donnée est plus pratique particulièrement pour les sprints courts. Ceci peut être réalisé, tout simplement, en utilisant le meilleur temps réalisé par l'athlète sur la distance et en déduire la durée correspondant au pourcentage auquel il souhaite travailler. Bien évidemment, le meilleur temps sur la distance correspond à 100 %. Par exemple, pour développer le système ATP-PCr, l'intensité est

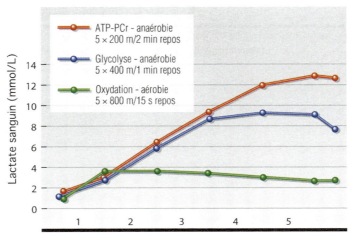

Figure 9.6

Concentrations en lactate sanguin chez un coureur soumis à un set de cinq répétitions d'intervalle et de rythme différents, chacun effectué un jour différent et correspondant au rythme approprié à l'entraînement de chaque système énergétique.

presque maximale (90-98 %), pour développer le système glycolytique elle doit être très élevée (80-95 %) et pour le système oxydatif, l'intensité doit être modérée à élevée (75-85 %). Ces données ne sont qu'approximatives et dépendent du potentiel et du niveau de l'athlète, de la durée de l'intervalle, du nombre de répétitions et de séries ainsi que de la durée et du mode de récupération.

L'utilisation d'un pourcentage donné de $F_{C\,max}$ est un meilleur index car il fait intervenir le vrai ressenti de l'athlète en termes de stress physiologique. Des cardiofréquencemètres relativement peu onéreux sont actuellement disponibles sur le marché (figure 9.5). La $F_{C\,max}$ peut être déterminée en utilisant un cardiofréquencemètre et en réalisant une course à vitesse maximale en laboratoire (comme décrit dans le chapitre 7) ou sur le terrain. Pour développer le système ATP-PCr ou le système glycolytique l'entraînement doit être réalisé à des intensités très élevées de la $F_{C\,max}$ de l'athlète (90-100 % de $F_{C\,max}$). Pour développer le système aérobie, l'intensité doit être modérée à élevée (70-90 % de $F_{C\,max}$).

La figure 9.6 montre les variations des concentrations sanguines de lactate d'un coureur ayant réalisé trois séances d'entraînement à des intensités différentes et à des jours différents. La première séance visait le développement du système ATP-PCr (5 × 200 m, récupération = 2 min), la seconde le système glycolytique (5 × 400 m, récupération = 1 min) et la troisième séance visait le développement du système aérobie (5 × 800 m, récupération = 15 s). Le prélèvement sanguin pour l'analyse du lactate a été réalisé à la fin de chaque séance d'entraînement.

4.1.2 Distance de l'intervalle de travail

La distance de l'intervalle de travail est déterminée en fonction des exigences de l'épreuve, du sport ou de l'activité pratiquée. Par exemple, les sprinters en athlétisme, les basketteurs ou encore les footballeurs utilisent des courtes distances allant de 30 m à 200 m. Toutefois, un spécialiste de 200 m peut s'entraîner sur des distances dépassant celle de son épreuve. Un spécialiste de 1 500 m, s'entraîne sur des distances aussi courtes que 200 m pour développer sa vitesse mais la plupart du temps il court sur des distances allant de 400 m à 1 500 m ou plus pour développer son endurance et améliorer sa résistance à la fatigue pendant la course.

4.1.3 Nombre de répétitions et de séries pour chaque séance d'entraînement

Le nombre de répétitions et de séries est lui aussi déterminé en fonction des exigences de l'épreuve, du sport ou de l'activité pratiquée. Généralement, plus l'intervalle est court et intense, plus le nombre de répétitions et de séries et élevé. Inversement, plus l'intervalle est long en distance et en durée, plus le nombre de répétition et de séries est réduit.

4.1.4 Durée de récupération

La durée de récupération dépend des capacités et des aptitudes de l'athlète et comment il ou elle récupère. La durée de la récupération est mieux déterminée en utilisant la fréquence cardiaque comme indicateur. Pour les jeunes sportifs (30 ans et moins), la F_C doit être comprise entre 130 et 150 battements par minute (bts/min) avant l'intervalle de travail suivant. Pour les sujets plus âgés, sachant que la $F_{C\,max}$ baisse d'environ 1 % par an, il faut soustraire la différence d'âge, par rapport à 30 ans, de 130 et 150. Par exemple, pour un sujet âgé de 45 ans on doit soustraire 15 bts/min pour obtenir la fourchette de récupération c'est-à-dire 115-130 bts/min. La récupération entre les séries est obtenue en utilisant le même mode de calcul, mais généralement la F_C doit être en dessous de 120 bts/min.

4.1.5 Forme de récupération

La forme de récupération peut varier : elle peut être complète ou incomplète, passive ou active. Dans ce dernier cas, le sujet récupère en marchant doucement ou rapidement ou encore en courant. En piscine, il est recommandé de nager lentement pendant la récupération. Dans certains cas, la récupération doit être passive est complète. Généralement, plus l'intensité de l'intervalle de travail est élevée plus celle de la récupération est basse. Plus le sportif élève son niveau de pratique plus, il ou elle, est capable d'augmenter l'intensité de l'intervalle de récupération et de baisser sa durée ou encore les deux.

4.1.6 Fréquence d'entraînement par semaine

La fréquence d'entraînement dépend généralement du niveau de pratique. Les sprinters ou les demi-fondeurs de haut niveau s'entraînent généralement cinq à sept fois par semaine ou plus. Toutefois, l'ensemble de leur entraînement n'est pas seulement composé de séances utilisant l'intervalle-training. Les nageurs utilisent essentiellement ce type d'entraînement. Les spécialistes de sports collectifs peuvent bénéficier de ce type d'entraînement s'il est utilisé deux à quatre fois par semaine dans le but d'améliorer la condition physique.

4.2 L'entraînement continu

L'**entraînement continu** est réalisé en une seule répétition sans intervalle de repos. Ce type d'entraînement est généralement utilisé pour développer le système oxydatif et glycolytique. L'entraînement continu à haute intensité est réalisé à environ 85 %-95 % de la $F_{C\,max}$ du sportif. Pour les nageurs et les coureurs à pied cette intensité est très proche de celle de la compétition. Cette intensité correspond souvent à celle du seuil lactique 2 de l'athlète ou légèrement supérieure. Des études scientifiques ont clairement démontré que la vitesse moyenne des marathoniens sur le marathon est relativement proche de celle de leur seuil lactique 2.

L'**entraînement continu à basse intensité** a été inventé par le Dr Ernst Van Auken, physicien et entraîneur, dans les années 1920 et popularisé dans les années 1960. Il consiste à s'entraîner à des intensités relativement basses entre 60 % et 75 % de $F_{C\,max}$ ce qui correspond à environ 50 %-75 % de $\dot{V}O_2max$. L'objectif est de parcourir la plus grande distance possible sans se soucier de l'intensité. Les spécialistes de longues distances peuvent parcourir en un seul entraînement 25 à 50 km et en une semaine 160 à 320 km. La vitesse moyenne de course est largement inférieure à celle de la compétition. Ce type d'entraînement est moins stressant pour le système cardiorespiratoire mais peut engendrer des problèmes musculaires et articulaires. Généralement, pour réaliser une bonne performance, les coureurs doivent courir régulièrement à un niveau proche de la vitesse de compétition afin de renforcer la musculature de leurs jambes et d'adapter leur organisme à cette sollicitation. Par conséquent, les sportifs doivent varier leurs entraînements d'un jour à l'autre, d'une semaine à l'autre et d'un mois à l'autre.

L'entraînement continu à basse intensité est probablement le plus populaire et le plus approprié pour acquérir les bases d'une bonne santé et pour développer l'endurance aérobie des non-athlètes. Ce type d'entraînement est aussi approprié pour les spécialistes de sports collectifs pour maintenir un niveau d'endurance adéquat pendant et hors saison sportive. Un entraînement plus vigoureux n'est pas conseillé pour les sujets âgés et les sédentaires.

Le **fartlek** ou jeu d'allures est une autre forme d'entraînement continu. Cette méthode a été développée en Suède dans les années 1930 et a été utilisée en premier par les spécialistes de longues distances. Les coureurs varient leur allure selon leur convenance, soit ils accélèrent soit ils ralentissent. L'objectif principal de cette forme d'entraînement ludique est de se faire plaisir sans se soucier de la durée ou de la distance à parcourir. Généralement, le fartlek est réalisé en forêt ou en sous-bois là où le relief est varié. Plusieurs entraîneurs utilisent le fartlek comme supplément aux autres types d'entraînement.

4.3 L'entraînement par intervalle-circuit

Inventé par les scandinaves dans les années 1960 et 1970, l'entraînement par **intervalle-circuit** combine un circuit-training et un entraînement fractionné en même temps. Le parcours peut faire 3 à 10 km avec une base tous les 400 m ou 1 600 m. À chaque base, l'athlète réalise des exercices, similaires à ceux d'un circuit-training classique, pour développer la force, la souplesse ou l'endurance musculaire puis soit il jogge, court ou sprinte jusqu'à la base suivante. Ce type d'entraînement est souvent réalisé en forêt.

4.4 L'entraînement par intervalle à haute intensité (EIHI)

Pour augmenter la puissance maximale aérobie, les physiologistes de l'exercice recommandaient classiquement l'un des trois types d'entraînement suivant : l'entraînement continu à des intensités modérées à élevées, l'entraînement de longue durée réalisé à des intensités faibles ou encore l'entraînement par intervalle. Toutefois, de plus en plus d'études scientifiques récentes suggèrent que l'**entraînement par intervalle à haute intensité (EIHI)**, souvent plus connu sous le nom anglophone HIIT (High Intensity-Interval Training), représente un type d'entraînement efficace et moins coûteux en temps, induisant de nombreuses adaptations généralement associées à l'entraînement d'endurance traditionnel. Des chercheurs de l'Université de McMaster (Canada) ont étudié les effets d'un entraînement à haute intensité sous forme de répétitions d'exercices très intenses sur bicyclette ergométrique (test de Wingate de 30 s) entrecoupés de périodes de récupération à faible intensité[5]. L'intensité lors du test de Wingate représente deux à trois fois celles permettant d'atteindre $\dot{V}O_2max$.

Un EIHI typique consiste à réaliser 4 à 6 répétitions de sprints de 30 s sur ergocycle à intensité maximale, séparées par quelques minutes de récupération. Par conséquent, le temps total effectif d'exercice n'est que de 2 à 3 minutes pour une durée totale d'environ 20 minutes. Plusieurs études ont maintenant confirmé que réaliser environ 6 séries de ce type d'exercice pendant 2 semaines peut améliorer significativement le potentiel aérobie chez les sujets non-entraînés. Le caractère particulier de ce type d'entraînement réside dans le temps qui lui y est consacré qui n'est que de 2 h 30 min par semaine, ce qui représente un atout majeur pour les personnes très occupées[4].

> **PERSPECTIVES DE RECHERCHE 9.2**
>
> ## Le modèle d'intervalles 10-20-30 secondes
>
> Chez les sujets sédentaires, l'entraînement induit des améliorations significatives de $\dot{V}O_2$max *via* des adaptations du système cardiovasculaire et de l'activité des enzymes oxydatives. À l'inverse, chez les sujets entraînés, une intensité proche de celle atteinte à $\dot{V}O_2$max est nécessaire pour améliorer davantage le potentiel aérobie (notamment $\dot{V}O_2$max) et la performance. Plusieurs études récentes se sont intéressées aux effets de l'entraînement par intervalle à haute intensité (EIHI) (qui s'accompagne d'une réduction du volume d'entraînement) sur la $\dot{V}O_2$max et la performance chez des athlètes très entraînés.
>
> Un des types d'EIHI est représenté par le *concept 10-20-30*. Ce type d'EIHI consiste à réaliser pendant 5 min, 30 s de course à faible vitesse (30 % vitesse maximale), 20 s à vitesse modérée (60 % de la vitesse maximale) et 10 s à vitesse très élevée (> 90 % de la vitesse maximale). Des chercheurs danois de Copenhague ont évalué les effets d'un entraînement utilisant ce type d'EIHI sur la performance en endurance, sur les adaptations cardiovasculaires et sur la santé en général, chez des sujets très entraînés[6]. Dans un premier temps, ils ont tout d'abord recherché les facteurs pouvant expliquer les éventuelles améliorations de $\dot{V}O_2$max. En d'autres termes, ces éventuelles améliorations seraient-elles dues aux adaptations cardiovasculaires (centrales) ou musculaires (périphériques). Pour tester cette hypothèse, pendant 7 semaines à raison de 3 séances par semaine, un groupe de sujets a continué à s'entraîner normalement, tandis que le deuxième s'est vu proposer le protocole spécifique 10-20-30 pendant 30 min La $\dot{V}O_2$max et la performance ont été mesurées avant et après les 7 semaines d'entraînement. Des biopsies musculaires ont également été réalisées afin de mesurer certaines protéines membranaires ainsi que l'activité des enzymes oxydatives. Des marqueurs de santé ont aussi été mesurés comme la pression artérielle de repos ou encore la cholestérolémie.
>
> Le groupe entraîné selon le concept 10-20-30 a amélioré sa $\dot{V}O_2$max de 4 % et ses performances sur 1 500 m et 5 000 m malgré une réduction du temps d'entraînement d'environ 50 %. Ces athlètes ont également vu baisser leur pression artérielle de repos et leur cholestérolémie (cholestérolémie totale et sous fraction du cholestérol). Aucun effet n'a été noté dans l'autre groupe. Ces différents résultats suggèrent que le l'EIHI réalisé selon le concept 10-20-30 est capable d'améliorer $\dot{V}O_2$max, la performance ainsi que certains marqueurs de santé chez les sujets entraînés.
>
> Le même groupe de chercheurs avait déjà démontré une augmentation de certaines protéines membranaires, de certains transporteurs ainsi qu'une augmentation de l'activité enzymatique oxydative chez des athlètes très entraînés ayant réalisé un EIHI[8]. Les 7 semaines d'EIHI à base de 10-20-30 n'ont pas induit d'adaptations musculaires périphériques similaires suggérant que l'augmentation de $\dot{V}O_2$max avec le 10-20-30 serait due à des adaptations centrales, notamment une augmentation du débit cardiaque.
>
> Pour les sujets qui manquent de temps, le concept 10-20-30 est facilement réalisable et améliore à la fois la santé cardiovasculaire et la performance. Ce type d'entraînement pourrait aussi être bénéfique pour les athlètes qui souhaitent réduire leur volume d'entraînement avant une compétition, sans baisse de $\dot{V}O_2$max et de performance. De plus, comme le concept 10-20-30 est réalisé à la vitesse relative de chaque individu, n'importe quelle personne peut l'utiliser.

Les sujets entraînés ou les athlètes spécialistes d'endurance peuvent-ils tirer des bénéfices de ce type d'entraînement ? Plusieurs études ont montré que l'ajout de séances de type EIHI à l'entraînement aérobie classique caractérisé par un volume très élevé peut améliorer davantage la performance[4]. En effet, des cyclistes très entraînés ayant remplacé seulement 15 % de leur temps d'entraînement classique par de l'EIHI, ont amélioré leur puissance pic ainsi que le temps lors d'un contre la montre de 4 km. Cette amélioration était visible au bout de seulement 4 semaines comprenant 6 séances EIHI. Gibala et Jones (2013) recommandent pour les athlètes spécialistes d'endurance, de consacrer 75 % de leur temps à s'entraîner sous forme continue à faible intensité et de consacrer 10 à 15 % sous forme EIHI.

Même si chaque répétition fait appel au métabolisme anaérobie, l'effet global de la séance EIHI est d'induire des adaptations similaires à celles de l'entraînement en endurance mais avec un temps et un travail fourni moindre. Les études ayant comparé les EIHI aux entraînements classiques d'endurance avec un volume très élevé ont montré des améliorations similaires de $\dot{V}O_2$max associées à des améliorations cellulaires qui témoignent de l'augmentation de l'aptitude aérobie chez des sujets non-entraînés. Les adaptations sont différentes chez les athlètes de très haut niveau. Ces adaptations sont détaillées dans le chapitre 11.

PERSPECTIVES DE RECHERCHE 9.3

L'entraînement par intervalle à haute intensité (EIHI) dans les sports collectifs

Une des grandes bases scientifiques de l'entraînement des athlètes repose sur le principe d'individualisation. Toutefois, il est très difficile pour les entraîneurs d'établir une programmation d'entraînement qui permet, à la fois d'améliorer les qualités spécifiques à une activité physique et sportive, tout en maintenant les autres, sans provoquer du surentraînement. L'ajout d'EIHI au traditionnel entraînement d'endurance a connu un grand succès pour ses bénéfices sur la performance[6-8]. Toutefois, la majorité de ces études se sont intéressées à des coureurs à pied et non à des participants de sports collectifs.

Dans cette population de coureurs, il a été démontré que l'EIHI augmente l'expression de certains transporteurs membranaires musculaires clés (monocarboxylate 1 ou MCT1) ainsi que des sous-unités de la pompe sodium-potassium (notamment l'échangeur sodium-hydrogène ou NHE1) expliquant ainsi, au moins en partie, l'amélioration de la performance[7]. Ces adaptations permettent de réduire l'accumulation des ions hydrogène à l'intérieur de la cellule, retardant ainsi la fatigue. De plus, les changements d'expression de certaines sous unités des pompes sodium-potassium sont cruciaux pour le maintien du gradient cellulaire en potassium. La réduction de ce gradient représente le mécanisme clé qui contribue à la fatigue pendant l'exercice à haute intensité d'une durée allant de 5 à 20 minutes. Les mêmes chercheurs ont essayé de voir si les mêmes bénéfices (agissant *via* les mêmes mécanismes) seraient possibles chez des joueurs de football de haut niveau. Pour se faire, un groupe de footballeurs de haut niveau a été testé avant et après un programme d'EIHI de 5 semaines. Ces footballeurs appartenaient à une équipe de deuxième division danoise s'entraînant en moyenne 3,5 heures et jouant un match par semaine. L'EIHI consistait à réaliser des exercices sans ballon en réalisant des intervalles de 6 à 9 répétitions de 30 s par semaine à une intensité avoisinant 90-95 % de $\dot{V}O_2max$. Le nombre d'intervalles réalisés augmentait chaque semaine. La performance était évaluée par un test de sprint, un test d'agilité et par le Yo-Yo Intermittent Recovery Test niveau 2 (Yo-Yo IR2). Ce dernier test consiste à réaliser des courses de 20 m en navette à des vitesses qui augmentent progressivement. En plus de ces tests, des biopsies musculaires au niveau du vaste externe ont été réalisées ainsi que des mesures de $\dot{V}O_2max$.

Les joueurs ayant suivi le protocole d'EIHI ont augmenté leur performance au Yo-Yo IR2 de 11 % alors que celle en sprint et en agilité n'a pas été modifiée. Les analyses biopsiques ont montré une augmentation de 9 % des MCT1 ce qui a probablement aidé à réduire l'accumulation intracellulaire des ions hydrogène. Paradoxalement, la sous-unité β de l'échangeur sodium-hydrogène a baissé de 13 % alors que les autres sous-unités sont restées inchangées. Les divergences de résultats entre footballeurs et coureurs à pied peuvent s'expliquer par le programme d'entraînement utilisé ou encore par le fait que ces joueurs de football avaient déjà atteint le pic optimal des échangeurs sodium-hydrogène. Par ailleurs, après l'EIHI, la $\dot{V}O_2max$ des joueurs n'était pas modifiée mais la $\dot{V}O_2$ à 10 km/h était diminuée, suggérant une amélioration de l'économie de course.

Les résultats de cette étude fournissent les bases de l'utilisation de l'EIHI dans les sports collectifs, sports nécessitant des efforts à haute intensité pendant une longue durée. Ces résultats permettent également de mieux comprendre les mécanismes cellulaires et moléculaires qui sous-tendent les améliorations de performance observées en réponse à ce type d'entraînement spécifique (augmentation des transporteurs membranaires MCT1 qui réduisent l'accumulation des ions hydrogènes au sein de la cellule musculaire).

Résumé

> Les programmes d'entraînement visant à développer la puissance aérobie et anaérobie sollicitent les trois filières énergétiques : le système ATP-PCr, le système glycolytique et le système oxydatif.

> L'entraînement aérobie par intervalles comporte la répétition d'exercices d'intensité modérée à élevée séparés de brèves périodes de récupération active ou passive. Pour les intervalles courts, l'intensité de la période travail ainsi que le nombre de répétition sont relativement élevés et la période de récupération est souvent courte. C'est le contraire dans le cas d'intervalles longs.

> L'intensité de travail ainsi que celle de la récupération peut être contrôlée par un cardiofréquencemètre.

> L'entraînement par intervalle est approprié pour toutes les activités sportives. La durée et l'intensité des intervalles dépendent des exigences de la spécialité sportive.

> Comme son nom l'indique, l'entraînement continu ne comporte aucune phase de repos, il peut être d'intensité élevée ou faible. L'entraînement continu de longue durée et de faible intensité est très populaire.

> Le Fartlek ou jeu d'allures est un excellent entraînement pour récupérer de plusieurs jours d'entraînement intense.

> L'entraînement par intervalle-circuit est une combinaison d'entraînement par intervalle et de circuit-training.

> L'entraînement par intervalle à haute intensité (EIHI) représente un type d'entraînement efficace et moins coûteux en temps induisant les mêmes adaptations que l'entraînement d'endurance traditionnel. En plus du fait qu'il ne prend pas beaucoup de temps pour être réalisé, il peut apporter une certaine variété dans l'entraînement.

5. Conclusion

Dans ce chapitre, nous avons étudié les principes fondamentaux de l'entraînement physique ainsi que la terminologie utilisée pour les décrire. Nous avons aussi détaillé les facteurs qui permettent de bien programmer l'entraînement visant à développer la force, la puissance aérobie ou anaérobie. Avec ces différentes données nous pouvons maintenant nous concentrer sur les adaptations de l'organisme à ces différents types d'entraînement. Dans le prochain chapitre nous verrons comment l'organisme s'adapte à l'entraînement en musculation.

Mots-clés

1-répétition maximale (1RM)
électrostimulation
endurance musculaire
entraînement (isométrique) statique
entraînement avec charges variables
entraînement continu
entraînement continu à basse intensité
entraînement fractionné
entraînement excentrique
entraînement isocinétique
entraînement par intervalle
entraînement par intervalle à haute intensité (EIHI)
fartlek
force
hypertrophie
intervalle-circuit
plyométrie
principe d'alternance travail / repos
principe d'individualisation
principe de périodicité
principe de progressivité
principe de réversibilité
principe de spécificité
puissance
puissance aérobie
puissance anaérobie

Questions

1. Définissez et différenciez les termes de force, puissance et endurance musculaire. Quel rôle joue chacun de ces composants dans la performance athlétique ?

2. Définissez les termes de puissance aérobie et anaérobie. Quel est leur rôle dans la performance athlétique ?

3. Décrivez, en donnant des exemples, les principes d'individualité, de spécificité, de réversibilité, de progressivité, d'alternance, et de périodisation.

4. Quels sont les critères importants à considérer dans la programmation d'un entraînement de force ?

5. Quelle est la charge et le nombre de répétions appropriées pour développer la force, l'endurance musculaire, la puissance musculaire et l'hypertrophie ?

6. Quel est le nombre de série optimal pour développer la force ? Comment varie-t-il avec le niveau de pratique ?

7. Décrivez les différents types d'entraînement en musculation et expliquez les avantages et les inconvénients de chacun.

8. Quel type de programmation d'entraînement est le plus approprié pour un sprinter, un marathonien et un footballeur ?

9. Décrivez les différentes formes d'entraînement continu et par intervalle et expliquez les avantages et les inconvénients de chacune. Donnez des exemples d'activités sportives pouvant bénéficier de ces différentes formes d'entraînement.

Adaptations à l'entraînement de force

10

Lorsqu'il est décédé le 13 septembre 2013, à l'âge de 84 ans, très peu de fans avaient entendu parler de Jim Bradford. Cet afro-américain, a passé le plus clair de son temps à travailler tranquillement dans l'ombre, à la bibliothèque du Congrès comme chercheur et relieur. Aux jeux olympiques d'Helsinki et de Rome respectivement en 1952 et 1960, Bradford a gagné la médaille de bronze en haltérophilie dans la catégorie des lourds. Bien que célèbre dans sa ville de Washington, il ne l'était pas sur le plan national. Pour participer aux jeux olympiques, Bradford devait prendre un congé sans solde, ce qui est impensable de nos jours. « Je suis retourné au travail et c'est tout. Et c'est reparti pour les cours »[2].

Pendant ses années de lycée, Jim Bradford s'est surnommé « boule de beurre – butterball en anglais » lorsqu'il a commencé à soulever des poids en s'inspirant d'histoires lues dans des magazines traitant d'haltérophilie. Il a démarré par une paire d'haltères et s'entraînait chez lui, au second étage, avant d'aller pratiquer en salle de musculation comme le lui ont demandé ses parents. Là-bas, il a développé un style unique d'haltérophilie où il gardait ses jambes jointes et courbait son dos seulement lorsqu'il soulevait la barre au-dessus de sa tête. Il a développé cette technique pour la simple raison qu'il craignait de laisser tomber la barre au sol, de l'abîmer et d'être renvoyé de la salle[2] !

Plan du chapitre

1. Entraînement en musculation et gains en aptitude musculaire   244
2. Mécanismes responsables des gains de force musculaire   244
3. Interaction entre l'entraînement en musculation et la nutrition   253
4. L'entraînement en musculation selon les populations   255
5. Conclusion   258

N'importe quel type d'exercice chronique induit de nombreuses adaptations du système neuromusculaire. Le type et l'importance de celles-ci dépendent du type d'entraînement réalisé. Un travail aérobie, comme le pratiquent les cyclistes, les coureurs de fond ou les nageurs, n'a que peu ou pas d'influence sur la taille et la force du muscle, tandis que l'**entraînement en musculation** est responsable d'adaptations neuromusculaires majeures.

L'entraînement avec charges est parfois considéré comme inadapté pour les athlètes, en dehors de ceux qui pratiquent l'haltérophilie, les lancers en athlétisme et à la limite les lutteurs et boxeurs. Les femmes, typiquement, ne fréquentent pas les salles de musculation par peur de se masculiniser. Mais, depuis les années 1960 et surtout 1970, les entraîneurs et les chercheurs ont montré que la force et la puissance sont des qualités physiques intéressantes dans la plupart des activités sportives. Il faut néanmoins attendre la fin des années 1980 et le début des années 1990 pour que les professionnels de santé commencent à reconnaître l'importance et les bienfaits de l'entraînement en musculation sur la santé, l'aptitude physique et la réhabilitation.

Aujourd'hui, pratiquement tous les sportifs incluent ce type d'entraînement dans leur programmation générale. Ceci vaut aussi pour les femmes sportives, traditionnellement opposées à la musculation. Ce changement d'attitude est essentiellement à attribuer aux chercheurs qui ont démontré l'importance de la musculation dans la performance, à l'évolution des méthodes d'entraînement et aux innovations techniques. Par contre, les sportifs occasionnels qui pratiquent les activités physiques dans un but d'entretien négligent souvent la musculation en dépit des bienfaits que cela peut leur apporter.

1. Entraînement en musculation et gains en aptitude musculaire

À travers cet ouvrage, on se rend compte combien l'aptitude musculaire est importante pour la performance athlétique, la qualité de vie et pour la santé en général. Comment devient-on plus fort et comment augmente-t-on la puissance ainsi que l'endurance musculaire ? Rester actif est très important pour le maintien de l'aptitude musculaire mais l'entraînement contre résistance est nécessaire pour augmenter la force, la puissance et l'endurance. Dans ce paragraphe nous traiterons brièvement des adaptations à l'entraînement en musculation. Nous focaliserons nos propos sur la force sans trop parler de la puissance et de l'endurance, qui elles, seront traitées ultérieurement dans cet ouvrage.

Le système neuromusculaire est l'un des systèmes de notre organisme qui réagit très bien à l'entraînement.

Un programme de musculation peut induire, en trois à six mois, des gains de force substantiels de 25 % à 100 %, parfois même davantage. Toutefois, ces estimations sont erronées. En effet, les sujets des études qui traitent des effets de la musculation sont souvent des débutants qui n'ont jamais soulevé de charges. Par conséquent, les gains observés sont probablement imputables à l'apprentissage moteur, comme par exemple le mouvement de squat. Cet apprentissage serait responsable d'environ 50 % des gains en force.[14]

En comparant les hommes aux femmes, les enfants aux adultes et les sujets âgés aux jeunes adultes, ces gains semblent être similaires lorsqu'ils sont exprimés en pourcentage de la force initiale. Toutefois, le gain absolu en force est généralement supérieur chez les hommes par rapport aux femmes, chez les adultes par rapport aux enfants et chez les jeunes adultes par rapport aux sujets âgés. Par exemple, après 20 semaines d'entraînement en développé-couché, un enfant de 12,5 ans et un adulte de 25 ans augmentent leur maximum (répétition maximale ou 1-RM) d'environ 50 %, la 1-RM de l'adulte passant de 50 kg à 75 kg et celle de l'enfant de 25 kg à 37,5 kg.

Le muscle est extrêmement plastique en réponse à l'entraînement physique : il gagne rapidement en taille et en force et inversement en cas d'immobilisation. Le reste du chapitre détaille comment ces changements se produisent. Comment devient-on plus fort ? Quelles sont les adaptations physiologiques qui le permettent ?

2. Mécanismes responsables des gains de force musculaire

Depuis de nombreuses années, les gains de force sont attribués à l'augmentation des dimensions du muscle (hypertrophie). En effet, chez les athlètes qui pratiquent régulièrement la musculation, les muscles deviennent plus volumineux et les épaules plus larges. De plus, l'immobilisation d'un membre, plusieurs semaines ou plusieurs mois, entraîne une diminution du volume musculaire (**atrophie**) et une perte de force presque immédiate. Les gains de force vont ainsi généralement de paire avec l'augmentation des dimensions musculaires. De même, toute perte de volume musculaire s'accompagne systématiquement d'une diminution de force. Il est alors tentant de voir une relation de cause à effet entre force et dimensions du muscle. La force musculaire augmente pourtant plus rapidement que le volume musculaire.

Cela ne veut pas dire pour autant que l'augmentation des dimensions du muscle n'est pas importante dans l'acquisition définitive du potentiel de force musculaire. La capacité à générer de la force dépend du nombre de ponts acto-myosine au sein du sarcomère qui dépendent de celui de filaments d'actine et de myosine. La taille des muscles est extrêmement importante, la preuve en est donnée, en haltérophilie, par les différences entre les records masculins et féminins (figure 10.1) et par la relation qui lie ces records aux gains de poids (et donc à la masse musculaire). Néanmoins, les mécanismes à l'origine des gains de force sont très complexes et ne sont pas totalement élucidés à ce jour. Comment expliquer alors l'amélioration avec l'entraînement ? L'entraînement de force, en plus d'améliorer les facteurs physiologiques propres au muscle (hypertrophie), améliore également les facteurs nerveux, permettant ainsi une production de force musculaire supérieure.

2.1 Les facteurs nerveux responsables du gain de force

Il existe dans l'amélioration de la force musculaire une composante nerveuse qui explique, au moins en partie, certains gains observés lors d'un entraînement avec charges surtout en début de programme. Enoka prétend que l'amélioration de la force peut survenir en dehors de toute modification structurale du muscle, grâce à des adaptations nerveuses[5]. Ainsi, la force n'est pas seulement une propriété musculaire, c'est aussi une propriété du système nerveux. Le recrutement et la synchronisation des unités motrices, la fréquence de décharge des nerfs moteurs, ainsi que d'autres facteurs nerveux jouent ici un rôle fondamental. Il peut même expliquer en partie, sinon totalement, les gains qui surviennent en l'absence de toute hypertrophie, comme c'est le cas dans les épisodes de force surhumaine.

2.1.1 Synchronisation et recrutement d'unités motrices supplémentaires

Les unités motrices sont normalement recrutées de manière asynchrone; elles ne sont pas toutes actives en même temps. Pour qu'une unité motrice soit activée, il faut que la somme des influx nerveux excitateurs, reçus par les motoneurones, dépasse la somme des influx inhibiteurs et que le seuil d'excitation soit franchi (chapitre 3).

Les gains de force peuvent alors provenir des changements dans les connexions entre les motoneurones et la moelle épinière. Les unités motrices peuvent alors agir de manière synchrone et faciliter la contraction ce qui permet au muscle de développer une force supérieure. Il semble admis que l'entraînement en musculation augmente la

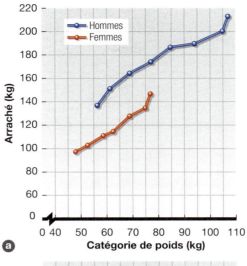

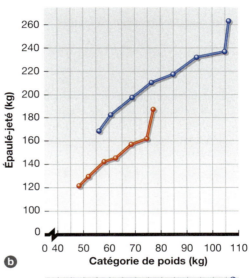

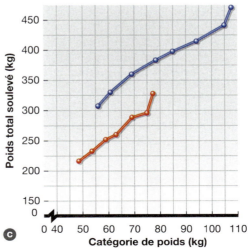

Figure 10.1

Records du monde (a) à l'arraché, (b) à l'épaulé-jeté et (c) en poids total soulevé par les hommes et les femmes en 2010.

synchronisation des unités motrices, mais on ne sait pas si cette augmentation s'accompagne d'une force de contraction supérieure. Il est clair, par contre, que la synchronisation permet d'améliorer le niveau de force développé et la capacité d'exercer des forces constantes.[4]

2.1.2 Augmentation du recrutement des unités motrices par sommation temporelle (rate coding)

L'augmentation de la stimulation nerveuse du motoneurone alpha peut aussi augmenter la fréquence des stimulations nerveuses (sommation temporelle ou rate coding) des unités motrices. En effet, nous avons vu au chapitre 1 que la probabilité d'un muscle d'atteindre le tétanos augmente avec l'augmentation de la fréquence de stimulation des unités motrices (voir figure 1.13). Néanmoins, Il existe peu de preuves ou d'études montrant que la sommation temporelle augmente en réponse à l'entraînement de force. À l'inverse, il est connu que les mouvements rapides ou balistiques l'augmentent.

2.1.3 Augmentation de la conduction nerveuse

La commande nerveuse fait référence à la combinaison du recrutement des unités motrices et de leur sommation temporelle. La conduction nerveuse démarre au niveau du système nerveux central et se propage aux fibres musculaires à travers les nerfs périphériques. L'électromyographie (EMG) utilisant des électrodes de surface enregistre l'activité nerveuse et musculaire et représente par conséquent une très bonne mesure de la commande nerveuse.

Une explication alternative à la participation des facteurs nerveux aux gains de force est que la synchronisation des unités motrices n'est pas indispensable et que l'augmentation du nombre d'unités motrices mises en jeu peut suffire à augmenter la force développée, que ces unités motrices agissent ou non à l'unisson. Ces améliorations du mode de recrutement des unités motrices résulteraient d'une augmentation des stimulations nerveuses arrivant au muscle lors d'une contraction musculaire maximale. Les muscles entraînés génèrent pour un même niveau de force submaximal une activité EMG plus basse suggérant une meilleure efficience dans le mode de recrutement des unités motrices. Cette augmentation de la fréquence des stimulations nerveuses (sommation temporelle ou rate coding) pourrait augmenter le recrutement des unités motrices. Il semble aussi possible que les stimulations nerveuses inhibitrices soient réduites permettant ainsi l'activation d'un plus grand nombre d'unités motrices. De plus, il semble que la stimulation nerveuse maximale augmente avec l'entraînement en musculation.

2.1.4 L'inhibition autogène

Les mécanismes inhibiteurs du système neuromusculaire tels les organes tendineux de Golgi peuvent intervenir pour empêcher la production d'une force musculaire trop importante, que les os ou les tissus conjonctifs ne pourraient supporter. Ce contrôle est appelé **inhibition autogène**. Dans les cas de force surhumaine, des dégâts majeurs sont souvent observés suggérant le dépassement des mécanismes inhibiteurs protecteurs.

Nous avons étudié la fonction des organes tendineux de Golgi au chapitre 3. Lorsque la tension qui s'exerce sur le tendon d'un muscle et les structures conjonctives internes dépasse le seuil tolérable par les organes tendineux de Golgi, les neurones moteurs de ce muscle sont inhibés. C'est le réflexe d'inhibition autogène. La formation réticulée, qui siège dans le tronc cérébral, et le cortex peuvent aussi envoyer des commandes inhibitrices sur les motoneurones.

L'entraînement en musculation peut progressivement diminuer ou neutraliser ces inhibitions, permettant alors au muscle de produire des forces supérieures indépendamment de l'augmentation de la masse. L'amélioration de la force peut ainsi résulter d'adaptations nerveuses. Cette théorie est très attractive car elle permet d'expliquer les épisodes de force surhumaine et les gains de force sans hypertrophie musculaire. Elle demande cependant à être confirmée.

2.1.5 Autres facteurs nerveux

Le recrutement supplémentaire d'unités motrices actives et la levée de l'inhibition autogène ne sont sans doute pas les seuls facteurs nerveux susceptibles de contribuer aux gains de force liés à l'entraînement. Il faut y ajouter la coactivation des muscles agonistes et antagonistes (les muscles agonistes sont les muscles moteurs responsables du mouvement, les antagonistes s'y opposent). Lors d'une contraction concentrique de l'avant-bras, le biceps est agoniste et le triceps antagoniste. Si les deux se contractent simultanément et développent une force identique, le mouvement est impossible. Ainsi, la force développée par l'agoniste est plus efficace si l'antagoniste est moins actif. Certains gains de force pourraient ainsi s'expliquer par une diminution de la coactivation, mais le rôle de celle-ci reste sans doute limité.

Un autre facteur nerveux pourrait être représenté par la fréquence de décharge des unités motrices. On implique, ici, des modifications morphologiques de la jonction neuromusculaire qui seraient liées à la production de force par le muscle.

Après les facteurs nerveux, intéressons-nous à l'hypertrophie musculaire.

2.2 L'hypertrophie musculaire

Comment s'effectue l'augmentation du volume musculaire ? Deux types d'hypertrophie peuvent être observés : transitoire et chronique.

L'**hypertrophie transitoire** correspond à l'augmentation de volume du muscle lors d'un exercice isolé. Elle résulte essentiellement d'un infiltrat liquidien dans les espaces interstitiel et intracellulaire du muscle (œdème). Ce liquide provient du secteur plasmatique. Comme son nom l'indique l'hypertrophie transitoire est de courte durée. Le liquide rejoint le secteur vasculaire quelques heures après l'exercice.

L'**hypertrophie chronique** correspond à l'augmentation du volume musculaire après un entraînement de force prolongé. Elle témoigne de modifications structurales du muscle, soit d'une augmentation du nombre de fibres musculaires (**hyperplasie**) soit d'une augmentation de la taille des fibres existantes (**hypertrophie**) ou alors les deux. L'explication de ces phénomènes reste très controversée. Il faut rapporter, ici, des données récentes montrant l'importance de l'entraînement excentrique dans l'augmentation de la surface de section des fibres musculaires. C'est ainsi qu'après 36 séances d'entraînement comportant des exercices concentriques seuls ou des exercices excentriques seuls, l'augmentation de la surface de section des fibres rapides est environ 10 fois supérieure après l'entraînement excentrique. Le gain de force est simultanément plus important[16]. Ces améliorations seraient liées à une désorganisation des lignes-Z du sarcomère. À l'origine, on pensait que cette désorganisation serait liée aux dommages musculaires mais actuellement, il semble qu'elle représente le remodelage protéique des fibres musculaires[16].

Il semble donc que l'entraînement avec seulement des exercices concentriques limiterait l'hypertrophie et l'augmentation de force musculaire.

Quelle est l'intensité minimale en musculation pour induire une hypertrophie musculaire ?

Les méthodes traditionnelles de musculation préconisent que pour augmenter la taille des muscles, une charge représentant 60 % de la 1-RM ou plus serait nécessaire. Plus récemment, des chercheurs suggèrent que des exercices avec des charges inférieures à 50 % de la 1-RM peuvent induire des gains en volume musculaire similaires ceux observés avec de plus hautes intensités à condition l'entraînement soit réalisé jusqu'à une fatigue avancée[14]. Cette théorie se base sur le fait que les contractions musculaires avec des charges élevées induisent une stimulation métabolique qui demande un recrutement maximal des fibres musculaires. Toutefois, il n'est pas certain que l'hypertrophie résultant d'un entraînement basé sur beaucoup de répétitions avec des charges légères serait similaire à celle observée après un entraînement avec des charges très élevées.

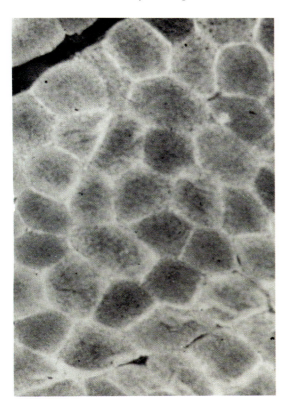
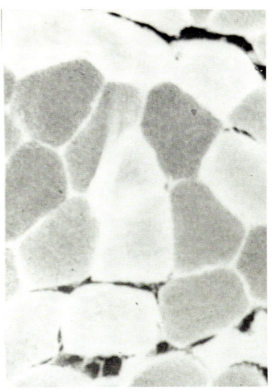

Figure 10.2

Vues microscopiques de coupes transversales d'un muscle de la jambe prélevé chez un sujet qui a arrêté tout entraînement depuis deux ans (à gauche) avant qu'il reprenne l'entraînement (à droite) après 6 mois d'entraînement de force. Remarquez que les fibres sont devenues nettement plus larges (hypertrophie) après l'entraînement.
D'après le laboratoire du Dr Michael Deschene.

Les paragraphes suivants discutent des deux mécanismes potentiellement responsables de l'augmentation du volume musculaire en réponse à l'entraînement en musculation : l'hypertrophie et de l'hyperplasie musculaire.

2.2.1 Hypertrophie des fibres musculaires

Les premières recherches sur ce sujet ont montré que le nombre de fibres musculaires dans chacun de nos muscles est fixé dès la naissance ou peu après. Il reste ensuite pratiquement stable tout au long de la vie. Si ceci est vrai, l'hypertrophie chronique ne devrait résulter que d'une hypertrophie des fibres isolées. Celle-ci pourrait s'expliquer par :

- une augmentation du nombre de myofibrilles ;
- une augmentation du nombre des filaments d'actine et de myosine ;
- une augmentation du volume sarcoplasmique ;
- une augmentation du tissu conjonctif ;
- une association de ces différents facteurs.

Comme cela apparaît sur les vues microscopiques de la figure 10.2, un entraînement intense de force peut augmenter significativement la surface de section des fibres musculaires. Dans cet exemple, l'hypertrophie est due probablement à une augmentation du nombre des myofibrilles et du nombre de filaments d'actine et de myosine qui augmentent les possibilités d'union par les ponts d'acto-myosine. Ceci contribue à accroître la force de contraction maximale. Cette augmentation individuelle des fibres musculaires n'est pourtant pas observée dans tous les cas d'hypertrophie.

L'hypertrophie des fibres musculaires est probablement due à l'augmentation du nombre de myofibrilles et de myofilaments d'actine et de myosine, ce qui permet la formation de plus de ponts acto-myosine pour produire plus de force lors de contractions maximales. La taille des myofibrilles existantes ne semble pas être modifiée. L'augmentation de la surface de section résulterait de l'addition de nouveaux sarcomères en parallèle les uns aux autres.

L'hypertrophie musculaire induite par un entraînement de force résulte probablement d'une augmentation des synthèses protéiques dans le muscle. Rappelons que le contenu protéique du muscle évolue en permanence. Des protéines sont synthétisées tandis que d'autres sont dégradées, l'importance de ces deux processus variant selon les besoins. À l'exercice, les processus de synthèse protéique diminuent alors que les processus de dégradation augmentent. Après l'exercice, même si la dégradation protéique continue, la synthèse augmente trois à cinq fois plus, induisant une nette synthèse myofibrillaire (actine et myosine). Un simple exercice de musculation peut élever la synthèse protéique pendant 24 heures.

C'est sans doute la testostérone, dont l'effet sur la croissance musculaire est bien connu, qui est à l'origine de ces adaptations. Après un programme d'entraînement de force ou une augmentation relative de forces identiques, l'augmentation du volume musculaire est en effet plus importante chez les hommes que chez les femmes. La testostérone est un androgène, substance masculinisante. Les stéroïdes anabolisants sont aussi des androgènes. Il est bien connu que des doses massives d'anabolisants, couplées à un entraînement de musculation, conduisent à une augmentation marquée de la masse musculaire (chapitre 16).

2.2.2 Hyperplasie des fibres musculaires

Des recherches récentes menées chez l'animal suggèrent que l'hyperplasie, augmentation du nombre de fibres musculaires, peut également contribuer à l'augmentation du volume musculaire. Il est démontré chez le chat qu'une division des fibres musculaires peut s'observer après un entraînement de musculation extrêmement intense[6]. Les chats sont entraînés à déplacer une charge très lourde avec leurs pattes, avant pour obtenir leur nourriture (figure 10.3). Ils parviennent ainsi à développer des forces considérables. Suite à cet entraînement, certaines fibres musculaires semblent scindées en deux, chaque moitié ayant la taille de la fibre mère.

Des études ultérieures réalisées chez des poulets, des rats et des souris suggèrent, pourtant, que l'entraînement de musculation chronique s'accompagne d'une hypertrophie des fibres existantes et non d'une hyperplasie car le nombre total de fibres ne varie pas avec l'entraînement.

Ceci a conduit les scientifiques à poursuivre les expériences initiales chez le chat et à compter

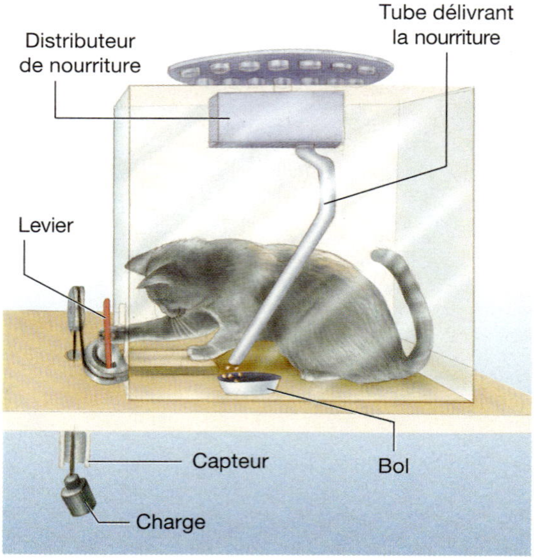

Figure 10.3 Entraînement intensif de force chez un chat

directement le nombre des fibres musculaires avant et après entraînement[7]. Après 101 semaines de musculation, le poids susceptible d'être soulevé par une patte était augmenté de 57 % et la masse musculaire de 11 %. Surtout, il a été constaté une augmentation de 9 % du nombre total des fibres, ce qui confirme bien la possibilité éventuelle d'une hyperplasie.

Ces résultats contradictoires entre les différentes études pourraient s'expliquer par des différences dans les types d'entraînement proposés aux animaux. Les chats étaient entraînés avec des charges maximales et très peu de répétitions, tandis que les autres animaux étaient entraînés avec des charges plus faibles et un nombre de répétitions plus important.

Un autre mode d'entraînement a été utilisé, chez l'animal, pour étudier l'hyperplasie et l'hypertrophie musculaires. On a placé le muscle *grand dorsal* du poulet en état d'étirement chronique, le côté controlatéral servant de contrôle. Si la plupart des études utilisant ce modèle ont constaté à la fois une hyperplasie et une hypertrophie substantielles, il a été impossible, dans d'autres cas, d'obtenir une hyperplasie.

Chez l'homme, la part exacte de l'hyperplasie et de l'hypertrophie dans l'augmentation des dimensions musculaires, après un entraînement de musculation, est toujours controversée. Il est très probable que l'hypertrophie individuelle des fibres musculaires contribue pour une grande part à l'hypertrophie du muscle entier. Toutefois, des résultats de certaines études indiquent une possible hyperplasie dans le muscle humain.

Il est probable que les exercices de musculation avec des charges élevées puissent induire une hyperplasie. Si tel était bien le cas, le pourcentage d'augmentation du volume musculaire lié à ce phénomène serait minime, de l'ordre de 5 à 10 %. Le phénomène d'hyperplasie résultant de l'entraînement en musculation chez l'humain n'est pas encore bien élucidé.

Dans une étude réalisée chez sept jeunes sujets décédés de mort subite, les auteurs ont comparé la surface de section du jambier antérieur droit à celle du gauche. Il est bien connu que chez les droitiers, les muscles de la jambe gauche sont plus hypertrophiés que ceux de la jambe droite et inversement chez les gauchers. En effet, dans cette étude la surface de section moyenne du jambier antérieur gauche était 7,5 % supérieure à celle du droit et est associée à un nombre de fibres musculaires supérieur d'environ 10 %. Par contre, il n'a pas été observé de différence concernant la taille des fibres[17].

Ces divergences entre les études peuvent s'expliquer, au moins en partie, par les différences dans les programmes d'entraînement. En effet, il est bien connu que l'entraînement intense ou de musculation avec des charges lourdes induit une hypertrophie musculaire (particulièrement les fibres rapides) plus élevée que l'entraînement à faibles intensités ou avec charges légères.

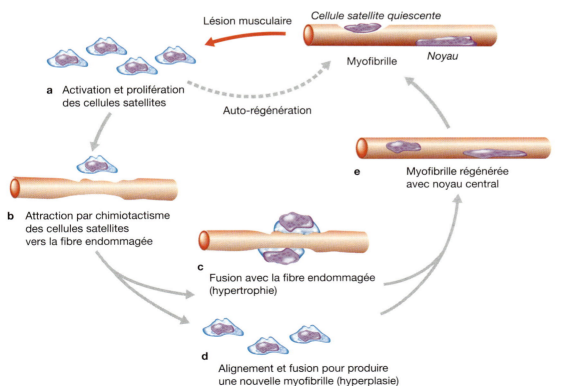

Figure 10.4 Réponse d'une cellule satellite à un dommage musculaire

Une lésion musculaire provoque l'activation et la prolifération des cellules satellites (a). Les cellules satellites migrent vers la région endommagée (b). Elles fusionnent avec les myofibrilles endommagées (c) ou s'alignent et fusionnent pour produire une nouvelle myofibrille (d). Ces deux processus induisent soit une régénération soit une nouvelle myofibrille (e).
D'après T.J Hawke et D.J Gary, "Myogenic satellite cells, physiology to molecular biology", *Journal of Applied Physiology* 91, 2001.

Une seule étude longitudinale a démontré la possibilité d'une hyperplasie, chez l'homme, après un entraînement de force intense[13]. Douze sujets réalisent pendant douze semaines un entraînement intense de musculation. Les auteurs observent pour la plupart d'entre eux, une augmentation significative du nombre de fibres musculaires dans le biceps brachial. Ces résultats suggèrent qu'une hyperplasie musculaire peut aussi apparaître chez l'homme, mais seulement chez certains sujets et dans des conditions d'entraînement particulières.

Comment ces nouvelles fibres peuvent-elles apparaître ? On suppose que chaque fibre musculaire isolée possède en elle la capacité de se diviser en deux cellules filles, chacune capable d'évoluer vers une fibre musculaire fonctionnelle. Plus récemment il a été proposé que les cellules satellites, impliquées dans la myogenèse, puissent aussi participer à la génération de nouvelles fibres musculaires. Ces cellules sont, en particulier, activées lors de lésions musculaires. Comme nous le verrons plus loin, dans ce chapitre, de telles lésions sont observées à la suite d'entraînements intenses comportant particulièrement des exercices excentriques. Une lésion musculaire induit une cascade de réponses durant lesquelles des cellules satellites deviennent actives, prolifèrent, migrent vers la région endommagée puis soit fusionnent avec des myofibrilles existantes soit se transforment en nouvelles myofibrilles[11]. Ceci est illustré par la figure 10.4.

Les cellules satellites apportent de nouveaux noyaux aux fibres musculaires. Cet équipement génétique additionnel (ADN) est nécessaire pour augmenter le contenu protéique du muscle ainsi que celui des autres éléments associés facilitant ainsi l'hypertrophie (et théoriquement l'hyperplasie).

2.3 Activation nerveuse et hypertrophie musculaire

Des études récentes indiquent que les gains de force, induits par un entraînement spécifique, s'accompagnent d'une augmentation du niveau d'activation volontaire du muscle. Ceci a été clairement démontré dans une étude concernant des hommes et des femmes participant 2 fois par semaine, pendant 8 semaines, à un programme d'entraînement de force de haute intensité[18]. Des biopsies musculaires ont été prélevées toutes les deux semaines pendant la période d'entraînement. La force correspondant à 1-RM augmente significativement après les 8 semaines du programme, mais les gains les plus importants surviennent seulement après la deuxième semaine. Pourtant les biopsies musculaires ne montrent pas d'augmentation significative de la surface des fibres. Ceci suggère que les gains de force résultent essentiellement d'une augmentation de l'activation nerveuse.

L'hypertrophie musculaire serait préférentiellement observée après des délais plus importants. Il est probable qu'à la fois la diminution du catabolisme protéique et l'augmentation de l'anabolisme protéique nécessitent un certain temps. Pourtant, il existe des exceptions. Ainsi, lors d'une étude comportant 6 mois d'entraînement, les gains de force observés résultent presque exclusivement de l'augmentation du niveau d'activation nerveuse, et très peu d'une hypertrophie. Il apparaît que les facteurs nerveux jouent un rôle prédominant pendant les 8 à 10 premières semaines d'entraînement. L'hypertrophie, qui semble être comme le facteur essentiel dans le gain de force, n'apparaît que lorsque la durée d'entraînement dépasse 10 semaines[10].

2.4 L'atrophie musculaire et baisse de force avec l'inactivité

Lorsqu'une personne active ou très entraînée baisse son niveau d'activité physique ou arrête de s'entraîner, des transformations majeures affectent le muscle au niveau de sa structure mais aussi au niveau de sa fonction. Ceci est démontré par les résultats de deux types d'études : celles où un membre est immobilisé et celles où des athlètes de haut niveau arrêtent l'entraînement (désentraînement).

2.4.1 L'immobilisation

Lorsqu'un muscle entraîné est immobilisé, des modifications importantes apparaissent en quelques heures. Dès les 6 premières heures d'immobilisation, le rythme de la synthèse protéique commence diminuer. C'est probablement le début de l'*atrophie* musculaire qui se traduit par la diminution du volume musculaire. L'atrophie est le résultat de l'inactivité qui a pour conséquence une perte des protéines musculaires. La diminution de la force est surtout importante pendant la première semaine d'immobilisation, environ 3 % à 4 % par jour. Elle est associée à l'atrophie et à la baisse de l'activité neuromusculaire dans le muscle immobilisé.

L'immobilisation semble affecter en premier les fibres lentes (Fibres I). De nombreuses études rapportent dans ces fibres I la désintégration des myofibrilles, la dislocation des stries Z et des dommages mitochondriaux. Lors de l'atrophie musculaire, la surface de section des fibres musculaires et le pourcentage de fibres I diminuent. On ignore si cette diminution des fibres lentes est le résultat de leur nécrose (mort) ou de leur transformation en fibres rapides (fibres II).

La reprise de l'activité s'accompagne d'une récupération rapide des qualités musculaires. La période nécessaire pour récupérer le niveau préalable est nettement plus longue que la période

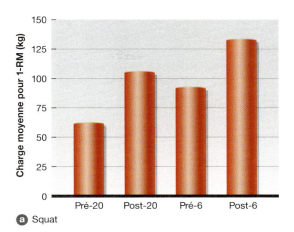
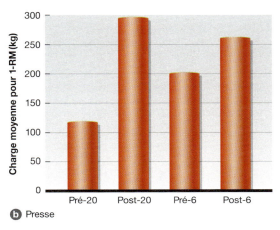
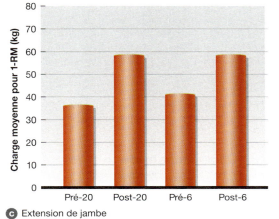

Figure 10.5

Variations de force musculaire des membres inférieurs lors d'un entraînement de force réalisé par des femmes en (a) squat, (b) à la presse ou (c) lors de l'extension. Les valeurs à Post-20 indiquent les variations survenant après 20 semaines d'entraînement, les valeurs à Pré-6, celles observées après une période de désentraînement, enfin les valeurs à Post-6, les modifications induites par 6 semaines de réentraînement. D'après : R.S. Staron *et al.*, "Strength and skeletal muscle adaptations in heavy-resistance-trained women after detraining and retraining", *Journal of Applied Physiology* 70, 1991.

d'immobilisation mais plus brève que la période d'entraînement initiale. Pour plus de détails sur les effets de l'immobilisation musculaire, se référer au chapitre 14.

2.4.2 L'arrêt de l'entraînement

Si on arrête l'entraînement, des altérations musculaires non négligeables peuvent survenir. Une étude rapporte, chez des femmes, les effets d'un entraînement de musculation de 20 semaines, interrompu pendant 30 à 32 semaines puis repris pendant 6 semaines[19]. Le programme d'entraînement concernait essentiellement les membres inférieurs. Il utilisait les squats, la presse et des extensions des membres inférieurs. Après la première période de 20 semaines, l'augmentation de force chez les femmes fut spectaculaire, comme le montre la figure 10.5. Sur cette figure pré-20 et post-20 représentent les résultats obtenus avant et après cette première période d'entraînement, tandis que pré-6 et post-6 représentent les résultats mesurés avant et après la période de réentraînement. Si on compare la force des femmes après la première période d'entraînement (post-20) et après le désentraînement (pré-6), on constate qu'elle a considérablement diminué à pré-6, soit après désentraînement.

Pendant les deux périodes d'entraînement, l'augmentation de force s'est accompagnée d'une augmentation de la surface de section de toutes les fibres musculaires et d'une diminution du pourcentage de fibres II_b. Le désentraînement a eu, semble-t-il, peu d'effets sur la surface de section des fibres

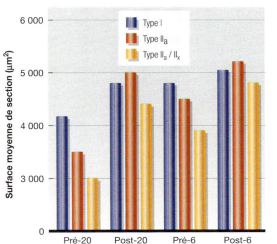

Figure 10.6

Variations de la surface moyenne de section des principales fibres musculaires chez des femmes en fonction des périodes d'entraînement (post-20), désentraînement (pré-6), et réentraînement (post-6). II_{ab} est une fibre de type intermédiaire.

muscularies, bien que les fibres II aient sensiblement diminué (figure 10.6).

Dans une autre étude, des hommes et des femmes ont réalisé un entraînement de musculation avec charges (comportant des extensions du genou), pendant 10 à 18 semaines, suivies de 12 semaines sans entraînement ou d'entraînement réduit[8]. La force développée lors de l'extension du genou a augmenté de 21,4 % à la fin de la première période. Les sujets qui ont alors stoppé tout entraînement ont perdu 68 % des gains enregistrés. Ceux qui ont simplement diminué leur entraînement, à un jour par semaine, n'ont pas enregistré de perte de force. Il apparaît ainsi que la force peut être maintenue si, pendant une période de 12 semaines, on diminue la fréquence de l'entraînement[8].

Pour prévenir les pertes de force, par un entraînement avec charges, des programmes d'entretien doivent donc être établis. Ces programmes sont destinés à provoquer des stress musculaires suffisants pour conserver les progrès réalisés dans le domaine de la force musculaire alors même qu'on diminue un des aspects suivants de l'entraînement : l'intensité, la durée ou la fréquence.

2.5 Modifications de la typologie des fibres musculaires

L'entraînement de force peut-il modifier le type des fibres musculaires ? Les premières recherches ont conclu que ni l'entraînement en vitesse (anaérobie) ni l'entraînement en endurance (aérobie) ne pouvaient y parvenir. Pourtant, déjà dans ces études, on notait que certaines fibres adoptaient quelques-unes des caractéristiques du type opposé (par exemple des fibres de type II pouvaient devenir plus oxydatives, si l'entraînement était de nature aérobie).

Chez l'animal, des expériences plus récentes d'innervation croisée, qui consistent à innerver une unité motrice rapide par un motoneurone lent ou l'inverse, montrent qu'il est possible de modifier le type de fibres musculaires. De même, la stimulation chronique d'unités motrices rapides par des stimulations nerveuses à basses fréquences transforme les unités motrices rapides en unités motrices lentes après quelques semaines. Chez le rat, les types de fibres musculaires se sont modifiés après 15 semaines d'un entraînement de haute intensité sur tapis roulant, aboutissant à une augmentation du nombre de fibres I et II_a et à une diminution du nombre de fibres II_b[9]. Cette évolution des fibres II_b vers des fibres II_a et des II_a vers les I est confirmée par l'utilisation de différentes techniques histochimiques.

Staron et coll. ont bien montré la transformation des fibres musculaires, chez des femmes après à un entraînement de musculation avec charges lourdes[20]. Après 20 semaines de cet entraînement très intense, une augmentation substantielle de la force statique et de la surface de section de tous les types de fibres musculaires, du membre inférieur, a pu être observée. Le pourcentage moyen des fibres II_b a significativement diminué mais le pourcentage moyen des II_a a augmenté. Ces modifications ont été rapportées dans de très nombreuses études, mais leur signification fonctionnelle n'est pas clairement établie. Des travaux plus récents montrent que l'association d'exercices de musculation avec des charges très lourdes et d'exercices de vitesse, peut conduire à une transformation des fibres I en II_a.

Résumé

> Si le gain de force résultant de l'entraînement provient toujours des adaptations nerveuses, il ne s'accompagne pas nécessairement d'une hypertrophie musculaire.

> Les facteurs nerveux qui conduisent au gain de force proviennent à la fois d'un recrutement d'un plus grand nombre d'unités motrices actives et synchrones et d'une diminution du réflexe d'inhibition autogène à partir des organes tendineux de Golgi.

> Ce sont surtout les facteurs nerveux qui sont responsables de l'amélioration initiale de la force musculaire, en réponse à l'entraînement. Les gains ultérieurs sont presque exclusivement liés à l'hypertrophie.

> L'hypertrophie musculaire transitoire est la sensation de prise de volume ressentie à l'arrêt immédiat d'un exercice. Elle (on parle de l'hypertrophie) est due à un œdème qui ne dure que peu de temps.

> L'hypertrophie musculaire chronique survient lors d'exercices de force répétés. Elle traduit des modifications structurales du muscle.

> Si l'essentiel de l'hypertrophie musculaire résulte d'une augmentation de taille des fibres musculaires individuelles (hypertrophie des fibres).

> L'hypertrophie des fibres musculaires augmente le nombre de myofilaments d'actine et de myosine ce qui augmente le nombre de ponts acto-myosine formés permettant ainsi de produire plus de force.

> Différents modèles d'entraînement expérimentaux ont mis en évidence la possibilité d'une hyperplasie chez l'animal. Chez l'homme, seules quelques études vont dans ce sens.

> En cas d'inactivité prolongée (par blessure ou sédentarité) le muscle s'atrophie ; il perd à la fois du volume et de la force.

> L'atrophie est très rapide en cas d'arrêt de l'entraînement. Elle peut néanmoins être évitée en suivant un programme d'entretien régulier et adapté.

> L'entraînement en musculation s'accompagne d'une transition des fibres II_b en II_a.

> Des expériences d'innervation croisée ou d'électrostimulation ont permis de modifier les caractéristiques fonctionnelles d'un type de fibres qui acquièrent alors les caractéristiques du type opposé.

3. Interaction entre l'entraînement en musculation et la nutrition

L'hypertrophie musculaire induite par l'entraînement en musculation peut être augmentée ou diminuée par la nutrition. Comme mentionné précédemment, une balance protéique positive nette (une synthèse supérieure à la dégradation) est nécessaire pour que l'hypertrophie survienne. À l'inverse, un apport nutritionnel en protéine trop bas compromet la synthèse protéique. Les muscles ne peuvent pas augmenter leur contenu protéique et donc s'hypertrophier. L'ingestion de protéines dans les quelques heures qui suivent la séance de musculation augmente le niveau de la synthèse protéique et permet à la balance d'être positive. Augmenter l'apport protéique pendant les 24 heures suivantes permet de prolonger et de renforcer cet anabolisme. Par conséquent, la nutrition et l'exercice sont des puissants stimulateurs de la synthèse protéique au sein du muscle squelettique[3].

3.1 Recommandations pour la prise de protéines

Quel type et quelle quantité de protéines devront être ingérés ? La meilleure forme de

---

PERSPECTIVES DE RECHERCHE 10.1

Les variations hormonales aiguës peuvent-elles stimuler les gains de force ?

Il est bien établi dans le domaine de la physiologie de l'exercice que les variations hormonales induites par l'entraînement de force permettent d'augmenter la masse musculaire et donc la force produite. Les hormones associées à ce processus sont les hormones anabolisantes suivantes : la testostérone, l'hormone de croissance (GH) et le facteur de croissance analogue à l'insuline (en anglais insulin-like growth factor-1 ; IGF-1). Même s'il est bien établi qu'un exercice isolé de musculation s'accompagne d'une augmentation transitoire des concentrations en hormones anabolisantes, des études récentes suggèrent que ces dernières ne sont pas forcément nécessaires pour augmenter la masse et la force musculaire[15].

Dans une série d'études, des chercheurs de l'Université de Mc Master ont testé l'hypothèse selon laquelle une augmentation hormonale aiguë (testostérone, GH et IGF-1) serait nécessaire pour induire une hypertrophie musculaire. Pour cela, les auteurs se sont intéressés aux muscles fléchisseurs de l'épaule en réponse à un exercice isolé de développé-couché. Chaque bras était entraîné, un jour différent, dans deux conditions distinctes. La première condition induisait une faible élévation de ces hormones anabolisantes car seul le bras était entraîné et à faible intensité. La deuxième condition induisait une forte augmentation en hormones anabolisantes car, en plus d'entraîner l'autre bras comme dans la condition 1, les sujets devaient réaliser immédiatement après, des exercices très intenses avec les membres inférieurs afin d'augmenter significativement les concentrations hormonales anaboliques[23]. Les auteurs ont évalué à la fois les réponses aiguës à cet exercice ainsi que les adaptations chroniques[25]. Dans ces différentes études, les sujets ont été complémentés en protéines pour s'assurer de la disponibilité en substrats nécessaires à la croissance musculaire.

En réponse à l'exercice aigu du haut du corps (condition 1 qui avait peu d'impact sur l'élévation des hormones anaboliques), les chercheurs ont tout de même noté une augmentation de la synthèse protéique myofibrillaire, une hypertrophie ainsi qu'une augmentation de la force musculaire. Ils en ont conclu que l'augmentation post-exercice de ces hormones n'était pas nécessaire pour stimuler l'anabolisme musculaire. De plus, lorsque les concentrations en hormones anabolisantes étaient augmentées (condition 2 en réponse à l'exercice intense du bas du corps), les auteurs n'enregistraient pas d'augmentation supplémentaire, que ce soit pour la synthèse protéique myofibrillaire, l'hypertrophie musculaire ou la force musculaire.

Pour expliquer ces premiers résultats et clarifier le rôle de ces hormones dans l'hypertrophie musculaire, les auteurs ont mené une étude longitudinale dans laquelle le flux sanguin et les concentrations hormonales étaient mesurées au niveau du bras[24]. En effet, dans les premières études, il avait été suggéré que les membres inférieurs, en raison d'un débit sanguin important, « capteraient » plus d'hormones circulantes, privant ainsi les membres supérieurs des effets potentiels de ces hormones. Ainsi, après avoir calculé l'apport en hormones au niveau des bras et des jambes (en multipliant le débit sanguin par la concentration en hormones), aucune différence n'était enregistrée entre ces 2 secteurs, renforçant l'idée que l'augmentation en hormones anabolisantes n'est pas nécessaire pour élever la synthèse protéique et la force musculaire.

De plus, dans ces études, les chercheurs ont étudié les différences de réponse inter-sexe. Suite à une séance de musculation, les femmes présentaient des concentrations de testostérone 45 fois inférieures à celle des hommes (en ayant pris en compte leur différence initiale de l'ordre de 20 fois)[22]. Malgré une augmentation post-exercice très faible chez la femme, le niveau de synthèse protéique myofibrillaire a augmenté significativement chez ces femmes. De plus, comme dans la majorité des études scientifiques s'intéressant aux effets de l'entraînement physique, l'hypertrophie induite par l'entraînement était très variable entre les individus de même sexe ou non, et aucune corrélation n'était notée entre l'augmentation individuelle des niveaux de testostérone, de GH et d'IGF-1 et les gains en hypertrophie ou en force[26]. Ces nouvelles données démontrent que l'augmentation post-exercice des concentrations de testostérone, de GH et d'IGF-1 n'est pas nécessaire pour augmenter l'anabolisme musculaire et la force. Une hypothèse alternative serait que l'hypertrophie musculaire et les gains de force enregistrés après un entraînement en musculation seraient dus à des adaptations intrinsèques des propriétés intramusculaires.

protéines pour l'hypertrophie musculaire est celle qui est facilement et rapidement assimilée et très riche en acides aminés essentiels comme la leucine. Les protéines que l'on trouve dans le lait représentent une forme qui répond à l'ensemble de ces critères. L'ingestion de petites quantités de protéines (5 à 10 g) est capable de stimuler la synthèse protéique chez les jeunes hommes et femmes, mais pour gagner significativement en volume musculaire, l'ingestion de plus grosses quantités (de l'ordre de 20 à 25 g) est recommandée immédiatement après la séance d'entraînement de musculation[1]. Les apports recommandés en protéines par les autorités américaines sont de l'ordre de 0,8 g par kilogramme de poids et par jour pour les adultes de plus de 18 ans, et ce quel que soit leur statut d'entraînement. Le sportif engagé dans un programme d'entraînement en musculation devrait consommer beaucoup plus, entre 1,6 à 1,7 g par kilogramme de poids et par jour. Les autorités françaises recommandent quant à elles, d'apporter entre 1,2 et 1,4 g par kilogramme de poids et par jour pour des sportifs endurants s'entraînant au moins de 1 à 2 h par jour, 4-5 jours par semaine. Chez les athlètes confirmés dans les disciplines de force, les apports nutritionnels conseillés en protéines pour maintenir la masse musculaire peuvent être estimés entre 1,3 et 1,5 g par kilogramme de poids et par jour. Pour le développement de la masse musculaire, ces apports doivent être majorés mais ne devraient pas dépasser 2,5 g par kilogramme de poids et par jour et pour une durée n'excédant pas 6 mois.

En pratique, après l'entraînement en musculation, afin de stimuler la synthèse protéique et restaurer les stocks de glycogène musculaire, les athlètes devraient ingérer de petites quantités de protéines de très bonne qualité couplées à un apport glucidique. Ceci peut être réalisé en buvant des boissons de récupération ou du lait ou en mangeant soit du yaourt, soit des petits sandwiches ou encore des barres énergétiques riches en protéines. Rajouter des glucides à la prise de protéines après l'exercice n'affecte pas la balance protéique mais présente d'autres bénéfices comme par exemple l'aide à la resynthèse du glycogène musculaire.

Existe-t-il un timing pour consommer des protéines pour optimiser l'hypertrophie après une succession de séances d'entraînement en musculation ? Une séance de ce type d'entraînement stimule la synthèse protéique musculaire pendant plusieurs heures et la prise de protéines juste à l'arrêt de la séance permet d'augmenter cette synthèse. Comme les effets d'une ingestion aiguë d'acides aminés sur la synthèse protéique ne durent qu'une à deux heures, la prise d'acides aminés en quantité plus petite et fractionnée semble plus efficace que la prise d'une grande quantité en une seule fois. Toutefois, l'augmentation du niveau de la synthèse protéique n'est pas strictement limitée à quelques heures après la séance d'entraînement en musculation. La « *fenêtre métabolique* » qui est l'intervalle de temps pendant lequel les nutriments sont le mieux assimilés pour satisfaire la synthèse protéique, dure en réalité depuis le début de la séance jusqu'à plusieurs heures après la fin de celle-ci. L'apport de protéines avant ou pendant l'exercice peut augmenter la synthèse protéique musculaire et représente une bonne stratégie pour prolonger la durée des exercices ou répéter plus de séries.

3.2 Mécanismes de la synthèse protéique en réponse à l'entraînement en musculation et la prise de protéines

Le niveau de la synthèse protéique au sein des myofibrilles est contrôlé par une enzyme appelée **mTOR** (de l'anglais mechanistic target of rapamycin). Si mTOR est bloqué expérimentalement, l'entraînement de musculation n'induit pas d'hypertrophie. Le premier stimulus responsable de la synthèse protéique est l'étirement mécanique appliqué au muscle qui active mTOR. Ce dernier est aussi activé par le timing de la prise en protéines et plus spécifiquement par celles riches en leucine. L'apport en leucine aux muscles pendant la fenêtre métabolique active beaucoup plus mTOR que l'exercice lui-même, permettant ainsi d'augmenter la synthèse protéique et donc l'hypertrophie.

L'augmentation de la synthèse protéique n'est pas seulement liée à la disponibilité en acides aminés mais dépend aussi des concentrations hormonales qui rendent l'environnement favorable. L'insuline est un puissant stimulateur de l'hypertrophie musculaire. En présence de substrats adéquats, l'insuline (dont la concentration augmente après la prise alimentaire) est capable de stimuler la synthèse protéique et l'hypertrophie des muscles.

Résumé

› Les exercices de musculation et l'ingestion de protéines sont deux puissants stimulants de la synthèse protéique musculaire.

› Les spécialistes de musculation devraient consommer entre 1,6 à 1,7 g de protéines de bonne qualité par kilogramme de poids et par jour. La prise de protéines associées à des glucides en récupération permet de stimuler la synthèse protéique ainsi que la resynthèse des stocks de glycogène.

› La synthèse protéique dans les myofibrilles est contrôlée par une enzyme appelée mTOR. Le principal stimulus de la synthèse protéique est l'étirement mécanique du muscle qui active mTOR par une voie de signalisation impliquant l'IGF-1.

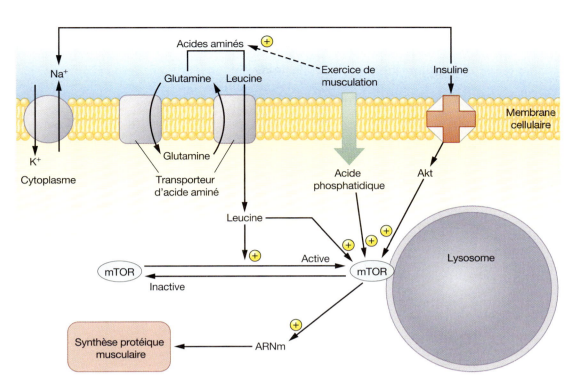

Figure 10.7 Représentation schématique des rôles séparés et combinés de l'entraînement en musculation, de l'insuline et de la prise d'acides aminés sur la synthèse protéique musculaire

D'après Dickinson *et al.*, 2013.

4. L'entraînement en musculation selon les populations

La musculation apparaît très intéressante pour les sportifs jeunes et en bonne santé mais elle est souvent, et à tort, négligée par la masse des pratiquants. Ces dernières années, de nombreux travaux se sont intéressés à l'entraînement des femmes, des enfants et de la population âgée. Comme cela a été mentionné dans l'introduction de ce chapitre, l'utilisation de la musculation par les femmes, que ce soit à titre sportif ou non, est relativement récente. Depuis les années 1970, de nombreuses connaissances sont apparues, concernant les différences intersexes d'aptitude physique. Si l'homme et la femme ont la même aptitude à développer de la force, la femme n'est pas capable d'atteindre des valeurs aussi élevées que l'homme. Ceci est essentiellement dû à des différences de masse musculaire, en relation avec le climat hormonal. Mais les différentes techniques proposées, pour développer la force, semblent tout aussi appropriées chez la femme. Ceci est développé en détail au chapitre 19. Dans ce chapitre, nous montrerons l'importance de cette forme d'entraînement chez tous les sportifs, quels que soient leur sexe, âge ou activité sportive.

4.1 Entraînement en musculation pour la population âgée

Les débuts de la musculation chez les personnes âgées remontent aux années 1980. En effet, avec l'avance en âge, il existe une perte substantielle de masse maigre connue sous le nom de **sarcopénie**. C'est pourquoi, il s'avère, intéressant de proposer un renforcement musculaire chez ces sujets. Cette perte musculaire liée à l'âge en partie dû au fait que les sujets sont de moins en moins actifs avec l'avance en âge. Or, un muscle qui ne travaille pas perd ses fonctions, s'atrophie et perd de la force.

Un entraînement de force est-il susceptible d'en inverser les effets ? Il semble que cela soit effectivement possible permettant ainsi des retombées importantes dans le domaine de la santé en augmentant par exemple la qualité de vie du sujet âgé (chapitre 18). De plus, la conservation d'une force minimale permet également de réduire considérablement le risque de chute et donc le risque traumatique.

En conditions basales, la synthèse et la dégradation des protéines sont similaires chez les sujets jeunes et âgés. La sarcopénie résulte plutôt de l'incapacité du muscle âgé à répondre de manière appropriée aux stimuli anaboliques. Un exercice isolé de musculation ne semble pas induire les mêmes

PERSPECTIVES DE RECHERCHE 10.2

Le genre ou l'origine ethnique sont-ils susceptibles d'influencer les réponses à l'entraînement chez les personnes âgées ?

L'avance en âge entraîne une perte de masse musculaire qui s'accompagne d'une baisse de la qualité et de la force du muscle. La perte de masse musculaire avec l'âge est connue sous le terme de *sarcopénie*. Parallèlement à ce phénomène, l'avance en âge s'accompagne d'une augmentation de la masse grasse sous-cutanée et intramusculaire qui sont délétères car elles peuvent être à l'origine de certaines maladies métaboliques comme le diabète. Toutefois, il semblerait que ces variations de composition corporelle liées à l'âge et à certaines pathologies soient associées au genre et à l'origine ethnique. En effet, les femmes présentent une masse grasse intra-musculaire et sous-cutanée supérieure aux hommes tandis que leur masse musculaire au niveau des membres inférieurs est plus basse que celles des hommes ; les Afro-Américains comparés aux Caucasiens présentent une masse musculaire au niveau des membres inférieurs plus importante, qui s'accompagne par un pourcentage de graisse inter, intra-musculaire et sous-cutanée lui aussi supérieur aux Caucasiens de même sexe.

L'entraînement en musculation constitue un très bon moyen pour lutter contre les variations délétères de la composition corporelle et constitue également un bon moyen pour retarder la sarcopénie chez les sujets d'âge moyen ou plus âgés. Jusqu'à présent, il n'existait aucune donnée de la littérature concernant les différences inter-sexe et inter-ethnie concernant les adaptations physiologiques à l'entraînement en musculation. C'est pourquoi des chercheurs de l'Université du Maryland ont examiné les effets d'un entraînement en musculation réalisé sur une seule jambe sur le volume musculaire, la graisse sous-cutanée et les variations intermusculaires en graisse, en fonction du sexe et de l'ethnie[21]. Dans cette étude une large cohorte de sujets Caucasiens et Afro-américains des deux sexes âgés de 50 à 85 ans a été testée. Les sujets ont suivi un programme d'entraînement de 10 semaines en musculation qui consistait à réaliser des extensions unilatérales du genou sur machine. Les variations du volume musculaire et de la masse grasse de la cuisse ont été mesurées par tomodensitométrie.

Après ces 10 semaines d'entraînement, le volume musculaire a augmenté chez l'ensemble des sujets. Toutefois, si en valeur absolue les augmentations étaient supérieures chez les hommes par rapport aux femmes, en valeur relative ou en pourcentage aucune différence n'était enregistrée entre les deux sexes. Contrairement à l'hypothèse initiale, aucune différence n'a été mesurée entre Caucasiens et Afro-américains concernant la prise de masse musculaire. De même, les variations de graisse sous-cutanée ou intermusculaire ne différaient pas significativement en fonction du genre ou de l'origine ethnique.

Ces résultats montrent que le genre ou l'origine ethnique n'influencent pas les réponses de composition corporelle (variations de graisse sous-cutanées ou intermusculaire) suite à un entraînement en musculation. Même si en valeur absolue le volume musculaire des hommes a augmenté significativement plus que celui des femmes, l'écart n'était pas majeur et ne semblait pas être affecté par l'origine ethnique. Le fait d'entraîner un seul membre sur les deux a permis de comparer les changements induits par l'entraînement (jambe entraînée) avec le membre controlatéral (jambe non-entraînée) chez le même sujet. De plus, ce type d'entraînement n'a pas permis de baisser significativement la masse grasse sous-cutanée. La faible dépense énergétique induite était probablement trop faible par rapport à la dépense énergétique totale. Il serait intéressant d'ajouter un entraînement aérobie à ce type d'exercice pour réduire la masse grasse.

Pour conclure, cette étude indique que l'origine ethnique et le genre ne semblent pas jouer un rôle important dans les réponses physiologiques à l'entraînement en musculation. Toutefois, comme l'origine ethnique est connue pour avoir un rôle sur l'incidence des maladies métaboliques et la fonction musculaire chez les sujets âgés, d'autres facteurs responsables restent à explorer.

---

réponses hypertrophiques dans le muscle de sujets âgés comparé aux sujets jeunes. Cette « résistance anabolique » serait attribuée à l'incapacité de l'exercice de musculation d'augmenter la signalisation de mTOR chez les sujets âgés[3]. L'entraînement en musculation permet d'augmenter la force et la masse musculaire chez les personnes âgées mais la réponse est simplement atténuée. En réponse à l'entraînement en musculation, les augmentations importantes de la force observées dans cette population ne sont pas proportionnelles aux augmentations de protéines myofibrillaires ou de volume musculaire qui sont souvent beaucoup plus faibles. Chez les personnes âgées, l'augmentation de la force dépend donc essentiellement des adaptations nerveuses.

Les effets de la prise de protéines chez les personnes âgées semblent, eux aussi, être atténués. Avec l'entraînement en musculation, si des petites doses comme 5 à 10 g de protéines sont suffisantes pour stimuler la synthèse protéique chez les jeunes adultes, des doses beaucoup plus élevées sont nécessaires pour induire le même effet chez les personnes âgées. Ceci est lié à la baisse de sensibilité aux acides aminés branchés des muscles de sujets âgés. Des études indiquent que l'ingestion de 25 à 30 g de protéines de bonne qualité ou plus de 2 g de leucine sont nécessaires pour stimuler la synthèse protéique du muscle âgé dans les mêmes proportions que ceux des jeunes.

L'avance en âge se caractérise également par une résistance à l'action de l'insuline au niveau du muscle ce qui pourrait représenter un facteur majeur de l'étiologie de la sarcopénie.

4.2 Entraînement en musculation pour les enfants et les adolescents

L'intérêt de la musculation chez les enfants et les adolescents a fait l'objet d'un long débat. Le risque traumatique, lié à l'utilisation de charges trop lourdes, n'est certes pas négligeable, en particulier au niveau des cartilages de conjugaison. Beaucoup pensent également que les gains de force et de masse musculaire, chez le jeune, sont plus dépendants des modifications hormonales, contemporaines de la puberté que de l'entraînement. Nous savons, actuellement, que les enfants et les adolescents peuvent s'entraîner, tout en réduisant au minimum le risque traumatique, à condition de leur proposer un entraînement tout à fait approprié. Ils sont, en outre, susceptibles d'augmenter à la fois leur force musculaire et leur masse musculaire. L'entraînement en musculation devra être prescrit aux enfants et aux adolescents en suivant les mêmes grands principes que pour les adultes avec une attention particulière portée aux techniques d'exécution des mouvements. Des recommandations spécifiques ont été élaborées par de nombreuses organisations professionnelles comme la société américaine d'orthopédie pour la médecine du sport, l'académie américaine de pédiatrie, le collège américain des sciences du sport, l'association nationale des entraîneurs d'athlétisme, l'association nationale des entraîneurs de musculation et de force ainsi que le comité olympique américain. Ces recommandations relatives à l'entraînement de musculation chez l'enfant et l'adolescent sont détaillées dans le tableau 10.1.

4.3 Entraînement en musculation pour les athlètes

Devenir plus fort n'est pas l'objectif essentiel du sportif qui voit surtout, dans la musculation, un moyen supplémentaire d'améliorer sa performance. Pour les lanceurs ou les haltérophiles, l'intérêt d'un entraînement de force est évident. Il l'est beaucoup moins pour les gymnastes, les coureurs de fond ou les danseuses.

Il n'y a pas eu d'études menées sur les bienfaits de la musculation dans chaque discipline sportive, mais on peut raisonnablement penser qu'elle doit être bénéfique à tous, à des degrés très différents, car il ne semble pas nécessaire de s'entraîner au-delà des exigences requises par la spécialité.

L'entraînement exige beaucoup de temps et les athlètes ne peuvent se permettre de le gaspiller dans des activités qui n'améliorent pas significativement leurs performances. Tout programme de musculation doit, alors, proposer des évaluations permettant d'en attester l'efficacité. Pratiquer la musculation, simplement pour se muscler, sans l'associer à l'amélioration de la performance reste discutable. Quoi qu'il en soit, étant donné que la fatigue musculaire augmente le risque de blessure dans beaucoup d'activités physiques, l'entraînement en musculation peut participer à le limiter.

Tableau 10.1 Recommandations pour l'entraînement en musculation chez l'enfant et l'adolescent

Âge	Recommandations
7 ans ou plus jeune	Introduire des exercices de base en utilisant le poids du corps ou des charges très légères. Développer le concept de la séance d'entraînement (échauffement, corps de la séance, retour au calme, étirements). Enseigner les techniques. Partir des exercices de gymnastique suédoise. S'entraîner avec partenaire. Garder le volume faible et des exercices de faible résistance.
8-10 ans	Augmenter progressivement le nombre d'exercices. Pratiquer toutes les techniques de soulevé de charge. Augmenter progressivement les charges. Réaliser des exercices simples. Augmenter progressivement le volume d'entraînement. Faire attention à la tolérance au stress induit.
11-13 ans	Enseigner l'ensemble des techniques. Continuer à augmenter les charges progressivement. Introduire des exercices plus compliqués avec charges légères ou à vides. Aller vers des programmations plus complexes. Ajouter des éléments spécifiques à différents sports. Consolider les techniques. Augmenter le volume.
14-15 ans	Aller vers des programmations plus complexes d'entraînement en musculation. Ajouter des éléments spécifiques à différents sports. Consolider les techniques. Augmenter le volume.
16 ans et plus	Permettre au jeune pratiquant d'aller vers des programmations d'adulte après avoir vérifié que l'ensemble des techniques soit bien maîtrisé.

Note. Si l'enfant ou l'adolescent démarre sans aucune expérience de l'entraînement en musculation, il faut alors commencer avec les recommandations de la catégorie d'âge précédente.
D'après W.J. Kraemer et S.J. Fleck, 2005, Strength training for young athletes, 2nd ed. (Champaign, IL : Human Kinetics), 5.

> **PERSPECTIVES DE RECHERCHE 10.3**
>
> ### Vêtements de compression et exercice physique
>
> Les vêtements de compression sont devenus très populaires chez les athlètes dans de nombreuses disciplines sportives en raison de leurs éventuels effets bénéfiques sur la performance et la santé. Ils sont issus directement des vêtements de contention médicaux comme les jambières, utilisées jadis pour traiter les troubles de la circulation sanguine. Ces nouveaux vêtements de compression, sont désormais fabriqués avec des tissus plus sophistiqués, aux propriétés élastiques et à compression graduée, qui en moulant les différentes parties du corps, permettraient d'accélérer la récupération post-exercice en augmentant la circulation sanguine et lymphatique. Bien qu'ils soient très populaires dans le monde sportif, leurs réels effets bénéfiques ainsi que les mécanismes sous-jacents (améliorations mécaniques, physiologiques et psychologiques) ne sont pas très bien documentés dans la littérature scientifique[12]. De plus, les résultats étant contradictoires, l'intérêt de ce type de vêtement pour les sportifs fait toujours débat dans la communauté scientifique. L'hétérogénéité dans les résultats observés est liée en partie, 1) à la grande variabilité des habits de compression utilisés qui n'exercent pas tous la même pression et qui peuvent être positionnés à des endroits différents, 2) à la grande variété des modalités d'exercices étudiées que ce soit en terme de durée, d'intensité et de type de contraction musculaire, 3) au statut d'entraînement des sujets (élites vs sujets sédentaires ou peu entraînés), 4) aux différentes mesures effectuées pour tester les effets sur la performance ou la récupération.
>
> Une analyse fine de la littérature montre que très peu d'études ont démontré un effet ergogénique des vêtements de contention. L'exception serait peut-être dans les épreuves de saut et notamment lors d'efforts maximaux où les athlètes se rapprochent de l'épuisement. Lors de sauts répétés, les shorts de compression pourraient limiter les oscillations des muscles lors des phases d'impact, et pourraient améliorer la proprioception. Ces améliorations retrouvées lors d'épreuves de saut ne sont pas transposables dans d'autres activités explosives comme le sprint.
>
> Concernant les éventuels effets bénéfiques des vêtements de compression sur le système cardiovasculaire en réponse à l'exercice, les études ne montrent aucun bénéfice, que ce soit sur la perfusion musculaire ou l'utilisation de l'oxygène. La fréquence cardiaque en réponse à l'exercice sous-maximal ou maximal ne semble pas non plus être affectée par le port de vêtements de compression. Par contre, concernant les effets des vêtements de compression sur la thermorégulation, les études montrent que la température située juste sous les vêtements est supérieure à celle du reste du corps. Cette température supérieure pourrait induire une petite augmentation du débit sanguin local à ce niveau, voire même au niveau superficiel des muscles. Toutefois ces résultats doivent être confirmés notamment en termes de performance.
>
> À l'inverse, leurs effets sur la récupération sont mieux établis. En effet, si leurs effets sur la performance restent très discutables et limités à certaines situations spécifiques (sprints répétés), les vêtements de compression permettraient de réduire le gonflement des tissus (œdèmes) en récupération. De plus, il est également observé que le port de ces vêtements diminue les douleurs musculaires post-exercice. Ceci pourrait s'expliquer par une meilleure élimination des protéines endommagées et des sous-produits du métabolisme lorsque ces vêtements sont portés.
>
> Malgré leur popularité et leurs mérites vantés par les fabricants, les effets bénéfiques des habits de contention sur la performance sportive ne sont pas encore bien démontrés. Aucun effet néfaste ou délétère n'est toutefois rapporté. D'autres études rigoureuses et standardisées sont donc nécessaires avant de pouvoir conclure formellement sur les effets bénéfiques des vêtements de compression, que ce soit sur la performance ou la récupération. Ces études devront par ailleurs expliquer les éventuels mécanismes sous-jacents.

Résumé

> L'entraînement en musculation est bénéfique à tous, quels que soient le sexe, l'âge ou le niveau athlétique.

> Chez les personnes âgées, l'entraînement en musculation peut ralentir voir inverser la perte de masse musculaire associée à l'avance en âge connue sous le nom de sarcopénie.

> Le muscle de la personne âgée conserve sa capacité à bien répondre à l'exercice, à l'insuline et à l'apport protéique supplémentaire afin d'augmenter substantiellement la synthèse protéique. Toutefois, l'amplitude de la réponse musculaire du sujet âgée est atténuée comparée à celle du sujet jeune.

> Dans la plupart des sports les athlètes peuvent tirer bénéfice d'un programme de musculation approprié. Mais pour être sûr de son efficacité, il faut régulièrement l'évaluer et l'ajuster.

5. Conclusion

Dans ce chapitre, nous avons montré l'intérêt de pratiquer la musculation pour améliorer simultanément la force et la performance. Nous avons étudié les adaptations neuromusculaires qui contribuent à l'augmentation de la force ainsi que les facteurs impliqués dans l'apparition des douleurs musculaires. Nous avons ensuite passé en revue les différents programmes de musculation susceptibles de répondre au mieux aux exigences de l'athlète. Dans le chapitre suivant nous aborderons les aspects énergétiques de l'activité physique.

Mots-clés

atrophie
entraînement en musculation
hyperplasie
hypertrophie
hypertrophie chronique
hypertrophie transitoire
inhibition autogène
mTOR
sarcopénie

Questions

1. Expliquez comment 6 mois d'entraînement en musculation permettent des gains de force ? Comment ces pourcentages de gain diffèrent en fonction de l'âge, du sexe et du passé d'entraînement ?

2. Exposez les différentes théories avancées pour expliquer le gain de force obtenu par l'entraînement.

3. Qu'est-ce que l'inhibition autogène ? Quel rôle lui attribue-t-on dans l'entraînement de force ?

4. En quoi les hypertrophies transitoire et chronique du muscle se différencient-elles ?

5. Qu'est-ce que l'hyperplasie ? Quel rôle joue celle-ci dans l'augmentation de masse et de force du muscle, en réponse à l'entraînement ?

6. Quelles sont les bases physiologiques de l'hypertrophie ?

7. Quelles sont les réponses physiologiques à l'immobilisation musculaire ?

8. Pour optimiser la synthèse protéique, quels types de protéines doit-on ingérer et en quelle quantité ?

9. Existe-t-il un timing optimal concernant l'ingestion de protéines permettant d'augmenter l'hypertrophie musculaire chez un sportif ayant réalisé plusieurs séquences d'exercice ?

10. Décrivez le rôle de mTOR dans la synthèse protéique.

11. Quelles sont les principales différences de recommandations d'entraînement en musculation entre l'adulte et l'enfant ?

Adaptations à l'entraînement aérobie et anaérobie

11

Le 9 octobre 2010 s'est tenu, à Kona sur la grande île d'Hawaï, la 34e édition du championnat du monde Ironman. Quelque 1 800 sportifs ont nagé 3,9 km dans l'océan, pédalé 180 km et couru 42 km sous une température supérieure à 30 °C. Chris Mc Cormack a bouclé cette épreuve en 8 h 10 min 37 s et remporté pour la seconde fois en 4 ans le titre de champion du monde. Chez les femmes, c'est Mirinda Carfrae qui a gagné son premier titre en terminant la course en 8 h 58 min et 36 s – une des rares femmes sous les 9 h. Comment ces sportifs réalisent-ils de tels exploits ? Même s'ils sont sans aucun doute génétiquement doués, avec une très haute $\dot{V}O_2max$, ils ont dû, malgré tout, s'entraîner très durement pour développer leur aptitude aérobie et leur système cardiorespiratoire.

Plan du chapitre

1. Adaptations à l'entraînement aérobie 262
2. Adaptations à l'entraînement anaérobie 285
3. Adaptations à l'interval training de haute intensité 287
4. Spécificité de l'entraînement et l'entraînement multiformes 289

Lors d'un exercice isolé, l'homme ajuste ses fonctions cardiovasculaire et respiratoire à l'augmentation de la demande énergétique. Mais l'entraînement, qui consiste en des répétitions régulières d'exercices, induit une adaptation de ces systèmes qui contribue à améliorer les qualités aérobies et $\dot{V}O_2$max. Les mécanismes qui permettent le transport de l'oxygène et son utilisation par les cellules deviennent, en effet, plus efficaces.

L'**entraînement aérobie**, qui inclut l'endurance cardiorespiratoire, améliore la fonction cardiaque, le transport du sang au niveau central et périphérique, et augmente la capacité des fibres musculaires à générer plus d'adénosine triphosphate (ATP). Dans ce chapitre, nous examinerons les adaptations cardiovasculaires et respiratoires à l'entraînement aérobie et nous verrons comment ces adaptations affectent l'aptitude aérobie et la performance du sportif. Nous étudierons aussi l'**entraînement anaérobie**, les adaptations métaboliques qu'il induit, la performance de courte durée et de haute intensité, la tolérance au déséquilibre acido-basique et parfois l'évolution de la force musculaire. Les entraînements aérobies et anaérobies génèrent diverses adaptations qui permettent d'améliorer la performance sportive.

Les effets de l'entraînement aérobie sur les fonctions cardiovasculaire et respiratoire sont aujourd'hui bien connus des sportifs spécialistes d'endurance comme les coureurs à pied, les cyclistes et les nageurs, mais souvent ignorés dans d'autres sports. Cet entraînement est trop souvent négligé par les activités sportives non-endurantes. Cela se comprend dans la mesure où l'amélioration de la performance passe par un entraînement hautement spécifique de l'activité pratiquée. Or, l'endurance n'est pas reconnue comme facteur important dans les activités qui n'ont pas un caractère aérobie marqué. Pourquoi passer beaucoup de temps à améliorer une qualité qui n'améliore pas spécifiquement la performance ?

C'est le raisonnement des sportifs pratiquant des activités dans lesquelles la composante aérobie semble mineure. Prenons l'exemple du football. En dépit des apparences, le football est un sport composé de répétitions de sprints intenses et brefs, où la composante anaérobie est essentielle. Si chaque sprint dépasse rarement 35 à 40 m, il est souvent suivi d'une période de repos tout à fait substantielle. Il est vrai que l'importance du facteur endurance n'apparaît pas immédiatement. Là où les joueurs et l'entraîneur pèchent, c'est de ne pas intégrer la nécessité d'une préparation aérobie pour répéter ces sprints de multiples fois. Il faut alors les convaincre que de meilleures aptitudes aérobies permettront de maintenir le niveau des sprints tout au long de la partie et le joueur pourra conserver un état de fraîcheur relatif dans le dernier quart d'heure.

Des questions similaires sont posées concernant l'inclusion dans les programmes d'entraînement de séances de musculation pour des sports qui ne demandent pas un niveau élevé de force ou de vitesse. Dans la majorité des sports d'endurance, malgré tout, les sportifs réalisent des entraînements de musculation ou de sprint pour améliorer, ou au moins maintenir, leur niveau de force ou de vitesse initial mais aussi pour faciliter les changements d'intensités d'exercice, si besoin (exemple : le sprint à la fin d'un marathon).

Les chapitres 9 et 14 traitent des principes fondamentaux de l'entraînement physique et répondent aux questions : comment s'entraîner ? Combien s'entraîner ? Quand s'entraîner ?... Le but de ce chapitre est de s'intéresser aux variations physiologiques qui surviennent après la répétition régulière d'exercices aérobies et anaérobies.

1. Adaptations à l'entraînement aérobie

De multiples adaptations, qui permettent l'amélioration de la performance, surviennent avec l'entraînement aérobie. D'importantes modifications peuvent être observées dans les systèmes cardiovasculaire, respiratoire et musculaire.

1.1 L'endurance musculaire et cardio-respiratoire

Le terme d'endurance est utilisé pour deux systèmes différents, mais liés entre eux. On parle ainsi d'endurance musculaire et d'endurance cardiorespiratoire. Chacun apporte une contribution particulière à la performance. C'est pourquoi leur importance diffère selon l'activité pratiquée.

Pour les sprinters, l'endurance est la qualité qui leur permet de maintenir une grande vitesse de déplacement sur la plus grande distance de course possible, par exemple 100 m ou 200 m. Il s'agit ici de l'endurance musculaire. Elle représente la capacité d'un muscle, ou d'un groupe de muscles, à maintenir une haute intensité lors d'un ou de plusieurs exercices statiques (comme pour le lutteur) ou dynamiques (comme pour l'haltérophile ou le boxeur). La fatigue qui en résulte est confinée à un groupe musculaire particulier et la durée de l'épreuve n'excède pas 1 à 2 min. Cette endurance musculaire est corrélée à la force musculaire du sujet et au développement de ses aptitudes anaérobies.

Au contraire de cette qualité à caractère très local, l'endurance cardiorespiratoire traduit une aptitude plus générale qui concerne l'ensemble de l'organisme. Elle représente l'aptitude des systèmes cardiovasculaire et respiratoire à maintenir la fourniture d'oxygène aux muscles lors d'exercices continus ou intermittents et prolongés (chapitres 2 et 5). Cette forme d'endurance est fondamentale pour le cycliste, le coureur de longues distances ou le nageur, qui doivent réaliser des exercices prolongés à une allure soutenue voire intense. C'est pourquoi le terme endurance aérobie est parfois utilisé pour désigner l'endurance cardiorespiratoire.

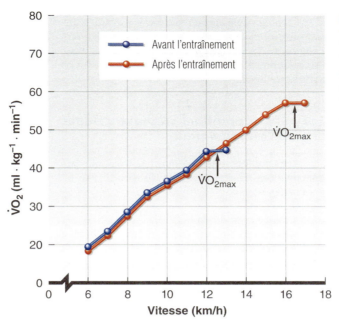

Figure 11.1

Variations de $\dot{V}O_2$max après 12 semaines d'entraînement en endurance. $\dot{V}O_2$max a augmenté de 46 % (de 39 à 57 ml.kg^{-1}.min^{-1}). La vitesse correspondante sur tapis roulant est passée de 12 à 17 km/h.

1.2 Évaluation de l'aptitude cardio-respiratoire

Pour juger des effets de l'entraînement aérobie, on évalue l'aptitude cardiorespiratoire et son évolution avec l'entraînement.

1.2.1 $\dot{V}O_2$max et puissance maximale aérobie

La plupart des physiologistes de l'exercice musculaire pensent que **$\dot{V}O_2$max**, parfois improprement appelée puissance maximale aérobie, et la capacité maximale aérobie sont les meilleurs témoins de l'endurance cardiorespiratoire. Au chapitre 5, nous avons défini $\dot{V}O_2$max comme le volume maximal d'oxygène qui peut être consommé en une minute par l'organisme, lors d'un exercice maximal ou exhaustif. À ce stade, si on augmente l'intensité de l'effort, la consommation d'oxygène n'augmente plus mais stagne en plateau ou diminue légèrement, indiquant l'atteinte de $\dot{V}O_2$max. Rappelons ici que la puissance maximale aérobie est la puissance développée sur ergomètre lorsqu'on atteint $\dot{V}O_2$max. Comme défini par l'équation de Fick, $\dot{V}O_2$max est obtenue en multipliant le débit cardiaque maximal (témoin de l'importance de l'apport d'oxygène aux muscles) par la différence artério-veineuse en oxygène (témoin de la capacité d'extraction de l'oxygène par le muscle).

L'entraînement aérobie améliore le système de transport de l'oxygène et donc la consommation maximale d'oxygène. Chez des sujets initialement non entraînés, une amélioration de 15 % à 20 % ou plus de $\dot{V}O_2$max peut être obtenue après 6 mois d'entraînement. Ce gain permet au sujet de réaliser des efforts d'intensité plus élevée et traduit une amélioration du potentiel individuel. La figure 11.1, illustre l'augmentation de $\dot{V}O_2$max après 12 mois d'entraînement aérobie, chez des sujets initialement non entraînés. Dans cet exemple, $\dot{V}O_2$max s'est améliorée d'environ 30 %. Notez que le coût énergétique de course, à des intensités submaximales, n'a pas varié, mais des vitesses plus élevées peuvent être atteintes après entraînement.

1.2.2 L'endurance

L'entraînement aérobie augmente non seulement la puissance maximale mais aussi la **capacité aérobie**. Cette dernière est très difficile à évaluer parce qu'il n'existe pas de variable physiologique mesurable pour quantifier objectivement sa variation en réponse à l'entraînement. La majorité des scientifiques utilisent la mesure d'une performance pour quantifier la capacité aérobie. On mesure, par exemple, la puissance moyenne absolue qu'une personne peut maintenir sur bicyclette ergométrique pendant une période donnée. Pour la course on utilisera la vitesse. Ces tests durent généralement entre 30 min et 1 heure. Une fréquence cardiaque plus basse pour un même niveau d'exercice est le signe d'une amélioration de la capacité aérobie en réponse à l'entraînement.

La capacité aérobie est étroitement liée aux performances en endurance et semble être déterminée à la fois par la $\dot{V}O_2$max du sportif et ses seuils lactiques (voir chapitre 5). L'entraînement en endurance améliore aussi la capacité aérobie.

1.3 Les adaptations cardiovasculaires à l'entraînement

L'entraînement induit un certain nombre d'adaptations cardiovasculaires qui concernent les paramètres suivants :

- les dimensions du cœur,
- le volume d'éjection systolique,
- la fréquence cardiaque,
- le débit cardiaque,
- le débit sanguin,
- la pression artérielle,
- le volume sanguin.

Tout d'abord, regardons comment ces paramètres sont liés au transport d'oxygène.

1.3.1 Le système de transport de l'oxygène

L'endurance cardiorespiratoire est intimement liée à la capacité de transport de l'oxygène nécessaire pour subvenir à la demande des muscles en activité.

L'aptitude des systèmes cardiovasculaire et respiratoire est définie par l'**équation de Fick** (chapitre 8). Celle-ci indique que la consommation totale de l'organisme en oxygène est déterminée à la fois par la fourniture de l'oxygène *via* le flux sanguin (débit cardiaque) et son extraction au niveau des tissus (différence artério-veineuse en oxygène, c'est-à-dire la différence entre le contenu en oxygène dans le sang artériel et dans le sang veineux mêlé $(a-\bar{v})O_2$. Le débit cardiaque est le produit du volume d'éjection systolique par la fréquence cardiaque. Il conditionne la quantité d'oxygène qui peut être éjectée par le cœur en 1 min. La différence artério-veineuse en oxygène représente la quantité d'oxygène prélevée par les tissus périphériques. Le produit de ces deux valeurs indique le volume d'oxygène consommé par l'organisme en 1 min ; l'**équation de Fick**.

$$\dot{V}O_2 = FC \times Vs \times (CaO_2 - C\bar{v}O_2)$$

$$\text{et } \dot{V}O_2\text{max} = FC_{max} \times Vs_{max} \times (CaO_2 - C\bar{v}O_2)_{max}.$$

La fréquence cardiaque maximale restant la même ou diminuant légèrement avec l'entraînement, l'augmentation de $\dot{V}O_2$max dépend des adaptations du volume d'éjection systolique et de la différence artério-veineuse en oxygène.

Les besoins en oxygène des muscles actifs augmentent avec l'intensité de l'exercice. L'aptitude aérobie d'un sujet dépend alors de la qualité du système de transport de l'oxygène, c'est-à-dire de l'aptitude à délivrer l'oxygène aux muscles en activité pour que le métabolisme aérobie puisse subvenir à l'augmentation de la demande en énergie. L'entraînement aérobie induit de nombreuses adaptations des diverses composantes du système de **transport de l'oxygène** qui le rendent plus efficace.

1.3.2 Les dimensions cardiaques

La mesure des dimensions cardiaques est une donnée clinique importante pour les cardiologues. L'hypertrophie peut indiquer la présence d'une pathologie cardiovasculaire. Les cliniciens et les scientifiques utilisent généralement l'échocardiographie pour mesurer les dimensions externes et internes du cœur. L'échocardiographie est une technique de mesure par ultrasons qui envoie des ondes à haute fréquence à travers le thorax à partir d'un émetteur placé sur la poitrine. Les ondes émises sont réfléchies vers un capteur lorsqu'elles rencontrent les structures qui constituent le cœur, permettant ainsi d'avoir une image de celui-ci. Le médecin peut alors visualiser l'ensemble des éléments constitutifs du cœur. Il y a différentes formes d'échocardiographie ; l'échocardiographie M-Mode qui donne une vue en une seule dimension et l'échocardiographie Doppler la plus utilisée pour mesurer le débit sanguin à l'intérieur des gros vaisseaux.

En réponse à l'augmentation de la charge de travail, induite par l'entraînement aérobie, apparaît une augmentation de la masse et du volume du cœur. Il s'y ajoute un épaississement de la paroi et une augmentation des dimensions de la cavité du ventricule gauche. L'entraînement aérobie induit, comme pour le muscle squelettique, une hypertrophie du muscle cardiaque. Cette **hypertrophie cardiaque**, non pathologique, induite par l'entraînement, constitue le « **cœur d'athlète** ». Elle est aujourd'hui bien répertoriée comme une adaptation à l'entraînement.

Comme nous l'avons discuté dans le chapitre 6, des 4 cavités cardiaques c'est le ventricule gauche qui connaît les modifications les plus importantes. On a cru longtemps que l'importance et la nature de celles-ci étaient fonction du type d'exercice pratiqué. L'augmentation de la paroi du ventricule gauche avec l'entraînement de force ou de musculation, par exemple, était expliquée par la surcharge de travail imposée au cœur, lors de ce type d'exercice, alors que celui-ci doit éjecter le sang dans la circulation systémique déjà soumise à une pression élevée. Il a été suggéré que, pour vaincre cette surcharge, le cœur compense en augmentant sa taille renforçant ainsi sa

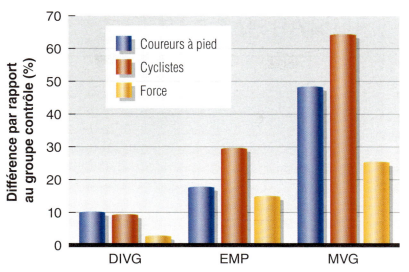

Figure 11.2

Différences de dimensions du cœur entre coureurs, cyclistes et sportifs pratiquant des sports de force et leurs groupes contrôles respectifs. Les données représentent la différence de pourcentage par rapport aux groupes contrôles.
DIVG = diamètre interne du ventricule gauche
EMP = épaisseur moyenne de la paroi
MVG = masse du ventricule gauche.

contractilité. Dans le chapitre 8, nous avons appris que la pression sanguine peut atteindre 480 à 350 mmHg lors de l'entraînement en musculation. Ceci représente une pression considérable que le ventricule gauche doit vaincre. L'augmentation de la masse cardiaque est une réponse directe à la résistance qui lui est opposée lors de l'entraînement.

Avec l'entraînement aérobie, les dimensions de la cavité ventriculaire gauche augmentent. C'est un effet de l'entraînement. L'augmentation du volume plasmatique élève le volume télédiastolique du ventricule gauche. Simultanément, la baisse de la fréquence cardiaque de repos, causée par l'augmentation du tonus parasympathique, comme la baisse de la fréquence cardiaque à une même intensité d'exercice sous maximale, permettent une augmentation du temps de remplissage du ventricule gauche en fin de diastole.

On a longtemps pensé que l'augmentation de la cavité ventriculaire gauche constituait la seule adaptation liée à l'entraînement aérobie. Des études récentes montrent que cet entraînement peut induire un épaississement de la paroi myocardique de même nature que l'entraînement de musculation. La masse du ventricule gauche des sportifs très entraînés en aérobie : skieurs de fond, cyclistes sur route, coureurs de longues distances, est plus importante que celle de sujets non entraînés. La masse ventriculaire est même corrélée à leur VO_2max et à leur puissance maximale aérobie.

En 1996, Fagard[11] a réalisé une revue de question assez complète. Il s'est intéressé à des coureurs de fond (135 athlètes et 173 contrôles), des cyclistes (69 cyclistes et 65 contrôles) et des athlètes pratiquant des sports à dominante force (178 sportifs, incluant des haltérophiles, des bodybuilders, des lutteurs, des lanceurs et des bobsleigheurs et 105 contrôles). Dans chaque groupe, les sportifs sont appariés aux sujets contrôles sur l'âge et les dimensions corporelles. Les résultats de ces différentes études montrent que le diamètre interne du ventricule gauche (DIVG, index de la taille), l'épaisseur du septum interventriculaire (ESIV), l'épaisseur du mur postérieur (EMP) ainsi que la masse du ventricule gauche (MVG) sont supérieurs chez les sportifs comparés aux contrôles. Le DIVG représente un index du volume ventriculaire alors que les trois autres paramètres sont des index de la masse du myocarde et de son épaisseur. Ces différentes comparaisons sont répertoriées dans la figure 11.2. Les résultats de cette étude renforcent l'hypothèse selon laquelle l'entraînement aérobie augmente la taille et l'épaisseur des parois du ventricule gauche.

La majorité des études s'intéressant aux variations de la taille du cœur avec l'entraînement sont transversales et ont comparé des sujets entraînés à des sédentaires ou à des non entraînés. Les études transversales sont très instructives mais ne font pas la part de ce qui revient aux facteurs génétiques. Il faut pour cela avoir recours aux études longitudinales. Dans ce type d'études, un groupe de sujets non entraînés suit, pendant des mois ou des années, un programme d'entraînement passant du statut de non entraîné à celui d'entraîné. Ceci explique pourquoi une partie des résultats présentés dans la figure 11.2 peut être attribuée aux facteurs génétiques et non à l'entraînement car il s'agit d'études transversales. Quoi qu'il en soit, certains travaux actuels s'intéressent à des sujets passant du statut de non entraîné à entraîné tandis que d'autres vont dans le sens inverse. Ces recherches rapportent une augmentation de la taille du cœur avec l'entraînement et une diminution avec le désentraînement. L'entraînement induit donc des modifications des dimensions cardiaques, mais il semble qu'ils ne soient pas aussi importants que ceux représentées par la figure 11.2.

Résumé

> L'aptitude cardiorespiratoire définit le potentiel de l'organisme pour maintenir un exercice aérobie dynamique et prolongé impliquant une masse musculaire importante. Elle conditionne la capacité aérobie.

> $\dot{V}O_2max$ est considérée par la plupart des physiologistes de l'exercice comme le meilleur indicateur de l'aptitude cardiorespiratoire.

> Le débit cardiaque correspond au volume de sang qui quitte le cœur en une minute. $CaO_2 - C\bar{v}O_2$ exprime le volume d'oxygène extrait du sang par les tissus. Le produit de ces deux facteurs correspond à la consommation d'oxygène. En accord avec l'équation de Fick : $\dot{V}O_2 = Vs \times FC \times (CaO_2 - C\bar{v}O_2)$

> Des 4 cavités cardiaques c'est le ventricule gauche qui connaît les principales adaptations à l'entraînement aérobie.

> Avec l'entraînement aérobie, les dimensions de la cavité ventriculaire gauche augmentent en réponse à un meilleur remplissage ventriculaire.

> La paroi du ventricule gauche s'épaissit avec l'entraînement aérobie, augmentant la force de contraction de celui-ci.

1.3.3 Le volume d'éjection systolique

L'entraînement aérobie aboutit à une augmentation du volume d'éjection systolique (Vs). Celle-ci est sensible au repos mais aussi à l'exercice, qu'il soit submaximal ou maximal. La figure 11.3 montre l'augmentation du volume d'éjection systolique, à différents niveaux d'un exercice maximal progressivement croissant, chez un sujet testé avant et après 6 mois d'entraînement. Le tableau 11.1 indique les valeurs notées chez des sujets non entraînés, entraînés et chez des spécialistes de haut niveau (les fourchettes de valeurs sont liées aux dimensions des individus). Comment peut-on l'expliquer ?

L'entraînement améliore le remplissage diastolique du ventricule gauche. Comme nous le verrons plus tard, le volume sanguin augmente avec l'entraînement et, avec lui, le volume de fin de diastole ou télédiastolique (VTD). Cet afflux de sang étire les parois ventriculaires et permet, en application de la loi de Frank-Starling (voir chapitre 7), une meilleure restitution élastique.

Nous savons que l'entraînement aérobie induit une hypertrophie du septum et du mur postérieur. L'augmentation de la masse ventriculaire permet une contraction plus puissante. L'amélioration de la contractilité diminue le volume résiduel de fin de systole, ou télésystolique (VTS), en éjectant davantage de sang dans la circulation. Ceci est amplifié par la diminution de la pression sanguine qui survient avec l'entraînement réduisant ainsi la résistance systémique périphérique.

Chez le sujet entraîné, la meilleure restitution élastique, couplée à une meilleure contractilité, augmente le volume d'éjection systolique. Ces modifications sont illustrées par une étude où des hommes âgés ont été entraînés en aérobie pendant un an[9]. La fonction cardiovasculaire a été évaluée avant et après entraînement. Chaque jour les sujets pratiquaient le vélo et la course sur tapis roulant à une intensité correspondant à 60-80 % de $\dot{V}O_2max$ avec des pointes brèves à 90 % de $\dot{V}O_2max$, et cela quatre fois par semaine.

Le volume de fin de diastole augmente au repos et tout au long de l'exercice submaximal. Le volume d'éjection systolique augmente également et est associé à une baisse du volume résiduel de fin de systole. Ceci suggère une amélioration de la contractilité du ventricule gauche. Dans le même temps, $\dot{V}O_2max$ a augmenté de 23 %, indiquant de meilleures qualités aérobies.

Il est bien démontré, chez le sujet jeune adulte, que l'entraînement aérobie induit non seulement des adaptations centrales mais aussi périphériques améliorant par là même $\dot{V}O_2max$. Ceci a été démontré dans une étude longitudinale s'intéressant aux effets de l'entraînement et de l'alitement[22]. En effet, cinq sujets masculins âgés de 20 ans ont été testés avant et après 20 jours d'alitement et après 60 jours d'entraînement. Ces mêmes sujets ont été à nouveau testés 30 ans plus tard (à 50 ans) avant (niveau sédentaire) et après 6 mois d'entraînement. Le pourcentage d'amélioration de $\dot{V}O_2max$ après entraînement a été similaire à l'âge de 20 ans (18 %)

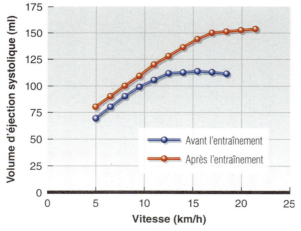

Figure 11.3

Modification du volume d'éjection systolique avec l'entraînement aérobie, à différentes vitesses de marche ou de course sur tapis roulant.

Tableau 11.1 Valeurs du volume d'éjection systolique selon le statut d'entraînement

Sujets	Vs repos (ml)	Vs maximal (ml)
Non entraînés	50-70	80-110
Entraînés	70-90	110-150
Très entraînés	90-110	150-220+

et à 50 ans (14 %). Toutefois, l'amélioration de $\dot{V}O_2$max à l'âge de 20 ans a été expliquée par l'augmentation à la fois du débit cardiaque maximal et de la différence artério-veineuse maximale. À 50 ans l'amélioration s'expliquait essentiellement par l'augmentation de la différence artério-veineuse maximale. En réponse à l'entraînement, le volume d'éjection systolique maximal a augmenté à la fois à 20 ans et à 50 ans mais à un moindre degré à 50 ans (+8 ml/battement vs. +16 ml/battement).

Pour résumer, l'hypertrophie du ventricule gauche, la diminution des résistances périphériques et un volume sanguin plus important sont les facteurs essentiels qui contribuent à l'accroissement du volume d'éjection systolique au repos et à l'exercice sous-maximal et maximal, en réponse à l'entraînement aérobie.

> **Résumé**
>
> ➤ L'entraînement aérobie augmente le volume d'éjection systolique au repos, à l'exercice sous-maximal et à l'exercice maximal.
>
> ➤ Le principal facteur responsable en est l'augmentation du volume télédiastolique qui résulte sans doute de l'augmentation du volume plasmatique et d'un allongement du temps de remplissage (baisse de la fréquence cardiaque).
>
> ➤ Une meilleure contractilité du ventricule gauche y contribue également. Elle provient de l'hypertrophie du muscle cardiaque et d'un meilleur renvoi élastique lié à un étirement plus important du myocarde (loi de Franck-Starling). Cet étirement est lui-même dû à une amélioration du remplissage diastolique.
>
> ➤ Une baisse de la pression sanguine systémique s'accompagne d'une réduction des résistances à l'écoulement du sang au niveau du ventricule gauche.

1.3.4 La fréquence cardiaque

L'entraînement aérobie a un impact majeur sur la fréquence cardiaque de repos, lors de l'exercice submaximal et pendant la période de récupération post-exercice. L'effet de ce type d'entraînement sur la fréquence cardiaque maximale est souvent négligeable.

1.3.4.1 La fréquence cardiaque de repos

La fréquence cardiaque de repos diminue nettement après une période d'entraînement aérobie. Chez un sujet non entraîné dont le rythme cardiaque au repos est de 80 battements par minute, quelques études ont observé une baisse de 1 battement par minute et par semaine d'entraînement, pendant les premières semaines d'un programme aérobie. Après dix semaines d'un entraînement modéré, la fréquence cardiaque de repos peut ainsi passer de 80 à 70 battements par minute (bpm), voire moins. Dans d'autres travaux scientifiques, effectués sur un grand nombre de sujets, la diminution de la fréquence cardiaque de repos est plus modeste et seulement d'environ 5 bpm, après 20 semaines d'entraînement aérobie.

Au chapitre 6, nous avons appelé bradycardie tout rythme cardiaque inférieur à 60 bpm. Chez les individus non entraînés la bradycardie est en général le reflet d'un fonctionnement cardiaque anormal ou d'une maladie du cœur. Pourtant, chez certains sportifs de haut niveau, dans les disciplines aérobies, des rythmes cardiaques de repos inférieurs à 40 bpm, voire à 30 bpm, ont été mesurés. Dès lors, il est nécessaire de distinguer la bradycardie induite par l'entraînement qui est une adaptation normale et la bradycardie pathologique qui peut être grave.

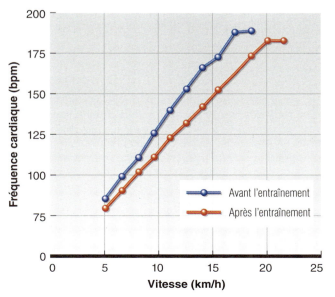

Figure 11.4

Modifications de la fréquence cardiaque avec l'entraînement aérobie, à différentes vitesses de marche ou de course sur tapis roulant.

> **PERSPECTIVES DE RECHERCHE 11.1**
>
> ### La bradycardie de repos du sportif
>
> Les faibles valeurs de fréquence cardiaque de repos des sportifs très entraînés en aérobie sont le plus souvent attribuées à une élévation du tonus parasympathique. Une revue de question récente jette le doute sur ce mécanisme[6]. Deux autres explications sont possibles pour expliquer la bradycardie des sportifs ; une diminution du tonus sympathique et une diminution de la fréquence cardiaque intrinsèque. Nous avons défini, au chapitre 6, la fréquence cardiaque intrinsèque comme étant le rythme spontané du nœud sinusal en l'absence de toute stimulation nerveuse ou hormonale. Il a été montré que le blocage de l'activité parasympathique cardiaque, par l'atropine, non seulement ne supprime pas la bradycardie de repos du sportif mais l'accentue. Ceci suggère que la bradycardie du sportif n'est pas le résultat de l'élévation du tonus vagal.
>
> Dans d'autres travaux, on a bloqué les deux composantes du système nerveux autonome, sympathique et parasympathique. La fréquence cardiaque alors mesurée est la fréquence cardiaque intrinsèque du sujet. Celle-ci continue à baisser après entraînement. Toutes ces données conduisent à penser que la bradycardie du sportif est due, en grande partie voire totalement, à une diminution de la fréquence cardiaque intrinsèque.
>
> Cette baisse de la fréquence cardiaque intrinsèque pourrait résulter d'une modification des caractéristiques du nœud sinusal. Ce dernier est en quelque sorte le « pacemaker », c'est-à-dire le stimulateur du cœur dont l'automatisme est régi par les propriétés des canaux calciques. D'un point de vue clinique, toute altération des propriétés de ces canaux peut induire une bradycardie, comme cela peut s'observer dans l'insuffisance cardiaque, la fibrillation auriculaire et dans la bradycardie associée à l'âge. La diminution de la fréquence cardiaque de repos, liée à l'âge, est attribuée à une dérégulation des récepteurs à la ryanodine (chapitre 6), protéines qui modulent les flux calciques. Il est probable que ce mécanisme soit aussi impliqué dans la bradycardie du sportif.

1.3.4.2 La fréquence cardiaque à l'exercice sous-maximal

Lors de l'effort sous-maximal, l'amélioration du potentiel aérobie se traduit par une diminution de la fréquence cardiaque pour la même intensité relative d'exercice. Ceci est illustré par la figure 11.4, qui montre l'évolution de la fréquence cardiaque d'un sujet sur tapis roulant, avant et après entraînement. À chaque niveau d'exercice, la fréquence cardiaque est inférieure après entraînement. Dans la relation linéaire qui unit l'augmentation de la fréquence cardiaque et l'intensité de l'exercice, c'est la pente de la droite qui a diminué. Ces fréquences cardiaques plus faibles indiquent que le cœur est plus efficace, c'est-à-dire que le cœur entraîné se fatigue moins pour un effort donné.

1.3.4.3 La fréquence cardiaque maximale

La fréquence cardiaque maximale (FC max) d'un individu est assez stable. La fréquence cardiaque mesurée à l'arrêt d'un exercice maximal reste, en effet, relativement constante, même après une période d'entraînement aérobie. Un certain nombre d'études suggère pourtant qu'une longue période d'entraînement aérobie peut la diminuer sensiblement. C'est ainsi que chez certains sportifs de haut niveau, spécialistes de l'exercice aérobie, les valeurs de FC max ont tendance à être inférieures à celles de sujets non entraînés du même âge. Pour le sujet âgé, on observe parfois l'inverse, le sujet entraîné en aérobie a une FC max supérieure à celle d'un non entraîné du même âge.

1.3.4.4 Les interactions entre la fréquence cardiaque et le volume d'éjection systolique

Lors de l'exercice, l'accélération cardiaque et l'augmentation du volume d'éjection systolique permettent ensemble d'adapter le débit cardiaque aux besoins. À l'exercice maximal, cette combinaison doit permettre d'atteindre le débit cardiaque maximal. Si le rythme cardiaque est trop élevé la diastole, ou période de remplissage du ventricule, est cependant réduite. Le risque est une baisse du volume d'éjection systolique. Par exemple, pour une fréquence cardiaque maximale de 180 bpm, le cœur se contracte trois fois par seconde. La durée de chaque cycle est alors de 0,33 s ce qui ne laisse plus que 0,15 s ou moins pour la diastole. Le temps de remplissage du ventricule est donc très court et le volume d'éjection systolique peut se trouver diminué.

En revanche, si le rythme cardiaque diminue, les ventricules ont alors le temps de se remplir. L'augmentation du volume systolique, observée après un entraînement important, permet d'atteindre le débit cardiaque maximal avec une fréquence cardiaque maximale légèrement inférieure. C'est ce que l'on observe chez les athlètes endurants de très haut niveau.

Quelle adaptation survient en premier ? Est-ce l'augmentation du volume systolique qui induit la baisse de FC max ou l'inverse ? Cette question demeure toujours sans réponse. Il reste que ces adaptations sont tout à fait bénéfiques, le cœur se contractant moins et avec plus de force. Finalement, ces adaptations cardiaques permettent d'envoyer à moindre coût une plus grande quantité de sang oxygéné dans la circulation.

1.3.4.5 La récupération cardiaque

À l'arrêt de l'exercice, la fréquence cardiaque ne retourne pas immédiatement à sa valeur de repos. Elle reste au contraire élevée pendant un certain temps, puis revient progressivement vers sa valeur de repos.

Après une période d'entraînement, ainsi que le montre la figure 11.5, la fréquence cardiaque revient plus rapidement à sa valeur de repos. Cela s'observe autant à l'exercice submaximal qu'à l'exercice maximal.

La diminution de la durée de récupération cardiaque, induite par l'entraînement aérobie, peut être utilisée comme un indicateur de l'aptitude cardiorespiratoire. La récupération de la fréquence cardiaque est, en général, d'autant plus rapide que le sujet dispose d'une bonne aptitude physique. Il faut malgré tout remarquer que d'autres facteurs que l'entraînement peuvent affecter cette récupération. La chaleur, l'altitude ou une hyperactivité sympathique, par exemple, augmentent le délai nécessaire à une parfaite récupération cardiaque. Sa mesure peut cependant s'avérer très utile lors des activités de terrain.

La courbe de récupération de la fréquence cardiaque est un excellent indicateur des progrès liés à l'entraînement. L'influence possible de ces autres facteurs ne permet cependant pas de l'utiliser pour comparer des individus entre eux.

1.3.5 Le débit cardiaque

Nous avons décrit les effets de l'entraînement sur la fréquence cardiaque et le volume d'éjection systolique qui sont les deux composantes du débit cardiaque. Sachant que le volume d'éjection systolique augmente et que la fréquence cardiaque en général diminue au repos et pour un même niveau d'exercice sous-maximal, comment varie le débit cardiaque ?

Que ce soit au repos ou à même intensité d'exercice submaximal, le débit cardiaque ne change pas après un entraînement aérobie. Pour des exercices de même intensité submaximale, le débit cardiaque peut diminuer légèrement. Cela peut être la conséquence soit d'une augmentation de la différence artério-veineuse qui reflète une meilleure extraction de l'oxygène par les tissus soit d'une diminution du taux de consommation d'oxygène qui traduit une meilleure efficacité mécanique. Le débit cardiaque est, en général, directement lié à la consommation d'oxygène requise pour une intensité d'exercice ou une charge de travail données.

Le débit cardiaque augmente pourtant considérablement à l'exercice maximal en réponse avec l'entraînement aérobie (figure 11.6) et il est grandement responsable de l'amélioration de $\dot{V}O_2max$. Il résulte essentiellement d'une augmentation du volume d'éjection systolique maximal, car la FC max ne change pas ou peu, au moins au début de l'entraînement. Le débit cardiaque maximal se situe ainsi aux environs de 14 à 20 L.min^{-1} chez les sujets non entraînés, 25 à 35 L.min^{-1} chez les sujets entraînés, voire jusqu'à 40 L.min^{-1} ou plus chez les sportifs de très haut niveau. Ces valeurs sont, bien entendu, largement influencées par le gabarit de la personne.

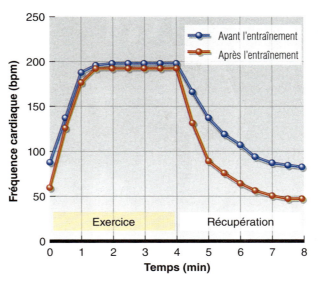

Figure 11.5

Effets de l'entraînement sur la récupération de la fréquence cardiaque post-exercice.

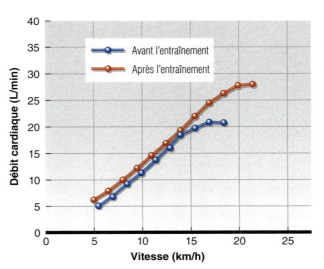

Figure 11.6

Effets de l'entraînement sur le débit cardiaque lors d'exercices à différentes vitesses de marche ou de course sur tapis roulant.

Chapitre 11 — La Physiologie du sport et de l'exercice

> ### Résumé
>
> ➤ L'entraînement aérobie diminue la fréquence cardiaque de repos. Cette décélération est de l'ordre de 1 battement par minute et par semaine, chez un sédentaire, en tout début d'entraînement. Les athlètes très endurants peuvent avoir des fréquences cardiaques de repos de 40 bpm voire moins.
>
> ➤ L'entraînement aérobie réduit aussi la fréquence cardiaque à l'exercice sous-maximal. La décélération cardiaque à l'exercice est en relation directe avec la quantité d'entraînement effectuée et est d'autant plus importante que l'on se situe à des intensités élevées d'exercice.
>
> ➤ La fréquence cardiaque maximale est peu affectée. Sa diminution éventuelle est liée à une augmentation du volume d'éjection systolique.
>
> ➤ Le délai de récupération de la fréquence cardiaque diminue au fur et à mesure de l'entraînement et témoigne de l'amélioration de l'aptitude à l'exercice aérobie. Malgré tout, ce paramètre n'est pas suffisamment fiable pour comparer des individus entre eux.
>
> ➤ Le débit cardiaque, au repos et à l'exercice sous-maximal, reste inchangé (ou est à peine diminué) après un entraînement aérobie.
>
> ➤ Le débit cardiaque maximal augmente dans de larges proportions, en réponse à l'augmentation substantielle du volume d'éjection systolique maximal induite par l'entraînement. L'augmentation du débit cardiaque est le principal facteur responsable de l'augmentation de $\dot{V}O_2max$.

1.3.6 Le débit sanguin

La demande en oxygène et en nutriments augmente considérablement à l'exercice. Pour la satisfaire, le débit sanguin doit augmenter au niveau des muscles actifs. Avec l'entraînement, quatre facteurs permettent l'augmentation du débit sanguin au niveau des muscles entraînés :

- l'augmentation du nombre de capillaires dans les muscles entraînés,
- l'augmentation du nombre de capillaires fonctionnels dans les muscles entraînés,
- la redistribution sanguine,
- l'augmentation du volume sanguin total.

Cette augmentation du flux sanguin local est permise par le développement de nouveaux capillaires au niveau des muscles des sujets entraînés. La perfusion des tissus s'en trouve alors améliorée. Le tableau 11.2 montre les différences du **rapport nombre de capillaires/nombre de fibres musculaires** entre des sujets entraînés et des non entraînés[14].

Dans tous les tissus, y compris dans le muscle, tous les capillaires ne sont pas en permanence fonctionnels. Chez le sujet entraîné, outre une amélioration de la capillarisation, des capillaires non actifs au repos peuvent le devenir et assurer une meilleure perfusion des muscles en activité. La néo-capillarisation et l'augmentation du recrutement capillaire améliorent les échanges entre les systèmes sanguin et musculaire. Cette adaptation se fait aisément du fait même de l'augmentation du volume sanguin total qui, en quelque sorte, « force » le passage à travers les capillaires sans compromettre le retour veineux.

Le débit sanguin au niveau des muscles actifs peut aussi être augmenté par une meilleure distribution de la masse sanguine. À l'exercice le sang est préférentiellement dirigé vers les muscles actifs alors que le débit sanguin vers les autres territoires est limité. L'augmentation du tonus veineux sous l'effet de l'entraînement aérobie peut diminuer la compliance veineuse. Cela signifie que les veines ne sont pas aussi aisément distendues par le flux sanguin. De cette manière, le sang stagne moins longtemps dans le système veineux augmentant la quantité de sang artériel disponible pour les muscles en activité.

Le débit sanguin peut aussi être augmenté dans une région bien spécifique d'un groupe musculaire. Armstrong et Laughlin[1] ont montré que, pendant l'exercice, des rats entraînés en endurance peuvent mieux redistribuer leur masse sanguine vers les tissus les plus actifs que des rats non entraînés. Les auteurs ont injecté des éléments marqués dans la circulation sanguine. En utilisant un compteur de particules, on peut suivre la trace de ces éléments marqués et leur distribution dans l'organisme. Le flux sanguin total, observé dans les membres

Tableau 11.2 Densité capillaire de fibres musculaires chez des sportifs très entraînés et des sédentaires

Groupes	Nombre de capillaires par mm²	Nombre de fibres musculaires par mm²	Nombre de capillaires par fibre	Distance de diffusion*
Très entraînés				
Avant exercice	640	440	1,5	20,1
Après exercice	611	414	1,6	20,3
Non entraînés				
Avant exercice	600	557	1,1	20,3
Après exercice	599	576	1,0	20,5

Note. Ce tableau montre que la taille des fibres musculaires est plus importante chez les sujets très entraînés qui possèdent moins de fibres pour une surface donnée (nombre de fibres par mm²). Leur densité capillaire est également supérieure d'environ 50 %.

* La distance de diffusion correspond à la moitié de la distance moyenne inter-capillaire sur une coupe transversale de muscle. Elle est exprimée en µm.
D'après Hermansen et Wachtlova (1971).

postérieurs, ne diffère pas, pendant l'exercice, entre les rats entraînés et les rats non entraînés. Pourtant les rats entraînés distribuent mieux le sang vers les fibres musculaires actives. Ces expérimentations sont difficiles à réaliser chez l'homme, le muscle humain étant composé d'une mosaïque de fibres différentes.

Au final, le volume sanguin total augmente, permettant de faire face à l'augmentation des besoins de l'organisme lors de l'exercice aérobie. Ces mécanismes sont décrits par la suite dans ce chapitre.

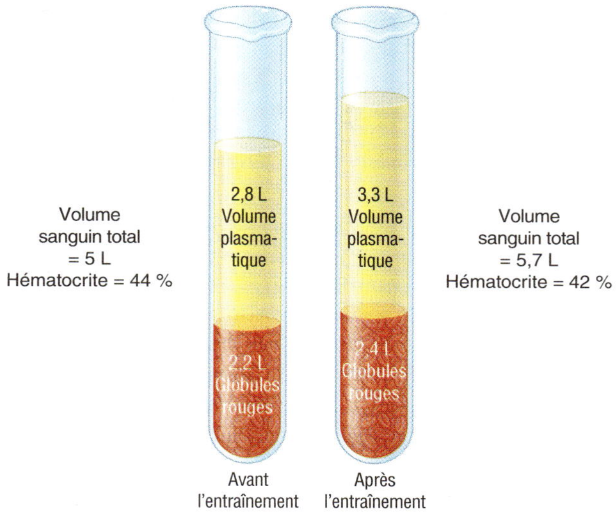

1.3.7 La pression artérielle

L'entraînement aérobie affecte peu la pression artérielle, que ce soit pour un même niveau d'exercice sous-maximal ou à l'exercice maximal. Néanmoins, chez des sujets initialement hypertendus, la pression artérielle diminue après entraînement. Cette réduction affecte à la fois les pressions artérielles systolique et diastolique. La diminution est en moyenne de 6 à 7 mm Hg pour les deux pressions systolique et diastolique. Les mécanismes sous-jacents sont encore ignorés aujourd'hui.

L'entraînement aérobie diminue la pression sanguine pour un niveau d'exercice sous-maximal. À l'exercice maximal, la pression artérielle systolique est cependant augmentée et la pression artérielle diastolique diminuée.

Bien que les exercices de musculation exposent régulièrement les sujets qui les pratiquent à de fortes élévations des pressions artérielles systolique et diastolique, ils n'élèvent pas pour autant la pression artérielle de repos. L'hypertension artérielle n'est pas courante chez les haltérophiles. Au contraire même, dans quelques études, ce type d'entraînement contribue à diminuer la pression artérielle de repos.

1.3.8 Le volume sanguin

Comme nous l'avons déjà mentionné dans ce chapitre, l'entraînement aérobie augmente le volume sanguin total. Plus l'entraînement est intense et plus cet effet est sensible. Cette adaptation survient de surcroît très rapidement.

Il s'agit, comme nous l'avons déjà mentionné, d'une augmentation du volume plasmatique et des globules rouges. La cinétique d'augmentation de ces deux paramètres est sensiblement différente.

1.3.8.1 Le volume plasmatique

L'augmentation du volume plasmatique en réponse à l'entraînement aérobie semble être le résultat de deux mécanismes. Le premier qui possède deux phases résulte de l'élévation de la concentration des protéines plasmatiques, en particulier l'albumine. Nous savons que les protéines plasmatiques sont les premiers régulateurs de la pression osmotique (voir chapitre 8). Toute augmentation de celle-ci entraîne un appel d'eau des tissus vers le milieu sanguin. Lors de l'exercice intense de courte durée, les protéines quittent le milieu vasculaire vers le milieu interstitiel. Elles se retrouvent en grande quantité dans la lymphe. Il semble que cette première phase, à savoir l'augmentation rapide du volume plasmatique notée durant la première heure de récupération après un exercice intense, soit le résultat de l'augmentation de l'albumine plasmatique. Lors de la seconde phase, il y a synthèse de nouvelles protéines liée à la répétition d'exercices. Le second mécanisme est lié à l'élévation de la production d'hormone antidiurétique (ADH) et d'aldostérone, favorisant une rétention d'eau et de sodium par les reins, ce qui augmente le volume plasmatique. Ce volume d'eau supplémentaire est conservé dans l'espace vasculaire par la pression oncotique exercée par les protéines. Toute augmentation du volume sanguin, observée après les deux premières semaines d'entraînement aérobie, s'explique essentiellement par l'augmentation du volume plasmatique.

1.3.8.2 Les globules rouges

Toute augmentation du volume de globules rouges peut également contribuer à une augmentation du volume sanguin total, mais ceci reste à confirmer. Si le volume de globules rouges augmente, le volume plasmatique s'accroît dans des proportions supérieures. Alors, l'hématocrite –

Figure 11.7

Augmentation du volume sanguin total et du volume plasmatique après une période d'entraînement aérobie. Il faut remarquer que l'hématocrite (pourcentage de globules rouges) diminue de 44 % à 42 % et que le volume total de globules rouges augmente de 10 %.

rapport entre le volume de globules rouges et le volume de sang total – diminue. La figure 11.7 illustre ce paradoxe. Il faut noter que l'hématocrite est diminuée en dépit d'un volume de globules rouges plus élevé conduisant parfois, chez le sportif, à des valeurs habituellement rencontrées dans l'anémie (pseudo-anémie).

Cette évolution du rapport entre les éléments figurés et le plasma diminue la viscosité du sang. Ce facteur facilite la circulation sanguine dans les vaisseaux, en particulier les plus petits comme les capillaires. On a pu démontrer qu'une faible viscosité sanguine améliorait le transport de l'oxygène.

À la fois la quantité totale d'hémoglobine (en valeur absolue) et le nombre total de globules rouges sont tous deux élevés chez les sportifs de haut niveau, même si les valeurs relatives sont quasiment normales. Cela donne au sang des possibilités accrues pour satisfaire les besoins en oxygène. Le taux de renouvellement des globules rouges semble augmenter avec l'entraînement intense.

Résumé

> L'entraînement aérobie augmente le débit sanguin musculaire.

> Quatre facteurs y contribuent :
– une meilleure capillarisation ;
– l'ouverture de nouveaux capillaires ;
– une meilleure redistribution de la masse sanguine ;
– une augmentation du volume sanguin total.

> L'entraînement aérobie aide à normaliser les valeurs tensionnelles, chez les sujets dont la pression artérielle au repos est limite ou modérément élevée.

> L'entraînement aérobie réduit les valeurs de pression artérielle à l'exercice sous-maximal. À l'exercice maximal, la pression sanguine systolique augmente tandis que la diastolique diminue.

> L'entraînement aérobie augmente le volume sanguin total.

> Y contribue essentiellement l'augmentation du volume plasmatique.

> Celle-ci s'explique essentiellement par une augmentation du contenu en protéines plasmatiques (en provenance de la lymphe et d'une augmentation de leur synthèse) et par l'implication des hormones conservatrices des fluides de l'organisme.

> L'augmentation du volume plasmatique est toujours plus importante que l'augmentation du nombre de globules rouges, si elle existe. Il en résulte une hémodilution (hématocrite plus faible).

> Il en résulte une diminution de la viscosité du sang qui facilite la circulation, augmente la perfusion et la disponibilité de l'oxygène.

1.4 Les adaptations respiratoires à l'entraînement

Quelle que soit l'efficacité du système cardiovasculaire, on n'améliorerait pas l'aptitude aérobie si le système respiratoire n'apportait pas suffisamment d'oxygène, pour saturer les globules rouges en oxygène et satisfaire à la demande. Le système respiratoire n'est généralement pas considéré comme un facteur limitant de la performance car la ventilation peut s'accroître dans de plus larges proportions que les paramètres cardiovasculaires. Comme le système cardiovasculaire, le système respiratoire est le siège d'adaptations spécifiques, liées à l'entraînement, qui améliorent son efficacité.

1.4.1 La ventilation pulmonaire

L'entraînement ne modifie pas le niveau de la ventilation au repos mais l'abaisse légèrement à l'exercice sous-maximal. L'entraînement aérobie ne modifie pas la structure ou la physiologie de base des poumons mais permet une diminution de la ventilation lors de l'exercice sous-maximal d'environ 20 à 30 % à une intensité donnée. La ventilation maximale est améliorée de façon substantielle. Au fur et à mesure de l'entraînement, la ventilation peut passer de 100 à 120 L.min^{-1} chez le non entraîné à 130-150 L.min^{-1} environ, à l'exercice maximal chez un sujet entraîné en aérobie. Chez les spécialistes d'endurance, elle se situe aux alentours de 180 L.min^{-1} et peut dépasser 200 L.min^{-1} chez les sportifs de très haut niveau. L'accroissement du volume courant et de la fréquence respiratoire, à l'exercice maximal sont les deux facteurs responsables de cette augmentation de la ventilation.

Celle-ci n'est généralement pas considérée comme un facteur limitant de la performance aérobie. Pourtant, chez de très rares spécialistes de très haut niveau, il semblerait que le système respiratoire ne suffise plus à la demande musculaire. Ce phénomène, qualifié d'hypoxémie artérielle induite par l'exercice, est généralement observé pour des saturations artérielles en oxygène inférieures à 96 %. Comme discuté dans le chapitre 7, cette désaturation observée chez les athlètes de haut niveau semble être le résultat de la baisse du temps passé par le sang dans les poumons du fait d'un grand débit cardiaque.

1.4.2 La diffusion pulmonaire

La diffusion pulmonaire, c'est-à-dire les échanges gazeux à travers la barrière alvéolo-capillaire, n'est pas modifiée au repos et à l'exercice sous-maximal, après entraînement. Elle est améliorée à l'exercice maximal. Il semble que le flux sanguin pulmonaire soit accru, en particulier dans les régions pulmonaires supérieures, lorsque la personne est assise ou debout. Il y a donc à la fois plus d'air à passer par les poumons et davantage de sang pour les échanges gazeux. Un nombre plus important d'alvéoles est ainsi impliqué dans la diffusion pulmonaire qui se trouve améliorée.

1.4.3 La différence artério-veineuse en oxygène

Le contenu en oxygène du sang artériel est peu influencé par l'entraînement. Bien que la quantité totale d'hémoglobine soit accrue, sa concentration est inchangée, et peut même être un peu plus faible. Malgré tout la différence artério-veineuse (CaO_2-$C\bar{v}O_2$) augmente avec l'entraînement et tout particulièrement à l'exercice maximal. Cet accroissement est dû à la diminution de la concentration du sang veineux mêlé en oxygène. Le sang qui retourne au cœur, en provenance de tous les tissus de l'organisme et pas seulement des muscles, est plus pauvre en oxygène que celui d'un sujet non entraîné. Cela reflète une meilleure extraction de l'oxygène au niveau tissulaire et une meilleure distribution de la masse sanguine (une plus grande partie allant vers les muscles actifs). Cette meilleure extraction est le résultat, au moins en partie, de l'augmentation de la capacité oxydative des fibres musculaires des muscles entraînés. Ceci est décrit ultérieurement dans ce chapitre.

En résumé, le système respiratoire est bien adapté pour satisfaire les besoins en oxygène de l'organisme à l'exercice. C'est pourquoi il ne limite que très rarement les performances en endurance. Il n'est alors pas surprenant que les adaptations de ce système n'apparaissent qu'à l'exercice maximal, là où les autres systèmes ont atteint leurs possibilités maximales.

Résumé

> Contrairement à ce qui se passe pour le système cardiovasculaire, l'entraînement a peu d'effet sur la structure et la fonction pulmonaire.

> Après entraînement, l'augmentation de $\dot{V}O_2max$ s'accompagne d'une élévation de la ventilation pulmonaire lors de l'exercice maximal. À la fois le volume courant et la fréquence respiratoire augmentent.

> Lors de l'exercice maximal, la diffusion pulmonaire augmente, particulièrement dans les régions supérieures du poumon.

> L'augmentation de $\dot{V}O_2max$ est essentiellement due à l'augmentation du débit cardiaque et du débit sanguin musculaire.

> La différence $(a - \bar{v})O_2$ s'accroît avec l'entraînement, indiquant un meilleur approvisionnement et une meilleure extraction de l'oxygène par les muscles en activité.

1.5 Les adaptations musculaires à l'entraînement

Les stimulations répétées du muscle induisent des modifications de la structure et de la fonction des fibres musculaires. Nous allons nous intéresser ici aux principales adaptations observées lors de l'entraînement aérobie qui concernent : le type de fibre musculaire, la fonction mitochondriale et les enzymes oxydatives.

1.5.1 Le type de fibre

Comme nous l'avons vu au chapitre 1, les activités de type aérobie, telles le jogging et la pratique du vélo, à intensité faible ou modérée, impliquent très largement les fibres lentes (slow twitch ou ST ou fibres de type I). En réponse au stimulus de l'entraînement, les fibres lentes deviennent plus grosses. Cette augmentation de la surface de section, qui peut aller jusqu'à 25 %, dépend de l'intensité, de la durée des séances et de la fréquence de l'entraînement. Par contre, la surface de section des fibres rapides (fast twitch ou FT ou fibre de type II) n'augmente généralement pas en réponse à l'entraînement aérobie, ces fibres étant moins sollicitées lors de ce type d'entraînement.

La plupart des études ont montré que l'entraînement aérobie ne modifie guère les pourcentages de fibres de type I et II. Si ce concept semble bien admis, il reste que des modifications surviennent à l'intérieur des sous-groupes de fibres II. Les fibres IIx qui ont une faible capacité oxydative sont moins souvent recrutées que les fibres IIa lors d'un exercice aérobie. Ces fibres sont, parfois, sollicitées lors d'un exercice de longue durée d'une manière semblable aux fibres IIa. Les fibres IIx peuvent alors prendre des caractéristiques proches des fibres IIa, plus oxydatives. Les récents résultats vont dans le sens d'un continuum évolutif des fibres IIx vers les fibres IIa et plus généralement des fibres II vers les I. L'amplitude de cette évolution est le plus souvent faible, guère plus de quelques pourcents. Dans l'étude **HERITAGE**[26], par exemple, un programme d'entraînement de 20 semaines a élevé le pourcentage de fibres de type I de 43 % à 47 %. Le taux de fibres de type II passant de 20 % à 15 %, le pourcentage de fibres IIa restant inchangé. Ces conclusions sur l'évolution de la typologie musculaire font aujourd'hui force de loi car réalisées sur un nombre très important de sujets et avec les techniques les plus actuelles.

1.5.2 La circulation capillaire

L'augmentation de la densité capillaire (ou augmentation du nombre de capillaires par fibre musculaire) est une des adaptations les plus importantes à l'entraînement aérobie. Le

Figure 11.8

Augmentation de l'activité de la succinate déshydrogénase (en pourcentage), une des enzymes clé du métabolisme oxydatif et augmentation de la consommation maximale d'oxygène (en pourcentage) lors d'un entraînement en natation de 7 mois. De façon surprenante, la consommation d'oxygène plafonne après 8 à 10 semaines d'entraînement alors que l'activité enzymatique continue d'augmenter avec la durée de l'entraînement. L'activité enzymatique mitochondriale ne donnerait pas d'indication précise de la capacité aérobie.

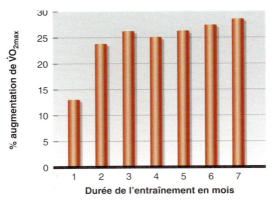
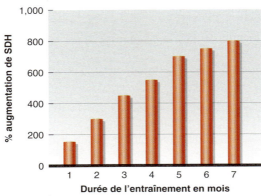
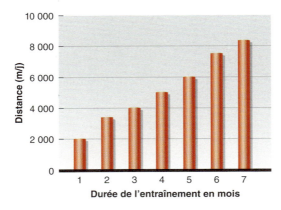

tableau 11.2, montre une capillarisation musculaire (au niveau des jambes) nettement plus importante chez des athlètes entraînés en aérobie comparés à des sédentaires[14]. Ce nombre de capillaires peut augmenter jusqu'à 15 %[26], après un entraînement aérobie long et intensif. Cette capillarisation supplémentaire augmente la surface disponible pour les échanges gazeux, entre le sang et les muscles qui travaillent mais aussi pour les transferts de chaleur et de nutriments. Cette augmentation de la densité capillaire par l'entraînement aérobie est certainement l'un des facteurs le plus important permettant d'expliquer le gain de $\dot{V}O_2$max. Il est en effet bien établi désormais que la diffusion de l'oxygène, des capillaires à la mitochondrie, constitue un facteur limitant important de $\dot{V}O_2$max. L'augmentation de la capillarisation facilite la diffusion de l'oxygène ce qui permet le maintien d'un environnement favorable à la production d'énergie nécessaire aux multiples contractions musculaires.

1.5.3 La teneur en myoglobine

Lorsque l'oxygène pénètre dans la fibre musculaire il se fixe sur la myoglobine, une molécule aux caractéristiques structurales et fonctionnelles proches de l'hémoglobine. Comme elle, la myoglobine contient du fer et assure la navette des molécules d'oxygène, entre la membrane cellulaire et les mitochondries. Les fibres ST sont très riches en myoglobine ce qui leur confère leur couleur rouge. La myoglobine est, en effet, un pigment qui devient rouge lorsqu'elle se lie à l'oxygène. Les fibres II, glycolytiques, apparaissent blanches car elles sont pauvres en myoglobine. Leur faible aptitude à l'exercice aérobie est directement liée à cette capacité limitée à fixer l'oxygène.

Lors de la contraction musculaire, l'oxygène stocké sur la myoglobine est relâché vers la mitochondrie. Cette réserve est utilisée au tout début de l'exercice lorsque l'oxygène parvient difficilement au muscle. Elle permet alors de fournir l'oxygène aux mitochondries avant que le système cardiovasculaire n'assure, à son tour, l'approvisionnement des cellules musculaires. L'entraînement aérobie peut améliorer le contenu en myoglobine de 75 % à 80 %. Cette adaptation liée à l'entraînement augmente largement la capacité oxydative musculaire.

1.5.4 La fonction mitochondriale

Comme nous l'avons dit au chapitre 2, la production d'énergie d'origine aérobie a lieu dans les mitochondries. Il n'est donc pas surprenant que l'entraînement en endurance induise des adaptations au niveau des mitochondries. Ceci améliore la capacité des fibres musculaires à produire l'ATP. L'aptitude à produire l'ATP par la voie oxydative dépend du nombre et de la taille des mitochondries. Ce sont ces trois caractéristiques qui, ensemble, s'améliorent avec l'entraînement aérobie.

Dans une étude menée chez le rat, le nombre de mitochondries a augmenté de 15 % après 27 semaines d'un entraînement aérobie[15]. Dans le même temps, les dimensions des mitochondries ont augmenté d'environ 35 %. Nous savons aujourd'hui que ces adaptations sont liées à la quantité d'entraînement aérobie.

1.5.5 Les enzymes oxydatives

L'augmentation du nombre et de la taille des mitochondries, avec l'entraînement aérobie, associée à une meilleure efficacité mitochondriale

> **PERSPECTIVES DE RECHERCHE 11.2**
>
> ### L'entraînement aérobie améliore la qualité fonctionnelle mitochondriale
>
> Une même fibre musculaire renferme un grand nombre de mitochondries qui, selon leur âge, ont des qualités fonctionnelles très différentes. Elles ne sont pas aussi efficaces les unes et les autres. Alors que de nouvelles mitochondries apparaissent en permanence (ce processus s'appelle la biogenèse), les plus anciennes endommagées sont progressivement détruites par un mécanisme dit de mitophagie. Ceci assure non seulement le renouvellement permanent du contenu mitochondrial mais aussi de sa qualité fonctionnelle (figure)[31].
>
> Tout ceci retentit sur le métabolisme cellulaire et au final sur la performance musculaire à l'exercice. De nombreux travaux menés sur les mécanismes moléculaires régulateurs de la biogenèse mitochondriale ont abouti à la découverte du *peroxisome proliferator-activated receptor-γ coactivator-1-α (PGC-1 α)* une protéine régulatrice clé totalement impliquée dans la régulation de la biogenèse mitochondriale musculaire. Il est actuellement bien établi qu'à la fois l'exercice aigu et l'entraînement, qu'il soit aérobie ou musculaire, augmente l'expression de PGC-1 α.
>
> Il est aujourd'hui établi que l'augmentation de l'expression de PGC-1 α dans le muscle est un marqueur de la biogenèse mitochondriale qui peut être mesuré après un simple exercice ou après des répétitions d'exercices. L'augmentation de PGC-1 α ne régule pas seulement la biogenèse mitochondriale, mais régule aussi l'élimination des mitochondries endommagées par des évènements tels l'hypoxie, l'inflammation ou le stress oxydant qui induisent l'accumulation de sous-produits métaboliques toxiques pour la fonction mitochondriale.
>
> La capacité métabolique optimale est ainsi assurée par le nombre et la qualité fonctionnelle des mitochondries. Autrement dit, sur le plan fonctionnel, le processus d'élimination des mitochondries endommagées est tout aussi important que la biogenèse.
>
> L'entraînement aérobie est connu pour induire une large variété d'adaptations phénotypiques au sein du muscle parmi lesquelles l'angiogenèse (création de nouveaux capillaires), l'évolution typologique des fibres à dominante glycolytique vers des fibres à dominante oxydative, la capacité à mobiliser et utiliser les triglycérides à l'exercice et l'augmentation de la consommation de glucose par les fibres musculaires. À ces adaptations il faut désormais ajouter : 1) l'augmentation du contenu mitochondrial et 2) l'amélioration de la qualité fonctionnelle du réseau mitochondrial. Le premier effet reflète une stimulation de la biogenèse mitochondriale et une meilleure élimination des mitochondries endommagées. Le second limite l'altération de la fonction. En raison de ses rôles multiples et essentiels, PGC-1 α est considéré comme un régulateur fondamental du métabolisme cellulaire.
>
> La figure ci-dessous montre que l'entraînement aérobie active la biogenèse mitochondriale et ralentit le déclin fonctionnel à la fois par des processus de fusion ou de fission et en contrôlant la mitophagie. Le maintien de la qualité fonctionnelle mitochondriale est ainsi un processus essentiel d'adaptation en réponse à l'entraînement aérobie[31].
>
>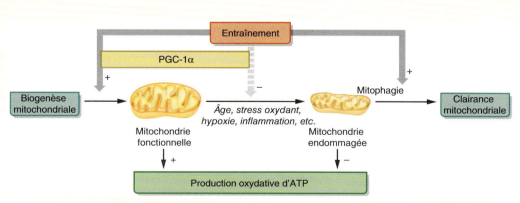
>
> L'entraînement aérobie affecte la qualité fonctionnelle mitochondriale du muscle en augmentant la production de nouvelles mitochondries saines (biogenèse), limite leur dégradation, élimine les mitochondries endommagées (mitophagie). Les deux premiers processus sont régulés par la protéine régulatrice PGC-1 α.
> Les flèches pleines indiquent un effet positif, les flèches en pointillés un effet négatif.

contribue à améliorer l'aptitude oxydative du muscle. Comme nous l'avons décrit précédemment, les dégradations oxydatives des substrats métaboliques et l'étape finale de production d'ATP nécessitent l'intervention des **enzymes oxydatives mitochondriales**. L'entraînement aérobie augmente l'activité de ces enzymes. En conséquence, après entraînement, les perturbations de l'homéostasie, pour un exercice de même intensité, sont plus modestes.

La figure 11.8 montre les modifications de l'activité de la succinate déshydrogénase (SDH), une enzyme oxydative clé, pendant 7 mois d'un entraînement de natation progressivement croissant. Il est remarquable de noter que, même si l'activité enzymatique continue de s'améliorer tout au long

Figure 11.9

Activité enzymatique des muscles des membres inférieurs (jumeaux) chez des sujets non entraînés (N), des coureurs à pied moyennement entraînés (E) et des marathoniens de haut niveau (EM).
(a) La succinate déshydrogénase et (b) la citrate synthase sont deux enzymes essentielles du métabolisme oxydatif.
D'après D.L. Costill *et al.*, 1979, "Lipid metabolism in skeletal muscle of endurance-trained males and females", *Journal of Applied Physiology* 28: 251-255 et de D.L. Costill *et al.*, 1979, "Adaptations in skeletal muscle following strength training", *Journal of Applied Physiology* 46: 96-99.

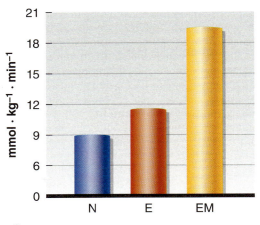

ⓐ Succinate déshydrogénase

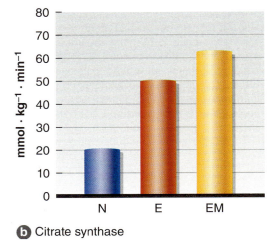

ⓑ Citrate synthase

de la période d'entraînement, la consommation maximale d'oxygène de l'organisme ($\dot{V}O_2$max) varie peu au cours des 2 derniers mois. Cela laisse supposer que $\dot{V}O_2$max est plus influencée par la capacité du système circulatoire de transport de l'oxygène que par le potentiel oxydatif musculaire.

L'entraînement aérobie augmente aussi l'activité de la citrate-synthase. La figure 11.9 compare les activités de ces enzymes chez des sujets non entraînés, modérément entraînés (joggers) et des sportifs très entraînés[8]. L'entraînement quotidien, même modéré, induit une amélioration du fonctionnement enzymatique qui augmente la capacité aérobie du muscle. On a ainsi montré qu'un exercice quotidien de 20 min, en course à pied ou à bicyclette, augmentait l'activité SDH de plus de 25 %, par rapport à des sujets non entraînés. Cette même activité enzymatique était multipliée par 2 ou 3 si l'entraînement est plus conséquent, de l'ordre de 60 à 90 min par jour.

Une des conséquences métaboliques dues aux changements mitochondriaux, induites par l'entraînement aérobie, est l'**épargne du glycogène**. Après entraînement, pour une même intensité d'exercice, le muscle utilise davantage de lipides que de glycogène. L'augmentation de l'activité enzymatique aérobie avec l'entraînement semble améliorer la possibilité de maintenir une intensité d'exercice élevée comme, par exemple, maintenir une vitesse élevée lors d'un 10 km.

Résumé

> L'entraînement aérobie recrute spécifiquement les fibres de type I et quelques fibres de type II. Avec l'entraînement, la surface de section des fibres de type I augmente.

> Après entraînement il semble qu'il puisse y avoir une légère augmentation du pourcentage de fibres de type I. Des fibres de type IIx sembleraient évoluer vers des fibres de type IIa.

> La densité capillaire augmente avec l'entraînement aérobie.

> L'entraînement aérobie augmente le contenu musculaire en myoglobine jusqu'à 75 % à 80 %. La myoglobine transporte l'oxygène des membranes cellulaires vers les mitochondries.

> L'entraînement aérobie augmente à la fois la taille et le nombre des mitochondries.

> L'entraînement aérobie stimule l'activité de nombreuses enzymes oxydatives.

> Ces modifications qui ont lieu au sein du muscle, combinées avec les adaptations du système de transport de l'oxygène, améliorent les processus oxydatifs et la performance aérobie.

1.6 Les adaptations métaboliques à l'entraînement

Après avoir étudié les adaptations cardiovasculaires, respiratoires et musculaires à l'entraînement nous allons maintenant examiner comment ces différentes adaptations sont intégrées, en étudiant trois variables physiologiques importantes :

- le seuil lactique ;
- le quotient respiratoire ;
- la consommation d'oxygène.

1.6.1 Le seuil lactique

Le seuil lactique, dont nous avons parlé au chapitre 5, est un marqueur physiologique intimement lié à la performance en endurance. Plus le seuil lactique est élevé, meilleure est l'aptitude à l'exercice en endurance. L'entraînement aérobie élève le niveau du seuil lactique. La figure 11.10a montre l'évolution du seuil lactique après un programme d'entraînement aérobie de 6 à 12 mois. Le décalage du seuil vers la droite indique la possibilité pour les sujets entraînés de travailler à un pourcentage plus élevé de $\dot{V}O_2max$ avant que le lactate ne s'accumule dans le sang. Les concentrations sanguines de lactate sont plus faibles, à tous les niveaux d'exercice sous-maximal, après un entraînement aérobie. Ici, par exemple, le sujet entraîné peut maintenir une course à 70 %-75 % de $\dot{V}O_2max$ avant que le lactate n'augmente, alors que le sujet non-entraîné voit sa lactatémie augmenter de plus en plus. Cela se traduit par une meilleure performance (figure 11.10b). Au-delà du seuil lactique, la lactatémie plus faible à une intensité d'exercice donnée est le résultat d'une moindre production musculaire de lactate, de son élimination et de sa clairance.

Plus les sportifs sont entraînés en aérobie, plus faible est leur lactatémie pour un même niveau d'exercice.

La mesure de la concentration de lactate dans le sang après un exercice aérobie, à des intensités fixes, représente un excellent témoin des changements physiologiques qui peuvent survenir avec l'entraînement.

1.6.2 Le quotient respiratoire

Nous avons défini, au chapitre 5, le quotient respiratoire (**QR**) comme le rapport entre le dioxyde de carbone relargué par l'organisme et l'oxygène consommé pour les dégradations métaboliques. Il reflète les types de substrats utilisés comme source d'énergie. Un QR faible reflète une utilisation préférentielle des acides gras, un QR plus élevé indique une contribution accrue des glucides.

Après un entraînement aérobie, le QR s'abaisse à l'exercice sous-maximal, tant en valeur absolue que relative. Cette adaptation résulte d'une meilleure utilisation des acides gras libres à l'exercice, décrite au chapitre 6.

Pourtant, à l'exercice maximal, le QR des sujets entraînés augmente, témoignant de la capacité accrue de ces sujets à réaliser des exercices intenses. Il est le reflet d'une hyperventilation prolongée et d'un rejet très important de CO_2.

1.6.3 La consommation d'oxygène au repos et à l'exercice sous-maximal

La consommation d'oxygène ($\dot{V}O_2$) de repos reste inchangée après un entraînement en endurance. De rares études ont suggéré que l'entraînement augmentait la $\dot{V}O_2$ de repos. Dans le projet HERITAGE où la mesure du métabolisme basal est réalisée en double chez un très grand nombre de sujets, à la fois avant et après 20 semaines

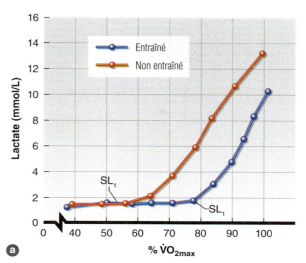

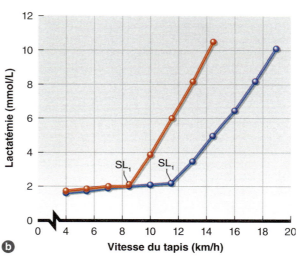

Figure 11.10

Effets de l'entraînement en endurance sur le seuil lactique 1 (SL_1) exprimé (a) en pourcentage de la consommation maximale d'oxygène ($\dot{V}O_2max$) et (b) par la vitesse du tapis en kilomètres par heure (km/h). Le seuil lactique 1 apparaît pour une vitesse de 8,4 km/h chez les sujets non entraînés alors qu'il apparaît à 11,6 km/h chez les sujets entraînés.

d'entraînement en endurance, aucune variation n'est observée[30].

Après entraînement, la $\dot{V}O_2$ mesurée à l'exercice sous-maximal est soit identique soit très légèrement réduite. L'étude HERITAGE indique une baisse de 3,5 % de $\dot{V}O_2$ en réponse à un exercice d'une intensité de 50 W. Une baisse concomitante du débit cardiaque est aussi observée, renforçant la relation qui existe entre ce dernier paramètre et $\dot{V}O_2$[29]. La légère baisse de $\dot{V}O_2$ lors de l'exercice sous-maximal, qui n'est pas toujours retrouvée, peut s'expliquer par une amélioration de l'efficacité métabolique, de l'efficacité mécanique, l'économie de course, ou par les deux à la fois.

1.6.4 La consommation maximale d'oxygène

La consommation maximale d'oxygène ($\dot{V}O_2max$) est le meilleur indicateur de l'aptitude cardiorespiratoire à l'exercice aérobie. Elle s'améliore de façon appréciable avec l'entraînement. Le gain se situe fréquemment aux environs de 15 % à 20 % si une personne inactive décide de s'entraîner 3 à 5 fois par semaine, 20 à 60 min par jour pendant 6 mois, à une intensité de 50 à 85 % de $\dot{V}O_2$max. Cela représente une élévation de $\dot{V}O_2$max de 35 ml.kg^{-1}.min^{-1} à 42 ml.kg^{-1}.min^{-1}, valeur encore très éloignée de celles des spécialistes de haut niveau qui atteignent 70 à 94 ml.kg^{-1}.min^{-1}.

Plus le niveau de départ du sujet est faible plus les gains de $\dot{V}O_2$max sont importants après entraînement.

1.7 Adaptations à l'entraînement aérobie : vue intégrative

Les adaptations à l'entraînement aérobie sont multiples et affectent de nombreux systèmes physiologiques. De nombreux modèles ont été proposés par les physiologistes parmi lesquels celui du Dr Donna H. Korzick physiologiste à l'Université de Pennsylvanie (figure 11.11).

1.8 Quelles sont les limites de la puissance aérobie et de la performance en endurance ?

Les facteurs responsables du gain de $\dot{V}O_2$max induit par l'entraînement ont été identifiés. Il subsiste cependant quelques controverses sur leur importance relative et deux théories essentielles sont proposées.

La première théorie prétend que la performance dans l'exercice est limitée par le contenu en enzymes oxydatives des mitochondries. Les partisans de cette théorie ont comme argument l'augmentation substantielle du potentiel oxydatif musculaire sous l'effet de l'entraînement aérobie. La consommation d'oxygène des muscles actifs est augmentée et il en résulte une meilleure $\dot{V}O_2$max. Pour ces mêmes auteurs, l'entraînement aérobie accroît aussi le nombre et la taille des mitochondries. Selon cette théorie, le principal facteur limitant de $\dot{V}O_2$max réside dans l'inaptitude des mitochondries à utiliser tout l'oxygène mis à leur disposition. Le facteur limitant périphérique de $\dot{V}O_2$max est ici représenté par *l'utilisation périphérique de l'oxygène*.

Figure 11.11
Modélisation des adaptations cardiovasculaires avec l'entraînement aérobie. Adapté avec la permission de Donna H. Korzick, Université de Pennsylvanie, 2006.

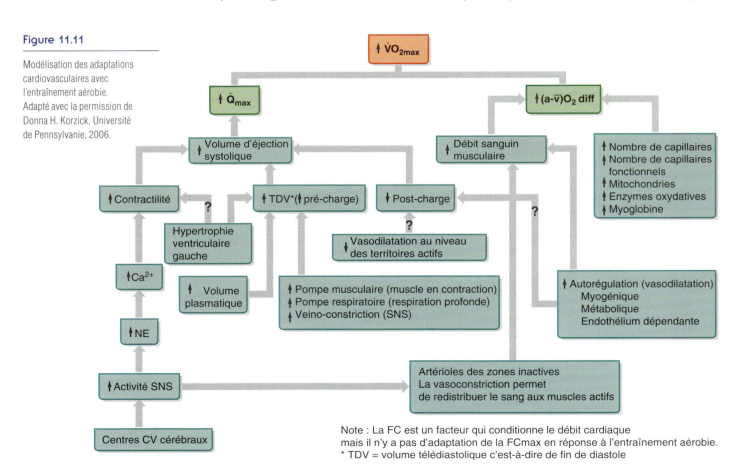

PERSPECTIVES DE RECHERCHE 11.3

Le compromis entre intensité et durée de l'exercice et $\dot{V}O_2$pic : l'étude HUNT

Les bénéfices d'un style de vie actif sont aujourd'hui bien connus. L'augmentation de $\dot{V}O_2$pic n'intervient cependant que partiellement dans la réduction des risques métaboliques et cardiovasculaires. De surcroît, sur une large population, le niveau habituel d'activité physique et $\dot{V}O_2$pic sont assez peu corrélés. L'American College of Sports Medicine (ACSM) et l'American Heart Association (AHA) recommandent, chez l'adulte quel que soit l'âge, une activité physique quotidienne d'intensité modérée d'un minimum de 150 minutes par semaine ou une activité intense de 75 minutes par semaine. Ceci laisse ouverte la question de savoir lequel d'un exercice long et modéré ou d'un exercice intense et de courte durée permet le mieux d'améliorer $\dot{V}O_2$pic.

Dans une étude de cohorte norvégienne (l'étude HUNT), 4 631 adultes sains, âgés de 19 à 89 ans, dont l'activité physique est auto-rapportée et qui ont réalisé une épreuve de détermination de $\dot{V}O_2$pic[23], celle-ci ne diffère pas suivant que les sujets ont déclaré une activité d'intensité modérée de durée supérieure ou égale à 150 minutes par semaine (hommes : 45 ml kg^{-1}min^{-1} et femmes : 37 ml kg^{-1}min^{-1}) et ceux qui pendant 75 à 149 minutes se sont entraînés intensément (hommes : 48 ml kg^{-1}min^{-1} et femmes : 37 ml kg^{-1}min^{-1}). Toutefois, ces deux groupes avaient une $\dot{V}O_2$pic supérieure à celle de sujets soit peu actifs, soit pratiquant peu intensément (hommes : 40 ml kg^{-1}min^{-1} et femmes : 32 ml kg^{-1}min^{-1}). Les deux premiers modes d'activité ont donc amélioré $\dot{V}O_2$pic de manière comparable.

Un autre groupe s'est entraîné de façon très intense moins de 75 minutes par semaine (en moyenne 49 minutes). Les $\dot{V}O_2$pic mesurées sont tout à fait semblables à celles des autres groupes (hommes : 48 ml kg^{-1}min^{-1} et femmes : 37 ml kg^{-1}min^{-1}). L'exercice très intense et bref permet ainsi de maintenir une bonne valeur de $\dot{V}O_2$pic.

La seconde théorie considère que ce sont les facteurs circulatoires centraux et périphériques qui limitent la fourniture de l'oxygène aux muscles actifs. Selon cette théorie, le gain de $\dot{V}O_2$max induit par l'entraînement provient essentiellement de l'amélioration du volume sanguin, du débit cardiaque et de la perfusion musculaire. Ici, le facteur limitant de $\dot{V}O_2$max est représenté par *les paramètres cardiovasculaires*.

Beaucoup d'études vont dans ce sens. Si les sujets respirent, par exemple, un mélange de monoxyde de carbone et d'air[24], $\dot{V}O_2$max diminue proportionnellement au pourcentage de CO inhalé. Les molécules de monoxyde de carbone se lient à 15 % de l'hémoglobine totale ; pourcentage en accord avec la diminution de $\dot{V}O_2$max. Dans une autre étude[10], on a abaissé le volume sanguin total de chaque sujet de 15 % à 20 %. $\dot{V}O_2$max diminue alors à peu près dans les mêmes proportions. La restauration du volume de globules rouges, 4 semaines plus tard, corrige également $\dot{V}O_2$max. Dans ces deux études, la diminution de la capacité de transport de l'oxygène par le sang – que ce soit en bloquant l'action de l'hémoglobine ou en réduisant le volume sanguin – a comme résultat une chute de la quantité d'oxygène pouvant être délivrée aux tissus. Il s'ensuit une baisse de $\dot{V}O_2$max. À l'inverse, si on augmente la pression partielle d'oxygène dans le sang, en utilisant des mélanges enrichis en oxygène, on augmente $\dot{V}O_2$max.

Tous ces travaux indiquent que la fourniture de l'oxygène est le facteur limitant principal de $\dot{V}O_2$max et de la performance aérobie, non la capacité oxydative mitochondriale. Pour ces auteurs, l'élévation de $\dot{V}O_2$max avec l'entraînement est à attribuer essentiellement à l'augmentation du débit sanguin maximal et à l'amélioration de la densité capillaire au niveau des muscles. Les adaptations musculaires les plus importantes (dont l'augmentation du contenu mitochondrial et de la capacité respiratoire des fibres musculaires) sont davantage en relation avec la capacité de maintenir des efforts intenses sous-maximaux.

Le tableau 11.3 résume les modifications physiologiques qui surviennent suite à un entraînement de type aérobie, et compare les valeurs de sujets avant et après entraînement avec celles de sportifs de haut niveau.

Résumé

> L'entraînement élève le niveau du seuil lactique ce qui permet de réaliser des exercices d'intensité plus élevée, pour une même lactatémie. Les concentrations sanguines de lactate à l'exercice maximal peuvent augmenter légèrement.

> À l'exercice sous-maximal le quotient respiratoire diminue, témoignant d'une meilleure utilisation des acides gras libres et l'épargne du glycogène.

> La consommation d'oxygène reste généralement inchangée au repos. À l'exercice sous-maximal elle peut diminuer légèrement ou rester inchangée, après un entraînement en endurance.

> Le gain de $\dot{V}O_2$max après entraînement varie considérablement selon les individus et dépend des caractéristiques génétiques de chacun. Le facteur limitant essentiel pourrait être la fourniture d'oxygène aux muscles actifs par le système cardiovasculaire.

Tableau 11.3 Effets de l'entraînement aérobie chez un sujet initialement sédentaire. Comparaisons avant et après entraînement, et à un athlète endurant de niveau international

Variables	Sujet normal sédentaire		Coureur à pied de niveau international
	avant entraînement	après entraînement	
Cardiovasculaires			
FC au repos (bpm)	75	65	45
FC max (bpm)	185	183	174
Vs au repos (ml)	60	70	100
Vs max (ml)	120	140	200
$\dot{Q}$ au repos (L.min^{-1})	4,5	4,5	4,5
$\dot{Q}$ max (L.min^{-1})	22,2	25,6	34,8
Volume cardiaque (ml)	750	820	1 200
Volume sanguin (L)	4,7	5,1	6,0
PA systolique au repos (mmHg)	135	130	120
PA max systolique (mmHg)	200	210	220
PA diastolique au repos (mmHg)	78	76	65
PA max diastolique (mmHg)	82	80	65
Respiratoires			
$\dot{V}_E$ au repos (L.min^{-1})	7	6	6
$\dot{V}_E$ max (L.min^{-1})	110	135	195
VT au repos (L)	0,5	0,5	0,5
VT max (L)	2,75	3,0	3,9
CV (L)	5,8	6,0	6,2
VR (L)	1,4	1,2	1,2
Métaboliques			
$CaO_2 - C\bar{v}O_2$ au repos (ml.100 ml^{-1})	6,0	6,0	6,0
$(CaO_2 - C\bar{v}O_2)$ max (ml.100 ml^{-1})	14,5	15,0	16,0
$\dot{V}O_2$ au repos (ml.kg^{-1} min^{-1})	3,5	3,5	3,5
$\dot{V}O_2$max (ml.kg^{-1}.min^{-1})	40,7	49,9	81,9
Lactatémie au repos (mmol.L^{-1})	1,0	1,0	1,0
Lactatémie maximale (mmol.L^{-1})	7,5	8,5	9,0
Composition corporelle			
Poids (kg)	79	77	68
Masse grasse (kg)	12,6	9,6	5,1
Masse maigre (kg)	66,4	67,4	62,9
Taux de graisse (%)	16,0	12,5	7,5

Note. FC = fréquence cardiaque ; Vs = volume d'éjection systolique ; $\dot{Q}$ = débit cardiaque ; PA = pression artérielle ; $\dot{V}_E$ = ventilation ; VT = volume courant ; VC = capacité vitale ; VR = volume résiduel ; = différence artério-veineuse en oxygène ; $\dot{V}O_2$ = Consommation d'oxygène.

1.9 Amélioration de la puissance aérobie et de l'endurance cardiorespiratoire à long terme

Les gains de $\dot{V}O_2$max les plus importants sont généralement obtenus après environ 12 à 18 mois d'entraînement intense, malgré tout la performance en endurance peut continuer d'augmenter. Cet accroissement du potentiel aérobie, sans élévation de $\dot{V}O_2$max, est sans doute le résultat de l'aptitude à s'entraîner plus longtemps à des pourcentages plus élevés de $\dot{V}O_2$max.

Considérons un jeune coureur qui débute l'entraînement avec une $\dot{V}O_2$max initiale de 52 ml.kg^{-1}.min^{-1}. Après 2 années d'entraînement intense, il atteint la valeur de $\dot{V}O_2$max, génétiquement prédéterminée de 71 ml.kg^{-1}min^{-1} qu'il ne pourra plus améliorer même s'il augmente encore l'intensité de son entraînement. À ce moment (figure 11.12), il est capable de courir à 75 % de $\dot{V}O_2$max (0,75 × 71,0 = 53,3 ml.kg^{-1}.min^{-1}) lors d'une course de 10 km. Après 2 ans d'entraînement intensif, sa $\dot{V}O_2$max est inchangée, mais il peut maintenant courir à 88 % de $\dot{V}O_2$max (0,88 × 71 = 62,5 ml.kg^{-1}.min^{-1}). Sa performance en course est évidemment améliorée.

Cette amélioration de la performance sans modification de $\dot{V}O_2$max est en partie le résultat d'une élévation du seuil lactique, l'allure de course étant directement en lien avec le pourcentage de $\dot{V}O_2$max auquel se situe le seuil, ainsi que nous l'avons déjà décrit.

1.10 Facteurs influençant la réponse à l'entraînement aérobie

Il faut malgré tout bien garder à l'esprit que la réponse à l'entraînement aérobie est individuelle et que les adaptations précédentes diffèrent suivant les individus. Plusieurs facteurs affectent la réponse à l'entraînement.

1.10.1 Niveau initial d'entraînement et $\dot{V}O_2$max

Suite à un même programme d'entraînement, le gain est d'autant moins élevé que le niveau initial du sujet est important. L'inactif qui décide de s'entraîner possède une marge de progression plus importante que le sportif confirmé. Chez ce dernier, $\dot{V}O_2$max est quasiment atteinte après 8 à 18 mois d'un entraînement aérobie intense. Il devient ensuite de plus en plus difficile de l'améliorer. Cela semble indiquer que chacun possède un niveau maximal de développement de $\dot{V}O_2$max génétiquement déterminé. Celui-ci serait influencé par l'âge auquel on commence l'entraînement.

1.10.2 L'hérédité

L'accroissement de $\dot{V}O_2$max a une limite génétique. Ceci ne veut pas dire que chacun possède une $\dot{V}O_2$max dont le niveau préprogrammé ne peut pas être dépassé. C'est davantage une fourchette de $\dot{V}O_2$max qui semble prédéterminée par les

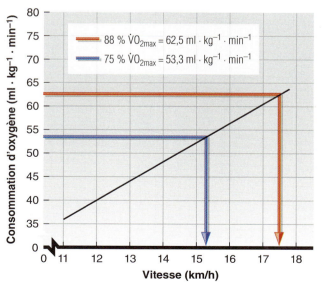

Figure 11.12

Relation entre la vitesse de course et la consommation d'oxygène pour un sujet dont la $\dot{V}O_2$max se situe à 71 ml.kg^{-1}.min^{-1}.

Figure 11.13

Comparaison des valeurs de $\dot{V}O_2max$ entre des jumeaux (monozygotes et dizygotes) et des frères non jumeaux. D'après : C. Bouchard et al., "Aerobic performance in brothers, dizygotic and monozygotic twins", *Medicine and Science in Sports and Exercise* 18, 1986.

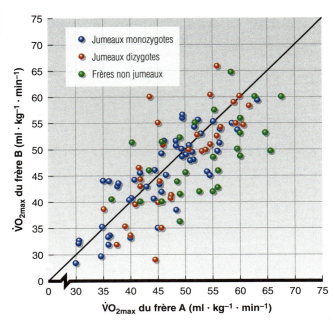

caractéristiques génétiques de l'individu. Quelque part une $\dot{V}O_2max$ limite peut être atteinte à l'intérieur de cette fourchette. Chaque personne naît avec une fourchette génétique prédéterminée et le niveau atteint oscille selon l'entraînement de l'individu.

Les travaux sur ce sujet ont débuté dans les années 1960 et 1970 et ont été confirmés par les études actuelles. Ils montrent que, chez de vrais jumeaux, les valeurs de $\dot{V}O_2max$ sont sensiblement les mêmes, alors qu'elles sont plus dispersées chez de faux jumeaux. C'est ce qu'illustre la figure 11.13 où chaque symbole représente une paire de jumeaux[5]. La valeur de $\dot{V}O_2max$ du jumeau A est indiquée sur l'axe des abscisses, celle du jumeau B sur l'axe des ordonnées. Les ressemblances dans les valeurs de $\dot{V}O_2max$ sont obtenues en comparant les valeurs obtenues sur l'axe des x et les valeurs obtenues sur l'axe des y. On obtient des résultats semblables si l'on s'intéresse à la capacité aérobie des sujets, définie comme la quantité totale de travail fournie pendant 90 min d'un exercice épuisant sur bicyclette ergométrique.

Pour Bouchard et coll.[4], l'hérédité intervient pour 25 % à 50 % dans les variations de $\dot{V}O_2max$. Cela veut dire que, parmi tous les facteurs qui peuvent influencer $\dot{V}O_2max$, l'hérédité à elle seule intervient pour le quart ou la moitié. Les sportifs de haut niveau, qui ont arrêté l'entraînement, gardent longtemps des valeurs élevées de $\dot{V}O_2max$. Celle-ci décroît, par exemple, de 85 ml.kg^{-1}.min^{-1} à 65 ml.kg^{-1}.min^{-1}, ce qui reste toujours une très bonne valeur.

L'hérédité peut aussi expliquer les $\dot{V}O_2max$ relativement élevées chez des sujets n'ayant aucun passé d'entraînement en endurance. Dans une étude, comparant deux groupes de sujets non entraînés, l'un ayant une $\dot{V}O_2max$ de 49 ml.kg^{-1}.min^{-1} et l'autre 62,5 ml.kg^{-1}.min^{-1}, les auteurs ont mesuré, chez le second groupe, un volume sanguin, un volume d'éjection systolique et un débit cardiaque supérieurs à ceux du premier groupe. Le volume sanguin supérieur, dans le groupe ayant une $\dot{V}O_2max$ élevée, semble être génétiquement prédéterminé[20].

$\dot{V}O_2max$ est ainsi influencée à la fois par des facteurs génétiques et environnementaux. Les facteurs génétiques fixent sans doute une zone de développement de $\dot{V}O_2max$, l'entraînement permettant d'atteindre les limites supérieures de cette zone. Le Dr Per-Olof Åstrand, un des plus éminents physiologistes de l'exercice de cette seconde moitié du xxe siècle, a déclaré que le meilleur moyen de devenir champion olympique était de bien choisir ses parents !

1.10.3 Le sexe

Les jeunes filles et les femmes non entraînées ont des $\dot{V}O_2max$ inférieures de 20 % à 25 % à celles des garçons non entraînés. Les athlètes féminines d'endurance ont pourtant des valeurs qui se rapprochent de celles de leurs homologues masculins, tout en restant inférieures d'environ 10 %. Ce point sera discuté plus en détail au chapitre 19. Le tableau 11.4 présente les valeurs de $\dot{V}O_2$max suivant l'âge, le sexe et l'activité sportive.

1.10.4 L'entraînabilité

Les chercheurs ont, depuis longtemps, mis à jour de grandes différences individuelles dans l'amélioration de $\dot{V}O_2$max avec l'entraînement. Les résultats des différentes études attestent d'améliorations de $\dot{V}O_2$max allant de 0 % à 50 % selon les individus, même si tous ont suivi le même programme d'entraînement.

Les scientifiques pensent que les programmes proposés ne stimulent pas tous les individus de la même manière. Certains réagissent différemment des autres, c'est ce que l'on appelle l'**entraînabilité**. Elle est responsable des différences observées dans les gains liés à l'entraînement et est aussi génétiquement déterminée. C'est ce que montre la figure 11.14. 10 paires de vrais jumeaux ont suivi un entraînement aérobie pendant 20 semaines. Les gains de $\dot{V}O_2$max sont notés en ml.kg^{-1}.min^{-1} et exprimés en pourcentage d'amélioration. Les valeurs du jumeau A sont sur l'axe des X, celles du jumeau B sur l'axe des Y. Il est remarquable de noter la similitude dans les réponses de deux frères monozygotes[25]. Pourtant, si on compare les paires de jumeaux, l'amélioration de $\dot{V}O_2$max varie de 0 % à 40 %. Ces résultats et ceux de divers travaux montrent que le même entraînement a des effets différents chez les uns et chez les autres, il y a les **bons répondeurs** et les **faibles répondeurs**.

Les résultats issus de l'étude HERITAGE confirment l'importance du facteur génétique dans l'augmentation de $\dot{V}O_2$max en réponse à l'entraînement en endurance. Des familles de trois enfants ou plus et leurs parents améliorent leur $\dot{V}O_2$max de 17 % en moyenne après 20 semaines d'entraînement progressif en endurance, avec 3 séances par semaine. L'entraînement débute par 35 min par jour à une fréquence cardiaque correspondant à 55 % de $\dot{V}O_2$max pour arriver progressivement à 50 min par jour à une intensité de 75 % de $\dot{V}O_2$max[3]. Les améliorations de $\dot{V}O_2$max oscillent cependant entre 0 % à plus de 50 %. La figure 11.15 montre les améliorations de $\dot{V}O_2$max de chaque sujet dans chaque famille. La part de l'hérédité dans le développement de $\dot{V}O_2$max est estimée à 47 %. Les sujets qui répondent bien à l'entraînement appartiennent aux mêmes familles et ceux qui répondent moins bien à l'entraînement sont aussi membres de mêmes familles.

Tableau 11.4 Valeurs de consommation d'oxygène maximale (ml.kg^{-1}.min^{-1}) chez des sportifs et des sédentaires

Groupe	Âge	Hommes	Femmes
Sédentaires	10-19	47-56	38-46
	20-29	43-52	33-42
	30-39	39-48	30-38
	40-49	36-44	26-35
	50-59	34-41	24-33
	60-69	31-38	22-30
	70-79	28-35	20-27
Aviron	20-35	60-72	58-65
Base-ball / Softball	18-32	48-56	52-57
Basket-ball	18-30	40-60	43-60
Canoë	22-28	55-67	48-52
Course d'orientation	20-60	47-53	46-60
Course de fond	18-39	60-85	50-75
	40-75	40-60	35-60
Cyclisme	18-26	62-74	47-57
Football	22-28	54-64	50-60
Football américain	20-36	42-60	–
Gymnastique	18-22	52-58	36-50
Haltérophilie	20-30	38-52	–
Hockey sur glace	10-30	50-63	–
Jockey	20-40	50-60	–
Lancer de disque	22-30	42-55	–
Lancer de poids	22-30	40-46	–
Lutte	20-30	52-65	–
Natation	10-25	50-70	40-60
Patinage de vitesse	18-24	50-70	40-60
Saut à ski	18-24	58-63	–
Ski alpin	18-30	57-68	50-55
Ski de fond	20-28	65-94	60-75
Sports de raquettes	20-35	55-62	50-60
Tir à la carabine	22-30	40-46	–
Volley-ball	18-22	–	40-56

Figure 11.14

Variations du gain de $\dot{V}O_2$max chez des jumeaux monozygotes qui suivent le même programme d'entraînement pendant 20 semaines.
D'après D. Prud'homme *et al.*, "Sensitivity of maximal aerobic power to training is genotype-dependent", *Medicine and Science in Sports and Exercise* 16(5): 489-493, American College of Sports Medicine, 1984.

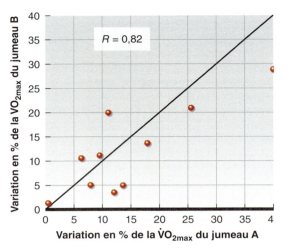

1.11 Endurance cardiorespiratoire et performance

L'endurance cardiorespiratoire est souvent perçue comme une qualité physique fondamentale. C'est pour le sportif le meilleur moyen de prévenir la fatigue. Un faible potentiel aérobie conduit à la fatigue, même dans les activités sportives les moins contraignantes et également dans les activités qui ne sont pas aérobies. Pour tout sportif, quel que soit son sport, la fatigue est l'obstacle majeur à la réalisation d'une performance car :

- la force musculaire est diminuée,
- le temps de réaction et la durée d'exécution des mouvements sont augmentés,
- l'agilité et la coordination neuromusculaire sont affectées,
- le corps se déplace moins facilement,
- la concentration et l'état de vigilance sont diminués.

Il est maintenant bien établi que cette entraînabilité est génétiquement programmée. Cela doit être pris en compte lorsque l'on veut mener des études expérimentales sur les effets de l'entraînement.

Ce dernier point est d'ailleurs particulièrement important. On devient moins attentif et plus exposé à des accidents qui peuvent être sérieux. Même si l'influence immédiate sur la performance

Figure 11.15

Variations dans l'augmentation de $\dot{V}O_2$max en réponse à 20 semaines d'entraînement en endurance pour chaque famille (projet HERITAGE). Les valeurs représentent l'augmentation de $\dot{V}O_2$max exprimée ml/min, avec une moyenne de 393 ml/min. Chaque famille est représentée par une barre et chaque membre de cette famille est représenté à l'intérieur de celle-ci.
D'après C. Bouchard *et al.*, 1999, "Familial aggregation of $\dot{V}O_2$max response to exercise training. Results from HERITAGE Family Study", *Journal of Applied Physiology* 87: 1003-1008.

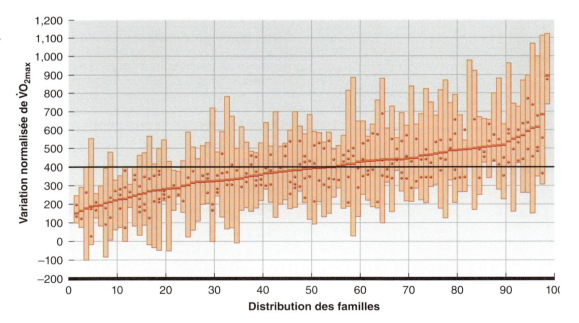

est faible, elle peut conduire à la faute qui fait perdre la compétition, que ce soit en boxe ou lors du dernier panier manqué lors d'un match de basket-ball.

Tout sportif a intérêt à développer ses qualités aérobies, même les golfeurs dont la pratique est peu active sur le plan physique. Une meilleure endurance peut aider le golfeur à mieux terminer son parcours en résistant mieux aux longues périodes de marche ou d'attente, debout.

Chez le sédentaire, qui décide de se mettre à la pratique physique, l'accent doit également être mis sur l'endurance. Nous en reparlerons dans la partie VII de ce livre.

L'importance à donner à l'entraînement aérobie varie d'un sportif à l'autre. Elle dépend déjà de ses possibilités actuelles et de l'activité qu'il pratique. Les marathoniens utilisent quasiment exclusivement l'endurance dans leur entraînement et se soucient peu du développement de la force, de la souplesse ou de la vitesse. Le sprinter, le volleyeur, n'accordent qu'une place limitée à ce type d'entraînement, leurs qualités aérobies étant bien sûr moins développées. Quoi qu'il en soit, sprinters et volleyeurs peuvent aussi tirer bénéfice des exercices aérobies, même si la place qu'ils leur accordent est faible (5 km par jour 3 fois par semaine). En premier lieu, le risque traumatique (accidents musculaires) est moindre.

Ainsi, le travail de type aérobie doit être à la base de l'élaboration de tout programme d'entraînement. Trop de sportifs, non spécialistes de l'endurance, le délaissent alors que l'on connaît bien aujourd'hui son impact sur la condition physique générale et sur l'amélioration de la performance. Le développement d'une bonne aptitude cardiovasculaire doit être la fondation de tout programme d'entraînement.

Résumé

> Même si $\dot{V}O_2$max n'augmente plus, l'entraînement régulier permet d'améliorer encore la performance aérobie pendant plusieurs années.

> Les facteurs génétiques contribuent pour 25 % à 50 % au gain possible de $\dot{V}O_2$max. Ils expliquent la grande variabilité des réponses à un même programme d'entraînement.

> Les sportives d'endurance ont des niveaux de $\dot{V}O_2$max de 10 % inférieurs, environ, à ceux de leurs partenaires masculins.

> Tous les sportifs, quel que soit leur sport, retirent un bénéfice d'une bonne aptitude cardiovasculaire.

2. Adaptations à l'entraînement anaérobie

Beaucoup d'activités physiques nécessitent de produire des tensions musculaires quasiment maximales lors de courtes périodes de temps, comme dans les exercices de sprint. La plus grande partie de l'énergie provient alors du système ATP-phosphocréatine (PCr) et de la dégradation anaérobie du glycogène (glycolyse). Intéressons-nous à l'entraînabilité de ces deux systèmes.

2.1 Amélioration de la puissance et de la capacité anaérobie

Contrairement à la puissance maximale aérobie où le test de $\dot{V}O_2$max est considéré par tous les scientifiques comme en étant le meilleur témoin, il n'existe pas, à ce jour, une seule et unique méthode permettant d'évaluer de façon précise le potentiel anaérobie, que ce soit en laboratoire ou sur le terrain. Trois tests différents sont généralement utilisés pour estimer ce potentiel anaérobie (puissance maximale anaérobie et capacité maximale anaérobie) : le test de Wingate, le test de puissance critique et le test de déficit maximal d'oxygène accumulé. De ces trois tests, c'est le test de Wingate qui est le plus couramment utilisé. Malgré les limites inhérentes à chacune de ces méthodes, elles restent nos seuls indicateurs, très indirects, du potentiel métabolique anaérobie d'un sujet.

Lors du test de Wingate, décrit au chapitre 9, le sujet doit pédaler sur un cyclo-ergomètre, le plus vite possible, pendant 30 s contre une charge donnée. Celle-ci varie selon le poids, le sexe, l'âge et le degré d'entraînement de la personne. La puissance peut être déterminée instantanément tout au long du test mais elle est, le plus souvent, moyennée toutes les 3 à 5 secondes. La puissance pic correspond à la plus grande puissance mécanique développée lors du test. La puissance pic est généralement, atteinte entre 5 et 10 s et est considérée comme un index de la puissance maximale anaérobie. La puissance moyenne développée correspond à la moyenne des puissances mesurées sur les 30 s. Le travail total est obtenu en multipliant la puissance moyenne par 30 s. La puissance moyenne et le travail total sont des index de la capacité maximale anaérobie.

L'entraînement anaérobie, par exemple l'entraînement de sprint sur piste ou sur cyclo-ergomètre, augmente la puissance et la capacité anaérobie dans des proportions très variables selon les études. En effet, certaines ne montrent pas d'amélioration significative de ces paramètres alors que d'autres notent une augmentation pouvant aller jusqu'à 25 %.

Figure 11.16

Variations des taux d'activités musculaires de la créatine phosphokinase (CPK) et de la myokinase (MK) après des exercices très intenses de 6 s et de 30 s.

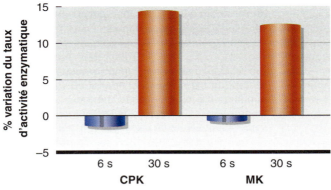

2.2 Adaptations musculaires à l'entraînement anaérobie

L'entraînement anaérobie, incluant l'entraînement de sprint et de musculation, induit des changements au sein du muscle squelettique. Ceux-ci reflètent précisément le recrutement des fibres musculaires lors de ces 2 types d'activité. Comme nous l'avons vu au chapitre 1, plus l'intensité de l'exercice est importante, plus les fibres de type II sont recrutées, mais pas exclusivement, les fibres I participent également à la réalisation de l'exercice. Les activités de type sprint ou musculation recrutent donc significativement davantage les fibres II que ne le font les activités de type aérobie. La conséquence est l'augmentation de la surface de section des IIa et IIx en réponse à l'entraînement anaérobie. La surface de section des fibres I augmente aussi, mais dans des proportions nettement plus faibles. Un entraînement très important en sprint induit une diminution du pourcentage des fibres I qui se fait essentiellement au profit d'une augmentation du pourcentage de fibres II et surtout IIa. Deux expérimentations illustrent ce propos. En réponse à des entraînements de sprints maximaux de 15 s à 30 s, le pourcentage de fibres I diminue de 57 % à 48 % alors que le pourcentage de fibres IIa augmente de 32 % à 38 % [16,17]. Ces évolutions de la typologie musculaire s'observent aussi avec l'entraînement de musculation.

2.3 Adaptations métaboliques à l'entraînement anaérobie

Tout comme pour l'entraînement aérobie qui induit des changements dans le système oxydatif, l'entraînement anaérobie affecte le système des phosphagènes (ATP-PCr) et le système glycolytique. Ces modifications ne sont pas aussi évidentes ni prévisibles que celles qui résultent de l'entraînement aérobie mais elles permettent d'améliorer la performance anaérobie.

2.3.1 Adaptations du système ATP-PCr

Dans les activités comme le sprint ou l'haltérophilie qui requièrent une production maximale de force, on fait appel de façon prépondérante au système ATP-PCr pour fournir l'énergie nécessaire aux contractions musculaires. Tous ces efforts très brefs nécessitent une dégradation et une resynthèse très rapides de l'ATP et de la PCr. Quelques études se sont intéressées aux adaptations à l'exercice bref et intense et particulièrement au développement du système ATP-PCr. Costill et coll.[7] ont réalisé une étude au cours de laquelle les sujets s'entraînaient à des extensions maximales du genou. Les séances comportaient dix contractions maximales très brèves, de moins de 6 s, réalisées avec une seule jambe. Ce type d'exercice stimule, de façon prépondérante, le système ATP-PCr. Pour l'autre jambe, le travail consistait en répétitions d'exercices très intenses d'une durée de 30 s qui stimulent surtout le système glycolytique.

Les deux formes d'entraînement ont permis les mêmes gains de force musculaire, environ 14 %, et de résistance à la fatigue. La figure 11.16 montre que l'activité des enzymes musculaires, créatine-phosphokinase et myokinase augmente dans la jambe entraînée par des exercices très intenses de 30 s, alors qu'aucune modification n'apparaît dans l'autre jambe entraînée par des exercices beaucoup plus courts. On peut en conclure que les exercices très brefs et très intenses

Figure 11.17

Évolution de la performance lors d'un sprint de 60 s après une période d'entraînement comportant des exercices très intenses de 6 s et de 30 s. Les sujets sont les mêmes que ceux de la figure 11.16.

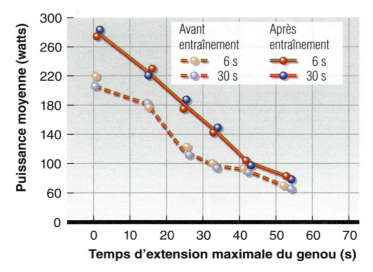

peuvent améliorer la force musculaire et la performance mais contribuent peu à développer le système ATP-PCr.

Des résultats indiquant une augmentation de l'activité des enzymes musculaires du système ATP-PCr après des répétitions d'exercices inférieurs à 5 s ont pourtant été publiés.

Ces résultats apparemment contradictoires suggèrent que l'intérêt principal de l'entraînement, lors des exercices de sprint très courts, réside dans le développement de la force musculaire. Ces gains de force permettent au muscle de réaliser plus facilement un exercice donné. On ne sait pas vraiment si cela augmente le potentiel anaérobie musculaire. En particulier, les résultats à un test de sprint de 60 s, explorant la capacité anaérobie, ne sont pas améliorés[7].

2.3.2 Adaptations du système glycolytique

L'entraînement anaérobie (exercices de 30 s) augmente l'activité d'un certain nombre d'enzymes-clé de la glycolyse (enzymes glycolytiques). Celles qui sont le plus fréquemment étudiées sont les phophorylases, la phosphofructokinase (PFK) et la lactate-déshydrogénase (LDH). Un entraînement fait d'exercices très intenses de 30 s augmente d'environ 10 % à 25 % l'activité de ces enzymes alors qu'on ne note que de très faibles changements lorsque les exercices durent 6 s ou moins[7]. Dans une autre étude, un sprint de 30 s augmente significativement l'activité de l'hexokinase (56 %) et de la PFK (49 %) sans modification de l'activité des phosphorylases ou de la LDH[19]. Les phosphorylases et la PFK sont essentielles à la production d'ATP. Un tel entraînement améliore donc la capacité anaérobie et permet au muscle de développer des tensions importantes pendant de plus longues périodes.

Les résultats indiqués sur la figure 11.17, après un test de sprint de 60 s durant lequel les sujets exécutent des flexions-extensions du genou, ne confirment cependant pas ces données. Les effets d'un entraînement en sprint, effectué avec des répétitions d'exercices soit de 6 s soit de 30 s, sur la puissance maximale externe et le degré de fatigue (objectivé par la diminution de la puissance externe), sont les mêmes. On doit alors conclure que l'amélioration des performances résulte sans doute davantage des gains de force musculaire liés à ce type d'entraînement que de l'amélioration de la production d'ATP.

3. Adaptations à l'interval training de haute intensité

Nous avons évoqué, au chapitre 9, une forme d'entraînement faite de répétitions de sprints courts (pédalage) entrecoupées de périodes de récupération de quelques minutes au repos ou à très faible intensité[13]. L'interval-training, ou entraînement par intervalles, à haute intensité (HIIT) est un moyen très efficace pour obtenir les bénéfices semblables à ceux que l'on retrouve après un entraînement aérobie continu. Les adaptations obtenues avec le HIIT sont semblables à celles obtenues lors de l'entraînement aérobie traditionnel. Un travail a été mené sur des hommes jeunes qui réalisent 4 à 6 répétitions d'intensité élevée pendant 30 s entrecoupées de 4 minutes de récupération, 3 fois par semaine. Les bénéfices obtenus sur le plan cardiaque, vasculaire et musculaire sont semblables à ceux d'un groupe ayant suivi un programme aérobie traditionnel; soit une heure de pédalage en continu, 5 fois par semaine. L'amélioration de la performance qu'elle soit mesurée par le temps d'épuisement à une intensité donnée ou lors d'un contre la montre, plus proche de la réalité de terrain, est comparable dans les deux groupes en dépit de temps d'entraînement réels très différents[13]. HIIT semble stimuler les voies de signalisation qui régulent les adaptations musculaires à l'entraînement aérobie, à savoir la biogenèse mitochondriale, la

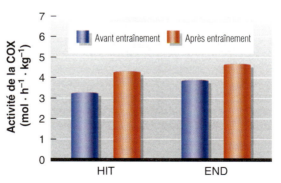

(a) Activité maximale de la cytochrome oxydase

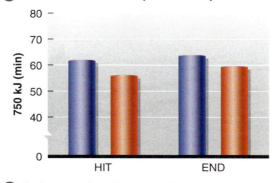

(b) Performance lors d'un contre-la-montre cycliste

Figure 11.18

(a) Activité enzymatique maximale de l'enzyme mitochondriale; le cytochrome oxydase (COX), mesurée lors des biopsies musculaires. Cette activité augmente de façon semblable, après une période d'entraînement de type interval-training à haute intensité (HIT) ou une période d'entraînement traditionnel d'endurance (END).
(b) Performance lors de contre la montre cycliste avant et après deux semaines d'entraînement. Il est important de noter que le temps d'entraînement a été de 10 h pour le groupe END et seulement d'environ 2,5 heures dans le groupe HIIT. La quantité totale d'entraînement est d'environ 75 % plus faible dans le groupe HIT.
Adapté avec la permission de Gibala *et al.* 2006. "Short-term sprint interval versus traditional endurance training: similar initial adaptations in human skeletal muscle and exercise performance", *Journal of Physiology* 575: 901-911.

> **PERSPECTIVES DE RECHERCHE 11.4**
>
> ### Naît-on ou devient-on sprinter ?
>
> Il est classique de dire qu'on naît sprinter, qu'on ne le devient pas. Il est plus sage de dire qu'il est possible de convertir un sprinter médiocre en un excellent coureur de longue distance par l'entraînement. Il est par contre impossible de transformer un coureur de longue distance en un très bon sprinter. Nous n'avons toujours pas de réponse à la question initiale de savoir pourquoi un grand sprinter naît ainsi, avec les qualités nécessaires, ou si on peut les faire acquérir par l'entraînement. La performance aux exercices de vitesse est-elle une qualité génétiquement programmée ou non ? La réponse, dépendante de nombreux paramètres physiologiques et anatomiques, est très complexe. Il semble évident que les caractéristiques du sprinter et celles du sportif endurant ou du non-sportif sont très différentes, qu'ils disposent d'un patrimoine génétique différent mais, d'un autre côté, ces caractéristiques semblent être entraînables.
>
> Nous avons vu au chapitre 1, à partir de biopsies musculaires, que les sprinters ont une proportion de fibres de type II plus importante que les sportifs endurants ou les non-sportifs. Nous avons vu aussi que la transformation de fibres de type II en fibres de type I, plus oxydatives, était possible mais qu'il n'était pas évident que l'entraînement anaérobie aboutisse à une augmentation du nombre de fibres de type II, celles qui caractérisent les sprinters. Il reste que la typologie musculaire n'est qu'un des nombreux facteurs qui participent à faire d'un individu un sprinter. L'imagerie médicale a apporté des compléments d'information en mettant à jour des propriétés anatomiques et biomécaniques spécifiques des sprinters.
>
> La structure musculaire (comme la fonction) dépend des contraintes auxquelles le muscle est exposé, donc de l'entraînement et du désentraînement. L'architecture des muscles des sprinters est adaptée pour permettre de grandes accélérations et générer de grandes puissances. Les articulations, elles, doivent permettre des rotations très rapides des segments. Lors de ces rotations autour des articulations, les fibres musculaires qui enjambent l'articulation contribuent à la rotation très rapide. Les forces générées augmentent et diminuent suivant les relations force-longueur et force-vitesse qui leur sont propres. Si le muscle est constitué d'un très grand nombre de sarcomères, la force produite peut être maintenue pour des longueurs de fibres plus courtes et des vitesses de raccourcissement plus rapides. C'est précisément le cas chez les sprinters dont la longueur des faisceaux du gastrocnémien (et sans doute d'autres muscles) est significativement supérieure à celle mesurée chez des coureurs de longues distances ou des sujets non entraînés[2,18].
>
> Le raccourcissement du muscle est aussi influencé par la distance qui sépare le tendon du centre de l'articulation qu'il traverse, c'est-à-dire le bras de levier. Plus la distance est faible moins le muscle a besoin de se raccourcir pour une même amplitude angulaire de mouvement. Ceci semble vrai chez les sprinters dont les tendons d'Achille passent plus près du centre articulaire de la cheville, ce qui diminue le moment de force[2,18]. Ceci est une caractéristique génétique. La structure articulaire des sprinters semble réduire l'effet de levier lors de l'extension plantaire. Ceci devrait avoir comme conséquence une perte de force, lors de la poussée dans les blocks au départ, par exemple. Le moment d'une force est, en effet, le produit de cette force (ici celle développée par le muscle) par un vecteur (représenté par la distance du tendon au centre articulaire). Chez le sprinter, l'augmentation de la force musculaire avec l'entraînement fait plus que compenser le bras de levier plus faible.
>
> Les sprinters ont aussi des orteils plus longs que les sujets non entraînés[2,18], caractéristique également génétique. Ceci permet aussi de réduire la vitesse de raccourcissement des fléchisseurs plantaires et d'allonger le temps de contact avec le sol. Or, la force appliquée lors de ce contact est le seul moyen d'augmenter la vitesse. Toutes ces différences anatomiques semblent être des caractéristiques génétiques. Des travaux sont nécessaires pour mieux comprendre comment ces éléments morphologiques sont influencés par l'entraînement.

capacité de transport des glucides et des lipides et l'oxydation (figure 11.18).

Ainsi que nous l'avons évoqué au chapitre 9, les sportifs qui s'entraînent déjà de manière importante peuvent améliorer leur performance par l'entraînement HIIT. Les mécanismes qui sous-tendent les adaptations apparaissent cependant différents[12]. L'amélioration rapide de la capacité oxydative du muscle induite par HIIT et observée chez les sujets au départ non entraînés ne se manifeste pas chez les individus étant déjà entraînés à l'origine du programme. On ne connaît pas encore bien les mécanismes sous-jacents.

Résumé

> L'entraînement anaérobie, fait d'exercices brefs et très intenses, améliore la puissance et la capacité anaérobies.

> L'amélioration de la performance après un entraînement de sprint provient davantage d'une amélioration de la force musculaire, de la technique gestuelle que de l'amélioration des processus énergétiques anaérobies.

> L'entraînement anaérobie augmente l'activité des enzymes ATP-PCr et glycolytiques. Il n'a pas d'effet sur l'activité des enzymes oxydatives.

> L'entraînement type HIIT induit des adaptations semblables à celles de l'entraînement aérobie de type continu. HITT semble stimuler les mêmes voies de signalisation cellulaires que celles mises en jeu avec l'entraînement aérobie continu. Elles incluent la biogenèse mitochondriale, une meilleure utilisation des lipides et des glucides.

4. Spécificité de l'entraînement et l'entraînement multiformes

Les adaptations qui surviennent avec l'entraînement sont hautement spécifiques du type d'exercice réalisé. Plus le programme d'entraînement est proche de l'activité pratiquée, plus la performance se trouve améliorée. Ce concept de la spécificité de l'entraînement est très important, en ce qui concerne toutes les adaptations physiologiques. Il est également fondamental dans l'évaluation des athlètes.

Pour bien mesurer le potentiel aérobie, les sportifs doivent être testés dans des exercices proches de leur activité sportive. Dans une étude concernant des rameurs de haut niveau, des cyclistes et des skieurs de fond, $\dot{V}O_2max$ a été mesurée successivement lors d'une course sur tapis roulant avec pente et pendant l'activité sportive[28]. La figure 11.19 montre que les valeurs de $\dot{V}O_2max$ sont plus élevées dans l'activité de prédilection, parfois de manière substantielle. Pour la plupart des sportifs, $\dot{V}O_2max$ est significativement plus élevée si elle est mesurée dans l'activité.

Une des méthodes d'étude les plus intéressantes, pour juger de la spécificité de l'entraînement, est de faire travailler une jambe et d'utiliser l'autre comme contrôle. Dans l'un de ces travaux, les sujets sont répartis en trois groupes : le premier s'entraîne en sprint d'une jambe et de l'autre en endurance, le deuxième s'entraîne en sprint d'une jambe et de l'autre ne fait rien. Le troisième groupe s'entraîne en endurance d'une jambe tandis que l'autre jambe ne s'entraîne pas[27]. L'amélioration de $\dot{V}O_2max$ et l'abaissement à la fois de la fréquence cardiaque et de la concentration de lactate, à un niveau d'exercice donné, ne sont observés que pour la jambe entraînée en endurance.

La plupart des adaptations observées surviennent dans les muscles qui ont été entraînés voire même au sein des unités motrices spécifiques. Cette observation semble vraie autant en ce qui concerne les adaptations métaboliques que

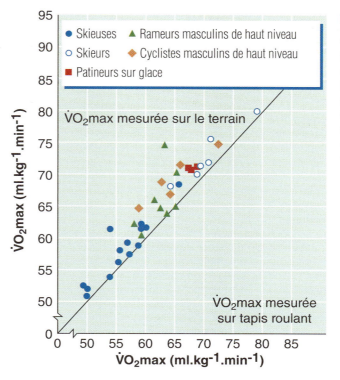

Figure 11.19

Valeurs de $\dot{V}O_2max$ mesurées sur tapis roulant et sur le terrain dans la spécialité sportive.
D'après S.B. Stromme, F. Ingjer et H.D. Meen, 1977, "Assessment of maximal aerobic power in specifically trained athletes", *Journal of Applied Physiology* 42: 833-837.

	Non entraînés	Sprinters	Endurants
Enzymes aérobies			
Système oxydatif			
Succinate déshydrogénase	8,1	8,0	20,8*
Malate déshydrogénase	45,5	46,0	65,5*
Carnitine palmityl transférase	1,5	1,5	2,3*
Enzymes anaérobies			
Système ATP-PCr			
Créatine phosphokinase	609,0	702,0*	589,0
Myokinase	309,0	250,0*	297,0
Système glycolytique			
Phosphorylase	5,3	5,8	3,7*
Phosphofructokinase	19,9	29,2*	18,9
Lactate déshydrogénase	766,0	811,0	621,0

* Indique une différence significative par rapport aux sujets non entraînés.

Tableau 11.5 Activités enzymatiques musculaires ($mmol.g^{-1}.min^{-1}$) de sujets non entraînés, de sprinters et d'endurants

cardiorespiratoires. Le tableau 11.5 montre l'activité enzymatique aérobie et anaérobie chez des sujets masculins non-entraînés, entraînés en aérobie et en anaérobie. Les résultats montrent clairement l'importance de la spécificité de l'entraînement.

L'entraînement multiforme fait partie de la préparation de beaucoup d'activités sportives où l'amélioration de diverses qualités physiques (telles l'endurance, la force et la souplesse) est nécessaire. L'entraînement en triathlon (qui associe nage, course et vélo) ou encore les sportifs utilisant la musculation et en même temps des exercices impliquant très fortement le système cardiorespiratoire en sont des exemples.

Les quelques travaux, portant sur l'amélioration simultanée du potentiel aérobie et de la force musculaire, indiquent que les gains de force sont moindres lorsque l'on cherche à améliorer en même temps l'endurance cardiorespiratoire. Les gains de force sont plus importants si le programme de musculation est mené seul. À l'inverse, l'intégration d'exercices de musculation ne nuit pas à l'amélioration du potentiel aérobie. En fait, les gains immédiats peuvent même être supérieurs en incluant des exercices de force. Si plusieurs études concluent que l'entraînement simultané en force et en endurance limite le gain en force et en puissance, les résultats d'un travail très rigoureux ne vont pas dans le même sens. En effet, McCarthy et ses collègues[21] observent des gains similaires que ce soit en force, en hypertrophie musculaire ou en activation nerveuse entre des sujets entraînés à la fois en force et en endurance et des sujets entraînés uniquement en force.

Résumé

> Pour être le plus efficace possible, l'entraînement doit se rapprocher du type d'activité pratiqué par l'athlète.

> L'association d'un entraînement de musculation à un entraînement aérobie ne semble pas diminuer les effets de ce dernier. Cette association ne permet pas d'obtenir les mêmes gains en force qu'un entraînement en musculation seul.

> Quelle que soit l'activité sportive, l'entraînement aérobie est toujours bénéfique.

Mots-clés

bon répondeur
cœur d'athlète
densité capillaire
endurance cardiorespiratoire
entraînement aérobie
entraînement anaérobie
entraînement multiforme
enzymes oxydatives mitochondriales
épargne de glycogène
équation de Fick
faible répondeur
hypertrophie cardiaque
spécificité de l'entraînement
système de transport de l'oxygène

Questions

1. Comment peut-on différencier l'endurance musculaire et l'endurance cardiovasculaire ?

2. Qu'est-ce que la consommation d'oxygène maximale ($\dot{V}O_2max$) ? Comment la définit-on ? Quels sont ses facteurs limitants ?

3. Quelle place tient la $\dot{V}O_2max$ dans la performance en endurance ?

4. Quelles adaptations peut-on observer au niveau du système de transport de l'oxygène en réponse à l'entraînement aérobie ?

5. Quelle est l'adaptation la plus importante responsable à la fois du gain de $\dot{V}O_2max$ et de performance ?

6. Quelles sont les adaptations métaboliques induites par l'entraînement aérobie ?

7. Expliquez les deux théories proposées pour expliquer les gains de $\dot{V}O_2max$ induits par l'entraînement aérobie. Laquelle est actuellement la plus valide ? Pourquoi ?

8. En quoi le potentiel génétique est-il important dans l'entraînement des jeunes ?

9. Expliquez les effets spécifiques de l'entraînement anaérobie sur les adaptations enzymatiques musculaires.

10. Les sportifs qui s'entraînent déjà beaucoup peuvent-ils améliorer leur performance en intégrant la méthode HIIT dans leur programme ? Dans quelle mesure les mécanismes sont-ils différents de ceux observés, après un programme HIIT, chez des sujets initialement non entraînés ?

11. Pourquoi l'entraînement multiforme est-il bénéfique aux sportifs pratiquant des activités aérobies ? Est-il bénéfique pour le sprint et les exercices impliquant une grande puissance musculaire ?

QUATRIÈME PARTIE

Influence de l'environnement sur la performance

Nous avons décrit jusqu'à présent comment les différents systèmes du corps humain se coordonnent pour réaliser une activité physique. Nous avons également vu comment ces différents systèmes répondent au stress provoqué par différents types d'entraînement. Dans cette quatrième partie, notre attention se portera sur la façon dont le corps répond et s'adapte à un exercice dans des conditions environnementales inhabituelles. Dans le chapitre 12, « Thermorégulation : L'exercice en environnement chaud et froid», nous étudierons les mécanismes permettant de réguler la température interne du corps à la fois au repos et lors de l'exercice. Puis, nous décrirons les réponses et les adaptations de l'organisme à l'exercice en ambiance chaude et froide ainsi que les risques éventuels pour la santé. Dans le chapitre 13 «L'exercice en altitude » nous étudierons comment l'organisme fait face pour réaliser une performance physique dans des conditions de pression atmosphériques réduites et comment le corps s'adapte à un séjour prolongé en altitude. Nous débattrons ensuite du meilleur moyen de se préparer en altitude à la compétition et nous verrons comment l'entraînement en altitude peut permettre d'améliorer les performances au niveau de la mer.

Chapitre 12 : Thermorégulation : L'exercice en environnement chaud et froid

Chapitre 13 : L'exercice en altitude

Thermorégulation : L'exercice en environnement chaud ou froid

12

Les organisateurs de l'Open d'Australie de tennis en 2014 ont été critiqués d'avoir obligé les sportifs à jouer sous des températures très élevées, supérieures parfois à 41 °C. Le pic de 42 °C s'est approché du record de température pour un mois de janvier à Melbourne, survenu en 1936. Le code médical du Mouvement Olympique implique de respecter toutes les conditions nécessaires pour préserver la santé des sportifs et du public lors des compétitions. Des amendements peuvent exister en fonction des activités pratiquées, du niveau de compétition, comme des règles spécifiques, des modifications de lieux afin d'assurer un environnement acceptable. Tous les grands organismes sportifs doivent respecter ce code et mettre en place des stratégies préventives. Or la gestion des risques extrêmes lors de l'Open d'Australie était à la seule discrétion des arbitres et très peu de choses ont été faites pour protéger les joueurs.

Plusieurs joueurs de premier plan comme Andy Murray ont demandé aux juges de reconsidérer leur position, sans succès. Le canadien Franck Dansevic s'est évanoui lors du second set du match qui l'opposait au français Benoît Paire, tout comme un ramasseur de balle victime du même malaise. Il a fait si chaud que l'emballage plastique de la bouteille d'eau de la joueuse danoise Caroline Wozniacki's a fondu sur le court. La serbe Jelena Jankovic s'est brûlée le dos et les cuisses sur un siège à découvert puis est tombée lors de sa victoire au premier tour, quand une de ses chaussures à semelle en caoutchouc est restée collée au revêtement du court. Les joueurs ont dû continuer à jouer…

Plan du chapitre

1. La régulation de la température corporelle 296
2. Réponses physiologiques lors de l'exercice en ambiance chaude 303
3. Les risques de l'exercice en ambiance chaude 307
4. L'acclimatement à l'exercice en ambiance chaude 311
5. L'exercice au froid 314
6. Réponses physiologiques lors de l'exercice en ambiance froide 317
7. Les risques de l'exercice en ambiance froide 318

Le stress lié à l'exercice est souvent accru en raison des conditions environnementales, en particulier thermiques. L'activité physique en ambiance chaude ou froide est une charge lourde pour l'organisme et les mécanismes impliqués dans la thermorégulation. Bien qu'ils soient d'une efficacité stupéfiante, ces mécanismes thermorégulateurs peuvent s'avérer insuffisants lors d'expositions à des conditions extrêmes. Les expositions chroniques, au froid ou au chaud, induisent cependant des adaptations de l'organisme. On parle d'acclimatement lors d'expositions répétées à un stress thermique aigu (exercice) avec une adaptation à court terme et d'acclimatation lors d'expositions prolongées à des environnements naturels où les adaptations durent nettement plus longtemps.

Dans les lignes qui suivent, nous allons nous intéresser aux réponses physiologiques à l'exercice aigu et à l'exercice chronique effectués en ambiance chaude ou froide. Ces conditions comportent des risques pour la santé dont nous discuterons en indiquant les moyens de prévention.

1. La régulation de la température corporelle

L'homme est un homéotherme qui doit maintenir sa température centrale à peu près constante. Il existe certes des fluctuations quotidiennes, voire horaires, de cette température mais ces variations sont d'environ 1 °C (33,8 °F). La température centrale s'écarte des normes situées entre 36,1 et 37,8 °C (97,00 à 100 °F) lors de l'exercice musculaire, en cas de maladie ou dans des conditions environnementales extrêmes.

La température centrale reflète l'équilibre entre les gains et les pertes de chaleur. Dès que cet équilibre est perturbé, la température centrale se modifie.

Pour la maintenir constante, il faut un équilibre entre les gains de chaleur, en provenance du métabolisme ou de l'environnement, et les pertes liées aux échanges avec l'ambiance. Regardons comment s'effectuent les transferts de chaleur entre le corps et l'environnement.

1.1 La production de chaleur métabolique

Seule une partie (en général moins de 25 %) de l'énergie produite (ATP) par l'organisme est utilisée pour les fonctions physiologiques comme la contraction musculaire. Le reste est transformé en chaleur. Tous les tissus actifs produisent de la chaleur métabolique (M) qui doit être compensée par des pertes de chaleur vers l'ambiance pour maintenir constante la température centrale. Si les gains de chaleur deviennent supérieurs aux pertes, la température centrale augmente. C'est régulièrement le cas lors de l'exercice prolongé modéré ou intense. L'aptitude des sujets à maintenir constante la température centrale est fonction de leur capacité à compenser la production de chaleur métabolique par des pertes équivalentes. Cet équilibre est décrit figure 12.1.

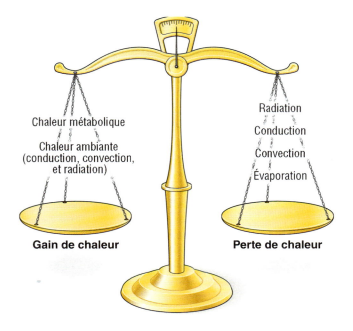

Figure 12.1 Balance des pertes de chaleur et des gains de chaleur

Radiation, conduction et convection peuvent concerner à la fois les gains et les pertes de chaleur, selon que la température cutanée est inférieure ou supérieure à la température ambiante. L'évaporation ne peut être qu'un moyen de perte de chaleur.

1.2 Les moyens physiques d'échanges de chaleur

Examinons les mécanismes par lesquels la chaleur est transférée du corps vers l'environnement. La chaleur produite dans le corps est amenée par le sang à la périphérie, jusqu'à la peau. C'est par l'interface qu'est la peau que se font donc les transferts de chaleur entre les organes profonds (le noyau) qui doivent être protégés et l'extérieur.

Quatre facteurs physiques y participent : la conduction, la convection, la radiation l'évaporation.

1.2.1 Les échanges par conduction et par convection

Les transferts de chaleur par **conduction** (K) sont les échanges par contact direct entre deux objets. L'exemple le plus simple est le contact avec des gradins froids lorsqu'on regarde un match de football par une journée d'hiver. À l'inverse, ce peut être le contact de la main avec une plaque électrique. Si le contact est prolongé, la chaleur peut se transférer par l'intermédiaire de la peau au sang, puis au noyau central. De même, la chaleur produite au sein d'un tissu profond peut se transférer à un autre tissu adjacent et de proche en proche gagner les tissus périphériques. Cette chaleur peut alors se transférer par contact, ou conduction, aux vêtements ou à l'air. Dans beaucoup de situations, comme souvent à l'exercice, les échanges par conduction sont considérés comme négligeables, la peau étant peu en contact direct avec l'extérieur, avec l'air.

La **convection** (C) implique des échanges d'énergie par le moyen d'un gaz ou d'un liquide en mouvement. Bien que nous n'en soyons pas toujours conscients, il existe constamment un mouvement d'air autour de nous. Cela induit alors des échanges d'énergie avec les molécules d'air qui passent au contact de la peau. Plus le mouvement de l'air (ou du liquide, si nous sommes dans l'eau) est grand, plus les échanges de chaleur par convection sont importants. Le vent en est un bon exemple. En environnement plus froid que la température de peau il y a transfert de chaleur de la peau vers l'extérieur. Si, à l'inverse, l'environnement est plus chaud que la peau, les transferts se font vers le corps qui gagne de la chaleur. En se combinant avec la conduction, la convection peut générer d'importants

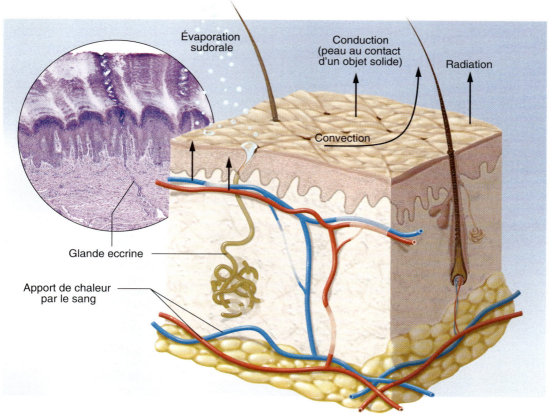

Figure 12.2 Élimination de la chaleur par la peau

La chaleur est apportée par le sang artériel à la surface de la peau et traverse le tissu sous-cutané par conduction. Lorsque la température cutanée dépasse celle de l'environnement, la chaleur est dissipée par conduction, convection, radiation et évaporation. Lorsque la température de l'environnement dépasse la température cutanée, la chaleur n'est dissipée que par évaporation.

échanges de chaleur pour l'organisme exposé à un environnement très chaud ou très froid.

Dans les circonstances habituelles, les échanges par conduction et convection sont malgré tout assez faibles, ne serait-ce qu'en raison du port de vêtements. Mais, si le corps est immergé dans de l'eau froide, les pertes de chaleur par conduction sont à peu près 26 fois plus importantes que dans l'air à la même température.

Lorsque la température de l'eau ou de l'air est supérieure à la température de la peau, le corps gagne de la chaleur par conduction et convection. Ces deux procédés sont souvent considérés comme des moyens de perte de chaleur, car le plus souvent la température externe est inférieure à la température de la peau.

1.2.2 Les échanges par radiation

C'est, au repos, le premier moyen utilisé par l'organisme pour perdre de la chaleur. Dans une ambiance normale (21 à 25 °C), le corps nu perd 60 % de sa chaleur en excès par **radiation (R)**. La voie impliquée est celle du rayonnement infrarouge. La figure 12.3 montre deux thermogrammes d'un même individu.

Tout corps émet un rayonnement dans toutes les directions. C'est bien sûr le cas du corps humain, qui non seulement irradie en direction des objets qui l'entourent, comme les vêtements, les meubles ou les murs, mais reçoit également les rayons émis par ces objets. Si leur température est supérieure à celle de la peau, le résultat sera un gain de chaleur. L'exposition au soleil entraîne des gains de chaleur par radiation très importants.

Pris ensemble, les échanges par conduction, convection et radiation sont considérés comme les voies d'échanges de chaleur sèche. La résistance aux échanges de chaleur sèche est appelée isolation, un concept connu de tous comme lié au port de vêtements, à l'utilisation du chauffage ou de la climatisation. L'isolant idéal est d'intercaler une

Figure 12.3

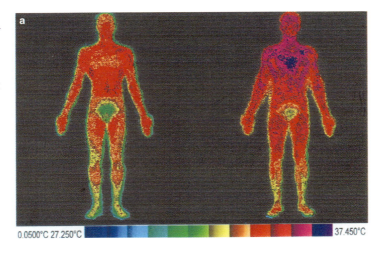

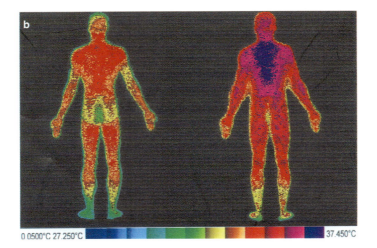

Thermogrammes du corps humain indiquant les variations de chaleur radiante sur un sujet de face (a) et de dos (b) à la fois avant (gauche) et après (droite) avoir couru dehors à une température de 30 °C et 75 % d'humidité. Si l'on se réfère aux échelles de températures qui figurent en bas de chaque photo, les couleurs chaudes apparaissent en rouge foncé, les plus froides en jaune ou en vert.

couche d'air, ce qui est réalisé en piégeant l'air entre des fibres (ex : fibre de verre, etc.). Un isolant minimise aussi les pertes de chaleur en ambiance froide. Pourtant, à l'exercice, nous devons évacuer la chaleur interne vers l'environnement. On porte alors des vêtements légers, clairs, qui permettent les échanges avec la plus grande surface corporelle possible.

1.2.3 Les échanges par évaporation

L'**évaporation** (E) est le moyen privilégié de perte de chaleur chez l'homme, tout particulièrement lors de l'exercice. La transformation d'un liquide en gaz nécessite de la chaleur. Les pertes par évaporation représentent 80 % des pertes totales de chaleur lors de l'exercice, les autres moyens n'intervenant que pour 20 % maximum. L'évaporation comprend les pertes inconscientes, insensibles, représentées par la perspiration et la respiration.

Ces pertes insensibles évacuent environ 10 % à 20 % de la chaleur métabolique produite. Elles sont relativement constantes et ne permettent pas de faire face à une augmentation de la production de chaleur endogène. Lorsque la température corporelle augmente, à partir d'un certain seuil, la sudation se déclenche et augmente de façon importante. À la surface de la peau, la sueur s'évapore sous l'effet de la chaleur cutanée. Il y a donc transfert de chaleur de la peau à l'environnement. C'est pourquoi l'évaporation sudorale s'accroît avec la température corporelle. L'évaporation d'1 L de sueur entraîne une déperdition de 680 W (2 428 kJ). Pour se rendre compte de l'importance des pertes de chaleur par évaporation, un sportif qui court le marathon en 2 h 30 min produit environ 1 000 W de chaleur métabolique. Si

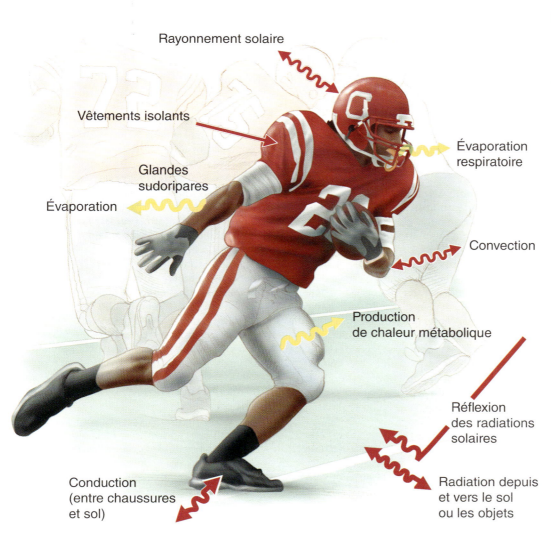

Figure 12.4 Interactions complexes des mécanismes de transfert de chaleur entre la peau et l'ambiance

D'après C.V. Costill et C.B. Wenger, 1984 "Temperature regulation during exercise. Old concepts, new ideas", *Exercise and Sport Science Reviews* 12: 339-372.

chaque goutte de sueur est évaporée, il doit transformer 1,5 L de sueur en vapeur d'eau par heure. Comme évidemment toute la sueur ne s'évapore pas et qu'une partie ruisselle, une estimation plus réaliste du débit sudoral nécessaire pour maintenir la température centrale est d'environ 2 L par heure. Il faut surtout se souvenir que seule la sueur évaporée à un effet thermorégulateur. Tout ce qui ruisselle est perdu pour la thermorégulation. Sans restauration du capital hydrique, ce sportif va perdre 5 L d'eau soit 5 kg, environ 7 % du poids du corps.

De façon analogue à l'isolation, les vêtements limitent l'évaporation sudorale et donc l'évacuation de la chaleur. Il existe aujourd'hui des tissus qui favorisent la transpiration et l'évaporation des molécules d'eau. La figure 12.4 montre les interactions complexes entre tous les facteurs assurant l'équilibre thermique (production et pertes de chaleur)[4]. En utilisant les symboles définis précédemment l'équilibre thermique peut s'écrire :

$$\dot{M} - \dot{W} \pm \dot{R} \pm \dot{C} \pm \dot{K} - \dot{E} = 0$$

Où W représente le travail réalisé lors de la contraction musculaire. Notons que R, C, K peuvent prendre des valeurs positives ou négatives alors que E ne peut être que négatif. Si $\dot{M} - \dot{W} \pm \dot{R} \pm \dot{C} \pm \dot{K} - \dot{E}$ > 0, il y a stockage de chaleur par l'organisme et la température centrale augmente.

1.2.4 L'hygrométrie

Le degré hygrométrique de l'air ambiant joue un rôle fondamental dans les échanges de chaleur, tout spécialement par évaporation. Un degré hygrométrique important implique que de nombreuses molécules de vapeur d'eau sont en suspension dans l'air. On utilise habituellement l'humidité relative pour exprimer la pression en vapeur d'eau de l'air. Si l'humidité relative est de 100 %, l'air est totalement saturé en vapeur d'eau. Lorsque l'humidité est importante, l'air contient de nombreuses molécules d'eau, ce qui diminue sa capacité à en accepter d'autres. Le gradient entre la peau et l'air est alors faible. Une humidité importante limite l'évaporation sudorale et les pertes de chaleur. Une humidité relative faible les favorise. Ce mécanisme a cependant une limite, le capital hydrique doit être entretenu sous peine de déshydratation lorsque la sudation se prolonge.

1.3 Le contrôle thermorégulateur

La température centrale ne peut varier que dans une fourchette très restreinte. Si la sudation et l'évaporation sudorale n'étaient pas limitées, nous pourrions supporter des chaleurs extrêmes pendant de très courtes périodes (jusqu'à 200 °C) et à condition de ne pas être en contact avec une surface chaude. La température limite permettant la vie cellulaire se situe entre 0 °C et 45 °C (lorsque les protéines commencent à se déliter). L'homme, lui, ne peut tolérer des températures centrales inférieures à 35 °C ou supérieures à 41 °C. Pour maintenir la température centrale dans ces limites, nous avons développé des adaptations physiologiques très performantes. La réponse thermorégulatrice implique la coordination de plusieurs systèmes de l'organisme.

La température centrale est souvent mesurée à partir de la température rectale. Au repos, elle se situe approximativement à 37 °C. Lors de l'exercice, elle peut dépasser 40 °C avec une température musculaire de 42 °C, indiquant un stockage de chaleur par l'organisme qui n'a pu évacuer suffisamment vite la chaleur au fur et à mesure qu'elle était produite. S'il est vrai qu'une certaine augmentation de température favorise le fonctionnement énergétique musculaire, des températures supérieures à 40 °C peuvent, au contraire, affecter le système nerveux et perturber les mécanismes dissipateurs de chaleur. Comment l'organisme régule-t-il sa température centrale ? Comme le montre la figure 12.5, l'hypothalamus joue un rôle majeur.

1.3.1 L'hypothalamus : le thermostat

Les mécanismes qui contrôlent la température centrale sont un peu analogues au thermostat qui contrôle la température de votre appartement. Ils sont malgré tout beaucoup plus complexes et beaucoup plus précis. Des récepteurs sensibles, appelés **thermorécepteurs**, détectent tout changement de température ; l'information est ensuite véhiculée jusqu'au thermostat : dans la région antérieure pré-optique de l'hypothalamus (RAPOH). En réponse, l'hypothalamus met en jeu les mécanismes thermorégulateurs. Comme le thermostat d'un radiateur d'appartement, l'hypothalamus est réglé pour maintenir la température normale du corps. C'est ce qu'on appelle la théorie du « set-point » ou « point de consigne ». Les **centres thermorégulateurs** situés dans l'hypothalamus sont immédiatement informés de la plus petite déviation par rapport à ce « set-point » et mettent en jeu les **mécanismes thermorégulateurs** destinés à réajuster la température centrale.

Les thermorécepteurs sont présents dans l'ensemble de l'organisme, mais plus spécialement répartis au niveau de la peau et du système nerveux central. Deux types de récepteurs sont impliqués dans ces processus : des récepteurs centraux et périphériques. Les récepteurs périphériques situés au niveau de la peau enregistrent la température de celle-ci qui varie en fonction de l'environnement. Ils

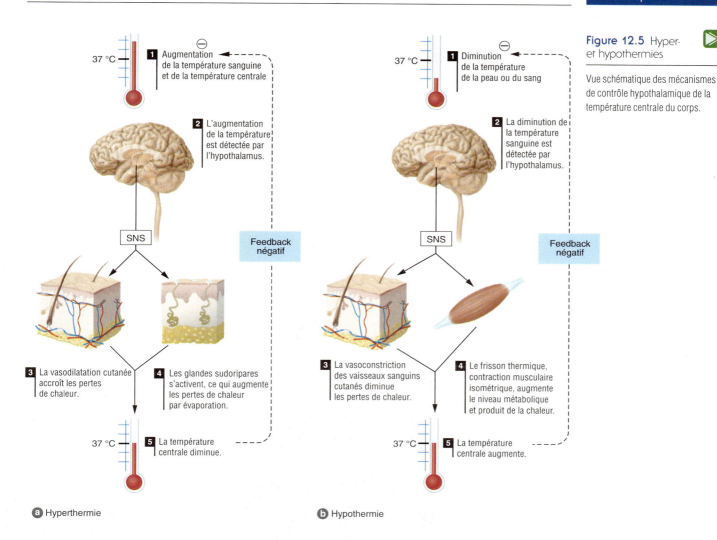

Figure 12.5 Hyper- et hypothermies

Vue schématique des mécanismes de contrôle hypothalamique de la température centrale du corps.

envoient les informations vers la RAPOH et vers le cortex cérébral qui nous fait prendre conscience de la température et permet la mise en jeu des facteurs comportementaux de contrôle de l'exposition au chaud et au froid.

Les récepteurs centraux sont localisés dans l'hypothalamus, dans diverses régions du cerveau et de la moelle épinière. Ils enregistrent la température du sang circulant dans le cerveau. Leur sensibilité est grande, de l'ordre de 0,01 °C. Ils sont aussi très sensibles aux variations de température. Les changements de température au voisinage de l'hypothalamus stimulent la mise en jeu des réflexes, destinés à conserver ou dissiper la chaleur endogène.

Les défis environnementaux à l'homéostasie thermique sont aussi des défis à de nombreux autres systèmes de contrôle corporels comme la pression artérielle, la balance hydro-électrolytique et les rythmes circadiens. Ces contrôles hypothalamiques sont proches de la RAPOH. Ils sont en connexion avec les neurones qui participent à la coordination des contrôles de ces différents systèmes. Ils témoignent de la complexité du cerveau humain.

1.3.2 Les effecteurs thermiques

Lorsque les capteurs hypothalamiques enregistrent des températures au-dessus ou au-dessous de la normale, les signaux sont envoyés vers les effecteurs *via* le système nerveux sympathique.

Quatre types d'effecteurs peuvent restaurer la température corporelle lorsque celle-ci varie.

1.3.2.1 Les artérioles cutanées

Lorsque le sang ou la peau s'échauffent, l'hypothalamus envoie des influx en direction des muscles lisses situés dans la paroi des vaisseaux, entraînant une vasodilatation ou une vasoconstriction périphériques. Il en résulte une variation du débit sanguin cutané. La vasoconstriction cutanée est le résultat de la sécrétion par le SNS d'un neurotransmetteur : la noradrénaline. D'autres neurotransmetteurs peuvent aussi être impliqués et minimiser les échanges de chaleur. La vasodilatation cutanée en réponse à la chaleur est un phénomène complexe encore mal connu. L'augmentation du flux sanguin cutané véhicule la chaleur des territoires centraux vers la peau, permettant sa dissipation dans l'environnement par conduction, convection, radiation ou évaporation. Ce mécanisme de régulation très précis du flux sanguin cutané permet l'ajustement à chaque instant des échanges de chaleur. Il est très rapide et sans coût énergétique supplémentaire pour l'organisme.

1.3.2.2 Les glandes sudorales ou sudoripares

Lorsque la température de la peau ou du sang augmente, l'hypothalamus (RAPOH) met en jeu, par l'intermédiaire du SNS, les glandes sudorales ou sudoripares, leur commandant de sécréter la sueur. Son évaporation à la surface de la peau permet l'évacuation de la chaleur et le rafraîchissement de la peau. Le neurotransmetteur fondamental est ici l'acétylcholine. L'activation des glandes sudorales est alors appelée stimulation sympathique cholinergique. Plus la température s'élève et plus la production de sueur est importante. Comme les artérioles cutanées, les glandes sudorales sont environ 10 fois plus sensibles à l'augmentation de la température centrale qu'à l'augmentation de la température cutanée.

1.3.2.3 Les muscles squelettiques

La contraction musculaire produit de la chaleur. L'activité physique participe donc à la thermorégulation. En ambiance froide, les récepteurs cutanés informent l'hypothalamus. Celui-ci active les centres cérébraux qui, au froid, déclenchent le phénomène de frisson. **Le frisson thermique** est une succession de contractions isométriques involontaires à haute fréquence, où toute l'énergie est transformée en chaleur. L'objectif est entièrement à visée thermorégulatrice. Cette production de chaleur endogène importante permet le maintien de la température centrale.

1.3.2.4 Les glandes endocrines

Plusieurs hormones augmentent le débit métabolique cellulaire et donc la production de chaleur endogène. Le froid augmente la sécrétion de thyroxine par la glande thyroïde. Il en résulte une augmentation du débit métabolique dans tout le corps, parfois de plus de 100 %. Il faut rappeler, ici, que les catécholamines (adrénaline, noradrénaline) agissent aussi directement sur le métabolisme et potentialisent l'action du SNS.

Résumé

> L'homme est un homéotherme, ce qui veut dire qu'il doit maintenir constante sa température centrale entre 36,1 et 37,8 °C en dépit des variations de la température extérieure.

> La chaleur du corps est dissipée par conduction, convection, radiation et évaporation. Au repos, une grande partie de la chaleur est perdue par radiation mais, pendant l'exercice, l'évaporation devient le moyen privilégié de déperdition calorique.

> Lorsque la température ambiante est proche de celle de la peau, le seul moyen de perte de chaleur est l'évaporation sudorale. Évaporer 1 L de sueur permet de perdre 680 W (2 428 kJ).

> L'humidité limite les possibilités d'évaporation sudorale.

> La région antérieure pré-optique de l'hypothalamus est le centre thermorégulateur (RAPOH). Il agit à la manière d'un thermostat, en enregistrant les variations de température, en accélérant les pertes de chaleur ou encore en abaissant la production d'énergie.

> Il existe deux types de thermorécepteurs qui informent le centre thermorégulateur hypothalamique. Les récepteurs périphériques cutanés informent sur la température de la peau et ce qui l'environne. Les récepteurs centraux sont situés dans l'hypothalamus, dans d'autres régions du cerveau et dans la moelle épinière. Ils rendent compte de la température interne et sont plus sensibles que les récepteurs périphériques. La fonction principale des récepteurs périphériques est d'anticiper les réponses afin d'ajuster au mieux les mécanismes thermorégulateurs.

> La température corporelle est soumise à l'action de certains effecteurs. Ils sont stimulés par l'hypothalamus *via* le système nerveux sympathique. Ainsi, l'augmentation de l'activité musculaire (volontaire ou involontaire dans le cas du frisson thermique) élève la température par production d'énergie métabolique. À l'inverse, si l'activité des glandes sudorales augmente, la température baisse en raison des pertes évaporatoires. La vasomotricité, sous l'action des muscles lisses des artérioles, augmente ou au contraire diminue le débit sanguin cutané et par là même le flux de chaleur vers la peau. La production de chaleur métabolique est elle-même sous la dépendance de l'action des hormones thyroxine et catécholamines.

PERSPECTIVES DE RECHERCHE 12.1

Les gens plus aptes encourent-ils plus de risque lors de l'exercice à la chaleur ?

Il est clairement établi que les adaptations issues de l'entraînement aérobie régulier sont bénéfiques pour prévenir le coup de chaleur. Ricardo Mora-Rodriguez a publié en 2012[6] un document étonnant qui suggérait qu'à l'exercice prolongé, les sujets inaptes physiquement n'atteignaient pas des températures centrales aussi élevées que les sujets aptes. En fait, les données indiquent que les sujets ayant une bonne aptitude ont davantage de risque d'hyperthermie car ils sont capables d'exercices intenses avec une production de chaleur très importante.

Dans une lettre à l'éditeur, Kuennen et al.[5] réfutent ces conclusions en argumentant que l'amélioration de l'aptitude aérobie augmente la tolérance de l'organisme à la chaleur. Ils affirment que les sujets aptes, s'ils génèrent bien sûr plus de chaleur métabolique, ont une évaporation sudorale plus importante. Dans l'étude de Ricardo Mora-Rodriguez les sujets ne se réhydratent pas, les sportifs entraînés sont davantage déshydratés que les non-entraînés à toutes les intensités d'exercice. De surcroît, les personnes qui sont victimes d'un coup de chaleur dans les compétitions actuelles sont moins entraînées que celles qui supportent bien la chaleur.

Les deux points de vue peuvent s'accorder. Les gains et les pertes de chaleur sont tous deux nettement plus élevés mais différemment selon que l'on prenne en compte la valeur absolue ou relative de $\dot{V}O_2max$. Le stockage de chaleur dépend de l'intensité absolue de l'exercice. Les sportifs qui courent à un rythme plus élevé produisent beaucoup plus d'énergie métabolique. Les pertes de chaleur sont plus importantes en raison d'un débit sudoral supérieur. L'élévation du débit sanguin est plus dépendante de l'intensité relative d'exercice et davantage liée aux stratégies mises en œuvre par le sportif. Ricardo Mora-Rodriguez a accepté cette explication. Les conséquences de l'aptitude physique et de l'entraînement sur la capacité de thermorégulation à la chaleur sont fonction du choix de l'intensité choisie pour comparer les données, absolue ou relative, et de la capacité à dissiper la chaleur, selon que les pertes hydriques sont ou non compensées.

2. Réponses physiologiques lors de l'exercice en ambiance chaude

La production de chaleur liée à l'exercice est un avantage lors d'une exposition au froid, même si la chaleur métabolique impose des contraintes considérables aux mécanismes de contrôle de la température centrale qui peuvent contribuer, dans le cas de conditions extrêmes, à épuiser le sujet. Au chaud, dès que la température ambiante atteint des valeurs de 21 à 26 °C, la production de chaleur métabolique devient une charge considérable pour les mécanismes thermorégulateurs. Dans ce chapitre, nous allons examiner les modifications physiologiques, survenant lors de l'exercice en ambiance chaude, et leurs effets sur la performance. Nous considérerons pour cela que tout environnement entraînant une élévation de la température corporelle constitue un stress thermique qui menace l'homéothermie.

2.1 La fonction cardiovasculaire

Nous avons montré, au chapitre 8, que l'exercice sollicite le système cardiovasculaire. En ambiance chaude, les besoins de la thermorégulation s'ajoutent à ceux de l'exercice. Le système circulatoire véhicule, en effet, la chaleur des muscles vers la périphérie où elle peut être éliminée. Le débit cardiaque doit alors assurer l'approvisionnement des muscles en activité et permettre la dérive du sang vers les territoires cutanés pour éliminer la chaleur. Pour une même intensité d'exercice, le débit cardiaque est alors plus important lorsque l'exercice est réalisé en ambiance chaude. Le volume sanguin total étant limité, le débit sanguin musculaire va diminuer pendant l'exercice et limiter la performance. Il en résulte, de surcroît, une ischémie dans les territoires viscéraux.

Que se passe-t-il lors d'une course intense en ambiance chaude ? Les territoires musculaires en activité exigent un apport important d'oxygène qui ne peut se faire qu'en augmentant le débit sanguin musculaire. En même temps, la production de chaleur métabolique augmente. Cette chaleur ne peut être évacuée que si le débit sanguin cutané augmente, permettant ainsi d'éliminer ce surplus de chaleur par la peau.

En réponse à l'élévation de température centrale (et à un degré moindre à l'augmentation de la température cutanée) l'hypothalamus envoie des messages par l'intermédiaire du SNS qui induisent une vasodilatation des artérioles cutanées. Ceci amène plus de chaleur à la surface du corps et augmente les pertes de chaleur. Les signaux du système nerveux sympathique stimulent aussi le cœur, augmentant la fréquence cardiaque et forçant le ventricule gauche à pomper davantage de sang. Mais l'augmentation du volume d'éjection systolique est limitée car beaucoup de sang stagne à la périphérie ce qui limite le retour veineux. Pour maintenir le débit cardiaque, il faut compenser en augmentant la fréquence cardiaque.

Ce mécanisme, appelé dérive cardiovasculaire, a été décrit au chapitre 8. Le volume sanguin étant constant, voire légèrement diminué en raison des pertes évaporatoires, un autre phénomène se produit simultanément. Les signaux en provenance du SNS induisent une vasoconstriction dans les autres territoires, dont les viscères. Ainsi, un maximum de sang est disponible pour la thermorégulation et l'activité musculaire.

2.2 Ce qui limite l'exercice à la chaleur

Il est rare que des records d'endurance soient établis en ambiance chaude. Lorsque les effets de la chaleur se superposent à ceux induits par l'exercice, la fatigue survient rapidement. De nombreuses théories ont été avancées pour expliquer ce phénomène. Si aucune à elle seule ne suffit, prises ensemble elles permettent d'appréhender la multiplicité des systèmes impliqués dans la thermorégulation.

Lors de l'exercice prolongé à la chaleur, il survient un moment où le système cardiovasculaire ne peut plus faire face à la demande croissante et participer efficacement à la thermorégulation. Alors n'importe quelle surcharge supplémentaire du système cardiovasculaire va entraîner une nette diminution de la performance, augmenter le risque d'hyperthermie ou les deux. L'exercice en ambiance chaude est vite limité lorsque la fréquence cardiaque approche de son maximum, tout particulièrement chez les sujets non entraînés ou non acclimatés à la chaleur (figure 12.6). Il est intéressant de remarquer que le flux sanguin dans les muscles en activité est maintenu même pour des valeurs élevées de température centrale, tant que la déshydratation ne survient pas.

Une autre théorie qui participe à expliquer les limites de l'exercice en ambiance chaude, en particulier chez les sujets très entraînés ou acclima-

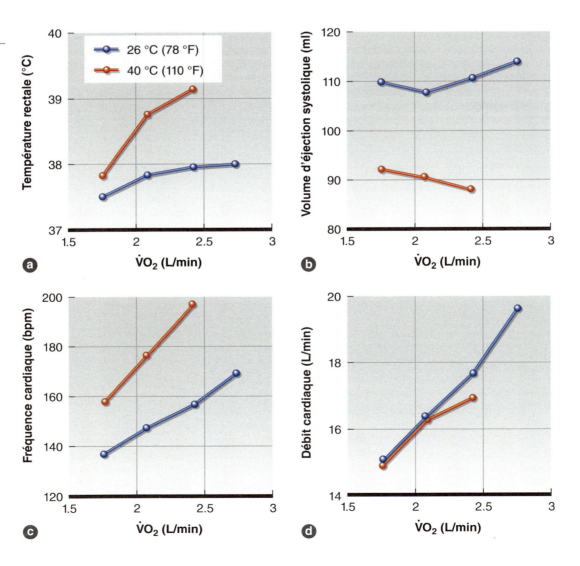

Figure 12.6

Évolution de la température rectale et des réponses cardiovasculaires lors d'un exercice d'intensité croissante en ambiance neutre (26 °C : courbes bleues) et à la chaleur (43 °C : courbes rouges). À la chaleur l'intensité maximale d'exercice est diminuée.

> **PERSPECTIVES DE RECHERCHE 12.2**
>
> **Pré-refroidissement et performance sportive**
>
> Beaucoup de sportifs font artificiellement baisser leur température centrale avant une épreuve, c'est ce qu'on appelle le pré-refroidissement. Diverses méthodes sont utilisées comme s'immerger dans l'eau froide, s'asseoir dans une pièce réfrigérée, prendre une douche froide, utiliser des packs ou des vêtements réfrigérés, sucer de la glace, etc. Si le sportif débute son épreuve avec une température centrale plus basse et si l'augmentation ultérieure se fait avec la même amplitude, alors la température centrale du sportif sera plus faible à tous les niveaux d'exercice. D'après les études menées en laboratoire, cette manipulation permet aux sujets de tenir plus longtemps une intensité d'exercice donnée en environnement chaud. Mais est-ce une preuve d'une augmentation de la performance sportive ? Une méta-analyse[8] récente conclut que le pré-refroidissement améliore la performance spécialement en environnement chaud. L'effet le plus conséquent est observé dans les sports d'endurance comme la course contre la montre en cyclisme. L'amélioration existe cependant dans les exercices intermittents comme les répétitions d'exercices brefs et intenses en course à pied ou en cyclisme, mais il est alors minimal. Parmi les méthodes employées, l'ingestion de boissons fraîches apparaît la plus prometteuse. Les meilleurs résultats sont, en outre, obtenus chez les sportifs ayant les meilleures $\dot{V}O_2max$.

tés, est la théorie de la température critique. Elle propose, en fonction de la vitesse à laquelle la température centrale (et donc la température du cerveau) s'accroît, que le cerveau envoie des signaux pour stopper l'exercice lorsqu'on atteint une température critique entre 40 °C et 41 °C.

2.3 L'équilibre hydrique : la sudation

La température ambiante peut parfois dépasser celle de la peau et même la température centrale du corps. Alors radiation, conduction et convection deviennent des facteurs de gains de chaleur et il ne reste à l'organisme que l'évaporation sudorale pour thermoréguler efficacement.

Les glandes sudorales sont sous le contrôle de l'hypothalamus. L'élévation de la température du sang amène l'hypothalamus à stimuler le système nerveux sympathique qui innerve les millions de glandes sudorales disséminées à la surface du corps. Elles sont essentiellement composées d'un canal qui traverse le derme et l'épiderme pour s'ouvrir à la surface de la peau (figure 12.7).

Un second type de glande, les glandes apocrines, est regroupé dans certaines parties du corps comme la face, les aisselles et les organes génitaux. Ces glandes sont associées à la perspiration et ne contribuent que très peu aux pertes de chaleur par évaporation. Les glandes éccrines, par contre, ont un rôle purement thermorégulateur. On en dénombre 2 à 5 millions, distribuées à la surface de l'ensemble du corps. Elles sont particulièrement denses au niveau de la paume des mains, de la plante du pied et du front. La densité est plus faible sur les avant-bras, les jambes et les cuisses. Lorsque la sudation se déclenche le débit sudoral est alors très variable suivant les régions du corps. À l'exercice, les débits sudoraux locaux les plus importants sont mesurés au milieu et au bas du dos ainsi qu'au niveau du front. Les plus faibles sont mesurés au niveau des mains et des pieds.

La sueur se forme par filtration du plasma. Au fur et à mesure que le filtrat passe par le conduit de la glande, les ions chlorures et les ions sodium sont réabsorbés par les tissus environnants et retournent ensuite dans le secteur sanguin. Si la sudation est peu abondante, le filtrat traverse lentement les tubules, permettant une réabsorption complète des ions sodium et des ions chlorures. La sueur excrétée contient alors très peu de ces minéraux. Mais, si le débit sudoral augmente comme lors d'un exercice,

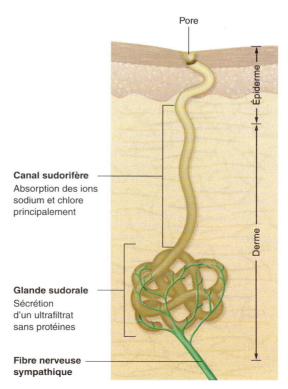

Figure 12.7 Une glande sudorale et son innervation sympathique

Chapitre 12 — La Physiologie du sport et de l'exercice

Tableau 12.1

Concentrations de la sueur en chlorure de sodium et en potassium, à l'exercice, chez des sujets entraînés et non entraînés.

Sujets	Na$^+$ (mmol. L^{-1})	Cl$^-$ (mmol. L^{-1})	K$^+$ (mmol. L^{-1})
Hommes non entraînés	90	60	4
Hommes entraînés	35	30	4
Femmes non entraînées	105	98	4
Femmes entraînées	62	47	4

Données du Human Performance Laboratory, Université de Ball State.

le passage accéléré du filtrat ne permet plus une réabsorption aussi complète. La concentration de la sueur en minéraux s'accroît beaucoup.

Le tableau 12.1 indique les concentrations minérales de la sueur, chez des sujets entraînés et chez des sujets non entraînés. Avec l'entraînement et l'exposition répétée à des environnements chauds, l'aldostérone stimule fortement la réabsorption du sodium et des ions chlorures par les glandes sudorales. Mais ceci n'est pas vrai pour les autres électrolytes. On trouve en effet le potassium, le calcium et le magnésium, aux mêmes concentrations dans le plasma et dans la sueur. Il faut ajouter qu'en ce qui concerne l'acclimatement à la chaleur et la réponse à l'entraînement aérobie, l'hérédité a un rôle déterminant à la fois sur le débit sudoral et les pertes en sodium.

Lors d'un exercice intense en ambiance chaude, l'organisme peut perdre plus d'un litre de sueur par heure et par mètre carré de surface corporelle. Cela équivaut à perdre entre 1,6 et 2 L de sueur, soit 2,5 % à 3,2 % du poids du corps, toutes les heures, pour un individu pesant entre 50 et 75 kg. On peut atteindre ainsi un seuil critique de pertes en eau.

Un débit sudoral élevé réduit le volume sanguin. Le volume de sang disponible pour les muscles et les besoins de la thermorégulation n'est alors plus suffisant. La performance s'en trouve bien évidemment réduite, tout spécialement dans les exercices aérobies de longue durée. Chez les coureurs de longue distance, les pertes sudorales peuvent atteindre 6 % à 10 % du poids du corps. Une telle déshydratation va devenir limitante pour la sudation elle-même ce qui peut, à terme, induire des risques d'hyperthermie. Ces pertes hydriques et leur compensation seront étudiées plus précisément au chapitre 15.

Les pertes d'eau et de minéraux stimulent la sécrétion d'aldostérone et d'hormone antidiurétique (ADH). Souvenons-nous que l'aldostérone est responsable du maintien des concentrations de sodium et que l'ADH maintient l'équilibre hydrique. Comme indiqué au chapitre 4, l'aldostérone est sécrétée par le cortex surrénalien, en réponse à une baisse de concentration du sodium dans le sang, à une diminution du volume plasmatique ou à une chute de la pression artérielle. Lors de l'exercice aigu à la chaleur et lors de répétitions quotidiennes d'exercices en ambiance chaude, cette hormone permet la rétention du sodium par les reins, laquelle s'accompagne d'une rétention d'eau. Plus la rétention de sodium est importante, mieux on conserve son capital hydrique. L'entraînement en ambiance chaude induit une augmentation du volume plasmatique et interstitiel de 10 % à 20 %, ce qui prépare le sujet à des expositions ultérieures en permettant des débits sudoraux plus importants.

L'exercice et les pertes hydriques stimulent également la neuro-hypophyse et la sécrétion d'ADH. Cette hormone stimule la réabsorption d'eau par les reins donc la rétention d'eau par l'organisme. Le corps tente ainsi de réduire les pertes hydriques et minérales en limitant leur excrétion urinaire.

Résumé

> Lors de l'exercice à la chaleur, les mécanismes de déperdition de chaleur sont en compétition avec les muscles actifs, pour la répartition des débits sanguins locaux. Le débit sanguin destiné aux territoires viscéraux (foie, reins, appareil digestif, etc.) peut même diminuer dans des proportions sévères. Pour les besoins de la thermorégulation, l'organisme tente de maintenir le débit sanguin cutané afin de favoriser l'élimination de la chaleur, excepté en cas de déshydratation importante.

> Pour un niveau d'exercice donné, le débit cardiaque peut rester à peu près constant et le volume d'éjection systolique peut diminuer. La dérive régulière de la fréquence cardiaque compense alors un volume d'éjection systolique plus faible.

> La sudation augmente pendant un exercice effectué en ambiance chaude, ce qui peut rapidement mener à la déshydratation, en raison de pertes d'eau et d'électrolytes excessifs. L'augmentation des concentrations d'ADH et d'aldostérone entraîne la rétention de l'eau et du sodium et le maintien du volume plasmatique.

> Des débits sudoraux de 3 à 4 L par heure sont observés chez des sportifs très entraînés et bien acclimatés. Ils ne peuvent cependant pas être maintenus au-delà de quelques heures. Le débit sudoral maximal peut atteindre 10 à 15 L par heure à condition de remplacer régulièrement les pertes en eau.

3. Les risques de l'exercice en ambiance chaude

Malgré les systèmes de défense utilisés par l'organisme pour lutter contre les apports de chaleur endogène (par les muscles) ou exogène (par l'environnement), la température centrale s'élève à l'exercice. Cela peut modifier le fonctionnement cellulaire et parfois constituer un risque pour la santé de l'individu, ainsi qu'il a été souligné dans l'anecdote qui ouvre ce chapitre. La température ambiante seule n'est pas un indicateur suffisant du stress physiologique imposé à l'organisme. Pour cela six paramètres doivent être pris en compte :

- la production de chaleur métabolique,
- la température ambiante,
- le degré hygrométrique,
- la vitesse du vent,
- la quantité totale de radiation,
- Le port de vêtements.

Tous ces facteurs influencent le stress subi par un sujet. La contribution de chacun d'eux au stress thermique imposé à la personne sous différentes conditions environnementales peut être mathématiquement prédite.

Pour une même température d'air de 23 °C, le stress imposé à l'organisme est plus important lorsque l'on réalise un exercice donné sous un ciel clair, par une journée ensoleillée et sans vent comparé à ce même exercice réalisé sous un ciel nuageux avec du vent. Pour des températures externes proches de celles de la peau, aux alentours de 32 à 33 °C, la radiation, la conduction, la convection engendreront des gains substantiels de chaleur et non des pertes. Comment pouvons-nous alors juger du stress thermique total auquel on est exposé ?

3.1 Mesure du stress thermique en ambiance chaude

Il est courant aujourd'hui d'entendre parler de « l'index de chaleur » sur les chaînes météorologiques. Celui-ci résulte d'une équation complexe prenant en compte température de l'air, l'humidité relative, la vitesse du vent, etc. Elle indique comment la chaleur est ressentie, comment elle est perçue par l'individu. Ce n'est malgré tout pas un paramètre fiable pour refléter le stress thermique auquel est soumis un individu. Il est donc peu utilisé par les physiologistes de l'exercice qui ont cherché depuis de nombreuses années un index fiable.

En 1970, la température du globe humide (**wet bulb globe temperature – WBGT**) a été définie

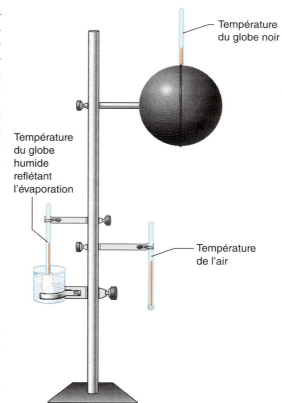

Figure 12.8

Appareil de mesure de la température du globe humide indiquant la température de l'air, la température du globe humide reflétant l'évaporation, et la température du globe noir reflétant la chaleur de radiation.

pour prendre en compte à la fois les échanges par radiation, convection, conduction et évaporation. Il s'agit de la lecture simple d'une température qui exprime la capacité à capter la chaleur et la capacité de rafraîchissement de l'environnement.

L'appareillage pour mesurer WBGT est décrit par la figure 12.8. Il repose sur la mesure de la température dans trois conditions différentes :

1. température du globe sec ;
2. température du globe humide ;
3. température du globe noir.

La température du globe sec (T_{db}) mesure la température de l'air. Le globe humide est maintenu mouillé. Au fur et à mesure que l'eau s'évapore à la surface de ce globe humide, sa température (T_{wb}) devient plus froide que celle du bulbe sec, simulant ainsi les effets de l'évaporation cutanée. La différence de température, entre les bulbes humide et sec, indique la capacité de l'ambiance à accepter la chaleur par évaporation. Lorsque l'humidité de l'air est de 100 %, les deux températures sont identiques et l'évaporation impossible. Une humidité plus faible et le vent favorisent l'évaporation et augmentent la différence de température entre les deux globes. Le globe noir absorbe les radiations. Sa température (T_G) est ainsi un bon indicateur de la capacité de l'environnement à accepter la chaleur par radiation.

Les températures de ces trois globes, prises simultanément, évaluent les possibilités d'échanges de chaleur avec l'environnement. On calcule ainsi :

$$WBGT = 0{,}1\,(T_{db}) + 0{,}7\,(T_{wb}) + 0{,}2\,(T_G)$$

La valeur du coefficient T_{wb} reflète l'importance de l'évaporation sudorale dans les échanges de chaleur chez l'homme. Il faut cependant insister sur le fait que WBGT traduit seulement la part de l'environnement dans le stress thermique et doit être complété par une évaluation de la production de chaleur métabolique. WBGT est aujourd'hui devenu un index de stress thermique environnemental couramment utilisé par les entraîneurs, sportifs et médecins du sport pour prévenir les risques associés à la pratique d'un sport en ambiance chaude.

3.2 Les problèmes liés à la chaleur

Lors d'un stress thermique important, une évacuation insuffisante de la chaleur peut entraîner l'apparition de troubles (figure 12.9) : crampes, épuisement, coup de chaleur.

3.2.1 *Les crampes liées à la chaleur*

Les **crampes musculaires**, liées à la chaleur, constituent le moins sérieux des trois risques exposés ci-dessus. Elles concernent en premier lieu les muscles les plus sollicités par l'exercice et leur symptomatologie est quelque peu différente de celle des crampes habituelles. Elles sont très douloureuses, sévères et plus généralisées. Leur apparition est sans doute liée aux pertes minérales et à la déshydratation qui accompagnent un débit sudoral intense. Il faut ici signaler une idée faussement répandue disant que le potassium est impliqué dans le phénomène de crampe et que la consommation de nutriments riches en potassium, comme la banane, permettrait de prévenir ces dernières. Chez les sportifs sujets aux crampes on peut essayer de les éviter par une

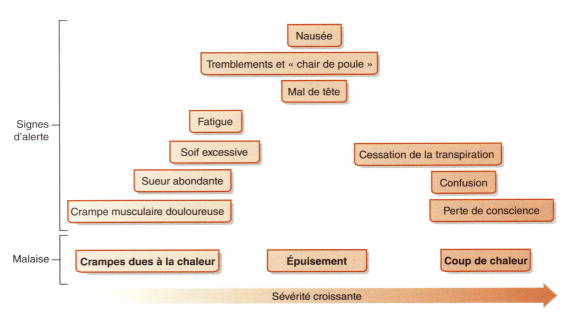

Figure 12.9

Diagramme schématique illustrant la sévérité des troubles survenant lors d'une intolérance à la chaleur. Il faut souligner que les signes d'alarme sont inconstants et peuvent apparaître dans un ordre variable. Chacun des 3 signes majeurs peut apparaître très brutalement sans signe annonciateur.
Avec la permission de All Sport, Inc.

hydratation adaptée avant et pendant l'exercice. Ces crampes sont traitées en déplaçant le sujet vers un endroit frais et en lui donnant à boire de l'eau ou une solution salée.

3.2.2 L'épuisement lié à la chaleur

L'**épuisement lié à la chaleur** est typiquement accompagné de signes de fatigue extrême, d'essoufflement, d'étourdissements, de vomissements, d'une peau fraîche et moite ou au contraire chaude et sèche, d'hypotension et d'un pouls faible et rapide. La cause en est l'incapacité dans laquelle se trouve le système cardiovasculaire de faire face à la demande de l'organisme. Il faut préciser à nouveau qu'une compétition s'exerce entre les besoins cutanés pour la thermorégulation et les besoins musculaires pour l'exercice, le débit sanguin devant être partagé entre ces deux territoires. L'épuisement lié à la chaleur survient lorsque le volume sanguin se trouve réduit par des pertes liquidiennes et minérales excessives, liées à la sudation. Une seconde forme d'épuisement, mais rare, est liée à une déplétion trop importante en sodium. L'épuisement thermique doit alors être perçu comme un syndrome de déshydratation et traité comme tel.

Lorsque survient un épuisement de ce type, les mécanismes thermorégulateurs fonctionnent mais ils ne peuvent plus évacuer suffisamment vite la chaleur produite par le métabolisme musculaire. Ces incidents sont le plus souvent enregistrés durant des exercices prolongés, d'intensité modérée ou élevée, effectués en ambiance chaude. Ils ne sont généralement pas accompagnés d'une élévation importante de la température rectale. Chez les personnes victimes d'un collapsus ou d'épuisement thermique, la température rectale ne dépasse pas, en général, 39 °C. L'individu non acclimaté ou non entraîné est plus facilement sujet à ce type d'épuisement.

Le premier traitement consiste à maintenir le sujet dans un environnement frais, les pieds surélevés. Si la personne est consciente on lui administre généralement de l'eau salée. Dans le cas contraire, on perfuse une solution saline par voie intraveineuse.

3.2.3 Le coup de chaleur

Comme nous l'avons vu dans l'anecdote d'introduction, le **coup de chaleur** est une urgence médicale qui requiert l'intervention immédiate d'un médecin. Il se caractérise par :

- une élévation excessive de la température centrale au-dessus de 40 °C (104 °F) et
- un comportement incohérent et une perte de connaissance.

Les troubles du comportement sont très évocateurs du coup de chaleur, le tissu cérébral étant particulièrement sensible à l'hyperthermie. Le coup de chaleur peut être accompagné d'un arrêt de la sudation. Il est classique de dire que la peau devient sèche et rouge mais ceci n'est pas une constante.

S'il n'est pas immédiatement traité, le coup de chaleur progresse rapidement vers le coma et la mort survient très vite. Le traitement consiste à refroidir promptement la personne dans un bain d'eau froide, voire glacée, ou à l'envelopper dans un drap humide et à la ventiler. Lorsque l'immersion n'est pas possible, tous les moyens sont bons, même si le refroidissement est plus long.

Ce type d'accident est le résultat de la défaillance des mécanismes thermorégulateurs.

Pour les sportifs, le coup de chaleur est un problème qui n'est pas seulement lié aux conditions extrêmes. Certaines mesures, faites sur des marathoniens de bon niveau au terme d'une épreuve effectuée dans des conditions thermiques modérées ou fraîches, indiquent des températures rectales de 40,5 °C.

3.3 La prévention de l'hyperthermie

On peut difficilement modifier les conditions environnementales. Dans des conditions extrêmes, les sportifs doivent ainsi impérativement limiter leur effort afin de réduire leur production de chaleur métabolique et le risque d'**hyperthermie**. Les sportifs, entraîneurs et organisateurs de manifestations sportives devraient être capables de reconnaître les symptômes de l'hyperthermie. Heureusement, nos sensations subjectives sont bien en relation avec nos températures corporelles. Les sportifs expérimentés savent reconnaître les premiers signes de l'hyperthermie lorsqu'ils sentent le sang battre au niveau des tempes et perçoivent une sensation inhabituelle de chaleur au niveau du visage. Ils savent qu'ils doivent alors interrompre leur effort.

La prévention du coup de chaleur passe par des précautions simples. Il faut éviter d'abord la pratique d'exercices prolongés en plein air dès que WBGT est supérieur à 28 °C. Nous l'avons déjà dit, la température du bulbe humide reflète mieux le véritable stress thermique auquel est exposé l'organisme que la simple mesure de la température ambiante. Il faut conseiller la pratique des activités physiques ou sportives le matin ou le soir, pour éviter la chaleur du milieu de journée. Enfin, des boissons doivent être mises à disposition des sportifs qui doivent s'arrêter pour boire toutes les 15 à 30 minutes. Les pertes hydriques et électrolytiques sont très variables d'un sujet à l'autre. Les recommandations précédentes peuvent être insuffisantes chez les sujets qui ont une sudation très abondante. Il est très conseillé de demander aux sportifs d'estimer leurs pertes sudorales en se pesant avant et après les sessions d'exercice. Un guide peut être mis à disposition des sportifs et des organisateurs dont les idées fortes sont :

1) Les compétitions sportives ne doivent pas être programmées au moment le plus chaud de la journée. La règle est de déplacer l'évènement en lieu ou en temps si WBGT dépasse 28 °C.

2) Des boissons adéquates doivent être proposées et les athlètes éduqués à prévenir des pertes d'eau (de poids) excessives.

3) Le niveau des pertes sudorales étant individuel, le sportif doit apprendre à se connaître. Une pesée avant et après un entraînement peut apporter les informations nécessaires sur l'importance de la sudation.

4) Les sportifs doivent être avertis et connaître les signes et symptômes d'alerte d'un coup de chaleur. L'immersion dans l'eau fraîche est le meilleur moyen de lutte contre l'hyperthermie, sur le terrain.

5) Les organisateurs et médecins doivent pouvoir stopper un sportif ou interrompre un événement si des signes évidents de coup de chaleur apparaissent.

La tenue vestimentaire est un autre point important. Le port de vêtements usagés peut exposer une parcelle du corps à l'environnement et donc à la chaleur. Il est malheureusement fréquent de voir des sportifs revêtir un « coupe-vent » pour s'entraîner. Cette pratique désolante est l'exemple même de la création d'un micro-environnement dangereux (une telle isolation entraîne une sudation profuse) où l'humidité peut atteindre un niveau tel qu'il interdit toute évaporation, alors que la température de l'ambiance ainsi créée s'accroît. Ce type de pratique peut rapidement entraîner un épuisement lié à la chaleur ou un coup de chaleur. La tenue des footballeurs américains en est un autre exemple. Les vêtements capitonnés sont trempés de sueur, les athlètes se trouvent soumis à de fortes températures dans une ambiance à 100 % d'humidité. Les échanges avec l'environnement sont alors très réduits. Les entraîneurs et préparateurs physiques devraient éviter les séances d'entraînement en uniforme complet chaque fois que possible, en particulier au début de la saison lorsque les températures ont tendance à être les plus chaudes et les joueurs à être moins en forme et peu acclimatés.

Lors d'exercices en ambiance chaude, il faut porter des vêtements légers, facilitant les échanges thermiques, Les sportifs devraient toujours porter des vêtements légers et amples, afin de permettre à la peau de perdre le plus possible de chaleur, et d'une couleur claire permettant de réfléchir les radiations. Le port d'une casquette ou d'un chapeau est recommandé dès lors qu'il y a exposition aux rayons solaires.

Lors d'un exercice en ambiance chaude, l'hydratation joue un rôle majeur car les pertes hydriques sont importantes dans une telle ambiance. Les modalités d'hydratation sont expliquées en détail dans le chapitre 15. Pour résumer, boire avant et pendant l'effort diminue les risques liés à l'exercice en ambiance chaude. Une hydratation appropriée permet, en effet, de limiter l'augmentation de la fréquence cardiaque et de la température centrale (figure 12.10).

Résumé

> Au chaud, la température de l'air n'est pas le seul facteur responsable du stress thermique. L'intensité de l'exercice (production de chaleur métabolique), l'humidité, le vent, la radiation et le port de vêtements sont des paramètres à prendre en compte. Ils contribuent ensemble au stress thermique.

> Le meilleur moyen de le mesurer est l'index WBGT, qui prend en compte la température de l'air, mais aussi les échanges de chaleur par radiation, conduction, convection et évaporation, dans un environnement défini. L'intensité d'exercice et les vêtements sont aussi des facteurs à prendre en compte en plus.

> Pour calculer WBGT :
– À l'extérieur WBGT = $0{,}1\,T_{db} + 0{,}7\,T_{wb} + 0{,}2\,T_{g}$
– À l'intérieur WBGT = $0{,}7\,T_{wb} + 0{,}3\,T_{g}$

> Les crampes dues à la chaleur sont probablement liées aux pertes d'eau et de minéraux (sodium), lorsque la sudation est excessive. Une hydratation correcte et un apport adéquat en sodium contribuent à les éviter.

> L'incapacité du système cardiovasculaire à répondre aux besoins, à la fois des muscles actifs et du territoire cutané, explique, pour l'essentiel, l'épuisement à la chaleur. Ce dernier est en grande partie dû aux pertes excessives d'eau et de minéraux induites par une sudation prolongée et très abondante ainsi qu'à la redistribution du sang vers la peau, au détriment des muscles actifs. Bien qu'il ne constitue pas en soi un risque majeur, l'épuisement lié à la chaleur peut évoluer vers le coup de chaleur qui peut devenir fatal.

> Le coup de chaleur est dû à la défaillance des mécanismes thermorégulateurs. C'est une urgence médicale car il y a danger pour la vie du sujet.

4. L'acclimatement à l'exercice en ambiance chaude

Peut-on se préparer à réaliser des exercices en ambiance chaude ? L'entraînement physique à la chaleur nous rend-il plus apte à supporter le stress thermique ? Beaucoup d'études se sont intéressées à cette question et ont conclu que la répétition d'exercices en ambiance chaude amenait une adaptation assez rapide permettant de supporter le stress thermique. Lorsque ces adaptations qui surviennent rapidement sont induites par l'entraînement ou si elles sont le résultat d'expositions en chambre climatique, on parle d'acclimatement à la chaleur. L'entraînement physique en environnement chaud améliore la capacité à évacuer la chaleur corporelle, réduisant ainsi les risques d'épuisement ou de coup de chaleur. Cette notion complète celle d'**acclimatation** à la chaleur qui est l'adaptation naturelle au stress thermique, par exposition prolongée à un climat chaud.

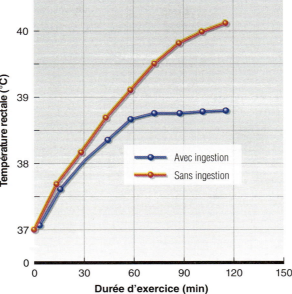

Figure 12.10 Effets de l'ingestion d'un liquide sur la température centrale (rectale) lors d'une course de 2 heures

Lors d'un premier test, les sujets ont couru en ayant ingéré le liquide et lors d'un second test, un autre jour, les sujets ont couru sans rien ingérer. Notez que l'ingestion du liquide exerce peu d'influence jusqu'à 45 min. Après 45 min, l'augmentation de la température centrale est nettement plus faible dans le groupe testé par rapport au groupe contrôle.
D'après Costill, Kammer et Fischer 1970.

4.1 Effets de l'acclimatement à la chaleur

L'acclimatement induit par l'entraînement est relativement rapide. Il consiste en de nombreux ajustements qui impliquent la fonction cardiovasculaire et le débit sudoral. Ces adaptations concernent le volume plasmatique, le système cardiovasculaire, la sudation, la redistribution de la masse sanguine. Elles permettent de maintenir la température centrale à un niveau plus faible et une FC inférieure pour un niveau d'exercice donné, effectué dans les mêmes conditions environnementales (figure 12.11). Les pertes de chaleur étant facilitées, pour un niveau d'exercice donné, la température corporelle est plus basse après acclimatement à l'exercice en ambiance chaude (figure 12.11a) et le rythme cardiaque moins élevé (figure 12.11b). Ajoutons que l'acclimatement permet la réalisation d'une performance supérieure avant d'atteindre un seuil maximal de température ou une fréquence cardiaque maximale tolérables.

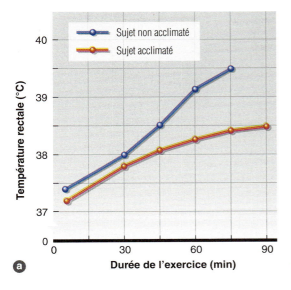
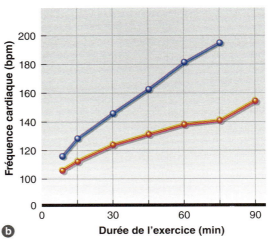

Figure 12.11

Différences de (a) température rectale et (b) fréquence cardiaque avant entraînement à la chaleur (avant acclimatement) et après entraînement à la chaleur (acclimatement). Remarquez qu'après acclimatement, le délai d'épuisement est augmenté.
D'après Kig et al. 1984.

Figure 12.12

Évolution des (a) température rectale, (b) fréquence cardiaque, (c) pertes sudorales à l'arrêt d'un exercice de 100 min effectué à la chaleur, pendant 12 jours consécutifs.

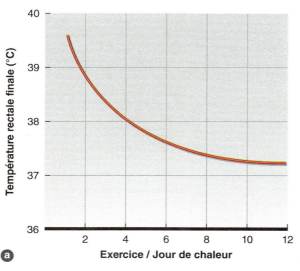

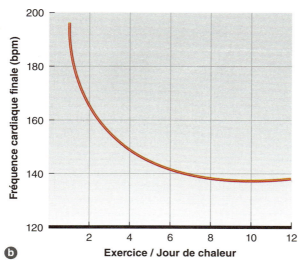

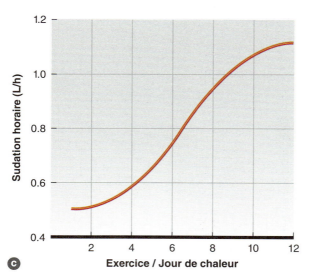

Les premières adaptations surviennent après 9 à 14 jours d'entraînement en ambiance chaude (figure 12.12). Les sujets entraînés s'adaptent plus vite que les non entraînés. L'une des premières adaptations, qui apparaît au bout de 1 à 3 jours, c'est l'augmentation du volume plasmatique. Les mécanismes responsables sont controversés. Les principaux seraient : l'extravasation des protéines musculaires, le déplacement des protéines du milieu lymphatique vers le milieu sanguin et les déplacements d'eau induits par les variations de pression oncotique. Ces adaptations sont temporaires et disparaissent après 10 jours environ. Elles sont néanmoins essentielles car elles permettent de maintenir le volume d'éjection systolique et le débit cardiaque.

Comme l'indique la figure 12.12, la fréquence cardiaque de fin d'exercice et la température centrale diminuent dès le début de l'acclimatement alors que l'augmentation du débit sudoral, à l'exercice et à la chaleur, se manifeste plus tardivement. Il faut signaler qu'avec l'acclimatement, les adaptations sudorales se produisent au niveau des bras et des jambes, territoires favorables à la dissipation de la chaleur.

L'acclimatement est accompagné d'une diminution du délai de sudation, d'une augmentation du débit sudoral et d'une dilution de la sueur.

4.2 Procédés d'acclimatement optimal à la chaleur

L'acclimatement à la chaleur nécessite plus qu'une simple exposition dans une ambiance chaude. Il dépend :

- des conditions environnementales lors de chaque répétition d'exercice,
- de la durée de l'exposition à la chaleur,
- du débit de production métabolique endogène (donc de l'intensité de l'exercice).

Les sportifs doivent s'entraîner dans une ambiance chaude afin de développer les adaptations nécessaires. La simple pratique du sauna, même prolongée, ne suffit pas à induire les mêmes adaptations que l'entraînement en ambiance chaude.

Comment le sportif peut-il s'acclimater au maximum ? Bien que la pratique des activités physiques dans un environnement chaud soit le meilleur moyen de développer au mieux les adaptations thermiques, l'entraînement seul est déjà susceptible d'adaptations importantes, même s'il est pratiqué dans un environnement froid. Il est alors intéressant, si la compétition s'effectue dans un environnement chaud, de terminer l'acclimatement par une exposition à la chaleur afin de développer ces adaptations à leur maximum. On améliore ainsi la performance en diminuant le stress physiologique et les risques d'accidents.

4.3 Différences intersexes

De nombreuses études ont indiqué que la femme était moins tolérante à la chaleur que l'homme, en particulier à l'exercice. Il faut malgré tout remarquer que le niveau d'aptitude physique des femmes participant à ces travaux était relativement faible comparé à celui des hommes, alors que l'exercice était réalisé à la même intensité absolue. Si on tient compte de l'aptitude plus faible et si l'exercice est réalisé au même pourcentage de $\dot{V}O_2max$, les réponses sont proches entre hommes et femmes. Les femmes ont des délais de sudation et de vasodilatation cutanée plus tardifs lors de la phase lutéale du cycle menstruel, c'est-à-dire qu'ils surviennent pour une température centrale plus élevée. Ceci ne semble cependant pas affecter la performance tant que la température centrale n'avoisine pas les 40 °C. Les pertes sudorales sont généralement plus faibles chez la femme pour un même niveau d'exercice ou de stress thermique. Le débit de chaque glande sudorale est, en effet, inférieur à celui d'un homme, ce qui constitue un désavantage dans des conditions de chaleur et d'exercice importants.

Après acclimatation, la température centrale de déclenchement de la sudation et de vasodilatation cutanée est abaissée et dans les mêmes proportions que chez l'homme. La réponse sudorale à l'entraînement et à l'acclimatation est semblable dans les deux sexes tant que la température centrale n'avoisine pas les 40 °C. La plupart des différences entre homme et femme s'expliquent par des différences de condition physique.

Résumé

> L'entraînement induit une amélioration progressive de la capacité de l'organisme à perdre de la chaleur. C'est ce qu'on appelle l'acclimatement.

> Le délai de sudation et le débit sudoral des zones particulièrement exposées sont améliorés avec l'acclimatement à la chaleur. L'évaporation sudorale fait baisser la température cutanée, augmente le gradient de température avec l'extérieur et augmente les pertes de chaleur. C'est le moyen privilégié de pertes de chaleur.

> La température centrale et la fréquence cardiaque d'exercice diminuent avec le degré d'acclimatement à toute intensité d'exercice. Le volume plasmatique augmente contribuant à l'augmentation du volume d'éjection systolique. Cela permet de délivrer plus de sang aux muscles qui travaillent et en même temps à la peau.

> L'exercice en ambiance chaude est le meilleur moyen d'acclimatement à la chaleur.

> La vitesse d'acclimatation à la chaleur dépend du statut d'entraînement, des conditions d'exposition, de la durée et de la production interne de chaleur.

> L'exercice modéré et prolongé entraîne un acclimatement à la chaleur en 9 à 14 jours. Les adaptations cardiovasculaires qui sont liées à l'augmentation du volume plasmatique, surviennent en premier, suivies de l'augmentation du débit sudoral.

> Lorsque l'intensité d'exercice est individuellement ajustée par rapport à $\dot{V}O_2max.$, la réponse thermorégulatrice des femmes est proche de celle des hommes. Les femmes ont normalement un débit sudoral plus faible.

PERSPECTIVES DE RECHERCHE 12.3

L'exercice en ambiance chaude pendant les différentes phases du cycle menstruel

Chez les femmes euménorrhéiques, la température centrale varie au cours du cycle menstruel. Elle augmente de 0,3 °C à 0,5 °C lors de la phase lutéale. Réaliser un exercice aérobie avec une température centrale un peu plus élevée, et peut-être une thermorégulation légèrement modifiée, est susceptible d'altérer la performance. Les travaux menés jusqu'alors montrent que ni l'exercice d'intensité faible en environnement chaud, ni celui d'intensité modérée en ambiance tempérée, ne sont affectés. Une étude[3] récente a étudié l'impact de la phase du cycle menstruel sur l'exercice prolongé, 60 % $\dot{V}O_2$max pendant 1 h dans deux conditions, en ambiance modérée (20 °C et 45 % d'humidité) et en environnement chaud (32 °C et 60 % d'humidité). 12 femmes ont réalisé ces exercices pendant la phase folliculaire et pendant la phase lutéale. En climat tempéré, la phase du cycle n'a aucun effet sur la performance en dépit des températures centrales de repos et de fin d'exercice plus élevées. La fatigue survient cependant plus tôt lorsque l'épreuve est réalisée en ambiance chaude et au cours de la phase lutéale. La fréquence cardiaque, la ventilation et la perception de la difficulté s'avèrent supérieures alors que la température centrale et les pertes évaporatoires sont semblables, même lorsque l'épuisement est ressenti. La température centrale s'élève plus lentement pendant la phase lutéale, sans que l'on sache pourquoi. Avec les auteurs on peut suggérer d'éviter les compétitions importantes pendant cette phase…

5. L'exercice au froid

Chez l'homme, les processus d'adaptation au froid sont peu efficaces. Pour se protéger il est indispensable de modifier notre comportement en portant des vêtements chauds, en cherchant à s'isoler ou en s'abritant. C'est un problème important à considérer pour les sportifs, les militaires ou les professionnels qui travaillent en environnement froid. La diminution de performance et les risques pour la santé constituent une question importante dans le domaine de la physiologie de l'exercice.

Le stress lié au froid est défini comme tout environnement susceptible de faire perdre de la chaleur au corps, de manière telle qu'il menace l'homéostasie. Nous allons orienter ce chapitre sur les principaux facteurs de stress que sont l'eau et l'air.

La température de référence de l'hypothalamus (set-point) est à 37 °C (98,6 °F), avec des variations journalières qui peuvent aller jusqu'à 1 °C. Une baisse de la température cutanée ou sanguine entraîne une réponse du centre thermorégulateur (l'hypothalamus) qui active les mécanismes de lutte contre le froid et augmente la production de chaleur de l'organisme. Les premières réactions sont : la vasoconstriction périphérique, la thermogenèse sans frisson et le frisson thermique.

Ces mécanismes de production et de conservation de chaleur étant parfois insuffisants, nous y ajoutons des réactions comportementales, par exemple en portant des vêtements. Il faut ici signaler que la graisse sous-cutanée est également un excellent isolant thermique.

La **vasoconstriction périphérique** fait suite à la stimulation sympathique des muscles lisses situés dans la paroi des artérioles proches de la surface cutanée. Leur contraction entraîne la réduction du calibre des vaisseaux et donc du flux sanguin dans les territoires cutanés, prévenant ainsi des pertes de chaleur trop importantes. Lorsque la vasoconstriction périphérique devient insuffisante pour limiter les pertes, la thermogenèse sans frisson se déclenche.

La **thermogenèse sans frisson** implique la stimulation du métabolisme par le système nerveux sympathique. Si on augmente le débit métabolique, on augmente la production de chaleur endogène.

Le **frisson thermique** apparaît en dernier. C'est une succession de contractions musculaires involontaires qui augmente de 4 à 5 fois la production de chaleur métabolique, au repos.

L'ensemble de ces ajustements est décrit figure 12.13.

5.1 L'acclimatation au froid

On sait peu de choses sur l'**acclimatation au froid**. Un certain nombre de données suggèrent que l'exposition chronique, journalière à l'eau froide, augmente le tissu adipeux sous-cutané. Les recherches du Dr Andrew Young (U.S. Army Research Institue for Environmental Medicine) décrivent trois étapes d'**adaptation**[9] au froid. Dans la première, « l'accoutumance au froid », la vasoconstriction cutanée et le frisson thermique sont réduits. La température centrale diminue alors davantage que lors de la première exposition au froid. Cette adaptation est surtout observée lors d'expositions répétées au froid de surfaces corporelles réduites (mains, visages).

Cette adaptation devient insuffisante lors de pertes de chaleur sévères ou rapides. Alors, la production de chaleur métabolique s'élève grâce à une augmentation de la thermogenèse avec et sans frisson.

La dernière étape correspond à une augmentation de l'isolation de l'organisme. Elle survient lorsque la réponse métabolique devient

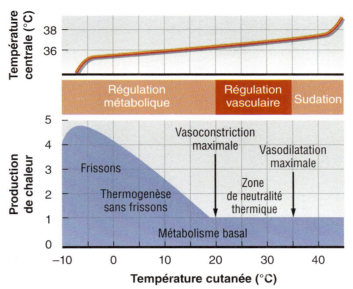

Figure 12.13

Mécanismes thermorégulateurs mis en jeu pour maintenir constante la température centrale. Dans la zone de neutralité thermique, des ajustements mineurs du débit sanguin cutané limitent les échanges de chaleur (par déperdition ou par gain). Si la vasoconstriction maximale ne suffit pas à maintenir la température centrale, la production de chaleur métabolique augmente en activant la thermogenèse sans frisson, puis en déclenchant le frisson.

insuffisante pour maintenir la température centrale. L'amélioration de l'isolation du corps consiste en une vasoconstriction sévère pour limiter les pertes de chaleur.

5.2 Autres facteurs affectant les pertes de chaleur de l'organisme

Comme pour le stress thermique au chaud, il existe une limite à l'efficacité des processus thermorégulateurs lorsque l'organisme est exposé au froid et que les pertes de chaleur deviennent trop importantes. Les échanges par conduction, convection, radiation et évaporation, sont très efficaces pour dissiper la chaleur métabolique en ambiance chaude. Ils peuvent, dans un environnement très froid, entraîner une déperdition calorique supérieure à la production de chaleur endogène.

Il est difficile de repérer les conditions précises qui conduisent à ces pertes de chaleur excessives et éventuellement à l'**hypothermie**. De nombreux facteurs interviennent dans l'équilibre thermique et modifient le gradient entre les pertes et les gains de chaleur. D'une manière générale, plus la différence de température entre la peau et l'environnement est grande, plus les pertes de chaleur sont importantes. Lors de l'exercice au froid, il ne faut pas être trop vêtu. Le port de vêtements chauds peut, le corps étant protégé, mettre en œuvre les processus de lutte contre le chaud et initier la transpiration. Comme la sueur passe à travers les vêtements, son évaporation fait perdre de la chaleur avec un débit encore plus élevé.

Beaucoup de facteurs peuvent influencer ces pertes de chaleur.

5.2.1 Morphologie et composition corporelle

Le meilleur moyen de lutter contre l'hypothermie est d'isoler le corps du froid. L'isolation, rappelons-le, est définie comme la résistance aux échanges de chaleur par radiation, conduction et convection. Les muscles périphériques inactifs et la graisse sous-cutanée sont des isolants très efficaces. La mesure des plis cutanés, qui permet d'évaluer le taux de graisse de l'organisme, est un bon indicateur du degré de tolérance au froid. La conductivité de la graisse, c'est-à-dire sa capacité à transférer la chaleur, est assez faible et ne permet guère les échanges de chaleur entre le noyau central et l'enveloppe corporelle. Les individus ayant un taux de graisse élevé conservent donc beaucoup mieux la chaleur.

Le débit des pertes de chaleur est également affecté par le rapport entre la surface corporelle et le poids. Ce rapport est faible, chez un sujet grand et lourd. Celui-ci est alors moins exposé que d'autres à l'hypothermie.

5.2.2 Différences intersexes et avec l'âge

Les femmes sont avantagées par rapport aux hommes lors de l'exposition au froid, en raison d'un pourcentage de masse grasse plus important. Cependant leur masse musculaire plus faible constitue un désavantage lorsqu'elles sont exposées à des froids extrêmes ; le frisson thermique étant le moyen essentiel de production de chaleur. Plus la masse musculaire mise en jeu est importante, plus la production de chaleur est forte.

Il existe, au final, des différences homme-femme d'adaptation au froid, mais elles restent assez faibles. Les études, qui ont immergé les sujets dans

Tableau 12.2

Caractéristiques anthropométriques d'enfants et d'adultes de gabarit moyen.

Sujets	Poids (kg)	Taille (cm)	Surface corporelle (cm²)	Surface corporelle / poids (m²/kg)
Adultes	85	183	207	0,024
Enfants	25	100	79	0,032

une eau froide pour observer la thermorégulation, concluent que les femmes conservent mieux la chaleur que les hommes en raison de leur masse grasse sous cutanée supérieure. Si, par contre, on compare des femmes et des hommes ayant le même pourcentage de masse grasse, leurs adaptations sont sensiblement les mêmes.

Comme l'indique le tableau 12.2, le rapport entre surface corporelle et poids est très important chez l'enfant. Il lui est alors plus difficile d'éviter les pertes de chaleur et de maintenir sa température centrale.

À l'opposé, la masse musculaire a tendance à diminuer chez le sujet âgé ce qui diminue l'isolation et facilite l'hypothermie.

5.2.3 La température ressentie

Comme pour l'exposition au chaud, la température ambiante n'est pas un paramètre suffisant pour juger du stress thermique subi par un sujet. Le vent est un facteur de refroidissement et on parle alors de température ressentie. Ce phénomène augmente les pertes de chaleur par conduction et convection. De même, plus l'air est humide et le froid intense, plus le stress thermique est grand. Le tableau 12.14 indique les températures ressenties en fonction des caractéristiques de l'air et de la vitesse du vent ainsi que les risques associés (gelures).

5.3 Les pertes de chaleur dans l'eau

Dans l'air, les mécanismes essentiels de pertes de chaleur sont la radiation et l'évaporation.

Figure 12.14

Équivalents thermiques illustrants quelles combinaisons de température extérieure et de vitesse du vent induisent le même refroidissement. Par exemple, une température extérieure de −10 °C associée à un vent de 20 km/h entraîne la même déperdition de chaleur qu'une température extérieure de −30 °C en l'absence de vent. Le risque de gelure augmente avec l'intensité de la déperdition thermique.

Vitesse du vent (km/h)	−10	−15	−20	−25	−30	−35	−40	−45	−50
5	−13	−19	−24	−30	−36	−41	−47	−53	−58
10	−15	−21	−27	−33	−39	−45	−51	−57	−63
15	−17	−23	−29	−35	−41	−48	−54	−60	−66
20	−18	−24	−30	−37	−43	−49	−56	−62	−68
25	−19	−25	−32	−38	−44	−51	−57	−64	−70
30	−20	−26	−33	−39	−46	−52	−59	−65	−72
35	−20	−27	−33	−40	−47	−53	−60	−66	−73
40	−21	−27	−34	−41	−48	−54	−61	−68	−74
45	−21	−28	−35	−42	−48	−55	−62	−69	−75
50	−22	−29	−35	−42	−49	−56	−63	−69	−76
55	−22	−29	−36	−43	−50	−57	−63	−70	−77
60	−23	−30	−36	−43	−50	−57	−64	−71	−78
65	−23	−30	−37	−44	−51	−58	−65	−72	−79
70	−23	−30	−37	−44	−51	−58	−65	−72	−80
75	−24	−31	−38	−45	−52	−59	−66	−73	−80
80	−24	−31	−38	−45	−52	−60	−67	−74	−81

Température de l'air (°C)

Très faible — Gelée possible, mais improbable
Probable — Gelée probable > 30 min
Élevé — Risque de gelée < 30 min
Sévère — Risque de gelée < 10 min
Extrême — Risque de gelée < 3 min

Dans l'eau, le principal facteur responsable du rafraîchissement du corps, est la conduction et convection. Il faut rappeler que les pertes par conduction sont 26 fois plus importantes dans l'eau que dans l'air. Si on prend en compte tous les facteurs d'échanges (conduction, convection, radiation, évaporation), les pertes totales de chaleur par l'organisme se font quatre fois plus vite dans l'eau que dans l'air.

Un sujet plongé dans une eau à 32 °C (environ 90 °F) maintient sa température centrale. Dès que la température de l'eau descend, il connaît une hypothermie dont l'intensité est proportionnelle à la durée de l'exposition au froid et au gradient de température. Cette déperdition importante de chaleur, par l'organisme immergé dans l'eau froide, aboutit rapidement à une hypothermie sévère et à la mort, si l'exposition se prolonge. Un sujet immergé dans une eau à 15 °C voit sa température rectale baisser de 2,1 °C par heure. En 1995, 4 militaires américains sont décédés après une exposition prolongée dans une eau à 11 °C. Cet épisode tragique rappelle que l'on peut mourir d'hypothermie dans l'eau même si celle-ci est loin d'être glacée.

Si la température de l'eau atteint 4 °C, la température rectale chute de 3,2 °C par heure. Le débit des pertes de chaleur est encore accéléré si l'eau est en mouvement par rapport à l'individu puisque viennent s'ajouter les pertes par convection. Le temps de survie dans l'eau froide est donc assez court. La victime s'affaiblit et perd conscience en quelques minutes.

Si le débit métabolique est faible, comme c'est le cas au repos, une eau légèrement fraîche suffit à causer l'hypothermie. L'exercice augmente considérablement le débit métabolique et modifie les paramètres de l'hypothermie. Pour des vitesses de nage élevées, bien que les pertes de chaleur augmentent en raison de la convection, les nageurs ont une production de chaleur métabolique supérieure aux pertes. En compétition et à l'entraînement, la température d'eau idéale doit se situer entre 23,9 et 27,8 °C.

6. Réponses physiologiques lors de l'exercice en ambiance froide

Nous avons vu comment l'organisme lutte contre le froid et maintient sa température centrale. Que se passe-t-il lors d'un exercice au froid ?

6.1 La fonction musculaire

Le refroidissement des muscles les affaiblit. Le système nerveux s'adapte en modifiant le mode de recrutement des fibres musculaires. Ces modifications affectent l'efficacité des muscles. À la fois la vitesse de contraction et la puissance sont significativement diminuées lorsque la température s'abaisse. Si le refroidissement fait baisser la température musculaire, le sujet ne peut travailler à la même vitesse et à la même puissance qu'habituellement. Il se fatigue nettement plus vite. Heureusement les muscles profonds sont peu affectés car ils sont au contact du milieu sanguin dont la température est proche de 37 °C.

La performance peut cependant être maintenue à son niveau si l'isolation par les vêtements et la production métabolique, lors de l'exercice, sont suffisantes pour assurer le maintien de la température centrale. Pourtant, lorsque la fatigue apparaît et que l'activité musculaire diminue, la production de chaleur va baisser régulièrement. Les compétitions de longues distances, que ce soit de course à pied, de natation ou de ski, qui se déroulent au froid, exposent les participants à ces problèmes. Au début, le sportif peut réaliser un effort tel qu'il produit suffisamment de chaleur endogène pour maintenir sa température centrale. Par contre, lorsque les réserves énergétiques diminuent, l'intensité de l'exercice baisse et le débit métabolique producteur de chaleur est réduit. Il en résulte une baisse de la température centrale, le sujet se sent de plus en plus fatigué et de moins en moins capable de produire l'énergie suffisante. Le sportif est alors confronté à une situation potentiellement périlleuse.

Les extrémités sont très sensibles au froid, car elles sont le siège d'une vasoconstriction intense. Ceci compromet la dextérité et expose au risque de gelure.

6.2 Les réponses métaboliques

Il est bien connu que l'exercice prolongé implique la mobilisation et l'oxydation des acides gras (AGL). Ce métabolisme lipidique est stimulé par les catécholamines plasmatiques (adrénaline et noradrénaline). Lors de l'exposition au froid, on note une augmentation substantielle de la sécrétion des catécholamines. Pourtant, les niveaux d'AGL augmentent nettement moins que lors d'un exercice prolongé, réalisé dans des conditions plus confortables. Lors de l'exposition au froid, il y a, en outre, une vasoconstriction très importante des territoires cutanés et sous-cutanés. Or, le site de stockage des lipides se situe essentiellement dans ce tissu sous-cutané. La vasoconstriction, en diminuant le flux sanguin qui transporte les lipides de la zone de stockage vers le muscle, réduit leur utilisation. Ainsi, celle-ci n'augmente pas autant que les catécholamines plasmatiques.

Le glucose sanguin joue un rôle important lors de l'exercice d'endurance et dans la tolérance au froid. L'hypoglycémie, par exemple, supprime le frisson. On n'en connaît pas encore bien la raison. Fort heureusement, en général, la glycémie se maintient à des niveaux raisonnables lors de l'exposition au froid. D'autre part, le débit d'utilisation du glycogène est plus important au froid qu'au chaud. Les études concernant l'exercice au froid sont encore trop peu nombreuses et notre connaissance du contrôle hormonal de ce métabolisme encore limitée.

Résumé

> La vasoconstriction périphérique diminue le transfert de chaleur du noyau vers la peau, diminuant ainsi les pertes de chaleur vers l'environnement. C'est le premier mécanisme mis en jeu pour limiter les pertes de chaleur au froid.

> L'isolation du corps concerne essentiellement deux régions : la surface cutanée et la graisse sous-cutanée. L'augmentation de la vasoconstriction augmente le pouvoir isolant de la graisse sous cutanée et de la masse musculaire inactive.

> Le frisson thermique (contractions musculaires involontaires) augmente la production de chaleur métabolique.

> La thermogenèse sans frisson a un rôle semblable qui se réalise par le biais de la stimulation nerveuse sympathique et par l'action d'hormones telles la thyroxine et les catécholamines.

> Il y a trois étapes dans l'adaptation au froid : l'accoutumance au froid, l'adaptation métabolique et l'évolution de l'isolation du corps.

> Les dimensions corporelles tiennent une place importante dans les pertes de chaleur. La diminution de la couche adipeuse sous-cutanée et l'augmentation de la surface corporelle facilitent les pertes de chaleur de l'organisme. Ainsi, les sujets dont le rapport surface corporelle/poids sont faibles et ceux dont la masse grasse est importante sont moins exposés à l'hypothermie.

> Le vent augmente les pertes de chaleur par convection et conduction. Lors de l'exposition au froid, ce courant d'air doit être pris en compte en même temps que la température de l'air. On parle alors de température ressentie.

> L'immersion dans l'eau froide augmente énormément les pertes de chaleur par conduction. La production de chaleur métabolique, notamment par l'exercice, peut compenser ces pertes de chaleur.

> Au froid, le muscle s'affaiblit et se fatigue plus vite.

> Lors d'un exercice prolongé en ambiance froide, la fatigue tend à diminuer l'intensité de l'exercice et la production de chaleur métabolique. Les risques d'hypothermie augmentent.

> L'exercice stimule la sécrétion des catécholamines. Celles-ci augmentent la mobilisation et l'utilisation des acides gras comme substrat énergétique. Au froid, la vasoconstriction, en diminuant la circulation dans le tissu adipeux sous-cutané, limite ce processus.

7. Les risques de l'exercice en ambiance froide

Si l'être humain avait conservé la capacité des espèces inférieures, comme les reptiles, qui tolèrent les basses températures corporelles, il pourrait survivre en hypothermie. Chez l'homme, l'évolution de la thermorégulation s'est accompagnée d'une perte des capacités des tissus vitaux à supporter les écarts de température. L'homme ne peut en effet supporter une baisse de plus de quelques degrés. L'American College of Sports Medicine a publié en 2006 des recommandations pour prévenir les accidents liés au froid[1].

Étudions maintenant ce qui se passe lors de l'hypothermie.

7.1 L'hypothermie

Des personnes immergées dans de l'eau glacée meurent lorsque leur température rectale descend entre 24 °C et 25 °C. Des accidents hypothermiques, observés lors d'opérations chirurgicales, montrent que la limite vitale des températures corporelles se situe en général entre 23 et 25 °C. Des sujets ont cependant été récupérés alors que leur température rectale était descendue à 18 °C.

Lorsque la température du corps descend en dessous de 34,5 °C, l'hypothalamus perd en partie sa capacité à réguler la température. Cette capacité disparaît totalement quand la température rectale baisse vers 29,5 °C. Cette perte de fonction est associée à une diminution des réactions métaboliques qui ne représentent plus que la moitié de leur débit normal si la température cellulaire s'abaisse de 10 °C. Le résultat est une somnolence accentuée qui peut aller jusqu'au coma.

7.2 Les effets cardiorespiratoires

Les effets d'une exposition excessive au froid incluent les accidents potentiels des tissus périphériques et des systèmes vitaux, cardiovasculaire et respiratoire. L'étape finale de l'hypothermie est la mort. Celle-ci résulte d'un arrêt cardiaque alors que la respiration est encore fonctionnelle. Le froid affecte d'abord le nœud sinusal – centre de l'automatisme cardiaque. Dès 1912, Knowlton et Starling ont montré que, sur une préparation cœur-poumons de chien exposée au froid, il y avait une baisse progressive du rythme cardiaque suivie d'un arrêt cardiaque. La diminution simultanée de la température centrale et du rythme cardiaque entraîne la chute du débit cardiaque.

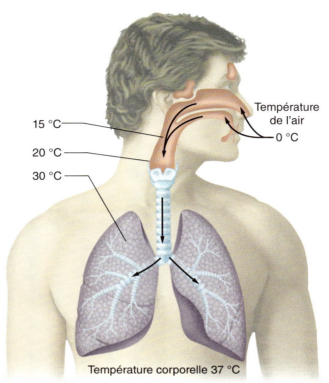

Figure 12.15
Réchauffement de l'air inspiré lors du passage dans les voies respiratoires

Beaucoup se demandent si le fait d'inspirer profondément de l'air froid induit des gelures ou des dommages des voies respiratoires. En fait, l'air froid qui traverse la bouche et la trachée est rapidement réchauffé, même si la température de l'air inhalé est inférieure à −25 °C[4]. À cette température, si la personne est au repos et respire par le nez, l'air est réchauffé aux environ de 15 °C pendant les 5 cm de traversée nasale. La figure 12.15 indique que l'air froid est très vite réchauffé dans les fosses nasales. Il n'entraîne donc aucun dommage dans la gorge, la trachée ou les poumons. La respiration buccale, souvent utilisée à l'exercice, peut entraîner l'irritation de la bouche, du pharynx, de la trachée et même des bronches si la température extérieure est inférieure à −12 °C. L'exposition excessive au froid affecte la fonction respiratoire en diminuant le rythme et l'amplitude respiratoires.

Une hypothermie modérée peut être traitée en apportant simplement au sujet une couverture, des vêtements secs et des boissons chaudes. Une hypothermie modérée ou sévère nécessite une rapide prise en charge pour éviter un début d'arythmie cardiaque. Dans ce cas, une hospitalisation et un traitement médical sont indispensables. En 2006, l'American College of Sports Medicine a précisé les recommandations essentielles pour diminuer les risques de l'exercice au froid[1].

7.3 Les gelures

La peau exposée au froid peut être le siège de gelures si sa température descend quelques degrés au-dessous de 0 °C. En raison de la chaleur véhiculée par le flux sanguin et de la production de chaleur métabolique, la température de l'air nécessaire pour geler les doigts, le nez et les oreilles est de −29 °C (figure 12.14). Nous avons dit précédemment que la vasoconstriction permettait au corps de conserver la chaleur. Lors de l'exposition à un froid extrême, la circulation cutanée peut diminuer à un point tel que les tissus meurent par manque d'oxygène et de nutriments. Ce sont les **gelures**. Elles peuvent être très sérieuses si elles ne sont pas traitées immédiatement, avec des risques de gangrène et de perte de tissu. Les parties gelées doivent être laissées telles quelles avant de pouvoir être réchauffées, de préférence en milieu hospitalier, en dehors de tout risque de coup de froid.

7.4 L'asthme d'effort

L'asthme d'effort est un problème fréquemment rencontré chez près de 50 % des sportifs exposés au froid (chapitre 8). L'un des principaux facteurs responsable de ce syndrome est le refroidissement des voies respiratoires lié à l'hyperventilation et à l'inhalation d'air sec et froid. D'autres facteurs environnementaux et génétiques interviennent également dans ce processus (voir perspectives de recherche 8.3). Ceci favorise l'apparition d'un bronchospasme et d'une respiration sifflante. Chez les sportifs à risque, il est heureusement possible de prévenir l'apparition d'un asthme d'effort par l'inhalation de drogues bronchodilatatrices (β agonistes) ou anti inflammatoires (corticoïdes).

> **Résumé**
>
> ❯ L'hypothalamus perd sa capacité de régulateur thermique lorsque la température descend en dessous de 34,5 °C.
>
> ❯ Le nœud sinusal est le premier affecté par l'hypothermie. Il en résulte une diminution du rythme cardiaque et donc une baisse du débit cardiaque.
>
> ❯ Respirer de l'air froid n'affecte pas les voies respiratoires car l'air se réchauffe dans les voies respiratoires.
>
> ❯ L'exposition à un froid extrême diminue le rythme et l'amplitude respiratoires.
>
> ❯ Les gelures sont une conséquence de l'incapacité de l'organisme à empêcher les pertes de chaleur. La réduction du flux sanguin cutané, liée à la vasoconstriction, est responsable du rafraîchissement de la peau. Si l'oxygène et les nutriments ne sont plus apportés, cela aboutit à la mort du tissu cutané.
>
> ❯ L'inhalation d'air froid et sec favorise la survenue d'asthme d'effort.

Chapitre 12
Thermorégulation : L'exercice en environnement chaud ou froid

Mots-clés

acclimatation
acclimatement
arginine vasopressine
adaptation au froid
adaptation métabolique
centre thermorégulateur
conduction
convection
courant d'air
coup de chaleur
crampes liées à la chaleur
épuisement lié au chaud
évaporation
frisson thermique
gelures
glandes sudorales éccrines
hormone antidiurétique (ADH)
isolation
hyperthermie
hypothermie
radiation
région antérieure pré-optique de l'hypothalamus
stress thermique
température ressentie
température du globe humide (WBGT)
thermogenèse sans frisson
thermorécepteurs
thermorégulation
vasoconstriction périphérique

Questions

1. Quels sont les quatre moyens physiques d'échanges de chaleur ?

2. Lequel est le plus important dans le contrôle la température au repos ? À l'exercice ?

3. Que devient la température centrale lors de l'exercice, et pourquoi ?

4. Pourquoi l'humidité est-elle un facteur important lorsqu'on réalise un exercice en ambiance chaude ? Quels sont les effets du vent et des nuages ?

5. Quels paramètres empêchent la poursuite d'un exercice physique en ambiance chaude ?

6. Que représente la température du globe humide (WBGT) ? Que mesure-t-il ?

7. Que sont les crampes liées à la chaleur, l'épuisement lié à la chaleur, le coup de chaleur ?

8. Quelles sont les adaptations physiologiques à la chaleur ?

9. Comment l'organisme réduit-il les pertes excessives de chaleur lors de l'exercice au froid ?

10. Quels dangers sont associés à l'immersion dans l'eau froide ?

11. Quels facteurs apportent la meilleure protection lors d'un exercice au froid ?

L'exercice en altitude

13

Le 14 octobre 2012, le parachutiste australien Félix Baumgartner a battu plusieurs records du monde. Grâce à un ballon gonflé à l'hélium, il est monté dans la stratosphère à une altitude de 39 km. Il a sauté en parachute depuis cette altitude. Non seulement personne, jusqu'à cette date, n'avait sauté en parachute d'une telle hauteur, mais il est aussi devenu le premier homme à « passer » le mur du son sans avoir recours à un véhicule. Pendant la phase initiale de chute libre, qui a duré 4 min et 19 s, il a atteint la vitesse-record de 1 343 km/h.

À de telles altitudes et en l'absence de vêtement pressurisé et d'équipement respiratoire adapté, la fourniture d'oxygène aux tissus est insuffisante et conduit rapidement à la perte de connaissance. La combinaison portée par F. Baumgartner a permis aussi de le protéger des effets néfastes induits par la très faible pression environnante, le froid extrême (–52 °C), les frottements et autres… Sans cette combinaison, des bulles gazeuses seraient apparues dans les milieux liquides de son organisme et il aurait pu mourir d'une embolie gazeuse.

Heureusement, rien de tout cela n'est survenu et il a pu déployer son parachute pour atterrir dans le désert du Nouveau-Mexique. En surmontant l'espace d'un court instant tous les dangers de la très haute altitude, ce record est donc à la fois un immense exploit humain mais aussi l'expression de progrès technologiques considérables.

Plan du chapitre

1. L'environnement en altitude   324
2. Les réponses physiologiques à une exposition aiguë à l'altitude   326
3. L'exercice et la performance en altitude   331
4. L'acclimatation : réponses physiologiques à une exposition chronique à l'altitude   333
5. Entraînement et performance en altitude   336
6. Problèmes cliniques lors d'une exposition aiguë à l'altitude   340
7. Conclusion   342

Chapitre 13 — La Physiologie du sport et de l'exercice

Les chapitres précédents ont étudié en détail les réponses particulières de l'organisme à l'exercice physique, lorsque celui-ci est réalisé au niveau de la mer, c'est-à-dire à une **pression barométrique** moyenne (Pb) d'environ 760 mm Hg. Nous avons vu, au chapitre 7, que la pression barométrique est la somme des pressions exercées par tous les gaz présents dans l'atmosphère. Quelle que soit la pression barométrique, les molécules d'oxygène représentent toujours 20,93 % de l'ensemble des molécules qui composent l'air. La **pression partielle d'oxygène (PO_2)**, est la pression exclusivement exercée par les molécules d'oxygène. Au niveau de la mer, elle correspond à 0,2093 fois 760 mmHg, soit 159 mmHg. La notion de pression partielle est essentielle à comprendre car c'est la faible PO_2 en altitude qui limite la performance physique. L'organisme humain peut parfaitement s'adapter à toute variation raisonnable des conditions ambiantes. Mais si les paramètres externes varient dans des conditions extrêmes, cela ne va pas sans poser de très sérieux problèmes. C'est le cas pour les alpinistes qui atteignent des altitudes élevées. De telles situations, qui affectent considérablement la performance physique, peuvent comporter un risque vital.

En altitude, la pression barométrique est réduite. C'est la raison pour laquelle on parle d'**environnement hypobare** (c'est-à-dire à faible pression atmosphérique). Si la pression atmosphérique diminue, il en va de même de la pression partielle de l'oxygène (PO_2), ce qui limite les possibilités de diffusion pulmonaire et donc la fourniture d'oxygène aux tissus. Ainsi, l'**hypoxie** (définie par la diminution de la pression partielle de l'oxygène dans l'air inspiré) conduit à une diminution de la pression partielle de l'oxygène dans le sang, c'est-à-dire à une hypoxémie.

Après avoir rappelé les caractéristiques très spécifiques de l'environnement hypobare et hypoxique, nous verrons comment l'exposition aiguë à ces conditions environnementales altère nos réponses physiologiques au repos et à l'exercice. Nous développerons les stratégies utilisées par les athlètes pour les limiter. Nous envisagerons enfin les risques pour la santé qui peuvent être induits par un tel environnement.

1. L'environnement en altitude

Les problèmes de santé liés à l'altitude sont signalés dès 400 ans avant J.-C. Ils sont essentiellement attribués au froid et peu à la raréfaction de l'air. Les premiers travaux fondamentaux, à l'origine des connaissances actuelles, sont dus à quatre scientifiques ayant vécu du XVIIe au XIXe siècle. Torricelli (1644), en inventant le baromètre à mercure, a permis la mesure précise des pressions gazeuses de l'atmosphère. Pascal démontre quelques années plus tard (1648) que la pression barométrique diminue aux altitudes élevées. En 1777, Lavoisier identifie l'oxygène et les autres gaz qui entrent dans la composition de l'air et contribuent à la pression atmosphérique totale. C'est enfin John Dalton qui, en 1801, établit la Loi des pressions partielles des gaz dans un mélange. Il montre que la pression totale d'un mélange gazeux est égale à la somme des pressions partielles exercées par chacun des gaz du mélange.

C'est aussi dans les années 1800 que les effets délétères d'un séjour en haute altitude sont attribués à l'hypoxie. Plus récemment, sous la direction de John Sutton, une équipe de scientifiques de l'Institut américain de médecine environnementale des Armées a réussi à simuler un environnement hypoxique en chambre hypobare. Les expériences menées au sein de cet institut, intitulées « Opération Everest II », ont largement fait avancer nos connaissances dans le domaine[18]. Il faut aussi citer, en France, les travaux conduits par l'équipe du Professeur Richalet.

Si on se réfère aux effets de l'altitude sur la performance physique, on peut ainsi distinguer :

- l'altitude proche du niveau de la mer (moins de 500 m) : elle n'affecte pas la performance
- l'altitude faible (de 500 m à 2 000 m) : aucun effet n'est ressenti au repos, mais la performance physique peut être diminuée, en particulier au-delà de 1 500 m. L'acclimatation permet de corriger ces altérations
- l'altitude modérée (de 2 000 m à 3 000 m) : les effets sont ressentis au repos chez les sujets non acclimatés. La capacité maximale aérobie est altérée. Les performances ne sont pas toutes corrigées par l'acclimatation
- l'altitude élevée (de 3 000 m à 5 500 m) : elle expose à des risques sévères pour la santé (mal des montagnes…). Les performances physiques sont sévèrement diminuées, même après acclimatation.
- l'altitude extrême (au-delà de 5 500 m) : elle entraîne une hypoxie aiguë sévère. Seuls quelques humains séjournent en permanence à une altitude comprise entre 5 200 m et 5 800 m.

Dans ce chapitre, on s'intéressera seulement aux altitudes dépassant 1 500 m, car les effets sur la performance pour des niveaux plus faibles sont vraiment négligeables. Même si l'hypoxie est la principale répercussion de l'altitude, d'autres facteurs environnementaux sont également modifiés.

1.1 La pression atmosphérique

L'air est lourd. En chaque point du globe, la pression atmosphérique est directement fonction du poids exercé par l'air en cet endroit. Par exemple, au niveau de la mer, la couche atmosphérique, dont l'épaisseur est d'environ 38,6 km, exerce une pression égale à 760 mm Hg. Au sommet du mont Everest, le point le plus élevé de la terre (8 848 m), la pression de l'air n'est plus que de 250 mm Hg. Ces différences sont représentées sur la figure 13.1.

Sur Terre, la pression atmosphérique ne reste pas constante. Elle peut varier avec les conditions climatiques, le moment de l'année et le lieu de mesure. Au sommet du Mont Everest, par exemple, la pression atmosphérique peut passer de 243 mmHg environ en janvier à 255 mmHg en juin. Ces notions présentent un intérêt particulier pour les météorologistes car elles affectent le climat et sont d'une importance considérable pour celui qui veut se lancer à l'assaut de l'Everest, sans apport d'oxygène supplémentaire.

Si la pression atmosphérique varie, la teneur des gaz dans l'air reste invariable quelle que soit l'altitude. Au niveau de la mer, comme en altitude, l'air renferme toujours 20,93 % d'oxygène, 0,03 % de dioxyde de carbone et 79,04 % d'azote. Seules les pressions partielles changent. Toute variation de la pression partielle en oxygène se répercute inévitablement sur les pressions partielles de ce même gaz dans le sang et dans les tissus.

1.2 La température de l'air et l'humidité

C'est l'hypoxie qui affecte le plus la performance physique. Néanmoins d'autres facteurs interviennent également, notamment les variations de température et d'humidité. La température de l'air diminue d'environ 1 °C tous les 150 m. La température moyenne au sommet de l'Everest est ainsi estimée aux environs de −40 °C, alors que la température au niveau de la mer est d'environ 15 °C. L'exposition simultanée au froid et au vent peut être mal supportée par l'organisme et entraîner des risques de gelures et d'hypothermie.

Dans l'atmosphère, la vapeur d'eau exerce une pression partielle (PH_2O). En altitude, le niveau d'humidité diminue avec l'abaissement de la température. L'air froid renferme très peu d'eau, même s'il est totalement saturé en vapeur d'eau (humidité relative de 100 %). La diminution de

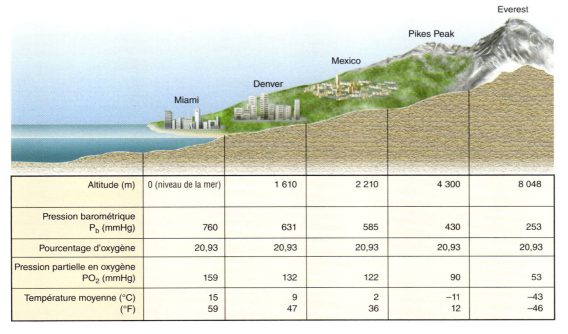

Figure 13.1 Différences de conditions atmosphériques entre le niveau de la mer et le Mont Everest

La pression partielle en oxygène dans l'air inspiré diminue de 159 mmHg à 53 mmHg.

Altitude (m)	0 (niveau de la mer)	1 610	2 210	4 300	8 048
Pression barométrique P_b (mmHg)	760	631	585	430	253
Pourcentage d'oxygène	20,93	20,93	20,93	20,93	20,93
Pression partielle en oxygène PO_2 (mmHg)	159	132	122	90	53
Température moyenne (°C) (°F)	15 / 59	9 / 47	2 / 36	−11 / 12	−43 / −46

Chapitre 13
LA PHYSIOLOGIE DU SPORT ET DE L'EXERCICE

PH_2O avec l'altitude favorise les pertes d'eau et augmente le risque de déshydratation. En effet, le gradient de PH_2O entre l'air et la peau augmente ce qui active l'évaporation d'eau au travers de la peau. De même, le volume d'eau perdu par évaporation respiratoire augmente en altitude car l'air inspiré est plus sec et le niveau de ventilation plus élevé. L'air sec augmente également le taux d'évaporation sudorale en cas d'exercice associé.

1.3 Les radiations solaires

L'intensité du rayonnement solaire augmente en altitude, pour deux raisons : d'une part parce que les rayonnements solaires, en particulier les U.V., sont d'autant moins absorbés qu'on se rapproche de leur lieu d'émission, d'autre part parce que l'air est quasiment dépourvu de vapeur d'eau, laquelle absorbe également une quantité non négligeable de ces rayonnements. Il faut ajouter l'amplification des rayonnements solaires par réflexion des rayons sur la neige, fréquente à partir d'une certaine altitude.

Résumé

> L'altitude constitue un environnement hypobare (la pression atmosphérique est diminuée). À partir de 1 500 m, les performances physiques sont altérées.

> Même si le pourcentage de chaque gaz dans l'air reste inchangé, leur pression partielle dans l'air inspiré diminue avec l'altitude.

> La diminution de la pression partielle de l'oxygène (PO_2) dans l'air inspiré (hypoxie) a des conséquences physiologiques majeures. Elle diminue la PO_2 dans les alvéoles pulmonaires et donc le gradient de pression partielle entre les alvéoles et le sang, puis entre le sang et les tissus périphériques. Les échanges en oxygène sont donc altérés.

> La température de l'air diminue avec l'altitude et l'air est plus sec. Ceci augmente le risque de gelures, hypothermie, déshydratation.

> Comme l'air est moins dense et plus sec, les radiations solaires sont plus importantes. Cet effet est majoré par la présence de neige.

2. Les réponses physiologiques à une exposition aiguë à l'altitude

Nous examinerons tout particulièrement les répercussions susceptibles d'affecter la performance physique, c'est-à-dire celles concernant les réponses respiratoires, cardiovasculaires et métaboliques.

Il est habituel de considérer les adaptations particulières à l'altitude des sujets masculins. Peu d'études se sont intéressées aux réponses plus particulières des femmes, des enfants et des personnes âgées dont la sensibilité à cet environnement est très probablement différente.

2.1 Les réponses respiratoires

Toute performance physique exige un approvisionnement correct des muscles en oxygène, conditionné à la fois par les conditions de transport et par les possibilités d'utilisation locale de ce gaz (chapitre 8). Toute altération de l'une ou l'autre de ces étapes risque d'affecter la performance.

2.1.1 La ventilation pulmonaire

La ventilation pulmonaire est la première étape du transport de l'oxygène jusqu'aux tissus dont les muscles. Elle représente le déplacement des molécules d'air dans les poumons lors de la respiration. En altitude élevée, elle augmente dès les premières secondes, que ce soit au repos ou à l'exercice. Les chémorécepteurs carotidiens et aortiques sont stimulés par la diminution de la PO_2 dans le sang et le stimulus est transmis jusqu'aux centres respiratoires. L'augmentation de la ventilation se traduit par une augmentation du volume courant et surtout de la fréquence respiratoire. Pendant les premières heures, cette hyperventilation est relativement proportionnelle au niveau de l'altitude.

Cette hyperventilation a les mêmes effets qu'au niveau de la mer et contribue à diminuer le contenu en dioxyde de carbone des alvéoles. Le gradient de pression partielle entre le sang capillaire et l'alvéole augmente, ce qui favorise l'élimination du CO_2 et diminue sa pression partielle dans le sang.

Ceci retentit sur l'équilibre acido-basique, facilitant l'élimination des ions H+ et donc l'apparition de l'alcalose, appelée ici **alcalose respiratoire**. L'alcalose a deux effets : elle déplace la courbe de dissociation de l'oxyhémoglobine vers la gauche et elle tend à limiter une hyperventilation excessive. Ainsi, à même niveau sous-maximal d'exercice, la ventilation est plus élevée en altitude, mais la ventilation à l'exercice maximal reste inchangée.

Pour lutter contre l'alcalose, les reins vont éliminer davantage les ions bicarbonates, chargés de tamponner les ions H+. En conséquence, l'alcalose respiratoire initiale, notée en altitude, n'est que transitoire et limitée.

2.1.2 La diffusion pulmonaire

Au niveau de la mer, il n'existe pas de limite à la diffusion de l'oxygène au repos. Les échanges en oxygène, à travers la barrière alvéolo-capillaire, se produisent jusqu'à l'obtention de l'équilibre des pressions partielles de part et d'autre de celle-ci. Si les échanges gazeux étaient altérés en altitude, la pression partielle en oxygène dans le sang artériel devrait être inférieure à la pression partielle en oxygène dans le compartiment alvéolaire. Il n'en est rien. Ces deux valeurs restent identiques (figure 13.2), même si elles sont inférieures à celles observées au niveau de la mer. En conséquence, la diminution de la pression partielle en oxygène dans le sang artériel (hypoxémie) est le simple reflet de l'hypoxie et non la conséquence d'une altération de la diffusion pulmonaire.

2.1.3 Le transport de l'oxygène

La pression partielle en oxygène dans l'air inspiré est d'environ 159 mm Hg au niveau de la mer (figure 13.2). Elle n'est que de 104 mm Hg dans les alvéoles car celles-ci renferment un air saturé en vapeur d'eau (PH_2O = 47 mm Hg à 37 °C). En altitude, la diminution de la pression partielle en oxygène dans le compartiment sanguin affecte la capacité de liaison de l'hémoglobine à l'oxygène. La courbe de dissociation de l'oxyhémoglobine présente une allure caractéristique en forme de S (figure 13.3). Au niveau de la mer, pour une PO_2 alvéolaire de 104 mm Hg, le taux de saturation de l'hémoglobine atteint 96 % à 97 %. Il reste néanmoins de l'ordre de 80 % lorsque la PO_2 alvéolaire n'est plus que de 46 mm Hg. Si la courbe de dissociation de l'oxyhémoglobine était strictement linéaire, le transport de l'oxygène par l'hémoglobine serait beaucoup plus perturbé. Ainsi, l'allure caractéristique de cette courbe permet de protéger l'organisme des effets délétères de l'hypoxie.

Figure 13.2

Pression partielle en oxygène dans l'air inspiré et à l'intérieur des tissus au niveau de la mer et à 4 300 m d'altitude.

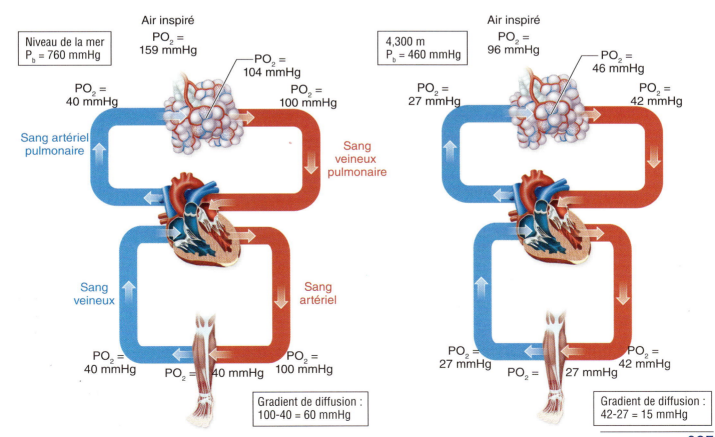

Figure 13.3

Courbe de dissociation de l'oxyhémoglobine (forme sigmoïde) au niveau de la mer (trait rouge). Pour une pression partielle de l'oxygène dans l'air alvéolaire de 104 mmHg, 96 % à 97 % de l'hémoglobine sont saturés en oxygène. L'alcalose respiratoire en altitude déplace cette courbe vers la gauche (trait bleu), ce qui limite le degré de désaturation dû à la baisse de PO_2.

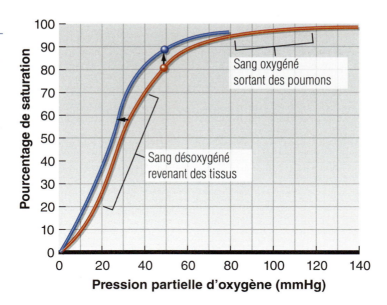

Nous avons précédemment mentionné l'apparition précoce d'une alcalose respiratoire. Celle-ci déplace la courbe de dissociation de l'oxyhémoglobine vers la gauche (figure 13.3). En conséquence, le taux de saturation de l'hémoglobine, pour une même valeur de PO_2 dans le sang, est plus élevé qu'au niveau de la mer, ce qui augmente la quantité d'oxygène qui peut être transporté vers les tissus, sous forme liée à l'hémoglobine. Du fait de cette deuxième adaptation, à 4 300 m, pour une PO_2 alvéolaire de 46 mm Hg, le taux de saturation de l'hémoglobine dépasse 80 % et atteint 89 % (figure 13.3).

2.1.4 Les échanges gazeux musculaires

Au niveau de la mer, la PO_2 dans le sang artériel est d'environ 100 mm Hg et la PO_2 tissulaire de 40 mm Hg (figure 13.2). Le gradient de pression partielle entre le milieu artériel et le milieu tissulaire est donc de 60 mm Hg. À l'altitude de 4 300 m, la PO_2 artérielle baisse jusqu'à 42 mm Hg environ tandis que la PO_2 tissulaire est de 27 mm Hg. Le gradient de pression partielle entre ces deux compartiments passe donc de 60 mm Hg à 15 mm Hg ce qui correspond à près de 75 % de réduction. Les échanges gazeux étant réglés par le gradient de pression partielle entre les compartiments considérés, c'est essentiellement la diminution de la PO_2 artérielle qui contribue à diminuer la $\dot{V}O_2$max, plutôt que la diminution modeste de la saturation de l'hémoglobine en oxygène.

2.2 Les réponses cardiovasculaires

L'altitude altère non seulement la fonction respiratoire, mais aussi les fonctions cardiovasculaires qui font l'objet d'un certain nombre d'adaptations destinées à compenser la baisse progressive, avec l'altitude, de la pression partielle en oxygène dans le sang.

2.2.1 Le volume sanguin

Dès l'arrivée en altitude, le volume plasmatique tend à diminuer pour se stabiliser au bout de quelques semaines.

Ce phénomène résulte à la fois des pertes d'eau évaporatoires et de l'augmentation de la diurèse. La déperdition plasmatique peut représenter jusqu'à 25 %. Elle est initialement isolée, c'est-à-dire sans variation associée du nombre de globules rouges et s'accompagne ainsi d'une augmentation de l'hématocrite. Celle-ci permet d'augmenter un peu les possibilités de transport de l'oxygène et donc la fourniture de l'oxygène aux tissus et aux muscles. Si les apports hydriques sont satisfaisants, la déperdition d'eau plasmatique disparaît au bout de quelques semaines.

L'exposition prolongée à l'altitude stimule ensuite la sécrétion d'une hormone par les reins : l'érythropoïétine (EPO) qui active la fabrication des globules rouges. Cette adaptation conduit progressivement à une augmentation du volume sanguin total qui compense partiellement la diminution de la pression partielle en oxygène. Néanmoins, elle nécessite plusieurs semaines, voire plusieurs mois, pour se mettre en place et atteindre un niveau optimal.

2.2.2 Le débit cardiaque

Dans les paragraphes précédents, nous avons montré que la diminution de la PO_2, avec l'altitude, est le principal facteur affectant la fourniture d'oxygène aux tissus et aux muscles. L'augmentation du débit cardiaque peut contribuer à compenser le défaut d'apport en oxygène. Le débit cardiaque est le produit de la fréquence cardiaque par le volume d'éjection systolique. Ces facteurs sont soumis à l'influence du système nerveux sympathique, dont l'activité est stimulée par l'altitude. Ceci se traduit par une augmentation des concentrations plasmatiques en adrénaline et surtout en noradrénaline qui peut perdurer après plusieurs jours d'exposition aiguë.

À même niveau d'exercice sous-maximal, la fréquence cardiaque est plus élevée en altitude qu'au niveau de la mer. À l'inverse, le volume d'éjection systolique diminue (en réponse à la diminution du volume plasmatique). Heureusement, l'accélération cardiaque peut suffire à compenser la baisse du volume d'éjection systolique et donc à augmenter légèrement le débit cardiaque. Cela entraîne pour le cœur une surcharge de travail qui ne peut être maintenue très longtemps. Elle atteint son maximum après 6 à 10 j. Quelques jours plus tard, on constate que les muscles deviennent capables de prélever davantage d'oxygène. La différence artério-veineuse en oxygène augmente ce qui réduit le travail du cœur et ralentit la fréquence cardiaque. Après une dizaine de jours à altitude élevée, le débit cardiaque pour un exercice donné devient inférieur à celui observé à cette même altitude, en début de séjour.

Pour des altitudes élevées, le volume d'éjection systolique maximal et la fréquence cardiaque maximale sont diminués. La diminution du volume d'éjection systolique s'explique, pendant les 24 à 48 premières heures, par la diminution du volume plasmatique. La baisse de la fréquence cardiaque maximale pourrait résulter d'une diminution de l'activité nerveuse sympathique (liée à la réduction du nombre des β récepteurs cardiaques catécholaminergiques). Ceci conduit à une diminution du débit cardiaque maximal. Celle-ci, associée à la baisse du gradient de diffusion de l'oxygène entre capillaires et tissus, altère $\dot{V}O_2$max et la performance. Les conditions hypobares, en

---

PERSPECTIVES DE RECHERCHE 13.1

Championnat du monde de football en altitude

Tous les travaux indiquent que l'altitude diminue $\dot{V}O_2$max et les potentialités aérobies. Néanmoins, les données concernant les répercussions de l'altitude sur les performances en sports collectifs restent limitées. En 2010, les championnats du monde de football ont été organisés en Afrique du Sud et les matchs se sont déroulés à différentes altitudes : 660 m, 1 200-1 400 m, et 1 401-1 753 m. Les données statistiques recueillies par l'Association de la Fédération Internationale du football (FIFA), et les enregistrements vidéo des matchs ont été traités par Nassi[13] qui a notamment évalué la distance totale parcourue, la performance physique, le nombre total de buts et les erreurs des gardiens. La distance totale parcourue est inférieure d'environ 3,1 % lors des matchs qui se sont disputés aux 2 niveaux les plus élevés, comparés à ceux qui se sont déroulés au niveau de la mer. Les qualités techniques n'ont pas été affectées. Les auteurs en concluent qu'une période d'acclimatation de plusieurs jours est recommandée aux footballeurs qui doivent disputer une compétition à une altitude de plus de 1 200 m.

Tableau 13.1

Effets de l'hypoxie aiguë (après 48 h) sur les réponses physiologiques au repos et durant un exercice d'intensité sous-maximale.

Système	Effets de l'hypoxie aiguë au repos	Effets de l'hypoxie aiguë à même intensité d'exercice sous-maximal
Respiratoire	Augmentation immédiate de la ventilation (fréquence respiratoire et volume courant)	Augmentation de la ventilation
	Diminution de la concentration sanguine en 2-3DPG	
	Décalage vers la gauche de la courbe de dissociation de l'oxyhémoglobine	
	Stimulation des chémorécepteurs périphériques	
	Alcalose respiratoire	
Cardiovasculaire	Diminution du volume plasmatique (VP)	Augmentation de la fréquence cardiaque
	Augmentation de la fréquence cardiaque	Diminution du volume d'éjection systolique (due à la diminution du VP)
	Diminution du volume d'éjection systolique	Augmentation du débit cardiaque
	Augmentation du débit cardiaque	Augmentation de la $\dot{V}O_2$
	Augmentation de la pression artérielle	
Métabolique	Augmentation du métabolisme de base	Utilisation préférentielle des glucides
	Diminution de la différence (a-v) O_2	Augmentation initiale de la production du lactate suivie d'une diminution
		Diminution du pH sanguin
Rénal	Augmentation de la diurèse	
	Excrétion des ions bicarbonates	
	Activation de la sécrétion d'érythropoïétine	

limitant nettement la fourniture d'oxygène aux muscles, vont ainsi réduire la capacité de l'organisme à réaliser des exercices aérobies intenses.

2.3 Les adaptations métaboliques à l'altitude

L'exposition à l'altitude élève le niveau métabolique de repos en stimulant la sécrétion des hormones thyroïdiennes et celle des catécholamines. Comme l'appétit tend aussi à diminuer dès les premiers jours, l'amaigrissement est fréquent. Cependant certains sujets parviennent à maintenir leur poids grâce à une utilisation accrue des glucides qui permet d'épargner celle des protéines et des lipides.

Le tableau 13.1 résume les principales réponses de l'organisme à une exposition aiguë à l'altitude, au repos et lors d'un exercice sous-maximal. En altitude, tout travail réalisé représente un pourcentage de $\dot{V}O_2$max plus élevé qu'au niveau de la mer. Comme les possibilités d'oxydation sont aussi limitées par l'hypoxie, on s'attend à une sollicitation accrue du métabolisme anaérobie en altitude, pour satisfaire à l'augmentation des besoins énergétiques induits par l'exercice. Il est effectivement habituel de noter une augmentation de la concentration sanguine du lactate, à l'exercice sous-maximal. Cette adaptation n'est que transitoire. Passé un certain délai, la lactatémie en altitude devient inférieure à celle observée au niveau de la mer, quelle que soit l'intensité de l'exercice (même maximale). À ce jour, il n'existe aucune explication claire et satisfaisante à ce phénomène appelé « le paradoxe du lactate »[3].

2.4 Les besoins nutritionnels

En altitude, les pertes hydriques par voie cutanée, respiratoire ou urinaire sont augmentées. L'air sec amplifie l'évaporation de l'eau cutanée et le risque de déshydratation est accru. Il est donc très important de bien s'hydrater. Une règle classique consiste à conseiller la prise d'environ 3 L à 5 L de liquides par jour. Néanmoins, il ne sert à rien de boire plus que nécessaire, car la réduction modérée de volume plasmatique permet d'améliorer la fourniture d'oxygène.

Le séjour en altitude induit aussi une perte progressive d'appétit. Celle-ci associée à l'augmentation des besoins métaboliques induit un déficit énergétique de l'ordre de 500 kcal/j et donc un amaigrissement. En conséquence, il est important que les apports nutritionnels soient corrects et il est important de conseiller aux randonneurs et alpinistes de manger un peu plus que ne l'exige l'appétit.

Enfin la mise en place optimale du processus d'acclimatation est fonction des stocks de fer dans l'organisme. Des stocks insuffisants compromettent l'augmentation de la production de globules rouges observée dans les 4 premières semaines d'exposition à l'altitude. Il est donc conseillé de consommer des aliments riches en fer avant et pendant le séjour. La prise d'une supplémentation en fer peut se discuter.

Résumé

> L'altitude induit une hypoxie hypobarique, laquelle entraîne une diminution de la pression partielle de l'oxygène dans les alvéoles pulmonaires, dans le sang (hypoxémie), puis dans tous les tissus.

> L'exposition aiguë à l'altitude a des répercussions physiologiques. La ventilation augmente (hyperventilation). La diffusion pulmonaire est peu affectée par l'altitude. Mais le transport de l'oxygène est légèrement altéré car la saturation de l'hémoglobine en oxygène diminue légèrement.

> L'augmentation de la ventilation résulte de la stimulation des chémorécepteurs périphériques par l'hypoxémie. Elle se traduit par une augmentation de la fréquence respiratoire et du volume courant. Elle permet de compenser partiellement les effets de l'hypoxie.

> Le gradient de diffusion de l'oxygène, qui conditionne les échanges entre le sang et les tissus actifs, diminue avec l'altitude et affecte la consommation d'oxygène, notamment au niveau musculaire.

> Le volume plasmatique peut diminuer transitoirement ce qui augmente la concentration des globules rouges dans le sang et donc le volume d'oxygène transporté par unité de sang. Ceci compense la diminution du transport de l'oxygène par l'hémoglobine.

> En altitude, le débit cardiaque à l'exercice sous-maximal augmente grâce à une accélération de la fréquence cardiaque. À l'inverse, le volume d'éjection systolique diminue avec la baisse du volume plasmatique.

> À l'exercice maximal, le volume systolique et la fréquence cardiaque sont tous les deux diminués. Le débit cardiaque maximal est donc plus faible qu'au niveau de la mer. Associé à la diminution du gradient de pression partielle en oxygène, ceci affecte sérieusement la fourniture d'oxygène aux tissus.

> Le niveau métabolique de repos augmente en altitude, notamment par stimulation de l'activité nerveuse sympathique. La dépendance aux glucides est plus élevée qu'au niveau de la mer tant au repos qu'à l'exercice.

> L'augmentation des pertes hydriques et la diminution de l'appétit avec l'altitude majorent le risque de déshydratation.

> La réduction des apports énergétiques associée à l'augmentation des besoins métaboliques lors de toute activité physique induit un déficit énergétique quotidien qui favorise la perte de poids.

3. L'exercice et la performance en altitude

De nombreux alpinistes ont signalé la difficulté de réaliser des exercices physiques en altitude. En 1925, E.G. Norton[14] ayant grimpé jusqu'à 8 600 m sans oxygène donnait cette description : « notre allure est misérable. Ma seule ambition est de faire 20 pas successifs avant de pouvoir me reposer et reprendre mon souffle. Je ne me souviens pas avoir vécu cela auparavant ». Comment expliquer cette diminution de performance avec l'altitude ?

3.1 La consommation maximale d'oxygène et la capacité d'endurance

La consommation maximale d'oxygène diminue au fur et à mesure qu'on s'élève en altitude (figure 13.4). Toutefois, ceci n'est significatif que pour une pression partielle de l'oxygène dans l'air inspiré inférieure à 131 mm Hg, correspondant à l'altitude de 1 500 m à Denver (Colorado, USA) ou au Puy de Dôme (massif central, France). Jusqu'à environ 5 000 m, la réduction de $\dot{V}O_2$max est due essentiellement à la diminution de la PO_2 artérielle. Au-delà, il existe aussi une diminution du débit cardiaque maximal qui accentue la chute de $\dot{V}O_2$max. On considère qu'au-delà de 1 500 m, $\dot{V}O_2$max diminue de 8 % à 11 % tous les 1 000 m. La décroissance est encore plus marquée aux altitudes élevées (figure 13.5). Ainsi les sujets entraînés possédant des valeurs initiales élevées de $\dot{V}O_2$max sont avantagés car leur consommation d'oxygène, pour un niveau d'exercice donné, correspond à un pourcentage plus faible de $\dot{V}O_2$max. À niveau d'entraînement comparable, il ne semble pas exister de différences intersexes.

Les alpinistes qui ont effectué l'ascension du mont Everest en 1981 ont vu leur $\dot{V}O_2$max chuter de 62 ml.kg^{-1}.min^{-1}, au niveau de la mer, à seulement 15 ml.kg^{-1}.min^{-1}, au sommet de cette montagne (figure 13.5). Or, les besoins en oxygène sont déjà de 3,5 ml.kg^{-1}.min^{-1} au repos. Sans apport d'oxygène supplémentaire, la réserve d'oxygène disponible à cette altitude, pour réaliser un exercice physique, s'avère extrêmement limitée. Pugh et coll.[15] ont montré qu'il faut impérativement posséder, au niveau de la mer, une $\dot{V}O_2$max supérieure à 50 ml.kg^{-1}.min^{-1}, pour espérer pouvoir vivre au sommet du mont Everest. Une $\dot{V}O_2$max initiale de 50 ml.kg^{-1}.min^{-1} n'est plus que de 5 ml.kg^{-1}.min^{-1} au sommet de l'Everest (figure 13.5). Elle n'est donc plus suffisante pour permettre une vie normale avec une activité physique réduite.

Figure 13.4

Diminution en altitude de la consommation d'oxygène maximale ($\dot{V}O_2$ max) avec la diminution de pression barométrique (PB) et de la pression partielle en oxygène (PO_2). Les valeurs de $\dot{V}O_2$ max sont exprimées en pourcentage de la valeur au niveau de la mer (PB = 760 mmHg). Remarquez qu'aux altitudes de Mexico (2 240 m), Leadville-Colorado (3 180 m) et Nuñoa-Pérou (4 000 m) votre $\dot{V}O_2$ max serait nettement inférieure à celle mesurée à Denver (1 600 m). D'après E.R. Buskirk *et al.*, 1967, "Maximal performance at altitude and on return from altitude in conditioned runners", *Journal of Applied Physiology* 23: 259-266.

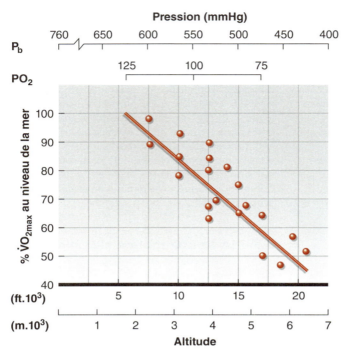

Figure 13.5

Évolution de $\dot{V}O_2$max avec la PO_2 dans l'air inspiré. Valeurs mesurées lors de 2 expéditions au Mont Everest. Adapté avec la permission de J.B. West *et al.*, 1983, "Maximal exercise at extreme altitudes on Mount Everest", *Journal of Applied Physiology* 55: 688-698.

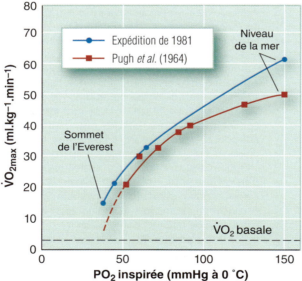

Bien évidemment, ce sont les activités aérobies de longue durée qui sont les plus affectées par les conditions hypoxiques de la vie en altitude. Toutefois, les sujets initialement bien entraînés en endurance sont mieux protégés et peuvent continuer à effectuer des efforts modérés en altitude. Ceci permet de comprendre pourquoi l'italien Reinhold Messner et l'australien Peter Habeler, en 1978, ont pu atteindre le sommet de l'Everest sans apport d'oxygène. Avant leur ascension, au niveau de la mer, ils possédaient tous les deux des valeurs élevées de $\dot{V}O_2$max.

3.2 Les activités anaérobies de sprint, de saut et de lancer

Dans les activités de sprint, inférieures à 1 min, la performance est en général peu altérée, tant que l'altitude est modérée. De telles activités sollicitent peu le système aérobie. L'énergie provient essentiellement de l'adénosine triphosphate (ATP), de la phosphocréatine et du système glycolytique.

La diminution de la densité de l'air, avec l'altitude, constitue un avantage indéniable dans ces disciplines, en réduisant la résistance aérodynamique

> **PERSPECTIVES DE RECHERCHE 13.2**
>
> ### Voyage avion et performance
>
> Non seulement les voyages en avion exposent à l'altitude, mais ils peuvent induire un "jetlag", des perturbations des rythmes circadiens et des altérations du sommeil et du comportement alimentaire. Il est ainsi empiriquement admis que les voyages en avion au long cours affectent la performance physique. Toutefois, de nombreux autres facteurs confondants peuvent interagir et il est très difficile de mener des études scientifiques standardisées et rigoureuses sur ce sujet d'autant qu'on peut difficilement disposer de groupes contrôles. Pourtant une revue de littérature récente[10] vient d'être publiée qui donne les recommandations à respecter pour limiter les effets délétères d'un vol en avion prolongé sur la performance physique.
>
> 1. Dans les jours qui précèdent le voyage, décaler l'heure de réveil d'environ 1 h/j pour se rapprocher au maximum de l'heure de réveil du pays de destination.
>
> 2. S'exposer simultanément à la lumière ou à la pénombre selon le sens du décalage que l'on s'impose. Une supplémentation de mélatonine, à raison de 2-5 mg/j, peut être utile.
>
> 3. Quand cela est possible, il est préférable de s'exposer à la lumière naturelle plutôt qu'artificielle.
>
> 4. Sur place, adopter aussi vite que possible le mode de vie et le rythme local.
>
> 5. Lorsque la privation de sommeil est importante, chercher à récupérer par des périodes brèves de sommeil (20-30 min).
>
> 6. Ne pas oublier de boire suffisamment pour éviter toute déshydratation et limiter autant que possible la consommation d'alcool et de café.
>
> 7. Pendant le vol, éviter de manger copieusement. Penser à ne consommer que des aliments compatibles avec une activité physique ultérieure. À destination, adopter le rythme de repas local.

qui s'oppose au mouvement. C'est pourquoi, à Mexico en 1968, les records du monde ou les records olympiques masculins sur 100 m, 200 m, 400 m, 800 m, saut en longueur et triple saut et les records féminins sur 100 m, 200 m, 400 m, 800 m, 4 × 100 m et saut en longueur ont été soit maintenus soit dépassés. Toutefois, il en a été de même pour les résultats en natation, jusqu'à 800 m. Ainsi certains scientifiques doutent du seul effet de la densité de l'air. Il faut aussi noter qu'à Mexico la performance, lors des activités de lancer, n'a pas été affectée, à l'exception de celle du lancer de disque qui a diminué. Certains attribuent ce résultat à la diminution de la « portance » de l'engin en environnement hypobare.

Résumé

> ❯ Ce sont les activités d'endurance qui sont les plus affectées par les conditions hypobares de l'altitude, car la production d'énergie par voie oxydative est altérée.
>
> ❯ Au-delà de 1 500 m, la consommation maximale d'oxygène diminue proportionnellement avec l'altitude.
>
> ❯ L'altitude modérée n'affecte pas les activités de sprint et les activités anaérobies de moins de 2 min.
>
> ❯ La diminution de la densité de l'air, en diminuant la résistance au mouvement, contribue parfois à l'amélioration des performances de type sprint.

4. L'acclimatation : réponses physiologiques à une exposition chronique à l'altitude

Chez les sujets qui séjournent plusieurs jours, voire plusieurs semaines, en altitude, l'organisme s'adapte à la réduction de la pression partielle en oxygène. Si l'altitude est élevée, ces adaptations ne permettent pas de compenser totalement les effets de l'hypoxie, même chez les sujets acclimatés. Ainsi, les athlètes endurants qui vivent plusieurs années en altitude n'atteignent jamais le même niveau de $\dot{V}O_2max$ qu'au niveau de la mer. De ce point de vue, l'acclimatation à l'altitude rappelle ce qui est observé lors de l'exposition chronique à la chaleur (chapitre 12). Même si l'exposition prolongée à la chaleur induit des adaptations bénéfiques qui corrigent la diminution initiale de performance, cette correction n'est que partielle et les performances restent inférieures à celles observées dans un environnement plus froid.

Les adaptations qui résultent de l'acclimatation à l'altitude sont détaillées dans les paragraphes suivants et concernent le système pulmonaire, le sang, le muscle et le système cardiovasculaire. Elles nécessitent en général plusieurs semaines voire plusieurs mois, soit un

Figure 13.6

Valeurs de différentes variables physiologiques mesurées au repos (à gauche) ou à l'exercice maximal (à droite), soit au niveau de la mer soit en altitude (3 000-3 500 m) après 2-3 jours, plusieurs semaines et plusieurs mois d'exposition. D'après les données de Bartsch et Saltin, 2008.

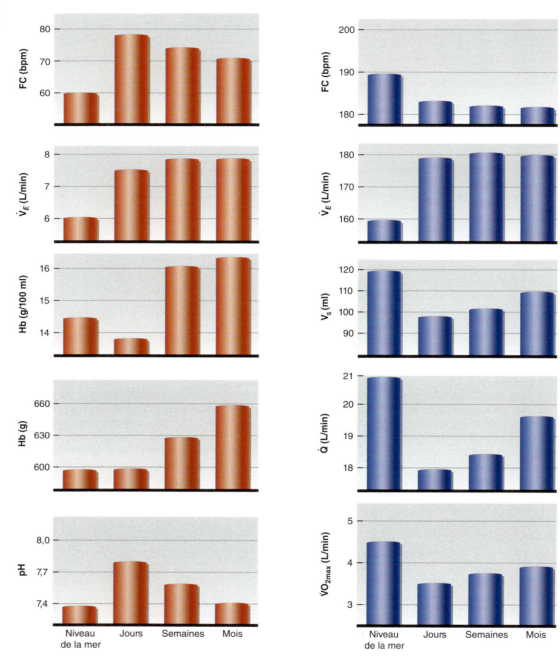

délai plus long que pour l'adaptation à la chaleur (1 à 2 semaines environ). En moyenne, il faut 3 semaines pour une adaptation optimale à une altitude modérée et 1 semaine de plus pour toute ascension supplémentaire de 600 m. Elles disparaissent en 1 mois après redescente au niveau de la mer. La plupart des ces adaptations sont reportées sur la figure 13.6.

4.1 Les adaptations pulmonaires

L'augmentation de la ventilation au repos et à l'exercice constitue une des principales adaptations à l'altitude. Elle résulte directement de la diminution de la teneur en oxygène de l'air inspiré. Après 3 à 4 j passés à 4 000 m, la ventilation peut augmenter de 40 % environ au repos. Elle augmente d'environ 50 % lors d'un exercice sous-maximal, après un délai beaucoup plus long. Elle est d'autant plus marquée que l'exercice est intense.

4.2 Les adaptations sanguines

Après 2 semaines en altitude, on observe une augmentation du nombre des globules rouges circulants. Le manque d'oxygène stimule en effet la sécrétion de l'**érythropoïétine**, hormone qui active la synthèse de ces cellules sanguines. Dans les 3 premières heures qui suivent l'arrivée en altitude, la concentration de l'érythropoïétine dans le sang augmente pour atteindre un maximum en 2 à 3 jours. Elle retourne à la valeur du niveau de la mer après environ 1 mois. Mais la polyglobulie (augmentation du nombre de globules rouges) persiste pendant 2 à 3 mois. Après un séjour de 6 mois à 4 000 m, le volume sanguin total (qui inclut le volume plasmatique et le volume globulaire) augmente d'environ 10 %. Cette adaptation est le fait non seulement de la stimulation de l'érythropoïétine mais aussi de l'expansion du volume plasmatique, qui sera expliquée ultérieurement[15].

L'hématocrite est le pourcentage que représente le volume globulaire par rapport au volume sanguin total. Au niveau de la mer, il est de 45 % à 48 %. Les sujets nés et vivant à haute altitude ont un hématocrite plus élevé. Il est d'environ 60 % à 65 % chez les péruviens de la Cordillère des Andes (4 540 m). Néanmoins, après 6 semaines d'exposition à cette même altitude, l'hématocrite des non-résidents s'élève en moyenne à 59 %.

L'augmentation du nombre de globules rouges s'accompagne évidemment d'une augmentation de la concentration du sang en hémoglobine. Après une diminution initiale, celle-ci augmente avec l'altitude, comme l'indique la figure 13.6. Cette augmentation secondaire est proportionnelle au niveau d'ascension (figure 13.7) et observée dans les 2 sexes, même si les valeurs sont toujours un peu plus faibles chez les femmes. Ces adaptations améliorent la capacité de transport de l'oxygène par le sang.

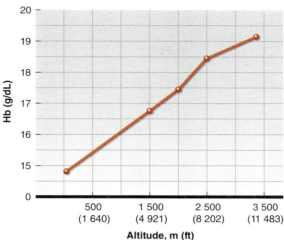

Figure 13.7 Concentrations d'hémoglobine chez des sujets masculins vivant à des altitudes différentes

Avec l'acclimatation, la diminution initiale du volume sanguin se corrige aussi partiellement. Associée à l'augmentation du nombre de globules rouges, cela permet d'augmenter le débit cardiaque maximal. Mais ce dernier n'atteint jamais les valeurs observées au niveau de la mer (figure 13.6). Il en est de même pour $\dot{V}O_2max$.

Les effets de l'acclimatation à l'altitude sur la courbe de dissociation de l'oxyhémoglobine (figure 13.3) restent encore controversés. En effet, la concentration en 2,3 diphosphoglycérate (2,3-DPG) augmente dans les globules rouges ce qui tend à déplacer la courbe vers la droite. Mais l'alcalose respiratoire exerce un effet inverse et tend à déplacer la courbe vers la gauche. Aussi l'effet résultant n'est pas encore clairement établi et sans doute variable selon les sujets.

4.3 Les adaptations musculaires

Pour étudier les effets de l'altitude sur les caractéristiques structurales et les propriétés métaboliques du muscle, il faut avoir recours à la biopsie musculaire. Même si le nombre de travaux ayant utilisé cette technique est très limité, leurs résultats sont univoques. Il faut notamment citer les résultats d'une étude menée lors d'une expédition au sommet de l'Everest ou du Mont McKinley. Après 4 à 6 semaines d'hypoxie chronique, il a été noté une réduction de la surface totale des muscles, compensée par une augmentation de la densité capillaire pour maintenir la fourniture d'oxygène aux muscles. Les mécanismes responsables restent encore discutés. Il est toutefois probable que la fonte musculaire et la diminution des capacités de production de l'ATP contribuent à la réduction de l'aptitude physique observée en altitude.

L'exposition prolongée à une altitude élevée entraîne souvent une diminution de l'appétit et donc une perte de poids non négligeable. Ainsi, lors de leur ascension au Mont McKinley, les six alpinistes ont perdu en moyenne 6 kg (D.L. Costill et coll., données non publiées). Cette perte correspond pour une part à un amaigrissement et à une diminution du volume d'eau extracellulaire. Elle s'explique aussi par la fonte musculaire associée. Cette fonte musculaire est due à une diminution de la surface de section à la fois des fibres lentes (ST) et des fibres rapides (FT). Il n'est pas impossible que l'augmentation des dégradations protéiques contribue à la perte d'appétit. Des recherches complémentaires sont indispensables pour mieux comprendre les effets de l'altitude sur la composition corporelle et le comportement nutritionnel.

Plusieurs semaines à haute altitude (au-dessus de 2 500 m) altèrent les capacités métaboliques du muscle. Après 4 semaines à cette altitude, il est noté une diminution des taux d'activité des enzymes glycolytiques et mitochondriales au niveau des muscles vastus lateralis et gastrocnemius. En conséquence, non seulement l'apport en oxygène aux muscles est réduit, mais la capacité de phosphorylation oxydative du muscle et sa capacité glycolytique sont réduites. Ne disposant actuellement d'aucune donnée concernant les caractéristiques et propriétés des muscles, de sujets vivant en altitude élevée, il n'est pas possible de dire si l'exposition chronique entraîne les mêmes répercussions.

4.4 Les adaptations cardiovasculaires

La diminution de $\dot{V}O_2$max, observée au début d'un séjour en altitude, s'améliore peu après quelques semaines d'exposition à l'hypoxie. Ceci a été étudié tout particulièrement chez des coureurs à pied. La capacité aérobie reste inchangée pendant près de 2 mois en altitude[5]. Même si les coureurs à pied déjà exposés à l'altitude tolèrent mieux l'hypoxie, leur $\dot{V}O_2$max et leur performance en course ne s'améliorent pas beaucoup après acclimatation. Ceci est un peu surprenant, étant donné les adaptations sanguines induites par l'acclimatation. On suppose que ces sujets ont déjà atteint le maximum de leurs possibilités d'adaptation et qu'ils sont alors incapables de s'adapter davantage à l'altitude. Il est aussi possible que la diminution de la PO_2 avec l'altitude les oblige à trop réduire la charge d'entraînement.

> **Résumé**
>
> ❯ L'hypoxie stimule la sécrétion d'érythropoïétine, hormone qui augmente la synthèse des globules rouges. La concentration en hémoglobine du sang devient plus importante. La diminution du volume plasmatique, les premiers jours d'un séjour en altitude, n'est que transitoire. Elle contribue également à augmenter la concentration en hémoglobine. Lorsque le volume plasmatique est normalisé, toute production supplémentaire de globules rouges augmente le volume sanguin total, et donc la capacité de transport de l'oxygène par le sang.
>
> ❯ En altitude, la masse musculaire et le poids du corps diminuent en raison de la diminution de l'appétit, du catabolisme des protéines musculaires, et de la déshydratation.
>
> ❯ Parmi les autres adaptations musculaires, il faut citer une diminution de la surface des fibres, une augmentation de la densité capillaire, et une baisse de l'activité enzymatique.
>
> ❯ La réduction initiale des potentialités aérobies et de $\dot{V}O_2$max lors de l'exposition à l'altitude est difficile à récupérer, même après plusieurs semaines d'acclimatation. $\dot{V}O_2$max ne revient jamais à sa valeur initiale, au niveau de la mer.

5. Entraînement et performance en altitude

Après avoir étudié les effets d'une exposition aiguë et chronique à l'altitude, il faut envisager deux situations très fréquemment rencontrées en pratique. La première correspond à la meilleure façon de programmer l'entraînement de sportifs dont les compétitions doivent avoir lieu en altitude. La deuxième consiste à améliorer la performance des athlètes qui se préparent à des compétitions au niveau de la mer. Que penser enfin de cette nouvelle méthode « live high, train low » ?

5.1 L'entraînement en altitude améliore-t-il la performance au niveau de la mer ?

Les athlètes ont longtemps considéré que l'entraînement dans des conditions hypoxiques, par exemple dans une chambre spécifiquement adaptée (chambre hypoxique), permet d'améliorer leurs performances en endurance au niveau de la mer. Deux arguments théoriques plaident dans ce sens. Premièrement, tout entraînement en altitude détermine un certain degré d'hypoxie tissulaire. Cette condition est indispensable pour stimuler la mise en route des processus d'acclimatation.

Deuxièmement, la polyglobulie d'altitude, et l'augmentation du taux d'hémoglobine qui en résulte, améliorent les possibilités de transport de l'oxygène. Celles-ci persistent plusieurs jours après le retour au niveau de la mer.

Néanmoins, il faut souligner que les athlètes ne peuvent maintenir, en altitude, la même intensité et la même quantité d'entraînement qu'au niveau de la mer. Ceci a été démontré chez des cyclistes, de sexe féminin et de haut niveau, qui se sont entraînées à puissance maximale lors d'exercices intermittents. Ce programme a été réalisé en normoxie (Patm normale) ou en hypoxie (altitude simulée de 2 100 m par inhalation d'un mélange appauvri en oxygène). L'étude montre que les puissances maximales qui peuvent être maintenues pendant un exercice de 10 min ou un sprint de 15 s sont plus faibles en conditions hypoxiques[15].

En outre, si l'altitude est modérée voire élevée, celle-ci peut entraîner une déshydratation, une diminution du volume sanguin ou une fonte musculaire qui diminuent l'aptitude physique de l'athlète et sa tolérance à supporter un entraînement intense. Ainsi, l'intérêt de s'entraîner en altitude (réelle ou simulée) pour améliorer sa performance au niveau de la mer n'est pas démontré.

5.2 Le concept « live high, train low »

Chez les athlètes, la diminution de l'intensité de l'entraînement a pour conséquence d'annuler les adaptations bénéfiques du séjour en altitude. Une alternative consiste à séjourner la nuit en altitude et à s'entraîner le jour au niveau de la mer. Cette méthode s'inspire du nouveau concept « live high, train low ». Ce concept résulte des travaux menés dans les années 1990 par des chercheurs de « l'Institute for Exercise and Environmental Medicine » à Dallas (Texas) Dans une étude, les sportifs ont été répartis en 3 groupes de 39 personnes[11]. Le premier groupe vit à 2 500 m et s'entraîne à 1 250 m. Le deuxième groupe vit et s'entraîne à 2 500 m. Le dernier groupe vit et s'entraîne à basse altitude, à 150 m. La performance, dans chaque groupe, a été jugée sur le temps réalisé à 5 000 m. Seuls les sujets du premier groupe ont amélioré significativement leur performance. Cependant, la $\dot{V}O_2$max des sujets des deux premiers groupes a augmenté de 5 %, grâce à la polyglobulie. Il semble alors bénéfique, pour des athlètes vivant à une altitude modérée, de descendre s'entraîner à une altitude plus faible.

Ce travail a été repris plus récemment auprès de coureurs à pied (14 hommes et 8 femmes) dont tous, sauf 2, étaient classés parmi les meilleurs de leur spécialité aux USA. Les athlètes ont vécu à 2 500 m et se sont entraînés à 1 250 m pendant 27 jours. Les mesures ont été réalisées la semaine précédant et la semaine suivant le séjour en altitude. La performance à 3 000 m s'est améliorée de 1,1 % et la $\dot{V}O_2$max de 3,2 %[16]. La figure 13.8 rapporte les gains de temps observés. En abscisse, la performance initiale mesurée avant le séjour en altitude est exprimée en pourcentage du record US correspondant. En ordonnée, l'amélioration est exprimée en pourcentage de la valeur initiale.

De nombreuses études ont confirmé les résultats de ces premiers travaux qui montrent que vivre à plus de 2 500 m d'altitude, tout en s'entraînant à basse altitude, permet à des athlètes de haut niveau d'améliorer encore leur $\dot{V}O_2$max et leur performance aérobie au niveau de la mer. Ces bénéfices s'expliquent essentiellement par les adaptations sanguines qui améliorent les possibilités de transport de l'oxygène, même s'il existe de grandes variabilités individuelles. Dans les études précédentes, ces bénéfices sont observés chez les athlètes exposés à une altitude d'au moins 2 500 m. Il reste à préciser s'il existe un seuil minimal et une altitude optimale. Pour répondre à cette question[6], 48 coureurs à pied, répartis en 4 groupes ont été exposés à des altitudes différentes : 1 780 m, 2 085 m, 2 454 m et 2 800 m. Les 48 coureurs s'entraînaient tous à des altitudes comprises entre 1 250 m et 3 000 m. À l'arrêt du programme, les concentrations sanguines d'EPO avaient augmenté de manière similaire dans les 4 groupes. Mais les valeurs revenaient beaucoup plus vite à leur niveau initial chez les coureurs exposés à 1 780 m. La $\dot{V}O_2$max mesurée au niveau de la mer était augmentée dans les 4 groupes (figure 13.9). Mais la performance à 3 000 m n'était significativement augmentée que dans les 2 groupes

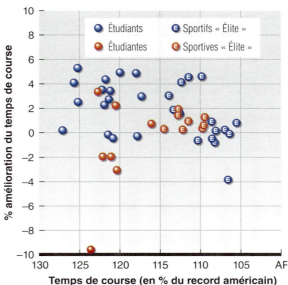

Figure 13.8

Amélioration du temps de course (%) chez des spécialistes de course à pied[16] et chez des étudiants des 2 sexes[11], après 4 semaines d'un séjour en altitude, combiné à un entraînement à 1 250 m.

exposés aux altitudes intermédiaires de 2 085 m et 2 454 m. Il faut très probablement en conclure :

- que la polyglobulie est une condition nécessaire mais non suffisante
- et qu'il existe une altitude optimale

pour améliorer la performance aérobie au niveau de la mer lorsqu'on applique la méthode « live high, train low ».

5.3 Comment améliorer la performance en altitude ?

Bien que les conclusions scientifiques ne soient pas encore très formelles, il semble que l'athlète ait le choix entre deux solutions. La première consiste à réaliser la compétition dans les 24 premières heures qui suivent l'arrivée à une altitude élevée. Les processus d'acclimatation n'ont pas eu le temps de se mettre en route, mais l'exposition est suffisamment brève pour éviter l'installation complète du classique « mal des montagnes ». Au-delà de 24 heures, les qualités physiques de l'athlète risquent de se détériorer, celui-ci manifestant souvent des signes d'intolérance, comme des troubles du sommeil, un certain degré de déshydratation, etc.

La deuxième solution consiste à proposer à l'athlète un entraînement en altitude deux semaines avant la compétition. Deux semaines ne suffisent pas, toutefois, à réaliser une acclimatation parfaite (il faut pour cela au moins 3 à 6 semaines, voire plus) dans les activités sportives qui requièrent beaucoup de qualités d'endurance (course à pied, sports collectifs). Il est alors indispensable de réaliser, au niveau de la mer, un entraînement suffisamment intense et plus longtemps, pour améliorer très nettement $\dot{V}O_2$max. Ceci permet de mieux tolérer, en altitude, une charge d'entraînement ou de compétition qui se situera nécessairement à un niveau relatif inférieur à celui de la mer.

Pour limiter le risque de survenue du « mal des montagnes », il faut respecter une ascension progressive avant d'atteindre l'altitude finale.

Pour bénéficier au mieux des bienfaits de l'acclimatation, il faut monter au moins à 1 500 m, et au plus à 3 000 m, ces deux niveaux représentant les limites minimale et maximale susceptibles d'apporter des bénéfices. Comme les possibilités physiques sont réduites les premiers jours, les sportifs doivent réduire leur entraînement de 30 % à 40 %. Ils peuvent augmenter progressivement la charge de travail au cours des 10 à 14 jours suivants.

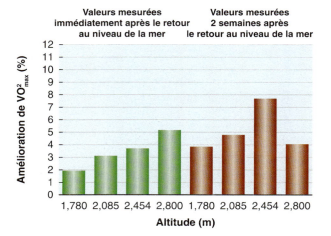

Figure 13.9

A : Altitude (m)
B : Valeurs mesurées immédiatement après le retour au niveau de la mer
C : Valeurs mesurées 2 semaines après le retour au niveau de la mer
D : Amélioration de la performance au 3 000 m (%)
E : Amélioration de $\dot{V}O_2$max (%)
Adapté avec la permission de R.F. Chapman *et al.*, 2014, "Defining the 'dose' of altitude training: How high to live for optimal sea level performance enhancement", *Journal of Applied Physiology* 116(6): 595-603.

5.4 L'entraînement en altitude « simulée »

L'hypoxie constitue un stimulus majeur qui règle les différentes adaptations observées lors d'une exposition à l'altitude. Pour reproduire ces adaptations, il a donc été proposé de faire inhaler des mélanges hypoxiques pendant 1 h à 2 h par jour. Mais les résultats ne sont pas concluants. Pourtant des périodes d'entraînement, de 1 à 2 semaines, à 2 300 m alternant avec des périodes d'entraînement n'excédant pas 11 jours, au niveau de la mer, sont efficaces[7]. Ces résultats ont suscité un grand intérêt et ont conduit à proposer un nouveau modèle d'entraînement permettant aux athlètes d'éviter le séjour en altitude. Il consiste à placer le sujet en chambre hypoxique pendant la nuit (hypoxie simulée). Le mélange inspiré pendant le sommeil est enrichi en azote et appauvri en oxygène afin de diminuer la pression partielle en oxygène de l'air inspiré. Les pionniers en ce domaine sont les chercheurs finlandais qui sont parvenus à ajuster des mélanges inspirés permettant de simuler les altitudes respectives de 2000 m et 3 000 m. À ce jour, aucune étude n'a réellement confirmé que ce modèle permettait d'améliorer la performance. Cependant, une méta-analyse récente (approche statistique qui combine les résultats de plusieurs études différentes pour en tirer des conclusions générales plus fortes) rapporte que si les athlètes très confirmés peuvent tirer bénéfice de la méthode « live high, train low » les athlètes de niveau plus modeste semblent davantage améliorés par la technique d'hypoxie simulée[2]. Pour certains, il ne s'agirait cependant que d'un effet placébo. Ces méthodes sont aussi contestées d'un point de vue éthique.

Résumé

› De nombreuses études suggèrent que l'entraînement en altitude n'induit aucune amélioration significative des performances au niveau de la mer. Mais séjourner en altitude et s'entraîner au niveau de la mer peut être une alternative.

› Si une compétition est programmée en altitude, il est préférable de l'effectuer dans les 24 heures qui suivent l'arrivée en altitude, pour que les effets délétères soient les moins marqués possibles.

› Une alternative consiste à s'entraîner entre 1 500 et 3 000 m d'altitude pendant au moins deux semaines avant la compétition, délai minimum nécessaire à la mise en place des adaptations à l'hypoxie et aux autres conditions environnementales.

› Il n'est pas prouvé que de brèves périodes d'inhalation de mélanges gazeux hypoxiques ou hypobares (1-2 h par jour) induisent une adaptation, même partielle, similaire à celle de l'exposition à l'altitude.

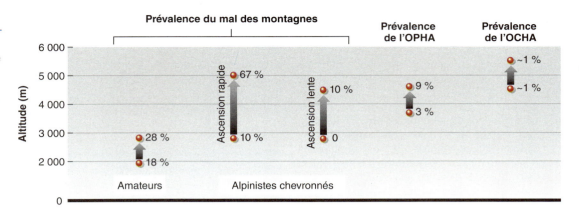

Figure 13.10

Prévalence du mal aigu des montagnes, de l'œdème pulmonaire de haute altitude (OPHA) et de l'œdème cérébral de haute altitude (OCHA) en fonction de l'altitude, de l'expérience et, dans le cas du mal aigu des montagnes, de la vitesse d'ascension.
D'après les données de Bartsch et Saltin, 2008.

6. Problèmes cliniques lors d'une exposition aiguë à l'altitude

La plupart des sujets qui montent à une altitude modérée ou élevée présentent des signes d'intolérance regroupés sous le terme de « mal des montagnes ». Celui-ci associe des symptômes divers comme maux de tête, nausées, vomissements, dyspnée (essoufflement anormal) et troubles du sommeil. Il apparaît typiquement 6 à 48 heures après l'arrivée et est maximal à J2-J3. Même s'il reste modéré, il entraîne une incapacité physique d'au moins plusieurs jours. Il est rarement plus sévère mais peut être mortel si le sujet présente un œdème pulmonaire ou un œdème cérébral.

6.1 Le mal aigu des montagnes

L'incidence de ce malaise varie avec l'altitude, la vitesse d'ascension et la sensibilité individuelle. La fréquence de ce malaise a été tout particulièrement étudiée chez des touristes-randonneurs et chez des grimpeurs expérimentés. Les résultats varient dans de larges proportions, puisque la fréquence va de 1 % à peine jusqu'à 60 % pour des altitudes respectives de 3 000 m et 5 000 m (figure 13.10). Forster[8] rapporte pourtant que 80 % de ceux qui atteignent le sommet du Mont Mauna Kea (4 205 m), sur l'île d'Hawaï, présentent des manifestations diverses. À des altitudes plus habituelles, pour les skieurs et les randonneurs, allant de 2 500 m à 3 500 m, les symptômes sont très variables et leur fréquence estimée aux environs de 7 % chez les hommes et 22 % chez les femmes. La raison de cette différence intersexe reste discutée[17].

Bien que les mécanismes à l'origine du mal des montagnes ne soient pas encore totalement élucidés, plusieurs études montrent que les sujets qui en souffrent ont une faible réponse ventilatoire à l'hypoxie. Ceci aggrave l'hypoxémie et favorise l'accumulation du dioxyde de carbone dans les tissus. Ces altérations pourraient être à l'origine de certains des signes fonctionnels observés dans le mal des montagnes.

Le mal de tête est le symptôme le plus fréquent. Il est rarement perçu en dessous de 2 500 m mais il est pratiquement constant quand on atteint l'altitude de 3 600 m. Il est permanent, très pulsatile et plus marqué le matin ou après un exercice et aggravé par la consommation d'alcool. Le mécanisme exact n'est pas connu mais on suppose que l'hypoxie, par son effet vasodilatateur au niveau cérébral, excite les récepteurs à la douleur.

Un autre effet délétère de ce malaise consiste en des troubles du sommeil. Les travaux sur ce sujet montrent que ces troubles correspondent à des interruptions des différentes phases du sommeil et coïncident avec une respiration anormale dite de « Cheyne-Stokes », caractérisée par la survenue de pauses respiratoires entre des phases de respiration rapides puis lentes mais superficielles. Il a été noté que l'incidence de cette respiration anormale augmente avec l'altitude. Plus précisément, elle est observée pendant 24 % du temps passé à une altitude de 2 440 m, 40 % à 4 270 m, 100 % pour des altitudes dépassant 6 300 m[19].

Est-il possible d'éviter la survenue du mal des montagnes ? On serait tenté de penser que les sujets très entraînés sont plus protégés que les sujets moins actifs. En fait, il n'en est rien. Les sujets à $\dot{V}O_2max$ élevée sont tout aussi exposés à ce risque que les sujets sédentaires.

La prévention et le traitement de ce mal consistent à éviter une ascension trop rapide. Il faut alors séjourner plusieurs jours à chaque palier. Il est aussi conseillé, au-delà de 3 000 m, de ne pas grimper plus de 300 m par jour. À ceci on peut ajouter la prescription débutée 24 h avant le séjour, et sous contrôle médical, de médicaments : l'acétazolamide parfois associée à un corticoïde (dexaméthasone). Si le sujet présente des signes

> **PERSPECTIVES DE RECHERCHE 13.3**
>
> ### Stratégies recommandées pour se préparer à un séjour à haute altitude
>
> Dès les premiers jours à une altitude élevée, la performance physique est altérée et le risque de survenue du mal des montagnes est important. Quel que soit le motif du séjour (compétition sportive, pratique du ski ou de l'alpinisme, expédition militaire, situation de secours ou randonnée touristique), il est essentiel de connaître les stratégies qui sont conseillées pour limiter tout risque d'incident voire d'accident. Plusieurs stratégies de pré-acclimatation par l'hypoxie ont été étudiées par les scientifiques de l'Institut Américain de Recherche des Armées en Médecine Environnementale[9,12]. Les recommandations qui suivent ont fait leur preuve pour minimiser les symptômes et préserver la performance physique lors d'une exposition au-delà de 4 000 m.
>
> 1. Toute ascension à une altitude modérée d'environ 1 500 m, pendant 1 à 2 j, permet d'augmenter et d'adapter le niveau ventilatoire.
>
> 2. Passer 6 j à 2 200 m permet de réduire notablement le risque de survenue du mal des montagnes et améliore les capacités physiques lors d'une ascension ultérieure rapide à plus de 4 000 m.
>
> 3. Séjourner au moins 5 j à 3 000 m pendant les 2 derniers mois limite également le risque de survenue du mal des montagnes.
>
> 4. En fait, la prévention du mal des montagnes est d'autant plus efficace que la durée du séjour en altitude modérée est longue et meilleure est l'adaptation ventilatoire.
>
> 5. L'entraînement pendant la phase de pré-exposition à une altitude modérée permet d'optimiser davantage la performance physique.
>
> 6. L'exposition à l'hypoxie hypobare (séjour en altitude réelle ou altitude simulée en chambre ou tente hypobare) est plus efficace que l'exposition à l'hypoxie normobare (inhalation de mélanges normobares appauvris en oxygène).

évidents de détresse, il faut bien évidemment entreprendre le traitement adéquat d'urgence :

- redescendre le sujet à une altitude inférieure ou
- lui faire inhaler un mélange enrichi en oxygène ou
- le placer en caisson hyperbare

6.2 L'œdème pulmonaire de haute altitude

La survenue d'un œdème pulmonaire, par accumulation de liquide dans les poumons, constitue un danger vital. Cet œdème résulte probablement de la vasoconstriction des vaisseaux pulmonaires en réponse à l'hypoxie. La perfusion sanguine dans les tissus pulmonaires situés en amont de la vasoconstriction augmente et l'excès de liquide accompagné de protéines quitte le lit vasculaire et envahit les poumons. Il survient surtout chez les sujets qui montent trop rapidement au-delà de 2 500 m. Il peut apparaître chez des sujets en excellente santé, mais paraît plus fréquemment chez les sujets jeunes, en particulier chez les enfants. L'accumulation de liquide intrapulmonaire entraîne une respiration rapide, haletante et une fatigue extrême.

Elle perturbe les mouvements d'air entre l'extérieur et les poumons et donc les échanges entre les poumons et le milieu sanguin. L'oxygénation du sang est alors sévèrement altérée, ce qui se traduit par une cyanose (bleuissement) des lèvres et des extrémités des doigts. Elle conduit progressivement à l'apparition de troubles confusionnels et à une perte de connaissance. Le traitement de l'œdème aigu du poumon consiste à apporter de l'oxygène et à descendre la victime à une altitude inférieure.

6.3 L'œdème cérébral de haute altitude

Des cas rares d'œdème cérébral ont également été rapportés. Il s'agit d'une accumulation de liquide dans les espaces cérébraux qui conduit à l'apparition progressive de troubles mentaux, puis au coma et à la mort. La plupart des cas connus ont été observés à des altitudes dépassant 4 300 m. Il est très probablement induit par l'hypoxie cérébrale et vient souvent compliquer l'œdème pulmonaire. Le traitement est identique à celui de l'œdème pulmonaire. Si le traitement est trop différé, il peut en résulter de graves séquelles.

> **Résumé**
>
> ❯ Le mal aigu des montagnes se caractérise par des maux de tête, des nausées, des vomissements, une dyspnée et des troubles du sommeil. Ces symptômes apparaissent en général entre 6 et 48 h après l'arrivée en altitude.
>
> ❯ Les mécanismes à l'origine du mal aigu des montagnes ne sont pas totalement identifiés. Certains symptômes résultent à la fois de l'hypoxie et de l'accumulation du dioxyde de carbone dans les tissus.
>
> ❯ Pour en éviter l'apparition, il est conseillé une montée progressive, sans dépasser plus de 300 m par jour au-delà de 3 000 m. En cas de malaise, des médicaments peuvent en limiter la gravité.
>
> ❯ L'œdème pulmonaire et l'œdème cérébral sont dus à l'accumulation de liquide respectivement dans les poumons et le cerveau. Ils constituent des risques vitaux. Ils peuvent être traités tous les deux par l'administration d'oxygène, l'inhalation de mélanges hyperbares et la redescente à une altitude inférieure.

7. Conclusion

La plupart des activités physiques ne sont pas réalisées dans des conditions parfaitement idéales. La chaleur, le froid, l'humidité, l'altitude constituent autant de situations particulières, parfois combinées, qui s'ajoutent au stress de l'exercice et nécessitent des adaptations spécifiques. Nous avons précisé, dans ce chapitre, les principaux mécanismes qui permettent à l'homme de s'adapter à ces différents environnements, tout en continuant à réaliser des exercices physiques.

Toutes ces situations, plus particulières les unes que les autres, constituent un véritable handicap à la performance. Dans la partie suivante, nous nous proposons de voir comment il est possible d'optimiser celle-ci par un entraînement tout à fait adapté, ni insuffisant ni excessif.

Mots-clés

alcalose respiratoire

hypobare

hypoxémie

hypoxie

mal aigu des montagnes

œdème cérébral de haute altitude

œdème pulmonaire de haute altitude

pression barométrique

pression partielle en oxygène (PO_2)

polyglobulie

respiration de Cheyne-Stockes

Questions

1. Quels sont les facteurs qui limitent la performance physique en altitude ?

2. Quelles sont les activités les plus affectées par la haute altitude et pourquoi ?

3. Quelles sont les principales adaptations observées dans les 24 premières heures qui suivent une ascension à plus de 1 500 m ?

4. Quelles sont les principales adaptations induites par l'acclimatation à l'altitude, selon la durée du séjour (jours, semaines, mois) ?

5. L'entraînement aérobie en altitude est-il susceptible d'améliorer ultérieurement les performances au niveau de la mer ? Justifiez

6. Quels sont les avantages théoriques de la méthode dite « live high, train low » ?

7. Quelles sont les meilleures stratégies à proposer à un athlète qui désire préparer une compétition en altitude élevée ?

8. Quels sont les risques pour la santé d'une exposition aiguë à une altitude élevée ? Comment peut-on les prévenir ?

CINQUIÈME PARTIE

Optimisation de la performance

Nous avons détaillé, jusqu'à présent, les mécanismes d'adaptation de l'organisme à un exercice aigu, à un exercice chronique et à des conditions d'environnement extrêmes. Comment utiliser ces connaissances afin d'améliorer la performance ? Comment les sportifs peuvent-ils se préparer au mieux à la compétition ? Ce sera l'objet de toute cette partie. Dans le chapitre 14, « Programmation de l'entraînement », nous discuterons de la quantité d'entraînement, en montrant en quoi un entraînement, soit excessif soit insuffisant, peut altérer la performance. Dans le chapitre 15, « Composition corporelle, Nutrition et Sport », nous passerons en revue les moyens d'évaluer la composition corporelle, ses liens avec la performance sportive et le bon usage des normes de poids. Nous étudierons les besoins alimentaires du sportif et envisagerons dans quelle mesure les supplémentations alimentaires et les manipulations diététiques peuvent contribuer à améliorer la performance. Dans le chapitre 16, « Aide ergogénique à la performance », nous présenterons les nombreuses substances pharmacologiques, hormonales ou physiologiques qui sont proposées pour améliorer l'aptitude physique. Nous préciserons quels sont les effets réels démontrés, le bénéfice espéré, mais surtout les risques potentiels induits par l'usage de ces produits.

Chapitre 14 : Programmation de l'entraînement

Chapitre 15 : Composition corporelle, nutrition et sport

Chapitre 16 : Sport et substances ergogéniques

Programmation de l'entraînement

14

Pendant toute sa vie d'étudiant, Éric s'est entraîné chaque jour en natation, à raison de 4 heures par jour, couvrant environ 13,7 km. Malgré cela, il n'a jamais réussi à améliorer son temps sur 200 yd (183 m), obtenu alors qu'il n'était qu'en première année. Son meilleur temps de 2 min 15 s lui donnait peu de chance de rivaliser avec ses concurrents, capables de disputer cette épreuve en moins de 2 min 5 s. Lors de son passage en catégorie « senior », son entraîneur décide alors de revoir tout son plan d'entraînement. Éric ne consacre plus désormais que 2 heures par jour à la natation couvrant 4,5 à 4,8 km. Il nage, dès lors, plus vite lors des séries d'exercices avec des récupérations plus longues entre chaque répétition. C'est alors que ses performances s'améliorent très nettement. Après trois mois de cet entraînement, son temps chute à 2 min 10 s, ce qui ne fait toujours pas de lui un concurrent potentiel. Pour le récompenser de ces résultats, son entraîneur l'inscrit malgré tout à une compétition et diminue sa charge d'entraînement à environ 1,6 km par jour, dans les trois semaines qui précèdent. Malgré cette récupération partielle, Éric passe les épreuves éliminatoires et arrive en finale. Son meilleur temps n'est plus que de 2 min 1 s. Il s'améliore encore dans l'épreuve finale qu'il termine troisième avec un temps de 1 min 57,7 s, un record impressionnant puisqu'il pulvérise ses propres résultats, en ayant pourtant diminué considérablement sa quantité d'entraînement avant la compétition.

Plan du chapitre

1. Optimisation de l'entraînement   348
2. La périodisation de l'entraînement   351
3. Le surentraînement   353
4. L'affûtage   360
5. Le désentraînement   361
6. Conclusion   366

Jour après jour, semaine après semaine, l'entraînement constitue un stress bénéfique puisqu'il améliore le potentiel énergétique de l'organisme, la tolérance à l'effort et la performance. Les premiers effets positifs apparaissent au bout de 6 à 10 semaines. Leur importance est en général fonction de la quantité d'entraînement réalisée, ce qui a conduit nombre d'entraîneurs et de sportifs à croire que la quantité d'entraînement est le facteur essentiel de la performance. Dans l'esprit de beaucoup, quantité et qualité d'entraînement sont, à tort, plus ou moins synonymes. Trop souvent l'entraînement est évalué en termes de quantité et conduit de manière non spécifique et peu individualisée.

La réponse à l'entraînement est très individuelle et limitée par des facteurs génétiques. Il existe, pour chacun, une limite à l'amélioration des capacités physiques. Un même entraînement peut être très bien toléré par certains alors qu'il est excessif pour d'autres. Il est donc essentiel d'évaluer ces différences individuelles et d'en tenir compte pour la programmation d'entraînement qui doit être adaptée. Un entraînement trop important peut, en fait, diminuer le potentiel du sportif, induire un arrêt dans les adaptations et baisser sa performance.

Si la quantité d'entraînement constitue en soi un stimulus essentiel au développement de la condition physique, il est essentiel de respecter un équilibre entre quantité et intensité afin d'éviter la survenue d'une fatigue chronique plus ou moins sévère, voire d'un syndrome de surentraînement et d'une chute de la performance. À l'inverse, un repos bien programmé ou une réduction partielle de la charge d'entraînement peut contribuer à améliorer la performance. Il apparaît donc essentiel de chercher à définir au mieux, et pour chaque athlète, la quantité et la qualité d'entraînement adéquates. Pour cela les physiologistes ont testé plusieurs programmes différents, afin de préciser les stimuli nécessaires pour induire les adaptations cardiovasculaires et musculaires. Il s'agit maintenant d'examiner les facteurs responsables des adaptations induites par l'entraînement afin de proposer un modèle permettant d'optimiser l'entraînement.

1. Optimisation de l'entraînement

Tout programme d'entraînement digne de ce nom est basé sur le principe de surcharge progressive. Selon ce principe, il faut augmenter progressivement la charge d'entraînement, pour permettre à l'organisme de s'adapter à l'intensité croissante du stimulus et pour développer au maximum la condition physique. Si on ne tient pas compte de ce concept, l'entraînement peut devenir excessif, au-delà des possibilités d'adaptation de l'organisme. Il conduit alors à une chute de la performance. À l'inverse, si la charge d'entraînement est trop faible, ou si elle est maintenue constante, elle ne constitue plus un stimulus suffisant pour déclencher une adaptation supplémentaire. Il est donc impératif d'augmenter progressivement la charge d'entraînement pour améliorer la performance. L'entraîneur doit donc déterminer pour chaque athlète la charge supplémentaire à imposer, ce qui n'est pas simple car il existe de grandes variations individuelles.

La figure 14.1 propose un modèle théorique d'évolution continue des adaptations physiologiques en réponse à l'augmentation de la charge d'entraînement, sur une année entière. Il décrit quatre périodes d'entraînement successives, une période d'entretien, une période de charge, une période de surcharge et une période de surentraînement. La première, période d'entretien, correspond au travail effectué par le sportif entre deux phases de compétition ou pendant les phases de récupération active. Les adaptations physiologiques correspondantes sont habituellement faibles et non associées à un gain de performance. La période de charge est celle où le sportif stimule suffisamment son organisme pour améliorer ses capacités physiologiques et sa performance. Elle représente la charge la plus habituelle sur une saison d'entraînement. La notion de surcharge est un concept plus récent. C'est une période brève où la charge d'entraînement est nettement plus intense, avec une récupération suffisante, dépassant la capacité d'adaptation physiologique du sportif. Il s'ensuit une diminution transitoire de la performance qui ne doit pas excéder quelques jours, voire quelques semaines. Parfois la performance s'améliore vite. Le surentraînement survient lorsque le sportif voit ses performances chuter en dépit d'une charge d'entraînement augmentée, traduisant des désadaptations physiologiques qui définissent le syndrome de surentraînement[1].

1.1 La surcharge d'entraînement

La surcharge d'entraînement, à l'inverse de l'entraînement excessif, traduit une volonté systématique de stresser l'organisme au-delà de sa capacité de tolérance, sur une courte période, pour obtenir des adaptations supplémentaires, supérieures à celles qu'apporte une période d'entraînement ordinaire. Il existe, comme dans le surentraînement, une phase de diminution de la performance, mais celle-ci doit être de courte durée, ne dépassant pas quelques jours ou quelques semaines au grand maximum. La surcharge d'entraînement doit rapidement s'accompagner à la fois d'une amélioration des fonctions physiologiques et de la

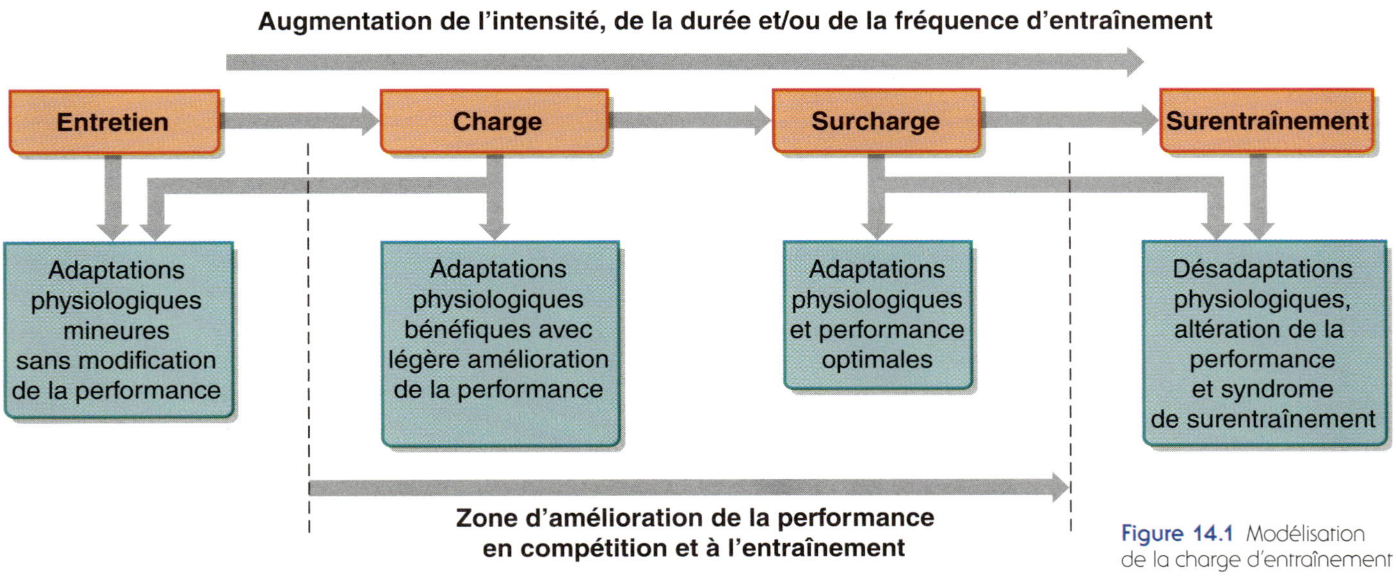

Augmentation de l'intensité, de la durée et/ou de la fréquence d'entraînement

Entretien → **Charge** → **Surcharge** → **Surentraînement**

- Adaptations physiologiques mineures sans modification de la performance
- Adaptations physiologiques bénéfiques avec légère amélioration de la performance
- Adaptations physiologiques et performance optimales
- Désadaptations physiologiques, altération de la performance et syndrome de surentraînement

Zone d'amélioration de la performance en compétition et à l'entraînement

Figure 14.1 Modélisation de la charge d'entraînement

Adapté avec la permission de L.E. Armstrong et J.L. VanHeest "The unknow mechanism of the overtraining syndrome", *Sports Medicine* 32(1), 2002.

performance. Il existe cependant une période très critique au cours de laquelle le sportif peut facilement basculer dans le surentraînement. Il suffit normalement de quelques jours, au plus quelques semaines, pour récupérer totalement d'une période de surcharge d'entraînement correctement appliquée. Dans le cas du surentraînement, la récupération peut demander plusieurs mois, voire plusieurs années. L'art de l'entraîneur consiste à savoir jusqu'où « surcharger » le sportif afin d'obtenir le maximum de bénéfices à la fois sur le plan des adaptations physiologiques et sur le plan de la performance, sans l'exposer au surentraînement. C'est une tâche très délicate.

1.2 L'entraînement excessif

Non représenté sur la figure 14.1, l'entraînement excessif a un contenu bien au-dessus de ce qui est nécessaire pour la performance, mais il ne répond pas exactement aux critères de surcharge d'entraînement ni au surentraînement.

L'entraînement excessif correspond à une augmentation majeure, isolée ou combinée de l'intensité et de la quantité d'entraînement. Il dérive directement de la croyance selon laquelle « plus on en fait, meilleur on est ». Depuis que l'entraînement devient plus rigoureux et méthodique, l'augmentation des charges est associée à un gain de performance. Il arrive néanmoins un moment où la performance stagne, voire décline, malgré l'accroissement de la charge.

La plupart des études sur ce sujet ont été conduites chez des nageurs. Mais le principe s'applique bien sûr à d'autres formes d'entraînement. Il apparaît clairement que les bénéfices ne sont pas supérieurs si on nage jusqu'à 3 à 4 h par jour, 5 à 6 jours par semaine, plutôt que 1 h à 1 h 1/2 par jour seulement[5]. On a, au contraire, montré qu'une telle quantité d'entraînement diminue la force musculaire et les capacités de sprint du nageur.

Quelques études, encore limitées, ont comparé les effets respectifs d'un et de plusieurs entraînements par jour. Elles montrent que les gains de performance ne sont pas supérieurs lorsqu'on multiplie les entraînements quotidiens. Ceci est illustré par la figure 14.2 qui rapporte les résultats obtenus chez des nageurs qui s'entraînent une fois par jour (groupe 1) et des nageurs qui s'entraînent deux fois par jour (groupe 2), pendant 25 semaines. Plus exactement, au début de la période d'entraînement, les nageurs des deux groupes se sont entraînés de manière identique, c'est-à-dire à raison d'une fois par jour. C'est seulement de la cinquième à la dixième semaine, que le groupe 2 passe à deux entraînements par jour. Après 6 semaines de ce régime, les nageurs reviennent tous à un entraînement par jour. Chez tous les nageurs, la fréquence cardiaque et la lactatémie diminuent fortement, au début de la période d'entraînement, aucune différence n'apparaît entre les deux groupes suite à la variation de la quantité d'entraînement. Les gains de performance ne sont pas plus importants dans le groupe 2 qui s'entraîne deux fois par jour. Il faut signaler malgré tout que les lactatémies des nageurs du groupe 2 (figure 14.2a) et leurs fréquences cardiaques (figure 14.2b) sont légèrement supérieures, pour une même distance de nage, même si la différence n'est pas significative.

Pour juger des conséquences d'un entraînement excessif, à plus long terme, on a comparé le gain de performance, chez des nageurs s'entraînant deux fois par jour, sur des distances

Figure 14.2

Évolutions de la lactatémie et de la fréquence lors d'une épreuve de nage de 400 yd (366 m) pendant 25 semaines d'entraînement. Du début de la 5e semaine jusqu'à la 10e comprise, le groupe 1 s'entraîne une fois par semaine et le groupe 2 s'entraîne 2 fois par semaine.

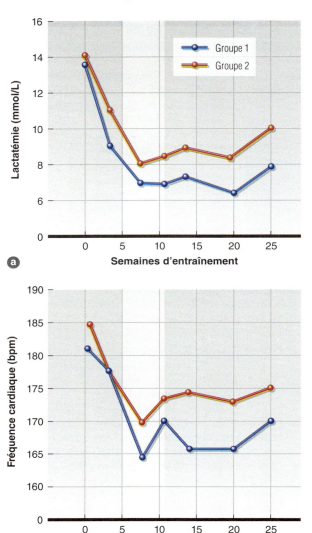

longues, dépassant 10 km par jour (groupe LD), et chez des nageurs parcourant la moitié de cette distance en une seule séance par jour (groupe CD)[5]. Les variations de performances en crawl sur 100 yd (91 m) ont été suivies dans les deux groupes pendant quatre ans. L'amélioration du temps sur 100 yd est identique, environ 0,8 % par an. Le concept de spécificité (voir chapitre 9) dit bien que consacrer plusieurs heures par jour à l'entraînement ne permet pas d'améliorer pour autant les qualités requises lors d'épreuves courtes. En natation, par exemple, la plupart des compétitions durent moins de 2 min. Nager plusieurs heures par jour implique, pour le nageur, une vitesse d'entraînement largement inférieure à celle requise pour une compétition. Il faut bien admettre qu'une quantité d'entraînement trop importante a peu d'effet sur la performance lors d'épreuves brèves.

Pour beaucoup de chercheurs, il n'apparaît pas nécessaire de s'entraîner longuement chaque jour. Dans beaucoup de sports la quantité d'entraînement peut être réduite, parfois d'environ 50 %, sans compromettre la performance mais en atténuant considérablement le risque de surentraînement. Selon le principe de spécificité, les sprinters ne doivent pas diminuer l'intensité de l'entraînement au profit de la quantité.

L'intensité est l'autre facteur déterminant de l'entraînement qui fait appel à la fois à la force musculaire, au stress imposé au métabolisme et au système cardiovasculaire. Il faut toujours garder à l'esprit les interactions très fortes qui existent entre intensité et quantité d'entraînement. Lorsque l'intensité est réduite, il faut nécessairement augmenter la durée de l'entraînement pour obtenir une adaptation suffisante. Il ne sert à rien, par contre, de répéter trop longtemps des exercices très intenses, il faut donc diminuer la durée de l'entraînement. Les adaptations qui résultent de ces deux formes d'entraînement sont alors différentes. Ces concepts s'appliquent à toutes les formes d'entraînement : anaérobie, aérobie ou de force.

Une faible quantité d'entraînement de haute intensité est bien tolérée, mais sur des périodes courtes. Cela permet d'augmenter la force musculaire et l'aptitude anaérobie mais a un effet modeste sur l'aptitude aérobie. À l'inverse, une quantité d'entraînement élevée et de faible intensité stimule le système de transport de l'oxygène et le métabolisme oxydatif, améliorant à terme l'aptitude aérobie. Ce type d'entraînement a peu d'effet sur la force et la vitesse.

S'entraîner à tout prix intensément et longtemps, ou de manière trop répétée, n'est certainement pas sans risque. La dépense énergétique devient tellement importante qu'elle conduit à un effondrement des réserves musculaires en glycogène. Lorsque de telles séances sont répétées quotidiennement, une déplétion chronique de ces stocks s'installe, ce qui conduit à la fatigue et au surentraînement.

2. La périodisation de l'entraînement

À partir du modèle présenté à la figure 14.1, on peut voir que l'entraînement sportif sur une saison entière se divise en différentes parties et unités d'entraînement. C'est ce qu'on appelle la périodisation de l'entraînement. Elle fait appel à des formes d'entraînement très variées qui définissent les charges et surcharges d'entraînement en évitant toujours le surentraînement. Elle est apparue dans les années 1960 et a gagné l'ensemble du monde sportif au cours des 50 dernières années. Différentes approches sont récemment apparues mais qui n'ont pas encore été validées par des résultats de recherche.

2.1 La périodisation traditionnelle

Sous sa forme traditionnelle, la périodisation implique une succession de périodes ou cycles planifiés plus ou moins longs, plus ou moins intenses et de contenus variés. Elle comprenait classiquement :

- une préparation sur plusieurs années comme une olympiade,
- des macrocycles d'entraînement sur un ou plusieurs mois,
- des méso-cycles sur une ou plusieurs semaines,
- des microcycles sur quelques jours, et enfin
- les séances d'entraînement.

C'est ce qu'illustre la figure 14.3.
Cette forme de périodisation a deux inconvénients majeurs[12]. Comme on peut le voir sur la figure ce modèle prépare à une compétition bien planifiée. D'abord la multiplication des rendez-vous pour les sportifs de haut niveau et dans certaines activités sportives rend difficile l'application de ce modèle. Ensuite, il implique que tous les systèmes physiologiques et les compétences requises pour une activité sportive soient développés simultanément. Cette méthode est intéressante pour les athlètes, cyclistes, nageurs, mais ne peut s'appliquer aux sports collectifs, par exemple, qui doivent développer l'aptitude aérobie, la force musculaire et la vitesse.

2.2 La périodisation par blocs

Depuis les années 1980, l'entraînement dit par « blocs » s'est popularisé parmi les sportifs de haut niveau et leurs entraîneurs[12]. Un bloc est un cycle d'entraînement hautement spécialisé et focalisé sur une qualité. Même si les activités sportives diffèrent on peut décrire des principes généraux[12] de cette forme de programmation de l'entraînement.

- Chaque bloc se focalise sur très peu d'objectifs, voire un seul,
- Le nombre de blocs pour une qualité est faible, pas plus de 3 ou 4, contrairement aux traditionnels méso-cycles qui contiennent parfois 9 à 11 types de microcycles différents,
- Un bloc dure de 2 à 4 semaines permettant d'éviter la fatigue,
- Mettre des étapes à l'intérieur des séquences d'entraînement permet d'atteindre la forme optimale lors des compétitions répétées.

Le bénéfice majeur de la périodisation par blocs est de permettre le développement de plusieurs qualités nécessaires à un sport donné. Peu de données scientifiques sont actuellement disponibles sur ce sujet.

Résumé

› Le niveau d'adaptation d'un sujet par l'entraînement est génétiquement déterminé. Chacun répond différemment à un même d'entraînement. Ce qui peut être excessif pour l'un convient à l'autre. Il est donc très important de bien connaître les réponses individuelles à l'entraînement.

› L'entraînement optimal doit tenir compte du principe de périodisation car le corps humain a besoin d'aller progressivement, par étapes, de l'entraînement léger vers la surcharge d'entraînement aiguë afin d'améliorer la performance.

› Un entraînement excessif consiste en un entraînement dont la quantité est inutilement trop élevée, ou beaucoup trop intense, ou les deux. Il n'améliore pas la condition physique et conduit au contraire à une baisse de performance. Il expose le sujet à des problèmes pathologiques.

› Pour augmenter le volume d'entraînement, on peut augmenter soit la durée soit la fréquence des séances ou les deux. De nombreuses études ont ainsi montré que le gain de performance est identique, si la quantité d'entraînement est diminuée de moitié.

› C'est l'intensité de l'entraînement qui détermine les adaptations spécifiques. Mais, lorsque l'intensité est augmentée, il faut réduire la quantité et vice-versa.

› La périodisation de l'entraînement implique de varier les charges d'entraînement en évitant le surentraînement.

Figure 14.3 Périodisation traditionnelle d'un programme d'entraînement

La charge d'entraînement est adaptée afin d'induire une charge élevée (surcharge transitoire) tout en évitant le surentraînement. Adapté avec la permission de R.W. Fry, A.R. Morton et D. Keast, "Overtraining in athletes : An update", *Sports Medicine* 12, 1991.

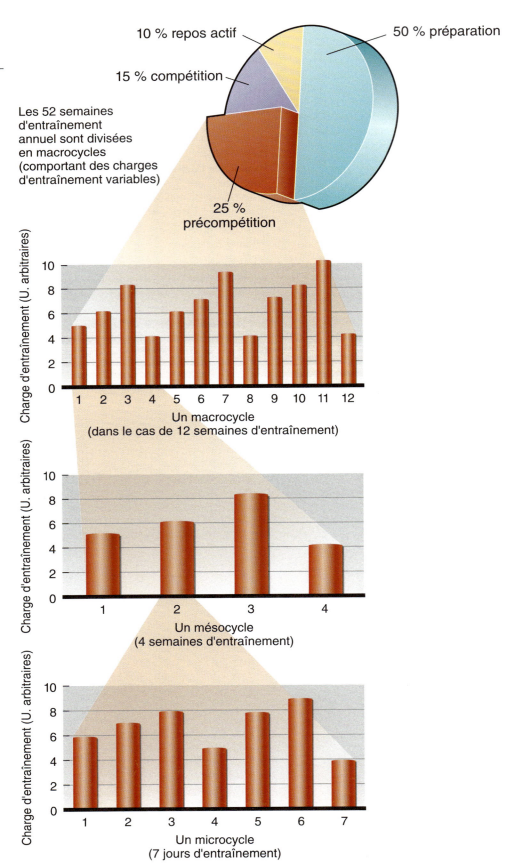

3. Le surentraînement

Lorsque l'entraînement est trop intense, il dépasse les capacités de tolérance et d'adaptabilité de l'organisme. Les fonctions physiologiques et la performance physique déclinent et ceci peut durer plusieurs semaines, ou plusieurs mois, voire plusieurs années. Ceci constitue le **surentraînement**. Les causes du surentraînement sont autant psychologiques que physiologiques, mais les mécanismes qui conduisent à la dégradation de toutes ces fonctions restent très mal connus. Le surentraînement peut s'observer dans toutes les formes d'entraînement : aérobie, anaérobie ou de force. Il semble cependant que les facteurs responsables puissent varier selon le type d'entraînement.

Il est habituel pour le sportif de ressentir différents degrés de fatigue, au fur et à mesure des répétitions de séances, jour après jour, semaine après semaine. Mais, si la fatigue aiguë survenant après un entraînement exhaustif, est suivie d'une récupération correcte, suffisamment longue, et si l'apport en sucre est augmenté pour accélérer la reconstitution des stocks de glycogène, alors elle ne doit pas être assimilée à un surentraînement. Il y a surentraînement lorsqu'apparaît une chute indiscutable des performances que le repos, la diminution de l'intensité et de la quantité d'entraînement pas plus qu'un régime nutritionnel adapté ne parviennent plus à corriger.

PERSPECTIVES DE RECHERCHE 14.1

Consensus sur le surentraînement

Face à l'importance du problème, les deux organisations scientifiques internationales que sont l'ECSS et l'ACSM sont parvenues à un consensus sur les aspects prévention, le diagnostic et le traitement du surentraînement[15]. L'équilibre entre la surcharge nécessaire à l'entraînement et une surcharge excessive avec des récupérations inadéquates est difficile. Le présent consensus distingue entre la surcharge d'entraînement non fonctionnelle (SENF), ou surmenage, et le syndrome de surentraînement. (SSE). SENF conduit à une stagnation voire à une diminution de la performance éventuellement récupérable après une période de repos suffisante. SSE induit une chute conséquente et durable de la performance, avec ou sans signes physiologiques ou psychologiques, qui nécessite des semaines voire des mois au sportif pour retrouver son niveau. Les données disponibles indiquent que la prévalence de SENT et de SSE est d'environ 10 % chez les sportifs d'endurance, mais d'autres estimations sont nettement plus élevées.

L'aspect fondamental du SSE est qu'il se prolonge longtemps et est très difficile à diagnostiquer. Les symptômes qui accompagnent SSE sont généralement, mais pas toujours, plus importants que ceux induits par SENF. Ils incluent la fatigue, la chute de performance et des troubles de l'humeur. Différents marqueurs sont possibles mais aucun n'est véritablement spécifique et ne peut constituer un véritable critère généralisable sur lequel établir un diagnostic. La variabilité de la fréquence cardiaque comme témoin de l'activité du système nerveux autonome apparaît assez prometteuse, mais les techniques diverses de mesure limitent son utilisation et sa pertinence. Une tâche nécessaire mais fastidieuse de détection du SSE est d'éliminer les unes après les autres toutes les autres causes de baisse de la performance, comme une maladie, une infection, un mauvais équilibre énergétique, l'insuffisance en protéines ou en glucides, une allergie, etc.

Il est important de considérer que l'intensité de l'entraînement n'est souvent pas le seul élément à prendre en compte dans le développement du surentraînement. C'est un syndrome complexe qui implique des facteurs psychologiques comme une ambition excessive, le stress de la compétition, les facteurs sociaux et familiaux des problèmes personnels, la monotonie de l'entraînement, etc.

Les deux organisations scientifiques proposent une aide au diagnostic du SSE.

Performance – Fatigue
- Une chute de performance inexpliquée
- Une fatigue persistante
- La sensation que l'entraînement est plus difficile
- Troubles du sommeil.
- …

Critères d'exclusion
- Anémie,
- Virus d'Epstein-Barr,
- Autres infections,
- Dommages musculaires (CK élevée),
- Maladie de Lyme,
- Désordres endocrinologiques (diabète, thyroïde, surrénales, etc.),
- Désordres nutritionnels majeurs,

> - Anomalies biologiques (augmentation de la vitesse de sédimentation des érythrocytes, Protéine C, créatinine, ou enzymes hépatiques, ferritine trop basse, etc.),
> - Accident (système musculo-tendineux)
> - Symptômes cardiologiques,
> - Asthme,
> - Allergies.
> - …
>
> **Les erreurs d'entraînement possibles**
> - Augmentation de la quantité d'entraînement,
> - Augmentation de l'intensité d'entraînement,
> - Entraînement monotone,
> - Trop de compétitions,
> - Chez les sportifs d'endurance : baisse de la performance au seuil lactique,
> - Environnement trop stressant (altitude, chaleur, froid, etc.).
> - …
>
> **Autres facteurs confondants**
> - Signes et symptômes psychologiques
> - Facteurs sociaux (problèmes familiaux, financiers, professionnels, l'entraîneur, l'équipe, etc.),
> - Changement de fuseau horaire lors d'un déplacement récent.
>
> **Test d'effort**
> - Avoir une valeur de référence pour comparer avec l'état actuel (performance, fréquence cardiaque, hormones, lactate, etc.),
> - La performance à l'exercice maximal,
> - La performance à l'exercice sous-maximal ou épreuve spécifique de l'activité sportive,
> - Divers tests de performance.

3.1 Le syndrome du surentraînement

Les signes fonctionnels qui accompagnent le surentraînement constituent le **syndrome de surentraînement**. Plus ou moins subjectifs, ils sont toujours associés à une réduction de la performance. Beaucoup de ces signes sont malheureusement tout à fait individuels et inconstants. Il est donc souvent difficile, y compris pour les sportifs eux-mêmes, comme pour l'entraîneur, d'en reconnaître l'origine. Le signe constant est dans tous les cas la baisse de la performance (figure 14.4) qui peut concerner, selon la spécialité, la force musculaire, la coordination et la capacité maximale aérobie. Les autres signes peuvent être[1] :

- une diminution de l'appétit et une perte de poids,
- des troubles du sommeil,
- différents troubles de l'humeur : irritabilité, angoisse, fatigue générale,
- une perte de motivation,
- un défaut de concentration,
- une tendance dépressive,
- une appréciation déformée des évènements.

Les mécanismes responsables du surentraînement associent souvent des facteurs à la fois émotionnels et physiologiques. Les stress émotionnels sont nombreux chez l'athlète de haut niveau. Outre celui de la compétition, il faut citer le désir de gagner à tout prix, la peur de l'échec, etc. Il est d'ailleurs fréquent que le surentraînement s'accompagne d'une très forte baisse de motivation et d'enthousiasme, à la fois vis-à-vis de l'entraînement ou vis-à-vis de la compétition. Armstrong et Van Heest[1] remarquent que le syndrome de surentraînement et les manifestations cliniques habituelles de la dépression, se traduisent par les mêmes signes et symptômes. Ils impliquent probablement les mêmes zones cérébrales, les mêmes neurotransmetteurs, les mêmes voies endocriniennes et les mêmes manifestations immunitaires. Ceci suggère quelques similarités étiologiques.

Les facteurs physiologiques responsables du surentraînement ne sont pas encore totalement élucidés. L'analyse des effets secondaires induits par le surentraînement conduit à incriminer une perturbation du fonctionnement des systèmes nerveux, endocrinien et immunitaire. Toutefois, la relation de cause à effet, entre les symptômes constatés et les dysfonctionnements supposés, n'a pas encore été démontrée. Il reste que la détection des effets secondaires connus aide au diagnostic du surentraînement. Examinons-les.

3.1.1 Les manifestations neurovégétatives

Plusieurs études suggèrent l'existence de troubles neurovégétatifs chez le sportif surentraîné. Chez celui-ci, la réduction de performance s'accompagne, en effet, de perturbations d'ordre nerveux ou endocrinien de type sympathique ou parasympathique selon le cas (voir chapitre 3). Les manifestations sympathiques sont :

- une accélération de la fréquence cardiaque de repos,
- une augmentation de la pression artérielle,
- une perte d'appétit,
- une perte de poids,
- des troubles du sommeil,
- une instabilité émotionnelle,
- une augmentation du métabolisme de base.

Ces manifestations du surentraînement surviennent surtout chez les sportifs qui s'entraînent intensivement en musculation. Chez d'autres, ce sont plutôt les manifestations parasympathiques qui prédominent. Dans ce cas, la performance est également altérée, mais les symptômes sont différents des précédents. Il s'agit plutôt ici :

- d'une fatigabilité accrue,
- d'une diminution de la fréquence cardiaque de repos,
- d'une décélération cardiaque rapide à l'arrêt de l'exercice, et
- d'une diminution de la pression artérielle de repos.

Il semble que le surentraînement noté chez des sportifs pratiquant des sports très divers laisse apparaître des signes et symptômes liés à leur mode d'entraînement. Certains auteurs considèrent que des formes de surentraînement sont liées soit à l'intensité soit à la quantité d'entraînement, suggérant que ces paramètres pourraient constituer des stimuli différents, spécifiques et identifiables, lorsque l'intensité est trop forte ou la quantité d'entraînement trop grande.

Il faut signaler que la plupart de ces signes peuvent s'observer chez des sujets qui ne souffrent en aucun cas de surentraînement. Ces symptômes ne sont donc pas spécifiques et il faut être extrêmement prudent avant de conclure à un surentraînement. Si le système nerveux autonome est affecté par le syndrome de surentraînement, il n'existe, à ce jour, aucune preuve scientifique suffisante pour confirmer cette théorie.

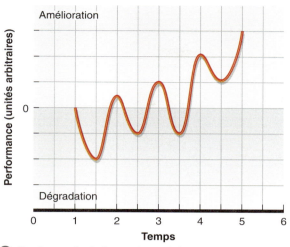

a Surcharge d'entraînement transitoire

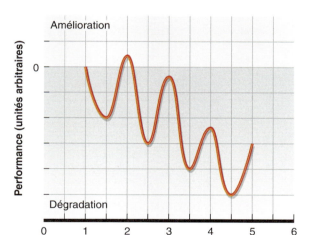

b Surentraînement

Figure 14.4

Modélisation du gain de performance lors des périodes de charge et surcharge d'entraînement (a) et de l'altération de performance lors de surentraînement (b).
Avec la permission de M.L. O'Toole, "Overreaching and overtraining in endurance athletes" *in* Overtraining in sport, ed. R.B. Krieder, A.C. Fry & M.L. O'Toole, Human Kinetics, 1998.

3.1.2 Les manifestations hormonales

Les dosages sanguins hormonaux, effectués en période d'entraînement intense, suggèrent que le stress associé à ce type d'entraînement perturbe le fonctionnement normal du système endocrinien. Quand la charge d'entraînement est multipliée par 1,5 à 2 (figure 14.5), chez des nageurs, les niveaux sanguins de thyroxine et de testostérone diminuent alors que les niveaux de cortisol augmentent. Le rapport testostérone sur cortisol, mesuré pendant la récupération et témoin de l'anabolisme, diminue. Il n'est d'ailleurs pas impossible qu'il soit pour l'essentiel responsable des principaux signes qui définissent le syndrome de surentraînement. La

Figure 14.5

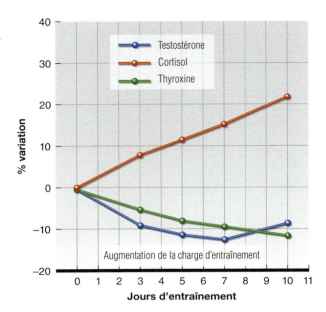

Variations avec l'entraînement des niveaux sanguins de thyroxine, testostérone et cortisol. Pendant les 10 jours d'entraînement représentés sur la figure, les nageurs passent de 4 km.jour^{-1} à 8 km.jour^{-1}. Les niveaux sanguins de cortisol augmentent alors que ceux de thyroxine ou de testostérone diminuent considérablement avec l'augmentation de la distance d'entraînement.

diminution de ce rapport indique, en effet, qu'au niveau cellulaire les réactions cataboliques l'emportent sur les réactions anaboliques. Si la cortisolémie est généralement augmentée lors de la surcharge d'entraînement et pendant les premières phases du surentraînement, cela n'est pas systématique et une diminution de la cortisolémie de repos et d'exercice peut aussi être observée. La plupart des études, dans ce domaine, ont été réalisées dans des sports d'endurance. Les quelques études effectuées chez des sujets ayant suivi un entraînement anaérobie ou de force n'ont pas constaté d'altérations des paramètres hormonaux au repos.

L'urée, produit de dégradation des protéines, est fréquemment retrouvée en excès, dans le sang des athlètes surentraînés. L'augmentation du catabolisme protéique pourrait expliquer la perte de poids souvent observée.

Il est également habituel de noter, en période d'entraînement intense, des concentrations sanguines d'adrénaline et de noradrénaline particulièrement élevées au repos. Ces deux hormones augmentent à la fois la fréquence cardiaque et la pression artérielle. Leurs mesures réalisées dans différentes études n'ont apporté aucune preuve de leur lien avec le surentraînement. Les entraînements épuisants induisent également des dysfonctionnements proches de ceux observés lors du surentraînement. Les seuls contrôles hormonaux ne suffisent pas à porter le diagnostic de surentraînement. Il peut tout simplement s'agir des effets transitoires dus à une charge d'entraînement particulièrement élevée et non d'un dysfonctionnement déjà installé. Il faut aussi rappeler que le délai qui sépare la fin du dernier exercice de l'instant du prélèvement sanguin de repos est très important à prendre en compte. Certains marqueurs sanguins peuvent rester élevés au-delà de 24 h après l'arrêt du dernier entraînement et refléter l'effet résiduel du stress physique, plutôt que le début d'une désadaptation. La plupart des auteurs s'accordent donc pour considérer qu'actuellement il n'existe pas de marqueur sanguin spécifique du syndrome de surentraînement.

Armstrong et Van Heest[1] proposent que les multiples agents stressants, impliqués dans le syndrome de surentraînement, exercent essentiellement leurs effets au niveau de l'hypothalamus. Selon ces auteurs, deux axes neuro-endocriniens sont impliqués (figure 14.6a et 14.6b) :

- l'axe sympatho-adrénergique ;
- l'axe hypothalamo-hypophyso-adrénocorticotrope.

Les deux figures illustrent les interactions complexes de ces deux axes avec le cerveau et le système immunitaire. Il est important de noter que les agents stimulants agissent en premier au niveau de l'hypothalamus. Des neurotransmetteurs cérébraux sont certainement impliqués et, parmi eux, la sérotonine pourrait jouer un rôle majeur. Malheureusement ses concentrations plasmatiques ne reflètent pas les concentrations cérébrales. Des progrès technologiques sont nécessaires pour comprendre ce qui se passe au niveau du cerveau.

Le surentraînement semble associé avec une inflammation systémique et une augmentation de la synthèse des cytokines[18]. Les augmentations des niveaux circulants de cytokines sont semblables après une infection et après des traumatismes musculaires, osseux et articulaires. C'est la réponse inflammatoire normale de l'organisme dans ces circonstances. On suppose qu'un stress musculo-squelettique excessif associé à une récupération

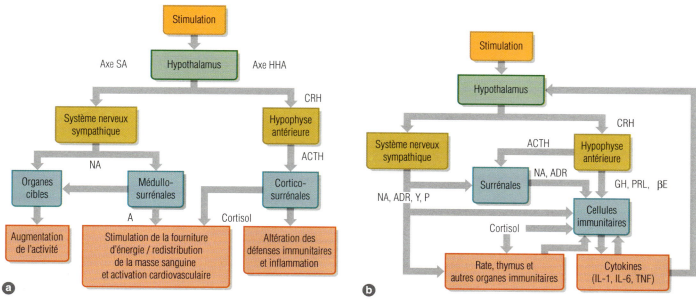

Figure 14.6

(a) Rôles éventuels de l'hypothalamus, de l'axe sympatho-adrénergique (SA) et de l'axe hypothalamo-hypophyso-adrénocorticotrope (HHA) dans le syndrome de surentraînement.
(b) Schéma des interactions possibles entre système nerveux et système immunitaire. Rôle majeur des cytokines.
Symboles :
ACTH = hormone adrénocorticotrope ;
A = adrénaline ;
CRH = *corticotropin-releasing hormone* ;
GH = hormone de croissance ;
IL-1 = interleukine-1 ;
IL-6 = interleukine-6 ;
NA = noradrénaline ;
P = substance P ;
PRL = prolactine ;
TNF = facteur de nécrose tumorale ;
Y = neuropeptide Y ;
ßE = ß-endorphine.
Adapté avec la permission de L.E. Armstrong & J.L. Van Hest, 2002, "The Unknow mechanism of the overtraining syndrome", *Sports Medicine* 32 : 185-209.

insuffisante déclenche une cascade d'évènements qui transforment un simple phénomène inflammatoire aigu et local en une réponse inflammatoire chronique, systémique et généralisée. Les monocytes circulants se trouvent ainsi stimulés et se mettent à sécréter de grandes quantités de cytokines qui vont alors exercer leurs effets au niveau cérébral et perturber des fonctions essentielles de l'organisme, conduisant ainsi au surentraînement[18].

3.1.3 Les manifestations immunitaires

Le système immunitaire constitue le système de défense contre les bactéries, les virus, les parasites et les cellules tumorales. Il fait intervenir les anticorps et des cellules spécialisées dans les défenses de l'organisme, comme les lymphocytes, les granulocytes et les macrophages. Leur premier rôle consiste à éliminer ou neutraliser tout corps étranger pathogène, c'est-à-dire susceptible d'induire une pathologie. Un des effets essentiels du surentraînement est malheureusement de diminuer le pouvoir de défense du système immunitaire. Selon le modèle proposé par la figure 14.6, la dépression de la fonction immunitaire joue un rôle fondamental dans l'apparition du surentraînement.

De nombreuses études confirment, en effet, que la fonction immunitaire est perturbée chez le sujet surentraîné, qui devient alors particulièrement vulnérable aux infections (figure 14.7). De nombreux travaux montrent que des exercices brefs et intenses peuvent momentanément altérer les réponses immunitaires qui s'effondrent, dès l'instant où ce type d'exercice est répété plusieurs jours de suite. De nombreux scientifiques ont rapporté une augmentation de l'incidence des surinfections, après seulement un exercice isolé mais exhaustif. La dépression immunitaire alors observée se traduit, en particulier, par des niveaux anormalement bas d'anticorps et de lymphocytes qui deviennent insuffisants pour stopper toute invasion par les micro-organismes infectieux. Vouloir réaliser des exercices intenses, alors qu'une maladie intercurrente se développe, c'est courir un risque supplémentaire pouvant être la source de complications graves[16].

3.2 Détection du surentraînement

Il faut rappeler, ici, que les mécanismes exacts à l'origine du surentraînement restent incomplètement élucidés. Il est toutefois probable qu'une surcharge physique, émotionnelle ou l'association des deux, constitue le facteur déclenchant. Il est extrêmement difficile, pendant l'entraînement, d'évaluer et donc de maîtriser le niveau de stress physiologique et psychologique auquel les sportifs sont soumis. De nombreux entraîneurs ont tout simplement recours à leur intuition pour déterminer la quantité et l'intensité d'entraînement qu'ils proposent. Peu d'entre eux sont en mesure d'en évaluer précisément les effets résultants sur chaque sportif. Les signes précurseurs de surentraînement sont trop subjectifs et trop peu spécifiques pour permettre au sportif de pressentir celui-ci. Lorsque l'entraîneur en prend conscience, il est déjà trop tard. Les dégâts sont faits et il faut alors des jours, voire plusieurs semaines ou plusieurs mois de récupération partielle ou totale, pour les stopper.

Afin de détecter au plus tôt le syndrome de surentraînement, de nombreux physiologistes ont

Figure 14.7 Modélisation de la réponse immunitaire avec la charge d'entraînement

Ce modèle suggère qu'un entraînement modéré diminue le risque d'infection ou de maladie, tandis que le surentraînement l'augmente.
D'après D.C. Nieman, 1997, 25.

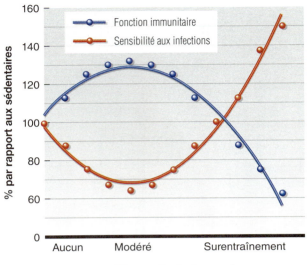

effectué un grand nombre de mesures dans les premières phases de son apparition. Le tableau 14.1 présente une liste des marqueurs potentiels, mais aucun n'est vraiment spécifique. La raison principale est l'impossibilité d'affirmer que l'altération constatée est le fait du surentraînement plutôt que le reflet normal et transitoire d'un entraînement intense. L'un et l'autre peuvent s'accompagner, en effet, des différents signes envisagés.

La fréquence cardiaque est un des éléments simples à surveiller. Il est possible d'enregistrer en continu la fréquence cardiaque du sportif (figure 9.5) pendant une séance d'entraînement standardisée. La figure 14.8 présente les valeurs de fréquence cardiaque enregistrées, chez un coureur à pied, pendant 6 minutes d'une course de 1,6 km, à vitesse constante (16 km.h^{-1}). Cet enregistrement a été réalisé à différentes périodes chez le même sujet avant entraînement, après entraînement et à un moment où le sujet présentait des signes de surentraînement. Cette figure montre que la fréquence cardiaque est plus élevée lorsque le sujet est surentraîné qu'après un entraînement normal. Des résultats identiques ont été rapportés chez des nageurs.

Ce test est simple et très facile à réaliser. Il permet de mesurer un paramètre objectif de la réponse cardiovasculaire à l'effort et donne une information immédiate au sportif et à son entraîneur. Il permet de suivre l'entraînement de manière objective et peut constituer un signal d'alarme de surentraînement.

3.3 Prévention et traitement du surentraînement

Lorsque le surentraînement est détecté, il faut, bien sûr, imposer une réduction marquée de la charge d'entraînement, voire un repos complet. Beaucoup d'entraîneurs conseillent seulement au sportif de s'entraîner modérément pendant quelques jours, pour récupérer. Or, les sportifs surentraînés ont le plus souvent besoin de cesser totalement leur activité pendant plusieurs semaines ou plusieurs mois pour une récupération complète. Il n'est, parfois, pas inutile d'aider les sportifs à chercher d'autres facteurs de stress associés, familiaux, professionnels, etc. qui peuvent potentialiser les facteurs de stress purement physiques et renforcer le risque de surentraînement, ou en retarder la guérison.

Le meilleur moyen de prévenir le surentraînement passe par la périodisation de l'entraînement. Celui-ci doit être varié, comporter des cycles au cours desquels les périodes à charges

Figure 14.8

Variations de la fréquence cardiaque lors d'un même exercice standardisé sur tapis roulant, avant entraînement (NE), après entraînement (E), et en phase de surentraînement (SE).

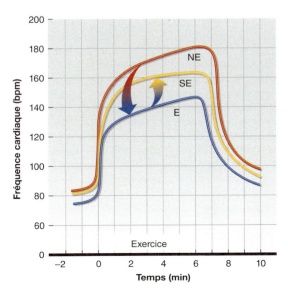

Tableau 14.1

Marqueurs éventuels de surcharge (S) et du syndrome de surentraînement (SSE).

Marqueurs Physiologiques et psychologiques	Réponse	Marqueurs possibles S	Marqueurs possibles SSE
Fc de repos et Fc maximale	Diminution		✓
Fc sous-max et $\dot{V}O_2$ sous-max	Augmentation	✓	✓
$\dot{V}O_2$ max	Diminution		✓
Métabolisme anaérobie	Altération		✓
Métabolisme de base	Augmentation		✓
QR	Diminution		✓
Balance azotée	Négative		✓
Excitabilité	Augmentation		✓
Réponse sympathique	Augmentation		✓
État psychologique	Perturbation	✓	
Risque d'infection	Augmentation	✓	
Sang			
Hématocrite et hémoglobine	Diminution		✓
Leucocytes et réponses immunitaires	Diminution		✓
Fer sérique et ferritine	Diminution		✓
Concentration en électrolytes	Diminution		✓
Concentration en glucose et acides gras libres	Diminution		✓
Lactatémie sous-max et max	Diminution		✓
Ammoniémie	Augmentation		✓
Concentration en testotérone et cortisol	Diminution	✓	
ACTH, hormones de croissance, prolactine	Diminution		✓
Catécholamines, repos, nuit	Diminution		✓
Créatine kinase	Augmentation		✓

ACTH : Hormone adrénocorticotrope.
Adapté de Armstrong & VanHeest, 2002.

PERSPECTIVES DE RECHERCHE 14.2

Addiction à l'exercice

L'addiction à l'exercice est un comportement qui peut finir par menacer la santé générale de l'individu, induire des accidents, ruiner la vie et la carrière et parfois amener à des désordres nutritionnels et alimentaires. L'addiction à l'exercice a retenu l'attention des scientifiques de l'activité physique. Pourtant, en dépit des conséquences nuisibles bien connues qu'elle entraîne, l'addiction à l'exercice physique ne figure pas parmi les troubles reconnus dans la dernière version du « Diagnostic and Statistical Manual of Mental Disorders (DSM-V) ».

La distinction entre l'activité physique à des fins de santé et l'addiction à l'exercice est difficile à faire. Les personnes addictives vont continuer, par exemple, à s'entraîner en dépit d'une blessure ou accident d'ordre physique, des perturbations générées sur les autres aspects de leur vie, d'un manque de temps pour d'autres activités importantes[13]. Les personnes addictives retirent beaucoup de satisfaction de leurs séances d'activité physique qui deviennent les moments les plus importants dans leur vie et qui occupent alors la place centrale. Rater une fois l'exercice quotidien leur devient particulièrement déplaisant. Ils ont besoin de l'activité physique pour se sentir mieux et de bonne humeur. Une revue de question récente[13] sur ce sujet remarque que les personnes qui s'entraînent doivent acquérir la notion de vie équilibrée tout en intégrant durablement l'activité physique dans leur vie quotidienne.

légères, voire modérées, alternent avec les périodes très intenses (voir chapitre 9). Si la tolérance individuelle à l'entraînement varie très largement d'un sportif à un autre, il faut bien savoir que, même les sujets les plus performants, même au plus haut niveau, peuvent à un moment ou un autre manifester des signes de surentraînement. D'une façon générale, il convient de faire suivre un ou deux jours d'entraînement intense d'un nombre de jours équivalent d'entraînement modéré. 1 à 2 semaines d'entraînement intensif doivent, de même, être suivies d'une période équivalente d'intensité réduite pendant laquelle les exercices en particulier de nature anaérobie, seront évités voire proscrits.

Les sportifs très endurants (nageurs, cyclistes, ou coureurs à pied), doivent, en outre, veiller tout particulièrement à consommer suffisamment de sucres lents. La répétition d'exercices intenses et longs effondre progressivement les stocks de glycogène. Si l'apport quotidien en sucres lents n'est pas augmenté, il apparaît une déplétion des réserves musculaires et hépatiques de glycogène. Dépourvues du substrat énergétique essentiel, les fibres musculaires, sollicitées par l'exercice, ne sont plus capables de produire l'énergie nécessaire.

Résumé

> Trop de sportifs pensent que s'entraîner plus apporte des bénéfices. C'est le contraire. Si on dépasse une certaine quantité d'entraînement, on aboutit à une baisse de la performance. Les programmes d'entraînement doivent veiller à planifier les périodes intenses et les périodes de récupération afin d'éviter le surentraînement.

> Le surentraînement consiste à s'entraîner plus que l'organisme ne peut le supporter. Il conduit toujours à une diminution de la performance.

> Les symptômes du surentraînement sont subjectifs et individuels. Ils peuvent être observés lors d'un entraînement normal. La détection et le diagnostic du surentraînement sont particulièrement difficiles.

> L'origine du surentraînement réside probablement dans une perturbation de l'activité du système nerveux autonome et une altération des fonctions endocrinienne et immunitaire.

> Les signes d'apparition du surentraînement sont nombreux et peu spécifiques. L'altération des réponses cardiaques à l'exercice apparaît comme un des critères les plus aisés à repérer.

> Le traitement du surentraînement comporte obligatoirement une mise au repos partielle ou totale de plusieurs semaines voire plusieurs mois. Pour prévenir le surentraînement, il convient de programmer un entraînement par cycles au cours desquels la charge d'entraînement varie en intensité et quantité.

> Pour les sportifs d'endurance, il est très important d'avoir une ration calorique adéquate en glucides et en sucres lents pour faire face à la demande énergétique.

4. L'affûtage

Pour atteindre le sommet de sa forme, l'athlète doit faire preuve d'une tolérance maximale aux stress psychologiques et physiologiques, inhérents à la pratique sportive. Or, les périodes d'entraînement intense s'accompagnent souvent d'une diminution de force musculaire et d'une diminution transitoire de la performance. Aussi, pour se présenter dans une forme optimale le jour d'une compétition, il faut diminuer la charge d'entraînement dans les jours qui précèdent et faire une pause avec les contraintes de l'entraînement intense. Ce procédé, communément appelé « affûtage », permet d'affiner la forme physique. Cette période d'entraînement réduit permet éventuellement la guérison des dommages musculaires et la reconstitution de toutes les réserves énergétiques. La durée peut être très variable selon les sports, les sujets et les enjeux de la compétition, allant de 4 à 28 jours, voire plus. Dans les sports où les compétitions sont très fréquentes, hebdomadaires voire pluri-hebdomadaires, il est quasiment impossible de programmer ce procédé. Il est, en général, conseillé aux sportifs de respecter un peu de repos la veille de la compétition, si cela est possible.

L'effet le plus spectaculaire est une augmentation marquée de la force musculaire, tenue pour essentiellement responsable du gain de performance alors observé. Il est actuellement difficile de préciser si cette amélioration de la force musculaire provient d'une meilleure contractilité ou plutôt d'un meilleur recrutement des fibres musculaires à l'exercice. Notons, pourtant, que l'analyse de biopsies musculaires réalisées chez les nageurs au niveau des bras révèle que la vitesse maximale de raccourcissement des fibres rapides II est significativement réduite après 10 jours d'entraînement intense[7]. Cette altération proviendrait de modifications au sein des molécules de myosine, dont le type se rapprocherait de celui des fibres lentes (I). On suppose, alors, que ces modifications musculaires pourraient contribuer à la réduction de force et de puissance constatée chez les nageurs et chez les coureurs après des périodes prolongées d'entraînement intense. On peut alors dire que la restauration de la puissance et de la force musculaires qui accompagnent la période d'affûtage est liée également à des modifications des processus contractiles musculaires. Enfin, la diminution de la charge d'entraînement doit favoriser la réparation des dommages musculaires et la reconstitution des réserves énergétiques du muscle.

Si ce procédé est assez largement utilisé dans beaucoup de disciplines sportives, il reste que de nombreux entraîneurs redoutent toujours que la réduction d'entraînement, à l'approche d'une compétition, ait des effets négatifs sur la performance. Toutes les études montrent pourtant qu'il n'en est rien et que ces craintes sont injustifiées. Développer $\dot{V}O_2max$, nécessite au préalable de s'entraîner considérablement. Une fois atteint le niveau désiré, il n'est plus nécessaire de s'entraîner autant pour le conserver. Pour cela, il semble que la fréquence des séances puisse être réduite des deux tiers pourvu que l'intensité soit maintenue[9].

Les coureurs à pied et les nageurs qui diminuent leur entraînement de 60 % environ pendant 15 à 21 jours n'altèrent pas, pour autant, leur $\dot{V}O_2max$, ou leurs qualités aérobies[4,10]. Une étude a même observé, chez les nageurs, une diminution des taux de lactate sanguin à même vitesse de nage, après une période d'entraînement réduit. Ces nageurs ont surtout amélioré leur performance de 3 %, après la période d'affûtage, la force musculaire et la puissance des bras ont même augmenté respectivement de 18 % et de 25 %.

Les coureurs à pied qui diminuent leur charge d'entraînement la semaine précédant une compétition améliorent de 3 % leur temps sur une épreuve de 5 000 m, ce qui n'est pas le cas des athlètes ayant maintenu leur niveau d'entraînement. Lors d'une course d'intensité correspondant à 80 % de la vitesse maximale aérobie, la consommation d'oxygène est inférieure de 6 % chez ceux qui ont réduit leur charge d'entraînement. Ceci est le reflet d'un meilleur coût énergétique. Toutefois la lactatémie à 80 % $\dot{V}O_2max$, $\dot{V}O_2max$ et la force maximale d'extension des jambes sont inchangées[11].

On ne dispose malheureusement pas de données suffisantes quant à l'effet exact sur la performance, à la fois dans les sports d'équipe et dans les activités de longue distance, comme le cyclisme sur route ou le marathon. Il est certainement nécessaire de mieux explorer ces activités afin de donner des conseils précis et adaptés aux sportifs.

Résumé

> Pour limiter la baisse de force et de puissance musculaires qui fait suite à un entraînement intense, de nombreux sportifs diminuent l'intensité de l'entraînement à l'approche d'une compétition. C'est ce qu'on appelle la période d'affûtage.

> La durée optimale de la période d'affûtage est de l'ordre de 4 à 28 jours, voire plus. Il existe de grandes variations selon le sport pratiqué.

> Pendant cette période d'affûtage, la force musculaire augmente significativement.

> La période d'affûtage permet la réparation des lésions musculaires, survenues lors des entraînements très intenses, et la reconstitution des réserves énergétiques.

> Il est possible de conserver les gains de force préalablement acquis, en diminuant la charge d'entraînement. Ainsi, la réduction transitoire de la charge d'entraînement pendant la période d'affûtage ne diminue pas la performance.

> Un affûtage approprié permet d'améliorer la performance aérobie d'environ 3 %.

5. Le désentraînement

Qu'advient-il de la condition physique des athlètes qui, au mieux de leur forme en période de championnat ou de compétition, modifient leur entraînement quasi quotidien parce que la saison sportive se termine ? Dans les sports d'équipe, l'intersaison s'accompagne souvent d'un arrêt quasi total de l'entraînement. Après s'être entraînés jusqu'à 2 à 5 heures par jour, les sportifs apprécient de se reposer et de cesser tout entraînement intense. Quelles en sont les conséquences ?

Le **désentraînement** correspond à la disparition totale ou partielle des adaptations induites par l'entraînement. Il est obtenu par l'arrêt total ou la réduction importante de l'activité sportive, au contraire de la période d'affûtage qui est une diminution progressive de la charge d'entraînement maximale. L'essentiel des données actuelles concernant le désentraînement provient des études cliniques faites chez des patients contraints à l'inactivité, pour cause de blessure. Dans ce cas, beaucoup de sportifs craignent qu'au handicap de la blessure s'ajoute celui de l'inactivité qui risque de leur faire perdre les bénéfices obtenus par un entraînement souvent intense. Des études

> **PERSPECTIVES DE RECHERCHE 14.3**
>
> ### Les stratégies d'affûtage
>
> L'efficacité des diverses stratégies d'affûtage permettant d'améliorer la performance sportive est difficile à évaluer. Réaliser une méta-analyse est une manière d'y parvenir. L'objectif est d'étudier les résultats, d'identifier les relations et conclusions de multiples études, d'analyser les différentes méthodes employées pour la période d'affûtage, etc. Les auteurs ont examiné 27 études[2] concernant l'affûtage réalisé en diminuant l'intensité de l'entraînement, sa durée, sa fréquence, sa quantité. La plupart des études se sont intéressées soit à la natation, à la course à pied ou au cyclisme. La méthode d'affûtage qui émerge a une durée de 2 semaines pendant laquelle la quantité d'entraînement est diminuée de 41 % à 60 % sans modification de l'intensité ou de la fréquence.

récentes montrent que non seulement quelques jours de repos sportif n'altèrent pas la performance mais peuvent même l'améliorer. Ce n'est qu'au-delà d'un certain délai que la réduction ou l'arrêt total d'entraînement risque de compromettre la condition physique et avec elle la performance.

5.1 La force et la puissance musculaires

L'immobilisation plâtrée d'un membre fracturé entraîne inévitablement des modifications structurales des os et des muscles concernés par l'immobilisation. Après quelques jours, on constate souvent que le plâtre, bien qu'appliqué étroitement au contact du membre lors de sa pose, devient plus lâche, ménageant un espace entre lui et le membre correspondant. Cet espace s'agrandit au fil des semaines et résulte de l'atrophie des muscles squelettiques immobilisés. Cette atrophie musculaire ou diminution du volume des muscles est due à l'inactivité. Elle s'accompagne d'une diminution considérable de la force et de la puissance musculaires. L'inactivité totale peut entraîner une perte rapide des qualités musculaires. Cette détérioration de la fonction musculaire est plus progressive si l'activité est simplement réduite.

Il est également bien établi que l'arrêt de tout entraînement conduit vite à une diminution de la force et de la puissance musculaires. La vitesse et l'amplitude du déclin varient considérablement selon le niveau initial d'entraînement. Chez des haltérophiles de très haut niveau, la perte de force survient quelques semaines après l'arrêt d'un entraînement intense[8]. Chez les sujets initialement non entraînés, les gains de force peuvent perdurer plusieurs semaines voire plusieurs mois. C'est ce que montre un travail expérimental réalisé chez des sujets jeunes, de 20 à 30 ans, et âgés, de 65 à 75 ans, des deux sexes. Après 9 semaines d'entraînement de musculation le gain de force maximale (1RM), chez les sujets jeunes et chez les sujets âgés est en moyenne respectivement de 34 % et 28 % en moyenne, sans différence entre hommes et femmes. Après 12 semaines de désentraînement, il n'y a eu aucune perte de force dans les 4 groupes par rapport aux valeurs acquises à la fin du programme d'entraînement de 9 semaines. La diminution de force enregistrée après 31 semaines de désentraînement n'est que de 8 % chez les plus jeunes et 13 % chez les plus âgés[14].

Chez des nageurs, même l'inactivité de 4 semaines n'affecte pas la force des bras et des épaules[3]. Plus précisément, la force musculaire reste inchangée, que ces nageurs soient 4 semaines au repos complet ou qu'ils réduisent leur fréquence d'entraînement jusqu'à 1 à 3 séances par semaine seulement. Par contre, la puissance lors de la nage est diminuée de 8 % à 14 % après 4 semaines d'arrêt, suivant que les nageurs ont subi un repos complet ou un entraînement simplement réduit. Bien que la force musculaire n'ait sans doute que peu diminué, il est probable que les nageurs ont perdu, pendant ce temps, des qualités techniques, ce qui les rend moins efficaces.

Les mécanismes physiologiques responsables de la diminution de force musculaire, après immobilisation ou inactivité ne sont pas clairement identifiés. L'atrophie musculaire induit une fonte de la masse musculaire et une diminution du contenu en eau qui peuvent contribuer à réduire la force maximale que les fibres musculaires peuvent développer. Des modifications de la synthèse et du catabolisme des protéines s'opèrent au sein des fibres musculaires et dans les caractéristiques typologiques des fibres. Non sollicités, les muscles ne sont plus stimulés à une fréquence suffisante par leur nerf moteur et le recrutement des fibres musculaires est perturbé. La diminution de force musculaire en réponse au désentraînement s'explique, en partie, par l'incapacité d'activer certains groupes de fibres musculaires.

Ces notions sont essentielles dans les cas de blessures. Dans les premiers jours de récupération, le sportif doit, si possible, consacrer un minimum de temps à faire travailler le membre blessé, même à un niveau faible d'exercice. Les simples contractions isométriques sont alors très conseillées, car leur intensité peut être contrôlée et elles ne sollicitent pas les articulations. Il est évident que tout programme de rééducation doit être établi en collaboration avec le médecin responsable des soins.

5.2 L'endurance musculaire

La performance en endurance musculaire diminue après seulement 2 semaines d'inactivité. Il est pour l'instant difficile de préciser si, à ce stade de désentraînement, la réduction de performance est due à des modifications des propriétés musculaires plutôt qu'à des modifications de l'aptitude cardiorespiratoire. Nous n'envisagerons ici que les altérations musculaires en relation avec le désentraînement.

Les adaptations musculaires liées à l'inactivité sont actuellement bien documentées. Le rôle exact que jouent ces modifications dans la perte d'aptitude aérobie du muscle reste à préciser. Il a été montré qu'une à deux semaines d'immobilisation plâtrée s'accompagnent d'une diminution de 40 % à 60 % de l'activité des enzymes oxydatives, comme la succinate déhydrogénase et la cytochrome oxydase. Chez les nageurs, la capacité oxydative musculaire semble diminuer plus vite que la consommation maximale d'oxygène (figure 14.9). La baisse des capacités oxydatives altère beaucoup plus l'aptitude à l'exercice prolongé sous-maximal que la puissance maximale aérobie ou la consommation d'oxygène maximale.

À l'inverse, l'activité des enzymes glycolytiques du muscle, comme la phosphorylase ou la phosphofructokinase, varie peu lors du désentraînement, au moins pendant les 4 premières semaines. Coyle et coll.[6] n'ont constaté aucune modification de l'activité des enzymes glycolytiques après 84 jours de désentraînement, alors que l'activité des enzymes oxydatives avait chuté d'environ 60 %. Cela signifie que le potentiel anaérobie des muscles peut être conservé plus longtemps que le potentiel aérobie. Ceci explique, en partie, pourquoi les records personnels, dans les disciplines de sprint, peuvent rester inchangés même après 1 mois ou plus d'inactivité. Par contre, les performances en endurance apparaissent significativement diminuées après seulement 2 semaines de désentraînement.

Un des effets les plus marqués du désentraînement concerne les stocks de glycogène musculaire. L'entraînement aérobie tend à augmenter le stockage musculaire en glycogène. Mais 4 semaines de désentraînement suffisent à diminuer celui-ci de près de 40 %. La figure 14.10 montre les niveaux de glycogène musculaire, chez des sujets non entraînés, choisis comme témoins, et chez de jeunes nageurs après 4 semaines d'inactivité. Chez les premiers, 4 semaines de repos ne modifient pas le contenu glycogénique du muscle. Chez les nageurs, 4 semaines de désentraînement suffisent à diminuer le taux de glycogène au départ très élevé et qui devient quasiment identique à celui des témoins. L'augmentation du stockage du glycogène musculaire, en réponse à l'entraînement, est ainsi tout à fait réversible.

Pour juger des effets spécifiques de l'entraînement et du désentraînement, on peut s'intéresser aux niveaux de lactate et de pH sanguins, mesurés lors d'un exercice isolé et standardisé. Ceci

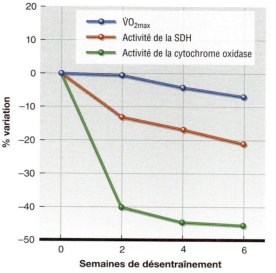

Figure 14.9

Pourcentage de diminution de $\dot{V}O_2$max, de l'activité de la succinate déhydrogénase (SDH) et de la cytochrome oxydase, pendant 6 semaines de désentraînement. Il est intéressant de remarquer que l'activité des enzymes oxydatives musculaire diminue, alors que la $\dot{V}O_2$max varie peu pendant la période de désentraînement.

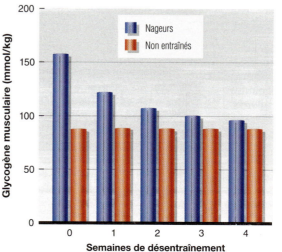

Figure 14.10

Variations du contenu en glycogène musculaire au niveau du deltoïde, chez des nageurs de compétition, pendant 4 semaines de désentraînement. On remarque que les niveaux de glycogène retournent aux valeurs notées avant la période d'entraînement.

a été réalisé chez de jeunes nageurs auxquels on a demandé de nager un 200 yd (183 m), à une vitesse correspondant à 90 % de leur record, après 5 mois d'entraînement et après 4 semaines de désentraînement. Les résultats figurent sur le tableau 14.2. Les niveaux de lactate sanguin, mesurés immédiatement à l'arrêt de l'épreuve standardisée, augmentent de semaine en semaine pendant le premier mois d'inactivité. À la fin de la 4e semaine de désentraînement, l'équilibre acido-basique apparaît perturbé. Il en résulte des taux de lactate significativement plus élevés tandis que ceux des bicarbonates (substances tampons) sont abaissés.

5.3 Vitesse, souplesse et coordination motrice

L'entraînement améliore beaucoup moins les qualités de vitesse et de coordination motrice que celles de force, puissance et endurance musculaires, ou encore la souplesse et l'endurance cardio-respiratoire. La perte de ces qualités, lors du désentraînement, reste modeste et il est possible de les maintenir avec un entraînement minimal. Ceci ne signifie pas, pour autant, que le sprinter puisse se limiter à seulement quelques jours d'entraînement par semaine. La réussite dans ces disciplines fait intervenir, en plus de la vitesse et de la coordination, un grand nombre de facteurs comme la condition physique, l'adresse et l'aptitude à produire une quantité d'énergie suffisante, pendant toute la durée de l'épreuve aussi brève soit-elle. Il faut, pour cela, que l'athlète consacre chaque semaine plusieurs heures à l'entraînement. Mais l'essentiel de ce temps est utilisé à développer d'autres qualités que celles de la vitesse et de la coordination.

À l'inverse, la souplesse est une qualité qui se perd très vite. Il est fortement conseillé de faire des exercices d'étirement (stretching), non seulement pendant les périodes de compétition, mais également pendant l'intersaison, car cette qualité joue un rôle non négligeable dans la prévention des accidents.

5.4 L'endurance cardiorespiratoire

Comme pour les autres muscles, l'entraînement développe la force du myocarde. L'inactivité peut déconditionner l'ensemble du système cardiovasculaire. Les exemples les plus démonstratifs sont apportés par les sujets astreints à des périodes d'immobilisation au lit et dont l'activité physique se trouve alors réduite au minimum[17]. Chez certains sujets, il a été possible d'évaluer les fonctions cardiovasculaire et métabolique lors d'un exercice sous-maximal d'intensité constante et lors d'un exercice maximal, avant et après 20 jours de repos au lit. À l'issue de cette période, il est constaté :

- une augmentation considérable de la fréquence cardiaque lors de l'exercice sous-maximal,
- une diminution de 25 % du volume d'éjection systolique lors de l'exercice sous-maximal,
- une diminution de 25 % du débit cardiaque maximal, et
- une diminution de 27 % de la consommation d'oxygène maximale.

Les diminutions du débit cardiaque et de la consommation d'oxygène maximale proviennent essentiellement de la réduction du volume d'éjection systolique qui s'explique elle-même par la baisse importante du volume plasmatique combinée à celles, moins importantes, du volume cardiaque et de la contractilité ventriculaire.

Ce sont les sujets dont la $\dot{V}O_2max$ initiale était la plus élevée qui ont présenté les plus fortes chutes de $\dot{V}O_2max$ à l'issue de la période de repos (figure 14.11). S'il a fallu seulement 10 jours de reconditionnement aux sujets non entraînés pour récupérer leur niveau initial, ce sont 40 jours qui ont été nécessaires aux sujets entraînés pour retrouver leur niveau antérieur de condition physique. Des sujets très entraînés en aérobie ne peuvent donc s'autoriser des périodes prolongées d'inactivité. De tels athlètes ne doivent donc pas interrompre totalement leur entraînement pendant l'intersaison.

Tableau 14.2

Lactatémie, pH et bicarbonates (HCO_3^-) chez des jeunes nageurs après désentraînement. Les mesures ont été réalisées à l'arrêt d'une épreuve de nage standardisée.

Mesures	Semaines de désentraînement			
	0[a]	1[b]	2	4
Lactatémie (mmol.L^{-1})	4,2	6,3	9,8	9,7[c]
pH	7,26	7,24	7,24	7,18
HCO_3^- (mmol.L^{-1})	21,1	19,5[c]	16,1[c]	16,3[c]
Temps (s)	130,6	130,1	130,5	130,0

a. Les valeurs à la semaine 0 ont été prises après 5 mois d'entraînement.
b. Les valeurs aux semaines 1, 2, 4 sont obtenues après 1, 2 et 4 semaines de désentraînement.
c. Indique une différence significative par rapport à la valeur mesurée à la fin de l'entraînement, c'est-à-dire à la semaine 0.

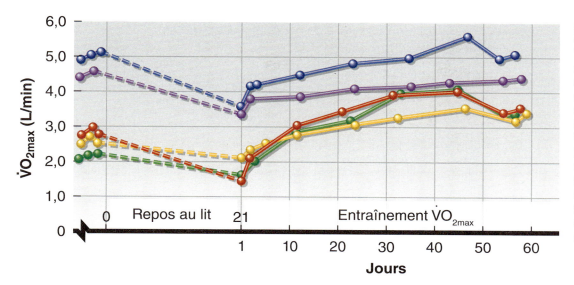

Figure 14.11

Variations de $\dot{V}O_2max$ lors d'un repos au lit de 20 jours pour cinq sujets. L'immobilisation au lit entraîne une chute plus importante de $\dot{V}O_2max$ chez les sujets ayant initialement des niveaux élevés de $\dot{V}O_2max$. Lors de la reprise de l'entraînement, l'amélioration relative de $\dot{V}O_2max$ est aussi plus forte dans ce groupe.
D'après B. Saltin *et al.*, "Response to submaximal and maximal exercise after bed rest and training", *Circulation* 38(7), 1968.

L'inactivité peut faire chuter la consommation maximale d'oxygène dans des proportions non négligeables. Est-il possible de limiter cette baisse ? Une diminution de la fréquence et de la durée des séances peut faire chuter l'aptitude aérobie. Cette chute est significative lorsque fréquence et durée sont réduites de 2/3 par rapport à l'entraînement habituel.

L'intensité des séances joue cependant le rôle le plus crucial dans le maintien de la puissance maximale aérobie pendant les périodes où la quantité d'entraînement est réduite. L'intensité doit être d'au moins 70 % $\dot{V}O_2max$, si on veut conserver le gain préalablement acquis pendant la période d'entraînement[9].

5.5 Le désentraînement lors des vols spatiaux

Lorsque les spationautes sont en orbite autour de la terre, ils sont dans un environnement où la gravité est considérablement réduite qu'on appelle microgravité. Dans l'espace, même si les spationautes ont une sensation d'apesanteur, la gravité (1 g sur terre) n'est pas nulle. Lors d'un séjour prolongé en microgravité, les spationautes connaissent des modifications physiologiques semblables au désentraînement. Toutefois, ce qui pourrait être considéré comme une inadaptation sur terre est probablement nécessaire en microgravité. Nous allons décrire ce qui est observé après plusieurs semaines ou mois de séjour dans l'espace.

La masse et la force musculaires diminuent en particulier au niveau des muscles posturaux qui s'opposent à l'effet de la gravité sur terre. La surface de section des fibres de type I et de type II décroît. L'amplitude de ces variations dépend du groupe musculaire, de la durée du vol et de la nature du programme d'entraînement pendant la mission. La microgravité affecte aussi le tissu osseux. Il existe une déminéralisation d'environ 4 % au niveau des os porteurs, mais l'amplitude de cette perte dépend du temps d'exposition à la microgravité.

Le système cardiovasculaire est aussi sujet à des adaptations majeures. La microgravité induit une diminution de la pression hydrostatique qui limite l'accumulation du sang dans les extrémités inférieures. Le retour veineux est alors favorisé, ce qui augmente le volume d'éjection systolique. On décrit aussi une diminution du volume plasmatique au fil du temps. Celle-ci provient davantage d'une réduction des apports liquidiens que d'une augmentation de la diurèse. Une extravasation, c'est-à-dire une fuite du sang capillaire vers les tissus environnants, peut aussi participer à la diminution du volume plasmatique, en particulier dans la partie supérieure du corps. Ceci s'observe notamment au niveau de la face, donnant un aspect un peu bouffi au visage. La masse des globules rouges diminue ainsi que le volume sanguin total. Cette adaptation particulière de la volémie, dans l'espace, est bénéfique aux astronautes. Elle pose cependant de sérieux problèmes lors du retour sur terre, où s'exerce une force de pesanteur de 1 g. Le sang est de nouveau soumis à la pression hydrostatique mais la masse sanguine est plus faible. À l'arrivée sur terre, les astronautes font souvent des malaises ou des évanouissements par hypotension orthostatique parce que la pression artérielle chute lorsqu'ils sont debout. Cette diminution de la pression artérielle compromet la perfusion normale des différents tissus dont le système nerveux central et le cerveau.

La diminution du volume plasmatique et de la force musculaire contribue certainement à expliquer la baisse de $\dot{V}O_2max$ lors du retour sur terre. On comprend aisément que les données dans ce domaine soient limitées. Sur terre, la simulation de l'apesanteur est obtenue par l'alitement tête en bas[19] (−6°). Dans ce cas, on observe aussi une baisse de $\dot{V}O_2$max liée à une diminution du volume sanguin, du volume plasmatique et donc du volume systolique maximal. Ce modèle apporte, en matière de $\dot{V}O_2$max (ou $\dot{V}O_2$pic), des données tout à fait comparables à celles observées après un séjour dans l'espace.

Ces résultats soulignent toute l'importance de mettre en place, pour les astronautes, des entraînements adaptés pendant la mission afin de limiter les risques pour la santé. De nombreux travaux sont actuellement en cours visant à définir au mieux les caractéristiques de ces programmes.

6. Conclusion

Nous avons précisé, dans ce chapitre, le rôle important joué par la quantité d'entraînement sur la performance. Un entraînement excessif peut être nuisible et aboutir au surentraînement. À l'inverse, l'entraînement insuffisant, engendré par l'inactivité ou une immobilisation involontaire (souvent accidentelle), peut conduire au désentraînement, en particulier à l'altération de l'aptitude cardiorespiratoire.

Le mythe selon lequel la performance est en relation directe avec la quantité d'entraînement n'est absolument pas fondé. Peut-on alors proposer aux athlètes des méthodes adjuvantes qui, associées à un entraînement adapté, permettraient d'améliorer la performance ? C'est l'objet des prochains chapitres.

Résumé

❯ L'organisme perd rapidement une partie des bénéfices apportés par l'entraînement si celui-ci n'est pas régulier. Un certain niveau d'entraînement doit être maintenu pour éviter ces pertes. Les résultats des études menées sur le sujet indiquent qu'une fréquence de 3 séances par semaines à 70 % de $\dot{V}O_2$max est nécessaire pour maintenir l'aptitude aérobie.

❯ Le désentraînement est l'ensemble des phénomènes qui accompagnent la suppression ou la diminution substantielle de la charge d'entraînement.

❯ Le désentraînement associe une atrophie et une baisse de la force et de la puissance musculaires. Si l'activité n'est que partiellement réduite, une stimulation minimale suffit pourtant à conserver ces qualités.

❯ L'endurance musculaire diminue après seulement 2 semaines d'inactivité. Elle provient probablement :
– d'une diminution de l'activité des enzymes oxydatives,
– d'une diminution des stocks de glycogène, et
– d'une perturbation de l'équilibre acido-basique.

❯ Les effets du désentraînement sur les qualités de vitesse et de coordination sont peu importants. Par contre, les qualités de souplesse se perdent très vite.

❯ Les effets du désentraînement sont beaucoup plus marqués sur l'aptitude cardiorespiratoire que sur la force, la puissance.

❯ Pour conserver les qualités d'endurance cardiorespiratoire, lors d'une période d'activité réduite, il faut s'entraîner au moins 3 fois par semaine, à 70 % au moins de l'intensité observée pendant la phase d'entraînement intense.

❯ Les vols spatiaux en microgravité induisent des modifications physiologiques semblables à celles observées lors du désentraînement. Elles seraient considérées comme des inadaptations sur Terre mais sont positives pour les spationautes et les aident à s'habituer à la microgravité.

Mots-clés

affûtage
désentraînement
entraînement excessif
fonction immunitaire
périodisation
surcharge d'entraînement
surentraînement
syndrome de surentraînement

Questions

1. Quel est le modèle utilisé pour optimiser la charge d'entraînement imposée à un sportif ? Définissez les termes, surcharge aiguë, surcharge d'entraînement et surentraînement.

2. Qu'est-ce que l'entraînement excessif ?

3. Comment distinguez-vous la périodisation traditionnelle de la périodisation par blocs ?

4. Comment peut-on définir le syndrome de surentraînement ? Quelles sont les manifestations d'origine sympathique ? Et d'origine parasympathique ? Comment peut-on le détecter ?

5. Quels rôles jouent l'hypothalamus et les cytokines dans le syndrome de surentraînement ?

6. Décrivez les relations entre l'activité physique, la fonction immunitaire et la sensibilité de l'organisme aux agents infectieux ?

7. Quel est le meilleur prédicteur du surentraînement ?

8. Quel traitement doit être proposé en cas de surentraînement ?

9. Quels sont les effets de l'affûtage ?

10. Quels sont les effets du désentraînement sur la force, la puissance et l'endurance musculaires ?

11. Quels sont les effets du désentraînement sur les qualités de vitesse, coordination et souplesse ?

12. Quels sont les effets du déconditionnement sur le système cardiovasculaire ?

13. Quelles sont les similitudes entre désentraînement et séjour dans l'espace ?

Composition corporelle, nutrition et sport

15

Un joueur important de la principale fédération de base-ball recevait, à ses débuts, un salaire relativement faible. Malgré de piètres résultats, pendant l'intersaison, son équipe termina pourtant en tête du championnat. Le joueur en question devint l'un des meilleurs à son poste et, les « World séries » terminées, fut très sollicité. Il demanda une augmentation substantielle de salaire (75 000 $ dans les années 1970). Toutefois, l'entraîneur y mit une condition : qu'il perde 11 kg, parce que son poids était nettement au-dessus des normes habituelles pour sa taille. Devant le refus du joueur, les deux parties se trouvèrent dans une impasse.

Le médecin de l'équipe suggéra d'envoyer le joueur dans un laboratoire universitaire pour une évaluation précise de sa composition corporelle. Les deux parties acceptèrent. La pesée hydrostatique révéla que le joueur ne possédait que 6 % de masse grasse, soit 5 kg de graisse ! Comme l'organisme doit posséder au moins 3 % à 4 % de tissu adipeux pour survivre il lui a été déconseillé, sur le plan médical, de chercher à maigrir davantage. L'entraîneur fut satisfait et le joueur reçut son augmentation de salaire.

Si ce sportif avait cédé à l'entraîneur, il aurait compromis sa santé et sans doute gâché sa carrière professionnelle. Or, nombreux sont les athlètes qui sont confrontés à pareille situation. Combien refusent de se soumettre ?

Plan du chapitre

1. Sport et composition corporelle — 370
2. Composition corporelle et performance — 374
3. Nutrition et sport — 380
4. Autres nutriments — 389
5. L'équilibre hydro-électrolytique — 394
6. La nutrition du sportif — 400
7. Conclusion — 405

Aujourd'hui les sportifs et les entraîneurs ont bien conscience de la nécessité de maintenir un poids optimal pour réaliser des performances. Les dimensions, la morphologie et la composition corporelles sont des éléments déterminants de toute tentative athlétique. Suivant les sports, ces paramètres diffèrent : citons par exemple les 152 cm pour 45 kg des gymnastes olympiques féminines, les 206 cm pour 147 kg des défenseurs de ligne en football américain. Ces paramètres sont très largement héréditaires, mais cela n'empêche pas les athlètes d'essayer de les faire évoluer. Si les dimensions et la morphologie du corps ne peuvent être que faiblement modifiées, on peut agir davantage sur la composition du corps. L'entraînement de force peut augmenter la masse musculaire et un régime associé à des exercices intenses peut diminuer significativement la masse grasse. Ces variations de masse retentissent beaucoup sur la performance.

Pour réussir une performance, il faut impérativement suivre un régime alimentaire correct, renfermant une proportion équilibrée des différents nutriments. Les apports journaliers recommandés (AJR) ont été définis par la communauté scientifique internationale. Pour une substance donnée, les AJR correspondent à la quantité moyenne qui doit être apportée chaque jour pour être en bonne santé. Mais ces normes ont été définies pour des sujets moyennement actifs.

Les besoins nutritionnels des athlètes de haut niveau dépassent très largement ces normes. Celles-ci varient beaucoup d'un sportif à l'autre, selon le gabarit, le sexe et la discipline sportive. Les coureurs cyclistes du Tour de France comme les skieurs de fond peuvent dépenser jusqu'à 9 000 kcal par jour. Il a même été rapporté, chez un coureur à pied d'ultra-longue distance, jusqu'à 10 750 kcal par jour pendant plus de 5 jours, lors d'une épreuve de 966 km[28]. Dans beaucoup de sports, il convient de maintenir en permanence un poids optimal. Les sportifs doivent alors s'astreindre quotidiennement à un régime alimentaire tel qu'il couvre parfaitement leurs besoins, sans jamais les dépasser pour ne pas prendre de poids. Trop souvent les sportifs font des erreurs nutritionnelles, s'hydratent insuffisamment et compromettent leur santé. Nombreux, par exemple, sont les sportifs dont les comportements alimentaires sont perturbés, de type anorexique ou boulimique selon les cas.

1. Sport et composition corporelle

La **composition corporelle** fait référence à la composition chimique du corps. La figure 15.1 décrit trois modèles possibles. Le premier et le second divisent le corps en ses différentes composantes chimiques et anatomiques ; le dernier en donne une version simplifiée, avec seulement deux composantes : la masse grasse et la masse maigre. C'est le modèle que nous utiliserons dans ce livre. À la place du terme masse grasse, on emploie souvent le terme de masse grasse relative, qui est le pourcentage de graisse contenu dans l'ensemble du corps. La masse maigre correspond à tout ce qui compose l'organisme et qui n'est pas de la graisse.

1.1 Évaluation de la composition corporelle

Par rapport aux mesures classiques de taille et de poids, l'évaluation de la composition corporelle apporte des informations supplémentaires à l'entraîneur et au sportif. Un athlète de 190 cm et de 91 kg est-il à son poids idéal ? Si sa masse grasse est estimée à 5 kg, il reste 86 kg de masse maigre, ce qui est plus parlant que la simple mesure du poids total. Dans cet exemple, la masse grasse ne représente que 5 % environ du poids du corps, ce qui est très faible et le minimum qu'un sportif puisse atteindre. Dans une telle éventualité, sportifs et entraîneurs doivent savoir qu'il s'agit là d'une composition corporelle idéale. Il ne saurait être question de proposer à cet athlète de perdre du poids, même si le rapport taille/poids évoque une surcharge pondérale Dans beaucoup d'activités sportives, plus la masse grasse est importante moins bonne est la performance. Une évaluation précise de la composition corporelle donne alors des informations sur la conduite à tenir pour que le sportif soit à son poids optimal lors des compétitions.

1.2 La densitométrie

La densitométrie est une technique qui permet de définir la composition corporelle d'un sujet en mesurant la densité du corps. La densité (D) est le rapport entre la masse et le volume du corps :

$$D_{corps} = M_{corps} / V_{corps}$$

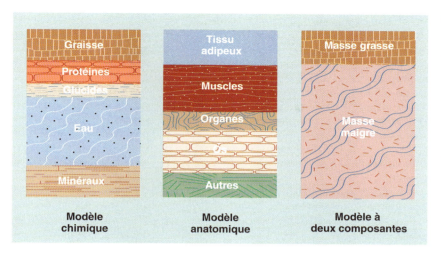

Figure 15.1 Les trois modèles de composition corporelle

D'après J.H. Wilmore, 1992, "Body weight and body composition" in Brownell, Rodin & Wilmore (Eds.) *Eating, body weight, and performance in athletes : Discorders of modern society* (Lippincott, Williams, and Wilkins), 77-93.

La masse du corps est donnée par le poids. Le volume peut être apprécié par différentes techniques, la plus commune étant la pesée hydrostatique, dans laquelle on mesure le poids du sujet lorsque celui-ci est totalement immergé. La différence entre le poids habituel et le poids immergé, après une correction tenant compte de la densité de l'eau, permet de déterminer le volume du corps. Ce volume peut être encore mieux approché en prenant en considération le volume de l'air emprisonné dans l'organisme. Il est difficile de mesurer certains volumes d'air, comme celui contenu dans tout le tractus intestinal, mais il s'agit d'une quantité faible, environ 100 ml, et il est habituellement négligé. On tient compte, cependant, du volume d'air retenu dans les poumons parce que celui-ci est important.

La figure 15.2 montre comment se réalise une pesée hydrostatique. La densité de la masse maigre est plus élevée que celle de l'eau alors que celle de la masse grasse est plus faible. On comprend bien alors que la densité corporelle du sujet va être directement influencée par sa composition corporelle. Un sujet obèse a une densité totale faible qui l'aide à flotter, tandis qu'un sujet maigre a une densité totale plus élevée qui a tendance à le faire couler. Cette présentation est peut-être un peu schématique mais elle a le mérite d'être explicite.

La densitométrie reste une méthode de référence. Aujourd'hui encore, les nouvelles techniques lui sont comparées pour étalonner leur précision. La densitométrie a, malgré tout, ses limites. Si le poids du corps, le poids du corps immergé et le volume pulmonaire sont mesurés correctement, le calcul de la densitométrie est correct. Mais, l'estimation de la masse grasse à partir de la densité du corps est toujours délicate.

En effet, une estimation précise de la densité du tissu adipeux et de la masse maigre est nécessaire pour pouvoir se référer au modèle à deux composantes. L'équation utilisée, le plus souvent, pour convertir la densité du corps en pourcentage de masse grasse, est celle de Siri :

$$\% \text{ masse grasse} = (495 / D_{corps} - 450)$$

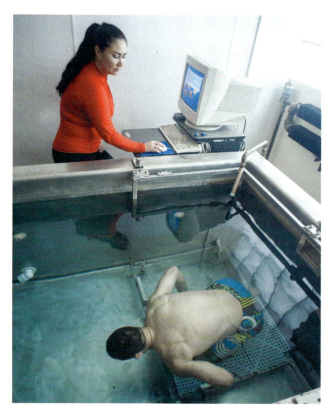

Figure 15.2 Technique de pesée hydrostatique

Cette équation suppose que les densités de la masse grasse et de la masse maigre soient relativement constantes chez tous les individus. Il est vrai que la densité de la graisse, mesurée à différents endroits du corps, varie très peu. La valeur usuelle est de 0,9007 g/cm. Par contre, la densité de la masse maigre (D^{MM}), estimée à 1,100 g/cm, dans l'équation de Siri, est plus contestable. Cette approche n'est justifiée que si :

1. la densité de chaque tissu entrant dans la constitution de la masse maigre est connue et assez constante ;

2. chaque tissu représente une proportion à peu près constante de la masse maigre totale (ainsi le tissu osseux représente 17 % de la masse maigre totale).

Toute exception à l'une ou l'autre de ces affirmations entraîne des erreurs substantielles dans la conversion de la densité corporelle en pourcentage de masse grasse. La densité de la masse maigre varie malheureusement d'un individu à l'autre.

1.3 Les autres techniques de laboratoire

Beaucoup d'autres techniques sont utilisées pour évaluer la composition corporelle. Parmi elles, citons la radiographie, la résonance magnétique, l'absorptiométrie, la conductivité électrique du corps. La plupart de ces méthodes de mesure sont très complexes et nécessitent des équipements très coûteux. Elles sont encore peu utilisées chez le sportif. Elles ont, par contre, été abondamment décrites par un certain nombre d'auteurs.

Nous présenterons l'intérêt de la tomographie au chapitre 22. Deux autres techniques présentent un intérêt grandissant dans le domaine sportif. Il s'agit de l'absorptiométrie biphotonique et de la pléthysmographie. L'absorptiométrie biphotonique (DEXA) est une évolution des techniques radiologiques d'absorptiométrie mono- et biphotoniques initiales utilisées de 1963 à 1984. Les premières techniques permettaient d'estimer le contenu minéral osseux et la densité minérale osseuse au niveau du rachis, du bassin et du fémur. Les techniques actuelles (figure 15.3) permettent d'explorer les tissus mous et d'évaluer la composition corporelle. En outre, elles permettent l'examen du corps entier. La validité et la précision des mesures amènent à considérer aujourd'hui la DEXA comme une méthode de référence pour l'évaluation de la composition corporelle. Comparée à la pesée hydrostatique, la DEXA permet, en plus, d'estimer la densité et le contenu minéral osseux. On peut aussi distinguer masse grasse et masse maigre. Il s'agit d'une mesure passive au cours de laquelle le sujet est simplement scanné, allongé sur une table. L'inconvénient majeur de la DEXA est son coût élevé.

La pléthysmographie est une technique de mesure densitométrique. Au lieu d'être déterminée par immersion, le volume du corps est mesuré par le déplacement d'air qu'il induit. Cette technique, mise au point au début du xxe siècle, a été surtout utilisée dans les laboratoires de recherche jusque dans les années 1990. Son utilisation a largement augmenté après cette date avec la commercialisation d'un modèle plus simple (figure 15.4). Le principe est relativement simple. Le pléthysmographe est une

Figure 15.3

L'absorptiométrie biphotonique (DEXA) est une technique utilisée pour estimer la densité osseuse et le contenu minéral osseux ainsi que la composition corporelle (masse grasse et masse maigre) :
(a) l'appareil, (b) scannographie du corps.

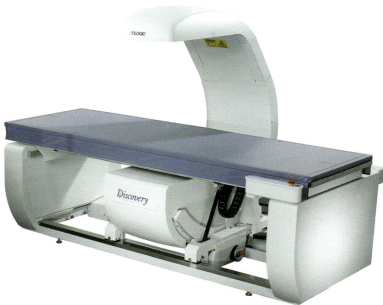
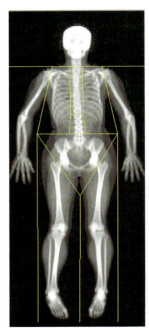

enceinte étanche, renfermant de l'air à la pression atmosphérique et de volume connu. Le sujet pénètre dans cette chambre qui est refermée derrière lui. On mesure le nouveau volume d'air dans l'enceinte. Il est soustrait du volume initial. La différence correspond au volume du corps.

Si la méthode est sans contrainte pour l'individu examiné, elle nécessite néanmoins beaucoup de rigueur de la part des opérateurs puisqu'il est nécessaire de contrôler les variations de température et de composition en gaz dans l'enceinte ainsi que les paramètres respiratoires du sujet. La fiabilité de cette technique a été largement confirmée. Elle permet, comme la pesée hydrostatique, une mesure relativement précise du volume du corps entier. Néanmoins, la mesure de la densité corporelle, à partir de ce volume, nécessite le recours à une équation de prédiction ce qui constitue une source d'erreur.

1.4 Les techniques de terrain

Diverses techniques de terrain sont également utilisées pour évaluer la composition corporelle chez les sportifs. Elles sont beaucoup plus accessibles que les mesures de laboratoire, moins onéreuses et moins encombrantes. Elles peuvent être facilement utilisées par l'entraîneur ou l'athlète.

1.4.3.1 La mesure des plis cutanés

La technique la plus répandue est la mesure des plis cutanés (figure 15.5), en un ou plusieurs sites. Elle permet l'estimation de la densité corporelle, du taux de graisse et de la masse maigre. On utilise normalement la somme de 3 plis cutanés, ou plus, dans une équation de conversion permettant de calculer la densité du corps. Une équation du second degré permet une relation plus précise entre la somme des plis cutanés et la densité corporelle qu'une simple équation linéaire. Lorsqu'on utilise une équation linéaire, la densité d'une personne maigre est sous-estimée en raison d'une surestimation de la masse grasse. C'est l'inverse pour les sujets obèses. En dehors de ces cas, la détermination de la masse grasse totale et relative par la méthode des plis cutanés est considérée comme satisfaisante.

1.4.3.2 L'impédance bio-électrique

La mesure de l'impédance bio-électrique est un procédé simple et rapide, introduit dans les années 1980.

Figure 15.4

Appareil de poléthysmographie permettant d'évaluer le volume du corps à partir du déplacement d'air.

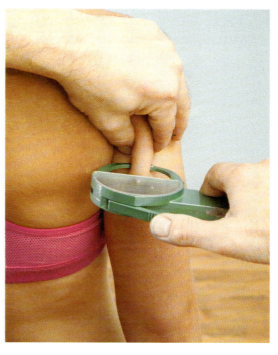

Figure 15.5 Mesure des plis cutanés

Elle ne demande que quelques minutes pour être réalisée. On fixe quatre électrodes sur le corps au niveau de la cheville, du pied, du poignet et du dos de la main (figure 15.6). Un courant électrique imperceptible passe par les électrodes, de la main au pied. Les électrodes proximales du poignet et de la cheville reçoivent le courant électrique. La conduction électrique est fonction de la composition en électrolytes et en eau des différents tissus traversés par le courant. La masse maigre contient à peu près l'ensemble de l'eau et des électrolytes. La conductivité est donc meilleure dans la masse maigre que dans la masse grasse. Cela signifie, en d'autres termes, que le courant traverse plus facilement et plus rapidement la masse maigre. À l'inverse, la masse grasse se laisse plus difficilement traverser par le courant électrique. On peut alors, en étudiant le flux électrique à travers les tissus, se faire une idée assez précise du contenu du corps en tissu adipeux.

Ces estimations de la masse grasse, basées sur la mesure de l'impédance bio-électrique, sont hautement corrélées avec les résultats obtenus par la technique de pesée hydrostatique. Cette technique a malgré tout tendance à surestimer la masse grasse chez les sportifs qui sont plutôt maigres. Elle est également très influencée par le degré d'hydratation de l'individu. Ceci n'est jamais pris en compte avec les appareils proposés en routine à des fins commerciales. Il est donc nécessaire de développer d'autres équations et de l'améliorer peut-être par l'utilisation combinée avec d'autres techniques comme la spectroscopie actuellement à l'étude.

Résumé

> Il faut plutôt s'intéresser à la composition corporelle, qu'à la taille et au poids, pour déterminer un programme d'entraînement.

> La densitométrie est la méthode de référence qui permet de déterminer la composition corporelle d'un sujet. Elle a longtemps été considérée comme la plus précise. La densité du sportif est obtenue en divisant sa masse par le volume corporel, lequel est mesuré par pesée hydrostatique ou par pléthysmographie. La composition corporelle est déduite par calcul à partir de la densité. Cette estimation comporte un certain risque d'erreur.

> La DEXA initialement mise au point pour déterminer la densité osseuse et le contenu minéral osseux permet aussi de mesurer précisément la composition corporelle – masse maigre, masse grasse, masse osseuse – totale ou segmentaire.

> Il existe des techniques utilisables sur le terrain, comme la mesure des plis cutanés, l'impédance bio-électrique. Ces méthodes sont moins coûteuses et très accessibles pour les sportifs et les entraîneurs.

2. Composition corporelle et performance

On évalue traditionnellement la force et la performance d'un athlète à sa carrure. Beaucoup de sportifs pensent encore que la prise de poids est un avantage. Ceci n'est pas toujours le cas, loin de là. Dans les paragraphes qui suivent, nous allons étudier comment la composition corporelle affecte la performance.

2.1 La masse maigre

Pour de nombreux sportifs, la masse maigre est un paramètre très important, beaucoup plus que la masse corporelle totale. Son développement est important pour toutes les activités qui nécessitent de la force, de la puissance et de l'endurance musculaires. Par contre, l'augmentation de la masse maigre n'est pas souhaitable chez les athlètes d'endurance, qui doivent soulever leur poids sur de longues distances. Une masse maigre importante est une charge supplémentaire qui peut, alors, diminuer la performance. Cette remarque concerne aussi d'autres sportifs tels les sauteurs en hauteur, voire les sauteurs en longueur et à la perche ou les triple-sauteurs. Même s'il s'agit de masse maigre, un poids supplémentaire peut alors devenir un handicap.

2.2 La masse grasse relative

Les sportifs doivent être très attentifs à leur taux de graisse. Lorsque le poids de l'athlète augmente, par développement de la masse grasse, la performance s'en ressent tout de suite. Cette remarque vaut pour toutes les activités sportives dans lesquelles on doit soulever le poids de son corps, comme le sprint ou le saut en longueur. Elle est moins importante dans les sports plus statiques, comme le tir.

Chez les athlètes pratiquant des activités d'endurance, et qui cherchent à diminuer au maximum leur masse adipeuse, les masses grasses totale et relative ont toutes deux une grande influence sur la réussite sportive, spécialement chez les sujets très entraînés.

Les haltérophiles, de la catégorie poids lourds, font peut-être exception à cette règle. Ces sportifs ont souvent une masse grasse importante, en particulier avant les compétitions. Ils pensent qu'une surcharge pondérale abaisse leur centre de gravité et les avantage, d'un point de vue mécanique, dans le soulevé de charges. Aucune étude n'est venue, jusqu'à présent, le confirmer. Autre exception notable, les lutteurs de sumo, dont les dimensions corporelles sont un facteur déterminant de la

PERSPECTIVES DE RECHERCHE 15.1

Évaluation de la masse grasse par échographie

L'échographie est une technique d'imagerie utilisant les propriétés des ultrasons (US). Elle est utilisée depuis plus de 50 ans pour évaluer le degré d'adiposité. Elle suscite depuis peu un regain d'intérêt grâce aux progrès importants de cette technologie. Après avoir traversé la peau, le faisceau US est partiellement réfléchi, comme un écho, par les interfaces tissulaires successives qui séparent les différentes couches de tissus sous-jacents (ex : interface entre la peau et le tissu adipeux sous-cutané ou entre le tissu adipeux et le muscle ou entre le muscle et l'os). Le faisceau réfléchi est retransmis par un transducteur et transformé pour être converti en signal enregistrable. Des petits systèmes portables, peu coûteux et connectés à des micro-ordinateurs ou des tablettes sont désormais disponibles sur le marché. Il s'agit d'un procédé rapide et fiable qui permet d'estimer avec une précision suffisante l'épaisseur de la graisse sous-cutanée et viscérale. Wagner a résumé les différents avantages et inconvénients de cette méthode[37].

Avantages :
- Beaucoup moins coûteuse que les techniques classiques de laboratoire qui utilisent le scanner, la DEXA…
- Fiable et précise lorsqu'elle est réalisée par un praticien expérimenté
- Permet de donner des informations sur le degré d'adiposité local ou régional
- Faible compression tissulaire
- Faisceau non ionisant et non invasif
- Utilisable « sur le terrain »
- Permet aussi d'estimer l'épaisseur d'autres couches tissulaires (muscles et os)
- Procédé rapide qui prend peu de temps

Limites
- Plus coûteuse que la méthode de mesure des plis cutanés
- Doit être effectuée par un praticien bien formé et expérimenté
- Méthode encore incomplètement standardisée
- Perturbation éventuelle par des artefacts (ex. : fascia)

Une étude récente montre que l'évaluation de la masse grasse sous-cutanée ou totale par la mesure des plis cutanés est moins précise que celle apportée par l'exploration échographique effectuée au niveau des mêmes sites[24]. Trois expérimentateurs ont utilisé une méthode échographique récente pour mesurer l'épaisseur du tissu adipeux sous-cutané, au niveau de huit sites, chez 19 jeunes femmes dont l'indice de masse corporelle (IMC) était compris entre 16,5 et 26,3 kg/m². Deux de ces mêmes expérimentateurs ont également mesuré l'épaisseur des plis sous-cutanés sur ces mêmes sites[24].

La variabilité inter-expérimentateur concernant les données échographiques était excellente ($r = 0,97$) indiquant que leurs résultats étaient très proches. À l'inverse, les mesures d'épaisseur des plis sous-cutanés par site étaient beaucoup plus variables entre expérimentateurs, en raison des différences de compression exercées sur la pince à pli, d'une mesure à l'autre. Les écarts allaient de 2,6 à 8,6 mm, ce qui souligne combien on doit être prudent dans l'interprétation des résultats de cette méthode « de terrain ». L'épaisseur du tissu adipeux sous-cutané mesurée par échographie, et donc en l'absence de toute compression, variait seulement de 0,1 à 0,5 mm. Les auteurs concluent que l'estimation de la masse grasse sous-cutanée par la méthode des plis cutanés reste approximative.

La méthode échographique permet aussi d'évaluer la masse grasse sous-cutanée abdominale ce qui lui confère un autre avantage indéniable. Les données échographiques sont similaires à celles obtenues par scanner et bien corrélées à la masse grasse viscérale. Or la masse grasse viscérale est un facteur de risque reconnu de maladies métaboliques et maladies associées, beaucoup plus que la masse grasse périphérique. Cette nouvelle technique est donc d'un grand intérêt pour la population générale. Néanmoins, pour apporter des résultats fiables et précis, elle doit être réalisée par un opérateur bien formé et expérimenté.

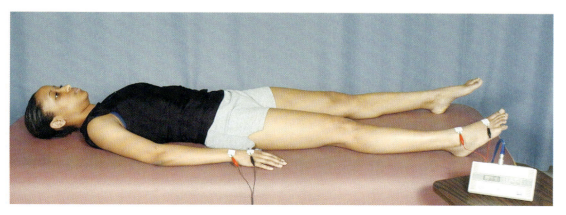

Figure 15.6 Mesure du taux de graisse par impédance bio-électrique

réussite. Dans ce sport, l'individu qui possède la plus grande stature a souvent un avantage décisif, même s'il doit aussi posséder la masse musculaire la plus importante.

En natation, également, le poids n'est pas nécessairement un handicap. Le tissu adipeux a même quelques avantages pour le nageur, comme celui d'améliorer sa flottabilité et de réduire son coût métabolique.

2.3 Les normes de poids

Les normes de poids ont été depuis longtemps utilisées dans le monde sportif et leur usage s'est même étendu ces dernières années. Le but recherché est d'amener le sportif à son poids optimal pour la compétition. Mais ce n'est pas si simple et de nombreuses erreurs sont commises par une mauvaise interprétation des valeurs qui ne sont que des données statistiques. Au niveau individuel, il existe de larges variations qui, méconnues, peuvent conduire à des erreurs non négligeables et dommageables pour le sportif.

Les athlètes de haut niveau sont censés présenter les caractéristiques physiques et physiologiques idéales, pour réaliser une performance en compétition. C'est, théoriquement, grâce à leurs caractéristiques génétiques et à leur passé d'entraînement, qu'ils ont pu atteindre le profil nécessaire à leur activité sportive. Ils représentent alors un modèle auquel les autres aspirent.

Pourtant ceci n'est pas sans risque comme l'illustre la figure 15.7[38]. Cette figure rapporte le taux de graisse de jeunes femmes pratiquant la course de fond. La plupart d'entre elles ont un taux de graisse inférieur à 12 %. Les deux meilleures se situent aux alentours de 6 %. L'une d'elles a remporté le championnat international de cross-country six fois consécutives, la seconde possédait alors le meilleur temps mondial au marathon. On pourrait en déduire que toute femme, qui veut être très performante dans les épreuves de longues durées, doit avoir un taux de graisse entre 6 % et 12 %. Pourtant une des meilleures sportives des États-Unis, dans ce type d'épreuves, qui s'est maintenue deux ans au plus haut niveau, possédait un taux de graisse de 17 %. Une autre avait 37 % et a détenu la meilleure performance mondiale sur 80 km ! Il est plus que probable qu'aucune de ces femmes n'aurait tiré un quelconque avantage à perdre du poids pour se situer aux alentours de 12 % ou moins.

2.3.1 Le mauvais usage des normes

On a largement abusé de ces normes. Les entraîneurs croient souvent que les performances des athlètes s'améliorent lorsque le poids diminue. Il est vrai que de petites pertes de poids apportent souvent une légère amélioration de la performance. Trop d'entraîneurs et d'athlètes en déduisent, alors, que des pertes de poids plus importantes donneront encore de meilleurs résultats. Même les parents des sportifs se sont faits les complices de ces affirmations gratuites. Citons le cas d'une athlète universitaire,

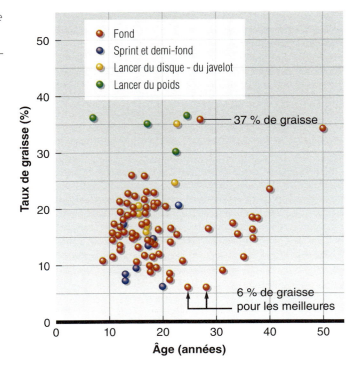

Figure 15.7 Taux de graisse chez des athlètes féminines de haut-niveau

D'après Wilmore et coll. (1977).

considérée comme l'une des meilleures des États-Unis dans sa spécialité, qui a jeûné tout en s'entraînant jusqu'à ce que sa masse grasse relative atteigne moins de 5 %. Bien sûr, les performances de cette femme se détériorèrent et elle connut des accidents musculaires qu'elle ignorait jusqu'alors. On diagnostiqua une anorexie nerveuse (chapitre 19) nécessitant un traitement médical. Sa carrière fut terminée.

2.3.2 Risques associés aux pertes de poids trop importantes

Beaucoup d'institutions universitaires, fédérales, etc. organisent des compétitions sportives, autres que les sports de combat, mais où le poids a également une grande importance. Les sportifs cherchent, trop souvent, à peser le moins lourd possible pour avoir un avantage sur leur adversaire. Ces pratiques compromettent fortement leur santé. Dans les paragraphes suivants, nous allons examiner les principales conséquences de ces pertes de poids trop importantes.

2.3.2.1 La déshydratation

Le jeûne ou les régimes à très faible teneur calorique permettent de maigrir considérablement. La synthèse de 1 g de glucide s'accompagne d'un stockage obligatoire d'eau. Le jeûne et les régimes à basses calories entraînent un effondrement des réserves glucidiques pendant les premiers jours. La perte de poids qui s'ensuit est donc liée, en partie, à la perte d'eau ainsi induite. C'est la déshydratation qui permet d'obtenir le plus rapidement une perte de poids importante. Pour parvenir à leurs fins, les athlètes réalisent leurs exercices vêtus de vêtements imperméables, style coupe-vent, prennent des bains de vapeur ou des saunas, mâchent des chewing-gums pour perdre de la salive, et limitent leurs boissons au minimum. De telles pertes d'eau mettent en péril le fonctionnement rénal et celui du système cardiovasculaire. Des pertes d'eau, même minimes de 2 % du poids du corps peuvent altérer la performance, notamment dans les disciplines très techniques ou exigeant des efforts brefs et intenses, comme en tennis, football, basket-ball[17].

2.3.2.2 La fatigue chronique

Un amaigrissement trop important peut avoir des répercussions sévères. Au-dessous d'un certain poids, le sportif s'expose à une baisse de performance et à un risque accru de maladies et d'accidents. La chute de performance peut être due à plusieurs facteurs, dont la fatigue chronique, en particulier lorsque la perte de poids s'est faite grâce à une déshydratation importante. On ne connaît pas très bien les causes de cette fatigue.

On invoque des facteurs nerveux et hormonaux. Les signes observés plaident en faveur d'une inhibition du système nerveux sympathique et d'une activation du système parasympathique. On note, de surcroît, un dysfonctionnement de l'hypothalamus et du système immunitaire. Le tout engendre la cascade de symptômes qui constituent la fatigue chronique.

Cette dernière peut aussi apparaître, suite à une déplétion des substrats.

2.3.2.3 Les désordres alimentaires

Atteindre et maintenir son poids nécessite une attention permanente. Cela peut conduire à des désordres alimentaires ou à des comportements pathologiques comme l'anorexie ou la boulimie. Ils sont plutôt observés chez les femmes dont chacune, face au régime alimentaire, a ses propres critères de fonctionnement normal ou pathologique.

Plus de 90 % des cas concernent des sujets de sexe féminin et notamment les très jeunes filles. Les populations où les risques[1,31] sont majeurs sont les sports artistiques (gymnastique, patin à glace, gymnastique rythmique et sportive, danse, etc.) et les activités d'endurance (course et natation) dans lesquels un excès de masse grasse nuit à la performance. Dans ces activités, le taux de désordres alimentaires, chez les sportives de haut niveau, dépasse 50 %[30]. Les athlètes et les entraîneurs doivent réaliser le lien étroit qui existe entre les normes de poids, affichées pour chaque sport, et le risque de désordre alimentaire.

Lorsqu'ils induisent un déficit énergétique, ces désordres alimentaires sont souvent associés, chez la femme sportive, à deux autres perturbations : des troubles de la fonction menstruelle et de la minéralisation osseuse[1]. L'association de ces trois symptômes constitue ce que l'on appelle : **la triade de la femme athlète**. Ceci sera discuté au chapitre 19.

2.3.2.4 Les troubles de la fonction menstruelle

Les troubles de la fonction menstruelle, ou troubles des règles, sont très largement répandus chez les sportives[10]. Ils peuvent se traduire par une puberté retardée (retard d'apparition des premières règles), une oligoménorrhée (flux menstruel insuffisant, cycles très irréguliers et anormalement longs de 36-90 j) ou une aménorrhée (absence de règles pendant au moins 3 mois). Ils sont souvent observés dans les sports où le poids est considéré comme un handicap[15]. Ainsi ils coïncident très souvent avec une restriction calorique et un régime de type végétarien[1].

Il est maintenant reconnu que le déficit énergétique est la cause majeure de ces troubles. L'apport calorique total est insuffisant pour couvrir les besoins énergétiques qui sont majorés par la pratique sportive[1]. L'organisme « sacrifie » en quelque sorte les fonctions de croissance, maturation et reproduction et dérive les apports énergétiques en direction des fonctions plus vitales que sont la thermorégulation, l'immunité et l'activité cellulaire fondamentale[36] (voir chapitre 19).

2.3.2.5 La diminution de la minéralisation osseuse

Cette anomalie est très souvent liée aux troubles menstruels[7]. En 1884, on a clairement établi le lien entre ces deux problèmes. Beaucoup de travaux sont aujourd'hui consacrés aux liens possibles entre l'aménorrhée, induite par la pratique sportive, et la diminution de densité ou de minéralisation osseuse. Des études déjà anciennes ont suggéré que la densité osseuse augmentait avec le retour de règles normales, mais il apparaît aujourd'hui que la reconstitution de l'os reste, malgré tout, incomplète. On ne connaît pas encore très bien les conséquences à long terme dans la population sportive. Toutefois, certains travaux suggèrent que le risque de fracture est sept fois plus élevé chez la femme anorexique[26].

2.3.3 À quelles normes se référer ?

Nous avons insisté sur l'usage abusif des normes de poids. Ces normes ne sont pas adaptées à la population sportive. Il est donc nécessaire de les corriger à partir de la composition corporelle des athlètes. Ceci doit permettre d'estimer le taux de graisse optimal pour une activité donnée. Les différences intersexes dans la répartition du tissu adipeux étant bien connues, il est nécessaire également d'établir des normes pour chaque sexe. Elles sont indiquées sur le tableau 15.1, les valeurs étant le plus souvent établies chez des sportifs de haut niveau.

Ces données ne peuvent en aucun cas être valables pour tous. Il existe des erreurs de mesure, inhérentes aux techniques utilisées, dont nous avons déjà parlé. Cette remarque vaut même pour les mesures de laboratoire dont l'erreur se situe en général entre 1 % et 3 %, voire davantage si on utilise l'équation de Siri. Il existe, en outre, une grande variabilité interindividuelle. Toutes les jeunes femmes pratiquant la course de fond ne réalisent pas leur meilleure performance avec 12 % de masse grasse. Certaines sont d'ailleurs incapables de descendre à des valeurs aussi basses, sans voir leur performance altérée. Pour cette raison, il vaut mieux conseiller une fourchette de valeurs qui tient compte du sport pratiqué, de la variabilité interindividuelle, des erreurs liées aux mesures et des différences intersexes.

2.4 Comment atteindre le poids optimal ?

Beaucoup de sportifs ne prennent conscience de leur surcharge que quelques semaines avant le début de la saison sportive. Prenons l'exemple d'un joueur de football professionnel qui a 9 kg de trop, avant le début de saison. Il doit perdre du poids à

Tableau 15.1 Taux de graisse moyen dans différentes activités sportives, en fonction du sexe

Sport	Taux de graisse (%) Hommes	Taux de graisse (%) Femmes
Base-ball – Softball	8-14	12-18
Basket-ball	6-12	10-16
Culturisme	5-8	6-12
Canoë-Kayak	6-12	10-16
Cyclisme	5-11	8-15
Escrime	8-12	10-16
Football américain	6-18	–
Golf	10-16	12-20
Gymnastique	5-12	8-16
Équitation	6-12	10-16
Hockey sur glace ou sur gazon	8-16	12-18
Course d'orientation	5-12	8-16
Pentathlon	–	8-15
Tennis de table	6-14	10-18
Aviron	6-14	8-16
Rugby	6-16	–
Patinage	5-12	8-16
Ski	7-15	10-18
Saut à skis	7-15	10-18
Football	6-14	10-18
Natation	6-12	10-18
Natation synchronisée	–	10-18
Tennis	6-14	10-20
Courses sur pistes	5-12	8-15
Courses sur route	8-18	12-20
Triathlon	5-12	8-15
Volley-ball	7-15	10-18
Haltérophilie	5-12	10-18
Lutte	5-16	–

l'occasion du stage préparatoire de quatre semaines. Mais, il a peu de chances de parvenir à éliminer rapidement un tel excès, car l'exercice seul nécessiterait 9 à 12 mois pour perdre ces 9 kg. Comment atteindre alors cet objectif ?

2.4.1 Le régime alimentaire

Notre footballeur doit perdre environ 2 kg par semaine pendant les 4 semaines de stage. Il décide alors de surveiller son alimentation, en suivant un des régimes à la mode, sensé faire perdre 3 kg par semaine. Ce n'est pas un cas unique, loin de là. Beaucoup de sportifs se retrouvent, ainsi, avec une surcharge pondérale, parce qu'ils ont mangé sans contrôle pendant l'intersaison, tout en réduisant largement leur activité physique. Ils repoussent bien sûr le moment où il va falloir s'attaquer au problème. Mais, une perte de poids trop rapide se traduit essentiellement par des pertes d'eau. De nombreux travaux ont montré que les régimes trop hypocaloriques (moins de 500 kcal par jour) entraînent des pertes de poids importantes, au détriment de la masse maigre (eau et protéines 60 %), et beaucoup moins aux dépens des graisses (40 %).

La majorité de ces régimes draconiens sont basés sur une très forte diminution de la ration de glucides. Celle-ci devient insuffisante pour subvenir à la dépense énergétique et conduit à une déplétion des stocks. Comme l'eau suit les mouvements des glucides, le contenu en eau s'effondre.

Au fur et à mesure que le glycogène s'épuise, l'organisme fait appel aux acides gras libres, pour fournir l'énergie nécessaire. Il en résulte une accumulation dans le sang des corps cétoniques, sous-produits du métabolisme des acides gras, conduisant à un état de cétose. Un tel état majore largement les pertes en eau. Celles-ci surviennent essentiellement la première semaine du régime. Ainsi les sportifs qui essayent de perdre rapidement du poids compromettent à la fois leurs performances et leur santé car ils perdent non seulement de la masse grasse mais aussi beaucoup de masse maigre.

2.4.2 Les pertes de poids optimales

La meilleure façon de réduire la masse de tissu adipeux est de combiner une restriction alimentaire modérée avec une augmentation de la quantité d'exercice.

Lorsque les sportifs dépassent les limites de poids supérieures, tolérables dans leur sport, ils doivent essayer de maigrir, mais doucement, en ne perdant pas plus de 0,5 à 1 kg par semaine. Perdre davantage se ferait au détriment de la masse maigre ce qui n'est pas l'effet désiré. Lorsqu'on est revenu dans les normes, des pertes supplémentaires ne

Résumé

> L'augmentation de la masse maigre est importante dans certains sports nécessitant force, puissance, et endurance musculaire. C'est, par contre, un handicap pour les sauteurs en hauteur ou pour la plupart des athlètes pratiquant des sports d'endurance, qui doivent en permanence soulever le poids de leur corps.

> La masse grasse influence davantage la performance que le simple poids du corps. En général, plus la masse grasse est faible, meilleure est la performance, excepté pour certains sportifs comme les haltérophiles et lutteurs, les sumos, les nageurs.

> Des pertes de poids trop importantes ou trop rapides induisent souvent des problèmes de santé, comme la déshydratation, une fatigue chronique, des désordres alimentaires, des troubles des règles et une diminution de la minéralisation osseuse.

> Les normes de poids doivent prendre en compte la composition corporelle et tenir compte, en particulier, de la masse grasse.

> Il faudrait établir des normes de poids et de masse grasse pour chaque sport, en tenant compte des variations interindividuelles, des erreurs méthodologiques et des différences intersexes.

> Les régimes alimentaires très sévères (à très basse ration calorique) font perdre plus d'eau que de graisse.

> Les régimes qui limitent la ration en glucides induisent un épuisement des stocks de glycogène. Comme l'eau suit les mouvements des hydrates de carbone, cela accentue le risque de déshydratation. Pour fournir l'énergie nécessaire, l'organisme fait appel alors aux acides gras libres, ce qui peut conduire à un état de cétose qui augmente encore les pertes en eau.

> La meilleure approche, pour perdre du poids, est de combiner un régime adapté avec l'exercice physique.

> Les sportifs ne doivent pas perdre plus de 1 kg par semaine jusqu'à ce qu'ils parviennent à atteindre les limites supérieures de poids définies pour leur sport. Une fois atteint ce premier seuil, les pertes ne doivent pas dépasser 0,5 kg par semaine jusqu'au moment où le poids recherché est atteint. Un amaigrissement plus rapide se fait au détriment de la masse maigre. Le but peut être atteint en réduisant simplement la ration calorique journalière de 200 à 500 kcal par jour si ce régime est combiné à un entraînement physique.

> Pour perdre de la graisse, il est souhaitable de combiner un entraînement de musculation, qui conserve la masse maigre, avec un entraînement d'endurance.

doivent être envisagées qu'avec l'accord de l'entraîneur et sous contrôle médical. Elles doivent de toute manière être interrompues si l'on constate une diminution de la performance, ou des signes d'alerte.

Diminuer la ration alimentaire de 200 à 500 kcal par jour entraînera une perte de poids de 0,5 kg par semaine, surtout si cette action est combinée à un programme d'entraînement. Il s'agit là d'un objectif réaliste et ces pertes additionnées aboutissent à une réduction importante du poids, au bout d'un certain temps. Il est, par contre, nécessaire d'étaler la ration calorique sur les trois repas de la journée. Beaucoup de sportifs font l'erreur de ne manger qu'une à deux fois par jour, supprimant le petit-déjeuner, le déjeuner ou les deux, pour ne prendre qu'un dîner assez important. Les études menées chez l'animal ont montré qu'en ingérant le même nombre de calories, la prise de poids est d'autant plus importante que le nombre de repas est réduit. Les données chez l'homme sont moins claires.

L'objectif de tout amaigrissement est d'éliminer la masse grasse, pas la masse maigre. C'est pourquoi, la meilleure approche est celle qui combine le régime et l'exercice. La composition corporelle peut d'ailleurs être modifiée de manière significative par l'activité physique. L'exercice chronique peut augmenter la masse musculaire et diminuer la masse grasse. L'importance de ces modifications est fonction du type d'entraînement réalisé. L'entraînement de force induit des gains de masse musculaire. L'association d'un entraînement de force avec un entraînement d'endurance augmente les pertes de graisse. Un tel programme, combiné avec une ration alimentaire légèrement diminuée, permet aux sportifs de perdre suffisamment de poids.

3. Nutrition et sport

On comprend bien désormais que la nutrition est un facteur essentiel de la régulation du poids et de l'optimisation de la performance. C'est aussi un atout majeur pour la santé.

On peut classer les nutriments en six groupes, chacun ayant des propriétés spécifiques :

- les glucides ;
- les lipides (graisses) ;
- les protéines ;
- les vitamines ;
- les minéraux ;
- l'eau.

Les 3 premiers sont des nutriments à valeur énergétique. Les 3 derniers, non énergétiques, sont également indispensables.

Dans chaque pays, des normes d'apports alimentaires sont établies en combinant les résultats d'études sur des individus et sur des populations. Ces valeurs correspondent aux quantités suffisantes en macronutriments (protéines, lipides, glucides) et en micronutriments (vitamines, minéraux, oligo-éléments) pour assurer la couverture des besoins physiologiques. Ces besoins varient avec l'âge, le genre, l'état physiologique (grossesse, allaitement), l'activité physique et d'autres facteurs individuels encore mal connus. Les U.S.A et le Canada ont publié, en commun, et mis à jour jusqu'en 2005, les apports recommandés pour leurs populations (Dietary Reference Intakes-DRI). Ces données sont disponibles sur le site : www.nal.usda.gov/fnic.

En France, les premières normes proposées ont été les apports journaliers recommandés (AJR). Les changements de mode de vie, les disparitions progressives des carences et les progrès considérables réalisés en matière de nutrition ont entraîné une évolution du concept. On parle aujourd'hui d'apports nutritionnels conseillés (ANC). L'objectif est la définition d'apports optimaux dans le but de diminuer le risque d'apparition de maladies à composante nutritionnelle. Dans ce contexte, la révision périodique des normes s'avère indispensable. Les ANC sont ainsi définis pour chaque nutriment. Ils correspondent à l'apport permettant de couvrir les besoins physiologiques de la quasi-totalité (97,5 % des sujets) de la population en bonne santé ou supposée telle. Ils tiennent compte des variations entre individus et sont établis sur la base de la couverture des besoins moyens. Ils correspondent en général à 130 % des besoins moyens. Les derniers ANC ont été révisés en 2001 par Martin A.

3.1 Nutriments à valeur énergétique

Un régime alimentaire équilibré doit associer, dans des proportions précises, des glucides, des lipides et des protéines. Chacune de ces trois catégories doit ainsi contribuer à la ration calorique totale, dans les proportions suivantes :

- les glucides : 55 % à 60 % ;
- les lipides : pas plus de 35 % (dont 10 % de graisses saturées) ;
- les protéines : 10 % à 15 %.

Ce sont les proportions considérées comme optimales à la fois pour une bonne performance sportive et pour l'entretien de la santé. Ce sont celles recommandées dans le cadre de la prévention des maladies cardiovasculaires, du diabète, de l'obésité et du cancer. Néanmoins, pour ajuster plus précisément les apports aux besoins spécifiques des sportifs, il est conseillé de rapporter les valeurs au poids du corps[27].

3.1.1 Les glucides

Les glucides (CHO, encore appelés hydrates de carbone) sont, selon le cas, des monosaccharides, ou des disaccharides, ou des polysaccharides. Les monosaccharides sont des molécules simples (comme le glucose, le fructose et le galactose). Ils ne peuvent être transformés en sucres plus simples. Les disaccharides (comme le saccharose, le maltose, le lactose) résultent de la combinaison de 2 monosaccharides. Par exemple, le sucrose ou sucre de table, est fait de glucose et de fructose. Les oligosaccharides sont des chaînes courtes de 3 à 10 monosaccharides. Les polysaccharides sont des chaînes encore plus longues. Les plus courants sont l'amidon et le glycogène, tous deux faits de plusieurs molécules de glucose, assemblées en chaînes. Le glycogène est présent dans le règne animal et chez l'homme. Il est stocké dans les muscles et le foie. L'amidon est la forme de réserve du sucre dans le règne végétal. Plus volumineux, les polysaccharides sont encore appelés glucides complexes. Ils doivent être dégradés en monosaccharides, pour être utilisés par l'organisme.

Les glucides ont plusieurs rôles :

- ils constituent le substrat énergétique essentiel lors de l'exercice intense ;
- ils aident à réguler le métabolisme des lipides et des protéines ;
- ce sont les seuls combustibles du système nerveux ;
- ils servent à la synthèse du glycogène musculaire et hépatique.

Les sources principales de glucides sont les céréales, les fruits, les végétaux, le lait et les sucreries. Le sucre raffiné, le sirop sont des glucides à l'état pur. Les sucreries, comme le miel, les glaces, les boissons sucrées, les confitures ne contiennent pratiquement pas d'autres nutriments.

3.1.1.1 Apport glucidique et stocks de glycogène

L'organisme stocke les glucides apportés en excès par l'alimentation sous forme de glycogène, dans le foie et dans le muscle. L'apport glucidique alimentaire conditionne, directement, le niveau des stocks de glycogène musculaire et donc la capacité physique et l'aptitude à réaliser des efforts d'endurance. Comme le montre la figure 15.8, des athlètes qui s'entraînent intensément 3 jours de suite, mais qui consomment peu de sucre (40 % de l'apport calorique total) épuisent, jour après jour, leurs réserves de glycogène[12]. Dès que l'apport glucidique est augmenté (à 70 % de l'apport calorique total), les stocks de glycogène se reconstituent et la restauration est pratiquement complète au bout de 22 heures. Si les stocks de glycogène sont maintenus à un niveau suffisant, pendant la période d'entraînement, les athlètes se sentent mieux et se disent moins fatigués.

Il a été montré qu'un apport glucidique, équivalent à 55 % de la ration calorique totale, permettait de stocker 100 mmol de glycogène par kilo de muscle. Si le régime glucidique est réduit à moins de 15 %, le stockage n'est plus que de 53 mmol.kg^{-1}. À l'inverse, un régime hyperglucidique (60-70 % de l'apport calorique total) permet de stocker jusqu'à 205 mmol.kg^{-1}. Il a été établi que lors d'un exercice à 75 % de la consommation maximale d'oxygène, le délai d'épuisement est directement proportionnel au niveau des stocks de glycogène musculaire, mesuré avant l'exercice (figure 15.9).

Beaucoup d'études suggèrent que la restauration du glycogène n'est pas seulement déterminée par l'apport glucidique. Les exercices comportant une composante excentrique (c'est-à-

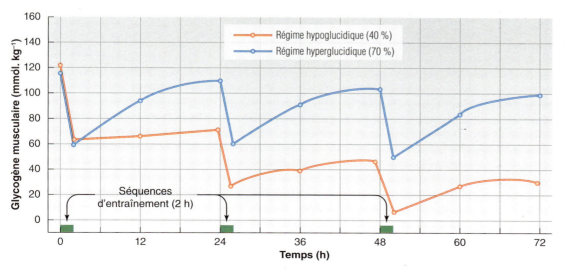

Figure 15.8

Influence du régime glucidique sur les stocks de glycogène musculaire, au cours de plusieurs journées d'entraînement. Un régime pauvre en glucides s'accompagne d'une diminution progressive des stocks de glycogène musculaire, au fur et à mesure de l'entraînement, alors qu'un régime riche en glucides permet de maintenir les stocks de glycogène musculaire à des valeurs proches de la normale.
D'après Costill *et al.* 1971 ; D.L. Costill et J.M. Miller (1980), "Nutrition for endurance sport: carbohydrate and fluid balance", *International Journal of Sports Medicine* 1 : 2-14, 19.

dire en étirement), comme la course, l'haltérophilie, s'accompagnent souvent de lésions musculaires qui gênent la resynthèse du glycogène. Les niveaux de glycogène musculaire dans les 6 à 12 premières heures qui suivent l'arrêt de l'exercice, peuvent être normaux, mais la resynthèse est complètement stoppée dès que la réparation des dommages musculaires se met en route.

Les causes de ce phénomène restent encore à préciser. Dans les 12 à 24 heures qui suivent un exercice excentrique, les fibres musculaires sont infiltrées de cellules inflammatoires (leucocytes, macrophages), qui éliminent les débris provenant des lésions membranaires (voir chapitres 5 et 14). Ces processus de réparation utilisent probablement une partie du glucose sanguin, réduisant d'autant la quantité disponible pour la resynthèse du glycogène musculaire. Il semble que les muscles ayant travaillé en excentrique deviennent moins sensibles à l'insuline, ce qui limiterait, de surcroît, la consommation de glucose par le muscle. Les recherches ultérieures permettront très probablement de mieux expliquer pourquoi les activités excentriques retardent le stockage de glycogène. Il faut retenir, pour l'instant, que le délai de récupération des stocks musculaires de glycogène peut varier selon le type d'exercice réalisé, et ceci doit bien évidemment être pris en compte dans la programmation d'entraînement, ou la préparation d'une compétition.

Si les athlètes se fient seulement à leurs sensations pour s'alimenter, ils risquent de consommer insuffisamment de glucides et de ne pas compenser, en particulier, la part de glucides utilisée à l'entraînement et en compétition. Ce déséquilibre entre l'utilisation du glycogène et l'apport glucidique explique, en partie, pourquoi certains athlètes ressentent parfois une fatigue chronique et ont besoin de 48 heures, ou plus, pour restaurer leurs stocks de glycogène. Les sportifs qui s'entraînent intensivement plusieurs jours de suite doivent suivre un régime riche en sucre, pour éviter la fatigue intense qui accompagne la déplétion des stocks de glycogène.

Les glucides constituent un substrat énergétique essentiel de l'exercice dans tous les sports. En conséquence, la part calorique de l'apport glucidique dans la ration alimentaire de tout sportif doit être d'au moins 50 %. Chez les athlètes pratiquant des activités d'endurance, cette part doit être largement augmentée jusqu'à 55 % à 65 %. La part, en valeur absolue, est essentielle. Pour maintenir les stocks de glycogène à leur niveau optimal, ces athlètes doivent consommer de 3 à 12 g/kg/j de glucides. La fourchette des valeurs est large car conditionnée non seulement par la dépense énergétique et la quantité d'entraînement quotidiennes mais aussi par le genre et les conditions environnementales (exercice au froid, par exemple). Ainsi, lors d'entraînements modérés, une quantité de 5 à 7 g/kg/j peut être tout à fait suffisante. Mais lors d'entraînements prolongés et intenses, voire très intenses, des apports de 6 à 10 g/kg/j et même de 8 à 12 g/kg/j peuvent s'avérer nécessaires[8,23].

3.1.1.2 L'index glycémique

On sait depuis longtemps que l'augmentation rapide de la concentration de glucose sanguin (hyperglycémie) lors de l'ingestion de sucre est

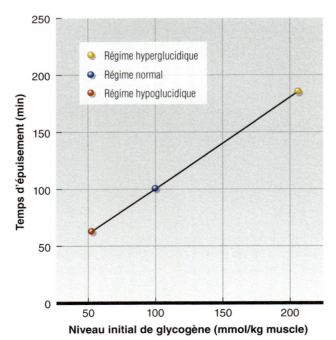

Figure 15.9 Relation entre niveau de glycogène musculaire préexercice et temps d'épuisement

Les niveaux de glycogène et le temps d'épuisement sont quatre fois plus élevés lorsque le sujet a ingéré de grandes quantités d'hydrates de carbone.

habituellement due aux sucres simples tels le glucose, le sucrose, le fructose. Pourtant, ceci n'est pas toujours le cas. Les scientifiques ont montré que la réponse glycémique à l'ingestion de glucides varie considérablement qu'il s'agisse de sucres simples ou complexes. Ceci a conduit à la notion d'index glycémique. L'ingestion de pain blanc induit une augmentation importante et prolongée de la concentration sanguine de glucose. Par convention, la réponse glycémique obtenue correspond à un index glycémique de 100. Les réponses glycémiques de tous les aliments sont alors classées en référence à cette norme. L'index glycémique (IG) est calculé ainsi : IG = 100 × (glycémie 2 h après l'ingestion de 50 g de l'aliment testé/glycémie 2 h après l'ingestion de 50 g de pain blanc). On détermine ainsi trois grandes catégories d'aliments selon leur index glycémique[23]. Elles ont été répertoriées dans un tableau international en 2002.

- Les aliments à IG élevé (IG > 70) : boissons pour sportifs, boissons sucrées, pain complet, raisins, miel, sirops, pommes de terre, semoule, carottes, pâtisseries, bonbons, pop-corn, corn-flakes, etc.
- Les aliments à IG modéré (IG : 56-70) : riz blanc, coca-cola, oranges, bananes, crèmes glacées...
- Les aliments à IG faible (IG < 55) : spaghetti, lait, haricots, pommes, poires, noisettes, yaourts... L'index glycémique est fréquemment utilisé en pratique mais il reste controversé.
- L'index glycémique d'un aliment peut varier considérablement en fonction des individus.
- Certains glucides complexes peuvent avoir des index glycémiques élevés (en fonction du mode cuisson, par exemple).
- La consommation associée de lipides peut réduire largement l'index glycémique d'un aliment.
- Enfin, l'index glycémique varie selon que l'aliment de référence est le glucose ou le pain blanc[23].

Un autre index a donc été proposé. C'est la charge glycémique (CG) qui présente un intérêt dans le cas de l'exercice. Elle tient compte à la fois de l'index glycémique (IG) et de la quantité de glucides (QG) consommée pendant le repas. Elle est obtenue par l'équation :

$$CG = (IG \times QG) / 100$$

dans laquelle QG est exprimé en grammes. On peut alors envisager des applications dans le domaine du sport. Il est conseillé de consommer des aliments à faible IG, avant l'exercice, afin d'éviter la réponse insulinique. Les aliments à IG élevé sont, par contre, utiles pendant l'exercice car ils permettent de maintenir la glycémie. Ces derniers sont également conseillés pendant la récupération d'un exercice intense et prolongé car ils activent la reconstitution des stocks de glycogène hépatique et musculaire.

3.1.1.3 Apport glucidique et performance

Le glycogène musculaire constitue un substrat énergétique essentiel de l'exercice. L'épuisement des réserves en glycogène musculaire est une des principales causes de fatigue et d'épuisement, aussi bien dans les exercices de haute

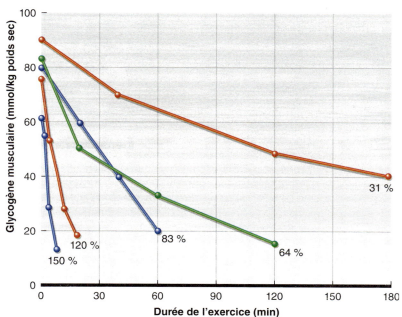

Figure 15.10

Influence de l'intensité d'exercice (31 %, 64 %, 83 %, 120 % et 150 % $\dot{V}O_2max$) sur les stocks de glycogène musculaire. Aux intensités d'exercices élevées, le taux d'utilisation du glycogène est beaucoup plus important que pour des intensités modérées ou faibles. D'après A. Jeukendrup & M. Gleeson, 2004, *Sport nutrition : An introduction to energy production and performance* (Human Kinetics).

intensité que dans les exercices plus modérés dépassant 1 h. Ceci est bien illustré par la figure 15.10 qui montre une déplétion marquée du glycogène musculaire à de hautes intensités (150 % et 120 % $\dot{V}O_2max$) maintenues moins de 30 min ainsi qu'à des intensités plus faibles (83 %, 64 % et 31 % $\dot{V}O_2max$) maintenues de 1 h à 3 h. Les scientifiques pensent que toute augmentation des stocks de glycogène musculaire, avant l'exercice, pourrait améliorer la performance. Des travaux déjà anciens, datant des années soixante, ont montré qu'un régime hyperglucidique de trois jours permet de pratiquement doubler le taux normal de glycogène musculaire[4]. Alors, le délai d'épuisement, lors d'un exercice à 75 % $\dot{V}O_2max$, augmente très nettement (figure 15.9). Cette pratique est très largement utilisée par les coureurs à pied, les cyclistes et tous les spécialistes d'endurance. Elle est appelée **surcharge en glycogène ou surcharge en glucides**. Nous en discuterons plus loin dans ce chapitre.

Lors d'épreuves longues et exhaustives, la concentration de glucose sanguin peut diminuer pour atteindre des niveaux hypoglycémiques, ce qui contribue également à la fatigue. De nombreuses études ont montré qu'un apport glucidique, pendant des exercices de 1 à 4 h, améliore indiscutablement la performance. Au début de telles épreuves, l'effet sur la performance est identique que les sujets reçoivent du sucre ou un placebo. L'effet bénéfique des glucides se manifeste seulement au-delà d'un certain délai.

Bien que les mécanismes à l'origine de l'effet bénéfique des glucides ne soient pas encore totalement élucidés, beaucoup de chercheurs pensent que l'apport glucidique aide à maintenir la glycémie et la fourniture de glucose, donc d'énergie au muscle. La prise de glucose pendant l'exercice ne limite pas l'utilisation du glycogène musculaire. Elle aide à préserver les réserves hépatiques, à resynthétiser le glycogène pendant l'exercice, et ainsi à en favoriser l'utilisation ultérieure. L'apport glucidique pourrait aussi améliorer le fonctionnement du système nerveux central et diminuer la sensation de fatigue. La performance, dans les disciplines d'endurance de plus de 1 h, est davantage améliorée, si l'apport glucidique est donné dans les 5 min qui précèdent le début de l'exercice et régulièrement tout au long de l'épreuve, plutôt que 2 h avant (c'est-à-dire lors du repas qui précède la compétition).

Il faut bien rappeler qu'un athlète doit éviter de prendre des sucres de 15 à 45 min avant le début de l'épreuve, car il peut faire une hypoglycémie paradoxale qui conduit à l'épuisement, en privant le muscle d'un de ces substrats énergétiques essentiels. L'ingestion de glucides, pendant cette période, stimule, en effet, la sécrétion d'insuline dont le taux augmente juste au début de l'exercice. La consommation de glucose par le muscle s'accroît alors considérablement, ce qui entraîne une hypoglycémie et une fatigue précoce (figure 15.11). Même en l'absence de preuve expérimentale formelle, il est donc logique de recommander aux sportifs de limiter au maximum la consommation de glucides à IG élevé (à fort pouvoir hyperglycémiant) dans les 15 à 45 min avant le début de l'épreuve.

On peut se demander pourquoi l'ingestion de sucre, pendant l'épreuve, ne produit pas les mêmes effets. La prise de glucides, en cours d'exercice, augmente beaucoup moins la glycémie et donc la réponse en insuline. Il n'y a donc pas d'hypoglycémie réactionnelle. Le contrôle de la glycémie est différent au repos et à l'exercice. On pense qu'à l'exercice il y a soit une augmentation de la perméabilité des fibres musculaires au glucose qui diminue les besoins en insuline, soit une diminution de la sensibilité des récepteurs musculaires à l'insuline. Quoi qu'il en soit, il est clair qu'un apport glucidique, pendant l'exercice, améliore la fourniture du muscle en sucre et donc en substrat énergétique.

D'autre part, il est important de consommer des glucides à l'arrêt d'exercices intenses ou prolongés qui diminuent les stocks de glycogène. La resynthèse du glycogène est très rapide pendant les deux premières heures de récupération et diminue ensuite. Dans une étude menée par Yvi et coll.[21], des cyclistes ont pédalé à une intensité modérée puis élevée pendant 70 min, de manière à épuiser les stocks de glycogène dans les muscles actifs. Cet exercice a été répété à une semaine d'intervalle. Lors de ces 2 essais, les cyclistes ont ingéré une solution glucidique à 25 %, soit immédiatement à l'arrêt de l'exercice, soit après 2 h de récupération. La vitesse de resynthèse du glycogène est trois fois plus élevée lorsque la boisson est absorbée à l'arrêt immédiat de l'exercice (figure 15.12). Plus récemment il a été montré que la consommation associée de protéines et de glucides favorise la reconstitution des stocks de glycogène musculaire pendant la période de récupération[23]. Cela semble également favoriser la réparation des dommages musculaires.

On comprend bien que toutes ces données ont conduit les sociétés industrielles à développer et commercialiser des composés alimentaires à l'usage des sportifs. Ceci sera envisagé à la fin de ce chapitre.

3.1.2 *Les lipides*

Les lipides, ou graisses, sont des constituants organiques caractérisés par leur faible solubilité dans l'eau. Ils sont présents dans l'organisme sous plusieurs formes : les triglycérides, les acides gras libres, les phospholipides et les stérols. L'essentiel des réserves adipeuses est fait de triglycérides, c'est-à-dire de molécules composées de trois acides gras et d'un glycérol. Les triglycérides sont certainement la principale source potentielle d'énergie.

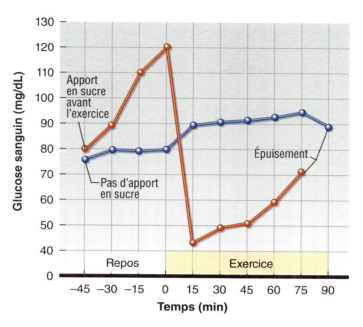

Figure 15.11 Effet d'un apport glucidique avant l'exercice sur le taux de glucose sanguin pendant l'exercice

Remarquez la chute de la glycémie (hypoglycémie) lorsque le sucre est donné 45 min avant l'exercice. Les sujets qui ont pris du sucre se sont arrêtés après seulement 75 min lors de l'exercice à 70 % V̇O₂max. D'après D.L. Costill, E. Coyle, G. Dalsky, W. Evans, W.W. Fink & D. Hoopes, 1977, "Effects of elevated plasma FFA and insulin on muscle glycogen usage during exercise", *Journal of Applied Physiology* 43: 695-699.

- Les graisses alimentaires, essentiellement le cholestérol et les triglycérides, jouent un rôle important dans le déterminisme des affections cardiovasculaires (chapitre 21). Un apport excessif en graisses peut également favoriser l'apparition d'autres affections dont le diabète, l'obésité et le cancer. Toutefois, en dépit de leurs effets délétères, les graisses interviennent également dans des fonctions essentielles voire vitales de notre organisme.
- Les lipides :
  – entrent dans la constitution des membranes cellulaires et des fibres nerveuses ;
  – constituent le premier substrat énergétique, assurant jusqu'à 70 % environ de l'apport énergétique au repos ;
  – enveloppent beaucoup d'organes vitaux qu'ils protègent ;
  – interviennent dans la synthèse des hormones stéroïdes, hormones dérivées du cholestérol ;
  – participent à la constitution et assurent le transport des vitamines liposolubles ;
  – jouent un rôle important dans la lutte contre le froid, le tissu adipeux sous-cutané servant d'isolant.

L'unité fonctionnelle fondamentale est l'acide gras, molécule utilisée par les cellules pour produire de l'énergie. Les acides gras peuvent exister sous deux formes : saturée et insaturée. Les acides gras insaturés, mono- ou polyinsaturés, contiennent respectivement une ou plusieurs doubles liaisons entre deux atomes de carbone successifs. Chaque double liaison prend alors la place de deux atomes d'hydrogène. Un acide gras saturé ne possède aucune double liaison. Il fixe autant d'atomes d'hydrogène qu'il en est chimiquement capable. Un acide gras saturé est donc plus hydrogéné qu'un acide gras insaturé. C'est la consommation d'acides gras saturés qui augmente le risque d'accidents cardiovasculaires.

Les lipides d'origine animale sont plus riches en acides gras saturés que les lipides d'origine végétale. En outre, plus les graisses sont saturées, plus elles tendent à se solidifier à température ambiante. À l'inverse les graisses insaturées se liquéfient. Il existe pourtant quelques exceptions. C'est ainsi que les huiles végétales de palme, noyau de palme et noix de coco sont liquides à température ambiante et pourtant riches en acides gras saturés. De même, bien que la plupart des huiles végétales soient pauvres en acides gras saturés, certaines sont souvent utilisées à des fins alimentaires car elles peuvent s'hydrogéner rapidement. Le processus d'hydrogénation augmente le taux de saturation des acides gras.

3.1.2.1 Apport lipidique

Les graisses contribuent à la saveur des aliments en déterminant pour beaucoup le goût et la consistance de ceux-ci. Elles sont donc très recherchées dans l'alimentation. Chez les Américains, en 1965, environ 45 % de la ration calorique quotidienne étaient apportés par les graisses. Cependant la vaste étude « National Health and Nutrition Examination Survey » (NHANES)[33] publiée en 2009-2010 rapporte que ce pourcentage a diminué à 33 %, essentiellement en raison des recommandations véhiculées par les médias. La plupart des nutritionnistes conseillent de ne pas dépasser 35 % de la ration calorique totale. Selon les « Dietary Guidelines for Americans – 2010 », la ration lipidique doit être apportée essentiellement

Figure 15.12

Reconstitution des stocks de glycogène musculaire après 70 min d'un exercice épuisant destiné à épuiser le glycogène. À gauche, une solution riche en glucides est apportée dès l'arrêt de l'exercice. À droite, cette solution est apportée seulement après 2 h de récupération. La reconstitution des stocks de glycogène musculaire est environ 3 fois plus importante dans le 1er cas. Dans le second cas, elle n'a pas d'effet.
D'après J.L. Ivy *et al.*, 1988, "Muscle glycogen synthesis after exercise: Effect of time of carbohydrate ingestion", *Journal of Applied Physiology*, 64: 1480-1485.

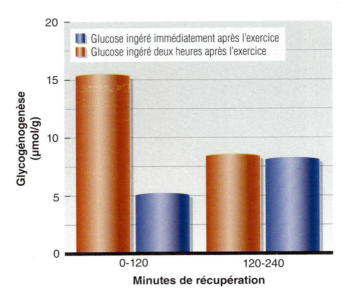

par les graisses mono- et polyinsaturées. Les graisses saturées ne doivent pas excéder 10 % de la ration calorique totale, l'apport en cholestérol doit rester inférieur à 300 mg/j et il faut éviter au maximum la consommation d'acides gras trans[16]. Pour autant, il ne faut pas supprimer tout apport en graisses saturées. À même degré de saturation, l'effet biologique n'est pas nécessairement le même. Des données récentes indiquent, par exemple, que certains d'entre eux, comme l'acide stéarique, n'affecte pas le transport sanguin du cholestérol[35].

3.1.2.2 Apport lipidique et performance

Les lipides constituent une source d'énergie essentielle pour le sportif. Comme les stocks de glycogène hépatique et musculaire sont limités, l'utilisation des graisses à l'exercice (acides gras libres, AGL) permet d'épargner le glycogène et de retarder l'épuisement. Il est très avantageux pour l'organisme de substituer la consommation des graisses à celles des sucres, en particulier lors des épreuves d'endurance. L'entraînement en endurance a précisément pour effet de faciliter l'utilisation des graisses à l'exercice. Toutefois, l'ingestion de lipides ne stimule pas pour autant la consommation des graisses par le muscle. Au contraire, elle élève le taux de triglycérides plasmatiques qui doivent être hydrolysés pour que les AGL servent à la production d'énergie. Pour augmenter l'utilisation des lipides, il faut accroître les niveaux sanguins d'acides gras libres mais non de triglycérides.

Les sportifs de haut niveau peuvent s'adapter à un régime riche en lipides. Mais cela est-il bénéfique à la performance ? Nous avons vu jusqu'ici que la charge en glycogène améliore la performance en endurance. Une charge en lipides a-t-elle le même effet ? Si un certain nombre de travaux indiquent des effets modestes d'une charge en lipides, ils restent inférieurs à ceux observés lors d'une charge en glucides. Beaucoup d'études ne constatent cependant pas d'effets positifs sur la performance, voire des effets négatifs.

L'organisme s'adapte à un tel régime en augmentant la fourniture de lipides au muscle et la capacité de celui-ci à oxyder les lipides à l'exercice. Toutefois, ces adaptations sont associées à une diminution des stocks de glycogène musculaire ce qui limite donc les effets bénéfiques. Les conclusions dans ce domaine sont d'autant plus difficiles à extraire que les méthodologies utilisées dans les différentes études varient en fonction du type de lipide utilisé (triglycérides à chaînes longues versus à chaînes moyennes). La durée de l'intervention nutritionnelle est également très différente (moins d'une semaine versus plusieurs semaines ou plus).

3.1.3 Les protéines

Les protéines sont des composés azotés, formés de sous-unités : les acides aminés. Elles ont de nombreux rôles :

- elles constituent le principal matériau de structure de nos cellules ;
- elles sont utilisées pour la croissance, la réparation et la reconstitution des différents tissus ;
- elles participent à la synthèse de l'hémoglobine, des enzymes et de nombreuses hormones ;
- elles constituent l'une des trois principales substances tampon de l'équilibre acido-basique ;
- elles jouent un rôle essentiel dans la pression osmotique du plasma ;
- elles participent à la synthèse des anticorps ;
- elles peuvent être utilisées à des fins énergétiques.

Chez l'homme, 20 acides aminés ont été identifiés et reconnus nécessaires à la croissance et au métabolisme (tableau 15.2). Parmi ceux-ci, 10 à 12 ne sont pas indispensables, car notre organisme peut éventuellement les synthétiser, s'ils ne sont pas apportés par l'alimentation. Les 8 à 9 restants sont appelés **acides aminés indispensables**, car non synthétisables par l'homme. Ils doivent impérativement être présents chaque jour dans notre alimentation. Leur carence empêche la synthèse d'autres protéines et altère le fonctionnement des cellules qui en ont besoin.

Tout nutriment qui, à lui seul, renferme tous les acides aminés indispensables est dit complet. C'est le cas, par exemple, de la viande, du poisson, des œufs, du lait et des volailles. À l'inverse, les produits végétaux et les céréales sont des nutriments incomplets car ils ne contiennent pas les 8 à 9 acides aminés indispensables. Cette notion est essentielle à retenir, en particulier par ceux qui suivent un régime végétarien (voir plus loin dans ce chapitre). Ceci peut être résolu en combinant différentes sources d'aliment protéique incomplet à chaque repas.

3.1.3.1 Apport protéique

Les protéines couvrent en général 5 % à 15 % de l'apport calorique total. Les ANC pour les protéines sont de 0,95 g/kg de poids corporel et par jour pour les jeunes âgés de 4 à 13 ans. Ils sont de **0,85 g/**kg de poids corporel et par jour de 14 à 18 ans et de 0,80 g/kg de poids corporel et par jour pour les adultes. Les besoins des sujets de sexe masculin sont supérieurs à ceux des sujets de sexe féminin, car les hommes ont un poids corporel et une masse musculaire plus importants. Pour maintenir leur poids et leur masse corporelle, les hommes mangent généralement plus que les femmes, en valeur absolue. Ainsi, on considère qu'en moyenne un apport protéique journalier d'environ 0,8 g/kg est satisfaisant, chez l'homme comme chez la femme.

Indispensables	Non indispensables
Isoleucine	Alanine
Leucine	Arginine
Lysine	Acide aspartique
Méthionine	Cystéine
Phénylalanine	Acide glutamique
Thréonine	Glycocolle
Tryptophane	Proline
Histidine (enfants)[a]	Sérine
	Tyrosine
	Histidine (adultes)[a]

Tableau 15.2 Acides aminés indispensables et non indispensables

a. L'histidine n'est pas synthétisé par le jeune enfant, il appartient à cet âge au groupe des acides aminés indispensables. Il n'est pas indispensable chez l'adulte.

3.1.3.2 Apport protéique et performance

Les athlètes s'entraînant en force et en endurance doivent-ils augmenter leur apport protéique ? Il est vrai que les acides aminés constituent les matériaux élémentaires de toute notre structure. Les protéines sont essentielles à la croissance et à la maturation de tous les tissus. Pourtant les nutritionnistes et les physiologistes ont longtemps considéré qu'une supplémentation en protéines n'était pas nécessaire et qu'un apport journalier de 0,8 g par kilo de poids total et par jour, suffisait à couvrir les besoins liés à un entraînement intense. Cette recommandation est probablement injustifiée, notamment dans les sports nécessitant le maintien voire l'augmentation de la masse musculaire (voir « Perspectives de recherche » 15.2).

> **PERSPECTIVES DE RECHERCHE 15.2**
>
> ## Apports protéiques recommandés dans les sports de force
>
> Pour augmenter la masse musculaire, objectif visé dans les sports de force, le taux de protéosynthèse musculaire (anabolisme) doit dépasser le taux de protéolyse (catabolisme). L'entraînement de force agit sur ces deux processus en stimulant la protéosynthèse et en inhibant la protéolyse. Toutefois, l'effet sur la protéosynthèse est plus important que celui sur la protéolyse. Comme cela a été récemment rapporté par Stuart Phillips[25], l'apport protéique (et notamment la consommation d'acides aminés) peut aussi moduler le niveau de protéosynthèse et l'effet résultant est beaucoup plus marqué si l'augmentation de l'apport protéique est combinée à l'entraînement de force. Après des années de recherche, nous pouvons désormais apporter quelques réponses nutritionnelles pratiques et préciser le type et la quantité de protéines à ingérer ainsi que le moment préférentiel par rapport à l'exercice.
>
> ### Type et quantité de protéines
> Il faut consommer en priorité des protéines digestes et riches en acides aminés indispensables. Parmi ceux-ci, il faut citer la leucine. Au sein du muscle, le pic de protéosynthèse est corrélé à la concentration en leucine. Ceci conduit certains chercheurs à supposer que la leucine pourrait être un véritable « starter » de la protéosynthèse.
> Néanmoins, aucun argument scientifique ne permet de justifier la consommation des suppléments protéiques actuellement commercialisés. Pour maintenir voire augmenter la masse musculaire, les protéines d'origine alimentaire, pourvu qu'elles soient riches en acides aminés indispensables et notamment en leucine, sont plus efficaces que les autres sources protéiques. En période d'entraînement de force très intense, les protéines apportées par le lait (notamment la caséine et le petit-lait) sont très recommandées et facilitent la prise de masse musculaire.
>
> ### À quel moment, le sportif doit-il privilégier l'apport protéique ?
> De nombreuses études indiquent que la protéosynthèse et la prise de masse musculaire sont stimulées lorsque l'apport protéique est assuré peu après la fin de l'exercice de force. Néanmoins, le moment vraiment optimal n'est pas encore établi. L'effet anabolique d'un entraînement de force dure un certain temps mais diminue progressivement. En conséquence, il est actuellement recommandé de prendre cet apport protéique dans la « fenêtre » des 2 h qui suivent l'arrêt de l'entraînement. Il faut ajouter que le sportif doit aussi intégrer des protéines, en respectant les apports conseillés, à tous les autres repas qu'il prend dans la journée.
>
> ### Quelle quantité de protéines ?
> Pour maintenir voire augmenter la masse musculaire, un apport moyen de 1,4 à 1,6 g/kg/j est recommandé. Cette valeur est largement supérieure aux ANC en protéines pour la population générale (0,8 g/kg/j). Des apports supérieurs, au-delà de 2,0 g/kg/j n'apportent pas de bénéfice supplémentaire. À chaque repas, l'apport protéique doit être, au minimum, de 0,25 à 0,30 g/kg

Des études récentes, utilisant des traceurs métaboliques et mesurant la balance azotée, montrent que les besoins en protéines et en certains acides aminés spécifiques, sont supérieurs chez les individus qui s'entraînent. Le rôle des protéines est différent selon qu'il s'agit d'athlètes s'entraînant en endurance ou s'entraînant en force. Chez les athlètes d'endurance, l'apport protéique contribue à la biogenèse mitochondriale et participe, pour une part, à la fourniture énergétique. Chez les athlètes s'entraînant en force, les acides aminés sont les matériaux indispensables de la protéosynthèse et servent à la régénération du muscle. Ce dernier type d'entraînement exige un apport correspondant à 2,1 fois les ANC, c'est-à-dire 1,6 à 1,7 g par kilo de poids total. Les besoins des athlètes en endurance sont estimés à 1,2-1,4 g de protéines par kilo de poids total[2]. Comme la plupart des sports comportent, dans des proportions variables, à la fois des exercices aérobies et des exercices de force, il est recommandé un apport moyen de 1,2 à 1,7 g/kg/j[27], ce qui est très proche des recommandations empiriques antérieures de 1,2 à 1,6 g/kg/j. Il peut évidemment y avoir des exceptions à ces règles. Des apports plus élevés peuvent être justifiés chez les sportifs qui débutent un nouveau programme d'entraînement intense ou qui effectuent en permanence des exercices à la fois intenses et prolongés. Il faut ajouter que le moment de la prise par rapport à la fin de l'exercice est important. Il est ainsi recommandé de consommer environ 20 g de protéines de haute qualité (riches en acides aminés indispensables) dans les 2 premières heures qui suivent un exercice de force.

Le respect des règles précédentes nécessite-t-il, pour autant, d'augmenter la part protéique dans la ration calorique totale ? Chez beaucoup de sportifs, l'apport calorique total est augmenté. On peut alors couvrir les besoins protéiques liés à des entraînements intenses en consommant, par l'alimentation, une ration contenant seulement 10 % de protéines. Même si certains athlètes sont convaincus qu'un apport très élevé de protéines ne peut que leur être bénéfique, aucun argument scientifique ne permet, actuellement, de justifier un apport protéique dépassant 1,7 g par kilo et par jour. En fait, un apport protéique excessif, en augmentant le travail des reins, chargés d'éliminer les acides aminés non utilisés, augmenterait le risque de déshydratation et n'est peut-être pas sans risque pour la santé. Si la ration calorique est bien adaptée, il semble justifié de conseiller aux athlètes un apport protéique couvrant 10 % à 15 % de cette ration.

> ## Résumé
>
> ❯ Les sucres simples, le glycogène et l'amidon constituent les glucides. Ils sont présents dans l'organisme sous forme de monosaccharides, disaccharides et polysaccharides. Tous les glucides doivent être dégradés en monosaccharides pour pouvoir être utilisés par l'organisme comme substrat énergétique.
>
> ❯ Si l'apport glucidique est insuffisant, un entraînement intense va épuiser les stocks de glycogène. À l'inverse, l'augmentation de la ration glucidique au-delà des normes habituellement recommandées pour la population générale va améliorer la performance sportive.
>
> ❯ Pour améliorer la performance en endurance, il faut consommer des glucides à index glycémique faible à modéré dans les heures qui précèdent l'exercice. Il ne faut pas prendre de glucides à index glycémique élevé dans les 30 min avant le début de l'exercice. Par contre ceux-ci sont autorisés pendant l'exercice. La reconstitution des stocks de glycogène est accélérée si on consomme des sucres dans les 2 h qui suivent l'arrêt de l'exercice et plus encore si un apport protéique est associé.
>
> ❯ Les graisses ou lipides existent dans l'organisme sous forme de triglycérides, acides gras libres, phospholipides et stérols. Ils sont stockés sous forme de triglycérides lesquels constituent la principale réserve énergétique. La dégradation d'une molécule de triglycéride conduit à une molécule de glycérol et à trois molécules d'acides gras libres. Seuls les acides gras libres peuvent être utilisés à des fins énergétiques.
>
> ❯ Bien que les graisses constituent une source potentielle d'énergie et qu'elles permettent d'épargner l'utilisation du glycogène, les régimes enrichis en graisses n'ont pas d'effet bénéfique sur la performance en endurance.
>
> ❯ Les acides aminés constituent les unités élémentaires des protéines. Les protéines doivent être dégradées en acides aminés pour pouvoir être utilisées par l'organisme. Seuls les acides aminés non indispensables peuvent être synthétisés par l'organisme. Les acides aminés indispensables doivent impérativement êtres apportés quotidiennement par l'alimentation.
>
> ❯ Les protéines ne constituent pas la source principale d'énergie. Pourtant elles peuvent être utilisées à des fins énergétiques lors de l'exercice d'endurance.
>
> ❯ Il est probable que les ANC pour les protéines (0,8 g par kilo et par jour) soient insuffisants pour couvrir les besoins réels des sportifs de haut niveau, engagés dans les sports de force ou d'endurance. Chez ces sportifs, il est recommandé un apport moyen de 1,2 à 1,7 g par kilo et par jour. Mais les besoins peuvent être encore supérieurs au tout début d'une période d'entraînement ou lors des périodes d'entraînement intense. Néanmoins, une supplémentation protéique excessive est sans effet sur la performance. Elle peut perturber la fonction rénale et favoriser le risque de déshydratation.
>
> ❯ Pendant la récupération d'un entraînement de force, un apport protéique stimule le processus de protéosynthèse au niveau du muscle.

À titre d'exemple, un culturiste de 100 kg dont la ration calorique de 4 500 kcal par jour comprend 15 % de protéines, consomme 675 kcal de protéines, soit près de 170 g par jour. Cet apport protéique correspond à 1,7 g par kilo et par jour.

Nous avons signalé précédemment qu'en ajoutant des protéines à une solution de glucose, on accroît la synthèse du glycogène pendant la récupération qui suit un exercice aérobie intense. Supplémenter en protéines après un exercice de force semble aussi avoir des effets bénéfiques. Il a été montré que l'élévation des concentrations plasmatiques en acides aminés stimulait la synthèse des protéines musculaires.

4. Autres nutriments

4.1 Les vitamines

Les **vitamines** constituent un ensemble de composés organiques distincts, dont les propriétés sont essentielles à la croissance et à la santé. Nos besoins en vitamines sont souvent infimes, mais, en leur absence, nous sommes incapables d'utiliser les autres nutriments que nous ingérons. Les vitamines jouent essentiellement un rôle de catalyseur des réactions chimiques. Essentielles à la production d'énergie, à la construction des tissus, et à la régulation du métabolisme, elles sont classées en deux groupes : les vitamines liposolubles et les vitamines hydrosolubles. Les vitamines liposolubles (A, D, E, K) sont absorbées par le tractus digestif, et liées à des lipides. Elles sont stockées dans l'organisme et une ingestion excessive peut-être toxique. Le complexe vitaminique B (qui regroupe plusieurs vitamines parmi lesquelles la biotine, l'acide pantothénique et l'acide folique) et la vitamine C sont solubles dans l'eau. Ils sont donc absorbés en présence d'eau, le long du tractus digestif. Tout excès est immédiatement excrété, principalement dans l'urine. Quelques cas de toxicité ont néanmoins été décrits. Le tableau 15.3 liste les principales vitamines, et les apports conseillés. Elles jouent pour la plupart un rôle important à l'exercice. Par exemple :

- la vitamine A est essentielle à la vision, à la croissance, et au développement de l'os ;

Tableau 15.3 Besoins en vitamines des hommes et des femmes adultes

Vitamine ou Minéral	Dose	9-13 ans Homme	9-13 ans Femme	14-18 ans Homme	14-18 ans Femme	19-50 ans Homme	19-50 ans Femme	51-70 ans Homme	51-70 ans Femme
Vitamines									
A (rétinol)	µg/j	600	600	900	700	900	700	900	700
B1 (thiamine)	mg/j	0,09	0,09	1,2	1,0	1,2	1,1	1,2	1,2
B2 (riboflavine)	mg/j	0,9	0,9	1,3	1,0	1,3	1,1	1,3	1,1
B3 (niacine)	mg/j	12	12	16	14	16	14	16	14
B6	mg/j	1,0	1,0	1,3	1,2	1,3	1,3	1,7	1,5
B12	µg/j	1,8	1,8	2,4	2,4	2,4	2,4	2,4	2,4
C	mg/j	45	45	75	65	90	75	90	75
D	µg/j	15*	15*	15*	15*	15*	15*	15*	15*
E	mg/j	11	11	15	15	15	15	15	15
Biotine	µg/j	20*	20*	25*	25*	30*	30*	30*	30*
vitamine K	µg/j	60*	60*	75*	75*	120*	90*	120*	90*
Ac. Folique	µg/j	300	300	400	400	400	400	400	400
Ac. Pantothénique	mg/j	4*	4*	5*	5*	5*	5*	5*	5*
Minéraux									
Calcium	mg/j	1,300*	1,300*	1,300*	1,300*	1,000*	1,000*	1,000*	1,200*
Chlore	g/j	2,3*	2,3*	2,3*	2,3*	2,3*	2,3*	2,0*	2,0*
Chrome	µg/j	25*	21*	35*	24*	35*	25*	30*	20*
Cuivre	µg/j	700	700	890	890	900	900	900	900
Fluor	mg/j	2*	2*	3*	3*	4*	3*	4*	3*
Iode	µg/j	120	120	150	150	150	150	150	150
Fer	mg/j	8	8	11	15	8	18	8	8
Magnésium	mg/j	240	240	410	360	410[b]	315[b]	420	320
Manganèse	mg/j	1,9*	1,6*	2,2*	1,6*	2,3*	1,8*	2,3*	1,8*
Molybdène	µg/j	34	34	43	43	45	45	45	45
Phosphore	mg/j	1,250	1,250	1,250	1,250	700	700	700	700
Potassium	g/j	4,5*	4,5*	4,7*	4,7*	4,7*	4,7*	4,7*	4,7*
Sélénium	µg/j	40	40	55	55	55	55	55	55
Sodium	g/j	1,5*	1,5*	1,5*	1,5*	1,5*	1,5*	1,3*	1,3*
Zinc	mg/j	8	8	11	9	11	8	11	8

* Pas d'ANC précis.
Note. Les valeurs sont les mêmes pour les enfants, nourrissons et femmes enceintes ou qui allaitent.
D'après USDA National Agriculture Library.

- la vitamine D est essentielle à l'absorption intestinale du calcium et du phosphore et donc au développement osseux et à la fonction neuromusculaire ;
- la vitamine K constitue un intermédiaire de la chaîne de transport des électrons. Elle joue donc un rôle important dans la phosphorylation oxydative.

Les effets de l'apport vitaminique sur la performance ont été essentiellement étudiés pour le complexe vitaminique B et les vitamines C et E. Examinons-les.

4.1.1 Le complexe vitaminique B

Contrairement à ce qu'on a cru pendant longtemps, il ne s'agit pas d'une vitamine, mais de plusieurs. Une douzaine de vitamines B ont été identifiées, à ce jour, d'où le nom de complexe vitaminique B. Ces vitamines sont essentielles au métabolisme cellulaire. Elles servent, en particulier, de cofacteurs à de nombreux systèmes enzymatiques impliqués dans l'oxydation des substrats et la production d'énergie. Prenons quelques exemples. La vitamine B1 (thiamine) est nécessaire à la conversion de l'acide pyruvique en acétylcoenzyme A. La vitamine B2 (riboflavine) se transforme en flavine adénine dinucléotide (FAD), lequel joue le rôle d'accepteur d'hydrogène, pendant les processus d'oxydation. La vitamine B3 (niacine) est un composant du nicotinamide adénine dinucléotide phosphate (NADP), un coenzyme de la glycolyse. La vitamine B12 intervient dans le métabolisme des acides aminés, et dans la synthèse des globules rouges, qui assurent le transport de l'oxygène nécessaire au processus d'oxydation. Les actions des différentes vitamines B sont interdépendantes, de sorte que la déficience en une seule vitamine de ce complexe peut altérer l'activité des autres. En cas de carence, les manifestations varient selon le type de vitamine concerné.

Quelques études ont montré qu'une supplémentation en vitamine B facilite la performance. Ceci n'est vrai que si le sujet souffre au préalable d'un déficit. La déficience en une ou plusieurs vitamines du groupe B altère effectivement la performance, mais cet effet est réversible puisque corrigé par une supplémentation. Il n'est donc pas justifié de supplémenter en vitamine B un athlète non carencé.

4.1.2 La vitamine C

La vitamine C (acide ascorbique) est présente dans de nombreux aliments. Une déficience en vitamine C peut néanmoins être observée chez les sujets qui fument, chez les femmes sous contraceptifs oraux, après une intervention chirurgicale ou lors de surinfection fébrile. Cette vitamine intervient dans la constitution du collagène, une protéine du tissu conjonctif présente en grande quantité dans les os, les ligaments, et les vaisseaux sanguins. La vitamine C est également impliquée dans :

- le métabolisme des acides aminés ;
- la synthèse de diverses hormones comme les catécholamines (adrénaline et noradrénaline) et les corticoïdes ;
- l'absorption intestinale du fer.

Beaucoup de sujets pensent que la vitamine C accélère la guérison, aide à combattre la fièvre et les infections... Les études sur ce sujet sont certainement d'un très grand intérêt. Mais les résultats ne sont pas encore suffisamment formels. La supplémentation en vitamine C a donné lieu à des résultats contradictoires. Il est admis actuellement qu'une supplémentation en vitamine C, en l'absence de déficit préalable, est sans effet notable sur la performance.

4.1.3 La vitamine E

La vitamine E est stockée dans le muscle et dans le tissu adipeux. Toutes ses propriétés ne sont pas encore identifiées. Elle est connue pour faciliter l'action des vitamines A et C en prévenant leur oxydation. En effet, le rôle essentiel de la vitamine E est son pouvoir antioxydant. Elle piège les radicaux libres, molécules très réactives, dont l'accumulation excessive entraîne des lésions cellulaires et de graves désordres métaboliques. Il a été montré qu'un exercice peut induire des lésions de l'ADN des cellules. Une supplémentation de vitamine E est capable de réduire l'intensité de ces lésions. Pourtant, si on compare un groupe contrôle sous placébo et un groupe avec une supplémentation en vitamine E, pendant 30 j, celle-ci est sans effet sur les lésions musculaires induites par 240 extensions isocinétiques maximales du genou (24 séries de 10 répétitions)[6]. La vitamine E a longtemps été perçue comme une vitamine miracle, censée diminuer le risque d'un très grand nombre d'affections comme : le rhumatisme inflammatoire, la dystrophie musculaire, l'insuffisance coronarienne, les troubles menstruels, la stérilité et l'avortement spontané. Certaines études suggèrent aussi que la vitamine E pourrait protéger les poumons contre leur agression par les agents polluants. Elle a fait l'objet d'un grand nombre de travaux. Tous ces effets supposés n'ont pas été véritablement confirmés sur le plan scientifique.

Les effets supposés de la vitamine E ont conduit un grand nombre d'athlètes à se supplémenter. Il n'existe, cependant, aucune preuve scientifique qu'une telle supplémentation améliore la performance.

4.2 Les minéraux

De nombreuses substances inorganiques, comme les minéraux, sont essentielles au déroulement normal des fonctions cellulaires. Les minéraux constituent environ 4 % de notre poids corporel. Certains sont présents à des concentrations élevées dans le squelette et les dents. Beaucoup sont présents en quantités plus petites dans l'ensemble de notre corps, en particulier dans les liquides interstiels qui entourent nos cellules. Ils peuvent exister à l'état libre sous forme d'ions ou à l'état combiné, liés à différents composés organiques. Les minéraux qui peuvent se dissocier en ions constituent les *électrolytes*.

On appelle **macro-minéraux**, ceux dont l'apport quotidien doit égaler, ou dépasser, 100 mg par jour. Lorsque les besoins de l'organisme sont inférieurs, on parle de **micro-minéraux** ou d'**éléments traces**. Le tableau 15.3 présente les minéraux essentiels et les apports conseillés.

À la différence des vitamines, les minéraux semblent moins recherchés des sportifs. Leur rôle dans la performance est sans doute moins évident. Mais, il faut reconnaître que les travaux sur ce sujet restent encore limités. Une place particulière doit néanmoins être accordée au calcium et au fer.

4.2.1 *Le calcium*

Le calcium constitue le minéral le plus abondant de notre organisme, puisqu'il constitue 40 % du contenu minéral total. Il intervient dans de nombreuses fonctions. Il est bien connu pour son rôle dans la construction de l'os qui constitue son lieu de stockage le plus important. Il est essentiel à la transmission de l'influx nerveux. Il joue un rôle important dans l'activité enzymatique et la perméabilité membranaire, essentielles au métabolisme. Ce minéral intervient également dans la fonction musculaire puisqu'il est stocké dans le réticulum sarcoplasmique. Sa libération lors de l'excitation des fibres musculaires active la formation des ponts d'actomyosine, laquelle déclenche la contraction musculaire.

Un apport suffisant en calcium est indispensable à la santé. Si l'apport est insuffisant, le calcium est libéré des cellules de stockage, l'os essentiellement. Ceci fragilise l'os et favorise, à plus long terme, l'apparition de l'ostéoporose, affection fréquente chez le sujet âgé, et chez la femme après la ménopause. Malheureusement, les études concernant les effets d'une supplémentation calcique restent limitées. Si les ANC en calcium sont satisfaits, par l'alimentation, il semble qu'une supplémentation calcique n'ait pas d'intérêt.

4.2.2 *Le phosphore*

Le phosphore est étroitement lié au calcium. Il constitue environ 22 % de notre contenu minéral total. Pratiquement, 80 % du phosphore est lié au calcium (calcium phosphate) ce qui, au niveau de l'os, augmente la force et la résistance de ce tissu. Il joue un rôle essentiel dans le métabolisme, la structure des membranes cellulaires, et les systèmes tampons (qui aident à réguler le pH). Enfin, il entre dans la constitution de l'ATP et, par ce biais, intervient dans toutes les fonctions bioénergétiques. Rien ne permet de dire qu'il faut supplémenter les sportifs en phosphore.

4.2.3 *Le fer*

Le fer, un micro-minéral, est présent dans l'organisme en petites quantités (35 à 50 mg par kilo de poids). Il joue un rôle fondamental dans le transport de l'oxygène, puisque c'est lui qui, au niveau de l'hémoglobine et de la myoglobine, se combine à l'oxygène. L'hémoglobine, présente dans les globules rouges, fixe l'oxygène au niveau des poumons et transporte ce gaz, par le sang, jusqu'aux tissus périphériques. La myoglobine, présente dans le muscle, peut stocker l'oxygène tant que celui-ci n'est pas utilisé.

La carence en fer (ou carence martiale) est extrêmement fréquente. Son incidence, au niveau mondial, est estimée à 25 %. Aux USA, environ 20 % des femmes et 3 % des hommes en souffrent. Elle affecte jusqu'à 50 % des femmes qui sont enceintes. Elle est fréquemment associée à une anémie, c'est-à-dire à une diminution du taux d'hémoglobine dans le sang, laquelle réduit la capacité de transport de l'oxygène, entraîne des maux de tête et de la fatigue... L'anémie est plus fréquente chez la femme car les pertes menstruelles et la grossesse augmentent l'élimination du fer. Il faut ajouter à ceci un apport alimentaire en fer souvent très insuffisant.

Beaucoup d'études ont été consacrées au fer. Il y a anémie lorsque la concentration en hémoglobine du sang est inférieure à 12 g pour 100 mL de sang chez l'homme et 10 g pour 100 mL de sang chez la femme. Dans le monde sportif, 22 % à 25 % de la population féminine, et 10 % de la population masculine présentent une anémie. Ces chiffres sont peut-être sous-estimés. Mais l'hémoglobine n'est pas le meilleur marqueur de l'anémie. La ferritinémie reflète davantage le niveau des réserves de fer de l'organisme. Celles-ci deviennent insuffisantes lorsque la ferritinémie est inférieure à 20-30 µg/L.

Lorsqu'il y a carence martiale, la supplémentation en fer améliore en général les performances, en particulier de nature aérobie. Par contre, une supplémentation en fer, en l'absence de déficit antérieur, semble sans effet. Il faut signaler que la supplémentation en fer peut constituer un risque pour la santé. Un excès de fer est prooxydant et toxique pour le foie. Une ferritinémie supérieure à 200 µg/L est aussi associée à un risque accru de maladie coronarienne.

4.2.4 Sodium, potassium et chlore

Le sodium, le potassium et le chlore sont dissous dans tous les liquides de l'organisme. Le sodium et le chlore sont présents essentiellement dans le milieu extracellulaire et dans le plasma, alors que le potassium est surtout intracellulaire. La distribution particulière de ces trois minéraux est à l'origine de la différence de charges électriques entre l'extérieur et l'intérieur de toute cellule. Au niveau des fibres nerveuses et musculaires, ils génèrent la propagation du signal électrique et interviennent donc dans l'excitabilité neuromusculaire (chapitre 3). Ils aident, en outre, à réguler le volume et la répartition des compartiments liquidiens, la pression osmotique, l'équilibre acido-basique (pH) et le rythme cardiaque.

Les occidentaux sont friands d'aliments salés. Aussi, leur carence est rare. Il ne faut pas oublier, néanmoins, que la sueur est une voie d'élimination non négligeable du sodium, de sorte que la répétition d'exercices prolongés, surtout en environnement chaud, peut effondrer le taux de sodium à des valeurs critiques. Enfin, l'excès d'apports minéraux peut nuire autant que la carence. C'est ainsi qu'un excès de potassium peut être à l'origine d'accidents cardiaques graves. Les besoins individuels sont variables, mais des doses excessives ne sont jamais conseillées.

En conclusion, si l'activité physique augmente les besoins en vitamines et minéraux, ceux-ci sont largement compensés par les apports nutritionnels qui augmentent eux-mêmes avec la dépense énergétique. Néanmoins, nombreux sont les sportifs qui s'alimentent mal et réduisent leurs apports énergétiques de manière inconsidérée afin de ne pas prendre de poids. Dans ce cas, des apports supplémentaires de complexes enrichis en minéraux et multivitamines peuvent être indiqués, à condition que les doses et durées soient limitées. Pour éviter un apport excessif, on peut se référer à des guides nutritionnels, qui donnent les valeurs maximales à ne pas dépasser.

Les derniers ANC révisés en 2001 par Martin A.* tiennent compte des besoins supplémentaires induits par l'activité physique, aussi bien pour les macronutriments que pour un certain nombre de micronutriments.

Martin A. : *Apports nutrionnels conseillés pour la population française.* 3ᵉ éd. (Éd. Tec & Doc. Paris, 2001).

4.3 L'eau

Il est rare que l'eau soit considérée comme un nutriment car elle n'a aucune valeur calorique. C'est pourtant, après l'oxygène, le deuxième élément vital. L'eau entre pour environ 60 % dans la constitution d'un sujet adulte de sexe masculin et 50 % chez un sujet de sexe féminin. La composition corporelle intervient car la masse maigre a un contenu en eau plus important (73 %) que la masse grasse (10 %). S'il est possible de survivre jusqu'à une perte d'environ 40 % du poids du corps en glucides, lipides ou protéines, une réduction du volume hydrique de seulement 9 % à 12 % du poids du corps peut être fatale.

Les deux tiers de l'eau totale sont contenus à l'intérieur de nos cellules, constituant les **liquides intracellulaires**. Le reste, situé à l'extérieur des cellules, constitue les **liquides extracellulaires**. Ces derniers comportent les liquides interstitiels qui entourent les cellules, le plasma, la lymphe et quelques autres liquides.

L'eau assure des fonctions essentielles à l'exercice. Parmi les plus importantes, elle assure le transport des éléments nutritifs vers les différents tissus de l'organisme, et intervient dans la régulation de la température et de la fonction cardiovasculaire (pression artérielle, notamment).

Les chapitres qui vont suivre vont s'intéresser de plus près au rôle que joue l'eau dans la performance sportive.

Résumé

> Les vitamines ont des fonctions très importantes. Elles sont en particulier essentielles à la croissance et au développement. Beaucoup d'entre elles sont impliquées dans les processus métaboliques qui conduisent à la production d'énergie.

> Les vitamines A, D, E et K sont liposolubles. Leur accumulation en excès dans l'organisme peut être toxique. La vitamine C et le complexe vitaminique B qui inclut la biotine, l'acide pantothénique et l'acide folique sont hydrosolubles et peuvent donc être excrétés dans les urines. Les cas de toxicité pour les vitamines B et C sont donc plus rares. Beaucoup des vitamines du groupe B interviennent dans les processus énergétiques.

> Les macro-minéraux sont des minéraux dont les apports quotidiens recommandés dépassent 100 mg par jour. Pour les micro-minéraux (ou éléments traces), les ANC sont beaucoup plus faibles.

> Les minéraux interviennent dans de nombreuses fonctions physiologiques comme la contraction musculaire, le transport en oxygène, l'équilibre hydro-électrolytique et la fourniture d'énergie. Ils peuvent se dissocier en ions et participer alors à des réactions chimiques. On les appelle alors électrolytes.

> Les vitamines et les minéraux ne semblent pas avoir d'effet ergogénique réel. Leur supplémentation au-delà des ANC est sans effet sur la performance et peut même être délétère.

5. L'équilibre hydro-électrolytique

Le maintien de l'équilibre hydro-électrolytique, pendant l'exercice, est nécessaire à la performance. Ce n'est malheureusement pas toujours le cas, car le volume hydrique et l'équilibre électrolytique sont affectés par l'exercice. Nous allons, dans les paragraphes qui suivent, expliquer les effets de l'exercice sur ces deux paramètres, et le retentissement que leur perturbation peut avoir sur la performance.

5.1 L'équilibre hydrique au repos

Dans les conditions normales, le contenu corporel en eau est relativement constant : la quantité d'eau ingérée est égale à la quantité d'eau éliminée. Notre ration d'eau journalière est composée à 60 % par les boissons et à 30 % par l'eau provenant des aliments. Les 10 % restants sont produits par les dégradations métaboliques qui ont lieu dans les cellules (nous avons dit, au chapitre 2, que l'eau était un sous-produit des réactions de phosphorylation oxydative). La quantité d'eau métabolique varie de 150 à 250 ml par jour, selon les besoins énergétiques de l'organisme. Elle augmente, en effet, avec le débit métabolique. La quantité d'eau ingérée, chaque jour, à partir de ces 3 sources possibles, est d'environ 33 ml par kg de poids. Pour un homme de 70 kg, cela représente 2,3 L par jour.

Les pertes en eau peuvent provenir de :
1. l'évaporation cutanée ;
2. l'évaporation par les voies respiratoires ;
3. l'élimination urinaire ;
4. l'élimination intestinale.

La peau est perméable à l'eau. L'eau diffuse à travers la surface cutanée, où elle est évaporée. Les gaz que nous expirons sont saturés en vapeur d'eau après leur passage par les poumons. Ces pertes hydriques, à la fois cutanées et respiratoires, sont totalement inconscientes. On les appelle pour cette raison les pertes d'eau insensibles. Au repos et au froid, elles représentent à peu près 30 % des pertes journalières.

La majorité des pertes hydriques – 60 % au repos – se fait par les reins qui éliminent l'eau et les déchets par les urines. Au repos, les reins excrètent 50 à 60 ml d'eau à l'heure. La sueur représente une autre voie d'épuration qui permet d'éliminer environ 5 % de l'eau corporelle (souvent considérée avec les pertes insensibles). Enfin, les 5 % qui restent sont évacués avec les matières fécales. La figure 15.13 représente les différentes voies d'entrée et de sortie de l'eau dans l'organisme.

5.2 L'équilibre hydrique à l'exercice

Tout exercice produit une grande quantité de chaleur qu'il faut éliminer afin de limiter l'augmentation de la température centrale et le risque d'hyperthermie. La principale voie d'élimination de la chaleur est l'évaporation sudorale (voir chapitre 12). Lors des efforts intenses et prolongés, notamment en environnement chaud et humide, la sudation peut-être très abondante et induire une déshydratation, si elle n'est pas compensée par un apport hydrique adéquat.

En général, la quantité totale de sueur produite lors de l'exercice est fonction :

- des conditions ambiantes (température de l'air, chaleur radiante, humidité, vitesse du vent) ;
- des dimensions corporelles ;
- du débit métabolique.

Ces trois facteurs conditionnent le niveau de stockage de chaleur, par l'organisme, et donc la température centrale. Les transferts de chaleur se font du plus chaud vers le plus froid, c'est pourquoi une température ambiante élevée, des radiations intenses, un taux d'humidité important et l'absence

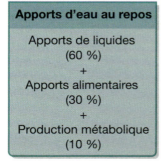
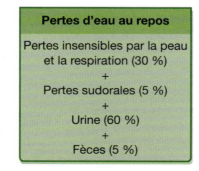

Figure 15.13 Origine des apports et des pertes liquidiennes au repos et à l'exercice

de vent perturbent l'élimination de la chaleur par le corps. Les dimensions corporelles interviennent car les sujets les plus lourds dépensent davantage d'énergie pour réaliser une tâche donnée, et donc produisent plus de chaleur. D'un autre côté, ils sont avantagés par une surface corporelle d'échanges plus grande, qui permet d'augmenter les pertes avec le milieu extérieur. Ils peuvent, en particulier, produire et éliminer plus de sueur.

Le débit métabolique s'accroît avec l'intensité de l'exercice. La production de chaleur augmente, et par là même les pertes sudorales.

Pour conserver son capital hydrique, l'organisme est amené à diminuer le flux sanguin rénal. Même avec la production d'eau métabolique, tout cela s'avère insuffisant pour empêcher la déshydratation. Il n'est pas rare que les athlètes perdent de 1 % à 6 % de leur poids du corps lors d'exercices intenses et prolongés. Lorsque de tels exercices sont réalisés en ambiance chaude, les pertes sudorales peuvent induire des pertes hydriques de 2 à 3 L par heure (voir chapitre 12). Il faut aussi préciser, qu'en environnement froid et sec ou en altitude, les pertes d'eau respiratoires sont majorées et s'ajoutent évidemment aux autres pertes hydriques.

5.3 Déshydratation et performance

De faibles diminutions du capital hydrique affectent la performance. Au fur et à mesure qu'il se prolonge, l'exercice est de plus en plus mal toléré si on ne compense pas, au moins en partie, les pertes dues à l'évaporation sudorale. La déshydratation affecte le fonctionnement des systèmes cardiovasculaire et thermorégulateur. Les pertes liquidiennes diminuent le volume plasmatique, ce qui induit une baisse de la pression artérielle qui, en retour, réduit le flux sanguin à travers les muscles et la peau, et augmente la fréquence cardiaque. La peau étant moins irriguée, les transferts d'énergie vers l'environnement sont perturbés, et le stockage de chaleur par l'organisme augmente. Ainsi, une déshydratation de plus de 2 % du poids du corps, pendant l'exercice, entraîne une augmentation de la fréquence cardiaque et de la température centrale du corps.

Ces perturbations physiologiques altèrent évidemment la performance. La figure 15.14 illustre les effets d'une déshydratation avec perte de poids d'environ 2 %, liée à la prise de diurétiques, sur la performance en course à pied (1 500 m, 5 000 m et 10 000 m)[3]. La déshydratation entraîne une réduction de 10 % à 12 % du volume plasmatique. Alors que la $\dot{V}O_2$max se maintient, la vitesse de course diminue en moyenne de 3 % sur 1 500 m et de plus de 6 % sur 5 000 m et 10 000 m. Plus l'épreuve est de longue durée, plus la baisse de performance est marquée pour un même niveau de déshydratation. Cette expérimentation a été réalisée en ambiance modérée. L'altération de la performance est encore plus prononcée si la température externe, l'humidité ou le niveau de radiation augmentent. Enfin, plus la déshydratation est sévère, plus les répercussions sur la performance sont importantes. En musculation et lors des efforts anaérobies, les effets de la déshydratation sont moins évidents. Certains travaux rapportent un effet délétère sur la performance que d'autres ne retrouvent pas. Une excellente étude menée à la Penn State University rapporte qu'une déshydratation de 2 % induit une altération de l'habileté motrice chez des joueurs de basket-ball de 12 à 15 ans[17].

Beaucoup de sportifs (haltérophilie, sports à catégories de poids…) utilisent couramment la déshydratation pour perdre du poids et concourir dans une catégorie inférieure. La plupart se réhydratent avant la pesée qui précède la compétition et ne connaissent que de faibles baisses de performance. Le tableau 15.5 récapitule les effets de la déshydratation, suivant le type d'exercice réalisé.

Tableau 15.4

Comparaison des pertes en eau, au repos, dans un environnement froid, et lors d'un exercice exhaustif prolongé.

	Repos		Exercice prolongé	
Origine des pertes	mL.h^{-1}	% du total	mL.h^{-1}	% du total
Pertes insensibles				
cutanées	14,6	15	15	1,1
respiratoires	14,6	15	100	7,5
Sueur	4,2	5	1 200	90,6
Urines	58,3	60	10	0,8
Selles	4,2	5	–	0,0
Total	95,9 mL.h^{-1}	100	1 325 mL.h^{-1}	100

Figure 15.14

Diminution de la vitesse de course (m/min) sur 1 500 m, 5 000 m et 10 000 m lors d'une déshydratation de 2 % du poids du corps. D'après L.E. Armstrong, D.L Costill, W.J. Fink, 1985, "Influence of diureticinduced dehydration on competitive running performance", *Medicine and Science in Sports and Exercise* 17: 456-461.

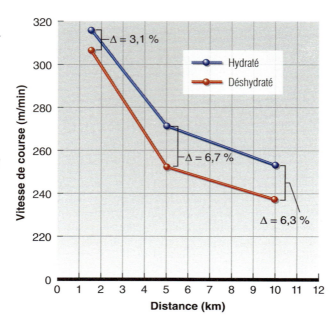

5.3.1 L'équilibre électrolytique lors de l'exercice

Comme nous l'avons déjà dit, le fonctionnement normal de l'organisme dépend de l'équilibre hydro-électrolytique. Lorsque les pertes hydriques sont très importantes, comme parfois lors de l'exercice physique, cet équilibre hydro-électrolytique peut être rapidement perturbé. C'est ce que nous allons voir maintenant, en nous intéressant spécifiquement aux deux facteurs majeurs de ces pertes d'électrolytes : la sudation et la diurèse.

5.3.1.1 Les pertes électrolytiques liées à la sudation

Chez l'homme, la sueur est un filtrat du plasma sanguin qui contient donc beaucoup de substances identiques, comme le sodium (Na^+), le chlore (Cl^-), le potassium (K^+), le magnésium (Mg^{++}), et le calcium (Ca^{++}). Même si elle a un goût salé, la sueur contient beaucoup moins de minéraux que le plasma et les autres compartiments liquidiens de l'organisme. Elle est, en fait, constituée de 99 % d'eau.

Le sodium et le chlore sont les ions les plus abondants dans la sueur et dans le sang. Comme l'indique le tableau 15.6, les concentrations de sodium et de chlore, dans la sueur, sont à peu près trois fois plus faibles que dans le sang, mais cinq fois plus élevées que dans le muscle. Ce tableau donne aussi l'*osmolarité* de chacun de ces trois compartiments liquidiens, c'est-à-dire le rapport entre les solutés (comme les électrolytes) et les liquides. La concentration de la sueur en électrolytes peut varier considérablement d'un sujet à un autre. Elle est influencée par :

- la génétique
- le débit sudoral ;
- le niveau d'entraînement ;
- le degré d'acclimatement à la chaleur.

Lorsque les débits sudoraux sont très élevés, comme c'est le cas dans les courses d'endurance, la sueur contient beaucoup de sodium et de chlore et peu de potassium, calcium et magnésium.

En faisant une évaluation du contenu total en électrolytes, de telles pertes diminueraient le contenu corporel en sodium et en chlore de 5 % à 7 % seulement. Les concentrations de potassium et de magnésium, deux ions situés essentiellement à l'intérieur des cellules, seraient diminuées de 1 % environ. Ces pertes n'ont probablement aucun effet sur la performance.

Cependant, il existe, à l'exercice, d'autres mouvements d'électrolytes. Prenons le cas du potassium. Lors de la contraction musculaire, le potassium diffuse des fibres musculaires actives vers le milieu extracellulaire, mais une partie de celui-ci est recaptée par les muscles inactifs et par les autres tissus. Pendant la récupération, les niveaux de potassium intracellulaire se normalisent rapidement. Différents travaux suggèrent que ces perturbations du potassium cellulaire peuvent conduire à la fatigue, en altérant la transmission des potentiels d'action des neurones aux fibres musculaires.

Tableau 15.5 Influence de la déshydratation sur les paramètres physiologiques et sur la performance

Mesures	Déshydratation
Paramètre physiologique	
Cardiovasculaire	
Volume sanguin/volume plasmatique	↓
Débit cardiaque	↓
Volume d'éjection systolique	↓
Fréquence cardiaque	↑
Métabolique	
Capacité aérobie – $\dot{V}O_2$max	↔, ↓
Puissance anaérobie – épreuve de Wingate	↔, ↓
Capacité anaérobie – épreuve de Wingate	↔, ↓
Lactatémie, valeur maximale	↓
Pouvoir tampon du sang	↓
Seuil aérobie, vitesse au seuil	↓
Glycogène musculaire et hépatique	↓
Glycémie pendant l'exercice	↓ possible
Catabolisme protéique pendant l'exercice	↑ possible
Thermorégulation et équilibre hydro-électrolytique	
Électrolytes sanguins et musculaires	↓
Température centrale pendant l'exercice	↑
Débit sudoral	↓ et délai retardé
Débit sanguin cutané	↓
Performance	
Force musculaire	↔, ↓
Endurance musculaire	↔, ↓
Puissance musculaire	?
Vitesse gestuelle	↔, ↓
Temps d'épuisement	↓
Travail total	↓
Tests de force[a]	↓

Les données figurant dans ce tableau sont extraites des revues suivantes : Fogelholm (1994)25, Horswill (1994)29, Keller, Tolly, et Freedson (1994)38 et Oppliger et coll. (1996)44.

↓ = diminution ; ↑ = augmentation ; ↔ = pas d'effets connus ou retour aux valeurs normales ; ? = effets inconnus.

a. D'après Burge, Carey et Payne (1993)10. b. D'après Oopik et coll. (1996)43.

Tableau 15.6 Concentrations en électrolytes et osmolarité de la sueur, du plasma et du muscle, chez l'homme après deux heures d'exercice à la chaleur.

Sources	Électrolytes (mEq.L^{-1})				Osmolarité (mOsm.L^{-1})
	Na$^+$	Cl$^-$	K$^+$	Mg^{++}	
Sueur	40-60	30-50	4-6	1,5-5	80-185
Plasma	140	101	4	1,5	295
Muscle	9	6	162	31	295

> **Résumé**
>
> ▶ L'équilibre hydrique et l'équilibre électrolytique sont étroitement dépendants l'un de l'autre.
>
> ▶ Au repos, les apports en eau sont équivalents aux pertes. Les apports proviennent des boissons, des aliments, mais aussi de l'eau métabolique provenant des réactions de dégradation. Les pertes sont rénales ou urinaires, sudorales, respiratoires ou fécales.
>
> ▶ La production d'eau métabolique augmente avec l'intensité de l'exercice.
>
> ▶ À l'exercice, les pertes en eau sont essentiellement d'origine sudorale. Elles sont destinées à éliminer la chaleur produite. À l'exercice, les pertes urinaires diminuent ce qui limite le risque de déshydratation.
>
> ▶ Toute déshydratation qui dépasse 2 % du poids du corps affecte considérablement la performance en endurance mais aussi les qualités techniques, l'adresse, la coordination qui sont essentielles dans les sports collectifs, les sports de lancers... La déshydratation s'accompagne d'une augmentation de la fréquence cardiaque et de la température du corps.

5.3.1.2 Les pertes d'électrolytes par les urines

Les reins participent aussi à la régulation électrolytique. La production d'urine est la principale voie d'élimination de l'eau, au repos. Les électrolytes sont également éliminés par l'urine, essentiellement pour assurer l'homéostasie. Au fur et à mesure que les pertes d'eau augmentent lors de l'exercice, la production urinaire diminue considérablement, pour tenter de conserver le capital hydrique. En conséquence, l'élimination d'électrolytes par cette voie devient faible.

Les reins jouent un autre rôle dans la gestion du capital électrolytique. Si une personne ingère 250 mEq de sel (NaCl), les reins devraient normalement éliminer 250 mEq de ces mêmes électrolytes, pour maintenir constant le contenu corporel total. Une sudation très abondante et la déshydratation stimulent la sécrétion d'aldostérone à partir des surrénales. Cette hormone stimule la réabsorption rénale de sodium. En conséquence, le corps retient davantage de sel pendant les heures et les jours qui suivent un exercice prolongé. Cela élève le contenu en sodium, augmentant l'osmolarité du secteur extracellulaire.

Cette augmentation du sodium stimule la soif, ce qui amène les sujets à boire davantage. L'osmolarité normale se trouve alors rétablie dans le secteur extracellulaire. Cette augmentation du contenu liquidien a tendance à diluer les autres solutés. Cette expansion liquidienne n'est que temporaire. Ceci est un des principaux mécanismes qui explique l'augmentation du volume plasmatique qui survient avec l'entraînement et l'acclimatement à l'exercice au chaud. Les contenus liquidiens retrouvent leurs niveaux normaux en 48 à 72 h après l'exercice.

> **Résumé**
>
> ▶ La sueur renferme beaucoup d'eau et peu d'électrolytes. Mais si les pertes sudorales sont très importantes, cela peut conduire à des désordres électrolytiques.
>
> ▶ À l'exercice, les pertes électrolytiques sont surtout d'origine sudorale. Les électrolytes les plus abondants dans la sueur sont le sodium et le chlore.
>
> ▶ Le débit de sudation et la composition de la sueur en électrolytes varient beaucoup selon les individus. Il est donc quasi-impossible de donner des règles précises de réhydratation.
>
> ▶ Au repos, tout excès en électrolytes est éliminé par les urines. À l'exercice, l'élimination urinaire est considérablement réduite ce qui diminue les pertes en électrolytes par cette voie.
>
> ▶ La déshydratation stimule la sécrétion de l'hormone antidiurétique (ADH) et d'aldostérone, ce qui facilite la rétention d'eau et de sodium par le rein. L'augmentation de la concentration du sodium dans le sang associée à la diminution du volume sanguin déclenche la sensation de soif.

5.3.2 Restauration des pertes liquidiennes

En cas de sudation abondante, l'organisme perd plus d'eau que d'électrolytes. Cela augmente la pression osmotique dans les compartiments liquidiens. C'est pourquoi, il est beaucoup plus important de compenser les pertes en eau que celles en électrolytes. Rien qu'en rétablissant une hydratation correcte, les électrolytes retrouveront leurs concentrations normales. Mais comment l'organisme sait-il ce qui lui est nécessaire ?

5.3.2.1 La soif

Quand on a soif, on boit. La sensation de soif est régulée par les osmorécepteurs situés dans l'hypothalamus. Ces récepteurs ne sont activés que lorsque la pression osmotique du plasma dépasse un certain seuil. Un second stimulus est transmis par les barorécepteurs qui enregistrent la variation de pression artérielle associée à la baisse du volume plasmatique. Toutefois il faut une réduction volumique importante pour engendrer un signal d'intensité suffisante. Malheureusement le **mécanisme de soif** n'est pas en relation parfaite avec l'état d'hydratation de l'organisme. Lorsque la déshydratation s'installe, la sensation de soif est retardée, et on a envie de boire seulement par intermittence. En conséquence, la soif n'est pas un senseur très précis du niveau d'hydratation de l'organisme.

On ne connaît pas encore très bien les mécanismes de la soif. Si on limite les apports de boissons à la seule sensation de soif, il faut 24 à 48 h, chez l'homme, pour compenser totalement les pertes d'eau liées à un exercice intense et prolongé, ou à une exposition à la chaleur. En raison de notre lenteur à compenser nos pertes en eau, et pour prévenir un état de déshydratation, il faut boire plus que ne l'exige la simple sensation de soif. Il est impératif que les sportifs boivent pendant et après les épreuves, en particulier d'endurance.

5.3.2.2 Pourquoi faut-il boire pendant l'exercice ?

Boire pendant l'exercice, et spécialement par temps chaud, présente manifestement des avantages. Cela permet de prévenir la déshydratation, l'augmentation de température, le stress cardiovasculaire et la chute de performance. La figure 15.15 montre bien que des sujets déshydratés (par plusieurs heures de course sur tapis roulant, dans une ambiance chaude (40°), sans apport hydrique) augmentent continuellement leur rythme cardiaque pendant l'exercice[5]. Privés d'eau, les sujets s'épuisent et ne peuvent aller au bout des 6 h que dure l'épreuve. Le rythme cardiaque est nettement inférieur si on prévient la déshydratation par une ingestion suffisante d'eau ou de solution légèrement salée. On a remarqué qu'on pouvait, en partie seulement, se prémunir contre l'hyperthermie en ingérant des boissons portées préalablement à la température du corps. Mais des boissons froides sont plus efficaces pour rafraîchir l'organisme, car il faut utiliser une partie de la chaleur corporelle pour les réchauffer.

5.3.3 L'hyponatrémie

Le remplacement des pertes hydriques est bénéfique à condition de faire attention. Ces dernières années, plusieurs cas d'hyponatrémie ont été rapportés chez des athlètes d'endurance. D'un point de vue clinique, l'*hyponatrémie* est définie comme une concentration de sodium dans le sang inférieure aux normes, situées entre 135 à 145 mmol.L^{-1}. Les symptômes de l'hyponatrémie apparaissent lorsque la concentration sanguine de sodium diminue en dessous de 130 mmol.L^{-1}. Ces symptômes sont : un aspect bouffi, des nausées, des vomissements et des maux de tête. Plus l'hyponatrémie s'aggrave, plus le risque d'œdème cérébral augmente et on voit apparaître un cortège de troubles (confusion, désorientation, agitation, œdème pulmonaire) qui peuvent aboutir au coma et à la mort, en l'absence de traitement. Comment survient cette hyponatrémie ?

Les mécanismes qui régulent l'équilibre hydrique et électrolytique sont très efficaces. Alors, boire suffisamment pour aboutir à une dilution des électrolytes plasmatiques est difficile, dans des circonstances normales. Les marathoniens qui perdent 3 à 5 L de sueur et absorbent 2 à 3 L d'eau, maintiennent leurs concentrations plasmatiques en sodium, chlore et potassium à des niveaux normaux. Même les coureurs de longues distances qui parcourent 25 à 40 km par jour en ambiance chaude et qui ne salent pas leur nourriture ne présentent pas de déficience en électrolytes

Ce sont les athlètes qui pratiquent les ultra-marathons (plus de 42 km), qui peuvent être sujets à l'hyponatrémie. Des cas de collapsus ont été observés chez deux coureurs après un ultra-marathon de 160 km, en 1983. Leur bilan sanguin indiquait des concentrations de sodium bien inférieures à la normale, à 123 et 118 mEq.L^{-1} respectivement[19]. L'un de ces coureurs a fait un malaise grave ; l'autre a été simplement désorienté et présentait des signes de confusion. L'analyse des prises de boisson par ces deux sportifs, et l'estimation de leurs ingestions de sodium pendant la course, a montré que les liquides consommés étaient trop pauvres en sel.

L'idéal est de remplacer exactement l'eau perdue, ou d'ajouter un peu de sel, pour éviter l'hyponatrémie. Cette dernière approche est très délicate car la plupart des boissons pour sportifs n'apportent pas plus de 25 mmol.L^{-1} de Na$^+$, ce qui est insuffisant pour prévenir la dilution de cet électrolyte. Mais des concentrations supérieures ne sont pas tolérées. Les causes précises de l'hyponatrémie restent encore mal élucidées. On ne connaît heureusement qu'un petit nombre de cas. Il est alors difficile de donner des recommandations pour les sujets qui pratiquent des exercices intenses et très prolongés en ambiance chaude.

5.3.4 Que boire avant, pendant et après l'exercice ?

La déshydratation est un problème majeur pour tous les athlètes qui s'entraînent ou réalisent des compétitions intenses, pendant des périodes prolongées, en particulier en ambiance chaude et humide. Plusieurs associations (The American College of Medicine – ACSM et les associations américaine et canadienne de diététique) ont publié les conseils d'hydratation qui doivent être respectés. Les principales recommandations sont les suivantes :

- 2 h avant l'exercice, il est conseillé de boire de 400 à 600 mL pour assurer un niveau d'hydratation optimal avant le début de l'exercice.
- Pendant l'exercice, il faut boire une quantité suffisante pour limiter le niveau de déshydratation à moins de 2 % du poids du corps. Il faut cependant éviter tout apport excessif.

Figure 15.15

Effets de 6 h de course sur tapis roulant, en ambiance chaude, sur le rythme cardiaque, dans trois conditions : sans apport d'eau, avec apport d'eau pure ou d'eau salée. Les sujets qui ne boivent pas pendant l'épreuve s'épuisent plus rapidement et s'arrêtent au bout de 5 h d'exercice.
D'après S.I. Barr *et al.*, 1991, "Fluid replacement during prolonged exercise : Effects of water, saline, or no fluid", *Medicine and Science in Sports and Exercise* 23: 811-817.

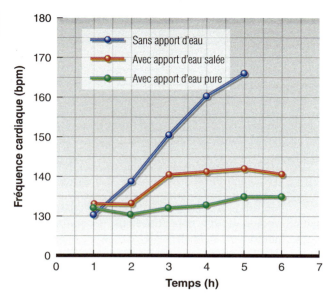

- Après l'exercice, le sportif doit théoriquement boire autant de liquide qu'il en a perdu.
- Les boissons pour sportifs enrichies en glucides (à une concentration entre 4 % et 8 %) et renfermant du sodium (à une concentration de 0,5 à 0,7 g/L) sont recommandées lors des exercices intenses qui durent plus de 1 h.
- Pendant la récupération, l'addition de sodium dans les boissons ou la consommation d'aliments salés améliore le processus de réhydratation[2].

Résumé

> Les pertes en eau par la sudation sont proportionnellement plus importantes que les pertes en électrolytes. Les boissons de réhydratation doivent donc apporter plus d'eau que de sels.

> La sensation de soif n'apparaît qu'au-delà d'un certain degré de déshydratation. En conséquence, il est conseillé de boire plus que le suggère la sensation de soif.

> La prise de boisson pendant un exercice prolongé diminue le risque de déshydratation et améliore le fonctionnement des systèmes cardiovasculaire et thermorégulateur.

> Dans des cas assez rares, l'absorption de boissons insuffisamment salées peut entraîner une hyponatrémie (taux de sodium trop faible dans le sang) à l'origine de confusion ou de désorientation. Non traitée, elle peut conduire au coma et à la mort.

6. La nutrition du sportif

La répétition des entraînements et des compétitions entraîne une très forte sollicitation de l'organisme. Si les sportifs consacrent beaucoup de temps et d'efforts à perfectionner leurs gestes, leur condition physique, ils ne doivent pas pour autant négliger d'autres facteurs qui influent sur la performance, comme le sommeil et les aspects nutritionnels. Une mauvaise nutrition peut affecter la performance.

Les chapitres précédents ont évoqué les recommandations nutritionnelles et la manière de les adapter en fonction du sport pratiqué. Le « Food and Nutrition Information Center, U.S. of Agriculture Website » (www.nal.usda.gov/fnic) est une excellente source d'informations pour les entraîneurs et les sportifs qui cherchent à individualiser leur alimentation.

6.1 Le régime végétarien

Pour manger le plus sainement possible et augmenter leur apport glucidique, de nombreux sportifs adoptent le régime végétarien. Les végétariens se nourrissent strictement de produits végétaux. Les lacto-végétariens acceptent, aussi, des produits laitiers dans leur régime. Les ovo-végétariens incluent des œufs et des produits laitiers.

Est-il possible pour un sportif de suivre un régime végétarien ? Les végétariens purs doivent être très attentifs à ce qu'ils consomment, pour ingérer un nombre suffisant de calories et pour un bon équilibre alimentaire, en particulier en acides aminés, en vitamines A, B12, D, riboflavine, calcium et en fer. La biodisponibilité du fer végétal est faible et le risque d'anémie est majoré chez la femme sportive. Il faut donc surveiller les apports en fer des sportives végétariennes. Certains athlètes professionnels ont connu des baisses de performance très nettes, après avoir suivi un régime végétarien. Le problème est, en général, la sélection des aliments. Le fait d'inclure des produits laitiers et des œufs diminue les risques de carences alimentaires. Il est plus prudent et plus efficace de consulter une diététicienne.

6.2 Le repas de pré-compétition

Pendant de nombreuses années, le steak a constitué le repas traditionnel consommé avant la compétition. L'origine de cette pratique date du temps où l'on pensait que le muscle utilisait ses propres réserves énergétiques, notamment protéiques, pour se contracter. Nous savons aujourd'hui que le steak est un des pires aliments que l'athlète puisse prendre avant une compétition. Il contient un fort pourcentage de graisses qui nécessitent plusieurs heures de digestion. Le risque est grand qu'une concurrence s'exerce pendant la compétition, entre les muscles et les territoires digestifs. Le choix d'un steak apparaît alors peu recommandé. Il vaut mieux le consommer, si on en a très envie, le soir précédant ou après l'épreuve. Que peut alors consommer un sportif avant la compétition ?

Si le repas pris quelques heures avant une épreuve ne doit guère contribuer à la reconstitution des stocks de glycogène musculaire, il aide à maintenir la glycémie et à prévenir la faim. Ce repas doit contenir 200 à 500 kcal et consister essentiellement en glucides et en aliments rapidement assimilables. Les céréales, les jus de fruits et le pain grillé sont digérés facilement et ne perturbent pas l'effort du sportif. Ce repas doit être pris environ deux heures avant l'épreuve. Mais la vitesse à laquelle les aliments sont digérés et assimilés par l'organisme varie en fonction des individus. L'heure du dernier repas est donc très individuelle. Enfin une étude menée chez des cyclistes pédalant à 70 % de $\dot{V}O_2$max jusqu'à épuisement a comparé la performance dans deux conditions nutritionnelles différentes, séparées de 14 jours : soit avec un petit-déjeuner comprenant 100 g de glucides et pris 3 h avant l'épreuve, soit à jeun. Le délai d'épuisement de 136 min en condition n° 1 diminue à 109 min en condition n° 2 (à jeun). Ceci souligne l'importance du dernier repas précédant la compétition[28].

La consommation d'aliments liquides, pendant le repas précédant l'épreuve est possible, mais pas toujours évidente. Les liquides peuvent en effet induire, chez des sujets à digestion difficile, des nausées, des vomissements et des crampes abdominales. De tels aliments sont disponibles dans le commerce et peuvent être utilisés avant et entre les épreuves. Ils doivent, cependant, être évités pendant l'heure précédant l'épreuve. Il est difficile de situer correctement l'heure du repas chez les sportifs qui doivent participer à des épreuves préliminaires. Dans ces conditions, on conseille la consommation d'aliments liquides pauvres en graisses et riches en glucides.

6.3 La surcharge en glycogène

Certains régimes peuvent largement influencer les stocks de glycogène musculaire, dont dépend la performance en endurance. En théorie, plus le contenu en glycogène est important, meilleur est le potentiel aérobie, puisque l'apparition de la fatigue est retardée. Les sportifs cherchent donc à posséder les stocks de glycogène les plus importants possibles, avant une compétition.

Grâce à l'analyse de biopsies musculaires, Åstrand, dans les années 1960, a proposé une méthode destinée à augmenter ces stocks au maximum[4]. Ce procédé est connu sous le nom de surcharge en glycogène. Il consiste, dans un premier temps, à pratiquer des entraînements épuisants du 7e au 4e jour qui précèdent la compétition. Pendant cette période, l'athlète ne doit manger que des protéines et des graisses pour épuiser les réserves musculaires de glucides. Ce procédé a pour effet de stimuler l'activité de la glycogène-synthase, enzyme responsable de la synthèse du glycogène dans le muscle. Les 3 derniers jours, le sportif doit consommer, à l'inverse, un régime très riche en glucides. L'activité de la glycogène-synthase étant augmentée, l'alimentation en hydrates de carbone aboutit à un stockage important de glycogène musculaire. Pendant cette période, l'intensité et la quantité d'entraînement doivent être nettement diminuées pour éviter les pertes glycogéniques, et pour permettre aux réserves hépatiques et musculaires de se reconstituer au maximum.

On peut ainsi doubler les stocks de glycogène musculaire, mais un tel régime est très difficile à suivre, y compris par les sportifs de très haut niveau. Pendant les 3 jours de privation en glucides, les sportifs éprouvent des difficultés à s'entraîner et à se concentrer sur des tâches intellectuelles. Ils deviennent irritables, ont une sensation de faiblesse musculaire et sont souvent désorientés. Enfin, la répétition d'exercices épuisants et l'effondrement des réserves en sucres exposent les sportifs aux risques d'accidents et de surentraînement.

En conséquence, beaucoup d'auteurs déconseillent actuellement le régime proposé par Åstrand. L'athlète doit plutôt diminuer l'intensité de son entraînement, pendant la semaine qui précède la compétition et consommer une alimentation normale comportant 55 % de glucides jusqu'à 3 jours avant l'épreuve. Pendant ces derniers jours, l'entraînement se limite à un simple échauffement de 10 à 15 minutes par jour, et le régime est enrichi en glucides. En observant ce programme, les stocks de glycogène musculaire s'élèvent environ à 200 mmol. kg^{-1}, atteignant un niveau équivalent à celui obtenu avec le régime d'Åstrand (figure 15.16). Mais l'athlète se sent beaucoup mieux.

Il est possible d'augmenter rapidement les réserves glucidiques, même après un exercice bref et intense. Les réserves de glycogène musculaire peuvent être doublées en une journée, si un régime hyperglucidique est apporté pendant les 24 h qui suivent un exercice bref et intense de pédalage de 150 s à 130 % de la PMA (Puissance maximale aérobie) suivi de 30 s de sprint exhaustif[18].

Les réserves de glycogène hépatique sont également très importantes pour les exercices d'endurance. Lorsqu'une personne se trouve privée de sucres pendant seulement 24 h, même au repos, les stocks de glycogène hépatique diminuent rapidement. Après seulement une heure d'exercice intense, ces réserves diminuent de 55 %. Un entraînement difficile, combiné à un régime pauvre en sucres, peut donc épuiser les réserves hépatiques. Mais, un seul repas riche en glucides les restaure rapidement. Une alimentation riche en hydrates de carbone, les jours précédant la compétition, peut donc reconstituer les stocks et minimiser les risques d'hypoglycémie, pendant la compétition.

Le glycogène constitue une forme de stockage de l'eau corporelle. L'augmentation et la diminution des réserves de glycogène induisent des variations du poids corporel de 0,5 à 1,5 kg environ, car l'organisme produit 2,6 g d'eau par gramme de glycogène dégradé. Un certain nombre de scientifiques ont pensé qu'on pouvait connaître les stocks de glycogène, en enregistrant le poids des sportifs tôt le matin, immédiatement après le lever, vessie vide, et avant le petit-déjeuner. Une baisse soudaine du poids peut alors refléter une diminution des réserves de glycogène, ou un déficit hydrique, ou les deux.

Les athlètes qui réalisent des exercices épuisants, plusieurs jours de suite, doivent restaurer les stocks de glycogène le plus rapidement possible. Bien que les réserves hépatiques soient totalement épuisées, en 2 h d'exercice à 70 % de $\dot{V}O_2max$, elles sont restaurées quelques heures après la prise d'un repas riche en glucides. La resynthèse du glycogène musculaire est un processus plus lent, qui prend plusieurs jours pour que les réserves reviennent à la normale, après un exercice épuisant comme un marathon (figure 15.17). Vers la fin des années 1980, on a montré que la resynthèse du glycogène musculaire était accélérée, si les sujets prenaient 50 g (0,7 g par kilo de poids) de glucides, toutes les 2 h, après l'exercice[22]. Des rations supérieures n'ont aucun effet supplémentaire. Pendant les 2 premières heures qui suivent l'épreuve, la vitesse de resynthèse du glycogène musculaire est plus rapide que plus tard pendant la récupération, ainsi que nous l'avons vu précédemment. Un sportif pratiquant des exercices intenses et de longue durée doit donc s'alimenter en glucides le plus rapidement possible après l'effort. L'addition de protéines et d'acides aminés à l'apport glucidique améliore la synthèse de glycogène musculaire davantage qu'un apport exclusif en glucides.

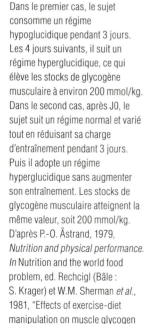

Figure 15.16 Deux procédés de surcharge en glycogène

La déplétion en glycogène musculaire est obtenue à J0, à la suite d'un entraînement intense. Dans le premier cas, le sujet consomme un régime hypoglucidique pendant 3 jours. Les 4 jours suivants, il suit un régime hyperglucidique, ce qui élève les stocks de glycogène musculaire à environ 200 mmol/kg. Dans le second cas, après J0, le sujet suit un régime normal et varié tout en réduisant sa charge d'entraînement pendant 3 jours. Puis il adopte un régime hyperglucidique sans augmenter son entraînement. Les stocks de glycogène musculaire atteignent la même valeur, soit 200 mmol/kg. D'après P.-O. Åstrand, 1979, *Nutrition and physical performance. In* Nutrition and the world food problem, ed. Rechcigl (Bâle : S. Krager) et W.M. Sherman *et al.*, 1981, "Effects of exercise-diet manipulation on muscle glycogen and its subsequent utilization during performance", *International Journal of Sport Medicine* 2: 1-15.

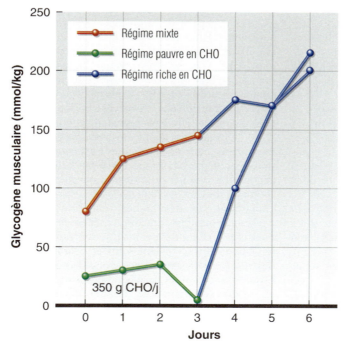

PERSPECTIVES DE RECHERCHE 15.3

Le régime « paléo »

Le **régime paléolithique**, fréquemment nommé **régime « paléo »**, est un régime alimentaire proposé en 1993 et popularisé *via* de nombreux ouvrages[10]. Il fait tellement d'adeptes parmi les sportifs et les sujets qui veulent garder à la fois leur forme et leur condition physique qu'un ouvrage spécifiquement dédié aux athlètes a été publié en 2012 « The Paleo Diet for Athletes »[11]. Il s'appuie sur le principe que notre mode de vie actuel a totalement transformé nos sources alimentaires. Il préconise le retour à une alimentation ancestrale composée des aliments et des plats que les hommes vivant à l'époque du Paléolithique étaient censés consommer. Selon ses adeptes, ce type de régime est un gage de santé qui permet de prévenir maladies aiguës et chroniques et améliore notre condition physique. Il se compose notamment d'une part importante de viandes sauvages (gibier, volaille, ruminants) mais aussi de poisson, de racines, de noix et de baies. Il exclut en revanche les produits issus de l'agriculture et de l'industrie agroalimentaire, comme les céréales, les légumineuses, les huiles végétales et les produits laitiers.

En conséquence, il s'avère extrêmement difficile pour un sportif dont les besoins glucidiques sont supérieurs à ceux d'un sujet sédentaire de couvrir les besoins en glucides. Ceci est reconnu par les auteurs même de l'ouvrage ci-dessus. Ces auteurs recommandent ainsi aux sportifs de consommer, si nécessaire, des aliments habituellement exclus de ce régime. Les boissons, barres de céréales et préparations alimentaires spécifiquement dédiées aux sportifs restent donc indispensables à tous ceux qui pratiquent des sports d'endurance afin de maintenir la glycémie au cours de l'effort et de reconstituer les stocks de glycogène après l'exercice. Le régime « paléo » présente certes l'intérêt de privilégier les apports protéiques issus d'aliments pauvres en lipides ou d'origine végétale et d'éviter les aliments transformés d'origine industrielle souvent enrichis en sucres raffinés. Mais il présente l'inconvénient d'exclure les céréales et les produits laitiers riches en calcium et vitamines B. Il induit aussi une consommation importante de viande rouge, laquelle est associée à un risque accru de cancer du colon.

N'oublions pas, non plus, que les habitudes alimentaires des ancêtres qui vivaient à l'époque du paléolithique reste mal connues. En 2013, Marlène ZUK, Professeur en « Sciences de l'écologie, de l'évolution et du comportement » a écrit un livre intitulé « Paleofantasy »[40] qui vise à déconstruire les "fantasmes paléo". On suppose que nos ancêtres de l'époque paléolithique vivaient en Afrique et se nourrissaient des produits de la chasse et de la cueillette. Mais le Paléolithique est la plus longue période de la préhistoire qui a commencé, il y a environ trois millions d'années. Elle inclut l'apparition de notre espèce, *Homo sapiens*, il y a environ 200 000 ans et s'est achevée vers – 12 000 ans. Il est plus que probable que la nourriture des humains vivant il y a 10 000 ans était déjà très différente de celle de leurs prédécesseurs vivant 100 à 200 000 ans plus tôt. Zuk note aussi que la consommation de céréales, exclue dans le régime paléo, est sans doute très ancienne, car des découvertes récentes indiquent que nos lointains ancêtres étaient capables de broyer des graines pour transformer celles-ci sous forme de farines proches de nos farines actuelles. Il ne faut donc pas s'étonner qu'en 2014, parmi 32 régimes différents postulant au titre des « Best Diets of 2014 », le groupe d'experts américain « U.S. News and World Report » a classé le régime « paléo » 29e sur 32.[34]

Résumé

> Beaucoup d'athlètes performants suivent un régime végétarien. Ce type de régime expose à des déficits en acides aminés indispensables, en minéraux (fer, zinc, calcium) et en de nombreuses vitamines.

> Le repas de précompétition doit être pris au moins 2 heures avant l'épreuve. Il doit être pauvre en lipides et facile à digérer. Un apport sous forme de boisson riche en glucides et pauvre en lipides est souvent conseillé.

> Un régime hyperglucidique permet d'augmenter les stocks de glycogène musculaire et la performance en endurance.

> Il est essentiel d'augmenter les apports glucidiques après toute épreuve d'endurance afin d'activer la reconstitution des stocks de glycogène. Elle est maximale dans les heures qui suivent l'arrêt de l'entraînement ou de la compétition, au moment ou l'activité de la glycogène-synthase est optimale.

6.4 Les boissons pour sportifs

La prise de boissons adéquates est importante pour le sportif. Nous avons montré qu'un apport suffisant de glucides est essentiel pour maintenir un niveau de performance. L'apport hydrique est également crucial afin de maintenir un niveau d'hydratation optimal. Les boissons pour sportifs doivent être conçues pour apporter l'eau et l'énergie nécessaires à la performance. Les bienfaits d'une bonne hydratation ont été largement démontrés, pas uniquement dans les sports d'endurance mais aussi dans les sports « explosifs » comme les sports collectifs (football, basket-ball)[9,17].

6.4.1 Composition des boissons pour sportifs

Au-delà du goût, les boissons pour sportifs diffèrent les unes des autres selon qu'elles sont plus ou moins enrichies en substrats énergétiques. La valeur énergétique dépend de la concentration en glucides et le pouvoir hydratant est fonction de la concentration en sodium.

Figure 15.17

La resynthèse du glycogène musculaire est un processus très long. Plusieurs jours de récupération sont nécessaires après un exercice épuisant, pour ramener les stocks musculaires à leurs valeurs normales. Remarquez qu'un exercice intense diminue les stocks de glycogène musculaire et active la glycogène synthase dans le muscle. Celle-ci permet au muscle de stocker le glycogène en cas d'apport glucidique.

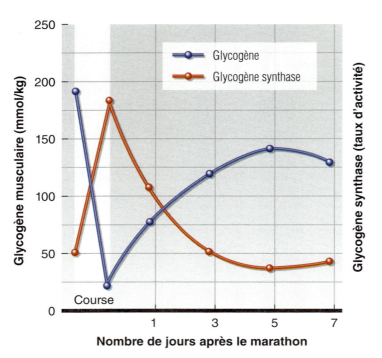

6.4.1.1 Apport énergétique – Concentration en glucides

Un des points fondamentaux concerne la rapidité avec laquelle l'eau quitte l'estomac (vitesse de vidange gastrique). Les solutions glucidiques quittent plus lentement l'estomac que l'eau ou une solution faiblement concentrée de chlorure de sodium. On a montré que le contenu calorique et la concentration sont des facteurs essentiels de la vitesse de vidange gastrique et de l'absorption intestinale. Les solutions les plus riches restent plus longtemps dans l'estomac. Si on augmente la concentration d'une solution de glucose, on augmente aussi la durée de la vidange gastrique. Par exemple, 400 mL d'une solution de glucose faiblement concentrée (139 mmol.L^{-1}) quitte totalement l'estomac en 20 min, alors que le même volume ingéré, mais à une concentration de 834 mmol.L^{-1} nécessite près de 2 h[14]. Néanmoins, en raison de sa plus forte concentration, un volume de liquide plus faible peut apporter une plus grande quantité de glucose et donc d'énergie. Ceci peut être intéressant, d'un point de vue énergétique, mais inadapté s'il s'agit de prévenir le risque de déshydratation.

La plupart des boissons commercialisées contiennent 6 à 8 g de sucre pour 100 ml (6 % à 8 %). Les glucides généralement utilisés sont le glucose ou des polymères de glucose ou encore le fructose et le saccharose[22]. Les études confirment l'effet positif sur la performance de telles boissons par rapport à l'eau[2]. Les solutions glucidiques à des concentrations supérieures à 6 % sont moins facilement assimilées. Elles peuvent cependant apporter un supplément d'énergie[2,23].

6.4.1.2 La réhydratation

Boire pendant l'exercice diminue le risque de déshydratation. Les recherches indiquent que l'addition de glucose dans les boissons, au-delà de la restauration des réserves énergétiques, favorise aussi l'absorption d'eau et de sodium. L'apport sodé active la soif et améliore le goût de la boisson. Rappelons que, lorsqu'on retient le sodium, on retient également l'eau. Les boissons consommées pendant et après l'exercice doivent avoir une concentration en sodium comprise entre 20 mmol/L et 60 mmol/L[23]. Avec la sudation, on peut perdre de grandes quantités de sodium. Une absorption trop importante d'eau peut réduire considérablement la concentration de sodium sanguin et éventuellement induire une hyponatrémie, déjà décrite précédemment.

6.4.2 En pratique, que conseiller ? Une affaire de goût

Les sportifs refusent les solutions qui ont mauvais goût. Les goûts sont aussi très différents d'un individu à l'autre. Ce qui complique encore le problème, c'est que l'exercice et les conditions environnementales peuvent modifier le goût. Ce que l'on aime avant un exercice n'est peut-être pas de notre goût pendant l'exercice, et on peut encore changer d'avis lors de l'exercice à la chaleur. Une étude récente a testé les préférences de cyclistes et

> **PERSPECTIVES DE RECHERCHE 15.4**
>
> ### Les boissons glucidiques pour sportifs
>
> Les physiologistes du sport et de l'exercice s'accordent tous pour reconnaître que l'apport glucidique est un facteur déterminant de la performance en endurance et qu'à ce titre, les boissons enrichies en glucides sont d'un grand intérêt. Mais la quantité optimale de glucides à apporter est encore débattue. L'ACSM et la « National Athletic Trainer's Association » recommandent un apport de 30 à 60 g/h dans les sports d'endurance. Toutefois, des apports plus faibles ou plus élevés ont aussi fait la preuve de leur efficacité. En fait, la concentration optimale dépend d'une multitude de facteurs parmi lesquels la vitesse de vidange gastrique, la capacité d'absorption intestinale et la capacité d'extraction et d'utilisation du glucose par le muscle (laquelle varie de 60 à 90 g/h selon la nature des glucides). Les boissons très riches en glucides peuvent entraîner un « embarras » gastrique et ralentir l'absorption intestinale de l'eau et des sucres.
>
> Un travail récent[29] a étudié la relation entre la concentration glucidique d'une boisson pour sportif et la performance lors d'une épreuve cycliste simulant une course « contre-la-montre ». 51 jeunes cyclistes ou triathlètes ont ainsi réalisé 4 essais. Après 2 h de pédalage à 70 % $\dot{V}O_2$max, les sujets devaient effectuer une épreuve de « 20 km » simulée par ordinateur à la plus grande vitesse possible. Au cours des 2 h précédant l'épreuve, ils ont consommé 12 breuvages différents (1 L/h) en double aveugle (ni l'expérimentateur ni le sportif ne connaissait la nature et la concentration de la boisson). Les boissons renfermaient soit un complexe glucidique (1:1 : glucose-fructose-maltodextrine) soit un placébo non calorique à raison de 10, 20, 30, 40, 50, 60, 70, 80, 90, 100, 110, 120 g par heure. La performance mesurée lors de l'épreuve simulant la course « contre-la-montre » s'est améliorée régulièrement avec l'augmentation de la concentration glucidique tant que cette dernière ne dépassait pas 78 g/h. Les concentrations glucidiques supérieures n'apportaient pas de bénéfice supplémentaire sur la performance. Ces résultats conduisent à recommander aux sportifs, en situation réelle de compétition, de consommer des boissons apportant un mélange glucidique à raison de 68 à 88 g/h.

de coureurs à pied, lors d'une épreuve de 60 min. La plupart des 50 sujets ont choisi une boisson légèrement parfumée qui ne laisse pas de goût dans la bouche après son absorption. Aucun breuvage commercialisé ne correspond à ce critère. Une autre expérimentation a consisté en une course de 90 min sur un tapis roulant suivie d'une récupération en position assise de 90 min dans une chambre calorimétrique dont la température était de 32 °C et l'humidité de 50 %. Trois types de boissons ont été testés : 2 boissons du commerce destinées aux sportifs, l'une sucrée à 6 % l'autre à 8 %, la dernière boisson ne renfermait que de l'eau pure. Tout au long de l'épreuve et de la récupération, les athlètes sont encouragés à boire. Le volume ingéré pendant l'exercice a été le même pendant l'exercice pour les 3 types de boisson. Pendant la récupération les athlètes ont consommé environ 55 % de boisson en supplément lorsque celle-ci est sucrée[39].

> ## Résumé
>
> › Les boissons pour sportifs permettent de limiter le risque de déshydratation et peuvent constituer un apport énergétique non négligeable. Elles permettent d'améliorer la performance aussi bien dans les activités d'endurance que dans d'autres sports plus « explosifs » comme le football, le basket-ball, etc.
>
> › La concentration glucidique d'une boisson ne doit pas dépasser 6 % à 8 % si on veut assurer un apport optimal en eau et en glucides[2].
>
> › L'addition de sodium à la boisson favorise la rétention d'eau.
>
> › Le goût et la saveur sont importants à prendre en compte car il existe de grandes variations individuelles.

7. Conclusion

Dans ce chapitre, nous avons montré l'importance de la nutrition et de la composition corporelle chez le sportif ainsi que les précautions à prendre en cas de régime. Nous avons aussi discuté des différents procédés qui permettent d'atteindre le poids optimal suivant l'activité pratiquée. Nous venons d'étudier les besoins nutritionnels des sportifs, en considérant l'importance des six catégories de nutriments. Nous avons envisagé également les diverses supplémentations alimentaires que les sujets utilisent et jugé de l'intérêt des boissons pour sportifs qui sont commercialisées. Le chapitre suivant est consacré aux substances et procédés ergogéniques.

Mots-clés

absorptiométrie biphotonique

acides aminés indispensables

acides aminés non indispensables

composition corporelle

densité corporelle

densitométrie

déshydratation

électrolytes

hyponatrémie

impédance bio-électrique

lipides

liquides extracellulaires

liquides intracellulaires

macro-minéraux

masse grasse

masse maigre

micro-minéraux (éléments traces)

osmolarité

pléthysmographie

plis cutanés

protéines

radicaux libres

régulation de la soif

surcharge en glycogène

vidange gastrique

vitamines

Questions

1. Comment peut-on définir la composition corporelle ? Quels sont les différents constituants de la masse maigre ?

2. Qu'est-ce que la densitométrie ? En quoi permet-elle d'évaluer la composition corporelle ? Quels sont ses inconvénients et ses limites ?

3. Quelles techniques de terrain permettent d'estimer la composition corporelle ? Quels en sont les avantages et inconvénients ?

4. En quoi la masse grasse et la masse maigre interviennent-elles dans la performance ?

5. Quels sont les critères qui doivent servir à la détermination du poids idéal de l'athlète ?

6. Quelles sont les six classes de nutriments ?

7. Quels rôles jouent respectivement les glucides, les lipides et les protéines dans la performance en endurance ?

8. Quelle est la ration protéique conseillée pour un homme moyennement actif ? Pour une femme ? Discuter la valeur d'une supplémentation protéique dans les disciplines de force et d'endurance.

9. Un athlète doit-il se supplémenter en vitamines ou minéraux ?

10. Quels sont les effets de la déshydratation sur la performance ? Sur la fréquence cardiaque et sur la température à l'exercice ?

11. Quelles sont les caractéristiques du repas de pré-compétition ?

12. Quelles sont les différentes méthodes utilisées pour augmenter les stocks musculaires de glycogène ?

13. Est-il conseillé de consommer des glucides pendant et après un exercice d'endurance ? Quel est l'intérêt nutritionnel des boissons pour sportifs ?

Sport et pratiques ergogéniques

16

Au cours de l'été 2013, deux sprinters de niveau international ont été momentanément suspendus, car les premières analyses d'urines étaient suspectes. Une deuxième analyse a été réalisée soit en leur présence soit en la présence de leurs représentants. Elle a confirmé la présence d'oxylofrine, un produit dopant interdit. Chacun des deux sprinters a été interdit de toute compétition pendant 4 ans, ce qui a compromis leur carrière professionnelle. Pourtant chacun d'eux a clamé son innocence prétendant avoir consommé un complément alimentaire contaminé par la drogue retrouvée lors des analyses. Les analyses menées ultérieurement ont confirmé cette affirmation. Ils n'ont pas été innocentés pour autant car chacun est considéré responsable de ce qu'il consomme, même s'il ignore la composition exacte du complément absorbé. Et pourtant, c'est souvent le cas.

De nombreux compléments alimentaires censés améliorer la force musculaire, la performance sexuelle ou la perte de poids contiennent en effet des substances interdites. La contamination de ces produits peut-être ou non accidentelle, étant donné la quête incessante de tous ceux, sportifs ou non, qui cherchent à améliorer leur forme, leur physique et leur image. Mais l'objectif affiché de l'Agence mondiale antidopage est d'empêcher toute forme de « tricherie » aussi innocente soit-elle. Malheureusement beaucoup de sportifs consomment des produits illicites sans le savoir et compromettent parfois définitivement leur réputation, leur carrière et leur avenir professionnel.

Plan du chapitre

1. La recherche sur l'aide ergogénique   409
2. Les agents nutritionnels ergogéniques   411
3. Le contrôle antidopage : Principes et limites   417
4. Les produits et procédés interdits   421
5. Conclusion   432

Pour une place dans l'Olympe du Sport, les sportifs sont souvent prêts à tout pour améliorer leur performance. Certains adoptent un régime diététique particulier, d'autres tentent de réduire le stress ou croient en l'hypnose pour améliorer leur état psychologique. D'autres ont recours aux drogues, aux hormones ou à d'autres procédés illicites comme la transfusion sanguine.

Les substances ou procédés qui permettent d'améliorer la performance sportive constituent les **agents ergogéniques**. Parmi les méthodes proposées, il faut citer l'hypnose et la préparation mentale. Un entraînement bien conduit et une alimentation adaptée précisément aux besoins du sportif ont fait la preuve de leur effet bénéfique et la littérature scientifique dans ce domaine est abondante. Malheureusement l'effet ergogénique de la plupart des produits ou pratiques utilisés par les sportifs est loin d'être toujours démontré et n'est souvent qu'un mythe. Dans ce domaine, comme dans beaucoup d'autres, Internet et le « bouche à oreilles » sont la principale source d'information. Trop souvent, le sportif modifie ses habitudes en matière de nutrition, d'équipements voire d'entraînement sur les simples recommandations d'un ami, collègue ou coach qui ignore tout des effets réels qui en résultent. Il est d'ailleurs surprenant que seul l'effet bénéfique soit avancé sans que jamais ne soient envisagés d'éventuels effets négatifs associés.

La liste de produits ou procédés ergogéniques possibles est longue, mais celle à effet bénéfique démontré beaucoup plus courte. En fait, beaucoup de substances ou pratiques ont un effet négatif sur la performance, encore appelé effet **ergolytique**[20].

De façon à la fois ironique et tragique, certaines drogues ergolytiques ont la réputation d'être ergogéniques !

De gros efforts sont réalisés en matière d'information et d'éducation nutritionnelles. Pourtant il ressort d'une enquête réalisée auprès d'entraîneurs de sport universitaires américains, que 94 % d'entre eux fournissent leurs sportifs en suppléments nutritionnels[13,45]. Beaucoup de ces « suppléments nutritionnels » considérés comme inoffensifs renferment, accidentellement ou non, des substances interdites.

Ce chapitre s'intéresse aux substances nutritionnelles considérées comme ergogéniques ainsi qu'aux produits et pratiques interdits en raison de leurs propriétés ergogéniques. Les recommandations nutritionnelles proprement dites sont étudiées en détail au chapitre 15. Les déterminants psychologiques et mécaniques de la performance sont hors du cadre de ce livre, mais ont fait l'objet de revues de questions dans d'autres ouvrages[53].

Avant d'entrer dans le vif du sujet, il importe de souligner les difficultés méthodologiques inhérentes à toute étude cherchant à étudier l'effet ergogénique d'un produit ou d'un procédé. Il faut notamment évaluer ce qu'on appelle l'effet placébo, qui à lui seul est susceptible de biaiser considérablement les résultats et donc leur interprétation. Pour toutes ces raisons, des études rigoureuses et parfaitement standardisées sont indispensables avant d'avancer la moindre conclusion formelle.

1. La recherche sur l'aide ergogénique

N'importe qui peut déclarer qu'un produit ou un procédé quelconque est bénéfique, donc ergogénique. Mais avant de lui donner ce qualificatif, encore faut-il prouver qu'il a, indubitablement, des effets positifs sur la performance en toutes circonstances. Les études scientifiques dans ce domaine sont donc essentielles pour différencier une véritable réponse ergogénique d'un effet placébo, où la performance ne s'améliore que parce que les sportifs veulent la voir s'améliorer.

1.1 L'effet placébo

Supposons qu'un sportif professionnel de haut niveau réussisse une performance, en ayant absorbé une substance particulière plusieurs heures avant la compétition. Il va certainement attribuer sa réussite aux effets de cette substance, même s'il n'existe aucune preuve que l'ingestion de celle-ci, par un autre athlète, aurait les mêmes effets bénéfiques.

Le fait que la simple croyance en une substance ou une pratique améliore les réponses de l'organisme, est connu sous le nom d'**effet placébo**. Il peut être puissant. Si un entraîneur affirme à un jeune débutant que le port de nouvelles chaussures va améliorer sa vitesse de course, il est probable que ce soit le cas. Pourtant, le scientifique se doit de faire la part exacte de ce qui revient à la croyance (effet placébo) et à l'effet ergogénique éventuel. Ceci complique singulièrement l'étude des propriétés ergogéniques, car il faut distinguer entre l'effet placébo et les effets réels de toute intervention proposée.

L'effet placébo a été clairement démontré dans l'une des toutes premières études sur les stéroïdes anabolisants[4].

Quinze sportifs pratiquant l'haltérophilie depuis au moins deux ans, se sont déclarés volontaires pour une expérience combinant entraînement et prise de stéroïdes anabolisants. On les informa que ceux dont les gains de force seraient les plus importants, après les 4 premiers mois (phase de pré-traitement), seraient choisis pour participer à la seconde phase de l'étude.

À l'issue des 4 mois, 8 des 15 sujets ont été sélectionnés. Seulement 6 d'entre eux ont été déclarés aptes après les examens médicaux. La seconde phase a consisté en une période de 4 semaines, au cours desquelles les sujets pensaient recevoir 10 mg par jour de Dianabol (un stéroïde anabolisant). En fait, ils recevaient un placébo, c'est-à-dire une substance inactive livrée sous une forme identique à la véritable drogue.

Les performances de force ont été régulièrement notées tout au long des 7 dernières semaines de la période pré-traitement, et des 4 semaines du traitement placébo (figure 16.1). Alors même qu'il s'agissait d'haltérophiles chevronnés, les gains de force ont été impressionnants au cours des 2 phases et plus encore pendant la seconde. La charge maximale développée (1-RM) lors des différentes épreuves (Squat, presse, développé-couché) s'est améliorée en moyenne de 11 kg au cours des 7 semaines de pré-traitement, mais les gains sont passés à 45 kg pendant les 4 semaines du traitement placébo ! Cela représente un gain de force de 1,6 kg par semaine pendant la première période et de 11,3 kg par semaine pendant la seconde, indiquant que les gains de force ont été multipliés par plus de 7 grâce au placébo !

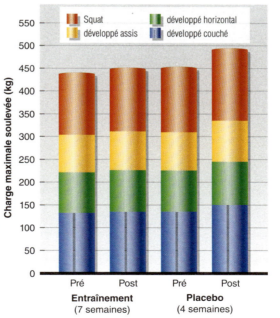

Figure 16.1

Impact de l'effet placébo sur le gain de force musculaire. Le gain de force totale et segmentaire obtenu à l'issue des 7 dernières semaines d'une période d'entraînement spécifique de 4 mois est comparé à celui obtenu ultérieurement pendant les 4 semaines suivantes, alors que les sujets sont convaincus de prendre un stéroïde anabolisant.

1.2 Évaluation de l'effet placébo

Toutes les études destinées à tester les propriétés ergogéniques d'un produit doivent donc inclure un groupe placébo et être réalisées en « double-aveugle », c'est-à-dire que ni l'expérimentateur ni le sujet testé ne doivent avoir connaissance de la nature du produit consommé. Pour cela les produits (à tester et placébo) ne doivent porter aucune information sur l'emballage permettant de les identifier et doivent être codés par une tierce personne indépendante. Aucune information ne doit filtrée tant que toutes les analyses n'ont pas été réalisées et les résultats recueillis.

En matière d'effet ergogénique, l'effet placébo est jugé tellement important que la plupart des scientifiques recommandent qu'un troisième groupe soit ainsi intégré à l'étude. Imaginons, par exemple, qu'on veuille tester l'effet ergogénique éventuel d'un extrait de feuille de chêne consommé au cours de 8 semaines d'entraînement en force. 3 groupes doivent être testés : un groupe (1) qui prend seulement l'extrait de feuille de chêne, un groupe (2) qui prend un placébo et un groupe (3) qui ne prend aucun de ces 2 produits. Si les gains de force, après la période d'entraînement, sont similaires dans les 3 groupes, il sera conclu que l'extrait de feuille de chêne n'a pas d'effet ergogénique. Si le gain de force est supérieur dans les groupes 1 et 2, il sera conclu que l'extrait de feuille de chêne a un effet placébo. Ce n'est que si le gain de force est supérieur dans le groupe 1 comparé aux 2 autres qu'on sera autorisé à dire que l'extrait de feuille de chêne a effectivement un effet ergogénique. L'addition du troisième groupe est donc essentielle pour pouvoir interpréter rigoureusement les résultats et en tirer les conclusions qui s'imposent.

1.3 Les limites de la recherche sur l'aide ergogénique

Les scientifiques ont recours aux techniques de laboratoire pour évaluer l'efficacité d'un composé, supposé ergogénique. Pourtant, les études scientifiques ne fournissent pas toujours d'arguments suffisamment clairs pour répondre à la question posée. Pour le sportif de haut niveau, le succès ne dépend souvent que de fractions de secondes, ou de quelques centimètres. Les tests de laboratoire s'avèrent souvent incapables de détecter d'aussi petites différences de performances.

Les scientifiques sont limités par les possibilités de leurs techniques et de leurs équipements. Toutes les méthodes de recherche impliquent une marge d'erreur. Si le résultat s'inscrit dans la marge d'erreur, le chercheur ne peut affirmer l'effet de la substance testée. En raison de l'erreur liée à la mesure, des différences individuelles et des variations journalières, dans les réponses des sujets, l'effet ergogénique doit être important pour que les scientifiques puissent en attester.

Le test proposé peut aussi limiter la précision de la mesure. La performance en laboratoire est différente de celle mesurée sur le terrain où l'athlète s'entraîne tous les jours. Un avantage, exprimé par une épreuve de laboratoire, doit encore être confirmé sur le terrain où de nombreuses variables comme le vent, la température, l'humidité, peuvent affecter les résultats. Une évaluation complète des potentialités ergogéniques d'un composé doit donc inclure de multiples études de laboratoire et de terrain. Les boissons pour sportifs en sont un très bon exemple. Jusqu'à la fin des années 1980, la plupart des scientifiques considéraient que ces boissons n'avaient pas d'intérêt particulier et n'avaient pas d'effet plus important sur l'hydratation et la performance que l'eau plate. Cette opinion s'appuyait sur des études expérimentales qui ne démontraient pas clairement l'effet ergogénique de ces boissons. Ce n'est qu'après avoir multiplié les expérimentations que cet effet s'est révélé.

Une autre difficulté dans le domaine des compléments alimentaires réside dans le fait que la composition exacte de ces composés ne figure pas toujours clairement sur l'emballage. La quantité des ingrédients actifs reste souvent approximative et une contamination par des agents interdits n'est pas exclue. En conséquence, les scientifiques qui travaillent sur ce point peuvent exiger que la nature exacte du produit testé soit attesté par une tierce-personne indépendante.

Il faut ainsi rester conscient que la science, dans ce domaine, comme dans d'autres, progresse pas à pas.

> **PERSPECTIVES DE RECHERCHE 16.1**
>
> ### Évaluation de l'effet placébo
>
> Il n'a jamais été démontré que respirer, à intervalles réguliers, un mélange enrichi en oxygène pendant une compétition ou un match (de football par exemple) grâce à une bouteille mise à disposition accélère la récupération. Mais si le sportif en est intimement convaincu, il se sentira beaucoup mieux pendant l'épreuve voire plus performant. Il s'agit d'un effet placébo. D'un point de vue pratique, utiliser l'effet placébo pour améliorer la performance sportive peut être intéressant si le risque induit est acceptable.
>
> Rawdon et coll.[40] ont mené une méta-analyse qui confirme que l'effet placébo lié à la prise de suppléments alimentaires est très important. Ce résultat qui n'est pas vraiment surprenant montre que le simple fait de croire en un bénéfice potentiel est efficace. Pour isoler et évaluer l'intensité de l'effet placébo lors de la prise de suppléments alimentaires, les auteurs ont consulté une large base de données croisant « supplémentation en nutriments ou micronutriments » avec différents critères liés à la performance sportive (entraînement, endurance, force…). Parmi les 649 études collectées, seules 37 étaient parfaitement rigoureuses et incluaient systématiquement 3 groupes de sujets – contrôle – placébo – et supplémenté. Les 3 groupes suivaient le même programme d'entraînement. Les sujets du groupe – contrôle – ne recevaient ni placébo, ni supplémentation.
>
> Les résultats des 37 études ont été compilés pour une évaluation statistique mesurant la taille de l'effet et différencier les effets respectifs de la supplémentation et du placébo. La taille de l'effet est mesurée par la différence des valeurs moyennes divisée par la moyenne des déviations standards. Une taille d'effet importante témoigne d'une forte différence entre les deux moyennes. Cette analyse statistique indique que la taille d'effet est importante lorsqu'on compare les résultats des groupes – contrôle *vs* supplémenté, mais aussi – contrôle *vs* placébo. Par contre elle est faible lorsqu'on compare les résultats des groupes – supplémenté *vs* placébo. En d'autres termes, ceci signifie que le gain de performance par rapport au groupe contrôle est du même ordre de grandeur que le sujet prenne une supplémentation ou un placébo.
>
> Les auteurs concluent qu'il est quasi-impossible, en pratique quotidienne, d'estimer le bénéfice de performance apporté par une supplémentation lorsque celle-ci est combinée à l'entraînement dont l'importance des effets est déjà démontrée.

2. Les agents nutritionnels ergogéniques

Avant d'étudier les substances et les procédés interdits, nous envisagerons d'abord les interventions nutritionnelles dont les propriétés ergogéniques ont été étudiées. Les propriétés nutritives et ergogéniques des glucides, lipides, protéines, vitamines et minéraux sont discutées au chapitre 15. Nous aborderons ici les propriétés ergogéniques d'autres produits alimentaires, largement utilisés dans le monde sportif, et qui font l'objet d'une vaste publicité, même si les effets réels ne sont pas encore scientifiquement démontrés. Nous encourageons le lecteur à consulter les références citées tout au long du texte et nous tenons à insister sur la nécessité de multiplier les études sur ce sujet car il reste encore difficile aujourd'hui d'apporter des réponses formelles.

Comme il est difficile d'être exhaustif dans ce domaine, nous nous limiterons volontairement aux produits suivants :

- Bicarbonate,
- β-alanine,
- Caféine,
- Polyphénols,
- Créatine,
- Nitrate.

2.1 Bicarbonate

Au chapitre 7, nous avons montré le rôle du **bicarbonate** dans l'équilibre acido-basique. Les scientifiques se sont donc intéressés au rôle joué par le bicarbonate dans les exercices anaérobies au cours desquels l'acide lactique peut être produit en grande quantité. La performance est-elle meilleure si l'on améliore la capacité du système tampon, en augmentant les concentrations sanguines de bicarbonate ?

2.1.1 Bénéfices ergogéniques espérés

L'ingestion d'agents permettant d'améliorer la capacité du système tampon plasmatique, comme le bicarbonate de sodium (bicarbonate de soude), augmente le pH sanguin, le rendant plus alcalin. On a donc pensé qu'en augmentant la concentration de bicarbonate sanguin, on améliorerait la capacité du système tampon et on permettrait à l'athlète de supporter de plus fortes concentrations sanguines d'acide lactique. En théorie, cela peut reculer le seuil d'apparition de la fatigue à court terme, ce qui est très important dans des exercices d'intensité maximale comme le sprint. Effectivement la prise orale de bicarbonate de sodium élève les concentrations plasmatiques en bicarbonate. Mais cela a un effet négligeable sur les concentrations intramusculaires de bicarbonate. En outre, les exercices anaérobies (de moins de 2 min) sont d'une durée trop

Figure 16.2

Concentrations de (a) bicarbonates (HCO_3^-), et (b) d'ions hydrogène (H^+) dans le sang, avant, pendant et après cinq exercices de sprint sur vélo, précédés ou non d'une ingestion de bicarbonate de sodium ($NaHCO_3$). Le cinquième sprint est réalisé jusqu'à épuisement. Les concentrations élevées d'HCO_3^- dans le sang entraînent une augmentation moins forte des ions H^+ et donc une récupération plus rapide, après la série de sprints. D'après D.L. Costill, F. Verstappen, H. Kuipers, E. Janssen & W. Fink, 1984, "Acid-base balance during repeated bouts of exercise : Influence of HCO_3^-", *International Journal of Sports Medicine* 5: 228-231.20.

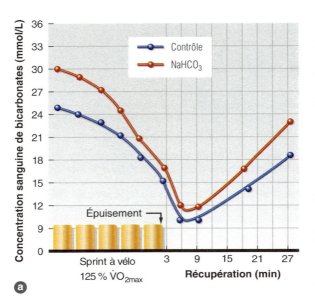

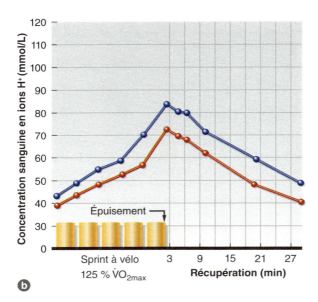

brève pour permettre aux ions H^+, produits par les cellules musculaires, de diffuser vers le milieu extracellulaire, où ils peuvent être tamponnés.

2.1.2 Les effets démontrés

Vers les années 1990, Roth et Brooks ont décrit un transporteur du lactate, à l'intérieur de la membrane cellulaire, sensible au gradient de pH[42]. L'amélioration du pouvoir tampon, sous l'effet d'une ingestion de bicarbonate ou de citrate, augmente le pH extracellulaire ce qui, en retour, augmente le transport du lactate de la fibre musculaire vers le secteur plasmatique, à travers la membrane cellulaire.

La littérature scientifique reste néanmoins contradictoire quant à l'effet ergogénique de l'ingestion de bicarbonate. Linderman et Fahey, dans leur revue de question[35], soulignent un certain nombre de points qui pourraient expliquer ces contradictions. Ils concluent que la prise de bicarbonate a peu d'effet sur les performances de moins de 1 min et de plus de 7 min. Pour les épreuves de 1 à 7 min, les effets ergogéniques leur apparaissent évidents. Mais dans ces épreuves, seules les études qui ont utilisé une dose minimale de 300 mg/kg observent des effets positifs sur les performances anaérobies.

La figure 16.2 rapporte les résultats d'une étude qui va dans ce sens[19]. Dans cette étude, les concentrations de bicarbonate sont artificiellement élevées, avant et pendant 5 exercices de sprint successifs de 1 min chacun, sur bicyclette ergométrique (figure 16.2a). Lors du dernier essai, la performance est améliorée de 42 %. L'élévation du niveau de bicarbonate sanguin diminue la concentration en ions H^+, pendant et après l'exercice (figure 16.2b), ce qui a pour conséquence d'élever le pH. Les auteurs concluent, qu'au-delà de l'amélioration du pouvoir tampon, le bicarbonate exogène semble améliorer l'élimination des ions H^+ des fibres musculaires, ce qui limite la chute du pH intracellulaire. La mise en évidence, 6 ans plus tard, en 1990, par Roth et Brooks[42] d'un transporteur du lactate, à l'intérieur de la membrane cellulaire, permet d'expliquer les résultats obtenus.

2.1.3 Les risques liés à l'utilisation de bicarbonate

Le bicarbonate de sodium a longtemps été utilisé comme remède à l'indigestion. Pourtant, ingéré à fortes doses, il entraîne souvent des problèmes digestifs sous forme de diarrhée, crampes ou ballonnements. Ces symptômes peuvent être diminués en buvant beaucoup d'eau et en apportant la dose totale de bicarbonate en 5 prises étalées sur une période de 1 à 2 h[35].

2.2 β-alanine

Des travaux récents suggèrent que la prise de β-alanine pourrait également améliorer le pouvoir tampon intracellulaire, notamment au sein de la fibre musculaire.

2.2.1 Bénéfices ergogéniques espérés

La β-alanine est un acide aminé utilisé par les cellules pour synthétiser différentes protéines. Parmi celles-ci, la carnosine, une petite molécule protéique, est présente à des concentrations élevées au sein des cellules nerveuses et musculaires. La carnosine est constituée de β-alanine et d'histidine un autre acide aminé. Son pouvoir tampon permet de neutraliser les ions H^+ produits en grande quantité lors des exercices intenses induisant une acidose lactique.

2.2.2 Les effets démontrés

Certains travaux rapportent que l'ingestion de β-alanine à raison de 3 g/j pendant 4 semaines, puis de 1,5 g/j permet d'augmenter la concentration intramusculaire de carnosine et d'améliorer la performance lors d'exercices de haute intensité[31]. En outre, l'association de β-alanine et de bicarbonate pourrait avoir un effet synergique sur la performance lors d'exercices de 1 h et plus[6]. Cependant les résultats ne sont pas tous univoques et d'autres études ne constatent pas d'effet ergogénique. Il est donc essentiel de poursuivre les recherches sur cet acide aminé avant de donner une conclusion formelle et afin de mieux comprendre l'origine de ces divergences.

2.2.3 Les risques liés à l'utilisation de β-alanine

Des travaux sont également nécessaires pour préciser les effets secondaires éventuels induits par la prise de β-alanine. Une étude rapporte notamment l'apparition de paresthésies (troubles de la sensibilité cutanée se traduisant par des sensations désagréables mais non douloureuses à type de fourmillements, picotements, engourdissements)[16].

Résumé

> Les produits ou procédés qui permettent d'améliorer la performance sportive sont dits ergogéniques. Ceux qui ont un effet négatif sur la performance sont dits ergolytiques. Certains produits supposés ergogéniques sont parfois ergolytiques.

> Même si l'effet placebo est d'origine psychologique, ses effets sur l'organisme, tant psychologiques que physiologiques, sont indéniables et importants. Ceci montre l'influence que peut exercer notre mental sur notre état physiologique.

> Le bicarbonate est un constituant important des systèmes tampons de l'organisme. En neutralisant l'excès d'ions H^+, il contribue à maintenir le pH dans les limites normales.

> La surcharge de l'organisme en bicarbonate (et citrate) rend le sang plus alcalin et retarde l'apparition de la fatigue musculaire.

> Il faut ingérer au moins 300 mg/kg de bicarbonate pour diminuer la sensation de fatigue et améliorer la performance dans les exercices très brefs et intenses.

> La surcharge de l'organisme en bicarbonate (et citrate) entraîne souvent de la diarrhée et des douleurs intestinales.

> La β-alanine est un acide aminé qui entre dans la constitution de la carnosine, un dipeptide présent dans le muscle et qui tamponne les ions H^+.

> La surcharge de l'organisme en β-alanine permet d'augmenter le contenu musculaire en carnosine.

> Les effets de la β-alanine sur la performance sportive restent très controversés.

2.3 La caféine

Comme le bicarbonate, la caféine n'est pas un nutriment, même si cette substance est retrouvée dans une grande quantité de boissons (café, thé, sodas, boissons énergisantes). Elle entre aussi dans la constitution de nombreuses drogues et médications où elle est souvent associée à de l'aspirine ou à d'autres substances antalgiques. La caféine est un stimulant du système nerveux central qui agit sur des récepteurs à l'adénosine présents dans le cerveau. Ses effets sont dits sympathomimétiques car elle reproduit, en plus faible, les effets des amphétamines. Elle mérite une attention toute particulière car elle peut améliorer la performance et est très largement utilisée.

> **PERSPECTIVES DE RECHERCHE 16.2**
>
> ### La leucine : un signal de protéosynthèse musculaire
>
> La leucine est un acide aminé branché (c'est-à-dire à chaînes ramifiées). L'isoleucine et la valine appartiennent à cette même catégorie. La leucine est un acide aminé essentiel qui ne peut pas être synthétisé par l'organisme et doit donc être apporté quotidiennement par l'alimentation. Parmi les sources de leucine, on peut citer : le soja, le poisson, le bœuf, le poulet, les cacahuètes et les amandes. En récupération d'un entraînement, le respect des recommandations en matière de nutrition et d'hydratation permet la reconstitution des stocks de glycogène, la réparation des dommages musculaires et l'activation de la protéosynthèse. Sportifs, entraîneurs et médecins cherchent tous à optimiser ces processus. D'un point de vue théorique, les propriétés métaboliques de la leucine suggèrent que cet acide aminé pourrait activer les processus précédents et avoir un intérêt ergogénique en mimant les effets de substances anabolisantes interdites. La leucine est un acide aminé glucoformateur (elle peut être utilisée pour la resynthèse du glucose). Elle est nécessaire à la synthèse de nombreuses protéines. Elle joue le rôle de signal déclencheur dans la resynthèse des protéines musculaires et certains produits issus de sa dégradation ont des propriétés anaboliques.
>
> Chez 15 sujets jeunes, au repos, Wilkinson et coll.[52] ont étudié l'effet de l'ingestion isolée de 3,42 g de leucine, ou d'un métabolite de la leucine, le β-hydroxy-β-méthyl butyrate (HMB), un supplément nutritionnel, sur la protéosynthèse et la protéolyse musculaires. Les concentrations sanguines et le contenu intramusculaire (quadriceps) de leucine et HMB ainsi que le débit de renouvellement (à l'aide de traceurs isotopiques) ont été mesurés au repos et 2,5 h après l'ingestion.
>
> Les résultats indiquent que la consommation d'une quantité modeste (< 4 g) de leucine ou HMB suffit à activer la protéosynthèse musculaire. L'effet est comparable à celui observé après la prise d'un repas mixte et équilibré. En outre, la consommation d'HMB freine la protéolyse, effet non retrouvé avec la leucine.
>
> Ces données confirment les conclusions antérieures de la littérature, indiquant que la leucine et l'HMB jouent un rôle dans la protéosynthèse musculaire. Ces 2 substrats, et plus particulièrement la leucine, stimulent la voie de signalisation de la protéosynthèse en activant un complex nommé mTOR. Les effets anaboliques du métabolite HMB sont un peu différents de ceux de la leucine puisque HMB freine aussi la protéolyse. Néanmoins, ces travaux ont été réalisés sur des sujets au repos et l'effet ergogénique réel de ces 2 produits reste débattu.

2.3.1 Bénéfices ergogéniques espérés

Elle est employée, comme les amphétamines, pour améliorer l'état de vigilance, la concentration, le temps de réaction et diminuer le niveau d'effort perçu.

2.3.2 Les effets démontrés

En raison de ses effets sur le système nerveux central (SNC), la caféine :

- augmente l'état de vigilance ;
- améliore la concentration ;
- agit sur le caractère ;
- diminue la fatigue et recule le seuil de fatigabilité ;
- abaisse le temps de réaction ;
- augmente la sécrétion de catécholamines ;
- améliore la mobilisation des acides gras libres ;
- augmente l'utilisation des triglycérides.

Les premiers travaux sur les propriétés ergogéniques de la caféine datent de la fin des années 1970[18,32]. Il a été montré que la caféine consommée avant une épreuve d'endurance améliore la performance. Elle augmente le temps pendant lequel un sujet peut maintenir une vitesse donnée et diminue le temps pour parcourir une distance imposée.

Même si toutes les études ultérieures n'ont pas permis de reproduire systématiquement ces résultats, l'effet ergogénique de ce composé est actuellement démontré. On a longtemps pensé que la caféine améliore l'endurance en améliorant la mobilisation des acides gras libres et en retardant l'utilisation du glycogène. Les mécanismes d'action de la caféine sur l'endurance sont certainement plus complexes et multiples. L'épargne du glycogène n'est pas systématique et un gain de performance peut s'observer dans des exercices qui n'induisent aucun épuisement du glycogène musculaire. Un grand nombre de travaux démontrent que l'effet ergogénique de la caféine peut aussi s'expliquer par une action directe de la caféine sur le SNC[47]. Il est admis que la caféine diminue le niveau d'effort perçu et retarde l'apparition de la fatigue. Pour obtenir ces effets, il faut ingérer avant l'exercice une dose de 3 mg/kg soit environ 200 mg pour un sujet de 70 kg. Cette quantité est supérieure à celle apportée par la prise de 350 ml de boisson énergisante (150 mg) ou d'une canette de coca (40 mg), mais proche de celle apportée par une tasse de café fort.

La caféine peut aussi améliorer la performance lors des exercices de sprint, de force et dans les sports très intenses. Mais les mécanismes sous-jacents sont peu étudiés. Au-delà de son effet sur le SNC, la caféine pourrait faciliter les échanges de calcium au niveau du réticulum sarcoplasmique et augmenter l'activité de la pompe sodium-potassium, facilitant le potentiel d'action musculaire.

2.3.3 Risques liés à l'utilisation de la caféine

Consommée à hautes doses, ou chez des sujets non accoutumés qui y sont sensibles, la caféine provoque un état de nervosité, d'agitation, des insomnies et des tremblements. La caféine a aussi des propriétés diurétiques au repos. Mais cet effet est insignifiant à l'exercice, car la production d'urine est considérablement diminuée. La prise de caféine a donc peu d'effet sur le niveau d'hydratation à l'effort, surtout si le sportif respecte les règles d'hydratation. Néanmoins, elle peut perturber le sommeil et majorer la fatigue. L'usage régulier de la caféine fait aussi courir un risque d'addiction. Un arrêt brutal de la consommation de cette drogue peut induire des migraines, une sensation anormale de fatigue et générer une certaine irritabilité, ainsi que des troubles digestifs. La caféine a été inscrite pendant longtemps sur la liste des produits interdits par l'Agence Mondiale Anti-dopage (AMA). Elle a été retirée de cette liste en 2004, mais reste recherchée dans les urines lors de contrôles anti-dopage.

2.4 Les polyphénols des jus de fruits

Les fruits et légumes renferment des centaines voire des milliers de composés biologiquement actifs agissant sur notre santé. Leur composition exacte et leurs effets restent très mal connus car les recherches dans ce domaine sont encore très limitées. Des travaux récents suggèrent que certains jus de fruits pourraient avoir des propriétés analgésiques (antidouleurs) et pourraient accélérer le processus de réparation des dommages musculaires.

2.4.1 Bénéfices ergogéniques espérés

Les fruits aux couleurs très foncées comme les cerises, les myrtilles, les airelles, le raisin rouge, la grenade contiennent des **polyphénols** divers, parmi lesquels des flavonoïdes, pigments végétaux qui protègent les fruits de leur agression par les microbes et les insectes. Les nutritionnistes recommandent de consommer chaque jour plusieurs fruits et légumes car ils apportent une grande quantité de polyphénols. (On estime qu'il existe plus de 4 000 flavonoïdes différents d'origine alimentaire et nous consommons environ 1 500 mg de flavonoïdes chaque jour). La composition des flavonoïdes est complexe. Parmi les constituants, on peut citer l'acide gallique, la quercétine, le resvératrol... qui possèdent des propriétés antioxydantes et antiinflammatoires. La consommation des fruits et légumes apporte ainsi une grande variété de micronutriments qui peuvent moduler les fonctions de la cellule. L'enjeu majeur pour les scientifiques qui s'intéressent à ces micronutriments est de préciser quel est leur effet réel sur l'organisme et sur la santé. On a longtemps pensé que cet effet était bénéfique et que les propriétés antioxydantes et antiinflammatoires de ces composés pourraient limiter les douleurs et les dommages musculaires.

2.4.2 Les effets démontrés

Quelques études rapportent que la consommation de jus de fruits (versus la consommation de placébo) pendant une semaine ou plus avant de réaliser un exercice de type excentrique diminue l'intensité du stress oxydatif, la perte de force post-exercice et la sensation de douleurs musculaires[11,17,34]. Ces études arguent en faveur d'un effet bénéfique de la consommation de jus de fruits. Néanmoins, elles restent encore trop rares et limitées dans le temps pour conclure formellement dans ce sens. Prétendre que la consommation de jus de fruits a un possible effet analgésique relève aujourd'hui de la pure spéculation !

2.4.3 Risques liés à l'utilisation des jus de fruits

D'un point de vue nutritionnel, les fruits et légumes sont des produits sains, riches en éléments nutritifs et sans effet néfaste sur notre santé. Dans les sociétés occidentales, leur consommation tend à diminuer. En conséquence, il faut bien sûr les recommander à tous, sportifs ou non.

2.5 Créatine

L'utilisation de la **créatine** comme substance ergogénique est essentiellement répandue dans les sports brefs et intenses et dans les sports collectifs. Cette molécule est présente, à l'état naturel, dans toutes les cellules. Son origine est à la fois endogène et exogène. Elle est synthétisée au niveau du foie et peut être apportée par notre alimentation *via* la consommation de viande et de poisson. La supplémentation en créatine exogène permet d'augmenter le contenu en créatine au sein des muscles.

2.5.1 Bénéfices ergogéniques espérés

L'utilisation de créatine comme substance ergogénique s'appuie sur le rôle important, joué par cette molécule, dans la fourniture d'énergie au muscle, où elle est présente, aux deux tiers, sous forme de phosphocréatine (PCr). En théorie, toute supplémentation en créatine est censée augmenter les concentrations intramusculaires de PCr, et donc améliorer la fourniture d'énergie par le système ATP-PCr. Ceci devrait permettre d'augmenter la production de force par le muscle et faciliter la récupération après des exercices intenses et brefs. La créatine a aussi un pouvoir tampon et à ce titre, module l'équilibre acido-basique. Elle est aussi impliquée dans le métabolisme oxydatif. Toutes ces propriétés conduisent à penser que cette molécule peut jouer un rôle non négligeable dans les performances sportives et justifient les travaux menés à la recherche d'un éventuel pouvoir ergogénique.

2.5.2 Les effets démontrés

Devant la grande « popularité » de ce produit et en raison de son utilisation massive dans les années 1990, l'ACSM (American College of Sports Medicine) a publié, en 2000, un rapport de consensus intitulé « The Physiological and Health Effects of Oral Creatine Supplementation[2] ». Ce rapport est le résultat d'une analyse exhaustive des données de la littérature par un groupe d'experts scientifiques. Les principales conclusions sont les suivantes :

- La supplémentation en créatine peut augmenter le contenu intramusculaire en PCr, mais cet effet n'est pas observé chez tous les sujets.
- La performance lors d'exercices très brefs et intenses peut être améliorée, ce qui est compatible avec le rôle joué par la PCr dans ce type d'exercices.
- La force maximale isométrique, la vitesse de production de force maximale et la puissance maximale aérobie ne sont pas améliorées par la supplémentation en créatine.
- La supplémentation en créatine entraîne souvent une prise de poids lors des premiers jours. Celle-ci est liée à l'entrée d'eau couplée à celle de la créatine au sein du muscle.
- La supplémentation en créatine combinée à un entraînement de force permet de majorer le gain de force, probablement parce que le sujet peut s'entraîner plus intensément.
- Néanmoins, les gains de performance obtenus par la prise d'une supplémentation en créatine sont loin d'être à la hauteur des bénéfices ergogéniques espérés par les sportifs.

Depuis cette parution, de nombreux autres travaux ont été menés sur ce sujet qui corroborent les conclusions précédentes. La créatine est une des rares molécules, qui combinée à un entraînement de force permet d'augmenter la masse maigre et la force musculaire[37]. Mais en ce qui concerne les effets sur les qualités aérobies, les résultats sont beaucoup plus contradictoires. Il y a à cela 2 raisons essentielles : les mécanismes biologiques mis en jeu sont différents et la réponse individuelle à la prise de créatine très variable. L'amélioration éventuelle de la performance est donc plus probable dans les sports comportant la répétition d'exercices très intenses et brefs[7]. Au chapitre 9, nous avons discuté de la grande variabilité inter-individuelle des réponses à l'entraînement qui conduit à distinguer des « bons » et des « mauvais » répondeurs à l'entraînement. Dans les études qui ne concernent qu'un nombre limité de sujets (inférieur à 10), ce seul facteur peut considérablement biaiser les résultats.

2.5.3 Risques liés à l'utilisation de la créatine

Étant donné l'utilisation largement répandue de ce produit et le nombre d'articles qui lui ont été consacrés, on peut considérer qu'il n'y a pas de risque majeur à se supplémenter en créatine aux doses recommandées. Néanmoins, on ne connaît pas encore les effets secondaires à long terme d'une prise très prolongée, encore moins chez le sujet jeune, en pleine croissance. Quelques travaux rapportent des altérations de la fonction rénale chez de jeunes sportifs qui ont pris de la créatine à doses massives. Ces données méritent d'être confirmées et doivent inciter à la prudence.

2.6 Nitrate

L'ion **nitrate** (NO_3^-) est un agent biologique inerte très présent dans le règne végétal. En tant que composé azoté, il intervient dans le cycle de l'azote. Certains légumes (comme les épinards, le céleri, la betterave et d'autres…) en contiennent de grandes quantités. Les bactéries de la langue (et des enzymes présentes dans le corps) peuvent transformer le nitrate en nitrite (NO_2^-), lequel peut lui-même être converti en monoxyde d'azote (NO). Le monoxyde d'azote peut aussi être produit au sein des cellules à partir de l'arginine (un acide aminé) sous l'action d'une enzyme appelée NO synthase (NOS). En tant que précurseur de l'arginine, la citrulline (un autre acide aminé) est également considérée comme une source endogène de NO. On admet que 50 % environ du NO présent dans l'organisme est d'origine endogène et 50 % d'origine exogène (ou alimentaire). Il est possible en théorie d'augmenter le contenu en NO de l'organisme *via* l'alimentation. Le NO est impliqué dans des fonctions essentielles, parmi lesquelles la vasomotricité et la régulation du débit sanguin, la lutte contre les infections par les globules blancs, l'activité mitochondriale et l'apoptose cellulaire.

2.6.1 Bénéfices ergogéniques espérés

Étant donné le rôle biologique majeur joué par le NO au sein de l'organisme, notamment dans des fonctions impliquées à l'exercice (régulation du débit sanguin, activité mitochondriale), certains auteurs ont suggéré qu'une supplémentation exogène (alimentaire ou non) en composés nitrés pouvait avoir des effets ergogéniques en augmentant la production de NO. Il a été notamment avancé que l'effet vasodilatateur du NO pouvait améliorer la fourniture d'oxygène et de substrats énergétiques aux muscles actifs et, par là-même améliorer la performance à l'exercice.

2.6.2 Les effets démontrés

Effectivement, les premiers travaux dans ce domaine ont observé qu'une supplémentation en nitrate (le plus souvent sous la forme de jus de betteraves) améliorait la performance. Mais ce résultat n'a pas toujours été retrouvé ensuite et reste controversé. Comme pour les autres composés à effet ergogénique supposé, il faut un très grand nombre d'études avant de pouvoir apporter une conclusion formelle. Il semble néanmoins que l'effet ergogénique d'une supplémentation en nitrate se manifeste surtout chez les sujets jeunes et peu entraînés. Il n'est pas retrouvé chez les sujets très entraînés[9].

À titre d'exemple, il a été noté qu'une ingestion quotidienne de 500 mL de jus de betterave pendant 6 jours (soit 484 mg de nitrate/j) chez 8 sujets de sexe masculin améliore significativement le temps d'épuisement lors d'une épreuve sur ergocycle, alors même que la consommation d'oxygène est diminuée. Ce résultat est retrouvé dans d'autres études[5]. Il est supposé que l'ingestion de nitrate augmente la production de NO et la fourniture d'ATP par la mitochondrie. Certains travaux suggèrent également que la prise de jus de betteraves, juste avant de réaliser un exercice, pourrait aussi exercer un effet ergogénique[50].

À ce jour, très peu de travaux ont testé les effets d'une ingestion d'arginine, de citrulline ou d'autres composés à même d'augmenter la production de NO dans l'organisme à des niveaux similaires à ceux obtenus par la supplémentation alimentaire. Des recherches complémentaires sur ce sujet sont donc indispensables avant de pouvoir conclure.

D'un point de vue médical, il convient enfin de rappeler que la prise de composés nitrés est connue pour diminuer la pression artérielle systolique et qu'elle est même utilisée à des fins thérapeutiques chez des sujets souffrant de maladie coronarienne. L'effet cardiovasculaire est donc indéniable. Les recherches sur ce sujet n'en sont qu'à leurs prémices. Il faut donc multiplier les travaux dans les 2 sexes, chez des sujets d'âges différents et à des doses variables.

2.6.3 Risques liés à l'ingestion de nitrate

À doses thérapeutiques, et sous forme médicamenteuse, les effets secondaires éventuels des dérivés nitrés sont bien connus chez les malades cardiaques (hypotension artérielle, maux de tête). Mais on connaît peu de choses actuellement des risques encourus par une supplémentation aiguë ou chronique en nitrate chez des sujets sains qui s'entraînent.

> **Résumé**
>
> ❯ La caféine peut améliorer la performance dans les sports d'endurance et dans les activités dont la durée est comprise entre 1 à 6 min. Elle peut aussi avoir des effets ergolytiques chez certains athlètes.
>
> ❯ Des travaux récents (réalisés versus placébo) suggèrent que la consommation de jus de fruits rouges pourrait diminuer la sensation de fatigue et accélérer la récupération après des exercices de force.
>
> ❯ La supplémentation en créatine peut exercer un effet ergogénique, notamment dans les exercices très brefs et intenses de 30 à 150 s.
>
> ❯ La supplémentation en créatine augmente le contenu intramusculaire en créatine.
>
> ❯ Chez les sujets peu entraînés, l'ingestion de nitrate (par la consommation de jus de betterave) pourrait avoir un effet ergogénique. L'ingestion de nitrate abaisse la pression artérielle et module la fonction cardiovasculaire.

3. Le contrôle antidopage : Principes et limites

Les substances ergogéniques sont utilisées par les sportifs depuis très longtemps. Mais beaucoup de ces substances ainsi que certains procédés destinés à améliorer la performance sont interdits, car considérés comme une forme de tricherie. Leur utilisation est donc illégale et non maîtrisée et comporte très souvent des risques pour la santé du sportif. Devant la prolifération considérable de ces pratiques, des organisations se sont mises en place au sein de chaque pays et au plan mondial pour mieux les contrôler et les prévenir.

3.1 Le code antidopage

C'est en 1968, lors des jeux olympiques d'été et d'hiver, que le Comité Olympique International (CIO) a initié la détection de ces substances. Pourtant leur consommation par les athlètes n'a cessé d'augmenter dans les années 70 et 80. Pour lutter contre le phénomène du dopage dans le domaine sportif, l'Agence Mondiale Antidopage

Chapitre 16
LA PHYSIOLOGIE DU SPORT ET DE L'EXERCICE

PERSPECTIVES DE RECHERCHE 16.3

Jus de betterave et performance sportive

Compte tenu de sa richesse en nitrate, le jus de betterave pourrait avoir un effet ergogénique. Il a été observé que la consommation de jus de betterave pendant une semaine ou quelques heures seulement avant une épreuve sportive augmente la concentration sanguine de nitrate, diminue la pression artérielle et améliore significativement la performance en endurance, alors même que $\dot{V}O_2$max diminue légèrement. Ces effets pourraient s'expliquer par une meilleure contractilité du muscle, une production accrue d'ATP par les mitochondries et une augmentation des débits sanguins tissulaires. Ces premières études n'ont pas mesuré la quantité précise de nitrate apportée par le jus de betterave et n'ont pas cherché à évaluer un éventuel effet-dose.

Wylie et coll.[55] ont étudié cette question chez 10 sujets jeunes moyennement actifs, en leur faisant ingérer au repos, et juste avant un exercice sous-maximal, du jus de betterave à raison de 70, 140 ou 280 mL ce qui équivaut à un apport en nitrate estimé à 250, 500 et 1 000 mg. L'étude a été menée *vs* un groupe contrôle.

La concentration sanguine de nitrate augmente après l'ingestion de jus de betterave sur mode dose-dépendant et atteint une valeur pic environ 2 à 3 h après l'ingestion. Les volumes ingérés les plus faibles n'ont aucun effet sur la performance alors que l'ingestion de 140 et 280 mL induit une légère diminution de la $\dot{V}O_2$ à l'état d'équilibre (de 1,7 % et 3 % respectivement). Ces résultats sont associés à une amélioration de la performance en endurance (de 14 % et 12 %). La performance en endurance était évaluée par l'impossibilité de maintenir la cadence de pédalage sur cyclo-ergomètre lors d'exercices répétés d'intensité modérée à intense.

Ces résultats ont été retrouvés dans de nombreuses études chez des sujets moyennement actifs. Mais les mécanismes responsables des effets de l'ingestion de nitrate sur la pression sanguine et sur la performance sportive ne sont pas clairement établis. D'autres recherches doivent être menées pour confirmer ces premiers résultats, notamment l'effet dose-réponse, et identifier les mécanismes sous-jacents afin d'en déduire des recommandations pratiques à destination des sportifs et de leurs entraîneurs.

(AMA) a été fondée en 1999, à l'initiative du CIO. Cette agence internationale est composée et financée, à parts égales, par le mouvement olympique et les instances publiques.

Les principales actions de l'AMA sont répertoriées dans le code antidopage, adopté pour la première fois en 2003. Ce code est le document princeps qui fixe le cadre indispensable à l'adoption de règles communes aux diverses organisations sportives internationales ainsi qu'à la réglementation juridique par les autorités publiques. À ce jour, plus de 600 organisations sportives gouvernementales ont adopté ce code.

Un point essentiel du code est la mise au point, régulièrement actualisée, de la liste des substances interdites. Toute substance ou pratique qui satisfait à au moins deux des trois critères suivants est interdite :

- Il est démontré que la substance ou la pratique considérée est potentiellement ergogénique.
- Il est démontré que la substance ou la pratique considérée a des effets délétères.
- L'usage de la substance ou la pratique considérée porte atteinte à l'esprit sportif.

Tout trafic lié aux substances ou pratiques dopantes est considéré comme une violation du code. Toute tentative de falsification des échantillons urinaires ou sanguins est évidemment interdite. Certains athlètes ont, par exemple, tenté de substituer leur échantillon urinaire avec celui d'un autre ou ont ajouté des substances (de type protéases) dans l'urine à analyser pour camoufler la présence d'un produit interdit. La perfusion intraveineuse de solutés salés ou sucrés ou autres est strictement interdite en compétition. Étant donné les progrès rapides en biologie, toute tentative de dopage génétique est également prohibée, afin de prévenir les dérives probables *via* ces nouvelles technologies.

Un programme d'évaluation établi en collaboration avec les organisations sportives gouvernementales permet de juger de l'efficacité et de la compliance. Afin d'assurer une bonne randomisation des tests d'évaluation, les athlètes sont tenus de tenir un véritable carnet de bord, précisant leurs lieux et horaires d'entraînement afin qu'un test de détection inopiné puisse être réalisé. En cas de test positif, la sanction proposée est variable, mais au minimum interdit à l'athlète de poursuivre son activité compétitive pendant une durée donnée.

Le code s'appuie sur le principe de pleine responsabilité. Les sportifs sont considérés comme responsables de toute substance absorbée, que la prise soit volontaire ou non. Ceux qui doivent utiliser, pour raison médicale, un produit figurant dans la liste peuvent bénéficier d'une dérogation pour justification thérapeutique. Ceux qui remettent en cause le résultat du test de détection ou la sanction infligée peuvent faire appel par l'intermédiaire de leur organisation sportive ou de la commission juridique *ad-hoc*.

De nombreuses organisations sportives dans le monde ont établi leur propre liste de produits interdits. Mais ces listes se sont harmonisées et sont désormais identiques à celle publiée par l'AMA. Il s'agit principalement de produits pharmacologiques. Cette liste est actualisée tous les ans. Les différentes catégories interdites en 2014 ainsi que leur mécanisme d'action sont résumées sur le tableau 16.1.

Chaque sportif, entraîneur ou médecin du sport doit connaître la liste des interdictions, s'informer régulièrement sur ce sujet et savoir se référer au dernier code antidopage actualisé au moindre doute. Les sportifs qui doivent utiliser certains produits qui figurent sur cette liste, à des fins médicales, doivent respecter scrupuleusement les règles de prescription et d'utilisation.

Pour plus d'informations, consulter le site : http://www.wada-ama.org

3.2 Risque de contamination des suppléments alimentaires

La supplémentation en vitamines, minéraux et oligonutriments est très répandue parmi les sportifs. Les sportifs considèrent qu'ils peuvent se fier à la composition indiquée sur les emballages industriels, ce qui n'est malheureusement pas toujours le cas. La pollution volontaire ou accidentelle des produits du commerce par des substances interdites est malheureusement assez fréquente. Si certains fabricants sont suffisamment scrupuleux pour certifier la pureté et la composition précise de leurs produits, d'autres le sont moins. Les consommateurs, et notamment les sportifs, doivent en être conscients et n'acheter, voire consommer, les produits du commerce qu'en toute connaissance de cause.

Au début des années 1999, certains chercheurs ont entrepris d'analyser la composition et la pureté d'un certain nombre de suppléments alimentaires. Les résultats donnent à réfléchir. Dans certains cas, la teneur réelle en supplément du produit final est extrêmement variable, allant d'une quantité infime jusqu'à 150 % de la valeur affichée sur l'emballage. En outre, de nombreux produits sont contaminés par des substances interdites qui n'apparaissent pas dans la composition affichée. Parmi ces substances, on peut trouver des stéroïdes anabolisants, des stimulants et des substances diurétiques[25]. De nombreuses études ont souligné l'étendue et la dangerosité de ce problème. Le code antidopage précise bien que « les sportifs sont considérés comme responsables de toute substance absorbée, que la prise soit volontaire ou non ». Ceux qui prennent inconsidérément des suppléments prennent des risques importants.

Il importe de bien rappeler à tous les consommateurs, et notamment aux sportifs que 3 points sont essentiels à vérifier lors d'une tentative de supplémentation :

1. La pureté du produit : il faut s'assurer que le produit ne contient aucune substance dangereuse ou interdite
2. La composition du produit : il faut s'assurer que le produit renferme bien la ou les substances visées par la supplémentation
3. L'efficacité du produit : il faut s'assurer que les substances absorbées ont un effet bénéfique démontré aux doses proposées.

Il est aujourd'hui quasi-impossible de répondre avec certitude à chacune de ces 3 questions. Beaucoup de fabricants certifient la qualité de leur produit sans avoir vérifié les 3 points exigés. Cette certification est destinée à rassurer le consommateur. Malheureusement, il n'est pas possible d'être certain que le produit ne contienne pas des substances interdites, même à l'état de traces. Le nombre de produits commercialisés est tellement important qu'il est impossible de les tester tous. Néanmoins, il faut souligner l'effort de certains fabricants très scrupuleux qui font tous les efforts nécessaires, y compris financiers, pour assurer la bonne qualité de leurs produits et les soumettre aux contrôles de qualité exigés, au plus grand bénéfice des usagers.

3.3 La fabrication et la détection des stéroïdes

Afin de masquer la détection d'un produit dopant, certains chimistes malhonnêtes ont tenté, à partir de métabolites précurseurs, de synthétiser des substances chimiques ayant des effets similaires à ceux de la drogue recherchée mais indétectables lors des tests antidopage. Néanmoins, à condition d'utiliser des méthodes de détection adaptées et performantes, la détection du produit interdit reste possible. Mais ces méthodes, très onéreuses ne sont pas souvent utilisées en routine. En conséquence, le produit ne peut pas être décelé s'il n'est pas systématiquement recherché. C'est exactement ce qui s'est produit avec la tétrahydrogestrinone (THG) – un stéroïde très puissant largement utilisé dans les années 1990. La THG est restée indétectable pendant de nombreuses années jusqu'à ce qu'elle soit recherchée par une analyse toxicologique ciblée et systématique. Elle figure désormais sur la liste des produits interdits.

L'AMA classe les stéroïdes en 2 catégories : (1) les stéroïdes endogènes comme la **testostérone**, les œstrogènes et leurs précurseurs métaboliques parmi lesquels : l'épitestostérone, l'androstènedione (« l'Andro ») et la déhydroépiandrostérone (DHEA) et (2) les stéroïdes exogènes ou synthétiques comme la nandrolone, la trenbolone, la méthyltestostérone, la THG et d'autres… La détection initiale de produits dopants est faite sur des échantillons d'urine, mais

Tableau 16.1 Liste des produits et pratiques interdits par l'agence mondiale antidopage (AMA) – Résumé de leurs principaux effets

Produits et pratiques	Effets sur le système cardiovasculaire et sur l'endurance	Apport en oxygène	Fourniture d'énergie et fonction musculaire	Effets sur la masse et la force musculaires	Effets sur le poids	Action sur la fatigue	Action sur le système nerveux central	Diminution du stress	Effets sur la récupération
Anabolisants				✓	✓				✓
Hormones peptidiques	✓	✓		✓	✓				✓
β-2-agonistes	✓					✓	✓		
Modulateurs endocriniens	✓		✓	✓	✓				
Diurétiques et autres agents masquants	✓					✓	✓		
Dopage sanguin	✓	✓	✓						
Manipulations chimiques ou physiques falsifiantes									
Perfusions IV	✓	✓	✓		✓	✓			✓
Dopage génétique	✓	✓	✓	✓		✓	✓		✓
Stimulants	✓		✓			✓	✓	✓	
Narcotiques								✓	
Cannabinoïdes								✓	
Glucocorticostéroïdes	✓		✓	✓					
Alcool						✓		✓	
β-bloquants	✓							✓	

la recherche des stéroïdes nécessite des techniques complexes d'extraction, de séparation et d'identification qui requièrent une analyse par chromatographie liquide ou gazeuse voire par spectrométrie de masse.

Dans un avenir proche, la généralisation et l'obligation pour tout sportif de posséder un « passeport biologique » devraient faciliter la détection et l'interprétation des tests. Il existe, en effet, de grandes variations individuelles dans les valeurs normales des composés hormonaux retrouvés dans le sang ou dans les urines. Le principe de ce passeport est de reporter les valeurs de chaque sportif mesurées à intervalles réguliers au cours de son entraînement afin d'établir son profil spécifique en certains composés comme : la testostérone (T), l'épitestostérone (E) et le rapport T/E, l'hémoglobine, l'hématocrite… Toute variation brutale de la valeur de l'un ou l'autre de ces paramètres peut être considérée comme suspecte. À titre d'exemple, le rapport T/E a longtemps été utilisé comme un bon marqueur de l'usage de stéroïdes anabolisants. La valeur moyenne de ce rapport, chez l'homme est de 1:1. La prise de stéroïdes anabolisants élève cette valeur. Néanmoins, étant donné les très grandes variations physiologiques individuelles de ce rapport, le seuil au-delà duquel la prise de stéroïdes anabolisants est suspectée est de 4:1 voire 6/1 une valeur bien supérieure à la moyenne. Malgré tout, des dérivs restent toujours possibles puisque certains sportifs choisissent alors de prendre à la fois de la testostérone et de l'épitestostérone pour conserver un rapport dans les limites autorisées !

Résumé

> Le code mondial de lutte contre le dopage a été adopté initialement en 2003. C'est le document princeps qui fixe le cadre indispensable à l'adoption de règles communes aux diverses organisations sportives internationales ainsi qu'à la réglementation juridique par les autorités publiques. À ce jour, plus de 600 organisations sportives gouvernementales ont adopté ce code.

> Toute substance ou pratique qui satisfait à au moins deux des trois critères suivants est interdite par l'Agence Mondiale Antidopage (AMA) :
> – Il est démontré que la substance ou la pratique considérée est potentiellement ergogénique.
> – Il est démontré que la substance ou la pratique considérée a des effets délétères.
> – L'usage de la substance ou la pratique considérée porte atteinte à l'esprit sportif.

> Beaucoup de suppléments nutritionnels peuvent être pollués par des substances dopantes ce qui expose les sportifs, à leur insu, à consommer un produit interdit.

4. Les produits et procédés interdits

Le tableau 16.1 rapporte la liste des produits et procédés interdits par l'AMA en 2014. Nous allons étudier plus spécifiquement :

- Les stimulants.
- Les stéroïdes anabolisants.
- L'hormone de croissance.
- Les diurétiques et produits « masquants ».
- Les bêta-bloquants.
- Le dopage sanguin.

4.1 Les stimulants

Il s'agit essentiellement des **amphétamines** et de leurs dérivés. On les appelle aussi amines sympathomimétiques, car ces substances miment les effets du système nerveux sympathique. Pendant longtemps elles ont été utilisées, à des fins thérapeutiques, pour supprimer l'appétit de sujets obèses. Lors de la seconde guerre mondiale, les amphétamines ont été prescrites aux soldats pour les aider à combattre la fatigue et augmenter leur endurance. Actuellement, elles font partie de l'arsenal thérapeutique d'un trouble pédopsychiatrique (trouble du déficit de l'attention) caractérisé par des difficultés de concentration, associé ou non à une hyperactivité. Certaines drogues sympathomimétiques, comme l'éphédrine et la pseudoéphédrine sont utilisées depuis longtemps par les sportifs, à des fins ergogéniques. L'éphédrine est produite à partir d'une herbe chinoise traditionnelle (Ma Huang). Elle est utilisée dans la maladie asthmatique pour ses propriétés décongestionnantes et bronchodilatatrices. La pseudoéphédrine est un produit en vente libre, à propriétés décongestionnantes. C'est un précurseur direct de la métamphétamine.

4.1.1 Bénéfices ergogéniques espérés

Tous ces stimulants ont des effets physiologiques et psychologiques divers. Ils diminuent l'appétit, améliorent l'état de vigilance et la concentration, « boostent » l'activité métabolique et retardent l'apparition de la fatigue. Les sportifs qui prennent des amphétamines ont l'impression d'avoir plus d'énergie, d'être plus motivés. Ils se sentent invincibles et plus compétitifs. Certains sportifs les consomment pour perdre du poids. En termes de performance immédiate, les amphétamines sont censées permettre aux athlètes de courir plus vite, de lancer plus loin, de sauter plus haut, de retarder l'épuisement… L'éphédrine et la pseudoéphédrine sont utilisées dans ce but.

4.1.2 Les effets démontrés

Sans surprise, les travaux menés sur ces produits ont donné des résultats totalement contradictoires. Seules quelques études observent un effet ergogénique. Les autres concluent à l'absence d'effet voire à un effet ergolytique. Comme tout stimulant du SNC, les amphétamines induisent un effet d'excitation, qui augmente la motivation, la confiance en soi et accélère la prise de décision. Non seulement, elles diminuent la sensation de fatigue, mais elles augmentent la fréquence cardiaque, la pression artérielle systolique et diastolique, le débit sanguin musculaire et les concentrations sanguines de glucose et d'acides gras libres.

Mais la vraie question est de savoir si ces multiples effets contribuent effectivement à améliorer la performance. Même si toutes les études ne sont pas univoques, celles menées avec une grande rigueur méthodologique et un groupe contrôle concluent que la prise d'amphétamines induit les réponses propres à tout stimulant du SNC, à savoir :

- une perte de poids ;
- une amélioration du temps de réaction, des capacités d'accélération et de vitesse ;
- un gain de force, de puissance et d'endurance musculaire ;
- peut-être une amélioration des capacités d'endurance aérobie, mais non de $\dot{V}O_2max$;
- une augmentation de la fréquence cardiaque maximale et de la lactatémie mesurée à l'arrêt d'une épreuve d'effort maximale ;
- une meilleure concentration ;
- une amélioration de la coordination fine.

Toutefois, les résultats ne sont pas aussi nets pour l'éphédrine et la pseudoéphédrine. Certains travaux observent un effet modeste sur la performance en course à pieds. Mais la plupart considèrent que ces produits sont sans effet significatif sur la performance lors des exercices de force, vitesse, puissance et endurance musculaire[1,15].

4.1.3 Les risques liés à l'utilisation des amphétamines

La prise d'amphétamines est dangereuse. Un certain nombre de décès ont pu être attribués à leur utilisation abusive. Les utilisateurs prennent des risques importants sur le plan cardiovasculaire, puisque ces drogues élèvent le rythme cardiaque et la pression artérielle. Elles augmentent le risque de survenue d'arythmie cardiaque chez les sujets prédisposés. Loin de retarder l'apparition de la fatigue, les amphétamines en diminuent la sensation, permettant aux athlètes de dépasser leurs limites naturelles, parfois jusqu'à l'arrêt cardiaque. Un certain nombre de décès sont dus à ce phénomène.

La sensation de force et d'euphorie qui accompagne la consommation de ces drogues, induit des effets psychologiques qui se surajoutent à ce que nous venons de décrire. Lors de prises fréquentes et régulières, l'organisme peut développer une accoutumance qui oblige à avoir recours à des doses de plus en plus importantes et dangereuses. À doses fortes, les amphétamines sont toxiques. Une extrême nervosité, une anxiété, un comportement agressif, des insomnies, accompagnant fréquemment l'usage régulier de ces drogues. L'éphédrine n'échappe pas à ces règles et peut aussi entraîner des accidents cardiovasculaires sévères, notamment en cas d'exposition à la chaleur.

4.2 Les stéroïdes anabolisants

Les **stéroïdes anabolisants** sont des produits interdits en raison de leur effet ergogénique reconnu sur la masse musculaire qu'ils contribuent à augmenter au-delà des limites naturelles atteintes par la combinaison de l'entraînement et d'un régime alimentaire adapté. Ils sont utilisés dans de nombreuses disciplines sportives qu'il s'agisse de sports d'endurance (comme le cyclisme sur route), de sports collectifs (comme le baseball) ou de force (comme le culturisme ou l'haltérophilie). Beaucoup d'hormones mâles ont des effets à la fois sur la masse musculaire et sur la fonction de reproduction (effet masculinisant). Ce sont les stéroïdes androgéniques-anabolisants. Leur utilisation comme support ergogénique est reconnue depuis la fin des années 1940 et le début des années 1950. Mais elle est probablement plus ancienne. Il s'agit de substances interdites car elles sont très dangereuses.

Il est difficile de déterminer le pourcentage de sportifs qui utilisent des stéroïdes anabolisants. Il est rapporté des chiffres allant de 20 % à 90 %. Si l'on se réfère aux données de la littérature scientifique, le pourcentage est sans doute beaucoup plus faible, de l'ordre de 6 %, tous sports confondus[8]. Aux États-Unis, l'utilisation de ces drogues est également observée au sein de la population lycéenne, que ce soit chez les garçons (4 % à 11 %) ou chez les filles (près de 3 %)[15,41].

Les stéroïdes regroupent une grande variété de substances parmi lesquelles les hormones sexuelles mâles (comme la testostérone) et femelles (comme l'œstradiol). Mais le cholestérol appartient aussi à cette catégorie de substances. Or le cholestérol n'a aucun effet androgénique ou anabolisant. Certaines plantes fabriquent également des stéroïdes (comme le phytostérol) qui n'ont aucun effet anabolisant car incapables de se fixer sur les récepteurs hormonaux androgéniques. Les stéroïdes capables de se lier aux récepteurs androgéniques accélèrent la croissance et la vitesse de maturation osseuses et le développement de la masse musculaire. Depuis longtemps, on donne des stéroïdes anabolisants à des adolescents, souffrant d'un retard de croissance. L'apparition des stéroïdes synthétiques a permis de modifier la structure chimique de ces hormones, de réduire leurs effets androgéniques (masculinisants), et d'accroître leurs propriétés anabolisantes sur le tissu musculaire.

4.2.1 Bénéfices ergogéniques espérés

Les stéroïdes anabolisants sont considérés comme ergogéniques, car ils sont censés accroître la masse maigre, la force musculaire et réduire la masse grasse. Il est également avancé qu'ils facilitent la récupération, notamment après des entraînements épuisants, permettant aux sportifs de s'entraîner intensément plusieurs jours de suite.

Les consommateurs de stéroïdes ont donné beaucoup de « fil à retordre » à la lutte contre le dopage. De nombreux procédés se sont développés pour masquer la prise de ces produits : l'ingestion combinée de diurétiques pour accélérer l'élimination urinaire ou encore la consommation de nouveaux dérivés de synthèse difficiles à détecter. La généralisation des contrôles (non seulement en compétition mais aussi à l'entraînement) combinée à l'amélioration des techniques de détection vise à mieux contrôler l'usage de ces produits dangereux pour la santé. Il faut, en parallèle, insister sur l'effort à faire en matière d'éducation vis-à-vis des publics à risques, dont certains sont très jeunes.

4.2.2 Les effets démontrés

Les effets ergogéniques des stéroïdes anabolisants sont indéniables. Il existe un effet « dose-réponse » démontré entre la dose de stéroïdes anabolisants consommée et le gain de masse maigre, de masse et de force musculaires. Ceci contribue à classer les stéroïdes anabolisants parmi les agents les plus ergogéniques. Néanmoins, ce n'est pas toujours le cas. Les premiers travaux sur ces produits étaient contradictoires. Certaines études n'ont pas observé de modifications des dimensions corporelles ou de la performance, après utilisation des stéroïdes. D'autres ont conclu à un gain très important de masse et de force musculaires. Un des problèmes de base, auquel se heurte la recherche scientifique, est la difficulté d'étudier, en laboratoire, les effets de ces drogues, aux doses prises par les athlètes. Certains sportifs ont avoué prendre cinq à vingt fois la dose maximum recommandée[29]. Certains chercheurs ont pu observer l'évolution de la masse et de la force musculaires chez des sportifs, au cours et au décours de la prise de stéroïdes à doses très élevées.

Une des premières études a concerné sept haltérophiles de sexe masculin qui, de leur propre aveu, ont fait usage de stéroïdes à hautes doses[30]. Le traitement s'est effectué sur deux périodes de 6 semaines chacune, séparées d'un intervalle de 6 semaines, sans traitement. La moitié des sujets a reçu un placébo pendant la première période de traitement et le stéroïde durant la seconde. L'autre moitié des sujets a reçu le traitement dans l'ordre inverse. L'analyse des résultats montre que les

Figure 16.3

Effets des stéroïdes anabolisants ou d'un placébo sur les dimensions et la composition corporelles, et sur la force musculaire.
D'après G.R. Hervey et al., 1981, "Effects of methandienone on the performance and body composition of men undergoing athletic training", Clinical Science, 60: 457-461.36.

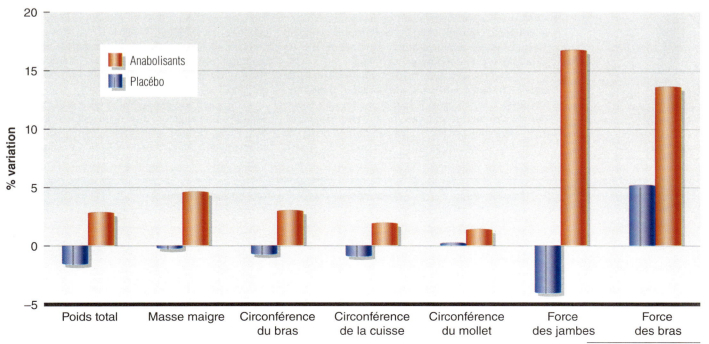

Figure 16.4

Relation entre le logarithme de la dose totale de stéroïdes (mg/j) et le gain de masse maigre (kg). Les symboles représentent différents stéroïdes anabolisants.
D'après Metabolism, vol. 34, G.B. Forbes, "The effect of anabolic steroids on lean body mass : The dose response curve", pp. 571-573, copyright 1985, avec la permission de Elsevier.

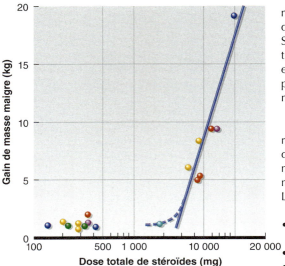

haltérophiles utilisant les stéroïdes ont une augmentation significative de :

- la masse totale et la masse maigre ;
- le contenu total en potassium et en azote (marqueur de la masse maigre) ;
- la masse musculaire ;
- la force des membres inférieurs

Ces gains ne se produisent pas sous placébo. Les résultats de cette étude sont résumés sur la figure 16.3.

Dans une seconde étude, Forbes[24] a suivi les modifications de la composition corporelle chez un culturiste professionnel et chez un haltérophile, s'automédiquant avec de hautes doses de stéroïdes, le culturiste pendant 140 j et l'haltérophile pendant 125 j. La masse maigre a alors augmenté de 19,2 kg et la masse grasse a diminué de 10 kg.

Forbes, a également compilé les résultats de divers travaux utilisant différentes doses de stéroïdes[24]. Il est arrivé à la conclusion que seules des augmentations minimes de la masse maigre, de 1 à 2 kg, sont possibles avec de faibles doses de stéroïdes. Pour augmenter largement la masse maigre, il faut utiliser de très fortes doses. Ces données suggèrent qu'il existe un seuil minimal. Selon lui, même l'augmentation modeste et transitoire de testostérone endogène après un entraînement de force associé à l'ingestion de protéines ne suffirait pas à entraîner un gain de masse et de force musculaires significatif.

Une troisième étude, particulièrement rigoureuse, a exploré les effets de la testostérone à doses extra-physiologiques sur la force et la masse musculaires, chez 43 hommes pratiquant la musculation mais non spécialistes d'haltérophilie[10]. Les sujets ont été répartis en 4 groupes :

- Le premier ne s'entraîne pas mais reçoit un placébo (600 mg).
- Le second sous placébo (600 mg) s'entraîne.
- Le troisième ne s'entraîne pas et reçoit de la testostérone (une injection intramusculaire de 600 mg d'énanthate de testostérone par semaine pendant 10 semaines).
- Le quatrième s'entraîne et reçoit de la testostérone (une injection intramusculaire de 600 mg d'énanthate de testostérone par semaine pendant 10 semaines).

Les groupes qui s'entraînent pratiquent la musculation pendant 10 semaines à raison de 3 séances par semaine. La composition corporelle est évaluée par pesée hydrostatique, les dimensions du muscle (triceps et quadriceps) par IRM et la force des membres supérieurs (exercice de flexion du biceps) et inférieurs (exercice de squat) est exprimée en R-M. Le groupe non entraîné qui reçoit des injections de testostérone a une augmentation modeste de la force et des dimensions musculaires à l'étage supérieur et inférieur. C'est le groupe entraîné et recevant de la testostérone qui présente la plus forte augmentation de force, de masse maigre et de surface de section des différents muscles testés (tableau 16.2).

Le gain de masse musculaire est en général associé à une augmentation de la surface de section des fibres lentes et rapides, ainsi qu'à une augmentation du nombre de noyaux. Ces adaptations

Tableau 16.2 Effets comparés de la prise de testostérone ou d'un placébo, combinée ou non à un entraînement de force, sur les dimensions et la force musculaires

Critère	Placébo seul	Testostérone seule	Placébo + entraînement	Testostérone + entraînement
Masse maigre	+0,8 kg	+3,2 kg	+2 kg	+6,1 kg
Surface du triceps	−82 mm²	+424 mm²	+57 mm²	+501 mm²
Surface du quadriceps	−131 mm²	+607 mm²	+534 mm²	+1 174 mm²
Développé couché	Aucun effet	+9 kg	+10 kg	+22 kg
Squat	+3 kg	+13 kg	+25 kg	+38 kg

D'après Bhasin *et al.* 1996.

sont dose-dépendantes et résultent très probablement d'une activation de la synthèse protéique en réponse à l'activation des récepteurs androgéniques du muscle par les stéroïdes[23].

L'effet des stéroïdes sur la fonction cardiovasculaire est mal connu. Un certain nombre d'études ont rapporté une augmentation de $\dot{V}O_2max$, sous l'effet des stéroïdes anabolisants, probablement par augmentation du nombre de globules rouges et du volume sanguin total. Mais ces résultats n'ont pas été confirmés par la suite. En conséquence, l'effet des stéroïdes sur les qualités d'endurance reste à préciser.

Certains sportifs considèrent également que les stéroïdes peuvent améliorer la récupération après des entraînements très intenses. Cette notion est notamment véhiculée dans le milieu du cyclisme professionnel. Les travaux de Tamaki et coll. menés chez le rat vont dans ce sens[48]. L'étude concernait deux groupes d'animaux effectuant chacun un exercice exhaustif de force, l'un recevant un placébo et l'autre une injection unique de décanoate de nandrolone, un stéroïde androgénique anabolisant, à effet prolongé. La synthèse protéique au sein du muscle était significativement accrue dans le groupe sous stéroïdes. Il est clair que des études complémentaires méritent d'être réalisées pour éclaircir les effets de ces substances sur les mécanismes de récupération. Mais quoi qu'il en soit, l'usage de ces produits dans le milieu sportif est strictement interdit.

4.2.3 Les risques liés à l'usage des stéroïdes anabolisants

L'usage des stéroïdes est considéré comme une tricherie. Il n'est ni moral, ni éthique d'utiliser ces anabolisants. Beaucoup d'athlètes en sont tout à fait conscients. Mais ils sont aussi nombreux à avoir le sentiment qu'il leur faut en prendre, sous peine de ne pas être compétitifs. Mais la compétition n'est plus équitable s'il est un seul athlète qui ne prend pas de stéroïdes. C'est l'un des principes qui guide le code de l'AMA.

Les risques médicaux liés à l'usage de ces produits sont très divers, et parfois très dangereux, étant donné les doses importantes souvent utilisées. Contrairement à ce que pensent beaucoup de sportifs, les risques ne sont pas diminués par des prises entrecoupées de pauses. Chez les jeunes en cours de croissance, ces substances accélèrent la soudure des cartilages de conjugaison des os longs ce qui peut diminuer la taille définitive. Leur consommation inhibe la sécrétion des hormones gonadotropes qui contrôlent le développement et le fonctionnement des gonades (ou glandes de la reproduction) (testicules et ovaires). Chez l'homme, la sécrétion insuffisante des hormones hypophysaires gonadotropes peut être responsable d'une atrophie des testicules, d'une diminution de la sécrétion endogène de testostérone, d'une réduction du volume et du contenu du sperme. Elle peut favoriser l'apparition d'une impuissance même longtemps après l'arrêt de la prise. Paradoxalement, un excès de testostérone exogène peut augmenter la production d'œstrogènes et induire chez l'homme un développement mammaire. À plus long terme, il existe un risque d'hypertrophie (augmentation de volume) et de cancer de la prostate. Chez les femmes, les hormones hypophysaires gonadotropes sont nécessaires à l'ovulation et à la sécrétion des œstrogènes. En inhibant la sécrétion des hormones gonadotropes, la prise de stéroïdes anabolisants compromet la fonction de reproduction et affecte la menstruation. Ces perturbations hormonales peuvent aussi conduire à des effets masculinisants (diminution du volume des seins, développement du clitoris, voix grave, développement du système pileux). Plus graves encore, ces perturbations peuvent affecter le développement embryonnaire et fœtal en cas de grossesse.

En outre, la plupart des stéroïdes étant métabolisés par le foie, ils s'accumulent dans cet organe ce qui augmente le risque d'hépatite toxique et ultérieurement de cancer du foie.

Sur le plan cardiovasculaire, l'usage chronique des stéroïdes peut induire une hypertrophie anormale du cœur et augmenter le risque de cardiomyopathie (maladie du muscle cardiaque), d'infarctus, de thrombose (obstruction des vaisseaux artériels), de troubles du rythme et d'hypertension artérielle. Les scientifiques ont mis en évidence des baisses importantes des niveaux de cholestérol-HDL, jusqu'à 30 % et plus, chez des athlètes qui ne prenaient pourtant que des doses modérées de stéroïdes. Or le cholestérol-HDL a des propriétés anti-athérogènes qui diminuent le risque d'athéromatose. L'utilisation des stéroïdes augmente simultanément les concentrations de cholestérol-LDL dans le sang, composé hautement athérogène. De bas niveaux de cholestérol-HDL et de hauts niveaux de cholestérol-LDL sont ainsi associés à des risques importants de maladies des artères coronaires et cardiaques (chapitre 21).

L'usage des stéroïdes anabolisants affecte aussi la personnalité. Un des effets les plus marquants est le comportement agressif des individus. Certains adolescents ont complètement changé de comportement et sont devenus extrêmement violents. Il faut ajouter que l'utilisation des stéroïdes conduit aussi à la dépendance ce qui fait de ces produits de véritables drogues.

La consommation de stéroïdes anabolisants ne concerne pas que les sportifs. Les plus gros consommateurs de ces produits sont des non sportifs qui les utilisent à des fins essentiellement esthétiques pour améliorer leur apparence physique. Comme ces substances sont prises sous forme injectable, il existe un risque majeur de contamination infectieuse par voie sanguine si l'aiguille d'injection n'est pas parfaitement stérile. Parmi les risques infectieux les plus sévères, il faut citer le risque d'hépatite et de SIDA.

Pour être honnête, ni les scientifiques, ni les médecins, ne connaissent vraiment les effets à long terme d'une utilisation chronique des anabolisants. Une étude, réalisée chez des souris mâles recevant 4 types de produits anabolisants, aux doses utilisées chez l'homme à des fins de dopage, a montré que la durée de vie de ces souris était diminuée[12]. Chez les athlètes d'Allemagne de l'Est ayant utilisé ces produits, il a été rapporté de nombreux cas de malformations fœtales et d'accidents néonataux, mais les mécanismes exacts et l'incidence réelle de ces problèmes ne sont pas connus. La plupart des effets délétères de ces substances ne se manifestent que plusieurs années après le début de l'utilisation. Il est probable que les risques sévères n'apparaissent que 20 à 30 ans plus tard.

Des revues de question ont été publiées récemment sur les effets ergogéniques potentiels et les risques associés à l'utilisation de ces anabolisants[15,23,29,33,39,57]. La plupart des fédérations sportives, en particulier celles qui sont très touchées par ce phénomène, ont mis en place des moyens de prévention et d'éducation contre l'usage des stéroïdes. Les gouvernements eux-mêmes ont organisé des contrôles réguliers, parfois inopinés des athlètes, visant à la détection de ces composés.

4.3 L'hormone de croissance

Depuis plusieurs années, l'administration d'**hormone de croissance** (GH), hormone sécrétée par l'hypophyse antérieure, est un des traitements contre le nanisme anté-hypophysaire. Avant 1985, cette hormone était extraite d'hypophyses prélevées sur des cadavres, mais son utilisation restait très limitée. Depuis le milieu des années 1980 et l'apport des techniques génétiques, il est devenu aisé de disposer d'hormone de croissance, même si son coût reste élevé.

Les sportifs, informés des nombreuses propriétés de cette hormone, l'utilisent comme substitut ou comme complément des stéroïdes anabolisants. La détection de cette forme de dopage est restée longtemps difficile.

4.3.1 Bénéfices ergogéniques espérés

L'hormone de croissance (GH) exerce au moins six fonctions, à même d'influer sur la performance sportive :

- elle stimule la synthèse des protéines et des acides nucléiques dans le muscle squelettique ;

PERSPECTIVES DE RECHERCHE 16.4

Alcool et protéosynthèse musculaire

La prise d'alcool en compétition est interdite par l'AMA dans les disciplines sportives où sa consommation est très dangereuse : sports automobiles, sports aériens, sports nautiques, tirs… Il est évident que beaucoup de sportifs consomment de l'alcool, notamment à l'arrêt de l'entraînement ou à l'issue des compétitions. Néanmoins les effets de cette consommation sur les adaptations à l'exercice aigu et chronique restent à préciser.

Parr et coll.[38] ont étudié les effets d'une ingestion d'alcool à l'arrêt d'un exercice sur les réponses anaboliques du muscle. L'étude a été menée chez 8 sujets jeunes, de sexe masculin, ayant réalisé un exercice de force suivi d'un exercice intermittent et intense de pédalage sur cyclo-ergomètre. L'épreuve durait 1 h. Juste après l'exercice et à nouveau 4 h plus tard, les sujets devaient absorber différentes boissons : (1) alcool + 25 g de protéines du lactosérum (2) alcool + glucides en quantité isocalorique à la situation 1 et (3) 25 g de protéines du lactosérum. 2 h après la fin de l'exercice, un repas hyperglucidique a été assuré. Dans les situations (1) et (2), la consommation d'alcool (vodka) a démarré 1 h après l'exercice et s'est poursuivie pendant les 3 h suivantes par prises répétées. Au total, la consommation d'alcool était équivalente à celle apportée par 12 verres et censée reproduire un « binge drinking ».

Les résultats indiquent que la prise d'alcool freine la voie de signalisation de la protéosynthèse musculaire (en inhibant la phosphorylation de mTOR). Comme cela était attendu, l'activation de la protéosynthèse musculaire était maximale dans la situation (3) (sans aucun apport d'alcool), suivie de la situation (1) et enfin (2). Elle était cependant observée dans les 3 cas.

Les auteurs ont conclu que l'alcool freine la réponse anabolique au sein du muscle ce qui peut compromettre la récupération, les réponses adaptatives à l'entraînement et à terme la performance sportive. Ceci est très plausible. Mais d'autres questions restent à résoudre. Quel est l'effet d'une consommation restreinte, limitée à un ou deux verres ? Les réponses sont-elles fonction du type de boisson alcoolisée – bière – vin rouge – vin blanc – liqueurs ? Comment évoluent les effets selon le moment de la prise après la fin de l'exercice ? selon l'âge ou le genre ? Une consommation régulière induit-elle une sorte d'adaptation au sein du muscle ? Manifestement les résultats de cette étude originale amènent autant de questions qu'elles en résolvent et doivent inciter à poursuivre les travaux sur ce sujet.

- elle stimule la croissance des os longs (en longueur) si les os ne sont pas encore soudés ;
- elle active la production du facteur de croissance IGF-1
- elle stimule la lipolyse, conduisant à l'augmentation des concentrations sanguines en acides gras libres et à une diminution générale de la masse maigre ;
- elle augmente la concentration sanguine de glucose ;
- elle favorise la cicatrisation des accidents musculaires.

Les sportifs qui utilisent cette hormone espèrent développer leur masse musculaire. Souvent, l'hormone de croissance est utilisée avec les stéroïdes anabolisants, pour en potentialiser les effets. Un certain nombre de sportifs se tournent vers l'utilisation de la GH, à la place des stéroïdes, parce qu'elle est plus difficilement détectable, lors d'un contrôle antidopage. Il est, en effet, difficile de distinguer l'hormone de synthèse de l'hormone naturelle endogène.

4.3.2 Les effets démontrés

Il a été montré que l'administration de GH à des hommes de plus de 60 ans induit une augmentation de la masse maigre, une diminution de la masse grasse et une augmentation de la densité osseuse[43]. Mais les résultats chez des hommes jeunes et chez des haltérophiles confirmés sont beaucoup moins significatifs[56]. Les effets les plus constants sont une augmentation de la synthèse du collagène et une réduction de la masse grasse ce qui suggère que l'intérêt ergogénique est davantage d'origine lipolytique qu'anabolique.

S'il est désormais démontré que la prise de testostérone exogène a un fort pouvoir anabolisant, ce n'est pas le cas pour la GH, sauf pour les sujets qui souffrent d'une déficience constitutionnelle en cette hormone. Il est bien connu que l'exercice et la consommation de certains acides aminés stimulent la libération de cette hormone par l'hypophyse, mais il semble peu probable que l'augmentation modeste de GH qui en résulte ait un effet significatif sur la synthèse protéique et la force musculaires. En réalité, il semble que les augmentations physiologiques de GH et de testostérone induites par l'exercice ne sont pas suffisantes pour activer la synthèse protéique au sein du muscle et donc augmenter la masse et la force musculaires[51].

4.3.3 Les risques liés à l'utilisation d'hormone de croissance

Comme pour les stéroïdes, un certain nombre de risques sont liés à l'utilisation de l'hormone de croissance, comme l'acromégalie. Celle-ci est observée chez les sujets ayant terminé leur croissance. Elle se traduit par une augmentation anormale des dimensions des extrémités : tête, mains, pieds, doigts, qui s'élargissent. Elle peut également toucher les organes internes, entraîner

Résumé

> Les stimulants comme les amphétamines peuvent améliorer la performance sportive. Il s'agit de drogues interdites dont les effets secondaires peuvent être dangereux pour la santé. Leur usage peut conduire à l'addiction et masque des signaux d'alerte comme la fatigue et la douleur.

> Comme leur nom l'indique, les stéroïdes anabolisants ont des effets à la fois anabolisants et androgéniques. Ils stimulent les synthèses protéiques (effet anabolisant) et sont masculinisants (effet androgénique). Les stéroïdes anabolisants de synthèse visent à renforcer l'effet anabolisant en limitant l'effet androgénique.

> Les stéroïdes anabolisants sont utilisés pour augmenter la masse et la force musculaires et réduisent la masse grasse. Si l'effet ergogénique est établi dans les sports de force et de vitesse, il reste débattu dans les activités d'endurance. Leur usage est strictement interdit par l'AMA et par l'ensemble des fédérations sportives internationales. Leur utilisation est très dangereuse.

> Parmi les nombreux effets secondaires induits par la prise de stéroïdes anabolisants, il faut citer les troubles de l'humeur (agressivité), voire de la personnalité et les troubles de la fonction de reproduction dans les deux sexes. Chez l'homme, les stéroïdes anabolisants peuvent entraîner une atrophie testiculaire, une diminution du nombre de spermatozoïdes, l'apparition d'une gynécomastie (développement des seins) et une hypertrophie de la prostate. Chez la femme, les stéroïdes anabolisants peuvent entraîner une diminution de la poitrine, des signes de masculinisation et des troubles des règles et de l'ovulation. Dans les deux sexes, ces drogues altèrent la fonction hépatique et augmentent le risque de maladie cardiovasculaire.

> L'hormone de croissance n'a pas d'effet anabolisant ou ergogénique significatif. Il est montré que l'hormone de croissance augmente la masse maigre, réduit la masse grasse et induit une rétention d'eau chez les hommes âgés, mais cet effet n'est pas retrouvé chez les plus jeunes.

> En conséquence, l'effet ergogénique de l'hormone de croissance n'est pas reconnu chez le jeune sportif. Par contre, les effets secondaires liés à la prise de cette substance ne sont pas négligeables et peuvent se traduire par une acromégalie, une hypertrophie des organes internes, une fragilité articulaire, l'apparition de diabète, d'hypertension artérielle ou de maladie cardiaque.

des douleurs musculaires et articulaires, et parfois des maladies cardiaques. Les cardiomyopathies, liées à l'utilisation de GH, sont les causes de décès les plus fréquentes. On note aussi que cet usage entraîne une intolérance au glucose. Il majore le risque de diabète, et d'hypertension.

4.4 Diurétiques et autres produits « masquants »

Les **diurétiques** comme la desmopressine et l'acétazolamide agissent au niveau des reins et augmentent la formation d'urine. Utilisés à des fins thérapeutiques, ils diminuent le volume hydrique de l'organisme et notamment le volume sanguin. Ils sont ainsi prescrits en cas d'hypertension artérielle et pour réduire les œdèmes d'origine cardiaque ou autre.

4.4.1 Bénéfices ergogéniques espérés

Les diurétiques sont en général consommés pour perdre du poids. Ils ont été utilisés, depuis longtemps, par les jockeys, les haltérophiles et les gymnastes. Ils sont également consommés pour masquer la prise d'autres produits dopants. Comme les diurétiques augmentent les pertes urinaires, les sportifs espèrent diluer la concentration urinaire du produit défendu et rendre plus difficile la détection de la drogue. D'autres substances, à effet masquant, sont utilisées comme le glycérol, le dextran, et l'albumine. Tous ces produits figurent sur la liste des produits interdits par l'AMA.

4.4.2 Les effets démontrés

En dehors de l'effet sur le poids, absolument rien n'indique que les diurétiques possèdent une quelconque action ergogénique. Au contraire, les effets secondaires les rendent ergolytiques. Les pertes liquidiennes affectent le liquide extracellulaire, y compris le plasma. Dans les épreuves d'endurance, cette baisse du volume plasmatique diminue le débit cardiaque ce qui compromet la performance.

4.4.3 Les risques liés à l'usage de diurétiques

La prise de diurétiques augmente le risque de déshydratation et perturbe la thermorégulation. Au fur et à mesure que la chaleur du corps augmente, le sang doit être dérivé vers la peau pour favoriser les pertes de chaleur vers l'environnement. Comme les régions centrales du corps et les organes vitaux nécessitent un débit sanguin suffisant, la réduction du volume plasmatique, induite par les diurétiques, affecte la dérive du sang vers les territoires cutanés pour les besoins de la thermorégulation.

Pris inconsidérément, certains diurétiques entraînent des désordres électrolytiques. En inhibant la réabsorption rénale du sodium, le furosémide (un diurétique) augmente l'élimination urinaire de cet ion. Comme l'eau est liée au sodium, l'excrétion urinaire se trouve augmentée. Il s'ensuit un déséquilibre électrolytique, d'autant que des pertes de potassium s'ajoutent souvent aux pertes de sodium. Ces désordres génèrent de la fatigue et des crampes musculaires. Ils peuvent conduire à l'épuisement, à des troubles du rythme cardiaque, parfois à l'arrêt cardiaque. Certains décès de sportifs leur sont attribués.

4.5 Les bêta-bloquants

Le système nerveux sympathique exerce son action sur l'organisme grâce aux nerfs adrénergiques qui utilisent la noradrénaline comme neurotransmetteur. Les impulsions nerveuses qui voyagent le long de ces nerfs stimulent la sécrétion de noradrénaline. Celle-ci traverse les synapses pour se fixer sur les récepteurs adrénergiques des cellules cibles. Ces récepteurs adrénergiques sont divisés en deux groupes : les récepteurs alpha-adrénergiques et les bêta-adrénergiques. Chaque groupe comporte lui-même plusieurs sous-groupes.

Les **bêta-bloquants** sont des drogues qui bloquent les récepteurs bêta-adrénergiques. Ils empêchent ainsi la fixation du neurotransmetteur et diminuent largement la stimulation par le système nerveux sympathique. Les bêta-bloquants sont des médicaments prescrits dans les cas d'hypertension, d'angine de poitrine, et pour certaines arythmies cardiaques. On les donne également à titre préventif dans les traitements de migraines, pour réduire la peur ou l'anxiété, et parfois au décours d'une crise cardiaque.

4.5.1 Bénéfices ergogéniques espérés

Les bêta-bloquants sont essentiellement utilisés pour limiter les effets délétères de l'anxiété ou du tremblement. Leur utilisation est en général limitée aux activités dans lesquelles l'anxiété et le tremblement peuvent affecter la performance. En utilisant une plate-forme de force (un matériel qui permet la mesure des forces mécaniques), on peut détecter les tremblements du corps dus aux battements cardiaques. Ils suffisent à perturber la performance d'un tireur. En ralentissant le rythme cardiaque, les bêta-bloquants peuvent donner plus de temps, entre deux battements cardiaques, pour viser la cible et tirer. La précision dans les épreuves de tir serait ainsi améliorée.

4.5.2 Les effets démontrés

Les bêta-bloquants freinent l'action du système nerveux sympathique. Un des effets majeurs est la baisse de la fréquence cardiaque maximale. Chez un jeune homme de 20 ans, celle-ci est normalement de 190 battements par minute environ. Elle peut baisser à 130 battements par minute sous l'action de ces drogues. Les fréquences cardiaques de repos et d'exercice sous-maximal sont également diminuées. En principe, les mouvements de la main et du bras gagnent en stabilité avec l'allongement du temps qui sépare deux battements cardiaques. Les bêta-bloquants peuvent donc avoir des effets ergogéniques dans certaines disciplines comme le tir ou le golf. Ils sont donc interdits.

4.5.3 Les risques liés à l'usage des bêta-bloquants

Les incidents isolés sont très rares. Les risques sont essentiellement observés lors d'une utilisation prolongée des bêta-bloquants et surtout observés chez des patients. Chez les sujets asthmatiques, les bêta-bloquants peuvent induire un bronchospasme et favoriser la survenue d'une crise d'asthme. Chez certains malades cardiaques, ils peuvent aggraver la pathologie, s'ils ne sont pas prescrits à bon escient. Chez les sujets bradycardes (dont la fréquence cardiaque de repos est très basse), ces drogues peuvent induire un bloc auriculo-ventriculaire. Chez les sujets dont la pression artérielle de repos est faible, les bêta-bloquants majorent le risque d'hypotension artérielle et donc de lipothymie ou de perte de connaissance. Enfin, en augmentant la sécrétion d'insuline, les bêta-bloquants majorent le risque d'hypoglycémie chez les patients diabétiques de type 2. Chez tous les sujets, la consommation de ces drogues induit très fréquemment un état de fatigue et une baisse de motivation qui compromettent la performance. Pourtant certains sportifs consomment ces produits à des fins thérapeutiques, pour traiter une hypertension artérielle ou un trouble du rythme. Prescrite, sur ordonnance dans le cadre d'une justification thérapeutique, la prise de ces substances n'est pas interdite. Pour limiter le risque de fatigue associée, il est possible de prescrire des bêta-bloquants, à effet sélectif, qui bloque un seul des divers récepteurs adrénergiques.

4.6 Le dopage sanguin

Le **dopage sanguin** inclut tous les procédés qui visent à augmenter artificiellement la capacité de transport de l'oxygène par le sang. Il inclut la transfusion de globules rouges, l'injection d'hémoglobine de synthèse ou d'érythropoïétine de synthèse. L'érythropoïétine est une hormone naturellement synthétisée par les reins qui stimule la production de globules rouges par le corps.

La technique la plus ancienne est la transfusion de globules rouges, soit préalablement prélevés chez le sujet lui-même (autotransfusion), soit chez un donneur dont le groupe sanguin est identique (transfusion homologue).

4.6.1 Bénéfices ergogéniques espérés

Le dopage sanguin, quelle qu'en soit la forme, a pour objectif d'améliorer la performance dans les sports d'endurance. En augmentant le nombre de globules rouges et le contenu en hémoglobine, il améliore nettement la capacité de transport de l'oxygène vers les tissus, dont les muscles actifs mis en jeu lors des exercices aérobies.

4.6.2 Les effets démontrés

Dans les années 1970[22] les travaux d'Ekblom et coll. ont suscité de vives émotions dans le monde du sport. Chez des volontaires, les auteurs ont prélevé 800 et 1 200 ml de sang qu'ils ont retransfusés

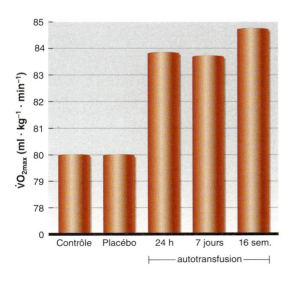
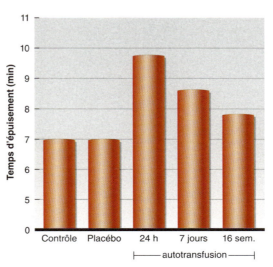

Figure 16.5 Variations de $\dot{V}O_2$max et du temps d'épuisement après réinjection sanguine ou placébo

D'après F.J. Buick, N. Gledhill, A.B. Froese, L. Spriet, E.C. Meyers, 1980, "Effects of induced erythocythemia on aerobic work capacity", *Journal of Applied Physiology* 48: 636-642.

Figure 16.6

Effets d'une autotransfusion, de 2 unités, sur la performance de coureurs à pied, parcourant des distances allant jusqu'à 11 km. L'axe des y représente le gain de temps pour une distance de course donnée, figurant sur l'axe des x. Exemple : ici, l'autotransfusion diminue de 60 s le temps mis pour parcourir 10 km.
D'après L.L. Spriet, 1991, *Blood doping and oxygen transport, In Ergogenics-Enhancement of performance in exercise and sport*, ed. D.R. Lamb & M.H. Williams (Dubuque, IA : Brown & Benchmark), 213-242. © 1991 Cooper Publishing Group.

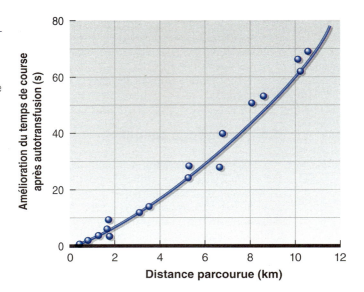

4 semaines plus tard. Cette manipulation a induit une augmentation très importante de $\dot{V}O_2max$ (9 %) et du temps d'endurance sur tapis roulant (23 %). Toutefois les études menées dans les années suivantes ont donné des résultats très contradictoires, certaines retrouvant cet effet ergogénique, d'autres non.

La littérature scientifique est ainsi restée divisée sur les effets réels du dopage sanguin, jusqu'à la percée capitale de l'étude de Buick et coll.[14], vers les années 1980. Ici, 11 coureurs de longues distances et de haut niveau ont été testés à différents moments :

1. avant tout prélèvement sanguin ;
2. après une récupération suffisante pour rétablir le nombre normal de globules rouges, mais sans transfusion de sang ;
3. après transfusion de 50 ml d'une solution saline placébo ;
4. après une transfusion de 900 ml du sang préalablement prélevé, conservé au congélateur ;
5. après que le nombre de globules rouges soit revenu à la normale.

Ainsi que l'indique la figure 16.5, les chercheurs ont mis en évidence une très nette augmentation de $\dot{V}O_2max$ et du temps d'endurance sur tapis roulant, après réinjection des globules rouges. Par contre, aucun effet n'a été noté dans le groupe recevant la solution saline. Cette augmentation de $\dot{V}O_2max$ persiste pendant 16 semaines, alors que le temps d'endurance sur tapis roulant décroît au bout de 7 semaines.

Pourquoi l'étude de Buick et coll. fut-elle une avancée considérable ? Gledhill[26] a tenté de l'expliquer en analysant les raisons de la controverse dans les études précédentes. Il constate que le dopage sanguin n'a aucun effet ergogénique lorsqu'on réinjecte des volumes trop faibles de globules rouges ou si l'autotransfusion est réalisée seulement 3 à 4 semaines après le prélèvement. Il faut réinjecter au moins 900 ml de sang. Si les doses sont inférieures, les effets sur $\dot{V}O_2max$ et sur la performance sont plus faibles. Il faut aussi attendre 5 à 6 semaines, voire 10, avant l'autotransfusion. C'est le temps nécessaire à l'organisme pour rétablir le nombre de globules rouges et l'hématocrite antérieur. Le mode de conservation est également un facteur important à prendre en compte. Les premières études conservaient le sang au réfrigérateur pendant 5 semaines. Or la réfrigération du sang détruit à peu près 40 % des globules rouges. La congélation permet d'allonger la conservation et réduit leur taux de destruction à 15 %.

Gledhill conclut que le dopage sanguin induit une forte augmentation de $\dot{V}O_2max$ et de la performance en endurance, lorsque les conditions suivantes sont respectées[28,29] :

- il faut transfuser au moins 900 ml de sang ;
- un minimum de 5 à 6 semaines doit être respecté avant l'autotransfusion ;
- il faut stocker les échantillons sanguins au congélateur.

L'amélioration constatée est directement liée à l'augmentation du contenu sanguin en hémoglobine et non à une quelconque élévation du débit sanguin par augmentation du volume de sang.

Cet effet sur $\dot{V}O_2max$ est évidemment très intéressant, encore faut-il qu'il s'accompagne d'une amélioration du temps d'endurance ? Pour répondre à cette question, on a mesuré la performance de 12 sujets lors d'une course de 8 km sur tapis roulant, soit après l'injection d'une solution saline (placébo) soit après une autotransfusion[54]. La vitesse de course était plus rapide après l'autotransfusion, mais cette différence n'était significative que lors des 4 derniers kilomètres. Comparé au test sous placébo, le temps était inférieur de 33 s pendant les 4 derniers kilomètres et de 51 s sur les 8 km.

Une seconde étude s'est intéressée à la performance, sur 4,8 km, de 6 coureurs de longues distances très entraînés. On a observé un gain significatif de 23,7 s après dopage sanguin[27]. Comme le montre la figure 16.6, ces résultats ont été confirmés non seulement dans les courses de longues distances, mais aussi en ski de fond[21,46].

4.6.3 Les risques liés au dopage sanguin

Même réalisées par des personnes compétentes, ces manipulations ne sont pas dénuées de risques[3]. Accroître la masse sanguine impose une surcharge au système cardiovasculaire, ne serait-ce que par l'augmentation de la viscosité du sang. Cela peut entraîner la formation de caillots et favoriser la survenue d'un accident cardiaque. Afin de mieux détecter cette forme de dopage, certaines fédérations sportives (cyclisme notamment) interdisent la compétition à tout sportif dont l'hématocrite dépasse 50 %. Dans les autotransfusions, des erreurs de classement des échantillons de sang se sont produites. Dans les cas de transfusions homologues, plusieurs complications peuvent survenir. La compatibilité peut s'avérer insuffisante et déclencher une réaction allergique qui peut être grave. Il existe aussi un risque majeur de contracter une infection sévère comme l'hépatite ou le SIDA[49].

Les effets de l'érythropoïétine sont moins prévisibles. Une fois que l'hormone a pénétré dans l'organisme, il est actuellement difficile de prédire quelle quantité de globules rouges sera produite. Comme dans les transfusions, il existe un risque d'hyperviscosité sanguine, donc d'accidents thrombo-emboliques et cardiaques.

En dehors de toute considération morale, éthique, ou légale, les risques potentiels du dopage sanguin sont donc très importants.

Résumé

> Les diurétiques agissent au niveau des reins en augmentant la production d'urine. Ils sont utilisés par les athlètes pour perdre du poids et pour masquer d'autres drogues.

> Le seul effet prouvé des diurétiques est la perte de poids, mais celle-ci se fait d'abord à partir du secteur extracellulaire, notamment du plasma. Ceci peut conduire à la déshydratation et à un déséquilibre électrolytique qui sont des facteurs de risque d'accidents cardiaques.

> Les β-bloquants sont des médicaments qui ralentissent le rythme cardiaque ce qui confère un avantage certain dans des disciplines sportives comme le tir ou le golf. Dans ces sports, l'usage de ces drogues reste interdit par l'AMA.

> En se fixant sur les récepteurs β-adrénergiques, les β-bloquants empêchent la liaison des catécholamines sur ces récepteurs. Le tremblement thoracique induit par chaque battement du cœur peut perturber la précision dans les épreuves de tir. En allongeant l'intervalle de temps entre les battements cardiaques, les β-bloquants limitent le risque de tremblement.

> Les β-bloquants non sélectifs ont de nombreux effets secondaires parmi lesquels le risque de survenue d'un bloc auriculo-ventriculaire (ralentissement sévère de la fréquence cardiaque), d'une hypotension, d'un bronchospasme, de fatigue et de démotivation. Les effets secondaires des β-bloquants sélectifs sont moins importants.

> Le dopage sanguin et l'administration d'EPO peuvent améliorer les capacités aérobies et donc la performance dans les sports et activités d'endurance. Ces effets ergogéniques résultent de l'augmentation du nombre de globules rouges qui améliore la capacité de transport de l'oxygène par le sang.

> Le dopage sanguin augmente la $\dot{V}O_2max$ et le temps d'épuisement lors d'un exercice prolongé. Il a donc un effet ergogénique dans des sports comme le ski de fond, le cyclisme sur route et les courses de longue distance.

> L'érythropoïétine est une hormone naturelle qui stimule la production de globules rouges par l'organisme. Il est bien démontré que la prise de cette hormone augmente la $\dot{V}O_2max$ et le temps d'épuisement lors d'un exercice prolongé.

> Le dopage sanguin comporte des risques importants d'accident thrombo-embolique et cardiaque et dans le cas de transfusion homologue d'accident allergique sévère et de contamination infectieuse par le virus de l'hépatite ou du SIDA.

> On est incapable de prédire l'intensité des réponses de l'organisme à une injection d'érythropoïétine, ce qui est très dangereux. Si le nombre de globules rouges et donc la viscosité du sang augmentent excessivement, il existe un risque d'accident thrombo-embolique, d'infarctus du myocarde, d'hypertension artérielle, d'accident vasculaire cérébral.

5. Conclusion

Dans ce chapitre, nous avons analysé les substances et procédés les plus communément utilisés par les sportifs pour leurs propriétés ergogéniques éventuelles. Les effets secondaires sont extrêmement fréquents et plus ou moins dangereux pour la santé. Il importe donc de prendre en compte le réel rapport bénéfices/risques. Les sportifs doivent non seulement connaître les limites légales, éthiques et morales de toutes ces pratiques, mais aussi les risques de ces pratiques pour leur santé et leur carrière. Les sportifs qui se dopent risquent non seulement d'être disqualifiés d'une compétition, mais aussi exclus de leur sport pendant un an ou plus.

Dans la partie suivante de cet ouvrage, nous allons focaliser notre attention sur l'influence de l'âge et du genre sur les réponses à l'exercice aigu et à l'entraînement. Le premier chapitre de cette partie (chapitre 17) concerne l'enfant et l'adolescent.

Mots-clés

amphétamines

bêta-bloquants

caféine

créatine

diurétiques

dopage sanguin

effet placébo

éphédrine

ergogénique

ergolytique

hormone de croissance

justification thérapeutique

placébo

pseudoéphédrine

stéroïdes anabolisants

testostérone

Questions

1. Définissez l'aide ergogénique et l'effet ergolytique ?

2. Pourquoi est-il important d'inclure des groupes contrôle et placébo dans une étude sur les effets ergogéniques d'un composé ou d'un procédé ?

3. Quelles sont les propriétés ergogéniques de la β-alanine et du bicarbonate ?

4. Que sait-on des effets de la caféine sur la performance sportive ?

5. Que sait-on des effets des polyphénols (contenus dans les jus de fruits) sur la performance sportive ?

6. Quels sont les effets d'une supplémentation en créatine sur la performance sportive ?

7. Quels sont les effets supposés de l'ingestion de nitrate sur la performance sportive ?

8. Sur quels principes du code antidopage s'appuie-t-on pour inscrire un produit sur la liste des produits interdits ?

9. Que sait-on sur les effets des amphétamines sur la performance sportive ? Quels sont les risques liés à leur usage ?

10. Quels sont les effets des stéroïdes anabolisants sur la performance sportive ? Citez quelques-uns des risques liés à leur utilisation.

11. L'hormone de croissance a-t-elle des propriétés ergogéniques ? Son usage comporte-t-il des risques ?

12. Les diurétiques ont-ils des propriétés ergogéniques ? Quels sont les risques liés à leur utilisation ?

13. Dans quelles conditions les bêta-bloquants peuvent-ils être ergogéniques ?

14. Qu'est-ce que le dopage sanguin ? Améliore-t-il la performance ?

15. Comment l'érythropoïétine pourrait-elle améliorer la performance ?

SIXIÈME PARTIE

Adaptations au sport et à l'exercice en fonction de l'âge et du sexe

Les parties précédentes de ce livre nous ont donné une bonne connaissance des principes généraux de la physiologie du sport et de l'exercice. Dans cette partie VI, nous allons nous attacher aux spécificités propres à certaines populations. Dans le chapitre 17, intitulé « Sport et croissance », nous allons étudier les processus de croissance, de développement, et leurs effets sur le potentiel physiologique et la performance de l'individu. Ces connaissances doivent guider la mise en œuvre des programmations d'entraînement, à long terme, du jeune sportif. Le chapitre 18 traite du « sujet âgé et de l'athlète du troisième âge ». Il discute l'évolution des performances sportives avec l'âge, en essayant de dissocier les effets propres à l'âge et à la réduction d'activité physique. Nous allons voir le rôle très important que peut jouer l'entraînement, pour minimiser la baisse de capacités physiques avec l'âge. Au chapitre 19, les différences intersexes et les adaptations spécifiques à la femme sportive sont étudiées. Nous allons nous intéresser tout d'abord aux spécificités physiologiques propres à chaque sexe, dans les réponses à l'exercice et à l'entraînement ; ces différences sont-elles constitutionnelles ou acquises ? Nous aborderons ensuite les problèmes propres à la femme sportive parmi lesquels : la fonction menstruelle, la grossesse et l'ostéoporose. Nous évoquerons les problèmes de nutrition spécifiques à cette population.

Chapitre 17 : Sport et croissance

Chapitre 18 : L'activité physique chez le sujet âgé

Chapitre 19 : Les différences intersexes dans les activités physiques et sportives

Sport et croissance

17

L'homme et la femme les plus rapides du monde sont originaires de la Jamaïque, un pays de toute petite dimension et comptant seulement 2,8 millions d'habitants. Tous les deux, Usain Bolt et Shelly-Ann Fraser ont obtenu la médaille d'or à l'épreuve du 100 m-sprint, aux Jeux Olympiques de Pékin en 2008. Comment un pays, aussi petit, réputé pour son soleil, ses plages et sa musique reggae est-il capable de produire de tels champions ? Les hypothèses sont nombreuses et les causes, sans doute multiples. Mais il en est une qui est d'ordre culturel : en Jamaïque, les jeunes enfants font de l'activité physique dès leur plus jeune âge. Il existe une vraie « culture » du sport qui n'a de cesse d'encourager et de récompenser les jeunes « athlètes » et de promouvoir l'activité physique.

À l'inverse, aux USA et dans la plupart des pays dits « modernes », la promotion de l'activité physique et du sport devient un véritable challenge. La Jamaïque a développé un excellent système éducatif dédié à la pratique du sport et a formé un vrai corpus d'enseignants dans ce domaine. Par là même, cette île minuscule s'est ouvert la voie vers le monde olympique et a développé une vraie tradition dans ce sens. Sur cette île, rien n'est plus naturel pour un enfant que de courir.

La pratique compétitive stimule l'activité des plus jeunes. Ils ne cessent de se mesurer à leurs « copains » de classe et cela contribue à les faire progresser. Dès l'âge de 3 ans, avant l'entrée dans la vie scolaire, ils jouent à se préparer aux épreuves compétitives qui leur seront proposées ultérieurement lors des « Journées du sport ». Ces journées sont une tradition établie en Jamaïque. Elles sont organisées dans toutes les écoles, les collèges et lycées. Garçons et filles participent ainsi à des compétitions sponsorisées dès l'âge de 5 ans. Quant aux adolescents, ils participent à des compétitions en présence de sprinters du plus haut niveau, devant des foules énormes. Ces rencontres, véritables championnats d'athlétisme, sont organisées sur le stade national par l'association sportive interscolaire. Elles ont lieu, chaque année, la première semaine d'avril.

Bien évidemment rares sont les enfants qui atteignent le niveau d'excellence d'un Asafa Powell ou d'un Usain Bolt. Mais nous devons tirer des leçons de cette culture jamaïcaine : la pratique physique et sportive joue un rôle très important dans le développement de l'enfant et de l'adolescent, et à défaut de devenir un champion lui permet de rester en forme et de rester en bonne santé.

Plan du chapitre

1. Croissance, développement et maturation 438
2. Adaptations physiologiques à l'exercice aigu 442
3. Adaptations physiologiques à l'entraînement 449
4. Activité physique spontanée du sujet jeune 451
5. Performances sportives du sujet jeune 452
6. Les risques spécifiques 453
7. Conclusion 454

Chapitre 17 — La Physiologie du sport et de l'exercice

Jusqu'à présent, cet ouvrage s'est exclusivement intéressé aux adaptations physiologiques de l'homme adulte à l'exercice. On a longtemps considéré que les adaptations étaient semblables chez l'enfant qui est resté longtemps inexploré. La physiologie du sport chez l'enfant constitue désormais un nouveau champ de recherche pour les physiologistes et les pédiatres qui s'intéressent particulièrement à cette période de la vie. Le fruit de leurs travaux permet de mieux distinguer les similarités et différences qui existent entre adulte et sujet jeune. C'est l'objet de ce chapitre.

L'activité physique du sujet jeune est aussi devenue un problème majeur de santé publique, car la sédentarité qui affecte les sujets de plus en plus jeunes est certainement une cause majeure de l'épidémie d'obésité dans le monde moderne.

1. Croissance, développement et maturation

Croissance, développement et maturation sont les termes utilisés pour décrire les modifications qui surviennent dans le corps humain, de la naissance à l'âge adulte.

La croissance concerne l'évolution des dimensions corporelles. Le développement définit l'évolution des différentes fonctions. Enfin la maturation décrit les différentes étapes qui conduisent un tissu ou un système au stade de fonctionnement adulte. Par exemple, la maturité squelettique est atteinte lorsque tout le squelette s'est normalement développé et est totalement ossifié. La maturité sexuelle est atteinte lorsque l'individu possède la capacité de se reproduire. Le degré de maturation d'un enfant ou d'un adolescent est défini par :

- l'âge chronologique ;
- l'âge osseux ;
- le niveau de maturation sexuelle.

Tout au long de ce chapitre, nous allons parler de l'enfant et de l'adolescent. La période qui va de la naissance à l'âge adulte est divisée en trois phases : la petite enfance, l'enfance et l'adolescence. La petite enfance correspond à la première année de la vie. L'enfance est la période séparant le premier anniversaire du début de l'adolescence. On distingue classiquement la période préscolaire (avant le cours préparatoire) et la période scolaire. L'adolescence est plus difficile à définir sur le plan chronologique car son début, comme sa fin, varient considérablement d'un sujet à l'autre. Le début de la puberté est en général caractérisé par l'apparition des caractères sexuels secondaires et la capacité à se reproduire. La fin de la puberté correspond à l'acquisition du développement et de la taille adultes. Chez les filles, l'adolescence se situe en général entre 8 et 19 ans. Chez les garçons, elle se situe entre 10 et 22 ans.

Étant donné la popularité du sport chez les plus jeunes et l'importance de l'activité physique dans la lutte contre l'obésité, il est essentiel de bien comprendre pourquoi la croissance et la maturation de l'organisme conditionnent les capacités physiques et comment, en retour, l'activité physique peut affecter la croissance et la maturation. Il est maintenant bien établi que l'enfant n'est pas un adulte en miniature. Chaque âge, chaque stade de développement, est unique. Les capacités physiologiques sont dictées par le développement et la croissance des différents tissus et organes, qu'ils soient osseux, musculaires ou nerveux. La croissance de l'enfant est associée à une évolution de la force, des aptitudes aérobies et anaérobies mais aussi motrices.

Pour bien définir l'aptitude physique de l'enfant et l'impact que peut avoir sur lui l'activité sportive, il faut en premier lieu décrire la croissance et le développement des différents tissus.

1.1 La taille et le poids

Beaucoup d'études se sont attachées à analyser les modifications de la taille et du poids qui accompagnent le phénomène de croissance. Ce sont les deux variables les plus utilisées pour décrire l'évolution de l'individu durant cette période. La figure 17.1 indique que la taille augmente très vite pendant les deux premières années de la vie. En fait, l'enfant atteint à peu près la moitié de sa taille adulte vers deux ans. Par la suite, tout au long de l'enfance, la taille augmente plus lentement. C'est au moment du pic pubertaire que la vitesse de croissance en taille augmente à nouveau avant de diminuer ensuite très rapidement, jusqu'à s'annuler lorsque la taille définitive est atteinte. La taille adulte est atteinte vers

> **PERSPECTIVES DE RECHERCHE 17.1**
>
> ### Index de masse corporelle, activité physique et aptitude de l'enfant
>
> En règle générale, les enfants en surpoids sont moins actifs que les enfants de poids normal. Mais le surpoids est-il la cause ou la conséquence de l'inactivité ? Le surpoids est un handicap psychologique et social à la pratique d'activités physiques. En conséquence, beaucoup de jeunes en surpoids cherchent à éviter tout engagement physique. En retour, l'inactivité altère la condition physique et compromet le développement de la motricité ce qui ne fait qu'encourager davantage le comportement. Il est légitime d'en déduire que le surpoids et l'obésité infantiles renforcent l'inactivité physique et la sédentarité et détériorent l'aptitude cardiorespiratoire ultérieure.
>
> En Finlande, Pahkal et coll.[16] ont conduit une étude prospective randomisée pour étudier la relation entre poids, aptitude cardiorespiratoire et activité physique de loisir pendant l'enfance et l'adolescence. Ils ont notamment voulu préciser si le comportement plus ou moins actif et le niveau d'aptitude physique de l'enfant persistent à l'adolescence. Dans cette étude épidémiologique, l'index de masse corporelle (IMC) a été suivi tous les ans après la naissance jusqu'à l'entrée à l'école chez 351 enfants. L'aptitude physique a été évaluée à l'âge de 9 et 17 ans à l'aide d'un test navette de terrain et d'une épreuve maximale sur ergocycle (à 17 ans) chez 74 enfants. L'activité physique de loisir a été évaluée à l'aide d'un questionnaire rempli à l'âge de 9, 13 et 17 ans.
>
> Un IMC élevé avant l'entrée à l'école est associé à un faible score d'aptitude physique à l'adolescence, indépendamment du genre et du niveau d'activité physique à l'adolescence. L'IMC mesuré à l'adolescence est en relation avec l'IMC mesuré à l'âge pré-scolaire. Toutefois, les enfants dont l'IMC est initialement élevé mais qui perdent du poids au cours de la croissance ont finalement un score d'aptitude physique à l'adolescence similaire à celui des enfants avec IMC initial faible. Il est intéressant de souligner qu'indépendamment du niveau de condition physique pendant la prime enfance, toute augmentation d'activité physique entre 9 et 17 ans permet d'acquérir un score d'aptitude physique identique à celui des enfants ayant été actifs en permanence.
>
> C'est l'une des très rares études longitudinales ayant été conduites chez l'enfant et l'adolescent sur ce sujet. Il faut préciser que les auteurs ont utilisé des méthodes fiables et validées d'estimation du poids et de l'aptitude physique. Les résultats montrent toute l'importance d'un comportement actif pendant l'enfance et l'adolescence. Comme les comportements adoptés pendant cette période perdurent à l'âge adulte, l'obésité, l'inactivité physique et un niveau faible d'aptitude physique doivent être considérés comme des vrais problèmes de santé publique.

16 ans, en moyenne, chez les filles, et vers 18 ans, voire 20 ans, chez les garçons. Le pic de croissance pubertaire se situe vers 12 ans chez les filles et vers 14 ans chez les garçons. L'évolution du poids suit un schéma relativement similaire à celui de la taille. Le pic de croissance survient en effet vers 12,5 ans chez les filles et 14,5 ans chez les garçons.

1.2 Le tissu osseux

Les os, les articulations, les cartilages et les ligaments forment le support structural du corps. Les os fournissent aux muscles leurs points d'ancrage, protègent les tissus délicats, et sont des réservoirs de calcium et de phosphore ; certains sont aussi impliqués dans la formation des lignées cellulaires du sang. Très tôt, chez le fœtus, l'os commence à se développer sous forme de cartilage. Certains os mous, comme ceux de la tête, s'entourent d'une membrane fibreuse. La grande majorité des os se développe à partir du cartilage hyalin. Pendant le développement fœtal et pendant les 14 à 22 premières années de la vie, membranes et cartilages se transforment en os par le processus dit d'**ossification**. Au niveau des os longs, l'ossification périphérique se produit entre la diaphyse et l'épiphyse dans une zone cartilagineuse, appelée plaque épiphysaire ou de croissance, ou **cartilage de conjugaison**. L'ossification varie dans le temps, en fonction des différents os.

Ceux-ci commencent à se souder au début de l'adolescence et l'ossification totale est achevée vers 20 ans. Ce processus est terminé, en moyenne, quelques années plus tôt chez les filles. Ces différences sont d'origine hormonale et liées aux différentes modalités d'action des hormones, parmi lesquelles les hormones sexuelles féminines dont les œstrogènes. Ces dernières déclenchent plus précocement le processus de signalisation de soudure des cartilages de conjugaison.

La structure finale des os longs est complexe. L'os est un tissu vivant qui a besoin des nutriments essentiels. C'est pourquoi il est richement vascularisé. Il est constitué de cellules réparties à travers une matrice, comme une sorte de filet, de treillis, où viennent se déposer les sels de calcium, essentiellement des phosphates et des carbonates, qui lui confèrent sa dureté. Pour cette raison, le calcium est un nutriment essentiel, tout particulièrement en période de croissance osseuse puis, plus tard dans la vie, lorsque les os se fragilisent sous l'influence de l'âge. Les os sont aussi des zones de stockage du calcium. En cas de fractures, ou de

Figure 17.1 Variation avec l'âge du gain de taille

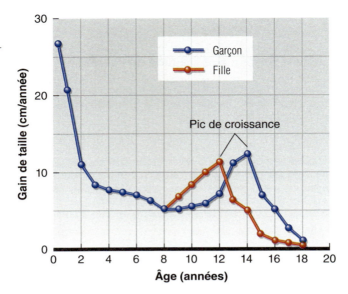

contraintes excessives ou lorsque les concentrations sanguines de calcium sont trop élevées, le calcium peut être stocké dans les os. Au contraire, si ces concentrations sont trop basses, on assiste à une résorption de l'os qui libère du calcium. L'os apparaît ainsi comme un tissu en perpétuelle évolution.

La qualité osseuse peut être évaluée par la mesure de la densité minérale osseuse (DMO) associée au dosage de marqueurs sanguins de formation ou de résorption de l'os. Pendant l'enfance et l'adolescence, la DMO augmente jusqu'à atteindre un pic entre 20 et 30 ans. Ensuite la DMO chute. Cette évolution est illustrée par la figure 17.2. En conséquence, l'adolescence est une période cruciale pour un développement maximal de la masse osseuse qui ne peut être obtenu que par l'association d'une nutrition et d'une activité physique adéquates. L'activité physique doit notamment comprendre des exercices visant à développer la force musculaire en utilisant le poids du corps[17].

Une étude longitudinale récente réalisée chez des enfants prépubères, garçons et filles âgés de 8 à 9 ans, montre que de simples exercices de sauts (sauts de bancs), effectués pendant une période courte, entraînent des bénéfices à long terme. Pratiqués au cours des séances d'éducation physique scolaire, pendant 7 mois, ils ont permis d'augmenter la DMO de ces enfants. Ce bénéfice a perduré 4 ans après l'arrêt de ces exercices. L'augmentation de la

Figure 17.2 Évolution de la densité minérale osseuse avec l'âge dans le sexe féminin

Chez l'homme, le déclin après 50 ans est moins marqué.

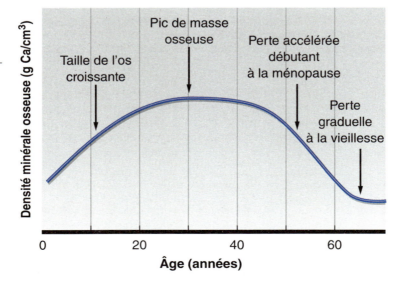

DMO observée était bien supérieure à celle due à la simple croissance. On peut supposer que si un tel effet se maintient chez l'adulte jeune, au-delà du pic de DMO, il puisse ralentir la chute ultérieure de celle-ci et limiter le risque de fracture avec l'âge[7].

Résumé

> La croissance en taille est très rapide pendant les deux premières années. À 2 ans, l'enfant atteint environ 50 % de sa taille définitive. Ensuite la vitesse de croissance se ralentit pour s'accélérer à nouveau en période pubertaire.

> Le pic de vitesse de croissance en taille se situe aux environs de 12 ans chez les filles et 14 ans chez les garçons. La taille maximale est en général atteinte vers 16 ans chez les filles et 18 ans chez les garçons.

> La courbe de croissance en poids suit une cinétique semblable à celle de la taille. Le pic de vitesse de croissance en poids survient en effet vers 12,5 ans chez les filles et 14,5 ans chez les garçons.

> La densité minérale osseuse augmente pendant l'enfance et l'adolescence et atteint sa valeur pic chez l'adulte jeune. Les activités physiques en charge permettent d'augmenter significativement la densité minérale osseuse.

1.3 Le tissu musculaire

De la naissance à l'adolescence, la masse musculaire suit l'évolution du poids et augmente sans cesse. Dans le sexe masculin, elle représente 25 % du poids total à la naissance, 40 % à 45 % du poids total à l'âge adulte, voire plus, chez les sujets de 20 à 30 ans. La majorité de ces gains survient à la puberté. Elle s'explique par la production de testostérone qui est multipliée par 10 à cette période. Il n'en est pas de même chez les jeunes filles. Leur masse musculaire augmente aussi pendant la période pubertaire, mais plus lentement et constitue seulement 30 % à 35 % du poids total à l'âge adulte. Cette différence est à attribuer, pour l'essentiel, au climat hormonal différent (chapitre 19). Dans les deux sexes, à l'âge adulte, le pourcentage de masse musculaire par rapport au poids total décroît, en raison de la fonte musculaire et de la prise de masse grasse avec l'âge.

Le gain de masse musculaire chez le sujet jeune est le résultat d'une hypertrophie (augmentation de la taille) et pas, ou très peu, d'une hyperplasie (augmentation du nombre) des fibres musculaires existantes. Cette hypertrophie vient de l'accroisse-

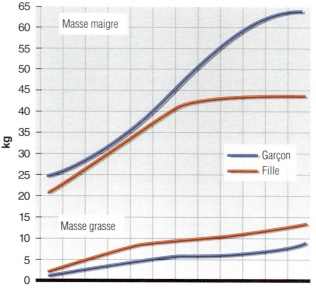

Figure 17.3 Évolution du taux de graisse, de la masse grasse et de la masse maigre, de 8 à 20 ans, dans les 2 sexes

D'après R.M. Malina & C. Bouchard, 1991, *Growth, maturation, and physical activity*, Human Kinetics, 97.

ment des myofilaments et des myofibrilles. Avec la croissance osseuse, les muscles s'allongent, sous l'effet d'une multiplication du nombre de sarcomères. Celle-ci se produit aux extrémités du muscle, au niveau de la jonction avec les tendons. La longueur des sarcomères existants augmente également. La masse musculaire adulte est atteinte entre 16 et 20 ans, chez les filles, et entre 18 et 25 ans, chez les garçons. Elle peut s'accroître davantage, avec l'exercice, le régime alimentaire, ou les deux.

1.4 Le tissu adipeux

Le développement du tissu adipeux se fait très tôt chez le fœtus et se poursuit ensuite. Chaque cellule de graisse peut s'accroître en taille à n'importe quel âge, de la naissance à la mort. L'importance des dépôts de graisse dépend :

- du régime alimentaire ;
- de l'activité physique ; et
- de facteurs génétiques.

On ne peut rien contre l'hérédité mais on peut agir sur le régime alimentaire et sur le niveau d'activité physique.

À la naissance, le tissu adipeux représente 10 % à 12 % du poids total. Lorsque la maturité physique est atteinte, cette proportion est, en moyenne, de 15 % chez les garçons et de 25 % chez les filles. C'est à nouveau le climat hormonal, propre à chaque sexe, qui est responsable de ces différences. Chez les jeunes filles, l'imprégnation en œstrogènes, sous l'effet de la puberté, favorise la prise de masse grasse. La figure 17.3 indique l'évolution de la masse grasse et de la masse maigre, dans les deux sexes, de 8 à 20 ans[12]. Il est remarquable de constater que ces deux facteurs augmentent pendant cette période. Alors, la simple augmentation de la masse grasse totale ne signifie pas que le taux de graisse a augmenté.

1.5 Le tissu nerveux

Pendant leur croissance, les enfants améliorent leur équilibre, leur agilité, leur motricité, leur coordination, grâce au développement du système nerveux. Il faut attendre la fin de la myélinisation des fibres nerveuses, pour que puissent se développer les actions rapides et les mouvements spécialisés. En effet, la conduction de l'influx nerveux est nettement plus lente tant que la myélinisation des fibres nerveuses n'est pas achevée (chapitre 3). La **myélinisation** du cortex se fait rapidement pendant l'enfance, mais se poursuit durant la phase pubertaire. La performance dans une activité précise, ou dans un geste spécialisé, ne peut donc être améliorée que jusqu'à un certain point. Notons que la force musculaire que peut exercer un enfant est également fonction de la myélinisation.

Résumé

➤ La masse musculaire augmente régulièrement avec la prise de poids, de la naissance à l'adolescence.

➤ La masse musculaire augmente très nettement à la puberté chez les garçons, en raison de l'augmentation brutale de la sécrétion de testostérone.

➤ Le développement de la masse musculaire chez les garçons et chez les filles est dû essentiellement à l'hypertrophie des fibres et pas, ou peu, à l'hyperplasie.

➤ La masse musculaire atteint son maximum entre 16 et 20 ans chez les filles, et entre 18 et 25 ans chez les garçons. Il est cependant possible de l'augmenter encore par l'entraînement et le régime alimentaire.

➤ Les cellules adipeuses peuvent augmenter en taille et en nombre tout au long de la vie.

➤ La masse adipeuse est fonction du régime alimentaire, de l'activité physique et de l'hérédité.

➤ À maturité, le taux de graisse corporelle est d'environ 15 % chez les garçons et 25 % chez les filles. Ces différences sont d'origine hormonale et expliquées par les niveaux plus élevés de testostérone chez les garçons et d'œstrogènes chez les filles.

➤ Les qualités d'équilibre, de souplesse et de coordination s'améliorent pendant l'enfance, au fur et à mesure que se développe le système nerveux.

➤ Les mouvements les plus rapides et les plus précis ne peuvent être réalisés que lorsque la myélinisation des fibres nerveuses est achevée, car la myélinisation accélère la transmission de l'influx nerveux.

2. Adaptations physiologiques à l'exercice aigu

La plupart des fonctions physiologiques évoluent jusqu'à la maturité. Elles se maintiennent ensuite au même niveau, avant de décroître au fur et à mesure de l'avance en âge. Ici, nous allons nous intéresser à l'évolution de certaines performances, pendant la période de croissance. Nous étudierons ainsi successivement :

- la force ;
- les fonctions cardiovasculaire et respiratoire ;
- les fonctions métaboliques dont la capacité aérobie et l'économie de course, la capacité anaérobie et l'utilisation des substrats énergétiques.

2.1 La force

La force augmente au fur et à mesure que la masse musculaire s'accroît avec l'âge. Le pic de force est atteint vers 20 ans chez les femmes et entre 20 et 30 ans chez les hommes. La force s'améliore beaucoup plus à la puberté chez les garçons, en raison des modifications hormonales qui surviennent à cette période et qui entraînent un développement plus important de la masse musculaire. L'amélioration des capacités musculaires dépend aussi de la maturation du système nerveux. Il est impossible de développer des forces ou des puissances très importantes, pas plus que des habiletés complexes, tant que le système nerveux de l'enfant n'a pas atteint sa pleine maturité. Or beaucoup de nerfs moteurs ne sont pas myélinisés tant que la maturité sexuelle n'est pas atteinte.

La figure 17.4 illustre l'évolution longitudinale de la force musculaire des jambes, chez des garçons entre 7 et 18 ans (Medford Boys' Growth Study)[3]. Les gains de force sont très importants vers 12 ans, âge de début de la puberté. Pour l'instant, on ne possède pas de données similaires chez les filles. Les résultats d'études transversales montrent que, chez celles-ci, la force musculaire, exprimée en valeur absolue, s'accroît régulièrement. Mais, comme le montre la figure 17.5[6], rapportée au poids du corps, elle n'augmente plus après la puberté.

2.2 Les fonctions cardiovasculaire et respiratoire

La fonction cardiovasculaire évolue considérablement pendant la croissance et ceci affecte à la fois l'adaptation à l'exercice maximal et à l'exercice sous-maximal.

2.2.1 Au repos et à l'exercice sous-maximal

Au repos et à l'exercice sous-maximal, la pression artérielle est plus faible chez l'enfant. Elle évolue vers les valeurs adultes pendant l'adolescence. La pression artérielle est en relation avec les dimensions corporelles : les individus les plus grands ont des pressions artérielles plus élevées. Chez l'enfant, la vascularisation du territoire musculaire est meilleure que chez l'adulte car les résistances périphériques sont plus faibles. Ainsi, à l'exercice sous-maximal, la pression artérielle est plus faible et le muscle mieux perfusé chez l'enfant que chez l'adulte. Rappelons que le débit cardiaque est le produit du volume d'éjection systolique par la fréquence cardiaque. Les dimensions du cœur ainsi que le volume sanguin total de l'enfant sont plus faibles. Alors son volume d'éjection systolique est aussi inférieur à celui de l'adulte. En compensation, la fréquence cardiaque est plus élevée que chez son aîné pour un même niveau d'exercice sous-maximal (par exemple sur bicyclette ergométrique). Les dimensions cardiaques, comme le volume sanguin total, augmentent au fur et à mesure de l'avance en âge. Alors, pour un même niveau d'exercice, le volume d'éjection systolique augmente et la fréquence cardiaque diminue.

L'élévation de la fréquence cardiaque ne peut pourtant compenser totalement le volume d'éjection systolique plus faible. C'est pourquoi le débit cardiaque de l'enfant est nettement inférieur à celui de l'adulte pour un même niveau d'exercice. Pour permettre un approvisionnement suffisant en oxygène pendant l'effort, la différence artério-veineuse de l'enfant (a-$\bar{v}O_2$) est plus importante. Ce phénomène est sans doute le résultat de l'élévation

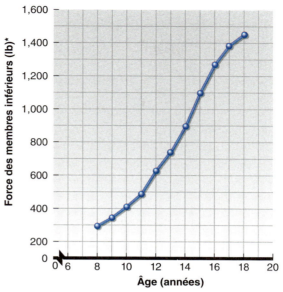

Figure 17.4

Augmentation de la force des membres inférieurs avec l'âge, chez des jeunes garçons, suivis pendant 12 ans, lors d'une étude longitudinale. Remarquez l'augmentation importante de la pente entre 12 et 16 ans.
lb* = livre, unité de poids anglaise.
1 livre = 0,4535 kilogramme.
D'après H.H. Clarke, 1971, Physical and motor tests in the Medford boys' growth study (Englewood Cliffs, NJ : Prentice-Hall).

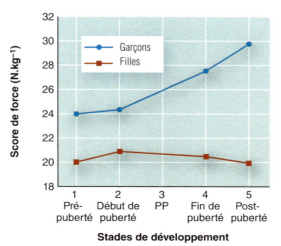

Figure 17.5

Variations de la force au cours de la croissance, dans les 2 sexes. La force est exprimée sous la forme d'un score qui prend en compte différentes mesures de force statique. Les résultats sont rapportés au kilogramme de poids pour mieux comparer les 2 sexes.
PP = pic de croissance en taille.
D'après K. Froberg & O. Lammert, 1996, "Development of muscle strength during childhood" in The child and adolescent athlete (London : Blackwell Publishing Company) 28.

Figure 17.6

Valeurs sous-maximales (a) de la fréquence cardiaque, (b) du volume d'éjection systolique, (c) du débit cardiaque et (d) de la différence artério-veineuse en oxygène (a-$\bar{v}O_2$), chez un jeune garçon de 12 ans et chez un adulte, à même niveau de consommation d'oxygène.
D'après O. Bar-Or, 1983, *Pediatric sports medicine for the practitioner : From physiologic principles to clinical applications* (New York : Springer-Verlag).

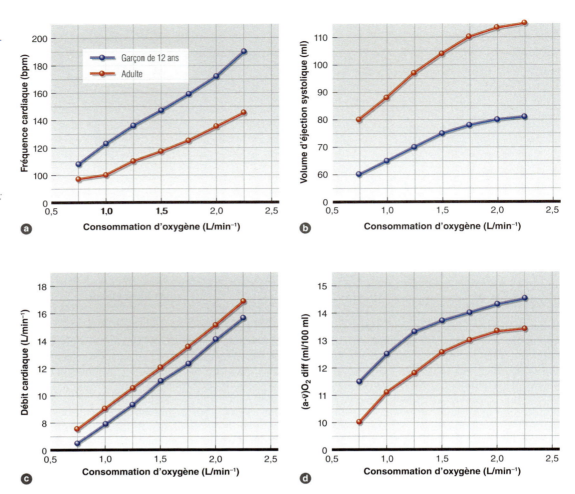

Résumé

> La force musculaire augmente proportionnellement à la masse musculaire. Les gains de force dépendent aussi du contrôle neuromusculaire et donc du niveau de myélinisation qui n'est achevée qu'à la fin de la puberté.

> La pression artérielle est fonction de la taille ; elle est plus faible chez les enfants que chez les adultes. Elle atteint les valeurs de l'adulte, au repos et à l'exercice, aux environs de 20 ans.

> À l'exercice sous-maximal et maximal, le volume d'éjection systolique est plus faible que chez l'adulte car le volume cardiaque et le volume sanguin sont plus petits chez l'enfant. Alors, la fréquence cardiaque de l'enfant est plus élevée.

> Bien que la fréquence cardiaque soit plus élevée, le débit cardiaque de l'enfant reste inférieur à celui de l'adulte. À l'exercice sous-maximal, c'est la différence artério-veineuse en oxygène qui permet de subvenir aux besoins des muscles actifs. À l'exercice maximal, la $\dot{V}O_2$max, plus faible en valeur absolue, limite la performance de l'enfant dans les activités où il n'a pas à soulever son poids, comme la course.

> **PERSPECTIVES DE RECHERCHE 17.2**
>
> ### $\dot{V}O_2$max et activité physique des adolescents
>
> Comme cela a été précédemment souligné, les comportements adoptés pendant la prime enfance et l'adolescence risquent de perdurer à l'âge adulte. Même si les mécanismes responsables restent à éclaircir, il est aujourd'hui démontré que l'inactivité physique et un niveau faible d'aptitude physique ($\dot{V}O_2$max) accélèrent le processus de vieillissement, majorent la morbi-mortalité et augmentent notamment le risque de maladies cardiovasculaires, de certains cancers et du diabète de type 2. Les facteurs déterminants de $\dot{V}O_2$max ne sont pas complètement élucidés de même que ceux qui conditionnent son évolution avec l'âge. Il est notamment important de comprendre quelle place joue l'activité physique dans cette évolution. Mais très peu d'études ont examiné les liens entre activité physique et $\dot{V}O_2$max pendant l'adolescence. Une étude norvégienne[15] (Young-HUNT study) a récemment exploré la distribution de l'aptitude cardiorespiratoire au sein d'une large cohorte (n = 570) d'adolescents en bonne santé, âgés de 13 à 18 ans. L'objectif était d'explorer les relations existant entre $\dot{V}O_2$max, le niveau d'activité physique auto-rapporté et différents marqueurs du risque cardiovasculaire.
>
> Au total, 289 filles et 281 garçons ont participé à cette étude qui a mesuré leur pression artérielle et leur fréquence cardiaque de repos, leur poids, taille et circonférence abdominale ainsi que leur $\dot{V}O_2$max (épreuve d'effort maximale sur tapis roulant). Simultanément, le niveau de maturation pubertaire et le score d'activité physique auto-rapportée ont été enregistrés.
>
> En moyenne, la $\dot{V}O_2$max était de 60 mL.kg^{-1}.min^{-1} chez les garçons et de 49 mL.kg^{-1}.min^{-1} chez les filles. En valeur absolue, la $\dot{V}O_2$max augmentait avec l'âge dans les 2 sexes. En valeur relative (rapportée au poids corrigé kg^{0,67}) l'effet de l'âge disparaissait totalement chez les filles et s'atténuait nettement chez les garçons dont la $\dot{V}O_2$max restait légèrement supérieure chez les plus âgés. Une relation positive significative était retrouvée entre le score d'activité physique auto-rapportée et $\dot{V}O_2$max, indépendamment du sexe et de l'âge. Dans les deux sexes, une $\dot{V}O_2$max élevée était associée à une fréquence cardiaque faible au repos, ainsi qu'à des valeurs faibles de l'indice de masse corporelle et de la circonférence abdominale, dans le sexe masculin.
>
> L'adolescence est une période cruciale de la vie, au cours de laquelle s'impriment de manière forte les habitudes de vie et les différents comportements qui conditionnent la santé. Même si globalement la $\dot{V}O_2$max était relativement élevée chez les adolescents explorés, $\dot{V}O_2$max était significativement supérieure chez les plus actifs, et ceci dans les deux sexes. La relation forte observée entre le score d'activité physique auto-rapportée et $\dot{V}O_2$max suggère que les adolescents qui suivent les recommandations en matière d'activité physique peuvent au moins conserver et parfois augmenter leur $\dot{V}O_2$max tout au long de l'adolescence.

du débit sanguin dans les muscles actifs : un plus fort pourcentage du débit cardiaque est dérivé vers le territoire musculaire[23].

L'ensemble de ces adaptations à l'exercice sous-maximal est résumé sur la figure 17.6 qui compare les réponses cardiovasculaires d'un enfant de 12 ans à celles d'un adulte.

2.2.2 L'exercice maximal

La fréquence cardiaque maximale (FC max) est plus élevée chez l'enfant que chez l'adulte. Elle diminue linéairement avec l'âge. Les jeunes de 10 ans ont fréquemment des rythmes cardiaques supérieurs à 210 bpm, alors qu'un homme de 20 ans n'atteint plus que 195 bpm environ. Différentes études transversales suggèrent que la fréquence cardiaque diminue de 1 bpm par année d'âge. Les études longitudinales tendent à démontrer que cette baisse ne serait que de 0,5 bpm par an. La diminution de la fréquence cardiaque maximale avec l'âge est due à une diminution de la sensibilité des récepteurs β-adrénergiques du myocarde.

Le volume cardiaque et le volume sanguin de l'enfant sont plus faibles que ceux de l'adulte. Ceci a pour effet de limiter leur volume d'éjection systolique à l'exercice maximal. Même si la fréquence cardiaque maximale est supérieure, ceci ne suffit pas pour compenser totalement cette insuffisance. Le débit cardiaque maximal est alors plus faible chez les jeunes ce qui limite leurs performances maximales puisque l'oxygène ne peut être délivré en aussi grande quantité que chez l'adulte. Pourtant, dans des exercices proches du maximum, où l'enfant doit soulever son corps (course sur tapis roulant, sans pente et à la même vitesse que l'adulte), cela ne semble guère le handicaper. En course un enfant de 25 kg réclame beaucoup moins d'oxygène, en valeur absolue qu'un adulte de 90 kg, puisque la consommation d'oxygène par kilo de poids est la même.

2.3 La fonction métabolique

Bien évidemment, la fonction métabolique et l'utilisation des substrats énergétiques, au repos et à l'exercice, sont sensiblement différentes chez l'enfant par rapport à l'adulte et évoluent tout au long de la croissance.

2.3.1 L'aptitude aérobie

L'objectif des adaptations cardiovasculaires et respiratoires à l'exercice est de satisfaire la demande musculaire en oxygène. Les évolutions qui surviennent au sein de ces systèmes, pendant la croissance, suggèrent que la capacité aérobie et $\dot{V}O_2$max augmentent parallèlement. En 1938, Robinson a mis ce phénomène en évidence, lors d'une étude transversale sur de jeunes garçons et des hommes adultes âgés de 6 à 91 ans[19]. Il a montré que $\dot{V}O_2$max (L.min^{-1}) atteint son maximum entre 17 et 21 ans et décroît par la suite avec l'âge.

Plus tard, d'autres travaux ont confirmé ces observations. Chez les petites filles et chez les femmes, on obtient le même schéma général d'évolution de $\dot{V}O_2$max avec l'âge, mais $\dot{V}O_2$max (L.min^{-1}) commence à baisser plus précocement, en général vers 12 à 15 ans (chapitre 19). Ce phénomène est sans doute le résultat du mode de vie plus sédentaire. La figure 17.7a illustre l'évolution de $\dot{V}O_2$max en L.min^{-1}.

2.3.2 Expression des données physiologiques en fonction des dimensions corporelles

Exprimée en valeur relative par rapport au poids du corps (ml.kg^{-1}.min^{-1}), $\dot{V}O_2$max montre une évolution générale quelque peu différente (figure 17.7b). Chez le garçon, les valeurs évoluent peu de l'âge de 6 ans jusqu'à la fin de l'adolescence. Chez les filles, elles stagnent également de 6 à 13 ans avant de diminuer régulièrement. Bien que ces observations soient très intéressantes, elles ne reflètent pas précisément le développement du système cardiorespiratoire de l'enfant, pendant la croissance, ni leur niveau d'activité physique. On peut s'interroger sur le bien-fondé de l'utilisation du poids pour rendre compte des modifications des systèmes cardiorespiratoire et métabolique.

Les différences intersexes d'aptitude aérobie qui commencent à apparaître à la puberté sont surtout le reflet des modifications de la composition corporelle. Dans le sexe féminin, l'imprégnation œstrogénique favorise la prise de masse grasse ce qui diminue la valeur de $\dot{V}O_2$max rapportée au poids total alors même que $\dot{V}O_2$max rapportée à la masse maigre reste peu différente entre les deux sexes.

On peut avancer d'autres exemples pour montrer les limites de l'expression de $\dot{V}O_2$max par rapport au poids total. Tout d'abord, si les valeurs relatives de $\dot{V}O_2$max restent relativement stables en fonction de l'âge, la performance aérobie s'améliore. Globalement, un garçon de 14 ans est capable de courir un 1 500 m environ deux fois plus vite qu'un enfant de 5 ans, même si leurs $\dot{V}O_2$max relatives sont semblables[20]. Ensuite, si $\dot{V}O_2$max augmente avec l'entraînement chez l'enfant, cette amélioration est faible comparée à celle obtenue chez l'adulte. Pourtant, chez les jeunes, l'augmentation de performance est relativement importante. Ainsi le rapport au poids corporel n'est sans doute pas le meilleur moyen d'exprimer $\dot{V}O_2$max chez les enfants. Les relations entre $\dot{V}O_2$max et les dimensions corporelles, ou avec les différents systèmes physiologiques pendant la croissance sont extrêmement complexes. Ceci sera vu plus en détail à la fin de ce chapitre.

D'autres modes d'expression ont été proposés pour $\dot{V}O_2$, $\dot{V}O_2$max, le débit cardiaque, le volume d'éjection systolique et d'autres variables physiologiques influencées par les dimensions corporelles. Selon les cas, la variable peut être rapportée à la surface corporelle, exprimée en m^2, ou au poids corrigé (kg^{0,67} ou kg^{0,75}). Depuis de nombreuses années, les cardiologues expriment le volume cardiaque en fonction de la surface corporelle. Les travaux récents conduisent à penser que les deux modes d'expression (mL.m^{-2}.min^{-1} ou mL.kg$^{-0,75}$.min^{-1}) sont les plus pertinents. Une étude longitudinale a concerné deux groupes d'enfants âgés de 12 à 20 ans : un groupe témoin, normalement actif et un groupe expérimental soumis à un programme d'entraînement[22]. Alors que $\dot{V}O_2$max, exprimée en ml.kg^{-1}.min^{-1}, ne varie pas ou peu avec l'entraînement, la $\dot{V}O_2$ sous-maximale également rapportée au poids (ml.kg^{-1}.min^{-1}) diminue avec l'âge, suggérant que l'entraînement a amélioré l'économie de course, mais n'a pas modifié le potentiel maximal aérobie. Lorsque ces deux critères $\dot{V}O_2$max et $\dot{V}O_2$ sous-maximale sont exprimés en ml.kg$^{-0,75}$.min^{-1}), $\dot{V}O_2$max augmente dans le groupe

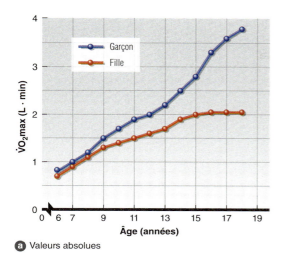
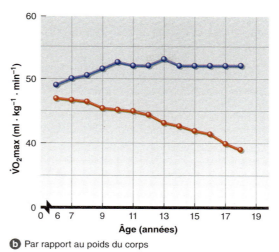

Figure 17.7 Évolution de la consommation maximale d'oxygène avec l'âge chez l'enfant et l'adolescent

a Valeurs absolues

b Par rapport au poids du corps

entraîné tandis que $\dot{V}O_2$ sous-maximale ne change pas. Ceci conduit à une interprétation inverse de la précédente, suggérant que l'entraînement a amélioré le potentiel maximal aérobie, mais n'a pas affecté l'économie de course. Ceci montre toute l'importance de choisir le mode d'expression le plus judicieux. Celui-ci reste encore controversé.

2.3.3 L'économie de course

En quoi les modifications qui s'opèrent pendant la croissance de l'enfant affectent-elles la performance ? Il apparaît que dans toutes les activités physiques d'endurance, à intensité constante, comme faire du vélo, la faible $\dot{V}O_2$max des sujets jeunes limite leur performance. Lorsqu'il s'agit de soulever son poids, comme en course à pied, les enfants n'apparaissent plus désavantagés puisque leur $\dot{V}O_2$max relative, exprimée par rapport au poids, est aussi bonne que celle des adultes.

Pourtant, l'enfant ne peut maintenir longtemps une course à intensité élevée, car il dispose d'une moins bonne économie de course. À une vitesse donnée, sur un tapis roulant, il a en effet une consommation d'oxygène relative (exprimée par kilogramme de poids) supérieure à celle de l'adulte. Avec la croissance, les os s'allongent, la masse musculaire se développe, et donc l'aptitude des enfants augmente, en même temps que leur technique de course progresse. L'économie de course s'améliore, leur permettant de courir plus longtemps à une allure donnée, même s'ils ne sont pas spécifiquement entraînés et même si leur $\dot{V}O_2$max n'a pas augmenté[4,9]. Mais l'expression de $\dot{V}O_2$max par kilogramme de poids n'est sans doute pas la plus appropriée, pendant cette période, comme cela a été précédemment souligné. La fréquence des foulées est probablement le facteur essentiel qui conditionne l'économie de course, chez l'enfant.

Résumé

> La maturation des fonctions cardiaque et respiratoire pendant la croissance contribue à développer l'aptitude aérobie.

> Exprimée en L.min⁻¹, $\dot{V}O_2$max atteint sa valeur maximale entre 17 et 21 ans chez le garçon, entre 12 et 15 ans chez la fille, puis décroît progressivement.

> Exprimée en valeur relative, $\dot{V}O_2$max rapportée au kilo de poids plafonne de 6 à 25 ans chez le garçon, tandis qu'elle diminue légèrement entre 6 à 12 ans chez la fille. Chez celle-ci, le déclin s'accentue dès l'âge de 13 ans. Ce mode d'expression ne permet pas de juger précisément de l'aptitude aérobie car $\dot{V}O_2$max n'est pas le seul facteur qui conditionne la performance en endurance.

> Chez l'enfant, les valeurs plus faibles de $\dot{V}O_2$max (L.min⁻¹) limitent sa performance en endurance, sauf dans les activités où le poids constitue la principale résistance au mouvement, comme la course.

> En raison d'un débit cardiaque maximal inférieur, $\dot{V}O_2$max exprimée en L.min⁻¹ est plus faible chez l'enfant que chez l'adulte, à niveau d'entraînement comparable.

> Rapportée au kilo de poids, $\dot{V}O_2$max est semblable chez l'enfant et chez l'adulte. Pourtant, dans certaines activités comme la course, la performance de l'enfant est beaucoup plus faible en raison d'une mauvaise économie de course. Une des raisons essentielles est la fréquence plus importante des foulées. L'expression de $\dot{V}O_2$max par kilo de poids n'est pas très appropriée chez l'enfant.

Figure 17.8

Valeurs moyennes de la puissance pic mesurées chez des préadolescents (9-10 ans), des adolescents (14-15 ans) et des adultes jeunes (21 ans). Ces valeurs constituent un index du potentiel anaérobie.
D'après Santos *et al.*, 2002.26.

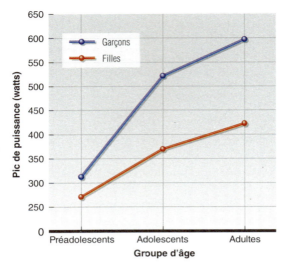

2.3.4 L'aptitude anaérobie

L'aptitude anaérobie de l'enfant est limitée. Plusieurs travaux vont dans ce sens. Les stocks de glycogène musculaire sont plus faibles (50 % à 60 % seulement des stocks mesurés chez l'adulte). À l'exercice maximal ou sous-maximal, l'enfant n'atteint pas les mêmes concentrations de lactate que l'adulte, que ce soit dans le muscle ou dans le sang. Cela traduit une capacité glycolytique inférieure. Les concentrations plus faibles de lactate sanguin sont dues à une activité enzymatique environ 3 fois plus faible de la phosphofructokinase, une enzyme clé de la glycolyse, et de la lactate déshydrogénase[8]. Mais d'autres facteurs participent probablement comme la masse musculaire plus faible, une capacité d'élimination du lactate plus importante et un potentiel aérobie supérieur. Les concentrations musculaires d'adénosine triphosphate (ATP) et de phosphocréatine (PCr), qui sont un des facteurs essentiels de la performance dans les activités explosives (de 10 à 15 s), sont identiques à celles de l'adulte. Par contre l'enfant est désavantagé dans les activités sollicitant la glycolyse, notamment dans les exercices durant entre 15 s et 2 min.

La puissance moyenne et la puissance pic, déterminées lors de l'épreuve de Wingate (30 s de pédalage contre résistance à la plus grande intensité possible), sont plus faibles chez l'enfant que chez l'adulte. La figure 17.8 indique les résultats obtenus sur ergocycle dans une épreuve similaire[21]. Lorsqu'on tient compte des différences de morphologie entre les enfants (9-10 ans), les adolescents (14-15 ans) et les jeunes adultes (21 ans), on constate que les enfants développent des puissances très faibles par rapport aux deux autres groupes. Les puissances mesurées chez les adolescents sont relativement proches des valeurs observées chez les adultes.

Bar-Or a exprimé l'évolution des caractéristiques aérobies et anaérobies, chez des garçons et des filles de 9 à 16 ans, en pourcentage de la valeur mesurée à 18 ans[1]. C'est ce que montre la figure 17.9, où les qualités aérobies sont représentées par la $\dot{V}O_2$max, et les qualités anaérobies par les résultats obtenus au test de Margaria (une épreuve de terrain). L'énergie dépensée par kilogramme de poids représente la capacité maximale de production d'énergie par le système aérobie ou anaérobie. Pour les filles comme pour les garçons, l'aptitude anaérobie augmente de 9 à 15 ans. À titre de comparaison (figure 17.9) l'aptitude aérobie reste constante de 10 à 16 ans, chez les garçons, alors qu'elle commence à diminuer chez les filles. De 9 à 12 ans chez les jeunes filles, elle est supérieure à celle mesurée à 18 ans.

Figure 17.9

Développement du potentiel aérobie et anaérobie chez des garçons et filles âgés de 9 à 16 ans. Les valeurs sont exprimées en pourcentage de la valeur mesurée à 18 ans.
D'après O. Bar-Or, 1983, *Pediatric sports medicine for the practitioner: From physiologic principles to clinical applications* (New York : Springer-Verlag).

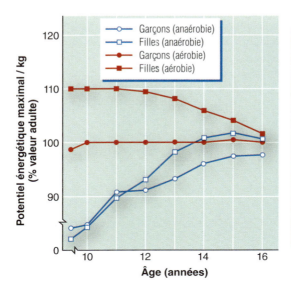

Résumé

> L'aptitude de l'enfant à réaliser des activités anaérobies est limitée. Sa capacité glycolytique est en effet plus faible, en raison d'une immaturité enzymatique, en particulier en phosphofructokinase et en lactate déshydrogénase.

> Les enfants ont des concentrations de lactate plus faibles, à la fois dans le sang et dans le muscle, à tous les niveaux d'exercice.

> Lors des exercices anaérobies, les puissances mécaniques pic et moyenne (même rapportées à la masse corporelle) sont toujours plus faibles chez l'enfant.

> Chez l'enfant, les réponses hormonales en insuline et en hormones de stress à l'exercice sont différentes de l'adulte et l'utilisation des graisses est privilégiée.

2.4 Adaptations hormonales et utilisation des substrats à l'exercice

Ainsi que nous l'avons vu précédemment, tout exercice s'accompagne de la sécrétion d'hormones clés du métabolisme afin d'activer la mobilisation et l'utilisation des substrats énergétiques, principalement des glucides et des lipides. La plupart de ces hormones sont aussi impliquées dans les processus de croissance et de maturation. L'exercice physique est ainsi un puissant activateur de l'axe somatotrope, car il stimule la sécrétion de l'hormone de croissance, la GH, et de facteurs de croissance notamment « l'insulin-like growth factor 1 ou IGF1 ». Ainsi, les exercices très intenses induisent des pics de GH et affectent le caractère cyclique habituel de la sécrétion de cette hormone. Toutefois, l'hypothèse selon laquelle ces pics de GH à l'exercice pourraient activer la croissance des adolescents n'a jamais été confirmée.

Les études menées chez les jeunes montrent que la réponse insulinique à l'exercice est modulée par le stade pubertaire et le genre. En général, cette réponse hormonale est beaucoup plus intense chez le sujet jeune ce qui affecte la régulation de la glycémie. En début d'exercice apparaît souvent une relative hypoglycémie qui n'est pas très bien expliquée. Il faut rappeler que le contenu en glycogène musculaire est plus faible et il est possible que le pouvoir glycogénolytique du foie soit encore immature. Quoi qu'il en soit, ceci contribue à expliquer pourquoi les sujets jeunes utilisent préférentiellement les lipides. Pour autant, le potentiel d'oxydation du glucose d'origine exogène est élevé, probablement parce que la production endogène de glucose est réduite. Ce profil métabolique particulier, propre à l'enfant, évolue avec la puberté. Ainsi l'adolescent a plus de mal que l'enfant à oxyder les lipides à l'exercice et son profil métabolique se rapproche de celui de l'adulte. Toutes ces spécificités ne sont pas sans retentir sur la composition corporelle et, sur un plan pratique, doivent être prises en compte pour ajuster les apports nutritionnels du jeune sportif en quête de performance.

3. Adaptations physiologiques à l'entraînement

Nous avons dit que l'enfant ne peut être considéré comme un adulte en miniature. Ses caractéristiques physiologiques lui sont propres et doivent être appréhendées différemment. Il faut adapter spécifiquement les programmes d'entraînement du jeune sportif, que ce soit pour améliorer la force musculaire, les qualités aérobies ou anaérobies. Pour les établir, il faut garder à l'esprit les multiples facteurs qui accompagnent le développement de l'enfant. Dans le paragraphe qui suit, nous allons étudier les effets de l'entraînement sur :

- La composition corporelle.
- La force musculaire.
- L'aptitude aérobie.
- L'aptitude anaérobie.

3.1 La composition corporelle

Les effets de l'entraînement sur le poids et la composition corporelle sont relativement semblables chez l'enfant, l'adolescent et l'adulte. Chez les garçons comme chez les filles, l'entraînement aérobie et la musculation réduisent la prise de masse grasse. Ils augmentent la masse maigre mais de façon très limitée chez l'enfant. Il faut aussi rappeler l'intérêt des exercices de force utilisant le poids du corps pour développer la masse osseuse[7].

3.2 La force musculaire

L'entraînement de force chez le jeune est très largement controversé. On déconseille encore souvent aux jeunes garçons et filles de soulever des charges lourdes en raison des risques de traumatismes éventuels qui pourraient perturber les processus de croissance. De surcroît, en raison des faibles concentrations d'androgènes chez les garçons prépubères, beaucoup de scientifiques prétendent que l'entraînement de force leur apporte peu de bénéfices musculaires. Il est pourtant bien admis que l'entraînement de force, pourvu qu'il soit adapté au sujet jeune, enfant ou adolescent, est tout à fait bénéfique et que les risques traumatiques sont assez faibles. Un tel entraînement peut même protéger des accidents en consolidant les muscles et donc les articulations. On recommande, malgré tout, une extrême prudence pour les enfants et adolescents qui s'adonnent à cette pratique. Il faut bien sûr insister sur l'importance de l'apprentissage technique, en particulier dans tous les exercices qui comportent un soulever de charge.

En ce qui concerne les gains de force obtenus chez le jeune, ils sont fonction du volume et de l'intensité de l'entraînement. Les études réalisées sur ce sujet indiquent que le pourcentage d'amélioration est similaire à celui de jeunes adultes. À quelques exceptions près, les mécanismes qui sous-tendent les gains de force sont les mêmes chez les enfants et chez les adultes. Toutefois, chez les plus jeunes, on ne note pas d'augmentation de la masse et des dimensions musculaires et les progrès seraient dus plutôt à une amélioration de la coordination motrice, une activation plus importante des unités motrices et à des adaptations nerveuses encore indéterminées[18].

3.3 L'aptitude aérobie

Les garçons et filles prépubères améliorent-ils leur système cardiorespiratoire par des séances de type aérobie ? Ce sujet reste très controversé car un certain nombre d'études indiquent que l'entraînement aérobie, chez les sujets prépubères, n'a pas d'effet sur les valeurs de $\dot{V}O_2max$. Pourtant, sans augmentation de $\dot{V}O_2max$, on constate une amélioration des performances en course[20]. Ces résultats s'expliquent probablement par une amélioration de l'économie de course induite par l'apprentissage technique.

Après entraînement, les sujets peuvent parcourir une distance donnée à une allure plus rapide. D'autres travaux ont mis en évidence une légère amélioration du potentiel aérobie d'enfants prépubères, mais toujours nettement plus faible (5 % à 15 %) que celle des adolescents et des adultes (15 % à 25 %).

Les progrès concernant $\dot{V}O_2max$ ne surviennent qu'à la puberté. On ne connaît pas encore bien les raisons de ce phénomène. Peut-être peut-on impliquer le volume d'éjection systolique, puisqu'il est le facteur limitant essentiel de la performance aérobie de cette tranche d'âge. Comme cela a été précédemment souligné, le choix du mode d'expression de $\dot{V}O_2max$ peut aussi biaiser l'interprétation.

3.4 L'aptitude anaérobie

L'entraînement anaérobie semble améliorer le potentiel anaérobie de l'enfant. En effet, après entraînement les enfants ont une augmentation :

- des stocks de phosphagène (ATP + PG) et de glycogène ;
- de l'activité de l'enzyme phosphofructokinase ;
- des concentrations maximales de lactate sanguin.

Empiriquement, on applique aux enfants les mêmes principes généraux d'entraînement qu'aux adultes, que ce soit au plan aérobie ou anaérobie. Ceci reste totalement à valider. Il convient donc de rester prudent, chez le jeune pour limiter les risques d'accident, de surentraînement, de démotivation, etc. On peut ici s'inspirer des principes édictés dans le cadre de l'entraînement de musculation. Il est certainement judicieux de proposer aux jeunes, des activités physiques variées et ludiques, qui développent simultanément leur motricité et leur coordination.

PERSPECTIVES DE RECHERCHE 17.3

Efficacité des programmes d'interventions en activité physique chez l'enfant

En dépit des efforts entrepris pour promouvoir l'activité physique chez les plus jeunes, peu nombreux sont ceux qui respectent véritablement les recommandations dans ce domaine. Les programmes d'activité physique mis en place ont peu d'impact et échouent à combattre véritablement l'épidémie d'obésité infantile qui sévit depuis peu dans nos sociétés. C'est la conclusion faite récemment par une revue de question avec méta-analyse menée sur ce sujet. Cette analyse apporte une explication à ce constat alarmiste[13]. Les auteurs de ce travail, mené au Royaume-Uni, ont sélectionné 30 études issues de la littérature scientifique et rassemblé dans l'étude statistique plus de 14 000 jeunes âgés de moins de 16 ans. Chez 43 % de ceux-ci, l'activité physique était évaluée à l'aide d'un accéléromètre, un outil de mesure bien connu et accepté des sujets. L'étude a permis de rapporter le temps consacré à la pratique d'activités modérées à soutenues.

Les résultats très décevants indiquent que les interventions n'ont qu'un très faible impact sur le niveau d'activité physique (en moyenne, seulement 4 min supplémentaires de marche ou de course par jour). Il n'est retrouvé, évidemment, aucun bénéfice sur la santé. Les résultats sont les mêmes dans tous les sous-groupes investigués et indépendants de l'âge, de l'index de masse corporelle et des modalités de l'intervention (temps total, scolaire ou extrascolaire…).

Ces données permettent de mieux comprendre l'échec de ces interventions sur l'index de masse corporelle et le poids chez les enfants. Par contre, les raisons pour lesquelles les enfants sont peu compliants restent à éclaircir. Parmi les facteurs évoqués, les auteurs citent des programmes peu adaptés et insuffisamment expliqués, ainsi que des durées et intensités insuffisantes pour induire des bénéfices significatifs. Les auteurs supposent aussi que les enfants engagés dans ces programmes tendent à diminuer par ailleurs leur pratique physique spontanée, de sorte que l'investissement physique total change peu[13].

Résumé

> Les effets de l'entraînement sur la composition corporelle sont les mêmes chez l'enfant et chez l'adulte : perte de poids et de masse grasse, prise de masse maigre.

> Chez le jeune, les risques d'accidents liés à la musculation peuvent être relativement limités à condition que le programme d'entraînement soit parfaitement adapté.

> Chez les préadolescents, les gains de force obtenus par un entraînement de musculation résultent d'une amélioration de la coordination motrice, d'une augmentation du nombre des unités motrices actives et d'autres adaptations nerveuses.

> Les mécanismes responsables des gains de force par l'entraînement sont assez semblables à ceux de l'adulte. Mais à l'inverse des adultes, cet entraînement a peu d'effet sur le volume musculaire du préadolescent.

> Chez le préadolescent, $\dot{V}O_2$max est peu influencée par l'entraînement aérobie, peut être parce que $\dot{V}O_2$max est en grande partie déterminée par les dimensions du cœur. La performance peut néanmoins s'améliorer avec l'entraînement.

> L'entraînement anaérobie augmente l'aptitude anaérobie de l'enfant.

4. Activité physique spontanée du sujet jeune

Il est probable que les comportements acquis pendant l'enfance et l'adolescence perdurent à l'âge adulte. Il est donc impératif d'inciter les plus jeunes à bouger et de promouvoir l'activité physique dès le plus jeune âge. Cependant, la plupart des interventions qui ont été menées dans ce sens se sont révélées peu efficaces (voir perspectives de recherche 17.3). La figure 17.10 rapporte le pourcentage de garçons et de filles américains âgés de 12 à 15 ans, réellement actifs. L'activité physique scolaire et extrascolaire est évaluée au niveau hebdomadaire et est jugée modérée à vigoureuse lorsqu'elle permet d'élever significativement la fréquence cardiaque et le rythme respiratoire pendant au moins 60 min. En 2012, seul un quart des jeunes enfants américains atteignait ce niveau d'activité. Parmi les garçons, les moins actifs étaient aussi les plus lourds. Une tendance analogue était retrouvée chez les filles, mais la différence n'était pas significative.

Parmi les activités physiques les plus pratiquées (aux USA) il faut citer, pour les garçons : le basket-ball, puis la course à pied, le football américain, le vélo et la marche ; chez les filles : la course à pied, la marche, le basket-ball, la danse et le vélo[5].

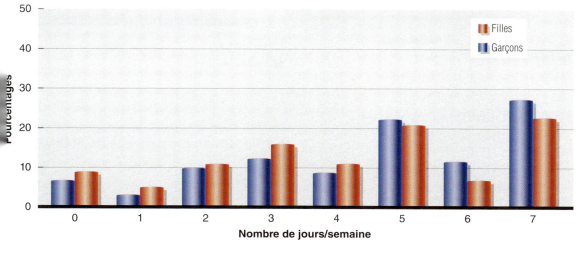

Figure 17.10

Pourcentage de garçons et filles américains, âgés de 12 à 15 ans et actifs, selon le nombre de jours par semaine.
D'après U.S. Department of Health and Human Services, 2014, *HCHS Data Brief No. 141*, Available: www.cdc.gov/nchs/data/databriefs/db141.htm; Data from CDC/NCHS, National Health and Nutrition Examination Survey and National Youth Fitness Survey, 2012.

Figure 17.11

Performances nationales en natation et course à pied des jeunes garçons et filles américains de 10 à 17 ans.
D'après Data from USA Track & Field (as of March 2011; www.usatf.org) and USA Swimming (as of February 2013; www.usaswimming.org).

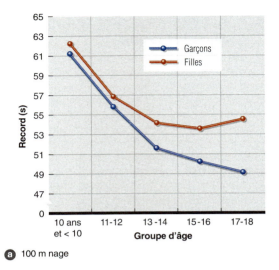
(a) 100 m nage

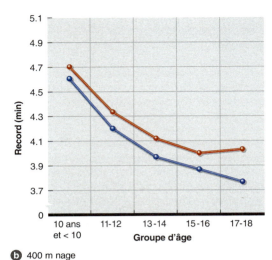
(b) 400 m nage

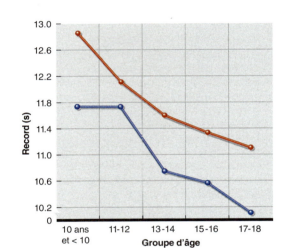
(c) 100 m course à pied

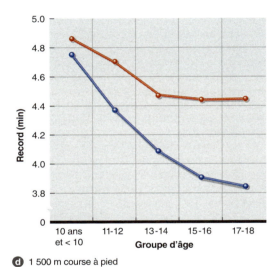
(d) 1 500 m course à pied

5. Performances sportives du sujet jeune

La croissance et la maturation sont les facteurs essentiels d'amélioration de la performance sportive des enfants et des adolescents. Ceci est particulièrement net dans les activités athlétiques. La figure 17.11 rapporte l'évolution des records américains pour les tranches d'âge allant de 10 à 18 ans. Les épreuves sélectionnées (en natation 100 m-400 m et en course à pied 100 m-1 500 m) correspondent au moins pour les 17-18 ans à des activités à dominante aérobie (400 m natation, 1 500 m course à pied) ou anaérobie (100 m course à pied). On constate que la performance aérobie et anaérobie s'améliore avec l'avance en âge à l'exception du 1 500 m en course à pied chez les jeunes filles de 17 à 18 ans. La classification par catégories de poids et en 3 classes d'âge seulement (16 ans et moins de 16 ans, 17 à 20 ans, adultes) ne permet pas les mêmes comparaisons en haltérophilie. Il est très probable, en particulier chez le garçon, que les performances dans ce domaine s'améliorent considérablement pendant l'enfance et surtout l'adolescence.

Au niveau mondial, le nombre de sujets jeunes engagés dans le sport de haut niveau est de plus en plus important. Dans ce domaine, le nombre de compétitions à l'année devient impressionnant et il n'est pas rare que des jeunes sportifs soient impliqués dans plusieurs équipes. Aussi, à l'instar de ce qui s'est passé dans les pays de l'Europe de l'Est, beaucoup d'entraîneurs et de parents considèrent que la réussite de l'enfant dans sa discipline passe par un entraînement très spécifique et qu'il doit se spécialiser de plus en plus tôt[14]. C'est tout à fait l'inverse. Mostafavifar et coll.[14] ont récemment publié un éditorial dans lequel ils défendent qu'une spécialisation trop précoce raccourcit considérablement la carrière du jeune sportif. Le restreindre à une seule activité est vite démotivant. Non seulement pratiquer des activités sportives diversifiées et ludiques a un impact psychologique positif, mais cela permet au sujet de développer d'autres habiletés motrices, d'éviter de surcharger en permanence les mêmes territoires musculo-squelettiques et donc de limiter le risque traumatique.

L'Association Nationale pour le Sport et l'Éducation Physique (NASPE) recommande très vivement de retarder au maximum la spécialisation sportive des plus jeunes. Au-delà des bénéfices déjà cités, la formation des jeunes sportifs à des activités multiples a un effet socialisant. Ce sont probablement toutes ces raisons qui expliquent que la plupart des sportifs « Élite » qui parviennent au plus haut niveau mondial sont ceux qui se sont spécialisés plus tardivement dans leur discipline.

6. Les risques spécifiques

Deux risques spécifiques doivent être envisagés chez le sujet jeune qui pratique des activités physiques et sportives. Il s'agit de l'entraînement en ambiance thermique inhabituelle et des répercussions de l'entraînement sur la croissance et la maturation.

6.1 Le stress thermique

Les expériences de laboratoire montrent que le sujet jeune est plus sensible au stress thermique, chaud ou froid, que son aîné. Mais le nombre d'accidents reste cependant très limité. Le problème majeur, auquel se trouve confronté l'enfant, est une moindre aptitude à évacuer la chaleur par évaporation. En contrepartie, l'enfant perd davantage de chaleur par radiation, conduction et convection,

---

PERSPECTIVES DE RECHERCHE 17.4

Inactivité physique et risque traumatique chez l'enfant

Il est actuellement admis que l'inactivité physique est un facteur de risque indépendant de maladie cardiovasculaire et de surmortalité à l'âge adulte. Les effets délétères de l'inactivité physique précoce ont été précédemment soulignés. Non seulement un comportement inactif dès l'enfance risque de perdurer à l'adolescence et à l'âge adulte, mais il contribue aussi à altérer la condition physique. Malheureusement, les interventions visant à promouvoir l'activité physique auprès des plus jeunes n'ont pas fait la preuve de leur efficacité. À ceci, il faut ajouter que toute activité physique comporte un risque non nul d'accident ou de blessure. Ce risque est un prétexte supplémentaire pour encourager le comportement inactif des sujets peu motivés. Pour le prévenir, il est essentiel de bien comprendre les facteurs qui en sont à l'origine.

Le risque d'accident ou de blessure associé à la pratique physique scolaire – de loisir ou sportive (the i-play study) – a été évalué par Bloemers et coll.[2] chez environ 1 000 enfants hollandais d'âge scolaire (entre 9 et 12 ans). Les enfants ont été suivis pendant 1 an. Ils pratiquaient 2 séances hebdomadaires de 45 min d'éducation physique scolaire (EPS). Les blessures survenant lors de ces activités étaient reportées par l'enseignant en EPS. Des informations complémentaires concernant le siège, type, mécanisme, diagnostic et traitement des lésions étaient recueillies. Elles visaient aussi à préciser si la blessure était survenue au cours d'une séance d'EPS ou lors d'activités de loisir ou d'activités sportives extrascolaires. Il était également demandé à l'enfant de préciser si la blessure avait eu pour conséquence :
– De stopper immédiatement l'activité physique.
– De réduire ou modifier la poursuite de l'activité physique.
– D'interrompre le séjour à l'école les jours suivants.
– De nécessiter un avis et un suivi médical.

Au total, 119 blessures ont été enregistrées. Elles concernaient 104 enfants.

Les résultats indiquent que le risque de blessure est fonction du genre, de l'âge et de la durée de pratique. Le risque est plus élevé chez les filles et chez les enfants les plus âgés. À la différence de ce qui est rapporté dans d'autres études, il est indépendant de l'index de masse corporelle. Toutefois, l'analyse souligne que ce sont les sujets les plus actifs qui ont le risque le plus faible de blessures. Autrement dit et contrairement aux idées reçues, la pratique régulière d'activités physiques et sportives diminue le risque d'accident et de blessure chez les plus jeunes.

Même si d'autres facteurs émergent lorsque l'analyse prend en compte le type d'activité (loisir, activités physiques scolaires et activités sportives extrascolaires), c'est le niveau d'activité qui reste le meilleur indice prédictif. Dans les activités de loisir, les facteurs de risque sont le genre (le risque est supérieur chez les filles), l'origine ethnique (le risque est plus faible lorsque l'un ou les deux parents sont originaires d'Afrique, de Turquie, d'Amérique Latine ou d'Asie), le statut socio-économique (le risque est diminué dans les classes moyennes) et le niveau d'activité physique hebdomadaire. Dans les activités sportives, le seul facteur de risque retrouvé est l'âge (les accidents sont plus fréquents chez les plus âgés). Il n'est pas noté d'autre facteur de risque dans les activités physiques scolaires. À la différence des autres études qui observent un risque de blessures plus élevé dans le sexe masculin, aucun effet du genre n'est retrouvé ici.

en raison d'une plus grande vasodilatation périphérique. L'enfant dispose d'un rapport surface corporelle/poids plus élevé que l'adulte. Ceci lui permet des échanges de chaleur plus importants lorsqu'ils sont rapportés au kilogramme de poids corporel. Lors d'un exercice en ambiance très modérée, cela constitue un avantage car l'enfant est alors capable de mieux évacuer l'excès de chaleur induit par l'exercice. À l'inverse, lors d'un exercice au chaud, si la température ambiante dépasse celle de la peau, ceci devient un handicap car l'enfant gagne davantage de chaleur par voie cutanée. À ceci s'ajoute une moindre évaporation sudorale. Les glandes sudorales des sujets jeunes produisent la sueur moins rapidement que les adultes, et sont aussi moins sensibles aux variations de température centrale. Si les jeunes garçons peuvent s'acclimater à la chaleur, leur vitesse d'acclimatement est moins rapide que celle des adultes. On ne dispose pas de données en ce qui concerne les filles.

Seules quelques études se sont intéressées aux adaptations de l'enfant à l'exercice en ambiance froide. Des quelques informations disponibles, il apparaît que les sujets jeunes perdent beaucoup plus de chaleur par conduction que l'adulte, en raison d'un rapport surface corporelle/poids nettement supérieur. Ils sont donc plus exposés à l'hypothermie.

Il reste que le nombre de travaux sur ce sujet est encore très limité, en particulier dans le sexe féminin. Il est donc nécessaire de mener d'autres investigations pour approfondir cette question. Pour l'instant, il est prudent de retenir que l'enfant est plus sensible au stress thermique que l'adulte.

6.2 Entraînement, croissance et maturation

Les effets de l'exercice physique sur la croissance et la maturation sont très débattus. Malina, dans une revue de question, conclut que l'entraînement régulier et modéré n'a pas d'effet apparent sur la croissance en taille[11]. Il peut, par contre, influencer le poids et la composition corporelle ainsi que nous l'avons précédemment souligné.

Concernant la maturation, on peut dire que l'âge auquel survient le pic de croissance n'est pas modifié par la pratique régulière et adaptée, pas plus que la maturation squelettique. Toutefois les données concernant l'impact de l'entraînement sur la maturation sexuelle ne sont pas claires. Certains travaux indiquent qu'un entraînement intensif peut retarder l'apparition des premières règles chez la fille. Mais les études comportent souvent de nombreux biais qui ne permettent pas de conclure formellement. Ce point est détaillé au chapitre 19.

> **Résumé**
>
> ❭ Un comportement actif dès l'enfance et l'adolescence perdure souvent à l'âge adulte. Il est donc impératif d'inciter les plus jeunes à bouger et à s'engager dans des activités physiques et sportives variées dès le plus jeune âge.
>
> ❭ La pratique d'activités sportives diversifiées et ludiques permet de maintenir la motivation et limite les risques traumatiques.
>
> ❭ Chez l'enfant, le rapport surface corporelle/poids est nettement supérieur à celui de l'adulte, ce qui majore les échanges de chaleur avec l'environnement. Ceci suggère que l'enfant est plus exposé que l'adulte au risque d'accident thermique. Pourtant le nombre d'accidents rapportés est limité.
>
> ❭ Chez l'enfant, les pertes de chaleur par évaporation sont plus faibles que chez l'adulte, car sa capacité sudorale est limitée (chaque glande sudorale active produit moins de sueur).
>
> ❭ Comparés aux adultes, les jeunes garçons s'acclimatent plus lentement à la chaleur. On ne dispose pas de données suffisantes chez les filles.
>
> ❭ L'entraînement régulier et adapté a peu d'effet sur la croissance et le développement. Les effets de l'entraînement sur la maturation sexuelle sont encore discutés.

7. Conclusion

Il a été question, dans ce chapitre, des adaptations particulières du sujet jeune, enfant et adolescent, à l'exercice et à l'entraînement. Certains systèmes encore immatures limitent la performance. L'entraînement est toutefois susceptible, même chez les enfants, d'améliorer les capacités physiques. En général, le niveau de performance augmente jusqu'à la maturité. Ensuite, les capacités fonctionnelles tendent à diminuer.

Il faut maintenant s'intéresser plus particulièrement aux effets de l'âge sur les capacités physiques, et préciser quels sont les mécanismes responsables du déclin des qualités physiques chez le sujet âgé.

Mots-clés

adolescence

croissance

densité minérale osseuse

développement

enfance

maturation

myélinisation

ossification

petite enfance

puberté

Questions

1. Expliquez les concepts de croissance, développement et maturation. Qu'est-ce qui les différencie ?

2. À quel âge se situe le pic de croissance chez le garçon ? chez la fille ?

3. Comment évolue le tissu adipeux pendant la croissance ?

4. Comment évolue la fonction pulmonaire pendant la croissance ?

5. Comment évoluent la fréquence cardiaque et le volume d'éjection systolique avec la croissance, pour une intensité d'exercice donnée ? Quels sont les facteurs responsables de ces modifications ? Quel est l'effet d'un entraînement aérobie sur ces deux paramètres ?

6. Comment évolue le débit cardiaque avec la croissance, pour une intensité d'exercice donnée ? Quels sont les facteurs responsables de cette évolution ? Quel est l'effet d'un entraînement aérobie ?

7. Comment évolue la fréquence cardiaque maximale avec la croissance ?

8. Quels facteurs physiologiques contribuent à l'augmentation de $\dot{V}O_2max$ entre 6 et 20 ans ?

9. Quels conseils faut-il donner aux plus jeunes s'ils veulent développer leur force ? Est-il possible de la développer chez eux et si oui, comment l'explique-t-on ?

10. Quels sont les effets d'un entraînement aérobie en période pubertaire ?

11. Quels sont les effets d'un entraînement anaérobie en période pubertaire ?

12. Quels sont les risques d'une spécialisation trop précoce ?

13. Pourquoi les enfants sont-ils plus sensibles que les adultes au stress thermique ?

14. Quels sont les effets de l'exercice et de l'entraînement sur les processus de croissance et de maturation ? 18

L'activité physique chez le sujet âgé

18

Dara Torres est la 1re et seule nageuse américaine à avoir participé à 5 Jeux Olympiques (J.O. de 1984, 1988, 1992, 2000 et 2008). Plus impressionnant encore, elle est la seule nageuse olympique de tous les temps à avoir concouru après 40 ans ! À l'âge de 41 ans et 125 jours, elle a gagné la médaille d'argent au 50 m – nage libre-femmes en 24,07 s, soit 0,01 s seulement derrière la médaille d'or. Elle a ainsi battu le précédent record américain. 6 mois plus tard, elle gagne une autre médaille d'argent au relais américain du 4 × 100 m – 4 nages, en établissant un nouveau record de vitesse (52,27 s sur 100 m). Elle doit interrompre les compétitions peu de temps après une 3e médaille d'argent au 4 × 100 m – nage libre.

Cet investissement au plus haut niveau international en natation s'est soldé par la survenue de douleurs rhumatismales, à la fois au niveau des épaules et des genoux. Malgré tout, après une chirurgie de reconstruction au niveau des genoux suivie d'une phase de réadaptation, elle reprend l'entraînement en 2010, avec pour objectif de participer aux J.O. de Londres en 2012. Mais lors des épreuves de sélection américaines, elle termine 4e au 50 m nage libre, 0,09 s seulement derrière le seuil minimal pour la qualification. Ce dernier record, tout à fait imprévisible, a marqué la fin d'une carrière olympique pour le moins exceptionnelle.

Plan du chapitre

1. La composition corporelle — 458
2. Les adaptations physiologiques à l'exercice aigu — 462
3. Les adaptations physiologiques à l'entraînement — 473
4. La performance sportive — 475
5. Les problèmes spécifiques liés à l'âge — 476
6. Conclusion — 479

Chapitre 18 — La Physiologie du sport et de l'exercice

Le nombre d'hommes et de femmes, de plus de 50 ans, qui participent à des compétitions sportives a énormément augmenté ces 30 dernières années. Les prévisions concernant le vieillissement de la population indiquent que le nombre de personnes âgées dans le monde va passer de 6,9 % en 2000 à 19,3 % en 2050. Simultanément le nombre de sujets d'âge moyen et de séniors va également s'accroître. Beaucoup de ces sportifs âgés, appelés aussi vétérans, participent à ces compétitions pour se distraire et pour se maintenir en bonne santé. D'autres s'entraînent avec l'enthousiasme et l'intensité des athlètes de niveau olympique. Il est aujourd'hui aisé de participer à de nombreuses activités, comme le marathon ou l'haltérophilie. Le niveau de performance de ces vétérans est exceptionnel et suscite souvent l'admiration. Ces sportifs âgés démontrent des capacités de force et d'endurance très supérieures à celles des sujets non entraînés du même âge. Leurs performances baissent néanmoins après 40 ou 50 ans.

Et pourtant, le niveau d'activité physique volontaire tend à décliner avec l'âge. Nous cherchons par tous les moyens à lutter contre le stress, y compris celui de l'effort musculaire et l'essor de la technologie conduit à nous sédentariser. Les études, menées chez l'homme et l'animal, confirment que l'activité physique diminue avec l'âge. La figure 18.1 montre que des rats jeunes de quelques mois, nourris à volonté, courent en moyenne 4 km par semaine, alors qu'en fin de vie ils parcourent à peine 1 km.

La pratique sportive organisée est une caractéristique propre à l'être humain. Les hommes et les femmes qui, malgré l'avance en âge, continuent la compétition sportive et l'entraînement intense sortent de l'ordinaire. Qu'est-ce qui pousse des hommes âgés à continuer le sport, alors que la tendance naturelle est à la sédentarisation ? Psychologiquement, on ne sait pas très bien ce qui guide ces vétérans, sans doute des motivations assez proches de celles des plus jeunes.

Si on considère l'évolution avec l'âge des fonctions musculaires et cardiorespiratoires, il est évident que la diminution de l'activité physique avec l'âge altère la tolérance à l'exercice intense. C'est pourquoi il est difficile de dissocier précisément les effets spécifiques de l'âge et de l'inactivité sur l'évolution des aptitudes physiques et des fonctions physiologiques. Beaucoup d'études dans ce domaine sont de type transversal et non longitudinal ce qui en limite la validité. En effet, les antécédents médicochirurgicaux, les habitudes de vie peuvent nettement varier selon les cohortes et affecter les résultats. La mortalité sélective, au sein d'une population d'étude, constitue aussi un biais qu'il est impossible d'anticiper lors de la mise en place du protocole. Il est donc essentiel que l'interprétation des résultats tienne compte du contexte et il faut être extrêmement prudent dans toute tentative d'extrapolation de ceux-ci.

1. La composition corporelle

La figure 18.2[33] montre que l'avance en âge est associée à une diminution de la taille et à une prise de poids. La réduction de la taille commence dès l'âge de 35 à 40 ans. Elle est due à une

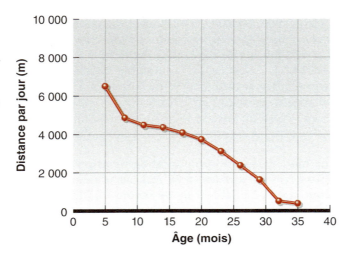

Figure 18.1 Activité spontanée du rat selon l'âge

Adapté de J.O. Holloszy, 1997, "Mortality rate and longevity of food-restricted exercising male rats: A reevaluation", *Journal of Applied Physiology* 82: 399-403.

compression des disques intervertébraux favorisée par de mauvaises postures. À partir de 40 à 50 ans chez les femmes, et 50 à 60 ans chez les hommes, peuvent apparaître une ostéopénie et une ostéoporose qui aggravent ce processus. L'**ostéopénie** est une diminution de la densité minérale osseuse qui précède la survenue de l'ostéoporose. L'**ostéoporose** correspond à une perte importante de masse osseuse associée à une détérioration de la microarchitecture de l'os. Elle augmente le risque de fracture (voir chapitre 19). Elle est favorisée, dans les deux sexes, par des facteurs génétiques, des erreurs alimentaires et la diminution de l'activité physique. Chez la femme, la diminution des niveaux d'œstrogènes après la ménopause est un facteur très aggravant.

La prise de poids survient entre 25 et 45 ans. Après 45 ans, le poids peut se stabiliser pendant 10 à 15 ans puis diminuer au fur et à mesure de la décalcification osseuse et de la fonte musculaire. Beaucoup de sujets âgés de plus de 65 à 70 ans ont aussi une réduction nette de l'appétit qui diminue leurs apports caloriques. Le maintien d'une activité physique régulière permet de réguler l'appétit et d'ajuster les apports caloriques aux besoins énergétiques. Il contribue à maintenir le poids.

La prise de poids initiale, après l'âge de 20 ans, est due à l'association de trois facteurs essentiels : une alimentation inadaptée, une diminution de l'activité physique et une altération des mécanismes impliqués dans la dégradation des lipides. Comme on peut s'en douter, la masse grasse des sujets âgés actifs est moins importante que celle des sujets âgés inactifs. La répartition de la masse grasse se modifie avec l'âge. La masse grasse se localise davantage dans les parties centrales du corps et notamment dans la région abdominale autour des viscères. L'adiposité viscérale est associée à une augmentation du risque de maladies métaboliques et cardiovasculaires. Même si l'activité physique ne permet pas de contrecarrer totalement les effets délétères du vieillissement, elle contribue à réduire ces risques.

La masse maigre diminue avec l'âge chez les hommes et chez les femmes, dès l'âge de 40 ans. Ceci est du à la perte osseuse et surtout à la fonte musculaire puisque la masse musculaire constitue environ 50 % de la masse maigre. La sarcopénie correspond à la fonte musculaire liée à l'âge. La figure 18.3 montre l'évolution de la masse musculaire avec l'âge. Elle rapporte les résultats d'une étude transversale réalisée chez 468 sujets des deux sexes, âgés de 18 à 88 ans[20]. La masse musculaire se maintient jusqu'à 45 ans environ et diminue ensuite, surtout chez les hommes. La diminution de l'activité physique est le facteur majeur, mais d'autres processus y contribuent, comme l'altération de la synthèse protéique avec l'âge et peut-être l'augmentation de la protéolyse. Ainsi, le taux de synthèse des protéines musculaires est réduit de 30 %, voire plus, chez les sujets de 60 à 80 ans comparés aux sujets de 20 ans. Cette détérioration est attribuée à la diminution des niveaux d'hormone de croissance (GH) et d'IGF1[14] et à une altération de la signalisation cellulaire. Les études longitudinales suggèrent que la perte de masse maigre et la prise de masse grasse avec l'âge se compensent de sorte que le poids total reste relativement stable.

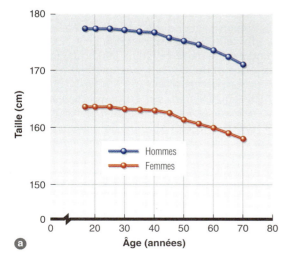 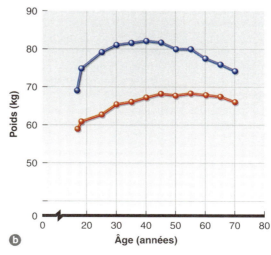

Figure 18.2

Évolution de la taille (a) et du poids (b) avec l'âge dans les deux sexes.
D'après W.W. Spirduso, 1985, *Physical Dimensions of Aging* (Human Kinetics).

Figure 18.3 Évolution de la masse musculaire avec l'âge chez 468 hommes et femmes âgés de 18 à 88 ans

La diminution est plus importante chez les hommes que chez les femmes et est plus marquée après 45 ans.
D'après I. Janssen *et al.*, 2000, "Skeletal muscle mass and distribution in 468 men and women aged 18-88 yr.", *Journal of Applied Physiology* 89: 81-88.28.

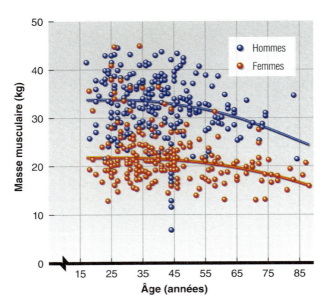

La diminution du contenu minéral osseux se manifeste vers l'âge de 30 à 35 ans chez les femmes et vers 45 à 50 ans chez les hommes. L'os est en perpétuel remaniement tout au long de la vie. Il est constamment resynthétisé par les ostéoblastes et résorbé par les ostéoclastes. Pendant l'enfance, la résorption est plus faible que la construction ce qui assure la croissance osseuse. Avec l'âge, c'est l'inverse, la résorption l'emporte sur la synthèse ce qui entraîne une diminution de la masse osseuse. La perte osseuse, comme la fonte musculaire, est, en partie, attribuable à la diminution de l'activité physique et notamment à une réduction des activités de charge. Le contenu minéral osseux représente seulement 4 % du poids du corps. Aussi la contribution de l'ostéopénie à la réduction totale de masse maigre, chez le sujet âgé, reste limitée et beaucoup plus faible que celle de la sarcopénie.

Les différences en poids, taux de graisse, masse grasse totale et masse maigre avec l'âge et le niveau d'activité physique sont représentées sur la figure 18.4[24]. Les données sont issues d'une étude comparant des sujets jeunes (18 à 31 ans) et des sujets âgés (58 à 72 ans) des deux sexes, inactifs ou entraînés en endurance. Chez les sujets inactifs, le poids, le taux de graisse et la masse grasse totale sont plus élevés dans le groupe âgé, alors que la masse maigre est plus faible que dans le groupe jeune. À l'exception du poids, des résultats similaires sont observés chez les athlètes endurants. Toutefois, quel que soit l'âge, les athlètes ont un poids total, un taux de graisse et une masse grasse plus faibles que les sujets inactifs, mais leur masse maigre est identique.

Avec l'entraînement, qu'il s'agisse d'un entraînement de force ou d'un entraînement en endurance, les hommes comme les femmes améliorent leur composition corporelle, perdent du poids et de la masse grasse. Ils peuvent même augmenter leur masse maigre, mais cet effet est davantage obtenu par l'entraînement de force que par l'entraînement en endurance. Les effets sont également plus marqués chez les hommes que chez les femmes, sans que les mécanismes responsables soient bien identifiés.

Chez les sujets âgés qui cherchent à perdre du poids et de la masse grasse, c'est l'association de l'entraînement et d'une alimentation adaptée qui est la plus efficace. Si nécessaire, une restriction calorique très modérée (500-1 000 kcal/j) peut être proposée. Elle est toujours préférable à une restriction plus importante (> 1 000 kcal/j) qui induit systématiquement une perte de masse maigre autant que de masse grasse. La diminution de masse maigre est associée à une réduction du métabolisme de base, qui elle-même limite la perte de masse grasse. La pratique physique est très complémentaire. En favorisant le gain de masse maigre, elle élève le métabolisme de base et facilite la perte de masse grasse. Il semble que ces adaptations bien décrites chez les sujets jeunes s'opèrent également chez les sujets âgés.

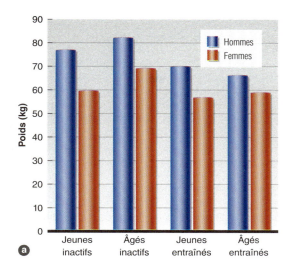
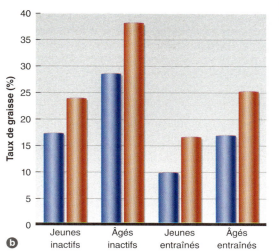
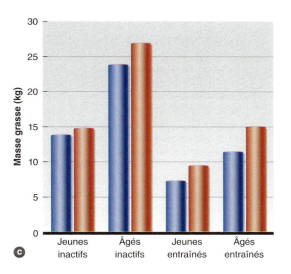
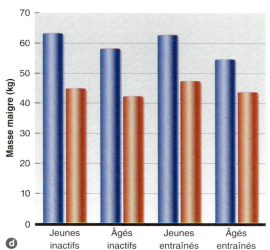

Figure 18.4

Différences de poids total (a), taux de graisse (b), masse grasse (c) et masse maigre (d) entre des sujets jeunes et âgés des 2 sexes, inactifs ou entraînés.
D'après W.M. Kohrt *et al.*, 1992, "Body composition of healthy sedentary and trained, young and older men and women", *Medicine and Science in Sports and Exercise* 24: 832-837.35.

Résumé

> Le poids augmente avec l'âge alors que la taille tend plutôt à diminuer.

> L'augmentation du taux de graisse avec l'âge est due à :
– une augmentation de la ration alimentaire ;
– une diminution de l'activité physique ;
– une réduction de l'aptitude à mobiliser les graisses.

> La sarcopénie, ou fonte musculaire liée à l'âge, résulte à la fois d'une altération des processus de protéosynthèse et de protéolyse, mais l'altération de la protéosynthèse est plus importante.

> Au-delà de 45 ans, la masse maigre diminue. Les facteurs responsables sont la réduction de la masse osseuse, favorisée, au moins partiellement, par la baisse de l'activité physique.

> L'activité physique peut limiter ces effets négatifs, même chez des sujets très âgés de plus de 80 ans.

2. Les adaptations physiologiques à l'exercice aigu

Les qualités d'endurance et de force diminuent avec l'âge. Des facteurs génétiques et le niveau d'activité physique modulent l'amplitude de cette dégradation. La réduction d'activité physique avec l'âge, constatée aussi bien chez l'animal que chez l'homme, aggrave l'altération des aptitudes physiques.

2.1 La force et la fonction neuromusculaire

Les qualités de force minimales pour faire face aux exigences de la vie quotidienne restent les mêmes tout au long de la vie. La force maximale d'un individu dépasse, très tôt, celle qui est nécessaire à la vie courante. Elle diminue régulièrement avec l'âge. Se lever à partir d'une position fléchie est difficile à 50 ans et impossible, pour beaucoup de gens, à 80 ans (figure 18.5a). Les sujets âgés ne peuvent pratiquer que des activités nécessitant des forces musculaires modérées. Ouvrir un bocal est une tâche aisée en dessous de 60 ans. Au-delà, cette action devient de plus en plus difficile.

La figure 18.5b montre l'évolution de la force des jambes en fonction de l'âge chez des sujets de sexe masculin. Même chez des hommes et des femmes normalement actifs, la force d'extension des jambes diminue rapidement après 40 ans. Cependant, des hommes âgés qui pratiquent régulièrement un entraînement de force peuvent développer une force d'extension de jambes supérieure à celle de sujets normalement actifs bien plus jeunes. La réduction de force avec l'âge apparaît nettement corrélée à la diminution concomitante de la surface de section des muscles impliqués dans le mouvement. Elle est aussi très spécifique. Ainsi, la diminution de force isocinétique est plus importante pour les hautes vitesses angulaires et la force concentrique diminue plus que la force excentrique.

La perte de force musculaire avec l'âge est le résultat d'une perte substantielle

Figure 18.5

a. L'aptitude à se relever à partir de la position assise diminue régulièrement avec l'âge.
b. Évolution avec l'âge de la force maximale d'extension du genou chez des hommes entraînés et non entraînés en force. Remarquez que la force d'extension du genou, chez des sujets de 60 à 80 ans qui continuent à s'entraîner, est égale, voire supérieure, à celle de sujets de 20 à 30 ans non entraînés (b). D'après Human Performance Laboratory, Ball State University.

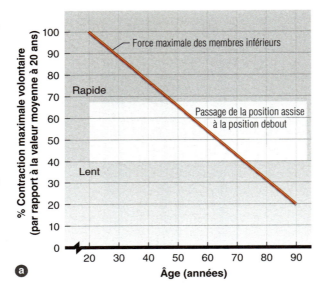

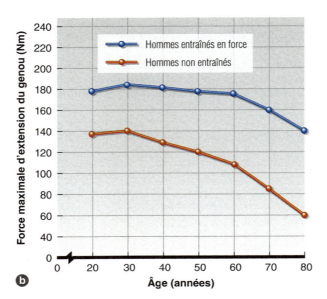

L'ACTIVITÉ PHYSIQUE CHEZ LE SUJET ÂGÉ | Chapitre 18

Figure 18.6

Non entraîné

Entraîné (natation)

Entraîné (force)

Coupes scanographiques du membre supérieur chez 3 hommes âgés de 57 ans, de même poids. Elles montrent (1) l'os (centre noir entouré d'un anneau blanc), (2) le muscle (zone grise hachurée), et (3) la graisse sous-cutanée (enveloppe noire). Remarquez la différence de surface de section musculaire entre les 3 sujets.

de masse musculaire et d'une baisse de l'activité physique. Les sédentaires du troisième âge ont à la fois une perte de masse maigre et un gain de masse grasse. La figure 18.6 montre des coupes du bras, obtenues par scanner, chez trois hommes de 57 ans de mêmes dimensions corporelles (entre 78 et 80 kg). Notez que le sujet sédentaire a une masse musculaire nettement plus faible et un tissu adipeux sous-cutané plus important que les deux autres. Le sujet entraîné en natation possède moins de graisse et un triceps plus important que le sédentaire, mais le biceps est à peu près semblable. Cependant ces deux muscles sont encore plus développés chez le troisième sujet qui pratique la musculation. Ces différences sont sans doute attribuables à la fois à des facteurs génétiques et aux modalités de l'entraînement (type et intensité).

Les effets de l'âge sur la composition des muscles en fibres lentes et rapides sont assez contradictoires. Des études transversales, menées chez des sujets de 15 à 83 ans, suggèrent que la composition musculaire du quadriceps ne varie pas au cours de la vie[21]. Pourtant, les études longitudinales menées sur une période de 20 ans, indiquent que l'intensité et la quantité d'exercice peuvent, toutes les deux, jouer un rôle important dans l'évolution de la typologie musculaire avec l'âge[36,37]. Des biopsies musculaires des muscles jumeaux ont été pratiquées chez des coureurs à pied de haut niveau, une première fois de 1970 à 1974 puis une deuxième fois, en 1992. À cette date, certains athlètes continuaient à s'entraîner intensément alors que d'autres avaient arrêté ou considérablement diminué leur activité. La proportion de fibres ST ne change pas chez ceux qui

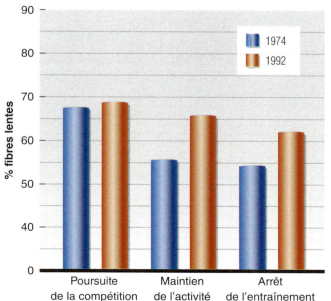

Figure 18.7

Évolution, en 18 ans, de la typologie musculaire des muscles jumeaux, chez des coureurs à pied de haut niveau, selon qu'ils poursuivent la compétition, qu'ils maintiennent leur condition physique, ou qu'ils arrêtent l'entraînement. Remarquez que le pourcentage de fibres lentes ne change pas chez ceux qui continuent à faire de la compétition. Il augmente chez les sujets qui s'entraînent modérément ou chez les non-entraînés.

poursuivent l'entraînement mais augmente dans l'autre groupe (figure 18.7). Ceci suggère que la composition musculaire ne varie pas, ou peu si l'intensité et la durée d'entraînement sont maintenues.

L'augmentation du nombre de fibres lentes pourrait n'être qu'apparente car due à la diminution du nombre de fibres rapides. On n'en connaît pas la raison précise. On pense que le nombre de motoneurones rapides pourrait diminuer, supprimant l'innervation de ces fibres. Une telle diminution pourrait provenir de la mort de motoneurones au sein de la moelle épinière. N'étant plus activées, les fibres musculaires rapides dégénéreraient et disparaîtraient. Il semble, cependant, que les motoneurones survivants soient à même de développer des prolongements axonaux et ainsi de réinnerver certaines fibres musculaires précédemment innervées par des motoneurones disparus. Ceci implique alors une augmentation de la taille des unités motrices, puisqu'un même motoneurone assurerait l'innervation d'un plus grand nombre de fibres musculaires.

De nombreux travaux ont montré que la taille et le nombre des fibres musculaires rapides diminuent après 50 ans, d'environ 10 % tous les 10 ans[25]. Cela pourrait expliquer l'atrophie dont nous sommes victimes au fur et mesure de l'avance en âge. Il semble qu'en prenant de l'âge, la taille des fibres lentes et rapides diminue également. L'entraînement en endurance a peu d'effet sur la fonte musculaire liée à l'âge. Par contre, l'entraînement de force semble bien limiter l'atrophie musculaire[25].

L'avance en âge est associée à une baisse très nette de l'aptitude du système nerveux à transmettre l'information et à activer le muscle. L'âge affecte spécifiquement la capacité à détecter correctement un stimulus et à produire la réponse adaptée. Les mouvements simples et complexes sont réalisés plus lentement, sauf chez les individus qui restent physiquement actifs et dont les mouvements sont, alors, à peine moins rapides que chez les plus jeunes. Vers 80 ans, la fréquence maximale de décharge est plus faible et la durée de contraction musculaire est plus longue que vers 20 ans[3]. Ainsi, la réduction de force musculaire avec l'âge pourrait provenir d'une altération des capacités fonctionnelles des motoneurones survivants, et en particulier d'une moindre aptitude à conduire l'influx nerveux. L'augmentation de la taille des unités motrices pourrait y contribuer. Toutefois, d'autres études indiquent aussi que la réponse maximale du muscle à la stimulation est plus faible suggérant que les facteurs locaux musculaires joueraient un rôle plus important que les facteurs nerveux.

L'évolution du système neuromusculaire avec l'âge est en partie responsable de la diminution de la force et de l'endurance mais, chez les sujets qui poursuivent l'activité sportive, l'impact de l'âge se fait moins important. Cela ne signifie nullement que les effets biologiques liés à l'âge sont stoppés, mais l'exercice musculaire régulier limite nettement la baisse d'aptitude physique.

Les propriétés structurales et métaboliques des muscles restent cependant préservées, en dépit de la perte de masse musculaire. Le nombre de capillaires par unité de surface est le même chez les jeunes athlètes et chez les plus âgés. L'activité des enzymes oxydatives des sportifs vétérans, spécialistes d'endurance, n'est que de 10 % à 15 % inférieure à celle des jeunes adultes. La capacité oxydative du muscle squelettique est donc peu affectée par l'âge, ce qui suggère que l'âge a peu d'effet sur l'adaptabilité des muscles à l'entraînement.

Résumé

› La force maximale diminue régulièrement avec l'âge.

› Cela s'explique surtout par une perte substantielle de la masse musculaire.

› En général, on observe une augmentation du pourcentage de fibres lentes avec l'âge qui s'explique, en fait, par une diminution du nombre de fibres rapides.

› Le nombre total de fibres musculaires et la surface de section de chaque fibre diminuent avec l'âge. Cette dernière évolution peut être atténuée par l'entraînement.

› Il semble que l'âge affecte également l'aptitude du système nerveux à détecter un stimulus et à déclencher la réponse adaptée.

› L'entraînement en endurance a peu d'effet sur la perte de masse musculaire avec l'âge. Seul l'entraînement de force et la musculation permettent de maintenir voire augmenter la masse musculaire chez les sujets âgés des deux sexes.

2.2 Les fonctions cardiovasculaire et respiratoire

L'évolution des performances aérobies avec l'âge dépend, dans une large mesure, d'une altération de la fonction circulatoire, centrale et périphérique. Les modifications de la fonction respiratoire jouent sans doute un rôle plus négligeable.

2.2.1 La fonction cardiovasculaire

Comme la fonction musculaire, la fonction cardiovasculaire se dégrade avec l'âge. Une des modifications les plus importantes est la diminution de la fréquence cardiaque maximale (Fc max). Alors que les valeurs oscillent entre 195 et 215 bpm chez l'enfant, la Fc max moyenne à 60 ans se situe aux environs de 166 bpm. On estime que Fc max diminue de moins de 1 bpm par an. Pendant de

> **PERSPECTIVES DE RECHERCHE 18.1**
>
> ### Avance en âge et adaptations neuromusculaires à l'entraînement
>
> L'avance en âge est associée à une sarcopénie, c'est-à-dire à une fonte musculaire. Chez les sujets âgés des deux sexes, la fonte musculaire s'accompagne de modifications typologiques avec diminution du ratio entre les fibres rapides à propriétés glycolytiques et les fibres lentes à propriétés oxydatives. Néanmoins, l'entraînement régulier permet d'en limiter la progression. Comme les adaptations neuromusculaires induites par l'entraînement sont parmi les premières à apparaître, notamment au niveau de la jonction neuromusculaire (JNM), elles ont été plus particulièrement étudiées.
>
> Pour juger de leur rôle, des groupes de rats jeunes et âgés, sédentaires ou entraînés sur tapis roulant ont été comparés[4]. Une technique d'imagerie 3D performante (microscopie confocale) a été utilisée pour visualiser les adaptations apparues après la période expérimentale dans les fibres lentes et rapides, notamment au niveau pré et post-synaptique. La surface de section des différents types de fibres musculaires a également été mesurée. Alors que l'entraînement des rats jeunes induit des adaptations significatives au niveau de la JNM des fibres lentes, rien n'est observé chez les rats âgés. Chez ces derniers, ce type d'entraînement n'a également aucun effet bénéfique sur l'altération des propriétés des fibres rapides liée à l'âge. Ces données suggèrent que l'âge modifie les capacités d'adaptation en réponse à l'entraînement. Cette étude souligne aussi la complexité et la spécificité des interactions qui s'opèrent au niveau des différents types de fibres musculaires, sous l'effet de l'âge et de l'entraînement.

nombreuses années, on a estimé que la Fc max moyenne à un âge donné pouvait être prédite par l'équation suivante : Fc max = 220 – âge. Plus récemment, Tanaka et ses collaborateurs ont proposé une équation plus pertinente[34] :

$$Fc\ max = [208 - (0{,}7 \times \text{âge})]$$

Cette nouvelle équation est plus appropriée car elle s'applique à un plus grand nombre de sujets et ne semble pas influencée par le genre et le niveau d'entraînement. L'équation précédente avait tendance à surestimer la Fc max des enfants et des sujets jeunes et à sous-estimer celle des sujets âgés. Ainsi, pour un sujet de 60 ans, la Fc max prédite par l'ancienne équation est de 160 bpm, alors que les valeurs mesurées vont de 140 à 180 bpm selon les sujets. De telles erreurs d'estimation ont des conséquences importantes en pratique, lorsqu'il s'agit d'établir des programmes d'activité physique (voir chapitre 20).

La baisse de Fc max avec l'âge s'observe chez les sédentaires comme chez les sujets entraînés. Cette évolution peut être attribuée aux altérations morphologiques et électrophysiologiques du tissu de conduction cardiaque, et tout spécialement du nœud sinusal et du nœud auriculo-ventriculaire. Le résultat est un ralentissement de la conduction cardiaque par un mécanisme de « down-regulation » des récepteurs cardiaques β1 qui diminue la sensibilité du cœur à la stimulation par les catécholamines.

Le volume d'éjection systolique maximal et le débit cardiaque maximal diminuent aussi avec l'âge car la force contractile du myocarde se détériore. Le volume d'éjection systolique maximal diminue nettement chez les sujets sédentaires mais seulement de 10 % à 20 % chez les sujets âgés très entraînés. Les données récentes issues des techniques d'imagerie par Doppler sont en faveur d'une altération du mécanisme de Frank-Starling, en raison d'une perte d'élasticité du ventricule gauche et des parois artérielles. Une activité physique précoce débutée dès le plus jeune âge permettrait de limiter cette dysfonction. Cet effet protecteur est beaucoup plus limité et très variable selon les individus lorsque l'activité physique est commencée à un âge plus avancé.

Chez les sujets âgés des deux sexes très entraînés, la diminution du débit cardiaque maximal est due surtout à la diminution de la fréquence cardiaque et, à un moindre degré, à celle du volume d'éjection systolique. Ceci explique la réduction concomitante de $\dot{V}O_2max$ alors même que les dimensions du cœur d'un sujet âgé sont les mêmes que celles d'un sujet jeune.

Le **débit sanguin périphérique** mesuré au niveau de la jambe diminue avec l'âge, même si la densité capillaire reste inchangée. Les travaux, sur ce sujet, indiquent une réduction de 10 % à 15 % du débit sanguin, à tous les niveaux d'exercice, chez des athlètes d'âge moyen comparés à des athlètes plus jeunes (figure 18.8)[30]. Cette altération est due à de multiples facteurs parmi lesquels une moindre vasodilatation périphérique à l'exercice car l'inhibition sympathique au niveau vasculaire et la libération locale des agents vasodilatateurs sont moins marquées[31]. Toutefois, cette réduction est compensée par une augmentation de la différence artério-veineuse en oxygène. À même niveau d'exercice sous-maximal, la prise d'oxygène par les muscles en activité est la même dans les deux groupes. Ceci est confirmé dans un travail concernant des athlètes endurants, âgés respectivement de 22 à 30 ans et de 55 à 68 ans. Le débit sanguin des membres inférieurs, la conductance vasculaire et le

Figure 18.8

Débit sanguin dans les membres inférieurs, lors d'un exercice de pédalage chez des sportifs jeunes ou d'âge moyen (course d'orientation).
D'après B. Saltin, 1986, "The aging endurance athlete" in *Sports medicine for the mature athlete*, ed. J.R. Sutton & R.M. Brock (Indianapolis : Benchmark Press). © 1986 Cooper Publishing Group.

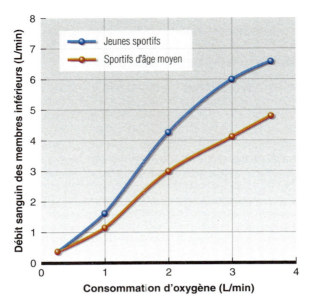

taux de saturation en oxygène du sang veineux fémoral sont inférieurs de 20 % à 30 % dans le groupe le plus âgé pour une même puissance d'exercice[28], alors que la différence artério-veineuse en oxygène est plus élevée.

Il est difficile aujourd'hui de préciser la part respective de l'âge lui-même et de l'inactivité physique dans l'ensemble de ces dysfonctions cardiovasculaires. Il est clair que le volume et l'intensité d'entraînement sont toujours plus faibles chez les sujets âgés. Il n'est donc pas impossible que l'âge contribue pour une part plus faible que la réduction d'activité ou d'entraînement à toutes ces altérations. Quoi qu'il en soit, celles-ci participent pour beaucoup au déclin de $\dot{V}O_2$max avec l'âge.

Chez les sujets âgés et inactifs, il est aussi observé une perte d'élasticité des parois artérielles et cardiaques qui diminue la compliance du cœur et des vaisseaux. Parmi les facteurs responsables, il faut citer la **dysfonction endothéliale**. L'endothélium (tunique interne de la paroi vasculaire) libère moins de substances vasodilatatrices comme le monoxyde d'azote et certaines prostaglandines. Il est aussi moins sensible à leur action. Tout ceci contribue à réduire le débit sanguin périphérique, notamment à l'exercice.

L'activité physique régulière et l'entraînement permettent de limiter la dysfonction endothéliale en préservant voire en restaurant l'intégrité des voies de signalisation impliquées dans les mécanismes de vasodilatation et en augmentant la biodisponibilité du monoxyde d'azote. En outre, les adaptations favorables induites par l'exercice aérobie sur la fonction cardiovasculaire périphérique et centrale sont en partie indépendantes des facteurs de risque cardiovasculaires[31]. Ainsi, l'exercice régulier permet d'améliorer nettement la fonction cardiovasculaire des sujets qui présentent un voire plusieurs de ces facteurs de risque[31]. Il reste cependant à préciser les modalités exactes (durée, fréquence, intensité) d'exercice à proposer pour optimiser ces effets bénéfiques au plan cardiovasculaire, tant pour la population saine que pour la population à risque ou pathologique.

2.2.2 La fonction respiratoire

Chez les sujets inactifs, la fonction pulmonaire change beaucoup avec l'âge. Ainsi, la **capacité vitale** (CV, différence de volume d'air entre une inspiration forcée et une expiration forcée) et le volume expiratoire maximal seconde (VEMS) diminuent linéairement avec l'âge, à partir de 20 à 30 ans. Au contraire, le **volume résiduel** (VR, le volume d'air qui reste dans les voies respiratoires après une expiration forcée) augmente et la **capacité pulmonaire totale** reste inchangée. Le rapport entre le volume résiduel et la capacité pulmonaire totale (VR/CPT) augmente, de sorte que les échanges gazeux diminuent. Durant les 20 premières années, le volume résiduel représente 18 % à 22 % de la capacité pulmonaire totale. Il atteint 30 % et plus à 50 ans. Le tabagisme majore ce phénomène.

Les valeurs maximales de ventilation, mesurées à l'exercice exhaustif, ($\dot{V}Emax$) augmentent pendant l'enfance et l'adolescence. Elles diminuent ensuite avec l'âge. Dans le sexe masculin, $\dot{V}Emax$ est en moyenne de 40 L.min⁻¹ entre 4 et 6 ans et passe à 110-140 L.min⁻¹ à l'âge adulte, avant de décroître à 70-90 L.min⁻¹, chez les individus de 60-70 ans. Les femmes connaissent la même évolution générale mais les valeurs sont nettement plus faibles à chaque âge, pour des raisons essentiellement morphologiques (voir chapitre 7).

Ces adaptations de la fonction pulmonaire chez les sujets inactifs résultent de plusieurs facteurs. Le plus important est la perte de l'élasticité thoraco-pulmonaire, ce qui augmente le travail des muscles respiratoires à chaque cycle. Ce facteur est sans doute le principal responsable de l'altération de la fonction pulmonaire. En dépit de cette évolution, les volumes pulmonaires restent suffisants et permettent de maintenir une capacité de diffusion telle qu'elle permet la réalisation d'exercices maximaux.

Chez les adultes d'âge moyen et du troisième âge, l'entraînement aérobie limite la perte d'élasticité des poumons et de la cage thoracique. C'est pourquoi les vétérans sportifs n'ont qu'une légère diminution de leurs capacités ventilatoires. La baisse du potentiel aérobie, chez ces sujets, ne peut pas être attribuée aux facteurs mécaniques de la respiration. Ajoutons que, lors de l'exercice intense, la saturation artérielle en oxygène des individus actifs et des vétérans sportifs conserve une valeur quasi-maximale. Ainsi, ni l'évolution de la fonction pulmonaire ni la capacité de transport de l'oxygène par le sang ne peuvent expliquer la diminution de $\dot{V}O_2max$ avec l'âge.

Le principal facteur limitant est plutôt le transport circulatoire de l'oxygène. Nous avons vu précédemment que l'âge s'accompagne, en effet, d'une diminution de la fréquence cardiaque maximale et du volume d'éjection systolique maximal. En conséquence, le débit cardiaque maximal et le débit sanguin à destination des muscles actifs sont plus faibles chez le sujet âgé.

2.3 La fonction aérobie

Deux points principaux doivent être considérés : ils concernent la $\dot{V}O_2max$ et les seuils lactiques.

2.3.1 $\dot{V}O_2max$

Pour juger de l'évolution de $\dot{V}O_2max$ avec l'âge, il faut tenir compte du mode d'expression de ce facteur. Doit-on exprimer $\dot{V}O_2max$ en valeur absolue, c'est-à-dire en $L.min^{-1}$ ou plutôt en valeur relative rapportée au poids du corps, c'est-à-dire en $mL.min^{-1}.kg^{-1}$? Dans certains cas, $\dot{V}O_2max$ exprimée en valeur absolue ne varie pas pendant au moins 10 à 20 ans, alors que $\dot{V}O_2max$ diminue en valeur relative. Cette apparente discordance est due, le plus souvent, à une prise de poids. En fait, les deux modes d'expression sont intéressants à considérer. Dans les activités, dites en décharge, c'est-à-dire dans lesquelles le poids du corps n'intervient pas, comme en natation ou en cyclisme sur terrain plat, l'expression en valeur absolue est plus appropriée. Dans les activités en charge, beaucoup plus

Résumé

> La baisse de la performance aérobie avec l'âge est due, en grande partie, à l'altération des fonctions cardiovasculaires.

> La Fc max diminue à peine de 1 bpm par année d'âge. Pour un âge donné, la Fc max peut être estimée par la formule Fc max = [208 − (0,7 × âge)].

> Le volume systolique maximal et le débit cardiaque maximal diminuent avec l'âge. Mais le Vs peut être en partie conservé chez les athlètes âgés qui continuent à s'entraîner. Chez les sujets sédentaires, la diminution du Vs max. provient surtout de la perte d'élasticité des parois du ventricule gauche et des vaisseaux.

> Le débit sanguin périphérique diminue aussi avec l'âge, mais, chez les sportifs âgés qui poursuivent leur entraînement, cette baisse est compensée par une augmentation de la différence artério-veineuse en oxygène.

> L'activité physique permet de limiter les effets de l'âge sur les fonctions cardiaques et endothéliales.

> La diminution de $\dot{V}O_2max$ avec l'âge et l'inactivité est essentiellement due à la diminution du débit cardiaque maximal et de Fc max. La diminution du débit cardiaque maximal affecte le débit sanguin destiné aux muscles actifs.

> La diminution de Fc max provient d'une altération de l'excitabilité intrinsèque du myocarde, de l'activité nerveuse sympathique et du système de conduction intracardiaque.

> De nombreuses études montrent que ces altérations sont largement atténuées, chez ceux qui continuent à s'entraîner. Ceci suggère que l'inactivité joue sans doute un rôle très important.

> La capacité vitale et le volume expiratoire forcé diminuent linéairement avec l'âge. Le volume résiduel augmente, mais la capacité pulmonaire totale reste inchangée. En conséquence, le rapport VR/CPT augmente ce qui diminue les possibilités d'échanges gazeux à chaque cycle respiratoire.

> La ventilation maximale diminue aussi avec l'âge.

> Les modifications ventilatoires avec l'âge résultent surtout d'une perte d'élasticité du tissu pulmonaire et de la paroi thoracique. Pourtant, les capacités ventilatoires des sportifs âgés sont peu altérées.

PERSPECTIVES DE RECHERCHE 18.2

Avance en âge, activité physique et débit sanguin cérébral (DSC)

Au repos comme à l'exercice, le débit sanguin cérébral (DSC) doit être maintenu afin d'assurer un apport adéquat d'oxygène et de glucides dans toutes les régions du cerveau. Chez les sujets jeunes et en bonne santé, le DSC et le taux d'oxygénation sont étroitement couplés à l'activité nerveuse. Ce couplage opère aussi à l'exercice, lorsque celui-ci reste d'intensité faible à modérée. Il pourrait être altéré lors de l'exercice intense et jouer un rôle dans l'apparition de la fatigue. C'est la « théorie de la fatigue centrale ». Certaines études transversales et longitudinales suggèrent qu'au repos, l'âge est associé à une diminution du DSC, du pouvoir d'extraction de l'oxygène et de la consommation de glucose dans les territoires cérébraux. Même si cette hypothèse n'est pas admise par tous, l'impact de l'exercice sur ces différents paramètres reste à préciser. Pour clarifier ce point, une étude récente[7] a mesuré le DSC ainsi que les différences de concentration en oxygène, en glucose et en lactate, au niveau cérébral, chez des sujets jeunes et âgés, au repos et lors d'un exercice exhaustif.

11 sujets jeunes (âgés en moyenne de 22 ans) et 9 sujets plus âgés (d'environ 66 ans) ont été explorés au repos, et lors d'un exercice de pédalage sur vélo respectivement à 25 %, 50 %, 75 % et 100 % de $\dot{V}O_2max$. Le DSC a été évalué par une technique Doppler transcrânienne. L'oxygénation et l'activité métabolique cérébrales ont été estimées en mesurant les différences de concentration en oxygène, glucose et lactate entre les compartiments artériel (artère brachiale) et veineux (veine jugulaire). Il faut rappeler que le glucose comme le lactate sont deux nutriments utilisés par le cerveau. Les résultats indiquent qu'à l'exercice sous-maximal et maximal, la perfusion cérébrale est plus faible chez les sujets âgés. Mais l'oxygénation et les consommations de glucose et de lactate sont similaires chez les sujets jeunes et âgés. Ces résultats suggèrent que les modifications de perfusion cérébrale liées à l'âge n'affectent pas l'oxygénation et les capacités métaboliques du cerveau lors de l'exercice.

Il est important de souligner que les sujets ayant participé à cette étude n'étaient ni sédentaires ni spécifiquement entraînés. Il n'est donc pas impossible que l'activité physique régulière permette de maintenir une perfusion cérébrale suffisante. En effet, des athlètes de haut niveau ont un DSC significativement supérieur à celui d'hommes et de femmes inactifs de même âge et, parmi les athlètes, ceux dont la $\dot{V}O_2max$ est la plus élevée ont aussi un DSC plus important[35]. Il a été montré que même des entraînements de courte durée peuvent améliorer le DSC chez des adultes sains âgés de 57 à 75 ans[2].

---

nombreuses, où le poids est porté et constitue un travail supplémentaire, l'expression en valeur relative est plus pertinente.

La variation de $\dot{V}O_2max$, qu'elle soit donnée en valeur absolue ou relative peut aussi être mesurée en pourcentage par rapport à la valeur initiale en appliquant la formule :

$$\%\text{variation} = \frac{\text{valeur finale} - \text{valeur initiale}}{\text{valeur initiale}} \times 100$$

Ceci est beaucoup plus important qu'il n'y paraît. Prenons l'exemple de deux sujets : un premier, dont la $\dot{V}O_2max$ initiale est de 50 mL.min^{-1}.kg^{-1} à 30 ans et 40 mL.min^{-1}.kg^{-1} à 50 ans ; un second dont la $\dot{V}O_2max$ initiale est de 35 mL.min^{-1}.kg^{-1} à 60 ans et 25 mL.min^{-1}.kg^{-1} à 80 ans. Dans les deux cas, la $\dot{V}O_2max$ a diminué de 10 mL.min^{-1}.kg^{-1} en 20 ans, soit environ de 0,5 mL.min^{-1}.kg^{-1} par an. Pourtant, la diminution représente 20 % chez le plus jeune (10/50 = 0,20 ou 20 %) soit 1 % par an en 20 ans, alors qu'elle est de 28,6 % (10/35 = 0,286 ou 28,6 %) soit 1,4 % par an pendant la même période pour le sujet plus âgé. Alors que la dégradation de la $\dot{V}O_2max$ est similaire en mL.min^{-1}.kg^{-1} pour les deux sujets, elle est beaucoup plus importante pour le sujet plus âgé, lorsqu'elle est exprimée en pourcentage de la valeur initiale. La plupart des études rapportent les variations de $\dot{V}O_2max$ à la fois en valeur absolue et en valeur relative. Considérons maintenant l'évolution de $\dot{V}O_2max$, avec l'âge, à la fois chez les sujets normalement actifs et chez les sujets entraînés.

2.3.2 Sujets normalement actifs

Les premières études sur l'âge et l'aptitude physique datent de 1930. Elles ont été conduites par Sid Robinson[29]. Il a montré, chez des hommes normalement actifs, que la $\dot{V}O_2max$ diminue régulièrement entre 25 et 75 ans (tableau 18.1). Cette étude transversale rapporte une diminution de 0,44 ml.kg^{-1}.min^{-1} par an jusqu'à l'âge de 75 ans soit environ 1 % par an ou 10 % par décennie. Chez des femmes âgées de 25 à 56 ans, Irma Astrand, en 1960, mesure une diminution de 0,38 ml.kg^{-1}.min^{-1} par an, soit 0,9 % par an[1]. En 1987, une revue de questions rapportant les résultats de 11 études transversales concernant des hommes de moins de 70 ans conclut à un déclin de 0,41 ml.kg^{-1}.min^{-1} par an[1]. Cette même revue donne les résultats de 6 études transversales ayant concerné les femmes. La diminution de $\dot{V}O_2max$ avec l'âge, chez les femmes, est de 0,30 ml.kg^{-1}.min^{-1} par an. Dans ce travail, les variations en pourcentage de la valeur initiale ne sont pas précisées. Dans les années 1990, une vaste étude transversale a été réalisée par la NASA au centre spatial de Houston (Texas). Cette étude a inclus 1 499 hommes et 409 femmes, en bonne santé, qui ont tous réalisé une épreuve d'effort maximale sur tapis roulant, au cours de laquelle la $\dot{V}O_2max$ a pu être mesurée par méthode directe[18,19]. Les auteurs concluent à un déclin de 0,46 ml.kg^{-1}.min^{-1} (soit 1,2 % par an) chez les hommes et de 0,54 ml.kg^{-1}.min^{-1} (soit 1,7 % par an) chez les femmes.

Malheureusement, on ne dispose guère d'études longitudinales dans ce domaine. Les travaux qui se sont intéressés à l'évolution du potentiel aérobie, au fur et à mesure de l'avance en âge chez un même individu, montrent une chute prononcée de ces qualités. Une partie de ces variations peut être attribuée à l'activité différente des sujets et à leur niveau initial très divers. Néanmoins, il semble que $\dot{V}O_2$max baisse environ de 10 % par décade (0,4 ml.kg^{-1}.min^{-1} par an) chez des hommes peu actifs. On considère qu'il en est de même chez les femmes même si les données sont encore moins nombreuses.

2.3.3 Athlètes âgés

Une des plus importantes études sur les effets de l'âge, chez des coureurs à pied, a été conduite au Harvard Fatigue Laboratory par D.B. Dill et ses collègues[5]. Le recordman du monde du 2 miles (8 min 58 s) en 1936, Don Lash, était suivi par le groupe de Harvard. Alors que la plupart des athlètes arrêtent de s'entraîner lorsqu'ils quittent l'université, Lash s'entraînait encore 45 min par jour à 49 ans. Malgré cela, sa $\dot{V}O_2$max a chuté de 81,4 ml.kg^{-1}.min^{-1} à 24 ans à 54,4 ml.kg^{-1}.min^{-1} à 49 ans, soit une baisse de 33 %. Il semble que les anciens athlètes qui arrêtent l'entraînement voient leur $\dot{V}O_2$max chuter de 43 % en moyenne entre 23 et 50 ans (de 70 à 40 ml.kg^{-1}.min^{-1}). Ces données suggèrent que l'entraînement précoce n'apporte que peu d'avantages dans le maintien du potentiel aérobie, sauf si le sujet continue de s'entraîner intensément. Il existe également de larges variations interindividuelles, probablement liées à l'intervention de facteurs génétiques.

Des études longitudinales plus récentes, concernant des coureurs à pied et des rameurs d'âge avancé, rapportent une altération de la capacité aérobie, de la fonction cardiovasculaire et des caractéristiques des fibres musculaires. Ces sportifs ont été suivis pendant 20 à 28 ans, période pendant laquelle certains ont continué à pratiquer la compétition tandis que d'autres devenaient inactifs. La $\dot{V}O_2$max de ceux qui ont poursuivi l'entraînement a baissé de 5 % à 6 % par décade. Elle a chuté de 15 % environ, en 10 ans, chez ceux qui ont arrêté l'entraînement, diminution qui reflète l'effet combiné de l'âge et du déconditionnement.

Les études chez les femmes sont moins nombreuses, mais les résultats vont dans le même sens. Dans un travail ayant concerné 86 hommes et 49 femmes, coureurs de longue distance, les variations de $\dot{V}O_2$max ont pu être suivies, en transversal comme en longitudinal, sur une période de 8,5 ans[15]. Les résultats sont rapportés sur la figure 18.9. L'analyse transversale indique une diminution de 0,47 ml.kg^{-1}.min^{-1} par an (0,8 %) chez les hommes et de 0,44 ml.kg^{-1}.min^{-1} par an chez les femmes (0,9 %). Néanmoins, cette figure montre que les variations, en longitudinal, sont beaucoup plus importantes, en particulier pour les sujets les plus âgés. Dans une étude transversale, ayant comparé des femmes inactives (n = 2 256), des femmes actives (n = 1 717) et des femmes entraînées en endurance (n = 911), âgées de 18 à 89 ans, la $\dot{V}O_2$max déclinait de 0,35 ml.kg^{-1}.min^{-1} par an (1,2 %) chez les femmes inactives, de 0,44 ml.kg^{-1}.min^{-1} par an (1,1 %) chez les femmes actives et de 0,62 ml.kg^{-1}.min^{-1} par an (1,2 %) chez les femmes entraînées[8].

Au début des années 2000 a été publiée une étude longitudinale réalisée sur une période de 25 ans[37,38]. Elle concernait des vétérans masculins de haut niveau, pratiquant la course à pied. Ces sujets ont été testés pour la première fois entre 18 et 25 ans. Entre les deux tests, ils ont continué à s'entraîner à la même intensité relative. Comme l'indique le tableau 18.2, la $\dot{V}O_2$max est restée relativement stable. Rapportée au kilo de poids, elle a baissé de 69 à 64,3 ml.kg^{-1}.min^{-1}, en raison d'un gain de poids de 2,1 kg. Ainsi, pendant les 25 années de l'étude, la diminution de $\dot{V}O_2$max n'a été que de 3,6 %, soit 0,19 ml.kg^{-1}.min^{-1} par an (soit environ 0,3 % par an)[38].

Âge (années)	$\dot{V}O_2$max (ml · kg^{-1} · min^{-1})	% de variation par rapport à 25 ans
25	47,7	–
35	43,1	–10
45	39,5	–17
52	38,4	–20
63	34,5	–28
75	25,5	–47

Tableau 18.1 Évolution de $\dot{V}O_2$max chez des hommes normalement actifs

D'après Robinson 1938.

Figure 18.9

Déclin de $\dot{V}O_2$max avec l'âge chez des spécialistes d'endurance (86 hommes et 49 femmes). Données extraites d'études transversales et longitudinales. D'après Hawkins, S.A., Marcell, T.J., Jaque, S.V., & Wiswell, R.A., 2001, "A longitudinal assessment of change in $\dot{V}O_2$max and maximal heart rate in master athletes", *Medicine and Science in Sports and Exercise*, 33: 1744-1750.22.

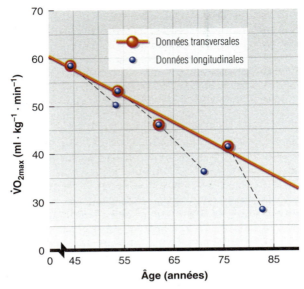

a Hommes

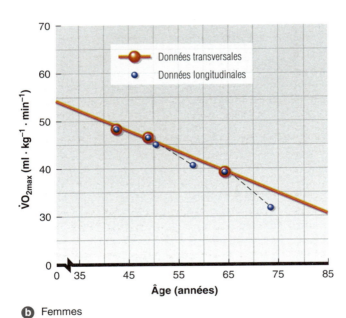

b Femmes

Tableau 18.2

Évolution de $\dot{V}O_2$max et de Fc max avec l'âge chez des coureurs à pied de longues distances et de haut niveau (n = 10).

Âge (années)	Poids (kg)	$\dot{V}O_2$max (L/min)	$\dot{V}O_2$max (ml · kg⁻¹ · min⁻¹)	Fc max (bpm)
21,3	63,9	4,41	69,0	189
46,3	66 0	4,25	64,3	180

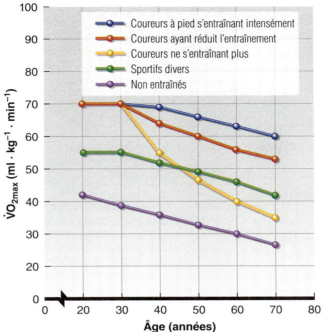

Figure 18.10

Évolution avec l'âge de $\dot{V}O_2max$ chez des hommes entraînés et non entraînés.

La baisse de $\dot{V}O_2max$ chez le sujet âgé est donc fonction de l'activité physique et de l'intensité de l'entraînement. Un de ces athlètes a même réalisé 4 min 11 s au mile et 2 h 29 min au marathon, à l'âge de 46 ans ! Ces performances, obtenues en 1992 étaient mêmes supérieures à celles qu'il réalisait en 1966. On a retrouvé des résultats semblables chez d'autres sportifs vétérans qui ont maintenu le volume et l'intensité de leur entraînement.

S'agit-il d'exceptions, ou doit-on admettre qu'un entraînement intense peut nettement limiter les effets de l'âge ? La réponse n'est pas simple et implique certainement différents paramètres, parmi lesquels l'entraînabilité du sujet, un facteur condi-

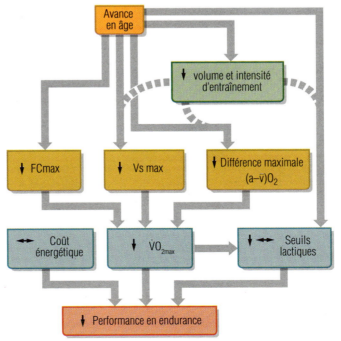

Figure 18.11

Facteurs et mécanismes physiologiques contribuant à la réduction de la performance en endurance avec l'avance en âge. L'âge altère des déterminants cardiovasculaires majeurs de $\dot{V}O_2max$; il existe cependant une réduction concomitante du volume et de l'intensité de l'entraînement (lignes pointillées). En conséquence, il est difficile de préciser la contribution exacte de l'âge et de l'activité physique dans le déclin de $\dot{V}O_2max$.
D'après et avec la permission de H. Tanaka and D.R. Seals, 2008, "Endurance exercise performance in Masters athletes: Age-associated changes and underlying physiological mechanisms", *Journal of Physiology* 586(1): 55-63.

PERSPECTIVES DE RECHERCHE 18.3

Intérêts d'une activité physique régulière tout au long de la vie : Étude chez des octogénaires

Le déclin de $\dot{V}O_2max$ avec l'âge est maintenant bien admis. Néanmoins, il existe une très grande variabilité individuelle à tous les âges qui s'explique à la fois par la génétique et le mode de vie. Scott Trappe[39] et coll. ont eu l'opportunité de suivre le potentiel aérobie de deux cohortes de sujets masculins âgés de 80 à 91 ans, en bonne santé, mais dont le comportement en matière d'activité physique était tout à fait opposé. Parmi les sujets figuraient 9 anciens skieurs de fond suédois de haut niveau, toujours très actifs. Ces octogénaires n'ont jamais cessé de s'entraîner plus de 6 mois après l'âge de 50 ans. L'autre groupe était composé de 6 sujets sains, appariés par l'âge, n'ayant jamais eu d'activité physique régulière. Chez chaque sujet, la $\dot{V}O_2max$ a été mesurée lors d'un exercice maximal sur bicyclette ergométrique et une biopsie musculaire du quadriceps a été réalisée afin d'évaluer l'activité de la citrate-synthase (enzyme oxydative) et l'expression de PGC1α, un marqueur de la biogenèse mitochondriale (voir perspective de recherche 11.2).

Bien évidemment, le groupe des skieurs de fond avait une $\dot{V}O_2max$ supérieure, que celle-ci soit exprimée en valeur absolue (2,6 vs 1,6 L/min) ou relative (38 vs 21 mL/min/kg). L'activité de la citrate-synthase et l'expression de PGC1α étaient respectivement 54 % et 135 % supérieures dans ce même groupe. L'activité enzymatique et l'expression de PGC1α étaient corrélées à $\dot{V}O_2max$. Ensemble, les adaptations cardiorespiratoires et musculaires contribuaient pour environ 40 % des valeurs de $\dot{V}O_2max$ chez les skieurs. On sait aujourd'hui que $\dot{V}O_2max$ permet d'estimer l'effort relatif que représentent les diverses tâches quotidiennes. L'intensité relative des tâches quotidiennes est d'autant plus faible que $\dot{V}O_2max$ élevée car la réserve fonctionnelle augmente avec $\dot{V}O_2max$. Ces résultats soulignent l'intérêt de maintenir $\dot{V}O_2max$ par une activité physique régulière et suffisante. Dans l'étude ci-dessus, la quantité d'activité physique moyenne des skieurs de fond était d'environ 11-MET, un niveau considéré comme associé au risque de mortalité le plus faible, toutes causes confondues.

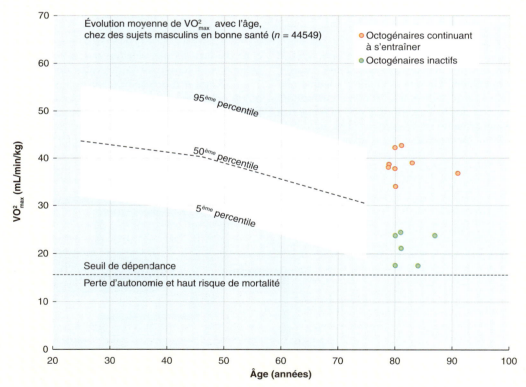

La figure rapporte les résultats de l'étude Trappe et coll. (voir perpectives de recherche 18.3). La ligne pointillée indique une capacité physique très faible équivalente à 5 MET. C'est le minimum nécessaire pour rester capable de réaliser les tâches quotidiennes élémentaires. Les valeurs indiquées sont extraites des données recueillies par le "Cooper Institute" à Dallas.

D'après et avec la permission de Trappe et al., 2013, "New records in aerobic power among octogenarian lifelong endurance athletes", *Journal of Applied Physiology* 114, 3-10.

tionné autant par les caractéristiques génétiques que par le niveau d'activité. À ceci, il faut certainement ajouter l'importance des facteurs d'optimisation de la performance, comme la nutrition et l'amélioration des techniques d'entraînement.

Les effets de l'âge et de l'entraînement, chez l'homme, sont illustrés par la figure 18.10. Même si l'entraînement intense limite la baisse de $\dot{V}O_2$max avec l'âge, l'aptitude aérobie diminue malgré tout. Il semble que l'entraînement intense limite davantage la baisse de $\dot{V}O_2$max chez l'adulte jeune et d'âge moyen qu'après 50 ans. Même si les travaux sont moins nombreux chez les femmes, il semble que l'évolution soit identique.

Ainsi, on peut conclure que la $\dot{V}O_2$max diminue avec l'âge, d'environ 1 % par an. Plusieurs facteurs peuvent influer sur l'amplitude de ce déclin :

- les facteurs génétiques,
- le niveau d'activité quotidienne,
- l'intensité d'entraînement,
- le volume d'entraînement,
- la prise de poids et de masse grasse ainsi que la diminution de la masse maigre,
- l'âge du sujet, la diminution de $\dot{V}O_2$max étant plus importante chez les sujets les plus âgés.

Il existe encore beaucoup de controverses quant à l'importance respective de ces différents facteurs qui sont représentés sur la figure 18.11 selon une vue intégrative.

2.3.4 Les seuils lactiques

Chez les jeunes coureurs à pied, le niveau des seuils lactiques est un bon indicateur de la performance aérobie en fond et demi-fond. Peu d'études se sont véritablement intéressées à l'évolution des seuils lactiques avec l'âge. Il faut rapporter ici les résultats d'une étude transversale qui a évalué les seuils lactiques chez 111 hommes et 57 femmes pratiquant la course à pied et âgés de 40 à 70 ans[40]. Si les SL (% $\dot{V}O_2$max) ne diffèrent pas entre hommes et femmes, ils s'élèvent avec l'âge. Exprimés sous cette forme, les SL sont de très bons index de la performance en endurance pour des sujets ayant la même $\dot{V}O_2$max. Mais des études longitudinales récentes effectuées chez des coureurs de très haut niveau rapportent que le caractère prédictif de la variation de SL sur une période de 6 ans disparaît lorsque SL est exprimé en % $\dot{V}O_2$max[26]. Des résultats comparables sont obtenus dans une autre étude qui a concerné 152 hommes non entraînés et 146 femmes non entraînées[27]. Mais dans ces deux études, les sujets les plus âgés avaient des valeurs faibles de $\dot{V}O_2$max, de sorte qu'exprimés en %$\dot{V}O_2$max, les SL étaient élevés. En valeur absolue le niveau des SL diminuait avec l'âge.

> **Résumé**
>
> ❯ Il est souvent difficile de différencier les effets propres de l'âge et ceux de l'inactivité physique dans la diminution de l'aptitude physique et la détérioration des grandes fonctions physiologiques avec l'avance en âge.
>
> ❯ Chez les hommes et femmes peu actifs, le potentiel aérobie décroît d'environ 10 % par décennie, soit 1 % par an.
>
> ❯ Les études réalisées chez les sportifs, comme chez les non sportifs, suggèrent que la réduction de $\dot{V}O_2$max n'est pas seulement liée à l'âge. En effet, chez les sportifs qui continuent à s'entraîner, la baisse de $\dot{V}O_2$max avec l'âge est beaucoup moins marquée.
>
> ❯ Les seuils lactiques, exprimés en pourcentage de $\dot{V}O_2$max, augmentent avec l'âge, mais ils diminuent lorsqu'ils sont exprimés en valeur absolue de $\dot{V}O_2$max.

3. Les adaptations physiologiques à l'entraînement

En dépit d'une baisse liée à l'âge, les sportifs, d'âge moyen ou plus avancé, sont capables de performances remarquables. Même ceux qui s'entraînent modérément pour rester en forme modifient leur composition corporelle et s'améliorent en force et en endurance. En outre, 4 à 6 mois d'entraînement en endurance et 2 à 3 mois d'entraînement de force suffisent à des sujets âgés précédemment inactifs pour améliorer nettement leurs valeurs de $\dot{V}O_2$max et de force musculaire.

3.1 La force musculaire

Chez les sujets âgés, la perte de force peut être attribuée à la fois aux effets de l'âge et à la réduction de l'activité physique qui induit un déclin de la fonction musculaire. Bien qu'il soit difficile de comparer les adaptations liées à l'entraînement de force, chez les jeunes et les vétérans, l'âge ne semble ni diminuer les gains de force éventuels, ni empêcher l'hypertrophie musculaire. Des sujets âgés (60 à 72 ans) qui réalisent un entraînement de force de 12 semaines à 80 % de 1-RM, dans des mouvements d'extension du genou et de flexion du coude, voient la force d'extension augmenter de 107 % et la force de flexion de 227 %[9]. Cette amélioration est attribuée à l'hypertrophie musculaire, déterminée à partir d'images scanner. Des biopsies réalisées au niveau du quadriceps montrent que la surface de section des fibres lentes a augmenté de 33,5 % et celle des fibres rapides de 28 %. Ces gains importants sont expliqués à la fois par les valeurs initialement faibles de force musculaire et par des adaptations neuromusculaires. Une autre étude a testé les effets d'un entraînement de force pendant 16 semaines chez des hommes âgés de 64 ans, initialement non entraînés. Ce programme a induit des gains de force très substantiels au niveau des membres inférieurs (50 % pour la force d'extension des jambes, 72 % à la presse et 83 % en demi-squat) associée à une augmentation de la surface moyenne de section des principaux types de fibres musculaires (46 % pour les fibres ST, 34 % pour les FTa et 52 % pour les FTb)[11,16].

Chez des femmes plus âgées (64 ans en moyenne), un programme d'entraînement de force de 21 semaines a induit un gain de force de 37 % pour la force maximale d'extension des jambes associé à une augmentation de la surface moyenne de section des muscles extenseurs et de la surface des fibres musculaires (de 22 % à 36 % pour les fibres ST, FTa et FTb)[13].

Il faut rapporter enfin les résultats d'un travail qui a exploré les effets d'un programme d'entraînement intense de musculation (séries de squats, à raison de 2 fois par semaine, pendant 24 semaines) chez des hommes et des femmes âgés de 60 à 75 ans[12]. La force maximale développée par les jambes (1RM) a augmenté de 26 % chez les femmes et de 35 % chez les hommes, tandis que le temps mis pour enchaîner rapidement 3 passages de la station assise (sur une chaise de 40 cm) à la station debout diminue de 24 % chez les femmes et de 25 % chez les hommes.

Ainsi la plupart des travaux concluent que l'entraînement de force est très bénéfique pour les sujets âgés des deux sexes. Les sujets âgés qui suivent ce type d'entraînement ont une masse musculaire plus élevée, sont plus maigres et développent des forces musculaires de 30 % à 50 % supérieures à des sujets de même âge, non entraînés. En outre, leur densité minérale osseuse est plus élevée. Il faut aussi ajouter qu'il n'est jamais trop tard pour débuter ce type d'entraînement. Des sujets âgés restés sédentaires sont capables d'améliorer très significativement leur force musculaire et leur condition physique générale en suivant un entraînement de force adapté. Ceci leur permet de maintenir plus longtemps leur autonomie dans la vie quotidienne et aussi d'éviter le risque de chutes.

3.2 L'aptitude aérobie et anaérobie

Des études récentes montrent que dans les deux sexes, les progrès de $\dot{V}O_2max$, entre 60 et 71 ans, peuvent être les mêmes qu'entre 21 et 25 ans[23,27]. Bien que les valeurs de $\dot{V}O_2max$ soient plus faibles chez les vétérans, le gain absolu est de 5,5 à 6 ml.kg^{-1}.min^{-1} dans les deux groupes. Les gains exprimés en valeur relative sont de 21 % chez les hommes et de 19 % chez les femmes, après un entraînement de 9 à 12 mois où les sujets pratiquaient la marche, la course ou les deux (environ 6 km) chaque jour. Chez les sujets initialement sédentaires, les adaptations cardiovasculaires se manifestent indiscutablement après 3 à 6 mois d'entraînement modéré[32]. Tout ceci montre que l'entraînement en endurance produit, de 20 à 70 ans, les mêmes effets sur l'aptitude aérobie. Ces adaptations sont indépendantes de l'âge, du sexe et du niveau d'aptitude initial. Cela ne veut pas dire, pour autant, que les vétérans sont capables des mêmes performances que leurs cadets.

Quel que soit l'âge, les mécanismes précis qui stimulent les adaptations de l'organisme ne sont pas totalement élucidés. Nous ne savons pas notamment si les adaptations induites par l'entraînement sont les mêmes tout au long de la vie. Il semble, par exemple, que l'amélioration de $\dot{V}O_2max$ chez le sujet jeune, soit associée à une augmentation du débit cardiaque. Par contre, les sujets âgés ont une amélioration plus importante du potentiel enzymatique. Cela suggère que les facteurs périphériques jouent un rôle plus important chez les personnes âgées que chez les sujets plus jeunes.

Nous avons vu précédemment que SL- % $\dot{V}O_2max$ s'élève avec l'âge et n'est plus corrélé avec la performance en endurance, mais les mécanismes responsables restent totalement à clarifier. On suppose que les différents facteurs impliqués soit dans le transport et la fourniture d'oxygène soit dans les systèmes tampons de l'acidose ou dans le métabolisme du lactate ne sont pas affectés dans les mêmes proportions avec l'avance en âge. Il est donc plus approprié d'exprimer les seuils lactiques en fonction de la valeur absolue de $\dot{V}O_2max$ si on veut comparer, sur ce critère, des sujets d'âge différent.

Résumé

> Les effets de l'entraînement sur la composition corporelle (diminution du poids, de la masse grasse et augmentation de la masse maigre) sont semblables chez les sujets âgés comparés aux plus jeunes.

> L'âge ne semble pas affecter l'augmentation de la force et l'hypertrophie musculaire liées à l'entraînement.

> L'entraînement aérobie induit des gains assez similaires chez les sujets sains, quels que soient leur âge, leur sexe, ou le niveau initial d'aptitude physique. Mais en pourcentage, le gain est supérieur chez ceux dont les valeurs initiales sont les plus faibles.

> Les effets de l'entraînement aérobie sont dus surtout à une augmentation de la capacité oxydative (adaptation périphérique) chez les sujets âgés, et du débit cardiaque maximal chez les sujets jeunes (adaptation centrale).

4. La performance sportive

Les records en course à pied, cyclisme, haltérophilie, suggèrent que nous sommes au maximum de nos possibilités entre 20 et 30 ans. Une approche transversale permet de comparer les records des vétérans avec les champions nationaux et mondiaux. Malheureusement, nous ne disposons pas d'études longitudinales sur ce sujet, car très peu se sont intéressées à l'évolution des qualités physiques après l'arrêt de la carrière sportive. Il est cependant possible d'analyser l'évolution historique des records selon l'âge dans ces différentes disciplines

4.1 La performance en course à pied

En 1954, Roger Bannister, un étudiant en médecine, âgé de 21 ans, réalisa un exploit sportif en devenant le premier homme à courir le mile (1,610 km) en moins de 4 minutes. Aujourd'hui, ce record est largement dépassé. Il est détenu par Hicham El Guerrouj du Maroc (3:43:13 au mile en 1999) et dépasse celui de Bannister d'environ 16 s sur 100 m. À l'époque, il semblait inconcevable que cette performance puisse être, un jour, accessible à des sujets de plus de 30 ans. Aujourd'hui, pourtant, certains athlètes de 40 ans et plus réalisent des temps équivalents. À 41 ans, Eamonn Coghlan était l'athlète le plus âgé à courir le mile en moins de 4 min (exactement 3:58:13). Le plus âgé à courir cette distance en moins de 5 min a 65 ans.

La performance en course à pied diminue avec l'âge, la rapidité de ce déclin semblant indépendante de la distance. Des études longitudinales, réalisées sur des coureurs à pied de haut niveau, montrent, qu'en dépit d'un entraînement toujours intense, la performance au mile et au marathon (42 km) diminue d'environ 1 % par an, de 27 à 47 ans[37,38]. De même, les records sur 100 m et sur 10 km diminuent aussi tous les deux de 1 % par an, de 25 à 60 ans (figure 18.12). Au-delà de 60 ans, chez l'homme, la chute de performance atteint 2 % par an. Un test de sprint effectué sur 560 femmes, âgées de 30 à 70 ans, a mis en évidence une baisse constante de 8,5 % par décade[27]. Ce schéma est le même pour le sprint et l'endurance.

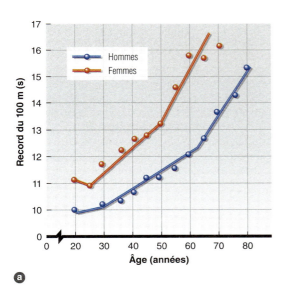
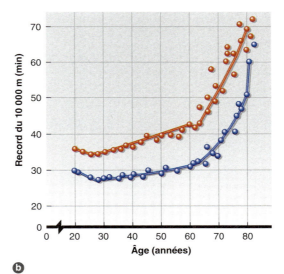

Figure 18.12 Évolution des records U.S. sur 100 m et 10 000 m dans les deux sexes en fonction de l'âge

Remarquez que ces records diminuent à un rythme plus rapide après 50-60 ans.

Figure 18.13 Évolution avec l'âge des records nationaux d'haltérophilie

Les valeurs rapportées correspondent à la somme des charges soulevées lors de 3 épreuves combinées.

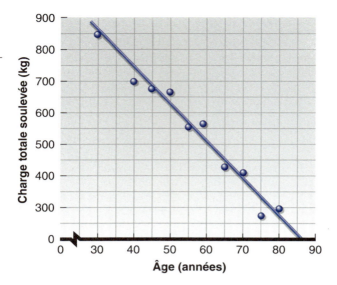

4.2 La performance en natation

La performance en natation est affectée par l'âge, d'une manière semblable à celle de la course à pied. Une étude menée entre 1991 et 1995, lors de compétitions nationales de nage libre, aux USA, montre que les performances masculines et féminines sur 1 500 m, diminuent régulièrement de 35 à 70 ans. Au-delà de cet âge, le déclin est encore plus marqué[33]. Il faut remarquer que sur 50 m comme sur 1 500 m, la baisse de performance est plus nette chez la femme que chez l'homme.

4.3 La performance en cyclisme

Comme pour les autres sports d'endurance et de force, les records en cyclisme sont atteints entre 25 et 35 ans. Les meilleures performances des hommes et des femmes dans ce sport (établies sur des courses de 40 km) chutent à la même vitesse avec l'âge, en moyenne de 20 s (environ 0,6 %) par an. Les records nationaux sur 20 km suivent le même schéma, chez les femmes comme chez les hommes. Sur cette distance, le temps s'accroît de 12 s par an, en moyenne (environ 0,7 % par an), entre 20 et 65 ans.

4.4 L'haltérophilie

La force musculaire maximale est atteinte entre 25 et 35 ans. Ainsi que le montre la figure 18.13, les records masculins lors d'épreuves combinées diminuent, ensuite, à un rythme constant de 12,1 kg (environ 1,8 %) par an. Ici, comme ailleurs, les différences interindividuelles dans les niveaux de performance sont considérables. Des sujets de 60 ans peuvent développer des charges supérieures à celles de sujets de 30 ans.

Ainsi, la plupart des performances diminuent régulièrement avec l'avance en âge. Ce déclin de l'aptitude physique provient d'une détérioration des qualités d'endurance et de force et des aptitudes musculaires et cardiorespiratoires.

Résumé

> Les performances en endurance et en force diminuent de 1 % à 2 % par an, à partir de 25 à 35 ans.

> Les meilleures performances en course à pied, natation, cyclisme et haltérophilie sont observées entre 20 et 30 ans.

> Dans tous ces sports, la performance diminue au-delà de 30 à 35 ans.

> La baisse de performance avec l'âge est due à une réduction des qualités de force et d'endurance.

5. Les problèmes spécifiques liés à l'âge

D'autres aspects spécifiques susceptibles d'affecter les adaptations du sujet âgé à l'exercice et à l'entraînement méritent également d'être envisagés. Il s'agit notamment de l'évolution avec l'âge des réponses aux stress environnementaux que constitue l'exposition à l'altitude ou à la chaleur. Nous terminerons ce chapitre en précisant quels sont les retentissements de la pratique physique et sportive sur la santé, en termes de morbidité et de mortalité.

5.1 Les stress environnementaux

Nombre de régulations physiologiques deviennent moins efficaces avec le vieillissement. Nous pouvons donc supposer que les personnes âgées sont moins tolérantes que les jeunes adultes aux stress environnementaux. Mais il est là encore difficile de préciser ce qui revient à l'âge et à la réduction d'activité physique dans ces désadaptations. Dans les paragraphes suivants, nous comparerons les différences d'adaptation de sujets jeunes et âgés lors d'un exercice à la chaleur et nous étudierons la réponse des sportifs âgés exposés soit au froid soit à l'altitude.

5.2 L'exposition à la chaleur

Le stress thermique au chaud est un problème majeur pour les sujets âgés. De nombreux arguments indiquent que l'exposition à la chaleur peut être fatale chez les personnes âgées de plus de 70 ans. Le niveau de production de chaleur est directement lié à l'intensité de l'exercice en valeur absolue tandis que les mécanismes qui règlent la déperdition de chaleur sont fonction de l'intensité relative. Aussi, pour comparer les adaptations respectives de sujets jeunes et âgés dans ce domaine, il faut apparier les sujets en fonction de leur $\dot{V}O_2$max. Dans ce cas, si les sujets sont appariés en $\dot{V}O_2$max relative (par kilo de poids corporel), la température centrale est la même, quel que soit l'âge, lors d'un exercice de même intensité relative effectué à la chaleur (figure 18.14)[22]. Mais si on compare des sujets âgés dont la $\dot{V}O_2$max relative est normale pour l'âge, mais plus faible que de celle de sujets jeunes, la température centrale à l'exercice des sujets âgés est plus élevée.

Ces résultats indiquent que l'entraînement module les réponses thermorégulatrices. La densité des glandes sudorales ne change pas avec l'âge mais leur capacité sécrétoire diminue. Toutefois, le débit sudoral est plus dépendant du niveau d'entraînement et de $\dot{V}O_2$max que de l'âge seul. Au chapitre 12, nous avons montré que l'augmentation du débit sanguin cutané est indispensable au transfert de la chaleur du noyau à l'enveloppe et à sa dissipation ultérieure par l'évaporation sudorale. Même lorsque les sujets sont appariés sur $\dot{V}O_2$max, le débit sanguin cutané est plus faible chez les sujets âgés que chez les sujets jeunes. Néanmoins, il est plus élevé chez les sujets âgés qui s'entraînent si on les compare à des sujets de même âge qui restent sédentaires. Ceci montre bien que l'entraînement permet de limiter la désadaptation à la chaleur sous l'effet de l'avance en âge. L'exercice au chaud nécessite une redistribution de la masse sanguine pour assurer une vascularisation suffisante des muscles actifs mais aussi des territoires cutanés. Ceci est réalisé par une augmentation du débit cardiaque et une diminution des débits sanguins viscéraux. Cette redistribution est moins efficace chez le sujet âgé. Toutefois, l'entraînement permet de limiter cette altération comme le démontrent les effets d'un entraînement d'endurance suivi pendant 4 semaines par des sujets âgés. À l'issue des 4 semaines, $\dot{V}O_2$max a augmenté de 25 % et la redistribution sanguine est améliorée ; il est noté une diminution des débits sanguins viscéraux de 200 mL environ qui permet de diminuer le stress imposé au système cardiovasculaire.

En conclusion, c'est davantage le déclin de l'aptitude physique que l'âge lui-même qui affecte notre tolérance à la chaleur, notamment à l'exercice. En augmentant le débit sanguin cutané et le débit sudoral, l'amélioration de l'aptitude physique par l'entraînement aérobie améliore, à l'exercice, la redistribution sanguine vers les territoires cutanés.

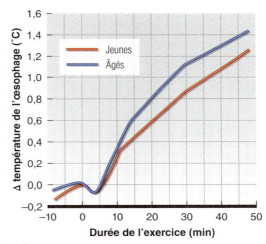

ⓐ $\dot{V}O_2$max normale pour l'âge

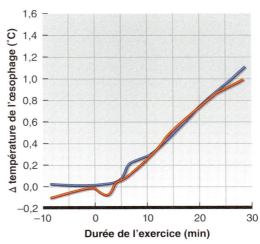

ⓑ Sujets de même $\dot{V}O_2$max

Figure 18.14

Variations de la température centrale lors d'un exercice en ambiance chaude réalisé par des sujets jeunes (courbe rouge) et âgés (courbe bleue). (a) Les sujets ont une $\dot{V}O_2$max « normale » pour l'âge. La température centrale s'élève beaucoup plus chez les sujets âgés. (b) Si les deux groupes de sujets sont appariés sur $\dot{V}O_2$max, la différence de température centrale entre les deux groupes disparaît. Ceci suggère que le niveau d'aptitude physique joue un rôle plus important que l'âge chronologique dans la réponse thermique.
D'après et avec la permission de W.L. Kenney, 1997, "Thermoregulation at rest and during exercise in healthy older adults", *Exercise and Sport Sciences Reviews* 25: 41-77.

5.3 L'exposition au froid et à l'altitude

L'exercice au froid comporte moins de risques que l'exercice à la chaleur. Pourtant, la production de chaleur métabolique diminue avec l'avance en âge, en raison de la perte musculaire et de l'altération de l'aptitude physique, notamment aérobie. En outre, la capacité vasoconstrictrice des vaisseaux cutanés diminue ce qui majore la déperdition de chaleur. En conséquence, les personnes âgées ont plus de mal à maintenir leur température centrale lors d'une exposition au froid, même modérée[6]. Toutefois, il est facile de compenser cette désadaptation en portant des vêtements chauds et en buvant des boissons chaudes. Ceci permet à des sujets âgés de réaliser sans trop de problèmes des activités physiques dans un environnement froid.

Quant à l'exposition à l'altitude, il n'y a pas d'argument théorique pour penser que l'adaptation est compromise avec l'avance en âge. Mais il n'y a pas suffisamment de travaux expérimentaux sur ce sujet pour pouvoir l'affirmer. Les données manquent également en ce qui concerne le risque d'accidents liés au mal des montagnes chez les personnes âgées. Il n'est pas certain que ce risque augmente avec l'avance en âge.

5.4 Espérance de vie, morbidité et mortalité

L'activité physique régulière est un facteur important pour se maintenir en bonne santé, mais est-elle un facteur de longévité ? Le rat, qui vieillit plus vite que l'homme, a été utilisé comme modèle dans des études visant à déterminer l'influence de l'exercice chronique sur la **longévité**. Une étude de Goodrick montre que des rats qui s'entraînent ont une durée de vie supérieure de 15 % à celle de rats sédentaires[10]. Mais, un travail de l'Université de Washington, à Saint Louis, n'a pas mis en évidence d'augmentation de la longévité de rats entraînés à l'aide d'une roue d'activité[17]. Si la moyenne d'âge n'est pas significativement différente, il y a davantage de rats actifs qui vivent plus vieux. Même si l'activité physique est un élément majeur de la balance énergétique, il semble que le facteur essentiel qui permet d'augmenter la longévité est la restriction calorique[31].

Il est bien évident qu'on ne peut appliquer ces données directement à l'homme, mais elles sont néanmoins très intéressantes. S'il est vrai qu'un programme d'entraînement en endurance peut diminuer les risques d'accidents cardiovasculaires, les informations permettant de dire que la pratique régulière de l'exercice augmente notre longévité sont encore trop limitées. Les données collectées auprès des anciens élèves des universités d'Harvard et de Pennsylvanie suggèrent pourtant une diminution de la mortalité et une légère augmentation de la longévité (environ 2 ans), chez ceux qui ont conservé une activité physique toute leur vie. Il est nécessaire que soient conduites d'autres études sur ces questions. Il semble cependant que l'activité physique très régulière, à défaut de rallonger l'espérance de vie, permet de retarder la perte d'autonomie.

Toutefois, une pratique physique régulière et prolongée n'est pas non plus totalement dénuée de risques, en particulier sur le plan traumatique. Les structures squelettiques et musculotendineuses se fragilisent avec l'âge, ce qui augmente le risque lésionnel. Parmi les traumatismes les plus fréquents, il faut citer les lésions de la coiffe des rotateurs au niveau de l'épaule, les ruptures des tendons quadricipital ou achiléen, les lésions cartilagineuses et méniscales et les fractures de fatigue. En outre, la cicatrisation est plus difficile chez le sujet âgé, la réparation complète de certaines blessures pouvant nécessiter plus d'un an. D'un autre côté, l'amélioration des qualités d'endurance et de force réduit la fréquence des chutes et donc le risque traumatique associé.

En ce qui concerne la mortalité liée à la pratique physique et sportive, elle n'est pas plus élevée chez le sujet âgé que chez l'adulte jeune ou d'âge moyen. À l'inverse, le risque de mortalité est plus élevé chez le sujet âgé qui n'entretient pas sa condition physique[30]. Il faut, en particulier, rappeler qu'une vie active diminue le risque de mortalité induit par un grand nombre de maladies chroniques. Nous renvoyons le lecteur aux chapitres 20 à 22.

Résumé

› Les sujets âgés tolèrent moins bien la chaleur que les sujets jeunes. Les facteurs responsables sont la réduction de l'aptitude physique et l'altération des adaptations cardiovasculaires qui compromettent l'efficacité des mécanismes thermorégulateurs et de la sudation plus que l'âge lui-même.

› À tout âge, dans les deux sexes, l'entraînement permet d'augmenter le débit sanguin cutané et le débit sudoral lors d'une exposition à la chaleur. Il améliore aussi la redistribution sanguine.

› Les sujets âgés s'adaptent moins bien au froid que les sujets jeunes. Mais ils peuvent compenser ce handicap par le port de vêtements chauds.

› L'âge ne semble pas affecter l'adaptation à l'altitude.

› Une activité physique régulière est associée à un petit allongement de l'espérance de vie. Il faut cependant noter que les sujets les plus actifs sont souvent ceux qui ont aussi une meilleure hygiène de vie.

› Avec l'âge, le risque de blessure augmente et le délai de cicatrisation s'allonge.

› Le risque de décès induit par la pratique sportive n'est pas augmenté chez ceux qui continuent à s'entraîner régulièrement. Il est, par contre, majoré chez les sujets peu actifs.

6. Conclusion

Dans ce chapitre nous nous sommes intéressés aux effets de l'âge sur la performance physique. Nous avons tenté d'en évaluer les effets sur les adaptations cardiorespiratoires, l'endurance et la force. Nous avons étudié les effets de l'âge sur la composition corporelle et sur la performance. Tout au long de notre discussion, il est devenu clair que les changements principaux liés à l'âge sont dus, en grande partie, à l'inactivité qui l'accompagne.

Lorsque des personnes âgées s'entraînent, ces évolutions sont retardées et les effets de l'entraînement sont semblables à ceux observés chez les plus jeunes. Nous espérons avoir ainsi dissipé quelques mythes sur les aptitudes du sujet âgé à l'exercice.

Dans le chapitre suivant, nous allons nous intéresser à une autre population dont on considère que les aptitudes physiques sont plus faibles que celles des hommes. Nous allons étudier la physiologie spécifique à la femme et préciser en quoi elle affecte ses aptitudes physiques.

Chapitre 18 — La Physiologie du sport et de l'exercice

Mots-clés

débit sanguin périphérique
déconditionnement cardiovasculaire
dysfonction endothéliale
longévité
ostéopénie
ostéoporose
ventilation maximale à l'exercice (V̇Emax)
volume expiratoire maximal seconde (VEMS)

Questions

1. Comment évoluent les meilleures performances de force et les records dans les activités aérobies avec l'âge ?

2. Quelles modifications cardiaques apparaissent avec l'âge ? En quoi affectent-elles la $\dot{V}O_2$max ?

3. Quels sont les effets respectifs de l'âge et de l'entraînement sur les propriétés des vaisseaux ?

4. Décrire l'évolution de $\dot{V}O_2$max avec l'âge ? L'entraînement est-il susceptible de modifier cette évolution ?

5. Quelles modifications du système respiratoire apparaissent avec l'âge ? Comment évoluent CV, VEMS, VR, VR/CPT et V̇Emax ?

6. Comment évolue Fc max avec l'âge ? Quel est l'effet de l'entraînement sur Fc max ?

7. Quel est l'effet de l'âge sur Vs max et Q̇max ? Quels en sont les mécanismes responsables ?

8. Décrire les modifications musculaires liées à l'âge ? En quoi affectent-elles la performance ?

9. En quoi l'entraînement peut-il retarder les effets de l'âge ?

10. Différenciez les effets de l'âge et de l'inactivité.

11. Quels sont les effets de l'âge et de l'entraînement sur la composition corporelle ?

12. Quelles sont les réponses du sujet âgé à un entraînement de force ou à un entraînement aérobie ?

13. Comment explique-t-on la diminution, avec l'âge, de la tolérance au froid et à la chaleur ?

14. Quels sont les risques de la pratique physique chez le sujet âgé ?

15. Quel est l'effet de la pratique physique sur l'espérance de vie ?

Les différences intersexes dans les activités physiques et sportives

19

Amber Miller a accompli, en octobre 2011, deux prouesses au cours du même week-end. À l'âge de 27 ans, elle a d'abord couru le marathon de Chicago, enceinte de près de 39 semaines, et donné naissance quelques heures plus tard à une petite fille. En raison de son passé sportif, Miller avait reçu l'autorisation de son médecin à condition qu'elle court la moitié de la course et marche sur l'autre partie en prenant soin de bien s'hydrater et de s'alimenter pendant l'épreuve. Elle a terminé le marathon en un peu moins de 6,5 h. Miller avait l'intention de s'arrêter à la moitié de la course, mais une fois partie, elle et son mari ont décidé d'aller jusqu'au bout. Après la course elle s'est alimentée et s'est rendue à l'hôpital.

Il s'agit là d'un cas extrême qui ne doit surtout pas être suivi par la grande majorité des femmes enceintes. Les médecins n'autorisent la course à pied chez la femme enceinte qu'en début de grossesse et chez celles qui avaient déjà l'habitude de s'entraîner avant d'être enceinte.

Avant 1972 les femmes ne pouvaient pas officiellement participer aux épreuves de type marathon.

Plan du chapitre

1. Les dimensions et la composition corporelles — 482
2. Les adaptations physiologiques à l'exercice aigu — 484
3. Les adaptations physiologiques à l'entraînement — 489
4. La performance sportive — 491
5. Les problèmes spécifiques à la femme — 491
6. La triade de la femme sportive — 501
7. Activité physique et ménopause — 502
8. Conclusion — 502

Dans un passé récent, les jeunes filles n'étaient surtout pas encouragées à pratiquer des activités intenses alors que les garçons grimpaient aux arbres, s'affrontaient les uns les autres et s'adonnaient à diverses activités sportives. Il était bien ancré dans les esprits que les garçons se devaient de devenir athlétiques et forts tandis que les filles étaient faibles, frêles et peu douées pour les activités physiques. L'Éducation physique des garçons et des filles était alors très différente. Les filles couraient sur de plus courtes distances, lançaient des engins différents et étaient moins résistantes. Elles avaient une quantité d'activité nettement moins importante que les garçons. Avec les années, elles ne pouvaient plus rivaliser avec leurs partenaires masculins du même âge, si encore elles en avaient l'opportunité. Les jeunes filles et les femmes n'étaient pas autorisées à participer aux courses de longues distances et en basket-ball elles se contentaient de jouer sur un demi terrain, chaque équipe passant successivement en attaque ou en défense.

Mais les temps ont changé, la plupart des activités sportives et athlétiques sont accessibles aux filles. Les résultats sont souvent surprenants. Elles s'investissent aujourd'hui dans la plupart des sports avec des différences de performance, en général inférieures de 15 % à celles des hommes. Le tableau 19.1 compare les records de 2014 des hommes et des femmes en athlétisme et en natation. Ces différences de performance sont-elles dues à des différences biologiques ou d'autres facteurs interviennent-ils ? C'est l'objet de ce chapitre.

1. Les dimensions et la composition corporelles

La taille et la composition corporelle des garçons et des filles, pendant la petite enfance, ne diffèrent pas beaucoup. En fin d'enfance, ainsi que nous l'avons vu au chapitre 17, les filles commencent à accumuler plus de masse grasse que les garçons. Elles entrent dans la phase d'adolescence plus tôt que les garçons qui, eux, commencent à augmenter leur masse maigre (MM) à un rythme plus important que les filles (figure 17.3).

Les différences essentielles entre les deux sexes, concernant les dimensions et la composition corporelles, n'apparaissent vraiment qu'à la fin de l'enfance et au début de la puberté, en raison de l'imprégnation hormonale différente de l'organisme. À la puberté, la composition corporelle des deux sexes commence à se différencier nettement, essentiellement à cause des modifications endocriniennes. Avant la puberté, l'hypophyse antérieure ne sécrète que peu d'hormones gonadotropes – follicle-stimulating hormone (FSH) et luteinizing hormone (LH). Ces hormones stimulent les gonades (ovaires et testicules). Ces sécrétions hypophysaires commencent à la puberté. Chez les femmes, si des quantités suffisantes de FSH et de LH sont sécrétées, les ovaires se développent et la sécrétion d'œstrogènes commence. Chez l'homme, ces mêmes hormones stimulent le développement des testicules et donc la sécrétion de *testostérone*. La figure 19.1 illustre ces phénomènes du début (S1) à la fin (S5) de la puberté. La testostérone stimule la formation osseuse, les os deviennent plus épais au fur et à mesure que s'accroît la synthèse protéique et avec elle la masse musculaire. Les adolescents sont alors plus larges et plus musclés que les adolescentes, caractéristiques qui se maintiennent pendant la vie adulte. À maturité,

Figure 19.1

Variations des concentrations sanguines de testostérone et d'œstrogènes (œstradiol) de la naissance à l'âge adulte. Les abréviations S1 à S5 correspondent aux stades pubertaires évalués à partir des caractères sexuels secondaires, S1 représentant le début de la puberté et S5 le stade final.
D'après R.M. Malina et O. Bar-Or, 2004, Growth, maturation and physical activity, 2nd ed. (Champaign, IL : Human Kinetics, 414).

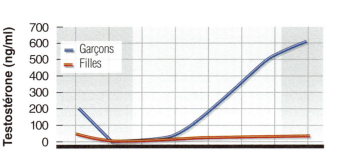
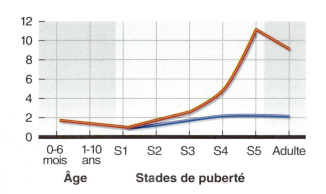

Les différences intersexes dans les activités physiques et sportives Chapitre 19

Tableau 19.1 Records du Monde masculins et féminins 2014

Sport	Hommes	Femmes	Différences*
Athlétisme			
100 m	9,58 s	10,49 s	9 %
1 500 m	3:26,00 min:s	3:50,46 min:s	11,9 %
10 000 m	26:17,53 min:s	29:31,78 min:s	12 %
Saut en hauteur	2,45 m	2,09 m	14,7 %
Saut en longueur	8,95 m	7,52 m	16,0 %
Natation			
100 m nage libre	46,91 s	52,07 s	11 %
400 m nage libre	3:40,07 min:s	3:59,15 min:s	9 %
1 500 m nage libre	14:34,56 min:s	15:42,54 min:s	8 %

* La différence (en pourcentage) est calculée par le rapport (record masculin – record féminin)/record masculin.

l'homme n'a pas seulement une masse musculaire plus importante mais aussi une répartition différente de celle-ci. Ainsi, la masse musculaire de la partie supérieure du corps représente environ 43 % chez l'homme contre moins de 40 % chez la femme. La testostérone stimule aussi la production d'érythropoïétine par les reins et donc la production de globules rouges.

Chez la jeune fille, les **œstrogènes** conditionnent la croissance corporelle, le développement du bassin et des seins. Ils favorisent la formation de tissu adipeux notamment au niveau des cuisses et des hanches, en réponse à l'activité de la **lipoprotéine lipase** dans ces régions. Cette enzyme est considérée comme le régulateur du tissu adipeux de l'organisme. La lipoprotéine lipase est produite dans les cellules adipeuses (adipocytes), mais elle traverse la barrière capillaire où elle exerce son action sur les chylomicrons, qui sont les transporteurs essentiels des triglycérides dans le sang. Lorsque l'activité de cette enzyme est importante, quelle que soit la région considérée, les chylomicrons sont piégés et leurs triglycérides sont hydrolysés et transportés dans les adipocytes de cette région, pour y être stockés.

Les femmes luttent constamment contre les dépôts de graisse au niveau des cuisses et des hanches mais elles livrent une bataille difficile. Dans ces régions, l'activité de la lipoprotéine lipase est plus importante et l'activité lipolytique plus faible que chez les hommes, facilitant le stockage de tissu adipeux. Lors des trois derniers mois de grossesse et pendant la lactation, l'activité de la lipoprotéine lipase diminue et l'activité lipolytique augmente, ce qui suggère que les stocks de graisse des hanches et des cuisses peuvent avoir un rôle et être stockés à des fins de reproduction.

Les œstrogènes sont aussi responsables de la vitesse de croissance de l'os qui s'étale sur 2 à 4 ans après la puberté. À la puberté il en résulte une croissance rapide des filles qui s'arrêtent de grandir plus tôt que les garçons. Les hommes ont une période de développement osseux plus longue, ce qui les amène à une plus grande taille. Si on compare les femmes adultes aux hommes on peut dire qu'en moyenne elles sont :

- plus petites de 13 cm ;
- plus légères de 14 à 18 kg en poids total ;
- plus lourdes de 3 à 6 kg en masse grasse ;
- plus lourdes de 6 % à 10 % en masse grasse relative.

Résumé

> Jusqu'à la puberté il y a peu de différences entre les garçons et les filles en ce qui concerne les dimensions et la composition corporelles.

> La composition corporelle change nettement à la puberté, en raison de l'imprégnation hormonale en testostérone ou en œstrogènes.

> La testostérone stimule la formation osseuse, la synthèse protéique et augmente la masse maigre. Elle active aussi la production d'érythropoïétine et donc la formation de globules rouges.

> Les œstrogènes sont responsables de l'augmentation de la masse grasse chez les filles, particulièrement au niveau des hanches et des cuisses. Ils sont aussi responsables de l'augmentation de la vitesse de croissance qui a pour résultat une ossification plus précoce que chez les garçons.

Chapitre 19 — LA PHYSIOLOGIE DU SPORT ET DE L'EXERCICE

> **PERSPECTIVES DE RECHERCHE 19.1**
>
> ### Sexe et Genre dans le domaine scientifique : définitions et conséquences
>
> La littérature consacrée aux différences physiologiques entre garçons et filles se réfère indifféremment au sexe ou au genre. Cette double terminologie peut engendrer des confusions dans la recherche documentaire, la communication des données voire l'interprétation des résultats. C'est ce qui conduit les chercheurs à s'interroger sur la distinction entre les deux termes et sur l'utilisation de chacun d'eux.
>
> Sexe et genre ne sont pas synonymes en physiologie. Le sexe est une détermination biologique tandis que le genre est davantage une détermination culturelle (p 785)[23]. Le sexe renvoie aux caractéristiques physiologiques, génétiques et biologiques qui déterminent, chez l'être humain, le mâle et la femelle. Le genre est le résultat des influences socio-culturelles et psychologiques qui construisent, chez chacun d'entre nous, la représentation personnel e de garçon ou de fille. Il est, par exemple, possible qu'un homme, biologiquement déterminé, se comporte et vive comme une femme voire fasse appel à la chirurgie pour se transformer et être reconnu comme une femme. Il en résulte que la plupart des comparaisons physiologiques qui ont été faites font référence au sexe, à condition qu'elles visent uniquement les caractéristiques biologiques et non culturelles, sociales ou psychologiques. Ces remarques ne sont pas que théoriques. Elles ont des applications dans la vie courante et dans le sport.
>
> En 2011, par exemple, l'International Association of Athletics Federations (IAAF) a élaboré une nouvelle règle pour répondre au cas de Caster Semenya, une sud-africaine devenue championne du monde à Berlin en 2009. Compte tenu de sa morphologie très masculine, elle a été contrainte de se soumettre à un dosage de testostérone dont le taux s'est révélé anormalement élevé. Il s'agit d'un cas particulier d'hyperandrogénisme, bien connu sur le plan médical. À la suite de cet épisode, l'IAAF a exigé que les femmes à l'apparence trop masculine soient systématiquement soumises à un « test de féminité » et soient même traitées médicalement afin de rester éligibles pour participer à des compétitions.
>
> Cette règle a été critiquée sur de nombreux points parmi lesquels la confusion évidente entre sexe et genre[13].
>
> Pourquoi limiter aujourd'hui l'utilisation du terme différences liées au sexe à la physiologie ? Sans doute parce que le terme genre évite les insinuations associées au terme sexe et semble moins suggestif, plus poli ou politiquement correct. Le concept de sexe lui-même n'est pas aussi dichotomique qu'on pourrait le penser, les déterminants génétiques du sexe et l'apparence voire la fonction biologique pouvant être discordants, de sorte qu'il existe des sujets avec des caractéristiques intersexuées. Il apparaît alors plus pertinent de parler de différences intersexes lorsqu'on étudie essentiellement les caractéristiques biologiques et physiologiques.

2. Les adaptations physiologiques à l'exercice aigu

Les hommes et les femmes ont des réponses spécifiques à l'exercice maximal aérobie sur tapis roulant comme à l'exercice de force maximale. Les différences entre les garçons, les filles prépubères et les adolescents ont été discutées au chapitre 17. Nous allons, maintenant, étudier uniquement les réponses des adultes, en nous intéressant aux aspects suivants :

- la force ;
- les fonctions cardiovasculaire et respiratoire ;
- la fonction métabolique.

2.1 La force

On a toujours considéré les femmes comme le sexe faible. Elles sont en fait de 40 % à 60 % plus faibles que les hommes au niveau de la partie supérieure du corps, et de 25 % à 30 % plus faibles au niveau de la partie inférieure. En raison des différences importantes des dimensions corporelles, entre les deux sexes, de nombreuses études ont exprimé la force en valeur relative, par rapport au poids du corps (force absolue/poids du corps) ou par rapport à la MM, laquelle reflète la masse musculaire (force absolue/MM). Si la force de la partie inférieure du corps est exprimée par rapport au poids total, les femmes sont 5 % à 15 % moins fortes que les hommes. Exprimées par rapport à MM, les différences s'atténuent. Il semble que les caractéristiques neuromusculaires sont proches dans les deux sexes. C'est ce que confirment les données scannographiques obtenues dans les deux sexes lors d'une extension de cuisse et d'une flexion de bras. La force développée en valeur absolue est supérieure chez les hommes, pour les deux groupes. Cette différence, pour les muscles extenseurs du genou (figure 19.2a) et les fléchisseurs du coude (figure 19.2b), disparaît lorsque la force est rapportée à l'unité de surface de section du muscle.

Si les différences s'amenuisent lorsque la force des hommes et des femmes est exprimée en valeur relative, par kg de poids de corps ou kg de MM, il reste toujours un écart substantiel. Deux explications sont possibles. La masse maigre est proportionnellement plus importante chez la femme que chez l'homme au niveau des membres inférieurs. De surcroît, en raison peut être de cette répar-

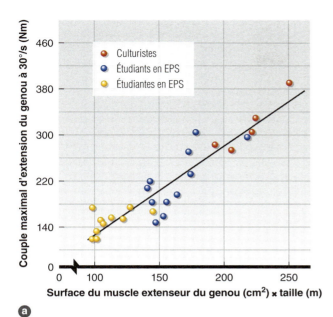

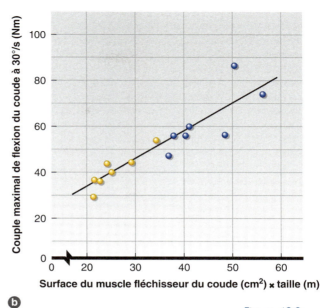

Figure 19.2

Aucune différence intersexe n'est observée lorsque la force (a) couple maximal d'extension du genou et (b) de flexion du coude est exprimée par rapport à la surface de section du muscle.
D'après P. Schantz *et al.*, 1983, "Muscle fibre type distribution, muscle cross-sectional area and maximal voluntary strehgth in humans", *Acta Physiologica Scandinavica* 117: 219-226.

tition, les techniques utilisées par les hommes et les femmes pour réaliser un même mouvement divergent parfois. Les femmes sollicitent davantage la partie inférieure du corps. Certaines femmes de taille moyenne sont malgré tout capables de développer des forces importantes supérieures à celles d'un homme de stature moyenne. Cela montre toute l'importance du recrutement neuromusculaire et de la synchronisation des unités motrices dans l'expression de la force (chapitre 3).

Il est intéressant de considérer les données issues de biopsies musculaires. Comme l'indique la figure 19.3, et en tenant compte de la spécialité sportive, les deux sexes ont à peu près la même distribution en fibres musculaires. Pourtant, une étude rapporte des valeurs extrêmes supérieures chez les hommes (plus de 90 % de fibres I ou de fibres II selon la spécialité sportive). Dans une autre étude, des biopsies du vaste externe indiquent que le pourcentage des fibres I varie de 15 % à 85 % chez des athlètes, selon qu'ils pratiquent le sprint ou la longue distance. Chez leurs homologues féminines, ces pourcentages varient entre 25 % et 75 %[19]. Dans deux autres expérimentations des résultats différents ont été observés chez des sportifs[4,9]. Chez ces coureurs à pied de haut niveau, les pourcentages de fibres lentes sont semblables (41 % à 96 % pour les femmes et 50 % à 98 % pour les hommes) mais les valeurs moyennes sont différentes, 69 % de fibres I chez les femmes contre 79 % chez les hommes. Ajoutons que la surface de section des fibres, aussi bien II que I, est plus petite chez les femmes (en moyenne 4 500 µm² chez les femmes contre 8 000 µm² chez les hommes). On ne remarque pas de différence de capillarisation.

Les recherches indiquent que les femmes ont une meilleure résistance à la fatigue que les hommes. Lorsqu'on demande, par exemple, de maintenir une force correspondant à 50 % de la force maximale isométrique le plus longtemps possible, le temps de maintien est supérieur chez les femmes comparées aux hommes, même si, en valeur absolue, la force développée est plus faible. Ceci indique que les femmes ont une résistance à la fatigue plus élevée. Les mécanismes responsables de ces différences ne sont pas bien connus. On peut incriminer la masse musculaire sollicitée, l'utilisation des substrats, la typologie musculaire et les mécanismes d'activation neuromusculaire.

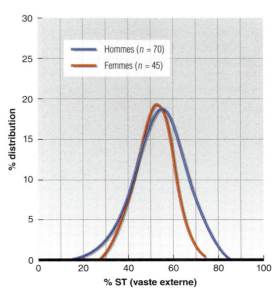

Figure 19.3

Distribution des fibres lentes dans le muscle vaste externe, chez des coureurs à pied masculins et féminins.
D'après B. Saltin *et al.*, 1977, "Fiber types and metabolic potentials of skeletal muscles in sedentary man and endurance runners", *Annals of the New York Academy of Sciences* 301: 3-29.

Figure 19.4

Valeurs de fréquence cardiaque sous-maximale (FC), de volume d'éjection systolique (VS) et de débit cardiaque (Q̇) mesurées chez des hommes et chez des femmes (a) pour une même puissance d'exercice absolue (50 W) et (b) relative (60 % V̇O₂max). D'après Willmore et al. 2001.

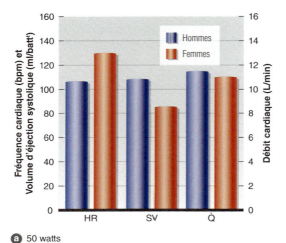
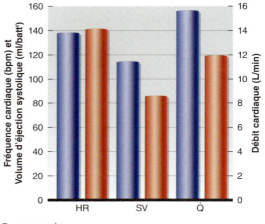

(a) 50 watts   **(b)** 60 % de V̇O₂max

2.2 Les fonctions cardiovasculaire et respiratoire

Les études conduites sur cyclo-ergomètre, permettant de mesurer précisément l'intensité du travail effectué, révèlent que les femmes présentent généralement une fréquence cardiaque supérieure à celle des hommes, pour tout exercice sous-maximal. Pourtant, la fréquence cardiaque maximale est sensiblement la même dans les deux sexes. À tout niveau d'exercice sous maximal, en valeur absolue, le débit cardiaque (Q̇) est à peu près le même dans les deux sexes. Le volume d'éjection systolique (Vs) étant plus faible chez la femme, sa fréquence cardiaque est alors supérieure. Le Vs est inférieur chez les femmes car :
- leurs dimensions cardiaques sont réduites, en raison d'une taille plus petite et de concentrations de testostérone inférieures ;
- leur volume sanguin total est plus faible ;
- les femmes sont, souvent, moins actives que les hommes sur le plan aérobie.

Figure 19.5

Évolution de la ventilation maximale en fonction de l'âge chez des hommes et femmes entraînés et non-entraînés.

Pour un même niveau relatif d'exercice, en général exprimé en % V̇O₂max, la FC des femmes reste supérieure à celle des hommes et le Vs est manifestement plus faible. Par exemple, à 60 % de V̇O₂max, le débit cardiaque, le volume d'éjection systolique comme la consommation d'oxygène sont plus faibles chez les filles alors que la FC est légèrement supérieure à celle des hommes. On retrouve ces différences à l'exercice maximal à l'exception de la FC max.

Ces relations entre FC, Vs et (Q̇), à même puissance absolue (50 W) et même puissance relative (60 % V̇O₂max) pour les hommes et les femmes apparaissent sur la figure 19.4. Elles sont extraites de l'étude Heritage Family Study[25].

Précédemment, certaines études ont rapporté des débits cardiaques plus élevés chez la femme pour un même niveau d'exercice sous maximal. Ceci sans doute pour compenser une concentration plus faible en hémoglobine. Les études récentes ne montrent aucune différence[25]. Apparemment, les femmes compenseraient une hémoglobine plus faible par une différence artério-veineuse en oxygène plus élevée.

Les possibilités d'augmenter la différence artério-veineuse sont aussi inférieures chez les femmes. Ceci est essentiellement dû au contenu plus faible en hémoglobine. Ce dernier point est un facteur important des différences intersexes de V̇O₂max car, pour un volume de sang donné, le muscle reçoit moins d'oxygène.

Les différences observées dans les adaptations respiratoires, entre les deux sexes, sont aussi liées aux dimensions corporelles. Pour un même niveau relatif d'exercice, la fréquence respiratoire est à peu près la même. Mais, pour un même niveau absolu d'exercice, la fréquence respiratoire est plus rapide chez les femmes, car elles travaillent sans doute à un niveau relatif plus élevé de leur V̇O₂max.

À des niveaux d'exercices identiques, absolus ou relatifs, le volume courant et la ventilation sont le plus souvent inférieurs chez les femmes. Cela est vrai même à l'exercice maximal. Les sportives de haut niveau atteignent des ventilations de 125 L.min^{-1} alors que les hommes de niveau comparable ont des valeurs de 150 L.min^{-1} et plus. On a même mesuré des valeurs à 250 L.min^{-1} (figure 19.5). Bien sûr, ces résultats sont fonction des dimensions corporelles.

2.3 La fonction métabolique

La plupart des scientifiques considèrent que $\dot{V}O_2$max est le meilleur index du potentiel aérobie. Rappelons que $\dot{V}O_2$max est le produit du débit cardiaque par la différence artério-veineuse en oxygène. Cela signifie que $\dot{V}O_2$max représente le maximum des possibilités de fourniture et d'utilisation de l'oxygène. Les filles atteignent en général leur pic de consommation d'oxygène vers 12 à 15 ans contre 18 à 22 ans pour les garçons. Après la puberté, la $\dot{V}O_2$max des jeunes femmes représente en moyenne 70 % à 75 % de la $\dot{V}O_2$max des garçons.

Ces différences de $\dot{V}O_2$max entre les garçons et les filles doivent cependant être interprétées avec prudence. Une étude classique de 1965 a montré une très grande variabilité des $\dot{V}O_2$max à l'intérieur de chaque sexe, avec un chevauchement des valeurs assez important[10]. Cette étude a concerné des hommes et des femmes de 20 à 30 ans, divisés en sous-groupes :

- des sportives ;
- des non sportives ;
- des sportifs ;
- des non sportifs.

On a comparé leurs réponses physiologiques à l'exercice maximal et sous-maximal. L'analyse de ces données indique que 76 % des valeurs obtenues chez les femmes non entraînées recouvrent 47 % des valeurs des hommes non entraînés et 22 % des valeurs des femmes sportives recouvrent 7 % des valeurs des sportifs masculins (figure 19.6). Ces données montrent qu'il ne faut pas toujours s'arrêter aux valeurs moyennes pour exprimer le niveau d'aptitude physique d'un groupe, mais que la dispersion des mesures est aussi à prendre en compte.

Les $\dot{V}O_2$max des garçons et des filles, avant la puberté, sont pour une bonne part, dues à des niveaux d'entraînement différents. Les nombreuses comparaisons faites entre des sujets des deux sexes, après cette période, ne veulent pas dire grand chose si on ne prend pas en compte le niveau d'entraînement. Ces données sont, en effet, parfois faussées car elles opposent des femmes sédentaires à des hommes relativement actifs. Les résultats expriment, alors, davantage le niveau d'aptitude atteint que des différences intersexes. Il faut donc, pour mener une telle étude, bien comparer des groupes de niveau d'activité identique.

Saltin et Astrand[18] ont mesuré les $\dot{V}O_2$max des Suédois et des Suédoises appartenant aux équipes nationales. Dans les mêmes activités, les femmes ont des $\dot{V}O_2$max 15 % à 30 % inférieures. Des résultats plus récents suggèrent des écarts plus faibles. La figure 19.7 compare les valeurs de $\dot{V}O_2$max de coureuses à pied de longues distances, de haut niveau, avec celles de coureurs à pied de haut niveau, et avec des valeurs moyennes obtenues chez des garçons et filles non-entraînés. Les femmes

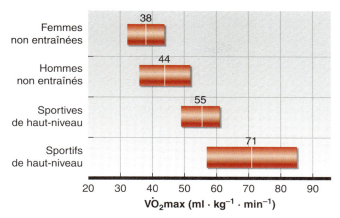

Figure 19.6

Dispersion des valeurs de $\dot{V}O_2$max (moyenne ± 2 SD) dans les 2 sexes, selon le niveau d'activité. La valeur moyenne est indiquée, pour chaque catégorie, sur le pavé. On voit que les valeurs intergroupes se chevauchent nettement, même si les valeurs moyennes sont bien différentes d'un groupe à l'autre. D'après L. Hermansen & K.L. Andersen, 1965, "Aerobic work capacity in young Norwegian men and women", *Journal of Applied Physiology* 20: 425-431.

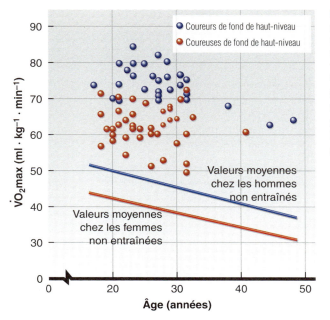

Figure 19.7 Consommation maximale d'oxygène chez des coureurs de fond des deux sexes

Valeurs compilées de $\dot{V}O_2$max à partir de la littérature chez des coureurs à pied de haut niveau des deux sexes. Comparaison avec les valeurs moyennes des hommes et des femmes non-entraînées.

athlètes de haut niveau ont des $\dot{V}O_2$max nettement plus importantes que celles des hommes et des femmes non-entraînés. Si leurs valeurs sont parfois même un peu plus élevées que celles de certains hommes de haut niveau, elles restent, en moyenne, inférieures de 8 % à 12 %.

On rapporte parfois $\dot{V}O_2$max à la taille, au poids, à MM ou au volume d'un membre, pour mieux objectiver les différences intersexes. On a ainsi montré que les écarts entre les hommes et les femmes s'amenuisent largement, lorsque $\dot{V}O_2$max est exprimée en fonction de MM ou de la masse musculaire active, même si quelques données restent contradictoires.

Dans une de ces études, les chercheurs ont tenté d'approcher le problème d'une façon nouvelle tenant compte de la composition corporelle[6]. Ils ont étudié les réponses maximales et sous-maximales d'hommes et de femmes. Les femmes réalisent leur effort dans des conditions normales alors que les hommes courent avec des charges additionnelles. Ces dernières représentent le pourcentage de masse grasse supplémentaire des femmes. En égalisant ainsi les différences de poids et de composition corporelle, on réduit alors les écarts entre les deux sexes en ce qui concerne :

- le temps de course sur tapis roulant (32 %) ;
- la consommation d'oxygène par unité de masse maigre, pour toutes les courses à des vitesses sous-maximales (−38 %) ;
- $\dot{V}O_2$max (−65 %).

L'origine essentielle des différences intersexes dans les réponses métaboliques lors de la course à pied réside alors, selon les auteurs, dans la masse grasse plus importante chez la femme.

Les femmes ont aussi des taux plus faibles d'hémoglobine ce qui peut contribuer à limiter leur $\dot{V}O_2$max. Pour en juger, on a égalisé les concentrations d'hémoglobine, chez 10 hommes et 11 femmes actifs, mais non spécialistes. On a retiré une certaine quantité de sang aux hommes pour amener leur concentration d'hémoglobine au niveau de celle des femmes. Cette manipulation a réduit significativement la $\dot{V}O_2$max des hommes. Les auteurs concluent toutefois que le taux d'hémoglobine ne semble intervenir que pour une faible part dans les différences intersexes de $\dot{V}O_2$max[5].

Il faut bien comprendre également que le débit cardiaque de la femme est plus faible que celui de l'homme, ce qui limite $\dot{V}O_2$max. Les facteurs responsables sont les dimensions du cœur et le volume plasmatique inférieurs qui limitent le volume d'éjection systolique. Certaines études suggèrent qu'il est plus difficile, pour les femmes, d'augmenter celui-ci par l'entraînement. Mais, des études plus récentes montrent que des femmes jeunes, préménopausées, augmentent leur volume d'éjection systolique avec un entraînement identique à celui des hommes.

Si, au lieu de $\dot{V}O_2$max, on s'intéresse aux $\dot{V}O_2$ sous-maximales, on ne trouve alors plus, ou très peu, d'écart entre les garçons et les filles pour une même puissance externe d'exercice. Souvenons-nous ici, qu'à même puissance externe absolue, les femmes travaillent à un pourcentage plus élevé de leur $\dot{V}O_2$max. Leurs taux de lactate sont plus importants et leurs seuils lactiques surviennent à des pourcentages inférieurs de leur puissance maximale aérobie. Toutefois, les pics de lactate sont généralement plus faibles chez les femmes actives ou non entraînées que chez les hommes non entraînés, sans qu'on puisse actuellement l'expliquer.

Résumé

> Les qualités musculaires intrinsèques et le contrôle moteur sont les mêmes chez les garçons et chez les filles.

> La force des membres inférieurs exprimée par rapport au poids du corps ou à la masse maigre, est peu différente entre les deux sexes. Par contre, les femmes sont moins fortes au niveau de la partie supérieure du corps, même en valeurs relatives, parce que la masse musculaire de la femme est essentiellement située au-dessous de la taille et qu'elles utilisent surtout la partie inférieure de leur corps.

> Pour un même niveau d'exercice sous-maximal, les femmes ont un rythme cardiaque supérieur à celui des hommes. À l'inverse, le volume d'éjection systolique des femmes est plus faible en raison d'un volume cardiaque plus petit et d'un volume sanguin inférieur.

> Les femmes augmentent moins CaO_2-CvO_2 sans doute en raison d'un contenu sanguin en hémoglobine inférieur. Ainsi, pour un même volume sanguin qui passe au niveau des muscles, ceux-ci reçoivent moins d'oxygène.

> Les différences d'adaptation respiratoire entre les hommes et les femmes s'expliquent d'abord par des différences morphologiques.

> Après la puberté, $\dot{V}O_2$max absolue de la femme ne représente environ que 70 % à 75 % de celle de l'homme. Une partie de cet écart est certainement le fait du mode de vie plus sédentaire des filles. Les études menées sur les sportifs de haut niveau montrent des différences de 8 % à 15 % surtout dues à la masse grasse plus importante de la femme, à une moindre concentration en hémoglobine et à un débit cardiaque plus faible.

> Il n'y a pas ou peu de différences intersexes en ce qui concerne le niveau des seuils lactiques.

3. Les adaptations physiologiques à l'entraînement

Dans les chapitres précédents, nous avons montré que les différentes fonctions physiologiques sont largement affectées par l'exercice. Nous allons regarder, maintenant, comment la femme s'adapte à l'exercice chronique et mettre l'accent sur les réponses spécifiques qu'elles développent par rapport aux hommes.

3.1 La composition corporelle

Quel que soit le sexe, l'entraînement aérobie ou en force entraîne :

- une perte de poids,
- une perte de masse grasse,
- une perte de masse grasse relative,
- une prise de masse maigre (MM).

Les femmes gagnent généralement nettement moins en masse maigre que les hommes. À l'exception de ce facteur, l'ampleur des modifications corporelles semble plus en relation avec la dépense énergétique totale qu'avec l'appartenance à l'un ou l'autre sexe. Rappelons que les gains de force résultant d'un entraînement de musculation sont plus importants que ceux résultant d'un entraînement aérobie. L'ampleur des réponses est à nouveau plus grande chez les garçons, en raison du climat hormonal qui leur est propre.

L'os et le tissu conjonctif connaissent des modifications liées à l'exercice chronique, mais elles ne sont pas encore bien connues. En général, les études sur l'animal et chez l'homme, en particulier en période de croissance, montrent une augmentation de la densité des os longs, qui portent le poids du corps. Ces adaptations apparaissent indépendantes du sexe, chez les jeunes et les sujets d'âge moyen. Chez l'adulte la conservation de la masse et de la densité osseuses avec l'activité physique sont plus discutables.

L'évolution du tissu conjonctif semble en relation étroite avec l'entraînement aérobie, sans qu'il y ait de différences intersexes. On parle souvent d'accidents plus fréquents chez les filles, dans la pratique sportive, ce qui suggère l'existence de particularités sexuelles dans la force des tendons, des ligaments et des os. Les données sur ce sujet sont malheureusement peu nombreuses. Il semble que ces accidents sportifs soient davantage en relation avec le niveau de pratique qu'avec une spécificité sexuelle. Les moins aptes à la pratique sportive seraient les plus fréquemment blessés. Mais il est très difficile d'obtenir des données objectives sur ces problèmes.

3.2 La force

Jusqu'aux années 1970, on a considéré que l'entraînement de force n'était pas très indiqué pour les femmes. On pensait que leurs faibles concentrations en hormones mâles ne leur permettaient guère de s'améliorer dans ce domaine. Paradoxalement, beaucoup croyaient également que la musculation avait des effets masculinisants. Il est devenu évident, dans les années 1960 et 1970, que de nombreuses sportives U.S. n'atteignaient pas le niveau international parce qu'elles manquaient de force. Petit à petit, les chercheurs ont démontré que les femmes pouvaient tirer des bénéfices très importants d'un entraînement de force, sans que ces gains soient liés à une prise de masse musculaire.

En raison de leurs très faibles concentrations de testostérone, les femmes ont une masse musculaire moins importante. Si celle-ci est le déterminant majeur de la force, les femmes sont alors nettement désavantagées. Mais, comme les facteurs nerveux sont également importants, le potentiel des femmes augmente alors beaucoup. Certaines femmes peuvent d'ailleurs connaître une hypertrophie significative. C'est ce que démontrent les culturistes féminines qui ne prennent pas de stéroïdes anabolisants. Certaines études ont ainsi observé les mêmes gains relatifs de force et d'hypertrophie des fibres de type I, IIa et IIx, dans les deux sexes, suite à un entraînement musculation. Les femmes peuvent alors connaître des améliorations de 20 % à 40 % de leur force après un programme de renforcement musculaire. Les mécanismes qui sont à la base de l'augmentation de la force chez les filles ne sont pas bien connus et ne permettent guère d'aller plus loin. Il faut surtout retenir qu'un même entraînement de musculation n'induit pas la même hypertrophie chez les filles que chez les garçons.

Consultons maintenant les records du monde masculins et féminins de 2011 en haltérophilie, par catégories de poids. La figure 19.8 indique la charge totale soulevée en faisant la somme de l'arraché et de l'épaulé-jeté. Cette figure indique que les hommes soulèvent des charges nettement plus élevées que les femmes. Cela s'accentue au fur et à mesure que l'on s'élève dans les catégories. Une partie de ces différences peut être expliquée par la masse maigre plus développée chez les hommes. À ceci, il faut ajouter le nombre de participants à ces compétitions nettement inférieur chez les femmes, mais les différences importantes indiquent qu'il est probable que d'autres facteurs interviennent.

Figure 19.8

Records du monde masculins et féminins en haltérophilie, par catégories de poids (janvier 2011). La charge indiquée correspond à la somme des charges soulevées lors de 2 épreuves combinées : arraché + épaulé-jeté. Les résultats pour les catégories les plus lourdes, masculines comme féminines, ne sont pas indiqués. La charge totale soulevée par les hommes est considérablement plus élevée dans chaque catégorie.
D'après les données de la fédération internationale d'haltérophilie. Disponible sur le site www.iwf.net/results/world-records

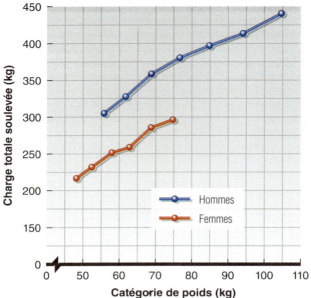

3.3 Les fonctions cardiovasculaire et respiratoire

La plupart des adaptations cardiovasculaires et respiratoires, qui accompagnent l'entraînement aérobie, ne semblent pas être spécifiques du sexe. La principale évolution est l'augmentation du débit cardiaque maximal ($\dot{Q}$ max). La fréquence cardiaque maximale (FC max) n'apparaît pas modifiée par l'entraînement. Alors, l'élévation de $\dot{Q}$ max reflète l'amélioration du volume d'éjection systolique, pour deux raisons. Le volume télédiastolique (la quantité de sang présente dans le ventricule avant la contraction ventriculaire) augmente avec l'entraînement, parce que le volume sanguin est plus important et que le retour veineux est plus efficace. De plus, le volume télésystolique (la quantité de sang qui reste dans le ventricule après sa contraction) est réduit, en raison d'une contraction myocardique plus efficace.

À l'exercice sous-maximal, le débit cardiaque est peu ou pas modifié, bien que le volume d'éjection systolique soit beaucoup plus important pour un même niveau d'exercice. La fréquence cardiaque, pour une même intensité d'effort, est alors nettement plus basse après entraînement. La FC de repos peut être abaissée jusqu'à 50 bpm et moins. Chez certaines spécialistes de longues distances, on a mesuré des FC en-dessous de 36 bpm. Cette réponse classique accompagne des volumes d'éjection systolique exceptionnels.

L'augmentation de $\dot{V}O_2$max, associée à l'entraînement aérobie, est le résultat de l'augmentation importante du débit cardiaque et d'une petite amélioration de la différence artério-veineuse en oxygène. Il a été bien montré que le facteur limitant essentiel de $\dot{V}O_2$max est la capacité de transport de l'oxygène par le sang. C'est pourquoi l'élévation de $\dot{V}O_2$max. est d'abord associée à l'accroissement du débit cardiaque et à l'augmentation de la densité capillaire dans les muscles actifs. Ces évolutions sont bien établies chez l'homme comme chez la femme. Les femmes connaissent aussi des augmentations très importantes de la ventilation maximale, dues à la fois à un accroissement du volume courant et de la fréquence respiratoire. Ces adaptations ne semblent pas en relation avec l'amélioration de $\dot{V}O_2$max.

3.4 La fonction métabolique

L'entraînement aérobie augmente $\dot{V}O_2$max dans les mêmes proportions dans les deux sexes. Il peut permettre aux femmes des gains de l'ordre de 15 % à 20 %, pourcentages semblables à ceux des hommes. L'importance des progrès dépend :

- du niveau initial,
- de l'intensité et de la durée des entraînements,
- de la fréquence de l'entraînement,
- de la durée de l'étude.

Comme pour leurs homologues masculins, les valeurs maximales de lactate sont généralement plus élevées et le seuil lactique est déplacé vers la droite, avec l'entraînement. De ce qui précède, nous déduisons que les femmes semblent répondre de la même manière à l'entraînement que les garçons, bien que l'ampleur des adaptations soit plus faible. C'est un point important à prendre en compte pour établir les programmes d'entraînement des femmes.

Résumé

> L'entraînement a les mêmes répercussions sur la composition corporelle chez l'homme et chez la femme. L'ampleur des effets est fonction de la dépense énergétique induite.

> La musculation peut induire chez les filles des gains de force importants liés à une augmentation de masse musculaire et à une hypertrophie des fibres de types I, IIa et IIx.

> Les adaptations cardiovasculaires et respiratoires qui accompagnent l'entraînement aérobie ne semblent pas liées au sexe.

> L'amélioration de $\dot{V}O_2$max, suite à un entraînement de type aérobie, est la même chez la femme et chez l'homme.

> **PERSPECTIVES DE RECHERCHE 19.2**
>
> **Place des différences physiologiques dans les écarts de performance liés au sexe ?**
>
> Il est bien établi qu'il existe des différences de performances entre les deux sexes, qu'elles soient soutenues principalement par le système anaérobie ou aérobie. Elles sont d'origine physiologique comme la masse musculaire, la force, la consommation maximale d'oxygène ou le métabolisme. Les hommes surpassent les femmes sur toutes les distances et dans toutes les disciplines. Cependant, les écarts de performance ont évolué de façon non uniforme au cours des 50 dernières années. Les différences intersexes dans les disciplines d'ultra-endurance, par exemple, ont diminué alors que les écarts dans les disciplines de sprint ont augmenté. Ces observations suggèrent que les facteurs qui soutendent les différences de performance entre hommes et femmes ne sont pas uniquement physiologiques... mais quels sont-ils ?
>
> La diminution des écarts en sprint, à une certaine époque, a été attribuée à l'utilisation de drogues chez les femmes ce qui a entraîné un rétrécissement artificiel de l'écart de performance[22]. Il en va différemment semble-t-il dans les disciplines d'endurance où l'on a vu l'écart entre les hommes et les femmes sur des ultra-marathons de 24 h diminuer au cours des 35 dernières années. Ceci est sans doute le résultat de la participation d'un plus grand nombre de femmes à ces épreuves[15]. De surcroît, les chiffres issus du marathon montrent que l'écart augmente avec l'âge et en particulier pour les 10 premières places, ce qui est essentiellement dû à la moindre participation des femmes à ces compétitions avec l'avance en âge[11]. Quelques-unes ont aussi suggéré que les différences de performances entre les deux sexes auraient des origines génétiques, l'Évolution aurait permis à l'Homme de faire davantage face à la concurrence, à la compétition, alors qu'elle aurait favorisé la coopération dans les tâches chez la Femme, ce qui a abouti aux différences sportives actuelles[7].
>
> On peut de toute façon conclure que les écarts notés entre hommes et femmes ont des origines multifactorielles, à la fois physiologiques, biologiques, sociales, psychologiques et culturelles.

4. La performance sportive

Les performances féminines sont inférieures aux performances masculines, dans la plupart des sports. C'est particulièrement évident dans les lancers en athlétisme où la force de la partie supérieure du corps est fondamentale pour réussir. Au 400 m nage libre, le temps de la gagnante des Jeux Olympiques de 1924 était de 19 % supérieur à celui du vainqueur masculin. Cet écart est tombé à 16 % aux Jeux Olympiques de 1948 et à 7 % en 1984. La femme la plus rapide, sur 800 m nage libre en 1979, a nagé plus vite que le recordman du monde de 1972 ! Dans cette discipline, l'écart entre les deux sexes s'amenuise et ceci se retrouve dans d'autres activités sportives. Néanmoins le tableau 19.1 indique qu'en 2006, la différence entre hommes et femmes reste de 9 % en 400 m nage libre et de 7 % en 1 500 m nage libre. Il est difficile, cependant, de comparer des générations différentes car l'attrait, la pratique, les conditions matérielles, les méthodes d'entraînement des sports évoluent considérablement et rapidement.

Comme nous l'avons dit précédemment, peu de filles s'adonnaient à la pratique sportive avant les années 1970. On hésite toujours à entraîner les filles aussi durement que les garçons. Lorsque les femmes s'entraînent comme les hommes, leurs performances augmentent considérablement. Ceci est illustré par la figure 19,9 qui montre l'évolution des records masculins et féminins, dans 6 épreuves de course à pied, de 1960 à 2011. Du 100 m au marathon, les records féminins actuels sont environ 8 % à 9 % inférieurs aux records masculins. L'évolution de ces records, initialement très rapide chez les filles, a tendance à se stabiliser et les courbes deviennent parallèles à celles des garçons.

5. Les problèmes spécifiques à la femme

Si les deux sexes répondent d'une manière assez proche, à l'exercice aigu et chronique, un certain nombre de problèmes sont typiquement féminins. Ce sont :

- les règles et les troubles menstruels,
- la grossesse,
- l'ostéoporose,
- les troubles alimentaires et la triade de la femme sportive,
- la ménopause.

5.1 Les règles et les troubles menstruels

Les femmes sportives se posent en permanence deux questions. « En quoi mon cycle menstruel ou ma grossesse vont-ils influencer ma performance ? » et « En quoi l'exercice et l'entraînement influencent-ils mon cycle menstruel et ma grossesse ? » Nous allons essayer de répondre

Figure 19.9 Records du monde masculins et féminins dans 6 épreuves d'athlétisme, entre 1960 et 2013

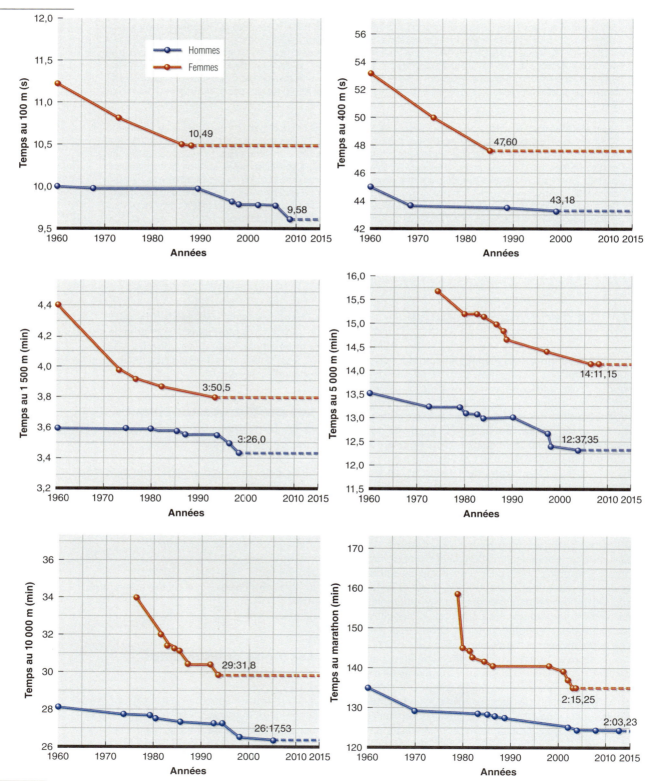

à ces questions en commençant tout d'abord par la relation entre le cycle féminin et la performance.

Les trois périodes principales du cycle menstruel sont illustrées par la figure 19.10. La première est la phase d'écoulement menstruel, ou menstruation ou « règles » dans le langage populaire, qui dure 3 à 5 jours et qui correspond au renouvellement de la paroi, à la desquamation de la muqueuse utérine (endomètre). La seconde est la phase proliférative qui prépare l'utérus à la fécondation, 10 jours plus tard. Pendant cette période, l'endomètre s'épaissit et certains follicules ovariens poursuivent leur maturation. Ces follicules sécrètent des œstrogènes. La phase proliférative se termine avec la rupture d'un follicule mature et la libération de l'ovule. Les phases menstruelle et proliférative correspondent à la phase folliculaire du cycle ovarien. La troisième et dernière période du cycle est la phase sécrétoire, ou phase lutéale du cycle ovarien. Elle dure de 10 à 14 jours, pendant lesquels l'endomètre continue de s'épaissir, sa vascularisation et l'apport en nutriments augmentent, préparant l'utérus à la grossesse. Durant cette période, le reste du follicule (appelé corpus luteum ou corps jaune, d'où le nom de phase lutéale) sécrète la progestérone tandis que la sécrétion d'œstrogènes se poursuit. Au total, le cycle menstruel dure en moyenne 28 jours. La durée du cycle peut largement varier de 23 à 36 jours.

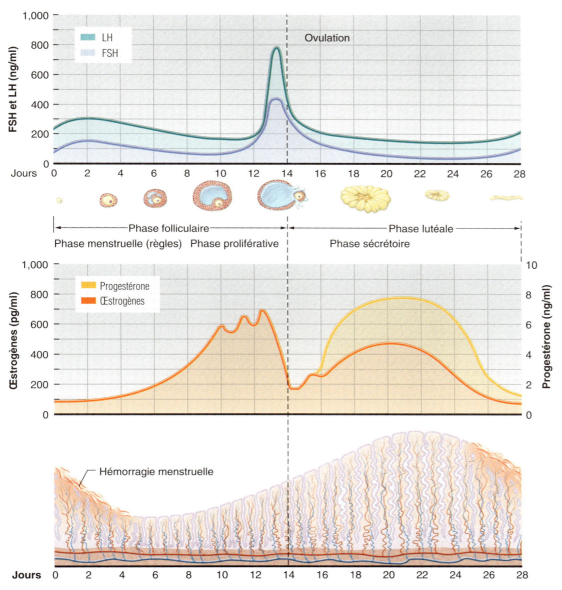

Figure 19.10

Différentes phases du cycle menstruel et variations concomitantes des concentrations sanguines en progestérone et en œstrogènes (au milieu), en FSH et LH (en haut). Le cycle menstruel est divisé en deux phases. La première, la phase folliculaire, débute par le premier jour de l'écoulement menstruel. La deuxième phase, la phase lutéale, débute avec l'ovulation.

5.1.1 Menstruation et performance

La performance physique est plus ou moins altérée par le cycle menstruel, l'impact est très individuel. Un certain nombre d'études suggère que la performance athlétique pourrait être améliorée immédiatement après la menstruation et jusqu'au 15e jour du cycle. D'autres travaux ont observé une amélioration de performance pendant la période des règles. Il subsiste donc toujours une certaine confusion à ce sujet. Les travaux menés en laboratoire jugeant de la réponse physiologique à l'exercice n'objectivent pas de variations suivant les différentes phases du cycle.

5.1.2 La ménarche ou apparition des premières règles

Les retards d'apparition des premières règles (ménarche) concernent de jeunes sportives pratiquant certaines activités telles la gymnastique et la danse. Il y a retard dans l'apparition des premières règles lorsque celles-ci surviennent après 14 ans. L'âge moyen des premières règles, aux États-Unis se situe entre 12,4 et 13 ans selon l'échantillon de population étudié. Chez les gymnastes, il est d'environ 14,5 ans. Ces données suggèrent que l'entraînement physique est responsable du retard. Une autre hypothèse a été avancée, la maturité tardive de certaines filles les prédispose à la pratique de la gymnastique en raison de leurs faibles dimensions corporelles. Ceci induit un retard dans l'apparition des premières règles.

Ces deux points de vue opposés peuvent se résumer en deux questions. L'entraînement intense induit-il un retard dans l'apparition de premières règles ou l'apparition de premières règles est-elle un avantage qui permet le succès dans certaines disciplines sportives.

5.1.3 Les perturbations du cycle menstruel

Les sportives connaissent parfois des perturbations de leur cycle normal. Elles sont de différents types. L'**euménorrhée** désigne le fonctionnement normal du cycle féminin dont la durée est comprise entre 26 et 35 jours. L'**oligoménorrhée** correspond à des « règles » peu fréquentes (dont la durée dépasse 36 jours) ou à un écoulement insuffisant. L'**aménorrhée primaire** est l'absence de « règles » chez la femme de 15 ans et plus (il s'agit de femmes qui n'ont jamais eu leurs premières « règles »). Chez certaines sportives, précédemment bien réglées, l'absence de « règles », pendant plus de trois mois consécutifs, apparaît avec la pratique physique. Ce phénomène est appelé **aménorrhée secondaire** et peut durer pendant des mois, voire des années. Il est fréquent dans certaines activités sportives comme le patinage, la danse, la gymnastique, le culturisme, le cyclisme ou les courses de longues distances, mais peut aussi s'observer chez toute sportive, quelle que soit l'intensité de la pratique, parfois même elle touche des femmes qui ont une activité physique importante à titre de loisir.

La prédominance des aménorrhées secondaires ou des oligoménorrhées des sportives est aujourd'hui bien documentée et on estime qu'elles touchent entre 5 % et 66 % ou plus, de la population féminine, selon le sport, le niveau de compétition et la définition de l'aménorrhée. Si celle-ci est définie comme l'absence de règles au cours des 6 derniers mois, alors la prévalence tend à être plus faible. Si elle est définie comme l'absence de règles au cours des 3 derniers mois alors la prévalence tend à être plus importante. La majorité des chercheurs et des médecins a plutôt défini l'aménorrhée comme l'absence de règles au cours des 3 derniers mois en raison des conséquences physiologiques qui surviennent dès le début de l'aménorrhée. Il est toutefois clair que la prévalence de l'aménorrhée est nettement supérieure aux 2 % à 5 % et la prévalence de l'oligoménorrhée plus élevée que les 10 % à 12 %, rapportés dans la population générale. Cette prédominance se retrouve, surtout, chez les sportives qui pratiquent des activités nécessitant un physique maigre.

Depuis 1970, de nombreux travaux ont cherché à préciser les causes des aménorrhées secondaires. Divers facteurs sont incriminés :

- le passé personnel vis-à-vis de la fonction menstruelle,
- le stress,
- la quantité et l'intensité d'entraînement,
- un poids ou un taux de graisse trop faible,
- des altérations du fonctionnement hormonal,
- un régime alimentaire inadapté.

Les travaux récents ont permis d'éliminer la plupart de ces facteurs comme cause première, y compris l'intensité de l'entraînement. Il est de plus en plus évident que le principal facteur responsable est le déficit énergétique et l'inadéquation entre la dépense énergétique élevée, induite par l'entraînement, et les apports alimentaires.

Les travaux récents du Dr Anne Loucks et de ses collègues[17], à l'Université de l'Ohio, et du Dr Nancy Williams, de la Penn State University[24] ont bien montré que l'induction d'un déficit énergétique, chez des femmes euménorrhéiques, dont les apports énergétiques sont inférieurs aux besoins entraîne des perturbations hormonales indiscutables associées à une aménorrhée (œstrogènes, testostérone, leptine et triiodothyronine : T_3). Plus précisément, la diminution de la ration calorique, associée ou non à une augmentation de la dépense énergétique par l'entraînement physique, induit une diminution de la fréquence de pulsatilité de la LH et de la sécrétion de la triiodothyronine (T3), favorisant des perturbations menstruelles. Plus le déficit énergétique est important plus les conséquences sur la fonction menstruelle sont sévères[24].

L'entraînement physique ne suffit pas, à lui seul, à perturber la fonction menstruelle. Il n'y parvient que s'il contribue à un déficit énergétique. C'est plutôt le déficit d'énergie en l'absence ou en présence d'exercice physique qui y est associé. Un entraînement, même de haute intensité, pourrait donc ne pas perturber la fonction de reproduction, tant que les apports énergétiques compensent les pertes. Cela soulève bien sûr la question entre les désordres alimentaires qui ont comme conséquence un déficit énergétique et le dysfonctionnement menstruel.

5.2 La grossesse

Une activité physique inadaptée pendant la **grossesse** peut avoir quatre conséquences à haut risque pour le fœtus :

1. la réduction du flux sanguin dans l'utérus (le sang est dérivé vers les muscles actifs de la mère) et donc in risque d'hypoxie pour le fœtus (insuffisance en oxygène) ;
2. l'élévation de la température centrale de la mère, liée à l'exercice prolongé ou à l'exercice en ambiance chaude, ce qui favorise l'hyperthermie fœtale ;
3. la diminution de la disponibilité des glucides pour le fœtus, les glucides étant utilisés pour l'exercice ;
4. les risques de fausse-couche et de problèmes à l'accouchement.

Étudions chacune d'elles.

5.2.1 La réduction du flux sanguin utérin et hypoxie

L'ensemble des études, menées chez l'animal, comme dans l'espèce humaine, montre une réduction de 25 % du flux sanguin utérin, lors de l'exercice modéré à intense. L'amplitude de cette diminution est directement en relation avec l'intensité et la durée de l'exercice[26]. Induit-elle une hypoxie importante ? Ce point est nettement moins clair. Apparemment, une augmentation de la différence artério-veineuse en oxygène, dans l'utérus, peut compenser, en partie, la diminution du flux sanguin. L'élévation de la fréquence cardiaque du fœtus, bien qu'elle ne soit pas toujours observée lorsque la mère réalise un exercice, est interprétée comme un indice d'hypoxie fœtale. Mais, cette augmentation de FC ne reflète l'hypoxie que jusqu'à un certain point. Elle semble davantage le résultat de l'élévation des concentrations de catécholamines, dans le sang du fœtus en réponse à l'exercice maternel.

5.2.2 L'hyperthermie

L'élévation de la température centrale de la mère, pendant et juste après l'exercice, fait courir un risque d'hyperthermie au fœtus. On connaît bien les effets **tératogènes** (développement anormal du fœtus) de l'élévation de la température chez l'animal exposé à un stress thermique chronique. Dans l'espèce humaine, les données connues sont issues des états de fièvre maternelle. Les conséquences les plus courantes sont les atteintes du système nerveux central. On sait que, chez l'animal, la température centrale du fœtus augmente lors de l'exercice. Dans l'espèce humaine, on ne dispose pas de résultats suffisamment clairs et la majorité des femmes n'élève pas, habituellement, leur température centrale à des niveaux extrêmes.

5.2.3 La disponibilité des glucides

On ne sait pas dans quelle mesure la disponibilité des glucides pour le fœtus est affectée, lorsque la mère réalise un exercice. On sait que les stocks de glycogène hépatiques et musculaires, de même que la glycémie, sont diminués lorsque les sportives s'entraînent ou participent à des compétitions de longues durées. Mais, les effets sur la femme enceinte ne sont pas bien éclaircis.

Résumé

> Les effets des différentes périodes du cycle menstruel sur la performance sont sujets à de grandes variations interindividuelles. Les études n'ont pas montré un réel effet des phases du cycle menstruel sur la performance.

> L'apparition des premières « règles » peut-être retardée chez certaines sportives. Une explication possible peut être une maturation plus tardive d'origine constitutionnelle et indépendante de la pratique sportive.

> Les femmes sportives peuvent présenter des troubles des règles, sous forme d'aménorrhée secondaire ou d'oligoménorrhée. Les causes en sont encore mal connues, mais il semble assez évident que le régime alimentaire inadapté et un déficit énergétique prolongé constituent des causes essentielles de l'aménorrhée secondaire.

> Le déficit énergétique et les erreurs nutritionnelles induisent des altérations hormonales parmi lesquelles une altération de la sécrétion pulsatile de GnRH et de LH, nécessaire au bon fonctionnement du cycle féminin.

5.2.4 La fausse-couche et l'accouchement

On s'est intéressé, bien sûr, aux risques de fausse-couche liés à l'exercice physique pendant les trois premiers mois de grossesse et aux menaces éventuelles d'un accouchement prématuré, ou d'altérations du développement du fœtus. Malheureusement, on a peu de résultats sur ce sujet et parfois même des données contradictoires. Certaines études concluent que le poids des bébés est plus faible à la naissance, qu'il y a plus de prématurés, d'autres soulignent les effets bénéfiques de l'exercice physique (réduction des gains de poids de la mère, raccourcissement du séjour à l'hôpital après l'accouchement, diminution du nombre de césariennes). Néanmoins, on ne dispose toujours pas d'un nombre suffisant d'études pour pouvoir conclure formellement.

5.2.5 Bénéfices et recommandations liés à la pratique physique

Une revue de question récente sur les effets bénéfiques de la pratique physique pendant la grossesse[14] met en évidence la diminution des risques de diabète gestationnel, d'hypertension, un moindre gain de poids, un accouchement plus rapide et des bénéfices sur la composition corporelle de l'enfant. Il n'y a, malheureusement, que peu de données issues d'études longitudinales sur ce sujet, d'autant plus que ces données sont issues de questionnaires auto-rapportés. Dès lors, les mécanismes par lesquels l'exercice physique modifie la santé de la mère et du fœtus ne sont pas élucidés. En résumé, l'exercice pendant la grossesse peut induire un certain nombre de risques (tableau 19.2), mais les bénéfices dépassent largement les inconvénients, si on prend toutes les précautions nécessaires et un soin tout particulier à établir et réaliser un programme d'entraînement physique. Il est important que la femme enceinte établisse ce programme en liaison également avec son gynécologue.

L'American College of Obstetrician and Gynecologists (ACOG) a également mis au point un guide de recommandations en 1985, réactualisé en 1994. Pivarnik[16] les a résumées ainsi :

- une femme enceinte peut tirer profit d'une activité physique, faible ou modérée, à condition de pratiquer au moins 3 jours par semaine,
- elle doit éviter les exercices en position couchée, ou debout immobile, après le premier trimestre, car cela perturbe le retour veineux et diminue le débit cardiaque,
- elle doit arrêter tout exercice lorsqu'elle se sent fatiguée, elle ne doit jamais aller jusqu'à l'épuisement et ne doit pas hésiter à modifier son programme au moindre signe suspect. Les activités en charge peuvent éventuellement être poursuivies, mais il est de loin préférable de pratiquer des activités en décharge, comme le cyclisme ou la natation, où le risque traumatique est réduit,
- Il faut faire très attention à ne pas pratiquer d'activité où il y a risque de chute, de perte d'équilibre ou de traumatisme abdominal,
- la grossesse nécessitant un apport calorique supplémentaire de 300 kcal par jour, toute femme qui s'entraîne doit faire particulièrement

Tableau 19.2 Risques hypothétiques et bénéfices théoriques de l'activité physique pendant la grossesse

		Risques hypothétiques	Bénéfices théoriques
Maternel		Hypoglycémie aiguë	Amélioration de l'aptitude aérobie
		Fatigue chronique	Diminution du stress cardiovasculaire
		Accidents musculo-squelettiques	Limitation de la prise de poids
			Facilitation du travail
			Récupération plus rapide après l'accouchement
			Diminution des troubles statiques
			Prévention des problèmes rachidiens
			Prévention du diabète gestationnel
Fœtal		Hypoxie aiguë	Diminution des complications à l'accouchement
		Hyperthermie aiguë	
		Réduction importante de l'apport en glucose	
		Avortement pendant le premier trimestre	
		Accouchement prématuré	
		Hypotrophie fœtale	
		Prématurité	
		Troubles du développement fœtal	

D'après Wolfe, Hall et coll. (1989)73.

attention à son régime alimentaire, afin de bien couvrir ses besoins énergétiques,
- pour mieux éliminer la chaleur, la femme qui pratique une activité physique doit veiller à être vêtue de manière adéquate, doit s'hydrater suffisamment et veiller aux conditions environnementales dans lesquelles elle réalise ses exercices,
- la reprise ultérieure de l'activité physique doit être très progressive, en particulier s'il y a allaitement.

Toutes ces recommandations ont été compilées dans un guide publié en 2002 par l'ACOG[1]. Les auteurs rappellent les conseils habituels dispensés conjointement par les centres d'hygiène et de prévention des pathologies et par l'American College of Sports Medicine qui recommandent à tout sujet une pratique physique modérée d'au moins 30 min par jour (chapitre 20). Ils rappellent que la plongée constitue une contre-indication majeure pendant la grossesse en raison du risque mortel pour le fœtus d'un accident de décompression. Enfin, la pratique physique est déconseillée chez la femme enceinte à des altitudes dépassant 1 800 m.

Résumé

› Les risques principaux liés à l'exercice physique pendant la grossesse sont :
1. l'hypoxie fœtale ;
2. l'hyperthermie fœtale ; et
3. la réduction de l'apport glucidique au fœtus,
4. l'avortement,
5. l'accouchement prématuré,
6. l'hypotrophie du nouveau né.

› La pratique physique apporte un certain nombre de bénéfices à la femme enceinte, par exemple une limitation de la prise de poids. Il faut discuter aussi du programme d'entraînement avec le gynécologue.

PERSPECTIVES DE RECHERCHE 19.3

La compétition sportive et l'entraînement de haut niveau pendant la grossesse

La pratique physique apporte des bénéfices importants à la femme enceinte, pendant sa grossesse, dont les réductions des risques d'hypertension, de diabète gestationnel et de prise de poids excessive de la mère et du fœtus[14]. Malgré ces avantages aujourd'hui bien connus, seules 15 % des femmes enceintes suivent les recommandations de l'ACOG de 150 min d'activité aérobie modérée par semaine[8]. C'est pourquoi une partie de la recherche actuelle se focalise sur la sensibilisation, l'intervention et les modalités d'approche de l'activité physique durant cette période.

Chez les sportives enceintes, quelques-unes restent très actives et ce nombre s'accroît régulièrement. Outre qu'un petit nombre participe à des compétitions, l'objectif est surtout de revenir rapidement à son meilleur niveau après l'accouchement. Ainsi, Paula Radcliffe et Kara Goucher ont maintenu un haut niveau d'entraînement pendant leur grossesse et la discobole de l'équipe olympique US, Aretha Thurmond, a participé aux championnats nationaux deux semaines après la naissance de son fils. Il n'y a actuellement pas d'arguments scientifiques permettant de soutenir que de tels niveaux d'entraînement pendant la grossesse sont bénéfiques. On conseille, en l'état actuel des connaissances, un exercice physique régulier et modéré. Une étude de 2005[12] a suivi 41 femmes qui, lors de leur grossesse, ont participé à des entraînements de durées différentes, 8,5 h et 6 h par semaine. Sur le plan santé, il n'y a aucune différence entre les deux groupes que ce soit pour la mère ou pour le fœtus. Les femmes qui se sont entraînées 8,5 h par semaine ont connu une augmentation de 9,1 % de leur $\dot{V}O_2$max entre la 17e semaine de grossesse et la 12e semaine suivant l'accouchement alors que l'autre groupe n'a fait que maintenir son niveau de $\dot{V}O_2$max. Il semble qu'une durée d'entraînement importante soit bénéfique pour la santé et permette d'améliorer l'aptitude aérobie chez des femmes initialement actives. Quelques cas sont aussi rapportés de coureuses à pied enceintes qui ont maintenu un entraînement supérieur à 96,5 km par semaine sans connaître d'effets indésirables et de baisse trop marquée de leur performance. Une étude plus récente de 6 sportives de niveau olympique, enceintes de 23 à 29 semaines, indique au contraire que des exercices à 90 % de FC max induisent une réduction du flux sanguin dans l'artère utérine. L'exercice très intense semble représenter un risque pour le fœtus[20]. Les études sont peu nombreuses sur les sportives de haut niveau pendant cette période et des recherches sont nécessaires afin de définir des recommandations précises pour ces femmes et sur l'entraînement intense de manière générale. Les dernières olympiades ayant connues une participation de 40 % de femmes, nul doute que ce sujet va faire l'objet de recherches au cours des toutes prochaines années.

5.3 L'ostéoporose

Les femmes sont particulièrement concernées car la santé osseuse est influencée à la fois par l'activité physique et par le statut menstruel. Avec l'avance en âge, les femmes ont, plus que les hommes, un risque important de réduction du contenu minéral osseux et d'**ostéoporose**, en particulier à partir de la ménopause. Il faut ajouter que le développement osseux est influencé par le statut menstruel. C'est un point crucial pour les sportives qui sont sujettes à des troubles du cycle.

L'activité physique régulière joue un rôle important dans l'évolution du tissu osseux au cours de la vie. Chez l'enfant, par exemple, l'activité physique amène un gain de masse osseuse, une augmentation de la densité minérale osseuse, ce qui est confirmé par des études interventionnelles. Il est important de motiver les jeunes filles et les femmes pour des activités de musculation et de soulevé de charges. C'est un des meilleurs moyens de limiter les risques d'ostéoporose après la ménopause.

Les caractéristiques d'un programme d'activité physique et la relation dose-réponse permettant une bonne santé osseuse ne sont pas bien établies. Bien qu'ils puissent être en conflit avec le temps consacré aux autres disciplines, les programmes scolaires d'activité physique, incluant 5 à 10 minutes d'exercices de saut plusieurs fois par semaine, ont été couronnés de succès et se sont montrés efficaces en augmentant la densité minérale osseuse de 5 % à 10 %. Dans tous les cas, la pratique d'activité en charge est un excellent moyen d'augmenter la densité minérale osseuse ce qui est fondamental chez les enfants et les adolescents pendant leur croissance, l'os en développement s'adaptant davantage aux charges mécaniques que l'os mature.

Augmenter le capital osseux permet de retarder la survenue de l'ostéoporose. Elle se caractérise par une diminution du contenu osseux en minéraux, ce qui entraîne une porosité des os (figure 19.11). L'ostéopénie, évoquée au chapitre 18, correspond à la perte de masse osseuse liée à l'avance en âge. L'ostéoporose est un phénomène plus sévère. Elle associe une perte de masse osseuse et une altération de la microarchitecture de l'os qu'elle fragilise. Les risques de fractures sont alors majorés. Ce phénomène peut commencer à l'approche des 30 ans. Les risques de fractures sont 2 à 5 fois plus élevés après la ménopause. Les hommes sont moins exposés au risque d'ostéoporose que les femmes. Il reste beaucoup à découvrir sur l'étiologie de l'ostéoporose mais on connaît aujourd'hui trois facteurs essentiels qui contribuent à son apparition :

- l'insuffisance en œstrogènes,
- l'apport de calcium insuffisant,
- l'activité physique insuffisante.

Le premier de ces facteurs est le résultat direct de la ménopause. Les deux autres reflètent les habitudes alimentaires et sportives. Il est actuellement démontré qu'une activité physique régulière chez les adultes d'âge moyen et âgés permet de retarder la perte osseuse ; les femmes ménopausées et physiquement actives ont une densité minérale osseuse meilleure que des femmes inactives.

Les femmes ménopausées, les femmes aménorrhéiques et celles souffrant d'anorexie mentale, sont sujettes à l'ostéoporose en raison de l'apport insuffisant en calcium, de la déficience en œstrogènes ou des deux. Dans des travaux portant sur des femmes anorexiques, les chercheurs ont bien montré que leur densité osseuse était réduite, comparée aux femmes d'un groupe contrôle. Les sportives aménorrhéiques ont une densité minérale osseuse inférieure aux sportives sans troubles menstruels, suggérant que l'activité physique ne suffit pas à protéger celles-ci de la perte osseuse. Comme le montre la figure 19.12, le contenu minéral osseux, chez des coureuses à pied normalement réglées, est plus élevé que chez des femmes non sportives et bien réglées. Les coureuses à pied ont des réserves minérales plus importantes que les non sportives du même statut menstruel. Le contenu minéral osseux des sportives aménorrhéiques est plus élevé que celui des non

Figure 19.11

(a) os sain et (b) os déminéralisé par ostéoporose (diminution de densité osseuse, aspect plus foncé).

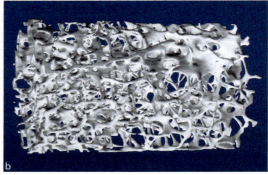

sportives aménorrhéiques. En conséquence, même s'il est bien prouvé que l'activité physique et un apport calcique suffisant sont essentiels pour préserver la santé osseuse quel que soit l'âge, il faut bien se souvenir que l'imprégnation hormonale joue aussi un rôle essentiel avant la ménopause.

5.4 Les troubles du comportement alimentaire

Les **troubles du comportement alimentaire** sont des désordres dont les critères diagnostiques, bien identifiés, ont été établis par l'American Psychiatric Association. L'anorexie mentale et la boulimie sont les désordres alimentaires les plus courants.

Les troubles alimentaires, chez les femmes, ont retenu tout particulièrement l'attention dans les années 1980, les hommes ne constituant que 10 % des cas rapportés. L'anorexie mentale est considérée comme un syndrome clinique depuis la fin du XIXe siècle, mais la boulimie n'a été décrite qu'en 1976.

L'**anorexie nerveuse** est un trouble qui se caractérise par :

- le refus de maintenir un poids normal pour son âge et sa taille ;
- une distorsion de la représentation du corps ;
- l'angoisse permanente de prendre de la graisse ou du poids ;
- l'aménorrhée.

Les femmes de 12 à 21 ans sont les plus touchées par ce dérèglement, dont la fréquence est de l'ordre de 1 %.

La boulimie se caractérise par :

- des épisodes répétés de « goinfrerie » ;
- l'absence de tout contrôle alimentaire pendant ces épisodes ;
- un comportement totalement opposé, caractérisé par la volonté de se purifier, en éliminant les aliments. Ce comportement inclut les tentatives pour se faire vomir volontairement, l'usage des laxatifs et des diurétiques. Les populations à risque sont les adolescentes et les jeunes femmes, chez lesquelles les risques se situent aux alentours de 5 % et peut être plus proches de 1 %.

Il est important de se souvenir qu'une personne peut présenter des troubles du comportement alimentaire, sans répondre strictement aux critères

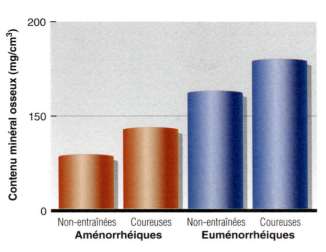

Figure 19.12

Contenu minéral osseux de coureuses à pied et de femmes non entraînées aménorrhéiques et euménorrhéiques. Dans chaque groupe, les coureuses à pied ont un contenu minéral osseux supérieur à celui des femmes non entraînées. Données non publiées de Barbara Drinkwater.

diagnostiques de l'anorexie ou de la boulimie. Le diagnostic de la boulimie nécessite que les épisodes de goinfrerie se répètent, au moins 2 fois par semaine pendant au moins 3 mois. Qu'en est-il de la personne qui se goinfre une fois par semaine ? Si elle n'est pas répertoriée comme boulimique, on ne peut cependant considérer son comportement comme tout à fait normal. Le terme de déséquilibre alimentaire est utilisé en référence à un comportement qui ne correspond pas strictement aux critères de comportement alimentaire pathologique mais qui ne représente pas non plus un comportement alimentaire normal.

On ne connaît pas encore très bien l'importance des désordres alimentaires chez les athlètes. Beaucoup d'études n'ont utilisé comme support que des questionnaires ou des enquêtes auto-rapportés à une ou deux propositions, pour diagnostiquer des troubles du comportement alimentaire. La base était soit le Eating Desorders Inventory (EDI) ou le Eating Attitudes Test (EAT). Les résultats sont très variables, car les différents travaux n'utilisent pas tous les mêmes critères standards, pour définir l'anorexie et la boulimie. On peut cependant dire qu'au sein de la population générale, les sportives constituent un groupe où les risques sont majorés, et plus particulièrement encore dans certains sports. Les plus exposés peuvent être groupés en 3 catégories :

1. les activités où l'image du corps est essentielle comme la natation synchronisée, le patinage artistique, la gymnastique, le culturisme, et la danse ;
2. les sports d'endurance, comme la course à pied ou la natation ;
3. les sports à catégories de poids, comme les courses de chevaux (jockeys), les sports de combat.

Les enquêtes et questionnaires auto-rapportés ne fournissent pas toujours de résultats très précis. Ces troubles alimentaires sont souvent conservés secrets. On ne peut réellement attendre qu'un sujet vienne de lui-même parler de ces problèmes, même si l'anonymat est préservé. Ce désir du secret est souvent accru chez la sportive, par crainte qu'un proche, l'entraîneur ou les parents puissent apprendre la réalité et interdire momentanément la compétition.

Même si les données de la recherche sont encore limitées, il semble raisonnable de conclure que le risque de désordre alimentaire est plus élevé chez les athlètes que dans la population générale. Le danger réel est méconnu par les sportifs. De nombreuses sportives souffrent de troubles du comportement alimentaire. À haut niveau, ils touchent, dans certains sports, jusqu'à 60 % des femmes.

Les troubles du comportement alimentaire sont considérés comme proches des comportements addictifs, ils sont très difficiles à traiter. Les conséquences physiologiques sont considérables et peuvent aller jusqu'à la mort. À la souffrance psychologique et au stress permanent dont souffrent ces sujets, s'ajoute le coût très important des traitements ($5 000 à $25 000 par mois dans un hôpital aux États Unis) et l'isolement du sportif. Il faut absolument voir là un problème aussi grave que l'usage abusif des anabolisants.

Le National College Athletic Association l'a bien compris et, en 1990, a diffusé une série de vidéocassettes sur cette question, écrit des articles, et utilisé l'affichage à destination des entraîneurs et des sportives. Ces documents comprenaient une liste des signes qui doivent alerter les sportives. Ils sont présentés au tableau 19.3.

Lorsqu'un désordre de ce type est suspecté, il ne faut jamais en sous-estimer la gravité. Il convient alors d'adresser le sportif à un spécialiste de ces troubles. La plupart des entraîneurs actuels et même des médecins ne sont pas suffisamment formés et compétents pour prendre en charge ce type de problème et le résoudre efficacement. La plupart des sportives concernées sont souvent très intelligentes, issues d'un très bon niveau socio-économique ou professionnel, et excellent dans la faculté à nier le problème. Ces sportives sont des victimes de la mode actuelle qui encense la maigreur. Le traitement de ce genre de problème est extrêmement difficile, au point que même les meilleurs spécialistes de ce domaine peuvent échouer. Les cas extrêmes de suicide, ou de décès « anormal » par accident cardiaque, ne doivent pas être ignorés. Dès qu'un cas se présente, il faut immédiatement consulter un professionnel compétent.

Les femmes sportives sont davantage exposées à ces risques, pour diverses raisons. Parmi les plus importantes, citons la pression qui s'exerce sur les sportifs et spécialement sur les femmes. La notion de poids limite est trop souvent imposée par l'entraîneur, parfois même les parents. Ajoutons que le profil de la sportive de haut niveau se rapproche souvent du profil de femme à haut risque de trouble du comportement alimentaire (compétitive, perfectionniste, sous la domination d'une tierce personne). Le sport pratiqué indique clairement quels sont les sujets les plus exposés. Trois catégories sont à très haut risque ; les sports d'endurance surtout la course à pied, les sports où l'image du corps est essentielle et les sports à catégories de poids. Enfin, sportives ou non, les jeunes filles subissent toutes une pression plus ou moins importante en ce domaine.

Tableau 19.3 Signes d'alarme en cas de boulimie ou d'anorexie mentale

Anorexie mentale	Boulimie
Pertes de poids excessives	Prise ou perte de poids anormales
Comportement obsessionnel vis-à-vis de la nourriture, du poids et de l'apport calorique	Obsession du poids
Port de vêtements amples, flottants	Vomissements volontaires après les repas
Activité physique excessive sans discernement et inadaptée	Comportements dépressifs
Sautes d'humeur	Alternance de régimes draconiens et d'accès de boulimie
Suppression des activités sociales liées à la nourriture	Image du corps négative

Note. La présence de un à deux de ces signes, seulement, ne suffit pas pour parler de troubles pathologiques du comportement alimentaire. Le diagnostic ne peut être fait que par des personnes compétentes.
D'après le National Collegiate Athletic Association (NCAA), 1990 43.

Les différences intersexes dans les activités physiques et sportives Chapitre 19

6. La triade de la femme sportive

Dès le début des années 1990, on a noté une association étroite entre les signes suivants :

- les troubles du comportement alimentaire ou un apport énergétique insuffisant,
- l'aménorrhée secondaire, et
- la déminéralisation osseuse.

L'association de ces trois signes constitue ce qu'on appelle la **triade de la femme athlète**. C'est un syndrome qui associe des troubles du comportement alimentaire ou un apport énergétique insuffisant, une déminéralisation osseuse et une aménorrhée secondaire chez des femmes physiquement très actives ou chez des athlètes. Les troubles du comportement alimentaire ne sont, malgré tout, pas une composante obligatoire. Le facteur le plus communément retrouvé est l'apport insuffisant d'énergie qui peut être ou non le résultat d'un désordre alimentaire. La déficience énergétique survient lorsque la sportive ne consomme plus une quantité suffisante de calories, en regard de la dépense énergétique induite par l'activité sportive. Au bout d'un certain temps, encore mal précisé et certainement très variable d'une athlète à l'autre, ces désordres s'accompagnent de troubles de la fonction menstruelle pouvant conduire à l'aménorrhée secondaire. Celle-ci favorise l'apparition d'une déminéralisation osseuse.

L'American College of Sports Medicine a été le premier, en 1997, à décrire ce phénomène et les risques qu'il fait courir à la santé. Cette pathologie est fréquemment rencontrée chez les femmes impliquées dans des activités sportives où l'accent est mis sur la minceur : cross-country, gymnastique, patinage artistique, etc. Cependant il peut aussi affecter des femmes impliquées dans les activités physiques de loisir ou d'autres sportives. Une nutrition inadaptée précède l'apparition clinique de l'aménorrhée et de la déminéralisation osseuse. Les déficits nutritionnels sont souvent le résultat de la pression que subissent ou que s'imposent certaines femmes qui veulent rester minces.

De nombreux chercheurs se sont intéressés à ces interrelations et de nombreux résultats sont aujourd'hui disponibles. Au cours des deux dernières décennies, on a beaucoup appris sur les symptômes, les facteurs de risques, les causes et les stratégies de traitement de la « Triade de la femme athlète » comme sur l'aménorrhée et la déminéralisation osseuse. Malgré tout, peu de guides sont aujourd'hui disponibles. La recommandation clinique pour prévenir et traiter la « Triade de la femme athlète » est d'augmenter la ration calorique et parfois de réduire la dépense énergétique. La réduction de l'entraînement lorsque la ration calorique est déjà

19.2

élevée est sans doute excessive, car ce n'est pas l'entraînement en soi qui joue un rôle causal dans l'étiologie de l'aménorrhée de la sportive.

La dernière position de l'American College of Sports Medicine concernant la « Triade de la femme athlète »[2], publiée en 2007, met en avant le fait que les trois désordres impliqués peuvent survenir seuls ou simultanément et qu'ils doivent être traités avant que des conséquences sérieuses ne se développent.

Pour plus d'informations, il est possible de se référer au site www.fematleathletetriad.org

7. Activité physique et ménopause

La **ménopause** est définie comme l'arrêt définitif des règles dont le diagnostic est porté après une interruption minimale d'au moins 12 mois. Elle survient en général entre 45 et 55 ans et est précédée d'une période transitoire caractérisée par la diminution progressive de la sécrétion en hormones sexuelles associée à une irrégularité menstruelle. Elle induit, chez un grand nombre de femmes, des troubles plus ou moins sévères qui altèrent la qualité de vie. On estime que plus de 75 % de femmes ménopausées souffrent de bouffées de chaleur, saignements vaginaux, symptômes urinaires, troubles de l'humeur, prise de poids. Pour soulager ces divers désagréments, un traitement hormonal de substitution (œstrogénothérapie seule ou associée à la prise de progestérone) a été classiquement prescrit toutes ces dernières années. Ce traitement est néanmoins controversé aujourd'hui en raison de ses nombreux effets secondaires parmi lesquels l'augmentation du risque de maladies cardiaques, d'accident vasculaire cérébral, de troubles de la coagulation et de cancer du sein. L'activité physique est désormais proposée comme une alternative thérapeutique à ce traitement pour soulager les troubles de la ménopause, qu'ils soient d'ordre psychologiques, sexuels, vasomoteurs et somatiques. Le nombre d'essais cliniques randomisés est cependant très limité. Les études souvent transversales, basées sur des données auto-rapportées présentent souvent de nombreux biais méthodologiques. Il existe cependant beaucoup d'arguments pour considérer que l'exercice est efficace pour corriger les troubles de l'humeur, l'insomnie et la dépression chez les femmes ménopausées. Si les effets de l'activité physique sur les troubles vasomoteurs, dont les bouffées de chaleur, restent à confirmer, on a actuellement toutes les raisons de penser qu'elle améliore la qualité de vie, la composition corporelle et le risque de survenue de pathologie.

> ### Résumé
> ❯ Les femmes postménopausées, aménorrhéiques, et celles qui souffrent d'anorexie mentale sont très exposées à l'ostéoporose. Une activité physique régulière ainsi qu'un apport calcique et calorique adéquat sont essentiels à tout âge pour préserver et développer la masse osseuse.
>
> ❯ Les désordres alimentaires comme la boulimie ou l'anorexie mentale sont plus fréquents dans les sports où la composition corporelle est fondamentale : dans les activités d'endurance, les activités sportives artistiques et dans les sports à catégories de poids. Les sportives sont beaucoup plus exposées à ces risques que l'ensemble de la population.
>
> ❯ La triade de la femme sportive comprend 3 troubles interconnectés – apports nutritionnels insuffisants, aménorrhée secondaire et déminéralisation osseuse – qui altèrent sévèrement la santé et la performance de la sportive et augmentent le risque de blessure.
>
> ❯ Les effets bénéfiques de l'activité physique régulière sur les troubles de la ménopause, comme par exemple les bouffées de chaleur, restent à confirmer. L'exercice est néanmoins fortement recommandé car il améliore la qualité de vie, la composition corporelle et diminue le risque de pathologie.

8. Conclusion

Ce chapitre a étudié les différences intersexes d'aptitudes physiques et de performance. Celles-ci s'expliquent essentiellement par les dimensions corporelles inférieures chez la femme, une masse grasse plus importante et une masse maigre plus faible. Il faut, en général, y ajouter un mode de vie plus sédentaire et les interactions d'ordre socio-culturel (technique d'entraînement, managérat, accès au sport, etc.). En conséquence, l'entraînement est susceptible d'améliorer très nettement la condition physique et les performances féminines.

Ce chapitre conclut la partie consacrée aux adaptations à l'exercice en fonction de l'âge et du sexe. Nous allons considérer, dans la dernière partie de cet ouvrage, une application particulière de la physiologie du sport et de l'exercice dont l'intérêt socio-économique est important. Il s'agit du rôle de la pratique physique dans la promotion de la santé, la prévention et le traitement de diverses pathologies.

Mots-clés

aménorrhée

aménorrhée primaire

aménorrhée secondaire

anorexie nerveuse

boulimie nerveuse

cycle menstruel

troubles du comportement alimentaire

différences intersexes

effets tératogènes

euménorrhée

grossesse

lipoprotéine lipase

ménarche

ménopause

œstrogènes

oligoménorrhée

ostéoporose

règles

triade de la femme sportive

troubles menstruels

Questions

1. Comment comparer des hommes et des femmes en tenant compte de leurs compositions corporelles différentes ? En quoi les sportives diffèrent-elles des non sportives ?

2. Quel rôle joue la testostérone et les œstrogènes dans le développement de la force et de la masse maigre ?

3. Comment comparer la force de la partie supérieure du corps dans les deux sexes ? de la partie inférieure ? de la masse maigre ? Les femmes peuvent-elles prendre de la force en suivant un programme de musculation ?

4. Existe-t-il des différences de $\dot{V}O_2$max entre les deux sexes ? Entre des hommes et des femmes très entraînés ? Comment s'expliquent-elles ?

5. Quelles différences existe-t-il dans les adaptations cardiovasculaires à l'exercice sous-maximal entre les deux sexes ? À l'exercice maximal ?

6. En quoi le cycle menstruel affecte-t-il la performance ?

7. Quelles sont les causes essentielles des troubles des règles épisodiques ou prolongés chez les femmes sportives ?

8. Quels sont les risques associés à l'exercice physique pendant la grossesse ? Peut-on les éviter ?

9. Quelles sont les conséquences de l'aménorrhée sur la minéralisation osseuse ? En quoi l'exercice affecte-t-il la minéralisation osseuse ?

10. Quelles sont les deux perturbations alimentaires essentielles chez les femmes sportives ? En quoi y a-t-il des différences en fonction des sports ?

11. Qu'est-ce que « la triade » de la femme sportive ? Quels sont les facteurs responsables ?

SEPTIÈME PARTIE

Activité physique et santé

Nous nous sommes intéressés, dans les parties précédentes, aux mécanismes physiologiques qui sous-tendent l'activité physique et la performance. Dans cette dernière partie de l'ouvrage, nous allons montrer comment la gestion correcte des activités physiques permet d'améliorer le capital santé et l'aptitude physique. Nous allons voir dans quelle mesure une pratique physique bien conduite peut aider à la prévention, voire aux traitements de diverses affections. Au chapitre 20, « Prescrire l'activité physique pour la santé », nous préciserons quelles conditions doivent êtres respectées pour qu'un programme d'activités physiques contribue à entretenir, voire à développer, le capital santé et l'aptitude physique. Nous verrons que la pratique physique est de plus en plus conseillée dans la rééducation et la prise en charge d'un grand nombre de pathologies. Le chapitre 21, « Activités physiques et pathologies cardiovasculaires », concernera quelques unes des affections cardiovasculaires les plus courantes. Le chapitre 22, « Obésité, diabète et activités physiques », montrera, après un rappel des principales causes de ces deux affections, comment l'activité physique peut aider à les prévenir ou à en limiter la sévérité.

Chapitre 20 : Prescrire l'activité physique pour la santé

Chapitre 21 : Activités physiques et pathologies cardiovasculaires

Chapitre 22 : Obésité, diabète et activités physiques

Prescrire l'activité physique pour la santé

20

Janson Walker, un homme de 55 ans, consulte son médecin pour l'obtention d'un certificat médical l'autorisant à la pratique sportive. À l'examen, le médecin note des chiffres tensionnels élevés. Janson est obèse et fume environ un paquet de cigarettes par jour. Le médecin juge utile de pratiquer un électrocardiogramme d'effort. En fin d'exercice, alors que Janson est presque au maximum, apparaissent des modifications du segment ST à l'électrocardiogramme pouvant faire suspecter une lésion coronarienne. Pour préciser le diagnostic, Janson subit une coronarographie la semaine suivante, non sans appréhension.

Celle-ci est anormale et révèle une obstruction de l'artère coronaire circonflexe de 85 % et une obstruction de l'artère coronaire droite de 90 %. Il est immédiatement opéré et un pontage est effectué avec succès. Cet épisode a permis à Janson de prendre conscience des risques graves liés au tabagisme et à la sédentarité. Depuis cette date, Janson ne fume plus et pratique très régulièrement des activités d'endurance. Il participe même à des courses de 10 km. Il est en pleine forme et fait contrôler plus régulièrement sa pression artérielle.

Plan du chapitre

1. Activité physique et santé — 508
2. « Exercise is medicine » — 510
3. Le bilan médico-physiologique — 510
4. L'examen clinique — 511
5. Quels exercices conseiller ? — 515
6. Évaluer l'intensité de l'exercice — 517
7. La programmation d'entraînement — 524
8. Exercice physique et handicap — 525

Dans les pays industrialisés, le style de vie conduit à la sédentarité. Or, l'homme est fait pour bouger. Physiologiquement nous ne sommes pas adaptés à l'inactivité. Dans les années 1970 à 1980, est apparu un besoin énorme de remise en forme. Ainsi, moins de 20 % des adultes américains ont un niveau d'activité physique leur permettant d'accroître ou simplement de maintenir leur aptitude aérobie et leur capacité de force. Or, la recherche a clairement montré que, quasiment pour tout le monde, un mode de vie actif est essentiel pour une santé optimale.

1. Activité physique et santé

Ce n'est que dans les années 1990 que le corps médical a pris conscience que l'activité physique était essentielle au maintien de la santé. Cela peut sembler surprenant lorsqu'on sait qu'Hippocrate (460-377 av. J.C.), sportif et médecin renommé, soulignait déjà, il y a plus de 2 000 ans, les bienfaits de l'activité physique régulière et d'une alimentation équilibrée !

Ce n'est pourtant qu'en juillet 1992 que l'American Heart Association a officiellement déclaré que l'inactivité physique était un risque majeur de maladie coronarienne, tout comme le tabagisme, l'hyperlipidémie et l'hypertension artérielle. Les centres d'hygiène et de prévention des pathologies, en collaboration avec l'American College of Sports Medicine (ACSM), ont communiqué sur l'importance d'une activité physique régulière comme mesure de santé publique. Cela a permis la publication, en février 1995, d'un texte de consensus, rédigé par des experts des différents National Institutes of Health (National Heart, Lung and Blood Institute), qui souligne l'importance de l'activité physique dans la prévention des maladies cardiovasculaires. Enfin, en 1996, le « Surgeon General of United States » a fait paraître un rapport sur les bienfaits de l'activité physique pour la santé. Il insiste, en particulier, sur le rôle majeur de l'activité physique dans la prévention et la prise en charge des maladies chroniques dégénératives.

Ce sont essentiellement les études épidémiologiques qui démontrent l'intérêt de l'activité physique dans la prévention de ces pathologies. Elles explorent, sur de grandes populations, les relations entre le niveau d'activité physique et le risque de développer une pathologie déterminée. Dans les années 2000, de nombreux biologistes moléculaires et physiologistes de l'exercice ont déclaré la guerre à la sédentarité et aux risques sévères qui y sont associés. Ils ont constitué un groupe d'action pour alerter les politiques sur ces risques et sur l'intérêt de développer des recherches dans ce domaine. Ce groupe nommé « Researchers Against Inactivity-Related Disorders (RID) » a été entendu puisque, depuis, le gouvernement a subventionné des programmes de recherche sur les liens entre activité physique et santé. De nombreux articles scientifiques ont ainsi été publiés[3,4] sur les effets délétères de l'inactivité physique.

Comment ces différentes publications ont-elles été perçues ? Pour en rendre compte, rappelons que les bases du développement de l'activité physique à des fins de santé ont été jetées, à la fin des années 1960, avec la publication de l'ouvrage « aérobics » écrit par le Dr Kenneth Cooper (figure 20.1)[7]. S'appuyant sur des arguments médicaux, ce livre montrait l'intérêt de pratiquer des exercices dynamiques pour entretenir sa santé et améliorer son aptitude physique. Ce genre d'activité s'est développé pendant toute la décennie qui suivit, et a atteint son apogée au début des années 1980, grâce à la publicité faite par les médias.

Cette augmentation de la pratique physique par la population a pourtant été remise en question en 1983 par l'article de Kirshenbaum et Sullivan[12] publié dans « Sports Illustrated ». Les auteurs soulignaient que seule une petite fraction de la population américaine fréquentait régulièrement les centres de remise en forme. Les participants étaient essentiellement des sujets jeunes ou d'âge moyen, de race blanche, de haut niveau socioprofessionnel ou des étudiants. Plusieurs études ont confirmé ces résultats.

Les choses se sont-elles améliorées ? Le département américain de la Santé, « US Department of Health and Human Services Healthy People 2020 » a publié un guide de recommandations pour promouvoir la santé des Américains. Les progrès obtenus de 2008 à 2012 sont dus à différents facteurs. Il y a moins d'adultes qui fument et moins d'adolescents se laissent aller à l'usage abusif d'alcool et de drogues. Davantage d'adultes suivent aussi les recommandations d'activité physique. Il reste néanmoins beaucoup à faire. Les objectifs pour 2020 sont ainsi basés sur les données issues des travaux scientifiques. L'activité physique régulière doit inclure des exercices d'intensité modérée à élevée ainsi que des exercices de renforcement musculaire. Même si le pourcentage d'adultes qui suivent ces directives a augmenté de 18,2 % en 2008 à 20,6 % en 2012, 80 % des adultes ne tiennent pas compte de ces recommandations. De même 80 % des adolescents sont en dessous du seuil d'activité physique nécessaire pour obtenir une aptitude aérobie suffisante[20].

Malgré ces données statistiques très décevantes, la plupart des Américains ont bien compris que l'exercice constitue un élément majeur de prévention d'un grand nombre de maladies. De plus en plus nombreux sont les candidats qui pratiquent régulièrement le footing (8 km par séance environ) et les exercices de musculation. Beaucoup croient à tort que l'efficacité de l'exercice sur la santé implique nécessairement de fortes intensités et de grandes quantités d'entraînement, ce qui est faux. Ceci a fait l'objet d'un rapport du CDCP/ACSM, publié en 1995, qui conclut qu'une activité modérée mais régulière, comme 30 minutes de marche, 15 minutes de footing ou 45 minutes de volley-ball, pratiquée chaque jour ou presque, suffit à induire des effets bénéfiques. Selon ce rapport, il suffit d'augmenter légèrement son activité physique quotidienne pour améliorer sa santé et sa qualité de vie. Une étude de 2006 réalisée chez des séniors (70-82 ans) montre qu'en devenant simplement plus actif, on diminue largement le risque de mortalité, en dehors de tout programme organisé d'activité physique [16].

Des effets bénéfiques supplémentaires peuvent être obtenus par une activité physique plus intense et plus importante. Mais il est évident et fondamental que la nature, l'intensité, la durée, la fréquence donc la quantité des exercices à réaliser doivent être adaptées à chaque individu.

En 2008, le US Department of Health and Human Services a publié le « guide d'activité physique pour les Américains » qui peut être téléchargé à partir de l'adresse électronique suivante : www.health.gov/paguidelines[21].

Figure 20.1

Dr Kennett H. Cooper, fondateur de l'Institut Cooper et auteur de nombreux ouvrages concernant les bénéfices de l'activité physique sur la santé.

1.1 Enfants et adolescents (6-17 ans)

Les enfants et adolescents doivent pratiquer au moins 1 h d'activité physique par jour.

Une activité aérobie d'intensité modérée et élevée doit être effectuée plus d'une heure par jour.

Les enfants et adolescents doivent pratiquer des activités intenses au moins 3 fois semaine.

Les exercices de musculation sont nécessaires.

1.2 Adultes (18-64 ans)

Les adultes doivent pratiquer un minimum de 2 h 30 min par semaine d'activité modérée ou 75 min d'activité intense et aérobie par semaine ou une combinaison des deux. Les séances aérobies peuvent être continues ou réalisées par intervalles d'une dizaine de minutes environ, étalés sur la semaine.

Des bénéfices supplémentaires sont apportés en augmentant la pratique jusqu'à 5 h (300 min) par semaine d'activité aérobie d'intensité modérée ou par 2 h 30 min d'activité intense ou une combinaison des deux.

Les adultes doivent aussi faire du renforcement musculaire impliquant les muscles les plus importants du corps à raison de 2 séances, au moins, par semaine.

1.3 Les personnes âgées (65 ans et plus)

Elles doivent suivre les mêmes recommandations. Si cela n'est pas possible en raison d'une limitation quelconque, l'activité physique doit être aussi importante que les capacités de la personne le permettent. Ils doivent surtout éviter l'inactivité. Les personnes âgées doivent inclure des exercices d'équilibre pour limiter les risques de chute.

Pour tout le monde l'inactivité est délétère. Il faut être physiquement actif, c'est un facteur essentiel de santé, les bénéfices surpassant toujours de loin les risques. Les personnes ne souffrant pas de pathologie chronique (diabète, maladie cardiaque, arthrose, etc.) sans symptômes évocateurs (douleur ou oppression thoracique, vertiges, douleurs articulaires, etc.) n'ont pas besoin de consulter un médecin pour pratiquer l'activité physique.

1.4 Adultes porteurs d'un handicap

Ils doivent suivre les recommandations pour adultes dans la mesure du possible. Sinon, ils doivent pratiquer autant que leurs capacités le leur permettent. Ils doivent surtout éviter d'être inactifs.

1.5 Enfants et adolescents porteurs d'un handicap

Il faut surtout bien identifier les activités physiques qui leur sont adaptées. Ils doivent suivre autant que possible les recommandations de tous les enfants et adolescents, ou au moins être actifs autant que cela leur est possible. Ils doivent impérativement éviter l'inactivité.

1.6 Femmes enceintes

Les femmes enceintes et en bonne santé qui ne pratiquaient pas préalablement d'activité physique intense doivent s'adonner à 2 h 30 min d'exercice aérobie d'intensité modérée par semaine. Il faut étaler la pratique sur l'ensemble de la semaine. Les femmes qui avaient l'habitude d'une pratique aérobie d'intensité élevée ou importante en quantité peuvent poursuivre leur activité pour maintenir leur aptitude physique mais moyennant un suivi médical régulier.

2. « Exercise is medicine »

L'ACSM en collaboration avec l'« American Medical Association » (AMA) a lancé dès la première décade du XXIe siècle une campagne de promotion de l'activité physique auprès des professionnels de santé qui sont très insuffisamment formés dans le domaine. Parmi les actions mises en place, une opération de formation de ces professionnels a été entreprise. Elle a pour objectif de les aider à prescrire des recommandations adaptées et réalisables. Le site suivant peut apporter des informations complémentaires.

http:// exercise is medicine.org

Connaissant les bienfaits de l'activité physique régulière, il faut rappeler les étapes à suivre pour guider les pratiquants. La première étape concerne le bilan médico-physiologique.

3. Le bilan médico-physiologique

Ce bilan est-il réellement nécessaire ? Le Dr Per-Olof Åstrand (figure 20.2), un médecin physiologiste suédois très réputé, souligne que ce sont les sujets qui sont restés le plus longtemps inactifs qui présentent le plus de risques de faire un malaise à l'effort. Un bilan médical, préalable à tout projet de remise en forme et de réentraînement, apparaît donc indispensable même s'il n'est pas toujours bien perçu.

Ce bilan est fondamental pour plusieurs raisons :

- chez certains sujets, l'exercice physique peut comporter des risques que seul l'examen médical est à même de détecter ;
- les données obtenues permettent de préciser la nature de l'exercice à conseiller ;
- certains résultats, comme les chiffres tensionnels, le taux de graisse, les taux de lipides sanguins, peuvent aider à motiver certains sujets à s'engager plus régulièrement dans la pratique sportive ;
- l'ensemble des valeurs obtenues, chez des individus en parfaite santé, permet de préciser, à un moment donné, le profil général de la population et d'en suivre l'évolution avec le temps ;

Figure 20.2

Dr Per-Olof Åstrand, éminent médecin et physiologiste suédois, faisant de la bicyclette en forêt.

- le suivi médical régulier des pratiquants contribue à détecter certaines affections graves, comme le cancer, les maladies cardiovasculaires dont le pronostic est directement fonction de la précocité du dépistage et de la mise en route du traitement. Le suivi médico-sportif constitue donc un outil de prévention indiscutable.

4. L'examen clinique

Même si cette évaluation médicale est utile et souhaitable, beaucoup de gens ne la demandent pas. D'abord, le coût de l'examen est souvent prohibitif. Ensuite, dans une population en bonne santé, l'examen ne permet pas toujours de diminuer le risque d'accidents (traumatiques ou non) lié à la pratique sportive. C'est pourquoi, des guides et recommandations ont été mis en place avec comme objectif de limiter les risques individuels[8,9].

4.1 Évaluation du risque

Les sujets à risque modéré sont ceux qui ne présentent pas de signes cliniques ou chez qui on n'a pas diagnostiqué de symptômes cardiovasculaires, pulmonaires ou métaboliques mais qui ont au moins deux facteurs de risque d'affection cardiovasculaire (tableau 20.1). Les sujets à risque élevé sont ceux qui présentent au moins un symptôme de maladie cardiovasculaire, pulmonaire ou métabolique.

L'American College of Sports Medicine a publié en 2014 le « Guidelines for exercise testing and prescription » qui propose un modèle d'évaluation du niveau de risque. Ce modèle a pour objectif d'aider les professionnels de santé et de l'activité physique à juger du degré de santé et du niveau de risque individuel. Il vise aux objectifs suivants :

- Identifier des contre-indications médicales à un programme d'activité physique et interdire la pratique jusqu'à ce que ces contre-indications aient disparu ou soient très bien contrôlées.
- Identifier des personnes visiblement atteintes d'une maladie et mettre en place des conditions de pratique physique sous contrôle médical.
- Détecter des sujets à risque accru (en fonction de l'âge, de divers symptômes ou de facteurs de risque) et leur proposer un bilan médical avant de débuter un programme d'activité physique ou d'en augmenter l'intensité ou la quantité.
- Identifier des besoins particuliers qui peuvent impacter les évaluations ou les programmes d'activité physique.

La figure 20.3 illustre les différentes étapes du modèle proposé par l'ACSM afin d'évaluer le niveau de risque.

Tableau 20.1 Facteurs majeurs de risque d'accident coronaire

Facteurs de risque	Critères
Âge	Hommes > 45 ans ; Femmes > 55 ans.
Antécédents familiaux	Infarctus du myocarde ou mort subite, avant 55 ans chez le père ou un parent proche de sexe masculin, ou avant 65 ans chez la mère ou un parent proche de sexe féminin.
Tabagisme	Fumeurs réguliers ou ayant arrêté depuis moins de six mois ou fumeurs passifs
Hypertension artérielle	PA ⩾ 140/90 mmHg, confirmée par au moins deux mesures séparées, ou traitement hypotenseur.
Dyslipidémie	LDL cholestérol > 130 mg/dL (3,4 mmol/L) ou HDL cholestérol < 40 mg/dL (1,04 mmol/L) ou traitement hypolipémiant. Cholestérol total > 200 mg/dL (5,2 mmol/L) si les paramètres précédents ne sont pas connus.
Pré-Diabète	Glycémie à jeun ⩾ 1 g/L^{-1} (5,5 mmol.L^{-1}) mais < 1,25 g/L^{-1} (6,9 mmol.L^{-1}) ou tolérance au glucose altérée au test de tolérance orale au glucose
Obésité	IMC ⩾ 30 kg/m^2 ou tour de taille > 102 cm (homme) ou 88 cm (femme) ou rapport tour de taille / tour de hanche ⩾ 0,95 pour les hommes et 0,86 pour les femmes
Sédentarité	Moins de 30 min d'activité modérée quotidienne durant au moins trois jours par semaine.
Facteur de prévention	**Critère**
Niveau élevé d'HDL-cholestérol dans le plasma	> 60 mg/dL (1,5 mmol/L)

D'après the American College of Sports Medicine, 2014, ACSM's guidelines for exercise testing and prescription, 9th ed. (Philadelphia, PA: Lippincott, Williams, and Wilkins), 27.

Figure 20.3 Modèle d'évaluation du risque cardiovasculaire

D'après et avec la permission de the American College of Sports Medicine, 2014, ACSM's guidelines for exercise testing and prescription, 9th ed. (Philadelphia, PA: Lippincott, Williams, and Wilkins), 26.

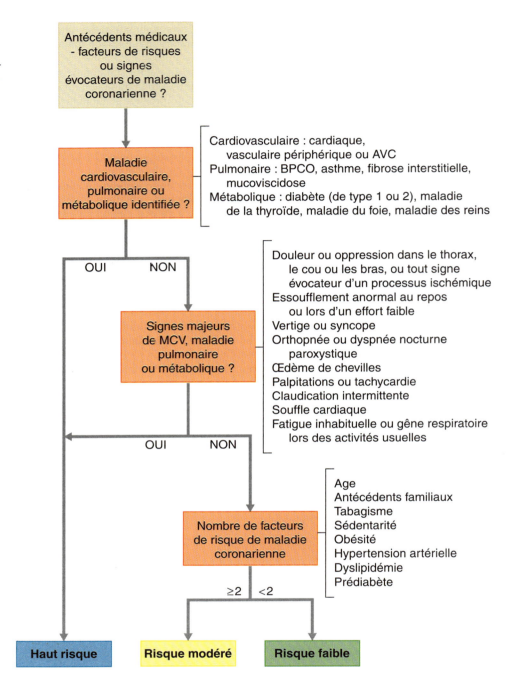

L'ACSM a également publié dans le *Guidelines for exercise testing and prescription*[1] les recommandations élémentaires qui doivent être respectées à chaque temps de l'examen médical. Ce document peut être consulté si nécessaire.

L'examen clinique doit bien sûr comporter un interrogatoire au cours duquel le médecin devra discuter de la nature des exercices que le sujet envisage de pratiquer, surtout s'il apparaît des contre-indications à certains types d'activité physique. Il faudra, par exemple, déconseiller les exercices isométriques chez les sujets hypertendus. Rappelons que, dans ce type d'exercice, les sujets utilisent très souvent la manœuvre de Valsalva, laquelle augmente la pression dans les cavités thoracique et abdominale, et limite le retour veineux vers le cœur. Chez des sujets à risque, ces effets peuvent entraîner des accidents et notamment des malaises graves avec perte de connaissance. Certains exercices dynamiques, très intenses, peuvent également élever considérablement les chiffres tensionnels ; c'est souvent le cas en musculation.

4.2 L'épreuve d'effort

En général, l'examen médical comprend une épreuve d'effort (figure 20.4) avec **électrocardiogramme d'effort** à 12 dérivations (figure 20.5), enregistré lors d'un exercice sur tapis ou sur cyclo-ergomètre. Il est très souvent associé à d'autres examens notamment à une échocardiographie et, si nécessaire, à des examens très spécialisés : tests pharmacologiques voire techniques d'imagerie avec radio-isotopes. Toutes ces explorations améliorent la spécificité et la sensibilité du bilan.

L'exercice est, en général, très progressif. L'intensité est adaptée au sujet. Il peut consister en une simple marche dont l'allure est accélérée et se poursuit jusqu'à environ 85 % de la FC max théorique, chez les sujets à risque ou déconditionnés, ou en une course de plus en plus rapide et avec pente, chez des sujets plus jeunes et bien entraînés jusqu'au maximum. L'incrémentation de la charge est en général progressive, toutes les 1 à 3 minutes, selon les protocoles. L'exercice est dit progressivement croissant.

Sur le tracé ECG, il faut rechercher tout particulièrement l'apparition de signes anormaux, comme des troubles du rythme, de la conduction ou des modifications du segment ST, ces dernières devant faire suspecter l'existence d'une lésion

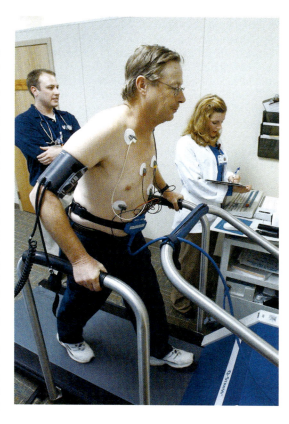

Figure 20.4 Enregistrement d'un électrocardiogramme d'effort

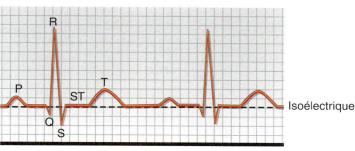

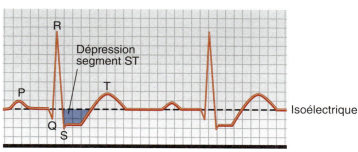

Figure 20.5

Illustration (a) d'un ECG normal et (b) d'un ECG avec un sous-décalage du segment ST suggérant la présence d'une maladie coronarienne.

coronarienne sous-jacente. On enregistre aussi la pression artérielle pendant l'épreuve. Normalement la pression artérielle systolique augmente avec l'incrémentation de l'exercice, alors que la pression artérielle diastolique ne change pas ou diminue. Il est essentiel de noter tout signe ou symptôme anormal survenant pendant ou juste à la fin de l'exercice. Il peut s'agir de douleurs thoraciques évocatrices d'une angine de poitrine, d'un essoufflement inhabituel, d'étourdissements, de vertiges, d'un rythme cardiaque anormal. L'objectif majeur est la recherche de lésion coronarienne.

À l'issue des toutes les explorations, le bilan est jugé positif, négatif ou douteux. Tout bilan positif ou douteux impose de faire d'autres examens à visée diagnostique. Il s'agit le plus souvent d'une coronarographie (injection d'un produit opaque aux rayons X dans les artères coronaires) ou d'autres techniques d'imagerie (tomographie, scanner, IRM). Lorsqu'une obstruction coronarienne est diagnostiquée, son degré est coté en pourcentage et tient compte du nombre d'artères coronaires concernées.

L'intérêt diagnostique de l'épreuve d'effort avec enregistrement ECG est évalué par la détermination de trois critères : la sensibilité, la spécificité et la valeur prédictive. La **sensibilité** est la capacité de cette épreuve à détecter les sujets pathologiques. La **spécificité** est la capacité de l'épreuve à bien distinguer les sujets sains. La **valeur prédictive** d'un ECG d'effort anormal correspond au risque, pour le sujet considéré, de présenter une pathologie coronarienne.

Malheureusement, chez les sujets totalement asymptomatiques, la sensibilité et la valeur prédictive d'un test anormal apparaissent relativement faibles. En effet, la moyenne de sensibilité est d'environ 66 %. Ceci signifie que 66 % seulement des sujets porteurs d'une lésion coronarienne jusque-là méconnue sont effectivement dépistés par l'ECG d'effort. Autrement dit, 34 % de ceux qui souffrent de cette pathologie ont des ECG d'effort strictement normaux. La généralisation de l'épreuve d'effort au sein d'une population à haut risque améliore la sensibilité de cette épreuve. Néanmoins, cette seule épreuve est rarement effectuée à des fins purement diagnostiques. L'utilisation de l'imagerie augmente nettement la sensibilité et la spécificité du bilan[1].

On peut en conclure que l'épreuve d'effort a une faible valeur prédictive chez des sujets en apparente bonne santé, tout particulièrement chez les jeunes et chez les enfants. La pertinence même de l'ECG est discutable surtout dans une population asymptomatique et à faible risque[14]. Il est vrai que le risque de mort subite ou d'arrêt cardiaque est très faible. À ces considérations, il faut ajouter que le coût d'un tel bilan n'est pas négligeable, car il ne peut être réalisé que par un plateau technique suffisamment équipé. Compte tenu de tous ces éléments, l'American College of Sports Medicine et l'American Heart Association estiment que, chez un sujet ne présentant pas de signes cliniques, l'épreuve d'effort n'est pas obligatoire lorsque l'activité pratiquée est modérée, régulière, bien programmée ou encadrée et non compétitive[1]. On considère qu'un exercice est modéré s'il n'entraîne aucune sensation désagréable et s'il peut être maintenu longtemps, c'est-à-dire pendant au moins 45 à 60 minutes, en général entre 40 % et 60 % de $\dot{V}O_2max$. De tels exercices comportent peu de risques et sont extrêmement bénéfiques pour la santé. Un exercice est dit intense s'il exige une dépense d'énergie qui dépasse 60 % de $\dot{V}O_2max$. Non indispensable, si l'entraînement est modéré, l'épreuve d'effort, le plus souvent négative, n'est pas sans intérêt car elle permet de mesurer différents paramètres physiologiques (dont la pression artérielle, les paramètres ventilatoires, etc.), d'estimer également la capacité physique des sujets et par là même de guider la programmation de l'entraînement.

Résumé

> Un bilan médico-physiologique complet est très fortement recommandé chez tout sujet à haut risque de maladie coronarienne désirant démarrer un programme d'activité physique. Il peut déboucher sur des précautions voire des contre-indications particulières.

> Des examens complémentaires (échocardiographie, scanner, etc.) sont nécessaires chez les sujets à risque cardiovasculaire. Ils peuvent permettre de détecter une maladie coronarienne méconnue voire d'autres troubles cardiaques.

> Les règles à respecter ont fait l'objet de consensus au niveau international. Il est essentiel de les respecter et, bien sûr, de consulter dès l'apparition du moindre signe suspect.

> La sensibilité d'un test correspond à l'aptitude de ce test à détecter les sujets pathologiques. La spécificité correspond à l'aptitude du test à bien distinguer les sujets sains. La valeur prédictive d'un électrocardiogramme d'effort anormal indique la fiabilité avec laquelle ce test permet de dépister réellement une lésion sous-jacente.

> Dans la population jeune et en bonne santé, l'épreuve d'effort n'est pas obligatoire si l'activité à pratiquer n'est que modérée et non compétitive.

5. Quels exercices conseiller ?

Toute recommandation d'activité physique doit préciser :

- la nature ou le type d'exercice,
- l'intensité de chaque exercice,
- la durée de chaque exercice,
- la fréquence des séances,
- la quantité d'exercice par semaine,
- la fréquence et la durée d'interruption des stations assises prolongées.

Malheureusement, les modalités d'exercices sont trop souvent peu précises et peu expliquées aux sujets. Pour retirer les bénéfices suffisants des séances d'activité physique, leur fréquence, l'intensité et la durée des exercices doivent atteindre un seuil minimal.

Considérons, par exemple, la prescription d'exercices destinés à améliorer l'aptitude aérobie de sujets non entraînés. Les conseils à suivre concernant l'entraînement de musculation ont été exposés au chapitre 9. Le renforcement musculaire ne sera que très brièvement évoqué ici. L'accent porte essentiellement sur l'entraînement aérobie. Les conseils ne s'adressent pas à des spécialistes d'endurance qui font de la compétition. Ils sont destinés aux sujets qui désirent entretenir leur condition physique et leur santé.

Il faut définir, avant toute chose, le **seuil** minimal de fréquence, durée et intensité que le sujet doit respecter s'il veut effectivement améliorer son potentiel aérobie. Il ne faut jamais oublier que la réponse individuelle à l'entraînement est extrêmement variable d'un sujet à l'autre. En conséquence, le niveau de ces seuils est également très individuel. Pour la plupart des sujets sains, l'intensité minimale d'exercice, recommandée par l'American College of Sports Medicine pour développer l'aptitude cardiorespiratoire, doit se situer entre 40 % et 90 % de la fréquence cardiaque maximale de réserve ou entre 40 % et 90 % de $\dot{V}O_2max$[1,9]. De nombreux sujets font néanmoins exception à cette règle. Si certains peuvent s'améliorer indiscutablement en s'entraînant en dessous de 40 % de $\dot{V}O_2max$, d'autres doivent travailler à plus de 85 % de $\dot{V}O_2max$ pour espérer obtenir un gain significatif. Au fur et à mesure que le sujet augmente sa capacité physique, le niveau de chaque seuil s'élève simultanément, ce qui implique que le sujet doit régulièrement augmenter les différents paramètres qui conditionnent la charge d'entraînement, s'il veut continuer à progresser.

5.1 Nature de l'exercice

Pour répondre à l'objectif fixé, il faut conseiller des activités physiques sollicitant le système cardiorespiratoire. Les plus connus sont traditionnellement :

- la marche,
- le jogging,
- la course à pied,
- le vélo,
- l'aviron,
- la natation,
- etc.

Ces activités ne conviennent cependant pas à tout le monde. D'autres activités, si elles sont bien adaptées, peuvent aboutir aux mêmes effets et être proposées en alternative, comme la danse, le « step » ou différents sports de plein air, collectifs ou de raquette, etc. Elles combinent souvent des exercices aérobies et du renforcement musculaire.

Pour la plupart des activités sportives, une préparation foncière préalable à la compétition et basée sur les activités précédentes est très bénéfique. De plus en plus de praticiens et de cadres sportifs conseillent de développer la condition physique en faisant de la course à pied, du vélo… plusieurs mois avant de participer à une compétition. Cela permet de démarrer la pratique sportive avec un niveau d'aptitude physique optimal, d'être beaucoup plus disponible pour l'apprentissage des gestes techniques spécifiques et de diminuer considérablement le risque d'accident. Plutôt que de pratiquer exclusivement son activité sportive, beaucoup utilisent des sports annexes pour se mettre en condition physique avant la période de compétition. Dans le cas du basket-ball, par exemple, on peut améliorer l'aptitude aérobie par la course à pied ou le cyclisme ou d'autres activités. L'entraînement et la pratique de compétition contribuent à maintenir le potentiel aérobie, voire à le développer encore dans le cas d'une pratique intensive.

Pour obtenir le maximum de bénéfice et d'efficacité, il faut surtout que l'activité physique soit pratiquée très régulièrement et très longtemps, toute la vie si possible, comme il a été indiqué au chapitre 9. Il faut proposer une ou plutôt des activités qui plaisent et qui tiennent compte des goûts de chaque individu. Pratiquer des activités diverses est également sage et de surcroît très bénéfique. La motivation est sans doute le facteur le plus important de la réussite d'un programme. Il ne faut pas négliger d'autres éléments, comme la situation géographique, le climat, le matériel nécessaire et la disponibilité. C'est pourquoi les activités qui peuvent être pratiquées à la maison ne doivent pas être négligées. Certains sujets peuvent difficilement participer à des activités de plein air, soit pour des raisons climatiques soit parce qu'ils doivent au même moment garder leurs enfants. Dans ce cas, on peut utiliser des systèmes vidéo qui proposent différentes gammes d'exercices. Il faut toutefois être extrêmement vigilant car beaucoup d'exercices alors proposés sont très intenses et donc inadaptés, voire à risques, pour un sujet débutant. Il ne faut pas hésiter, alors, à demander l'avis d'un professionnel.

5.2 Fréquence des séances

Si la fréquence des séances est essentielle à préciser, son rôle dans l'efficacité est néanmoins un peu moins important que la durée ou l'intensité de l'exercice proposé. La recherche dans ce domaine indique que la fréquence optimale semble être entre 3 et 5 séances par semaine. Cela ne signifie pas pour autant qu'une pratique de 6 à 7 jours par semaine ne donnera pas de bénéfices supplémentaires. Cela veut dire qu'il faut s'entraîner si possible à raison de 3 à 5 fois par semaine pour avoir de bons résultats sur le plan de la santé. Bien sûr, en début de programme, il faut proposer une fréquence limitée à 3 à 4 séances par semaine et augmenter le nombre de séances hebdomadaires si l'activité est très bien tolérée et que le sujet en a envie. Les gens démarrent trop souvent un programme plein de bonnes intentions, très motivés, prêts à pratiquer tous les jours. Mais la moindre blessure ou la simple fatigue suffit à les démotiver et à les arrêter définitivement. S'il est vrai qu'un nombre de séances supérieur à 3 ou 4 fois par semaine est tout à fait bénéfique pour perdre du poids, il ne faut néanmoins conseiller cette pratique qu'à des sujets très motivés, chez lesquels le risque d'incident ou d'accident paraît très limité, donc toujours agir et adapter les conseils individuellement. Pour l'ACSM les recommandations optimales sont une pratique physique d'intensité modérée ⩾ 5 fois par semaine ou des exercices intenses ⩾ 3 fois par semaine.

5.3 Durée des séances

De nombreuses études ont montré que des exercices aérobies de 5 à 10 minutes par jour permettent déjà d'améliorer la fonction cardio-vasculaire. Des données plus récentes suggèrent que 20 à 30 minutes par jour constituent un schéma optimal. Il n'est fait allusion, ici, qu'au temps véritablement consacré à la pratique physique et plus encore au temps réellement passé à travailler à l'intensité appropriée. N'est pas prise en compte la période d'échauffement ou de récupération entre les exercices ni en fin de séance. On ne peut dissocier les deux paramètres intensité et durée. Des bénéfices identiques peuvent êtres obtenus par un programme d'exercices brefs et très intenses ou par un programme d'exercices longs mais d'intensité plus faible. Il faut, par contre, dépasser les seuils minimaux de durée et d'intensité. Il en est de même pour la durée des séances quotidiennes qui peut consister soit en un exercice unique et ininterrompu, soit en une succession de plusieurs exercices de durée totale équivalente (par exemple 30 min ou 3 fois 10 min). Plus les exercices sont longs et plus ils favorisent la perte de poids.

5.4 Intensité de l'exercice

Le facteur essentiel qui conditionne l'efficacité d'un programme est l'intensité. Les anciens athlètes se souviennent bien des efforts intenses qu'ils ont dû accomplir pour seulement conserver la condition physique optimale nécessaire à leur pratique. Ce paramètre est beaucoup moins pris en compte dans la programmation des exercices visant à la promotion de la santé. Il est vrai qu'un entraînement à intensité faible, à 40 % au moins des possibilités maximales, exerce déjà des effets positifs. Ceci est surtout vrai pour des personnes de faible aptitude aérobie. Pour les autres, l'intensité qui paraît optimale doit se situer entre 40 % et 80 % $FC_{réserve}$ (plus exceptionnellement 90 %). Dans un objectif de compétition, l'intensité doit être plus élevée (chapitre 14). Dans une perspective de santé, il n'est pas vraiment nécessaire de dépasser 80 % $\dot{V}O_2max$.

Les études récentes de McMaster (Université d'Hamilton, Ontario, Canada) démontrent clairement qu'un entraînement de faible volume et de haute intensité permet d'augmenter l'aptitude aérobie. Des améliorations significatives, cardio-respiratoires, de la capacité oxydative du muscle et de la performance aérobie, ont ainsi été obtenues après des exercices d'une durée totale de 10 min par jour pendant seulement de deux semaines[10]. Ceci remet en question la spécificité de l'entraînement discutée au chapitre 9.

5.5 La quantité d'activité physique

La quantité d'activité physique représente l'ensemble de l'intensité, de la durée et de la fréquence de l'activité physique sur une période donnée, généralement la semaine. On évalue la quantité d'entraînement par le nombre total de MET dépensés sur une semaine. Le MET est l'équivalent métabolique permettant de quantifier la dépense énergétique d'un individu. Le MET-minute est une mesure simple qui associe l'intensité, la durée et la répétition des exercices. Il permet de donner des recommandations plus objectives et plus pertinentes.

Pour l'ACSM la quantité minimale d'activité physique hebdomadaire est ⩾ 500 à 1 000 MET – minutes / semaine.

5.6 Fréquence et durée d'interruption des stations assises prolongées

Le mode de vie actuel est de plus en plus sédentaire avec un temps passé assis (devant les écrans ou autres…), qui ne cesse d'augmenter et occupe environ 60 % de la journée pour la plupart des Américains, parfois même plus de 75 %.

De nombreuses recherches sur le comportement sédentaire (défini comme une activité physique ⩽ 1,5 MET) ont démontré les effets délétères de la sédentarité sur les risques de pathologie chronique. La sédentarité est responsable de beaucoup de pathologies telles les maladies cardiovasculaires, l'obésité, le diabète, etc. Le fait d'être simplement assis 30 min augmente la résistance à l'insuline et altère le métabolisme des lipides et des glucides, facilite le stockage des graisses, modifie la typologie musculaire. Ces mécanismes sont en partie responsables d'une inflammation chronique systémique[2]. Toutes ces altérations sont celles que l'on retrouve dans les pathologies chroniques précitées.

Il est clair aujourd'hui que la station assise trop prolongée est responsable de tels effets. Comment alors l'éviter ? L'exercice permet-il de limiter les effets délétères de la station assise ? L'exercice physique régulier, s'il participe largement à la prévention des pathologies chronique ne corrige pas totalement les effets d'un comportement trop sédentaire, c'est-à-dire d'une station assise trop prolongée. Par contre, interrompre la station assise par des pauses régulières induit des modifications physiologiques positives. Les résultats de la recherche indiquent qu'une pause, consistant en 2 min d'activité même de faible intensité, a des effets positifs sur la résistance à l'insuline et le métabolisme du glucose (Perspective 20.1). Même si ces données ne sont pas encore inscrites dans de nombreuses recommandations d'exercice, le niveau de preuve est suffisamment convaincant pour affirmer qu'un mode de vie sédentaire est particulièrement délétère ; il faut alors s'astreindre à des pauses brèves et régulières dans sa vie personnelle et professionnelle.

Résumé

❯ Avant toute programmation d'entraînement, il faut évaluer le niveau de sédentarité du sujet en évaluant le temps total passé en position assise et le nombre de pauses. Il faut préciser la fréquence, la durée et l'intensité des exercices à pratiquer. Un seuil minimal doit être respecté pour les trois derniers paramètres, si on veut améliorer les qualités aérobies. Le niveau de ce seuil est très variable.

❯ Un tel programme doit comporter une ou plusieurs activités d'endurance cardiorespiratoire. Si la compétition est envisagée, il faut prévoir une phase de préparation suffisante pour atteindre le niveau d'aptitude physique exigé par la pratique compétitive.

❯ Les activités proposées doivent tenir compte de la motivation et des goûts du sujet.

❯ Il est préférable de ne commencer que par 3 à 4 séances hebdomadaires même courtes. Des séances plus répétées apportent des bénéfices supplémentaires. La fréquence optimale est d'une séance par jour.

❯ La durée d'exercice doit être de 30 à 60 minutes si l'intensité est modérée et de 20 à 60 minutes si l'intensité est élevée. Il est possible d'évaluer la dépense induite en MET-min si on connaît la durée et l'intensité de la séance.

❯ Pour la plupart des sujets, l'intensité doit être d'au moins 40 % à 60 % de la fréquence cardiaque de réserve (intensité modérée), mais elle peut atteindre 85 %. Pour les sujets très déconditionnés, des effets bénéfiques sur la santé peuvent être observés à des intensités inférieures.

❯ Il est aujourd'hui démontré que la station assise prolongée est hautement pathogène et que la pratique d'une activité physique régulière ne permet pas d'en compenser totalement les effets délétères. En conséquence, il faut insister sur la nécessité d'interrompre régulièrement les stations assises.

6. Évaluer l'intensité de l'exercice

Il est possible d'estimer l'intensité d'un exercice, en mesurant la **fréquence cardiaque à l'entraînement**, l'**équivalent métabolique** ou le **score de fatigue**. Après les avoir définis, nous préciserons leurs avantages et inconvénients respectifs.

6.1 La fréquence cardiaque d'entraînement (FCE)

Si on enregistre simultanément la fréquence cardiaque et la consommation d'oxygène d'un individu, lors d'un exercice progressivement croissant, on observe une relation linéaire entre ces deux paramètres (figure 20.6). Il est alors possible de déterminer la valeur de fréquence cardiaque, donc l'intensité de l'exercice aérobie, correspondant à un pourcentage donné de $\dot{V}O_2max$ lors d'une activité

> **PERSPECTIVES DE RECHERCHE 20.1**
>
> ### Effet thermogénique de l'activité physique usuelle
>
> L'évolution de la vie moderne a conduit l'espèce humaine à devenir de plus en plus sédentaire et à passer un temps quotidien de plus en plus long en position assise jusqu'à occuper 60 % à 75 % du temps d'éveil. Ce comportement est hautement pathogène et favorise l'apparition progressive d'une résistance à l'insuline, d'une dysfonction endothéliale et de désordres hormonaux. 30 min en position assise suffisent à déclencher des troubles métaboliques similaires à ceux observés dans des maladies chroniques comme le diabète de type 2 et la maladie coronarienne. Les bienfaits de l'activité physique en prévention des maladies chroniques sont aujourd'hui bien démontrés. Il est également admis que l'interruption régulière de la station assise permet de réduire les effets délétères de ce comportement. En pratique, ces résultats ont d'importantes implications en matière de santé publique et de prévention des maladies chroniques. Ils conduisent à recommander instamment de faire des pauses régulières lorsqu'on doit rester longtemps assis, et ce indépendamment de toute activité physique pratiquée, même intense.
>
> Levine et coll. considèrent que l'activité physique usuelle permet d'augmenter la dépense énergétique par effet thermogénique. Pour les auteurs, ce pourrait être un des mécanismes impliqués dans la physiopathologie de la sédentarité. L'effet thermogénique de l'exercice physique est expliqué au chapitre 22. Compte tenu des risques sévères induits par le comportement sédentaire, il est impératif d'en informer la population et de mettre en place toutes les stratégies possibles, individuelles et collectives, pour limiter le temps passé assis. Lorsque la station assise dépasse 5 h, il a été montré que des pauses régulières de 2 min, de même que des courtes périodes de station debout ou de marche (environ 2MET), peuvent être efficaces pour diminuer les risques[13]. Néanmoins des travaux de recherche sont indispensables pour mieux préciser ces recommandations qui doivent être désormais ajoutées aux 30 min (au moins) d'activité physique 5 jours par semaine, prescrites dans les programmes d'amaigrissement[15].

physique. Si l'intensité d'exercice désirée est de 75 % $\dot{V}O_2$max, on calcule la consommation d'oxygène correspondante. Il suffit alors de se référer à la droite reliant les deux paramètres pour connaître la fréquence cardiaque qui sera conseillée à l'entraînement (FCE). Il faut bien remarquer que le pourcentage de FC max atteint n'est pas strictement le même que le pourcentage de $\dot{V}O_2$max. Une FCE correspondant à 75 % $\dot{V}O_2$max se situe entre 70 % et 90 % FC max (figure 20.6)

6.1.1 Méthode de Karvonen

La fréquence cardiaque d'entraînement peut aussi être déterminée en utilisant la **méthode de Karvonen** qui s'appuie sur le concept de **FC max de réserve** (FCR). La FC max de réserve est définie comme la différence entre la FC max et la FC de repos :

$$FCR_{max} = FC_{max} - FC_{repos}$$

Avec cette méthode, la fréquence cardiaque d'entraînement est calculée en choisissant un pourcentage donné de la FC max de réserve, à laquelle on ajoute la fréquence cardiaque de repos. Si le sujet désire travailler à 75 % de sa FC max de réserve, sa fréquence cardiaque d'entraînement (FCE) peut être obtenue de la façon suivante :

$$FCE_{75\%} = FC_{repos} + 0{,}75\,(FC_{max} - FC_{repos})$$

Cette équation permet d'ajuster la FCE en l'exprimant en % FCR. Pour des intensités d'exercice modérées à submaximales, il est admis que le % FCR est sensiblement égal au % $\dot{V}O_2$max. Lorsqu'un sujet fait un exercice à 75 % FCR, on considère que l'intensité d'exercice équivaut à environ 75 % $\dot{V}O_2$max.

Il existe cependant des différences substantielles pour des exercices de faible ou de très haute intensité[19].

6.1.2 Fourchette de fréquence cardiaque conseillée à l'entraînement

Il paraît, en fait, plus approprié de définir une fourchette de fréquence cardiaque d'entraînement plutôt qu'un chiffre brut. En définissant un seuil minimal et maximal de travail, cette approche est plus sensible et permet surtout de travailler plus longtemps, sans être trop essoufflé et sans ressentir une fatigue musculaire trop gênante. Le concept de fourchette de FCE est intéressant car il permet au sujet d'augmenter progressivement l'intensité de ses séances afin d'optimiser, au fil du temps, les adaptations liées à l'entraînement. Considérons l'exemple suivant : soit un sujet de 40 ans dont la fréquence cardiaque de repos est d'environ 75 bpm et la FC max de 180 bpm. Si on lui conseille de s'entraîner entre 50 % et 75 % de sa FC max de réserve ; la fourchette alors autorisée sera comprise entre

$$FCE_{50\%} = 75 + 0{,}50\,(180 - 75) = 75 + 53 = 128\ bpm/min.$$
$$FCE_{75\%} = 75 + 0{,}75\,(180 - 75) = 75 + 79 = 154\ bpm/min$$

Cette même fourchette peut également être obtenue en estimant la fréquence cardiaque

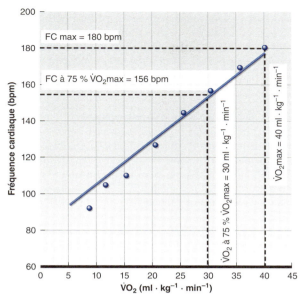

Figure 20.6 Relation linéaire entre la fréquence cardiaque et la consommation d'oxygène avec l'intensité de l'exercice

maximale théorique à partir de l'âge : [208 – (0,7 × âge)], ceci sans trop perdre de précision, dans le cas où on ne connaît pas la FC max.

Le concept de fréquence cardiaque d'entraînement est tout à fait intéressant. La fréquence cardiaque est en effet en étroite relation avec le travail réalisé par le cœur. La fréquence cardiaque est, à elle seule, un bon index de la consommation d'oxygène myocardique et du débit sanguin coronaire. En utilisant cette méthode pour contrôler l'intensité d'exercice, on fixe alors le travail du cœur, même si le coût métabolique peut varier dans des proportions non négligeables. À titre d'exemple, si l'exercice est réalisé au chaud ou à haute altitude, la fréquence cardiaque sera beaucoup plus élevée, pour un niveau d'exercice identique, comme courir à un rythme de 6 min au km. Si la fréquence cardiaque d'entraînement est précisée, il suffit pour la maintenir, et donc pour ne pas augmenter le travail du cœur, de diminuer la vitesse de course. Cette notion est très importante si on s'intéresse à des sujets à risque, chez lesquels le travail cardiaque doit être précisément contrôlé. Enfin, il ne faut pas oublier qu'avec l'entraînement la fréquence cardiaque, pour une même intensité d'exercice, va diminuer. Le sujet devra alors augmenter son niveau de travail pour conserver la FCE conseillée. Cette méthode permet donc d'ajuster l'intensité de travail au fur et à mesure que le sujet progresse.

Pour déterminer l'intensité d'entraînement, il faut aussi tenir compte des seuils lactiques. Si l'intensité d'exercice est trop élevée, la lactatémie va augmenter, ce qui peut limiter la durée de l'exercice. Il est donc conseillé aux débutants de s'entraîner à une intensité légèrement inférieure à celle correspondant au seuil lactique. Dans l'idéal, il convient de mesurer la lactatémie à l'entraînement, ce qui n'est pas toujours simple.

6.1.3 La $\dot{V}O_2$ de réserve

L'ACSM propose une approche un peu différente[9] pour suivre l'intensité de l'exercice. L'intensité conseillée est basée sur la notion de $\dot{V}O_2$ de réserve ($\dot{V}O_2R$)[9]. Plutôt que de définir l'intensité de l'exercice par un pourcentage de $\dot{V}O_2max$, les conseils sont donnés par rapport à la $\dot{V}O_2R$ qui est définie ainsi :

$$\dot{V}O_2R = \dot{V}O_2max - \dot{V}O_2repos$$

Exemple : Un sujet a une $\dot{V}O_2max$ de 40 ml.kg^{-1}.min^{-1} et une $\dot{V}O_2repos$ de 3,5 ml.kg^{-1}.min^{-1}

$$\dot{V}O_2R = 40 - 3,5 = 36,5 \text{ ml.kg}^{-1}.\text{min}^{-1}$$

Pour définir la fourchette d'intensité d'exercice entre 60 % et 75 % de $\dot{V}O_2R$ il faut multiplier $\dot{V}O_2R$ par 60 % et 75 %.

$\dot{V}O_2R_{60\%}$ = 36,5 ml.kg^{-1}.min^{-1} × 0,60 = 21,9 ml.kg^{-1}.min^{-1}

$\dot{V}O_2R_{75\%}$ = 36,5 ml.kg^{-1}.min^{-1} × 0,75 = 27,4 ml.kg^{-1}.min^{-1}

L'intérêt de cette méthode est de fournir une équivalence entre les pourcentages de $\dot{V}O_2maxR$ et FCR. On peut cependant discuter le fait d'utiliser la même valeur de $\dot{V}O_2repos$ pour tous les individus, ce qui n'est pas réellement le cas. Dans une étude sur 642 femmes et 127 hommes, les $\dot{V}O_2repos$ étaient respectivement 2,5 ml.kg^{-1}.min^{-1} et 2,7 ml.

kg^{-1}.min^{-1}, en moyenne, mais avec une fourchette de valeurs qui allait de 1,6 ml.kg^{-1}.min^{-1} à 4,1 ml.kg^{-1}.min^{-1}. En définitive cette technique peut être reliée à celle utilisant FCR, les données obtenues étant très liées.

6.2 L'équivalent métabolique

L'intensité d'exercice peut également être prescrite en utilisant la notion d'équivalent métabolique. Le volume d'oxygène consommé par l'organisme est directement fonction de la dépense d'énergie induite par l'activité physique. Le MET est l'équivalent métabolique correspondant à la consommation d'oxygène de repos qui est de l'ordre de 3,5 ml.kg^{-1}.min^{-1}. Toutes les activités physiques peuvent être classées en fonction de la dépense énergétique qu'elles exigent. Une activité classée à 2 METs est une activité qui exige une consommation d'oxygène double de celle de repos, soit 7 ml.kg^{-1}.min^{-1}. Une activité de 4 METs correspond à 14 ml O$_2$.kg^{-1}.min^{-1}. Le tableau 20.2 répertorie différentes activités en fonction de leur dépense énergétique évaluée en MET. Il faut bien sûr souligner que ces données ne sont qu'approximatives car la dépense d'énergie peut varier dans de larges proportions avec le niveau technique, le niveau d'entraînement et avec les conditions ambiantes. Aussi utilisée qu'elle soit, cette méthode a donc ses limites. Elle est surtout utilisée comme guide global pour réadapter une personne non entraînée ou en mauvaise condition physique. À titre d'exemple, une partie de tennis en double correspond à une dépense énergétique d'environ 4,5 à 6 MET si on se réfère au tableau 20.2. Néanmoins, pour des sujets de bon niveau capables de prolonger les échanges, la dépense énergétique peut être très largement supérieure. Ceci est vrai dans de nombreuses activités sportives.

6.3 Les échelles de fatigue

L'échelle de fatigue (Ratings of Perceived Exertion ou RPE) est un autre outil utilisé dans la prescription de l'intensité de travail. Il est demandé au sujet de décrire les différentes sensations de fatigue qu'il ressent, au fur et à mesure que l'intensité d'exercice augmente. Chaque sensation est affectée d'un chiffre de plus en plus grand, au fur et à mesure que l'exercice est plus pénible. Lorsqu'elle est correctement utilisée cette méthode a fait la preuve de son intérêt. L'échelle de Borg, par exemple, cote les signes subjectifs ressentis de 6 à 20. L'intensité d'exercice conseillée est alors déterminée par référence au score de fatigue, donc aux sensations propres du sujet. Un score ou RPE de 12-14 correspond à un exercice d'intensité modérée et un score de 14-16 à un exercice intense[5]. Cette méthode est fiable malgré sa simplicité. De nombreuses études ont montré que les sujets préparés sont capables, sur leurs sensations, de courir ou de pédaler à différentes intensités prédéterminées.

Le tableau 20.3 précise la difficulté de l'exercice selon que l'intensité choisie par la personne est déterminée par l'une ou l'autre des méthodes précédemment expliquées. Lorsque le sujet sait percevoir l'intensité d'exercice, cet outil simple permet de choisir la bonne vitesse ou la bonne charge afin de s'exercer à la fréquence cardiaque voulue.

Une autre méthode simple permet de s'entraîner au niveau du seuil ventilatoire. Elle consiste à demander au sujet de pouvoir discuter aisément tout en réalisant l'exercice[17].

Le tableau 20.3 compare les différentes méthodes permettant d'évaluer l'intensité d'un exercice.

Tableau 20.2 Dépense énergétique en MET de différentes activités

(Valeurs indicatives.)

Activités	METS
Activités quotidiennes	
Repos couché	1,0
Conversation	1,0
Station assise	1,5
Manger	1,5
Station debout	2,0
Habillage et déshabillage	2,0
Se laver les mains et le visage	2,0
Avancer en fauteuil roulant	2,0
Se doucher	2,0
Marche 4 km.h^{-1}	3,0
Descendre les escaliers	4,5
Marche 5,6 km.h^{-1}	5,5
Marche avec des béquilles	6,5
Activités ménagères	
Coudre à la main	1,0
Coudre à la machine	1,5
Balayer	1,5
Essuyer les meubles	2,0
Éplucher les pommes de terre	2,5
Faire la vaisselle	2,5
Laver du petit linge	2,5
Faire de la pâtisserie	2,5
Laver les sols	3,0
Nettoyer les vitres	3,0
Faire le lit	3,0
Repasser	3,5
Cirer le parquet	3,5
Essorer le linge à la main	3,5
Étendre le linge	3,5
Battre un tapis	4,0
Occupations	
Travail au bureau	1,5
Écrire	1,5
Conduire une automobile	1,5
Réparer une montre	1,5
Taper à la machine	2,0
Souder	2,5
Assembler une maquette	2,5
Jouer d'un instrument de musique	2,5
Monter des meubles	3,0
Faire de la maçonnerie	3,5
Assembler des éléments lourds	4,0
Brouetter 52 kg, 4 km.h^{-1}	4,0
Travaux de charpente	5,5
Tondre la pelouse	6,5
Scier du bois	6,5
Pelleter	7,0
Bêcher	7,5

Activités	METS
Activités physiques	
Marche 3,2 km.h^{-1}	2,5
Pédaler 8,9 km.h^{-1}	3,0
Pédaler 9,7 km.h^{-1}	3,5
Marche 4 km.h^{-1}	3,5
Marche 4,8 km.h^{-1}	4,5
Activités gymniques	4,5
Pédaler 15,6 km.h^{-1}	5,0
Nager le crawl 0,3 m.s^{-1}	5,0
Marche 5,6 km.h^{-1}	5,5
Marche 6,4 km.h^{-1}	6,5
Jogging 8 km.h^{-1}	7,5
Pédaler 20,9 km.h^{-1}	9,0
Courir 12 km.h^{-1}	9,0
Nager le crawl 0,6 m.s^{-1}	10,0
Courir 13,7 km.h^{-1}	12,0
Courir 16 km.h^{-1}	15,0
Nager le crawl 0,8 m.s^{-1}	15,0
Nager le crawl 0,9 m.s^{-1}	20,0
Courir 19,3 km.h^{-1}	20,0
Courir 24,1 km.h^{-1}	30,0
Nager le crawl 1,1 m.s^{-1}	30,0
Activités de loisir	
Peindre un tableau	1,5
Jouer du piano	2,0
Conduire une voiture	2,0
Faire du canoë 4 km.h^{-1}	2,5
Jouer au volley	3,0
Jouer au billard	3,0
Bowling	3,5
Ferrer un cheval	3,5
Jouer au golf	4,0
Jouer au cricket	4,0
Tir à l'arc	4,5
Danse de salon	4,5
Tennis de table	4,5
Base-ball	4,5
Tennis	6,0
Trot à cheval	6,5
Danses folkloriques	6,5
Ski	8,0
Galop à cheval	8,0
Squash	8,5
Escrime	9,0
Basket-ball	9,0
Football américain	9,0
Gymnastique	10,0
Hand-ball	10,0

Tableau 20.3

Estimation de l'intensité d'exercice lors d'une épreuve d'endurance de 20 à 60 min selon 3 méthodes.

Estimation de l'intensité	Intensité relative		Score de fatigue
	FC max	$\dot{V}O_2$max ou FC max réserve	
Très faible	< 57 %	< 30 %	< 9
Faible	57-64 %	30-40 %	9-11
Modérée	64-76 %	40-60 %	12-13
Élevée	76-96 %	60-90 %	14-17
Très élevée	⩾ 96 %	⩾ 90 %	⩾ 18

D'après American College of Sports Medicine 2014.

PERSPECTIVES DE RECHERCHE 20.2

Intérêts des exercices de haute intensité chez les patients

L'intérêt des exercices de haute intensité dans l'entraînement a été détaillé aux chapitres 9 et 11. La plupart des travaux dans ce domaine ont été conduits sur des populations de sujets jeunes et en bonne santé. Des recherches plus récentes suggèrent qu'il est possible d'en adapter le principe à d'autres populations parmi lesquelles des sujets âgés, voire porteurs de maladies cardiaques. Une étude récemment publiée fait état d'une version adaptée à des sujets atteints de maladie de Parkinson. Cette étude montre qu'un tel programme est susceptible d'induire des adaptations neuromusculaires intéressantes au plan fonctionnel et au plan cellulaire et moléculaire en modulant l'expression génique. Il était déjà connu que de tels patients tirent incontestablement bénéfice d'exercices d'endurance et de musculation. Ces exercices améliorent non seulement l'aptitude aérobie et la force des sujets mais aussi l'équilibre, la posture et la coordination du mouvement. Mais l'impact de ces exercices à l'échelle cellulaire (fonction mitochondriale, activité enzymatique, typologie musculaire) restait à préciser. Kelly et coll. ont conduit une étude dans ce sens grâce à des biopsies musculaires effectuées chez les patients participant au programme d'entraînement[11].

Ce programme innovant proposait 5 exercices de musculation sollicitant de grands groupes musculaires organisés en 8 à 12 répétitions effectuées jusqu'à épuisement. Ces exercices étaient intégrés à un circuit comprenant également des exercices d'endurance, d'équilibre et de motricité réalisés entre les séries précédentes. Lorsque le sujet était capable d'effectuer 12 répétitions avec la même charge, lors de 2 séries successives, la charge était augmentée. Il ne s'agit pas, stricto-sensu d'exercices de haute intensité, tels qu'ils sont proposés dans le cadre de l'entraînement traditionnel. Ce programme est une version quelque peu modifiée, donc adaptée. La fréquence cardiaque (FC) a été enregistrée entre les séries et le patient ne reprenait les exercices intenses que lorsque la FC était redescendue à environ 50 % de la FC max de réserve. Les séances duraient de 35 à 45 min.

Ce travail novateur a analysé les résultats au niveau fonctionnel et au niveau cellulaire. Kelly et coll.[11] ont ainsi rapporté une évolution de la typologie musculaire avec une transition des fibres IIx (rapides et glycolytiques) vers des fibres IIa (rapides et mixtes oxydatives/glycolytiques), une hypertrophie des fibres musculaires, une augmentation de la capacité oxydative mitochondriale associée à de nombreux effets positifs au niveau fonctionnel. Comme chez les sujets sains, une amélioration des capacités aérobies et des gains de force ont été observés. Les adaptations neuromusculaires sont apparues après environ 8 semaines et l'hypertrophie musculaire après ce délai.

Cette étude montre combien est important le potentiel d'adaptation du muscle chez les sujets parkinsoniens. Il est extrêmement intéressant de souligner à la fois que les patients ont bien toléré le programme proposé et que les adaptations cellulaires et fonctionnelles induites sont similaires à celles de sujets sains.

PRESCRIRE L'ACTIVITÉ PHYSIQUE POUR LA SANTÉ — Chapitre 20

Résumé

> L'intensité d'exercice peut être évaluée par la fréquence cardiaque d'entraînement, l'équivalent métabolique, ou le score de fatigue.

> La fréquence cardiaque d'entraînement peut être déterminée en mesurant la fréquence cardiaque équivalent à un certain % $\dot{V}O_2$ max. La méthode de Karvonen peut aussi être utilisée. Cette méthode admet qu'un pourcentage donné de $\dot{V}O_2$ max correspond au même pourcentage de la fréquence cardiaque maximale de réserve. La fréquence cardiaque d'entraînement est obtenue en ajoutant au pourcentage de la fréquence cardiaque maximale de réserve, la fréquence cardiaque de repos.

> Il est préférable de conseiller une fourchette de fréquence cardiaque à l'entraînement plutôt qu'une valeur fixe. Celle-ci doit se situer aux alentours du seuil lactique.

> Au repos, la consommation d'oxygène est d'environ 3,5 ml.kg^{-1}.min^{-1} et équivaut à 1 MET. Les activités peuvent alors être classées en nombre de METs, par référence au niveau métabolique de repos.

> Les scores de fatigue sont obtenus en évaluant les différents degrés de fatigue ressentie par le sujet, lors d'un exercice de plus en plus difficile. L'intensité de travail conseillée est alors donnée par référence à l'échelle obtenue.

7. La programmation d'entraînement

Une fois précisées les caractéristiques de l'exercice, il faut intégrer celui-ci dans un programme plus général destiné à améliorer la santé et la condition physique. La capacité physique individuelle varie très largement, même chez des sujets de même âge et de même gabarit. C'est la raison pour laquelle un tel programme doit être individualisé et s'appuyer sur les données du bilan médico-physiologique tout en tenant compte des désirs de chacun.

Un programme doit associer plusieurs types d'exercice :

- des exercices d'échauffement et des étirements,
- des exercices d'endurance,
- des exercices de récupération associés à des exercices d'étirement,
- des exercices de souplesse,
- des exercices de force,
- des exercices de motricité,
- des activités ludiques.

Les trois premières activités peuvent être réalisées 3 à 4 fois par semaine. Les exercices de souplesse peuvent être intégrés dans l'échauffement ou la récupération ou bien-être effectués dans une séance à part. Les exercices de force sont souvent réalisés à distance des exercices d'endurance mais cela n'est pas obligatoire. Ils peuvent être associés dans une même séance.

La régularité est la condition fondamentale de l'efficacité d'un programme. Les effets bénéfiques disparaissent rapidement dès que l'activité physique est interrompue.

7.1 Échauffement et étirements

Toute séance physique doit débuter par des exercices dynamiques de faible intensité et de nature différente (endurance, renforcement musculaire, étirements). L'objectif de l'échauffement est d'augmenter progressivement la fréquence cardiaque et la ventilation, pour préparer les principaux systèmes concernés (cœur, vaisseaux sanguins, poumons, muscles) aux exercices plus intenses qui vont suivre. Un échauffement correct peu commencer, par exemple, par 5 à 10 minutes de course lente, suivies de quelques exercices de renforcement des zones musculaires qui seront sollicitées pendant la séance, enfin de quelques étirements.

7.2 L'entraînement d'endurance

Ce sont bien sûr les activités qui développent l'endurance cardiorespiratoire qui doivent être choisies en priorité. Elles sont destinées à améliorer la capacité et l'efficacité de l'ensemble des systèmes cardiovasculaire, respiratoire et métabolique. Elles contribuent à maintenir, voire à diminuer, le poids du corps. Il s'agit de la marche, du jogging, de la course à pied, du vélo, de la natation, de l'aviron, de la danse aérobique, du « step », etc. D'autres sports comme le handball, le tennis de table, le tennis, le badminton, le basket, peuvent toutefois exercer les mêmes effets, s'ils sont pratiqués de manière adaptée. Le golf, le bowling sont insuffisamment intenses pour développer l'endurance cardiorespiratoire, mais il s'agit d'activités très agréables, souvent pratiquées par loisir et malgré tout bénéfiques pour la santé. De telles activités peuvent donc être intégrées au programme.

7.3 Récupération et étirements

Tout entraînement en endurance doit se terminer par une période de récupération qui, le plus souvent, consiste à diminuer très progressivement l'intensité de l'activité pratiquée lorsque celle-ci touche à sa fin. Après une séance de course, il est ainsi conseillé de marcher lentement quelques minutes. Ceci évite les vertiges ou malaises liés à l'accumulation de sang dans les extrémités, lorsque l'arrêt est trop brutal. Cela évite aussi une chute brutale des concentrations de catécholamines dans le sang et le risque de survenue de troubles du rythme. On peut y ajouter des exercices d'étirement.

7.4 Les exercices de souplesse

De tels exercices sont, en général, intégrés à l'échauffement et en période de récupération. Ils sont particulièrement recommandés à ceux dont les qualités de souplesse sont déficientes ou qui souffrent de douleurs musculaires, articulaires ou rachidiennes. Ils doivent être réalisés lentement. Une exécution trop rapide peut être dangereuse et entraîner des lésions musculaires. On a souvent recommandé la pratique de tels exercices avant une séance d'endurance. On pense actuellement que les muscles, tendons, ligaments et articulations sont en fait mieux préparés à effectuer ces exercices après la séance d'endurance. Des travaux de recherche complémentaires sont nécessaires pour faire le point dans ce domaine.

7.5 Le renforcement musculaire

Il est de plus en plus admis que l'intégration d'exercices de force dans la programmation d'entraînement est tout à fait bénéfique, non seulement pour développer l'aptitude physique, mais aussi pour entretenir le capital santé. L'American College of Sports Medicine a ainsi donné des recommandations spécifiques concernant l'entraînement de force, qui doit être intégré à tout programme de préparation physique[1,9].

Au début d'un entraînement de force, il est conseillé d'utiliser des charges plus faibles, correspondant environ à la moitié de 1-RM. La charge choisie pour démarrer le programme d'entraînement de force doit être telle qu'elle puisse être soulevée 8 à 12 fois dès la première série. En-deçà et au-delà de ces valeurs, la charge doit être considérée comme trop légère ou trop lourde. Lors des séries suivantes, il faut alors essayer de faire le plus grand nombre possible de répétitions. Il est bien évident que le nombre va diminuer au fil des séries, en raison de la fatigue musculaire. De telles séances doivent comporter 2 à 3 séries par séance et doivent être répétées 2 à 3 fois par semaine.

Au fur et à mesure des progrès, le nombre de répétitions est augmenté. La charge est augmentée lorsqu'elle peut être développée 15 fois. Ce type d'entraînement constitue un entraînement progressif (voir chapitre 9). Des gains de force peuvent être obtenus chez des sujets débutants qui ne pratiquent ces exercices qu'une fois par semaine[18].

Dans certains cas cependant, il peut être justifié de réaliser 2 à 4 séries de 15 à 20 répétitions chacune. Dans ce cas, évidemment, la charge soulevée doit être suffisamment légère.

7.6 La motricité

Pour entretenir ou développer la motricité, différents aspects doivent être pris en compte : équilibre, proprioception, gestuelle, postures, exercices abdominaux, etc.[1]. Beaucoup d'activités s'y prêtent. La plupart utilisent le poids du corps ou des charges légères (bracelets ou balles lestées, etc.). Ces exercices sont intéressants car ils améliorent nettement la capacité du sujet à réaliser ses activités quotidiennes (domestiques, de loisir, professionnelles ou autres). Elles sollicitent des muscles qui sont habituellement peu sollicités et tendent à s'atrophier avec la vie sédentaire comme les muscles abdominaux, dorsaux, ceux des bras, etc.

Peu de travaux ont été réalisés dans ce domaine mais on pense de plus en plus que ces exercices permettent de réduire les chutes chez la personne âgée et les blessures chez les sportifs. Les professionnels en sont largement convaincus.

7.7 Les activités ludiques

Dans toute programmation d'entretien ou de préparation physique, il faut laisser une place de choix aux activités ludiques ou de loisir. Même si le but recherché par le pratiquant est surtout le plaisir ou la relaxation, elles contribuent à améliorer la condition physique et la santé. De nombreuses activités, parmi lesquelles la marche, le tennis, le handball, le squash et beaucoup de sports collectifs entrent dans cette catégorie. Pour guider au mieux le sujet dans ses choix, quelques questions peuvent être proposées comme :

- Pensez-vous réussir assez rapidement dans cette activité ?
- Cette activité peut-elle vous apporter des satisfactions d'ordre social ?
- Le coût de l'activité est-il compatible avec votre budget ?
- L'activité vous paraît-elle suffisamment riche et diversifiée pour vous intéresser longtemps ?

Ces activités peuvent être pratiquées sous de très nombreuses formes, dans différentes conditions et dans de nombreux établissements dont les centres de remise en forme, chaque jour plus nombreux. Selon la structure, l'organisation proposée, l'encadrement mais aussi le coût peuvent varier dans de très larges proportions.

8. Exercice physique et handicap

L'activité physique est de plus en plus intégrée dans les **programmes de réhabilitation** d'un très grand nombre d'affections. Cela est particulièrement net dans le cas des affections cardio-pulmonaires (chapitre 21) où cette forme de réadaptation a été utilisée dès les années 1950, sous l'égide d'associations spécialisées comme l'American Association of Cardiovascular and Pulmonary Rehabilitation aux États-Unis. Les travaux ont fait l'objet de publications.

L'exercice physique peut aussi jouer un rôle très bénéfique dans de nombreuses affections comme :

- le cancer ;
- l'obésité ;
- le diabète ;
- les affections rénales ;
- l'ostéoporose ;
- les rhumatismes, le syndrome de fatigue chronique et la fibromyalgie ;
- la mucoviscidose.

On a récemment souligné l'intérêt d'une rééducation par l'exercice physique chez des patients transplantés, qu'il s'agisse de greffes du cœur, du foie ou des reins.

L'exercice physique fait partie intégrante des programmes de réhabilitation d'un grand nombre d'affections. Les effets bénéfiques de cette pratique sur leur évolution sont de plus en plus connus, même si les mécanismes responsables restent souvent à élucider.

Toutefois le programme d'activités physiques alors proposé doit être hautement spécifique de l'affection considérée et de sa gravité. Il n'est pas question, ici, d'entrer dans des détails très spécialisés. Le lecteur intéressé pourra trouver les informations nécessaires dans un certain nombre d'articles cités ici en référence[1].

Résumé

> Toute séance d'entraînement doit débuter par un échauffement comportant des exercices dynamiques et des exercices d'étirement, destinés à préparer les systèmes cardiovasculaire, respiratoire et musculaire, à un travail plus intense.

> Les activités d'endurance doivent être réalisées 3 à 5 fois par semaine.

> Chaque séance d'entraînement doit se terminer par des exercices de récupération et d'étirement destinés à éviter l'accumulation de sang dans les extrémités périphériques, et les douleurs musculaires.

> Les exercices de souplesse doivent être réalisés lentement. Ils sont conseillés après les exercices d'endurance.

> Un entraînement de force doit débuter avec des charges correspondant à 40 %-60 % de 1-RM. La charge optimale est celle qui peut être soulevée 10 fois. Si la charge peut être soulevée moins de 8 fois, elle est trop lourde.

> Les activités ludiques doivent être intégrées dans la programmation d'entraînement.

> L'activité physique constitue une part importante du programme de réhabilitation de la plupart des maladies chroniques. La nature et les caractéristiques de l'activité proposée dépendent du patient, de la nature de l'affection et de sa gravité.

Mots-clés

échelle de Borg
électrocardiogramme d'effort (ECG)
épreuve d'effort
équivalent métabolique (MET)
fréquence cardiaque d'entraînement (FCE)
fréquence cardiaque de réserve
programme de réhabilitation
scores de fatigue (RPE)
sensibilité
spécificité
valeur prédictive d'un ECG anormal

Questions

1. Quel est, en moyenne, le pourcentage d'adultes actifs dans les populations occidentales ?

2. Comment peut-on définir la sensibilité et la spécificité d'un électrocardiogramme d'effort ? Que signifie la valeur prédictive d'un électrocardiogramme d'effort anormal ? Qu'en déduisez-vous sur le plan pratique ?

3. Comment peut-on inciter la population à devenir plus active ? Quelle intensité d'exercice doit être conseillée dans un programme d'activités physiques destiné à entretenir ou à améliorer le capital santé ?

4. Donner les 6 facteurs à prendre en compte dans la programmation d'exercices ? Donner leur importance respective.

5. Pourquoi faut-il respecter un seuil minimal d'intensité ?

6. Donner les avantages et inconvénients des différentes méthodes proposées pour évaluer l'intensité d'exercice.

7. Quelles sont les principales activités qui doivent être intégrées dans un plan de préparation physique ? Préciser leur rôle.

Activités physiques et maladies cardiovasculaires

21

Le 22 juin 2002, le joueur de base-ball des Saint Louis Cardinals, Darryl Kile âgé de 33 ans, est retrouvé mort dans sa chambre d'hôtel de Chicago. Considéré comme un des meilleurs joueurs de son équipe, il devait participer le lendemain soir au dernier match contre les Chicago Cubs. L'autopsie a révélé qu'il était décédé d'une crise cardiaque due à l'obstruction (à 80 %-90 %) de deux des trois principales artères coronaires. Il n'avait aucun antécédent médical personnel. Toutefois son père était décédé d'un accident vasculaire cérébral à l'âge de 44 ans et Kile s'était plaint d'une douleur à l'épaule et d'une grande fatigue le soir précédant son décès.

Cet exemple n'est pas unique. En novembre 2007, Ryan Shay, coureur à pied de haut niveau (champion américain sur 10 000 m en 2001) est décédé lors des sélections américaines pour le marathon olympique, après avoir parcouru moins de 9 km. L'autopsie a révélé qu'il était décédé d'un trouble du rythme cardiaque en relation avec une myocardiopathie d'origine indéterminée. En octobre 2009, 3 athlètes sont décédés moins de 16 minutes après le départ du marathon de Détroit. Quelques semaines plus tôt, deux athlètes (un homme et une femme) âgés d'une trentaine d'années, sont décédés lors d'un semi-marathon. Pour ces cinq coureurs, il n'y a pas eu d'autopsie mais on peut légitimement penser que leurs décès étaient d'origine cardiovasculaire.

Ceci montre bien que le fait d'être sportif, même depuis son plus jeune âge, ne met pas totalement à l'abri d'une crise cardiaque éventuelle.

Plan du chapitre

1. Prévalence des maladies cardiovasculaires (MCV)   530
2. Principaux types d'affections cardiovasculaires   531
3. Mécanismes physiopathologiques   536
4. Évaluation du risque individuel   538
5. Effets préventifs de l'activité physique   542
6. Risque de crise cardiaque et de mort subite à l'exercice   546
7. Réentraînement à l'effort des malades cardiaques   547
8. Conclusion   549

Chapitre 21 — La Physiologie du sport et de l'exercice

En l'absence de tout signe clinique, la plupart des sujets se croient en bonne santé. Toutefois les maladies chroniques dégénératives, parmi lesquelles les maladies cardiovasculaires, ont toutes une évolution progressive et insidieuse, longtemps méconnue. Heureusement, les méthodes de détection et de traitement ont beaucoup progressé ces dernières années et permis d'améliorer leur pronostic et de diminuer la mortalité. Plus important encore, il est possible, par notre comportement de diminuer les facteurs de risques et donc de retarder leur apparition. Dans ce chapitre, nous allons nous intéresser aux maladies cardiovasculaires (MCV) et plus spécifiquement à la maladie coronarienne et à l'hypertension artérielle.

1. Prévalence des maladies cardiovasculaires (MCV)

Les MCV constituent la première cause de mortalité dans nos sociétés occidentales et industrialisées (figure 21.1). Selon les données statistiques publiées par l'American Heart Association (AHA)[4] :

- En 2010, les MCV ont été responsables de plus de 787 000 décès, soit 1/3 de l'ensemble des décès.
- Environ 2 150 Américains meurent d'une MCV chaque jour soit un sujet toutes les 40 s.
- La mortalité par MCV est plus importante que la mortalité induite par l'ensemble des cancers.
- Environ 83,6 millions d'Américains sont porteurs d'une MCV ou de ses séquelles.

Elles sont très coûteuses sur le plan économique et financier. En 2010, le coût généré par les MCV aux USA s'élevait à 316 milliards de dollars. À elle seule, le coût de la maladie coronarienne est de 109 milliards de dollars par an, et chaque année environ 715 000 Américains ont une crise cardiaque.[4]

Du début des années 1900 au milieu des années 1960, le nombre de décès par maladie cardiaque pour 100 000 sujets a triplé. Comme dans le même temps, la population a plus que doublé, le nombre absolu de décès a donc augmenté dans des proportions encore plus importantes. Les MCV restent un problème majeur de santé publique. On a réalisé en 2010 :

- environ 400 000 pontages coronariens ;
- environ 500 000 angioplasties coronaires ;
- environ 390 000 poses de pacemakers
- environ 3 700 transplantations cardiaques[4].

Dans les années 1970, le nombre de décès par MCV représentait plus de 50 % de la mortalité

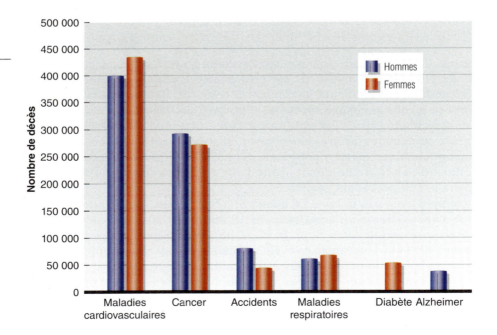

Figure 21.1 Principales causes de décès aux É.-U. en 2010

D'après American Heart Association, 2010.

globale aux USA. En 2010, ce chiffre n'était plus que de 25 %. Néanmoins, les MCV restent la 1re cause de mortalité[4]. Les causes de cette décroissance ont fait l'objet de nombreux débats. Elles sont dues pour l'essentiel à :

- une meilleure information du public sur la détection des symptômes et des facteurs de risques ;
- une meilleure prévention par une modification des comportements et du mode de vie (nutrition, exercice, stress, tabac).
- un diagnostic plus précoce et plus exact ;
- une meilleure prise en charge médicale.

Une autre raison sans doute repose sur l'amélioration des traitements, comme

- une amélioration des drogues utilisées ;
- une meilleure efficacité des systèmes d'urgence ;
- une amélioration de la prévention secondaire.

Les MCV sont un problème majeur de santé publique non seulement aux USA mais dans le monde entier. Le tableau 21.1 rapporte le taux de mortalité cardiovasculaire dans 19 pays. Ce taux est souvent proche voire supérieur à celui des USA[40].

2. Principaux types d'affections cardiovasculaires

Les MCV sont nombreuses et de différentes natures. Nous nous limiterons ici à préciser celles qui sont les plus fréquentes ou qui peuvent faire l'objet d'une prévention indiscutable (figure 21.2). La principale est la maladie coronarienne responsable à elle seule de 53 % des décès par MCV. Les accidents vasculaires cérébraux viennent en second et contribuent pour 17 % à la mortalité cardiovasculaire.

2.1 La maladie coronarienne

Au fur et à mesure que le sujet vieillit, le calibre des artères coronaires (figure 6.4), vaisseaux

Pays	Maladie coronarienne	AVC
Argentine	70,6	43,5
Australie	60,3	28,4
Bangladesh	203,7	108,3
Brésil	81,2	74,0
Canada	66,2	22,9
Chine	79,7	161,9
Espagne	43,5	29,2
France	29,2	21,7
Inde	165,8	116,4
Indonésie	150,8	90,0
Japon	31,2	36,7
Mexique	87,7	38,8
Nigéria	121,6	148,6
Pakistan	222,9	119,6
Pays-Bas	39,8	27,3
Royaume-Uni	68,8	36,9
Russie	296,7	195,8
Suède	71,0	32,9
USA	80,5	25,4

Tableau 21.1 Nombre de décès par MCV pour 100 000 habitants en 2008 dans une sélection de pays

Données standardisées (ajustées en fonction de l'âge).
D'après l'OMS 2011.

Figure 21.2 Principales causes de mortalité par maladie cardiovasculaire

D'après American Heart Association, 2010.

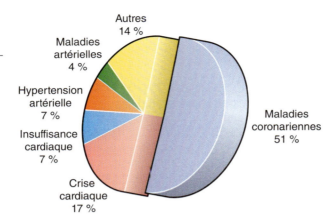

qui vascularisent le muscle cardiaque (le myocarde), tend à se réduire par formation, sur la paroi interne de ces vaisseaux, de **plaques** ou dépôts de graisse (figure 21.3). Ce processus pathologique qui peut concerner l'ensemble du système artériel constitue l'**athéromatose**. Quand celle-ci concerne les artères coronaires, on parle de **maladie coronarienne**. Au fur et à mesure que les plaques se développent, la lumière des vaisseaux diminue de plus en plus et avec elle le volume de sang qui peut être apporté au myocarde.

Quand l'obstruction devient suffisamment importante, le myocarde ne reçoit plus le volume minimum de sang nécessaire à ses besoins. Le territoire myocardique correspondant (c'est-à-dire vascularisé par les vaisseaux obstrués) devient ischémique c'est-à-dire insuffisamment approvisionné et oxygéné. L'**ischémie** du myocarde s'accompagne en général de douleurs thoraciques très pénibles qui constituent ce qu'on appelle l'**angine de poitrine**. Elle survient le plus souvent à l'exercice ou lors d'un stress, lorsque les besoins en oxygène du myocarde sont accrus.

Si le débit sanguin dans un territoire myocardique est sévèrement réduit parce que l'obstruction des coronaires est presque totale, l'ischémie devient majeure et peut conduire à l'**infarctus du myocarde**. Dans ce cas, le myocarde est privé d'oxygène pendant plusieurs minutes et devient le siège de lésions cellulaires irréversibles (nécrose). Selon le site de la nécrose et la gravité des lésions, l'infarctus peut être peu étendu, modéré ou sévère. Dans le premier cas, il arrive même qu'il passe inaperçu et le diagnostic est alors fait rétrospectivement, plusieurs mois ou années plus tard, lors d'un électrocardiogramme de routine.

L'athéromatose ne doit pas être considérée comme l'apanage du sujet âgé. Il s'agit au contraire d'une pathologie de nature pédiatrique, car les processus pathologiques responsables se mettent en route très précocement dès la plus petite enfance, pour progresser ensuite pendant l'enfance, l'adolescence et la vie adulte[23]. Les **dépôts de graisse**, principaux précurseurs de cette affection, commencent à se constituer dès la première décennie, s'organisent en plaques dès la deuxième

Figure 21.3 Formation progressive d'une plaque d'athérome

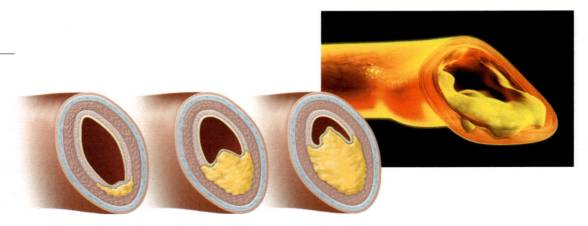

décennie et génèrent de véritables complications à partir de 40 à 50 ans.

Le taux de progression de l'athéromatose est essentiellement conditionné par les facteurs génétiques et le mode de vie. Ici le tabagisme, le régime alimentaire, l'activité et le stress jouent un rôle prépondérant. Chez certains, l'affection progresse si vite que l'accident cardiaque survient dès 30 à 40 ans. Pour d'autres, l'affection est si lente qu'elle reste toute la vie asymptomatique. La plupart des sujets s'inscrivent entre ces deux extrêmes.

Chez les soldats décédés pendant la guerre de Corée et âgés en moyenne de 22,1 ans, l'autopsie a permis de révéler des lésions athéromateuses chez 77 % d'entre eux[14]. La gravité des lésions était extrêmement variable, allant d'un simple épaississement fibreux de la paroi à l'obstruction complète d'une ou de plusieurs branches des artères coronaires. Ces soldats étaient pourtant totalement asymptomatiques. Pendant la guerre du Vietnam, une étude similaire a conclu à une fréquence totale de 45 % de lésions coronariennes, dont 5 % étaient sévères[28].

2.2 L'hypertension artérielle

On parle d'**hypertension artérielle** lorsque les valeurs de pression artérielle se situent, lors de mesures répétées, au-dessus des limites normales pour l'âge et la taille. Le premier facteur qui conditionne le niveau de pression artérielle est la taille. Ainsi les enfants et les jeunes adolescents ont des pressions artérielles plus faibles que celles des adultes. Dans ces groupes d'âge l'hypertension artérielle doit être suspectée si les chiffres mesurés se situent au-delà des 90e à 95e percentiles pour l'âge. Si l'hypertension artérielle est très rare chez l'enfant, elle peut apparaître à l'adolescence. Chez les adultes, le « Committee on Detection Evaluation and Treatment of High Blood Pressure » a défini les critères de diagnostic et de gravité de l'hypertension artérielle en prenant en compte à la fois les chiffres de la **pression artérielle diastolique** et de la **pression artérielle systolique** et a précisé les règles de prévention et de traitement[22] (voir Perspectives de recherche 21.1 – JNC8).

Toute pression artérielle anormalement élevée augmente le travail du cœur car le ventricule gauche doit se contracter davantage pour vaincre la résistance induite par cette hypertension. L'hypertension artérielle constitue également une contrainte supplémentaire pour l'ensemble de la circulation artérielle systémique. Tout ceci entraîne donc à long terme une augmentation des dimensions cardiaques et une modification des parois artérielles qui deviennent plus rigides. L'hypertension artérielle peut alors favoriser la survenue de l'athéromatose, d'accidents cardiaques, vasculaires, cérébraux et de problèmes rénaux.

PERSPECTIVES DE RECHERCHE 21.1

JNC8 (8th Joint National Committee)

En 2014 est parue la publication intitulée « Recommandations – basées sur la preuve – en matière de prise en charge de l'hypertension artérielle[22]. Rapport du 8e comité d'experts national des USA ». Ce rapport est une mise à jour des recommandations précédentes. Il réactualise notamment les normes de pression artérielle en fonction de l'âge et les seuils au-delà desquels un traitement médicamenteux doit être institué. Il souligne avec insistance l'importance de l'hygiène de vie et le rôle majeur d'une activité physique et d'une nutrition adaptée dans la prise en charge de l'hypertension artérielle même traitée.

Le niveau des seuils de pression artérielle qui justifie un traitement médicamenteux est résumé ci-dessous :

Population	Objectif du traitement
Âge ⩾ 60 ans avec PAs ⩾ 150 ou PAd ⩾ 90	PAs < 150 et PAd < 90
Âge < 60 ans avec PAs > 140 ou PAd > 90	PAs < 140 et PAd < 90
Diabétiques > 18 ans	PAs < 140 et PAd < 90

Note : La pression artérielle (PA) est exprimée en mm Hg. PAs = PA systolique. PAd = PA diastolique.

Parmi les autres changements majeurs figurant dans ce rapport, il faut citer des modifications qui concernent les classes de médicaments hypotenseurs, et de nouvelles recommandations pour les sujets souffrant de maladie rénale. Il est également souligné l'intérêt, chez les Afro-américains, d'utiliser les diurétiques thiazidiques ou les anticalciques qui sont des hypotenseurs plus efficaces dans cette population que les médicaments qui bloquent l'enzyme de conversion de l'angiotensine.

Les seuils de PA au-delà desquels il faut instituer un traitement hypotenseur ont été relevés chez les sujets de plus de 60 ans et les classes de « pré-hypertension » ou de « classes à risque » ont été supprimées. Malgré quelques critiques, ces recommandations plus simples que les précédentes ont reçu l'aval des professionnels. Elles sont étayées par des preuves scientifiques.

En 2010, au moins 78 millions d'adultes Américains, soit environ 33 % de la population souffraient d'hypertension artérielle systolique (⩾ 140 mmHg) ou diastolique (⩾ 90 mmHg) ou des deux[4]. Plus de 65 % des Américains de plus de 60 ans, sont hypertendus. Certains groupes ethniques semblent plus exposés que d'autres[4]. Le risque et la sévérité de l'hypertension artérielle sont plus élevés chez les noirs américains[22]. Comparés aux sujets de race blanche, les noirs américains ont 1,3 fois plus de risque d'avoir un accident vasculaire cérébral et 1,5 fois plus de risque de faire un accident vasculaire cérébral mortel. Ils présentent également un risque 1,5 fois supérieur de décès par maladie cardiaque et un risque 4,2 fois supérieur de complication rénale[3]. Qui plus est, seuls 50 % des Américains hypertendus ont une hypertension bien traitée et contrôlée.

2.3 L'accident vasculaire cérébral

L'**accident vasculaire cérébral** (AVC) est une pathologie des vaisseaux artériels du cerveau. Le nombre d'AVC est estimé à 795 000 par an aux États-Unis et le nombre de décès par AVC était de 130 000 en 2010[4]. Comme pour la maladie coronarienne, ces chiffres ont significativement baissé ces dernières années.

Les deux causes essentielles d'AVC sont l'**ischémie cérébrale** et l'**hémorragie cérébrale**.

L'ischémie cérébrale (environ 87 % des cas) est la plus fréquente. Celle-ci peut provenir :

- d'une thrombose cérébrale, c'est-à-dire de l'obstruction d'une artère cérébrale par un caillot de sang, en général à l'endroit d'une lésion athéromateuse. Le mécanisme est le même que celui qui conduit à l'obstruction d'une artère coronaire et à l'infarctus du myocarde ;
- d'une embolie cérébrale, c'est-à-dire de la migration d'amas divers (caillot de sang, amas graisseux, débris cellulaires) qui viennent obstruer un vaisseau artériel. Un rythme cardiaque irrégulier comme la fibrillation auriculaire est un facteur de risque d'embolie.

Les lésions athéromateuses sévères peuvent entraîner une obstruction considérable voire totale de la lumière du vaisseau. Dans tous les cas, le débit sanguin en aval de la lésion est sévèrement réduit. Le territoire cérébral correspondant n'est plus correctement vascularisé ni oxygéné. Il devient ischémique et peut même être détruit (mort cellulaire ou nécrose).

L'hémorragie est une autre cause d'AVC. Il peut s'agir soit :

- d'une hémorragie cérébrale par rupture d'une des artères du cerveau ;
- d'une hémorragie méningée par rupture de vaisseaux situés en surface du cerveau, dans les espaces méningés.

Dans les deux cas, le sang sort du territoire vasculaire, ce qui diminue le volume disponible pour les tissus. L'hématome résultant de l'accumulation de sang comprime les tissus nerveux de voisinage et altère leur fonction normale. Dans des cas plus rares, l'hémorragie cérébrale peut provenir de la rupture d'un anévrisme, malformation vasculaire constituée de vaisseaux distendus à paroi fragile. Cette rupture peut, elle-même, être favorisée par un accès hypertensif ou une lésion athéromateuse. Les malformations artério-veineuses, amas anormaux de vaisseaux sanguins, sont d'autres causes d'accidents vasculaires cérébraux hémorragiques.

Comme dans l'infarctus du myocarde, l'accident vasculaire cérébral s'accompagne souvent de la mort du tissu lésé. Les conséquences qui en résultent dépendent du siège et de l'étendue des lésions. Selon les cas, l'AVC peut altérer les fonctions sensorielles, la parole, le mouvement, l'intellect et la mémoire. L'hémiplégie (ou paralysie d'un côté du corps) est fréquente de même que les troubles du langage. Le siège et la nature des symptômes, alors constatés, aident à diagnostiquer le siège de la lésion. Un AVC du côté droit est souvent associé aux déficits suivants :

- une hémiplégie gauche ;
- des troubles de la vision ;
- un comportement de type « hyperactif » ;
- une amnésie.

Tandis qu'un AVC du côté gauche entraîne plutôt :

- une hémiplégie droite ;
- des troubles du langage ;
- un comportement de type « ralenti » ;
- une amnésie.

2.4 L'insuffisance cardiaque

L'**insuffisance cardiaque** est un processus pathologique caractérisé par l'incapacité du cœur à maintenir un débit cardiaque suffisant et donc à répondre aux besoins de tout l'organisme en oxygène. Il résulte, en général, soit d'une lésion cardiaque antérieure soit d'une surcharge de travail du cœur. L'hypertension artérielle, l'athéromatose et la maladie coronarienne, les maladies valvulaires et les cardiopathies d'origine virale peuvent conduire à ce dysfonctionnement.

Quand le débit cardiaque est insuffisant, le sang tend à s'accumuler dans les territoires veineux et donc dans les extrémités inférieures entraînant l'apparition d'œdèmes. Cette accumulation de liquide peut aussi affecter les territoires pulmonaires (œdème pulmonaire) et engendrer des difficultés respiratoires. Lorsque l'insuffisance cardiaque est très évoluée et irréversible, on peut alors proposer une transplantation ou greffe du cœur.

2.5 Les autres affections cardiovasculaires

Parmi les autres affections cardiovasculaires, il faut citer : les affections vasculaires périphériques, les maladies valvulaires, le rhumatisme articulaire aigu, les malformations cardiaques congénitales.

Les **affections vasculaires périphériques** concernent l'ensemble des vaisseaux, artères ou veines, de la circulation systémique autres que les coronaires. L'artériopathie oblitérante qui conduit à une obstruction totale de la lumière des vaisseaux artériels est une forme sévère d'athéromatose qui concerne souvent les membres inférieurs. Elle se traduit par des douleurs très invalidantes et une réduction du périmètre de marche. La pathologie des veines périphériques inclut essentiellement les varices et la phlébite. Les varices résultent d'une insuffisance fonctionnelle des valves qui favorise le reflux du sang et son accumulation dans les territoires inférieurs. Au fur et à mesure de l'évolution, les veines se distendent, deviennent plus grosses, tortueuses et douloureuses. La phlébite est l'inflammation d'une veine souvent très douloureuse.

Les **maladies valvulaires** peuvent concerner les quatre valves cardiaques auriculo-ventriculaires ou sigmoïdes qui contrôlent le sens d'écoulement du sang dans les cavités cardiaques et les vaisseaux artériels. Le **rhumatisme articulaire aigu** est une forme particulière de lésions valvulaires dont l'agent responsable est infectieux : le streptocoque. Cette affection qui touche essentiellement les jeunes, entre 5 et 15 ans, débute en général par des lésions articulaires (rhumatismes) fébriles. Il peut apparaître, ultérieurement, une inflammation du tissu conjonctif qui recouvre les valves du cœur. L'ouverture et la fermeture de la valve touchée sont perturbées et l'étanchéité entre les différents compartiments n'est plus assurée.

Les **malformations congénitales** : toute anomalie de l'anatomie du système cardiovasculaire, présente à la naissance, constitue une malformation congénitale. Ces anomalies résultent d'un trouble du développement de ces organes pendant la vie embryonnaire ou fœtale. On peut citer, parmi les principales, la coarctation aortique dans laquelle l'aorte est anormalement rétrécie, les sténoses valvulaires caractérisées par un rétrécissement de l'orifice valvulaire correspondant et la communication inter-ventriculaire dans laquelle le septum qui sépare normalement les deux ventricules, présente un orifice anormal qui laisse passer le sang. Le sang des deux circulations, systémique et pulmonaire, se mêle ce qui diminue la teneur en oxygène du sang artériel de la grande circulation, destiné aux tissus périphériques.

Intéressons-nous aux mécanismes physiopathologiques responsables des deux affections les plus fréquentes : la maladie coronarienne et l'hypertension artérielle.

Résumé

› L'athéromatose est un processus pathologique conduisant au rétrécissement et à l'obstruction des vaisseaux artériels. La maladie coronarienne est due à l'athéromatose des artères coronaires.

› Quand le débit sanguin coronaire est diminué, la perfusion myocardique en aval est réduite (ischémie) et les tissus myocardiques alors privés d'oxygène. Ceci peut conduire à l'infarctus du myocarde et à la mort cellulaire (nécrose).

› L'athéromatose est une maladie qui débute dès l'enfance, mais sa progression ultérieure est très variable selon les individus.

› L'hypertension artérielle est une maladie caractérisée par des chiffres tensionnels élevés.

› L'accident vasculaire cérébral est une maladie des artères cérébrales entraînant une diminution du débit sanguin cérébral, dans un territoire donné. La cause essentielle est l'infarctus cérébral, secondaire à une thrombose, à une embolie ou à l'athéromatose. La deuxième cause est l'hémorragie cérébrale.

› L'insuffisance cardiaque est un processus pathologique qui rend le cœur incapable d'assurer un débit cardiaque suffisant. Le sang s'accumule alors dans les territoires veineux.

› Les affections vasculaires périphériques concernent les vaisseaux systémiques autres que les coronaires et incluent les artériopathies périphériques, les varices et la phlébite.

› Les malformations cardiaques congénitales proviennent d'anomalies du développement cardiaque prénatal.

3. Mécanismes physiopathologiques

La **physiopathologie** est l'étude des mécanismes responsables d'une pathologie ou d'un dysfonctionnement. La compréhension des mécanismes physiopathologiques de la maladie coronarienne et de l'hypertension artérielle doit nous aider à mieux comprendre pourquoi et comment l'activité physique peut influer sur leur évolution.

3.1 Physiopathologie de la maladie coronarienne

Comment se développent les lésions athéromateuses sur la paroi des artères coronaires ? La paroi des artères est faite de trois tuniques (figure 21.4) : la tunique interne ou intima, la tunique moyenne ou media et la tunique externe ou adventice. L'intima est formée d'une première couche de cellules fines et alignées, destinée à protéger la paroi vasculaire et appelée **endothélium**. L'endothélium protège le muscle lisse vasculaire des substances toxiques véhiculées par le sang. Les vaisseaux dont le calibre dépasse 1 mm renferment, dans leur intima, une couche sous-endothéliale de tissu conjonctif. La média est essentiellement constituée de cellules musculaires lisses assurant la contraction et la dilatation des vaisseaux, et d'élastine. L'adventice est composé de fibres collagènes. Elle protège le vaisseau et le solidarise avec les structures environnantes.

L'endothélium forme un film protecteur qui, par sa surface lisse, facilite l'écoulement du sang dans les vaisseaux. Mais son rôle ne s'arrête pas là. On sait aujourd'hui qu'il joue un rôle physiologique majeur dans le contrôle du débit sanguin et de la vasomotricité en modulant le degré de fermeture (vasoconstriction) ou d'ouverture (vasodilatation) des vaisseaux. L'endothélium produit en effet des substances dites vasoactives, comme le monoxyde d'azote (NO), et stimule la production de substances vasoactives par d'autres tissus. Ces substances agissent sur le muscle lisse vasculaire, qui selon le cas se contracte ou se relâche, ce qui module le débit sanguin dans le vaisseau concerné.

L'athéromatose est actuellement considérée comme une maladie inflammatoire[27] très complexe déclenchée par l'interaction de stimuli variés (figure 21.5). Il peut s'agir de substances lipidiques comme les triglycérides ou certains lipides de transport du cholestérol (lipoprotéines de faible densité – LDL), de polluants (comme le tabac ou d'autres polluants environnementaux), de substances inflammatoires dont l'accumulation dans l'organisme est favorisée par un excès de masse grasse, un état infectieux ou un état de stress permanent. L'inflammation de la paroi vasculaire lèse progressivement l'endothélium engendrant une dysfonction endothéliale qui, à son tour, aggrave l'inflammation. La dysfonction endothéliale est un processus encore mal élucidé qui implique la production par l'endothélium lui-même, ou par d'autres tissus qu'il stimule, de substances vasoactives diverses qui dérèglent la sécrétion et l'action du NO. L'inflammation est un processus physiopathologique commun à de nombreuses maladies chroniques. Elle a été bien décrite dans les maladies métaboliques comme l'obésité et l'insulinorésistance qui sont des facteurs de risque démontrés de l'athéromatose et des MCV. Il s'agit d'un état inflammatoire mineur, dit de bas-grade, mais généralisé (systémique) et finalement très pathogène.

Il a été montré que toute lésion endothéliale entraîne une rétraction des cellules. Cela contribue à exposer le tissu conjonctif sous-jacent au milieu circulant. Cette lésion vasculaire entraîne l'agrégation des plaquettes qui viennent adhérer au tissu

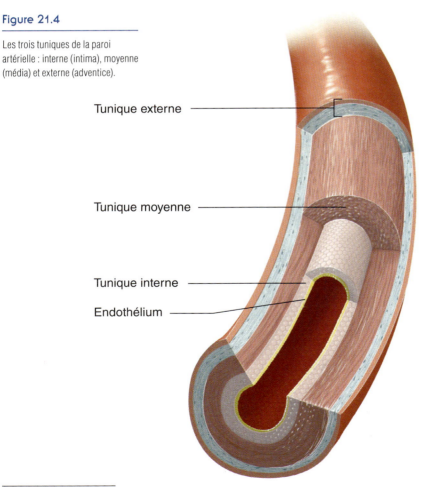

Figure 21.4

Les trois tuniques de la paroi artérielle : interne (intima), moyenne (média) et externe (adventice).

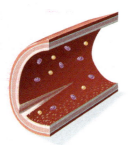 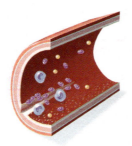 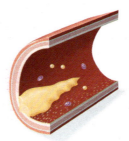 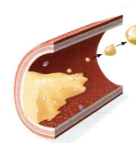

Figure 21.5 Principales étapes de la constitution d'une plaque athéromateuse à partir d'une lésion de l'endothélium vasculaire

a Une lésion vasculaire initiale expose le tissu conjonctif de la paroi au milieu circulant.

b Cette lésion entraîne l'agrégation des plaquettes et des cellules immunitaires, les monocytes, qui viennent adhérer au tissu conjonctif. Les plaquettes libèrent le facteur de croissance plaquettaire (PDGF) qui favorise la migration des cellules musculaires lisses de la tunique interne vers la tunique moyenne.

c Il se constitue alors, au niveau de la lésion, une plaque faite de cellules musculaires lisses, de tissu conjonctif et de différents débris.

d Au fur et à mesure que la plaque se constitue, la lumière du vaisseau diminue et l'écoulement sanguin est perturbé. Les lipides sanguins, en particulier le cholestérol transporté par les lipo-protéines de faible densité (LDL-C), viennent se déposer sur la plaque.

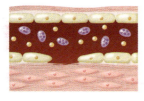 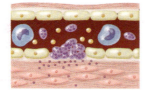 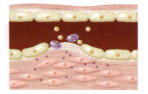 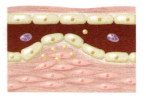

conjonctif. Les plaquettes libèrent une substance, ou facteur de croissance plaquettaire (**PDGF : platelet derived growth factor**) (figure 21.5b), qui favorise la migration des cellules musculaires lisses de la média vers l'intima. Normalement, l'intima ne renferme pas, ou très peu, de fibres musculaires lisses. Alors se constitue, au niveau de la lésion, une plaque faite de cellules musculaires lisses, de tissu conjonctif et de différents débris (figure 21.5c). Les lipides sanguins, et plus particulièrement le cholestérol transporté par les LDL, peuvent éventuellement se déposer sur cette plaque (figure 21.5d).

Plus récemment, les monocytes, cellules du système immunitaire, ont été incriminées dans ce processus. Ces cellules peuvent s'attacher aux cellules endothéliales. Elles se transforment alors en macrophages à même de phagocyter des LDL oxydés. Progressivement, elles augmentent de taille, deviennent spumeuses et activent la formation de dépôts de graisse. Les cellules musculaires lisses viennent ensuite s'accrocher à ces cellules. Si les cellules endothéliales se rétractent, le tissu conjonctif sous-jacent est exposé au milieu sanguin ce qui active l'agrégation plaquettaire. Le rôle des monocytes dans la physiopathologie de l'athéromatose est un sujet de recherche de pleine actualité.

La plaque est faite de cellules musculaires lisses, de cellules inflammatoires (macrophages et lymphocytes T) et de dépôts lipidiques intra et extra-cellulaires. La plaque est entourée d'une chape fibreuse. On sait aujourd'hui que la composition de la plaque et de sa chape fibreuse est essentielle pour sa stabilité. Les plaques instables sont celles qui ont une chape fibreuse fine et sont fortement infiltrées par des cellules spumeuses. Ces plaques peuvent se rompre plus facilement. Une fois rompues, elles sont attaquées par des enzymes protéolytiques et relarguent tout le contenu intracellulaire dans la lumière du vaisseau. Tous ces débris s'accumulent et forment un amas ou thrombus, ainsi que l'illustre la figure 21.6. Le thrombus, suivant sa taille, peut obstruer l'artère. Le résultat est l'infarctus du myocarde et souvent l'arrêt cardiaque. La rupture de plaque et la thrombose sont responsables de 70 % des arrêts cardiaques. Les plaques qui se rompent sont généralement petites, causant moins de 50 % de sténose (ou rétrécissement) d'une artère coronaire.

Il est aujourd'hui acquis que les plaques sont des structures dynamiques subissant des cycles d'érosion et de réparation. Les cellules musculaires lisses sont importantes pour la stabilité de la plaque et la prolifération de ces cellules est potentiellement nécessaire au maintien de l'intégrité de la plaque. Les sites de rupture d'une plaque se caractérisent par une faible densité de cellules musculaires lisses.

Figure 21.6

Illustration de la fissure ou de la rupture d'une plaque instable dans une artère coronaire. Son contenu est relargué dans la circulation sanguine et stimule la formation d'un thrombus (caillot).

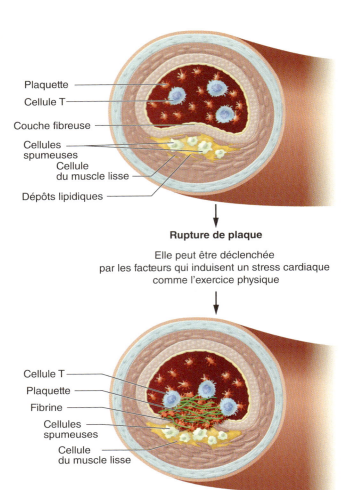

3.2 Physiopathologie de l'hypertension artérielle

Les mécanismes responsables de l'hypertension artérielle ne sont pas complètement élucidés. En effet 90 % à 95 %, des hypertensions diagnostiquées sont dites idiopathiques ou primaires, c'est-à-dire d'origine inconnue. Parmi les causes de l'hypertension artérielle secondaire (5 % à 10 %), il faut citer les pathologies rénales, les tumeurs de la surrénale et la coarctation aortique (maladie congénitale citée ci-dessus). L'hypertension artérielle idiopathique résulte probablement de l'intrication de plusieurs facteurs impliquant des facteurs hormonaux, des troubles de la vasomotricité (défaut d'élasticité de la paroi ou anomalie du contrôle nerveux), une hyperviscosité sanguine, etc.

4. Évaluation du risque individuel

Les scientifiques essaient depuis plusieurs années de déterminer les principales causes à l'origine à la fois de la maladie coronarienne et de l'hypertension artérielle. La plupart des données, sur ce sujet, sont issues de l'épidémio-

Résumé

› La physiopathologie est une discipline qui tente d'expliquer les mécanismes responsables d'une pathologie ou d'un dysfonctionnement.

› Pour beaucoup, l'origine de la maladie coronarienne est sans doute une lésion des cellules endothéliales de la tunique interne (intima) des vaisseaux coronaires. Cette lésion favorise l'agrégation des plaquettes lesquelles libèrent un facteur de croissance plaquettaire (PDGF). Ce dernier attire les cellules musculaires lisses qui se déposent en plaques, des éléments conjonctifs et différents débris cellulaires. Des lipides peuvent éventuellement venir s'ajouter à ces dépôts.

› Des travaux récents suggèrent que les monocytes, cellules du système immunitaire, peuvent s'attacher aux cellules endothéliales de l'intima et favoriser le dépôt de lipides, conduisant à la plaque athéromateuse. Selon cette nouvelle théorie, la lésion endothéliale n'est plus indispensable à la formation de la plaque. Néanmoins, la dysfonction endothéliale est induite par divers facteurs environnementaux et facilite l'athéromatose. Des recherches complémentaires sont encore nécessaires pour clarifier ce point.

› Il est clair aujourd'hui que le risque d'infarctus du myocarde ou de crise cardiaque et très fortement influencé par la structure de la plaque et les caractéristiques de son enveloppe fibreuse. Les plaques les plus petites engendrent une obstruction coronaire inférieure à 50 %. Leur enveloppe est très fine et infiltrée par des cellules spumeuses. Ce sont pourtant les plus dangereuses car elles peuvent se décoller et migrer.

› La physiopathologie de l'hypertension artérielle est encore mal connue.

› Dans plus de 90 % des cas, l'hypertension artérielle est dite essentielle ou idiopathique, c'est-à-dire de cause inconnue.

logie, science dont l'objectif est précisément d'identifier les facteurs responsables d'un processus pathologique. La méthode de base consiste à suivre un grand nombre de sujets sur une longue période et à enregistrer l'évolution de différents paramètres cliniques et physiologiques (étude longitudinale).

Si la durée de l'observation est longue, certains sujets de l'étude peuvent tomber malades ou même décéder. Dès qu'il s'agit de maladie coronarienne ou d'hypertension artérielle, les sujets sont alors classés à part et font l'objet d'investigations plus approfondies. Si une telle approche ne permet pas d'éclaircir les mécanismes fondamentaux à l'origine de l'affection, elle apporte néanmoins des informations essentielles. Les facteurs alors identifiés sont considérés comme **facteurs de risque** de la maladie considérée. Un même sujet présente souvent plusieurs facteurs de risques associés qui interagissent entre eux et aggravent d'autant le pronostic. Quels sont ces facteurs dans le cas de la maladie coronarienne et de l'hypertension artérielle ?

4.1 Facteurs de risque de la maladie coronarienne

Les facteurs favorisant la survenue de cette affection peuvent être classés en deux grands groupes, selon qu'ils dépendent ou non du mode de vie, des habitudes alimentaires, etc. Les facteurs indépendants du mode de vie sont les facteurs héréditaires (antécédents familiaux de maladie coronarienne chez des parents proches), le sexe masculin et l'âge. Selon l'American Heart Association, les facteurs liés aux habitudes comportementales sont :

- le tabagisme ;
- l'hypertension artérielle ;
- l'élévation anormale de certains lipides sanguins (LDL-cholestérol et triglycérides) ;
- l'inactivité physique ;
- l'obésité et le surpoids ;
- le diabète et l'insulino-résistance.

On les appelle **facteurs de risque primaires**. Leur rôle néfaste a été très bien démontré (tableau 21.2).

Récemment, de nouvelles recommandations en matière d'hygiène de vie ont été publiées qui visent à réduire l'excès de poids, le risque de diabète et les concentrations anormales des lipides sanguins athérogènes. Lorsqu'elles sont bien suivies, elles sont très efficaces au point que ceci a contribué à une révision des « normes » ou seuils optimaux à cibler pour chacun de ces facteurs (voir perspectives de recherche détaillées dans différents chapitres dont celui-ci).

D'autres facteurs de risque sont supposés. Pour les inclure dans les facteurs de risque déjà répertoriés, il est nécessaire d'apporter davantage de preuves. Néanmoins, ceux listés ci-dessous ont été récemment ajoutés à la liste de l'American Heart Association.

- Antécédents familiaux d'hypertension artérielle, notamment chez des très proches (parents, enfants) ou chez des sujets jeunes (hommes de moins de 55 ans ou femmes de moins de 65 ans).
- C-réactive protéine (CRP) $\geq$ 2 mg/L : la CRP est produite par le foie et les cellules musculaires lisses des artères coronaires, en réponse à un traumatisme ou à une infection. La CRP est un marqueur de l'inflammation.
- Score calcique coronaire $\geq$ 300 ou $\geq$ 75e percentile pour l'âge, le genre et l'ethnie. La mesure du score calcique coronaire par scanner multicoupes est une méthode non invasive qui permet de quantifier les dépôts calciques sur la paroi des artères coronaires. Les dépôts calciques sont un très bon reflet du degré d'athéromatose coronaire. Le score est déterminé à partir d'un logiciel spécifique. Un score $\geq$ 300 est associé à un risque coronarien élevé.
- Index de pression systolique mesuré à la cheville (IPSCh) inférieur à 0,9. L'IPSCh correspond au rapport des pressions artérielles mesurées au niveau des artères jambières sur celles mesurées au niveau brachial. Sa mesure est simple et non

Tableau 21.2 Facteurs de risque de maladie coronarienne

Facteur			Niveau de risque		
			Optimal	Limite	Élevé
Pression artérielle*	systolique	mmHg	< 120		> 140
	diastolique	mmHg	< 80		> 90
Index de masse corporelle*		kg/m^2	18,5-24,9	25,0-29,9	> 30
Glycémie à jeun**		g/L	< 1	1-1,25	> 1,26
Activité physique ***		min/sem	150-300		< 150

* D'après l'AHA 2010.
** D'après l'American Diabetes Association.
*** Activité modérée à intense – d'après l'AHA 2010.

invasive. Un score < 0,9 est un facteur de risque d'artériopathie périphérique.

Lorsqu'un sujet présente un facteur de risque probable mais non certain ou un facteur de risque limite, les différents paramètres de l'état clinique doivent être pris en compte par le médecin ou le cardiologue pour décider de la conduite thérapeutique la plus adéquate[18].

4.1.1 Détection précoce des facteurs de risque

En juillet 1948, le « National Institute of Health » (National Heart, Lung and Blood institute) a mis en place l'étude de Framingham. Cette étude avait pour objectif d'identifier les principaux facteurs impliqués dans le développement des MCV. Elle a été menée sur 5209 habitants de la ville de Framingham, dans le Massachusetts. Les sujets ont été examinés pendant quatre ans, à partir de septembre 1948, puis tous les deux ans pendant 48 ans. C'était la première fois que le concept de facteur de risque associé aux MCV était évoqué. L'inclusion de deux autres populations a eu lieu à partir en 1971 puis en 2002. Il s'agit indiscutablement du plus grand travail longitudinal jamais réalisé dans toute l'histoire de la recherche médicale. Jusqu'en 2012, il a donné lieu à plus de 2450 publications scientifiques. Cette étude a été la première à montrer l'importance du cholestérol comme facteur de risque de risque cardiovasculaire puisque le risque est lié à des concentrations plasmatiques élevées de LDL-C et faibles de HDL-C.

L'étude « Bogalusa Heart Study » est une autre étude épidémiologique, démarrée en 1972 et qui se poursuit toujours. Cette étude longitudinale a suivi l'évolution des facteurs de risque de MCV, de la naissance à l'âge de 39 ans. Chez 204 sujets morts prématurément (d'accident, d'homicide ou de suicide), il a été noté une relation très forte entre le nombre de facteurs de risque et le degré de développement de plaques lipidiques sur les parois aortiques et coronariennes[5]. Les auteurs de cette étude ont été les premiers à montrer que la maladie athéromateuse commence précocement dès l'enfance.

4.1.2 Les lipides et les lipoprotéines

Pendant de nombreuses années, seuls le cholestérol et les triglycérides étaient retenus comme facteurs de risque et certaines données restaient confuses. L'étude récente du transport des lipides dans le sang a éclairé d'un jour nouveau cet aspect du problème. Les lipides sont insolubles dans l'eau, donc dans le sang. Pour être solubilisés, ils doivent être transportés grâce à des protéines appelées **lipoprotéines**. Parmi celles-ci, deux classes doivent être considérées selon leur densité : les lipoprotéines de légère densité (LDL) et les lipoprotéines de haute

---

PERSPECTIVES DE RECHERCHE 21.2

ATP4 « Adult Treatment Panel » – Recommandations pour la prévention et la prise en charge de l'hypercholestérolémie

En 2013, de nouvelles recommandations ont été publiées pour améliorer la prévention et la prise en charge de l'hypercholestérolémie[35]. Elles succèdent aux précédentes (ATP3) qui datent de 2001. L'approche est ici très différente et encore controversée. Les objectifs thérapeutiques ne sont plus de chercher à atteindre des seuils sanguins précis de LDL ou de cholestérol total. Il s'agit de réduire les facteurs de risque en identifiant les groupes qui peuvent tirer bénéfice d'un traitement par les statines. Les statines sont une classe de médicaments hypocholestérolémiants qui diminuent la synthèse endogène de cholestérol par le foie, en bloquant une enzyme-clé de cette voie (la HMG-CoA réductase). Ce traitement est recommandé pour les groupes à risques que sont :
– les patients avec maladie coronarienne diagnostiquée ;
– les sujets sans maladie coronarienne diagnostiquée, mais dont les concentrations sanguines de LDL ⩾ 190 mg/dl ;
– les sujets âgés de 40 à 75 ans, souffrant de diabète (de type 1 ou 2) ;
– les sujets âgés de 40 à 75 ans, avec un risque estimé ⩾ 7,5 % pour 10 ans (risque calculé à l'aide d'une formule complexe prenant en compte l'âge, le genre, le cholestérol HDL et total, le tabagisme éventuel, la valeur de la PA systolique et la prise éventuelle de médicaments hypotenseurs).

La controverse tient au fait que ces nouvelles recommandations conduisent à traiter par les statines des sujets dont les concentrations de cholestérol ne sont pas anormalement élevées. Selon ces nouvelles recommandations, on estime que la prescription de statines va doubler dans les prochaines années, conduisant à traiter non plus 15 mais 30 millions d'Américains. Le coût d'un tel traitement est évidemment très conséquent.

Pour les professionnels concernés par ces nouvelles recommandations, il faut néanmoins rappeler les CONSEILS donnés en préface de l'ATP4 :

« Les modifications du mode de vie (nutrition équilibrée, activité physique, suppression du tabac, et stabilité du poids) restent des objectifs majeurs de la prévention et de la prise en charge de la santé cardiovasculaire et doivent toujours être tentées avant la mise en place d'un traitement médicamenteux et associées à celui-ci lorsqu'il est institué. »

densité (HDL). Les LDL-C favorisent la constitution de plaques d'athéromatose, tandis que les HDL-C favorisent leur régression. On a montré que les facteurs de risque primaires d'origine lipidique sont constitués soit par des niveaux élevés de **cholestérol fixé aux LDL (LDL-C)** soit par des niveaux bas de **cholestérol fixé aux HDL (HDL-C)**. Dans ce cas, le risque de faire une MCV est très élevé. À l'inverse, un niveau élevé d'HDL-C ou faible de LDL-C diminue considérablement le risque de maladie cardiaque.

Il apparaît donc que la prise en compte isolée du cholestérol total ne suffit pas. Une personne dont le cholestérol sanguin total est modéré peut être exposée à un risque faible si simultanément le HDL-C est élevé et le LDL-C bas. À l'inverse, le risque peut être majeur, même avec un taux de cholestérol total faible, si le taux de LDL-C est très important tandis que celui de HDL-C reste faible. En conséquence, les scientifiques et les médecins préfèrent parler de dyslipidémie pour souligner le caractère délétère d'un ratio LDL-C/HDL-C défavorable.

Comment expliquer ces effets différents ? Il semble que le LDL-C soit la forme de cholestérol qui se dépose en priorité sur les parois artérielles. Le HDL-C, au contraire, constitue la forme d'élimination du cholestérol qui est ainsi transporté jusqu'au foie où il pourra être dégradé. Le risque individuel de maladie coronarienne est donc lié à ces deux formes de cholestérol. Mais, à la différence des précédentes recommandations (ATP3), les nouvelles recommandations thérapeutiques de l'American College of Cardiology ne cherchent plus à corriger spécifiquement le niveau sanguin de l'une ou l'autre de ces deux formes, ni même leur rapport mais plutôt à être efficaces en matière de prévention des MCV [35]. Parmi ces traitements, il faut citer les statines, médicaments qui inhibent une enzyme (HMC-CoA réductase) impliquée dans la synthèse du cholestérol par le foie. Les nouvelles recommandations font l'objet des perspectives de recherche 21.2.

4.2 Facteurs de risque de l'hypertension artérielle

Les facteurs de risque de l'hypertension artérielle sont classés selon le même principe que ceux de la maladie coronarienne. Les facteurs de risque sur lesquels le sujet ne peut agir sont l'hérédité (antécédents familiaux d'hypertension artérielle), l'âge et la race (le risque est plus élevé chez les Africains et chez les Hispaniques). Ceux qui peuvent faire l'objet d'une prévention sont :

- l'obésité et le surpoids ;
- le régime alimentaire (excès d'apport en sodium) ;
- la prise de contraceptifs oraux ;
- le tabac ;
- le stress ;
- l'inactivité physique.

Si l'hérédité constitue un facteur de risque indéniable, elle joue sans doute un rôle plus modeste que beaucoup d'autres facteurs. Il faut bien rappeler que le mode de vie est souvent lié aux habitudes familiales. En conséquence une hypertension artérielle familiale peut être favorisée autant, sinon plus, par les habitudes comportementales que par l'hérédité proprement dite.

Plus récemment des scientifiques ont remarqué le lien étroit qui existe entre l'hypertension artérielle, l'obésité, le diabète de type II ou la maladie coronarienne, affections dans lesquelles il est observé presque systématiquement une inflammation et une résistance à l'insuline. Mais l'obésité peut aussi constituer un facteur de risque indépendant de l'hypertension artérielle. En effet, de nombreuses études montrent bien que les chiffres tensionnels s'abaissent avec la réduction pondérale. La consommation de sodium favorise, enfin, l'hypertension artérielle chez certains sujets qui y sont sensibles.

L'inactivité physique est un facteur de risque de l'hypertension artérielle. Son rôle a été bien établi par les études épidémiologiques. Il apparaît aujourd'hui que la pratique physique permet de diminuer les chiffres tensionnels[3].

> **Résumé**
>
> ❯ Les facteurs de risque de la maladie coronarienne sur lesquels on ne peut agir sont : l'hérédité, le sexe (masculin) et l'âge. Ceux qui peuvent faire l'objet d'une prévention sont : l'augmentation des taux de lipides sanguins, l'hypertension artérielle, le tabagisme, la sédentarité, l'obésité, le diabète.
>
> ❯ L'inflammation, l'insulinorésistance et la dysfonction endothéliale sont des désordres communs à l'athéromatose, à l'obésité, au diabète de type 2 et à beaucoup de maladies chroniques.
>
> ❯ Les LDL-C favorisent le dépôt de cholestérol sur les parois artérielles. À l'inverse, les HDL-C protègent de cette affection en activant l'élimination du cholestérol. Des niveaux élevés de HDL-C dans le sang ont plutôt un effet protecteur.
>
> ❯ Les facteurs de risque de l'hypertension artérielle sur lesquels on ne peut pas agir sont : l'hérédité, l'âge et l'ethnie. Ceux qui peuvent faire l'objet d'une prévention sont l'insulino-résistance, l'obésité, le régime (excès de sel et d'alcool), la prise de contraceptifs oraux, le stress et la sédentarité.

5. Effets préventifs de l'activité physique

La place qui doit être réservée à l'activité physique dans la prévention de la maladie coronarienne et de l'hypertension artérielle fait l'objet, depuis quelques années, d'un grand nombre de recherches. Nous essaierons de faire le point de ces travaux.

5.1 Prévention de la maladie coronarienne

Il est bien démontré que l'activité physique diminue le risque de maladie coronarienne. Quels sont les arguments qui le confirment ? Quels mécanismes sont impliqués ?

5.2 Preuves épidémiologiques

De très nombreuses recherches ont été consacrées à l'étude de la relation entre inactivité physique et maladie coronarienne. Elles conduisent à la conclusion que le risque de maladie coronarienne est 2 à 3 fois plus élevé chez le sujet inactif que chez le sujet physiquement actif. Les premiers travaux illustrant ce résultat ont été menés par l'équipe anglaise du Dr J.N. Morris et de ses collègues, vers 1950[30]. Les sujets étaient des chauffeurs de bus ou des agents de la poste, séparés dans chaque profession en deux groupes, selon leur niveau d'activité. Le taux de mortalité par maladie coronarienne était environ deux fois plus élevé chez les inactifs. La plupart des études ultérieures ont confirmé ces données.

Ces premières études se sont intéressées aux relations entre l'activité physique et la profession. Ce n'est que vers les années 1970 qu'on se mit à considérer l'activité physique d'ordre récréatif ou de loisir. Le Dr Morris et ses collègues furent encore les premiers à montrer que le risque de maladie coronarienne est 2 à 3 fois supérieur, chez les sujets peu actifs au cours de leurs loisirs. Ces résultats ont été retrouvés dans d'autres études épidémiologiques. On considère aujourd'hui que l'inactivité physique double le risque de maladie coronarienne[42]. La plupart de ces études ont été menées chez des hommes. Les mêmes résultats sont retrouvés chez les femmes[13,11].

Au total, depuis 30 à 40 ans, un grand nombre d'études épidémiologiques très rigoureuses ont été conduites sur ce sujet qui indiquent que le risque relatif de maladie coronarienne liée à l'inactivité physique représente à lui seul le risque combiné de deux à trois autres facteurs essentiels de cette affection[2]. Elles ont conduit l'American Heart Association à déclarer que l'inactivité physique constitue le facteur de risque le plus important de la maladie coronarienne.

5.2.1 *Type et intensité d'exercice*

De nombreux scientifiques, toujours au milieu des années 1980, ont alors cherché à préciser quel niveau d'activité et quel niveau d'entraînement étaient nécessaires pour diminuer ce risque ? L'épidémiologie n'apporte pas de données très formelles. À cette époque, les concepts d'activité physique et d'aptitude physique étaient souvent confondus. Le niveau d'aptitude physique est souvent évalué par le niveau de $\dot{V}O_2max$. Or, certains individus actifs peuvent avoir une $\dot{V}O_2max$ basse et des sujets inactifs une $\dot{V}O_2max$ non négligeable. Les relations entre activité physique et aptitude physique ne sont pas encore clairement élucidées et sont toujours discutées[7,31].

Des analyses épidémiologiques rétrospectives prenant en compte cette distinction ont alors conclu que le niveau d'activité physique, qui permet de diminuer le risque de maladie coronarienne, est sans doute peu élevé. Il est certainement inférieur à celui nécessaire pour développer le potentiel aérobie. Ceci a été confirmé ultérieurement[8]. C'est ainsi que la simple marche, le travail de jardinage peuvent être très bénéfiques pour contribuer à diminuer ce risque. Mais des exercices plus intenses apportent des bénéfices supérieurs.

En 2002, un groupe de scientifiques de l'Université de Harvard a publié, dans le *Journal of the American Medical Association*, les résultats d'une vaste étude épidémiologique analysant les relations entre le risque de développer une maladie coronarienne et la pratique physique. Cette étude « Health Professionnal's Follow-Up Study[36] » a concerné 44 000 hommes. Ils ont été suivis tous les deux ans, de 1986 à 1998. Chaque examen identifiait les nouveaux cas de maladie coronarienne, évaluait les facteurs de risque et quantifiait le niveau de pratique physique (sportive ou de loisir). Les sujets qui courent au moins à 10 km.h^{-1} pendant une heure ou plus par semaine ont un risque diminué de 42 % par rapport à ceux qui ne courent pas. Ceux qui font de la musculation pendant 30 minutes ou plus par semaine diminuent ce risque de 23 % par rapport à ceux qui n'en font pas. La marche rapide de 30 minutes, ou plus, par jour est associée à une diminution du risque de 18 %. Le bénéfice est identique si on fait du rameur pendant une heure ou plus par semaine. Paradoxalement, aucune relation n'est retrouvée pour la natation ou le cyclisme. Cette étude est la première à objectiver les bénéfices directs d'un entraînement de musculation sur le risque cardiovasculaire et à montrer que l'intensité de pratique est essentielle. Il faut s'entraîner à une intensité suffisante pour diminuer efficacement les facteurs de risque.

Plus récemment encore, il a été montré que la nature et le type d'exercice ont un lien direct avec la mortalité[39]. Les sujets qui ne suivent pas les recommandations de l'American College of Sports Medicine (ACSM), à savoir atteindre le seuil minimal de 150-250 MET-min/semaine ont une mortalité significativement supérieure à ceux qui suivent ou dépassent ce seuil. Plus précisément, après ajustement avec d'autres paramètres comme la prise de médicaments, l'index de masse corporelle et même d'autres facteurs d'hygiène de vie comme l'éducation et le comportement nutritionnel, les sujets dont l'activité physique est 2 à 3 fois supérieure au seuil ont une mortalité réduite de 25 % par rapport à ceux qui respectent juste le seuil minimal. Il a même été retrouvé une relation modeste de type « dose-réponse » entre la quantité de marche et la réduction de la mortalité (figure 21.7).

5.2.2 Effets de l'exercice physique sur les facteurs de risque de maladie coronarienne

Si on considère les adaptations tant anatomiques que physiologiques induites par l'entraînement, il semble logique que l'activité physique régulière aide à diminuer le risque de maladie coronarienne.

Toute activité physique isolée, même d'intensité légère, a des effets directs ou indirects sur les facteurs de risque de maladie coronarienne que sont la production d'adipokines et l'inflammation, le métabolisme du glucose, des lipoprotéines et la résistance à l'insuline, la fonction endothéliale.

Tabagisme : Il n'est pas démontré que la pratique physique s'accompagne d'une diminution ou d'un arrêt du tabagisme.

Lipides : Selon les données récentes de l'AHA, l'activité physique de type aérobie diminue significativement la concentration sanguine de LDL-C. Par contre l'effet sur les taux de HDL-C et de triglycérides est considéré comme faible[13] car les résultats des diverses études sur ce point restent très contradictoires.

Toute augmentation de la lipémie postprandiale, après un repas riche en lipides, augmente le flux de lipides dans les vaisseaux et à destination du cœur. Ceci contribue à accroître toute plaque athéromateuse pré-existante, à la rendre plus instable et à augmenter le risque de maladie coronarienne. Tout exercice effectué avant un repas riche en lipides atténue ces effets délétères en diminuant les niveaux de lipides sanguins. Il faut aussi souligner que toute variation du volume plasmatique va affecter la concentration plasmatique des substances véhiculées par le sang. Il a été précédemment indiqué que l'entraînement aérobie s'accompagne d'une augmentation du volume plasmatique. En conséquence, la simple expansion volumique suffit à abaisser la valeur de toutes les concentrations. C'est ainsi qu'une augmentation légère d'HDL-C peut passer inaperçue. Le deuxième facteur est le poids. Toute diminution de poids liée à l'entraînement est souvent associée à une variation des taux de lipides plasmatiques. Ces deux facteurs sont donc à prendre en compte pour interpréter toute variation des concentrations plasmatiques des lipides avec l'entraînement.

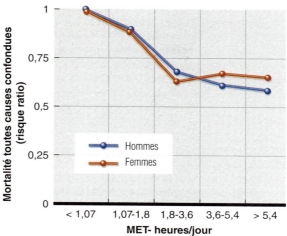

Figure 21.7

Relation entre l'activité physique quotidienne (exprimée en MET-heures) et la mortalité toutes causes confondues, rapportée dans l'étude de Williams. Notez l'effet dose-réponse montrant que le risque de mortalité est d'autant plus faible que la quantité d'activité physique est plus élevée. D'après Williams, 2013.

Hypertension artérielle : Il est très bien démontré que l'activité physique diminue les chiffres tensionnels, y compris chez les sujets à hypertension artérielle légère ou modérée. Il semble, plus précisément, que l'entraînement en endurance permette de baisser d'environ 2 à 5 mm Hg la pression artérielle systolique et d'environ 1 à 4 mm Hg la pression artérielle diastolique chez tous les sujets qu'ils soient hypertendus ou non[13]. Les mécanismes responsables restent encore à préciser.

Sensibilité à l'insuline et métabolisme du glucose : L'exercice physique améliore la consommation périphérique du glucose et améliore la sensibilité à l'insuline[16]. Même un exercice isolé suffit à augmenter la sensibilité des récepteurs à l'insuline.

Fonction endothéliale : Il devient de plus en plus évident que l'exercice physique améliore la fonction endothéliale. La dysfonction endothéliale est d'abord le résultat d'une diminution de la biodisponibilité du NO. L'entraînement physique augmente cette biodisponibilité[37].

Inflammation : Un exercice aigu modéré a un effet anti-inflammatoire[17]. Celui-ci se traduit notamment par une diminution des marqueurs de l'inflammation et une augmentation de certains marqueurs immunitaires impliqués dans le processus de l'athéromatose.

> **PERSPECTIVES DE RECHERCHE 21.3**
>
> ### Conseils d'hygiène de vie pour réduire le risque de MCV
>
> De nouvelles recommandations ont été éditées par les associations américaines de cardiologie (AHA et ACC) pour aider les professionnels de santé à évaluer le rôle de l'activité physique et de la nutrition dans la prévention et la prise en charge des MCV[13]. Comme d'autres publiées par ces mêmes institutions [18,35], elles sont étayées par des preuves scientifiques et visent à répondre à des questions qui sont très débattues. Elles s'appuient sur les conclusions d'études-contrôles randomisées et de méta-analyses. Le niveau de preuve est classé comme – fort – modéré – faible – insuffisant (parfois négatif). Ces nouvelles recommandations réactualisent et visent à améliorer les conseils à formuler dans le domaine de l'hygiène de vie. 3 points principaux sont ainsi abordés :
> – Quelles sont la place et l'efficacité des conseils nutritionnels dans la prévention du risque cardiovasculaire et notamment leur rôle en l'absence de tout traitement ou lors de traitement médicamenteux associé ?
> – Quelles sont la place et l'efficacité de la restriction en sels dans la prévention du risque cardiovasculaire et notamment son rôle en l'absence de tout traitement ou lors de traitement médicamenteux associé ?
> – Quelles sont la place et l'efficacité des conseils en activité physique sur la pression artérielle et les concentrations de lipides sanguins et notamment le rôle de l'activité physique en l'absence de tout traitement ou lors de traitement médicamenteux associé ?
>
> Les principales conclusions sont les suivantes :
>
> 1. *Conseils nutritionnels* : Ils ont été essentiellement évalués sur les niveaux de LDL-C et sur la pression artérielle. Il existe des arguments FORTS justifiant l'intérêt de privilégier la consommation de fruits, légumes et céréales complètes, de réduire l'apport lipidique total et surtout de lipides saturés (en dessous de 5 % à 6 % de l'apport lipidique total) et d'acides gras trans, de consommer plus de poissons et moins de viandes rouges, de restreindre l'apport en sucres simples apportés notamment par le sucre de table et beaucoup de boissons (jus de fruits, sodas…).
>
> 2. *Restriction en sels* : L'effet de l'apport en sels de sodium et potassium sur la pression artérielle a été évalué dans la population adulte. Il existe des arguments FORTS justifiant l'intérêt de réduire la consommation en sels de sodium. La consommation optimale en sels de sodium ne devrait pas dépasser **4 g/j** (elle est plutôt à 7-8 g/j dans les populations occidentales). Lorsque cet objectif semble difficile à atteindre, il faut conseiller de réduire l'apport habituel par paliers successifs de 1 g à 1,5 g/j. Toute diminution de l'apport en sels de sodium est associée à une diminution des chiffres de pression artérielle.
>
> 3. *Activité physique* : le niveau de preuve indiquant que l'activité physique de type aérobie diminue les concentrations sanguines de LDL et de cholestérol total est MODÉRÉ. Ce type d'activité n'a pas d'effet démontré sur les triglycérides et le HDL. Il est recommandé de faire 3 à 4 séances hebdomadaires de 40 min, d'intensité modérée à vigoureuse. Il existe un FORT niveau de preuve justifiant également la pratique d'une telle activité aérobie pour diminuer la pression artérielle chez les sujets hypertendus.
>
> Afin de réduire au mieux les facteurs de risques cardiovasculaires, chez l'adulte, les conclusions sont ainsi de recommander tous les conseils précédents en matière de nutrition et de faire si possible au moins 150 min d'activité physique modérée ou 75 min d'activité physique intense par semaine. Il est désormais plus que probable que l'hygiène de vie joue un rôle prépondérant dans la prévention des maladies chroniques.

Autres facteurs : L'exercice physique contribue indiscutablement à un meilleur contrôle du poids et limite le risque de diabète. Ce point sera examiné en détail au chapitre 22. Il aide également à une meilleure gestion du stress et à réduire l'anxiété[41]. On peut ajouter que l'exercice physique est proposé comme complément thérapeutique de l'anxiété et de la dépression.

L'entraînement aérobie proprement dit induit d'autres effets bénéfiques cardiovasculaires tant sur le plan morphologique que sur le plan physiologique. Parmi ceux-ci, il faut citer un élargissement du calibre des artères coronaires, une augmentation des dimensions cardiaques et une meilleure efficacité de la pompe cardiaque. Il contribue ainsi à diminuer beaucoup d'autres facteurs de risque de la maladie coronarienne. Les effets de l'entraînement de force sur la prévention du risque cardiovasculaire ont été beaucoup moins étudiés. Néanmoins, il apparaît que ce type d'entraînement a lui aussi des effets très bénéfiques, en particulier lorsqu'il est associé à l'entraînement aérobie. L'entraînement combiné semble jouer un rôle important dans la prévention primaire et secondaire du risque cardiovasculaire[38].

5.2.3 Sédentarité et risque cardiovasculaire

Au chapitre 20, nous avons mentionné le nouveau concept intitulé « sedentary death syndrome » ou « le syndrome fatal du sédentaire » développé par le Dr Booth et ses collègues. Ce groupe a étudié les répercussions de la sédentarité et le rôle des interactions entre génétique et comportement dans ce domaine. Il part du principe que l'Homme est génétiquement programmé pour être actif. En conséquence, la sédentarité est une des causes premières de l'explosion des maladies chroniques observées depuis peu dans le monde actuel. La sédentarité est notamment évaluée par le temps passé à regarder la TV, ou tout autre écran (ordinateur). Ces activités se déroulent en position assise. Toute activité (y compris le travail assis dans un bureau) dans cette position est une activité considérée comme sédentaire. Les travaux sur ce sujet indiquent que nous passons jusqu'à 12 h à 15 h par jour dans cette position.

Les études épidémiologiques sur le lien entre sédentarité et risque cardiovasculaire sont encore peu nombreuses. Mais il s'agit d'un champ de recherche émergeant de pleine actualité. Il est déjà clair que le risque de maladie coronarienne, mortelle ou non, augmente avec le temps de sédentarité[15]. Le temps passé assis (en dehors du temps de sommeil) est désormais considéré comme un nouveau facteur de risque lié à notre mode de vie[12].

La vaste étude épidémiologique NHANES (National Health and Nutrition Examination Survey) toujours en cours chez les résidents américains confirme la relation forte qui existe entre le degré de sédentarité et les facteurs de risque cardiovasculaire que sont les niveaux de LDL-C, triglycérides, insuline, insulino-résistance et marqueurs d'inflammation. Elle souligne que les altérations métaboliques sont d'autant plus sévères que le temps passé en position assise augmente, et ceci indépendamment du temps consacré par ailleurs à la pratique d'activités physiques modérées voire intenses, autrement dit même si on est actif, voire très actif le reste du temps[24].

5.3 Prévention de l'hypertension artérielle

Les effets préventifs de l'activité physique sur l'hypertension artérielle sont bien argumentés mais moins formels que sur la maladie coronarienne. Les paragraphes précédents ont montré que l'entraînement peut diminuer la tension artérielle chez les sujets ayant une hypertension artérielle modérée mais les mécanismes responsables ne sont pas encore tous bien élucidés.

5.3.1 Preuves épidémiologiques

Peu d'études épidémiologiques se sont intéressées aux relations entre activité physique et hypertension artérielle. L'une d'entre elles (Tecumseh Community Health Study) a concerné 1 700 sujets de sexe masculin âgés de 16 ans et plus. Elle a consisté en l'analyse d'un questionnaire portant sur l'estimation de la dépense énergétique quotidienne et sur la nature des activités pratiquées. Les chiffres tensionnels à la fois systoliques et diastoliques étaient d'autant plus faibles que les sujets étaient plus actifs, quel que soit l'âge[29]. Des résultats identiques ont été obtenus dans une étude effectuée à la clinique Cooper. Les sujets les plus actifs avaient des valeurs tensionnelles plus faibles. Cette étude a estimé que le risque de développer une hypertension artérielle était 1,5 fois plus élevé chez les sujets de faible condition physique[6]. De même, sur un échantillon de 2 205 adultes de 20 à 49 ans, l'étude NHANES a observé que l'hypertension artérielle est associée à un faible niveau d'aptitude physique, estimé à partir d'une épreuve d'effort sur tapis roulant. Le risque relatif est de 2,12 chez les femmes et de 1,83 chez les hommes[10]. On peut en conclure que le risque d'hypertension artérielle est certainement réduit chez les sujets actifs ou en bonne condition physique. Les études épidémiologiques indiquent aussi qu'un niveau élevé d'activité et d'aptitude physique est associé à une diminution du risque d'accident vasculaire cérébral aussi bien chez l'homme[26] que chez la femme[21].

5.3.2 Effets théoriques de l'entraînement

Les mécanismes exacts responsables des effets bénéfiques de l'activité physique sur la prévention de l'hypertension artérielle restent encore à éclaircir. Ils impliquent très probablement des adaptations neuro-hormonales, une diminution de l'activité nerveuse sympathique, des adaptations du système rénine-angiotensine (un élément majeur de la régulation de la pression artérielle), et peut-être même des adaptations structurales du système vasculaire lui-même.

Il y a déjà une cinquantaine d'années, une chute significative de la pression artérielle à l'arrêt de l'exercice avait été signalée. Ce phénomène observé à maintes reprises et dans des populations différentes a été confirmé depuis et constitue ce qu'on appelle « l'hypotension post-exercice ». Celle-ci peut s'observer aussi bien chez des sujets normotendus que chez des sujets hypertendus. Elle peut durer de 1 à 2 h après l'exercice, voire jusqu'à 24 h après. Elle est d'autant plus marquée que la pression artérielle avant l'exercice est élevée. La chute de la pression artérielle systolique peut atteindre 4 à 15 mmHg. Comme cette diminution peut durer jusqu'à 24 h après la fin de l'exercice, ceci en fait un argument pour recommander la pratique régulière d'activité physique aux sujets hypertendus.

5.3.3 L'entraînement réduit les facteurs de risque

L'effet bénéfique de l'entraînement sur la pression artérielle est indépendant de la durée du programme d'entraînement. Mais il est plus marqué si l'activité est faible ou modérée qu'en cas d'activité intense.

Indépendamment de son effet direct sur la pression artérielle, la pratique physique contribue sans doute à prévenir l'hypertension artérielle en diminuant les facteurs de risque. L'exercice physique entraîne, en effet, une diminution de la masse grasse et une augmentation de la masse musculaire. Il aide ainsi à diminuer le taux de glucose sanguin et à mieux contrôler la glycémie. Enfin, la pratique physique aide à diminuer le stress.

Résumé

> Les études épidémiologiques ont montré que le risque de maladie coronarienne est environ 2 à 3 fois supérieur, chez les sujets masculins sédentaires que chez les sujets actifs, et que l'inactivité physique double le risque d'accident cardiaque mortel.

> En général, le niveau d'activité physique nécessaire pour diminuer le risque de maladie coronarienne est plus faible que celui exigé pour développer le potentiel aérobie.

> L'entraînement développe la contractilité et les capacités de travail du cœur, la circulation coronaire et la circulation collatérale.

> L'effet sans doute le plus bénéfique de l'exercice physique est celui qui concerne le profil lipidique. Il est bien admis que l'entraînement en endurance diminue les rapports LDL-C/HDL-C et cholestérol total/HDL-C.

> L'exercice a un effet anti-inflammatoire et améliore la fonction endothéliale.

> L'exercice peut aider au contrôle du poids, de la pression artérielle et de la glycémie (concentration de glucose sanguin). Il permet de lutter contre l'anxiété.

> L'exercice limite aussi le risque d'hypertension artérielle. Il diminue également la tension artérielle des sujets précédemment hypertendus.

> L'entraînement diminue la pression artérielle de repos, chez les sujets normo ou modérément hypertendus, sans doute en diminuant les résistances vasculaires périphériques et en modulant les ajustements neuro-hormonaux. Les mécanismes exacts ne sont pas encore totalement élucidés.

> L'exercice, en diminuant le taux de graisse et la glycémie, contribue à limiter l'insulinorésistance, facteur de risque d'hypertension artérielle.

6. Risque de crise cardiaque et de mort subite à l'exercice

Tout accident mortel survenant dans le cadre de la pratique physique et sportive fait classiquement la « une des journaux ». Si ce genre d'accident est statistiquement très rare, il est toujours extrêmement médiatisé. Dans quelle mesure l'exercice physique est-il dangereux ? Un grand nombre de données sont désormais disponibles dans la littérature scientifique. Elles concernent essentiellement la population adulte non sportive. Le nombre d'incidents cardiovasculaires à l'exercice dépend du mode d'expression utilisé et de la population considérée (saine, ou souffrant de maladie coronarienne), (masculine ou féminine – le risque est plus élevé chez les femmes[1], sans qu'on sache pourquoi). Le nombre d'incidents est évidemment fonction à la fois du nombre de sujets pris en compte et de la durée de suivi. Pour tenir compte de ces 2 facteurs, il est habituel d'exprimer le risque en multipliant le nombre de sujets par le nombre d'heures d'activités physiques c'est-à-dire en personnes. heures. Les résultats des études principales ont été rapportés par l'ACSM[1]. Le risque d'incident cardiovasculaire est 1 pour 3 000 000 personnes. heures selon les données de l'YMCA. Le risque d'accident cardiaque mortel est de 1 pour 396 000 personnes. heures en jogging. Une étude réalisée au sein des clubs de fitness ouverts à tout public rapporte 1 accident fatal pour 2 597 millions d'exercices exhaustifs. Chez les patients coronariens qui suivent des programmes de réhabilitation encadrés médicalement, le nombre d'accidents mortels est de 1 pour 752 365 personnes. heures. Ce chiffre est particulièrement faible et s'explique certainement par la bonne connaissance du patient, l'encadrement médical, la prise en charge immédiate et la disponibilité sur place de tout le matériel de réanimation.

Il faut retenir que le risque de survenue d'une crise cardiaque ou d'un accident mortel en cas d'exercice physique est très faible. Même si le risque augmente avec l'intensité de l'exercice, il est désormais bien admis que la pratique physique régulière a pour effet de diminuer ce risque[1,34]. Ceci est illustré par la figure 21.8. En ce qui concerne les sportifs qui suivent des programmes d'entraînement intenses et exhaustifs, on a longtemps considéré que le risque théorique d'accident cardiovasculaire était élevé. Une étude récente, consacrée à des coureurs à pied d'ultra-endurance, a ainsi rapporté que « la pratique d'exercices exhaustifs de très longue durée était associée à une calcification des artères coronaires, une dysfonction diastolique et une perte d'élasticité pariétale des gros vaisseaux artériels[32] ». Toutefois, cette conclusion est quelque peu paradoxale. Comme le soulignent ces mêmes auteurs, il est en effet surprenant que l'espérance de vie des coureurs à pied soit simultanément plus longue et que la mortalité soit plus faible chez les sujets en excellente condition physique. Il est donc essentiel de poursuivre les travaux dans ce domaine.

Chez les sujets de 35 ans ou plus, la crise cardiaque résulte d'un trouble du rythme dont l'origine est le plus souvent l'athéromatose coronaire. Chez les sujets plus jeunes, de moins de 35 ans, les causes essentielles sont plutôt la cardiomyopathie hypertrophique (d'origine congénitale), la rupture d'un anévrisme aortique ou la myocardite (inflammation du myocarde, souvent de nature infectieuse, virale en particulier).

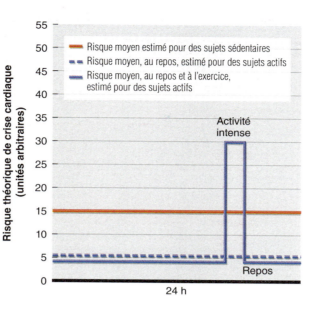

Figure 21.8

Risque théorique de crise cardiaque (sur 24 h), au repos ou lors d'un exercice intense, chez des sujets actifs comparés à des sujets sédentaires.
D'après Siscovick et coll., 1984.

7. Réentraînement à l'effort des malades cardiaques

Une activité physique et un programme d'entraînement peuvent-ils être proposés à un malade qui a survécu à une crise cardiaque ? Cette activité lui est-elle bénéfique ? Peut-elle diminuer le risque de survenue d'un deuxième accident ?

Il est bien admis que l'entraînement en endurance induit un certain nombre d'adaptations qui diminuent le travail du cœur. La plupart d'entre elles concernent plus le secteur périphérique que le cœur lui-même. Les principales sont l'augmentation de la densité capillaire du muscle, l'augmentation du volume plasmatique et une meilleure efficacité de la pompe cardiaque. Tout ceci contribue à diminuer le travail du cœur gauche. À ceci, il faut ajouter d'autres effets bénéfiques de l'entraînement déjà cités comme l'amélioration de la fonction endothéliale, l'amélioration de la sensibilité à l'insuline, l'amélioration des métabolismes du glucose et des lipides ainsi que l'effet anti-inflammatoire.

Certaines adaptations peuvent, toutefois, concerner le cœur lui-même. Des études réalisées à l'Université Washington de Saint-Louis, chez des malades cardiaques, ont manifestement montré qu'un entraînement aérobie intense peut, non seulement s'accompagner d'effets périphériques, mais aussi d'effets directs au niveau du cœur, c'est-à-dire d'une augmentation du débit sanguin myocardique et d'une amélioration de la fonction du ventricule gauche.

Dans ce chapitre, nous avons souligné que l'entraînement en endurance pouvait diminuer le risque de pathologie cardiaque, ne serait-ce qu'en diminuant les facteurs de risque de maladie coronarienne et d'hypertension artérielle. Les travaux réalisés chez les malades cardiaques en phase de rééducation ont confirmé que l'exercice physique régulier contribuait à normaliser la pression artérielle, le profil lipidique, la composition corporelle, la régulation glycémique et le stress. Nous avons toutes les raisons de penser que ces adaptations sont tout aussi bénéfiques chez les malades.

Chez les patients, le programme de réhabilitation cardiaque doit aussi intégrer des exercices adaptés de renforcement musculaire[38]. Ceux-ci ont fait leurs preuves, comme le montre le tableau 21.3 qui compare, sur différents critères cliniques d'aptitude et de santé, les effets d'un programme aérobie et d'un programme de renforcement musculaire. Il est donc justifié de combiner ces deux formes d'exercices pour un maximum d'effets.

Il est aujourd'hui évident que l'activité physique joue un rôle essentiel dans la réadaptation des malades cardiaques. Mais le programme de réhabilitation des malades cardiaques ne se limite pas au seul réentraînement à l'effort. Il doit associer des conseils nutritionnels adaptés non seulement sur le plan calorique mais aussi sur le plan qualitatif en limitant les aliments athérogènes au profit d'autres nutriments plus adaptés. Une prise en charge psychologique est souvent indispensable pour aider le patient à gérer l'anxiété d'une éventuelle récidive et pour conseiller le couple en matière de sexualité. Il s'agit donc d'une prise en charge dite multi-disciplinaire dont l'objectif n'est pas du tout de faire du patient un sujet totalement passif mais au contraire de l'encourager à être un véritable acteur de sa prise en charge. Des ateliers d'information

Tableau 21.3 Effet d'un entraînement en endurance et d'un entraînement de force sur la santé et l'aptitude physique

Variable	Entraînement en endurance	Entraînement de force
Densité minérale osseuse	↑	↑↑
Composition corporelle		
% graisse	↓↓	↓
Masse maigre	↔	↑↑
Force musculaire	↔	↑↑↑
Métabolisme glucidique		
Réponse insulinique à une charge en glucose	↓↓	↓↓
Insulinosensibilité	↑↑↑↑	↑↑↑↑
Profil lipidique		
HDL-C	↑↔	↑↔
LDL-C	↓↔	↓↔
Fréquence cardiaque de repos	↓↓	↔
Volume systolique	↑↑	↔
Pression artérielle de repos		
Systolique	↓↔	↔
Diastolique	↓↔	↓↔
$\dot{V}O_2$max	↑↑↑	↑↑
Performance en endurance	↑↑↑	↑↑
Métabolisme basal	↑	↑↑

Note. HDL-C = lipoprotéine du cholestérol de haute densité ; LDL-C lipoprotéine du cholestérol de faible densité.
↑ = augmentation   ↓ = diminution   ↔ = peu ou pas de changement.
D'après M.L. Pollock and K.R. Vincent, 1996, "Resistance training for health", *Research Digest: Presidents' Council on Physical Fitness and Sports* 2(8): 1-6.

sont ainsi proposés dans le cadre de l'éducation thérapeutique du patient. Cette nouvelle forme d'approche thérapeutique n'est pas spécifique du malade cardiaque. Elle se généralise et concerne aujourd'hui la plupart des maladies chroniques qui, par définition, sont des maladies de longue durée, comme les maladies métaboliques (obésité, diabète), pulmonaires... Elle vise à faire prendre conscience au patient que le mode de vie et le comportement jouent un rôle important dans l'évolution de sa pathologie et son pronostic. Mais obtenir du patient qu'il transforme son comportement (arrêt du tabac, de certaines habitudes alimentaires néfastes, activité physique régulière...) est un travail progressif, de très longue haleine qui nécessite de garder un contact très régulier avec lui[19].

Bien évidemment, il importe d'évaluer l'efficacité de tels programmes et de préciser dans quelle mesure ils permettent de réduire le risque de récidive et le risque d'accident mortel. Pour réaliser une telle étude, il faut recruter un nombre énorme de patients. Pour l'instant, il n'existe pas de données formelles à ce sujet. Mais des méta-analyses ont été menées qui regroupent l'ensemble des résultats issus de travaux plus limités pour en faire une étude statistique de plus grande envergure. Une méta-analyse récente a ainsi traité 34 essais – contrôles randomisés ayant évalué l'intérêt de la réhabilitation cardiaque sur un total de plus de 6 000 patients.

Elle conclut que la réhabilitation cardiaque permet de réduire significativement la mortalité toutes causes confondues, le risque de décès ultérieur par crise cardiaque et le risque de récidive d'infarctus[25].

Ainsi, l'intérêt d'une réhabilitation cardiaque est désormais bien admis des cardiologues qui considèrent aujourd'hui que le réentraînement à l'effort est un élément essentiel de ce programme.

Résumé

❯ Les cas de mort subite à l'exercice sont rares et souvent très largement médiatisés.

❯ La cause essentielle de mort subite, après 35 ans, est la survenue d'un trouble du rythme, secondaire en général à l'athéromatose.

❯ Les causes de mort subite, avant 35 ans, sont surtout la cardiomyopathie hypertrophique, les malformations congénitales des artères coronaires, l'anévrisme aortique et la myocardite.

❯ Il est essentiel de bien définir les critères et conditions de la réhabilitation cardiaque pour être toujours plus efficace c'est-à-dire pour éviter une récidive, ou une aggravation. La réhabilitation cardiaque doit prendre en compte et vise à améliorer autant que possible le mode de vie et le comportement des patients.

❯ Le réentraînement à l'effort est un des éléments de la réhabilitation cardiaque. Il doit comporter des exercices aérobies et des exercices de renforcement musculaire. Il doit être associé à des conseils d'hygiène de vie, et intégré à l'éducation thérapeutique du patient.

❯ La réhabilitation cardiaque est efficace sur la composition corporelle, le métabolisme du glucose et des lipides, la fonction cardiaque et la fonction vasculaire. Elle améliore la qualité de vie, réduit le risque de récidive et la mortalité.

8. Conclusion

Ce chapitre a souligné le rôle essentiel de la pratique physique dans la prévention des maladies cardiovasculaires et tout particulièrement de la maladie coronarienne et de l'hypertension artérielle. Nous avons précisé la prévalence de ces deux affections, leurs facteurs de risque, et expliqué comment l'activité physique peut contribuer à les diminuer. Intéressons-nous maintenant aux effets de la pratique physique sur deux autres affections métaboliques : l'obésité et le diabète.

Chapitre 21 — La Physiologie du sport et de l'exercice

Mots-clés

accident vasculaire cérébral

affections vasculaires périphériques

dépôts lipidiques

endothélium

facteur de risque

facteurs de risque primaires

hémorragie cérébrale

hypertension artérielle

infarctus du myocarde

insuffisance cardiaque

ischémie

ischémie cérébrale

lipides sanguins

lipoprotéines

lipoprotéines de densité légère liée au cholestérol (LDL-C)

lipoprotéines de haute densité liée au cholestérol (HDL-C)

maladie coronarienne

maladies valvulaires

malformation cardiaque congénitale

monoxyde d'azote

physiopathologie

plaques d'athérome

rhumatisme articulaire aigu

syndrome métabolique

triglycérides

Questions

1. Quelles sont, dans nos pays occidentaux, les premières causes de mortalité ?

2. Qu'est-ce que l'athéromatose ? Comment se développe-t-elle ? À quel âge débute-t-elle ?

3. Qu'est-ce que l'hypertension artérielle ? Comment se développe-t-elle ? À quel âge débute-t-elle ?

4. Qu'est-ce que l'accident vasculaire cérébral ? Comment se manifeste-t-il ?

5. Quels sont les principaux facteurs de risque de la maladie coronarienne ? De l'hypertension artérielle ?

6. Comparez les risques de mortalité par maladie coronarienne de sujets actifs et de sujets inactifs. Comment ces chiffres ont-ils été obtenus ?

7. Quelles sont les principales adaptations induites par l'entraînement qui, en théorie, doivent contribuer à limiter le risque de maladie coronarienne ?

8. Quels sont les effets de la pratique physique sur les principaux facteurs de risque cardiaque ?

9. Quel est le risque pour un sujet sédentaire de présenter une hypertension artérielle par rapport à un sujet actif ?

10. Quelles sont les trois principales adaptations induites par l'entraînement qui, en théorie, doivent contribuer à limiter le risque d'hypertension artérielle ?

11. Quels sont les effets de l'entraînement en endurance sur les chiffres tensionnels de sujets modérément hypertendus ?

12. Quel est l'intérêt du réentraînement à l'effort dans le programme de réhabilitation d'un patient cardiaque ?

13. Quelle est la fréquence de la mort subite dans le cadre des activités physiques et sportives ?

Obésité, diabète et activités physiques

22

William Perry, le défenseur de l'équipe professionnelle de l'équipe de football américain des « Chicago Bears » de 1980 à 1990, pesa jusqu'à 170 kg en 1988 (soit 25 kg de plus que le poids autorisé par son contrat). Non seulement cette surcharge altérait sa performance sportive mais elle risquait surtout de compromettre sa propre santé. Quant à Chrys Taylor, un haltérophile américain de niveau olympique, il a pesé de 181 à 204 kg. Il est décédé pendant son sommeil à l'âge de 29 ans, très probablement des suites de son obésité.

Plan du chapitre

1. L'obésité — 552
2. Prise en charge de l'obésité — 563
3. Intérêts de l'activité physique dans le contrôle du poids — 565
4. Le diabète — 570
5. Prise en charge du diabète — 571
6. Intérêts de l'activité physique lors du diabète — 572
7. Conclusion — 573

Alors qu'un nombre considérable de sujets meurent chaque jour de dénutrition dans les pays sous-développés, c'est la suralimentation qui dans nos pays industriels est indirectement la cause de certains décès. Ce sont des sommes considérables qui sont dépensées chaque année pour la nourriture et simultanément pour l'utilisation des différents procédés et régimes destinés à faire maigrir. Parmi les conséquences des désordres alimentaires, il faut citer le diabète de type 2 qui concerne environ 25 millions d'Américains[7]. Obésité et diabète de type 2 ont en commun l'insulino-résistance, un désordre également retrouvé dans d'autres maladies chroniques comme la maladie coronarienne et l'hypertension artérielle[30].

La sédentarité augmente considérablement le risque de survenue de l'obésité et du diabète, deux maladies métaboliques souvent associées à d'autres pathologies à haut risque de mortalité comme les maladies cardiovasculaires et le cancer. Aux USA, une personne sur trois est obèse, diabétique ou les deux. Les conséquences sont dramatiques et le coût économique qui en résulte très élevé.

Dans ce chapitre, nous allons préciser pour l'obésité et le diabète : leur prévalence, leur étiologie, les complications qu'ils induisent et les principes thérapeutiques.

Nous préciserons enfin le rôle de l'activité physique dans la prévention et le traitement de ces deux affections.

1. L'obésité

Dans le langage courant, les termes de surpoids et d'obésité sont souvent confondus. Il importe cependant de les distinguer.

1.1 Terminologie et normes

Surpoids et obésité sont liés à une accumulation excessive de tissu adipeux (ou masse grasse).

Les premières normes de poids, basées sur la simple mesure du poids et de la taille ont été établies dans les années 1950. Elles ne sont plus utilisées aujourd'hui. Des tables plus précises pour évaluer la composition corporelle, basées sur d'autres paramètres comme le taux de graisse, le rapport taille/hanches ont été introduites plus récemment mais elles ne sont pas simples à utiliser en pratique quotidienne. Le paramètre clinique le plus simple et le plus utilisé actuellement pour estimer le degré d'adiposité est l'index de masse corporelle. Il a cependant ses limites. Les normes pondérales sont déterminées exclusivement à partir des valeurs moyennes recueillies dans la population. D'après ces normes, certains sujets peuvent être considérés comme trop gros alors même que leur taux de graisse est inférieur à la normale. C'est fréquemment le cas pour les pratiquants de football américain qui, plus lourds que leurs compatriotes moins sportifs, sont, malgré tout, plus maigres (voir chapitre 15). À l'inverse, d'autres individus qui se situent tout à fait dans les limites autorisées par ces tables sont de vrais obèses.

L'**obésité** est définie par un taux de graisse excessif. Pour pouvoir en juger, il faut nécessairement mesurer ou estimer le taux de graisse. Les méthodes et procédés ont été exposés au chapitre 15. Toutefois les écarts autorisés par rapport aux moyennes indiquées ne sont pas encore bien établis. On estime, en général, qu'un individu est obèse si le taux de graisse dépasse 25 % chez un homme et 35 % chez une femme. Des valeurs comprises entre 20 % et 25 % chez l'homme et 30-35 % chez la femme traduisent un surpoids. Les normes sont plus élevées chez la femme car il existe chez elle des dépôts de graisse physiologiques au niveau des seins, des hanches et des cuisses.

En dépit de ses limites, l'index de masse corporelle (IMC) ou Body Mass Index est aujourd'hui le critère le plus utilisé pour estimer le taux d'obésité. Cet indice est obtenu en divisant le poids en kilos par la taille en mètre, élevé au carré. Par exemple, pour un homme de 104 kg et 183 cm, l'IMC est de 31 $kg.m^{-2}$ ($104/1,83^2$). En général, l'IMC est bien corrélé à la composition corporelle et tout particulièrement au taux de graisse. Le tableau 22.1 donne une échelle des valeurs d'IMC en fonction du poids et de la taille.

En 1997, l'Organisation Mondiale de la Santé (OMS) a proposé un système de classification qui s'appuie uniquement sur l'IMC qui a été adopté, en 1998, par les instituts américains de la santé avec un certain nombre de modifications (tableau 22.2). Il est largement utilisé depuis 2000[32]. Cinq catégories sont ainsi distinguées : maigreur, poids normal, surpoids, obésité, obésité sévère. Il existe deux sous classes d'obésité : la classe I et la classe II. L'obésité sévère ou morbide (IMC > 40,0[24]) correspond à la classe III. Le risque de pathologie associée est aussi inclus dans ce tableau. Il est déterminé à la fois à partir de l'IMC et du tour de taille. À IMC identique, un tour de taille élevé majore le risque pathologique. Il est également influencé par l'ethnie. Il est aujourd'hui démontré qu'à IMC identique, les risques pour la santé sont supérieurs dans les populations asiatiques. Cependant, dans toutes les populations, un IMC supérieur à 30 indique toujours un excès de masse grasse.

Cette classification a contribué à une meilleure détermination de la prévalence du surpoids et de l'obésité. On comprend mieux

Tableau 22.1 Tableau des IMC* a en fonction de la taille et du poids

Taille (cm)	Poids (kg)										
	40	45	50	55	60	65	70	75	80	85	90
150	17,78	20,00	22,22	24,44	26,67	28,89	31,11	33,33	35,56	37,78	40,00
151	17,54	19,74	21,93	24,12	26,31	28,51	30,70	32,89	35,09	37,28	39,47
152	17,31	19,48	21,64	23,81	25,97	28,13	30,30	32,46	34,63	36,79	38,95
153	17,09	19,22	21,36	23,50	25,63	27,77	29,90	320,04	34,17	36,31	38,45
154	16,87	18,97	21,08	23,19	25,30	27,41	29,52	31,62	33,73	35,84	37,95
155	16,65	18,73	20,81	22,89	24,97	27,06	29,14	31,22	33,30	35,38	37,46
156	16,44	18,49	20,55	22,60	24,65	26,71	28,76	0,82	32,87	34,93	36,98
157	16,23	18,26	20,28	22,31	24,34	26,37	28,40	30,43	32,46	34,48	36,51
158	16,02	18,03	20,03	22,03	24,03	26,04	28,04	30,04	32,05	34,05	36,05
159	15,82	17,80	19,78	21,76	23,73	25,171	27,69	29,67	31,64	33,62	35,60
160	15,63	17,58	19,53	21,48	23,44	25,39	27,34	29,30	31,25	33,20	35,16
161	15,43	17,36	19,29	21,22	23,15	25,08	27,01	28,93	30,86	32,79	34,72
162	15,24	17,15	19,05	20,96	22,86	27,77	26,67	28,58	30,48	32,39	34,29
163	15,06	16,94	18,82	20,70	22,58	24,46	26,35	28,23	30,11	31,99	33,87
164	14,87	16,73	18,59	20,45	22,31	24,17	26,03	27,89	29,74	31,60	33,46
165	14,69	16,53	18,37	20,20	22,04	23,88	25,71	27,55	29,38	31,22	33,06
166	14,52	16,33	18,14	19,96	21,77	23,59	25,40	27,22	29,03	30,85	32,66
167	14,34	16,14	17,93	19,72	21,51	23,31	25,10	26,89	28,69	30,48	32,27
168	14,17	15,94	17,72	19,49	21,26	23,03	24,80	26,57	28,34	30,12	31,89
169	14,01	14,76	17,51	19,26	21,01	22,76	24,51	26,26	28,01	29,76	31,51
170	13,84	15,57	17,30	19,03	20,76	22,49	24,22	25,95	27,68	29,41	31,14
171	13,68	15,39	17,10	18,81	20,52	22,23	23,94	25,65	27,36	29,07	30,78
172	13,52	15,21	16,90	18,59	20,28	21,97	23,66	25,35	27,04	28,73	30,42
173	13,36	15,04	16,71	18,38	20,05	21,72	23,39	25,06	26,73	28,40	30,07
174	13,21	14,86	16,51	18,17	19,82	21,47	23,12	24,77	26,42	28,08	29,73
175	13,06	14,69	16,33	17,96	19,59	21,22	22,86	24,49	26,12	27,76	29,39
176	12,91	14,53	16,14	17,76	19,37	20,98	22,60	24,21	25,83	27,44	29,05
177	12,77	14,36	15,96	17,56	19,15	20,75	22,34	23,94	25,54	27,13	28,73
178	12,62	14,20	15,78	17,36	18,94	20,52	22,09	23,67	25,25	26,83	28,41
179	12,48	14,04	15,61	17,17	18,73	20,29	21,85	23,41	24,97	26,53	28,09
180	12,35	13,89	15,43	16,98	18,52	20,06	21,60	23,15	24,69	26,23	27,78
181	12,21	13,74	15,26	16,79	18,31	19,84	21,37	22,89	24,42	25,95	27,47
182	12,08	13,59	15,09	16,60	18,11	19,62	21,13	22,64	24,15	25,66	27,17
183	11,94	13,44	14,93	16,42	17,92	19,41	20,90	22,40	23,89	25,38	26,87
184	11,81	13,29	14,77	16,25	17,72	19,20	20,68	22,15	23,63	25,11	26,58
185	11,69	13,15	14,61	16,07	17,53	18,99	20,45	21,91	23,37	24,84	26,30

* IMC = Indice de masse corporelle (kg/m^2).

Tableau 22.2

Classification morphologique à partir de l'indice de masse corporelle (IMC) et du niveau de risque associé.

Classification	IMC (kg/m²)	Classe d'obésité	Niveau de risque associé[a] selon le tour de taille[b]	
			Hommes (≤ 102 cm) Femmes (≤ 88 cm)	Hommes (> 102 cm) Femmes (> 88 cm)
Maigre	< 18,5	–		
Normal[b]	18,5-24,9	–		
En surpoids	25,0-29,9		élevé	
Obèse	30,0-34,9	I	élevé	très élevé
	35,0-39,9	II	très élevé	très élevé
Obèse sévère	≥ 40	III	très très élevé	extrêmement élevé

a. Risque de diabète de type 2, hypertension artérielle et maladie cardiovasculaire.
b. L'augmentation du tour de taille est aussi un facteur de risque, même chez une personne de poids normal.
Adapté avec la permission de World Health Organization, 1998, « Obesity : Preventing and managing the global epidemic ». In Report of a WHO Consultation on Obesity (Geneva: WHO).

maintenant l'évolution de la composition corporelle au fil du temps, dans les différentes populations. Avant ce système, les références utilisées variaient suivant les auteurs et prêtaient à confusion. Ainsi, beaucoup de sujets sportifs, robustes et avec une adiposité modérée, étaient classés à tort parmi les obèses. Aujourd'hui ils sont plutôt considérés en surpoids, catégorie intermédiaire entre les sujets de poids normal et les sujets obèses.

1.2 Prévalence du surpoids et de l'obésité

La prévalence de l'obésité a considérablement augmenté aux USA depuis les années 1970 (figure 22.1).

Si on adopte le système de classification de l'OMS et des « National Institutes of Health », la prévalence de l'obésité correspond au pourcentage de sujets dont l'IMC est égal ou supérieur à 30 (figure 22.1a). La prévalence du surpoids et de l'obésité correspond au pourcentage de sujets dont l'IMC est supérieur à 25 (figure 22.1b). Parmi les adultes, plus de 70 % des hommes et 64 % des femmes américains sont en surpoids ou obèses. Ces désordres métaboliques concernent de plus en plus de sujets jeunes et d'enfants. La prévalence du surpoids et de l'obésité a ainsi augmenté de 68 %(hommes) et 142 % (femmes) depuis 1976 et la prévalence de l'obésité morbide a même augmenté de 360 %[18].

Les chiffres sont restés stables entre 2003-2004 et 2011-2012, dates des derniers recensements[17]. La bonne nouvelle est que la prévalence de l'obésité chez les tout-petits entre 2 et 5 ans a diminué pendant cette même période passant respectivement de 13,9 % à 8,4 %. Au total près de 68 % de la population américaine est en surpoids ou obèse.

Certains groupes ethniques sont plus concernés : les hommes et les femmes hispaniques américains et les femmes noires (figure 22.2). Comme nous le verrons plus loin dans ce chapitre, surpoids et obésité font le lit de diverses maladies chroniques dont le coût économique est considérable.

L'ensemble des pays industrialisés est ainsi touché par ce phénomène : Canada, Australie et la plupart des pays européens[47]. Le tableau 22.3 indique le degré d'obésité des hommes et des femmes de 15 pays représentatifs. Ces données sont quelque peu trompeuses car il y a de grandes différences dans les dates de ces enquêtes, ce qui rend les comparaisons un peu difficiles. Son ampleur est telle qu'on parle actuellement d'une véritable « épidémie » d'obésité, même si cette affection n'est pas contagieuse. Des données récentes estiment à environ 2 milliards le nombre de sujets souffrant de surpoids ou d'obésité dans le monde.

On observe malheureusement la même évolution chez les plus jeunes, enfants et adolescents. La figure 22.3 montre l'évolution de la prévalence du surpoids de 1971 à 2012 chez les préadolescents et adolescents des deux sexes. Il faut noter ici que les critères utilisés pour la définition du surpoids et de l'obésité sont différents de ceux de l'adulte. Étant donné les variations importantes de la composition corporelle pendant la croissance, l'IMC est un moins bon reflet de l'adiposité chez le jeune. On considère alors qu'il y a surpoids lorsque l'IMC dépasse le 95e percentile. Comme chez l'adulte, la prévalence du surpoids est restée relativement constante de 1971 à 1980 mais augmente dans des proportions dramatiques de 1980 à 2004, et semble se stabiliser actuellement (figure 22.1).

En moyenne, après 25 ans, la prise de poids est estimée aux environs de 0,3 à 0,5 kg par année. Aussi modeste qu'elle paraît, elle induit un gain de poids de 9 à 15 kg entre 25 et 55 ans. Dans le même temps, les masses musculaire et osseuse chutent

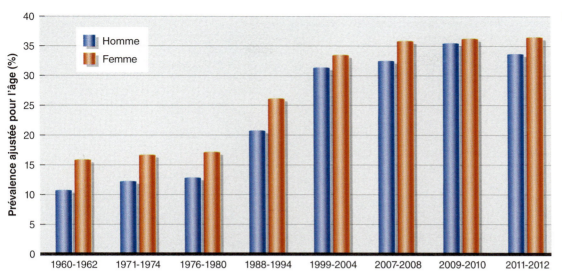

a Prévalence de l'obésité (IMC ≥ 30)

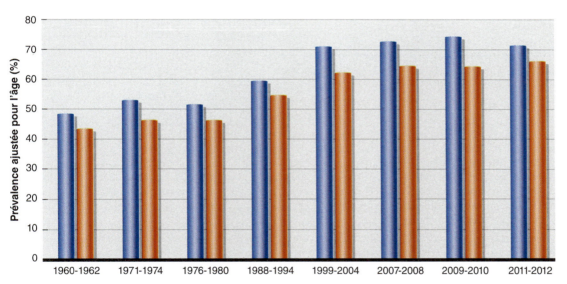

b Prévalence du surpoids et de l'obésité (IMC ≥ 25)

Figure 22.1 Augmentation de la prévalence du surpoids et de l'obésité aux USA de 1960 à 2012

D'après Flegal *et al.*, 1998, 2002, 2010, 2012, 2014 ; Ogden *et al.*, 2005, 2010, and 2014.

Tableau 22.3 Prévalence de l'obésité chez les adultes dans différents pays

Pays	Prévalence
Japon	3,6 %
Corée	4,6 %
Norvège	10,0 %
Suisse	10,3 %
Italie	10,4 %
France	14,5 %
Allemagne	14,7 %
Espagne	16,6 %
Grèce	19,6 %
Royaume Uni	24,7 %
Canada	25,4 %
Australie	28,3 %
Hongrie	28,5 %
Mexique	32,4 %
USA	35,3 %

D'après OECD 2014.

Il est probable que l'excès d'apport calorique et la réduction drastique du niveau d'activité physique suffisent à eux seuls à expliquer la prise de poids observée au cours des 30 dernières années[22]. D'autres facteurs sont néanmoins impliqués dans la régulation de la balance énergétique[21].

Quoi qu'il en soit, cette épidémie d'obésité à début précoce est une préoccupation majeure. Elle va précipiter l'apparition d'autres maladies liées à l'obésité, comme le diabète. Son impact sur la politique de santé et les exigences individuelles de soins risque d'être considérable.

1.3 Le contrôle du poids corporel

Pour bien comprendre comment se constitue l'obésité, il faut rappeler les principaux mécanismes qui régulent le poids corporel. Ce sujet intéresse, depuis fort longtemps, un grand nombre de scientifiques. Rappelons qu'un adulte consomme en moyenne 2 500 kcal par jour, soit environ 1 million de kcal par année. Une prise de masse grasse de 0,4 kg par année traduit un déséquilibre de la balance énergétique, entre les entrées et les sorties, d'environ 3 111 kcal par an (3 500 kcal représente l'énergie équivalente à 0,450 kg de tissu adipeux). Ceci correspond à un excès journalier d'environ 9 kcal. Même avec un gain de tissu adipeux de 0,7 kg par an, l'organisme est capable de réguler son poids et d'équilibrer sa balance énergétique à l'équivalent d'une pomme de terre près ! C'est un exemple remarquable d'homéostasie.

Cette analyse a conduit les scientifiques à supposer que le poids corporel fait l'objet, un peu comme la température centrale, d'une régulation fine.

d'environ 0,1 kg par an, essentiellement par réduction de l'activité physique. En d'autres termes, ceci revient à dire que l'augmentation de la masse grasse est d'environ 0,4 kg par année, soit plus de 12 kg en 30 ans. Il n'est pas surprenant, alors, que la perte de poids devienne une véritable obsession chez la plupart de nos concitoyens. Ces valeurs sont des valeurs moyennes qui varient considérablement avec le sexe, l'appartenance ethnique.

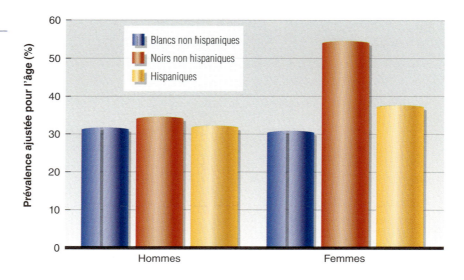

Figure 22.2

Augmentation de la prévalence de l'obésité chez les hommes et chez les femmes selon l'ethnie (2011-2012).
D'après Ogden, Carroll, Kit, and Flegal 2013.

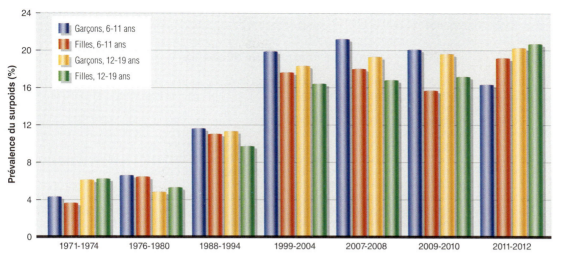

Figure 22.3

Augmentation de la prévalence du surpoids (95e percentile) chez les enfants et adolescents américains de 1971 à 2012. D'après Flegal et al., 2002.

Les scientifiques considèrent que l'élément contrôlé est « la balance énergétique » c'est-à-dire l'équilibre conjugué entre les apports et les dépenses énergétiques. La dérégulation de ce système de contrôle qui conduit au stockage de toute énergie excédentaire sous forme de graisse serait au cœur du mécanisme de l'obésité[22,31]. Tout excès relatif d'apport énergétique pendant un laps de temps suffisant entraînerait l'accumulation de graisse au sein du tissu adipeux et conduirait ainsi au surpoids puis à l'obésité. La plupart des méthodes actuellement proposées pour prendre en charge l'obésité reposent sur ce même principe et tentent d'inverser la balance énergétique. L'objectif est que les dépenses énergétiques soient plus importantes que les apports, autrement dit que la balance énergétique devienne négative. Il est néanmoins probable qu'une obésité installée depuis longtemps conduise, au fil du temps, à une dérégulation du système de contrôle lui-même de sorte que l'efficacité des méthodes proposées n'est pas toujours à la hauteur des attentes et la lutte contre l'obésité reste très difficile.

Considérons tout d'abord la dépense énergétique. La quantité totale d'énergie dépensée chaque jour est due à trois facteurs (figure 22.4) :
1. le métabolisme de base ;
2. l'effet thermogénique des aliments ;
3. l'effet thermogénique de l'activité physique.

Le **métabolisme de base** correspond à la dépense métabolique minimale qui peut être

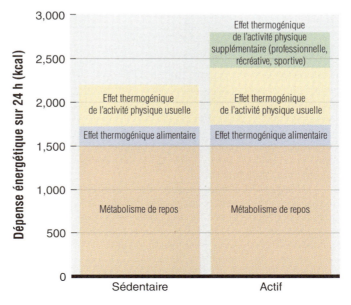

Figure 22.4 Les composantes de la dépense énergétique chez le sujet sédentaire et chez le sujet actif

> **PERSPECTIVES DE RECHERCHE 22.1**
>
> ### Balance énergétique et obésité
>
> Dans une excellente revue de question, Hill et son groupe[22] ont rappelé les principes physiologiques (neurophysiologiques notamment) qui régulent la prise ou la perte de poids et déterminent le risque d'obésité. L'équation de la balance énergétique, somme algébrique entre l'apport calorique et la dépense énergétique, reste l'élément fondamental à prendre en compte dans la prévention et la prise en charge de l'obésité. L'épidémie d'obésité, actuellement observée parmi les 40-50 ans, est due indiscutablement à une balance énergétique positive. Pour survivre dans les temps préhistoriques, nos ancêtres étaient sans cesse en quête de nourriture. Ils avaient une activité physique quotidienne et donc une dépense d'énergie bien supérieure à celle qui est la notre aujourd'hui et la nourriture était moins abondante. Les scientifiques pensent que l'évolution a conduit à sélectionner génétiquement les individus à même de maintenir leur poids en ayant une dépense d'énergie considérable plutôt qu'un apport calorique faible. Dans une certaine limite, un apport calorique excessif va induire une augmentation du métabolisme de base et une augmentation du coût métabolique dans la plupart des activités physiques. Mais cette adaptation est insuffisante pour assurer un maintien pérenne du poids si l'excès d'apport calorique est important et de longue durée. Dans ce dernier cas, l'organisme n'a d'autre possibilité que de stocker ce supplément énergétique sous forme de graisse dans le tissu adipeux. En devenant obèse, le sujet augmente sa dépense énergétique ce qui, parfois, permet de rééquilibrer la balance énergétique à un niveau plus élevé[22].
>
> L'épidémie actuelle de surpoids et d'obésité, observée dans les 50 à 100 dernières années, aux USA et dans un très grand nombre de pays, résulte pour une très grande part d'un apport calorique excessif associé à une diminution majeure de l'activité physique quotidienne (professionnelle, domestique et de loisir), conduisant à une balance énergétique positive. Aux USA, la prévalence du surpoids et de l'obésité est passée de 45 % en 1960 à 68 % en 2008[22].
>
> Toutefois, ce déséquilibre énergétique ne suffit pas à tout expliquer. Connaissant les valeurs moyennes des deux facteurs principaux impliqués dans ce déséquilibre (excès d'apport calorique alimentaire et diminution de dépense énergétique liée à l'activité physique), il est possible de calculer en théorie le gain de poids moyen qui devrait être obtenu au sein de la population. Depuis les années 1960, l'excès d'apport calorique est estimé aux environs de 168 kcal/j pour les hommes et 335 kcal/j pour les femmes (USA). Pendant cette même période, la prise de poids moyenne a été respectivement de 13,5 et 11,3 kg, des valeurs inférieures aux prédictions obtenues par le calcul théorique. Non seulement ceci suggère que des adaptations se mettent en place avec l'installation de l'obésité mais cela souligne surtout la complexité des mécanismes de régulation du poids et de la physiopathologie de l'obésité.
>
> Dans leur revue de question[22], Hill et son groupe discutent de la théorie proposée, il y a quelques années, par un nutritionniste réputé de Harvard, Jean Mayer. Cet auteur émet l'hypothèse que, dans une certaine fourchette, apport et dépense énergétiques sont couplés. Néanmoins, ce couplage ne serait opérationnel qu'au-delà d'un certain niveau d'activité physique. Une activité physique minimale serait nécessaire pour que l'organisme parvienne à réguler précisément la balance énergétique c'est-à-dire à équilibrer les apports et les pertes énergétiques. Autrement dit, les sujets qui conservent un mode vie suffisamment actif parviendraient à réguler leur poids en compensant l'apport calorique supplémentaire. Mais cette adaptation disparaîtrait chez les sujets très inactifs ou sédentaires favorisant à long terme un bilan positif, et donc une prise de poids. Cette théorie, plausible pour beaucoup, reste encore débattue et à confirmer.
>
> Quoi qu'il en soit, la meilleure façon d'équilibrer la balance énergétique et donc de prévenir toute prise de poids reste certainement d'augmenter la dépense énergétique quotidienne *via* l'activité physique. C'est certainement, dans toute l'histoire, la seule période au cours de laquelle la dépense physique a été aussi faible. Et il est devenu impossible pour la majorité des sujets d'équilibrer la balance par la simple réduction, qui devrait être drastique, des apports alimentaires. Le seul mécanisme homéostatique d'adaptation qui permet d'augmenter le coût métabolique en cas d'apport calorique excessif ne suffit pas à empêcher une prise de masse grasse à long terme.

mesurée tôt le matin, à jeun, après 8 h de sommeil. Cela suppose que le sujet jeûne 12 à 18 h et qu'il dorme sur les lieux de la mesure. Le métabolisme de base, expliqué en détail au chapitre 5, représente la dépense énergétique minimale nécessaire à l'entretien des fonctions vitales obligatoires. Il représente environ 60 % à 75 % de la dépense énergétique totale journalière.

L'**effet thermogénique des aliments** correspond à la dépense énergétique induite par la prise de nourriture et résulte de la mise en jeu des fonctions de digestion, absorption, transport, métabolisme et stockage. Il représente environ 10 % de notre dépense énergétique quotidienne. Il inclut également la quantité d'énergie destinée aux processus d'élimination des aliments non stockés par l'organisme. Après un repas important, il est fréquent de se sentir somnolent voire de transpirer. Ceci traduit simplement une augmentation importante du métabolisme. Cette part de la dépense énergétique est souvent plus réduite chez les sujets obèses, sans doute parce que ces sujets stockent davantage et éliminent moins les calories ingérées.

L'**effet thermogénique de l'activité physique** représente la dépense énergétique induite par l'ensemble des activités physiques journalières, quelles qu'elles soient, qu'il s'agisse de se coiffer, de s'habiller, de s'entraîner intensivement, etc. Il peut donc être très variable selon les individus. Il représente en moyenne 15 % à 30 % de la dépense d'énergie quotidienne.

Si l'apport énergétique varie, augmente ou diminue, l'organisme s'adapte en agissant au niveau des composantes de la dépense énergétique. En cas de régime très hypocalorique (< 800 kcal/j), chacune de ces trois parties diminue, l'organisme essayant de conserver au maximum son stock. Le métabolisme de base peut ainsi chuter de 20 % à 30 % voire plus, après plusieurs semaines d'un tel régime. À l'inverse, chacune de ces trois parties augmente en cas de régime hypercalorique. Dans ces conditions, l'organisme cherche au contraire à limiter au maximum tout stockage supplémentaire. Ces différentes adaptations sont soumises au contrôle du système sympathique et de différents facteurs hormonaux impliqués dans la régulation du métabolisme et de l'appétit. Leur interaction est extrêmement complexe[21] et fait l'objet d'un grand nombre de travaux.

Les deux principaux facteurs comportementaux qui règlent les éléments de la balance énergétique sont l'alimentation et l'activité physique. Tout apport excessif en nutriments à haute valeur énergétique (comme les sucres et les graisses) et toute diminution sévère de l'activité physique vont déséquilibrer la balance énergétique surtout si ces comportements s'inscrivent dans la durée. Qui plus est, ces deux comportements délétères sont très souvent associés chez un même sujet.

Résumé

> Le surpoids se caractérise par un poids qui dépasse le poids théorique normal pour la taille. On parle d'obésité lorsque le taux de graisse est excessif, c'est-à-dire supérieur à 25 % chez l'homme et 35 % chez la femme.

> L'index de masse corporelle (IMC) est obtenu en divisant le poids en kg par la taille en m². Cet index est bien corrélé au taux de graisse et constitue un bon témoin de l'obésité. Il permet de distinguer le surpoids qui correspond à un IMC compris entre 25 et 25,9 et l'obésité définie par un IMC ⩾ 30.

> La prévalence de l'obésité et du surpoids a considérablement augmenté ces 40 dernières années, principalement chez les jeunes.

> En moyenne, la prise de poids annuelle est d'environ 0,3 kg à 0,5 kg à partir de 25 ans. Comme simultanément il existe une fonte musculaire d'environ 0,1 kg par an, on estime à 0,4 kg par an la prise de masse grasse.

> Le poids corporel fait sans doute l'objet d'une régulation fine par ajustement des deux composantes (apport et dépense) de la balance énergétique.

> La dépense énergétique quotidienne est représentée par la somme du métabolisme de base, de l'effet thermogénique des aliments et de l'effet thermogénique de l'activité physique. L'organisme s'adapte à toute variation de l'apport calorique, en ajustant l'une ou l'autre de ces trois composantes de la dépense énergétique.

1.4 Étiologie de l'obésité

L'obésité a très souvent été considérée comme le résultat d'un déséquilibre endocrinien, c'est-à-dire d'un dysfonctionnement d'une ou plusieurs glandes endocrines impliquées dans le contrôle du poids. Certains auteurs ont toutefois avancé que c'était plus la gloutonnerie que le déséquilibre hormonal, qui était à l'origine de cette affection métabolique. La signification de ces deux théories est très différente : dans le premier cas, le sujet obèse est perçu comme n'ayant aucune possibilité de contrôle volontaire de son poids et donc de son obésité. Dans le deuxième cas, il en est au contraire directement responsable. Les données plus récentes conduisent à penser que l'obésité peut résulter de l'une ou l'autre de ces causes mais aussi de la combinaison de plusieurs facteurs. L'étiologie est certainement beaucoup moins simple qu'il n'y paraît.

Les études expérimentales réalisées chez l'animal ont permis de mettre en évidence le rôle des facteurs héréditaires dans la genèse de cette pathologie. Plusieurs travaux ont confirmé l'influence directe de la génétique à la fois sur la taille, le poids et l'IMC. Une étude réalisée à l'Université de Laval, au Québec, plaide très fortement en faveur d'une composante génétique de l'obésité[4,5]. Ce travail a concerné 12 paires de jumeaux monozygotes, adultes jeunes et de sexe masculin, soumis à une période d'observation 24 h sur 24 pendant 120 jours consécutifs. Pendant les 14 premiers jours, leur apport calorique individuel a été mesuré grâce à l'analyse de leur régime alimentaire. Pendant les 100 jours suivants leur régime a été volontairement augmenté pour chacun de 1 000 kcal par jour, 6 jours/7. Le 7e jour, les sujets consommaient leur ration calorique habituelle. L'excès d'apport a été de 1 000 kcal par jour pendant 84 jours. Leur activité physique a été également rigoureusement contrôlée. À la fin de l'étude, la prise de poids obtenue était de 4,3 à 13,3 kg selon les individus, allant du simple au triple, pour le même excès calorique. Au sein d'une même paire de jumeaux, les variations étaient très proches. Des résultats similaires étaient obtenus pour la prise de masse grasse, le taux de graisse et l'épaisseur du tissu adipeux. D'autres études ont rapporté des résultats similaires, indiquant que la génétique joue un rôle majeur quant à la possibilité de devenir obèse. Mais d'autres facteurs interviennent également.

Des données expérimentales et cliniques suggèrent que l'obésité peut également résulter de traumatismes physiologiques et psychologiques. Un déséquilibre hormonal, un traumatisme émotionnel, une perturbation des mécanismes de base de l'homéostasie, peuvent tous coïncider directement

Chapitre 22 — LA PHYSIOLOGIE DU SPORT ET DE L'EXERCICE

> **PERSPECTIVES DE RECHERCHE 22.2**
>
> ## Facteurs génétiques et comportementaux de l'obésité et du diabète : Les Indiens Pima
>
> Il est maintenant clairement établi que l'hérédité joue un rôle majeur dans le développement de l'obésité. Les études de C. Bouchard, de l'Université de Laval, au Québec, estiment que les facteurs génétiques interviennent pour 25 % de la variance ajustée à l'âge et au sexe, dans le développement de la masse grasse et l'évolution du taux de graisse. Cela signifie-t-il qu'un sujet génétiquement prédisposé à l'obésité deviendra nécessairement obèse ? La réponse est non !
>
> Nous avons beaucoup appris des études réalisées chez les Indiens Pima[39], qui vivent depuis plus de 2 000 ans près de la rivière Gila, dans une région désertique du sud de l'Arizona actuel. Jusqu'au début de ce siècle, ces Indiens étaient plutôt maigres, physiquement actifs et observaient un régime alimentaire très sain. Dès l'instant où ils ont été parqués dans des réserves, où ils ont simultanément arrêté leurs activités agricoles et ont introduit les graisses et l'alcool dans leur alimentation, ils sont devenus obèses. Dans cette ethnie, la prévalence de l'obésité représente environ 64 % chez les hommes et 75 % chez les femmes. À celle-ci s'est ajoutée une nette augmentation de la prévalence du diabète qui atteint 34 % chez les hommes et 41 % chez les femmes. Le risque de survenue de ces deux affections est devenu tellement important dans cette population que les organismes de la Santé ont mis en place, à Phoenix en Arizona, un programme de recherche sur ce sujet.
>
> Un autre groupe d'indiens Pima vit dans la région nord de Mexico. Ce groupe est resté actif, continuant à travailler à la ferme, sans engin motorisé. Leur alimentation est riche en glucides et pauvre en lipides. Ce groupe reste relativement maigre. Les indices de masse corporelle de ces deux groupes d'indiens sont représentés sur la figure ci-contre. Malgré une prédisposition génétique, les sujets qui restent actifs et qui ont une alimentation équilibrée conservent un poids normal. Ces observations sont riches d'enseignement et montrent combien les interactions entre les facteurs génétiques et comportementaux sont complexes.
>
>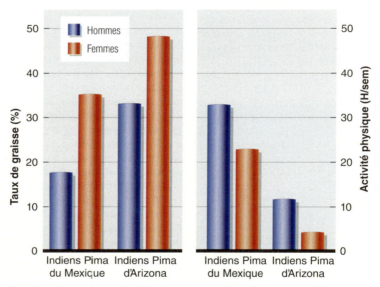
>
> Taux de graisse et niveau d'activité physique des Indiens Pima vivant en Arizona ou au Nord du Mexique.
> D'après Schulz et al. 2006.

ou indirectement avec l'installation de l'obésité. D'autres facteurs peuvent également y contribuer comme des facteurs environnementaux, le mode de vie, l'activité physique insuffisante, le régime alimentaire déséquilibré.

Force est d'admettre que l'origine de l'obésité est complexe et que les causes spécifiques individuelles varient très probablement d'un sujet à l'autre. Ces notions sont capitales à comprendre, pour une meilleure prévention et un meilleur traitement de ces désordres métaboliques. Vouloir attribuer l'obésité à un excès de gloutonnerie n'est pas justifié et psychologiquement néfaste pour tous ceux qui sont concernés par cette affection et qui font tous les efforts nécessaires pour la limiter. De nombreuses études montrent que la plupart des obèses mangent peu mais s'engagent aussi beaucoup moins dans les activités physiques et sportives que l'ensemble des sujets de même sexe et de même âge.

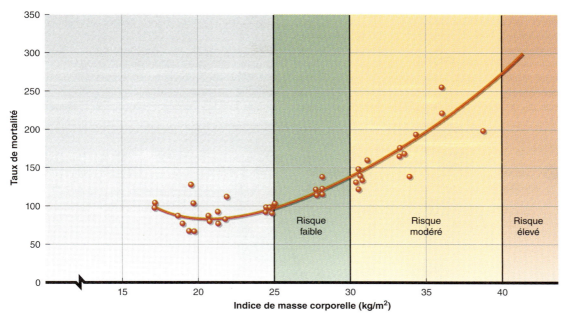

Figure 22.5

Relation entre l'index de masse corporelle (IMC) et le taux de mortalité. Le taux de 100 correspond à la valeur moyenne. Le risque de mortalité est nettement diminué lorsque l'IMC est inférieur à 25.
D'après G.A. Bray, 1985, "Obesity : Definition, diagnosis and disadvantages", *Medical Journal of Australia* 142: S2-S8.

1.5 Problèmes pathologiques liés au surpoids et à l'obésité

Avant de nous intéresser aux problèmes associés au surpoids et à l'obésité, il faut définir deux termes : morbidité et mortalité. La morbidité se réfère à la présence d'une pathologie, ou à la probabilité d'existence d'une pathologie. La mortalité se rapporte aux décès ou aux taux de décès liés à une maladie. L'obésité et le surpoids élèvent le risque de mortalité globale[6]. La relation entre les deux (figure 22.5) est de type curviligne. Le risque de morbidité pour différentes pathologies augmente nettement dès que l'IMC se situe entre 25 et 29,9 kg.m^{-2}. Le risque de mortalité est important dès que l'IMC dépasse 30 kg.m^{-2}. Un nombre important d'études publiées entre 2005 et 2010 a montré que la surmortalité est d'abord associée à un IMC de 35 kg.m^{-2} et plus. La surmortalité et l'augmentation de la morbidité liées à l'obésité et au surpoids sont dues essentiellement[8] :

- à la maladie coronarienne ;
- à l'hypertension artérielle ;
- aux accidents vasculaires cérébraux ;
- au diabète de type 2 ;
- à certains types de cancer : endomètre, seins, et colon ;
- aux pathologies hépatiques et de la vésicule biliaire ;
- aux maladies rhumatismales ;
- aux problèmes respiratoires.

L'augmentation de la prévalence de l'obésité aux USA ces 40 dernières années est associée à un accroissement de la prévalence du syndrome métabolique. Le **syndrome métabolique** est défini chez les adultes par (1) un tour de taille ⩾ 102 cm (hommes) ou 88 cm (femmes), (2) une glycémie à jeun ⩾ 1 g/L (3) une PA ⩾ 130/85 mm Hg (4), une triglycéridémie ⩾ 1,5 g/L (5) un HDL-C < 0,4 g/L (hommes) ou < 0,5 g/L (femmes).

Les données du NHANES (National Health and Nutrition Examination Survey) (2009-2010), indiquent qu'environ 23 % des adultes américains souffrent d'un syndrome métabolique. Ce chiffre passe à 54 % chez les sujets de plus de 60 ans. Il est aussi plus élevé chez les « hispano-américains » des deux sexes[14,19].

Enfin, l'obésité induit un dysfonctionnement général, augmente le risque pathologique, favorise l'aggravation des affections en cours et l'apparition de troubles psychologiques.

1.5.1 Dysfonctionnement général

Il varie selon chaque individu et selon le degré d'obésité. Le plus fréquent concerne la fonction respiratoire. Les sujets obèses ont fréquemment des problèmes respiratoires dont l'apnée du sommeil. L'altération de la fonction respiratoire limite l'élimination du dioxyde de carbone qui s'accumule dans le sang, induit une hypoxie chronique et une polyglobulie (augmentation du nombre de globules rouges dans le sang). L'ensemble conduit à des épisodes répétés de léthargie. Ces perturbations peuvent être à l'origine de complications graves comme des thromboses vasculaires, une augmentation du travail du cœur, donc une hypertrophie et une insuffisance cardiaque secondaires[38]. Les sujets obèses, déjà handicapés d'un point de vue purement mécanique par leur poids, ont, en plus, une tolérance à l'effort limitée en raison de problèmes cardiorespiratoires. Toute prise de poids supplémentaire ne fait qu'aggraver les conséquences d'une telle situation. Il s'agit d'un véritable cercle vicieux qui entraîne le sujet dans ce qu'on appelle la « spirale du déconditionnement ».

1.5.2 Augmentation du risque pathologique

L'obésité est fréquemment associée à l'augmentation du risque de survenue de certaines affections chroniques dont l'hypertension artérielle et l'athéromatose, étudiées au chapitre 21. Il faut ajouter les désordres métaboliques et endocriniens

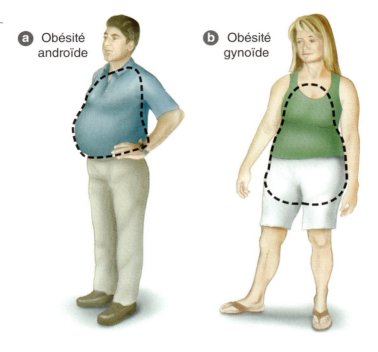

Figure 22.6

Obésité (a) androïde intéressant la partie supérieure du corps et (b) gynoïde intéressant la partie inférieure du corps.

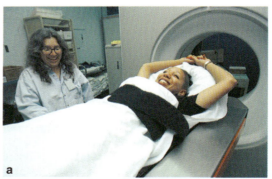
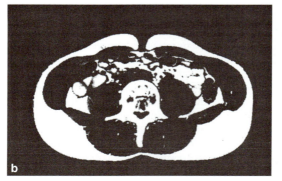

Figure 22.7

(a) Sujet entrant dans un scanner, (b et c) Coupes scannographiques, réalisées chez 2 hommes, au niveau de la 4e vertèbre lombaire. Chez le sujet c, la graisse abdominale (zones claires) prédomine au niveau des viscères. Chez le sujet b, plus maigre, la graisse viscérale est beaucoup plus limitée.

qui compliquent très fréquemment les problèmes de l'obésité et tout particulièrement les troubles du métabolisme glucidique, dont le diabète. Il s'agit ici du diabète dit de type 2.

Diverses recherches ont permis de mieux comprendre en quoi l'obésité constituait un facteur de risque de ces affections. On sait depuis les années 1940 environ, que le stockage et la répartition des graisses dans l'organisme diffèrent suivant le sexe. Les hommes tendent ainsi à accumuler leur réserve adipeuse dans les **régions supérieures**, en particulier au niveau de l'abdomen, dans les territoires sous-cutanés et viscéraux, alors que les femmes les stockent surtout dans les **territoires inférieurs** comme les hanches, les fesses et les cuisses (figure 22.6). Dans le premier cas, la forme de l'obésité est dite de type « pomme » ou **androïde**, dans le deuxième cas de type « poire » ou **gynoïde**.

Depuis les années 1970, on a pu montrer que l'obésité de type androïde augmente surtout le risque :

- de maladie coronarienne ;
- d'hypertension artérielle ;
- d'accident vasculaire cérébral ;
- d'hyperlipémie ;
- de diabète.

L'obésité viscérale est particulièrement néfaste beaucoup plus que l'obésité globale. Pour mieux identifier les sujets à risque, on propose souvent de mesurer le tour de hanche et de taille. Le risque est élevé si le rapport taille/hanche est supérieur à 0,90 chez les hommes et supérieur à 0,85 chez les femmes. Dans l'obésité androïde, l'augmentation de ces facteurs de risque serait due à l'accumulation de dépôts de graisse dans les territoires vasculaires du système porte. La figure 22.7 montre une jeune femme à l'intérieur d'un scanner (figure 22.7a) et les coupes scannographiques obtenues chez 2 hommes, au niveau de la 4e vertèbre lombaire (figure 22.7b et c)[40]. Chez le sujet 22.7c, la graisse abdominale est surtout stockée au niveau des viscères et beaucoup moins au niveau des tissus sous-cutanés.

1.5.3 Aggravation des affections en cours

Les conséquences de l'obésité ne sont pas encore très bien connues. L'obésité contribue certainement à aggraver certaines affections. La perte de poids fait alors partie des objectifs du traitement proposé. Elle est généralement bénéfique pour :

- l'angine de poitrine ;
- l'hypertension artérielle ;
- l'insuffisance cardiaque ;
- l'infarctus du myocarde ;
- les troubles veineux ;
- le diabète ;
- les problèmes orthopédiques.

1.5.4 Apparition de troubles psychologiques

Des problèmes psychologiques ou émotionnels sont souvent à l'origine de l'obésité. À l'inverse, l'obésité peut aussi contribuer à perturber l'équilibre psychologique de l'individu. Dans nos sociétés, l'obésité est considérée comme un défaut de volonté, un manque de courage, un échec de la maîtrise du corps et de l'esprit qui n'est pas sans affecter gravement les individus qui en sont atteints. Faut-il rappeler que les médias, en vantant l'image du corps parfait ne font qu'accentuer cet état de fait. En conséquence, il n'est pas rare que les sujets obèses aient besoin d'un soutien psychologique, voire psychiatrique, pour les aider à mieux vivre leur situation et à persévérer dans leurs efforts pour perdre du poids.

2. Prise en charge de l'obésité

En règle générale, la perte de poids visée ne doit pas excéder 0,45 à 0,9 kg par semaine. Une perte plus importante ne doit pas être expérimentée sans un contrôle médical très rigoureux. Rappelez-vous qu'une perte d'environ 450 g de graisse par semaine conduit à un amaigrissement d'environ 23,4 kg en 1 an. Il est rare, en cas de prise de poids, de stocker autant en une année même chez un obèse. Il faut donc considérer que l'amaigrissement doit être un projet à long terme. De nombreux travaux ont bien montré que les pertes de poids importantes sont de très courtes durées et très rapidement regagnées, car elles concernent essentiellement le secteur hydrique et non le tissu adipeux. Or l'organisme dispose, en quelque sorte, d'une soupape de sécurité qui permet de restaurer assez rapidement le volume hydrique s'il a été perturbé. Une personne qui décide de perdre environ 9 kg de graisse doit ainsi se fixer un délai d'environ 3 à 5 mois pour y parvenir correctement.

Un certain nombre de régimes sont devenus très populaires, chacun se vantant d'être le régime idéal, le plus efficace et le mieux toléré. Il s'agit le plus souvent de régimes très hypocaloriques (< 800 kcal.j^{-1}), essentiellement à base de protéines et glucides pour limiter la fonte musculaire. La plupart de ces régimes sont équivalents et d'efficacité égale pourvu qu'ils contribuent à apporter, en quantité largement suffisante, vitamines et minéraux.

Il faut rappeler toutefois que la prise de poids résulte, assez souvent, d'un régime plus déséquilibré que véritablement hypercalorique. Diminuer l'apport calorique sans corriger les erreurs diététiques peut alors ne pas suffire à corriger le poids et peut même contribuer à accentuer les

> **PERSPECTIVES DE RECHERCHE 22.3**
>
> ## Règles de prévention et de prise en charge du surpoids et de l'obésité
>
> À la fin de l'année 2013, l'American Heart Association (AHA), l'American College of Cardiology (ACC) et The Obesity Society ont publié un guide commun des recommandations à respecter en matière de prévention et de prise en charge de l'obésité. Les précédentes recommandations dataient de 1998. Ce guide a pour objectif de limiter au maximum les risques pour la santé et notamment les risques cardiovasculaires liés à toute prise de poids excessive. Ce guide s'appuie sur des données scientifiques très argumentées et visent notamment à répondre aux questions suivantes : (1) quels sont les critères qui doivent guider un programme d'amaigrissement ? (2) Quels sont les risques et bénéfices respectifs de tout programme d'amaigrissement prolongé ? (3) Quels sont les conseils nutritionnels les plus efficaces ? (4) Quelle est l'efficacité réelle des recommandations hygiéno-diététiques ? Quelles sont les indications et l'efficacité des interventions chirurgicales dans les cas d'obésité ?
>
> Toutes ces recommandations sont essentiellement destinées aux médecins et professionnels de santé ainsi qu'à tous les personnels impliqués dans la prise en charge multi-disciplinaire de l'obésité. Les principales règles sont les suivantes :
>
> 1. Mesurer une fois par an, voire plus souvent, la taille, le poids et le tour de taille. Déterminer l'index de masse corporelle (IMC) et donner tous les conseils et traitements nécessaires pour limiter les risques cardiovasculaires et notamment le risque de maladie coronarienne.
>
> 2. Donner les recommandations optimales permettant d'obtenir une perte de poids de 3 % à 5 % voire plus si nécessaire. Plus la perte de poids est importante, plus grands sont les bénéfices, mais toute perte aussi minime soit-elle est déjà bénéfique.
>
> 3. Recommander une réduction des apports caloriques. L'apport calorique doit être d'environ 1 200 à 1 500 kcal/j chez la femme et 1 500 à 1 800 kcal/j chez l'homme. Tous les régimes amaigrissants qui ont fait la preuve de leur efficacité comportent une réduction de l'apport calorique alimentaire et sont associés à une balance énergétique négative. Parmi ceux-ci, on peut citer les régimes végétariens à teneur réduite en graisses (< 20 % de l'apport calorique total), les régimes à faible teneur en glucides (< 20 g/j), le régime de type méditerranéen.
>
> 4. Les réponses individuelles peuvent être extrêmement variables selon les individus et influencent évidemment l'efficacité du régime proposé.
>
> 5. Quel que soit le programme proposé, celui-ci doit associer aux conseils nutritionnels des recommandations en matière d'activité physique. Pour obtenir une bonne compliance, les prescriptions doivent être simples, claires et facilement réalisables.
>
> 6. Le traitement chirurgical doit être réservé à l'adulte souffrant soit d'une obésité morbide (IMC > 40) soit d'une obésité sévère (IMC > 35) associée à d'autres facteurs de risques cardiovasculaires (diabète, hypertension artérielle, dyslipidémie).
>
> Toutes ces recommandations, à l'usage des professionnels, sont très explicitées dans le guide, bien compréhensibles et étayées de nombreuses références scientifiques. Il est essentiel que les professionnels de l'activité physique qui doivent prendre en charge des individus en surpoids ou obèses en aient connaissance.
>
> ## Quelle activité physique est nécessaire pour réguler le poids ?
>
> En 2005 les chercheurs de la « Mayo Clinic » ont mis en évidence le rôle essentiel de l'activité physique quotidienne dans la régulation du poids[27]. Ils ont équipé, pendant des jours, 20 sujets sédentaires (10 maigres et 10 obèses) de différents systèmes plus ou moins sophistiqués, destinés à évaluer leur niveau d'activité physique quotidienne. Ils ont constaté que les sujets maigres dépensent environ 350 kcal supplémentaires par jour, comparés aux obèses. Non seulement ils bougent plus mais ils consacrent moins de temps aux activités passives. Les obèses restent assis environ deux heures de plus par jour. Cette étude montre que l'activité quotidienne, indépendamment de toute pratique sportive, joue un rôle important dans la régulation du poids corporel.

désordres. Il convient surtout d'expliquer au sujet en quoi consistent ses erreurs et de l'aider à rééquilibrer son alimentation, ce qui suppose souvent un changement du mode de vie et des habitudes alimentaires. Pour un grand nombre de sujets, il suffit souvent de diminuer les apports en matières grasses sans pour autant se soumettre à des restrictions alimentaires sévères. Ceci permet en général de baisser la ration calorique de 250 à 500 kcal.j^{-1} pour retrouver progressivement le poids optimal, pourvu que ces habitudes deviennent vraiment très régulières.

Des traitements médicamenteux visant notamment à réduire l'appétit ou le métabolisme de base sont également proposés pour favoriser l'amaigrissement. Malheureusement ils sont accompagnés d'effets secondaires dont certains peuvent être très graves. On peut exceptionnellement avoir recours à des solutions chirurgicales. Ces différents procédés doivent être réservés aux cas extrêmes dans lesquels le traitement classique a échoué et qui font déjà l'objet de complications sévères. On peut citer par exemple le « by-bass intestinal » qui consiste à supprimer une large portion de l'intestin grêle afin de diminuer le taux d'absorption des aliments. Cette technique chirurgicale reste peu utilisée car elle n'est pas sans effets secondaires. Il en est de même de celle qui consiste à diminuer chirurgicalement la taille de l'estomac. Plus récemment, il a été proposé soit de « court-circuiter » l'estomac soit d'insérer un ballon dans la cavité gastrique afin de diminuer son volume de remplissage. Bien que très efficaces, ces techniques sont aussi très onéreuses et associées à un certain nombre de risques, même si la mortalité est inférieure à 1 % ou 2 %. Ces techniques chirurgicales sont à réserver aux cas d'obésité extrême ou d'obésité accompagnée de risques majeurs.

Parmi les techniques les plus efficaces, il faut certainement citer celle qui propose au sujet de modifier ses habitudes comportementales et donc son mode de vie. Les pertes de poids les plus importantes et les plus constantes sont souvent obtenues en modifiant simplement les habitudes alimentaires. Les procédés sont attractifs et bien acceptés car efficaces, sans que le sujet se soumette à un régime draconien. On peut proposer néanmoins qu'une « entorse » (mais pas deux) soit éventuellement autorisée à l'occasion d'une fête familiale, d'un déplacement…

Résumé

> L'étiologie de l'obésité n'est pas simple. L'obésité peut être déclenchée par un ou par plusieurs facteurs associés.

> Les études réalisées chez l'homme (jumeaux) et l'animal sont en faveur d'une composante génétique de l'obésité. À celle-ci peuvent s'associer d'autres facteurs favorisants comme un désordre hormonal, un traumatisme émotionnel, un déséquilibre de l'homéostasie, le mode de vie, l'inactivité physique et un régime inadapté. L'obésité est très souvent multifactorielle.

> Le surpoids et l'obésité sont associées à une surmortalité.

> L'obésité augmente le risque de survenue de nombreuses affections chroniques dégénératives. En particulier, lorsque l'obésité est abdominale et viscérale, il y a augmentation du risque de maladie coronarienne, d'hypertension artérielle, d'accident vasculaire cérébral, d'hyperlipémie et de diabète. L'obésité peut également aggraver l'évolution de pathologies préexistantes.

> Les problèmes émotionnels et psychologiques peuvent favoriser l'obésité, laquelle, en retour, entretient, voire aggrave les perturbations psychologiques.

> Dans tout traitement de l'obésité, il faut se souvenir que la réponse au traitement est très variable d'un sujet à l'autre.

> Pour être efficace, la perte de poids conseillée doit être progressive et douce (0,45 à 0,9 kg par semaine). Pour cela, il suffit souvent de rééquilibrer le régime alimentaire, en réduisant l'apport calorique et l'apport en graisses et en sucres simples. Il faut aussi recommander une activité physique régulière.

> Le recours aux traitements médicamenteux et chirurgicaux doit être réservé à des cas précis et justifiés.

3. Intérêts de l'activité physique dans le contrôle du poids

La sédentarité est l'une des causes essentielles de l'obésité dans les pays occidentaux. C'est le facteur le plus important, avant la suralimentation. L'activité physique doit donc faire partie de tout programme destiné à réduire ou seulement à maintenir le poids.

3.1 Modification de la composition corporelle

L'exercice physique peut nettement modifier la composition corporelle. Beaucoup de gens pensent que l'activité physique n'exerce ici qu'un rôle très modeste. Pourtant les données de la recherche confirment que l'exercice physique régulier aide à réguler le poids et est efficace pour obtenir une perte de poids modérée lorsque celle-ci est souhaitable.

Il est relativement facile de calculer la dépense énergétique induite par l'activité physique. Il est donc tentant d'utiliser ces résultats pour estimer la perte de poids qui peut être attendue lorsqu'un programme d'entraînement est proposé à un sujet en surpoids ou obèse. Il faut cependant savoir qu'une telle estimation reste très imprécise en raison des nombreuses interactions qui existent entre les différents paramètres de la balance énergétique et des adaptations qui se mettent en place au fil du temps. Si d'un point de vue purement théorique un déficit énergétique d'environ 1 300 kcal/sem devrait induire une perte de poids d'environ 0,15 kg/sem, ceci est rarement le cas.

Lorsque la perte de poids est obtenue par la seule restriction calorique, le niveau du métabolisme de base tend souvent à diminuer simultanément ce qui réduit d'autant la perte de masse grasse en réponse au régime s'il est poursuivi. Il faut aussi tenir compte des multiples autres facteurs à même d'interagir sur l'équilibre énergétique comme l'appétit, les stimuli hormonaux qui règlent l'apport alimentaire et la biodisponibilité des aliments consommés. Le bilan quantitatif de toutes ces interactions est impossible à déterminer à ce jour. La plupart des sujets voudraient qu'on puisse leur préciser quelle perte de poids ils vont obtenir s'ils suivent scrupuleusement les conseils alimentaires et les recommandations d'activité physique qui leur sont proposés dans un programme d'amaigrissement. C'est tout à fait impossible, en l'état actuel de nos connaissances.

L'ACSM a publié, dans ce sens, un certain nombre de recommandations[12] en 2011. Ce groupe d'experts rappelle aussi que l'activité physique régulière est un élément essentiel dans tout programme d'amaigrissement. Il suggère qu'il faut pratiquer une activité physique modérée à soutenue pendant environ 150 min à 250 min par semaine pour prévenir toute prise de poids ou obtenir une perte très modérée. Mais une activité plus soutenue (> 250 min/sem) est, en règle générale, nécessaire pour obtenir une perte de poids plus conséquente. Il faut aussi rappeler que tout exercice physique est suivi, pendant un laps de temps variable, d'une augmentation de la consommation d'oxygène de repos. Ce phénomène appelé « **excès de consommation d'oxygène post-exercice ou EPOC** » a été développé au chapitre 5.

Cette période, pendant laquelle le niveau métabolique reste supérieur au niveau basal habituel, peut varier de quelques minutes seulement après un exercice léger, comme la marche, à 12 voire 24 h après un exercice très prolongé exhaustif comme un marathon.

L'EPOC peut alors représenter une dépense énergétique supplémentaire qui n'est pas négligeable. Si la consommation d'oxygène supplémentaire pendant la récupération est de l'ordre de 0,05 L.min^{-1} cela équivaut à une dépense énergétique de 0,25 kcal.min^{-1} ou 15 kcal.h^{-1}. En supposant que l'EPOC dure 5 h, la perte calorique supplémentaire est de 75 kcal qui s'ajoutent à la dépense énergétique totale. Ceci est trop souvent ignoré dans les calculs de dépense énergétique. Dans notre exemple où l'activité est réalisée 5 jours par semaine, le sujet dépense alors 375 kcal par semaine, soit environ 0,05 kg de graisse par semaine ou près de 0,5 kg en 10 semaines pendant la seule période de récupération.

En conséquence, les programmes qui associent entraînement aérobie et renforcement musculaire modifient la composition corporelle et contribuent à la perte de masse grasse. Cela permet :

- de réduire le poids total ;
- de diminuer la masse grasse ;
- de maintenir voire d'augmenter la masse maigre.

Toutefois, les effets immédiats sont modestes. L'analyse d'une centaine d'études permet de conclure qu'un entraînement aérobie pendant un an (à raison de 3 séances/semaine de 30 à 45 min/jour, à 55 %-75 % $\dot{V}O_2max$) induit une perte de poids totale d'environ 3,2 kg, une perte de masse grasse de 5,2 kg et une prise de masse maigre de 2 kg[44]. En valeur relative, la perte de masse grasse se traduit par une diminution moyenne du taux de graisse de 6 % (le taux de graisse passant d'environ 30 % à 24 %).

Comme cela a été souligné dans le chapitre 20, toute activité physique, quelle qu'elle soit, y compris l'activité physique quotidienne de routine induit une dépense énergétique et majore la thermogenèse[28]. À l'inverse, il est désormais établi que le comportement passif et sédentaire, en particulier, le temps passé en station assise prolongée (20-30 min et plus) (devant un écran, par exemple) est particulièrement délétère et augmente le risque de survenue de nombreuses maladies chroniques parmi lesquelles les maladies métaboliques (obésité, diabète), les maladies cardiovasculaires, etc. et ce indépendamment du niveau d'aptitude physique[13,19,46]. Même si les mécanismes restent encore à éclaircir, il est probable qu'ils impliquent une altération de la thermogenèse liée à l'activité physique de routine.

Depuis les années 1990 (figure 22.7) la graisse abdominale est considérée comme un facteur de risque majeur de pathologie cardiovasculaire. Il est aujourd'hui évident que l'activité physique limite l'accumulation de la graisse viscérale et que l'entraînement diminue les stocks de graisse viscérale[42]. Il s'agit très probablement d'un des effets bénéfiques majeurs de l'activité physique régulière sur la santé.

3.2 Mécanismes à l'origine des modifications de la composition corporelle

Pour pouvoir expliquer comment l'exercice permet d'agir sur la composition corporelle, il convient de considérer tous les facteurs de la balance énergétique. La dépense d'énergie est représentée par trois composantes : le métabolisme de base, l'effet thermogénique alimentaire et l'effet thermogénique de l'activité physique. Quant à l'apport calorique réel, il correspond à la différence entre la quantité totale de calories ingérées et la quantité totale de calories éliminées, en particulier dans les selles, laquelle représente moins de 5 % de l'apport calorique total. Examinons alors les mécanismes théoriques susceptibles d'expliquer les effets de la pratique physique sur le poids et la composition corporelle.

3.2.1 Exercice et appétit

Les mécanismes reliant exercice et appétit restent encore mal élucidés et très controversés. Les interrelations avec l'apport énergétique, la dépense énergétique, l'appétit et l'obésité sont manifestement complexes et multi-factorielles. Il est toujours impossible de préciser formellement en quoi et comment l'exercice affecte le couplage « apport et dépense énergétiques » ou les mécanismes hormonaux qui règlent la sensation de faim ou de satiété ou encore le comportement alimentaire. Les éventuelles différences liées au sexe dans ces domaines sont également mal connues. Quoi qu'il en soit, on est cependant en mesure d'affirmer que : (1) l'exercice physique ne stimule pas significativement l'appétit, notamment dans le cadre d'un programme d'amaigrissement associant exercice et régime alimentaire ; (2) Même si l'exercice peut induire une augmentation mineure de l'apport calorique, ceci n'est pas une raison suffisante pour ne pas inclure l'exercice dans un programme d'amaigrissement car l'effet thermogénique de l'activité va simultanément augmenter avec la pratique physique.

Jean Mayer, un nutritionniste de réputation internationale, a émis l'hypothèse que dans une certaine zone, qu'il appelle « activité normale », apport et dépense énergétiques sont couplés[30]. Chez des ouvriers ayant une activité physique liée à leur profession, l'apport énergétique est d'autant plus élevé que la dépense énergétique professionnelle est importante. Autrement dit, les sujets adaptent spontanément leur apport énergétique pour couvrir la dépense supplémentaire. Toutefois, chez les sujets les plus lourds, mais aussi les moins actifs, l'apport énergétique est excessif et dépasse les besoins réels.

Une activité physique minimale est même nécessaire pour que l'organisme parvienne à réguler précisément la balance énergétique c'est-à-dire à équilibrer les apports et les pertes énergétiques. Autrement dit, une vie trop sédentaire pourrait perturber les mécanismes de régulation et favoriser à long terme un bilan positif, c'est-à-dire une prise de poids. Pour Mayer et son groupe, d'un point de vue évolutif, l'Homme est resté actif pendant des millions d'années et son génome n'a pas eu le temps de s'adapter à un comportement devenu brutalement (à l'échelle de l'évolution) très peu actif voire parfois totalement sédentaire.

L'effet de l'exercice sur la sensation de satiété est un autre facteur important à considérer. Un travail consacré à ce sujet a montré que la réponse individuelle est variable, conduisant les auteurs à considérer que certains sujets sont de « bons répondeurs » tandis que d'autres sont de « mauvais répondeurs ». Dans le premier cas, la sensation de satiété augmente au fur et à mesure de l'entraînement ce qui facilite la perte de poids. Dans le second cas, la satiété diminue et les sujets augmentent leur apport calorique au fil de l'entraînement ce qui limite la perte de poids[26]. Il faut bien sûr en avoir conscience lorsqu'un programme d'amaigrissement combinant exercice et régime est institué.

Il est probable que des mécanismes hormonaux contribuent, pour une part, à tous ces résultats. Les liens entre exercice et régulation hormonale de l'appétit et de l'apport calorique sont extrêmement complexes et mal élucidés à ce jour. Deux hormones, la leptine et la ghréline, jouent un rôle indiscutable dans l'appétit et dans la physiopathologie de l'obésité[38]. Elles informent en permanence le cerveau sur l'état nutritionnel par des processus de feed-back aussi bien aigus que chroniques. La ghréline est sécrétée par le tractus gastro-intestinal et informe ponctuellement le cerveau de toute prise alimentaire. La leptine envoie des informations de manière plus chronique sur le niveau des stocks énergétiques et les réserves adipeuses. Elle est d'autant plus sécrétée que le niveau des réserves adipeuses augmente. Il existe donc une complémentarité d'action étroite, et en principe efficace, entre ces deux hormones. Certains sujets obèses présentent cependant une résistance à la leptine. La sensibilité des récepteurs cérébraux à la leptine est altérée et le cerveau ne perçoit plus que le tissu adipeux augmente dans des proportions anormales.

Il est actuellement impossible de conclure formellement quant aux effets aigus et chroniques de l'exercice sur les réponses des hormones contrôlant l'appétit (leptine, ghréline ou autres). En outre, des différences intersexes ont été démontrées qui manifestement impliquent ce système hormonal extrêmement complexe et encore mal compris[9,38]. Quoi qu'il en soit, ceci ne remet nullement en cause l'intérêt d'intégrer l'activité physique dans tout programme d'amaigrissement ou de contrôle du poids pour augmenter la dépense énergétique.

3.2.2 Exercice et métabolisme de base

Les effets de la pratique physique, sur chacune des trois composantes de la dépense énergétique, ont considérablement intéressé les chercheurs, entre les années 1980 et 1990. Comme le métabolisme de base représente environ 60 % à 75 % de la dépense énergétique totale, il est tout particulièrement justifié d'étudier dans quelle mesure la pratique physique retentit sur ce facteur. Considérons, par exemple, un homme de 25 ans dont l'apport calorique quotidien est d'environ 2 700 kcal et le métabolisme de base de 60 %, soit 1 620 kcal. Une simple augmentation de 1 % du métabolisme de base exige une augmentation équivalente de la dépense énergétique de 16 kcal par jour, soit 5 840 kcal par an. Autrement dit, une telle augmentation pourrait à elle seule contribuer à une perte supplémentaire de graisse d'environ 0,7 kg par an.

Le rôle de la pratique physique dans l'augmentation du métabolisme de base n'est pas complètement élucidé. Si quelques études transversales ont observé que des coureurs à pieds très entraînés ont effectivement un métabolisme de base supérieur à celui de sujets non entraînés, de même âge et de même taille, cela n'a pas été véritablement confirmé[37]. Les études longitudinales sur ce sujet sont peu nombreuses et n'apportent pas de résultats formels. Ainsi la vaste étude HÉRITAGE qui a concerné 40 hommes et 17 femmes soumis à un programme d'entraînement aérobie pendant 20 semaines (3 séances/semaine, 35 à 55 min/j, 55 %-75 % $\dot{V}O_2max$), n'a pas mis en évidence d'augmentation du métabolisme de base malgré un gain de 18 % de VO_2max[45].

Sachant que le métabolisme de base est corrélé à la masse musculaire, il serait toutefois intéressant d'étudier l'effet d'un entraînement de force régulier, pour savoir si la prise de masse musculaire s'accompagne d'une augmentation du métabolisme de base.

3.2.3 Exercice et effet thermogénique alimentaire

Un simple exercice isolé, réalisé soit avant soit après un repas, augmente l'effet thermogénique du repas. L'effet d'un entraînement physique régulier est beaucoup moins évident puisque, selon les études, cet effet est jugé positif, négatif ou nul. Comme pour le métabolisme de base, il semble qu'il faille multiplier les mesures par rapport au dernier exercice réalisé. Si l'effet thermogénique est mesuré 24 h après l'arrêt du dernier exercice, il est effectivement inférieur à celui mesuré 3 jours plus tard.

3.2.4 Exercice et mobilisation des graisses

Pendant l'exercice les graisses sont mobilisées de leur lieu de stockage vers les muscles où elles doivent être utilisées. De nombreuses études ont montré le rôle important joué ici par l'hormone de croissance. La GH augmente beaucoup avec l'exercice et peut rester élevée plusieurs heures pendant la récupération. D'autres travaux ont suggéré que le tissu adipeux devient, à l'exercice, plus sensible à l'activité du système nerveux sympathique et aux concentrations plasmatiques des catécholamines, ces deux facteurs activant la mobilisation des graisses. Des données plus récentes évoquent l'intervention, en fonction de l'exercice, d'une substance spécifique qui activerait la mobilisation des graisses. Pour l'instant, il n'est pas possible de préciser la part respective de ces différents facteurs.

3.3 Effet local ?

Beaucoup d'individus, dont les sportifs, sont persuadés que l'entraînement d'un groupe musculaire donné s'accompagne d'une perte sélective de graisse dans ce territoire. Ce phénomène appelé « spot réduction » a été entretenu par différents travaux déjà anciens, non confirmés depuis. Il semble bien qu'il s'agisse d'un mythe. S'il apparaît un amincissement au niveau des territoires concernés par l'exercice, celui-ci n'est pas exclusif et la perte adipeuse concerne des zones beaucoup plus étendues.

À ce propos, les joueurs de tennis semblent particulièrement intéressants à étudier. Ils peuvent être leur propre témoin dans la mesure où le bras non dominant et non entraîné peut être considéré comme territoire inactif par rapport au bras dominant ou territoire actif[20]. Si la théorie de la « spot réduction » est vraie, la masse grasse chez les joueurs de tennis doit être plus importante au niveau du bras non dominant. Si la circonférence du bras dominant est effectivement largement supérieure à celle du bras controlatéral, en raison de l'hypertrophie musculaire, l'épaisseur des plis sous-cutanés est identique des deux côtés.

Une autre étude a examiné les effets d'un programme d'entraînement intense et localisé de 27 jours. Les modifications du tissu adipeux sont les mêmes, quels que soient les territoires, abdominal, sous-scapulaire ou au niveau des fessiers[25]. Ceci montre bien qu'il n'y a pas de réduction seulement locale de la masse grasse. Actuellement, on pense plutôt que l'exercice mobilise les graisses, soit préférentiellement à partir des zones les plus adipeuses, soit en quantité équivalente à partir de l'ensemble du tissu adipeux.

3.4 Exercices aérobies de faible intensité

Nous avons vu précédemment que l'utilisation des glucides est d'autant plus importante que l'exercice est plus intense. Lors d'exercices de très haute intensité, les glucides peuvent contribuer à 90 % ou plus de la fourniture d'énergie. À la fin des années 1980, de nombreux professionnels du sport ont largement insisté sur l'intérêt de réaliser des **exercices de type aérobie** de faible intensité, pour favoriser la perte de masse grasse. Ils se basaient sur le principe que l'utilisation des graisses est proportionnellement plus importante lors des exercices de faible intensité. Si ce principe est vrai, il reste qu'en valeur absolue la fourniture d'énergie à partir des lipides ne change pas obligatoirement avec l'intensité.

Tableau 22.4

Estimation de la dépense énergétique en provenance des lipides et des glucides pour des exercices de faible et de haute intensité d'une durée de 30 minutes.

Intensité d'exercice	$\dot{V}O_2$ moyenne	QR moyen	% kcal		kcal pour 30 min		
			CHO	Graisses	CHO	Graisses	Total
Faible – 50 %	1,50 L.min^{-1}	0,85	50	50	110	110	220
Élevée – 75 %	2,25 L.min^{-1}	0,90	67	33	222	110	332

Note. QR = quotient respiratoire ; CHO = glucides. Données obtenues chez un sujet de 23 ans actif sans être bien entraîné ($\dot{V}O_2$ max = 3,0 L/min).

Ceci est illustré par le tableau 22.4. Dans cet exemple, une jeune femme de 23 ans, dont la $\dot{V}O_2max$ est de 3 L.min^{-1}, réalise un exercice de 30 min à 50 % de $\dot{V}O_2max$ le premier jour, puis à 75 % de $\dot{V}O_2max$ le jour suivant. Manifestement le nombre total de calories en provenance des graisses est similaire, quelle que soit l'intensité de l'exercice, aux environs de 110 kcal pour 30 minutes. Néanmoins, lors de l'exercice le plus intense, elle dépense plus de 50 % d'énergie totale supplémentaire dans le même temps.

Plus récemment, les scientifiques ont montré qu'il existe une zone d'intensité optimale pour laquelle le débit d'oxydation des lipides est plus élevé. Cette zone varie entre 55 % et 72 % de $\dot{V}O_2max$ selon les sujets. Ceci est illustré figure 22.8.

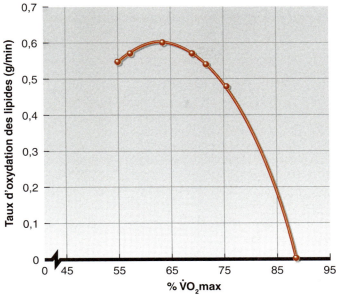

Figure 22.8

Évolution du taux d'oxydation des lipides avec l'intensité relative de l'exercice (% $\dot{V}O_2max$).
D'après J. Acten, M. Gleeson, & A.E. Jeukendrup, 2002, "Determination of the exercise intensity that elicits maximal fat oxidation", *Medicine and Science in Sports and Exercise* 34: 92-97.

3.5 « Mythes »

« On n'a jamais rien sans rien ». Un programme d'exercices ne nécessitant aucun effort véritable serait sans doute idéal, mais sans aucun effet sur la composition corporelle. Grâce à la publicité et aux médias, de nombreux appareils, plus ou moins « gadgets », sont apparus sur le marché. Si certains ne sont pas sans une certaine efficacité, ils ont en général un effet quasiment nul sur la condition physique et sur la perte de poids. Il s'agit en particulier des différents modèles proposés pour affiner le buste, renforcer les abdominaux, les fessiers... Même si la notice prétend souvent que leur utilisation permet soit d'augmenter les dimensions de la poitrine, soit au contraire d'affiner la taille ou les hanches, des études scientifiques rigoureuses ont montré qu'il n'en était rien.

La réalité est incontournable. Pour bénéficier des effets positifs de l'exercice encore faut-il s'entraîner.

3.6 Activité physique et diminution des facteurs de risques

Dans les années 1990, on a pris conscience qu'une activité physique régulière diminuait nettement les facteurs de risques pour la santé. Chez les sujets obèses ou en surpoids, une activité physique régulière diminue le risque de pathologies de façon importante. Ceci est encourageant pour tous les sujets concernés car un mode de vie actif réduit les risques de décès liés à une pathologie dégénérative comme la maladie coronarienne ou le diabète.

Résumé

> L'inactivité est avec la suralimentation, le principal facteur responsable de l'épidémie d'obésité et de diabète de type 2, dans nos pays industrialisés.

> Pour maintenir un poids optimal et prévenir le risque d'obésité, il est recommandé de pratiquer une activité physique régulière, à raison de 150 à 250 min par semaine. Une activité plus soutenue est souvent nécessaire si on veut perdre du poids.

> La dépense énergétique liée à l'activité physique doit prendre en compte non seulement la dépense d'énergie qui accompagne la séance, mais aussi celle qui accompagne la phase de récupération (EPOC).

> Le régime seul induit non seulement une perte de masse grasse mais aussi une fonte musculaire. L'exercice physique, seul ou associé au régime, permet non seulement de réduire la masse grasse, en particulier viscérale, mais aussi de conserver voire d'augmenter la masse maigre.

> L'activité physique quotidienne, domestique, de loisir ou professionnelle, joue certainement un rôle important dans la prévention de l'obésité.

> L'équation de la balance énergétique est représentée par la différence entre l'énergie ingérée et l'énergie dépensée.

> Il semble qu'une activité physique minimale soit nécessaire pour que l'organisme puisse réguler efficacement la balance énergétique.

> L'activité physique pourrait exercer un effet réducteur de l'appétit. Cet effet est inconstant et reste controversé.

> Un seul exercice suffit à augmenter l'effet thermogénique alimentaire.

> L'exercice active la mobilisation des lipides à partir du tissu adipeux.

> La « spot réduction » est un mythe.

> Les exercices de faible intensité ne « brûlent » pas plus de graisses que les exercices intenses, car la dépense énergétique totale est beaucoup plus faible.

4. Le diabète

Le **diabète sucré** plus simplement appelé diabète est un désordre du métabolisme glucidique caractérisé par une augmentation du taux de glucose sanguin (**hyperglycémie**). La glycémie est sous contrôle de l'insuline. L'insuline et une hormone sécrétée par le pancréas qui favorise l'entrée du glucose dans les cellules. Le diabète apparaît lorsqu'il existe un défaut de production d'insuline par le pancréas, et/ou une incapacité de l'insuline à assurer le captage du glucose par les cellules (chapitre 4).

Après avoir défini la terminologie utilisée pour caractériser le type de diabète et les troubles du métabolisme glucidique, nous nous intéresserons à leur prévalence.

4.1 Terminologie et classification

Pendant longtemps, on a distingué deux grands types de diabète selon l'âge de survenue[29] :
1. le diabète insulino-dépendant (DID), encore appelé diabète de type 1 ou diabète juvénile ;
2. le diabète non insulino-dépendant (DNID), encore appelé diabète de type 2 ou diabète gras de l'adulte.

Depuis quelques décennies, on assiste à une véritable épidémie de diabète de type 2 chez les enfants et les adolescents, qui peut être largement attribuée à l'augmentation du surpoids et de l'obésité infantiles. Ceci a conduit à abandonner la distinction entre diabète de l'adulte et diabète juvénile.

Le **diabète de type 1** est une incapacité des **cellules-β** du pancréas à sécréter de l'insuline. Il résulte souvent d'une destruction auto-immune, par apoptose, de ces cellules. Pour cette raison, il est encore appelé diabète **insulino-dépendant (DID)**. Il est responsable de 5 % à 10 % de l'ensemble des cas.

Le **diabète de type 2** est une incapacité de l'insuline à faciliter le transport du glucose vers la cellule. Il traduit une insulino-résistance. Il est encore appelé diabète non insulino-dépendant (DNID). Il est responsable de 90 % à 95 % de l'ensemble des cas. Lorsqu'il existe une insulino-résistance, l'effet biologique de l'insuline est très altéré. À concentration équivalente d'insuline dans le sang, il y a moins de glucose à être transporté du milieu sanguin vers le milieu intra-cellulaire. En d'autres termes, il faut une quantité plus importante d'insuline pour assurer le transfert d'une même quantité de glucose. L'**insulino-résistance** est donc associée à une diminution de la sensibilité à l'insuline. La **sensibilité à l'insuline** est considérée comme un bon index de l'efficacité biologique de l'insuline.

Il faut savoir qu'il existe d'autres formes de diabète. Le diabète dit « **gestationnel** » se manifeste pendant la grossesse et affecte la mère et le fœtus. Il survient environ dans 4 % des grossesses. Il peut être à l'origine de complications pendant la grossesse et l'accouchement.

Le diagnostic de diabète (de type 1 et de type 2) repose sur la mise en évidence d'une glycémie supérieure à 1,25 g/L, à jeun, après 8 h de jeûne. Le **prédiabète** qualifie une situation dite « à risque », caractérisée par une élévation modeste (encore non pathologique) de la glycémie à jeun, comprise entre 1 et 1,25 g/L et/ou par une intolérance au glucose. Le diagnostic d'**intolérance au glucose** nécessite d'effectuer un test de tolérance au glucose. Le sujet doit ingérer une solution contenant 75 g de glucose dissous dans de l'eau. La glycémie est mesurée 2 h après l'ingestion. Le test est considéré comme normal si la glycémie est inférieure à 1,4 g/L. Toute glycémie comprise entre 1,4 et 1,99 g/L traduit une intolérance au glucose. Toute glycémie égale ou supérieure à 2 g/L est le signe d'un diabète.

À titre expérimental, il est parfois proposé un test de tolérance au glucose intraveineux (IVGTT). Un cathéter est introduit dans une veine du bras pour l'injection intraveineuse du glucose. Des prélèvements de sang réguliers (fréquents lors des 45 premières minutes, puis plus espacés ensuite) sont effectués dans une veine de l'autre bras pendant 3 h. L'IVGTT apporte des informations beaucoup plus précises que le simple test oral. Il permet de suivre l'évolution des concentrations sanguines de glucose et d'insuline en fonction du temps.

Le diabète induit l'apparition de différents symptômes cliniques qui orientent le diagnostic. Il peut s'agir :

- pour le diabète de type 1
    1. d'une envie fréquente d'uriner,
    2. d'une soif intense,
    3. d'un amaigrissement inexpliqué,
    4. d'une sensation de faim exagérée,
    5. d'une fatigabilité anormale ;

- pour le diabète de type 2
    1. tous les symptômes du type 1,
    2. de surinfections fréquentes,
    3. de troubles de la vision,
    4. d'engourdissements des pieds ou des mains,
    5. de problèmes de cicatrisation,
    6. d'infections récurrentes.

4.2 Prévalence du diabète aux USA

Selon l'Association américaine de diabétologie (2012), environ 21 millions d'Américains souffrent de diabète, 8 millions d'un diabète non diagnostiqué et 86 millions sont prédiabétiques. La prévalence du diabète aux États-Unis est passée de 4,9 % en 1990 à 9,3 % en 2012. Entre 1990 et 1998 l'augmentation la plus importante (76 %) a été notée dans la tranche d'âge des 30 à 39 ans. Près de 25 % de sujets de 65 ans et plus sont diabétiques. De surcroît, la prévalence de diabètes diagnostiqués chez les individus de 20 ans et plus est de 7,6 % chez les non-hispaniques de race blanche, et de 13,2 % chez les non-hispaniques de race noire[2]. Ces données sont à rapprocher des différences ethniques discutées précédemment pour l'obésité.

La prévalence réelle du diabète de type 2 chez les enfants n'est pas encore connue avec précision. On estime cependant qu'elle a été multipliée par 10 pendant les vingt dernières années. Chez les jeunes âgés de 10 à 19 ans, le diabète de type 2 représenterait entre 33 % et 46 % de l'ensemble des cas de diabète[39]. Ces chiffres sont alarmants car il n'y a pas longtemps cette forme de diabète ne touchait que les adultes.

4.3 Étiologie du diabète

L'hérédité joue un rôle majeur à la fois dans le diabète de type 1 et dans le diabète de 2. Dans le premier cas, les cellules-β du pancréas sont détruites. L'origine peut être :

- un désordre immunitaire ;
- une affection virale ;
- une dégénérescence.

Le diabète de type 1 a un début souvent brutal survenant dans l'enfance ou l'adolescence. Il conduit à un déficit total en insuline qui oblige à des injections quotidiennes d'insuline.

Dans le diabète de type 2, le début est en général progressif et l'origine exacte est difficile à trouver. Il se caractérise par une insulino-résistance notamment au niveau du muscle, une sécrétion accrue d'insuline (hyperinsulinémie) pour lutter contre l'insulino-résistance, et parfois à une libération excessive de glucose par le foie.

L'obésité joue un rôle majeur dans le développement du diabète de type 2. Dans cette affection, les cellules-β du pancréas deviennent moins sensibles au stimulus de l'hyperglycémie. En outre, les cellules cibles réparties dans tout le corps, dont le muscle, présentent souvent une réduction, soit du nombre soit de la sensibilité de leurs récepteurs à l'insuline, de sorte que l'action de l'insuline est réduite et, avec elle, l'élimination du glucose sanguin.

4.4 Pathologies induites par le diabète

Le diabète induit de gros problèmes de santé. On en a pour preuve le taux de mortalité beaucoup plus élevé chez les diabétiques que chez les sujets sains. En effet, le diabète augmente le risque de :

- maladie coronarienne ou pathologie cardiaque ;
- accident vasculaire cérébral ;
- hypertension artérielle ;
- accident vasculaire périphérique ;
- troubles rénaux ;
- troubles du système nerveux ;
- troubles ophtalmiques pouvant conduire à la cécité ;
- troubles dentaires ;
- toxémie gravidique.

C'est vers la fin des années 1980, que des scientifiques ont remarqué l'étroite relation existant entre maladie coronarienne, hypertension artérielle, obésité et diabète de type 2. L'**hyperinsulinémie** et l'**insulino-résistance** sont les éléments les plus importants conduisant à ces désordres, sans doute par le biais de la stimulation du système nerveux sympathique, médiée par l'insuline (l'augmentation de l'insulinémie augmenterait le niveau d'activation du système nerveux sympathique) et par l'inflammation. Une nouvelle fois, l'obésité semble l'élément déclencheur.

5. Prise en charge du diabète

Le traitement du diabète de type 1 repose essentiellement sur l'insuline, le régime alimentaire et l'activité physique. La dose d'insuline à injecter doit être ajustée précisément pour autoriser un apport normal en glucides, lipides et protéines. Le type d'insuline injecté, à action rapide ou lente, et le moment de l'injection doivent être individualisés afin d'assurer le meilleur contrôle de la glycémie.

Le traitement du diabète de type 2 repose essentiellement sur la perte de poids, le régime alimentaire et l'activité physique. Un traitement médicamenteux (à effet hypoglycémiant) est parfois nécessaire. Leur prescription a considérablement augmenté ces 25 dernières années. Ces drogues peuvent stimuler la production d'insuline par le pancréas ou inhiber la libération de glucose par le foie ou inhiber au niveau de l'estomac des enzymes de dégradation des glucides.

Un régime alimentaire parfaitement équilibré doit être prescrit à tout diabétique. Il était autrefois habituel de conseiller un régime pauvre en sucre. Mais il est nécessaire d'augmenter l'apport lipidique, ce qui peut avoir des effets pervers. Comme les sujets diabétiques sont des sujets à risque sur le plan cardiovasculaire, un tel régime est plutôt déconseillé. Chez les patients obèses, un régime hypocalorique est souvent souhaitable pour favoriser la perte de graisse, ce qui, chez les diabétiques de type 2, peut parfois suffire à rééquilibrer la glycémie. Le régime joue donc un rôle essentiel dans le traitement, chez un sujet à la fois obèse et diabétique. Il doit être associé à une activité physique, car celle-ci permet d'améliorer la sensibilité à l'insuline.

Au milieu des années 1990, le « National Institute of Diabetes and Digestive and Kidney diseases » (NIDDK) a lancé une étude d'intervention visant à comparer les effets respectifs d'une modification du comportement (en matière d'alimentation et d'activité physique) ou d'un traitement médicamenteux (metformine), sur le délai d'apparition du diabète de type 2, chez des sujets porteurs d'une intolérance au glucose. 3 234 sujets de plus de 25 ans ont été ainsi répartis en 3 groupes randomisés. Le 1er groupe recevait un placebo, le 2nd la metformine et le 3e modifiait son comportement. Pour ce 3e groupe l'objectif était de perdre au moins 7 % du poids initial et de participer à une activité physique régulière d'au moins 150 minutes par semaine. Le début du diabète a été différé de 11 ans dans le 3e groupe et de 3 ans seulement dans le groupe traité par la metformine[27]. Cette étude souligne le rôle essentiel de l'hygiène de vie dans la prévention des pathologies dégénératives et de leurs complications. Ces résultats ont été confirmés depuis par une autre étude interventionnelle (Finish Diabetes Prevention Study)[43].

6. Intérêts de l'activité physique lors du diabète

Des arguments scientifiques indirects ont clairement établi qu'une activité physique régulière aide à prévenir le diabète de type 2[3]. Ceci est moins évident pour le diabète de type 1. Il est cependant admis que la pratique physique est un facteur important de la prise en charge thérapeutique des 2 types de diabète. Comme les caractéristiques et les réponses à l'exercice diffèrent nettement selon le type de diabète, nous les envisagerons séparément.

6.1 Le diabète de type 1

Le rôle de l'exercice ou de l'entraînement, sur le contrôle glycémique chez les diabétiques de type 1, n'est pas clairement identifié. Le diabétique de type 1 est surtout exposé au risque d'**hypoglycémie**, pendant ou juste à l'arrêt de l'exercice, car l'effet « insulin-like » de l'exercice se surajoute à celui de l'insuline médicamenteuse. Chez ces patients, l'exercice peut entraîner des variations brutales de la glycémie tout à fait déconseillées. Dans cette forme de diabète, le degré de contrôle glycémique à l'exercice varie considérablement d'un sujet à l'autre. En conséquence, l'exercice physique et l'entraînement peuvent être bénéfiques, surtout chez les diabétiques de type 1 bien équilibrés et chez lesquels le risque hypoglycémique apparaît très modéré.

En dehors de l'effet sur le contrôle glycémique, l'exercice peut être favorable pour d'autres raisons. Il doit aider à diminuer les risques de maladie coronarienne, d'accident vasculaire cérébral et d'affection vasculaire périphérique, chez ces patients particulièrement exposés.

Pour cette forme de diabète et en l'absence de complication, l'exercice physique reste donc conseillé à condition d'approvisionner correctement le sujet en glucides. Beaucoup de diabétiques de type 1 peuvent s'entraîner très régulièrement, participer pour certains à des compétitions et accomplir des performances non négligeables. Il faut, bien sûr, contrôler très régulièrement chez eux la glycémie, afin de l'équilibrer au mieux par l'insuline et le régime. Ceci est particulièrement important pour les sportifs qui s'entraînent sur de longues durées ou à des intensités élevées.

Une attention toute particulière doit être accordée aux pieds des athlètes diabétiques qui souffrent souvent d'une neuropathie périphérique (anomalie de fonctionnement des nerfs périphériques), pouvant se traduire par une perte de la sensibilité à ce niveau. Il peut s'y ajouter des troubles vasculaires périphériques. Toutes ces anomalies favorisent l'apparition de lésions cutanées, voire d'ulcérations, et sont responsables à elles seules d'un grand nombre d'hospitalisations. Bien évidemment, les exercices en charge, comme la course et la plupart des sports collectifs, augmentent le risque traumatique au niveau des pieds. Il faut donc conseiller correctement l'athlète diabétique quant au port de chaussures adaptées et aux règles d'hygiène.

6.2 Le diabète de type 2

Dans cette forme de diabète, l'exercice joue un rôle majeur dans le contrôle glycémique. Dans cette affection et tout particulièrement au début, il n'y a pas de déficit en insuline. Il existe par contre une diminution de sensibilité des cellules cibles à cette hormone, c'est-à-dire une insulino-résistance. Celle-ci limite l'efficacité d'action de l'insuline diminuant la perméabilité des membranes cellulaires au glucose. La contraction musculaire a un effet dit « insulin-like ». La perméabilité membranaire au glucose augmente avec la contraction musculaire, sans doute par l'augmentation du nombre de transporteurs membranaires au glucose : les GLUT-4 au niveau de la membrane plasmique[23]. Les exercices aigus améliorent ainsi l'insulino-sensibilité. En conséquence, dans les formes évoluées de diabète de type 2 nécessitant une insulinothérapie, l'exercice permet de réduire les doses d'insuline prises par le patient. Les exercices de renforcement musculaire et les exercices aérobies ont apparemment les mêmes effets[49,48]. La combinaison de ces deux types d'exercices apparaît comme la stratégie optimale pour limiter l'insulino-résistance[11]. Cette amélioration de la sensibilité à l'insuline semble résulter davantage de la dernière session d'exercice que de l'entraînement général. Certaines études concluent que l'effet s'atténue au bout de 72 h.

Résumé

› Le diabète est un désordre du métabolisme glucidique caractérisé par une hyperglycémie. Il correspond soit à une sécrétion inadéquate d'insuline soit à un trouble de son utilisation.

› Le diabète de type 1 est dû à la destruction des cellules-b du pancréas. Son début est souvent brutal, survenant dans l'enfance. Le diabète de type 2 correspond à une altération de l'effet biologique de l'insuline (insulino-résistance).

› Le traitement du diabète repose essentiellement sur le régime, l'injection d'insuline (si nécessaire) et l'exercice physique.

› Dans le diabète de type 1, l'exercice n'améliore pas nécessairement le contrôle de la glycémie, mais comme le risque de maladie coronarienne est plus élevé chez ces sujets, l'exercice physique peut aider à limiter ce risque.

› Dans le diabète de type 1, il faut impérativement, en cas d'exercice, contrôler régulièrement la glycémie, afin d'ajuster les doses d'insuline et le régime en fonction des besoins.

› Après plusieurs années d'évolution, les sujets diabétiques présentent souvent une neuropathie et des troubles circulatoires périphériques qui favorisent l'apparition, en particulier à l'exercice, de lésions cutanées parfois sévères au niveau des pieds. Il faut alors insister pour le port de chaussures correctes et adaptées, donner des conseils d'hygiène locale, et traiter dès l'apparition des premiers signes.

› Le diabétique de type 2 répond très bien à l'exercice. En effet, l'exercice augmente la perméabilité des membranes au glucose et le nombre de GLUT-4, ce qui permet de réduire l'insulino-résistance et d'améliorer la sensibilité d'insuline.

7. Conclusion

Les deux derniers chapitres ont souligné les nombreux effets bénéfiques de la pratique physique sur la maladie coronarienne, l'hypertension artérielle, l'obésité et le diabète. Nous avons souligné que l'exercice diminue les facteurs de risque de ces maladies et contribue, par là même, à leur prévention. Il fait aussi partie de leur prise en charge thérapeutique. Il est indiscutable que la pratique physique joue un rôle essentiel dans la promotion de la santé.

Ce chapitre termine cet ouvrage consacré à la physiologie du sport et de l'exercice. Nous avons successivement étudié les principales adaptations des grandes fonctions à l'exercice aigu puis chronique, envisagé les effets d'environnements particuliers (chaleur, froid, altitude, immersion) et précisé les avantages et inconvénients des nombreuses méthodes utilisées par le sportif pour améliorer sa performance. Enfin, nous nous sommes intéressés à la pratique sportive de populations spécifiques (enfants, femmes, sujets âgés) et avons donné les principales règles à respecter pour mettre au point un programme d'entraînement destiné à entretenir le capital santé, voire à développer l'aptitude physique.

À l'issue de cet ouvrage, qui s'est voulu suffisamment complet, tout en restant compréhensible, nous espérons vous aider à mieux appréhender la pratique physique et sportive, à la fois sur un plan pratique et sur un plan théorique. Peut-être avons-nous contribué à motiver certains d'entre vous, à corriger quelques erreurs et pourquoi pas à déclencher quelques vocations.

Chapitre 22 — La Physiologie du sport et de l'exercice

Mots-clés

cellules-β
diabète
diabète de type 1
diabète de type 2
diabète insulino-dépendant
effet thermogénique de l'activité physique
effet thermogénique de l'alimentation
exercice aérobie de faible intensité
hyperinsulinémie
index de masse corporelle (IMC)
insulino-résistance
intolérance au glucose
obésité
obésité androïde
obésité gynoïde
prédiabète
surpoids
syndrome métabolique

Questions

1. Quelle est la différence entre surpoids et obésité ?

2. Qu'est-ce que le poids idéal et comment peut-on le déterminer ?

3. Qu'est-ce que l'index de masse corporelle (IMC) ?

4. Quelle est la prévalence de l'obésité ? Y a-t-il des différences selon le sexe, l'âge, l'ethnie ?

5. Quels sont les principaux problèmes pathologiques induits par l'obésité ?

6. Quels facteurs relient obésité, maladie coronarienne, hypertension artérielle et diabète ?

7. Quels sont les différents traitements proposés dans l'obésité ? Quels sont les plus efficaces ?

8. Quelle place joue l'exercice dans la prévention et le traitement de l'obésité ?

9. Quels mécanismes expliquent les effets de l'exercice sur la perte de poids et de masse grasse ?

10. Qu'est-ce que la spot réduction ?

11. Quels sont les deux principaux types de diabète ? Quels en sont les mécanismes responsables ?

12. Quels sont les principaux problèmes pathologiques induits par le diabète ?

13. Quelle est la place de l'exercice dans la prévention et le traitement du diabète de type 1 ? et du diabète de 2 ?

Glossaire

1 RM — voir 1-répétition maximale.

1-répétition maximale (1 RM) — charge maximale que l'on peut soulever une seule fois.

absorption intestinale — passage des nutriments au travers de la barrière intestinale vers le sang.

accident vasculaire cérébral — accident pathologique provoqué par la chute brutale du débit sanguin dans un territoire cérébral, résultant soit d'un infarctus soit d'une hémorragie.

accident vasculaire périphérique — accident qui perturbe le flux sanguin au sein des artères et des veines systémiques, spécialement celles des extrémités.

accidents de décompression (*bends*) — accidents de plongée survenant lors d'une remontée trop rapide et causés par l'apparition de bulles d'azote dans le sang et les tissus. Ils s'accompagnent de douleurs et de malaises.

acclimatation — adaptation naturelle au stress thermique par exposition prolongée à un climat.

acclimatation métabolique — processus d'adaptation au froid permettant d'augmenter la production de chaleur métabolique par thermogenèse avec ou sans frisson.

acclimatement — adaptation par exposition au stress thermique en laboratoire ou par l'exercice.

ACE — voir enzyme de conversion de l'angiotensine.

acétyl CoA — voir acétyl-Coenzyme A.

acétyl-Coenzyme A (acétyl-CoA) — molécule résultant de la dégradation des substrats énergétiques, elle-même étant dégradée dans le cycle de Krebs.

acétylcholine — neurotransmetteur qui permet le passage de l'influx nerveux à travers la fente synaptique.

acides aminés — constituants élémentaires des protéines, synthétisées par l'organisme ou apportés par l'alimentation.

acides aminés branchés — acides aminés à chaîne ramifiée, comme la leucine, l'isoleucine et la valine, susceptibles d'interférer avec le tryptophane, au niveau du système nerveux central, pour retarder l'apparition de la fatigue à l'exercice.

acides aminés indispensables — acides aminés (8 ou 9) qui ne sont pas synthétisables par l'organisme et qui doivent impérativement être apportés par l'alimentation.

acides gras libres — éléments simples des graisses utilisés par l'organisme à des fins métaboliques.

actine — filament fin qui interagit avec la myosine pour produire la contraction musculaire.

activation directe du gène — mode d'action des hormones stéroïdes. Elles se lient aux récepteurs de la cellule, le complexe hormone-récepteur pénètre dans le noyau et active certains gènes.

adaptation au froid — réponse adaptative à une exposition répétée au froid, du visage et des mains, caractérisée par une diminution de la vasoconstriction et une disparition du frisson.

adaptation chronique — modifications physiologiques de l'organisme induites par la répétition d'exercices pendant plusieurs semaines ou plusieurs mois. Ces adaptations améliorent le fonctionnement de l'organisme au repos et à l'exercice.

adénosine diphosphate (ADP) — composé phosphaté à haute énergie servant à la synthèse de l'ATP.

adénosine monophosphate cyclique (AMPc) — second messager intracellulaire qui régit les effets des hormones.

adénosine triphosphatase (ATPase) — enzyme qui libère le dernier groupe phosphate de l'ATP par hydrolyse de l'ATP en ADP et Pi. Cette réaction génère une grande quantité d'énergie.

adénosine triphosphate (ATP) — composé phosphaté à haute énergie. Substrat énergétique principal de l'organisme.

ADH — voir hormone antidiurétique.

adolescence — période de la vie séparant l'enfance de l'âge adulte. Son début coïncide avec l'apparition de la puberté.

ADP — voir adénosine diphosphate.

adrénaline ou épinéphrine — hormone appartenant à la famille des catécholamines, sécrétée par les médullo-surrénales. Cette hormone prépare l'organisme à réagir au danger. C'est aussi un neurotransmetteur. Voir catécholamines.

affections vasculaires périphériques — elles concernent l'ensemble des vaisseaux, artères ou veines de la circulation systémique (extrémités). Elles induisent une mauvaise circulation sanguine à ce niveau.

agents hormonaux — groupe d'hormones utilisées par certains sportifs qui leur reconnaissent des propriétés ergogéniques.

agents nutritionnels — substances nutritionnelles proposées comme ayant des propriétés ergogéniques.

agents pharmacologiques — groupe de drogues dans lesquelles certains sportifs voient des propriétés ergogéniques.

agents physiologiques — composés normalement présents dans l'organisme, perçus par certains sportifs comme ayant des propriétés ergogéniques.

AGL — voir acides gras libres.

aide ergogénique — substance ou procédé qui améliore la performance.

alcalose respiratoire — élimination excessive du dioxyde de carbone par voie pulmonaire qui conduit à l'augmentation du pH sanguin.

aldostérone — hormone minéralocorticoïde sécrétée par le cortex surrénalien. Elle agit au niveau du rein, où elle active la réabsorption du sodium et de l'eau. À l'exercice, elle contribue à limiter la déshydratation.

aménorrhée — absence (primaire) ou disparition (secondaire) des règles.

aménorrhée primaire — absence des premières règles au-delà de 18 ans.

aménorrhée secondaire — disparition des règles chez une femme précédemment bien réglée.

AMPc — voir adénosine monophosphate cyclique.

amphétamines — stimulants du SNC considérés par certains athlètes comme substances ergogéniques.

anabolisme — construction de tissu nouveau, phase de synthèse du métabolisme.

anaérobie — en l'absence d'oxygène.

anorexie nerveuse — trouble du comportement alimentaire caractérisé par une altération de la représentation du corps, une angoisse devant toute prise de poids ou de masse grasse, une aménorrhée, et un refus de maintenir le poids minimal théorique pour l'âge et la taille.

arborisation terminale — nombreuses ramifications de l'axone à l'une de ses extrémités qui se terminent par les terminaisons axonales ou boutons synaptiques.

artère — vaisseau sanguin issu des ventricules qui transporte le sang du cœur vers la périphérie.

artériole — petit vaisseau sanguin qui naît d'une artère pour relier celle-ci à un capillaire.

artériosclérose — sclérose artérielle. Durcissement et rétrécissement des parois artérielles avec perte d'élasticité.

athéromatose — processus pathologique se traduisant par une perte d'élasticité, un épaississement et un durcissement des parois artérielles, et accompagné d'un dépôt de graisse conduisant progressivement à l'obstruction du vaisseau.

ATP — voir adénosine triphosphate.

ATPase — voir adénosine triphosphatase.

atrophie — réduction de taille ou de masse d'un tissu. L'atrophie musculaire est favorisée par l'inactivité.

axone terminal — une des nombreuses branches qui terminent un axone, encore appelé ramification terminale.

bends — voir accidents de décompression.

bêtabloquants — drogues qui bloquent la transmission de l'influx nerveux aux extrémités du système nerveux sympathique. Utilisés par certains athlètes à des fins ergogéniques.

β-oxydation — première étape de l'oxydation des acides gras libres au cours de laquelle les acides gras sont dégradés en fragments de deux carbones d'acide acétique qui sont ensuite convertis en acétyl-CoA.

BMI — voir index de masse corporelle.

boulimie nerveuse — troubles du comportement alimentaire caractérisés par des épisodes répétés de « goinfrerie », une perte de tout contrôle alimentaire pendant ces épisodes et des comportements anormaux comme les vomissements volontaires et l'utilisation de laxatifs et de diurétiques.

bradycardie — fréquence cardiaque inférieure à 60 battements par minute, au repos.

caféine — stimulant du SNC utilisé par certains athlètes à des fins ergogéniques.

calcitonine — hormone thyroïdienne régulant la calcémie.

calorie (cal) — unité de mesure de l'énergie dans les systèmes biologiques. Une calorie est la quantité d'énergie nécessaire pour élever la température d'un gramme d'eau de 15 °C à 16 °C.

calorimètre — appareil servant à mesurer la chaleur produite par le corps (ou celle libérée par des réactions chimiques).

calorimétrie directe — méthode évaluant la dépense d'énergie d'un organisme par mesure directe de la production de chaleur.

calorimétrie indirecte — méthode d'estimation de la dépense énergétique par mesure des échanges gazeux.

canaux jonctionnels — zones spécialisées du myocarde assurant le contact entre 2 cellules myocardiques voisines et permettant la propagation de l'excitation électrique.

$CaO_2 - C\bar{v}O_2$ — voir différence artérioveineuse en oxygène du sang veineux mêlé.

capacité de diffusion de l'oxygène — volume d'oxygène qui, par unité de temps, traverse la membrane alvéolo-capillaire pour une différence de pression partielle égale à l'unité.

capacité oxydative du muscle — mesure de l'aptitude du muscle à utiliser l'oxygène.

capacité pulmonaire totale — somme de la capacité vitale et du volume résiduel.

capacité vitale — volume d'air maximum rejeté par les poumons après une inspiration maximale.

capillaires — petits vaisseaux sanguins qui permettent les échanges gazeux entre le sang et les tissus.

catabolisme — ensemble des réactions de dégradation du métabolisme, contribuant à la destruction des tissus.

catécholamines — amines biologiquement actives, comme l'adrénaline et la noradrénaline, dont les effets sont identiques à ceux du système nerveux sympathique.

cellule cible — cellule possédant des récepteurs spécifiques à une hormone.

cellules beta — cellules des îlots de Langerhans du pancréas qui sécrètent l'insuline.

centres respiratoires — centres nerveux du système autonome localisés dans le bulbe rachidien et le pont régulant l'amplitude et la fréquence respiratoires.

centres thermorégulateurs — centres nerveux du système autonome, situés dans l'hypothalamus, assurant le maintien de la température centrale du corps.

chaîne de transport des électrons — ensemble des réactions chimiques qui utilise l'ion hydrogène produit par la glycolyse et le cycle de Krebs pour produire de l'eau et de l'énergie par phosphorylation oxydative.

charge en glycogène — utilisation de l'exercice et du régime dans l'optique d'améliorer les stocks en glycogène.

cholestérol lié aux lipoprotéines de haute densité (HDLC) — un transporteur du cholestérol considéré comme épurateur, qui élimine le cholestérol de la paroi artérielle et le transporte vers le foie pour être métabolisé.

chrome — oligoélément apporté par l'alimentation, agissant comme cofacteur dans le métabolisme des glucides, des lipides et des protéines.

circuit d'« *interval training* » — programme d'exercices organisé en circuit faisant alterner différents types d'exercices.

CK — voir créatine kinase.

cône d'implantation — jonction entre le corps cellulaire et l'axone où les potentiels gradués sont convertis en potentiels d'action.

contrôle nerveux extrinsèque — redistribution du sang dans l'organisme via des mécanismes nerveux.

« cœur d'athlète » — augmentation non pathologique des dimensions cardiaques due à l'hypertrophie du ventricule gauche, en réponse à l'entraînement.

composition corporelle — composition chimique de l'organisme. Le modèle utilisé dans cet ouvrage est limité à deux composantes : la masse maigre et la masse grasse.

conduction — transfert de chaleur par contact entre deux corps. Également déplacement du courant électrique, comme par exemple à travers un neurone.

conduction saltatoire — mode de transmission rapide de l'influx nerveux au niveau des fibres nerveuses myélinisées.

consommation maximale d'oxygène ($\dot{V}O_2$max) — possibilités maximales de consommation d'oxygène par l'organisme lors d'un exercice.

contenu calorique — contenu total, en kilocalories, du corps.

contraction concentrique — contraction musculaire avec rapprochement des extrémités du muscle.

contraction dynamique — toute contraction musculaire associée à un mouvement articulaire.

contraction excentrique — contraction musculaire dans laquelle les extrémités du muscle s'éloignent.

contraction statique — contraction du muscle sans déplacement, encore appelée contraction isométrique.

convection — transfert de chaleur lié au mouvement des molécules de gaz ou de liquide au contact du corps.

cortisol — hormone corticostéroïde, sécrétée par le cortex surrénalien. Elle stimule la gluconéogenèse et le catabolisme protéique. Elle active la mobilisation des acides gras libres et diminue l'utilisation des glucides.

couplage excitation-contraction — séquence des évènements permettant à l'influx nerveux d'exciter la membrane musculaire et d'initier la contraction musculaire par la formation des ponts d'actomyosine.

CPT — voir capacité pulmonaire totale.

CPT / VR — rapport entre la capacité pulmonaire totale et le volume résiduel.

crampe liée à la chaleur — crampe d'un muscle squelettique résultant d'une déshydratation excessive et de pertes de sels associées.

créatine — molécule présente dans le muscle sous forme de créatine-phosphate (PCr), essentielle à l'efficacité du système énergétique ATP-PCr. Elle est utilisée comme complément ergogénique, pour améliorer la performance, mais l'effet de la supplémentation alimentaire reste à démontrer.

créatine kinase — enzyme qui dégrade la phosphocréatine (PCr) en créatine et phosphate inorganique (P_i).

croissance — augmentation des dimensions d'une quelconque partie du corps.

CV — voir capacité vitale.

cycle cardiaque — période incluant tous les évènements compris entre deux battements cardiaques.

cycle de Krebs — ensemble de réactions chimiques qui aboutit à l'oxydation complète de l'acétyl Coenzyme A.

cycle menstruel — cycle traduisant les modifications utérines et qui dure en moyenne 28 jours. Il consiste en une phase d'écoulement, une phase proliférative et une phase sécrétoire.

cyclo-ergomètre ou ergocycle — bicyclette de laboratoire conçue pour mesurer le travail externe, encore appelée bicyclette ergométrique.

cytochrome — complexe protéique renfermant du fer et facilitant le transport des électrons au sein de la chaîne mitochondriale.

débit cardiaque — volume de sang éjecté par le cœur en une minute.

débit métabolique de repos — il est mesuré tôt le matin après une nuit de jeûne et 8 heures de sommeil. Cette évaluation ne nécessite pas de passer la nuit au laboratoire ou en clinique. Voir aussi métabolisme de base.

débit sanguin périphérique — débit sanguin dans les extrémités et les territoires cutanés.

déconditionnement cardiovasculaire — diminution de l'aptitude cardiovasculaire à délivrer l'oxygène et les nutriments.

densité corporelle (D_{corps}) — masse du corps divisée par le volume du corps.

densitométrie — méthode permettant de mesurer la densité du corps.

dépolarisation — diminution de la différence de potentiel électrique de part et d'autre de la membrane. Inversion des charges de chaque côté de la membrane.

dérive cardiovasculaire — augmentation de la fréquence cardiaque à l'exercice destinée à compenser la baisse du volume d'éjection systolique et à maintenir constant le débit cardiaque.

désentraînement — modifications induites par la diminution ou l'interruption de l'entraînement physique régulier.

déshydratation — diminution du contenu liquidien de l'organisme.

développement — ensemble des processus de croissance survenant dans l'organisme de la conception à l'âge adulte. La différenciation de fonctions spécialisées traduit les modifications qui accompagnent la croissance.

DEXA — technique utilisée pour obtenir la composition corporelle du corps entier ou d'une de ses régions. Il s'agit de mesurer l'atténuation de deux faisceaux de rayon X d'énergie différente à travers les tissus (mous et durs : organes et os).

diabète — perturbations pathologiques du métabolisme des glucides se traduisant par une augmentation du taux de glucose sanguin (hyperglycémie) et une présence de sucre dans les urines (glycosurie). Dans ce cas, il existe une inadéquation entre la production d'insuline par le pancréas et son utilisation par les cellules.

577

diabète de type I — diabète insulino-dépendant caractérisé par un déficit total en insuline, à déclenchement souvent brutal dans l'enfance ou l'adolescence et nécessitant le recours quotidien à des injections d'insuline.

diabète de type II — diabète non insulino-dépendant, à début progressif, et d'origine multifactorielle. Il se caractérise par une diminution de la sensibilité à l'insuline, ou un excès de libération du glucose hépatique. Il est encore appelé diabète gras de l'adulte.

diaphyse — partie centrale d'un os long.

différence artérioveineuse en oxygène (CaO_2-$C\bar{v}O_2$) — différence entre le contenu en oxygène du sang artériel et le contenu en oxygène du sang veineux mêlé, reflétant la quantité d'oxygène prélevée par les tissus.

différences intersexes — différences physiologiques entre les hommes et les femmes.

diffusion pulmonaire — échanges gazeux entre les poumons et le sang.

dimensions corporelles — masse et taille d'une personne.

diurétique — substance augmentant l'excrétion de l'eau par les urines.

DOMS — voir douleur musculaire différée.

dopage sanguin — toute méthode utilisée pour augmenter le nombre total de globules rouges. La plus courante est l'autotransfusion.

douleur musculaire aiguë — douleur ressentie pendant ou juste après l'effort.

douleurs musculaires différées — douleurs musculaires qui apparaissent seulement un jour ou deux après un exercice intense.

down-regulation — diminution de la sensibilité cellulaire à une hormone résultant sans doute d'une diminution du nombre des récepteurs sensibles à l'hormone.

dysfonction endothéliale — altérations fonctionnelles des cellules qui bordent la paroi interne des vaisseaux et qui perturbent la capacité des vaisseaux à modifier leur calibre selon les besoins (c'est-à-dire la vasoconstriction et la vasodilatation).

dyspnée — essoufflement pathologique.

ECG — voir électrocardiogramme.

échelle de Borg — score chiffré cotant le degré de fatigue à l'exercice.

échelle de perception d'un exercice — sensations subjectives et cotées d'une personne en réponse aux stimuli de l'exercice.

effet placébo — effet produit sur un groupe de sujets auquel on a donné une substance inactive (placébo).

effet tératogène — effet toxique d'une drogue (ou d'un procédé) sur l'embryon ou le fœtus.

effet thermique du vent — effet de refroidissement du vent qui augmente les pertes de chaleur par conduction et convection.

effet thermogénique alimentaire — dépense d'énergie induite par la digestion, l'absorption, le transport, le métabolisme et le stockage des aliments ingérés.

effet thermogénique de l'activité physique — énergie produite par tout exercice physique.

électrocardiogramme d'effort — enregistrement de l'activité électrique du cœur à l'effort.

électrocardiographe — appareil utilisé pour obtenir un électrocardiogramme.

électrolyte — substance dissoute, chargée électriquement et capable de conduire le courant.

électrostimulation — stimulation d'un muscle par le courant électrique.

éléments traces — voir micro-minéraux.

endothélium — couche de cellules qui bordent la paroi interne des vaisseaux.

endomysium — enveloppe de tissu conjonctif recouvrant chaque fibre musculaire.

endurance cardiorespiratoire — aptitude à réaliser un effort prolongé.

endurance musculaire — aptitude du muscle à retarder la fatigue.

enfance — période de la vie allant de la fin de la première année au début de l'adolescence.

énergie — capacité à produire de la force, réaliser un travail ou générer de la chaleur.

entraînabilité — réponse individuelle à un même programme d'entraînement.

entraînement aérobie — entraînement qui améliore l'efficacité des systèmes de production d'énergie d'origine aérobie et qui améliore l'endurance cardiorespiratoire.

entraînement aérobie par intervalles — répétition d'exercices brefs et intenses ou moyennement intenses avec des récupérations de durée moyenne.

entraînement anaérobie — entraînement qui améliore l'efficacité des systèmes de production d'énergie par voie anaérobie, et qui augmente la force musculaire et la tolérance à l'acidose lors d'exercices très intenses.

entraînement continu — entraînement combinant des activités dont l'intensité et la durée peuvent varier, mais ne comportant aucune phase de repos entre les exercices.

entraînement continu de haute intensité — forme d'entraînement où le travail est réalisé à des intensités correspondant à 85-95 % de la FC max d'un sportif.

entraînement de force — entraînement destiné à augmenter la force, la puissance, et l'endurance musculaires.

entraînement de force isométrique — entraînement de force fait de la répétition de contractions statiques.

entraînement de sprint — forme d'entraînement anaérobie comportant des exercices de course très intenses et brefs.

entraînement excentrique — entraînement fait de contractions excentriques.

entraînement excessif — entraînement dont le volume, l'intensité, ou les deux sont trop importants, ou augmentés trop vite, sans progression suffisante.

entraînement long et continu — forme d'entraînement continu dans laquelle les sportifs s'entraînent entre 60 % et 80 % de leur FC max.

environnement hyperbare — environnement correspondant à une pression supérieure à la pression atmosphérique, comme en plongée aquatique.

environnement hypobare — environnement dans lequel la pression est inférieure à la pression atmosphérique, comme en altitude.

enzyme — molécule protéique qui accélère la vitesse des réactions chimiques.

enzyme de conversion de l'angiotensine — enzyme qui transforme l'angiotensine I en angiotensine II.

enzyme limitante — enzyme intervenant dans les premières réactions d'une voie métabolique et dont l'activité maximale, lorsqu'elle est atteinte, empêche l'accélération de cette voie.

enzymes glycolytiques — enzymes spécifiques du métabolisme anaérobie lactique ou glycolyse.

enzymes oxydatives mitochondriales — enzymes de la voie aérobie localisées dans les mitochondries.

épimysium — couche externe de tissu conjonctif qui enveloppe le muscle dans son ensemble.

épiphyse — extrémité d'un os long, qui s'ossifie séparément avant de s'unir à la diaphyse.

EPOC — voir excès de consommation d'oxygène post-exercice.

épuisement — incapacité à poursuivre un exercice.

épuisement lié à la chaleur — désordre résultant de l'inaptitude du système cardiovasculaire à subvenir aux différents besoins de l'organisme exposé à une ambiance chaude. Il se caractérise par l'élévation de la température corporelle, l'essoufflement, un rythme cardiaque rapide, une fatigue extrême et des étourdissements.

équation de Fick — $\dot{V}O_2 = \dot{Q} \times CaO_2 - C\bar{v}O_2$.

équivalent métabolique (MET) — unité usuelle permettant d'estimer le coût métabolique (consommation d'oxygène) d'une activité physique. Un MET correspond au métabolisme de repos soit environ 3,5 ml $O_2 \cdot kg^{-1} \cdot min^{-1}$.

équivalent ventilatoire en oxygène $\dot{V}_E/\dot{V}O_2$ — volume d'air utilisé en une minute pour un litre d'oxygène consommé. C'est un index de l'efficacité respiratoire.

équivalent ventilatoire en dioxyde de carbone ($\dot{V}_E/\dot{V}CO_2$) — rapport entre le volume d'air expiré en une minute et le volume de dioxyde de carbone expiré en une minute.

ergocycle — ergomètre utilisé pour la mesure de l'aptitude physique en pédalant.

ergogénique — capable d'augmenter la performance.

ergolytique — qui altère la performance.

ergomètre — appareil qui permet de mesurer la puissance externe développée dans des conditions standardisées.

érythropoïétine — hormone qui stimule la production des érythrocytes (globules rouges).

étude longitudinale — protocole de recherche dans lequel les sujets sont testés initialement puis un certain nombre de fois, ensuite, permettant d'étudier des adaptations au cours du temps.

étude transversale — méthode d'étude dans laquelle une population donnée est testée à un moment particulier, et dont les résultats sont alors comparés à une population témoin.

euménorrhée — fonction menstruelle normale.

évaporation — perte de chaleur (souvent sudorale) par transformation de l'eau en vapeur.

excès de consommation d'oxygène post-exercice (EPOC) — consommation d'oxygène mesurée pendant la récupération, et supérieure à la consommation d'oxygène de repos.

exercice aérobie de faible intensité — exercice aérobie réalisé à une intensité faible dont l'objectif est d'utiliser un maximum de graisses.

exercice sous-maximal — tout exercice dont l'intensité est inférieure à la puissance maximale aérobie.

expiration — phase du cycle respiratoire permettant la sortie d'air des poumons, grâce au relâchement des muscles inspiratoires et au recul élastique des poumons, qui augmentent la pression thoracique.

extrasystole — contraction prématurée du cœur.

facteurs de risques primaires — facteurs de risques dont on a démontré le lien avec des troubles précis. Les facteurs de risques primaires coronariens incluent le tabagisme, l'hypertension, les taux trop élevés de lipides sanguins et l'inactivité.

fartlek — forme d'entraînement en terrain varié, dans laquelle l'athlète modifie sa vitesse à volonté, passant d'un simple jogging à des sprints très rapides.

fascicule — faisceau de fibres musculaires assemblé par une enveloppe conjonctive, à l'intérieur d'un muscle.

fatigue — sensation générale de faiblesse, limitant les capacités maximales d'effort.

FC max — voir fréquence cardiaque maximale.

FE — voir fraction d'éjection.

feed back négatif — voir *down-regulation*.

fibre musculaire — cellule musculaire.

fibres de type I ou fibres lentes ou fibres ST (*slow-twitch*) — fibres musculaires caractérisées par un métabolisme essentiellement aérobie et un faible pouvoir glycolytique.

fibres de type II ou fibres rapides ou fibres FT (*fast-twitch*) — fibres musculaires caractérisées par un métabolisme essentiellement glycolytique et une faible activité aérobie.

fibrillation ventriculaire — arythmie cardiaque sévère lors de laquelle la contraction du ventricule n'est pas coordonnée.

fibromyalgie — syndrome chronique qui comprend comme symptôme dominant la douleur mais également, à un moindre degré, faiblesse musculaire, migraine et dépression.

formule de Karvonen — calcul du rythme cardiaque d'entraînement qui tient compte de la fréquence cardiaque de repos.

fraction d'éjection (FE) — fraction du sang éjectée par le ventricule gauche à chaque contraction déterminée en divisant le volume d'éjection systolique par le volume de fin de diastole, et en multipliant par 100.

fréquence cardiaque d'entraînement — fréquence cardiaque correspondant à un certain pourcentage de $\dot{V}O_{2max}$ à laquelle le sujet doit s'entraîner.

fréquence cardiaque d'équilibre — fréquence cardiaque qui reste constante pour un niveau d'exercice sous-maximal donné et constant.

fréquence cardiaque de repos — nombre de battements cardiaques par minute, aux environs de 60 à 80 au repos.

fréquence cardiaque maximale — valeur la plus importante du rythme cardiaque lors d'un exercice épuisant.

fréquence cardiaque maximale de réserve — différence entre la fréquence cardiaque maximale et la fréquence cardiaque de repos.

frisson — cycles de contraction-relâchement rapides et involontaires des muscles squelettiques pour produire de la chaleur.

FT — voir fibres rapides.

fuseau musculaire — récepteur sensible à l'étirement localisé dans le muscle.

gaine de myéline — gaine externe d'une fibre nerveuse myélinisée.

gelures — lésions tissulaires observées lors d'une exposition au froid dues à une vasoconstriction cutanée excessive qui empêche la livraison d'oxygène et de nutriments aux cellules.

GH — voir hormone de croissance.

glucagon — hormone hyperglycémiante sécrétée par le pancréas, agissant au niveau du foie, en stimulant la néoglucogenèse et la glycogénolyse.

gluconéogenèse — synthèse des glucides à partir de composés non glucidiques (protéines ou graisses).

glycogène — forme de stockage des sucres dans l'organisme (présent surtout dans le foie et les muscles).

glycogenèse — synthèse du glycogène à partir du glucose.

glycogénolyse — transformation du glycogène en glucose.

glycolyse — dégradation du glucose en acide pyruvique.

glycolyse anaérobie — dégradation anaérobie du glucose en acide lactique pour produire l'énergie (ATP).

glycosurie — présence de glucose dans l'urine.

grossesse — présence d'un embryon dans le corps.

HDL — voir lipoprotéine de haute densité.

HDL-C — voir lipoprotéine de haute densité liée au cholestérol.

hématocrite — proportion des éléments figurés du sang.

hémoconcentration — augmentation relative (et non absolue) du volume occupé par les éléments figurés du sang par rapport au volume total de sang. Cette hémoconcentration provient d'une diminution du volume plasmatique.

hémodilution — augmentation du volume plasmatique qui se traduit par une dilution des cellules sanguines.

hémoglobine — pigment rouge du sang contenant du fer et qui fixe l'oxygène.

HIE — voir hypoxémie induite par l'exercice.

hormone — substance chimique produite par une glande endocrine et transportée par le sang vers un tissu cible.

hormone antidiurétique (ADH) — hormone sécrétée par le lobe postérieur de l'hypophyse. Elle agit au niveau du rein, en augmentant la réabsorption d'eau. Elle limite la production de l'urine.

hormone de croissance (GH) — hormone possédant des propriétés anaboliques et utilisée par certains sportifs comme aide ergogénique.

hormone parathyroïde (PTH) — hormone libérée par la glande parathyroïde pour réguler les concentrations plasmatiques de calcium et de phosphate.

hormone thyréotrope ou *thyroid stimulating hormone* **(TSH)** — hormone sécrétée par le lobe antérieur de l'hypophyse qui stimule la sécrétion des hormones thyroïdiennes.

hormones non stéroïdes — hormones dérivées des protéines, des peptides, ou des acides aminés, et qui ne peuvent traverser aisément les membranes cellulaires.

hormones stéroïdes — hormones dérivées du cholestérol, liposolubles, capables de diffuser au travers des membranes cellulaires.

hydrates de carbones — composés organiques formés par des atomes de carbone, hydrogène, oxygène. Ils comprennent l'amidon, les sucres et la cellulose (souvent appelés « glucides »).

hydrocortisone — voir cortisol.

hyperglycémie — élévation du taux de glucose sanguin.

hyperinsulinémie — augmentation du taux basal d'insuline dans le plasma.

hyperplasie — augmentation du nombre de cellules.

hyperpolarisation — augmentation de la différence de potentiel à travers une membrane.

hypertension — pression sanguine anormalement élevée. Chez l'adulte, cela correspond à une pression sanguine systolique supérieure à 140 mmHg ou à une pression sanguine diastolique supérieure à 90 mmHg.

hyperthermie — élévation de la température centrale du corps.

hypertrophie — augmentation de la taille ou de la masse d'un organe ou d'un tissu.

hypertrophie cardiaque — augmentation du volume du cœur par augmentation de l'épaisseur des parois musculaires et/ou augmentation du volume des cavités.

hypertrophie chronique — augmentation de la masse musculaire par un entraînement de force prolongé.

hypertrophie des fibres — augmentation de la taille (ou volume) des fibres musculaires existantes.

hypertrophie transitoire — augmentation transitoire du volume musculaire, observée à l'arrêt d'un exercice isolé, et dû à l'accumulation de liquide dans les espaces interstitiel et intracellulaire.

hyperventilation — fréquence ventilatoire et/ou volume courant supérieurs à la normale.

hypoglycémie — taux de glucose sanguin < 0,8 g.L^{-1}.

hyponatrémie — concentration de sodium sanguin inférieure à la norme (environ 136 à 143 mmol.L^{-1}).

hypothermie — baisse de la température centrale du corps.

hypoxémie induite par l'exercice — diminution de la PO_2 artérielle et de la saturation en oxygène lors de l'exercice maximal ou proche du maximum.

hypoxie — baisse de la concentration en oxygène.

impédance bio-électrique — méthode utilisant le courant électrique pour mesurer la composition corporelle. La conduction du courant au travers des tissus est fonction de leur teneur en graisse.

impulsion nerveuse — signal électrique qui voyage le long d'un neurone. Il peut être transmis à un autre neurone ou à un organe terminal, comme les fibres musculaires.

index de masse corporelle (BMI) — poids (kg)/taille^2(m^2). Le BMI est en étroite relation avec la composition corporelle.

individualisation de l'entraînement — prise en compte de tous les facteurs personnels qui permettent de déterminer un programme d'entraînement adapté à chaque individu.

infarctus cérébral — mort du tissu cérébral résultant d'un arrêt de vascularisation locale, voir aussi accident vasculaire cérébral.

infarctus du myocarde — dégénérescence (nécrose) du tissu cardiaque résultant d'une vascularisation insuffisante du myocarde.

inhibiting factors — hormones transmises de l'hypothalamus à l'hypophyse et qui inhibent la sécrétion d'autres hormones.

innervation croisée — innervation des fibres musculaires d'une même unité motrice de type rapide par un motoneurone de type lent, ou inversement.

inspiration — processus actif par lequel le diaphragme et les muscles intercostaux augmentent les dimensions de la cage thoracique et des poumons. La diminution de la pression intra-pulmonaire qui s'ensuit, attire l'air dans les poumons.

insuffisance cardiaque — processus pathologique rendant le myocarde incapable de maintenir un débit cardiaque suffisant pour répondre aux besoins de l'organisme. Il provient soit d'une lésion cardiaque, soit d'un excès de travail du cœur.

insuline — hormone sécrétée par les cellules β du pancréas qui facilite l'entrée du glucose dans les cellules.

intégration sensori-motrice — processus par lesquels les systèmes sensoriels ou moteurs communiquent et interagissent.

interval-training — répétitions d'exercices brefs et intenses ou moyennement intenses avec des récupérations courtes.

« interval-training » de haute intensité — type d'entraînement comportant la répétition d'exercices brefs et très intenses entrecoupés de quelques minutes seulement de repos ou d'exercices de faible intensité.

intoxication à l'oxygène — phénomène dû à l'inhalation d'oxygène concentré pendant une longue période, comme en plongée profonde, se caractérisant par des troubles visuels, une perte de jugement, une respiration rapide et haletante, et des convulsions.

ischémie — déficience temporaire de l'écoulement du sang dans un territoire donné.

ivresse des profondeurs — voir narcose à l'azote.

jonction neuromusculaire — site où s'effectue la jonction entre un motoneurone et une fibre musculaire.

kilocalorie — équivaut à 1 000 calories. Voir calorie.

L-carnitine — molécule essentielle du métabolisme lipidique. Elle assure le transfert des acides gras présents dans le cytosol des cellules jusqu'à la membrane interne des mitochondries, où a lieu la β oxydation.

L-tryptophane — acide aminé essentiel, pouvant aider à la performance, en retardant l'apparition de la fatigue centrale.

lactate — sel formé à partir de l'acide lactique.

lactate déshydrogénase (LDH) — enzyme clé de la glycolyse qui transforme le pyruvate en lactate.

LDH — voir lactate déshydrogénase.

LDL — voir lipoprotéine de densité légère.

LDL-C — voir lipoprotéine de densité légère liée au cholestérol.

le coup de chaleur — le plus grave des accidents thermiques, résultant d'une défaillance des mécanismes thermorégulateurs. Il se caractérise par une élévation de la température centrale au-dessus de 40,5 ºC, la cessation de la sudation, un comportement chaotique et une perte de conscience pouvant conduire rapidement à la mort.

lésions valvulaires — pathologies pouvant concerner l'une ou l'autre des 4 valves cardiaques. Le rhumatisme articulaire aigu en est un exemple.

lipides — composés organiques, peu solubles das l'eau, présents dans l'organisme, sous différentes formes : triglycérides, acides gras libres, phospholipides et stéroïdes.

lipides sanguins — lipides transportés par le sang, comme les triglycérides et le cholestérol.

lipogenèse — ensemble des processus de synthèse des acides gras.

lipolyse — dégradation des triglycérides en composés élémentaires pour produire de l'énergie.

lipoprotéine de densité légère liée au cholestérol (LDL) — transporteur lipidique du cholestérol susceptible de favoriser les dépôts athéromateux.

lipoprotéine de haute densité liée au cholestérol (HDL) — transporteur lipidique du cholestérol vers le foie, sensé limiter le dépôt de cholestérol au niveau des parois artérielles.

lipoprotéine lipase — enzyme responsable de la dégradation des triglycérides en acides gras et glycérol, ce qui permet l'entrée des acides gras dans la cellule.

lipoprotéines — protéines qui transportent les lipides dans le sang.

liquide extracellulaire — ensemble des liquides situés à l'extérieur des cellules, représentant 35 % à 40 % de l'eau totale et comprenant les liquides interstitiels, le plasma, la lymphe, le liquide céphalo-rachidien et quelques autres...

liquide intracellulaire — eau contenue dans les cellules représentant environ 60 % à 65 % de l'eau totale du corps.

loi de Dalton ou loi des pressions partielles — loi selon laquelle la pression totale d'un mélange gazeux est égale à la somme des pressions partielles de chacun des gaz du mélange.

loi de Frank-Starling — mécanisme par lequel toute augmentation du volume de remplissage ventriculaire améliore la puissance de contraction du ventricule et permet une meilleure éjection du sang.

loi de Henry — les gaz dissous dans un liquide exercent une pression partielle, fonction de leur coefficient de solubilité dans le liquide et de leur température.

longévité — durée de vie d'un individu.

macrominéraux — minéraux dont l'organisme a besoin à raison de plus de 100 mg par jour.

mal aigu des montagnes — malaise caractérisé par des vertiges, nausées, vomissements, dyspnées et des insomnies. Il apparaît typiquement entre 6 et 96 h après l'exposition à haute altitude et dure plusieurs jours.

maladie cardiaque congénitale — déficience cardiaque présente à la naissance, correspondant à un développement prénatal anormal du cœur.

maladie coronarienne — pathologie des vaisseaux artériels du myocarde entraînant une réduction progressive de leur calibre et leur obstruction plus ou moins totale.

manœuvre de Valsalva — manœuvre respiratoire consistant à souffler nez et bouche fermée, comprimant les contenus des cavités abdominales et thoraciques, et augmentant les pressions intra-abdominales.

masse grasse — quantité de graisse corporelle.

masse grasse relative — rapport entre la masse grasse et le poids total du corps, exprimé en pourcentage.

masse maigre — masse du corps moins la graisse. Regroupe les muscles, les os, la peau et les différents organes.

maturation — processus par lesquels les différents systèmes et organes atteignent leur fonction adulte.

maturité physique — période à laquelle l'organisme atteint son état adulte.

MB — voir métabolisme de base.

membrane alvéolo-capillaire — membrane séparant le compartiment alvéolaire du compartiment capillaire pulmonaire.

ménarche — premières règles.

métabolisme aérobie — ensemble des réactions mitochondriales qui utilisent l'oxygène pour produire de l'énergie (ATP). Encore appelé respiration cellulaire.

métabolisme anaérobie — production d'énergie (ATP) qui ne nécessite pas la présence d'oxygène.

métabolisme de base — niveau le plus faible de l'activité métabolique nécessaire à l'entretien des fonctions vitales. Il est mesuré après une nuit de sommeil, au repos total, après 12 h de jeûne, dans des conditions standardisées de laboratoire.

microgravité — environnement dans lequel la force de gravité est diminuée.

micro-minéraux — minéraux consommés à raison de moins de 100 mg par jour par l'organisme. On les appelle aussi éléments trace.

MK — voir myokinase.

mode — type d'exercice.

morphologie — forme et structure du corps.

myélinisation — processus par lequel se forme la gaine de myéline.

myocarde — muscle cardiaque.

myofibrilles — éléments contractiles du muscle squelettique.

myoglobine — pigment rouge du muscle, proche de l'hémoglobine, qui transporte l'oxygène de la membrane vers la mitochondrie.

myokinase (MK) — enzyme clé du système énergétique ATP-PCr.

myosine — une des protéines contractiles musculaires.

narcose à l'azote — phénomène causé par la respiration d'air lors de plongée sous-marine, à des profondeurs où la pression partielle de l'azote augmente et induit les mêmes effets que des narcotiques sur le système nerveux, perturbant le jugement et pouvant aboutir à des accidents graves, voire à la mort.

nébuline — protéine adjacente à l'actine qui semble jouer un rôle dans la régulation des interactions entre l'actine et la myosine.

nerfs efférents — voies nerveuses du système nerveux périphérique conduisant l'influx nerveux des centres nerveux vers la périphérie.

nerfs sensitifs — voies nerveuses du système nerveux périphérique conduisant l'influx nerveux de la périphérie vers les centres nerveux.

neurone — cellule spécialisée du système nerveux responsable de la génération et de la transmission des messages nerveux.

neurotransmetteur — composé chimique assurant la liaison entre un neurone et une autre cellule.

nicotine — stimulant du SNC que l'on trouve dans les dérivés du tabac. Utilisé par certains sportifs comme aide ergogénique.

nœud auriculo-ventriculaire — amas cellulaire du tissu nodal du cœur localisé à la jonction oreillette – ventricule.

nœud AV — voir nœud auriculo-ventriculaire.

nœud SA — voir nœud sino auriculaire.

nœud sino auriculaire (SA) — cellules spécialisées du cœur situées dans la paroi de l'oreillette droite, au débouché de la veine cave supérieure. C'est le pacemaker du cœur.

obésité — excédent de graisse, en général supérieur à 25 % chez les hommes et 35 % chez les femmes.

obésité androïde — forme d'obésité essentiellement masculine, caractérisée par un stockage des graisses prédominant dans la partie supérieure du corps, et en particulier dans l'abdomen.

obésité de la partie inférieure du corps (gynoïde) — forme typique de stockage des graisses chez une femme obèse, chez laquelle ces graisses sont stockées tout d'abord dans la partie inférieure du corps spécialement les hanches, les fesses et les cuisses.

œdème cérébral d'altitude — accident grave lié à l'altitude et dont la cause est encore inconnue, et qui se traduit par une accumulation de liquide dans le crâne, caractérisée par une confusion mentale qui progresse vers le coma et vers la mort.

œdème pulmonaire de haute altitude — accumulation de liquide dans les poumons, lors d'une exposition à haute altitude. La ventilation s'en trouve perturbée et il en résulte une respiration haletante, un état de fatigue, un déficit d'oxygénation sanguine, des perturbations mentales, et une perte de conscience.

œstrogènes — hormones sexuelles féminines.

oligoménorrhées — règles irrégulières ou insuffisamment abondantes.

ordre de recrutement des unités motrices — théorie qui prétend que les unités motrices sont en général activées suivant un ordre déterminé.

organes tendineux de Golgi — récepteurs sensibles aux modifications de la tension musculaire, situés dans les tendons.

osmolarité — nombre de solutés (tels les électrolytes) contenus dans un liquide rapporté au volume de ce liquide. L'unité est l'osmole ou la milliosmole par litre.

ossification — processus de formation de l'os.

ostéopénie — perte de masse osseuse avec l'avance en âge.

ostéoporose — diminution du contenu minéral de l'os qui entraîne l'augmentation de sa porosité.

PA diastolique — voir pression artérielle diastolique.

PAm — voir pression artérielle moyenne.

PCr — voir phosphocréatine.

PDGF — protéine produite par les plaquettes et d'autres cellules. Elle stimule la croissance et la division cellulaire.

péricarde — enveloppe fibro-séreuse à double paroi qui recouvre le cœur.

périmysium — enveloppe conjonctive qui entoure chaque muscle.

périodisation — modifications périodiques des stimuli liés à l'entraînement pour prévenir le surentraînement.

pesée hydrostatique — méthode de mesure du volume corporel par immersion complète du sujet dans l'eau. La différence entre la mesure du poids sur terre et dans l'eau permet de connaître le volume du corps. Cette valeur peut être ensuite corrigée pour éliminer la place prise par les volumes d'air contenus dans l'organisme.

petite enfance — correspond à la première année de la vie.

PFK — voir phosphofructokinase.

phosphocréatine (PCr) — composé riche en énergie qui joue un rôle important dans la contraction musculaire lors de l'exercice court.

phosphofructokinase (PFK) — enzyme clé de la glycolyse.

phosphorylase — enzyme clé qui limite la glycolyse.

phosphorylation — liaison d'une molécule et d'un groupe phosphate (PO_4).

physiologie de l'exercice — science qui étudie les réponses de l'organisme à un exercice aigu et chronique.

physiologie du sport — application à l'entraînement des concepts de la physiologie de l'exercice, afin d'améliorer la performance.

physiopathologie — étude des conditions physiologiques, physiques et chimiques des maladies.

placébo — substance inactive administrée de manière identique à celle d'une substance active dont on veut tester les effets.

plaque épiphysaire — plaque de cartilage située entre l'épiphyse et la diaphyse. Encore appelée cartilage de croissance ou cartilage de conjugaison.

pléthysmographe à air — appareil permettant de mesurer les volumes respiratoires et la mécanique respiratoire à partir des variations de pression mesurées à l'intérieur du pléthysmographe.

pli cutané — épaisseur du panicule adipeux fréquemment mesurée à l'aide d'un caliper en un ou différents points du corps, pour estimer la densité du corps, le taux de graisse et la masse maigre.

plyométrie — forme d'entraînement basée sur la théorie selon laquelle l'utilisation du réflexe à l'étirement lors de la contraction musculaire, induit un recrutement accru d'unités motrices.

pneumothorax spontané — présence d'air dans la cavité pleurale, souvent causée par la rupture des alvéoles et pouvant entraîner un collapsus pulmonaire.

PO_2 — voir pression partielle en oxygène.

ponts de myosine — protubérance des filaments de myosine qui inclue la tête de myosine et qui se lie au site actif d'un filament d'actine pour produire une force par le glissement des filaments.

potentiel d'action — dépolarisation suffisante pour se propager le long de la membrane d'un neurone ou d'une cellule.

potentiel gradué — changement local (dépolarisation ou hyperpolarisation) du potentiel membranaire.

potentiel membranaire de repos — différence de potentiel électrique entre l'extérieur et l'intérieur des membranes cellulaires, causée par l'inégalité de répartition des charges ioniques.

potentiel postsynaptique d'excitation (PPSE) — dépolarisation de la membrane postsynaptique, en réponse à un influx excitateur.

potentiel postsynaptique d'inhibition (PPSI) — hyperpolarisation de la membrane postsynaptique, causée par une stimulation inhibitrice.

pouvoir tampon du muscle — aptitude musculaire à tolérer l'accumulation d'ions+ lors d'un exercice anaérobie.

PPSE — voir potentiel postsynaptique d'excitation.

pression artérielle diastolique — valeur minimale de la pression artérielle observée pendant la diastole ventriculaire.

pression artérielle moyenne — pression moyenne exercée par le sang contre les parois artérielles. Elle est estimée par le calcul suivant : PAm = PAdiastolique + 0,333 (PAsystolique − PAdiastolique).

pression artérielle systolique — valeur maximale de la pression artérielle coïncidant avec la systole ventriculaire.

pression hydrostatique — pression exercée par un liquide sur les parois.

pression oncotique — pression induite par la différence de concentrations en protéines dans deux compartiments séparés par une membrane perméable à l'eau. Elle induit un mouvement d'eau vers le compartiment où la pression oncotique est la plus élevée.

pression osmotique — pression exercée par les électrolytes en solution. Elle induit un mouvement d'eau du milieu où la pression est la plus faible vers celui où la pression est la plus élevée.

pression partielle en oxygène (PO_2) — pression exercée par l'oxygène dans un mélange gazeux.

pressions partielles — pressions exercées par chacun des gaz d'un mélange gazeux.

principe d'alternance — théorie selon laquelle toute période d'entraînement très intense doit être suivie d'une période d'entraînement plus faible, afin d'assurer à l'organisme une récupération suffisante.

principe de charge progressive — théorie de l'entraînement dans laquelle les exercices doivent stimuler idéalement les systèmes physiologiques pour obtenir la performance optimale dans un sport donné et pour induire des adaptations.

principe de la « justification thérapeutique » — dérogation autorisant un sportif à utiliser, à des fins exclusivement médicales, la prise d'une substance figurant sur la liste des produits dopants.

principe d'individualisation — théorie selon laquelle, tout programme d'entraînement doit prendre en considération les besoins spécifiques et les capacités des individus pour lesquels il a été réalisé.

principe de périodicité — théorie selon laquelle l'entraînement doit comporter des cycles successifs de travail spécifique, et de travail en intensité et en quantité.

principe de régularité — théorie selon laquelle, tout programme d'entraînement doit être planifié de façon à ce que les gains obtenus avec l'entraînement ne soient pas perdus.

principe de spécificité — théorie selon laquelle, tout programme d'entraînement doit solliciter les systèmes physiologiques essentiels à la réalisation de la performance, dans une discipline donnée.

principe de taille — la taille du motoneurone détermine l'ordre de recrutement des fibres musculaires. Les fibres musculaires ayant des motoneurones de petite taille sont recrutées en premier.

progestérone — hormone secrétée par les ovaires, elle initie la phase lutéale du cycle menstruel.

programme de réhabilitation — programme utilisé chez un patient pour retrouver la forme physique et la santé.

programme moteur — schéma de comportement moteur appris et mémorisé, stocké dans les aires motrices et sensitives du cerveau, reproductible à la demande.

prostaglandines — substances dérivées des acides gras. Elles agissent comme des hormones au niveau local.

PTH — voir hormone parathyroïde.

puberté — période pendant laquelle une personne devient capable de se reproduire.

puissance — produit de la force par la vitesse.

Q̇ — voir débit cardiaque.

QR — voir quotient respiratoire.

quotient respiratoire (QR) — rapport du volume de dioxyde de carbone expiré par minute et du volume d'oxygène consommé dans le même temps.

radiation — échanges d'énergie par ondes électromagnétiques.

radicaux libres — espèces très réactives dérivées de l'oxygène, caractérisées par la présence d'un électron non apparié, impliquées dans les dommages cellulaires.

rapport capillaires/fibres — nombre de capillaires par fibre musculaire.

recompression — augmentation de la pression exercée sur le corps, en général en caisson de recompression, servant à évacuer les bulles d'azote en solution. La recompression est utilisée pour traiter les accidents de décompression.

récupération cardiaque — durée nécessaire au retour au rythme cardiaque de repos, après un exercice.

réentraînement — reprise du travail physique après une période d'inactivité.

réflexe d'inhibition autogène — réflexe d'inhibition d'un motoneurone, en réponse à une tension excessive des fibres musculaires qu'il innerve, et contrôlé par les organes tendineux de Golgi.

réflexe moteur — réponse motrice à un stimulus donné.

règles — écoulement menstruel.

releasing factors — hormones transmises de l'hypothalamus à l'hypophyse antérieure qui provoquent la sécrétion d'autres hormones.

rénine — enzyme sécrétée par le rein, qui convertit l'angiotensinogène en angiotensine. Voir aussi système rénine-angiotensine.

réponse aiguë — réponse physiologique à un exercice musculaire isolé.

réseau de Purkinje — branches terminales du faisceau de His. Elles transmettent le signal électrique six fois plus vite que le reste du tissu nodal.

résistance à l'insuline — diminution de la sensibilité des récepteurs cellulaires à l'insuline.

résistances périphériques totales — résistances à l'écoulement du sang à travers la circulation systémique.

réticulum sarcoplasmique — système longitudinal de tubules, associé aux myofibrilles qui stocke le calcium.

rhumatisme articulaire aigu — pathologie cardiaque, localisée au niveau des valvules, observée tout particulièrement entre 5 et 15 ans, due au streptocoque.

sarcolemme — nom de la membrane entourant chaque fibre musculaire.

sarcomère — unité fonctionnelle fondamentale d'une myofibrille.

sarcopénie — perte de masse musculaire avec l'avance en âge.

sarcoplasme — nom du cytoplasme d'une fibre musculaire.

saturation en hémoglobine — quantité d'oxygène fixée par l'hémoglobine.

scaphandre autonome — appareil respiratoire utilisé lors de la plongée.

second messager — substance intracellulaire agissant comme un messager après qu'une hormone non stéroïde se soit liée à son récepteur extracellulaire.

sensibilité à l'insuline — index mesurant l'action de l'insuline sur le transport du glucose.

seuil — niveau minimum de stimulus nécessaire pour déclencher une réponse. Par exemple, le niveau minimum de dépolarisation nécessaire pour déclencher l'apparition d'un potentiel d'action.

seuil aérobie — intensité d'exercice pour laquelle les besoins ne peuvent être tout à fait satisfaits par le métabolisme aérobie. Il y a donc sollicitation croissante, au-delà de cette intensité, du métabolisme anaérobie et production de lactate.

seuil lactique — point à partir duquel l'acide lactique augmente, dans le sang, au-dessus de sa valeur de repos.

seuil ventilatoire — intensité d'exercice au-delà de laquelle la ventilation augmente proportionnellement plus que la consommation d'oxygène.

SNC — voir système nerveux central.

SNP — voir système nerveux périphérique.

soif — mécanisme nerveux qui déclenche le besoin de boire, en réponse à une déshydratation.

sommation — somme des variations de potentiels neuronaux.

spécificité de l'entraînement — adaptations physiologiques à l'entraînement qui sont hautement spécifiques de sa nature. Pour un maximum d'efficacité, l'entraînement doit se rapprocher le plus possible de la pratique de compétition.

spot reduction — théorie selon laquelle les exercices très localisés permettraient de réduire au même endroit les stocks de graisse.

β-oxydation — première étape de l'oxydation des acides gras, libérant des unités à 2 carbones d'acide acétique, lesquelles sont ensuite converties en acétyl CoA.

ST — voir fibre lente.

stéroïdes anabolisants — drogues ayant les propriétés anabolisantes de la testostérone (stimulant la croissance), et utilisées par certains athlètes pour augmenter la masse musculaire.

stress thermique — stress imposé par une variation extrême de la température.

substance ergogénique — substance capable d'augmenter la performance.

supplémentation en oxygène — respiration d'oxygène concentré, utilisé par certains sportifs comme support ergogénique.

surcharge d'entraînement — à l'inverse de l'entraînement excessif, la surcharge d'entraînement traduit une volonté systématique de stresser l'organisme au-delà de sa capacité de tolérance pour obtenir des adaptations supplémentaires, supérieures à celles qu'apporte une période d'entraînement ordinaire.

surcharge en bicarbonate — ingestion de bicarbonate pour élever le pH du sang, élever le pouvoir tampon et retarder la fatigue.

surcharge pondérale — poids excessif par rapport aux normes établies, en tenant compte du sexe, de la taille et des dimensions du sujet.

surentraînement — détérioration des performances physiques malgré une augmentation de la charge d'entraînement.

synapse — jonction entre deux neurones.

syndrome de fatigue chronique — sensations chroniques de faiblesse, douleurs diffuses, défaut de concentration et d'idéation, d'intensité très variable, et pouvant durer plusieurs mois ou années. Il pourrait résulter d'un dysfonctionnement du système de défense immunitaire.

syndrome métabolique — ensemble des troubles métaboliques en relation avec l'obésité : maladies coronariennes, hypertension, diabète de type 2, résistance à l'insuline, hyperinsulinémie.

syndrome de surentraînement — condition causée par le surentraînement et se caractérisant par une chute des performances.

système ATP-PCr — système anaérobie qui permet de maintenir les niveaux d'ATP. La dégradation de la phosphocréatine (PCr) libère Pi, qui en se recombinant à l'ADP régénère l'ATP.

système de feed-back négatif — mécanisme primaire par lequel le système endocrinien maintient l'homéostasie. La perturbation de l'homéostasie stimule la production d'une hormone qui corrige le changement. Une fois la normale rétablie, la sécrétion hormonale diminue.

système de transport de l'oxygène — inclut l'ensemble des composants des systèmes cardiovasculaires et respiratoires qui participent au transport de l'oxygène.

système glycolytique — système qui produit de l'énergie par l'intermédiaire de la glycolyse.

système immunitaire — système de l'organisme chargé de défendre celui-ci contre les infections, et faisant intervenir les anticorps et les lymphocytes.

système musculosquelettique — ensemble des éléments osseux du squelette et des muscles qui s'y insèrent.

système nerveux central (SNC) — système constitué de l'encéphale et de la moelle épinière.

système nerveux périphérique (SNP) — une partie du système nerveux à travers laquelle les influx nerveux sont transmis du cerveau et de la moelle épinière vers la périphérie et de la périphérie vers les centres nerveux.

système oxydatif — système énergétique le plus complexe qui produit de l'énergie en métabolisant les substrats en présence d'oxygène. C'est un réservoir énergétique très important.

système rénine-angiotensine — mécanisme de contrôle rénal de la pression artérielle. Les reins répondent à la baisse de pression sanguine ou du débit sanguin en sécrétant la rénine qui transforme l'angiotensinogène en angiotensine I et finalement en angiotensine II. Cette dernière induit une vasoconstriction des artérioles et stimule la sécrétion d'aldostérone.

système tampon musculaire — capacité du muscle à tamponner et tolérer l'acide accumulé lors de la glycolyse anaérobie.

T_3 — voir triiodothyronine.

T_4 — voir thyroxine.

tachycardie — fréquence cardiaque supérieure à 100 battements par minute, au repos.

tachycardie ventriculaire — arythmie cardiaque sévère lors de laquelle surviennent trois contractions ventriculaires prématurées ou plus. Voir aussi contraction ventriculaire prématurée et fibrillation ventriculaire.

tampon — substance qui en se combinant soit à un acide soit à une base, contribue à maintenir l'équilibre acido-basique, et donc le pH.

tapis roulant — ergomètre motorisé composé d'une courroie centrale qui se déplace à vitesse variable obligeant le sujet à marcher ou à courir.

taux de variation de $\dot{V}O_2max$ — variation en % = [($\dot{V}O_2max$ finale – $\dot{V}O_2max$ initiale)/$\dot{V}O_2max$ initiale] 100.

température corporelle moyenne (Tb) — moyenne pondérée des températures centrale et cutanées.

température du globe humide — système qui prend en compte simultanément les échanges de chaleur par conduction, convection, évaporation et radiation, en donnant une seule valeur de température qui permet d'estimer la capacité de refroidissement de l'environnement. Ce système comporte un bulbe sec, un bulbe humide, et un globe noir.

testostérone — hormone mâle du groupe des androgènes.

test triangulaire ou exercice à charge croissante — exercice dans lequel la charge de travail est augmentée graduellement toutes les 1 à 3 min jusqu'à épuisement.

théorie du filament glissant — théorie expliquant la contraction musculaire : les têtes de myosine s'attachent aux filaments d'actine, l'ensemble génère une force qui entraîne le déplacement d'un filament par rapport à l'autre.

thermogenèse sans frisson — stimulation du métabolisme par le système sympathique pour produire davantage de chaleur.

thermorécepteurs — récepteurs sensoriels qui enregistrent les variations de température interne du corps, les variations de température externe, et qui transmettent l'information à l'hypothalamus.

thermorégulation — ensemble des processus grâce auxquels les centres régulateurs hypothalamiques réajustent en permanence la température centrale en réponse à toute variation, même faible, de celle-ci, par rapport au set-point.

thyroxine (T_4) — hormone sécrétée par la thyroïde qui augmente le métabolisme cellulaire, la fréquence cardiaque et la force de contraction du cœur.

titine — elle coordonne le parfait alignement des myofibrilles dans le muscle strié et confère à celui-ci son élasticité. Dans le muscle, elle est liée aux filaments épais (de Myosine), et s'étend de la strie Z à la bande M.

toxicité de l'oxygène — peut survenir lors de l'inhalation d'oxygène pendant une longue période comme lors de la plongée. Elle se caractérise par des troubles visuels, une respiration rapide et superficielle ainsi que des convulsions.

transformation de Haldane — équation permettant de calculer le volume d'air inspiré à partir du volume d'air expiré ou inversement.

travail — rapport d'une force sur une distance.

triade de la femme sportive — ensemble de perturbations associant 3 désordres classiquement observés chez la femme, soumise à un entraînement intensif : troubles du comportement alimentaire, troubles menstruels et diminution du contenu minéral osseux.

triglycéride — substrat énergétique ayant la valeur calorique la plus élevée. C'est la forme de stockage des graisses dans l'organisme.

triiodothyronine (T_3) — hormone sécrétée par la thyroïde qui augmente le métabolisme cellulaire, la fréquence cardiaque et la force de contraction du cœur.

tropomyosine — protéine tubulaire entourant les filaments d'actine et qui court dans la gorge formée par leur torsade.

troponine — complexe protéique attaché à intervalles réguliers à l'actine et à la tropomyosine.

troubles des règles — perturbations du cycle menstruel normal, incluant les oligoménorrhées, les aménorrhées primaires et les aménorrhées secondaires.

troubles du comportement alimentaire — comportement alimentaire anormal qui va de la restriction excessive de la ration alimentaire à des attitudes pathologiques telles le vomissement volontaire ou l'abus de laxatifs, qui peuvent conduire à des troubles cliniques de l'alimentation comme l'anorexie nerveuse ou la boulimie nerveuse.

tubules transverses (système T) — invaginations du sarcolemme (membrane plasmique) à l'intérieur de la fibre musculaire, assurant la transmission rapide de l'influx nerveux et des nutriments jusqu'aux myofibrilles.

unité motrice — neurone moteur et toutes les fibres musculaires qu'il innerve.

up-regulation — augmentation de la sensibilité cellulaire à une hormone, par augmentation du nombre des récepteurs.

variation de potentiel — modification localisée (hyperpolarisation ou dépolarisation) du potentiel de membrane.

variations circadiennes — variations des réponses physiologiques se reproduisant toutes les 24 h.

vasoconstriction — diminution du diamètre des vaisseaux sanguin.

vasoconstriction hypoxique — constriction des vaisseaux sanguins en réponse à une diminution du taux d'oxygène dans le sang.

vasoconstriction périphérique — voir vasoconstriction.

vasodilatation — augmentation du diamètre des vaisseaux sanguins.

$\dot{V}CO_2$ — production de dioxyde de carbone par l'organisme en une minute.

$\dot{V}_E$ — volume d'air ventilé en une minute.

veines — vaisseaux sanguins qui acheminent le sang de la périphérie vers le cœur.

veinules — petits vaisseaux sanguins qui transportent le sang des capillaires aux veines.

VEMS — voir volume expiratoire maximum seconde.

ventilation maximale ($\dot{V}_{Emax}$) — valeur maximale de ventilation mesurée lors d'un exercice exhaustif.

ventilation pulmonaire — mouvements des gaz dans et hors des poumons.

vidange gastrique — ensemble des processus assurant le transfert des aliments mélangés aux sécrétions gastriques, de l'estomac vers le duodénum.

vitamines — ensemble de composés organiques à propriétés spécifiques indispensables à la croissance et à la santé. Elles agissent essentiellement comme catalyseur de réactions chimiques.

vitesse de contraction (V_0) — vitesse de contraction des fibres qui diffère selon le type de fibres.

voie afférente — voie sensitive du système nerveux périphérique.

voie efférente — voie motrice du système nerveux périphérique.

voie motrice — voir voie efférente.

voie sensitive — voir voie afférente.

volume courant — volume d'air mobilisé à l'inspiration et à l'expiration lors d'un cycle respiratoire normal.

volume d'éjection systolique — volume de sang éjecté par chaque ventricule lors de sa contraction.

volume expiratoire maximum seconde (VEMS) — volume d'air rejeté pendant la première seconde d'une expiration forcée.

volume résiduel (VR) — quantité d'air qui reste dans les poumons après une expiration forcée.

volume télédiastolique (de fin de diastole) — volume de sang restant dans le ventricule gauche à la fin de la diastole, juste avant la contraction suivante.

volume télésystolique (de fin de systole) — volume de sang restant dans le ventricule gauche à la fin de la systole, juste après la contraction.

VR — voir volume résiduel.

VR/CPT — rapport du volume résiduel sur la capacité pulmonaire totale.

V_s — voir volume d'éjection systolique.

VTD — voir volume télédiastolique.

Bibliographie

Introduction

1. Åstrand P.O. & Rhyming I. (1954). A nomogram for calculation of aerobic capacity (physical fitness) from pulse rate during submaximal work. *Journal of Applied Physiology,* **7**, 218-221.
2. Bainbridge F.A. (1931). *The physiology of muscular exercise.* London: Longmans, Green.
3. Buford T.W. & Pahor M. (2012). Making preventive medicine more personalized: Implications for exercise-related research. *Preventive Medicine,* **55**, 34-36.
4. Buskirk E.R. & Taylor H.L. (1957). Maximal oxygen uptake and its relation to body composition, with special reference to chronic physical activity and obesity. *Journal of Applied Physiology,* **11**, 72-78.
5. Collins F.S. (1999). The human genome project and the future of medicine. *Annals of the New York Academy of Sciences,* **882**, 42-55, discussion 56-65.
6. Collins F.S. (2001). Contemplating the end of the beginning. *Genome Research,* **11**, 641-643.
7. Cooper K.H. (1968). *Aerobics.* New York: Evans.
8. Dill D.B. (1938). *Life, heat, and altitude.* Cambridge, MA: Harvard University Press.
9. Dill D.B. (1985). *The hot life of man and beast.* Springfield, IL: Charles C Thomas.
10. Fletcher W.M. & Hopkins F.G. (1907). Lactic acid in amphibian muscle. *Journal of Physiology,* **35**, 247-254.
11. Flint A. Jr. (1871). On the physiological effects of severe and protracted muscular exercise; with special reference to the influence of exercise upon the excretion of nitrogen. *New York Medical Journal,* **13**, 609-697.
12. Foster M. (1970). *Lectures on the history of physiology.* New York: Dover.
13. Ginsburg G.S. & Willard H.F. (2009). Genomic and personalized medicine: Foundations and applications. *Translational Research,* **154**, 277-287.
14. Hamburg M.A. & Collins F.S. (2010). The path to personalized medicine. *New England Journal of Medicine,* **363**, 301-304.
15. Joyner M.J. & Pedersen B.K. (2011). Ten questions about systems biology. *Journal of Physiology,* **589**, 1017-1030.
16. LaGrange F. (1889). *Physiology of bodily exercise.* London: Kegan Paul International.
17. Perusse L., Rankinen T., Hagberg J.M., Loos R.J., Roth S.M., Sarzynski M.A., Wolfarth B. & Bouchard C. (2013). Advances in exercise, fitness, and performance genomics in 2012. *Medicine and Science in Sports and Exercise,* **45**, 824-831.
18. Robinson S. (1938). Experimental studies of physical fitness in relation to age. *Arbeitsphysiologie,* **10**, 251-327.
19. Seals D.R. (2013). Translational physiology: From molecules to public health. *Journal of Physiology,* **591**, 3457-3469.
20. Séguin A. & Lavoisier A. (1793). Premier mémoire sur la respiration des animaux. *Histoire et Mémoires de l'Academie Royale des Sciences,* **92**, 566-584.
21. Talmud P.J., Hingorani A.D., Cooper J.A., Marmot M.G., Brunner E.J., Kumari M., Kivimaki M. & Humphries S.E. (2010). Utility of genetic and non-genetic risk factors in prediction of type 2 diabetes: Whitehall II prospective cohort study. *BMJ,* **340**, b4838.
22. Taylor H.L., Buskirk E.R. & Henschel A. (1955). Maximal oxygen intake as an objective measure of cardiorespiratory performance. *Journal of Applied Physiology,* **8**, 73-80.
23. Wang L., McLeod H.L. & Weinshilboum R.M. (2011). Genomics and drug response. *New England Journal of Medicine,* **364**, 1144-1153.
24. Zuntz N. & Schumberg N.A.E.F. (1901). *Studien Zur Physiologie des Marches* (p. 211). Berlin: A. Hirschwald.

Chapitre 1

1. Brooks G.A., Fahey T.D. & Baldwin K.M. (2005). *Exercise physiology: Human bioenergetics and its applications* (4th ed.). New York: McGraw-Hill.
2. Bruusgaard J.C., Egner I.M., Larsen T.K., Dupre-Aucouturier S., Desplanches D. & Gundersen K. (2012). No change in myonuclear number during muscle unloading and reloading. *Journal of Applied Physiology,* **113**(2), 290-296.
3. Bruusgaard J.C., Johansen I.B., Egner I.M., Rana Z.A. & Gundersen K. (2010). Myonuclei acquired by overload exercise precede hypertrophy and are not lost on detraining. *Proceedings of the National Academy of Sciences USA,* **107**, 15111-15116.
4. Costill D.L., Daniels J., Evans W., Fink W., Krahenbuhl G. & Saltin B. (1976). Skeletal muscle enzymes and fiber composition in male and female track athletes. *Journal of Applied Physiology,* **40**, 149-154.
5. Costill D.L., Fink W.J., Flynn M. & Kirwan J. (1987). Muscle fiber composition and enzyme activities in elite female distance runners. *International Journal of Sports Medicine,* **8**, 103-106.
6. Costill D.L., Fink W.J. & Pollock M.L. (1976). Muscle fiber composition and enzyme activities of elite distance runners. *Medicine and Science in Sports,* **8**, 96-100.
7. Gallagher I.J., Stephens N.A., MacDonald A.J., Skipworth R.J.E., Husi H., Greig C.A., Ross J.A., Timmons J.A. & Fearon K.C.H. (2012). Suppression of skeletal muscle turnover in cancer cachexia: Evidence from the transcriptome in sequential human muscle biopsies. *Clinical Cancer Research,* **18**, 2817-2827.

8. Gerus P., Rao G. & Berton E. (2015). Ultrasound-based subject-specific parameters improve fascicle behaviour estimation in Hill-type muscle model. *Computer Methods in Biomechanics and Biomedical Engineering*, **18**(2), 116-123.

9. Herzog W., Duvall M. & Leonard T.R. (2012). Molecular mechanisms of muscle force regulation: A role for titin. *Exercise and Sports Sciences Reviews*, **40**(1), 50-57.

10. Kwah L.K., Pinto R.Z., Diong J. & Herbert R.D. (2013). Reliability and validity of ultrasound measurements of muscle fascicle length and pennation in humans: A systematic review. *Journal of Applied Physiology*, **114**, 761-769.

11. Lee J.D. & Burd N.A. (2012). No role of muscle satellite cells in hypertrophy: Further evidence of a mistaken identity? *Journal of Physiology*, **590**, 2837-2838.

12. Lieber R.I. & Ward S.R. (2011). Skeletal muscle design to meet functional demands. *Physiological Transactions of the Royal Society of London, B Biological Sciences*, **366**, 1466-1476.

13. MacIntosh B.R., Gardiner P.F. & McComas A.J. (2006). *Skeletal muscle form and function* (2nd ed.). Champaign, IL: Human Kinetics.

14. Mahon J.J. & Pearson S. (2012). Changes in medial gastrocnemius fascicle-tendon behavior during single-leg hopping with increased joint stiffness. Poster communication. *Proceedings of the Physiological Society*, **26**, PC75.

15. Monroy J.A., Powers K.L., Gilmore L.A., Uyeno T.A., Lindstedt S.L. & Nishikawa K.C. (2012). What is the role of titin in active muscle? *Exercise and Sports Sciences Reviews*, **40**(2), 73-78.

16. Nishikawa K.C., Monroy J.A., Uyeno T.A., Yeo S.H., Pai D.K. & Lindstedt S.L. (2012). Is titin a "winding filament"? A new twist on muscle contraction. *Proceedings in Biological Sciences*, **279**(1730), 981-990.

17. Stephens N.A., Gray C., MacDonald A.J., Tan B.H., Gallagher I.J., Skipworth R.J.E., Ross J.A., Fearon K.C.H. & Greig C.A. (2012). Sexual dimorphism modulates the impact of cancer cachexia on lower limb muscle mass and function. *Clinical Nutrition*, **31**, 499-505.

18. Toth M.J., Miller M.S., Callahan D.M., Sweeny A.P., Nunez I., Der-Torossian H., Couch M.E. & Dittus K. (2013). Molecular mechanisms underlying skeletal muscle weakness in human cancer: Reduced myosin-actin cross-bridge formation and kinetics. *Journal of Applied Physiology*, **114**, 858-868.

19. Tskhovrebova L. & Trinick J. (2003). Titin: Properties and family relationships. *Nature Reviews Molecular Cell Biology*, **4**, 679-689.

Chapitre 2

1. Bergouignan A., Antoun E., Momken I., Schoeller D.A., Gauquelin-Koch G., Simon C. & Blanc S. (2013). Effect of contrasted levels of habitual physical activity on metabolic flexibility. *Journal of Applied Physiology*, **114**, 371-379.

2. Isacco L., Duche P. & Boisseau N. (2012). Influence of hormonal status on substrate utilization at rest and during exercise in the female population. *Sports Medicine*, **42**, 327-342.

3. Isacco L., Duche P., Thivel D., Meddahi-Pelle A., Lemoine-Morel S., Duclos M. & Boisseau N. (2013). Fat mass localization alters fuel oxidation during exercise in normal weight women. *Medicine and Science in Sports and Exercise*, **45**(10), 1887-1896.

4. Kelley D.E., He J., Menshikova E.V. & Ritov V.B. (2002). Dysfunction of mitochondria in human skeletal muscle in type 2 diabetes. *Diabetes*, **51**, 2944-2950.

5. Pathi B., Kinsey S.T., Howdeshell M.E., Priester C., McNeill R.S. & Locke B.R. (2012). The formation and functional consequences of heterogeneous mitochondrial distributions in skeletal muscle. *Journal of Experimental Biology*, **215**, 1871-1883.

6. Pathi B., Kinsey S.T. & Locke B.R. (2011). Influence of reaction and diffusion on spatial organization of mitochondria and effectiveness factors in skeletal muscle cell design. *Biotechnology and Bioengineering*, **108**, 1912-1924.

7. Pathi B., Kinsey S.T. & Locke B.R. (2013). Oxygen control of intracellular distribution of mitochondria in muscle fibers. *Biotechnology and Bioengineering*, **110**, 2513-2524.

Chapitre 3

1. Barnes M.J., Mundel T. & Stannard S.R. (2010). Acute alcohol consumption aggravates the decline in muscle performance following strenuous eccentric exercise. *Journal of Science and Medicine in Sport*, **13**, 189-193.

2. Barnes M.J., Mundel T. & Stannard S.R. (2012). The effects of acute alcohol consumption and eccentric muscle damage on neuromuscular function. *Applied Physiology, Nutrition, and Metabolism*, **37**, 63-71.

3. Edstrom L. & Grimby L. (1986). Effect of exercise on the motor unit. *Muscle and Nerve*, **9**, 104-126.

4. Girard O., Millet G.P., Micallef J.P. & Racinais S. (2012). Alteration in neuromuscular function after a 5 km running time trial. *European Journal of Applied Physiology*, **112**, 2323-2330.

5. Handschin C. (2010). Regulation of skeletal muscle cell plasticity by the peroxisome proliferator-activated receptor gamma coactivator 1alpha. *Journal of Receptor and Signal Transduction Research*, **30**, 376-384.

6. Marieb E.N. (1995). *Human anatomy and physiology* (3rd ed.). New York: Benjamin Cummings.

7. Petajan J.H., Gappmaier E., White A.T., Spencer M.K., Mino L. & Hicks R.W. (1996). Impact of aerobic training on fitness and quality of life in multiple sclerosis. *Annals of Neurology*, **39**, 432-441.

8. Pette D. & Vrbova G. (1985). Neural control of phenotypic expression in mammalian muscle fibers. *Muscle and Nerve*, **8**, 676-689.

9. Un C.P., Lin K.H., Shiang T.Y., Chang E.C., Su S.C. & Wang H.K. (2013). Comparative and reliability studies of neuromechanical leg muscle performances of volleyball athletes in different divisions. *European Journal of Applied Physiology*, **113**, 457-466.

10. Waugh C.M., Korff T., Fath F. & Blazevich A.J. (2013). Rapid force production in children and adults: Mechanical and neural contributions. *Medicine and Science in Sports and Exercise*, **45**, 762-771.

Chapitre 4

1. Boden B.P., Sheehan F.T., Torg J.S. & Hewett T.E. (2010). Noncontact ante-

rior cruciate ligament injuries: Mechanisms and risk factors. *Journal of the American Academy of Orthopaedic Surgeons,* **18**, 520-527.
2. Bostrom P., Wu J., Jedrychowski M.P., Korde A., Ye L., Lo J.C., Rasbach K.A., Bostrom E.A., Choi J.H., Long J.Z., Kajimura S., Zingaretti M.C., Vind B.F., Tu H., Cinti S., Hojlund K., Gygi S.P. & Spiegelman B.M. (2012). A PGC1-α-dependent myokine that drives brown-fat-like development of white fat and thermogenesis. *Nature,* **481**, 463-468.
3. Broom D.R., Stensel D.J., Bishop N.C., Burns S.F. & Miyashita M. (2007). Exercise-induced suppression of acylated ghrelin in humans. *Journal of Applied Physiology,* **102**, 2165-2171.
4. Bruning J.C., Gautam D., Burks D.J., Gillette J., Schubert M., Orban P.C., Klein R., Krone W., Muller-Wieland D. & Kahn C.R. (2000). Role of brain insulin receptor in control of body weight and reproduction. *Science,* **289**, 2122-2125.
5. Jurimae J., Maestu J., Jurimae T., Mangus B. & von Duvillard S.P. (2011). Peripheral signals of energy homeostasis as possible markers of training stress in athletes: A review. *Metabolism: Clinical and Experimental,* **60**, 335-350.
6. Kelly D.P. (2012). Irisin, light my fire. *Science,* **336**, 42-43.
7. Lam C.K., Chari M. & Lam T.K. (2009). CNS regulation of glucose homeostasis. *Physiology,* **24**, 159-170.
8. Lam T.K., Gutierrez-Juarez R., Pocai A. & Rossetti L. (2005). Regulation of blood glucose by hypothalamic pyruvate metabolism. *Science,* **309**, 943-947.
9. Leidy H.J., Gardner J.K., Frye B.R., Snook M.L., Schuchert M.K., Richard E.L. & Williams N.I. (2004). Circulating ghrelin is sensitive to changes in body weight during a diet and exercise program in normal-weight young women. *Journal of Clinical Endocrinology and Metabolism,* **89**, 2659-2664.
10. Magistretti P.J., Pellerin L., Rothman D.L. & Shulman R.G. (1999). Energy on demand. *Science,* **283**, 496-497.
11. Powell J.W. & Barber-Foss K.D. (2000). Sex-related injury patterns among selected high school sports. *American Journal of Sports Medicine,* **28**, 385-391.
12. Stensel D. (2010). Exercise, appetite and appetite-regulating hormones: Implications for food intake and weight control. *Annals of Nutrition and Metabolism,* **57**(Suppl 2), 36-42.
13. Wenz T., Rossi S.G., Rotundo R.L., Spiegelman B.M. & Moraes C.T. (2009). Increased muscle PGC-1alpha expression protects from sarcopenia and metabolic disease during aging. *Proceedings of the National Academy of Sciences USA,* **106**, 20405-20410.
14. Wild C.Y., Steele J.R. & Munro B.J. (2012). Why do girls sustain more anterior cruciate ligament injuries than boys? A review of the changes in estrogen and musculoskeletal structure and function during puberty. *Sports Medicine,* **42**, 733-749.

Chapitre 5

1. Allen D.G. & Trajanovska S. (2012). The multiple roles of phosphate in muscle fatigue. *Frontiers in Physiology,* **3**, 1-8.
2. Bergeron M.F. (2008). Muscle cramps during exercise—is it fatigue or electrolyte deficit? *Current Sports Medicine Reports,* **7**, S50-S55.
3. Bruckert E., Hayem G., Dejager S., Yau C. & Begaud B. (2005). Mild to moderate muscular symptoms with high-dosage statin therapy in hyperlipidemic patients—the primo study. *Cardiovascular Drugs and Therapy,* **19**, 403-414.
4. Caruso J.F. & Coday M.A. (2008). The combined acute effects of massage, rest periods, and body part elevation on resistance exercise performance. *Journal of Strength and Conditioning Research,* **22**, 575-582.
5. Costill D.L. (1986). *Inside running: Basics of sports physiology.* Indianapolis: Benchmark Press.
6. Franz J.R., Wierzbinski C.M. & Kram R. (2012). Metabolic cost of running barefoot versus shod: Is lighter better? *Medicine and Science in Sports and Exercise,* **44**, 1519-1525.
7. Gaesser G.A. & Poole D.C. (1996). The slow component of oxygen uptake kinetics in humans. *Exercise and Sport Sciences Reviews,* **24**, 35-70.
8. Galloway S.D.R. & Maughan R.J. (1997). Effects of ambient temperature on the capacity to perform prolonged cycle exercise in man. *Medicine and Science in Sports and Exercise,* **29**, 1240-1249.
9. Maughan R.J., Otani H. & Watson P. (2012). Influence of relative humidity on prolonged exercise capacity in a warm environment. *European Journal of Applied Physiology,* **112**, 2313-2321.
10. Mikus C.R., Boyle L.J., Borengasser S.J., Oberlin D.J., Naples S.P., Fletcher J., Meers G.M., Ruebel M., Laughlin M.H., Dellsperger K.C., Fadel P.J. & Thyfault J.P. (2013). Simvastatin impairs exercise training adaptations. *Journal of the American College of Cardiology,* **62**, 709-714.
11. Neyroud D., Maffiuletti N.A., Kayser B. & Place N. (2012). Mechanisms of fatigue and task failure induced by sustained submaximal contractions. *Medicine and Science in Sports and Exercise,* **44**, 1243-1251.
12. Ortenblad N., Westerblad H. & Nielsen J. (2013). Muscle glycogen stores and fatigue. *Journal of Physiology* June 7 [Epub ahead of print].
13. Parker B.A. & Thompson P.D. (2012). Effect of statins on skeletal muscle: Exercise, myopathy, and muscle outcomes. *Exercise and Sport Sciences Reviews,* **40**, 188-194.
14. Phillips P.S., Haas R.H., Bannykh S., Hathaway S., Gray N.L., Kimura B.J., Vladutiu G.D., England J.D., Scripps Mercy Clinical Research Center. (2002). Statin-associated myopathy with normal creatine kinase levels. *Annals of Internal Medicine,* **137**, 581-585.
15. Radak Z., Naito H., Taylor A.W. & Goto S. (2012). Nitric oxide: Is it the cause of muscle soreness? *Nitric Oxide: Biology and Chemistry,* **26**, 89-94.
16. Radak Z., Pucsok J., Mecseki S., Csont T. & Ferdinandy P. (1999). Muscle soreness-induced reduction in force generation is accompanied by increased nitric oxide content and DNA damage in human skeletal muscle. *Free Radical Biology and Medicine,* **26**, 1059-1063.
17. Schwane J.A., Johnson S.R., Vandenakker C.B. & Armstrong R.B. (1983). Delayed-onset muscular soreness and plasma CPK and LDH activities after downhill running. *Medicine and Science in Sports and Exercise,* **15**, 51-56.
18. Schwane J.A., Watrous B.G., Johnson S.R. & Armstrong R.B. (1983). Is

lactic acid related to delayed-onset muscle soreness? *Physician and Sportsmedicine, 11*(3), 124-131.
19. Tung K.D., Franz J.R. & Kram R. (2014). A test of the metabolic cost of cushioning hypothesis during unshod and shod running. *Medicine and Science in Sports and Exercise, 46*(2), 324-329.
20. Wiltshire E.V., Poitras V., Pak M., Hong T., Rayner J. & Tschakovsky M.E. (2010). Massage impairs postexercise muscle blood flow and "lactic acid" removal. *Medicine and Science in Sports and Exercise, 42*, 1062-1071.
21. Zuntz N. & Hagemann O. (1898). *Untersuchungen uber den Stroffwechsel des Pferdes bei Ruhe und Arbeit*. Berlin: Parey.

Chapitre 6

1. Casey D.P., Curry T.B., Wilkins B.W. & Joyner M.J. (2011). Nitric oxide-mediated vasodilation becomes independent of beta-adrenergic receptor activation with increased intensity of hypoxic exercise. *Journal of Applied Physiology, 110*, 687-694.
2. Casey D.P. & Joyner M.J. (2011). Local control of skeletal muscle blood flow during exercise: Influence of available oxygen. *Journal of Applied Physiology, 111*, 1527-1538.
3. Casey D.P., Mohamed E.A. & Joyner M.J. (2013). Role of nitric oxide and adenosine in the onset of vasodilation during dynamic forearm exercise. *European Journal of Applied Physiology, 113*, 295-303.
4. Casey D.P., Walker B.G., Ranadive S.M., Taylor J.L. & Joyner M.J. (2013). Contribution of nitric oxide in the contraction-induced rapid vasodilation in young and older adults. *Journal of Applied Physiology, 115*, 446-455.
5. Dorfman T.A., Rosen B.D., Perhonen M.A., Tillery T., McColl R., Peshock R.M. & Levine B.D. (2008). Diastolic suction is impaired by bed rest: MRI tagging studies of diastolic untwisting. *Journal of Applied Physiology, 104*, 1037-1044.
6. Harmon K.G., Drezner J.A., Klossner D. & Asif I.M. (2012). Sickle cell trait associated with a RR of death of 37 times in National Collegiate Athletic Association Football athletes: A database with 2 million athlete-years as the denominator. *British Journal of Sports Medicine, 46*, 325-330.
7. Joyner M.J. & Casey D.P. (2014). Muscle blood flow, hypoxia and hypoperfusion. *Journal of Applied Physiology* April 1 [Epub ahead of print].
8. Notomi Y., Martin-Miklovic M.G., Oryszak S.J., Shiota T., Deserranno D., Popovic Z.B., Garcia M.J., Greenberg N.L. & Thomas J.D. (2006). Enhanced ventricular untwisting during exercise: A mechanistic manifestation of elastic recoil described by doppler tissue imaging. *Circulation, 113*, 2524-2533.
9. O'Connor F.G., Deuster P. & Thompson A. (2013). Sickle cell trait: What's a sports medicine clinician to think? *British Journal of Sports Medicine, 47*, 667-668.
10. Tarini B.A., Brooks M.A. & Bundy D.G. (2012). A policy impact analysis of the mandatory NCAA sickle cell trait screening program. *Health Services Research, 47*, 446-461.

Chapitre 7

1. Caretti D.M., Scott W.H., Johnson A.T., Coyne K.M. & Koh F. (2001). Work performance when breathing through different respirator exhalation resistances. *AIHAJ, 62*, 411-415.
2. Casey K., Duffin J., Kelsey C.J. & Mc Avoy G.V. (1987). The effect of treadmill speed on ventilation at the start of exercise in man. *Journal of Physiology, 391*, 13-24.
3. Duffin J. (2014). The fast exercise drive to breathe. *Journal of Physiology, 592*, 445-451.
4. Molino-Lova R., Pasquini G., Vannetti F., Zipoli R., Razzolini L., Fabbri V., Frandi R., Cecchi F., Gigliotti F. & Macchi C. (2013). Ventilatory strategies in the six-minute walk test in older patients receiving a three-week rehabilitation programme after cardiac surgery through median sternotomy. *Journal of Rehabilitation Medicine, 45*, 504-509.
5. Qiu M. & Wang S. (2012). Effect of respirator resistance on tolerant capacity during graded load exercise. *Journal of Huazhong University of Science and Technology: Medical Sciences, 32*, 434-437.

Chapitre 8

1. Couto M., Silva D., Delgado L. & Moreira A. (2013). Exercise and airway injury in athletes. *Acta Medica Portuguesa, 26*, 56-60.
2. Helenius I. & Haahtela T. (2000). Allergy and asthma in elite summer sport athletes. *Journal of Allergy and Clinical Immunology, 106*, 444-452.
3. Helenius I.J., Tikkanen H.O. & Haahtela T. (1998). Occurrence of exercise induced bronchospasm in elite runners: Dependence on atopy and exposure to cold air and pollen. *British Journal of Sports Medicine, 32*, 125-129.
4. Hermansen L. (1981). Effect of metabolic changes on force generation in skeletal muscle during maximal exercise. In R. Porter & J. Whelan (Eds.), *Human muscle fatigue: Physiological mechanisms* (pp. 75-88). London: Pitman Medical.
5. Karim N., Hasan J.A. & Ali S.S. (2011). Heart rate variability—a review. *Journal of Basic and Applied Sciences, 7*, 71-77.
6. Larsson K., Ohlsen P., Larsson L., Malmberg P., Rydstrom P.O. & Ulriksen H. (1993). High prevalence of asthma in cross country skiers. *BMJ, 307*, 1326-1329.
7. McKirnan M.D., Gray C.G. & White F.C. (1991). Effects of feeding on muscle blood flow during prolonged exercise in miniature swine. *Journal of Applied Physiology, 70*, 1097-1104.
8. Miles S.C., Chun-Chung C., Hsin-Fu L., Hunter S.D., Dhindsa M., Nualnim N. & Tanaka H. (2013). Arterial blood pressure and cardiovascular responses to yoga practice. *Alternative Therapies in Health and Medicine, 19*, 38-45.
9. Poliner L.R., Dehmer G.J., Lewis S.E., Parkey R.W., Blomqvist C.G. & Willerson J.T. (1980). Left ventricular performance in normal subjects: A comparison of the responses to exercise in the upright and supine position. *Circulation, 62*, 528-534.
10. Powers S.K., Martin D. & Dodd S. (1993). Exercise-induced hypoxaemia in elite endurance athletes: Incidence, causes and impact on VO_2max. *Sports Medicine, 16*, 14-22.
11. Routledge F.S., Campbell T.S., McFetridge-Durdle J.A. & Bacon S.L. (2010). Improvements in heart rate variability

with exercise therapy. *Canadian Journal of Cardiology,* **26**, 303-312.
12. Rundell K.W. (2003). High levels of airborne ultrafine and fine particulate matter in indoor ice arenas. *Inhalation Toxicology,* **15**, 237-250.
13. Saboul D., Pialoux V. & Hautier C. (2014). The breathing effect of the lf/hf ratio in the heart rate variability measurements of athletes. *European Journal of Sport Science,* **14**(Suppl 1), S282-S288.
14. Tanaka H., Monahan D.K. & Seals D.R. (2001). Age-predicted maximal heart rate revisited. *Journal of the American College of Cardiology,* **37**, 153-156.
15. Turkevich D., Micco A. & Reeves J.T. (1988). Noninvasive measurement of the decrease in left ventricular filling time during maximal exercise in normal subjects. *American Journal of Cardiology,* **62**, 650-652.
16. Wasserman K. & McIlroy M.B. (1964). Detecting the threshold of anaerobic metabolism in cardiac patients during exercise. *American Journal of Cardiology,* **14**, 844-852.

Chapitre 9

1. American College of Sports Medicine. (2009). ACSM position stand: Progression models in resistance training for healthy adults. *Medicine and Science in Sports and Exercise,* **41**, 687-708.
2. Behm D.G., Drinkwater E.J., Willardson J.M. & Cowley P.M. (2010). The use of instability to train the core musculature. *Applied Physiology, Nutrition, and Metabolism,* **35**, 91-108.
3. Bundle M.W. & Weyand P.G. (2012). Sprint exercise performance: Does metabolic power matter? *Exercise and Sport Sciences Reviews,* **40**, 174-182.
4. Gibala M.J. & Jones A.M. (2013). Physiological and performance adaptations to high-intensity interval training. *Nestlé Nutritional Institute Workshop Series,* **76**, 51-60.
5. Gibala M.J., Little J.P., van Essen M., Wilkin G.P., Burgomaster K.A., Safdar A., Raha S. & Tarnopolsky M.A. (2006). Short-term sprint interval versus traditional endurance training: Similar initial adaptations in human skeletal muscle and exercise performance. *Journal of Physiology,* **575**, 901-911.
6. Gunnarsson T.P. & Bangsbo J. (2012). The 10-20-30 training concept improves performance and health profile in moderately trained runners. *Journal of Applied Physiology,* **113**, 16-24.
7. Gunnarsson T.P., Christensen P.M., Holse K., Christiansen D. & Bangsbo J. (2012). Effect of additional speed endurance training on performance and muscle adaptations. *Medicine and Science in Sports and Exercise,* **44**, 1942-1948.
8. Iaia F.M., Thomassen M., Kolding H., Gunnarsson T., Wendell J., Rostgaard T., Nordsborg N., Krustrup P., Nybo L., Hellsten Y. & Bangsbo J. (2008). Reduced volume but increased training intensity elevates muscle Na+-K+ pump alpha1-subunit and NHE1 expression as well as short-term work capacity in humans. *American Journal of Physiology: Regulatory, Integrative and Comparative Physiology,* **294**, R966-R974.
9. Willardson J.M. (2007). Core stability training: Applications to sports conditioning programs. *Journal of Strength and Conditioning Research,* **21**, 979-985.

Chapitre 10

1. Aguirre N., van Loon L.J. & Baar K. (2013). The role of amino acids in skeletal muscle adaptation to exercise. *Nestlé Nutritional Institute Workshop Series,* **76**, 85-102.
2. Barnes B. (2013). Jim Bradford, Olympic weightlifter, dies at 84. *Washington Post* October 13. Available: www.washingtonpost.com/local/obituaries/jim-bradford-dies-at-84-olympic-weightlifter/2013/10/13/abc758ba-302d-11e3-9ccc-2252bdb14df5_story.html [August 15, 2014].
3. Dickinson J.M., Volpi E. & Rasmussen B.B. (2013). Exercise and nutrition to target protein synthesis impairments in aging skeletal muscle. *Exercise and Sports Sciences Reviews,* **41**, 216-223.
4. Duchateau J. & Enoka R.M. (2002). Neural adaptations with chronic activity patterns in able-bodied humans. *American Journal of Physical Medicine and Rehabilitation,* **81**(Suppl 11), 517-527.
5. Enoka R.M. (1988). Muscle strength and its development: New perspectives. *Sports Medicine,* **6**, 146-168.
6. Gonyea W.J. (1980). Role of exercise in inducing increases in skeletal muscle fiber number. *Journal of Applied Physiology,* **48**, 421-426.
7. Gonyea W.J., Sale D.G., Gonyea F.B. & Mikesky A. (1986). Exercise induced increases in muscle fiber number. *European Journal of Applied Physiology,* **55**, 137-141.
8. Graves J.E., Pollock M.L., Leggett S.H., Braith R.W., Carpenter D.M. & Bishop L.E. (1988). Effect of reduced training frequency on muscular strength. *International Journal of Sports Medicine,* **9**, 316-319.
9. Green H.J., Klug G.A., Reichmann H., Seedorf U., Wiehrer W. & Pette D. (1984). Exercise-induced fibre type transitions with regard to myosin, parvalbumin, and sarcoplasmic reticulum in muscles of the rat. *Pflugers Archiv: European Journal of Physiology,* **400**, 432-438.
10. Hakkinen K., Alen M. & Komi P.V. (1985). Changes in isometric force and relaxation-time, electromyographic and muscle fibre characteristics of human skeletal muscle during strength training and detraining. *Acta Physiologica Scandinavica,* **125**, 573-585.
11. Hawke T.J. & Garry D.J. (2001). Myogenic satellite cells: Physiology to molecular biology. *Journal of Applied Physiology,* **91**, 534-551.
12. MacRae B.A., Cotter J.D. & Laing R.M. (2011). Compression garments and exercise: Garment considerations, physiology and performance. *Sports Medicine,* **41**, 815-843.
13. McCall G.E., Byrnes W.C., Dickinson A., Pattany P.M. & Fleck S.J. (1996). Muscle fiber hypertrophy, hyperplasia, and capillary density in college men after resistance training. *Journal of Applied Physiology,* **81**, 2004-2012.
14. Schoenfield B.J. (2013). Is there a minimum intensity threshold for resistance training-induced hypertrophic adaptations? *Sports Medicine,* **43**(12), 1279-1288.
15. Schroeder E.T., Villanueva M., West D.D. & Phillips S.M. (2013). Are acute post-resistance exercise increases in testosterone, growth hormone, and IGF-1 necessary to stimulate skeletal muscle anabolism and hypertrophy? *Medicine and Science in Sports and Exercise,* **45**, 2044-2051.
16. Shepstone T.N., Tang J.E., Dallaire S., Schuenke M.D., Staron R.S. & Phillips S.M. (2005). Short-term high- vs.

low-velocity isokinetic lengthening training results in greater hypertrophy of the elbow flexors in young men. *Journal of Applied Physiology,* **98**, 1768-1776.

17. Sjöström M., Lexell J., Eriksson A. & Taylor C.C. (1991). Evidence of fibre hyperplasia in human skeletal muscles from healthy young men? A left-right comparison of the fibre number in whole anterior tibialis muscles. *European Journal of Applied Physiology,* **62**, 301-304.

18. Staron R.S., Karapondo D.L., Kraemer W.J., Fry A.C., Gordon S.E., Falkel J.E., Hagerman F.C. & Hikida R.S. (1994). Skeletal muscle adaptations during early phase of heavy resistance training in men and women. *Journal of Applied Physiology,* **76**, 1247-1255.

19. Staron R.S., Leonardi M.J., Karapondo D.L., Malicky E.S., Falkel J.E., Hagerman F.C. & Hikida R.S. (1991). Strength and skeletal muscle adaptations in heavy-resistance-trained women after detraining and retraining. *Journal of Applied Physiology,* **70**, 631-640.

20. Staron R.S., Malicky E.S., Leonardi M.J., Falkel J.E., Hagerman F.C. & Dudley G.A. (1990). Muscle hypertrophy and fast fiber type conversions in heavy resistance-trained women. *European Journal of Applied Physiology,* **60**, 71-79.

21. Walts C.T., Hanson E.D., Delmonico M.J., Yao L., Wang M.Q. & Hurley B.F. (2008). Do sex or race differences influence strength training effects on muscle or fat? *Medicine and Science in Sports and Exercise,* **40**, 669-676.

22. West D.W., Burd N.A., Churchward-Venne T.A., Camera D.M., Mitchell C.J., Baker S.K., Hawley J.A., Coffey V.G. & Phillips S.M. (2012). Sex-based comparisons of myofibrillar protein synthesis after resistance exercise in the fed state. *Journal of Applied Physiology,* **112**, 1805-1813.

23. West D.W., Burd N.A., Tang J.E., Moore D.R., Staples A.W., Holwerda A.M., Baker S.K. & Phillips S.M. (2010). Elevations in ostensibly anabolic hormones with resistance exercise enhance neither training-induced muscle hypertrophy nor strength of the elbow flexors. *Journal of Applied Physiology,* **108**, 60-67.

24. West D.W., Cotie L.M., Mitchell C.J., Churchward-Venne T.A., MacDonald M.J. & Phillips S.M. (2013). Resistance exercise order does not determine postexercise delivery of testosterone, growth hormone, and IGF-1 to skeletal muscle. *Applied Physiology, Nutrition, and Metabolism,* **38**, 220-226.

25. West D.W., Kujbida G.W., Moore D.R., Atherton P., Burd N.A., Padzik J.P., De Lisio M., Tang J.E., Parise G., Rennie M.J., Baker S.K. & Phillips S.M. (2009). Resistance exercise-induced increases in putative anabolic hormones do not enhance muscle protein synthesis or intracellular signalling in young men. *Journal of Physiology,* **587**, 5239-5247.

26. West D.W. & Phillips S.M. (2012). Associations of exercise-induced hormone profiles and gains in strength and hypertrophy in a large cohort after weight training. *European Journal of Applied Physiology,* **112**, 2693-2702.

Chapitre 11

1. Armstrong R.B. & Laughlin M.H. (1984). Exercise blood flow patterns within and among rat muscles after training. *American Journal of Physiology,* **246**, H59-H68.

2. Baxter J.R., Novack T.A., Van Werkhoven H., Pennell D.R. & Piazza S.J. (2012). Ankle joint mechanics and foot proportions differ between human sprinters and non-sprinters. *Proceedings in Biological Science,* **279**, 2018-2024.

3. Bouchard C., An P., Rice T., Skinner J.S., Wilmore J.H., Gagnon J., Pérusse L., Leon A.S. & Rao D.C. (1999). Familial aggregation of VO_{2max} response to exercise training: Results from the HERITAGE Family Study. *Journal of Applied Physiology,* **87**, 1003-1008.

4. Bouchard C., Dionne F.T., Simoneau J.A. & Boulay M.R. (1992). Genetics of aerobic and anaerobic performances. *Exercise and Sport Sciences Reviews,* **20**, 27-58.

5. Bouchard C., Lesage R., Lortie G., Simoneau J.A., Hamel P., Boulay M.R., Pérusse L., Theriault G. & Leblanc C. (1986). Aerobic performance in brothers, dizygotic and monozygotic twins. *Medicine and Science in Sports and Exercise,* **18**, 639-646.

6. Boyett M.R., D'Souza A.D., Zhang H., Morris G.M., Dobrzynski H. & Monfredi O. (2013). Viewpoint: Is the resting bradycardia in athletes the result of remodeling of the sinoatrial node rather than high vagal tone? *Journal of Applied Physiology,* **114**, 1351-1355.

7. Costill D.L., Coyle E.F., Fink W.F., Lesmes G.R. & Witzmann F.A. (1979). Adaptations in skeletal muscle following strength training. *Journal of Applied Physiology: Respiratory Environmental Exercise Physiology,* **46**, 96-99.

8. Costill D.L., Fink W.J., Ivy J.L., Getchell L.H. & Witzmann F.A. (1979). Lipid metabolism in skeletal muscle of endurance-trained males and females. *Journal of Applied Physiology,* **28**, 251-255.

9. Ehsani A.A., Ogawa T., Miller T.R., Spina R.J. & Jilka S.M. (1991). Exercise training improves left ventricular systolic function in older men. *Circulation,* **83**, 96-103.

10. Ekblom B., Goldbarg A.M. & Gullbring B. (1972). Response to exercise after blood loss and reinfusion. *Journal of Applied Physiology,* **33**, 175-180.

11. Fagard R.H. (1996). Athlete's heart: A meta-analysis of the echocardiographic experience. *International Journal of Sports Medicine,* **17**, S140-S144.

12. Gibala M.J. & Jones A.M. (2013). Physiological and performance adaptations to high-intensity interval training. *Nestlé Nutritional Institute Workshop Series,* **76**, 51-60.

13. Gibala M.J., Little J.P., van Essen M., Wilkin G.P., Burgomaster K.A., Safdar A., Raha S. & Tarnopolsky M.A. (2006). Short-term sprint interval versus traditional endurance training: Similar initial adaptations in human skeletal muscle and exercise performance. *Journal of Physiology,* **575**, 901-911.

14. Hermansen L. & Wachtlova M. (1971). Capillary density of skeletal muscle in well-trained and untrained men. *Journal of Applied Physiology,* **30**, 860-863.

15. Holloszy J.O., Oscai L.B., Mole P.A. & Don I.J. (1971). Biochemical adaptations to endurance exercise in skeletal muscle. In B. Pernow & B. Saltin (Eds.), *Muscle metabolism during exercise* (pp. 51-61). New York: Plenum Press.

16. Jacobs I., Esbjörnsson M., Sylvén C., Holm I. & Jansson E. (1987). Sprint training effects on muscle myoglobin,

enzymes, fiber types, and blood lactate. *Medicine and Science in Sports and Exercise,* **19**, 368-374.

17. Jansson E., Esbjörnsson M., Holm I. & Jacobs I. (1990). Increase in the proportion of fast-twitch muscle fibres by sprint training in males. *Acta Physiologica Scandinavica,* **140**, 359-363.

18. Lee S.S. & Piazza S.J. (2009). Built for speed: Musculoskeletal structure and sprinting ability. *Journal of Experimental Biology,* **212**, 3700-3707.

19. MacDougall J.D., Hicks A.L., MacDonald J.R., McKelvie R.S., Green H.J. & Smith K.M. (1998). Muscle performance and enzymatic adaptations to sprint interval training. *Journal of Applied Physiology,* **84**, 2138-2142.

20. Martino M., Gledhill N. & Jamnik V. (2002). High VO_2max with no history of training is primarily due to high blood volume. *Medicine and Science in Sports and Exercise,* **34**, 966-971.

21. McCarthy J.P., Pozniak M.A. & Agre J.C. (2002). Neuromuscular adaptations to concurrent strength and endurance training. *Medicine and Science in Sports and Exercise,* **34**, 511-519.

22. McGuire D.K., Levine B.D., Williamson J.W., Snell P.G., Blomqvist C.G., Saltin B. & Mitchell J.H. (2001). A 30-year follow-up of the Dallas Bedrest and Training Study: II. Effect of age on cardiovascular adaptation to exercise training. *Circulation,* **104**, 1358-1366.

23. Nes B.M., Jansky I., Aspenes S.T., Bertheussen G.F., Vatten L. & Wisloff U. (2012). Exercise patterns and peak oxygen uptake in a healthy population: The HUNT Study. *Medicine and Science in Sports and Exercise,* **44**, 1881-1889.

24. Pirnay F., Dujardin J., Deroanne R. & Petit J.M. (1971). Muscular exercise during intoxication by carbon monoxide. *Journal of Applied Physiology,* **31**, 573-575.

25. Prud'homme D., Bouchard C., LeBlanc C., Landrey F. & Fontaine E. (1984). Sensitivity of maximal aerobic power to training is genotype-dependent. *Medicine and Science in Sports and Exercise,* **16**, 489-493.

26. Rico-Sanz J., Rankinen T., Joanisse D.R., Leon A.S., Skinner J.S., Wilmore J.H., Rao D.C. & Bouchard C. (2003). Familial resemblance for muscle phenotypes in the HERITAGE Family Study. *Medicine and Science in Sports and Exercise,* **35**(8), 1360-1366.

27. Saltin B., Nazar K., Costill D.L., Stein E., Jansson E., Essen B. & Gollnick P.D. (1976). The nature of the training response: Peripheral and central adaptations to one-legged exercise. *Acta Physiologica Scandinavica,* **96**, 289-305.

28. Strømme S.B., Ingjer F. & Meen H.D. (1977). Assessment of maximal aerobic power in specifically trained athletes. *Journal of Applied Physiology,* **42**, 833-837.

29. Wilmore J.H., Stanforth P.R., Gagnon J., Rice T., Mandel S., Leon A.S., Rao D.C., Skinner J.S. & Bouchard C. (2001). Cardiac output and stroke volume changes with endurance training: The HERITAGE Family Study. *Medicine and Science in Sports and Exercise,* **33**, 99-106.

30. Wilmore J.H., Stanforth P.R., Hudspeth L.A., Gagnon J., Daw E.W., Leon A.S., Rao D.C., Skinner J.S. & Bouchard C. (1998). Alterations in resting metabolic rate as a consequence of 20 wk of endurance training: The HERITAGE Family Study. *American Journal of Clinical Nutrition,* **68**, 66-71.

31. Yan Z., Lira V.A. & Greene N.P. (2012). Exercise training-induced regulation of mitochondrial quality. *Exercise and Sports Science Reviews,* **40**, 159-164.

Chapitre 12

1. American College of Sports Medicine. (2006). Prevention of cold injuries during exercise. *Medicine and Science in Sports and Exercise,* **38**(11), 2012-2029.

2. International Olympic Committee. (2009, September 28). *Olympic movement medical code.* Available: www.olympic.org/medical-commission?tab=medical-code [October 23, 2014].

3. Janse De Jonge X.A.K., Thompson M.W., Chuter V.H., Silk L.N. & Thom J.M. (2012). Exercise performance over the menstrual cycle in temperate and hot, humid conditions. *Medicine and Science in Sports and Exercise,* **44**, 2190-2198.

4. King D.S., Costill D.L., Fink W.J., Hargreaves M. & Fielding R.A. (1985). Muscle metabolism during exercise in the heat in unacclimatized and acclimatized humans. *Journal of Applied Physiology,* **59**, 1350-1354.

5. Kuennen M., Gillum T., Dokladny K., Schneider S. & Moseley P. (2013). Fit persons are at decreased (not increased) risk of exertional heat illness. *Exercise and Sport Sciences Reviews,* **41**, 134-135.

6. Mora-Rodriguez R. (2012). Influence of aerobic fitness on thermoregulation during exercise in the heat. *Exercise and Sport Sciences Reviews,* **40**, 79-87.

7. Rowell L.B. (1974). Human cardiovascular adjustments to heat stress. *Physiological Reviews,* **54**, 75-159.

8. Wegmann M., Oliver F., Wigand P., Hecksteden A., Frohlich M. & Meyer T. (2012). Pre-cooling and sports performance: A meta-analytical review. *Sports Medicine,* **42**, 545-564.

9. Young A.J. (1996). Homeostatic responses to prolonged cold exposure: Human cold acclimation. In M.J. Fregley & C.M. Blatteis (Eds.), *Handbook of physiology: Section 4. Environmental physiology* (pp. 419-438). New York: Oxford University Press.

Chapitre 13

1. Bartsch P. & Saltin B. (2008). General introduction to altitude adaptation and mountain sickness. *Scandinavian Journal of Medicine and Science in Sports,* **18**(Suppl 1), 1-10.

2. Bonetti D.L. & Hopkins W.G. (2009). Sea-level exercise performance following adaptation to hypoxia: A meta-analysis. *Sports Medicine,* **39**, 107-127.

3. Brooks G.A., Wolfel E.E. & Groves B.M. (1992). Muscle accounts for glucose disposal but not blood lactate appearance during exercise after acclimatization to 4,300 m. *Journal of Applied Physiology,* **72**, 2435-2445.

4. Brosnan M.J., Martin D.T., Hahn A.G., Gore C.J. & Hawley J.A. (2000). Impaired interval exercise responses in elite female cyclists at moderate simulated altitude. *Journal of Applied Physiology,* **89**, 1819-1824.

5. Buskirk E.R., Kollias J., Piconreatigue E., Akers R., Prokop E. & Baker P. (1967). Physiology and performance of track athletes at various altitudes in the United States and Peru. In R.F. Goddard (Ed.), *The effects of altitude on physical performance* (pp. 65-71). Chicago: Athletic Institute.

6. Chapman R.F., Karlsen T., Resaland G.K., Ge R.L., Harber M.P., Witkowski S., Stray-Gundersen J. & Levine B.D. (2014). Defining the "dose" of altitude training: How high to live for optimal sea level performance enhancement. *Journal of Applied Physiology,* **116**(6), 595-603.

7. Daniels J. & Oldridge N. (1970). Effects of alternate exposure to altitude and sea level on world-class middle-distance runners. *Medicine and Science in Sports,* **2**, 107-112.

8. Forster P.J.G. (1985). Effect of different ascent profiles on performance at 4200 m elevation. *Aviation, Space, and Environmental Medicine,* **56**, 785-794.

9. Fulco C.S., Beidleman B.A. & Muza S.R. (2013). Effectiveness of preacclimation strategies for high-altitude exposure. *Exercise and Sport Sciences Reviews,* **41**, 55-63.

10. Leatherwood W.E. & Dragoo J.J. (2013). Effect of airline travel on performance: A review of the literature. *British Journal of Sports Medicine,* **47**, 561-567.

11. Levine B.D. & Stray-Gundersen J. (1997). "Living high–training low": Effect of moderate-altitude acclimatization with low-altitude training on performance. *Journal of Applied Physiology,* **83**, 102-112.

12. Muza S.R., Beidleman B.A. & Fulco C.S. (2010). Altitude preexposure recommendations for inducing acclimatization. *High Altitude Medicine and Biology,* **11**, 87-92.

13. Nassis G.P. (2013). Effect of altitude on football performance: Analysis of the 2010 FIFA World Cup data. *Journal of Strength and Conditioning Research,* **27**, 703-707.

14. Norton E.G. (1925). *The fight for Everest: 1924.* London: Arnold.

15. Pugh L.C.G.E., Gill M., Lahiri J., Milledge J., Ward M. & West J. (1964). Muscular exercise at great altitudes. *Journal of Applied Physiology,* **19**, 431-440.

16. Stray-Gundersen J., Chapman R.F. & Levine B.D. (2001). "Living high–training low" altitude training improves sea level performance in male and female elite runners. *Journal of Applied Physiology,* **91**, 1113-1120.

17. Sutton J. & Lazarus L. (1973). Mountain sickness in the Australian Alps. *Medical Journal of Australia,* **1**, 545-546.

18. Sutton J.R., Reeves J.T., Wagner P.D., Groves B.M., Cymerman A., Malconian M.K., Rock P.B., Young P.M., Walter S.D. & Houston C.S. (1988). Operation Everest II: Oxygen transport during exercise at extreme simulated altitude. *Journal of Applied Physiology,* **64**, 1309-1321.

19. West J.B., Peters R.M., Aksnes G., Maret K.H., Milledge J.S. & Schoene R.B. (1986). Nocturnal periodic breathing at altitudes of 6300 and 8050 m. *Journal of Applied Physiology,* **61**, 280-287.

Chapitre 14

1. Armstrong L.E. & VanHeest J.L. (2002). The unknown mechanism of the overtraining syndrome. *Sports Medicine,* **32**, 185-209.

2. Bosquet L., Montpetit J., Arvisais D. & Mujika I. (2007). Effects of tapering on performance: A meta-analysis. *Medicine and Science in Sports and Exercise,* **39**, 1358-1365.

3. Costill D.L. (1998). Training adaptations for optimal performance. Paper presented at the VIII International Symposium on Biomechanics and Medicine of Swimming, June 28, University of Jyväskylä, Finland.

4. Costill D.L., King D.S., Thomas R. & Hargreaves M. (1985). Effects of reduced training on muscular power in swimmers. *Physician and Sportsmedicine,* **13**(2), 94-101.

5. Costill D.L., Thomas R., Roberts R.A., Pascoe D.D., Lambert C.P., Barr S.I. & Fink W.J. (1991). Adaptations to swimming training: Influence of training volume. *Medicine and Science in Sports and Exercise,* **23**, 371-377.

6. Coyle E.F., Martin W.H., III, Sinacore D.R., Joyner M.J., Hagberg J.M. & Holloszy J.O. (1984). Time course of loss of adaptations after stopping prolonged intense endurance training. *Journal of Applied Physiology,* **57**, 1857-1864.

7. Fitts R.H., Costill D.L. & Gardetto P.R. (1989). Effect of swim-exercise training on human muscle fiber function. *Journal of Applied Physiology,* **66**, 465-475.

8. Fleck S.J. & Kraemer W.J. (2004). *Designing resistance training programs* (3rd ed.). Champaign, IL: Human Kinetics.

9. Hickson R.C., Foster C., Pollock M.L., Galassi T.M. & Rich S. (1985). Reduced training intensities and loss of aerobic power, endurance, and cardiac growth. *Journal of Applied Physiology,* **58**, 492-499.

10. Houmard J.A., Costill D.L., Mitchell J.B., Park S.H., Hickner R.C. & Roemmish J.N. (1990). Reduced training maintains performance in distance runners. *International Journal of Sports Medicine,* **11**, 46-51.

11. Houmard J.A., Scott B.K., Justice C.L. & Chenier T.C. (1994). The effects of taper on performance in distance runners. *Medicine and Science in Sports and Exercise,* **26**, 624-631.

12. Issurin V.B. (2010). New horizons for the methodology and physiology of training periodization. *Sports Medicine,* **40**, 189-206.

13. Landolfi E. (2013). Exercise addiction. *Sports Medicine,* **43**, 111-119.

14. Lemmer J.T., Hurlbut D.E., Martel G.F., Tracy B.L., Ivey F.M., Metter E.J., Fozard J.L., Fleg J.L. & Hurley B.F. (2000). Age and gender responses to strength training and detraining. *Medicine and Science in Sports and Exercise,* **32**, 1505-1512.

15. Meeusen R., Duclos M., Foster C., Fry A., Gleeson M., Nieman D., Raglin J., Rietjens G., Steinacker J. & Urhausen A. (2012). Prevention, diagnosis, and treatment of the overtraining syndrome: Joint consensus statement of the European College of Sport Science and the American College of Sports Medicine. *Medicine and Science in Sports and Exercise,* **45**, 186-205.

16. Nieman D.C. (1994). Exercise, infection, and immunity. *International Journal of Sports Medicine,* **15**, S131-S141.

17. Saltin B., Blomqvist G., Mitchell J.H., Johnson R.L. Jr., Wildenthal K. & Chapman C.B. (1968). Response to submaximal and maximal exercise after bed rest and after training. *Circulation,* **38**(Suppl 5), VII-VII78.

18. Smith L.L. (2000). Cytokine hypothesis of overtraining: A physiological adaptation to excessive stress? *Medicine and Science in Sports and Exercise,* **32**, 317-331.

19. Trappe T., Trappe S., Lee G., Widrick J., Fitts R. & Costill D. (2006). Cardiorespiratory responses to physical work during and following 17 days of bed rest and spaceflight. *Journal of Applied Physiology,* **100**, 951-957.

Chapitre 15

1. American College of Sports Medicine. Nattiv A., Loucks A.B., Manore M.M., Sanborn C.F., Sundgot-Borgen J. & Warren M.P. (2007). The female athlete triad. Position stand. *Medicine and Science in Sports and Exercise,* **39**(10), 1867-1882.

2. American College of Sports Medicine, American Dietetic Association, and Dietitians of Canada. (2000). Nutrition and athletic performance. Joint position statement. *Medicine and Science in Sports and Exercise,* **32**, 2130-2145.

3. Armstrong L.E., Costill D.L. & Fink W.J. (1985). Influence of diuretic-induced dehydration on competitive running performance. *Medicine and Science in Sports and Exercise,* **17**, 456-461.

4. Åstrand P.O. (1967). Diet and athletic performance. *Federation Proceedings,* **26**, 1772-1777.

5. Barr S.I., Costill D.L. & Fink W.J. (1991). Fluid replacement during prolonged exercise: Effects of water, saline or no fluid. *Medicine and Science in Sports and Exercise,* **23**, 811-817.

6. Beaton L.J., Allan D.A., Tarnopolsky M.A., Tiidus P.M. & Phillips S.M. (2002). Contraction-induced muscle damage is unaffected by vitamin E supplementation. *Medicine and Science in Sports and Exercise,* **34**, 798-805.

7. Biolo G., Tipton K.D., Klein S. & Wolfe R.R. (1997). An abundant supply of amino acids enhances the metabolic effect of exercise on muscle protein. *American Journal of Physiology,* **273**, E122-E129.

8. Burke L.M., Hawley J.A., Wong S.H.S. & Jeukendrup A.E. (2011). Carbohydrates for training and competition. *Journal of Sports Sciences,* **29**(Suppl 1), S17-S27.

9. Coombes J.S. & Hamilton K.L. (2000). The effectiveness of commercially available sports drinks. *Sports Medicine,* **29**, 181-209.

10. Cordain L. (2011). *The paleo diet revised. Lose weight and get healthy by eating the foods you were designed to eat.* Hoboken, NJ: Wiley.

11. Cordain L. & Friel J. (2012). *The paleo diet for athletes.* New York: Rodale.

12. Costill D.L., Bowers R., Branam G. & Sparks K. (1971). Muscle glycogen utilization during prolonged exercise on successive days. *Journal of Applied Physiology,* **31**, 834-838.

13. Costill D.L. & Miller J.M. (1980). Nutrition for endurance sport: Carbohydrate and fluid balance. *International Journal of Sports Medicine,* **1**: 2-14.

14. Costill D.L. & Saltin B. (1974). Factors limiting gastric emptying during rest and exercise. *Journal of Applied Physiology,* **37**, 679-683.

15. De Souza M.J. & Williams N.I. (2004). Physiological aspects and clinical sequelae of energy deficiency and hypoestrogenism in exercising women. *Human Reproduction Update,* **10**(5), 433-448.

16. *Dietary Guidelines for Americans, 2010.* Available: www.cnpp.usda.gov/dgas2010-policydocument.htm [August 15, 2014].

17. Dougherty K.A., Baker L.B., Chow M. & Kenney W.L. (2006). Two percent dehydration impairs and six percent carbohydrate drink improves boys basketball skills. *Medicine and Science in Sports and Exercise,* **38**, 1650-1658.

18. Fairchild T.J., Fletcher S., Steele P., Goodman C., Dawson B. & Fournier P.A. (2002). Rapid carbohydrate loading after a short bout of near maximal-intensity exercise. *Medicine and Science in Sports and Exercise,* **34**, 980-986.

19. Frizzell R.T., Lang G.H., Lowance D.C. & Lathan S.R. (1986). Hyponatremia and ultramarathon running. *Journal of the American Medical Association,* **255**, 772-774.

20. Gollnick P.D., Piehl K. & Saltin B. (1974). Selective glycogen depletion pattern in human muscle fibres after exercise of varying intensity and at varying pedaling rates. *Journal of Physiology,* **241**, 45-57.

21. Ivy J.L., Katz A.L., Cutler C.L., Sherman W.M. & Coyle E.F. (1988). Muscle glycogen synthesis after exercise: Effect of time of carbohydrate ingestion. *Journal of Applied Physiology,* **64**, 1480-1485.

22. Ivy J.L., Lee M.C., Brozinick J.T. Jr. & Reed M.J. (1988). Muscle glycogen storage after different amounts of carbohydrate ingestion. *Journal of Applied Physiology,* **65**, 2018-2023.

23. Jeukendrup A. & Gleeson M. (2010). *Sport nutrition: An introduction to energy production and performance* (2nd ed.). Champaign, IL: Human Kinetics.

24. Müller W., Horn M., Fürhapter-Rieger A., Kainz P., Kröpfl J.M., Maughan R.J. & Ahammer H. (2014). Body composition in sport: A comparison of a novel ultrasound imaging technique to measure subcutaneous fat tissue compared with skinfold measurement. *British Journal of Sports Medicine.* doi:10.1136/bjsports-2013-092232.

25. Phillips S.M. (2013). Protein consumption and resistance exercise: Maximizing anabolic potential. Gatorade Sports Science Exchange #107. Barrington, IL: Gatorade Sports Science Institute.

26. Rigotti N.A., Neer R.M., Skates S.J., Herzog D.B. & Nussbaum S.R. (1991). The clinical course of osteoporosis in anorexia nervosa. A longitudinal study of cortical bone mass. *Journal of the American Medical Association,* **265**(9), 1133-1138.

27. Rodriguez N.R., DiMarco N.M. & Langley S. (2009). Position of the American Dietetic Association, Dietitians of Canada, and the American College of Sports Medicine: Nutrition and athletic performance. *Journal of the American Dietetic Association,* **109**, 509-527.

28. Schabort E.J., Bosch A.N., Weltan S.M. & Noakes T.D. (1999). The effect of a preexercise meal on time to fatigue during prolonged cycling exercise. *Medicine and Science in Sports and Exercise,* **31**, 464-471.

29. Smith J.W., Pascoe D.D., Passe D.H., Ruby B.C., Stewart L.K., Baker L.B. & Zachwieja J.J. (2013). Curvilinear dose-response relationship of carbohydrate (0-120 g·h(-1)) and performance. *Medicine and Science in Sports and Exercise,* **45**(2), 336-341.

30. Sundgot-Borgen J. (1999). Eating disorders among male and female elite athletes. *British Journal of Sports Medicine,* **33**(6), 434.

31. Sundgot-Borgen J. (2002). Weight and eating disorders in elite athletes. *Scandinavian Journal of Medicine and Science in Sports,* **12**(5), 259-260.

32. Tang J.E., Moore D.R., Kujbida G.W., Tarnopolsky M.A. & Phillips S.M. (2009). Ingestion of whey hydrolysate, casein, or soy protein isolate: Effects on mixed muscle protein synthesis at rest and following resistance exercise in

young men. *Journal of Applied Physiology*, **107**, 987-992.

33. U.S. Department of Agriculture, Agricultural Research Service. Nutrient intakes from food: Mean amounts consumed per individual by gender and age, what we eat in America. NHANES 2009-2010. Available: www.ars.usda.gov/SP2UserFiles/Place/80400530/pdf/0910/Table_1_NIN_GEN_09.pdf [November 4, 2014].

34. U.S. News & World Report Health. Best Diets of 2014. Available: http://health.usnews.com/best-diet [August 15, 2014].

35. Vannice G. & Rasmussen H. (2014). Position of the Academy of Nutrition and Dietetics: Dietary fatty acids for healthy adults. *Journal of the Academy of Nutrition and Dietetics*, **114**, 136-153.

36. Wade G.N. & Schneider J.E. (1992). Metabolic fuels and reproduction in female mammals. *Neuroscience and Biobehavioral Reviews*, **16**(2), 235.

37. Wagner, DR. (2014). Ultrasound as a tool to assess body fat. *Journal of Obesity* August 26 [Epub ahead of print]. doi:10.1155/2013/280713.

38. Wilmore J.H., Brown C.H. & Davis J.A. (1977). Body physique and composition of the female distance runner. *Annals of the New York Academy of Sciences*, **301**, 764-776.

39. Wilmore J.H., Morton A.R., Gilbey H.J. & Wood R.J. (1998). Role of taste preference on fluid intake during and after 90 min of running at 60% of VO_2max in the heat. *Medicine and Science in Sports and Exercise*, **30**, 587-595.

40. Zuk M. (2013). *Paleofantasy: What evolution really tells us about sex, diet, and how we live.* New York: Norton.

Chapitre 16

1. Alvois L., Robinson N., Saudan D., Baume N., Mangin P. & Saugy M. (2006). Central nervous system stimulants and sport practice. *British Journal of Sports Medicine*, **40**(Suppl 1), i16-i20.

2. American College of Sports Medicine consensus statement. (2000). The physiological and health effects of oral creatine supplementation. *Medicine and Science in Sports and Exercise*, **32**, 706-717.

3. American College of Sports Medicine position stand. (1996). The use of blood doping as an ergogenic aid. *Medicine and Science in Sports and Exercise*, **28**(6), i-xii.

4. Ariel G. & Saville W. (1972). Anabolic steroids: The physiological effects of placebos. *Medicine and Science in Sports and Exercise*, **4**, 124-126.

5. Bailey S.J., Winyard P., Vanhatalo A., Blackwell J.R., DiMenna F.J., Wilkerson D.P., Tarr J., Benjamin N. & Jones A.M. (2009). Dietary nitrate supplementation reduces the O_2 cost of low-intensity exercise and enhances tolerance to high-intensity exercise in humans. *Journal of Applied Physiology*, **107**(4), 1144-1155.

6. Bellinger P.M., Howe S.T., Shing C.M. & Fell J.W. (2012). The effect of combined beta-alanine and sodium bicarbonate supplementation on cycling performance. *Medicine and Science in Sports and Exercise*, **44**(8), 1545-1551.

7. Bemben M.G. & Lamont H.S. (2005). Creatine supplementation and exercise performance: Recent findings. *Sports Medicine*, **35**(2), 107-125.

8. Berning J.M., Adams K.J. & Stamford B.A. (2004). Anabolic steroid usage in athletics: Facts, fiction, and public relations. *Journal of Strength and Conditioning Research*, **18**, 908-917.

9. Bescos R., Sureda A., Tar J.A. & Pons A. (2012). The effect of nitric-oxide-related supplements on human performance. *Sports Medicine*, **42**(2), 99-117.

10. Bhasin S., Storer T.W., Berman N., Callegari C., Clevenger B., Phillips J., Bunnell T.J., Tricker R., Shirazi A. & Casaburi R. (1996). The effects of supraphysiologic doses of testosterone on muscle size and strength in normal men. *New England Journal of Medicine*, **335**, 1-7.

11. Bowtell J.L., Sumners D.P., Dyer A., Fox P. & Mileva K.N. (2011). Montmorency cherry juice reduces muscle damage caused by intensive strength exercise. *Medicine and Science in Sports and Exercise*, **43**(8), 1544-1551.

12. Bronson F.H. & Matherne C.M. (1997). Exposure to anabolic-androgenic steroids shortens life span of male mice. *Medicine and Science in Sports and Exercise*, **29**, 615-619.

13. Buell J.L., Franks R., Ransone J., Powers M.E., Laquale K.M. & Carlson-Phillips A. (2013). National Athletic Trainers' Association position statement: Evaluation of dietary supplements for performance nutrition. *Journal of Athletic Training*, **48**(1), 124-136.

14. Buick F.J., Gledhill N., Froese A.B., Spriet L. & Meyers E.C. (1980). Effect of induced erythrocythemia on aerobic work capacity. *Journal of Applied Physiology*, **48**, 636-642.

15. Calfee R. & Fadale P. (2006). Popular ergogenic drugs and supplements in young athletes. *Pediatrics*, **117**, e577-e589.

16. Chung W., Shaw G., Anderson M.E., Pyne D.B., Saunders P.U., Bishop D.J., Burke L.M. (2012). Effect of 10 week beta-alanine supplementation on competitive and training performance in elite swimmers. *Nutrients*, **4**, 1441-1453.

17. Connolly D.A., McHugh M.P., Padilla-Zakour O.I., Carlson L. & Sayers S.P. (2006). Efficacy of a tart cherry juice blend in preventing the symptoms of muscle damage. *British Journal of Sports Medicine*, **40**(8), 679-683.

18. Costill D.L., Dalsky G.P. & Fink W.J. (1978). Effects of caffeine ingestion on metabolism and exercise performance. *Medicine and Science in Sports*, **10**, 155-158.

19. Costill D.L., Verstappen F., Kuipers H., Janssen E. & Fink W. (1984). Acid-base balance during repeated bouts of exercise: Influence of HCO_3^-. *International Journal of Sports Medicine*, **5**, 228-231.

20. Eichner E.R. (1989). Ergolytic drugs. *Sports Science Exchange*, **2**(15), 1-4.

21. Ekblom B. & Berglund B. (1991). Effect of erythropoietin administration on maximal aerobic power. *Scandinavian Journal of Medicine and Science in Sports*, **1**, 88-93.

22. Ekblom B., Goldbarg A.N. & Gullbring B. (1972). Response to exercise after blood loss and reinfusion. *Journal of Applied Physiology*, **33**, 175-180.

23. Evans N.A. (2004). Current concepts in anabolic-androgenic steroids. *American Journal of Sports Medicine*, **32**, 534-542.

24. Forbes G.B. (1985). The effect of anabolic steroids on lean body mass: The dose response curve. *Metabolism*, **34**, 571-573.

25. Geyer H., Parr M.K., Koehler K., Mareck V., Schanzer W. & Thevis M.

(2008). Nutritional supplements cross-contaminated and faked with doping substances. *Journal of Mass Spectrometry,* **43**(7), 892-902.

26. Gledhill N. (1985). The influence of altered blood volume and oxygen transport capacity on aerobic performance. *Exercise and Sport Sciences Reviews,* **13**, 75-93.

27. Goforth H.W. Jr., Campbell N.L., Hodgdon J.A. & Sucec A.A. (1982). Hematologic parameters of trained distance runners following induced erythrocythemia [abstract]. *Medicine and Science in Sports and Exercise,* **14**, 174.

28. Graham T.E. (2001). Caffeine and exercise: Metabolism, endurance and performance. *Sports Medicine,* **31**, 785-807.

29. Hartgens F. & Kuipers H. (2004). Effects of androgenic-anabolic steroids in athletes. *Sports Medicine,* **34**, 513-554.

30. Hervey G.R., Knibbs A.V., Burkinshaw L., Morgan D.B., Jones P.R.M., Chettle D.R. & Vartsky D. (1981). Effects of methandienone on the performance and body composition of men undergoing athletic training. *Clinical Science,* **60**, 457-461.

31. Hill C.A., Harris R.C., Kim H.J., Harris B.D., Sale C., Boobis L.H., Kim C.K. & Wise J.A. (2007). Influence of beta-alanine supplementation on skeletal muscle carnosine concentrations and high-intensity cycling capacity. *Amino Acids,* **32**(2), 225-233.

32. Ivy J.L., Costill D.L., Fink W.J. & Lower R.W. (1979). Influence of caffeine and carbohydrate feedings on endurance performance. *Medicine and Science in Sports and Exercise,* **11**, 6-11.

33. Juhn M.S. (2003). Popular sports supplements and ergogenic aids. *Sports Medicine,* **33**, 921-939.

34. Kuehl K.S., Perrier E.T., Elliot D.L. & Chesnutt J.C. (2010). Efficacy of tart cherry juice in reducing muscle pain during running: A randomized controlled trial. *Journal of the International Society of Sports Nutrition,* **7**(7), 17.

35. Linderman J. & Fahey T.D. (1991). Sodium bicarbonate ingestion and exercise performance: An update. *Sports Medicine,* **11**, 71-77.

36. Magkos F. & Kavouras S.A. (2004). Caffeine and ephedrine: Physiological, metabolic and performance-enhancing effects. *Sports Medicine,* **34**, 871-889.

37. Nissen S.L. & Sharp R.L. (2003). Effect of dietary supplements on lean mass and strength gains with resistance exercise: A meta-analysis. *Journal of Applied Physiology,* **94**, 651-659.

38. Parr E.B., Camera D.M., Areta J.L., Burke L.M., Phillips S.M., Hawley J.A. & Coffey V.G. (2014). Alcohol ingestion impairs maximal post-exercise rates of myofibrillar protein synthesis following a single bout of concurrent training. *PLOS ONE,* **9**(2), e88384.

39. Pärssinen M. & Seppälä T. (2002). Steroid use and long-term health risks in former athletes. *Sports Medicine,* **32**, 83-94.

40. Rawdon T., Sharp R.L., Shelley M. & Thomas J.R. (2012). Meta-analysis of the placebo effect in nutritional supplement studies of muscular performance. *Kinesiology Review,* **1**, 137-148.

41. Rosenfeld C. (2005). The use of ergogenic agents in high school athletes. *Journal of School Nursing,* **21**(6), 333-339.

42. Roth D.A. & Brooks G.A. (1990). Lactate transport is mediated by a membrane-bound carrier in rat skeletal muscle sarcolemmal vesicles. *Archives of Biochemistry and Biophysics,* **279**, 377-385.

43. Rudman D., Feller A.G., Nagraj H.S., Gergans G.A., Lalitha P.Y., Goldberg A.F., Schlenker R.A., Cohn L., Rudman I.W. & Mattson D.E. (1990). Effects of human growth hormone in men over 60 years old. *New England Journal of Medicine,* **323**, 1-6.

44. Sale C., Saunders B., Hudson S., Wise J.A., Harris R.C. & Sunderland C.D. (2011). Effect of ß-alanine plus sodium bicarbonate on high-intensity cycling performance. *Medicine and Science in Sports and Exercise,* **43**, 1972-1978.

45. Smith-Rockwell M., Nickols-Richardson S.M. & Thye F.W. (2001). Nutrition knowledge, opinions, and practices of coaches and athletic trainers at a division 1 university. *International Journal of Sports Nutrition and Exercise Metabolism,* **11**, 174-185.

46. Spriet L.L. (1991). Blood doping and oxygen transport. In D.R. Lamb & M.H. Williams (Eds.), *Ergogenics: Enhancement of performance in exercise and sport* (pp. 213-242). Dubuque, IA: Brown & Benchmark.

47. Spriet L.L. & Gibala M.J. (2004). Nutritional strategies to influence adaptations to training. *Journal of Sports Sciences,* **22**, 127-141.

48. Tamaki T., Uchiyama S., Uchiyama Y., Akatsuka A., Roy R.R. & Edgerton V.R. (2001). Anabolic steroids increase exercise tolerance. *American Journal of Physiology: Endocrinology and Metabolism,* **280**, E973-E981.

49. Tokish J.M., Kocher M.S. & Hawkins R.J. (2004). Ergogenic aids: A review of basic science, performance, side effects, and status in sports. *American Journal of Sports Medicine,* **32**, 1543-1553.

50. Vanhatalo A., Bailey S.J., Blackwell J.R., DiMenna F.J., Pavey T.G., Wilkerson D.P., Benjamin N., Winyard P. & Jones A.M. (2010). Acute and chronic effects of dietary nitrate supplementation on blood pressure and the physiological responses to moderate-intensity and incremental exercise. *American Journal of Physiology: Regulatory, Integrative, and Comparative Physiology,* **299**, R1121-R1131.

51. West D.W. & Phillips S.M. (2010). Anabolic processes in human skeletal muscle: Restoring the identities of growth hormone and testosterone. *Sports Medicine,* **35**(3), 97-104.

52. Wilkinson D.J., Hossain T., Hill D.S., Phillips B.E., Crossland H., Williams J., Loughnar P., Churchward-Venne T.A., Breen L., Phillips S.M., Etheridge T., Rathmacher J.A., Smith K., Szewczyk N.J. & Atherton P.J. (2013). The effects of leucine and its metabolite β-hydroxy-β-methylbutyrate on human skeletal muscle protein metabolism. *Journal of Physiology,* **591**(11), 2911-2923.

53. Williams M.H. (Ed.). (1983). *Ergogenic aids in sport.* Champaign, IL: Human Kinetics.

54. Williams M.H., Wesseldine S., Somma T. & Schuster R. (1981). The effect of induced erythrocythemia upon 5-mile treadmill run time. *Medicine and Science in Sports and Exercise,* **13**, 169-175.

55. Wylie L.J., Kelly J., Bailey S.J., Blackwell J.R., Skiba P.F., Winyard P.G., Jeukendrup A.E., Vanhatalo A. & Jones A.M. (2013). Beetroot juice and exercise: Pharmacodynamic and dose-response relationships. *Journal of Applied Physiology,* **115**, 325-336.

56. Yarasheski K.E. (1994). Growth hormone effects on metabolism, body

composition, muscle mass, and strength. *Exercise and Sport Sciences Reviews,* **22**, 285-312.

57. Yesalis C.E. (Ed.). (2000). *Anabolic steroids in sport and exercise* (2nd ed.). Champaign, IL: Human Kinetics.

Chapitre 17

1. Bar-Or O. (1983). *Pediatric sports medicine for the practitioner: From physiologic principles to clinical applications.* New York: Springer-Verlag.
2. Bloemers F., Collard D., Paw M.C., Van Mechelen W., Twisk J. & Verhagen E. (2012). Physical inactivity is a risk factor for physical activity-related injuries in children. *British Journal of Sports Medicine,* **46**, 669-674.
3. Clarke H.H. (1971). *Physical and motor tests in the Medford boys' growth study.* Englewood Cliffs, NJ: Prentice Hall.
4. Daniels J., Oldridge N., Nagle F. & White B. (1978). Differences and changes in VO_2 among young runners 10 to 18 years of age. *Medicine and Science in Sports and Exercise,* **10**, 200-203.
5. Fakhouri T.H.I., Hughes J.P., Burt V.L., Song M., Fulton J.E. & Ogden C.L. (2014). *Physical activity in U.S. youth aged 12-15 years, 2012.* NCHS Data Brief No. 141. Hyattsville, MD: National Center for Health Statistics.
6. Froberg K. & Lammert O. (1996). Development of muscle strength during childhood. In O. Bar-Or (Ed.), *The child and adolescent athlete* (p. 28). London: Blackwell.
7. Gunter K., Baxer-Jones A.D., Mirwald R.L., Almstedt H., Fuller A., Durski S. & Snow C. (2008). Jump starting skeletal health: A 4-year longitudinal study assessing the effects of jumping on skeletal development in pre and circum pubertal children. *Bone,* **4**, 710-718.
8. Kaczor J.J., Ziolkowski W., Popinigis J. & Tarnopolsky M.A. (2005). Anaerobic and aerobic enzyme activities in human skeletal muscle from children and adults. *Pediatric Research,* **57**(3), 331-335.
9. Krahenbuhl G.S., Morgan D.W. & Pangrazi R.P. (1989). Longitudinal changes in distance-running performance of young males. *International Journal of Sports Medicine,* **10**, 92-96.
10. Mahon A.D. & Vaccaro P. (1989). Ventilatory threshold and $\dot{V}O_2$max changes in children following endurance training. *Medicine and Science in Sports and Exercise,* **21**, 425-431.
11. Malina R.M. (1989). Growth and maturation: Normal variation and effect of training. In C.V. Gisolfi & D.R. Lamb (Eds.), *Perspectives in exercise science and sports medicine: Youth, exercise and sport* (pp. 223-265). Carmel, IN: Benchmark Press.
12. Malina R.M., Bouchard C. & Bar-Or O. (2004). *Growth, maturation, and physical activity* (2nd ed.). Champaign, IL: Human Kinetics.
13. Metcalf B., Henley W. & Wilkin T. (2013). Effectiveness of intervention on physical activity of children: Systematic review and meta-analysis of controlled trials with objectively measured outcomes (EarlyBird 54). *BMJ,* **47**, 226.
14. Mostafavifar A.M., Best T.M. & Myer G.D. (2013). Early sport specialization: Does it lead to long-term problems? *British Journal of Sports Medicine,* **47**, 1060-1061.
15. Nes B.M., Osthus I.B., Welde B., Aspenes A.T. & Wisloff U. (2013). Peak oxygen uptake and physical activity in 13- to 18-year-olds: The Young-HUNT Study. *Medicine and Science in Sports and Exercise,* **45**, 304-313.
16. Pahkala K., Hernelahti M., Heinonen O.J., Raittinen P., Hakanen M., Lagstrom H., Viikari J.S.A., Ronnemaa T., Raitakari O.T. & Simell O. (2013). Body mass index, fitness and physical activity from childhood through adolescence. *British Journal of Sports Medicine,* **47**, 71-77.
17. Pitukcheewanont P., Punyasavatsut N. & Feuille M. (2010). Physical activity and bone health in children and adolescents. *Pediatric Endocrinology Reviews,* **7**, 275-282.
18. Ramsay J.A., Blimkie C.J.R., Smith K., Garner S., MacDougall J.D. & Sale D.G. (1990). Strength training effects in prepubescent boys. *Medicine and Science in Sports and Exercise,* **22**, 605-614.
19. Robinson S. (1938). Experimental studies of physical fitness in relation to age. *Arbeitsphysiologie,* **10**, 251-323.
20. Rowland T.W. (1989). Oxygen uptake and endurance fitness in children: A developmental perspective. *Pediatric Exercise Science,* **1**, 313-328.
21. Rowland T.W. (2007). Evolution of maximal oxygen uptake in children. *Medicine and Sport Science,* **50**, 200-209.
22. Santos A.M.C., Welsman J.R., De Ste Croix M.B.A. & Armstrong N. (2002). Age- and sex-related differences in optimal peak power. *Pediatric Exercise Science,* **14**, 202-212.
23. Sjödin B. & Svedenhag J. (1992). Oxygen uptake during running as related to body mass in circumpubertal boys: A longitudinal study. *European Journal of Applied Physiology,* **65**, 150-157.
24. Turley K.R. & Wilmore J.H. (1997). Cardiovascular responses to treadmill and cycle ergometer exercise in children and adults. *Journal of Applied Physiology,* **83**, 948-957.

Chapitre 18

1. Buskirk E.R. & Hodgson J.L. (1987). Age and aerobic power: The rate of change in men and women. *Federation Proceedings,* **46**, 1824-1829.
2. Chapman S.B., Aslan S., Spence J.F., DeFina L.F., Keebler M.W., Didehbani N. & Lu H. (2013). Shorter term aerobic exercise improves brain, cognition, and cardiovascular fitness in aging. *Frontiers in Aging Neuroscience* November 12. doi:10.3389/fnagi.2013.00075.
3. Connelly D.M., Rice C.L., Roos M.R. & Vandervoort A.A. (1999). Motor unit firing rates and contractile properties in tibialis anterior of young and old men. *Journal of Applied Physiology,* **87**, 843-852.
4. Deschenes M.R., Roby M.A. & Glass E.K. (2011). Aging influences adaptations of the neuromuscular junction to endurance training. *Neuroscience,* **190**, 56-66.
5. Dill D.B., Robinson S. & Ross J.C. (1967). A longitudinal study of 16 champion runners. *Journal of Sports Medicine and Physical Fitness,* **7**, 4-27.
6. DeGroot D.W., Havenith G. & Kenney W.L. (2006). Responses to mild cold stress are predicted by different individual characteristics in young and older subjects. *Journal of Applied Physiology,* **101**, 1607-1615.
7. Fisher J.P., Hartwich D., Seifert T., Olesen N.D., McNulty C.L., Nielsen H.B., van Lieshout J.J. & Secher N.H. (2013). Cerebral perfusion, oxygenation and metabolism during exercise in young

and elderly individuals. *Journal of Physiology,* **591**, 1859-1870.

8. Fitzgerald M.D., Tanaka H., Tran Z.V. & Seals D.R. (1997). Age-related declines in maximal aerobic capacity in regularly exercising vs. sedentary women: A meta-analysis. *Journal of Applied Physiology,* **83**, 160-165.

9. Frontera W.R., Meredith C.N., O'Reilly K.P., Knuttgen W.G. & Evans W.J. (1988). Strength conditioning in older men: Skeletal muscle hypertrophy and improved function. *Journal of Applied Physiology,* **64**, 1038-1044.

10. Goodrick C.L. (1980). Effects of long-term voluntary wheel exercise on male and female Wistar rats: 1. Longevity, body weight and metabolic rate. *Gerontology,* **26**, 22-33.

11. Hagerman F.C., Walsh S.J., Staron R.S., Hikida R.S., Gilders R.M., Murray T.F., Toma K. & Ragg K.E. (2000). Effects of high-intensity resistance training on untrained older men. I. Strength, cardiovascular, and metabolic responses. *Journals of Gerontology Series A: Biological Sciences and Medical Sciences,* **55**, B336-B346.

12. Häkkinen K., Kraemer W.J., Pakarinen A., Triplett-McBride T., Mc Bride J.M., Häkkinen A., Alen M., McGuigan M.R., Bronks R. & Newton R.U. (2002). Effects of heavy resistance/power training on maximal strength, muscle morphology, and hormonal response patterns in 60-75-year-old men and women. *Canadian Journal of Applied Physiology,* **27**, 213-231.

13. Häkkinen K., Pakarinen A., Kraemer W.J., Häkkinen A., Valkeinen H. & Alen M. (2001). Selective muscle hypertrophy, changes in EMG and force, and serum hormones during strength training in older women. *Journal of Applied Physiology,* **91**, 569-580.

14. Hameed M., Harridge S.D.R. & Goldspink G. (2002). Sarcopenia and hypertrophy: A role for insulin-like growth factor-1 and aged muscle? *Exercise and Sport Sciences Reviews,* **30**, 15-19.

15. Hawkins S.A., Marcell T.J., Jaque S.V. & Wiswell R.A. (2001). A longitudinal assessment of change in $\dot{V}O_2$max and maximal heart rate in master athletes. *Medicine and Science in Sports and Exercise,* **33**, 1744-1750.

16. Hikida R.S., Staron R.S., Hagerman F.C., Walsh S., Kaiser E., Shell S. & Hervey S. (2000). Effects of high-intensity resistance training on untrained older men. II. Muscle fiber characteristics and nucleo-cytoplasmic relationships. *Journals of Gerontology Series A: Biological Sciences and Medical Sciences,* **55**, B347-B354.

17. Holloszy J.O. (1997). Mortality rate and longevity of food-restricted exercising male rats: A reevaluation. *Journal of Applied Physiology,* **82**, 399-403.

18. Jackson A.S., Beard E.F., Wier L.T., Ross R.M., Stuteville J.E. & Blair S.N. (1995). Changes in aerobic power of men, ages 25-70 yr. *Medicine and Science in Sports and Exercise,* **27**, 113-120.

19. Jackson A.S., Wier L.T., Ayers G.W., Beard E.F., Stuteville J.E. & Blair S.N. (1996). Changes in aerobic power of women, ages 20-64 yr. *Medicine and Science in Sports and Exercise,* **28**, 884-891.

20. Janssen I., Heymsfield S.B., Wang Z. & Ross R. (2000). Skeletal muscle mass and distribution in 468 men and women aged 18-88 yr. *Journal of Applied Physiology,* **89**, 81-88.

21. Johnson M.A., Polgar J., Weihtmann D. & Appleton D. (1973). Data on the distribution of fiber types in thirty-six human muscles: An autopsy study. *Journal of Neurological Science,* **1**, 111-129.

22. Kenney W.L. (1997). Thermoregulation at rest and during exercise in healthy older adults. *Exercise and Sport Sciences Reviews,* **25**, 41-77.

23. Kohrt W.M., Malley M.T., Coggan A.R., Spina R.J., Ogawa T., Ehsani A.A., Bourey R.E., Martin W.H., III & Holloszy J.O. (1991). Effects of gender, age, and fitness level on response of $\dot{V}O_2$max to training in 60-71 yr olds. *Journal of Applied Physiology,* **71**, 2004-2011.

24. Kohrt W.M., Malley M.T., Dalsky G.P. & Holloszy J.O. (1992). Body composition of healthy sedentary and trained, young and older men and women. *Medicine and Science in Sports and Exercise,* **24**, 832-837.

25. Lexell J., Taylor C.C. & Sjostrom M. (1988). What is the cause of the aging atrophy? Total number, size, and proportion of different fiber types studied in whole vastus lateralis muscle from 15- to 83-year-old men. *Journal of Neurological Science,* **84**, 275-294.

26. Marcell T.J., Hawkins S.A., Tarpenning K.M., Hyslop D.M. & Wiswell R.A. (2003). Longitudinal analysis of lactate threshold in male and female masters athletes. *Medicine and Science in Sports and Exercise,* **35**(5), 810-817.

27. Meredith C.N., Frontera W.R., Fisher E.C., Hughes V.A., Herland J.C., Edwards J. & Evans W.J. (1989). Peripheral effects of endurance training in young and old subjects. *Journal of Applied Physiology,* **66**, 2844-2849.

28. Proctor D.N., Shen P.H., Dietz N.M., Eickhoff T.J., Lawler L.A., Ebersold E.J., Loeffler D.L. & Joyner M.J. (1998). Reduced leg blood flow during dynamic exercise in older endurance-trained men. *Journal of Applied Physiology,* **85**, 68-75.

29. Robinson S. (1938). Experimental studies of physical fitness in relation to age. *Arbeitsphysiologie,* **10**, 251-323.

30. Saltin B. (1986). The aging endurance athlete. In J.R. Sutton & R.M. Brock (Eds.), *Sports medicine for the mature athlete* (pp. 59-80). Indianapolis: Benchmark Press.

31. Seals D.R., Walker A.E., Pierce G.L. & Lesniewski L.A. (2009). Habitual exercise and vascular aging. *Journal of Physiology,* **587**, 5541-5549.

32. Shibata S., Hastings J.L., Prasad A., Fu Q., Palmer M.D. & Levine B.D. (2008). "Dynamic" starling mechanisms; effects of ageing and physical fitness on ventricular-arterial coupling. *Journal of Physiology,* **586**(7), 1951-1962.

33. Spirduso W.W. (2005). *Physical dimensions of aging* (2nd ed.). Champaign, IL: Human Kinetics.

34. Tanaka H., Monahan K.D. & Seals D.R. (2001). Age-predicted maximal heart rate revisited. *Journal of the American College of Cardiology,* **37**, 153-156.

35. Thomas B.P., Yezhuvath U.S., Tseng B.Y., Liu P., Levine B.D., Zhang R. & Lu H. (2013). Life-long aerobic exercise preserved baseline cerebral blood flow but reduced vascular reactivity to CO_2. *Journal of Magnetic Resonance Imaging,* **38**, 1177-1183.

36. Trappe S.W., Costill D.L., Fink W.J. & Pearson D.R. (1995). Skeletal muscle characteristics among distance runners: A 20-yr follow-up study. *Journal of Applied Physiology,* **78**, 823-829.

37. Trappe S.W., Costill D.L., Goodpaster B.H. & Pearson D.R. (1996). Calf

muscle strength in former elite distance runners. *Scandinavian Journal of Medicine and Science in Sports,* **6**, 205-210.

38. Trappe S.W., Costill D.L., Vukovich M.D., Jones J. & Melham T. (1996). Aging among elite distance runners: A 22-yr longitudinal study. *Journal of Applied Physiology,* **80**, 285-290.

39. Trappe S., Hayes E., Galpin A., Kaminsky L., Jemiolo B., Fink W., Trappe T., Jansson A., Gustafsson T. & Tesch P. (2013). New records in aerobic power among octogenarian lifelong endurance athletes. *Journal of Applied Physiology,* **114**, 3-10.

40. Wiswell R.A., Jaque S.V., Marcell T.J., Hawkins S.A., Tarpenning K.M., Constantino N. & Hyslop D.M. (2000). Maximal aerobic power, lactate threshold, and running performance in master athletes. *Medicine and Science in Sports and Exercise,* **32**, 1165-1170.

Chapitre 19

1. American College of Obstetricians and Gynecologists. (2002). Exercise during pregnancy and the postpartum period. *Obstetrics and Gynecology,* **99**, 171-173.

2. American College of Sports Medicine. (2007). The female athlete triad. *Medicine and Science in Sports and Exercise,* **39**, 1867-1882.

3. Åstrand P.O., Rodahl K., Dahl H.A. & Strømme S.B. (2003). *Textbook of work physiology: Physiological bases of exercise* (4th ed.). Champaign, IL: Human Kinetics.

4. Costill D.L., Fink W.J., Flynn M. & Kirwan J. (1987). Muscle fiber composition and enzyme activities in elite female distance runners. *International Journal of Sports Medicine,* **8**(Suppl 2), 103-106.

5. Cureton K., Bishop P., Hutchinson P., Newland H., Vickery S. & Zwiren L. (1986). Sex differences in maximal oxygen uptake: Effect of equating haemoglobin concentration. *European Journal of Applied Physiology,* **54**, 656-660.

6. Cureton K.J. & Sparling P.B. (1980). Distance running performance and metabolic responses to running in men and women with excess weight experimentally equated. *Medicine and Science in Sports and Exercise,* **12**, 288-294.

7. Deaner R.O. (2013). Distance running as an ideal domain for showing a sex difference in competitiveness. *Archives of Sexual Behavior,* **42**, 413-428.

8. Evenson K.R. & Wen F. (2010). National trends in self-reported physical activity and sedentary behaviors among pregnant women: NHANES 1999-2006. *Preventive Medicine,* **50**, 123-128.

9. Fink W.J., Costill D.L. & Pollock M.L. (1977). Submaximal and maximal working capacity of elite distance runners: Part II. Muscle fiber composition and enzyme activities. *Annals of the New York Academy of Sciences,* **301**, 323-327.

10. Hermansen L. & Andersen K.L. (1965). Aerobic work capacity in young Norwegian men and women. *Journal of Applied Physiology,* **20**, 425-431.

11. Hunter S.K. & Stevens A.A. (2013). Sex differences in marathon running with advanced age: Physiology or participation? *Medicine and Science in Sports and Exercise,* **45**, 148-156.

12. Kardel K.R. (2005). Effects of intense training during and after pregnancy in top-level athletes. *Scandinavian Journal of Medicine and Science in Sports,* **15**, 79-86.

13. Karkazis K., Jordan-Young R., Davis G. & Camporesi S. (2012). Out of bounds? A critique of the new policies on hyperandrogenism in elite female athletes. *American Journal of Bioethics,* **12**, 3-16.

14. Mudd L.M., Owe K.M., Mottola M.F. & Pivarnik J.M. (2013). Health benefits of physical activity during pregnancy: An international perspective. *Medicine and Science in Sports and Exercise,* **45**, 268-277.

15. Peter L., Rüst C.A., Knechtle B., Rosemann T. & Lepers R. (2014). Sex differences in 24-hour ultra-marathon performance—a retrospective data analysis from 1977 to 2012. *Clinics (Sao Paulo),* **69**, 38-46.

16. Pivarnik J.M. (1994). Maternal exercise during pregnancy. *Sports Medicine,* **18**, 215-217.

17. Redman L.M. & Loucks A.B. (2005). Menstrual disorders in athletes. *Sports Medicine,* **35**, 747-755.

18. Saltin B. & Åstrand P.O. (1967). Maximal oxygen uptake in athletes. *Journal of Applied Physiology,* **23**, 353-358.

19. Saltin B., Henriksson J., Nygaard E. & Andersen P. (1977). Fiber types and metabolic potentials of skeletal muscles in sedentary man and endurance runners. *Annals of the New York Academy of Sciences,* **301**, 3-29.

20. Salvesen K.Å., Hem E. & Sundgot-Borgen J. (2012). Fetal wellbeing may be compromised during strenuous exercise among pregnant elite athletes. *British Journal of Sports Medicine,* **46**, 279-283.

21. Schantz P., Randall-Fox E., Hutchison W., Tyden A. & Åstrand P.O. (1983). Muscle fibre type distribution, muscle cross-sectional area and maximal voluntary strength in humans. *Acta Physiologica Scandinavica,* **117**, 219-226.

22. Seiler S., De Koning J.J. & Foster C. (2007). The fall and rise of the gender difference in elite anaerobic performance 1952-2006. *Medicine Science in Sports and Exercise,* **39**, 534-540.

23. Torgrimson B.N. & Minson C.T. (1985). Sex and gender: What is the difference? *Journal of Applied Physiology,* **99**, 785-787.

24. Williams N.I., McConnell H.J., Gardner J.K., Frye B.R., Richard E.L., Snook M.L., Dougherty K.L., Parrott T.S., Albert A. & Schukert M. (2004). Exercise-associated menstrual disturbances: Dependence on daily energy deficit, not body composition or body weight changes. *Medicine and Science in Sports and Exercise,* **36**(5), S280.

25. Wilmore J.H., Stanforth P.R., Gagnon J., Rice T., Mandel S., Leon A.S., Rao D.C., Skinner J.S. & Bouchard C. (2001). Cardiac output and stroke volume changes with endurance training: The HERITAGE Family Study. *Medicine and Science in Sports and Exercise,* **33**, 99-106.

26. Wolfe L.A., Brenner I.K.M. & Mottola M.F. (1994). Maternal exercise, fetal well-being and pregnancy outcome. *Exercise and Sport Sciences Reviews,* **22**, 145-194.

Chapitre 20

1. American College of Sports Medicine. (2014). *ACSM's guidelines for exercise testing and prescription* (9th ed.). Philadelphia: Lippincott Williams & Wilkins.

2. Bergouignan A., Rudwill F., Simon C. & Blanc S. (2011). Physical inactivity as

the culprit of metabolic inflexibility: Evidence from bed-rest studies. *Journal of Applied Physiology,* **111**, 1201-1210.

3. Booth F.W., Chakravarthy M.V., Gordon S.E. & Spangenburg E.E. (2002). Waging war on physical inactivity: Using modern molecular ammunition against an ancient enemy. *Journal of Applied Physiology,* **93**, 3-30.

4. Booth F.W., Gordon S.E., Carlson C.J. & Hamilton M.T. (2000). Waging war on modern chronic disease: Primary prevention through exercise biology. *Journal of Applied Physiology,* **88**, 774-787.

5. Borg G.A.V. (1998). *Borg's perceived exertion and pain scales.* Champaign, IL: Human Kinetics.

6. Byrne N.M., Hills A.P., Hunter G.R., Weinsier R.L. & Schutz Y. (2005). Metabolic equivalent: One size does not fit all. *Journal of Applied Physiology,* **99**, 1112-1119.

7. Cooper K.H. (1968). *Aerobics.* New York: Evans.

8. Fletcher G.F., Ades P.A., Kligfield P., Arena R., Balady G.J. et al. (2013). Exercise standards for testing and training: A scientific statement from the American Heart Association. *Circulation,* **128**, 873-934.

9. Garber C.E., Blissmer B., Deschenes M.R., Franklin B.A. & Lamonte M.J. (2011). Quantity and quality of exercise for developing and maintaining cardiorespiratory, musculoskeletal, and neuromotor fitness in apparently healthy adults: Guidance for prescribing exercise. American College of Sports Medicine position stand. *Medicine and Science in Sports and Exercise,* **43**, 1334-1359.

10. Gibala M.J. & McGee S. (2008). Metabolic adaptations to short-term high-intensity interval training: A little pain for a lot of gain? *Exercise and Sports Science Reviews,* **36**, 58-63.

11. Kelly N.A., Ford M.P., Standaert D.G., Watts R.L., Bickel C.S. et al. (2014). Novel, high-intensity exercise prescription improves muscle mass, mitochondrial function, and physical capacity in individuals with Parkinson's disease. *Journal of Applied Physiology,* **116**, 582-592.

12. Kirshenbaum J. & Sullivan R. (1983). Hold on there, America. *Sports Illustrated,* **58**(5), 60-74.

13. Latouche C., Jowett J.B.M., Carey A.L., Bertovic D.A., Owen N. et al. (2013). Effects of breaking up prolonged sitting on skeletal muscle gene expression. *Journal of Applied Physiology,* **114**, 453-460.

14. Lauer M., Sivarajan Froelicher E., Williams M. & Kligfield P. (2005). Exercise testing in asymptomatic adults. *Circulation,* **112**, 771-776.

15. Levine J.A., Vander Weg M.W., Hill J.O. & Klesges R.C. (2005). Non-exercise activity thermogenesis: The crouching tiger hidden dragon of societal weight gain. *Arteriosclerosis, Thrombosis, and Vascular Biology,* **26**, 729-736.

16. Manini T.M., Everhart J.E., Patel K.V., Schoeller D.A., Colbert L.H., Visser M., Tylavsky F., Bauer D.C., Goodpaster B.H. & Harris T.B. (2006). Daily activity energy expenditure and mortality among older adults. *Journal of the American Medical Association,* **296**, 171-179.

17. Persinger R., Foster C., Gibson M., Fater D.C.W. & Porcari J.P. (2004). Consistency of the talk test for exercise prescription. *Medicine and Science in Sports and Exercise,* **36**, 1632-1636.

18. Pollock M.L., Franklin B.A., Balady G.J., Chaitman B.L., Fleg J.L., Fletcher B., Limacher M., Piña I.L., Stein R.A., Williams M. & Bazzarre T. (2000). Resistance exercise in individuals with and without cardiovascular disease: Benefits, rationale, safety and prescription. *Circulation,* **101**, 828-833.

19. Swain D.P. & Leutholtz B.C. (1997). Heart rate reserve is equivalent to %VO2 reserve, not to %VO$_2$max. *Medicine and Science in Sports and Exercise,* **29**, 410-414.

20. U.S. Department of Health and Human Services. (2000, November). *Healthy people 2010: Understanding and improving health* (2nd ed.). Washington, DC: U.S. Government Printing Office.

21. U.S. Department of Health and Human Services. (2008). *2008 physical activity guidelines for Americans.* Available: www.health.gov/paguidelines/guidelines/default.aspx [September 12, 2014].

Chapitre 21

1. American College of Sports Medicine and American Heart Association. (2007). Exercise and acute cardiovascular events: Placing the risks into perspective. Joint position statement. *Medicine and Science in Sports and Exercise,* **39**, 886-897.

2. American College of Sports Medicine. (2014). *ACSM's guidelines for exercise testing and prescription* (9th ed.). Philadelphia: Lippincott Williams & Wilkins.

3. American Heart Association. (2010). Heart disease and stroke statistics—2010 update. *Circulation,* **121**, e46-e215.

4. American Heart Association. (2014). Heart disease and stroke statistics—2014 update. *Circulation,* **129**, e28-e292. Available: http://circ.ahajournals.org/content/129/3/e28.full [September 20, 2014].

5. Berenson G.S., Srinivasan S.R., Bao W., Newman W.P., Tracy R.E. & Wattigney W.A. (1998). Association between multiple cardiovascular risk factors and atherosclerosis in children and young adults. The Bogalusa Heart Study. *New England Journal of Medicine,* **338**, 1650-1656.

6. Blair S.N., Goodyear N.N., Gibbons L.W. & Cooper K.H. (1984). Physical fitness and incidence of hypertension in healthy normotensive men and women. *Journal of the American Medical Association,* **252**, 487-490.

7. Blair S.N. & Jackson A.S. (2001). Guest editorial: Physical fitness and activity as separate heart disease risk factors: A meta-analysis. *Medicine and Science in Sports and Exercise,* **33**, 762-764.

8. Blair S.N., Kohl H.W., Paffenbarger R.S., Clark D.G., Cooper K.H. & Gibbons L.W. (1989). Physical fitness and all-cause mortality: A prospective study of healthy men and women. *Journal of the American Medical Association,* **262**, 2395-2401.

9. Blumenthal J.A., Babyak M.A., Doraiswamy P.M., Watkins L., Hoffman B.M. et al. (2007). Exercise and pharmacotherapy in the treatment of major depressive disorder. *Psychosomatic Medicine,* **69**, 587-596.

10. Carnethon M.R., Gulati M. & Greenland P. (2005). Prevalence and cardiovascular disease correlates of low cardiorespiratory fitness in adolescents and adults. *Journal of the American Medical Association,* **294**, 2981-2988.

11. Conroy M.B., Cook N.R., Manson J.E., Buring J.E. & Lee, I-M. (2005). Past physical activity, current physical activity, and risk of coronary heart disease. *Medicine and Science in Sports and Exercise,* **37**, 1251-1256.
12. Dunlop D., Song J., Arnston E., Semanik P., Lee J. et al. (2014). Sedentary time in U.S. older adults associated with disability in activities of daily living independent of physical activity. *Journal of Physical Activity and Health* February 5 [Epub ahead of print]. doi:10.1123/jpah.2013-0311.
13. Eckel R.H. et al. (2013). 2013 ACC/AHA guideline on lifestyle management to reduce cardiovascular risk: A report of the American College of Cardiology/American Heart Association Task Force on Practice Guidelines. *Circulation* November 12 [Epub ahead of print]. Available: http://circ.ahajournals.org [September 20, 2014]. doi:10.1161/01.cir.0000437740.48606.d1.
14. Enos W.F., Holmes R.H. & Beyer J. (1953). Coronary disease among United States soldiers killed in action in Korea. *Journal of the American Medical Association,* **152**, 1090-1093.
15. Ford E.S. & Caspersen C.J. (2012). Sedentary behaviour and cardiovascular disease: A review of prospective studies. *International Journal of Epidemiology,* **41**, 1338-1353.
16. Gill J.M.R. (2007). Physical activity, cardiorespiratory fitness and insulin resistance: A short update. *Current Opinion in Lipidology,* **18**, 47-52.
17. Gleeson M., Bishop N.C., Stensel D.J., Lindley M.R., Mastana S.S. et al. (2011). The anti-inflammatory effects of exercise: Mechanisms and implications for the prevention and treatment of disease. *Nature Reviews Immunology,* **11**, 607-615.
18. Goff D.C. et al. (2013). 2013 ACC/AHA guideline on the assessment of cardiovascular risk: A report of the American College of Cardiology/American Heart Association Task Force on Practice Guidelines. *Circulation* November 12 [Epub ahead of print]. Available: http://circ.ahajournals.org [September 20, 2014].doi:10.1161/01.cir.0000437741.48606.98.
19. *Guidelines for cardiac rehabilitation and secondary prevention programs* (5th ed. with web resource). (2013). AACVPR. Champaign, IL: Human Kinetics.
20. Healy G.N., Matthews C.E., Dunstan D.W., Winkler E.A. & Owen N. (2011). Sedentary time and cardio-metabolic biomarkers in US adults: NHANES 2003-06. *European Heart Journal,* **32**, 590-597.
21. Hu F.B., Stampfer M.J., Colditz G.A., Ascherio A., Rexrode K.M., Willett W.C. & Manson J.E. (2000). Physical activity and risk of stroke in women. *Journal of the American Medical Association,* **283**, 2961-2967.
22. James P.A. et al. (2014). 2014 Evidence-based guideline for the management of high blood pressure in adults: Report from the panel members appointed to the Eighth Joint National Committee (JCN8). *Journal of the American Medical Association,* **311**(5), 507-520.
23. Kannel W.B. & Dawber T.R. (1972). Atherosclerosis as a pediatric problem. *Journal of Pediatrics,* **80**, 544-554.
24. Levine J.A., Vander Weg M.W., Hill J.O. & Klesges R.C. (2006). Non-exercise activity thermogenesis: The crouching tiger hidden dragon of societal weight gain. *Arteriosclerosis, Thrombosis, and Vascular Biology,* **26**, 729-736.
25. Lawler P.R., Filion K.B. & Eisenberg M.J. (2011). Efficacy of exercise-based cardiac rehabilitation post-myocardial infarction: A systematic review and meta-analysis of randomized controlled trials. *American Heart Journal,* **162**, 571-584.
26. Lee C.D. & Blair S.N. (2002). Cardiorespiratory fitness and stroke mortality in men. *Medicine and Science in Sports and Exercise,* **34**, 592-595.
27. Libby P., Ridker P. & Hansson G.K. (2009). Inflammation in atherosclerosis: From pathophysiology to practice. *Journal of the American College of Cardiology,* **54**, 2129-2138.
28. McNamara J.J., Molot M.A., Stremple J.F. & Cutting R.T. (1971). Coronary artery disease in combat casualties in Vietnam. *Journal of the American Medical Association,* **216**, 1185-1187.
29. Montoye H.J., Metzner H.L., Keller J.B., Johnson B.C. & Epstein F.H. (1972). Habitual physical activity and blood pressure. *Medicine and Science in Sports and Exercise,* **4**, 175-181.
30. Morris J.N., Heady J.A., Raffle P.A.B., Roberts C.G. & Parks J.W. (1953). Coronary heart-disease and physical activity of work. *Lancet,* **265**, 1053-1057.
31. Myers J., Kaykha A., George S. et al. (2004). Fitness versus physical activity patterns in predicting mortality in men. *American Journal of Medicine,* **117**, 912-918.
32. O'Keefe J.H., Patil H.R., Lavie C.J., Magalski A., Vogel R.A. et al. (2007). Potential adverse cardiovascular effects from excessive endurance exercise. *Mayo Clinic Proceedings,* **87**, 587-595.
33. Paffenbarger R.S., Hyde R.T., Wing A.L. & Hsieh, C-C. (1986). Physical activity, all-cause mortality, and longevity of college alumni. *New England Journal of Medicine,* **314**, 605-613.
34. Siscovick D.S., Weiss N.S., Fletcher R.H. & Lasky T. (1984). The incidence of primary cardiac arrest during vigorous exercise. *New England Journal of Medicine,* **311**, 874-877.
35. Stone N.J. et al. (2013). 2013 ACC/AHA guideline on the treatment of blood cholesterol to reduce atherosclerotic cardiovascular risk in adults: A report of the American College of Cardiology/American Heart Association Task Force on Practice Guidelines. *Circulation* November 12 [Epub ahead of print]. Available: http://circ.ahajournals.org. doi:10.1161/01.cir.0000437738.63853.7a.
36. Tanasescu M., Leitzmann M.F., Rimm E.B., Willett W.C., Stampfer M.J. & Hu F.B. (2002). Exercise type and intensity in relation to coronary heart disease in men. *Journal of the American Medical Association,* **288**, 1994-2000.
37. Walther C., Gielen S. & Hambrecht R. (2004). The effect of exercise training on endothelial function in cardiovascular disease in humans. *Exercise and Sport Sciences Reviews,* **32**, 129-134.
38. Williams M.A., Haskell W.L., Ades P.A., Amsterdam E.A., Bittner V., Franklin B.A., Gulanick M., Laing S.T. & Stewart K.J. (2007). Resistance exercise in individuals with and without cardiovascular disease: 2007 update. *Circulation,* **116**, 572-584.
39. Williams P.T. (2013). Dose-response relationship of physical activity to premature and total all-cause and cardiovascular disease mortality in walkers. *PlOS ONE,* **8**(11), e78777. doi:10.1371/journal.pone.0078777.
40. World Health Organization. S. Mendis, P. Puska & B. Norrving (Eds.). (2011).

Global atlas on cardiovascular disease prevention and control. Geneva: World Health Organization. Available: http://whqlibdoc.who.int/publications/2011/9789241564373_eng.pdf?ua=1 [September 20, 2014].

Chapitre 22

1. Achten J., Gleeson M. & Jeukendrup A.E. (2002). Determination of the exercise intensity that elicits maximal fat oxidation. *Medicine and Science in Sports and Exercise,* **34**, 92-97.
2. American Diabetes Association. (2014). Statistics about diabetes: Data from the *National Diabetes Statistics Report, 2014.* Available: www.diabetes.org/diabetes-basics/ statistics/ [September 20, 2014].
3. Bassuk S.S. & Manson J.E. (2005). Epidemiological evidence for the role of physical activity in reducing risk of type 2 diabetes and cardiovascular disease. *Journal of Applied Physiology,* **99**, 1193-1204.
4. Bouchard C. (1991). Heredity and the path to overweight and obesity. *Medicine and Science in Sports and Exercise,* **23**, 285-291.
5. Bouchard C., Tremblay A., Després J.P., Nadeau A., Lupien P.J., Theriault G., Dussault J., Moorjani S., Pinault S. & Fournier G. (1990). The response to long-term overfeeding in identical twins. *New England Journal of Medicine,* **322**, 1477-1482.
6. Bray G.A. (1985). Obesity: Definition, diagnosis and disadvantages. *Medical Journal of Australia,* **142**, S2-S8.
7. Centers for Disease Control and Prevention. (2008). *National diabetes fact sheet: General information and national estimates on diabetes in the United States, 2007.* Atlanta: U.S. Department of Health and Human Services, Centers for Disease Control and Prevention.
8. Centers for Disease Control and Prevention. (2011, March 3). *Obesity and overweight for professionals: Health consequences.* Available: www.cdc.gov/obesity/causes/health.html [March 12, 2014].
9. Church T.S., Martin C.K., Thompson A.M., Earnest C.P., Mikus, C.R. et al. (2009). Changes in weight, waist circumference and compensatory responses with different doses of exercise among sedentary, overweight postmenopausal women. *PLOS ONE,* **4**(2), e4515. doi:10.1371/journal.pone.0004515.
10. Dandona P., Aljada A., Chaudhuri A., Mohanty P. & Garg R. (2005). Metabolic syndrome: A comprehensive perspective based on interactions between obesity, diabetes, and inflammation. *Circulation,* **111**, 1448-1454.
11. Davidson L.E., Hudson R., Kilpatrick K., Kuk J.L., McMillan K., Janiszewski P.M., Lee S., Lam M. & Ross R. (2009). Effects of exercise modality on insulin resistance and functional limitation in older adults: A randomized controlled trial. *Archives of Internal Medicine,* **169**, 122-131.
12. Donnelly J.E., Blair S.N., Jakicic J.M. et al. (2011). Appropriate physical activity strategies for weight loss and prevention of weight gain for adults. ACSM position stand. *Journal of Medicine and Science in Sports and Exercise,* **41**, 459-471.
13. Dunstan D.S., Barr E.L.M., Healy G.N., Salmon J., Shaw J.E. et al. (2010). Television viewing time and mortality: The Australian diabetes, obesity and lifestyle study (AusDiab). *Circulation,* **121**, 384-391.
14. Ervin R.B. (2009). Prevalence of metabolic syndrome among adults 20 years of age and over, by sex, age, race and ethnicity, and body mass index: United States, 2003-2006. *National Health Statistics Reports,* No. 13. Hyattsville, MD: National Center for Health Statistics.
15. Flegal K.M., Carroll M.D., Kuczmarski R.J. & Johnson C.L. (1998). Overweight and obesity in the United States: Prevalence and trends, 1960-1994. *International Journal of Obesity,* **22**, 39-47.
16. Flegal K.M., Carroll M.D., Ogden C.L. & Johnson C.L. (2002). Prevalence and trends in obesity among US adults, 1999-2000. *Journal of the American Medical Association,* **288**, 1723-1727.
17. Flegal K.M., Carroll M.D., Ogden C.L. & Curtin L.R. (2010). Prevalence and trends in obesity among US adults, 1999-2008. *Journal of the American Medical Association,* **303**, 235-241.
18. Flegal K.M., Carroll M.D., Kit B.K. & Ogden C.L. (2012). Prevalence of obesity and trends in the distribution of body mass index among US adults, 1999-2010. *Journal of the American Medical Association,* **307**, 491-497.
19. Ford E.S., Giles W.H. & Dietz W.H. (2002). Prevalence of the metabolic syndrome among US adults. *Journal of the American Medical Association,* **287**, 356-359.
20. Gwinup G., Chelvam R. & Steinberg T. (1971). Thickness of subcutaneous fat and activity of underlying muscles. *Annals of Internal Medicine,* **74**, 408-411.
21. Hall K.D., Sacks G., Chandramohan D., Chow C.C., Wang Y.C. et al. (2011). Quantification of the effect of energy imbalance on bodyweight. *Lancet,* **378**, 826-837.
22. Hill J.O., Wyatt H.R. & Peters J.C. (2012). Energy balance and obesity. *Circulation,* **126**, 126-132.
23. Holloszy J.O. (2005). Exercise-induced increase in muscle insulin sensitivity. *Journal of Applied Physiology,* **99**, 338-343.
24. Jensen M.D., Ryan D.H., Apovian C.M. et al. (2013). AHA/ACC/TOS prevention guideline: 2013 AHA/ACC/TOS guideline for the management of overweight and obesity in adults: A report of the American College of Cardiology/American Heart Association Task Force on Practice Guidelines and The Obesity Society. *Circulation* November 12 [Epub ahead of print]. doi:10.1161/01.cir.0000437739.71477.ee.
25. Katch F.I., Clarkson P.M., Kroll W., McBride T. & Wilcox A. (1984). Effects of sit up exercise training on adipose cell size and adiposity. *Research Quarterly for Exercise and Sport,* **55**, 242-247.
26. King N.A., Caudwell P.P., Hopkins M., Stubbs J.R., Naslund E. et al. (2009). Dual-process action of exercise on appetite control: Increase in orexigenic drive but improvement in meal-induced satiety. *American Journal of Clinical Nutrition,* **90**(4), 921-927.
27. Knowler W.C., Barrett-Connor E., Fowler S.E., Hamman R.F., Lachin J.M., Walker E.A. & Nathan D.M. (2002). Reduction in the incidence of type 2 diabetes with lifestyle intervention or metformin. *New England Journal of Medicine,* **346**, 393-403.
28. Levine J.A., Vander Weg M.W., Hill J.O. & Klesges R.C. (2006). Non-exercise activity thermogenesis: The crouching tiger hidden dragon of societal weight

29. Ludwig D.S. & Ebbeling C.B. (2001). Type 2 diabetes mellitus in children. *Journal of the American Medical Association*, **286**, 1426-1430.

28. gain. *Arteriosclerosis, Thrombosis, and Vascular Biology*, **26**, 729-736.

30. Mayer J., Roy P. & Mitra K.P. (1956). Relation between caloric intake, body weight, and physical work: Studies in an industrial male population in West Bengal. *American Journal of Clinical Nutrition*, **4**(2), 169-175.

31. Morton G.J., Cummings D.E., Baskin D.G., Barsh G.S. & Schwartz M.W. (2006). Central nervous system control of food intake and body weight. *Nature*, **443**, 289-295.

32. National Institutes of Health. (2000). *The practical guide: Identification, evaluation, and treatment of overweight and obesity in adults* (NIH Publication No. 00-4084). Washington, DC: U.S. Department of Health and Human Services.

33. Ogden C.L., Carroll M.D., Curtin L.R., Lamb M.M. & Flegal K.M. (2010). Prevalence of high body mass index in US children and adolescents, 2007-2008. *Journal of the American Medical Association*, **303**, 242-249.

34. Ogden C.L., Carroll M.D., Curtin L.R., McDowell M.A., Tabak C.J. & Flegal K.M. (2006). Prevalence of overweight and obesity in the United States, 1999-2004. *Journal of the American Medical Association*, **295**, 1549-1555.

35. Ogden C.L., Carroll M.D., Kit B.K. & Flegal K.M. (2013). *Prevalence of obesity among adults: United States, 2011-2012.* NCHS Data Brief No 131. Hyattsville, MD: National Center for Health Statistics.

36. Organisation for Economic Co-operation and Development (OECD). (2014). *Obesity update*. Available: www.oecd.org/els/health-systems/Obesity-Update-2014 .pdf [September 20, 2014].

37. Poehlman E.T. (1989). A review: Exercise and its influence on resting energy metabolism in man. *Medicine and Science in Sports and Exercise*, **21**, 515-525.

38. Roitman J.R. & LaFontaine T.P. (2012). *The exercise professional's guide to optimizing health*. Baltimore: Lippincott Williams & Wilkins.

39. Schulz L.O., Bennett P.H., Ravussin E., Kidd J.R., Kidd K.K., Esparza J. & Valencia M.E. (2006). Effects of traditional and western environments on prevalence of type 2 diabetes in Pima Indians in Mexico and the U.S. *Diabetes Care*, **29**, 1866-1871.

40. Seidell J.C., Deurenberg P. & Hautvast J.G.A.J. (1987). Obesity and fat distribution in relation to health – current insights and recommendations. *World Review of Nutrition and Dietetics*, **50**, 57-91.

41. Singh G.K., Siahpush M., Hiatt R.A. & Timsina L.R. (2011). Dramatic increases in obesity and overweight prevalence and body mass index among ethnic-immigrant and social class groups in the United States, 1976-2008. *Journal of Community Health*, **36**, 94-110.

42. Slentz C.A., Aiken L.B., Houmard J.A., Bales C.W., Johnson J.L., Tanner C.J., Duscha B.D. & Kraus W.E. (2005). Inactivity, exercise and visceral fat. STRRIDE: A randomized, controlled study of exercise intensity and amount. *Journal of Applied Physiology*, **99**, 1613-1618.

43. Tuomilehto J., Lindstrom J., Eriksson J.G., Valle T.T., Hamalainen H. et al. for the Finnish Diabetes Prevention Study Group. (2001). Prevention of type 2 diabetes mellitus by changes in lifestyle among subjects with impaired glucose tolerance. *New England Journal of Medicine*, **344**, 1343-1350.

44. Wilmore J.H. (1996). Increasing physical activity: Alterations in body mass and composition. *American Journal of Clinical Nutrition*, **63**, 456S-460S.

45. Wilmore J.H., Stanforth P.R., Hudspeth L.A., Gagnon J., Daw E.W., Leon A.S., Rao D.C., Skinner J.S. & Bouchard C. (1998). Alterations in resting metabolic rate as a consequence of 20-wk of endurance training: The HERITAGE Family Study. *American Journal of Clinical Nutrition*, **68**, 66-71.

46. Wilmot E.G., Edwardson C.A., Achana F.A., Davies M.J., Gorely L.J. et al. (2012). Sedentary time in adults and the association with diabetes, cardiovascular disease and death: Systematic review and meta-analysis. *Diabetologia*, **55**, 2895-2905.

47. World Health Organization. (1998). *Obesity: Preventing and managing the global epidemic. Report of a WHO consultation on obesity*. Geneva: WHO.

48. Yaspelkis B.B. (2006). Resistance training improves insulin signaling and action in skeletal muscle. *Exercise and Sport Sciences Reviews*, **34**, 42-46.

Index

Note : les numéros de page annotés par un *f* or un *t* signifient qu'il s'agit respectivement d'une figure ou d'un tableau.

A

(a-v)O$_2$ (différence artério-veineuse en oxygène) 188*f*, 188
(a-v̄)O$_2$. *Voir* Différence artério-veineuse en oxygène
Absorptiométrie biphotonique à RX (DEXA) 372, 373*f*
Accident vasculaire cérébral 534
Accident vasculaire hémorragique 534
Accident vasculaire ischémique 534
Acclimatation
- à l'altitude 96, 325, 329, 330, 333-335, 336, 338, 339
- à la chaleur 305-306, 311*f*, 311-313, 312*f*
- à propos de 296
- au froid 314-315
Acclimatation à la chaleur 311*f*, 311-313, 312*f*
Acclimatation à la haute altitude 96
Acclimatation au froid 314
Acclimatation métabolique 315
Acétazolamide 341, 427
Acétylcholine (ACh) 35, 80*f*, 80, 138-139, 166
Acétyl-coenzyme A (acétyl CoA) 61
Acide arachidonique 101
Acide désoxyribonucléique (ADN) 12
Acide lactique
- et fatigue 134, 137-138, 138*f*
- et système glycolytique 60
- source d'énergie 66
Acide palmitique 65
Acide pyruvique 60
Acide ribonucléique messager (ARNm) 99
Acides aminés 65-66, 386*t*, 386. *Voir aussi* Protéines
Acides aminés branchés 414
Acides aminés essentiels 386*t*, 386
Acides aminés non essentiels 386*t*, 386
Acides gras libres (AGL) 54, 63, 65, 108
Acidose 138, 216, 217
Acidose musculaire 138
ACOG (American College of Obstetricians and Gynecologists) 497, 498
Acromégalie 427
ACSM (American College of Sports Medicine) 229, 279, 353, 398-399, 498, 501, 508, 510, 514, 543, 565-566
Actine 2, 32

Actine-G (protéines globulaires) 32
Activité physique de loisir 439
Activité physique et contrôle du poids
- et appétit 566-567
- exercices aérobies de faible intensité 568*t*, 568-569, 569*f*
- gadgets 569
- métabolisme de repos 567
- mobilisation de la masse grasse 568
- modification de la composition corporelle avec l'entraînement 565-566
- risques pour la santé 569
- thermogénèse alimentaire 567-568
Activité réflexe 89-90
Activités ludiques 525
Adaptation chronique 3, 253
Adaptations à entraînement anaérobie
- cross-training 289-290
- interval training de haute intensité 287*f*, 287-288
- musculaires 285
- puissance et capacité 285
- spécificité 288-289, 289*f*, 289*t*
- systèmes énergétiques 286*f*, 286-287
Adaptations cardiovasculaires à l'entraînement
- débit cardiaque 269*f*, 269-270
- débit sanguin 270*f*, 270
- désentraînement 364-365
- dimensions cardiaques 264-266, 265*f*
- fréquence cardiaque 267*f*, 267-269, 269*f*
- pression sanguine 270-271
- transport de l'oxygène 264
- volume d'éjection systolique 266*t*, 266*f*, 266-267
- volume sanguin 271, 271*f*
Addiction au sport 359
Adénohypophyse 105
Adénosine diphosphate (ADP) 36, 38*f*, 55, 56*f*, 57*f*, 57, 63*f*
Adénosine triphosphatase (ATPase) 36, 38*f*, 40, 57
Adénosine triphosphate (ATP)
- contraction musculaire 36, 38*f*, 41
- cycle de Krebs 63*f*
- débit de production d'énergie 55, 56*f*
- dépense énergétique 120
- fatigue. *Voir* Fatigue
- rôle à l'exercice 2
- stockage d'énergie 57*f*, 57
- système endocrine 109
Adénylate cyclase 100, 100*f*
Adipokines 65, 536, 543
ADN (acide désoxyribonucléique) 12
Adolescence 438. *Voir aussi* Enfants et adolescents
Adolph, Edward 6

ADP (adénosine diphosphate) 38*f*, 55, 56*f*, 57, 57*f*, 63*f*
Adrénaline 97, 106, 107-108, 108*f*, 109*f*, 109
Affûtage 360-361, 362
Agence mondiale Anti-dopage (AMA) 408, 418
AGL (acides gras libres) 54, 63, 65, 108
Agressivité et stéroïdes 424, 425
AHA (American Heart Association) 279, 508, 514, 530, 564
Aides ergogéniques
- à propos de 408
- code anti-dopage 418-421, 422*t*, 425
- drogues à effet dopant. *Voir* Substances et procédés interdits
- effet placébo 409*f*, 409-410, 411
- les limites de la recherche 410
- nutritionnelle. *Voir* Aide ergogénique nutritionnelle
- supplémentations interdites 408
Aides ergogéniques nutritionnelles
- bicarbonate 411-413, 412*f*
- caféine 413-415
- créatine 416
- jus de betterave 418
- leucine 414
- nitrate 416-417, 418
- polyphénols des jus de fruits rouges 415-416
- b-alanine 413
Air température et humidité. *Voir* Facteurs environnementaux
Alcalose respiratoire 327
Aldostérone 97, 112, 113-114, 306
Alimentation du sportif 392, 399-402
Altérations de la densité minérale osseuse 378
Altitude
- à propos de 324
- activités anaérobies 332-333
- adaptations cardiovasculaires 336
- adaptations musculaires 335-336
- adaptations physiologiques-résumé 334*f*
- adaptations pulmonaires 327, 333, 335
- adaptations sanguines 335, 335*f*
- avance en âge et exercice 478
- besoins nutritionnels 330
- critères d'acclimatation 338
- définitions 324-325
- effets d'une hypoxie aiguë au repos et à l'exercice 330*t*
- effets de l'entraînement en altitude sur la performance au niveau de la mer 336-337
- entraînement simulé en altitude 339
- expériences "living high-training low" 337*f*, 337-338, 338*f*

- impact sur l'endurance 329, 331-332, 332*f*
- mal aigu des montagnes 339-341, 340*f*
- œdème cérébral de haute altitude 342
- œdème pulmonaire de haute altitude 341
- optimisation de la performance 338-339
- pression atmosphérique 325*f*, 325-326
- radiation solaire 326
- réponses cardiovasculaires 328-329
- réponses métaboliques 329-330, 330*t*
- réponses respiratoires 327*f*, 327-328, 328*f*
- température et humidité de l'air 326
- transport aérien et performance 333
Alvéole 180
AMA (Agence mondiale Anti-dopage) 408, 418
Aménorrhée 494-495
- primaire 494-495
- secondaire 494-495
American Association of Cardiovascular and Pulmonary Rehabilitation 526
American College of Cardiology (ACC) 564
American College of Obstetricians and Gynecologists (ACOG) 497, 498
American College of Sports Medicine (ACSM) 229, 279, 353, 398-399, 498, 501, 508, 510, 514, 543, 565-566
American Diabet Association 570
American Dietetic Association 399
American Heart Association (AHA) 279, 508, 514, 530, 564
American Medical Association (AMA) 510
American Psychiatric Association 499
Amines sympathomimétiques 421
Amphétamines 414
Analyse spectrale 197
Androstènedione 420
Anémie 391
Anémie par déficience en fer 391
Angine de poitrine 532
Anorexie nerveuse 377, 499-500
Apnée du sommeil 561
Appétit et exercice 115-116, 116*f*
Apport calorique
- aménorrhée secondaire 495
- équilibre énergétique 556, 558, 566
- perte de poids 379-380, 563, 564
- prise de poids et avance en âge 459, 460

605

- recommandations chez l'athlète 382, 385, 501
- régulation hormonale 115-116, 116f
Apport recommandé 392
Apports nutritionnels recommandés 254, 370
Approvisionnement capillaire 273
Arginine vasopressine 306
Armstrong, L.E. 354, 356
Army Institute of Environmental Medicine, U.S. 324, 341
ARNm (acide ribonucléique messager) 99
Artères 163
Artérioles 163
Artérioles cutanées 301
Arythmie cardiaque 160, 422, 428
Asmussen, Erling 7
Asthme 212
Asthme d'effort 212, 320
Åstret, Per-Olde 8, 13, 282, 401, 487, 510, 510f
Athéromatose 156, 425, 530, 532, 534
ATP. Voir Adénosine triphosphate
ATPase (adénosine triphosphatase) 36, 38f, 40, 57
Atrophie 245, 250, 251f, 252, 361
Australian Tennis Open 296
Autocrine 101
Avance en âge et exercice
- adaptations à l'entraînement 473-475
- adaptations à l'entraînement de force 473-474
- adaptations neuromusculaires à l'entraînement 465
- bénéfices de l'activité physique tout au long de la vie 472, 473f
- capacité aérobie et anaérobie 467-471, 469-471f, 474-475
- débit sanguin 468
- fonction cardiovasculaire 464-466, 466f
- fonction respiratoire 466-467
- force et fonction neuromusculaire 462f, 462-464, 463f
- haltérophilie 476f, 476
- longévité et risque traumatique 478
- performance en course à pieds 475f, 475-476
- performance en cyclisme 475
- performance en natation 475
- pratiques sportives des séniors 458f, 458-459
- recommandations d'activité physique 510
- réponses à l'altitude 478
- réponses à l'exercice aigu 462-471
- réponses à la chaleur 477f, 477
- réponses au froid 477-478
- seuil lactique 471
- taille, poids et composition corporelle 459-460, 459-461f
Avortement et exercice 496
Axe adrénocorticotrope 356
Axe sympathique médullo-surrénalien 356

B

β-alanine 413
β-bloquants 428-430
β-oxydation 63, 65
Bainbridge, F.A. 4
Baldwin, Ken 11, 12f

Bandes A 31-32
Bandes I 31-32
Bannister, Roger 475
Bar-Or, O. 448
Barorécepteurs 168
Baumgartner, Felix 324
Bergstrom, Jonas 8f, 8, 11
Bicarbonate 411-413, 412f
Biochimie 4, 5, 9, 12, 13
Bioénergétique
- à propos de 52
- débit de production énergétique 54-55, 54-57f
- flexibilité métabolique 55
- stockage d'énergie 57
- substrats énergétiques 52-54, 53f
- systèmes énergétiques. Voir Systèmes énergétiques
Biopsie musculaire à l'aiguille 8-9, 11
Bloc AV 157
Bloemers, F. 453
Bock, Arlen "Arlie" 4, 6
Bogalusa Heart Study 540
Boissons du sportif 402-404
Bolt, Usain 438
Booth, Frank 11, 12f, 545
Bouchard, Claude 282, 560
Boulimie nerveuse 377, 499-500
Bouteille de plongée 179
Bradford, Jim 244
Bradycardie 160, 267, 268, 428
Bronchospasme induit par l'exercice 212
Brooks, George 66, 412, 413
Brouha, Lucien 6
Bruusgaard, J.C. 48
Buick, F.J. 429
Burd, N.A. 48
Buskirk, Elsworth R. 9, 9f, 10
Bypass gastrique 563

C

Cachexie 44
Caféine 413-415
Calcitonine 105-106
Calcium 35, 100, 391
Calcium – artère coronaire 539
Calorie (cal) 120
Calorimètre 120-125
Calorimétrie directe 120, 121f
Calorimétrie indirecte
- à propos de 120-122, 122f
- consommation d'oxygène et production de dioxyde de carbone 122
- équation de Haldane 121-122
- limites 124-125
- quotient respiratoire 123-124, 124t
cAMP (adénosine monophosphate cyclique) 100
Cancer 44, 385, 400, 425, 445, 526, 561
Capacité aérobie. Voir aussi Consommation maximale d'oxygène
Capacité anaérobie
- altitude 332-333
- avance en âge 467-471, 469-471f, 474-475
- enfants et adolescents 447-448, 448f, 450
Capacité d'endurance submaximale 263-264
Capacité de diffusion de l'oxygène 184

Capacité de transport du sang en oxygène 187
Capacité maximale d'endurance 263
Capacité pulmonaire totale (CPT) 178
Capacité vitale (CV) 178
Capillaires 163
Carbaminohémoglobine 187-188
Carbone-13 125
Catabolisme 54, 65, 107, 356, 387
Catécholamines 106
Cellules b 570
Cellules cibles 97, 428
Cellules pyramidales 83
Cellules satellites 31, 249f, 249-250
Centres respiratoires 190
Cerveau 82-84, 83f
Cervelet 84
cGMP (guanine monophosphate cyclique) 100
Chaine de transport des électrons 62-63, 64f, 65
Chaleur et exercice. Voir Exercice à la chaleur
Chémorécepteurs 169
Chine 176
Chlore 391-392
Cholécystokinine 115
Cholestérol 17, 540
Cholinestérase 139
Chylomicrons 483
Circuit d'interval-training 237
Citrate synthase 69
Code anti-dopage
- Code mondial anti-dopage 418-419, 420t, 425
- détection 420-421
Cœur 153f
- arythmie cardiaque 160
- caractéristiques du muscle cardiaque 155f
- contrôle extrinsèque de l'activité 157-159
- débit sanguin 152-153
- électrocardiogramme 159f, 159-160
- maladies. Voir Maladie coronarienne
- myocarde 153-156, 154-156f
- système de conduction intracardiaque 156-157
- terminologie 160-163
- torsion du ventricule 158
Cœur du sportif 264
Coghlan, Eamonn 475
Comité International Olympique (CIO) 418
Complexe QRS 160
Complexe vitaminique B 390
Comportement sédentaire et risque de maladie 545
Composition corporelle
- avance en âge et exercice 459-460, 459-461f
- densitométrie 371f, 371-372
- DEXA 372, 373f
- différences liées au sexe et exercice 482-483, 483f, 489
- enfants et exercice 449
- évaluation 370-371
- impact sur la performance 370
- modèles 370, 371f
- modifications avec l'entraînement 565-566
- performance sportive 376f, 376-380, 378t
- pléthysmographie gazeuse 372, 373f

- tests de terrain 373f, 373-375
Concentration de glucose plasmatique 107-108, 108f, 109f
Concentration plasmatique des hormones 97, 99
Conduction (K) 297f, 297
Conduction saltatoire 78
Consolazio, C. Frank 6
Consommation d'oxygène ($\dot{V}O_2$)
- adaptations à l'entraînement aérobie 278-279, 281
- calculs 122, 123, 202, 264
- de repos et submaximale 277
- différences liées au sexe 486, 488
- enfants et adolescents 443, 445, 447
- et aides et ergogéniques 417, 418
- et avance en âge 468
- index métabolique 126, 520
- intensité d'exercice 263, 269
- maximale 277-278
- postexercice 129-130, 566
- seuil ventilatoire 213-214
Consommation d'oxygène pic ($\dot{V}O_2$pic) 128, 445
Consommation maximale d'oxygène ($\dot{V}O_2$max)
- différences liées au sexe 487f, 487-488, 488f, 490
- enfants et adolescents 445-447, 448f, 450
- et avance en âge 467-471, 469-471f, 474-475
- index métabolique 128, 128f
- réponses à l'altitude 331-332, 332f
- seuil lactique 130
- unités 21
Contenu en myoglobine 188-189, 273-274
Contraceptifs oraux 20, 390, 541
Contraction musculaire concentrique 45
Contraction musculaire dynamique 45
Contraction musculaire excentrique 46
Contraction musculaire isométrique 45
Contraction musculaire statique 45
Contrôle du poids
- avance en âge et gain de poids 459, 460
- comment atteindre le poids optimal 379-380
- et activité physique 565-569
- et fonction métabolique 567
- masse grasse 379
- masse maigre et masse grasse relative 376
- normes de poids chez les athlètes "élites" 376f, 376-377
- normes de poids 378t, 378-379
- obésité 556-558, 563-565
- pertes de poids 379-380, 563-565
- risques liés aux pertes de poids sévères 377-378
- usage inapproprié des normes de poids 377
Contrôle intrinsèque du débit sanguin 166-167, 168f
Contrôle nerveux extrinsèque du débit sanguin 167-168
Convection (C) 297f, 298
Cooper 9, 508
Cooper, Kenneth 9, 508, 509f
Cortex moteur primaire 83
Cortex surrénal 97, 106, 112

Corticostéroïdes 106
Cortisol 97, 106, 107-108, 108f, 109f, 109, 356
Coup de chaleur 309
Couplage excitation-contraction 35, 36f, 138
Courant d'air 316, 316f
Coureurs à pieds
- accumulation lactique 138
- affûtage 360-361
- avance en âge et performance 475f, 475-476
- capacité aérobie 128-129
- course pieds-nus 132
- déshydratation et performance 394
- différences de performance liées au sexe 482, 484, 485, 487, 488, 490, 491
- dimensions cardiaques et entraînement aérobie 264-266, 265f
- diminution du risque de maladie coronarienne 542-543
- douleurs musculaires 140-141
- économie de course 130-131, 131f
- effets du dopage sanguin 429, 430
- entraînement continu 236
- entraînement de cross 289
- entraînement en altitude 332, 336-339, 337f, 338f
- et typologie musculaire 43-44
- exercice au chaud 305
- exercice au froid 317
- fréquence d'entraînement 234, 236
- hyponatrémie 398
- interval training 234, 237
- "le mur" 52, 135
- masse grasse et performance 376
- puissance métabolique et performance de sprint 227
- régime hyperglucidique 384, 401
- surentraînement 357, 358
- troubles du comportement alimentaire 500
- volume d'éjection systolique 199
Course pieds nus 132
Crampes 145-146, 308-309
- de chaleur 145-146, 308-309
- musculaires 145-146
Créatine 416
Créatine kinase 58
Crick, Francis 12
Croissance 438. Voir aussi Enfants et adolescents
Crossover 19
Cross-training 289-290
CRP (protéine C-réactive) 539
Cureton, Thomas K. 9, 9f
Cycle cardiaque 160-162, 161f
Cycle de Cori 66
Cycle de Krebs 60, 62, 63f, 65
Cycle menstruel 313, 314, 425, 503-504
Cyclisme
- acide lactique 138
- affûtage 361, 362
- aide ergogénique 412-413, 422
- avance en âge et performance 468, 475, 476
- bénéfices de l'entraînement 516, 521f, 524
- capacité aérobie 128
- cross-training 289
- dopage sanguin 430
- ergomètres 16
- exercice à la chaleur 305

- interval training 237-238, 287
- nutrition et endurance 400-401, 403
- puissance métabolique et performance de sprint 227
- volume d'éjection systolique 199
Cyclo-ergomètres 16
Cytochromes 62

D

DAG (diacylglycérol) 100
Dalton, John 324
Davis, Ronald M. 510
De fascius (Galen) 4
Débit cardiaque ($\dot{Q}$)
- à propos de 162f, 163
- adaptations à l'entraînement 269f, 269-270, 364
- avance en âge 465, 466-467, 477
- différences liées au sexe 486, 488, 490
- enfants et adolescents 443, 444f, 445
- réponses à l'altitude 329, 331, 335
- réponses à l'exercice aigu 201f, 201-202
- système endocrine 159
Débit sanguin
- adaptations à l'entraînement 270, 270f
- avance en âge 468
- contrôle musculaire 166
- contrôle nerveux extrinsèque 167-168
- contrôle nerveux intrinsèque 166-167, 168f
- distribution du sang veineux 168f, 168
- régulation de la pression artérielle 168-169
- réponses à l'altitude 328-329
- réponses à l'exercice 205-207, 206f
- retour veineux 169f, 169
Débit sanguin périphérique 465
Décathlon 224
Déconditionnement cardiovasculaire 466
Déficit d'attention et hyperactivité 421
Déficit d'oxygène 129
Délai électromécanique 80
Dendrites 35, 75f, 75
Densité corporelle 372
Densité minérale osseuse 372, 373, 440, 459-460
Densitométrie 371f, 371-372
Dépense énergétique
- à l'exercice submaximal 126-128, 127f
- capacité maximale à l'exercice aérobie 128, 128f
- caractéristiques des athlètes "élites" 131
- chaleur et température du muscle 137, 137f
- coût énergétique des activités 132-133, 133t
- coût métabolique de la course pieds-nus 132
- économie de course 130-131, 131f
- exercice anaérobie 129f, 129-130
- fatigue. Voir Fatigue
- mesure 120-125, 121f
- métabolisme de base et métabolisme de repos 126
Déplétion en glycogène
- à propos de 134-135, 135f

- dans les différents groupes musculaires 136f, 136
- dans les différents types de fibres 135f, 135-136
- et glucose sanguin 136
- et mécanismes de la fatigue 136-137
Dépolarisation 35, 76
Dépôts de graisse 532
Dérive de $\dot{V}O_2$ 127
Désentraînement
- à propos de 361
- endurance cardiorespiratoire 364-365
- endurance musculaire 363f, 363-364, 364f
- et vol spatial 365-366
- force et puissance musculaires 361-363
- vitesse, agilité et souplesse 364
Désentraînement et atrophie musculaire 250, 251f, 252
Desert Research Laboratory, Nevada 2
Déshydratation et performance 111, 208, 300, 304, 306, 326, 330, 377, 394-395, 395f, 396t
Desmopressine 427
Desmosome 154
Détection du dopage 421. Voir aussi Code anti-dopage
Développement 438. Voir aussi Enfants et adolescents
DEXA (absorptiométrie biphotonique à RX) 372, 373f
Diabète
- étiologie 571
- génétique 560
- prévalence 570-571
- problèmes de santé associés 571
- rôle de l'activité physique 572-573
- terminologie et classification 570
- traitement 571-572
Diabète de type 1 570, 572
Diabète de type 2 570, 572-573
Diabète gestationnel 570
Diabète insulino-dépendant 570
Diacylglycérol (DAG) 100
Diamètre interne du ventricule gauche 265
Dianabol 409
Diencéphale 83-84
Différence artério-veineuse en oxygène 188, 264, 272, 329, 487
Diffusion pulmonaire
- à propos de 180
- adaptations à l'entraînement 272
- débit sanguin pulmonaire au repos 180, 181f
- échanges en dioxyde de carbone 182f, 184-185, 185t
- échanges gazeux alvéolaires 181-184, 182f, 184f, 185t
- membrane alvéolaire 180-181, 182f
- pressions partielles des gaz 181
- réponses à l'altitude 327f, 327-328
- réponses ventilatoires à l'exercice 183
Dill, David Bruce (D.B.) 2f, 2, 4, 6, 469
Dimensions cardiaques et entraînement aérobie 264-266, 265f
Dioxyde de carbone (CO_2)
- échanges 124, 184
- élimination 189
- équivalent respiratoire 214

- production 122
- transport 187-188
Disques intercalaires 154
Diurétiques 427-428
DMO (densité minérale osseuse) 372, 373, 440, 459-460
DOMS. Voir Douleurs musculaires à début différé
Dopage. Voir Code anti-dopage ; Substances et techniques interdites
Dopage sanguin 408, 429f, 429-431, 430f
Douleurs musculaires
- à début différé. Voir Douleurs musculaires à début différé
- aiguës 140
- statines 145
Douleurs musculaires à début différé (DOMS)
- à propos de 140-141
- dommages structuraux 141f, 141-142
- monoxyde d'azote 142
- performance 143f, 143, 144f
- réaction inflammatoire 142
- séquence des évènements 142-143
Douleurs musculaires aiguës 140
Down-regulation 97
Drinkwater, Barbara 13f, 13
Drogues ergolytiques 408
Durée d'exercice 279, 516
Dysfonction endothéliale 466
Dyspnée 212-213
Dystrophie musculaire 28

E

E (évaporation) 298-299
Eaton, Ashton 224
Eau et équilibre en électrolytes
- à l'exercice 394, 394f
- apports recommandés 398-399
- au repos 393, 393f
- composition corporelle 393
- déshydratation et performance 111, 394-395, 395f, 396t
- équilibre électrolytique à l'exercice 395, 396t, 397
- hyponatrémie 398
- restauration des milieux liquides 397-398, 398f
ECA (enzyme de conversion de l'angiotensine) 113
Échanges de chaleur 298
Échanges en oxygène 181-184, 182f, 184f
Échanges gazeux musculaires 328
Échelle de Borg RPE 522t
Échocardiographie 264
Économie de course 130-131, 131f, 132, 238, 253, 361, 447, 450
Edgerton, Reggie 11
Effecteurs (nerfs efférents) 74, 85, 91, 168
Effet de l'entraînement 3, 516, 543
Effet placebo 339, 408, 409f, 409-410, 411
Effet tératogène 496
Effet thermogénique alimentaire 557
Effet thermogénique de l'activité 557
Ekblom, B. 429
Électrocardiogramme (ECG) 159f, 159-160
Électrocardiogramme d'effort (ECG) 513

607

Électrolytes 391. *Voir aussi* Équilibre hydrique à l'exercice
Éléments-trace 391
Embolie cérébrale 534
Emphysème 178
Endomysium 29
Endothélium 536
Endurance cardiorespiratoire 284-285. *Voir aussi* Entraînement aérobie
Endurance musculaire
- désentraînement 363f, 363-364, 364t
- entraînement aérobie 275
- programme d'entraînement 225t, 225-226
Endurance musculaire
- désentraînement 363f, 363-364, 364t
- entraînement 225t, 225-226
- entraînement aérobie 263, 275
Énergie d'activation 54
Enfance 438. *Voir aussi* Enfants et adolescents
Enfants et adolescents
- adaptations à l'entraînement de force 442, 443f, 449
- adaptations physiologiques à l'entraînement 449-450, 545
- adolescence 438
- aspects socioculturels 438
- capacité aérobie 450
- capacité anaérobie 450
- composition corporelle et adaptations à l'entraînement 449
- croissance et maturation avec l'entraînement 454
- croissance, développement et maturation 438-439, 454
- développement osseux 440, 440f
- efficacité des interventions en activité physique 450
- exercice au froid 315, 316t
- fonction cardiovasculaire et respiratoire 442-445, 444f
- fonction métabolique 445-448, 448f
- inactivité physique et risque traumatique 453
- index de masse corporelle, aptitude et activité physique 439
- masse musculaire 441
- modalités d'activité physique 451f, 451
- recommandations d'activité physique 509, 510
- réponses endocrines 448-449
- réponses physiologiques à l'exercice aigu 442-449
- retard électro-mécanique 80
- spécialisation sportive 451-453, 452f
- stockage adipeux 441f, 441-442
- stress thermique 454, 545
- système nerveux 442
- taille et poids 439f, 440
Enoka, R.M. 245
Entorse du LCA chez les femmes 105
Entraînement aérobie et anaérobie
- à propos de 233-234, 234t
- circuit d'interval training 237
- entraînement continu 236
- interval training 234-236, 235t
- interval training de haute intensité 237-239, 287f, 287-288, 523

Entraînement aérobie. *Voir aussi* Endurance
- à propos de 262
- adaptations cardiovasculaires 264-271, 265f, 269-271f, 364-365
- adaptations générales 278f, 278
- adaptations liées au sexe 282, 283t
- adaptations métaboliques 276-278, 277f
- adaptations musculaires 273-276, 274f, 276f
- adaptations respiratoires 272-273
- améliorations à long terme 281
- bradycardie de l'athlète 268
- compromis intensité-durée 279
- endurance cardiorespiratoire 284-285
- endurance cardiovasculaire 263f, 263-264
- endurance musculaire 263, 275
- facteurs limitants de la performance 278-279, 280t
- réponses individuelles 281-284, 282f, 283t
- spécificité 288-289, 289f, 289t
Entraînement anaérobie
- à propos de 233-234, 234t
- circuit d'interval-training 237
- entraînement continu 236
- interval training 234-236, 235t
- interval training de haute intensité 237-239, 287f, 287-288, 523
Entraînement continu 236
Entraînement d'ultra-endurance 236
Entraînement de force
- apports protéiques 254, 255f, 387
- athlètes 257
- atrophie musculaire et diminution de force 250, 251f, 252
- contraction statique 230
- contrôle nerveux et gains de force 245-247
- différences liées au sexe 256
- dimensions du muscle 245, 245f
- effets hormonaux 253
- électro-stimulation 232
- enfants et adolescents 256-257, 257t, 449
- entraînement 232-233
- et avance en âge 255-256, 462f, 462-464, 463f, 476, 476f
- et régime alimentaire 252-254
- et types de fibres musculaires 252
- excentrique 231
- gains 244
- hypertrophie musculaire 247-250
- isocinétique 231-232
- performance en haltérophilie et avance en âge 476f, 476
- plyométrie 232, 232f
- poids libres versus machines 230f, 230-231
- programme 524-525
- recommandations 229t, 229-230, 254
- résistance variable 231, 232f
- vêtements compressifs 258
Entraînement de force et contraction statique 230
Entraînement de force excentrique 231
Entraînement de force isocinétique 231-232
Entraînement de force variable 231, 232f

Entraînement de puissance aérobie
- à propos de 233-234, 234t
- circuit d'interval training 237
- entraînement continu 236
- interval training 234-236, 235t
- interval training à haute-intensité 237-239, 287f, 287-288, 523
Entraînement en endurance. *Voir aussi* Entraînement aérobie
- adaptations cardiorespiratoires 284-285
- adaptations générales 278, 278f
- augmentation du volume sanguin 170, 270-271
- capacité maximale d'endurance 263
- capacité submaximale d'endurance 263-264
- cardiovasculaire 263f, 263-264
- composition en fibres musculaires 42, 69
- désentraînement 364-365
- et altitude 329, 331-332, 332f
- et avance en âge 266-267
- et débit cardiaque 201-202
- fréquence cardiaque 267, 268-269
- fréquence cardiaque de repos 159
- HIIT 237-239
- musculaire 263
Entraînement et sport
- à propos de 348
- addiction au sport 359
- affûtage 360-361, 362
- désentraînement. *Voir* Désentraînement
- effets 3
- entraînement de haute intensité, de faible volume 350-351
- entraînement excessif 349-351, 350f
- principe de périodicité 351f, 351-352
- sessions d'entraînement continu 348-349, 349f
- surentraînement. *Voir* Surentraînement
- surmenage 349
Entraînement excessif 349-351, 350f
Entraînement isométrique 230
Entraînement par blocs 352
Entraînement par électro-stimulation 232
Entraînement simulé en altitude 339
Entraînement. *Voir aussi* Sport
- endurance et puissance musculaires 224-226, 225t
- force musculaire 224
- métabolisme et performance de sprint 227
- potentiel aérobie et anaérobie 226
- principe d'individualisation 226-227
- principe de périodicité 228, 351f, 351-352
- principe de réversibilité 228
- principe de spécificité 227-228
- principe de surcharge 228
- programmes d'entraînement de force. *Voir* Entraînement de force
- recommandations d'activité physique 509-510
- réhabilitation cardiaque 547-548, 548f
Environnement hypobare 324
Enzyme de conversion de l'angiotensine (ECA) 113
Enzyme limitante 55
Enzymes 54

Enzymes oxydatives mitochondriales 274
Épargne en glycogène 276
Éphédrine 421
Épimysium 29
Épreuve d'effort croissante 513f, 513-515
Épuisement à la chaleur 303, 309
Équation de Fick 202, 264
Équation de Haldane 121-122
Équilibre acido-basique 216f, 216-218, 217t, 218f
Équilibre énergétique
- à propos de 120
- mesure 120-125, 121f
- obésité 556-558
Équilibre hydrique à l'exercice
- à propos de 109, 111
- glandes 111-112
- reins 113f, 113-115, 114f
- sudation 109-112, 208, 304-307, 305f, 306t, 309, 310, 394, 397-398
Équivalent métabolique (MET) 520, 521-522f
Équivalent respiratoire en dioxyde de carbone ($\dot{V}_E/\dot{V}CO_2$) 214f, 214-215
Équivalent respiratoire en oxygène ($\dot{V}_E/\dot{V}O_2$) 213
Ergomètre à bras 16
Ergomètres 14-17
Érythropoïétine (EPO) 96, 114, 328-329, 335, 429
Essen, Birgitta 13f, 13
Étirement 145, 224, 364, 524
Étude Framingham 540
Étude HERITAGE 277, 283, 486, 567
Étude longitudinale 17-18
Euménorrhée 494
European College of Sport Science 353
Évaporation (E) 298-299
Excès de consommation d'oxygène postexercice (EPOC) 129-130, 566
Exemple d'interval training (10-20-30) 237
Exercice à la chaleur
- acclimatation 311f, 311-313, 312f
- aptitude et épuisement à la chaleur 303
- coup de chaleur 309
- crampes de chaleur 308-309
- cycle menstruel 314
- différences liées au sexe 313, 314
- enfants et adolescents 535
- équilibre hydrique 304-307, 305f, 306t
- et avance en âge 477, 477f
- facteurs limitants 303-304, 304f
- fonction cardiovasculaire 303
- pré-exposition au froid et performance 305
- prévention de l'hyperthermie 309-310, 311f
- risques associés à la chaleur-diagramme 308f
- stress thermique 302, 307f, 307-308
Exercice aérobie de faible intensité 568-569
Exercice aigu 3
- réponses hormonales 104t
- système cardiovasculaire. *Voir* Réponses cardiovasculaires à l'exercice aigu
- système respiratoire. *Voir* Réponses respiratoires à l'exercice aigu

INDEX

Exercice au froid
- acclimatement et acclimatation 314-315
- avance en âge 477-478
- différences liées au sexe et à l'âge 315, 316*t*
- enfants et adolescents 315, 316*t*
- et avance en âge et exercice 477-478
- facteurs de pertes de chaleur 315-316, 316*t*
- pertes de chaleur en eau froide 316-317
- réponses physiologiques au froid 317-318
- risques associés 318-320, 319*f*
- stress au froid 314, 315*f*
- vasoconstriction périphérique 314

Exercice et altitude. *Voir* Altitude
Expiration 177-178, 178*f*
Exploration spatiale et physiologie 365-366
Exposition aiguë à l'altitude 326-327, 328, 329, 335

F

Fabrica Humani Corporis [Structure of the Human body] (Vesalius) 4
Fabricius, Hieronymus 4
Facteur de croissance plaquettaire 536
Facteur endothélial hyperpolarisant (EDHF) 166
Facteurs de risque primaires 539
Facteurs de risques 508, 511, 512, 539-541
Facteurs environnementaux. *Voir* Altitude ; Régulation de la température corporelle ; Exercice au froid ; Exercice à la chaleur
FAD (flavine adénine dinucléotide) 62
FADH2 62
Fagard, R.H. 265
Fahey, T.D. 412
Faisceau AV 157
Fartlek 236
Fascicule 29, 30
Fatigue
- à propos de 134
- crampes musculaires 145-146
- endurance cardiorespiratoire 284-285
- facteurs centraux et périphériques 140
- massage au repos et en récupération 146
- neuromusculaire 138-139
- sous-produits métaboliques 137-138
- systèmes énergétiques 134-137

Fatigue périphérique 134
FC. *Voir* Cœur
FCE (fréquence cardiaque d'entraînement) 518-520, 519*f*
Fédération Internationale de Football (FIFA) 329
Feedback négatif 55, 97
Femmes. *Voir aussi* Différences liées au sexe et exercice
- adaptations à l'entraînement aérobie 282, 283*f*
- apports en calcium 391
- apports en fer 391
- densité minérale osseuse 440*f*, 440
- distribution de la masse grasse 65

- distribution et utilisation des graisses 65
- exercice à la chaleur 313, 314
- grossesse et exercice 495-498, 496*t*
- hormones et entorse du LCA 105
- ménopause et exercice 501-502
- menstruation et troubles du cycle menstruel 20, 493*f*, 493-494
- recommandations d'activité physique 510
- santé osseuse 498-499, 499*f*
- triade de la femme athlète 501
- troubles du comportement alimentaire 499-501, 500*t*

Fer 391
FEV$_{1.0}$ (volume expiratoire forcé en 1 s) 466
Fibres de Purkinje 157, 160
Fibres extrafusales 90
Fibres intrafusales 90
Fibres musculaires
- adaptations à l'entraînement aérobie 273
- biopsie musculaire à l'aiguille 8-9, 11, 39-40
- capacité oxydative 69
- caractéristiques des fibres de type I et de type II 39, 40*t*, 40-41, 41*f*
- contraction 34-38, 36-38*f*
- distribution 41
- et déplétion en glycogène 135*f*, 135-136
- et exercice 41-42
- myofibrilles 31*f*, 31-33, 34
- plasmolemme 30*f*, 30-31
- sarcoplasme 31
- structure 29, 30*f*
- typologie 42

Fibres musculaires de type I
- à propos de 39, 40-41, 41*f*
- composition et entraînement en endurance 69
- et exercice 41

Fibres musculaires de type II (fast-twitch)
- à propos de 39, 40-41, 41*f*
- composition et entraînement en endurance 69
- et exercice 41-42, 42*f*

Fibres musculaires lentes. *Voir* Fibres de type I
Fibres rapides. *Voir* Fibres de type II
Fibrillation ventriculaire 160
Fick, Adolph 202
Filaments épais 32, 33*f*
Filaments fins 32, 33*f*
Flavine adénine dinucléotide (FAD) 62
Fletcher, Walter 5
Flint, Austin 13
Fonction immunitaire 357, 377, 378
Fonction métabolique
- à propos de 166
- adaptations à l'entraînement aérobie 276-278, 277*f*
- dépense d'énergie 126
- différences liées au sexe 487*f*, 487-488, 488*f*, 490
- enfants et adolescents 445-448, 448*f*
- glandes endocrines impliquées 104-107
- puissance et performance de sprint 227
- réponses à l'altitude 329-330, 330*t*

- rôle dans le contrôle du poids 567
Forbes, G.B. 424
Forbes, William H. 6
Force, musculaire
- avance en âge 462*f*, 462-464, 463*f*, 473-474
- définition 224
- désentraînement 361-363
- différences liées au sexe 484-486, 485*f*, 489, 490*f*
- enfants et adolescents 442, 443*f*

Formation réticulée 84
Foster, Michael 4
Fraction d'éjection 162-163
Fraser, Shelly-Ann 438
Fréquence cardiaque (FC)
- adaptations à l'entraînement 267*f*, 267-269, 269*f*
- analyse de la variabilité 197
- réponses à l'exercice aigu 196-198, 197*f*

Fréquence cardiaque d'entraînement (FCE) 518-520, 519*f*
Fréquence cardiaque de repos 196, 267
Fréquence cardiaque de réserve 518-519
Fréquence cardiaque maximale (FC$_{max}$) 196, 267-268, 443, 445
Fréquence cardiaque submaximale 267, 443, 444*f*, 486*f*, 486
Fréquence d'entraînement 236
Frisson 314
FSH (hormone de stimulation folliculaire) 482
Furosémide 428
Fuseaux musculaires 90*f*, 90-91

G

γ-motoneurones 90, 91
Gaine de myéline 75*f*, 77
Galen, Claudius 4
Ganglions de la base 83
Gelure 319
Génétique et hérédité
- adaptations à l'entraînement aérobie 281-282
- contrôle neuromusculaire chez les athlètes "élites" 88
- obésité 559, 560
- principe d'individualisation 226-227

Génome humain 12
Génomique et médecine personnalisée 10
Genre. *Voir* Différences liées au sexe et exercice
GH (hormone de croissance) 105, 109, 253
Ghréline 115, 116*f*
Gland hypophysaire postérieur 111-112, 112*f*
Glande apocrine 305
Glande surrénale 106
Glande thyroïde 97, 105-106
Glandes sudorales 302, 304
Gledhill, N. 430
Globules rouges 170-171, 271
GLP-1 (glucagon-like peptide) 98, 115
Glucagon 107, 107-108, 108*f*, 109*f*
Glucides
- à propos de 52-53
- apports et performance 383-385, 384*f*, 385*f*
- boissons 403
- classification 381

- fonctions 381
- index glycémique 382-383
- oxydation 61*f*, 61-63, 62*f*, 64*f*
- régulation du métabolisme à l'exercice 107-108, 108*f*, 109*f*
- stockage en glycogène 381*f*, 381-382, 382*f*

Glucocorticoïdes 106
Gluconéogénèse 54, 65, 98
Glucose
- à propos de 52-53, 123-125
- aide ergogénique 419, 422, 426, 427
- avance en âge 468
- concentration de glucose plasmatique 97-99, 103*t*
- cycle de Krebs 62
- déplétion en glycogène 136
- diabète 569-571, 572
- enfants et adolescents 448-449
- et réponse à l'altitude 329
- et réponse au froid 317
- glucides 381-382
- index glycémique 382-384
- oxydation 63, 64*f*
- régime 400, 402, 403
- régulation 106-109
- sensibilité à l'insuline 543-544
- syndrome métabolique 561
- système glycolytique 58-60

Glycogène 53
Glycogénolyse 60, 98
Glycolyse 58, 61*f*, 61
Glycolyse anaérobie 60, 61, 130, 137, 138, 227, 447
Gollnick, Phil 10, 11, 11*f*
Goodrick, C.L. 478
Gorgyi, Albert Szent 5
Goucher, Kara 497
Graisse blanche 110-111
Graisse brune 110-111
Graisse corporelle
- avance en âge 459, 460, 461*f*
- différences liées au sexe 483
- enfants et adolescents 441*f*, 441-442, 450
- index de masse corporelle 552, 553, 555
- mesures 375
- obésité 559, 560
- performance sportive 371
- perte de poids 379
- pourcentages 370, 372, 376-377
- réduction à l'exercice 565, 566, 568, 571
- relative 370, 374, 376, 398*t*, 398-399
- risque 65, 562
- stockage de graisse 53-54
- tolérance au froid 315

Graisse relative 370, 374, 376, 398*t*, 398-399
Graisse. *Voir aussi* Graisse corporelle
- à propos de 53-54
- accumulation chez les enfants et adolescents 441*f*, 441-442
- alimentaire 385, 571
- apports et performance 386
- apports recommandés 385-386
- différences liées au sexe 65, 483, 562-563
- distribution 65, 483, 562-563
- fonctions 385
- métabolisme à l'exercice 108-109
- oxydation 63-65

- tissu adipeux 110-111
Graphe barométrique 22
Grossesse et exercice 495-498, 496t, 510
Groupe contrôle 18-19
Groupe placebo 18-19, 410
Guanosine triphosphate (GTP) 63f
Guerrouj, Hicham El 475

H

Habeler, Peter 332
Hagemann, O. 120
Haldane, John S. 5
Haltérophilie. Voir Entraînement de force
Hansen, Ole 8
Harvard Fatigue Laboratory (HFL) 2, 6, 7f, 469
HDL-C (lipoprotéine du cholestérol de haute densité) 17, 541
Health Professionnal's Follow-Up Study 542
Hématocrite 170, 335
Hématopoïèse 171
Hémoconcentration 111, 208-209
Hémodilution 115
Hémoglobine 171
Henderson, Lawrence J. 6
Henry's law 181
Hérédité et génétique
- adaptations à l'entraînement aérobie 281-282
- contrôle neuromusculaire chez les athlètes "élites" 88
- obésité 559, 560
- principe d'individualisation 226-227
HFL (Harvard fatigue Laboratory) 2, 6, 7f, 469
hGH (hormone de croissance humaine) 426-427
HIE (hypoxémie induite par l'exercice) 215
Hill, Archibald V. (A.V.) 5f, 5, 6, 139
Hill, J.O. 558
Hippocrates 508
Hitchcock, Edward Jr. 9
Hoekstra, Liam 28
Hohwü-Christensen, Erik 7, 8f, 8
Holloszy, John 10, 11f, 11
Homéostasie 3, 12, 83, 96, 97, 98, 111-112, 139, 300, 302, 314, 556
Hopkins, Frederick Gowlet 5
Hormone antidiurétique (HAD) 111, 306
Hormone de croissance (GH) 105, 109, 253
Hormone de croissance humaine (hGH) 426-427, 568
Hormone de stimulation folliculaire (FSH) 482
Hormone lutéinisante (LH) 100, 482
Hormones
- à propos de 96f, 96-97, 102-103t
- acclimatation à la haute altitude 96
- classification chimique 97
- concentration plasmatique 97, 99
- équilibre hydrique à l'exercice 111-112
- et entorse du LCA chez la femme 105
- gains de force musculaire 253
- interaction SNC-système endocrine 98
- irisine 110-111
- non stéroïdiennes 100f, 100-101

- régulation de l'apport calorique 115-116, 116f
- régulation du métabolisme lipidique 108-109
- régulation du métabolisme. Voir Système endocrine
- réponse à l'exercice aigu 104t
- réponse au surentraînement 355-357, 356f, 357f
- sécrétion 97
- stéroïdiennes 99f, 99-100
Hormones non stéroïdiennes 97, 100f, 100-101
Hormones peptidiques 97
Hormones stéroïdes 97, 99f, 99-100, 420-421. Voir aussi Stéroïdes anabolisants
Horvath, Steven 6, 13
Hot Life of Man and Beast, The (Dill) 2
Huega, Jimmie 74
Hultman, Eric 8, 11
Humidité et pertes de chaleur 300
HUNT Study 279
Hydrométrie 372
Hyperactivité et déficit d'attention 421
Hyperglycémie 107
Hyperinsulinémie 571
Hyperoestrogénisme 484
Hyperplasie 248f, 248-250, 249f
Hyperpolarisation 76, 81, 158
Hypertension
- à propos de 532-534
- diminution du risque 543, 545-546
- facteurs de risque 541
- physiopathologie 538
Hyperthermie 309-310, 311f
Hyperthermie fœtale 495, 496
Hyperthermie maligne 171
Hypertrophie 247f, 247-248
Hypertrophie cardiaque 264
Hypertrophie chronique 247
Hypertrophie musculaire
- activation nerveuse 250
- et entraînement de force 230
- et myostatine 28
- hyperplasie 248f, 248-250, 249f
- hypertrophie 247f, 247-248
- types 247
Hypertrophie musculaire induite par la myostatine 28
Hypertrophie transitoire 247
Hyperventilation 213
Hypoglycémie 107
Hyponatrémie 398
Hypophyse antérieure 105
Hypothalamus 83, 105, 115
Hypothalamus antérieur préoptique 300, 301f, 314
Hypothermie 315, 318
Hypoxémie 324
Hypoxémie induite par l'exercice (HIE) 215
Hypoxie 324
Hypoxie aiguë 166
Hypoxie fœtale 495

I

IGF-1 (insulin-like growth factor 1) 253
Imagerie par résonance magnétique (IRM) 30, 372, 514
Imagerie par ultra-sons 30, 375
IMC (index de masse corporelle) 439, 552-553, 553t

Immobilisation et atrophie musculaire 250
Impédance bioélectrique 374, 374f
Index glycémique (IG) 382-383
Indiens Pima 560
Infarctus du myocarde 431, 532, 537
Inflammation
- asthme d'effort 212
- et dommages musculaires postexercice 142
- et maladies cardiaques 156, 535, 536, 541, 543, 544
- et surentraînement 357
Influx nerveux 76-79, 77f
Inhibiting factors 105
Inhibition autogène 246
Inositol triphosphate (IP3) 100
Inspiration 177, 178f
Institut August Krogh 7
Institute for Exercice and Environnemental Medicine 337
Insuffisance cardiaque 534-535
Insuline
- et régulation du métabolisme lipidique 109
- interaction SNC-système endocrine 98
- pancréas 107
Insulinorésistance 570, 571, 97
Intégration sensorimotrice
- différences liées au sexe dans les adaptations à l'entraînement aérobie 282, 283t
- dimensions et compositions corporelles 482-483, 483f, 489
- effets de l'entraînement de force 256
- exercice au chaud 313, 314
- exercice au froid 315, 316t
- fonction cardiovasculaire 486f, 486-487, 487f, 490
- fonction métabolique 487f, 487-488, 488f, 490
- fonction respiratoire 486f, 486-487, 487f, 490
- force 484-486, 485f, 489, 490f
- influx sensitif 87-91, 89f, 90f
- notions de sexe et de genre 484
- performance sportive 482t, 490-491, 492f
- prédictions chez les femmes 482
- problèmes spécifiques aux femmes. Voir Femmes
- records du monde hommes et femmes 482t
- réponse motrice 91-92
- séquence d'évènements 87, 87f
Intensité d'exercice
- compromis intensité-durée 279
- consommation d'oxygène 69, 213-214, 263, 264, 269
- crampes musculaires 145
- diminution du risque de maladie coronarienne 542-543
- épuisement à la chaleur 303
- équivalent métabolique 520, 521-522f
- et aptitude 516-517
- et débit cardiaque 201-202, 269
- et durée de l'exercice 516
- et entraînement sportif 237
- et fréquence cardiaque 196-197, 197f, 267
- et fréquence cardiaque d'entraînement 518-520, 519f

- et pression artérielle 166, 203, 205, 207, 270-271
- et réponses endocrines 105, 106, 107
- et seuil lactique 130
- et volume d'éjection systolique 199, 266
- exercices aérobies de faible intensité 568-569
- mesure 14, 16
- prescription 515
- score de fatigue 520, 522t, 522
Interval training 234-236, 235t
Interval training de haute intensité (HIIT) 237-239, 287f, 287-288, 523
Intolérance au glucose 570
Ion bicarbonate 187
Ions hydrogène (H^+) 137-138, 138f
Ions potassium (K^+) 76, 112
Ions sodium (Na^+) 76
IP3 (inositol triphosphate) 100
Irisine 110-111
IRM (imagerie par résonance magnétique) 30, 372, 514
Ironman World Championships 262
Ischémie 532
Isolation 298
IVGTT (test intraveineux de tolérance au glucose) 570

J

J.O. de Londres (2012) 224
J.O. de Mexico 332
J.O. de Pékin, Chine 176
Jamaïque 438
Jeûne 377, 379, 557
JNC8 533
Johnson, Robert E. 6, 7f
Joint National Committee on Detection, Evaluation, and Treatment of High blood Pressure 533
Jonction neuromusculaire (JNM) 35, 79, 80f, 82, 91, 138-139, 465
Jonctions gap 154
Joyner, Michael J. 12
Jus de betterave 418

K

K (conduction) 297, 297f
Karolinska Institute 8
Karpovich, Peter 9f, 9
Karvonen, Martii 9
Kelly, N.A. 523
Keys, Ancel 6
Kidd, Billy 74
Kile, Darryl 530
Kilocalories (kcal) 52
Kirshenbaum, J. 508
Korzick, Donna H. 278
Kram, Roger 132
Krebs, Hans 5
Krogh, August 5, 6, 7f, 7
Kuennen, M. 303

L

Lactate 98
Lactate déshydrogénase (LDH) 286, 447
LaGrange, Fernet 4
Lash, Don 469
Lavoisier, Antoine 4, 324

INDEX

LDH (lactate déshydrogénase) 286, 447
LDL-C (lipoprotéine du cholestérol de faible densité) 541
"le mur" 52, 135
Lee, J.D. 48
Leeuwenhoek, Anton van 4
Leptine 98, 115, 116f
Léthargie 318, 342
Leucine 414
LH (hormone lutéinisante) 100, 482
Life and Microgravity Sciences Espace lab mission 20
Ligne M 31-32
Lindberg, Johannes 7
Linderman, J. 412
Lipides 65, 115, 317, 526, 539-541, 543-544, 562, 571. *Voir aussi* Graisse
Lipides sanguins 541
Lipogénèse 54
Lipolyse 63, 109
Lipoprotéine du cholestérol de faible densité (LDL-C) 425, 536, 541
Lipoprotéine du cholestérol de haute densité (HDL-C) 17, 425, 541
Lipoprotéine lipase 483
Lipoprotéines 540-541
Liquides extracellulaires 393
Liquides intracellulaires 393
Liste des substances et techniques interdites 418-419, 420t
Lloyd, Dale II 171
Loi d'action de masse 54
Loi de Boyle 177
Loi de Dalton 181, 324
Loi de Fick 183, 184f
Longévité 478
Loucks, Anne 495

M

Macrominéraux 391
Mal aigu des montagnes (MAM) 339-341, 340f
Maladie cardiaque congénitale 535
Maladie cardiovasculaire
- accident vasculaire cérébral 534
- hypertension. *Voir* Hypertension
- insuffisance cardiaque 534-535
- maladie cardiaque congénitale 535
- maladie coronarienne. *Voir* Maladie coronarienne
- maladie vasculaire périphérique 535
- mode de vie et risque 544
- prévalence 530f, 530-531
- réhabilitation des patients 547-548, 548f
- risque de crise cardiaque et de mort subite à l'exercice 546-547, 547f
- valvulopathie 535
Maladie coronarienne (MC) 511t
- à propos de 532
- diminution du risque 542-545, 543
- facteurs de risque 539t, 539-541
- physiopathologie 535-537, 536-538f
Maladie de Parkinson 523
Maladie vasculaire périphérique 535
Maladies. *Voir* Maladie cardiovasculaire; Maladie coronarienne; Diabète; Obésité
Malina, R.M. 454
Manœuvre de Valsalva 205, 213, 513
Margaria, Rudolfo 6
Masculinisation par abus de stéroïdes 425
Massage 146
Masse grasse 370. *Voir aussi* Composition corporelle; Graisse
Masse maigre 370, 376
Masse musculaire
- altitude 336, 337
- différences liées au sexe 387, 483, 484, 485, 489, 491
- enfants et adolescents 256-257, 441, 442, 447
- entraînement de force 253, 256-257, 265, 370, 387, 474
- et aides ergogéniques 422-424, 427
- et avance en âge 255-256, 459-460, 462-463, 464, 465, 473, 555
- et hypogravité 20, 365
- et pertes de chaleur 315
- et stéroïdes anabolisants 248
- mémoire du muscle 48
Masse ventriculaire gauche 265
Maturation 438. *Voir aussi* Enfants et adolescents
Maturité physique 441. *Voir aussi* Enfants et adolescents
Maux de tête et mal des montagnes 340
Mayer, Jean 558, 567
MC. *Voir* Maladie coronarienne
McMaster University, Ontario 516
Mécanisme de Frank-Starling 200
Mécanisme de la soif 397
Mécanorécepteurs 169
Médecine personnalisée 10
Medford Boys' Croissance Study 442
Médullosurrénale 97, 106
Membrane alvéolaire 180-181, 182f
Membrane alvéolo-capillaire 180
Mémoire musculaire et exercice 48
Ménarche 494
Ménopause et exercice 501-502
Messner, Reinhold 332
Métabolisme 52
Métabolisme aérobie 58, 61, 227, 447
Métabolisme anaérobie 57, 262, 289, 330
Métabolisme de base (MB) 126, 557
Métabolisme de repos 126, 557
Méthode de Karvonen 518-519
Meyerhde, Otto 5
Microminéraux 391
Miller, Amber 482
Minéralocorticoïdes 112
Mitochondrie 61, 62, 274, 275
Mode, exercice 515-516
Monocarboxylate transporteur (MCT) 66
Monoxyde de carbone (CO) 279
Mont Everest 325, 332
Mont McKinley 336
Mora-Rodriguez, Ricardo 303
Morbidité 559-560
Morehouse, Lawrence 6
Morris, J.N. 542
Mort 176
- due à des troubles du comportement alimentaire 500-501
- due à l'abus de substances ergogéniques 424, 427, 428, 429
- due à l'altitude 342
- due à une maladie cardiovasculaire 530f, 530-531, 531t, 542
- due à une maladie congénitale 152, 156
- et hyponatrémie 398
- et obésité 560, 569
- et stress environnemental 309, 317, 318-319, 477
- risque à l'exercice 171, 478, 514, 546-548, 547f
- syndrome fatal du sédentaire 508, 545
Mortalité 559-560
Mostafavifar, A.M. 453
Motoneurones 2, 35, 42-43, 78, 84, 87-88, 90, 190, 246, 463-464
mTOR (mechanistic target of rapamycin) 254, 255, 414, 426
Muscle cardiaque 28f, 28
Muscle gastrocnemius (mollet) 41, 43
Muscle lisse 28f, 28
Muscle squelettique
- altération de la fonction contractile 44
- caractéristiques fonctionnelles et structurales 155f
- contraction musculaire 45-46, 46f, 47f
- fibres musculaires. *Voir* Fibres musculaires
- mémoire du muscle 48
- régulation de la température 302
- structure 28f, 29f, 29-30
- typologie et performance sportive 43, 45, 45t
Musculaire
- adaptations à l'altitude 335-336
- adaptations à l'entraînement aérobie 273-276, 274f, 276f
- adaptations à l'entraînement anaérobie 285
- contraction 45-46, 46f, 47f
- contrôle nerveux. *Voir* Système nerveux
- fibres. *Voir* Fibres musculaires
- force. *Voir* Force musculaire
- génération de force 46f, 46, 47f
- squelettique. *Voir* Muscle squelettique
- types 28f, 28-29
Myélinisation 77-78, 442
Myocarde 153-156, 154-156f
Myofibrilles 31f, 31-33, 34
Myosine 2, 32
Myostatine 28

N

NADH 62
Nageurs
- accumulation d'acide lactique 138
- affûtage 360-362
- altitude et performance 332
- asthme d'effort 212
- avance en âge et performance 458, 462, 475, 476
- cross-training 289
- dépense d'énergie 131
- différences de performance liées au sexe 491
- endurance 128
- endurance musculaire 363-364
- entraînement continu 236
- exercice au froid 317
- interval training 234, 236
- les données de la recherche 16-17
- masse grasse et performance 376
- optimisation de la performance 348, 349-350
- surentraînement 349-350, 355-356
- troubles du comportement alimentaire 500
- typologie 43, 45
Nandrolone décanoate 425
NASA/Johnson Espace Center, Houston, Texas 469
National Aeronautics and Espace Administration (NASA) 20
National Association for Sport and Physical Education (NASPE) 453
National Athletic Trainers' Association (NATA) 408
National Collegiate Athletic Association (NCAA) 171, 408, 500
National Health and Nutrition Examination Survey (NHANES) 385, 545
National Institutes of Health (NIH) 508, 540, 552
Navette du lactate (lactate shuttle) 66
Nébuline 32
Nerfs afférents 85, 90f
Nerfs cholinergiques 80
Nerfs sympathiques 80
Neurohypophyse 111
Neurones 74-76, 75f
Neurotransmetteurs 75, 80-81
NHANES (National Health and Nutrition Examination Survey) 385, 545
Nicotinamide adénine dinucléotide (NAD) 62
Nielsen, Bodil 13
Nielsen, Marius 7
NIH (National Institutes of Health) 508, 540, 552
Nitrate 416-417
Nœud atrioventriculaire 156
Nœud sinusal 156, 268
Nœuds de Ranvier 78
Non répondeurs 282-283
Noradrénaline 80, 97, 106, 107-108, 108f, 109, 109f
Norton, E.G. 331
Nutrition et minéraux 391-393
Nutrition et sport
- apports recommandés 380
- besoins en altitude 330
- boissons du sportif 402-404
- contrôle du poids. *Voir* Contrôle du poids
- eau. *Voir* Eau et équilibre électrolytique
- et lipides 385-386
- glucides. *Voir* Glucides
- minéraux 391-393
- protéines 386-388
- régime "paléo" 400
- régime végétarien 399
- repas de précompétition 399-400
- surcharge en glycogène musculaire 400-402, 401f, 402f
- vitamines 389t, 389-391

O

Obésité
- activité physique 565-569, 568t, 569f
- contrôle du poids 556-558
- enfants et adolescents 439, 450
- équilibre énergétique 556-558
- étiologie 559
- génétique 559, 560
- pertes de poids 563-565
- prévalence 554-556, 554-556f

611

- problèmes de santé associés 559-563, 561f, 562f
- recommandations 564
- terminologie et classification 552-554, 553t

Obésité androïde 562
Obésité gynoïde 562
Obésité morbide 552
Ocytocine 111
Œdème cérébral de haute altitude (OCHA) 342
Œdème pulmonaire de haute altitude (OPHA) 341
Œstrogènes 97, 105, 483
Oligoménorrhée 378, 494
Onde P 159
Opération Everest II 324
Ordonnance de justification thérapeutique 419
Organes tendineux de Golgi 246
Organisation mondiale de la santé 552
Osmolarité 111
Ossification 440
Ostéopénie 391, 459, 498-499
Ostéoporose 391, 459, 498-499
Osterman, Greg 196
Ovaires 97
Oxiofrine 408
Oxyde nitrique (NO) 142, 166, 536
Oxygène 4, 5, 6, 10. *Voir aussi* Système oxydatif

P

Pahkala, K. 439
Pancréas 106-107
Parr, E.B. 426
Pascal, Blaise 324
Passeport biologique 421
Pawelczyk, James A. 20f, 21
P_b (pression barométrique) 324
Pennation 30
Peptide YY (PYY) 115
Performance
- affûtage 360-361, 362
- différences liées au sexe 482t, 490-491, 492f
- et aides ergogéniques. *Voir* Aides ergogéniques
- et apport glucidique 383-385, 384f, 385f
- et apport lipidique 386
- et apport protéique 387-388
- et avance en âge 475f, 475-476
- et déshydratation 111, 208, 300, 304, 306, 326, 330, 377, 394-395, 395f, 396t
- et douleurs musculaires – DOMS 143, 143f, 144f
- et masse grasse 371
- et menstruation 494
- exercice à la chaleur 305
- facteurs limitants 278-279, 280t
- facteurs limitants respiratoires 215-216
- impact de l'altitude 333, 336-337, 338-339
- impact de la composition corporelle 370, 376f, 376-380, 378t
- potentiel métabolique 227
- type de fibre musculaire et performance athlétique 43, 45

Péricarde 152
Périmysium 29
Période d'affûtage 360, 361

Période réfractaire absolue 77
Péroxisome proliférateur-activateur récepteur γ coactivateur 1α (PGC-1a) 82, 275
Perry, William "The Refrigerator" 552
Pesée hydrostatique 371f, 371-372
PFK (phosphofructokinase) 60
PGC-1α (péroxisome proliférateur-activateur récepteur γ coactivateur 1a) 82, 110, 275
pH 138, 216f, 216-217, 217f
Pharmacogénomique 10
Phillips, Stuart 387
Phosphate inorganique 137
Phosphocréatine (PCr) 2, 58, 129, 227, 416, 447. *Voir aussi* Système ATP-PCr
Phosphofructokinase (PFK) 60
Phosphore 391
Phosphorylation 57
Phosphorylation oxydative 57, 63
Physiologie 3
Physiologie de l'environnement 3
Physiologie de l'exercice
- anatomie et physiologie – les débuts 4
- contexte de recherche 14
- développement des théories contemporaines 10-12
- et athlètes 13
- évolution 3-4
- facteurs confondants 19t, 19-20
- femmes scientifiques 13
- focus 3
- formation en 5-6
- Harvard Fatigue Laboratory 2, 6, 7f
- historique 2, 4-5
- influence scandinave 7-8
- les "verrous" 9-10
- médecine personnalisée 10
- métabolisme et performance de sprint 227
- méthodologie 17-18
- outils et techniques de recherche 14-17
- physiologie intégrée 12
- physiologie translationnelle 15
- population "contrôle" et recherche 18-19
- programme de recherche 14, 14f
- recherche spatiale 20-21
- réponses aiguës et chroniques à l'exercice 3
- tableaux et figures 21-22, 22t
- unités et abréviations scientifiques 21

Physiologie du sport 3
Physiologie intégrative 12
Physiopathologie 535
Piehl, Karen 13, 13f
Pivarnik, J.M. 497
Placenta 97
Plaque 532f, 532, 536-537, 538f
Plasmolemme 30f, 30-31
Pléthysmographie 372, 373f
Plis cutanés 373f, 373-374
Plyométrique 232f, 232
PO_2 (pression partielle en oxygène) 279, 324, 326, 339
Polycythémie 335
Polyphénols et jus de fruits rouges 415-416
Pompe musculaire 169
Pompe respiratoire 178
Pompes sodium-potassium 76

Ponts de myosine 35
Potassium 391-392
Potentiel membranaire de repos 76
Potentiel postsynaptique d'excitation (PPSE)
Potentiel postsynaptique d'inhibition (PPSI) 81
Potentiels d'action 35, 76-78, 77f
Poumons. *Voir* Système respiratoire
Powell, Asafa 438
PPSE (potentiel postsynaptique d'excitation) 81
PPSI (potentiel postsynaptique d'inhibition) 81
Précharge 199
Prédiabète 570
Préhypertension 533
Pré-opiomélanocortine (POMC) 98
Prérefroidissement et performance 305
Prescription d'exercice
- à propos de 515
- durée 516
- enregistrement de l'intensité d'exercice 518-522, 519f, 522t
- fréquence 516
- HIIT et populations spécifiques 523
- intensité 516-517
- modalité 515-516
- pauses lors de la station assise prolongée 517, 518
- quantité 517

Pression aortique 199
Pression artérielle diastolique (PAD) 163
Pression artérielle moyenne (PAM) 163
Pression atmosphérique 325f, 325-326
Pression barométrique (P_b) 324
Pression de vapeur d'eau (P_{H2O}) 326
Pression hydrostatique 207
Pression oncotique 207
Pression partielle de l'oxygène (PO_2) 279, 324, 326, 339
Pression sanguine
- adaptations à l'entraînement 270-271
- élevée. *Voir* Hypertension
- régulation générale 168-169
- réponses à l'exercice aigu 203-205
- yoga 204

Pressions partielles des gaz 181
Principe d'individualisation 226-227
Principe d'individualité 226-227
Principe de périodicité 228, 351f, 351-352
Principe de réversibilité 228
Principe de spécialisation 451-453, 452f
Principe de spécificité 17, 227-228, 288-289, 289f, 289t
Principe de surcharge progressive 228
Principe de variation 228
Principe du tout ou rien 77
Production de chaleur métabolique 296, 297f
Progestérone 97
Programmes de réhabilitation 525-526, 547, 548
Prolapsus de la valve mitrale 153
Prostaglandines 100-101, 166
Prostate 425
Protéine
- à propos de 54

- apport et performance 387-388
- apports recommandés 254
- et entraînement de force 254, 255f, 387
- fonctions 386
- oxydation de 65-66
- recommandations 386-387

Protéine C-réactive (CRP) 539
Protéine découplante (UCP) 110
Protéines globulaires (actine-G) 32
Protéolyse musculaire 414
Protéosynthèse musculaire 414, 426
Protocole de recherche 17
Pseudoéphédrine 421
Puberté 438. *Voir aussi* Enfants et adolescents
Puissance 224-225, 226
Puissance aérobie 226. *Voir aussi* Consommation maximale d'oxygène

Q

QR (quotient respiratoire) 123-124, 124t
Quantité d'exercices 517

R

1-répétition maximum (1RM) 224
Radcliffe, Paula 482, 497
Radiation (R) 298, 298f
Radicaux libres 390
Radiographie 372
Rapport capillaire-fibre 270
Récepteur à la ryanodine 155, 171
Récepteurs b-adrénergiques 166
Recommandations ATP4 540
Recommandations et prescriptions de l'ACSM 512, 513
Records du monde, hommes et femmes 482t, 490-491, 492f
Recrutement temporel 43
Réflexe moteur 89-90
Régime "paléo" 400
Régime riche en graisses 385, 571
Régime végétarien 399
Régime. *Voir aussi* Nutrition et sport
- et entraînement de force 252-254
- et régime végétarien 399
- jeûne et régimes draconiens 379
- poids optimal 379-380
- recommandations pour amaigrissement 563-565
- régime "paléo" 400
- repas de précompétition 399-400
- surcharge en glycogène 400-402, 401f, 402f

Régimes très hypocaloriques 377, 379, 557, 563
Règles 493, 494, 501
Régulation de la température corporelle
- conduction et convection 297f, 297-298
- conversions de température 296
- évaporation 298-299
- humidité et pertes de chaleur 300
- mécanismes thermorégulateurs 300-302, 301f
- niveau d'équilibre thermique 299f, 299-300
- production de chaleur métabolique 296, 297f
- radiation 298, 298f
- système endocrine 302

Reins 111-115, 113f, 114f

INDEX

Relation dose-réponse 17
Relaxation dynamique 158
Releasing factors 105
Rénine 113
Répondeurs 282-283
Réponse aiguë 3, 19
Réponse anticipatrice 196
Réponse myogénique 167
Réponse postsynaptique 81
Réponses cardiovasculaires à l'exercice aigu
- avance en âge et performance 475-476, 475f
- débit cardiaque 201f, 201-202
- débit sanguin 205-207, 206f
- différences liées au sexe 486f, 486-487, 487f
- enfants et adolescents 442-445, 444f
- équation de Fick 202
- fréquence cardiaque 196-198, 197f
- pression sanguine 203-205
- réponses cardiaques 202-203, 203f
- réponses générales à l'exercice 209, 210f, 211, 211f
- sang 207f, 207-209, 208f
- volume d'éjection systolique 198-201, 199-201f
Réponses respiratoires à l'exercice aigu
- arythmies respiratoires 212-213
- enfants et adolescents 442-445, 444f
- limites respiratoires à la performance 215-216
- régulation de l'équilibre acidobasique 216f, 216-218, 217t, 218f
- ventilation et métabolisme énergétique 213f, 213-215, 214f
- ventilation pulmonaire à l'exercice dynamique 211f, 211-212
Reproductibilité 19
Résistances périphériques totales (RPT) 203
Respiration de Cheyne-Stokes 341
Respiration externe 176
Réticulum sarcoplasmique (SR) 31, 40
Rhabdomyolyse 145
Rhumatisme articulaire aigu (RAA) 535
Rhyming, Irma 13
Robinson, Sid 6, 7f, 445, 468
Roth, D.A. 412, 413
Rowell, Loring 9
Rythme sinusal 156
Rythmicité spontanée 156

S

Sacs de Douglas 7f
Sallis, Robert E. 510
Saltin, Bengt 8, 8f, 11, 13, 487
Sang
- à propos de 170f, 170-172, 271
- adaptations à l'altitude 335f, 335
- réponses à l'exercice aigu 207f, 207-209, 208f
Sang veineux mêlé (v) 188
Santé et aptitude physique
- aptitude 508
- épreuve d'effort 513f, 513-515
- évaluation des risques 511t, 511-513, 512f
- importance de l'activité physique 508-509
- importance du bilan médical 510-511
- prescription d'exercices. Voir Prescription d'exercices
- programmation 524-525
- programmes de réhabilitation 525-526
- recommandations d'activité physique 509-510
- valeur pronostique d'une épreuve d'effort 510
Santé et facteurs de risques 534, 539, 541, 553, 555, 556
Santé osseuse
- altération de la minéralisation osseuse 378
- avance en âge 459-460
- calcium 391
- différences liées au sexe 483, 489
- enfants et adolescents 440, 440f
- entraînement de force 464
- femmes 377, 378, 440, 440f, 498-499, 499f
- hormone de croissance 426, 427
- microgravité 365
- pourcentage de masse maigre 372
- stéroïdes anabolisants 424, 425
- système musculosquelettique 29
- vitamines 390
Sarcolemme 31
Sarcomères 31-32, 33f
Sarcopénie 255-256, 465
Sarcoplasme 31
Sargent, Dudley 9
Saturation de l'hémoglobine 185-187, 186f
Saut 232, 440, 498
Scholeter, Peter 6, 9
Sclérose en plaques 74
Score de fatigue à l'effort (RPE) 520, 522, 522t
Šebrle, Roman 224
Second messager 100
Séguin, A. 4
Semenya, Caster 484
Sensibilité à l'insuline 99, 543, 570
Sensitivité 514
Sensoriel (afférent) nerf 85, 90f
Seuil 77
Seuil lactique
- à propos de 130, 130f, 214f
- adaptations à l'entraînement aérobie 277f, 277
- avance en âge et réponses à l'exercice aigu 471
Seuil ventilatoire 213f, 213-214
Shay, Ryan 530
SNC. Voir Système nerveux central
SNP (système nerveux périphérique) 85, 85-87, 86t
Sodium 111, 112, 391-392
Sommation 46
Sommeil
- altitude 338, 339, 341
- apnée 561
- caféine 415
- crampes musculaires 145
- dépense d'énergie 126, 133t
- surentraînement 354, 355
- voyage avion 333
Souffle cardiaque 153
Souplesse 524
Spécificité d'un test 514
Spécificité de l'entraînement 131, 238, 288-289, 289f, 289t

Spirométrie 178
Sprint 58, 131, 132, 138, 227, 268, 285, 286, 288, 332-333
Staron, R.S. 252
Statines 145
Steady-state 197
Stéroïdes anabolisants
- à propos de 422
- bénéfices attendus 422-423
- effet placébo 409f, 409
- effets démontrés 423f, 423-425, 424f
- risques 425
Stimulants 421-422
Stockage en glycogène 381f, 381-382, 382f
Stress thermique 308, 311, 454, 496. Voir aussi Exercice au froid; Exercice à la chaleur
Strie Z 31-32
Substances et techniques interdites
- alcool 426
- classes de stéroïdes anabolisants 420-421
- contamination des suppléments alimentaires 419-420
- détection du dopage 420-421
- diurétiques et agents masquants 427-428
- dopage sanguin 408, 429f, 429-431, 430f
- hormone de croissance 426-427
- liste 418-419, 420t
- stéroïdes anabolisants 409, 409f, 422-425, 423f
- stimulants 421-422
- synthèse des protéines musculaires 426
- β-bloquants 428-430
Substrats énergétiques 52-54, 53f
Succinate déshydrogénase (SDH) 69
Sudation
- avance en âge 477
- crampes musculaires 144, 145, 308-309
- différences liées au sexe 313
- enfants et adolescents 454
- équilibre hydrique à l'exercice 109-110, 111-112, 208, 304-307, 305f, 306t, 309, 310, 394, 397-398
- pertes d'électrolytes 395-396, 397, 403
- pertes en minéraux 392
- régulation de la température 299-300
- transfert de chaleur 120, 311-312
Sullivan, R. 508
Surcharge aiguë 348-349, 351, 355f, 356
Surcharge en bicarbonates 413
Surcharge en glycogène 384
Surcharge glucidique 384, 401
Surentraînement
- à propos de 352
- addiction au sport 359
- consensus à propos de 353-354
- critères de prédiction 357-358, 358f, 359t
- diagnostic 353-354
- et immunité 357, 358f
- prévention et récupération 358, 360
- réponse hormonale 355-357, 356f, 357f
- réponses du système nerveux autonome 355

- symptômes 352, 354, 355f
Surgeon General 508
Surmenage 353
Surpoids 371, 439, 539, 552-556, 564. Voir aussi Obésité
Sutton, John 324
Sympatholyse 205
Synapse 78-79, 79f
Syndrome fatal du sédentaire 508, 545
Syndrome métabolique 561
Système ATP-PCr 58, 58f, 66-67, 134, 234, 235, 286
Système cardiovasculaire.
- à propos de 152
- adaptations à l'entraînement et différences liées au sexe 490
- altitude 328-329, 336
- avance en âge et exercice 464-466, 466f
- cœur. Voir Cœur
- réponses à l'exercice aigu. Voir Réponses cardiovasculaires à l'exercice aigu
Système circulatoire. Voir Sang; Cœur; Système vasculaire
Système de conduction cardiaque 156, 157, 465
Système de transport de l'oxygène
- à propos de 185-187, 186f
- adaptations à l'entraînement 264
- réponses à l'altitude 328f, 328
Système endocrine
- à propos de 96f, 96-97
- et contrôle cardiaque 159
- et interaction avec le SNC 98
- et régulation de la température du corps 302
- et régulation du métabolisme glucidique 107-108, 108f, 109f
- glandes et hormones 102-103t
- glandes impliquées dans la régulation du métabolisme 104-107
- hormones. Voir Hormones
- reins 113f, 113-115, 114f
- réponses à l'exercice 448-449
Système glycolytique
- adaptations à l'entraînement anaérobie 286f, 286-287
- et énergie 58, 59f, 60
Système musculosquelettique 29
Système nerveux
- à propos de 74
- central. Voir Système nerveux central
- contrôle neuromusculaire chez les athlètes "élites" 88
- délai électromécanique 80
- enfants et adolescents 442
- influx nerveux 76-79, 77f
- intégration motrice. Voir Intégration sensorimotrice
- jonction neuromusculaire 79, 80f, 82, 91
- neurones 75f, 75-76
- neurotransmetteurs 80-81
- organisation 74f
- réponse postsynaptique 81
- synapse 78-79, 79f
- système nerveux périphérique 85-87, 86t
Système nerveux autonome 85-86, 86t, 355
Système nerveux central (SNC)
- cerveau 82-84

- développement de 442
- fatigue 139
- moelle épinière 85
- SNC-interaction avec le système endocrine 98

Système nerveux parasympathique 80, 86t, 86-87, 158-159, 198, 212, 268, 355

Système nerveux périphérique (SNP) 85, 85-87, 86t

Système nerveux sympathique
- à propos de 85-86, 86t
- aides ergogéniques 421, 428
- altitude 329
- contrôle de l'activité cardiaque 158-159, 165, 202
- contrôle du débit sanguin 167-168, 205
- pertes de poids sévères 377
- régulation de la température 301, 557
- surentraînement 355

Système oxydatif
- à propos de 61, 62
- adaptations à l'entraînement aérobie 274, 274f, 275f
- capacité oxydative du musculaire 68-69, 69f
- consommation d'oxygène. Voir Consommation d'oxygène
- et glucides 61f, 61-63, 62f, 64f
- et lipides 63-65
- et protéines 65-66

Système rénine-angiotensine-aldostérone 114

Système respiratoire
- à propos de 176
- adaptations à l'altitude 333, 335
- adaptations à l'entraînement aérobie 272-273
- différences liées au sexe et adaptation à l'entraînement 466-467, 486f, 486-487, 487f, 490
- diffusion pulmonaire 180-185, 182f, 184f, 185t
- échanges gazeux musculaires 188f, 188-190, 189f
- et désentraînement 364-365
- fréquence respiratoire et mouvements des membres inférieurs 192
- plongée-bouteille 179
- régulation de la ventilation pulmonaire 190-191, 191f
- réponse à l'exercice aigu 211-218
- réponses à l'altitude 327f, 327-328, 328f
- transport de l'oxygène 185-187, 186f
- transport du dioxyde de carbone 187-188
- ventilation pulmonaire 176-178, 177f, 178f
- volumes pulmonaires 178-180, 179f

Système vasculaire
- à propos de 163
- adaptations sanguines à l'altitude 335f, 335
- composition du sang 170f, 170-172

- distribution du sang. Voir Débit sanguin
- hémodynamique 163-165, 164f
- pression sanguine 163

Systèmes énergétiques
- acide lactique – source d'énergie 66
- adaptations à l'entraînement anaérobie 286f, 286-287
- caractéristiques 68t
- fatigue 134-137
- interactions 66, 68
- métabolisme des substrats-résumé 66, 67f
- système ATP-PCr 58f, 58
- système glycolytique 58, 59f, 60
- système oxydatif. Voir Système oxydatif

T

T/E rapport 421
T_3 (triiodothyronine) 97, 105-106
T_4 (thyroxine) 97, 105-106
Tables et graphes 21-22, 22t
Tachycardie 160
Tachycardie ventriculaire 160
Tamaki, T. 425
Tapis roulant 15-16
Taylor, Chris 552
Taylor, Henry Longstreet 6, 10
Technique de la biopsie à l'aiguille 8-9, 11, 39-40
Température du globe humide 307f, 307-308
Tendons 31
Terminaisons 75
Terminaisons axonales 75
Test anaérobie de Wingate 287
Test intraveineux de tolérance au glucose (IVGTT) 570
Testicules 97
Testostérone
- à propos de 97
- classification 420, 422
- détection du dopage 421
- développement de l'adolescent 483
- différences liées au sexe 489
- gains de force musculaire 248, 253, 424, 441
- réponses hormonales au surentraînement 355-356, 356f
- risques liés aux stéroïdes anabolisants 425
Tétanos 46
Thalamus 83
Théorie centrale 139
Théorie de la commande centrale 209, 211
Théorie de la température critique 304
Théorie du filament glissant 34-36, 37f, 38f
Thermogénèse non liée à l'activité physique 518, 566
Thermogénèse sans frisson 314
Thermorécepteurs 300
Thermorégulation. Voir Régulation de la température corporelle
Thrombose cérébrale 534
Thurmond, Aretha 497
Thyrotropine (TSH) 106

Thyroxine (T_4) 97, 105-106
Tipton, Charles "Tip" 9, 10, 11f
Tissu adipeux 109, 110-111, 115, 116f, 375, 414, 536, 556, 558, 567, 568. Voir aussi Graisse
Tissu excitable 76
Titine 32, 34, 158
Tomographie 372
Tonus vasomoteur 167
Torres, Dara 458
Torricelli 324
Tour de France 208, 370
Tour de taille 552-553, 553t, 561, 564
Trait drépanocytaire 171
Traitement hormonal substitutif 20
Transmission nerveuse et fatigue 138-139
Transport du carbone dioxyde 187-188, 189
Trappe, Scott 472
Traumatisme
- et avance en âge et exercice 478
- et entraînement de force 231
- et inactivité physique 453
- exercice au froid 319
- surmenage 236, 348
Triade de la femme athlète 501
Triglycérides 54, 63, 108, 385
Triiodothyronine (T_3) 97, 105-106
Tronc cérébral 84
Tropomyosine 32, 35
Troponine 32
Troubles du comportement alimentaire 377-378, 499-501, 500t
Troubles du cycle menstruel 378, 493f, 493-494
Tubules transverses (T-tubules) 31, 155

U

UCP (protéine découplante) 110
Unités 21
Unités motrices 35f, 35, 40-41, 246
Up-regulation 99

V

$\dot{V}_E$max (ventilation maximale) 466
$\dot{V}O_2$max. Voir Consommation maximale d'oxygène
$\dot{V}O_2$pic (consommation d'oxygène pic) 128, 445
Valeur prédictive d'une épreuve d'effort anormal 514
Valgus 105
Valvulopathie 535
VanHeest, J.L. 354, 356
Variable dépendante 21
Variable indépendante 21
Variation circadienne 20
Vasoconstriction 164
Vasoconstriction périphérique 314
Vasodilatation 164
Vasodilatation d'exercice induite par l'hypoxie 166-167
Vasodilatation endothélium-dépendante 164
Vasopressine 96, 306
$V_E/\dot{V}O_2$ (équivalent respiratoire en oxygène) 213
Veines 163

Veinules 163
Ventilation maximale ($\dot{V}_E$max) 466
Ventilation maximale volontaire 215
Ventilation pulmonaire
- à propos de 176
- adaptations à l'entraînement 272
- et exercice dynamique 211f, 211
- et métabolisme énergétique 213f, 213-215, 214f
- expiration 177-178, 178f
- inspiration 177, 178f
- régulation 190-191, 191f
- réponses à l'altitude 327, 333, 335
Vesalius, Etreas 4
Vêtements compressifs 258
Vidange gastrique 403
Viscosité du sang 171-172
Vitamine C 390
Vitamine E 390
Vitamines et nutrition 389t, 389-391
Vitamines liposolubles 385, 389
Vitesse contractile de la fibre isolée 41
Volume courant 178
Volume d'éjection systolique (VS)
- à l'exercice 199, 199f, 200f
- à propos de 162f, 162, 198-199
- adaptations à l'entraînement 266t, 266f, 266-267
- avance en âge 466
- différences liées au sexe 486f, 486
- et intensité d'exercice 199, 266
- mécanismes d'augmentation 200-201, 201f
Volume d'éjection systolique maximal (VS_{max}) 264, 267, 269, 329, 366, 445, 465, 488
Volume expiratoire forcé en 1 s ($FEV_{1.0}$) 466
Volume plasmatique 208, 208f, 271
Volume résiduel (VR) 178
Volume sanguin et exercice 271, 271f
Volume télédiastolique (VTD) 162, 266
Volume télésystolique (VTS) 162, 266
Volumes pulmonaires 178-180, 179f
Voyage en avion et performance 333
VS_{max}. Voir Volume d'éjection systolique maximal

W

Wagner, D.R. 375
Walker, Jason 508
Watson, James 12
Weston, Edward Payson 13
Wilkinson, D.J. 414
Williams, Nancy 495
Wylie, L.J. 418

Y

Yoga 204
Young, etrew 314
Young-hunt study 445

Z

Zone H 31-32
Zuk, Marlene 400
Zuntz, N. 120

Les auteurs

W. Larry Kenney est professeur de physiologie et de kinésiologie à l'Université d'État de Pennsylvanie (Campus University Park) et titulaire de la chaire Marie Underhill Noll en performance humaine. Il a obtenu son doctorat en physiologie à l'Université de Pennsylvanie en 1983. Les travaux qu'il a réalisés au laboratoire de Noll sur les effets du vieillissement associés ou non à certaines pathologiques (tels que l'hypertension) sur le contrôle du flux sanguin sous cutané ont été financés depuis 1983 par les « National Institutes of Health (NIH) ». D'autres travaux ont également porté sur les effets de la chaleur, du froid et de la déshydratation sur divers aspects de la santé, et sur les performances athlétiques. Il est l'auteur de plus de 200 articles, livres, chapitres de livres et autres publications.

Larry Kenney a été également président du Collège Américain des Sciences du Sport (en anglais American College of Sports Medicine – ACSM) de 2003 à 2004 et il en est toujours membre. De plus, il est actif dans sa Société de physiologie Américaine (en anglais American Physiological Society – APS).

Pour son implication, que ce soit pour l'enseignement ou la recherche, Larry Kenney a reçu de nombreuses récompenses (Médaille du corps professoral de l'Université Penn State, prix de recherche Evan G. et Helen G. Pattishall et prix de recherche Pauline Schmitt Russell). En 1987 et 2008 respectivement, il a reçu 2 prix de l'ACSM, celui du jeune chercheur et le prix de la citation.

Larry Kenney a été membre de différents conseils de revues scientifiques (conseil éditorial, administration et consultatif) comme *Medicine and Science in Sports and Exercise, Current Sports Medicine Reports, Exercise and Sport Sciences Reviews, Journal of Applied Physiology, Human Performance, Fitness Management, and ACSM's Health & Fitness Journal*. Il est également consulté comme expert pour l'attribution de subventions par de nombreux organismes comme les « National Institutes of Health ». Avec sa femme Patti, il est père de trois enfants, qui sont ou qui ont été athlètes universitaires en Division 1.

Jack H. Wilmore, professeur éminent de l'Université A & M du Texas au sein du département de la santé et de la kinésiologie, a pris sa retraite en 2003. De 1985 à 1997, Jack Wilmore a été président du département de kinésiologie et d'éducation à la santé et professeur au Margie Gurley Seay à l'Université du Texas à Austin. Avant cela, il a été en fonction dans les Universités d'Arizona, de Californie et au Collège d'Ithaque. Jack Wilmore a obtenu son doctorat en éducation physique à l'Université de l'Oregon en 1966.

Jack Wilmore a publié 53 chapitres d'ouvrage, plus de 320 articles scientifiques évalués par des pairs et 15 livres sur la physiologie de l'exercice. Il a été l'un des cinq principaux chercheurs de l'Étude familiale HERITAGE, étude multicentrique visant à déterminer, entre autres, la part génétique possible dans la variabilité des réponses à l'entraînement. Les recherches de Jack Wilmore portaient sur le rôle de l'exercice dans la prévention et la lutte contre l'obésité et les maladies coronariennes. Il a également étudié les mécanismes responsables des adaptations physiologiques à l'entraînement, au désentraînement ainsi que les facteurs limitants de la performance chez les athlètes élites.

Ancien président de l'ACSM, Jack Wilmore a reçu le prix d'honneur de cette société savante en 2006. En plus d'être président de nombreux comités d'organisation de l'ACSM, il était membre du conseil de médecine du sport du Comité olympique des États-Unis et président de sa commission de recherche. Il a également été membre de la société de physiologie américaine et de l'Académie américaine de kinésiologie et d'éducation physique dont il a été aussi le président. Par ailleurs, il a été consultant de plusieurs organisations comme des équipes de sports professionnels, la patrouille des autoroutes de Californie (California Highway Patrol en anglais), le conseil sur la condition physique et le sport, la NASA, et la Force aérienne des États-Unis (U.S. Air Force). Pour finir, il a siégé à de nombreux comités de rédaction de revues de grande qualité.

Malheureusement, Jack Wilmore est décédé au cours de la préparation de cette sixième édition.

David L. Costill est professeur émérite à la chaire John et Janice Fisher en science de l'exercice à l'Université d'État de Ball à Munci (Indiana). En 1966, il fonde le laboratoire de performance humaine de l'Université d'État de Ball et en assure la direction pendant plus de 32 ans.

David L. Costill a écrit et a été co-auteur de plus de 430 publications et 6 ouvrages au cours de sa carrière. Il a été rédacteur en chef de l'*International Journal of Sports Medicine* pendant 12 ans. Entre 1971 et 1998, il a effectué en moyenne chaque année, 25 conférences que ce soit aux États-Unis ou à l'étranger. Il a été président de l'ACSM de 1976 à 1977, membre de son conseil d'administration pendant 12 ans et récipiendaire de deux prix de cette association (citation et honneur). Il a reçu de nombreuses autres récompenses honorifiques comme le prix d'excellence professionnelle de l'Université d'État de l'Ohio, le prix du président à l'Université d'État de Ball, Prix des anciens élèves des écoles publiques de Cuyahoga Falls. Beaucoup de ses anciens étudiants sont maintenant des pontes dans les domaines de la physiologie de l'exercice, de la médecine et de la science.

Costill a reçu son doctorat en éducation physique et en physiologie à l'Université d'Etat de l'Ohio en 1965. Marié depuis 55 ans avec sa femme Judy, ils ont deux filles. Maintenant à la retraite, David L. Costill s'adonne à ses différentes passions (pilote privé, constructeur expérimental d'avions et d'automobiles, maître-nageur, ancien coureur de marathon).

Table des matières

Introduction à la physiologie du sport et de l'exercice 1
1. L'objet de la physiologie du sport et de l'exercice 3
2. Les réponses physiologiques aiguës et chroniques à l'exercice 3
3. Historique de la physiologie de l'exercice 4
    3.1 Les débuts de l'anatomie et de la physiologie 4
    3.2 La physiologie de l'exercice à ses débuts 4
    3.3 Période d'échange scientifique et d'interaction 6
    3.4 La physiologie du sport et de l'exercice physique contemporaine 10
    3.5 Les femmes dans la physiologie de l'exercice 13
4. La recherche : fondements de la compréhension 14
    4.1 La démarche scientifique 14
    4.2 Les lieux de recherche 14
    4.3 Outils de recherche : les ergomètres 15
    4.4 Les types de recherche 17
    4.5 La rigueur scientifique 18
    4.6 Les facteurs à enregistrer 19
    4.7 La physiologie de l'exercice au-delà des frontières terrestres 20
    4.8 Unités et symboles scientifiques 21
    4.9 Lecture et interprétation des tableaux et figures 22
5. Conclusion 23
Mots-clés 24
Questions 24

Partie 1. L'exercice musculaire 25

Chapitre 1. Structure et fonctionnement musculaire 27

1. Anatomie du muscle squelettique 29
    1.1 Les fibres musculaires 30
    1.2 Les myofibrilles 31
2. Contraction de la fibre musculaire 35
    2.1 Le couplage excitation-contraction 35
    2.2 Le rôle du calcium 35
    2.3 La théorie du filament glissant : Comment les muscles produisent du mouvement ... 35
    2.4 L'énergie de la contraction musculaire 36
    2.5 Arrêt de la contraction musculaire 38
3. Type de fibres musculaires 39
    3.1 Caractéristiques des fibres de type I et de type II 40
    3.2 Distribution des fibres musculaires 41
    3.3 Type de fibres musculaires et exercice 41
    3.4 Détermination du type de fibres 42
4. Le muscle squelettique et l'exercice 43
    4.1 Recrutement des fibres musculaires 43
    4.2 Type de fibres et performance physique 46
    4.3 Modalités de la contraction musculaire 46

5. Conclusion ... 50
Mots-clés ... 50
Questions ... 50

Chapitre 2.   Métabolisme et bioénergétique musculaire ... 51
1. Les substrats énergétiques ... 52
   1.1 Les glucides ... 52
   1.2 Les lipides ... 53
   1.3 Les protéines ... 54
2. Contrôle de la production énergétique ... 54
3. L'ATP : la molécule énergétique du muscle ... 57
4. Bioénergétique : production d'ATP par les voies métaboliques ... 57
   4.1 Le système ATP-PCr ... 58
   4.2 Le système glycolytique ... 58
   4.3 Le système oxydatif ... 61
   4.4 L'acide lactique comme source d'énergie à l'exercice ... 66
   4.5 Résumé de la production d'ATP ... 68
5. Interaction des trois systèmes énergétiques ... 68
6. La capacité oxydative du muscle ... 69
   6.1 L'activité enzymatique ... 69
   6.2 La structure du muscle et l'entraînement en endurance ... 69
   6.3 Les besoins en oxygène ... 70
7. Conclusion ... 70
Mots-clés ... 71
Questions ... 71

Chapitre 3.   Le contrôle nerveux du mouvement ... 73
1. Structure et fonction du système nerveux ... 74
   1.1 Les neurones ... 74
   1.2 L'influx nerveux ... 75
   1.3 La synapse ... 78
   1.4 La jonction neuromusculaire ... 79
   1.5 Les neurotransmetteurs ... 79
   1.6 La réponse postsynaptique ... 81
2. Le système nerveux central (SNC) ... 82
   2.1 L'encéphale ... 82
   2.2 La moelle épinière ... 85
3. Le système nerveux périphérique (SNP) ... 85
   3.1 Les voies sensitives ... 85
   3.2 Les voies motrices ... 86
   3.3 Le système nerveux autonome ... 86
4. L'intégration sensori-motrice ... 87
   4.1 L'information sensitive ... 88
   4.2 La réponse motrice ... 92
5. Conclusion ... 92
Mots-clés ... 93
Questions ... 93

Chapitre 4.   Régulation hormonale de l'exercice ... 95
1. Le système endocrinien ... 96
   1.1 Classification chimique des hormones ... 97

	1.2 Sécrétions hormonales et concentrations plasmatiques	97
	1.3 Les effets des différentes hormones	99
2.	Les glandes endocrines et leurs hormones	101
3.	Régulation hormonale du métabolisme énergétique à l'exercice	101
	3.1 Les glandes endocrines impliquées dans la régulation métabolique	104
	3.2 Régulation du métabolisme du glucose à l'exercice	107
	3.3 Régulation du métabolisme des lipides à l'exercice	108
4.	Régulation hormonale de l'équilibre hydro-électrolytique à l'exercice	109
	4.1 Les glandes endocrines impliquées dans la régulation de l'équilibre hydro-électrolytique à l'exercice	111
	4.2 Les reins comme organes endocrines	112
5.	Régulation hormonale de l'apport calorique	115
	5.1 Les hormones du tractus gastro-intestinal	115
	5.2 Le tissu adipeux comme glande endocrine	115
	5.3 Effets de l'exercice et de l'entraînement sur les hormones de satiété	115
6.	Conclusion	116
	Mots-clés	117
	Questions	117

Chapitre 5. Dépense énergétique et fatigue — 119

1.	Mesures de la dépense énergétique	120
	1.1 La calorimétrie directe	120
	1.2 La calorimétrie indirecte	120
	1.3 Les mesures isotopiques du métabolisme énergétique	125
2.	La dépense énergétique au repos et à l'exercice	125
	2.1 Le métabolisme de base et le débit métabolique au repos	125
	2.2 Le débit métabolique à l'exercice sous-maximal	126
	2.3 La consommation maximale d'oxygène	127
	2.4 L'effort anaérobie et capacité maximale d'exercice	129
	2.5 L'économie de course	131
	2.6 Caractéristiques des athlètes élites spécialistes de sports d'endurance	131
	2.7 Le coût énergétique des activités physiques	132
3.	La fatigue et ses causes	134
	3.1 Les systèmes énergétiques et la fatigue	134
	3.2 Les sous-produits métaboliques et la fatigue	137
	3.3 La fatigue neuromusculaire	138
4.	La douleur musculaire et les crampes	139
	4.1 La douleur musculaire aiguë	139
	4.2 La douleur musculaire différée	140
	4.3 La crampe musculaire induite par l'exercice	144
5.	Conclusion	146
	Mots-clés	147
	Questions	147

Partie 2. Fonctions cardiovasculaire et respiratoire — 149

Chapitre 6. Le système cardiovasculaire et son contrôle — 151

1.	Le cœur	152
	1.1 La circulation du sang à l'intérieur du cœur	152
	1.2 Le myocarde	153
	1.3 Le système de conduction cardiaque	156
	1.4 Contrôle extrinsèque de l'activité cardiaque	157
	1.5 L'électrocardiogramme (ECG)	159

  1.6 Les troubles du rythme cardiaque 160
  1.7 Terminologie 160
 2. Le système vasculaire 163
  2.1 La pression artérielle 163
  2.2 Hémodynamique 164
  2.3 La distribution du sang 165
 3. Le sang 170
  3.1 Volume et composition du sang 170
  3.2 Les globules rouges 171
  3.3 La viscosité du sang 171
 4. Conclusion 172
 Mots-clés 173
 Questions 173

Chapitre 7. Le système respiratoire et ses régulations 175
 1. La ventilation pulmonaire 176
  1.1 L'inspiration 177
  1.2 L'expiration 177
 2. Les volumes pulmonaires 178
 3. La diffusion alvéolo-capillaire 180
  3.1 Débit sanguin pulmonaire au repos 180
  3.2 La barrière ou membrane alvéolo-capillaire 180
  3.3 Les pressions partielles des gaz 181
  3.4 Les échanges alvéolo-capillaires en oxygène et en dioxyde de carbone .. 181
 4. Le transport de l'oxygène et du dioxyde de carbone 185
  4.1 Le transport de l'oxygène 185
  4.2 Le transport du dioxyde de carbone 187
 5. Les échanges gazeux musculaires 188
  5.1 La différence artério-veineuse en oxygène 188
  5.2 Transport de l'oxygène dans le muscle 188
  5.3 Facteurs influençant la fourniture et la consommation d'oxygène 189
  5.4 L'élimination du dioxyde de carbone 189
 6. La régulation de la ventilation 190
 7. Conclusion 191
 Mots-clés 193
 Questions 193

Chapitre 8. Régulation cardiorespiratoire à l'exercice 195
 1. Réponses cardiovasculaires à l'exercice aigu 196
  1.1 La fréquence cardiaque 196
  1.2 Le volume d'éjection systolique 197
  1.3 Le débit cardiaque 201
  1.4 L'équation de Fick 202
  1.5 La réponse cardiaque à l'exercice 202
  1.6 La pression artérielle 203
  1.7 Le débit sanguin 205
  1.8 Le sang 207
  1.9 Synthèse des réponses cardiovasculaires à l'exercice 209
 2. Réponses ventilatoires à l'exercice aigu 211
  2.1 La ventilation pulmonaire pendant l'exercice 211
  2.2 Problèmes respiratoires à l'exercice 213

2.3	La respiration et le métabolisme énergétique	213
2.4	Les facteurs limitants respiratoires de la performance	215
2.5	Régulation respiratoire de l'équilibre acido-basique	216

3. Conclusion 218
Mots-clés 219
Questions 219

Partie 3. L'entraînement physique — 221

Chapitre 9. Principes de l'entraînement physique — 223

1. Terminologie — 224
   - 1.1 La force musculaire — 224
   - 1.2 La puissance musculaire — 224
   - 1.3 L'endurance musculaire — 225
   - 1.4 La puissance aérobie — 226
   - 1.5 La puissance anaérobie — 226
2. Les principes fondamentaux d'entraînement — 226
   - 2.1 Le principe d'individualisation — 226
   - 2.2 Le principe de spécificité — 227
   - 2.3 Le principe de réversibilité — 227
   - 2.4 Le principe de progressivité — 228
   - 2.5 Le principe d'alternance : travail/repos — 228
   - 2.6 Le principe de périodicité — 228
3. Planification des programmes d'entraînement en musculation — 229
   - 3.1 Recommandations pour les programmes d'entraînement en musculation — 229
   - 3.2 Les méthodes d'entraînement de la force — 230
4. Planification des programmes d'entraînement aérobie et anaérobie — 234
   - 4.1 L'intervalle-training ou entraînement intermittent — 235
   - 4.2 L'entraînement continu — 237
   - 4.3 L'entraînement par intervalle-circuit — 237
   - 4.4 L'entraînement par intervalle à haute intensité (EIHI) — 237
5. Conclusion — 240

Mots-clés — 240
Questions — 241

Chapitre 10. Adaptations à l'entraînement de force — 243

1. Entraînement en musculation et gains en aptitude musculaire — 244
2. Mécanismes responsables des gains de force musculaire — 244
   - 2.1 Les facteurs nerveux responsables du gain de force — 245
   - 2.2 L'hypertrophie musculaire — 247
   - 2.3 Activation nerveuse et hypertrophie musculaire — 250
   - 2.4 L'atrophie musculaire et baisse de force avec l'inactivité — 250
   - 2.5 Modifications de la typologie des fibres musculaires — 252
3. Interaction entre l'entraînement en musculation et la nutrition — 253
   - 3.1 Recommandations pour la prise de protéines — 253
   - 3.2 Mécanismes de la synthèse protéique en réponse à l'entraînement en musculation et la prise de protéines — 254
4. L'entraînement en musculation selon les populations — 255
   - 4.1 Entraînement en musculation pour la population âgée — 255
   - 4.2 Entraînement en musculation pour les enfants et les adolescents — 257
   - 4.3 Entraînement en musculation pour les athlètes — 257
5. Conclusion — 258

Mots-clés 259
Questions 259

Chapitre 11. Adaptations à l'entraînement aérobie et anaérobie 261
1. Adaptations à l'entraînement aérobie 262
   1.1 L'endurance musculaire et cardio-respiratoire 262
   1.2 Évaluation de l'aptitude cardio-respiratoire 263
   1.3 Les adaptations cardiovasculaires à l'entraînement 264
   1.4 Les adaptations respiratoires à l'entraînement 272
   1.5 Les adaptations musculaires à l'entraînement 273
   1.6 Les adaptations métaboliques à l'entraînement 276
   1.7 Adaptations à l'entraînement aérobie : vue intégrative 278
   1.8 Quelles sont les limites de la puissance aérobie et de la performance en endurance ? ... 278
   1.9 Amélioration de la puissance aérobie et de l'endurance cardiorespiratoire à long terme ... 281
   1.10 Facteurs influençant la réponse à l'entraînement aérobie 281
   1.11 Endurance cardiorespiratoire et performance 284
2. Adaptations à l'entraînement anaérobie 285
   2.1 Amélioration de la puissance et de la capacité anaérobie 285
   2.2 Adaptations musculaires à l'entraînement anaérobie 286
   2.3 Adaptations métaboliques à l'entraînement anaérobie 286
3. Adaptations à l'interval training de haute intensité 287
4. Spécificité de l'entraînement et l'entraînement multiformes 289
Mots-clés 291
Questions 291

Partie 4. Influence de l'environnement sur la performance 293

Chapitre 12. Thermorégulation : L'exercice en environnement chaud ou froid 295
1. La régulation de la température corporelle 296
   1.1 La production de chaleur métabolique 296
   1.2 Les moyens physiques d'échanges de chaleur 297
   1.3 Le contrôle thermorégulateur 300
2. Réponses physiologiques lors de l'exercice en ambiance chaude 303
   2.1 La fonction cardiovasculaire 303
   2.2 Ce qui limite l'exercice à la chaleur 304
   2.3 L'équilibre hydrique : la sudation 305
3. Les risques de l'exercice en ambiance chaude 307
   3.1 Mesure du stress thermique en ambiance chaude 307
   3.2 Les problèmes liés à la chaleur 308
   3.3 La prévention de l'hyperthermie 309
4. L'acclimatement à l'exercice en ambiance chaude 311
   4.1 Effets de l'acclimatement à la chaleur 311
   4.2 Procédés d'acclimatement optimal à la chaleur 313
   4.3 Différences intersexes 313
5. L'exercice au froid 314
   5.1 L'acclimatation au froid 314
   5.2 Autres facteurs affectant les pertes de chaleur de l'organisme 315
   5.3 Les pertes de chaleur dans l'eau 316
6. Réponses physiologiques lors de l'exercice en ambiance froide 317
   6.1 La fonction musculaire 317
   6.2 Les réponses métaboliques 317

7. Les risques de l'exercice en ambiance froide ... 318
    7.1 L'hypothermie ... 318
    7.2 Les effets cardiorespiratoires ... 318
    7.3 Les gelures ... 319
    7.4 L'asthme d'effort ... 319

Mots-clés ... 321

Questions ... 321

Chapitre 13. L'exercice en altitude ... 323

1. L'environnement en altitude ... 324
    1.1 La pression atmosphérique ... 325
    1.2 La température de l'air et l'humidité ... 325
    1.3 Les radiations solaires ... 326

2. Les réponses physiologiques à une exposition aiguë à l'altitude ... 326
    2.1 Les réponses respiratoires ... 326
    2.2 Les réponses cardiovasculaires ... 328
    2.3 Les adaptations métaboliques à l'altitude ... 330
    2.4 Les besoins nutritionnels ... 330

3. L'exercice et la performance en altitude ... 331
    3.1 La consommation maximale d'oxygène et la capacité d'endurance ... 331
    3.2 Les activités anaérobies de sprint, de saut et de lancer ... 332

4. L'acclimatation : réponses physiologiques à une exposition chronique à l'altitude ... 333
    4.1 Les adaptations pulmonaires ... 335
    4.2 Les adaptations sanguines ... 335
    4.3 Les adaptations musculaires ... 335
    4.4 Les adaptations cardiovasculaires ... 336

5. Entraînement et performance en altitude ... 336
    5.1 L'entraînement en altitude améliore-t-il la performance au niveau de la mer ? ... 336
    5.2 Le concept « live high, train low » ... 337
    5.3 Comment améliorer la performance en altitude ? ... 338
    5.4 L'entraînement en altitude « simulée » ... 339

6. Problèmes cliniques lors d'une exposition aiguë à l'altitude ... 340
    6.1 Le mal aigu des montagnes ... 340
    6.2 L'œdème pulmonaire de haute altitude ... 341
    6.3 L'œdème cérébral de haute altitude ... 341

7. Conclusion ... 342

Mots-clés ... 343

Questions ... 343

Partie 5. Optimisation de la performance ... 345

Chapitre 14. Programmation de l'entraînement ... 347

1. Optimisation de l'entraînement ... 348
    1.1 La surcharge d'entraînement ... 348
    1.2 L'entraînement excessif ... 349

2. La périodisation de l'entraînement ... 351
    2.1 La périodisation traditionnelle ... 351
    2.2 La périodisation par blocs ... 351

3. Le surentraînement ... 353
    3.1 Le syndrome du surentraînement ... 354
    3.2 Détection du surentraînement ... 357
    3.3 Prévention et traitement du surentraînement ... 358

4. L'affûtage 360
5. Le désentraînement 361
   5.1 La force et la puissance musculaires 362
   5.2 L'endurance musculaire 363
   5.3 Vitesse, souplesse et coordination motrice 364
   5.4 L'endurance cardiorespiratoire 364
   5.5 Le désentraînement lors des vols spatiaux 365
6. Conclusion 366
Mots-clés 367
Questions 367

Chapitre 15. Composition corporelle, nutrition et sport 369

1. Sport et composition corporelle 370
   1.1 Évaluation de la composition corporelle 370
   1.2 La densitométrie 370
   1.3 Les autres techniques de laboratoire 372
   1.4 Les techniques de terrain 373
2. Composition corporelle et performance 374
   2.1 La masse maigre 374
   2.2 La masse grasse relative 374
   2.3 Les normes de poids 376
   2.4 Comment atteindre le poids optimal ? 378
3. Nutrition et sport 380
   3.1 Nutriments à valeur énergétique 380
4. Autres nutriments 389
   4.1 Les vitamines 389
   4.2 Les minéraux 392
   4.3 L'eau 393
5. L'équilibre hydro-électrolytique 394
   5.1 L'équilibre hydrique au repos 394
   5.2 L'équilibre hydrique à l'exercice 394
   5.3 Déshydratation et performance 395
6. La nutrition du sportif 400
   6.1 Le régime végétarien 400
   6.2 Le repas de pré-compétition 401
   6.3 La surcharge en glycogène 401
   6.4 Les boissons pour sportifs 403
7. Conclusion 405
Mots-clés 406
Questions 406

Chapitre 16. Sport et pratiques ergogéniques 407

1. La recherche sur l'aide ergogénique 409
   1.1 L'effet placébo 409
   1.2 Évaluation de l'effet placébo 410
   1.3 Les limites de la recherche sur l'aide ergogénique 410
2. Les agents nutritionnels ergogéniques 411
   2.1 Bicarbonate 411
   2.2 β-alanine 413
   2.3 La caféine 413
   2.4 Les polyphénols des jus de fruits 415

2.5	Créatine	415
2.6	Nitrate	416

3. Le contrôle antidopage : Principes et limites ... 417
   3.1 Le code antidopage ... 417
   3.2 Risque de contamination des suppléments alimentaires ... 419
   3.3 La fabrication et la détection des stéroïdes ... 419

4. Les produits et procédés interdits ... 421
   4.1 Les stimulants ... 421
   4.2 Les stéroïdes anabolisants ... 422
   4.3 L'hormone de croissance ... 426
   4.4 Diurétiques et autres produits « masquants » ... 428
   4.5 Les bêta-bloquants ... 428
   4.6 Le dopage sanguin ... 429

5. Conclusion ... 432

Mots-clés ... 433

Questions ... 433

Partie 6. Adaptations au sport et à l'exercice en fonction de l'âge et du sexe ... 435

Chapitre 17. Sport et croissance ... 437

1. Croissance, développement et maturation ... 438
   1.1 La taille et le poids ... 438
   1.2 Le tissu osseux ... 439
   1.3 Le tissu musculaire ... 441
   1.4 Le tissu adipeux ... 442
   1.5 Le tissu nerveux ... 442

2. Adaptations physiologiques à l'exercice aigu ... 442
   2.1 La force ... 443
   2.2 Les fonctions cardiovasculaire et respiratoire ... 443
   2.3 La fonction métabolique ... 445
   2.4 Adaptations hormonales et utilisation des substrats à l'exercice ... 449

3. Adaptations physiologiques à l'entraînement ... 449
   3.1 La composition corporelle ... 449
   3.2 La force musculaire ... 449
   3.3 L'aptitude aérobie ... 450
   3.4 L'aptitude anaérobie ... 450

4. Activité physique spontanée du sujet jeune ... 451

5. Performances sportives du sujet jeune ... 452

6. Les risques spécifiques ... 453
   6.1 Le stress thermique ... 453
   6.2 Entraînement, croissance et maturation ... 454

7. Conclusion ... 454

Mots-clés ... 455

Questions ... 455

Chapitre 18. L'activité physique chez le sujet âgé ... 457

1. La composition corporelle ... 458

2. Les adaptations physiologiques à l'exercice aigu ... 462
   2.1 La force et la fonction neuromusculaire ... 462
   2.2 Les fonctions cardiovasculaire et respiratoire ... 464
   2.3 La fonction aérobie ... 467

3. Les adaptations physiologiques à l'entraînement 473
   3.1 La force musculaire 473
   3.2 L'aptitude aérobie et anaérobie 474
4. La performance sportive 475
   4.1 La performance en course à pied 475
   4.2 La performance en natation 476
   4.3 La performance en cyclisme 476
   4.4 L'haltérophilie 476
5. Les problèmes spécifiques liés à l'âge 476
   5.1 Les stress environnementaux 477
   5.2 L'exposition à la chaleur 477
   5.3 L'exposition au froid et à l'altitude 478
   5.4 Espérance de vie, morbidité et mortalité 478
6. Conclusion 479
Mots-clés 480
Questions 480

Chapitre 19. Les différences intersexes dans les activités physiques et sportives 481

1. Les dimensions et la composition corporelles 482
2. Les adaptations physiologiques à l'exercice aigu 484
   2.1 La force 484
   2.2 Les fonctions cardiovasculaire et respiratoire 486
   2.3 La fonction métabolique 487
3. Les adaptations physiologiques à l'entraînement 489
   3.1 La composition corporelle 489
   3.2 La force 489
   3.3 Les fonctions cardiovasculaire et respiratoire 490
   3.4 La fonction métabolique 490
4. La performance sportive 491
5. Les problèmes spécifiques à la femme 491
   5.1 Les règles et les troubles menstruels 491
   5.2 La grossesse 495
   5.3 L'ostéoporose 498
   5.4 Les troubles du comportement alimentaire 499
6. La triade de la femme sportive 501
7. Activité physique et ménopause 502
8. Conclusion 502
Mots-clés 503
Questions 503

Partie 7. Activité physique et santé 505

Chapitre 20. Prescrire l'activité physique pour la santé 507

1. Activité physique et santé 508
   1.1 Enfants et adolescents (6-17 ans) 509
   1.2 Adultes (18-64 ans) 509
   1.3 Les personnes âgées (65 ans et plus) 509
   1.4 Adultes porteurs d'un handicap 509
   1.5 Enfants et adolescents porteurs d'un handicap 510
   1.6 Femmes enceintes 510
2. « Exercise is medicine » 510

3. Le bilan médico-physiologique	510
4. L'examen clinique	511
4.1 Évaluation du risque	511
4.2 L'épreuve d'effort	513
5. Quels exercices conseiller ?	515
5.1 Nature de l'exercice	515
5.2 Fréquence des séances	516
5.3 Durée des séances	516
5.4 Intensité de l'exercice	516
5.5 La quantité d'activité physique	516
5.6 Fréquence et durée d'interruption des stations assises prolongées	517
6. Évaluer l'intensité de l'exercice	517
6.1 La fréquence cardiaque d'entraînement (FCE)	517
6.2 L'équivalent métabolique	520
6.3 Les échelles de fatigue	520
7. La programmation d'entraînement	524
7.1 Échauffement et étirements	524
7.2 L'entraînement d'endurance	524
7.3 Récupération et étirements	524
7.4 Les exercices de souplesse	524
7.5 Le renforcement musculaire	525
7.6 La motricité	525
7.7 Les activités ludiques	525
8. Exercice physique et handicap	525
Mots-clés	527
Questions	527
Chapitre 21. Activités physiques et maladies cardiovasculaires	**529**
1. Prévalence des maladies cardiovasculaires (MCV)	530
2. Principaux types d'affections cardiovasculaires	531
2.1 La maladie coronarienne	531
2.2 L'hypertension artérielle	533
2.3 L'accident vasculaire cérébral	534
2.4 L'insuffisance cardiaque	534
2.5 Les autres affections cardiovasculaires	535
3. Mécanismes physiopathologiques	536
3.1 Physiopathologie de la maladie coronarienne	536
3.2 Physiopathologie de l'hypertension artérielle	538
4. Évaluation du risque individuel	538
4.1 Facteurs de risque de la maladie coronarienne	539
4.2 Facteurs de risque de l'hypertension artérielle	541
5. Effets préventifs de l'activité physique	542
5.1 Prévention de la maladie coronarienne	542
5.2 Preuves épidémiologiques	542
5.3 Prévention de l'hypertension artérielle	545
6. Risque de crise cardiaque et de mort subite à l'exercice	546
7. Réentraînement à l'effort des malades cardiaques	547
8. Conclusion	549
Mots-clés	550
Questions	550

Chapitre 22. Obésité, diabète et activités physiques 551
1. L'obésité 552
- 1.1 Terminologie et normes 552
- 1.2 Prévalence du surpoids et de l'obésité 554
- 1.3 Le contrôle du poids corporel 556
- 1.4 Étiologie de l'obésité 559
- 1.5 Problèmes pathologiques liés au surpoids et à l'obésité 561

2. Prise en charge de l'obésité 563
3. Intérêts de l'activité physique dans le contrôle du poids 565
- 3.1 Modification de la composition corporelle 565
- 3.2 Mécanismes à l'origine des modifications de la composition corporelle 566
- 3.3 Effet local ? 568
- 3.4 Exercices aérobies de faible intensité 568
- 3.5 « Mythes » 569
- 3.6 Activité physique et diminution des facteurs de risques 569

4. Le diabète 570
- 4.1 Terminologie et classification 570
- 4.2 Prévalence du diabète aux USA 570
- 4.3 Étiologie du diabète 571
- 4.4 Pathologies induites par le diabète 571

5. Prise en charge du diabète 571
6. Intérêts de l'activité physique lors du diabète 572
- 6.1 Le diabète de type 1 572
- 6.2 Le diabète de type 2 572

7. Conclusion 573
Mots-clés 574
Questions 574

Glossaire 575
Bibliographie 587
Index 605
Les auteurs 615
Abréviations, unités et conversions 629

Abréviations, unités et conversions

Abréviations scientifiques communes

Quantité d'une substance

mol (mole)
mmol (millimole)
µmol (micromoles)

Distance

km (kilomètre)
m (mètre)
cm (centimètre)
mm (millimètre)
µm (micromètre ou micron)
in (inch)
ft (foot)
y (yard)
mi (mile)

Différence de potentiel électrique

V (volt)
mV (millivolt)

Énergie

Kcal (kilocalorie ou calorie)
J (joule)
kJ (kilojoule)
BTU (unité thermique britannique)

Masse et poids

kg (kilogramme)
g (gramme)
mg (milligramme)
µg (microgramme)
lb (livre)
oz (once)

Puissance

W (watt)
N.m (Newton mètre)

Pression

atm (atmosphère)
mm Hg (millimètre de mercure)

Température

°C (degré Celsius)
°F (degré Fahrenheit)
°K (degré Kelvin)

Temps

h (heure)
min (minute)
s (seconde)

Volume

l (litre)
ml (millilitre)
µl (microlitre)
gal (gallon)
qt (quart)
pt (pinte)

Unités et conversions

Quantité d'une substance

1 mol = 1 000 mmol
1 mmol = 1 000 µmol
1 mol de gaz = 22,4 l (dans des conditions standard)
1 l de gaz (dans des conditions standard) = 44,6 mmol
moles = grammes / poids moléculaire
molarité d'une solution = moles par litre
molalité d'une solution = moles par kilo de solvant
moles dans un volume = volume (L) × molarité
millimoles = volume (ml) × molarité

Distance

1 in = 0,0254 m = 2,54 cm = 25,4 mm
1 ft = 12 in = 0,304 m = 304,8 mm
1 yd = 3 ft = 0,9144 m
1 mi = 5,280 ft = 1,760 yd = 1609,35 m = 1,61 km
1 cm = 0,3937 in
1 m = 100 cm = 1000 mm = 39,37 in = 3,28 ft = 1,09 yd
1 km = 0,62 mi
1 µm = 10^{-6} m = 10^{-3} mm

Énergie

1 kacl = 1000 cal = 4184 J = 4,184 kJ
1 BTU = 0,2522 kcal = 1,055 kJ
1 l d'oxygène consommé = 5,05 kacl = 21,1 kJ

Masse et poids

1 kg = 1000 g = 10^6 mg = 10^9 µg = 2,205 lb
1 g = 1000 mg = 0,03527 oz
1 mg = 1000 µg
1 lb = 16 oz = 453,6 g = 0,454 kg
1 oz = 28,35 g
1 ml d'eau pèse 1 g

Puissance

1 w = 0,0142 kcal.min^{-1} = 1 J.s^{-1}
1 w = 60 j.min^{-1} = 60 N.m.min^{-1} = 6,118 kg.m.min^{-1}
1 kcal.min^{-1} = 69,78 W

Pression

pression standard = 1 atmosphère (1 atm) = 760 mm Hg

Température

°C = 0,555 (°F − 32)
°F = 1,8 °C + 32
°K = °C + 273

Vitesse

1 km.h^{-1} = 16,7 m.min^{-1} = 0,28 m.s^{-1} = 0,91 ft.s^{-1} = 0,62 m.h^{-1}
1 mph = 88 ft.min^{-1} = 1,47 ft.s^{-1} = 1609,3 m.h^{-1} = 26,8 m
0,447 m.s^{-1} = 1,6093 km.h^{-1}

Volume

1 l = 1000 ml = 10^6 µl
1 ml = 1000 µl
1 l = 1,057 qt
1 qt = 0,9463 l = 946,3 ml = 2 pt = 32 oz
1 gal = 4 qt = 128 oz = 3785,2 ml = 3,785 l
1 pt = 16 oz = 473,1 ml
1 oz = 29,57 ml = 2 cuillères à soupe = 6 cuillères à café
1 cuillère à soupe = 3 cuillères à café = environ 15 ml
1 cuillère à café = environ 5 ml